世界军事电子年度发展报告

—— 2018 ——

（上册）

中国电子科技集团公司发展战略研究中心　编

电子工业出版社·

Publishing House of Electronics Industry

北京·BEIJING

图书在版编目（CIP）数据

世界军事电子年度发展报告. 2018. 上册/中国电子科技集团公司发展战略研究中心编. —北京：电子工业出版社，2019.6

ISBN 978-7-121-36735-9

Ⅰ. ①世…　Ⅱ. ①中…　Ⅲ. ①军事技术－电子技术－研究报告－世界－2018　Ⅳ. ①E919

中国版本图书馆 CIP 数据核字（2019）第 111887 号

责任编辑：竺南直

印　　刷：北京捷迅佳彩印刷有限公司

装　　订：北京捷迅佳彩印刷有限公司

出版发行：电子工业出版社

　　　　　北京市海淀区万寿路 173 信箱　邮编 100036

开　　本：787×1 092　1/16　印张：99　字数：2 052 千字

版　　次：2019 年 6 月第 1 版

印　　次：2019 年 6 月第 1 次印刷

定　　价：980.00 元（上、下册）

凡所购买电子工业出版社图书有缺损问题，请向购买书店调换。若书店售缺，请与本社发行部联系，联系及邮购电话：（010）88254888，88258888。

质量投诉请发邮件至 zlts@phei.com.cn，盗版侵权举报请发邮件至 dbqq@phei.com.cn。

本书咨询联系方式：davidzhu@phei.com.cn。

世界军事电子年度发展报告（2018）编委会

绘军事电子发展脉络　筑国家网信事业基石

1865 年，麦克斯韦发表一组方程式，阐释了电与磁这对宇宙间最深刻的作用力之间的联系，将电场与磁场统一起来，奠定了现代电子技术理论基础；1947 年，贝尔实验室发明晶体管，推动了全球范围内半导体电子行业进步，现代电子技术与产业的发展由此拉开序幕。一个多世纪以来，电子技术为整个科学技术的前进插上了翅膀，已成为信息领域腾飞的基石。建立在集成电路与各种半导体器件基础上，具备信息搜集、传输、存储、处理、应用等功能的电子信息技术与系统对现代社会产生了极大影响，以前所未有的广度和深度引领科技发展，改变了人类生活样貌、社会形态，并变革着战争方式。

习总书记指出，"科学技术从来没有像今天这样深刻影响着国家的前途命运，从来没有像今天这样深刻影响着人民的生活福祉"。当今世界正处于数字化、网络化、智能化创新突破、全面融合与网信事业引领发展的历史交汇期。全球科技竞争已进入白热化阶段，科技革命带来的军事革命也在时刻上演。军队现代化除过去提出的面向机械化、信息化发展外，还面临向网络化、无人化、智能化等更高层级发展的任务。电子信息技术作为引领和带动全球新科技革命和军事革命的关键领域，其发展速度之快、波及范围之广、影响程度之深，未有能及。

我国在两千多年的辉煌历史中，产生了许多足以自傲世界的科技发明，但在

1840 年以后一步步跌入半殖民地半封建社会，基本缺席了前几次世界科技革命发展的浪潮。新中国成立、特别是改革开放以来，我国科技事业实现跨越，在最尖端的领域不断取得突破性进展。电子信息领域从思想理论缺失、技术产业落后逐步转变为思想、理论、方法、技术、产业全面发展，尤其是综合电子信息系统的提出和践行，代表了世界电子信息领域发展的新高度。我们当前正处于一个从过去电子信息技术时代的跟踪者、模仿者转变为未来电子信息技术时代引领者的不可错过的历史机遇期。我们正在经历这样一个伟大的变革：在继承现代科技发展之积极成果的同时，站在综合电子信息系统的高度，重新审视和布局电子技术与电子信息技术未来发展，开创一个崭新的时代！为此，一代又一代从业者、关注者将努力拼搏、奋勇向前！

但这一切不会是一帆风顺、一蹴而就的。过往烽火硝烟尚在，今日坎坷前路艰辛。近期沸沸扬扬的出口管制等事件不断警醒我们，跨越之路，障碍重重。大国竞争终究是实力竞争，没有科技，何谈实力？军事电子作为军队国防建设的关键核心领域，地位极为重要。形势逼人，挑战逼人，使命逼人！形势召唤，挑战召唤，使命召唤！

电子信息技术诞生于军事需求，成长于国防应用，强盛于民用领域，但军事领域的突破与进展始终是观察和研究电子信息技术进步的风向标。对军事电子各领域进行跟踪、梳理、分析和研判，反映发展态势、研判未来趋势，是电子信息行业的需求，军事国防领域的需求，更是国家的需求和时代的需求。

广大网信科技工作者的责任和追求，就是把习总书记描绘的蓝图变成施工图，变成一个个具体的、一点一滴的工作，并不断取得实实在在的成效。中国电科的科技情报工作也一直秉承着这样的信念，用实践来支持国家网信事业的发展。本年度报告是中国电科情报研究团队对世界军事电子领域一年以来风云变幻的记录，以事实呈现和分析研判的方式，对该领域的战略规划、系统装备、技术突破等重点热点发展动向及趋势进行全方位展现。年度报告内容厚重、覆盖全面且具有专业水准，体现了中国电科情报研究团队昂扬向上的精神状态和刻苦努力的奋斗精神。

多事之秋，世界远未太平，时势逼迫，务须勤思勤悟。希望本年度报告成为相关领域战略研究和技术研发人员了解军事电子发展的窗口。若能为各位提供一点启发和参考，就不枉编写过程中作者们的努力与付出。相信同志们早已摩拳擦掌，做好了踏上奋斗之路的准备！

中国工程院院士：

二零一九年六月

 前 言

    2018 年，世界军事电子发展风起云涌，网络空间、电子战、基础器件等关键领域频繁出台战略规划计划、谋划未来布局，多域作战、云作战、马赛克战争等新兴概念得到进一步研究与实践探索，重要系统装备持续更新换代、提升作战能力，人工智能、量子信息、区块链等前沿技术不断发展与深化应用，军事电子领域跨域协同、全频谱集成、大数据驱动、一体化智能化等态势愈加突显。

    为全面掌握世界军事电子发展态势，本年度发展报告对指挥控制、情报侦察、预警探测、通信与网络、定位导航授时、信息安全、军用计算、网络空间作战、电子战、基础领域、微系统、电子测量、人工智能技术等十三个领域年度发展情况与特点进行了研究，并筛选出各领域的重大发展动向，以专题分析的形式对其发生背景、当前进展、未来走向和重大意义进行了深入研究，包括一个综合卷和十三个分报告。

    本年度发展报告的编制工作在中国电子科技集团公司科技部的指导下，由发展战略研究中心牵头，电子科学研究院、信息科学研究院、第七研究所、第十研究所、第十一研究所、第十二研究所、第十三研究所、第十四研究所、第十五研究所、第二十研究所、第二十七研究所、第二十九研究所、第三十二研究所、第三十四研究所、第三十六研究所、第三十八研究所、第四十一研究所、第四十三研究所、第四十九研究所、第五十一研究所、第五十三研所、第五十四研究所、第五十五研究所、第五十八研究所、中电莱斯信息系统有限公司、网络信息安全有限公司、重庆声光电有限公司、成都天奥电子股份有限公司等单位共同完成，并得到集团内外众多专家的大力支持。在此向参与编制以及提供帮助的众多专家与同事表示由衷感谢。

    由于编者水平有限，疏漏之处在所难免，敬请广大读者谅解并指正。

编者

2019 年 4 月

目录

大事记

预警探测领域年度发展报告

综合分析

重要专题分析

通信与网络领域年度发展报告

定位导航授时领域年度发展报告

信息安全领域年度发展报告

下　册

网络空间作战领域年度发展报告

电子战领域年度发展报告

军用计算领域年度发展报告

基础领域年度发展报告

微系统领域年度发展报告

电子测量仪器领域年度发展报告

大事记 ……………………………………………………………………… 1444

人工智能技术领域年度发展报告

世界军事电子年度发展报告

综合卷

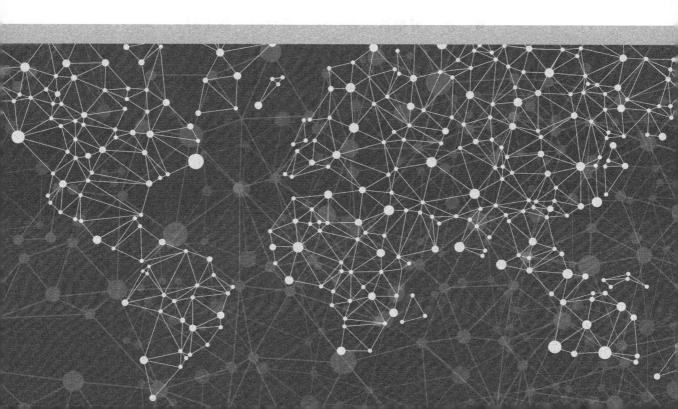

世界军事电子年度发展报告综合卷编写组

主　　编：彭玉婷

执行主编：方　芳

副 主 编：李　硕　　王龙奇　　王传声

撰稿人员：（按姓氏笔画排序）

王　昀　　王　瑛　　王玉婷　　王龙奇　　王传声

王晓东　　方　芳　　母　政　　白　蒙　　吕望晗

朱　松　　严晓芳　　吴　技　　吴　蔚　　张春磊

张晓玉　　张桂林　　李　硕　　陈　倩　　陈　瑶

费　洪　　郭敏洁　　钱　宁　　商志刚　　彭玉婷

程琳娜　　路　静

审稿人员：王积鹏　　陈鼎鼎　　刘忆宁　　全寿文　　朱德成

李　晨　　任大鹏　　孙艳兵

综合分析

2018 年，在联合作战需求推动，多域作战、分布式作战等概念牵引，以及人工智能、大数据等技术支撑下，军事电子领域发展呈现出陆、海、空、天、网、电跨域协同、全频谱集成、大数据驱动、一体化智能化等态势，在技术发展与应用方面军民融合趋势明显，以微系统为代表的基础元器件技术迅速发展，正从底层促进军事电子装备形态变革。

一、战略规划计划频繁出台，布局军事电子未来发展

（一）顶层战略文件明确发展方向

2018 年 1 月，美国国防部发布新版《国防战略》，对美国当前面临的战略环境、国防部的目标以及战略措施进行了阐释，其中提到：发展从战术到战略层面的弹性、网络化、高可靠的 C4ISR 系统；优先投资网络防御能力，实现网络与全面军事行动的集成；广泛投资自主系统、人工智能、机器学习在军事中的应用。新版《国防战略》为美国军事电子发展指出了重点方向。根据该战略，美国政府、各军兵种从作战概念、国防预算、武器装备建设等方面制定发展规划，旨在提升军事电子信息系统装备能力、维持美军作战优势。

美国总统 2018 年 8 月签署的《2019 财年国防授权法案》大幅增加了人工智能、定向能等领域的经费投资，并提出：要高度重视网络空间安全，制定网络战和网络威慑政策，改革国防部网络安全机制，发展网络安全相关技术；要重建电子战体系，开发、整合和提升电子战与联合电磁频谱的作战能力；将人工智能、机器学习、量子信息科学及定向能等列为优先技术领域，采取建设专职机构、部署重点项目等措施推动这些前沿技术发展和军事应用。

在军兵种层面，美国陆军 2018 年 12 月发布《2028 多域作战中的美国陆军》文件，进一步完善了 2017 年发布的"多域战"概念，将多域作战行动从战斗、战术拓展到战役和战略层，旨在从更广范围内实现陆、海、空、天、网跨域协同以及电磁频谱、信息环境和认知维度等领域密切协同；美国陆军 6 月还发布了《2028 年陆军愿景》文件，提出了陆军未来 10 年的军事力量发展设想，将指挥控制网络、新型防空反导系统列入六大现代化优先事项，并强调开发试验自主系统、人工智能和机器人技术；美国特种作战司令部在 5 月举行的特种作战部队工业展上发布了十大技术需求，其中包括通信保障、远程 ISR、信号管理、定位导航授时等电子信息技术，这也是为

响应新版《国防战略》提出的应对大国冲突的要求，发展高精尖关键技术、推动特种作战能力提升所需要的。

俄罗斯总统 2018 年 8 月签署了《国家武器装备发展规划 2027》，将拨款 20 多万亿卢布（约 3060 亿美元）用于装备各军兵种，购买新式武器以及升级现役作战装备，旨在 2021 年前使现代化武器装备比例达到 70%，其中涉及 S-500 新型防空系统、战略核潜艇的通信与探测系统等军事电子相关系统装备。

2018 年 12 月，日本时隔 5 年再次发布新版《防卫计划大纲》，作为指导日本未来 10 年国防建设的纲领性文件。该大纲提出日本将构建"多域联合防卫力量"，重点发展太空、网络、电子频谱作战力量，包括构建太空态势感知体系、加强天基指挥控制和信息支援能力、加强网络作战快速响应能力、发展电磁频谱作战力量等。

（二）密集推出军事电子各领域战略与计划

指挥控制、情报侦察、预警探测、通信、定位导航授时、网络空间、电子战、基础元器件等是构成军事电子体系的基本要素，2018 年美国在这些专业领域的发展上也进行了新的布局或指出了重点方向。

2018 年 6 月，美军发布新版《JP 3-32 联合海上作战的指挥与控制》，对合成作战、特定海上作战的指挥与控制以及关于海上作战域感知相关条令进行了修改，更加重视各类海上力量的联合，反映了美国海军在联合海上作战的指挥与控制方面新的考量。

美国陆军 7 月签署了新的《信号情报战略》，该战略从物资、组织和理论角度将信号情报、电子战和网络进行整合，旨在大幅改善陆军信号情报部队的能力。美国空军 8 月发布《下一代情报、监视与侦察（ISR）优势飞行计划》，按照新版《国防战略》的要求，通过调整目标、方式，以及评估从人力密集型宽松环境转型至均势对手威胁环境下的人机编队方法，重新定位了 ISR 体系。9 月，美国陆军发布新版《ADP 2-0》情报条令，为"多域作战"背景下的情报支援提供了通用架构，更加强调联合与协作。

2018 年 7 月，美国陆军公布了《任务指挥网络现代化实施计划》摘要，基于美国陆军当前和未来作战场景以及陆军任务指挥网络面临的挑战，确立了美国陆军网络关键作战需求和实现这些需求的网络现代化战略。

2018 年 12 月，美国总统签署《国家授时弹性和安全法案》，要求建立 GPS 的地面备用授时系统，确保该系统在 GPS 信号不可靠或不可用的情况下，能够继续为军事和民用用户提供可靠的授时信号。

2018 年，美国发布了多份网络空间相关战略文件，包括《国土安全部网络安全战略》《国防部网络战略（概要）》《美国国家网络战略》，从不同角度阐述了美国网络空间发展方向。国土安全部的网络安全战略是其首份网络安全领域的战略，提出了网络生态系统的安全理念，也明确国土安全部作为联邦机构网络安全的领导角色，由其来统一、协调联邦及非联邦机构网络安全工作；国防部的网络战略从军方的角度出发，提出国防部在网络空间作战的目标及实施方案，其最大特点是提出将威胁扼杀在萌芽状态的"主动防御"作战思想，为主动网络攻击埋下伏笔；美国特朗普总统签发的国家网络战略是美国政府时隔 15 年第二次从国家层面全面阐述网络发展目标，该战略坚持在网络力量建设与展示方面，由美国主导制定行为规范，致力于实现网络威慑。同时战略还明确表示其他国家也应遵守美国制定的规范，且美国将以此规范作为发起网络威慑反击与报复的基础，凸显了以美国利益优先的霸权主义。

美国在继续推进将电磁频谱正式确定为独立作战域的同时，持续完善电子战顶层规划，不断完善概念和理论，多方位促进电子战发展。2018 年 1 月，美国陆军发布了《网络空间与电子战作战构想 2025—2040》，提出了应对未来作战环境挑战的电子战行动解决方案。8 月，美国陆军发布了《电子战战略》文件，该战略指出电子战必须在多个作战域和整个战场进行深度整合和同步，以适应快速变化的多域作战环境。2018 年 10 月，美国海军发布了第 2400.3 号指令《电磁作战空间》，明确将电磁频谱认定为与陆、海、空、天和网络同等的作战域。指令强调军方使用的所有电磁辐射都属于电磁作战空间，明确了电磁作战空间项目、政策、流程在开发、实施、管理和评估环节上海军相关人员的角色和责任。在美国各军种中，美国海军第一个将电磁频谱确定为独立的作战域，具有标志性意义。

在基础领域，美国大力推进"电子复兴"计划，探索集成电路技术发展新路径、为掌握后摩尔时代电子工业绝对优势奠定基础。2018 年 7 月 23 至 25 日，DARPA 召开首届"电子复兴"计划年度峰会，明确了该计划的领域布局、推进思路、项目安排，标志着计划进入全面实施阶段。2018 年 11 月，DARPA 宣布"电子复兴"计划进入第二阶段。在新阶段，投资规模将持续扩大，将在第一阶段的基础上推动美国本土半导体制造业向专用集成电路方向转变，并保证专用集成电路的生产具有可信的供应链和足够的安全性，进而满足国防和商业应用的实际需求。

（三）加紧布局前沿技术发展与应用

在人工智能、无人系统、量子信息、区块链等前沿技术领域，美国、俄罗斯、欧洲等国家和地区加紧布局，积极推动前沿技术在军事电子领域的应用。

在人工智能领域，美国国防部 2018 年 6 月成立联合人工智能中心（JAIC），旨在统筹管理相关项目，加速技术验证和应用，建立国防部通用的人工智能标准、工具、共享数据、可复用技术和专业知识，同时还计划成立人工智能和机器学习政策与监督委员会，在国防部层面推动相关研究、创新和采办工作。作为 JAIC 的支撑，美国陆军 10 月成立人工智能工作组，负责领导陆军的人工智能工作并支持国防部人工智能项目，推进机器学习、深度学习、数据科学和人工智能硬件在陆军网络中的应用；美国空军 11 月成立人工智能跨职能部门团队，重点研究人工智能相关规划，从法律、人员到后勤保障等领域对人工智能应用的理解，以及与情报行动和全范围作战有关的内容。2018 年 9 月，美国国防高级研究计划局（DARPA）宣布实施"下一代人工智能"计划，未来五年投入超 20 亿美元资金，推动第三次人工智能技术浪潮，当年启动了"机器常识"（MCS）、"少标记学习"（LwLL）、"物理人工智能"（PAI）等一系列项目，开展相关研究。英国国防部 2018 年 5 月宣布在国防科学技术实验室（DSTL）中设立人工智能旗舰实验室，聚焦人工智能、机器学习和国防数据科学，旨在增强英国将人工智能技术用于国防和安全挑战方面的能力。

在无人系统领域，美国国防部和美国海军 2018 年均发布了新版路线图。美国国防部 8 月发布《2017—2042 年无人系统综合路线图》，这是上一版路线图发布四年后的更新版，确定了无人系统发展的四个纲领性主题，即互操作性、自主性、网络安全和人机协作，并特别强调人工智能在无人系统发展中的重要性。美国海军 3 月完成《海军部无人系统战略路线图》，为无人系统纳入海军作战的各个方面提供指南，阐释了海军无人系统愿景、运用概念、体系目标等，并甄别出无人系统运用在政策、操作员信任度、条令、兵力结构、采办、技术开发等方面的障碍，指出只有克服这些障碍才能真正推动有人-无人编队。

量子信息技术代表了未来信息技术发展的战略方向，已经成为世界主要国家和军队进行高新技术竞争的重要领域，各国积极在该领域进行顶层规划和技术布局，以抢占竞争高地。2018 年 12 月，美国总统签署《国家量子计划法案》，计划未来 10 年内向量子研究注入 12 亿美元资金，由美国能源部、商务部和国家科学基金会配合联邦政府共同落实量子计划项目。11 月，欧盟推出量子技术旗舰计划，并发布了报告《基于地平线 2020 框架的量子技术支持》，提出"要统一部署建立服务于量子技术的基础设施，包括量子通信地面网络和量子卫星"，目标是建设覆盖全球的量子互联网。

区块链技术具有数据可靠、去中心、去信任等特性，在战场安全通信、自主安全指控等国防领域显现出巨大应用潜力，受到世界主要军事强国的高度关注。近年来，美国在区块链技术军事应用方面布局了一系列研究项目。2018 年 7 月，俄罗斯国防部也宣布组建区块链研究实验室，探索开发区块链技术为基础的智能系统，用于网络攻击识别与关键基础设施保护。

二、系统装备建设稳步推进，推动体系作战能力提升

（一）体系集成推动联合作战能力形成

未来战争中，体系对抗将是联合作战的主要表现形式。基于信息系统的作战体系将侦察、探测、通信、干扰、打击、评估等各种作战单元进行无缝链接，使其释放出更大的作战效能，极大增强整体作战能力。美国近年开展了多个与体系集成相关研究项目，2018 年取得了较大进展。

2018 年 7 月，美国国防高级研究计划局（DARPA）和洛克希德·马丁公司臭鼬工厂共同完成了"体系集成技术与试验"（SoSITE）项目一系列飞行试验，演示了地面站、飞行试验台、C-12 飞机和试验飞机之间的互操作性，验证了使用"缝合"（Stitches）技术在这些系统之间传输数据的能力。SoSITE 项目旨在通过分布式空战体系架构研究，发展能够将任务系统/模块快速集成到体系的技术，研究验证体系对抗的有效性以及体系架构的稳定性。此次试验成功验证了多个系统之间自动组合、实时互联、信息融合的能力。SoSITE 项目开发的体系集成技术将成为支撑未来战场环境中跨域作战行动和维持作战优势的重要基础。

此外，DARPA 还开展了"分布式作战管理"（DBM）和"跨域海上监视和瞄准系统"（CDMAST）项目，探索空战和海战中的体系集成技术。2018 年 2 月，BAE系统公司披露 DBM 项目飞行试验情况，验证了作战辅助决策系统在空中编队协同作战中的应用；4 月，雷声公司获得合同开展 CDMAST 项目第二阶段研究，将对海上分布式作战体系结构进行试验，演示验证作战效能与可靠性。

（二）多域、联合指挥控制能力加速发展

2018 年，以美国为首的军事强国在指挥控制能力建设上呈现出向多域联合、统一和通用方向进一步深化发展的趋势。

美军继续大力推进多域指挥控制能力发展。2018 年从制定作战概念、开发支持技术和教育与培训这三方面加速多域指挥控制的能力建设，尤其是在作战概念开发和多域指挥控制工具研制方面取得了一定进展。8 月，美国空军与洛克希德·马丁公司

联合举行了为期 4 周的多域指挥与控制（MDC2）桌面推演活动，对该公司开发的多域指挥控制工具进行了演示验证，实现了基于同一时间以及所有域的态势感知进行决策的能力。10 月，美国国防部授予诺斯罗普·格鲁曼公司合同开发新一代网络作战平台——"统一平台"，旨在实现对网络空间的指挥控制权，支持陆海空天网多域作战行动。11 月，美国空军发布"多域指挥控制移动节点能力"项目征询书，寻求开发能够快速收集、处理和分发重要作战信息的机载通信节点新解决方案，以支撑多域指挥控制对移动指控节点的需求。

美国和北约其他成员国高度重视联合指挥控制能力建设。 2018 年美、英、法联军空袭叙利亚的联合作战充分体现了联合指挥控制的必要性，无论是军兵种之间还是国家间联合指挥控制能力的重要性进一步突显。2018 年 6 月至 8 月"环太平洋"演习（RIMPAC）期间，美国海军首次将可部署联合指挥控制（DJC2）系统用作海上作战中心（MOC），在移动环境下对所辖的所有作战资产进行指挥控制，验证了系统机动性。DJC2 是一种适用于各战区司令部和联合部队司令部的模块化、可扩展、可快速部署的联合指挥控制装备，此次验证对美军各军兵种联合作战的机动性和易部署性具有重要意义。北约国家在 2018 年"统一愿景"（Unified Vision）演习中评估和测试了北约盟军的联合作战能力，重点关注各国作战信息联合处理、利用和分发。

此外，**各国普遍致力于提升战术边缘指挥控制能力**，主要措施有建立指挥控制通用操作环境、为战术边缘士兵部署任务式指挥系统、开发轻量型指挥控制技术等。

（三）情报侦察体系趋于跨域、分布、协同

2018 年，美国空军发布《下一代情报、监视与侦察（ISR）优势飞行计划》，强调"跨域、分布、协同"的 ISR 体系，取消 E-8C"联合星"（JSTARS）替换项目转而寻求基于"系统簇"（FoS）的开放式架构系统，在 MQ-9"死神"无人机上对"敏捷吊舱"（AgilePod）进行飞行试验，这些都表明美军**以平台为中心的 ISR 系统和作战管理系统正逐步朝着跨域、分布式、协同的大方向转变**。未来，无人机群、天基传感器、高超声速平台、智能武器均有可能成为 ISR 网格之中的节点，形成网络化的信息优势，迅速满足快速响应作战需求。

兼具战略和战术情报支持能力的航天侦察受到高度重视。 2018 年，美国、俄罗斯、日本、法国都发射了新的侦察卫星，天基侦察监视能力得到增强。DARPA 接收首颗"太空增强军事作战效能"（SeeMe）态势感知小卫星，可为地面士兵提供更为强大的态势感知能力，也为战术侦察小卫星创新应用开启了新的契机；DARPA 还启

动"黑杰克"（BlackJack）军用低轨监视和通信卫星星座项目，计划构建由 60～200 颗卫星组成的星座，形成弹性抗毁、反应迅速的低成本、分布式、全球覆盖的天基侦察网络。

（四）针对多样化威胁构建一体化预警探测体系

预警探测系统面临的威胁目标是牵引系统持续发展的主要外在因素，近年来弹道导弹、空中目标、空间目标、地海目标等威胁不断加剧，包括第六代战斗机、下一代轰炸机、无人蜂群、高超声速武器、新型弹道导弹、空天飞行器等在内的目标在速度、精度、隐身性、欺骗性等特性方面不断优化，给预警探测系统带来很大挑战。在探测多样化目标的需求推动下，以及新作战概念牵引和新技术支撑下，预警探测系统的覆盖区域、作用距离、跟踪能力、目标识别能力、抗干扰能力不断提升，并呈现出防空反导一体、探测攻击一体化、分布式网络化协同等特点。

在防空预警探测领域，新型防空雷达装备不断涌现，重点关注隐身和高超声速目标探测。 美国、英国、德国、法国、以色列、瑞典、意大利等国家军工集团 2018 年推出了多款新型防空雷达装备，包括雷声公司的小型 AESA 多任务雷达、以色列航宇工业公司的 EL/M-2138M 防空雷达、泰雷兹公司的双轴多波束 AESA 雷达等，能提供精度更高、作用距离更广、更加稳定连续的目标探测跟踪能力。先进防空预警雷达升级和换装工作稳步推进，如美国海军陆战队 2018 年 2 月部署了两部 AN/TPS-80 地/空任务定向雷达（G/ATOR），这标志着该军种新一代防空雷达 G/ATOR 已达到初始作战能力。针对隐身目标和高超声速飞行器等新兴威胁，各国积极探索应用新技术以应对，如加拿大开展了量子雷达研发，瑞典萨博公司通过引入高超声速探测模式（HDM）来增强"海长颈鹿 4A"固定阵面雷达的能力。

在反导预警探测领域，推进前沿部署，发展空天预警探测能力。 2018 年，美国在亚太地区加紧同盟建设，与日本确定了在日本部署两部陆基宙斯盾系统；在欧洲地区推进欧洲分阶段自适应方案（EPAA），在波兰和罗马尼亚均部署了"爱国者"PAC-3 系统，同步增加海基反导装备。空天反导探测和拦截能力受到高度重视，美国 2018 年 1 月发射了第 4 颗"天基红外系统"（SBIRS）卫星，完成星座组网，并启动下一代"过顶持续红外"（OPR）项目，开发取代 SBIRS 的导弹预警卫星系统；4 月，美国导弹防御局表示 F-35 战斗机将于 2025 年具备探测、跟踪弹道导弹的能力，并将加速发展空基助推段拦截手段。

在空间监视领域，装备新研和部署并重，商业资源开始涌入。 空间监视对空间活动和空间的长期维护至关重要，以美俄为代表的多个国家已陆续开始建造或规划新一代空间目标监视系统，美国 2018 年完成了取代老式 VHF 频段空间监视系统的下一代空间监视系统"空间篱笆"的建造工作；俄罗斯计划在北冰洋沿岸建设大批地基观测站，从而在卫星和空间碎片过境北极地区时提供相关空间态势感知信息；日本宇航研究开发机构（JAXA）2018 年计划研制能够探测约 10 厘米大小空间微小碎片的雷达。同时，一些商业资本公司也看好空间监视领域的发展前景，纷纷出资进行相关技术研发，美国分析图形公司、LeoLabs 公司等都推出了相关系统或计划。

水下预警探测平台和装备迅速发展，生物探测技术有望改变水下战场形态。2018 年，以美国和俄罗斯为代表的海上大国争相研制水下无人潜航器（UUV）平台，稳步装备新型无人反潜舰艇和新型声呐装备。俄罗斯的各类 UUV 开发计划呈井喷之势，美国在演习中检测现有 UUV 的协同作战能力并开发新型无人艇探测平台，日本、法国联合开展新型声呐技术研发。生物传感器为水下探测带来了新途径，DARPA 授出"海洋生物传感器"（PALS）项目合同，旨在利用海洋生物的先天能力来感知探测潜艇和 UUV 行动。

（五）通信与网络建设军民结合趋势明显

2018 年，外军通信与网络领域系统装备的发展平稳推进，在容量、实时性、可靠性等方面不断提高。同时，由于通信领域商业技术的发展极为迅速，军方越来越多地引入商业系统装备和技术，军民结合趋势明显。

在**空间域**，2018 年美国、俄罗斯、日本等多个国家发射了新型军用通信卫星，包括美国空军"先进极高频（AEHF）"系统第 4 颗卫星、俄罗斯"福音（Blagovest）"系列第 2 颗卫星、日本第 2 颗防卫通信卫星"煌 1 号"。美国作为军事卫星通信发展和建设的领跑者，在当前系统建设即将完成的同时，也基本明确了未来卫星通信的发展思路，采用军民融合卫星通信体系，加大商用卫星技术和系统的使用和支持力度。商业领域的高通量卫星、低轨道卫星星座蓬勃发展，军方和业界正在积极开发这些系统的军事应用潜力。空间激光通信技术作为卫星通信领域的一项重要技术受到高度重视，2018 年完成了立方星星地激光通信技术验证。

在**地面域**，美军继 2017 年停止采购"战术级作战人员信息网（WIN-T）"增量 2 等不符合未来需求的多种装备系统后，提出了新的陆军网络现代化战略，克服当前网络复杂度高、存在较多脆弱性并且机动性不足等短板，通过统一网络、建设通用操作环境，提升互操作性和指挥所建设四条任务线（LOE），实现远征不中断任务指挥；

实现一种直观、安全、基于标准且适应指挥官需求并集成到通用操作环境内的网络；实现有保障的、互操作的、可定制的、协同的、基于身份的并且能在作战需要的地方获得的网络能力，同时遵循"停止、修复、转型"思路，继续修复当前作战急需的系统能力，调整了未来的研发及采办路线。地面战术网络现代化过程对云计算、自动化、人工智能和机器学习等商业技术的吸收采纳也充分体现了军民结合的趋势。

在**空中域**，美军机载高速射频骨干网项目取得重大突破，DARPA"100Gbps 射频骨干网"项目成功进行了速率 100 Gbps、通信距离 100 千米的空-地链路演示；欧洲推出了新型安全空中军事通信网络解决方案，未来，高动态环境下的机载网络建设仍是研发的重点。

（六）卫星与非卫星定位导航授时系统共同发展

近年来，定位导航授时（PNT）体系呈现多系统融合发展的特征，2018 年仍延续了这一发展特点，卫星与非卫星 PNT 系统建设共同推进。

美国、欧洲和俄罗斯等国家和地区继续推进卫星导航系统建设。美国加快 GPS 现代化进程，2018 年成功发射首颗 GPS Ⅲ卫星，并启动后续卫星生产项目，同时对下一代地面运控系统成功完成了两轮网络安全测试；欧洲成功发射了 4 颗 Galileo 卫星，完成系统组网并达到初始运行能力；俄罗斯先后成功发射 2 颗 GLONASS-M 卫星，投入使用了新 GLONASS 地面站，扩大全球导航服务网。此外，英国、韩国发布了自主研发建设卫星导航系统的计划。美国基于铱星的 PNT 技术逐步成熟，2018 年 1 月的最新测试结果显示，其授时精度可达纳秒级。

在几大卫星导航系统建设稳步推进的同时，**各种备份系统不断发展**，旨在卫星导航服务拒止环境下为用户提供可靠的 PNT 服务。其中，陆基远程导航一直是美国和俄罗斯等国家关注和发展的重点。2018 年，美国涉及"罗兰"导航系统建设的法案正式立法，俄罗斯积极推进和扩大对"恰卡"（Chayka）导航系统的部署，英国对"增强罗兰"导航系统（eLoran）的发展做了进一步的论证，韩国也启动 eLoran 建设计划。

（七）各国电子战装备加快升级改进

2018 年，电子战装备在全球范围内得到强劲的发展，多个国家列装了新型电子战装备，尤其是俄罗斯推出了一系列电子战新系统，成为全球电子战装备发展的焦点。

美国不断进行电子战装备的升级改进，电子战能力稳步提升。

电子战飞机稳步发展，多国寻求列装电子战飞机。美国海军对 EA-18G "咆哮者"电子战飞机进行重大升级改造，为该机增加基于人工智能的认知电子战能力，并启动了 EA-18G 未来核心载荷 "下一代干扰机" 的低波段干扰能力的研制工作。美国空军积极推进 EC-130H 电子战飞机的载机替换工作，从 2018 年开始将 EC-130H 电子战飞机上的电子系统移植到新的 EC-37B 平台上。俄罗斯宣布正在开发一种新型电子战飞机，可以对卫星实施干扰，并指出该项目目前已经完成概念论证，即将进入开发设计阶段。日本航空自卫队新型 RC-2 ELINT 飞机 2018 年 2 月进行了首飞，同时日本还积极谋求从美国购买先进的 EA-18G 电子战飞机。法国宣布将采购 3 架 "美食家"（Epicure）ELINT 飞机以替代老化的 C-160G 侦察飞机。

机载电子战装备持续升级，空射诱饵成为发展热点。为应对快速变化的威胁环境，各国空军都加快了四代机电子战的升级改进。2018 年，美国海军对 F/A-18 的电子战系统进行了重大升级，订购了 94 部综合防御电子对抗系统。瑞典对 "鹰狮 E" 战斗机的电子战系统进行了改进。8 月，俄罗斯宣布将为 Su-30SM 战斗机装备 SAP-518 电子干扰吊舱，以大幅提高 Su-30SM 战斗机在面对敌方防空系统时的生存能力。此外，空射诱饵取得重大进展，成为机载电子战发展的一个热点。8 月 23 日，美国 MALD 系列中最新的 MALD-X 完成了一系列电子战技术飞行演示。美国空军授出价值 9600 万美元的合同，继续采购 MALD-J。欧洲国家大力发展 "亮云" 诱饵，计划用于 "狂风""台风" 和 "鹰狮" 等战斗机。5 月，英国皇家空军正式批准将 "亮云" 诱饵装备到 "狂风" 战斗机上。

地面电子战蓬勃发展，美俄列装多型地面电子战新装备。2018 年，俄罗斯列装并部署了 "季夫诺莫里耶" 战略电子战系统、"频谱" 车载电子战系统、"撒马尔罕" 电子战系统等新型地基电子战装备，并在多种作战和演习中得以应用。与此同时，美国陆军开始研制面向未来潜在重大作战行动、适应更为复杂作战场景的电子战装备，列装了新型电子战战术车，这是美国陆军旅级电子战分队自成立以来首次具备电子干扰能力。美国陆军还加大了对 "电子战规划与管理工具" 的应用，其中 "能力投放 1" 型已部署于欧洲战场，"能力投放 4" 型系统开始研制。其他国家也高度重视地面电子战装备的研发，在 6 月份主办的欧洲防务展上，法国、捷克、西班牙、芬兰、丹麦等多个欧洲国家都展示了先进的地面电子战装备。此外，日本在 "富士火力" 军演中首次展示并应用了新型车载 "网络电子战系统"。

舰载电子战装备发展有序推进，欧洲多国列装舰载电子战新装备。2018 年，美国海军稳步推进海上电子战装备建设，SLQ-32 系列持续改进，第一批两套水面电子战升级项目（SEWIP）BLOCK 2 电子战系统列装。AN/ALQ-248 "先进舷外电子战"

项目顺利通过关键设计评审，AN/BLQ-10 潜艇电子战系统完成升级。英国皇家海军在"卫士"号 45 型驱逐舰上首次安装了 AN/SSQ-130(V)"舰船信号利用设备""增量F"通信电子支援措施系统，并开始实施海上电子战项目第二阶段的工作。加拿大升级 AN/SLQ-503 舰载电子对抗系统，并计划为 12 艘护卫舰购置和安装"多弹药软杀伤系统"诱饵发射器。法国泰利斯公司推出了新型"殿下-H"通信电子支援措施/通信情报系统。

无人机电子战迅猛发展，电子战反无人机装备稳步发展。2018 年，世界各国都加大了无人机载电子战系统的研发和应用。8 月，美国陆军计划为 MQ-1C"灰鹰"无人机装备"空中多功能电子战"系统。MQ-9B 无人机则集成了"圣贤"电子战监视系统。俄罗斯近年也发展了多型电子战无人机，并在乌克兰和叙利亚战场上进行了应用。2018 年 4 月，俄罗斯宣布将对其最先进的 Korsar 无人机进行升级，配备电子战系统和其他侦察设备。以色列正在为无人机开发新的电子战载荷。土耳其也在大力发展"安卡-I"信号情报无人机。近年来，反无人机成为引人关注的新领域。利用电子战手段反无人机也得到快速发展。2018 年，全球多个国家都推出或完善了反无人机电子战装备。

（八）新技术/设备助力网络空间攻防能力提升

网络空间的攻防离不开新技术、新设备，近些年来，以人工智能、区块链、物联网为代表的技术及设备被越来越多地用于网络空间的攻防能力建设，使得攻防双方处于交替上升的胶着状态。

人工智能、区块链技术逐渐用于网络攻防。2018 年 4 月，DARPA 发布了"人机探索软件安全"（CHESS）项目，利用人工智能技术来发现信息系统的漏洞，这些漏洞既可以用于及时形成补丁提升网络安全，也可以为网络攻击部队提供情报支援。同年 8 月，DARPA 还授予英国 BAE 系统公司"大规模网络狩猎"（CHASE）项目合同，利用计算机自动化、先进算法和新处理标准实时跟踪大量数据，帮助锁定网络攻击，为后续的溯源和反击提供支撑。除人工智能技术外，区块链技术由于在可溯源方面的巨大优势，也开始被应用到网络安全领域，用以保护网络资产的安全。2018 年 5 月，安全公司 Xage 称其开发出一套基于区块链技术和数字指纹技术的防篡改系统，以保护工业物联网（IIoT）资产。

物联网设备成为众多网络攻击者新目标。2018 年分布式拒绝服务攻击发展迅猛，其中以物联网设备为反射点的简单服务发现协议（SSDP）反射放大攻击是其重要手段之一。同时 2018 年针对物联网和网络设备的恶意病毒层出不穷，包括 2017 年几乎波及全球的"未来"（Mirai）恶意软件的新变种、首个能在设备重启后存活的"捉迷藏"（HNS）物联网僵尸网络恶意病毒、支持启动持久性功能的 VPNFilter 物联网恶意软件等。可以预见，利用物联网设备构建僵尸网络以实施分布式拒绝服务攻击将在较长一段时间内成为网络攻击的主要手段。未来网络攻击者有可能将僵尸网络与人工智能技术结合起来，进行更加灵活、隐蔽的分布式拒绝服务攻击。

美国打造网络空间作战统一平台。2018 年 10 月，诺斯罗普•格鲁曼公司赢得"统一平台"项目合同，负责该项目的开发、集成、列装和维护工作。虽然美国官方并没有明确"统一平台"项目的具体内容和能力，但外界普遍认为，该平台其实相当于网络空间里的"航空母舰"，里面搭载了用于实施网络攻击和防御的各种能力。从作战的角度看，"统一平台"项目通过为各种能力提供接入、显示、控制平台，为有效遂行网络作战任务提供全面的保障能力。

关键基础设施成为网络攻击的高价值目标。2018 年 3 月，美国表示俄罗斯网络黑客正在攻击美国关键基础设施，其中包含了能源网、核设施、航空系统以及水处理厂等，这也是美国方面首次公开确认遭到基础设施网络攻击。同年 3 月，美国陆军中将在一份参议院书面证词中提到，美国军方计划对敌方基础设施进行网络攻击，并称这是对中国和俄罗斯进行威慑战略的一部分，让其看到美国有关闭或破坏其基础设施的能力，这也是美国首次公开讨论针对外国基础设施的网络攻击能力。关键基础设施已成为网络空间作战的高价目标以及制胜关键。

网络演习频繁且更加紧贴实战。2018 年 1 月 30 日至 2 月 2 日，北约网络合作防御卓越中心（CCDCOE）在拉脱维亚举行"2018 十字剑"演习，这是北约第一次在不同的地理位置同时进行多项动能和网络作战。4 月，美国国土安全部举行了"网络风暴 5"演习，重点关注交通运输和关键制造业，同时还融入了模拟的社交媒体平台，用包含软件漏洞报告在内的信息轰炸参与者。4 月，北约网络合作防御卓越中心在爱沙尼亚塔林举行全球最大规模的"2018 锁盾"网络防御演习。此次演习以俄罗斯攻击北约网络目标为背景，重点是保护关键服务和关键基础设施，模拟对电网的数据采集与监控（SCADA）系统和变电站、4G 公共安全网络、军事监控无人机和控制无人机操作的地面站等实施攻击。5 月，美国国民警卫队举行了"2018 网盾演习"，模拟承包运输行业基础设施的私营企业网络系统遭遇黑客入侵。9 月，美国空军网络司令部及美国欧洲司令部与黑山进行网络防御安全协作演习，共同促进网络能力建设，并震慑俄罗斯不要扰乱民主进程。

三、基础领域取得多项突破，为军事电子发展提供战略支撑

随着大数据、云计算、无人系统、智能技术在武器装备中的应用，需要存储的信息数量和处理速度都呈现爆炸式增长，高性能、高集成、低功耗成为迫切需求。伴随着晶体管尺寸不断缩小至物理极限，集成电路可制造型和可靠性面临巨大挑战。2018年，基础电子元器件发展活跃，各种技术进展迅速，在新型材料、新架构、新工艺以及前沿技术探索等方面取得了重要进展和突破，主要体现在：宽禁带半导体技术日趋成熟，市场不断扩大，多款雷达、电子战、5G 通信等应用领域的产品问世，应用化水平进一步提升；雷达用微波光子技术进入实用化阶段，毫米波 3D 成像技术发展迅速，应用前景广阔；应用毫米波行波管实现高速传输，显著提升机载传感器可收集的数据量，缩短数据利用时间；新兴技术继续推进电子元器件微细化和高性能，新结构助推高性能光电探测器件发展；低功耗感知获突破，柔性器件推动军用可穿戴智能装备发展；后摩尔时代新计算芯片进展迅速，多款神经芯片推出，为传统计算技术带来变革。

（一）微电子：进入多路径发展时代，多项研究计划引领技术方向

随着技术的发展，半导体集成电路逐渐接近原子极限，通过降低晶体管尺寸提高芯片集成度进而提升电路性能技术难度大、成本高，所以急需寻求新的技术路径和方法，须在新材料、新工艺、新架构等方面保持持续创新。2018 年，微电子领域继续沿着"延续摩尔定律""超越摩尔定律""超越 CMOS"三个方向，进入多路径发展时代。

在延续摩尔定律方面，加工工艺进入 5 nm 以下；麻省理工学院研发出新的微加工技术，制造出迄今最小的晶体管，根据测量记录达到 2.5 纳米线宽。在超越摩尔方面，异质/异构集成技术持续发展，3D 芯片技术获得突破，英特尔推出采用异构堆栈逻辑与内存芯片的新一代 3D 封装芯片，96 层 3D NAND 闪存芯片已经量产；石墨烯、碳纳米管等新材料利用技术日趋成熟。在超越 CMOS 方面，谷歌推出 72 量子比特的"狐尾松"（Bristlecone）量子处理器；英特尔发明的磁电自旋轨道（MESO）逻辑器件，相较于目前的互补金属氧化物半导体（CMOS），有望把电压和能耗分别降为原来的五分之一和十分之一。

美国"电子复兴"计划持续推进中，2018 年 7 月 DARPA 在首届"电子复兴"计划峰会上，宣布了六大项目合作研究团队，涉及单位达到 42 个；2018 年 11 月 1 日，DARPA 宣布"电子复兴"计划进入第二阶段。在新阶段，投资规模将持续扩大，将在第一阶段的基础上推动美国本土半导体制造业向专用集成电路方向转变。特朗普政府发布的 2019 年总统预算中，DARPA 在超越缩微领域新设立了三个大项：超越缩微科学、超越缩微技术和超越缩微先进技术，通过三个大项下的项目群构建了后摩尔时代 DARPA 的体系整体发展构架，2019 年首年总体预算达到了 2.977 亿美元。

DARPA 与美国 30 余所高校合作创建 6 个大学联合微电子项目（JUMP）专题研究中心，研究 2025 年到 2030 年基于微电子的颠覆性技术，总投资预计约 2 亿美元。JUMP 计划是 DARPA 和行业联盟半导体研究公司联合资助的最大的基础电子研究工作。研究内容都是半导体和国防工业以及国防部系统开发的关键技术，目标是大幅度提高各类商用和军用电子系统的性能、效率和能力。

2018 年 1 月，DARPA 启动专为多波束定向通信研发的"毫米波数字阵列"（MIDAS）项目。项目为期四年，预计分为三个阶段，总投资 6450 万美元。目标是研发出 18GHz～50GHz 频段的多波束数字相控阵技术，将移动通信提高至不太拥挤的毫米波频段，实现移动平台的相控阵技术，增强军事平台之间的通信安全。

欧盟在 2018 年 1 月启动了为期 36 个月的"硅基高效毫米波欧洲系统集成平台"（SERENA）项目，为毫米波多天线阵列开发波束成形系统平台，并实现超越主流 CMOS 集成的混合模拟/数字信号处理架构的功能性能。

2018 年 9 月，欧盟启动"5G GaN2"项目，项目目标是作为 5G 蜂窝网络的关键技术，实现 28GHz、38GHz 和 80GHz 的演示样品。将采用先进的氮化镓技术，实现最大输出功率和能效效果。此项目将大幅降低毫米波通信的成本和功耗，并增加天线系统的输出功率。

（二）微系统：技术发展深刻改变装备形态，推动作战模式变化

DARPA 发展微系统的初衷是针对敌人创造科技突破，拥有对作战对手压倒性的技术优势。美国国防部高度重视微系统，认为微系统技术在 21 世纪军备竞赛中具有重要的战略性意义，被列为 DARPA 的发展战略重点之一。

2018 年 1 月下旬，DARPA 微系统办公室（MTO）启动一项为期四年的新项目——"毫米波数字阵列"（MIDAS），目标是研发出数字相控阵系统的组成单元，支持下一代国防部用小型和移动系统。该集成能力将支持该技术在多个军事平台上的应

用，包括在战术平台及现有和未来卫星间的视频通信。2018 年 11 月，美国国防部宣布授予雷声公司 1150 万美元的合同，为 MIDAS 计划第一阶段提供研发支持。DARPA 旨在通过 MIDAS 项目发展工作在 18～50GHz 频段的多波束数字相控阵技术，以加强军事系统之间的安全通信能力。雷声公司将为 MIDAS 项目研发数字架构和带有收发组件的可扩展孔径。为了实现这个目标，MIDAS 将聚焦于两个主要技术领域。第一个领域是研发硅芯片来组成阵列块的核心收发机；第二个领域是聚焦于研发宽带天线、T/R（发射/接收）组件，以及系统的整体集成，该集成能力将支持该技术在多个军事平台上的应用，包括在战术平台及现有和未来卫星间的视线通信。项目为期四年，预计分为三个阶段，总投资 6450 万美元。

DARPA 在 CHIPS（通用异质集成和知识产权重用策略）项目中，通过构建全新的微系统集成架构和基于 IP 复用的集成方法，提升三维异构集成技术的经济性、可使用性和可获得性，使三维异构集成可被快速推广到更多的应用领域。该架构和方法将受知识产权保护的微电子模块与其功能整合为射频、光电、存储、信号处理等"微型管芯零件"，这些"零件"可以任意整合，如拼图一样快速构建"微芯片零件组"，实现复杂功能。该项目也是 DARPA "电子产品复苏计划（ERI）"的一部分。鉴于该项目的特殊性，CHIPS 项目由 12 家合同承包商共同承担，其中包含了大型防务公司（洛克希德·马丁公司、诺斯罗普·格鲁曼公司、波音公司）、大型微电子公司（英特尔公司、美光公司、铿腾公司）、半导体设计公司（Synopsys 公司、Intrisix 公司、Jariet 公司）和大学研究团队（密歇根大学、佐治亚理工学院、北卡罗来纳州立大学）。

美军最近推出的网络单兵作战概念，通过微系统集成能力，使每一个单兵都成为整个战场网络的一个节点。2018 年 11 月 30 日，美国 DARPA 网站发布消息，"分队 X 试验"项目首次试验成功。试验中演示了处于"网络连接边缘"时采用空中和地面自主平台探测来自物理、电磁和网络等多个领域的威胁，有效扩展和增强小型步兵分队和单兵的态势感知能力，为分队在各种作战行动提供重要情报，可最大限度提升分队战斗力，使一个分队就能完成正常情况下一个排的任务。"分队 X 试验"项目的首次试验成功，预示美军迎来单兵/分队作战的新时代。

总之，国外军事电子微系统装备主要朝两个方向发展：一是微系统的发展催生出大量微系统形态的微型武器，泛在信息感知无所不在，微型无人集群作战大行其道，单兵作战模式深刻改变；二是微系统作为核心功能单元嵌入宏系统，促进传统武器更加智能化、多功能化，促进装备跨代发展，战争胜负天平更加向技术优势方倾斜。

（三）光电子：新技术助推高性能，新应用牵引新器件

2018 年，光电子领域新器件、新材料不断涌现，新技术不断升华，应用范围、深度和广度继续拓展。

新器件结构被不断提出，提升探测器的性能。采用 2D 微米/纳米孔阵列缩短探测器的响应时间；采用上下两个光电二极管（PD）的像素设计使图像传感器具备同时光伏供电和成像的能力；致冷和非制致冷碲镉汞（HgCdTe）红外焦平面像元间距分别缩小到 6 微米和 10 微米、氧化钛（TiOx）红外焦平面像元间距缩小到 12 微米。随着研究的不断深入，InAlAs 数字合金、InAlAsSb 数字合金等新型半导体材料在低噪声、大增益带宽积、宽波长响应范围等方面显示出极优秀的特性，有可能成为 Si、Ge 甚至 InGaAs 的潜在替代材料。美国"重要红外传感器技术加速"（VISTA）计划已经开发出包括中波、长波、甚长波以及双波段红外探测器，较小阵列规格的 II 类超晶格红外探测器已经开始得到应用。二维材料应用于光电探测器，可实现超高的单项性能指标，如覆盖从紫外到红外甚至太赫兹波段的高灵敏探测、超快响应速度、高响应度等。

新应用促进新型器件的研发。量子通信等光子计数应用使单光子探测器及阵列成为研究热点，要求 InGaAs 和 HgCdTe 单光子雪崩光电二极管（SAPD）向高光子探测概率、低暗计数率、低后脉冲概率、短死时间发展。3D 成像采用 1550 纳米人眼安全波长可允许使用更高输出功率的激光，提升系统整体性能。目前已开发出一些较小规格的面阵和线阵，如 32×32 元 APD 阵列、16 元 pin PD 线列。

（四）真空电子：探索新型先进加工技术，微型化、集成化成为重点

2018 年真空电子领域主要探索新型加工技术，器件的微型化、集成化成为发展重点。为了应对国防和经济建设的紧迫需求和固态器件的竞争压力，真空电子技术一直在寻求创新发展。由于传统微波频段的频谱已经十分拥挤，必须开辟毫米波及太赫兹频谱。毫米波及太赫兹频段具备大工作带宽优势，可以带来信息传输容量和速率的提升、成像分辨率的增强，是高速无线通信、视频合成孔径雷达、电子战等领域的必然发展方向。

当工作在毫米波及以上频段时，真空电子器件及所有组件（例如高电流密度阴极、慢波结构等）的尺度都变得很小，超高精度对中变得更加重要也更为困难，已经不能

再使用常规的加工技术。为了应对这些挑战，DARPA 正通过支持 INVEST 项目来寻找利用全新的、更先进的加工技术的方法，如增材制造（采用数字三维设计、通过材料沉积构建组件的方法）。

目前的研究集中在：①解决 3D 打印技术在毫米波尺寸范围建模分辨率方面的限制；②增材加工材料性能与真空电子器件的特殊要求的兼容性。在 2018 年国际真空电子学会议上，美国海军实验室（NRL）首次展示了利用 3D 打印技术加工慢波结构的最新进展。美国海军实验室设计了一种通过 3D 打印制造行波管慢波结构的塑料模具，然后利用电铸工艺从该模具中制造出实体铜质慢波结构的方法，并通过该方法加工了一支工作频率在 90～100 吉赫兹的 W 波段折叠波导行波管慢波结构。

信息系统的发展要求真空电子器件的发展遵循微型化/集成化/组件化的发展趋势。行波管的小型化、集成化可以通过多种形式实现，首先是实现行波管的小型化、集成化，探索平面化、新型慢波结构，并实现集成。目前重点发展对现有的 Ka、Q、V、E、W 波段行波管的小型化、集成化和批量化制造。

为了使现有行波管应用于有源相控阵系统，必须进一步缩小体积或实现集成化，满足有源相控阵天线阵元间距小于 1/2 波长的要求。可采用如下方法：①整管尺寸的进一步缩小、缩短和设计成通信、雷达都可用的线性放大器；②采用多电子注、多管集成；③采用曲折线等新型慢波结构。2018 年 4 月，美国海军实验室展示了其在四注小型化折叠波导行波管设计方面的研究进展。相比于单注行波管，通过采用多注电子枪和将多个电子注传输通道置于同一个周期永磁聚焦系统内，在注电压相同时，可以提高行波管的输出功率。

（五）传感器：突破传统思维，积极拓展应用领域

2018 年传感器领域依然呈现出比较活跃的创新态势，除了应用层面的需求动力之外，顶层规划牵引以及新材料与纳米技术的进步都对传感器技术领域的技术创新起到了积极的推动作用。

美国"电子复兴"计划 ERI 将 DARPA 的近零功耗项目列为持续支持对象，推动了近零功耗传感开关项目取得重大进展，ERI 基于构建未来技术体系强调设计理念的创新。继 2016 年、2017 年在射频传感开关、光谱传感开关技术方面取得了重大突破后，2018 年又在声传感开关技术方面取得重要技术突破，至此，围绕"近零"功耗的传感开关技术已形成谱系布局（覆盖光谱、射频、电磁波谱及物理低频声谱等），具备了全域感知技术基础，该项技术突破的意义在于基于 ERI 思想的理论、技术、

应用体系的可行性得到了验证。

2018 年传感器技术领域的技术发展表现出几个特点：一是传感器设计理念发生变化，出现了以能量传感以及传感器开关为代表的新型近零功耗感知微系统设计理念与工作机制；二是针对多域作战，无人平台、个体能力的增强进一步推进多元传感器功能集成技术，尤其是单片集成技术有了重大突破，市场对于多种传感元件集成的需求正在高速增长，分立式 MEMS 器件市场增长开始放缓，从市场表现上印证了传感器集成化技术发展趋势；三是柔性传感技术取得多项技术突破，包括基于纳米图案技术的新型敏感机制、能量收集与自供能超柔性传感器、石墨烯等新材料传感器、柔性编织工艺技术等；四是多维材料与纳米工艺的技术进步推动了传感器技术的原始创新，设计尺度的微纳化使光学技术很好地融入了传感设计技术中，出现了各种极限测量能力；五是在海洋领域信息感知方面的进展，出现了很多基于生物融合与仿生传感概念的水下多元信息探测新技术概念。

四、前沿技术应用愈广愈深，引导军事电子能力变革

（一）量子信息技术推动计算、传感、导航能力颠覆式提升

量子信息技术是当前最具颠覆性的前沿技术之一，为计算、传感、导航等诸多领域带来新的机遇，并为世界新军事变革提供强大动力。

量子计算的强大算力可在战场规划、组织决策、后勤保障等方面发挥巨大作用，2018 年"量子霸权"（即量子计算设备解决传统计算机不能解决的问题的潜在能力）争夺依然激烈。1 月，英特尔公司展示了 49 量子比特的超导量子芯片；3 月，谷歌公司发布了 72 量子比特的量子处理器"狐尾松"；3 月，Rigetti 公司公布了可用于云访问的 19 量子比特芯片。

量子雷达是基于量子力学基本原理、主要通过收发量子信号实现目标探测的一种新型雷达，具有探测距离远、可识别和分辨隐身平台及武器系统等特点。2018 年 4 月，加拿大滑铁卢大学研究人员宣布开发量子雷达技术，可穿透强背景噪声，将包括隐身飞机和导弹在内的目标以极高的分辨率识别出来；9 月，英国约克大学研究人员在第 15 届欧洲雷达会议上宣布开发出量子雷达样机；11 月，俄罗斯无线电技术与信息系统联合企业对采用量子无线电技术的试验雷达进行测试，成功完成探测与跟踪空中目标的任务。

量子导航是利用基于量子精密测量的陀螺及惯性导航系统来进行导航，具有高精准、抗干扰等优势。2018 年 11 月，英国帝国理工大学在国防部支持下研发出世界首款量子导航设备，通过量子加速计测量物体速度随时间的变化，结合物体起点数据来计算所处的新位置。该设备完全独立于基于卫星的导航系统，不依赖任何外部信号即可实现导航功能。

（二）智能技术融入辅助决策系统，支撑作战指挥智能化发展

智能技术赋予辅助决策系统以快速融合、正确判断与精准执行的能力，让决策指挥效能成百上千倍地提升，并拥有极大的发展潜力。

2018 年 1 月，美国空军研究实验室启动"用于数字企业的多源利用助手"（MEADE）项目，旨在开发一种虚拟助手来帮助分析人员处理大量复杂情报数据。该虚拟助手不仅能基于已有信息源回答基于事实的问题，还能以对话形式为分析人员提供信息。4 月，DARPA 发布"罗盘"（COMPASS）项目公告（BAA），旨在开发一种应对"灰区"威胁的决策支持系统，帮助战区级联合作战司令部指挥官识别对手真正意图、进行正确高效决策；5 月，美国国防部 Maven 人工智能项目启动满 1 年，所开发的算法已在中东及非洲多地投入使用，从"扫描鹰""死神"无人机搜集的海量数据中识别关键目标，将原始数据转化为可供指挥官做出作战决策的情报。

（三）太赫兹技术为雷达、通信等领域赋予新能力

太赫兹波是指电磁频谱中介于微波和红外之间的电磁波，既具有微波频段的云雾透视性，又有红外波段的高分辨率和成像速度，具有优于红外的环境适应性和优于微波的工作性能。太赫兹一度是人类对电磁频谱研究的空白区域，但随着技术的发展，太赫兹在雷达、通信、材料科学等领域的优越性逐渐显现。太赫兹技术在军事领域也具有广阔的应用前景，将为战场侦察、精确制导、反隐身、军事通信、电子对抗等提供新手段、赋予新能力。

DARPA 牵头开发的 ViSAR 太赫兹雷达在 2018 年 4 月举行的 IEEE 国际雷达会议上进行更为详细的展示。ViSAR 工作在 235 吉赫兹频段，研制的主要目的是解决烟雾、沙尘等恶劣战场环境下空地支援作战面临的信息不连续、不清晰问题。ViSAR在多次飞行试验中都显示了良好的地面动目标指示能力，生成了优异的 SAR 图像，验证了该频段的作战和射频性能。ViSAR 进入部署应用后，将显著提高有人机和无

人机对地打击实时战术态势感知能力。

在太赫兹通信方面，2018 年，泰克公司联合法国电子、微电子及纳米技术研究院（IEMN）演示了通过单载波无线链路实现 100 吉比特/秒的数据传输速率。演示采用了先进的数据编码、太赫兹光子学及宽带设备和线性设备，根据最新发布的 IEEE 802.15.3d 标准，在 252 吉赫兹至 325 吉赫兹频段实现了超快速无线连接。

（四）定位导航授时技术推陈出新，为深空、室内导航提供解决方案

传统卫星导航系统作为定位导航授时（PNT）体系的核心，2018 年在系统建设与应用方面继续推进。但卫星导航系统具有易受物理遮蔽和信号脆弱等弱点，在室内、地下、隧道、水下、高山或城市峡谷等环境中应用受限。2018 年，各国加强研发新型定位导航授时技术，在天文导航、视觉导航方面取得突破，为深空探索、室内飞行等任务提供时空信息保障。

2018 年，美国国家航空与航天局（NASA）在空间环境中成功开展多次"空间站 X 射线授时及导航技术探测器"（SEXTANT）项目演示，验证了可使用毫秒脉冲星精确确定以每小时数千公里速度运动的物体位置。该技术将大大提升 NASA 未来非载人航天器对太阳系及以外太空进行探测的能力，为未来深空探测任务提供关键保障。

2018 年 7 月，DARPA"快速轻量自主"（FLA）项目成功完成第二阶段飞行测试，该项目开发的视觉辅助导航技术可使小型无人机在不依赖 GPS 导航以及外部操作员或传感器通信的情况下自主执行任务，在城市户外和室内自主飞行场景下都取得了重要进展。美国陆军航空导弹研发工程中心（AMRDEC）和雷多斯公司（Leidos）公司在 MQ-1C"灰鹰"无人机上对基于视觉的导航技术（VBN）进行了飞行测试，结果表明视觉导航生成的位置测量是精确的，具有极高的置信度。雷多斯公司（Leidos）在美国陆军坦克自动化研发中心（TARDEC）支持下，还在开发视觉综合空间评估器（VISE），这种导航系统能够充分利用可用信息源，在 GPS 拒止条件下，为地面平台提供高精度的位置信息。

（五）认知电子战技术研究不断深化，初期成果即将实现平台应用

美国近年来开展了包括"自适应雷达对抗"（ARC）和"基于行为学习的自适应电子战"（BLADE）等多个认知电子战研究项目，并且取得了阶段性成果。2018 年，美军已经着手将认知电子战技术集成至作战平台，认知电子战实战化部署拉开序幕。

　　2018 年 4 月，美国海军授予诺斯罗普·格鲁曼公司一项合同，为 EA-18G 电子战飞机开发机器学习算法，通过引入人工智能，提升其电子战作战能力，首批改进后的 EA-18G 有望在 2019 年交付。5 月，美国海军航空司令部选定将雷多斯公司研发的"自适应雷达对抗"技术用于 F/A-18 "超级大黄蜂"战斗机，通过机器学习算法实现对未知雷达的实时探测与干扰。认知电子战在即将进入实战应用阶段的同时，相关研究也更加深入广泛。2018 年，美国陆军开展了"人工智能和机器学习技术、算法和能力"项目，DARPA 进行了"射频机器学习系统"（RFMLS）项目研究，以开发新的由数据驱动的机器学习算法，有望将对射频频谱的理解提升到一个新的水平。

（中国电子科技集团公司发展战略研究中心　彭玉婷　方芳　李硕　王龙奇　王传声）

重要专题分析

城市作战成为未来战争热点

2018 年 8 月，美国国防高级研究计划局（DARPA）启动"长发公主"项目，寻求利用轻型超高强度材料和先进制造技术定制战地工程系统，增强小型地面部队在城市作战中的机动性和生存能力；同月，加拿大政府与库比克全球防务（CGD）公司签订合同，将"城市作战培训系统"（UOTS）纳入"加拿大武器效应模拟"（CWES）环境中，致力于打造世界上最先进的 UOTS，提升陆军城市作战能力。此外，英国、德国等国也瞄准未来城市作战，投入大量资源，部署了相关支撑项目，涉及战场态势感知、无人系统作战、多域融合、战地保障等方面。城市作战已成为未来战争热点。

一、城市作战是未来战争重要形态

城市作战伴随着人类文明的发展，在各类作战形式中地位愈加凸显，这主要得益于城市在政治、经济、文化等方面的不可替代作用，是战争争夺的目标实体。城市作战作为现代战争的主要形式之一，并不是一个新名词，据统计，第二次世界大战（二战）中欧洲战场发生在城市的战争约占 40%，二战后美国海军 200 多次涉外军事行动中，90% 与城市相关。

未来的作战活动将更多地集中在城市，尤其特大城市将成为战争的主要战场之一。北大西洋理事会预测 2030 年超过 60% 的世界人口将居住在城市，千万人口以上的特大城市将达到约 41 个；美国《国家防务杂志》报道称，美国空军参谋长戴维·戈德费恩预计到 2050 年，全球 80% 的人口将在城市中生活，人口超过 1000 万人的特大城市将增加到 50 个。

英国《经济学人》2018 年 1 月刊文称，根据未来战争的演变特点，未来战争发生地点大概率为城市。未来城市作战直接关系人民安危、国家存亡。2018 年 7 月 15 日的英国《星期日泰晤士报》就认为，即使英国陆军、德国联邦国防军由于预算等原因，资源严重不足，但对于城市作战这类不可避免的焦点冲突，也应长期发展。

目前，世界主要军事强国已充分认识到城市作战的重要性，针对城市作战，或颁布作战条令，或布局研究项目，或开展针对性训练。美国是全世界对城市作战研究投入最大的国家，在城市作战方面布局全面且务实：

（1）2016 年，美国陆军训练与条令司令部 G-2 未来部门主任汤姆·帕帕斯就表示，陆军已开始为未来城市作战进行规划，并将亚洲和非洲的特大城市作为典型开展研究。从美国公布的 2014 年和 2030 年全球特大、超大城市名单来看，中国的北京、上海、广州、深圳、天津、重庆等均在此行列。

（2）DARPA 近年来从战场态势感知、蜂群作战、多域融合等城市作战相关前沿技术方面密集开展研究工作，资助了"进攻性蜂群使能战术""智能子弹"等项目。

（3）2017 年 12 月 7 日，美国陆军出版处及海军陆战队共同发布新版《城市作战》手册，提供了有关城市作战的相关概念与技术，向指挥官和相关人员阐明策划、执行城市作战时所需的具体信息，指导未来城市作战。

（4）在战争准备方面，从 2017 年底开始，为在世界人口密集的超大城市地区进行大规模地下空间作战，美国投入约 5.72 亿美元，31 个现役作战旅中的 26 个均得到了训练和装备。

此外，其他国家也结合自身实际及城市作战的特点，调整发展重点，资助相关项目研究，"实地+模拟"训练作战人员，强化进攻、防御、机动及防护能力。

二、城市战场特点对作战构成重大挑战

城市人口、建筑密集，与传统开阔地域作战千差万别，由于被打击目标易隐蔽，且可利用稠密人口掩护作战，传统空中力量、精确制导武器等战争利器，在城市作战中表现差强人意。例如，美军作为全球头号军事强国，包围和孤立并不算大城市的摩苏尔，竟花费数月之久，战争后期，该城西部几乎完全被毁，在废墟之上，美军所谓的高科技武器难以发挥效力，突击部队主要以推土机开路对抗 ISIS 成员，让人大跌眼镜。本文结合科技发展，根据城市作战具体特点，总结了城市战场特点给作战带来的八大难点。

（一）正面攻击占领难

城市作战易守难攻，具有"天然的非对称性"。现代城市作战主要依托于街巷纵

横的城市展开战斗，而防守方对高大/坚固/密集的建筑物、设施复杂地下工程等极为熟悉，且根据城市作战特点有相应预案，战争天平天然向防守方倾斜。英国《星期日泰晤士报》2018 年 7 月曾刊文指出，高楼林立区域的战事造成的部队伤亡远超指挥者的想象，攻方也会失去其在武器、机动性和训练等方面的诸多优势，并直言，城市中的防守方对攻方具有 10 比 1 的优势。

（二）定点清除敌人难

城市作战中，被攻击方极易潜伏于普通民众中，传统精确打击武器无法识别特定目标，进行定点清除，如动用空袭等大规模杀伤战法，会造成无辜平民的伤亡，易造成人道主义灾难，由此会带来政治和道义上的风险。例如，俄军当前在叙利亚战场打击极端分子，主要采取"情报引导+战机空袭"的作战模式，由于情报误差、疏散民众不利等原因，往往造成平民伤亡，被美国等其他国家指责。

（三）侦察探测预警难

未来城市高楼林立、地下交通管线密布，借助卫星、雷达等传统侦查探测手段已无法获取想要的情报信息，对于作战态势将无法准确感知，预警难度大。例如，当前网络技术的快速发展，延伸了战场范围，并使作战环境更加复杂，如何有效甄别战场上敌方和平民网络信号，尤其在对手放弃军用通信手段，直接使用民用网络时如何有效辨识，在信息迷雾中准确挖掘作战情报，对作战人员提出了很高要求。

（四）连续高效通信难

不同于开阔区域，城市密集的建筑群会形成对电磁等信号的遮蔽，在作战中，极易形成一个个的"信息孤岛"，难以在联合作战中进行连续高效的通信；同时，当前借助于 GPS 等外源定位导航授时的方式，由于诸如"城市峡谷"等造成电磁信号接收困难，也无法进行有效的定位导航授时，影响作战效果。

（五）立体多维防护难

目前，随着人工智能、无人化、网络信息等技术的快速发展，作战力量更加单元化，战争规模日益小型化，这大大提升了城市作战的技术含量。在重火力、高科技受到极大约束的城市中，城市游击作战和恐怖活动更便于展开，建构立体化多维防护体系，应对各类有可能发生的攻击是一个系统工程，是作战人员亟待解决的体系性难题。例如，许多新兴技术也将为敌人所利用：智能手机通过加密通信，可以欺骗美军的 ISR 平台；从亚马孙购买的四旋翼无人机可以发回敌方阵地的实况视频；商用无人地面车辆可以安装简易爆炸装置。

（六）快速机动响应难

城市密集的建筑、纵横的街道，对于防守方是防御工事，但对于进攻方却是障碍，对于地面快速机动造成很大困难。传统的空中快速机动，并不能直达建筑物内部或地下空间，时间上的滞后，将造成战机的延误。此外，对于在地下空间的机动来讲，既有管线的天然障碍限制，也缺乏有效的机动交通方式，很多时候只能采取单兵潜入的方式，效率低下。影响作战效能的实现。

（七）精确打击毁伤难

在城市作战中，指挥官缺乏针对特定目标的精确打击手段，常常引起附带损伤，这种损伤既有对基础设施、建筑物的损坏，也包括对非战争参与人员的生命威胁。附带损伤将直接影响作战行动，迫使作战指挥官克制，并力求精确打击，这显然将影响作战进程，甚至决定战争的胜败。

（八）推演训练演习难

针对城市作战开展针对性训练，是打赢城市作战的必经之路。模拟逼真的城市作战环境，应具备建筑、人口稠密等基本特点，但这显然是很难实际实现的，所以开展实地训练难度大；退一步，即使进行战争推演，或借助 VR/AR（虚拟现实/增强现实）等技术进行训练，也需要大量的开发成本。如不能有效地开展针对性训练，赢得城市作战的主动，也不过是一句空谈。

以上八大难点仅是城市作战诸多作战困难的一部分，再比如信息协同、跨域指控、战地保障等方面也面临诸多挑战，因此，打赢未来城市作战不能仅仅依靠某一体系装备，需要结合科技发展与作战诉求，全面布局，重点突破。

三、城市作战重点关注战场环境及技术发展

当前，对城市作战的研究布局，既包括对特定战场的研究，如特大城市、濒海城市、地下空间等，也包括对具体技术装备的研发，如态势感知、多域融合、无人蜂群作战、虚拟训练环境构建等；此外，还有对"快速决定性作战""战争磁石"等战法的研究，如图1所示。

图 1 城市作战关注的重点领域

（一）扩展城市作战空间，典型环境重点布局

城市类型多样，且包含众多元素，未来城市作战并不仅限于城市巷战等传统作战样式，作战空间在进一步扩大，包括特大城市作战、地下空间作战及濒海城市作战等。

美国陆军曾发布《特大城市与美国陆军》专题报告，联合部队司令部也曾发布《2027 年城市作战联合一体化构想》，这一方面标志着美军在特大城市作战方面理论已成熟，另一方面也引发了研究热潮。美军《联合城市作战纲要》认为，城市是"战争和战役的重心"，夺取大城市就赢得了战争。美国陆军训练与条令司令部就将亚洲、非洲的一些城市作为特大城市代表进行研究，其中不乏中国的很多城市。在特大城市作战比过去面临的任何作战都要复杂，其破坏性、残酷性也将超越当前战争，当前优势技术手段面临失效的窘境，进攻、防御、机动、舆论及防护能力，面临新的挑战。

地下空间是城市的有机组成部分，是继外太空、海洋之外的人类开拓的第三大领

域，美国部分学者甚至将地下空间称为继陆、海、空、天、网、电之后的第七维作战域，是美国陆军规划的重中之重。很多城市具有相当大规模的地下空间，地下设施具有天然的军民融合特性，包括商用营利性、公共服务性、军事城防性等，如华盛顿市的地下车库在战时可掩蔽人口高达该市的 50% 以上，以色列地下工事甚至能够容纳全国 100% 的人口。态势感知是地下空间作战的制约因素之一，为此，DARPA 2017 年底启动了"地下挑战赛"，寻求新型技术方案，在真实地下环境中快速实现测绘、定位导航等。态势感知、自主、机动、联网四个技术领域被重点关注，开展三场预赛和一场决赛，最终决赛将于 2021 年举行。

当前，全球人口呈现濒海集聚的特点，濒海城市已成为人类重要的生存空间，涉及濒海城市的作战也与传统陆地作战不同，具有天然的多域联合作战特性，且随着技术全球化发展，在濒海城市中世界各国应用了更多先进技术，技术差距不断缩小。为此，2017 年 6 月 DARPA 公布了其对于濒海城市作战的新构想计划，启动了"远征城市环境适应性作战测试平台原型"项目，重点为未来最有可能发生战争的沿海城市探索作战概念。项目综合运用新型数字化设备以及高度集成化的虚拟现实测试技术，探索并检验各种新型作战装备和概念，帮助美军在复杂城市环境中重建技术优势。该项目包含两个重点：能在平板电脑和个人便携数字设备上运行的软件，根据需要与各类战场单位相连接；全新开发的互动式虚拟现实测试平台，用于演练多域联合作战理念。

（二）作战系统向无人化、小型化发展，新型技术持续发展

近年来，美军一直在加强无人作战系统在城市作战中作用的研究，可以预见，一批由无人作战系统组成的"机器人军团"，势必在城市作战中发挥主导作用，将对城市攻防产生更加深刻的影响。

当前，DARPA 正积极推动无人系统蜂群作战技术的研发，并寻求解决蜂群战术面临的众多难题。

（1）"基于集群技术的打击战术"项目，旨在通过分布式感知、分布式计算与分析以及集群自适应行为等新技术，研究无人系统集群在城市及城镇区域作战的运用方法，以增强地面部队远距离发现威胁和城市侦察能力。

（2）"快速轻量自主"项目旨在研究部署"掌心"迷你无人机，借助自身携带的各种传感器和设备，如高分辨率摄像机、激光雷达、声呐或惯性测量装置，在没有GPS 等常规导航手段的复杂环境下自主导航飞行，快速搜集态势感知数据。

美国陆军司令米勒支持开发体型更小但装甲性能更好、适应城市街道环境的坦

克，以及旋翼直径更小、可在建筑物之间穿梭的直升机。此外，小鸟或昆虫般大小的迷你型无人机，可在建筑物外盘旋或潜入建筑物；"智能子弹"是配备更加精确小型武器的无人侦察机。

如图 2 所示的三款无人地面车，可执行排爆、侦察及攻击任务，其中一款可搭载突击步枪，或榴弹发射器，或无后坐力炮，用于城市作战。利用小型系统与人类协同作战，可大幅提升军事人员在城市作战行动中的优势。

图 2　无人地面车

根据城市作战特点，美军通过比赛、演习等方式积极发掘新技术，如下列举了在"先进海军技术演习"（ANTX）中展示的部分技术：

可穿透墙壁的传感器、人脸识别软件、智能联网无线电、微型无人机、带有信息显示功能的增强型热像仪、无人机组成的"防护罩"、无人机捕获系统"天空之墙-100"（SkyWall-100）、持续侦察与通信无人机"持续区域侦察与通信"（PARC）平台、新型轻型头盔、可将智能手机变成指控中心，提高班排单位态势感知能力的KILSWITCH；可轻松识别连队中所有人的战场跟踪软件；可利用智能手机让步兵排士兵在无法使用移动电话服务或 Wi-Fi 的时候相互通话、收发短信和看见彼此的"熊牙"无线电台；以及有助于甄别威胁、指示潜在目标、协调火力、创建市区甚至下水道详细三维图像的其他技术等。

（三）关注作战训练环境，演练作战新战法

多国建有城市作战实地训练场所，例如以色列巴拉迪亚小镇是该国国防军城市实战训练场所，也为世界其他国家（包括联合国维和部队）士兵服务。

再好的培训中心，也无法复制 1000 万或更多人口城市存在的特有作战障碍。为此，美军正在开发新的合成训练技术，让士兵能够在虚拟的、模仿全球各种地形的训

练场景中穿行。当前，陆军已经设立了一个跨职能小组，专门负责开发新的合成训练环境。有军方官员称，陆军计划利用价值 52 亿美元的虚拟游戏产业，开发"第一人称射击模拟技术"，以便于士兵在各自驻地使用。

战地工程是作战保障的重要组成部分。为适应复杂多变的城市作战场环境，需快速定制高强度的新型战地工程设备，遂行战地保障。"长发公主"项目是 DARPA 为提升美军城市作战能力而开展的最新项目，2018 年 8 月启动。该项目旨在使用轻型、超高强度的战地工程系统，代替重型设备来装备小型步兵部队，实现单兵和班组等级别的应用，以增强防护水平、作战保障和机动性，提升遂行城市作战任务的能力，保证作战的机动性、反机动性、可生存性、隐匿性。

早在第二次费卢杰战役中，美军在"快速决定性作战"思想指导下，采取非线性作战方式，充分发挥信息作战优势，实施一体化联合作战，以较小代价沉重打击了反美武装，重新夺回费卢杰的控制权，开启了城市进攻作战的新模式。

美军基于大量的城市作战经验，还提出了"战争磁石"的新战术，即依靠部署在安全地点、可快速出击的快速反应部队，将城市划分成许多区块，按照小分队模式进行区域防控，一旦发现敌军就快速向该区域集结作战力量，层层包围后将敌人消灭。

四、结语

未来的作战活动将更多地集中在城市，尤其特大城市、濒海城市和地下空间，研究未来城市作战直接关系人民安危、国家成败。当前，特朗普上台后发布的《国家安全战略报告》《国防战略报告》战略文件，已将反恐战争拉回到大国之间的传统战争中来，并明确将我国列为其主要威胁目标。我们应根据城市作战的难点，密切关注全球，尤其是美军在该领域的发展动态，不断学习先进技术、战法，研究反制措施，守卫好我们的城市，保护好我们的家园。

（中国电子科技集团公司电子科学研究院　商志刚）

美国发布新版《国防部网络战略》

2018 年 8 月，美国国防部发布了《国防部网络战略（概要）》（封面如图 1 所示，截至发稿时，完整版战略未公开发布），以取代 2015 年版的《国防部网络战略》。从 2011 年 7 月美国国防部发布《国防部网络空间作战战略》，到 2015 年 4 月美国国防部发布《国防部网络战略》，再到 2018 版《国防部网络战略》，美国军方在网络空间、网络作战领域的顶层战略、实施途径也日益明晰。

一、国防部网络战略的主要内容

此次发布的网络战略主要包括两方面内容，即阐述美国国防部在网络空间与网络作战领域的战略目标，明确为实现这些目标而采取的实施方案。

图 1　美国国防部《国防部网络战略（概要）》封面

（一）阐述战略目标

网络战略指出，美国国防部在网络空间领域的 5 个目标包括：确保联合部队能够在竞争的网络环境中完成任务；通过实施那些能够增强美国军事优势的网络空间作战行动，来加强联合部队能力；保护美国关键基础设施免受恶意网络活动攻击，这些活动可能将导致严重网络事件，无论该活动是独自发起或是作为更广泛攻击活动的一部分；保护美国国防部的信息和系统免受恶意网络活动的影响，包括非国防部主管的网络上的国防部信息；扩大国防部与跨机构、工业部门和国际合作伙伴的网络合作。

（二）明确实施方案

网络战略重点阐述了实现上述目标所采取的具体实施方案（"战略方法"），概述如下。

建立一支更有杀伤力的联合部队。具体方案包括：加快网络能力发展；用创新培育灵活性；利用自动化和数据分析来提高效率；采用商用现货网络能力。

在网络空间内实现竞争和威慑。具体方案包括：威慑恶意网络活动；在日常竞争中持续对抗恶意网络活动；提高美国关键基础设施的弹性。

扩大联盟和合作伙伴。具体方案包括：与私营部门建立可信的伙伴关系；实现国际合作关系；制定网络空间"责任担当型国家行为规范"。

改革国防部。具体方案包括：将网络意识融入国防部的制度文化；增加网络安全问责制；寻求可承受、灵活且鲁棒的物资解决方案；扩大漏洞发现的众包范围。

培养人才。具体方案包括：维持一支随时就绪的网络劳动力；加强国家级网络人才建设；将软硬件专业知识作为国防部核心竞争力之一；建立网络高级人才管理项目。

二、特点分析

尽管与 2011 年版、2015 年版的战略有一定的传承性，但 2018 年版的战略也体现了其独有的一些特色。

（一）承认网络空间的无界连通性，加强多维协作

2018 年版的战略概要中，有很大的篇幅用于阐述美国国防部与各方面的协作，包括国防部内部各军种、兵种的协作，以及国防部与其他政府机构、工业部门、学术界、私营企业、友军、盟国、伙伴国等的协作。

之所以如此，最大的一个原因就是网络空间"天生的"无界连通性。在此，所谓的"界"既包括主权意义上的"国界"，也包括技术意义上的"逻辑边界"，还包括物理层面的"陆、海、空、天、水下、电磁频谱等作战域之间界线"。在这种无界连通的空间内，任何一个机构、部门、组织、国家乃至国际组织都无法凭借一己之力确保其安全。因此，协作既是必由之路，亦是无奈之举。

（二）承认网络冲突的不可避免性，强调慑战并举

网络空间的无界连通性还带来了另一方面的挑战，即网络空间内冲突的不可避免性——即便对于诸如军事网络空间这样相对封闭的空间而言，亦是如此。

美国国防部也充分意识到了这一点，并探索出了一条可相对有效地解决该问题的思路，即慑战并举。这种思路最大的优势就是将原本"不可避免的"网络空间冲突转化为一种"可分阶段、部分避免的"冲突。这就类似于《孙子兵法》中所说的"不战而屈人之兵，善之善者也"。这种思路大致分为3重"境界"：首先，通过展示报复与反击实力、意愿、决心来实现对敌威慑，尽可能让潜在对手不敢在网络空间内或通过网络空间发起攻击，此之谓"慑"；然后，如果通过综合各方面情报确认威慑并未起作用，而潜在对手依然要发起攻击，则通过先发制人的方式实施"主动防御"，将冲突消弭于萌芽状态，此为"战"之首先方式；最后，若冲突终无法避免，则正面交锋，此为"战"之最后方式。

（三）承认网络安全文化的重要性，培养专业人才

网络空间是一个人造空间，这一特征导致网络空间除了具备技术密集型这一特点外，还具体非常鲜明的"人才密集型"（尤其是高层次、专业型人才）特点，因此，争夺人才已经成为网络领域的常态。这一点在美国体现得尤为明显，美国国防部为代表的美国军方、美国国土安全部为代表的政府部门、美国高新技术企业等为代表的工业部门之间一直在争夺人才方面明争暗斗。

2018年版的战略中，对于网络领域人才的要求非常成体系，大致可分为战、研、训、管四类。其中：作战类人才是最具国防特色的人才类型，除了具备专业知识以外，还要随时可以根据指示与授权开展进攻性、防御性、利用性网络作战行动，因此，战略中专门提出要维持一支随时就绪的网络劳动力；研究类人才主要指的是各类软硬件专业领域人才，因此，战略中专门指出将软硬件专业知识作为国防部核心竞争力之一；人才培训与训练是为包括美国国防部在内的各类部门打造、维持网络人才库的核心手段，是国家网络战略在美国国防部范围内的具体体现，因此，战略中专门提出要加强国家级网络人才建设；人才管理也是确保美国国防部在网络人才库得以动态维持与提升的关键，因此，战略中专门提出将建立一个网络高级人才管理项目。

（四）承认网络领域鲜明的时代性，紧跟时代步伐

从本质上来讲，网络空间可以视作是"码域"的代名词，即"逻辑代码所覆盖之处，皆是网络空间"。而从当前数字化、信息化、数据化、智能化等领域飞速发展的今天，"逻辑代码所覆盖"的领域都是高新技术密集型、理论密集型领域。因此，网络空间与网络作战不断发展的过程势必是一个不断融入新理念、新理论、新技术的过程。简而言之，网络领域具备非常鲜明的时代特性。而这种特性在2018年版的国防部网络战略中也体现得非常明显，很多近年来涌现出的新理论、新技术都在这版战略中得到了体现。

例如，强调网络空间作战过程中的智能化与大数据分析等新技术的引入、提倡更多地采用商用现货能力、鼓励采购可扩展性服务（如云存储和可扩展计算能力）等。

三、与其他版本的比较

如前所述，美国国防部总共发布过3个版本的网络战略，这3个战略的主要侧重点概述如下。

2011年版的战略中，重点提出了美军在网络空间与网络作战领域的5个"战略倡议"，也就是说，还没有上升成为真正的"战略目标"，而且所提的几个倡议也是相对比较顶层、务虚的。可以说，2011年版战略更多的是体现了美国国防部关于网络空间与网络作战的重视态度，以及对于这一"新兴"领域的建设性探索。

2015年版的战略中，明确提出了美国国防部在网络领域的5个"战略目标"，并分别就每个目标的子目标进行了详细描述。可以说，2015年版战略首次明确阐述了美国国防部在网络空间与网络作战领域的战略目标，为美国国防部指明了方向。

2018年版的战略中，也阐述了美国国防部在网络空间与网络作战领域的5个目标，且这5个目标与2015年版战略中的相关描述有明显的继承性特点。然而与2015年版战略最大的区别在于，2018年版战略将重点放在了如何实现这些目标方面，即系统给出了战略方法。可以说，2018年版战略为美国国防部实现网络空间与网络作战领域的战略目标明确了实施方案。

（中国电子科技集团公司第三十六研究所　张春磊　曹宇音）

美国"电子复兴"计划为后摩尔时代电子工业发展奠定基础

2018 年 7 月 23 至 25 日，DARPA 召开首届"电子复兴"计划年度峰会，明确了该计划的领域布局、推进思路、项目安排，标志着计划进入全面实施阶段。"电子复兴"计划是美国探索集成电路技术发展新路径、奠定后摩尔时代电子工业绝对优势的重要举措，有望开启下一次电子革命。

2018 年 11 月 1 日，DARPA 宣布"电子复兴"计划进入第二阶段。在新阶段，投资规模将持续扩大，以增强国防部专用电子器件制造能力，强化硬件安全，保证资金投入向国防部应用方向转化。第二阶段将在第一阶段的基础上推动美国本土半导体制造业向专用集成电路方向转变，并保证专用集成电路的生产具有可信的供应链和足够的安全性，进而满足国防和商业应用的实际需求。

一、计划背景

随着晶体管数量增加，半导体集成电路技术逼近物理、工艺、成本极限。通过进一步降低晶体管尺寸提高芯片集成度等传统思路提升集成电路性能，技术难度大、成本高，急需寻求新的技术路径和方法。近年，美国新型电子器件创新速度放缓，加之先进技术的全球扩散，美国认为其在半导体集成电路领域的技术领先优势正在下降。为此，DARPA 于 2017 年 6 月提出了"电子复兴"计划。

"电子复兴"计划由 DARPA 微系统办公室牵头，相关工业企业和大学共同参与。其围绕材料与集成、系统架构、电路设计三大支柱领域开展一系列创新性研究，材料与集成领域探索在无须缩小晶体管尺寸的情况下，利用新材料的集成解决现有集成电路性能难以提升的瓶颈；系统架构领域寻求利用通用编程结构，通过软/硬件协同设计构建专用集成电路；电路设计领域探索新的集成电路设计工具和设计模式，以较低成本快速构建专用集成电路。

二、项目细节

"电子复兴"计划包括三类项目：一是 DARPA 在研相关项目，二是由大学主导研究的"大学联合微电子"（JUMP）项目，三是由工业界主导研究的"第三页"（Page 3[1]）项目。

DARPA 在研相关项目是"电子复兴"计划的先导项目，由 DARPA 微系统办公室从 2015 年底至 2017 年陆续启动。重点研究集成电路快速设计、模块化芯片构建、新架构处理器搭建等关键技术，已安排"近零功耗射频与传感器""更快速实现电路设计""微电子通用异构集成与知识产权复用策略""终身机器学习""层次识别验证开发""硬件固件整合系统安全"等六个项目。

JUMP 项目聚焦基础研究，提供 2025～2030 年间所需的基于微电子的颠覆性技术。项目于 2018 年 1 月启动，研究周期五年，由 DARPA 与非营利性的半导体研究公司（SRC）合作，招募 IBM、英特尔、洛克希德·马丁、诺斯罗普·格鲁曼、雷声等公司组成联盟，共同出资超 1.5 亿美元，其中 DARPA 出资 40%。SRC 负责项目的组织实施，围绕六个重点技术领域面向全美大学及研究机构征集项目提案，将入选团队组成六个研究中心，每个中心 16～22 个研究人员，年度经费 400～550 万美元。中心分纵向和横向两类，纵向聚焦应用研究，横向聚焦学科研究，如图 1 所示。

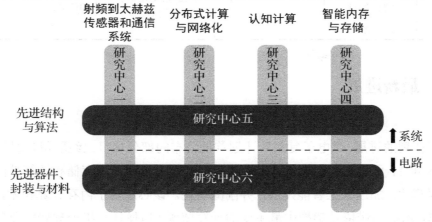

图 1　JUMP 项目研究结构

Page 3 项目是 DARPA 为"电子复兴"计划新增的项目群，2018 年 7 月正式启动，

1 "Page 3"的命名是向"摩尔定律"的提出者戈登·摩尔致敬。戈登·摩尔在 1965 年 4 月发表的《在集成电路中填充更多元件》一文中开创性地提出了摩尔定律。同时，戈登·摩尔在其论文第 3 页还提出了"摩尔定律"不再适用时的一些技术探索方向。DARPA 提出"Page 3"投资计划正是受此启发，着力支持材料与集成、系统架构以及电路设计三个领域的研究与开发。

项目周期 4～4.5 年，由佐治亚理工学院、应用材料公司、铿腾公司、英特尔、英伟达、高通、IBM 等作为主承研单位。Page 3 共六个项目，总投资约 2.8 亿美元，具体细节如表 1 所示。

表 1　Page 3 项目介绍

领　域	项目名称	主要承研方	经费与周期	解决问题
材料与集成	三维单芯片系统	佐治亚理工学院	4.5 年 6435 万美元	利用非传统电子材料集成来增强传统硅集成电路，实现与传统等比例缩放思路相关的性能提升
	新式计算基础需求	应用材料公司		
电路设计	电子设备智能设计	铿腾公司	4 年 近 1 亿美元	推动构建美国未来半导体创新所需环境，降低专用集成电路设计所需时间和复杂度
	高端开源硬件	桑迪亚国家实验室 新思科技		
系统架构	软件定义硬件	英特尔 英伟达 高通	4 年 1.15 亿美元	利用现有编程结构构建专用芯片，解决专用电路无法通用化的问题
	特定领域片上系统	IBM		

三、最新进展

随着计划的进展，"电子复兴"计划首批公布的部分项目已经取得阶段性成果。

2018 年 11 月，美国 ADI 公司和普林斯顿大学合作实现集存储和计算功能于一体的可编程芯片，加速人工智能发展，并削减功耗。该芯片基于内存计算技术，可在内存中计算，消除冯诺依曼架构中最主要的计算瓶颈（迫使计算机处理器需要花费时间和能量从内存中获取数据），内存计算直接在存储中执行计算，从而提高速度和效率。该芯片已集成到可编程处理器架构中，可采用标准编程语言，如 C，尤其适合依赖高性能计算但电池寿命有限的手机、手表或其他设备上使用。该芯片是新式计算基础需求（FRANC）的阶段性研究成果。电路的实验室测试表明，该芯片的性能比同类芯片快几十到几百倍。

2018 年 11 月，美国空军研究实验室代表美国国防高级研究计划局（DARPA）授予美国雷声公司空间和机载系统部门"实时可配置加速器（RCA）、时域专用系统级芯片（DSSoC）"项目合同，总资金460万美元，后者将研发异构计算架构，在提供专用处理器性能的同时，保持通用处理器的可编程性。作为"电子复兴"首批公布项目，DSSoC在通过单个可编程框架实现多应用系统快速开发。这一单一编程框架能够使片上系统设计人员将通用、专用（如专用集成电路）、硬件加速辅助处理、存储和输入/输出等要素进行混合和匹配，从而实现特定技术领域应用片上系统的简单编程。

2018年11月1日，DARPA宣布"电子复兴"计划进入第二阶段。第二阶段的主要目标是解决2018年7月份在旧金山举办的电子复兴计划首届年度峰会上所提出的关键问题。这些关键问题是支持美国本土电子制造业发展并使其具备针对不同需求的差异化发展能力、解决芯片安全问题和实现电子复兴计划技术研发与国防实际应用紧密对接所必须要解决的。

为构建独特的和差异化的本土电子业制造能力，电子复兴计划在第二阶段将探索可对传统CMOS集成电路工艺等比例缩放技术路径进行补充和替代的技术方向。电子复兴计划为此设立的第一个研究项目就是"为实现最大程度尺寸缩放的光电子学封装技术研究（PIPES）"项目，该项目将探索利用光电子学技术实现芯片尺寸进一步缩放的有效方法。

除PIPES项目外，电子复兴计划第二阶段的其他投资项目旨在确保美国本土新型制造能力的发展，并为国防部及其商业合作伙伴持续供给差异化、高效能电子产品提供战略提支撑。电子复兴计划第二阶段将重点关注的潜在研究领域是将微机电系统（MEMS）与射频器件集成为先进电路的技术和相关半导体制造工艺。这一研究将建立在电子复兴计划现有材料和集成研究工作等的基础之上，并作为当前FRANC、3DSoC和CHIPS等项目的补充。

四、影响和意义

美国"电子复兴"计划采用基础创新和产业发展相结合的思路，研究成果将助力美国电子信息系统与装备保持绝对优势，并为美国未来经济增长及商业竞争力提高提供先进的电子信息技术和处理能力，将对世界电子信息领域发展产生深远影响。

（中国电子科技集团公司发展战略研究中心　王龙奇）

美军商业云战略的最新发展

2018 年 3 月 7 日，美国国防部在其"工业日"上向外界透露了其未来的商业云战略计划；3 月底，国防部公布"联合企业国防基础设施云计划"（JEDI 云）征求意见书初稿；4 月 27 日，国防部发布 JEDI 云的第二份征求意见书草案；5 月中旬，美国国防部宣布将发布备受争议的 JEDI 云项目合同，预计在未来十年内，该合同的总价值将增长至 100 亿美元之多（约合人民币 628 亿元）。

美军的这项未来计划，引发了业界的诸多质疑和不满，同时带来了更多亟待解决的挑战。

一、美军最新商业云战略的核心思想

用一句话来概括美军最新商业云战略的决策思路，就是：单一决策制。这种单一决策制的中心思想是，美国国防部在未来采购商业云的过程中，将建立单一解决方案选择制度，强调以单一云服务供应商为中心，同时设定一套积极的时间表以确保云计算解决方案的甄选工作顺利进行。

那么，美军为什么会力促采用单一解决方案选择制度呢？根据美国国防部有关负责人的解释，主要原因是目前存在的标准化与互操作性缺失将造成相当严重的障碍，特别是将影响到美军随时随地访问自身数据的能力；多云解决方案选择将以指数方式提升整体系统的复杂性；对于不同云系统，即使其在设计层面能够协作运作，也仍然需要复杂的集成机制加以配合。这将极大增加开发、测试以及持续维护工作的难度与实现成本，因此，单一选项才是最理想的选择。国防部认为，单一授权合同是必要的，这样可以避免单个任务订单带来的多个授权合同而拖慢计划速度。多个授权合同可能会阻止美国国防部快速地获取新的能力并提高企业级云计算带来的作战效能。不一致的且不标准的基础设施会使软件应用程序的开发和分配变得复杂，可能降低速度并增加成本，同时也可能约束人工智能和机器学习等先进技术的使用。

美国国防部更倾向于选择单一云服务供应商并将此作为优先战略方向，这一未来计划引发了业界的各种质疑和担忧，业界为此呼吁美国国防部放慢步伐或改变方向。IBM、微软、谷歌、甲骨文、REAN 公司等安全企业认为，将整个美国军方锁定在单一且极具限制性的云环境当中，势必带来巨大的约束乃至缺陷；美国国防部提出的这种单一云服务供应商思路"很难实现"。

然而，尽管受到业界批评，目前看来，美国国防部并不打算放慢新推出的云战略，并且正有计划、有步骤地推进新战略的实施。

二、美国国防部 JEDI 云项目

（一）分两个发展阶段推进单一云决策

目前，美国国防部正在为转向"单一云"决策做各种准备。2018 年 1 月 4 日，美国国防部公布了一份备忘录，其中概述了美军下一阶段的工作内容，计划分以下两个阶段加以推进。

第一阶段工作：由美国国防数字服务总监负责监督，主要内容是构建一套"全面且公开的解决方案，旨在获得可支持未保密、秘密以及绝密信息的现代企业云服务解决方案"。

第二阶段工作：由战略能力办公室项目经理负责领导，主要内容是"选择组件或代理系统，以进一步充实采购的商业云解决方案"，并且希望"利用云技术提供执行任务所必需的安全性、软件与机器学习功能"。

为此，美国国防部将构建一套综合性云计算平台，在开发这套平台的过程中，五角大楼首先进行了一场变革：对云战略指导委员会重新洗牌，该云战略制定部门迎来了新的主席与团队成员。由于目前云战略小组正面临"重组过程当中执行与发展的关键性时期"，因此美国国防部在其中设立了管理官职位来推进改革。云战略小组的初步任务是加速整个国防部的云服务采用速度，同时发布《联合企业国防基础设施》战略。

（二）构建 JEDI 云

JEDI 云项目由美国国防部打造，JEDI 云服务是为所有保密级别的数据提供服务，甚至将用于承载政府最敏感的机密数据，其中包括关键性核武器设计信息及其他核机密。因此，美国国防部要求 JEDI 中标承包商必须能够通过全方位的最高机密政府安全许可，例如美国能源部提出的用于保护受限核数据的"Q"与"L"许可。

JEDI 云项目规模远超美国中央情报局（CIA）的云计算基础设施，五角大楼计划投资近 100 亿美元构建"JEDI 云"，以十年为周期，委托云战略小组负责整合全部云采购事务。这个项目存在的巨大争议是，云战略小组拟将全部合约授予同一家云服务供应商。

按照美国国防部设想，JEDI 云战略是一套几乎在任何环境中皆可供作战人员使用的"全球体系"——从 F-35 到前线战场皆可囊括，包括与武器系统、作战、情报以及核武器相关的信息。这意味着供应商一方需要在环境内构建起几乎一切解决方案。

国防部报告同时指出，JEDI 可以和国防信息系统局"军事云"2.0 合作，"军事云"为希望降低托管成本的防御机构提供了一种节省成本的暂存区。目前被称为"第四产业"的防御机构正在优先迁移到"军事云"2.0 中。

一旦 JEDI 准备就绪，美国海军、海军陆战队、运输司令部和国防媒体活动（DMA）将作为开拓者来测试五角大楼配置和管理的云迁移和活动的能力。

目前，亚马逊、谷歌、微软、IBM、凡高以及通用动力皆对 JEDI 项目表现出浓厚兴趣。美国国防部在 2018 年 7 月正式开始招标基础设施云计算解决方案，并从 2019 年初开始着手迁移五角大楼系统。据报道，目前已经有多家企业表示对合约提起抗议，并有可能要求五角大楼撤销将 JEDI 项目交予单一云服务供应商的决定。

三、美军未来十年云战略的合作对象

据美国国防部透露，在 JEDI 云项目公开招标程序后，美国国防部将仅与一家云服务供应商达成无限期（可以最长为 10 年）不定量供应合同，该云供应商将向美国国防部所有机构提供云计算和平台服务。当然，还可能会签署涉及其他服务的合同，比如云迁移支持、应用现代化、变更管理和培训等。

面对如此巨大的市场蛋糕，谁将成为最后的赢家？亚马逊网络服务公司（AWS 公司）被广泛认为在此次 JEDI 竞标当中拥有领先优势。

（一）在军方机密级存储上，AWS 具有强大的数据保护能力

亚马逊 AWS 的竞争对手包括微软、谷歌、IBM 和甲骨文的云服务平台。目前，

仅有三大商业公司（AWS、IBM 和微软）能存储军方最为机密的数据。2017 年 9 月，AWS 打败 IBM 和微软获得美国国防部临时授权，授权亚马逊存储"影响级别 5"（IL5）机密数据，包括军事和国防部最机密的信息。

这项临时授权进一步巩固了 AWS 行业领导者地位：支持国防部关键任务保护数据安全。AWS 服务支持各种国防部数据，包含机密信息和国家安全系统的信息。同时，临时授权方便军方客户将 AWS 用于各种其他信息技术服务。

（二）在政府情报界，AWS 坐拥云服务供应商主导地位

早在几年前，AWS 就已经为美国中央情报局（CIA）构建起价值 6 亿美元的云计算基础设施，用于托管一部分美国国防部机密数据。

从策略上讲，美国国防部采用云的做法与 CIA 存在共同点，CIA 在 2013 年即与亚马逊 AWS 签署了为期十年的企业云合同，AWS 凭借与 CIA 达成的 6 亿美元合同，在美国情报界坐拥云服务供应商主导地位。到目前为止，AWS C2S 云（即商业云服务）已为 17 家情报机构存储机密信息。2018 年，AWS 还将设立东海岸计算地区"US-East"，借此为政府客户提供运行 AWS 的大规模计算机网络。

2017 年 11 月，亚马逊 AWS 专为 CIA 和美国其他情报部门推出了云计算服务 AWS Secret Region，可以满足情况部门的保密需求，这标志着美国政府特定部门对使用 AWS 非常感兴趣。随着 Secret Region 的推出，AWS 成为首家也是唯一一个商业云服务供应商，提供各种各样的政府工作负载服务，包括未分类的、敏感的、秘密的和最高机密的数据分类。

（三）在云安全技术上，AWS 具有强大的技术创新能力

2015 年 4 月，亚马逊 AWS 通过了美国国防部的云安全审查，成为第一家获得国防部 PA（初始授权）的商业云服务商，且其级别达到国防部除涉密信息以外的最高级（第 5 级）。

为了提供最高级别的安全，AWS 采用了强大的安全技术和策略，包括超出国防部安全要求的加密与访问控制功能。亚马逊推出的 AWS GovCloud（美国）服务可以处理大规模计算和存储集中工作负载，并满足国防部云计算安全指导要求（CC SRG）IL5。AWS GovCloud（美国）由多个数据中心组成，能处理高容量、关键任务工作负载，包括高性能计算、大数据或 ERP 工作负载。重要的是，使用 AWS 国防部 CC SRG

IL5 PA 的客户将与 AWS GovCloud 美国地区其他客户相同的成本，在能负担费用的情况下还能确保国防部工作负载的计算与存储环境安全。

国防部已在使用 AWS 托管敏感、关键任务工作负载，其中最具代表性的是，美国空军借助 AWS GovCloud（美国）商业云测试全球定位系统的操作控制系统（GPS OCX），控制最新版的国防部全球定位系统卫星。美国空军 GPS OCX 项目要求 200 多台专用主机运行 1000 多台虚拟机，每天虚拟机至少需要 8 个 vCPU、32GB RAM。当时国防部也考察了其他供应商，但没有一家能同时满足国防部 CC SRG IL5 要求，并能立即处理如此庞大的计算规模。

亚马逊 AWS 或成为最后赢家！

四、商业云技术在美军的推进情况

作为一个商业帝国，美国敢于将最先进的商业理念和技术模型引入军事领域，美军也因此获益良多。在云计算领域，美国 DISA 以吃螃蟹的勇气，积极致力于推动商业云计算在军事领域的应用。当前，最新进展概述如下。

（一）采用商业云架构升级"军事云"2.0

美军在专用云建设上，同样采用了商业技术，通过建立一个专用商业级私有云的做法来提高国防部信息网的速度、服务可靠性、存储灵活性和安全性。目前，美军的专用商业级私有云建设正在加速推进。

2018 年 2 月 1 日，美国国防部宣布"军事云"2.0 上线，这一消息引发了世界各国媒体的关注。"军事云"2.0 是国防部主要的专用云基础架构，采用了商用现货的设计和软件进行构建。"军事云"2.0 的构建旨在为使用"军事云"2.0 架构的国防部数据中心的资源和存储按需提供不同软件服务的接口和空间。

"军事云"2.0 阶段 1 将通过集成商业基础架构服务提升服务可靠性、速度和存储灵活性，此次"军事云"2.0 基础架构的商业化重构，是美国 DISA 扩大国防部信息网（DODIN）计划的一部分，DODIN 是一个集成信息技术、数据收集处理、共享和存储网络、以及软件为一体的虚拟综合中心。经过层层评估招标，2017 年 6 月，全球军工百强第 39 位的美国 CSRA 公司最终拿到了美国国防部期限 8 年、价值 4.98 亿美元的合同。

据美国国防部声明，CSRA 公司的任务是对"军事云"2.0 商业云基础架构进行软件设计和工程实现，为"军事云"2.0 专用网络和软件应用提供支撑。该合同将提供基础架构服务（IaaS）、平台服务（PaaS）和软件服务（SaaS），确保为国防部提供云服务，并且满足所有部门的安全需求。与最初由政府运营的"军事云"1.0 不同的是，"军事云"2.0 将由承包商代表政府运营云基础设施。

据 DISA 宣称，CSRA 公司的贡献将会使 DISA 更接近实现其目标，即彻底使 DODIN 成为商业 SaaS 云和商业 IaaS 云提供者、国防部数据中心以及"军事云"2.0 主机中心的焦点。

尽管此次利用商业云架构升级，"军事云"2.0 仍然是一个专用的云基础架构，架构内的虚拟资源，如软件应用或数据存储，只允许在特定范围的人群内通过互联网、光纤和专用网络共享。

美国国防部加速推进"军事云"2.0，最主要的原因是成本，采用商业云服务不仅能够提供最前沿的商用云服务，而且价格更为低廉，这对于急于提高网络服务且面临军费削减的美国国防部而言，简直没有更好的选择了。当然除成本之外，军事信息系统的安全性是重中之重。而在美国国防信息系统局的数据中心内部构建军事云的最大优势在于，其位于国防部网络安全领域的架构之内。简言之，这块"云"无论多大，都会控制在相对封闭的空间里。该边界将由一组联合区域安全堆栈负责防护，大大简化了将云服务连接到国防部的涉密网和非密网的业务。通过让供应商在军事设施上构建和运行"军事云"2.0，仅限军事客户可访问其网络、服务器、存储等计算资源。使得美军在享用最前沿的云服务的同时，亦能保证其核心数据的安全。尽管如此，最核心的军事机密，如核武器的指挥控制信息等却不在数据中心里面。

归根结底，"军事云"2.0 就是美国国防信息系统局为国防部提高其信息网的服务质量，而专门定向招标采购的项目。不可否认的是，美军一直在大力发展各军种网络信息战水平，旨在保持非对称的网络对抗优势。如果这一项目可行并取得较好效果的话，那么未来面向更多军事设施、更多任务区司令部、更多军种的"军事云"3.0、4.0 将会一一成为现实。

该项工作预计在 2020 年 6 月完成。

（二）将商用云扩展至军事移动设备

目前，美军正在将商用云技术扩展到移动设备领域。美国 DISA 和陆军正与业界合作使用商用云来运行 SIPRNet 智能手机网络，以便改善对数据的访问并为移动部队提供安全保障。

这一计划的主要目标之一是帮助把军方的 SIPRNet 扩展到每个人，包括作战单位和那些在战斗中的士兵。凭借强大的商用云网络技术，使用智能手机和平板电脑的士兵、水手或飞行员将可以安全地访问涉密网络。通过扩展，商用云可以实现安全的网络连接，从而可以更好地保护智能手机应用程序。

微软等行业巨头正在与国防部合作，将基于云的安全性和连接性扩展到移动设备。帮助国防部将数据转移到商用云平台，并将这些信息用于战术前沿。移动设备也可以利用各种多因素认证方法。

这项战略的实施关键是陆军的统一能力（UC）计划。UC 计划基于美国陆军与 AT&T 合作的努力，利用商用云技术，通过语音、视频、屏幕共享和聊天功能，为涉密和非密网络上的 100 万服务业领先者，提升网络互操作性。UC 计划是首批在陆军企业中提供的基于云计算的商用解决方案之一，通过使用商用云技术，用户将能够利用软件从任何获得陆军批准的终端用户设备（台式机、笔记本电脑、平板电脑和智能手机）上访问语音服务。前线部署或徒步的士兵将有能力连接和分享距离更远的相关作战数据，可能会超出有限的网络。

（三）创建安全云计算体系架构

美军在将其数据迁移到云上时面临的最大风险是，如何为应用程序提供适当级别的安全服务。通常，云和网络空间的边界保护是指采用监控和限制网络、密码保护以及其他访问拒绝手段。但是，对于云上的网络保护而言，这些手段已经不再充分。未来，云上的网络保护必须从数据本身开始，转向数据安全。

为此，国防信息系统局在 2017 年底创建了一个名叫安全云计算体系架构（SCCA）的程序。SCCA 专门用于解决商业云提供商提供的安全措施与国防部希望站在他们的安全角度能够提供的安全措施这二者之间的那些问题，进而推动商业云提供商切实弥补这中间的差距。

五、几点认识

在引入商业云计算服务建设军事系统的过程中，美军面临的一个最大挑战是如何破解安全瓶颈。对此，美军的以下做法值得借鉴。

（一）注重用战略规划引领云计算安全管理

从全球军事大国云计算安全管理战略来看，美国走在前列。从 2014 年开始，美军发布了一系列云计算安全战略相关的政策指令和一系列标准，试图破解安全瓶颈，推动云计算深入广泛应用。目前，美军已经形成了从云服务采购、需求评估、实施架构等一系列的安全战略政策框架。

鉴于云计算服务特别是商业云计算服务可能会带来很多新的安全风险，从 2014 年 12 月 15 日，美国国防部发布首席信息官备忘录《采购和使用商业云计算服务新指南》，为美军各部门安全采购商业云服务提供方向。要求各部门在采购商业云计算服务时，至少要满足美国联邦政府的云计算服务安全管理制度联邦风险和授权管理计划（FedRAMP）所列出的安全要求以及美国 DISA 的云计算安全要求指南。为落实该备忘录的要求，DISA 于 2015 年 1 月发布了《国防部云计算安全要求指南》（第 1 版），取代了美国国防部此前发布的各类云计算安全文献，明确美军云计算安全目标，即确保云中信息的隐私性、完整性和可用性，定义美军信息影响级别和商业云安全能力要求、规范认证流程等一系列问题。2015 年，美军发布《云服务子合同备忘》，为机构和商业云服务安全签订合同提供关键指南。2015 年同时还发布《云连接流程指南》和《云访问点功能需求文档》，描述了通过云访问点链接至云服务的安全流程和方法，帮助机构和云服务商通过美国国防部评估和连接流程来获取临时授权。2015 年发布《云计算网络防护运行概念》，定义机构如何防护美军内部网络（DODIN）安全的规程，包括云服务安全事件报告和应对。2015 年发布《国防部云用户的最佳实践指南》，定义机构在设置云计算环境方面的最佳安全实践，包括设置互联网协议标准、域名标准、存储能力、分区和备份以及设置代理主机等安全措施。

从美军云安全战略实施对象来看，多数和商业云建设相关，这和美军的云转型思路是一致的，即尽可能的应用成本低廉的商业云来建设军事系统，例如亚马逊或谷歌云服务；从美军云安全战略内容来看，其安全要求植根于政府云计算安全管理框架之中，特别是美国 FedRAMP，例如美军《国防部云计算安全要求指南》就是基于 FedRAMP 安全需求提出的，这样做的主要目的就是保持和政府云安全项目的一致性和兼容性；从美军安全战略应用范围来看，主要针对秘密级以下，处理公开信息或受控公开信息的军事系统，而机密和绝密级军事系统不允许采用商业云建设，而在未来美军将进一步发布专门的战略规划予以实施。

（二）明确系统安全分级，推动军事云计算的分级应用

系统安全分级就是对应用云计算的军事系统根据其保管信息资源的涉密程度和其遭到破坏后对军队造成的危害程度进行分级。系统分级的优势在于推动军事云计算的分级利用，对于存放公开信息，安全级别较低的军事系统可以优先开放云计算应用，并且允许其多样化应用模式，例如可积极引入商业云服务商，充分利用其优势提供价格低廉、技术成熟的云服务，而中等安全级别的军事系统可以限制商业云服务商应用，或对其提供严格的安全授权措施，而高等级别的军事系统可以严禁使用商业云服务，而转而采用军事单位数据中心提供的云服务或是政府安全云服务。

从外军云计算系统安全分级来看，美军在其《国防部云计算安全要求指南》中将军事系统分为四级，即"公开级、受控非涉密级、高度敏感但非涉密级（包括非涉密的国家安全系统）、秘密级"。不同级别的军事云计算系统具备不同的安全达标要求和评估流程，级次越高，对云服务商的准入门槛、安全防护能力的要求就越高。

根据《国防部云计算安全要求指南》，机密级以上的信息不适用于目前的云计算安全管理框架。机密级（含）以下的云可以迁移到国防部云、联邦政府云或商业云上，相关安全要求与信息的敏感级有关。低级别信息可以迁移到高级别云上，但高级别信息不可迁移到低级别云上。

（三）制定安全需求标准，规范军事云计算安全顶层设计

需求即要求，指"系统应满足的主要条件"。军事云计算系统的安全需求标准即是说明军事云计算系统必须符合安全条件或具备功能的标准。需求标准能够切实的指导和规范军事单位使用云计算服务的安全管理，也可以用于指导云服务商建设安全的军事云计算系统和提供安全的军事云计算服务，而需求标准作为行业内形成的标准化的最佳实践，是军事单位云服务安全实施蓝图，统一全军军事云计算系统的顶层安全设计，而避免低效和混乱的设计。

从外军需求标准情况来看，美军曾提出"各业务部门和行业对安全需求的理解和实施程度决定云计算应用的成功与否，一致的需求实施和运行能够确保任务履行、敏感数据保护，最终达到美军国防部所追求的效率目标"。美军在《国防部云计算安全要求指南》中提出商业云服务商在为美国国防部提供云计算服务时，应达到的十项安全要求，即政策需求、法律法规需求、持续评估需求、公钥基础设施 PKI 安全需求、

政策和运行约束需求、物理设施和员工安全需求、数据泄露、数据恢复和销毁、存储载体重用和处置、系统安全架构需求等。

（四）以安全评估实现军事云计算的授权控制

云计算安全评估是对云服务商安全能力的综合评定。云计算安全评估也可以实现一次授权、多次使用的模式来加速军队采购，节约采购费用。例如，美军明确规定所有为军队提供云产品的云服务商必须通过国家或军队的安全评估，获得相关授权后才可以进入军队。而美军完整的云计算安全评估流程涉及第三方评估机构、美国国防部信息系统局、联合授权委员会等多个部门，各个部门各司其职，按标准流程运转。

（中国电子科技网络信息安全有限公司　陈倩）

DARPA 完成"体系集成技术与实验"
项目关键功能演示验证

2018 年 7 月，DARPA 与洛克希德·马丁公司完成了"体系集成技术与实验"（SoSITE）项目的一组多域组网飞行试验，演示了地面站、飞行试验台、C-12 和飞行试验飞机之间的互操作性，验证了使用"缝合"技术（STITCHES）在这些系统之间传输数据的能力，实现了该项目的重要里程碑进展。

一、SoSITE 项目的背景

数十年以来，美国通过先进技术制造了众多性能优异的军事装备，维持着世界军事霸主的地位。但是美国认为，对手正在通过商业途径获得越来越多的先进技术，如果美国将注意力依然放在功能强大而构造复杂的武器系统和平台上，那么这些系统和平台在成为美国重要军事力量的同时，也会成为美国的致命弱点。虽然这些系统和平台依然十分有效，但它们过于昂贵，难以按需足量购买，并且开发电子系统的周期过长，服役之时即面临淘汰之危。

为了应对机载平台所面临的上述挑战，DARPA 启动了 SoSITE 项目。SoSITE 项目的出发点是，开发和演示一组足以维持美国空中优势的概念，这些概念通过一种新颖的体系架构得以实现。该架构将飞机、武器、传感器和任务系统等结合在一起，并将所需的空战能力分布在数量众多的且具有互操作能力的有人和无人平台上（如图 1 所示），从而解决上述重型机载平台（如 F-22）造价高、研制周期长、易成为攻击目标等问题。SoSITE 项目的构想是，能够使新技术和新机载系统与已有机载系统更加快速和经济地集成在一起，集成的速度和成本均优于对手空中力量的增长速度和成本。

DARPA 战略技术办公室（STO）主任里尔曾说，"当今，动则耗费数十年和十亿美元量级的成本研发或升级先进的机载系统，这些复杂平台上的分系统（主要指机载平台上的各种电子设备）的现代化速度已经跟不上商业技术进步的速度。利用体系的解决方案，能够帮助解决高成本、巨型或重型、多功能平台所存在的固有问题。"

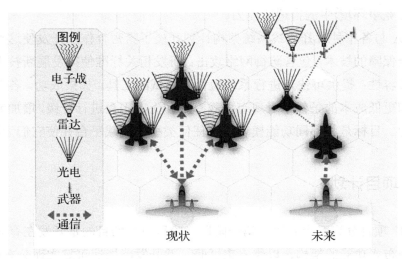

图1　SoSITE 项目通过将功能分布在各种有人和无人平台上，维持美国的空中优势

三、SoSITE 项目的内容

（一）项目目标

SoSITE 聚焦于开发分布式空战的概念和架构以及所需的集成工具，从而实现上述构想。SoSITE 项目计划利用现有机载系统的能力，通过开放式系统架构减少新系统的成本和开发时间，即减少升级现有平台的成本和时间。开放式系统架构为开发可互换的模块和平台提供通用的标准和工具，从而使平台可以快速升级并根据任务需求换装所需的功能模块。这个概念促进了关键功能的分布化，例如跨多个有人和无人平台实现分布式的电子战、传感器、武器、战斗管理、定位/导航/授时（PNT）以及数据链。具体包括：

（1）将传感、战斗管理等各项功能分布在有人和无人平台组成的网络上，从而提供对美国有利的能力-成本比。这里"对美国有利的能力-成本比"主要指，对手攻击美方所需付出的代价高于给美国造成损失所值的成本。

（2）使用开放式系统架构（OSA），将先进任务系统快速集成到有人和无人平台上。

（3）应用人在回路的自主技术，以实现分布式协同效果。

（4）提升系统的异构性，从而减少因同构平台的共性问题而导致的系统脆弱性，提升系统在竞争环境[2]中的自适应能力。

DARPA 与各军种就开放式系统架构计划开展了紧密合作，开发使这种架构可持续和有安全保障的技术，包含防御网络攻击；研发相关标准使得发展新技术的同时能保持后向兼容性；提供可快速进行系统组合和测试的工具。如果成功，各军种将能在更短时间和更低成本的条件下对现有机载有人和无人平台进行升级，增加或置换这些平台的能力。目标是将不同功能模块插入任何类型的机载平台并使它们无缝工作。

（二）项目计划

SoSITE 项目分为两个阶段。第一阶段（阶段 1）的目的是开发在有人和无人平台上实现分布式功能的架构，以供未来试验，并开发能快速可靠实现分布式的工具。2014 年 4 月，DARPA 发布 SoSITE 项目第一阶段广泛机构公告，寻求在以下两个领域的创新技术：

（1）架构开发和分析。该领域将为未来分布式架构开发概念、通过工程分析以及交战级、使命级、战役级仿真验证这些概念（见图 2）、识别关键风险、安排试验解决这些风险。该领域将产出目标架构、扩展 SoSITE 的开放式系统架构，以包含在目标架构中所需的各种业务和接口。

图 2　中标者将建立一个评价 SoS 解决方案的分析框架

2竞争环境：指美国与均势对手之间的作战环境，均势对手一般都具有区域拒止、反卫、电子战、赛博战等能力。

（2）集成技术开发。该领域主要开发将分布式架构组合在一起的工具，快速集成各个平台上异构的任务系统，形成各种不同的能力或功能。该领域将增强 SoSITE 的开放式系统架构，从而支持第一个领域中的架构开发和分析技术。

项目第二阶段（阶段2）的目的是通过试验解决第一阶段开发的技术所存在的风险。

SoSITE 项目的计划安排见图3。

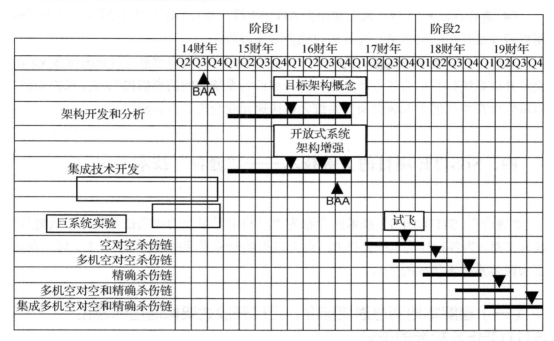

图3　SoSITE 项目的计划安排

（三）项目进展

SoSITE 项目在 2017 年、2018 年分别获得了 2421.2 万美元、2793.2 万美元经费，2019 年申请的经费预算为 2651.8 万美元。DARPA 已经向一些公司授予了 SoSITE 项目的合同，主要用于开发体系架构的概念以及可助力快速集成和测试的工具。根据这些合同，波音、通用动力、洛克希德·马丁和诺斯罗普·格鲁曼等公司正在开发和分析非常有前景的体系架构，并正在设计这些架构的飞行试验计划。远点研究、BAE 系统和罗克韦尔·柯林斯公司则正在开发可以增强开放式系统架构的工具及其技术。

在 2018 年的演示中，SoSITE 项目完成了地面站与 C-12 实验飞机间互相控制的验证，通过"缝合"技术实现了不同平台中的数据传输。验证的关键能力包括：

（1）不同系统间自组网、自动传输消息的能力，以及对老式数据链的兼容能力。

（2）第一次使用非全域型数据链以产生新的、信息丰富的基于 Link 16 的数据交换，速度更快、更灵巧、现代化和高效。

（3）通过地面座舱实时模拟飞行器系统中的场景以验证体系如何缩短从数据到作出决策的时间。

（4）整合目前 F-35 战斗机上使用的 APG-81 雷达与 DARPA 的自动目标识别软件，用以减少操作员的工作量，同时构建综合战场态势。

此外，在试验中还使用了臭鼬工厂开发的名为"爱因斯坦盒"（Einstein Box）的企业开放系统体系结构任务计算机，该计算机为系统之间的通信提供安全保护功能，用以确保在相关能力部署到操作系统之前快速而安全地进行实验。

四、SoSITE 项目的关键技术——"缝合"技术

"缝合"（STITCHES）技术的全称为"异构电子系统的体系技术集成工具链"，其含义是，为各种异构电子系统的互联互通提供一种灵活高效的通信工具，即一种用于实现体系技术集成的工具。

（一）理解本地消息通信标准、全球开放式架构通信标准和 STITCHES 标准的差异

1. 各种本地消息通信标准

（1）具有灵活性——很容易增加新的消息类型。

（2）缺乏有效性——为了实现不同消息之间的互联互通，需要建立 N^2 种转换关系（见图 4）。

2. 各种全球开放式架构通信标准

（1）具有有效性——为了实现不同消息之间的互联互通，仅需要建立 N 种转换关系（见图 5）。

（2）缺乏灵活性——有中心，一旦建立，就不容易改变（即很难增加新的消息类型）。

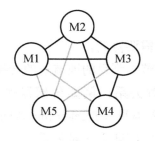
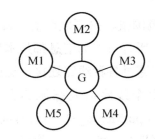

图 4　在本地各种消息之间的通信拓扑图　　图 5　全球开放式架构中各种消息的通信拓扑图

3. STITCHES 标准（属于增量型标准）

（1）具有有效性——为了实现不同消息之间的互联互通，仅需要建立约 N 种转换关系（见图 6）。

（2）具有灵活性——很容易增加新的消息类型。

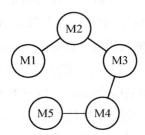

（二）STITCHES 技术期望实现的能力

图 6　本地消息通信
节点的拓扑图

（1）不需要对通信接口协议达成全球范围的一致，即可实现全球装备或设备（如战斗机、各特种飞机以及地面的指挥站、通信站、雷达站等）的互联互通（可兼容各种通信协议）。

（2）在架构演化过程中，对原架构的高效重复使用（对原架构改动小）。

（3）根据接口协议，近实时的构建体系（建设速度快）。

（4）优化部署小而快的接口，支持高速打包通信的表现形式（High Speed Packed Representations）（通信速度快）。

（5）允许老旧的数据链与现有开放式架构的互联互通（向下兼容性）。

（6）通过异构和实时监控，进行网络防御（安全性高）。

（7）分级和有弹性的体系配置方案（安全性和健壮性）。

（三）STITCHES 技术的关键创新点：域和转换图形（FTG）

域是图形中的各个节点（如传感器、跟踪器和融合器、显示系统、传感器资源管理器等）以及这些节点收发消息的总称（如雷达输出的景消息 Radar.DwellMessage 等），域包含：

- 一系列的子域（由图形中的其他节点定义，如时间、覆盖范围、探测概率等）；
- 一系列的属性（精确规定节点的属性，这里主要指子域值，例如时间值、覆盖范围值、探测概率值等）；

注意：所有节点的信息都是本地定义的，因此不需要协调。

各节点通过各种线路连接，这些线路定义了从源节点到目的地节点的转换关系。

（1）每个线路需要在源和目的地之间建立一对关系，例如传感器输出消息（Sensor1.OutputMessage）中的时间属性与跟踪器输入消息（Tracker.InputMessage）中的时间属性具有相关性，就可以在传感器和跟踪器之间建立一对关系。

（2）以一种领域特定的语言，建立不同节点的子域属性之间的转换表达式（即转换关系），例如，跟踪器输入消息中的时间=传感器输出消息中的时间-17；显示器的传感器输入消息（Display.SensorInputMessage）中的时间=传感器输出消息中的时间-36。

（3）图形算法决定了转换的组成（通过 FTG 的路径），从而根据源消息产生目的地消息。例如，当传感器输出消息中的时间属性与跟踪器输入消息中的时间属性具有相关性，并且传感器输出消息中的时间属性与显示器的传感器输入消息中的时间属性也具有相关性，那么即使跟踪器与显示器不存在直接的相关性，通过传感器也可以使前两者间接相关，这就形成了 FTG 的路径，即可以由"传感器->跟踪器；传感器->显示器"的路径；得到"跟踪器->显示器"的路径。

更新或演进 FTG 中的数据时，不需要进行全球协调。

五、SoSITE 项目的应用

通过智能手机及其应用软件的例子，就容易理解 SoSITE 项目及其应用项目之间的关系以及 SoSITE 项目所能带来的好处。DARPA 称，"通过引入新的和更好的应用软件，智能手机将很大一部分的研发负担落在具有良好定义的开发工具箱之上，这些工具允许应用软件开发者（为智能手机）创造新的能力，并能很快将应用软件添加到应用商店中，供消费者使用，这就是智能手机的生态系统。当具有新能力的应用软件出现时，你不需要购买一个新的智能手机。SoSITE 的技术集成将关注后台验证和网络防御能力，因此机载平台就能容纳各种可变化的'应用软件'所具有的功能。"

与智能手机类似，SoSITE 项目并不是一个独立的项目，它为其他项目（主要是功能采取分布式样式的项目）提供了一个体系架构和集成原则或标准。因此，DARPA在设计 SoSITE 项目的时候，各种依附 SoSITE 架构的项目也随之展开（这就像智能手机和应用软件之间的关系一样）。这既为 SoSITE 项目的试验提供了最生动的样例，也促进了 SoSITE 项目及其依附项目的相辅相成，走向成熟。下面以 DARPA 正在进行的分布式战斗管理（DBM）、航空拖网（Aerial Dragnet）、作战小队体系增强工具

（SESU）三个项目为例，分别从分布式战斗管理、分布式感知、分布式作战小队能力增强的角度介绍 SoSITE 项目的应用。

（一）分布式战斗管理（DBM）

DBM 项目将为竞争环境中的战斗管理功能开发各种由任务驱动的架构、协议和算法。现代军事作战已经转向武器和传感器网络化，这些武器和传感器安装在各种异构的有人和无人平台上。在竞争环境中，由于对手具有网络战、电子战、反卫星攻击等能力，美军的战斗管理网络与下级平台之间的通信将面临巨大挑战，并且在对手强大的一体化防空系统面前，美军必须进行射频发射控制。分布式战斗管理项目将开发一种分布式指挥架构，从而实现对以任务为中心的资产编队[3]的无中心控制。虽然在竞争环境中通信受限并且平台会有战损的情况，但 DBM 的这种指挥架构可以对战场上出现的短暂交战机会做出快速响应，并维持一种高可靠性的战斗管理结构。高可靠性的战斗管理结构体现在：即使发生战损，依靠网络强大的自组织能力和快速补充廉价的新平台资源，不会影响战斗管理功能，最多仅影响其性能。DBM 项目将包含高度自动化的决策能力，与此同时，保留人在回路的选项，使得操作员在重要决策点可以干预自动决策的结果。

在 2018 年计划（2018 年 2 月编制）中，有两项计划与 SoSITE 项目有关：一是在 SoSITE 项目的仿真实验中，使用 DBM 组件；二是在 SoSITE 项目的飞行试验中，使用 DBM 组件。

（二）航空拖网（Aerial Dragnet）

航空拖网项目希望在城市等复杂地形下，在友方资产（主要指雷达等探测设备）的视距范围之外，帮助城市管理者先发现各种小型无人飞行器。小型无人飞行器不像传统的空中目标，它们给城市这样的复杂地形环境造成了特殊的威胁，主要原因包含：它们能在很低的高度飞行，例如房屋之间；它们的体型很小，所以很难被发现；它们的速度很低，所以很难与其他运动物体区分开来；而且，在商业技术的驱动下，小型无人飞行器的发展迅猛，使它们能快速适应环境并易于操作使用。"航空拖网"项目

---

3 以任务为中心的资产编队：指根据任务需要，而集结在一起的有人和无人平台编队。对该编队的无中心控制，也可以避免美方指挥所变成薄弱环节，成为对手打击的主要目标。

是在 SoSITE 项目的研究成果之上创建的，将使用在分布式机载平台上安装的组网传感器，执行对小型无人飞行器的监视任务。"航空拖网"可以快速探测、跟踪入侵的无人飞行器并对入侵的无人飞行器进行分类，还可以提供多种打击选项。该项目聚焦于开发可安装在无人飞行器平台上的载荷，包含信号处理软件和传感器硬件、可分布式和自主式操控的网络。该系统（即多架安装了航空拖网设备的无人飞行器组成的系统）的规模是可控的，其监视范围可以从一座大厦的周边到一座城市，从而对入侵的小型无人飞行器实现经济高效的监视。预计航空拖网项目将移交给陆军和海军陆战队，在欧洲司令部和中央司令部的责任区域内执行相关任务。

2018 年 2 月编制计划中的重点计划：一是 2018 年演示和测试在大厦周边范围（相对于城市，监视范围较小）时系统对小型无人飞行器的探测性能；二是 2019 年演示和测试在多个大厦周边范围（相比 2018 年的测试，监视范围增大数倍）时系统对小型无人飞行器的探测性能。

（三）作战小队体系增强工具（SESU）

SESU 项目将开发和演示具有适应性的杀伤网（kill-web）能力，该能力是基于体系架构的，并且能促使美军的作战小队在竞争环境中战胜能力相近对手的更大作战单元（即在竞争环境中，该项目可以帮助美军以少胜多）。由 SESU 项目开发出的能力，可以帮助美军作战小队改善对敌军组成、部署计划和意图的感知能力。它将来也会提供阻止威胁升级的手段，并且一旦阻止遭遇失败，能提供摧毁敌人战斗系统的能力。项目的目标将是推动敌方决策者在达成其作战目标前失去忍耐力。为了实现该目标，预计使用的技术包含在竞争环境中可以正常使用的指挥控制和通信（C3）系统，并且该系统能与驻在国部队实现互操作；分布式感知，包含利用本地已有的各种信息源的能力；混合施效，包含动能的、非动能的、以及信息战能力。来自 SESU 项目的主要推动力将是促进有人-无人编组作战并聚焦于 C3 和无人平台自主性的系统架构及技术。SESU 项目将按照 SoSITE 项目开发出的体系原则进行集成。

2018 年 2 月编制计划中的重点计划包括：

2018 年，开发可支持快速集成（具有适应能力的）杀伤网的体系架构；开发任务想定基线和定义 SESU 的系统组成；为陆上作战人员瞄准目标、态势感知和地形认知，开发多自主无人机协同的架构。

2019 年，在仿真环境中，演示初始技术；开发 C3 和态势理解技术；开发真实外场试验计划。

六、总结

从美国海军"分布式杀伤"概念到 DARPA 的 SoSITE 项目和"马赛克作战"概念，理念一脉相承，均体现了美国国家安全战略的改变：主要作战对手从反恐转为竞争性大国之间的对抗。为了应对拥有高科技的竞争性大国，美国原来依靠 F-22、B-2 等重装平台的作战模式已不合时宜，而分布式、自主化、自适应并能快速组合的众多异构价廉平台才是确保美国军事优势的必然之选。

（中国电子科技集团公司电子科学研究院　白　蒙　陈　瑶　严晓芳）

DARPA "跨域海上监视和瞄准"项目
进入研制阶段

"跨域海上监视和瞄准"（CDMaST）项目旨在构建新型海域作战体系，以应对西太平洋地区日益增长的威胁，项目由 DARPA 战略技术办公室（STO）主管。2018 年 3 月，美军召开第二届梦想海洋会议，军企众多机构共同商讨 CDMaST 未来发展；4 月，DARPA 授予雷声公司项目第二阶段合同，标志着该项目转入实质研制阶段。本文将系统介绍 CDMaST 项目背景、项目目标、系统构成、作战概念、研制历程及应用前景等内容。

一、项目概况

"分布式杀伤特遣部队"指挥官柯特·塞勒伯格中校早在 2016 年就指出，"在对抗性日渐升高的环境中，我们的制海权得不到保证。我们需要以全新的思维方式来获得制海权——从海底、水面、天空、太空以及电磁频谱。"这也代表了美军当前对其重新获取制海权的普遍认识，尤其近年来，美国在海洋领域的全球霸权地位面临越来越多的挑战，特别是在太平洋舰队责任区。

DARPA 在 SoSITE 等空域项目积累的成功的体系架构设计经验，向海域扩展，DARPA 于 2015 年提出并在 2016 年部署了 CDMaST 项目，由 DARPA STO 主管，旨在应对太平洋海域日益增长的威胁，使用新的技术、战术和战斗管理能力，混合有人/无人系统，形成高度分布式的"打击网络"体系，意图形成一种分布式、跨域、广域、有人-无人协同的颠覆式海战架构，颠覆传统以航母战斗群为核心的作战样式，在广阔的海域统筹各种作战资源，迫使其潜在对手调动大量作战资源予以应对，从而，形成对目标海域的全面掌控。CDMaST 是系统工程类项目，该项目并不研发新技术，而是将现有的离散化海域作战项目，进行体系化集成。

二、项目规划及研究进展

CDMaST 项目计划分为两个阶段：

第一阶段（于 2017 年 12 月结束）：工业部门开发体系架构，政府团队设计测试集成环境。项目开发者开发、分析和建模先进的海事体系架构，选择有前景的技术、创新策略和有效的资源分配方法，显著提高军事效率，实现有人/无人平台、传感器、武器和任务系统网络化功能分配。项目开展前 14 个月进行基础工作，后 4 个月进行甄别。

第二阶段（于 2019 年 12 月结束）：系统集成和测试。在实时/虚拟/建设性（LVC）环境中，组合使用技术促成因素和软件解决方案，演示体系架构概念。

项目于 2016 财年启动，一直持续到 2019 财年，各财年研究内容如表 1 所示。

表 1　年度项目经费预算

财　　年	研　究　内　容	金额（单位：百万美元）
2016	建立建模和仿真环境，进行高保真任务级架构分析；研发基线分析方案	5.785
2017	研发初始的系体系架构，启动全面的架构分析；创建初步设计体系的实时、虚拟和建设性（LVC）试验台环境；创建初始实验总计划；进行初始超大型无人潜航器（XLUUV）有效载荷交付可行性分析	16.238
2018	继续开发系统架构，并为实验操作做好准备；完成实验总体规划；继续体系实验环境系统的运行和增强；启动先进的 CDMaST 架构的螺旋实验和演示；对 CDMaST 架构的选定部分启动元素、工程和运行测试；进行战斗管理和指挥与控制（BMC2）分析，评估高弹性杀伤链；研发用于分布式感知和作用的自主式海平面平台架构	29.869
2019	整合体系设备资产并开展作战试验，以便在海上展示 CDMaST 能力，以促进项目整体向海军的过渡；继续优化 CDMaST 体系架构段和服务层；继续对 CDMaST 架构的选定部分进行元素、工程和运行测试；完整规划 CDMaST 架构的海上演示；进行 CDMaST 架构的海上演示	25.432

注：2019 财年预算的降低反映了测试平台开发和平台集成工作的减少。

2018 年，CDMaST 项目稳步推进，典型事件包括第二届梦想海洋会议召开、第二阶段转入实质性研究，具体情况如下。

1. 召开第二届梦想海洋会议

2018 年 3 月 12 日～13 日，美国太平洋舰队在夏威夷珍珠港-希卡姆联合基地举行第二届梦想海洋会议，参会人员来自太平洋舰队、DARPA、能力研发部门（如作战中心、工业部门、政府、大学研究中心、实验室和学术界）等机构。梦想海洋会议是由太平洋舰队与 DARPA 合作发起的，首届会议于 2016 年 9 月召开。本次会议议题包括三点：

（1）让潜在的技术解决方案提供商有机会了解美国太平洋舰队作战环境和作战概念，以及相关的运行和技术挑战。

（2）展示 DARPA CDMaST 实验环境的能力，以实时、虚拟和建设性（LVC）方式探索技术和作战概念；与与会者互动，以了解如何在 CDMaST 实验环境中应用承包商的能力。

（3）向与会者提供与太平洋舰队员工、DARPA CDMaST 政府团队进行一对一讨论的机会。

2. 第二阶段合同授予雷声公司

2018 年 4 月，雷声公司获得 CDMaST 项目第二阶段的 29990292 美元支持，标志着 CDMaST 项目正式转入第二阶段，预计 2019 年完成。

三、系统构成及作战概念

CDMaST 项目旨在打造由有人/无人系统的组合组成的新型体系结构，来拒止敌人在海洋环境投射力量的手段。该项目旨在通过利用无人系统有潜力的新发展、新兴的远程武器系统，开发先进的、集成的海面上下的作战能力，能够在大型有争议的海域对潜艇和船只进行远程攻击。基于多个 DARPA 和外部项目的研究，CDMaST 作战域遍布空中、海洋表面上下，它将利用各域的指挥、控制和通信技术，创建和实现新的作战能力。通过实验，该项目计划展示集成的系统性能，并开发利用异构架构创建的功能策略。

此外，CDMaST 项目还将建立一个分析和实验环境，以便根据作战有效性、工程可行性和稳健性，探索架构组合。该项目将利用物理域之间的指挥、控制和通信技术来搭建架构。该项目最终不仅展示系统集成能力，还可以开发利用异构架构形成功能的新策略。CDMaST 项目专注于可降低成本、管理复杂性和提高可靠性的技术。

最终该技术将逐渐过渡至海军。

　　CDMaST 项目体系引领海域项目，系统集成了无人系统、武器系统、预置平台、有人系统、导航定位授时系统、通信系统、信息管理系统、后勤支持系统等八大类系统，其树状构成图如图 1 所示。其中，无人系统包括空域、水面、水下的无人作战装备；武器系统包括反舰导弹、轻型/重型鱼雷等；预置平台是美军出其不意攻击的杀手锏武器，包括海德拉、浮沉载荷等；有人系统主要是传统海域作战的武器装备，包括潜艇、水面舰、直升机等；导航定位授时系统尤其关注在对抗环境下的作战效能；通信、信息管理、后勤等系统也是 CDMaST 的有机组成部分。

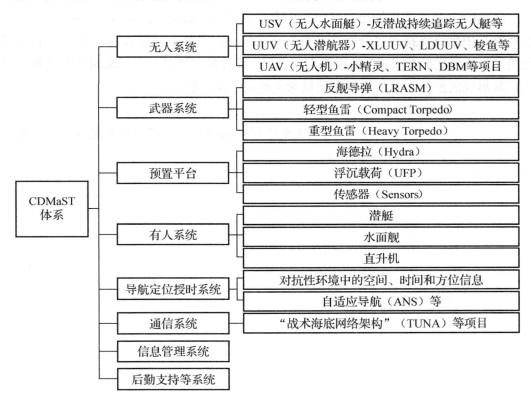

图 1　CDMaST 系统树状构成图

　　按照 DAPAR 的设计要求，CDMaST 项目的作战任务覆盖打击链的每一个环节，包括发现（Detect）、识别（Classify）、定位（Localize）、跟踪（Target）、交战（Engage）、评估（Assess），各环节紧密结合，形成广域、高速、有效的打击能力。

　　CDMaST 实现海上作战样式的转型，由传统的"以兵力集中实现火力集中"向"兵力分散火力仍集中"转变。这个概念的基本要求，是调整航母打击大队主要是飞机担负攻击任务的传统模式，让大量空域作战设备（无人机蜂群、无人侦察节点等）、水面舰艇（航母、补给舰、两栖舰、运输船等战舰）、水下作战平台、预置平台等有人/无人作战装备在地理上分散部署，具备协同作战能力。增加了美军潜在对手 C4ISR 系统对其打击平台持续进行侦察、跟踪和监视的难度，确保美军安全；扩大火力打击的规模，增加了敌军的防御难度，可提升打击作战效果。

四、小结

CDMaST 项目明确提出，要形成一个"分布式、敏捷杀伤链"，这与"第三次抵消战略"中重点支持的"分布式杀伤"高度统一，因此，可以认为，CDMaST 项目是美军"第三次抵消战略"的重要支撑项目，旨在重新确认其全球海域作战的霸主地位，其形成的新的作战体系及作战概念值得我们深入研究。

（中国电子科技集团公司电子科学研究院　商志刚）

美国陆军将"多域战"更新为"多域作战"

为了应对 2025—2040 年期间所面临的威胁并获得战场优势，美军提出了多域战（Multi-Domain Battle，MDB）概念。多域战概念针对"反介入/区域拒止"（A2/AD）挑战，着眼于 2025—2040 年的战争，寻求打破军种、作战域之间的界限，将各种力量要素融合起来，在陆、海、空、天、网各作战域以及电磁频谱、信息环境和认知维度等领域密切协同，实现同步跨域火力和全域机动，从物理域和认知域挫败对手。2017 年 10 月，美国陆军发布《多域战：21 世纪合成部队的发展 2025—2040》（Version 1.0），这一文件中的多域战概念被称为 1.0 版。2018 年 12 月 6 日，美国陆军训练与条令司令部发布手册《2028 多域作战中的美国陆军》，正式将多域战更新为多域作战（Multi-Domain Operation，MDO）。这一改变表明了美国陆军未来的发展目标和途径，确保与对手抗衡。

一、概念转变的背景

美国陆军认为能力相近的对手将在竞争和武装冲突中采用分层对峙能力，降低美国的战略深度，限制美军的投射能力，并在所有领域对联合部队发起挑战。作为联合部队的一部分，陆军在陆上、空中，海上、太空和网络空间领域应保持主导地位。美国陆军针对对手的反介入/区域拒止能力所形成的威胁，发展多领域作战概念，重点关注如何挫败敌人的分层对峙能力，将其作为赢得未来战争的关键。

美国陆军认为"战斗"（battle）一词更多关注的是战术，无法反映一个全面的作战概念，有着非常大的局限性，不适用于武装冲突之前发生的其他类型冲突。美国陆军希望在武装冲突发生之前就能够赢得竞争，而"作战"（operation）比"战斗"涉及面更广。多域战发展为多域作战的原因如下：

（1）作战环境不断发展变化，国家层面的竞争重新出现。美国的国防战略强调了赢得武装冲突前后的"竞争"的重要性，不仅仅是战斗。然而，原来的多域战概念仅适用于冲突阶段，联合部队以及陆军现有的概念框架都无法解决分层对峙问题，政策制定者也未认识到如何与能力相近的对手开展竞争。

（2）为了真正实现多军种之间的联合，首先需要在概念表达上保持清晰和一致。目前，美国空军关注的重点集中在多域作战和多域指挥控制，陆军则更专注于多域战，但都希望发展跨作战域、跨部门的高度整合的作战能力，一致的作战概念和理论有助于各军种开展合作。

二、发布战略文件指导多域作战

（一）发布手册《2028 多域作战中的美国陆军》

2018 年 12 月 6 日，美国陆军训练与条令司令部发布手册《2028 多域作战中的美国陆军》，进一步完善了 2017 年发布的多域战概念，将多域战修改为多域作战，提出了一系列解决方案，专注于挫败敌人的多层对峙能力。该手册认为，多年来对手一直在研究美军作战方式，人工智能、高超声速、机器学习、纳米技术和机器人等新兴技术也改变了战争的性质。未来，实力相近的对手将在竞争和武装冲突中采用分层对峙能力，在所有领域对联合部队发起挑战。为此，该手册阐述了美国陆军作为联合部队的一部分，将在军事上竞争、渗透、瓦解和利用对手的方法。

这一版本纳入了这两年从战争游戏、模拟、联合作战评估、联合和多军种协作中获得的经验，阐述了多域作战的核心思想、主要原则和战略目标，分析了多域作战面临的问题并提出了解决方案，指出了陆军的能力建设重点。该手册主要内容包括：

① 从多域战向多域作战的演变；

② 美军面临的问题：新型作战环境，与中国和俄罗斯的竞争，与中国和俄罗斯的武装冲突；

③ 开展多域作战：多域作战的核心思想；多域作战的原则；多域作战的战略目标；多域难题和解决方案；

④ 对陆军的影响：对多兵种联合机动的要求更高；梯队作战；融合跨域能力；最大程度地发挥官兵潜力；需要陆军提供的能力。

该手册中的多域作战概念被称为 1.5 版，这一概念的 2.0 版本将于 2019 年秋季发布。

（二）发布白皮书《降低需求：创造条件以确保"多域战"》

2018 年 2 月，美国陆军能力集成中心发布《降低需求：创造条件以确保"多域战"》白皮书，寻求通过减少对燃料、水和弹药的需求，提高旅级作战部队的远征能力，支持多域作战。该白皮书旨在思考和讨论如何维持多域作战部队所需的方法与能力，通过提高效率和效能、满足当前的需求、应用机器人和自主系统以及增强态势感知能力，提高竞争环境下的作战灵活性，增强部队的战斗力。该白皮书提出了减少需求的五条措施：

（1）提高效能和有效性。提高可靠性和可维护性；实施新的弹药管理和分配方法；部署情报系统；采取措施减少能源需求；提高电力资源利用效率，改善资源管理能力、水资源回收再利用率、弹药管理以及多用途武器的开发等。通过军演、教育和培训、现有技术和新兴技术的整合来提高效能；探索关键使能技术的发展；提高弹药精确性和杀伤力。

（2）发展能力满足当前需求。改进作战规划、作战策略和装备能力，降低维护成本以扩大作战范围。采用增材制造技术，提高设备生产及维修效率。医疗系统领域专注于开发更小、更轻、更节能的医疗设备；最大限度地提升医疗技术，大力增强先进医疗能力并降低风险。

（3）使用机器人和自主系统。机器人和自主系统（RAS）将改变未来军事行动，可通过自动化任务和增强的能力来提升士兵战时表现，最大限度地减少人为限制，极大扩展作战距离。使用无人空中补给系统可加快作战行动，提高作战能力。

（4）提高态势感知能力。未来陆军任务指挥系统将提供战场上物资可用性、商品级别和再补给地点的实时可见性，并将通过预测分析来辅助指挥官决策。人工智能将通过数据的收集、组织和优先级设置来降低士兵的认知负荷，而自主平台则可以在短期内通过运输设备减少物理负载。人工智能预测分析技术提高了维护的精确性。

（5）文化改革。通过对领导层/士兵进行培训教育来调整战术、技术和程序以降低作战需求。陆军必须提供领导力发展和专业军事和非军事教育，促进文化变革，并支持制定减少需求的相关和适当解决方案。

三、发展支撑多域作战的新型技术

（一）美国陆军与空军联合开展"传感器到武器"的原型研究

为满足多域作战需求，美国陆军和空军联合开展"传感器到武器"的原型研究，旨在将空军情报、监视与侦察（ISR）平台生成的目标解决方案整合到陆军远程精确杀伤火力中，以大幅缩短杀伤链。

在与先进对手的高强度对抗中，远程火力的速度和准确性是胜败的重要因素之一。但是，在复杂的"反介入/区域拒止"作战中，美军目前无法在足够短的时间内将关键信息从传感器传输给武器。为此，美国陆军与空军联合开展"传感器到武器"的原型研究，对开放式体系结构、空军和陆军网络能力上的协作等开展原型研究。2019年陆军和空军快速能力办公室将合作开展"传感器到武器"作战评估，以演示验证空中、地面和空间传感器如何提升陆军的远程精确火力。该演示验证将使用开放式体系结构标准，在多个系统之间传递和转换数据，扩展指挥所的可用信息，使指挥官能更快调整资源并确定其优先级。

（二）探索应用"自主性和人工智能"

美国陆军正在寻求利用自主性和人工智能技术实现多域作战，赢得战场胜利。尽管已经采用了各种机器人和自主系统，但美国陆军未来仍将在机器人、自主性、人工智能和机器学习等领域投入更多，将其作为陆军战胜其他军事大国、保持战场优势的关键。美国陆军认为将人工智能和自主性技术应用在武器系统、改进决策制定和实现企业级效能等方面，可以解决多域战所面临的难题：

（1）武器系统：运用自主性和人工智能解决在反介入/区域拒止环境下情报和火力持续集成的问题；在小规模部队中应用机器人、自主性和人工智能。

（2）改进决策制定：在竞争期间使用自主性和人工智能；在多域作战中运用自主性和人工智能支持任务指挥。

（3）实现企业级效能：管理自主性和人工智能的开发和部署；使用自主性和人工智能，简化采办和后勤；具备自主性和人工智能能力的部队，改革陆军传统。

四、建立多域特遣部队试验多域作战技术

根据陆军参谋长马克·米利上将的指示，美国陆军在太平洋战区建立了首支多域战特遣部队（MDTF）。该部队以陆军第 17 野战炮兵旅为基础，与情报、网络、电子战和太空分遣队进行了整合，兵力规模约 2200 人，其中 500～800 人为核心常备人员，将具备空间、网络、海上、空中和地面作战的能力，将其范围扩展到军事行动的所有领域，以支持空军、海军和海军陆战队。

在 2018 年 7 月举行的"环太平洋"军演中，多域战特遣部队在一名海军指挥官的指挥下，与日本陆上自卫队一起，使用高机动性火箭炮系统击沉了一艘退役军舰。这次演习中，美国"新港"级两栖坦克登陆舰"拉辛"号（1993 年退役封存）作为靶舰，遭到了空射和潜射反舰巡航导弹、两枚不同陆射巡航导弹、陆基火箭弹和潜射鱼雷的打击。美国陆军第 17 野战炮兵旅部队用卡车发射器发射的"海军打击导弹"和高机动性火箭弹系统发射的火箭弹击中了靶舰。陆军部队还用 Link-16 作战网络与参战的联合部队进行通信，利用无人机为火箭弹进行定位。2019 年，太平洋战区多域战特遣部队将首次参与"太平洋之路"（Pacific Pathways）轮训。

五、结语

多域作战这一概念针对未来竞争特点，将作战范围从战斗、战术拓展到战役和战略层，可以应对更广范围的竞争和冲突。美国陆军试图运用这一概念将美国国防战略和国家军事战略付诸实施。这次修订是美国陆军对多域作战理论的进一步发展，提出了开展多域作战的整体框架和具体路径，为下一步职能概念开发、演习和部队编制奠定基础，未来仍将通过大量的能力开发、试验、推演和演习等继续对这一理论进行完善。

（中电莱斯信息系统有限公司　钱宁）

美军多源信息数据融合技术发展研究

信息数据融合也可以称为信息时代的数据融合，是随信息源类型的扩展、信息类别的增加（不只是传感器数据）以及应用领域的扩大和对应用支持程度的加深，从数据融合演变而来。目前，军事应用的需求成为驱动信息数据融合发展的主要动力。

2018 年 5 月，美军发布了有关多源情报融合分析方面的项目信息征询书，寻求数据融合方面的创新性解决方案，美军认为未来的多源信息融合将提供增强的数据分析服务和容纳更加广域情报数据分析的能力。

一、多源信息数据融合的技术范畴

（一）概念内涵

多源信息数据融合是指对来自多源的信息和数据进行检测、关联、相关、估计与综合等多级多层面的处理，得到精确的目标状态与身份估计以及完整、及时的态势与威胁估计。美军具有遍布全球的多源侦察监视装备，从地面、水面、水下、空中获取海量战场感知数据，包含实时空海情、战场监视、气象水文、测绘导航、通信保障、网电对抗等在内的大量战场情报数据，这些数据具有数量大、种类繁多、结构化与非结构化并存以及不断递增等特点。

（二）美军数据融合模型的发展历程

美国国防部实验室联合理事会（JDL）数据融合组于 1987 年建立了第一个数据融合 JDL 数据融合顶层模型，近三十年来，JDL 顶层模型被不断补充、修订和完善，主要经历了 6 个阶段，如图 1 所示，在整个信息融合演变过程中，主要存在两代融合系统。

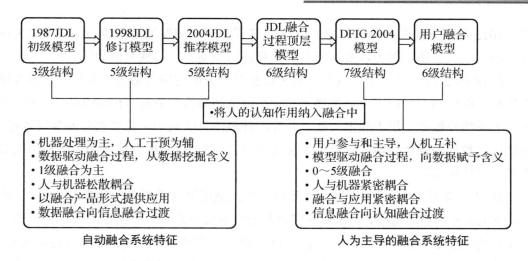

图1　JDL 信息融合顶层模型演变及特征

　　第一代融合系统以 1987 JDL 初级模型、1998 JDL 修订模型和 2004 JDL 推荐模型为代表，该融合系统以机器为感知主体，人类的认知行为开始于数据，即传感器观测输入，再向上推进到为人类应用活动服务；在技术实现上，该系统从传感器数据中提取特征、关系和知识，并构建应用模型或直接提供用户进行应用选择；在融合活动模式上，该系统采用机器在后台自主运行，自动进行融合处理的模式，在前台的界面上显示融合结果供用户干预选取。

　　第二代融合系统以 JDL 融合过程顶层模型、DFIG 2004 模型和用户融合模型为代表，强调用户参与和主导，人机互补。在技术实现上，用户基于需求设计感知模型，以模型驱动融合系统运行，寻找与模型匹配的数据，即向数据赋予含义和知识，再经逐级融合，产生满足应用需求的态势信息；在融合模式上，该系统中用户要与机器紧密耦合；在管理上则认为用户进行融合系统立项、论证，参与系统设计、运行交互控制和信息分发活动。总之，必须充分发挥人的认知能力在融合活动中的效用。

（三）主要进展

　　随着多类传感器在军事领域的广泛应用，数据融合技术也得到了快速发展，为了使数据融合技术研究成果尽快在战场感知领域得到应用，美国国防部开始实施大规模的投资计划，建立数据融合系统，例如美国陆军于 1984 年开始研制和装备的全源分析系统（ASAS），至 2001 年总共经历了五代更新，该系统正在为美国陆军战场数字化和全球反恐行动提供着有力的情报保障；2003 年美国陆军启动分布式通用地面站（DCGS）系统的开发工作，并于 2009 年率先在巴格兰部署了第一个 DCGS 中心云节点；2013 年美国陆军针对现有的 DCGS 系统提出了新的发展策略核心，即重点关注战术能力、数据传输能力以及如何利用工业部门和商业部门现有能力等。

2018 年 5 月 4 日，美军发布了有关情报融合分析的信息请求。美军拥有多传感器平台，能够利用机载平台（如增强型中高度侦察和监视系统（EMARSS））和车辆捕获多种情报数据，用于战术作战。此外，开源信息的利用将提供额外的情报数据。改进这些数据的融合和模式分析是关键技术所在，通过改进融合算法和系统易用性来降低用户认知负荷。

2018 年 8 月 14 日，美军在胡德堡对分布式通用地面系统（GCGS-A）进行了测试。GCGS-A 将各类情报、监视和侦察地面处理系统整合成一个供作战人员使用的一体化系统，为美军提供高级分析，支持目标瞄准、信息收集和态势理解。它使用战术、战役地面站来处理，利用和分发有关威胁、天气、地形方面的信息和情报，这些地面站从国家级、联合伙伴和传感器下载数据，并在地面和水面系统之间交互情报。

美军通信-电子研究开发和工程中心（CERDEC）、情报和信息战指挥局（I2WD）也正在发布了相关信息需求书（RFI），以确定融合分析的潜在能力和创新方法。美军专家开发了一个应用程序编程接口（API），支持融合功能的中心枢纽是实体关系数据存储，它提供与情境理解操作目标相关的实体信息。为此，这些实体将根据业务需要具有特定类型：军事单位、设施、设备、个人、重大事件、组织、角色和网络。除提供有关实体本身的属性之外，数据存储区和 API 还需要提供实体之间的相互关系，并支持这些关系的属性。情境发展情报分析的性质导致维护三"层"数据：原始输入（传感器报告，文本文件，视频等），从原始输入中提取但尚未重复数据删除的实体和关系以及一组"融合"的实体和关系，用于表示每个实体和关系的一组相关数据。在融合层中维护的属性将包含从组成不相关的片段到智能组合的数据值，并且可以提供用于该组合的特定方法。

另外，美军研究人员要求行业提供加速传感器融合智能的方法。美军专家要求行业提供自动化数据融合的方法，包括所有数据的标准化、单一或所有情报学科的相关性、检测与聚合以及模式发现和利用。美军想要增强现有的数据融合能力，揭示战场实体之间的关系，为决策者行动方案的制定提供更多的支撑。

二、面临挑战及未来展望

当前新军事变革产生的网络中心战在技术上向信息和信息技术寻求新的战斗力生成模式，这对分布式信息融合产生了一定的具体需求，但目前还没有体现和提炼出网络中心战对信息融合学科理论、技术和方法的整体发展需求。

1. 分布式融合结构的挑战

基于网络连接的分布式融合系统，既面临各作战节点的局部需求，又面临多级多节点作战系统的全局需求。因此，分布式融合结构应寻求全局融合与局部融合在功能上的平衡或优化，并且该平衡结构要适应需求的变化进行动态调整。

2. 新概念和新方法的挑战

分布式信息融合网络中的多层次、多节点融合与集中式的单一节点融合比较，产生了许多新概念和新方法。传统针对集中式融合的有些方法已经不再适用，需要探索新方法来解决分布式信息融合中相关问题。

3. 分布式评估方法的挑战

当前，融合系统的评估研究以低级融合（0级数据预处理和1级对象提取）居多，高级融合（2级态势提取到5级人机交互/认知精炼）的评估研究进展缓慢，并且各国专家独立研究和应用产生的评估方法存在很大差异。

对于分布式融合结构的挑战，当前已展现出的各种分布式融合结构基本上是基于具体应用需求设计出来的，其优化具有相对性，且对分布式融合结构的研究成果在理论上尚不完善。对于分布式信息融合新概念和新方法的挑战，已陆续出现了许多不同于集中式融合的算法研究，主要集中在集中式融合的优化算法、分布式融合的启发式算法等方面。对于分布式评估挑战来说，除了为已采用的评估方法建立统一基准，亟待解决的问题是评估从融合性能向应用效能扩展。

随着人工智能、大数据技术的飞速发展，民用领域的信息融合技术发展迅猛，军用领域的多源信息融合技术亟须迎头赶上。在军事多源信息融合领域，有人参与和主导的信息融合是融合学界从盲目追求自动化的低级融合迈向以人为中心的高级认知融合的一个重要发展趋势，这也面临着分布式融合、人-机融合、软硬数据融合、语义融合等一系列需要深入研究的问题。

（中电莱斯信息系统有限公司　吴蔚　张桂林　吕望晗）

美国国防部《2017—2042 年无人系统综合路线图》解读

2018 年 8 月，美国国防部长办公室发布了新的 25 年无人系统计划——《2017—2042 年无人系统综合路线图》（以下简称《路线图》），这是上一版路线图发布 4 年后的更新版。该路线图的主要受众是国防部各单位，同时也服务于多个利益相关方，体现了美国在无人系统军事应用领域研究的最新方向，为未来美国国防部无人系统的发展奠定了基调。

近年来，美国国防部已将无人系统集成到联合部队以及各军种中。不同组织机构也已在研究、采办和支持各域的无人系统方面开展了大量工作。通过对已开展的工作、无人系统技术趋势和当前方案的分析，本《路线图》确定了四个纲领性主题，即互操作性、自主性、网络安全和人机协作。每一项主题下又包括若干技术或政策赋能因素。这些主题将对需求开发人员、预算计划制定人员、项目经理、研究人员、作战人员和其他关键国防部利益相关方发挥指导作用，从而继续推动无人系统所带来的作战方式上的变革。

一、主要内容

《路线图》分为六章，第一章为导言，对文件目的、四项主题及赋能因素进行了简要介绍。第二至五章分别对互操作性、自主性、网络安全和人机协作这四项主题进行了进一步介绍。

互操作性： 互操作性一直是无人机系统集成与作战行动的主要推动力。有人与无人系统能力的协同程度日益提高，彰显出使用开放式和通用体系结构的重要性。健全的可互操作的基础提供了未来作战领域所需的架构。与互操作性相关的五项赋能是通用/开放式体系结构、模块化和部件可互换性、合规性/测试、评估、验证与认证、数据传输集成以及数据权利。

自主性：自主性和机器人技术的进展将成为重要的兵力倍增器，有可能带来作战概念的革命性转变。自主性将极大提升有人与无人系统的效率和效能，从而带来战略优势。与自主性相关的四项赋能因素分别是人工智能和机器学习、更高的效率与效能、置信和武器化。

网络安全：无人系统作战往往依赖网络连接和有效的频谱接入。因此必须对网络漏洞加以处理，以预防破坏或操纵。涉及网络安全的三项赋能因素是赛博作战、信息确保以及电磁频谱和电子战。

人机协作：实现人机协作是无人系统的最终目标之一。由人组成的部队与机器之间的组队将实现革命性的协作，在这一协作关系中无人系统将发挥关键性的作用，成为真正重要的队友。

最后，《路线图》罗列了无人系统当前面临的挑战和未来发展道路。面临的挑战主要有缺乏共同要求、需要各军种间更多协作、缺乏对设计灵活性、尺寸、重量和功率限制、法律和政策局限、对人机交互缺乏了解以及未来平台和网络的经济可承受性等。未来发展道路主要有灵活而敏捷的采办、体系结构/模块化设计策略、获取数据权的新方式、加强与私营部门进展的联系、武器化自主系统策略、人机战术、技术和规程等。

二、本版路线图的特点

与以往几版无人系统综合路线图相比，新版《路线图》具有以下特点。

（一）内容聚焦宏观指导，而非对技术的阐述

与上一版无人系统综合路线图相比，新版《路线图》篇幅大为减少，从 168 页减少为 58 页。由于美军各军种也制定了各自的无人系统发展路线图，因此，该版《路线图》仅提纲挈领地提出了四项主题，每项主题下也仅列举了三到五项赋能因素，更加关注从宏观上进行指导，而不是针对具体的技术进行阐述。其旨在提供纲领性的战略指导，使得各军种无人系统目标和工作与美国国防部战略构想保持一致。

（二）提升互操作性重要性，将其列为主题事项

在上一版路线图介绍无人系统技术的一章中，专门用一小节介绍了互操作性与模块化技术。在新版《路线图》中，互操作性的地位进一步提升，成为四项主题之一，并包括了通用系体系结构、模块化和数据权利等赋能因素。其中，用于指挥、控制与通信的通用体系结构对于确保各系统和各域间的协同至关重要。通用体系结构的目标并非将同一套标准或服务用于所有系统，而是在任务空间或作战域中使用通用标准或服务。

此外，开放式的体系结构可以促进创新工作的开展。开放式设计将实现跨作战域同时控制和集成多个平台的可能。通用和开放式的体系结构还将实现各平台间的部件升级具有互换性。

（三）强调人工智能在无人系统发展中的重要性

自上一版无人系统路线图发布以来，人工智能有了长足发展，目前在军事领域已经有着诸多应用。新版《路线图》将人工智能作为自主性主题下的首个赋能因素之一，足以体现其在无人系统中的重要性。

作为人工智能中一个快速发展的领域，机器学习对于推动各领域中无人系统的发展有着巨大潜力，这些领域包括：指挥与控制、导航、感知（传感器情报和传感器融合）、障碍物探测和规避、蜂群行为和战术以及人类交互。人工智能和机器学习有助于开发出能够自主学习并进行高质量决策制定的系统。学习能力将直接带来具有更高程度自主性的无人机系统的开发。此外，人工智能/机器学习赋能的决策辅助将给战场管理和指挥控制带来革命性的改变，通过运用这种决策辅助能力，自主无人系统将极大地提升战场态势感知。

（四）进一步强调人机协作的重要性

从上一版路线图发布到现在的几年间，美国陆军在继续发展其有人-无人编队（MUM-T）项目，该系统有望在新近提出的多域作战中发挥重要作用。而美国空军的"忠诚僚机"项目也已经使用经过改装的F-16战斗机开展了测试，展现出极大的作战潜力。可见，有人系统与无人系统的结合是无人系统发展的重点之一，人机协作也是

新版《路线图》所提出的四项主题之一，包括人机界面与人机编队两项赋能因素。

人机界面是人类用以操作无人系统并从无人系统采集信息的机制。人机界面的直观与有效程度直接影响着任务成功与否。传统人机界面的设计与实现重点放在个别无人系统的控制而不是任务目标上。经过改进的人机界面应能够生成人与机器间共享的感知，实现灵活的人机协作决策制定，并有助于协调同类型组员进行编队。新型人机界面还需要能够管理更多的可用信息和更为复杂的控制转移和协调需求，以支持未来战争中蜂群和"忠诚僚机"等组队概念。

人机编队是对各军种作战人员及有人和无人系统的同步化运用，以实现更高的杀伤力、抗毁性和态势感知。人机编队的目标是通过将作战人员的内在优势与有人和无人系统相结合，实现协同效应和具备不对称优势的压倒性能力。当前人机编队任务关注于在作战人员、有人系统和无人系统间实现最有效的平衡。初始方案是在当前任务基础上增加无人系统自动化程度，最终实现一个操作员与多套系统编队。

（五）在重视技术因素的同时体现政策因素的作用

推动和影响无人系统发展的，不光有技术因素，政策因素的作用也同样不可忽视。新版《路线图》中与政策相关的赋能因素包括武器化、数据权利、合规性/测试、评估、验证与认证等。

以无人系统的武器化为例，在技术上，无人系统自主完成从目标识别到发起攻击的整套任务已不存在任何障碍。但到目前为止，最终的开火决定权依然掌握在人类的手中。当前，美国国防部尚未拥有能够无须人类操作员干预而自行搜索、识别、跟踪、选择目标并与其交战的自主武器系统。尽管如此，随着制度的修订，这一情况将有可能发生转变。未来，武器化将成为任务中的关键能力，无人系统将直接支援参与危险任务的部队。是否应该放开无人系统自行交战的权力，应该在何种场景下放开，这都是需要审慎探讨的政策问题。而随着人工智能的深入发展，对于其运用在政策方面的考量也是必不可少的。

三、结语

在过去十年内，无人系统技术出现了爆炸式的发展，新兴技术和事项层出不穷，某些尚未完全成熟的新兴技术将可能打乱传统战略所设定的发展道路。因此，该《路线图》意在奠定一个敏捷而灵活的技术与政策基础，从而为尚未预见的颠覆性技术和行动提供发展的土壤，使得后者可以无缝整合到美国国防部当前无人系统的开发工作中。

　　新版《路线图》试图在发挥人工智能和机器学习巨大潜力的同时，解决无人武器化带来的政策挑战，并推动整个国防部和各军种的协作和实现相关工作的标准化。其最终目标是使得美国国防部能够通过无人系统技术进一步拓展美国的军事能力。

（中电莱斯信息系统有限公司　费洪）

美军推进"算法战"稳步发展

"算法战"这一理念尽管只是起步于视频情报获取与分析领域,但由于集成了"高性能计算""大数据""云计算""人工智能(AI)"等前沿理念,对未来情报侦察领域乃至整个战争形态都有可能产生影响。在美国大力推进人工智能技术军用的背景下,"算法战"还将广泛应用于指挥控制、信息安全、国土安全等多个领域。2018 年,根据美国国防部 2017 年签发的"成立算法战跨职能团队('专家工程')"备忘录的要求,美国国防部、各军种分别以不同方式推动"算法战"持续向前发展。

一、发展背景

"算法战"提出的初衷是应对军事行动中的海量数据处理压力。信息化导致的"信息爆炸"不可避免地扩展到战场。当前,美军地面、海上和空中情报监视与侦察平台呈爆炸式增长,情报监视侦察行动产生海量数据。自"9·11"事件以来,仅源自无人机和其他监控技术的数据量就增长了 16 倍;美军分布式通用地面系统每日采集的视频流数据超过 7 太字节;空军每天收集的情报侦察视频数据约 160 小时。激增的信息,仅仅依靠人工难以有效地应对和处理。同时,战场的非线性、跨域、网络化等特点,在时空范围、要素种类、行动节奏上都对决策、指挥和协同提出了极高要求,传统以人工为主的方式难以适应。

如今,美军已经开始使用人工智能算法来分析整理极端组织的大量情报数据,美国国防部"算法战跨职能小组"的第一份"算法武器",也是用于无人机目标探测、分类和预警的人工智能算法。

人工智能与情报的有机融合,充分说明了科技进步正推动情报获取、整理和分析过程的技术变革与创新。正是人类面临情报威胁领域的巨大"数据黑洞",不断推动着人工智能、机器学习等技术在国防科技领域的发展。

（一）"算法战"概念

"算法"通常指解题方案准确而完整的描述，是一系列按系统观点形成的解决问题的清晰指令。构建算法的核心内涵则是创建基于问题的抽象模型，并根据目标问题选择不同的方法完成算法的设计。美军将"算法"与"作战"这一概念紧密联系在一起，旨在加快推进人工智能、大数据、机器学习、计算机视觉等前沿技术军事应用，谋求和维持未来的军事优势。

2017年4月26日，美国国防部副部长罗伯特·沃克签署了一份关于"专家工程"（Project Maven）的备忘录，明确要建立"算法战跨职能小组"，标志着美国军方对"算法战"概念的正式认可。

（二）"算法战"内涵

"算法战"的目的是国家或非国家行为体利用算法工具谋求信息优势，并通过实施物理打击最大限度地保存自己和消灭敌人，或进行威慑以达到"不战而屈人之兵"的效果，从而为自身的目的服务。

概括来看，"算法战"是将算法运用于战争领域，通过挖掘人工智能算法在态势感知、情报分析、指挥决策、打击行动等方面拥有的巨大潜力，用算法方式破解战争攻防问题，从而达到在战争中制胜、为政治服务的目的。

根据美军的规划，"算法战"的首要任务是用于"情报战"，即运用大数据、计算机视觉及模式识别技术，提升"处理、分析与传送"战术无人机获取视频数据的自动化水平，支持反恐作战。在此基础上,美国国防部在未来将"算法战"推广应用于其他领域。

二、发展现状

自"算法战跨职能小组"成立一年多来，不仅"专家工程"项目在中非战场上取得了令人炫目的成绩，更引发了美国各军事机构推进人工智能算法研究的热潮。

（一）国防部

6月27日，美国国防部副部长帕特里克·沙纳汉正式下令由五角大楼新任首席信息官戴纳·迪希牵头创建新的人工智能研究中心——联合人工智能中心（JAIC），目的是使国防部能够迅速交付新的人工智能赋能的能力，并有效地试验支持国防部的军事使命和业务职能的新型作战概念。JAIC将为整个国防部建立一套通用的人工智能的标准、工具、共享数据、可重用技术、流程和专业知识。

根据发布的备忘录副本，该中心的总体目标是"加速提供人工智能赋能的能力、扩大人工智能在国防部范围内的影响力、同步国防部人工智能活动以扩大联合部队优势"。近期目标是在30天内启动一系列被称为"国家使命倡议"的人工智能项目，同时接管备受争议的"专家工程"项目。

美国国防部有592个项目与人工智能相关，但并不是所有项目都值得进入JAIC的管理范围。该备忘录要求预算在1500万美元或以上的人工智能项目都应该与各军种协调，以确保"国防部正在为其整个部门建立优势"；预算低于1500万美元的人工智能项目仍由军种或机构授权。JAIC将确保各军种或机构利用公共工具和数据库，使用最佳实践管理数据，反映公共治理框架，坚持严格的测试和评估方法，并遵守支持大规模应用的体系结构原则和标准。随着时间的推移，加以适当的资源配置，JAIC将在各组成单位的人工智能项目中扮演更重要的角色。

JAIC现已开始运作，早期任务计划包括：

（1）认知：提高情报监视与侦察处理、利用和传播的速度、完整性和准确性。"专家工程"就属于这一范畴。

（2）预测性维护：为决策者提供计算工具，以帮助他们更好地预测、诊断和管理维护问题，从而以更低的成本增加可用性、提高运行效率并确保安全。

（3）人道主义援助/救灾：缩短搜索和发现、资源分配决定以及执行救援和救济行动的相关时间，以便在救灾行动中拯救生命。

（4）网络威胁感知：探测和威慑先进的敌对网络行为者，他们渗入国防部信息网络并在其中活动。这样可以提高国防部信息网络的安全性，保护敏感信息，并使作战人员和工程师能够专注于战略分析和应对。

第一个"国家使命倡议"项目是已经在进行中的"专家工程"项目。该项目主要利用无人系统提供的视频信息加速大数据和机器学习的集成。国防部最初将该项目交于谷歌开发，但谷歌因员工抵制将在第一阶段合同完成后终止继续合作。国防部将"专家工程"项目转移到 JAIC 是为了使项目在没有谷歌参与的情况下仍能够正常进行。

"专家工程"项目进展

美国国防部"专家工程"人工智能（AI）项目启动满一年，所开发的算法已能部署至美国及其海外多个地点，帮助操作员将原始监视数据转变为可帮助指挥官做出关键作战决策的情报。

"专家工程"于 2017 年 4 月启动，由美国国防部负责情报的副部长监管，其下属国防情报局长沙纳汉空军中将担任其主管。"专家工程"项目团队共包括 12 名成员，首先开发用于目标探测、识别与预警的计算机视觉算法，提高对无人机所搜集全动态视频（FMV）的处理、利用与分发（PED）能力，减轻此方面的人力负担。2017 年12 月，"专家工程"首批算法在美国非洲司令部部署，可从"扫描鹰"、MQ-9"死神"等无人机拍摄到的数百万小时视频图像中，自主识别感兴趣的物体。如今，"专家工程"开发的算法已在美国非洲司令部、中央司令部的 5 ～ 6 个地点实现部署，后续还会在更多地点部署。"专家工程"也在美国弗吉尼亚州兰利空军基地第 1 分布式地面站（DGS-1）部署了初始能力，很快将在加利福尼亚州比尔空军基地的第 2 分布式地面站（DGS-2）部署，旨在利用前沿机器学习技术，快速、自主生成可用信息，使操作员得以从此类工作中解放出来，专注于更高级别的任务。

"专家工程"过去一年来取得了重大进展，并得到后续资金的强力支持。在美总统特朗普 2018 年 3 月签署成为法律的 2018 财年综合支出法案中，美国国会为"专家工程"增加 1 亿美元经费，使其在 2018 年获得的经费总额度达到 1.31 亿美元，这笔资金将主要用于改进算法读取全动态视频信息的能力。

"专家工程"利用 AI 技术挖掘作战数据的具体做法如下：

一是采用"三步走"策略处理原始数据。第一步，对数据进行编目和标注，使其可用于训练算法；第二步，在谷歌等承包商的帮助下，操作员利用已标注数据为特定任务和地区量身定制一套算法；第三步，将该算法交付部队，并探索如何最好地对其加以利用。与现有分析工具相比，这些算法本身"相对轻量级"；且可以快速部署，仅需一天左右的时间即可完成设置。

二是注重算法的反复训练。"专家工程"团队早期获得的一个教训是，在部署后对算法进行"重新训练"非常重要。算法不会在部署后立即完美发挥作用，"专家工程"团队为此在用户界面上内置了一个"训练 AI"按钮，如果一种新算法把人识别为棕榈树，那么操作员仅需点击"训练 AI"按钮，即可进行调整。"专家工程"算法首次在美国非洲司令部部署期间，团队在 5 天内对该新算法进行了 6 次重新训练，最终获得了"令人印象深刻的性能水平"。面对海啸般涌现的大量数据，美军搜集和处理数据的能力日益不足，仅依靠增加人手已无法弥补相关能力缺口。"专家工程"的目标不是取代人类，而是增强和协助部署在海外战区的情报分析师。

（二）美国国防高级研究计划局（DARPA）

JAIC 重点在推进人工智能大规模应用的能力，而 DARPA 等机构重点关注下一波人工智能研究和长期技术开发。2018 年 7 月，DARPA 推出人工智能探索（AIE）计划，探索如何克服现有机器学习和基于规则的人工智能工具的局限性，以帮助美国保持其在 AI 领域的技术优势。2018 年 9 月 7 日，为了更好地确定发展路径，DARPA 宣布将投入 20 亿美元开发新的人工智能技术，这是该机构"AI Next（下一代人工智能）"计划的一部分。这笔经费将用于资助 DARPA 新的和现有的人工智能研究项目。

在上述两大计划的牵引下，DARPA 在本年度启动了多项相关项目，明确了研究方向和内容。

1. "科学知识抽取自动化"（ASKE）项目

DARPA 于 2018 年 8 月 17 日发布"科学知识抽取自动化"（ASKE）项目的信息征询书，认为"基于模型的推理过程的自动化将成数量级地提升这些模型用于解决关键国家安全问题时的速度和准确度"。该项目是人工智能探索（AIE）计划中的首个研究项目。

ASKE 的研究将关注两个技术领域：一个是机器辅助内容管理，即人工智能从研究中提取有用的信息，并将其纳入新模型中；另一个是机器辅助推理，即人工智能使用这些模型预测事件并回答研究人员提出的其他问题。

2. "机器常识"（MCS）项目

2018 年 10 月，DARPA 信息创新办公室开展"机器常识"（MCS）项目提案者日活动。该项目旨在使机器具有像人类一样的常识推理能力，为将来向通用 AI 系统发展奠定基础。研究人员将采用手动建造、信息提取、机器学习、众包技术和其他计算方法来建立常识知识库和计算模型。

3. "射频机器学习系统"（RFMLS）项目

2018 年 11 月，DARPA 授予 BAE 系统公司一份价值 920 万美元的合同，用于其射频机器学习系统（RFMLS）项目。项目旨在利用射频机器学习系统能力，研究无线电频谱构成，包括了解占据频谱的信号种类、区分重要信号与背景信号、识别不符合规则的信号，并利用这类系统辨别来自物联网设备的射频信号，以及将这些信号与企图入侵这些设备的信号相区别。作为该项目的一部分，BAE 公司将开发新的数据驱动机器学习算法，以便识别不断增加的射频信号，提高商业或军事用户对操作环境的态势理解能力。BAE 系统公司也加入了 DARPA 频谱协作挑战（SC2）项目的第二轮主要工作，将机器学习和人工智能引入射频领域。

4. "复杂作战环境起因探析"（CONTEXT）项目

DARPA 和美国空军研究实验室（AFRL）一起资助 BAE 系统公司研究计算机模拟、算法和先进软件，寻求通过算法模型确定战争和冲突的真实起因。CONTEXT 项目通过对多种因素进行计算机模拟分析来确定战争起因，推进复杂作战环境下因果关系的探索，避免出现意外和违反直觉的结果。

CONTEXT 软件基于一系列不同来源的原始数据，利用推理算法和模拟，对情报报告、学术理论、环境因素以及来自作战场景和其他类型用户的信息进行分析。项目建立了一套因果关系模型，模拟了通常导致冲突的不同政治、领土和经济紧张局势。这些节点或变量构成了错综复杂的多种原因，其中包括诸如经济紧张局势、恐怖主义、部落或宗教冲突以及有关资源或领土争端等问题。

（三）国家地理空间情报局

国家地理空间情报局拟采用"3A"战略——自动化（Automation）技术、增强（Augmentation）技术和人工智能（AI）技术来应对情报处理智能化的转型挑战，大力推进人工智能技术在对地观测中的应用，目标是在 2018 年年底前实现利用人工智能处理所有图像。为此，美国国家地理空间情报局（NGA）于 2018 年 9 月授予雷声、德州大学奥斯汀分校等六家单位共七份人工智能对地观测合同，研究利用机器学习算法处理海量数据，包括处理光谱数据集、地表全色电光图像和高分辨率 3D 数据模型等。

（四）陆军

2018 年，美国陆军通过成立专门工作组、开展技术研发等措施深入推进"算法战"工作。

2018 年 10 月，美国陆军部长签署指令正式成立陆军人工智能工作组（A-AI TF）。该人工智能工作组由陆军未来司令部领导，目前已初步具备运行能力。这是自国防部联合人工智能中心成立后组建的首个陆军人工智能（AI）管理机构，表明陆军已全面推进人工智能研究及应用工作。

A-AI TF 小组旨在迅速整合并同步美国陆军和美国国防部（涉及国家军事行动部分）内的人工智能活动，缩小现有人工智能能力缺口，为国防部 JAIC 提供支持。A-AI TF 将开发陆军人工智能战略，而这些战略将为陆军的人工智能开发工作和项目、人工智能治理、人工智能支持需求和人才管理奠定基础。

A-AI TF 工作组的主要工作内容包括：

（1）甄别陆军内部现有的和未来的机器学习计划，包括数据集、时间表、资金、成果及向列编项目的转化计划。

（2）确定开展小型机器学习项目的框架和方法，使其能够快速发展，为将来大型项目提供有力支撑。

（3）评估那些禁止或阻碍机器学习、深度学习、自动化以及整合型解决方案的相关政策。

（4）利用恰当的硬件、软件和网络访问权限建立一个陆军人工智能试验设施，用于机器学习能力和工作流程的实验、训练、部署与测试。

（5）针对陆军内部正在开展的机器学习项目与指定的 A-AI TF 进行协调、向其通报最新情况及接受其指导。

（6）制定人才管理计划，以获得和保留必要的全面技能，为陆军当前及未来的机器学习和人工智能活动提供支持。

（7）与相关领导机构共同启动 AI 项目，以执行国防部提出的"国家军事倡议"。

（8）启动陆军资助的项目，包括但不限于：开发直接增强型自主目标瞄准和车辆其他能力；与陆军分析小组进行协调，开发和部署"人员风险管理工具"；与情报副参谋长协作开发利用情报作战的能力，为陆军未来司令部"远程精确火力跨职能小组"提供支持。

美国陆军正在通过 A-AI TF 的工作加速陆军智能化转型进度。人工智能工作组正与陆军八个跨职能团队密切合作，寻求将人工智能更多嵌入到军队建设当中，特别是使武器装备效能得到大幅提升，加快智能化装备建设步伐。

同时在技术发展方面，陆军在本年度积极开展人工智能技术调研，为投资后续研究项目奠定基础。5 月 15 日，美国陆军发布了一份关于人工智能和机器学习技术、算法和能力项目的信息征询书，目的是从学术界、业界和政府机构资助的研究项目中获取有关人工智能、机器学习、认知计算和数据分析技术、算法和能力等的研究现状，希望通过对人工智能技术、算法和能力进行更深入的了解，确定适合投资的人工智能研究领域，并最终将这些人工智能技术整合到下一代陆军信号情报/赛博/电子战/ISR

系统中，提升将数据信息理解转换为多域战和联合、多国和多层级作战中决策行动的能力，包括自动决策和自主处理能力、对敌方部队进行认知建模以确定对手的意图，对精确电子战，网络空间战，信号情报或 ISR 的分布式系统进行同步等。11 月，A-AITF 协助陆军相关机构授予微软公司 4.8 亿美元合同，借助人工智能技术提升作战人员复杂环境下的态势感知能力，同时通过无线网络快速连接武器实现发现即摧毁。

（五）空军

2018 年 11 月，美国空军成立了专门的跨职能人工智能团队，其首要任务之一是确保为飞行员提供人工智能方面的先进能力。该人工智能团队由空军人工智能和机器学习负责人、国防部副首席技术官以及一名来自多域指挥与控制团队的成员共同担任领导，团队成员共 22 名。该团队将研究人工智能计划、情报作战、后勤、维护和评估等领域的人工智能应用。团队成员将专注于制定空军的人工智能战略。该团队最关注的五个领域是：①云、软件、平台即服务、基础设施即服务等商业功能；②训练质量数据；③测量权威数据；④获取免费算法的访问权；⑤发展技能娴熟的工作人员。

在技术发展上，美国空军研究实验室信息局于 12 月发布征询书，计划在 3 年内投资 1 亿美元，用于研究自动化赛博和信号情报处理。空军研究实验室认为，信号情报的自动化处理是网络中心战的关键组成部分。实验室将从信息提取或大规模识别和整理信息、对信息进行分类的信号处理以及自动化增强等三个方面开展研究。

（六）海军

美国海军正在投入资金将人工智能整合到军队中，并在 2019 的国防预算中要求 6250 万美元用于人工智能和快速原型设计。有用的海军人工智能系统将需要数据源、通信路径和数据库、算法和接口。海军认为应该在"可预测的、规则或模式不变的"任务中部署人工智能，并应避免将人工智能投入到"规则和模式不可预测"的变化型任务。该领域工作应该集中于有效地搜集数据，在缺乏可靠的互联网接入的情况下找到有效的通信途径，特别是在海上，并为海军定制可用的算法。

2018 年 4 月 25 日，美国海军还授予了诺斯罗普·格鲁曼公司一份总金额 725.5294 万美元的合同，在"反应式电子攻击措施"（REAM）项目下为 EA-18G "咆哮者"舰载电子战飞机开发机器学习算法（MLA）。

REAM 项目旨在通过将机器学习算法转化应用到 EA-18G 飞机的空中电子攻击

套件，实现对抗敏捷、自适应和未知敌对雷达或雷达模式的能力，为美海军提供支撑。包括有源电子扫描阵列雷达在内的现代射频发射机，能够使用跳频技术对付射频探测和干扰系统；日益拥挤的民用和商用射频信号则使对抗这种动态雷达技术进一步复杂化。机器学习或能帮助 EA-18G 飞机乘员在噪声背景中定位敌对雷达信号，然后引导机载电子攻击单元对那些信号进行干扰。机器学习软件使用统计学方法来在大型数据集中找到模式，手工计算或其他计算方法可能很难有效分析这样的大型数据集。

三、应用方向

人工智能可以帮助军队提高战场态势理解，预测敌方行为趋势和意图，开发新的问题解决方案，并执行任务。近期的主要应用方向聚焦在情报、网络安全领域。

（一）情报搜集分析

人工智能在情报收集和分析方面有很多用途。在情报收集方面，由于智能设备的广泛应用，物联网和人类互联网活动而发生的数据爆炸是潜在信息的巨大来源。这些信息对于人类来说是不可能手动处理和理解的，但 AI 工具可以帮助分析数据之间的联系，标记可疑活动，发现挖掘趋势，融合不同的数据元素，映射网络以及预测未来行为。与此同时，人工智能系统可能容易受到反人工智能欺骗技术的攻击，例如愚弄图像和信息作假，这将使情报界更加关注数据准确性。

人工智能在情报分析方面也具有巨大的潜在价值。人工智能系统可用于大规模跟踪和分析大量数据（包括开源数据），寻找可疑活动的迹象和警告。异常检测可以帮助找到恐怖分子，秘密特工，或潜在的敌人军事活动的迹象和警告。基于人工智能的语音到文本和翻译服务可以极大地增加处理音频、视频和基于文本的外语信息的规模。人工智能系统可用于生成简单的自动报告，因为这已经用于某些体育比赛。人工智能处理和分析大量数据的能力也对观察、判断、决策和行动（OODA）循环有重要意义。从增强新威胁探测能力到分析无数变量，人工智能能够实现监视和态势感知能力的转型。

人工智能系统不会取代人类分析师，但可以通过承担日常任务和大规模处理数据来帮助他们，使人类分析人员能够专注于理解对手。军事情报工作中的人工智能应当包括以下内容：

1. 数据自动处理

对检测到的数据进行自动分类与匹配，并对关键词或主题提供自动警报；自动分类优先级情报；对多元情报数据自动生成数据摘要。

2. 数据智能搜索

应用自然语言处理和机器学习，提高分析师快速获取情报产品的效率；在海量数据存储库中添加认知搜索，从关键字搜索升级为全局级别的语境搜索。

3. 数据智能分析

机器分析会发现不同于人类分析者的信息，甚至识别数据所体现的行为特质，而这些细节可能因为报告的复杂性被人类分析者所忽视。

4. 作战计划支持

情报分析行动应当与作战同时进行，使用人工智能算法自动标记和提醒情报机关作战计划中存在的差距，以确保红、蓝部队符合要求并且能够相辅相成；通过人工智能和机器学习比较人类行动方案和机器行动方案，找出最佳行动方案。

（二）网络安全

随着数据量的爆发式增长、深度学习算法优化改进以及计算能力的大幅提升，人工智能技术得到跨越式发展，为网络空间态势感知提供了强有力的支撑。基于深度学习算法的人工智能技术，可更有效处理模糊、非线性、海量数据。人工智能通过对不同类型的大量数据进行聚合、分类、序列化，可有效检测识别各类网络威胁，大大提升检测效率、精准度和自动化程度。人工智能技术通过对各种网络安全要素数据进行归并、关联分析、融合处理，可综合分析网络安全要素，评估网络安全状况，预测其发展趋势，进而构建网络安全威胁态势感知体系。总的来看，利用数据融合、数据挖掘、智能分析和可视化等人工智能技术，可直观显示、预测网络态势，为网络预警防护提供保障，并在不断的自学习过程中大大提升网络空间态势感知能力。

网络领域是人工智能的一个突出的潜在使用领域，以下是网络安全领域中机器学习的几个说明性应用。

1. 智能化网络监视

与传统人类监视方法相比，网络监视的劳动密集程度往往较低，人工智能可提高自动化程度、降低人力需求。增加机器学习的使用可以加速这种趋势，可能会提供复杂的网络能力。

2. 发现新的网络漏洞和攻击媒介

微软和太平洋西北国家实验室的研究人员，已经演示了一种利用神经网络产生和对抗网络恶意输入，并确定哪些输入最有可能导致安全漏洞的技术。传统上，这样的输入只需通过随机修改（即"fuzzing"）非恶意输入进行测试，这使得确定那些最有可能导致新漏洞发现的输入变得低效且费力。机器学习方法允许系统从以前的经验中学习，以便预测文件中的哪个位置最有可能受到不同类型的 fuzzing 突变的影响，从而产生恶意的输入。这种方法在网络防御（探测和保护）和网络攻击（探测和利用）中都很有用。

3. 红队和软件验证

虽然无法完全避免新的网络安全漏洞出现，但许多网络攻击利用了众所周知的但系统设计人员无法保护的老漏洞。例如，SQL 注入是一种具有数十年历史的攻击技术，但许多新的软件系统仍然成为它的牺牲品。人工智能技术可用于开发新的验证技术和验证系统，可在新软件运行部署之前自动测试软件是否存在已知的网络漏洞。DARPA 已在开展几个相关的研究项目，试图利用人工智能来实现这一功能。

4. 自动定制网络攻击

2018 年 2 月，26 名网络安全专家联合撰写的《人工智能的恶意用途：预测、预防和缓解》报告指出，人工智能技术可能在未来 5 至 10 年产生新型网络攻击。分析来看，人工智能对网络空间攻击的影响在于以下三个方面：一是人工智能将使现有的网络攻击能力变得更加强大和高效，如身份窃取、服务攻击和密码破解等。此类攻击有可能切断城市供电，破坏医疗系统，甚至影响国家安全。二是人工智能可助力网络行为体实施定制型网络攻击。例如，鱼叉式网络钓鱼攻击要求攻击者提供关于潜在目标的个人信息，人工智能系统可以帮助收集、组织、处理个人信息，使此类攻击变得更容易、更快速。此外，能够创建逼真的低成本音频和视频伪造的人工智能系统可把网络钓鱼攻击空间从电子邮件扩展到其他通信域，例如电话和视频会议。三是人工智能可提升攻击者遇阻时的反应速度。如此时人工智能可能会利用另一漏洞，或者开始扫描新系统，而无须等待人类的指令，此时人类的反应和防御者可能无法跟上攻击者的变化。

四、结语

未来智能化战争的每个作战领域都会受到人工智能和机器学习的影响，从包括情报、监视和侦察、指挥控制、网络安全和陆、海、空军自主装备在内的关键战术作战到包括人员驻扎、训练、后勤、威胁分析以及军棋推演在内的保障作战。

人工智能拥有影响全球经济和军事竞争的巨大潜力，但这一潜力尚未充分发挥出来。过去10年间，人工智能领域已初见成果，特别是快速发展的机器学习能力，以及日益经济可承受的计算能力。这些成果固然有其积极意义，但也使人们的注意力集中在了如何控制相关技术上，而掩盖了人工智能正处于早期发展阶段、只能解决特定问题等事实；它强调了私营企业推动人工智能领域发展的巨大能力，掩盖了政府投资和参与人工智能未来成功及其国家安全应用的重要性。

人工智能仍然仅能解决特定问题并具有严重的背景依赖性，这意味着人工智能当前执行的是有限的任务，通过嵌入到较大型系统来发挥作用。作为一种处于早期发展阶段的技术，人工智能促成的能力提高还非常不足。这意味着人工智能技术支撑下的军事作战智能化发展依然任重道远。

（中国电子科技集团公司第十研究所　郭敏洁　吴　技）

DARPA 启动"黑杰克"军用低轨监视和通信卫星星座项目

近年来随着国际空间安全环境的对抗性逐步升级，美国一直在探索使用小型、廉价、低轨、分布式卫星星座替代传统的大型高价值卫星。2018 年 4 月，美国国防高级研究计划局（DARPA）发布"黑杰克"（Blackjack）项目公告，旨在借助现代商用卫星技术和低成本载荷技术，研发小型、安全、经济的军用监视和通信卫星群，构建分布式低地球轨道星座，提供多种军事能力。

一、项目背景

军事卫星是现代化战争取胜的关键要素之一，影响着地面、海上和空中综合军事行动。随着科学技术的进步，卫星在越来越多的领域发挥着重要作用，卫星功能趋向于烦琐多变，卫星构建趋向于大型化。但传统大型卫星的设计思想存在一些缺陷，在一定程度上已不能满足太空中不断增长的军事需求，具体表现在：①研制成本高，以美国国防部卫星为例，均是定制设计，卫星的建造、发射和运行成本通常需要 10 亿美元甚至更多；②设计、研制升级周期长，每颗卫星的研发需数年左右，在实际应用中可能会存在很高的真空期，很难甚至无法快速应对新的威胁；③系统昂贵且庞大，易成为敌方攻击目标，且如果遭到干扰或破坏，难以及时补换；④卫星功能复杂繁多，会降低可靠性和安全性；⑤缺乏可维修的设计，卫星的有效载荷、动力、控制和通信等分系统中任一系统或部件出现故障都有可能导致整个系统丧失功能。因此，传统大型卫星存在严重风险且难以满足持久性军事能力需求，需要替代性方案。

在此背景下，美国发布了系列战略文件，指导军用卫星向弹性体系发展。自 2010 年起，美国出台了一系列战略、政策、条令，包括《国家航天政策》（2010 年 6 月）、《国家安全空间战略》（2011 年 2 月）、《国防部指令 3100.10 "空间政策"》（2012 年 10 月）、《弹性与分解的空间体系架构》白皮书（2013 年 8 月）、《航天域任务保证：

一种弹性分类》白皮书（2015 年 9 月）、"空间系统愿景"（SEV），将提升"弹性"作为未来美国军事航天体系的发展重点。提升"弹性"，就是以分散为途径，利用信息和网络技术将物理分散的系统连接成为一个高度集成、天地一体的综合体系，更好地适应快速多变、不确定、对抗激烈的战场环境，满足作战需求。

基于美国国防部 2013 版白皮书，实现军事卫星弹性体系有 5 种途径：①结构分解，即分解多个子部分模块在轨道上的相互作用，整体实现单一卫星的能力；②功能分解，即将一颗卫星上的多个载荷或多项任务分散到多个卫星；③多轨道分散，即分散到多个轨道平面；④多域分散，即将能力分散于海、陆、空、天、网多域，相互冗余和备份；⑤搭载有效载荷，即将有效载荷和任务搭载在其他卫星上，包括军用卫星、民商用卫星甚至他国卫星。

与此同时，美国开展多个试验项目，探索单个大型卫星分解为多个独立小卫星的可行性，例如 DARPA 于 2007 年 7 月开展的 F6 系统项目，即面向未来的快速、灵活、模块化、自由飞行的卫星计划。该计划的基本思路是将传统单个大卫星的任务载荷、动力、通信、导航、计算处理等功能单元优化分解为多个模块，形成一个个单独的、完整的小卫星，物理上相互独立，各自携带不同任务载荷，卫星间功能协同，资源共享，构成一颗虚拟大卫星来完成特定的任务。F6 系统项目研究了自组织网络技术、分布式计算技术、自主技术、分布式有效载荷技术、星群导航控制技术、无线能量传输技术等，为美国后续相关研究项目奠定了技术基础。

二、项目概述

DARPA 开展"黑杰克"项目的目的是为了演示验证一种能够提供全球持久覆盖的分布式近地轨道星座，且整体星座的拥有成本比单颗大型高价值军用卫星的成本还要低。"黑杰克"卫星星座预期能够在商业卫星群附近运行或在商业卫星群内扩散，由商业卫星群提供通信和交互。但"黑杰克"卫星星座并不是商业卫星群的组成部分，而是独立运行的。

（一）项目目标

DARPA 的长期愿景是发展一种由 60～200 颗卫星组成的星座，运行在高度 500 千米～1300 千米的低地球轨道上，形成低轨运行的全球高速网络骨干网。整个系统由单一运控中心操作，可在轨自主运行 30 天。每颗卫星独立运行，数据共享、相互协作。卫星上搭载的各种有效载荷，具有高度网络化、弹性、持久性的特点，可提供超视距传感能力、信号传输和通信能力，从而提供全球海陆空全方位覆盖及恒定监护服务。

基于以上愿景，"黑杰克"项目的任务是研制和演示由两个轨道平面上共 20 颗卫星组成的低轨星座，每颗卫星搭载一个或多个有效载荷且不同卫星的载荷可能不同，验证低轨星座的持久监护能力和自主操作能力。

"黑杰克"项目有三个主要目标：一是研发有效载荷和任务级自主运行软件，研究在轨数据处理、任务共享等自主在轨运行能力，实现卫星轨道与状态、星座配置的自主维护；二是探索商业化制造方法生产军用载荷和卫星平台，实现高速率的卫星制造，减少测试环节，降低对卫星平台使用寿命的期望值，以低成本卫星实现星座级别能力；三是开展低轨演示实验，验证其性能是否与当前地球静止轨道卫星相当，采用商业化卫星平台搭载具有较低的尺寸、重量、功率和成本（SWaP-C）特点的载荷，单颗成本预计不超过 600 万美元（包括发射成本）。

（二）项目研究计划

DARPA 将在不同时机授予五种合同，即商业化卫星平台、有效载荷、自主/集成、发射和运营方面。目前的研究重点是商业化卫星平台和有效载荷。项目研究分为三个阶段：

（1）系统需求开发和初步设计阶段（2018 财年～2019 财年），确定卫星平台和有效载荷的需求。DARPA 计划最多选取 6 个有效载荷团队和 2 个平台团队进行第一阶段研究，载荷设计可不拘于平台，但需提供预设平台的接口文件；研发有通用接口的航天电子模块，用于自主功能、在轨数据处理、通信管理、载荷数据加密等。

（2）详细设计与集成阶段（2019 财年～2021 财年），为两颗卫星的在轨演示验证研发卫星平台和有效载荷。DARPA 计划最多选取 4 个载荷团队和 2 个平台团队，研制试验卫星有效载荷、卫星平台和航天电子模块（Pit Boss），研发自主控制算法和软件，进行系统化集成。在关键设计评审之后，研制并交付 1 台工程样机和 2 颗试验卫星。

（3）低轨演示验证阶段（2021 财年～2022 财年）。DARPA 计划最多选取 3 个载荷团队和 1 个平台团队，于 2021 财年将交付的两颗试验卫星与运载火箭集成，发射到低地球轨道，开展为期 6 个月的在轨试验。若试验成功，将再研制 18 颗卫星，完成"黑杰克"验证系统部署。未来用于演示验证的星座将包含 20 颗卫星，每颗卫星拥有一个或多个有效载荷。

（三）项目方案

"黑杰克"卫星架构如图 1 所示。每个"黑杰克"轨道节点由一个商业化卫星平台、一个航天电子模块（Pit Boss）、一个或多个军用有效载荷组成。商业化卫星平台，能够与其他轨道节点进行宽带速率全球通信；军用有效载荷的数据处理将在轨道上进行，无须地面数据处理的协助，并且能够自主运行超过 24 小时；为降低各种类型载荷与平台之间的集成风险，该项目开发一个航天电子模块，由高速处理器和加密设备组成，可用作通用的网络和电气接口，并提供任务层面的自主功能、在轨计算、卫星与地面用户之间的通信管理、指挥与遥测链路、以及数据加密等能力。"黑杰克"系统的所有卫星及载荷由同一个运控中心运营，且星座能够自主在轨运行 30 天。运控中心最多需要两个人进行操作，操作人员的主要任务是设置星座级别的优先级。

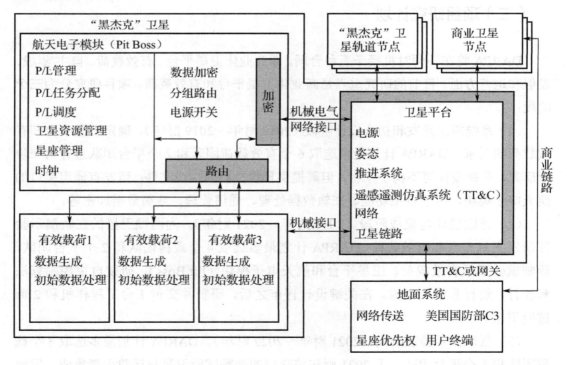

图 1 "黑杰克"卫星架构图

1. 商业化卫星平台

"黑杰克"项目将研发商业化卫星平台，一方面借助商用卫星发展所带来的规模经济效益，缩短卫星平台的设计周期，降低制造成本；另一方面采用基于开放架构的机械、电气、软件、网络接口，可搭载数十或数百种不同类型的军用有效载荷。卫星平台能够提供星座通信服务和体系服务，与一般商用卫星相比，除了将商业有效载荷替换成军事有效载荷外，其他部分将尽可能地与商用卫星相同。

商业化卫星平台的设计将充分考虑到可拓展性，能够同时满足多种不同类型的有效载荷，并且在国防部项目的后续工作中，如需添加新的任务需求，无须重新进行平台设计。DARPA 要求供应商提供的商业化卫星平台满足以下平台参数，如表 1 所示，若能提供更优性能和更大任务效用的平台，对"黑杰克"项目具有更大的整体价值。

表 1　DARPA 对卫星平台关键参数的要求

参　数	额定值（Nominal）
有效载荷的体积和尺寸	> 50 厘米×50 厘米×50 厘米（可装填）
有效载荷重量	>45 千克
有效载荷功率	>150 瓦（轨道平均值） >500 瓦（峰值）
有效载荷散热性	>100 瓦（轨道平均值） >300 瓦（5 分钟峰值）
单个平台成本（与 AI&T 复用）	<300 万美元可复用
每单元发射成本	<400 万美元
有效载荷数据吞吐量	>1 兆比特每秒（Mbps）
设计寿命	2 年，可靠度 95%
自主性（不需要有人操作交互）	>1 天，目标是 30 天

2. 低成本有效载荷

在"黑杰克"项目中，DARPA 重点研究适用于分布式低轨道星座的军用有效载荷，需要满足以下条件：①具有低尺寸、重量、功率和成本（SWaP-C）特点，适用于商业化设计制造方法，易于升级、迭代；②载荷应与平台无关，具有通用性和兼容性，载荷设计在关键评审阶段或更晚阶段之前，不能指定适用的卫星类型；③能够进行二次利用的有效载荷更受欢迎，例如通过添加软件来实现增加任务能力，使主要有效载荷发挥第二种用途；④有效载荷具有数据共享能力，数据可以从一颗卫星上的有效载荷传输到另一颗卫星上的相同有效载荷上，也可以传输到同一颗卫星上的其他（硬件或者软件）有效载荷上；⑤具有一定程度的自主性，以便在没有地面指挥和控制的情况下自主运行，有效载荷能够自主地向战区内的军事用户和平台生成战术相关信息，既不是原始传感器数据，也不是通过地面系统处理的信息。有效载荷需满足以下参数要求，如表 2 所示。

表 2 有效载荷关键参数

参　　数	额定值（Nominal）
尺寸（可装填）	<50 厘米×50 厘米×50 厘米
重量	<50 千克
功率	<100 瓦（轨道平均值） <500 瓦（峰值）
有效载荷散热性	>100 瓦（轨道平均值） >300 瓦（5 分钟峰值）
成本(与 AI&T 复用)	<150 万美元可复用
与平台交互的数据吞吐量	<1 兆比特每秒（Mbps）
设计寿命	2 年，可靠度 95%
自主性（不需要有人操作交互）	>1 天

目前，"黑杰克"项目在招标应对现在和未来威胁的军用有效载荷，已列出的有意向任务领域包括导弹探测、定位导航授时、军事通信、雷达、用于战术情报侦察监视的光电和红外成像、以及射频采集。由此推断，未来"黑杰克"可能会搭载高空持续红外（OPIR）、导弹探测预警、雷达、光电成像系统等有效载荷，提供持久的全球军事通信和空间态势感知能力。

3. 航天电子模块——Pit Boss

"黑杰克"项目将开发一个航天电子模块——Pit Boss，其由高速处理器和加密设备组成，安装在"黑杰克"星座的每颗卫星上，位于有效载荷和航天器总线之间的电子位置，为每个有效载荷提供电气和网络连接，并提供任务级自主性。

Pit Boss 将在有效载荷、"黑杰克"星座节点和更广泛的商用卫星星座节点之间提供分组路由。它将提供网络保护和数据加密解密，进行安全通信。Pit Boss 还将提供有效载荷管理、有效载荷功率切换、任务分配和调度、卫星资源管理、星座管理和时钟信号。任务自主软件将托管在 Pit Boss 上，以实现"黑杰克"星座节点之间的协作，并实现无须人工交互的长期操作。

三、项目进展

2018 年 4 月 19 日，DARPA 发布"黑杰克"项目跨部门公告，研发低地球轨道星座，使用更廉价、更敏捷的方案来替代传统军事卫星，为军事行动提供全球持久覆盖。2018 年 6 月，DARPA 开始审查航天业界投资者提交的传统军事卫星替代方案投标。"黑杰克"项目不会把某个类型或尺寸的平台、某类任务有效载荷视为最优。针对卫星平台的招标，各公司可采用源自现有或在建生产线的卫星平台投标，预计能在无须更改平台设计的情况下，接纳国防部潜在后续项目的多种类型有效载荷。针对有效载荷的招标，各公司采用低轨有效载荷增强现有军事任务能力，性能表现与现已部署的空间系统旗鼓相当或更好。满足以上条件，DARPA 择优向商业公司签发"黑杰克"低轨星座项目合同。

2018 年 10 月 12 日，科罗拉多博尔德小卫星制造商蓝色峡谷技术公司（Blue Canyon Technologies）获得价值 154 万美元的合同，开展"黑杰克"项目卫星平台和有效载荷的需求研究。蓝色峡谷公司专业开发低成本、高可靠性的航天器系统和组件，可支持低地球轨道、地球同步轨道、月球和行星际任务。

2018 年 11 月 19 日，欧洲卫星制造商空客防务与航天公司（Airbus Defense and Space）赢得了价值 290 万美元的合同，开发支持"黑杰克"项目的卫星平台。空客公司在航空、航天和相关服务领域是全球领先者，也是军用飞机领域的领导者，提供油轮、战斗、运输和作战任务飞机，是世界领先的航天公司之一。

2018 年 11 月 27 日，加拿大卫星运营商电信卫星公司（Telesat）宣布获得 DARPA 为期 12 个月、价值 280 万美元的论证合同，用于评估该公司的卫星平台在"黑杰克"项目上的用途，该公司目前正在细化一个由约 300 颗小型宽带卫星组网的星座建设方案。合同内容包括评估在"黑杰克"星座上采用星间链路，使"黑杰克"星座与 Telesat 公司星座相联系。Telesat 公司的低轨网络具有复原能力强和时延小的优点，DARPA 意在通过建立一条与 Telesat 公司卫星生产线同步的卫星供应渠道，以获取规模经济效应，尽可能让"黑杰克"卫星平台成本降到最低。

四、项目意义

"黑杰克"项目是美国开展的大型高价值军用卫星向低轨廉价小型平台过渡的重

要尝试，对未来军事卫星发展、军事监视与通信能力建设等都将产生巨大影响，"黑杰克"项目的重要意义有以下几点。

1. 推动单个大型军事卫星向小型分布式卫星系统发展

为研发和试验军用低轨分布式卫星星座，"黑杰克"项目将大力研发并演示验证适用于低轨分布式卫星星座的多种技术，如航天器协同技术、卫星网络拓扑技术、星间链路技术、自主定轨与运行技术、空间自适应组网技术等。这些技术的发展成熟将有力推动单个大型军事卫星向小型分布式卫星系统的方向发展。

2. 建设在对抗环境中更具弹性的军事卫星星座

"黑杰克"项目将要开发的商业化卫星平台，制造成本低、周期短、有效载荷兼容性强，在对抗环境中，一旦星座的某个卫星损耗或被击落，技术人员能够在很短的时间内组装发射一颗替代卫星，或者通过软件调整和转变其他在轨运行卫星的载荷功能，从而保障整个星座的军事能力不受影响。这将是一个能力极强、反应迅速的全球网络，不易被攻击或破坏。

3. 为军事卫星提供可拓展、可升级、可优化的任务能力

"黑杰克"项目研发多种类型低成本军用有效载荷，包括但不限于导弹探测、定位导航授时、军事通信、情报侦察监视等领域。这些任务能力具有可拓展性，无须更改卫星平台设计，搭载硬件或软件有效载荷，能把任务范围扩展到更复杂的领域，如天基作战管理等。随着最新技术的研制和应用，星载有效载荷可以不断升级迭代，也可以围绕不同类型卫星的飞行能力进行优化，从而持续增强和改善整个星座的军事能力，为军事行动提供更大助力。

4. 为构建更大规模的全球监视和通信卫星网络提供演示验证

"黑杰克"项目是一个由更小、更轻、更廉价卫星节点构成的全球低轨星座演示验证项目，项目的目标是到2022财年，完成由20颗卫星组成的演示试验系统的部署，验证低轨、分布式、低成本卫星星座的军事能力。而DARPA开展"黑杰克"项目的长期愿景是构建由60颗～200颗卫星组成的军用低轨全球监视和通信卫星星座。"黑杰克"项目一旦成功，将为美国未来构建更大规模的全球监视和通信卫星网络奠定坚实的技术基础和实践经验。

（中国电子科技集团公司第二十七研究所　王玉婷　路　静）

国外综合射频系统发展研究

随着战场对抗形势的变化以及技术的发展，各种作战装备、平台面临的威胁日益增多，其工作的电磁环境也日渐复杂。作战装备不得不配备越来越多的电子设备，特别是机动平台，如战机、战舰等常常需要同时装备雷达、光电、通信和电子战等设备。不断增多的电子设备消耗了大量能源，占据了更多空间，增加了体积、重量和雷达反射截面积，相互干扰严重，降低了武器系统的整体作战效能。为解决这些问题，美国与欧洲诸国纷纷研究综合射频技术，发展综合射频系统。

2018 年 7 月 6 日，美国海军研究局与雷声公司综合防御系统分部就灵活分布式阵列雷达（FlexDAR）项目签订了价值 950 万美元的合同。FlexDAR 是美国具有代表性的舰载综合射频系统——集成上层建筑（InTop）项目的一部分。FlexDAR 项目的关键是开发数字天线，用于雷达、通信和电子战发送和接收射频信号。将数字技术移至雷达前端可使雷达的重构性更灵活，最终可以实现灵活动态的多功能雷达。

一、概述

综合射频系统是指在舰船、飞机、导弹、装甲车辆等装备上，用若干分布式宽带多功能天线孔径取代为数众多的天线孔径，采用模块化、开放式、可重构的传感器系统体系架构，结合功能控制与资源管理调度算法，同时实现（或可自由切换于）雷达、电子战、通信、导航、识别等多种射频功能，实现硬件和软件资源的重用和共享。对应功能的划分，综合射频系统主要由综合射频前端、综合处理单元和综合管理系统三大部分组成，典型组成架构如图 1 所示。

综合射频系统之所以受到广泛重视，主要在于其通过共用射频基带模块及射频信号处理模块，实现资源的统一控制、管理及分配，使系统能用最少的硬件资源实现最多的功能组合。这不仅大大降低了整套系统的体积、重量、功耗及成本，还可以通过统一控制使各功能模块工作协调性大大增强。同时由于系统是整体设计，因此在可靠性、可维护性、可拓展性等方面均有明显的改善。其应用的关键技术有：综合孔径技术、综合射频技术、高性能计算技术、综合一体化可重构软件体系架构等。其主要性能特点包括：功能可拓展性；射频模块高度重用；功能动态重构、高度灵活；采用开放式系统结构；采用商用货架（COTS）产品；综合利用数据信息。

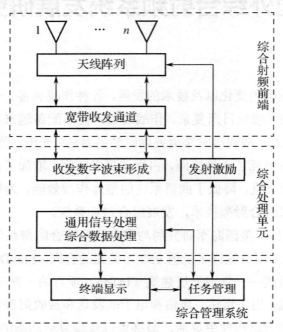

图 1　多功能综合射频系统的典型组成架构

二、国外发展及应用

一直以来，研究人员都在对雷达、通信和导航功能进行整合。以战机航电系统为例，20 世纪六七十年代，F/A-4 战机的雷达、通信和导航系统被综合成了一个任务系统；20 世纪 80 年代，通过更成熟的数据总线，系统各种功能被更紧密的集成在了一起；20 世纪 90 年代，整个系统的总体设计采用了模块化、搭积木的方式。人们逐渐意识到射频组成在不断增加，迫切需要进行真正的射频系统集成，因此，综合射频技术的发展得到了有力推动。

综合射频技术经历了从概念提出到关键技术快速发展的过程，近年来，其关键技术已开始走向成熟和实用化，其优异的性能已在部分飞机和舰船上得到了证明。美国是最早研究综合射频的国家，一直走在国际前列，通过持续不断的研究和发展，取得了一系列先进技术成果。此外，俄罗斯、英国、瑞典、意大利、荷兰等欧洲国家也陆续开展了相关研究，取得了一定进展。

（一）美国典型综合射频系统研究进展

1. 美国海军持续开展舰载综合射频系统研究

美国海军是最早进行综合射频技术研究的军种，1996 年，美国海军研究局启动了先进多功能射频系统（MARFS）计划，后来演变为先进多功能射频概念（AMRFC），旨在研究舰载可重构孔径阵列的波形产生和射频分配网络。该项目验证了采用收发分离的多波束、多功能天线同时支持电子战、通信和雷达设备的可行性。其系统组成框图如图 2 所示。

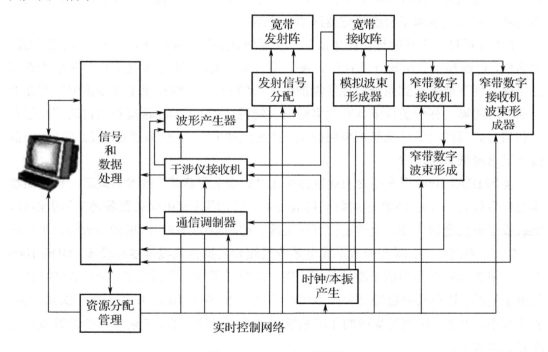

图 2   AMRFC 组成框图

AMRFC 的潜在效能体现在：减少水面舰船的雷达反射截面积和红外特征；在不新增天线的情况下，能满足未来增长的舰载射频需求；通过更加灵活和智能的频谱管理，加强对射频设备互扰和电磁兼容的控制与优化；通过软件定义射频设备的主要功能，极大地降低了硬件成本，并能快速满足新的技术要求或增加新的功能，满足未来的先进对抗环境；降低了专用备件的数量，减少了专门的维修和操作人员，有效控制和降低了舰载电子设备的寿命周期成本，减轻了后勤保障压力；能够根据各射频设备的基线需求，在工作波段、发射功率、收发孔径配置、带宽和极化方式等方面进行灵活的动态分配和管理。

美国海军舰载电子设备专家还在不断地推进研发动态多任务雷达天线的项目。2004 年，海军研究实验室完成 AMRFC 平台的测试，之后，海军研究局启动 InTop 项目，进一步推动综合射频技术的发展。

InTop 项目是在 AMRFC 原理演示计划的基础上发展而来的，由研究部门、采购部门及工业部门共同定义射频的形式、功能及接口，研究不同的阵面形式、利用部件技术的发展降低阵面成本。InTop 系统可完成舰船和潜艇等各装备平台的多种射频作战任务，包括视距（LoS）通信、卫星通信（SATCOM）、电子战（EW）、信息战（IW）和雷达探测等。InTop 的雷达系统能够生成、接收和处理多个频率上的多种波形，具备边扫描边跟踪、同时跟踪多个目标、空中交通管制和电子战等功能，还具备时间同步功能，可以实现跨平台的传感器网络化作战。

InTop 项目将多种射频功能集成到一个系统或系统之系统中，提升了系统用频的灵活性，可选择不会引起互扰且没有被干扰的频率来执行射频功能，也可简单的选择在当前条件下能够达到系统最佳性能的频率；还提升了天线和电子设备重配置方面的灵活性，能够在任何条件下具有大多数的关键性功能。InTop 希望利用自适应宽带孔径和信号处理的灵活性来控制电磁频谱，并在保障雷达/电子战/信息战/通信功能的前提下显著降低系统造价。

美国 DDG 1000 型多用途驱逐舰是采用"集成上层建筑"技术的最新一代水面舰船的典型代表。DDG 1000 运用射频集成技术，在上层建筑中除布置各种雷达天线外，还装设了微波通信天线、全球定位系统天线、超高频（UHF）卫星通信天线、协同作战（CEC）系统天线、联合战术无线电系统天线和数据链天线等多种设备。DDG 1000 通过频率选择材料和简洁平滑的外形，进一步降低了舰船的雷达横截面。AMRFC 中的电子侦察、通用数据链等部分技术已经应用于 2016 年 10 月正式服役的 DDG-1000 驱逐舰中，由于采用高度集成的作战系统和最新的设计技术，其射频天线总数较常规舰艇大幅减少。

DDG-1001 驱逐舰已于 2018 年 4 月正式交付美国海军，其主要任务将由对陆攻击为主向反舰作战转变，但其射频设备大体沿用了 DDG-1000 驱逐舰的技术状态。

2. 美国空军不断提高机载综合射频系统能力

美国空军对射频综合技术的应用主要是依附于针对整个新一代航空电子系统研制的"宝石柱"计划和"宝石台"计划不断发展起来的。

"宝石柱"航空电子发展计划旨在为 21 世纪先进战术和战略飞行器定义和建立综合

航空电子系统结构，使飞机能以最低限度的综合保障能力从所部署位置出发进行作战。F-22 战机采用了"宝石柱"的成果，首次以共享有源电扫阵列（AESA）口径实现了雷达、电子战和通信多种射频功能综合的多功能射频系统。该系统由美国诺斯罗普·格鲁曼公司电子传感器与系统分部研制，用雷达的代字命名为 APG-77。APG-77 多功能雷达是一种有源相控阵雷达，可探测远程多目标和隐形飞行器。虽然 F-22 初步实现了综合射频传感器，并展现了无以匹敌的高战术性能，但同时也暴露了研制费用、成本太高的弊病。

为解决这些问题，美国又提出了"宝石台"计划。"宝石台"计划是对"宝石柱"计划的进一步发展，它在技术上、体系结构上得到了进一步的改进和提升，其功能更为完善、性能更为优良。"宝石台"计划的实施带动了为实现传感器综合和系统结构变化的相关新技术的发展，这些技术包括宽频带单片射频元件、宽频带光纤连接器、高度可编程的高性能信号处理器、高效的多处理器操作系统、宽带孔径技术和人工智能技术等。"宝石台"的接收和发射采用通用化模块构建，前端采用宽带的收发基本模块，后端根据任务与频率的不同采用宽带矩阵开关和公用中频开关分时实现不同功能模式下的频率变换与数字化。基于"宝石台"计划的 F-35 战斗机多功能综合射频系统被认为是居于世界领先水平。F-35 的多功能综合射频系统是建立在 APG-81 AESA 雷达基础上的一个功能广泛的系统。APG-81 雷达目前被认为是最前沿的机载火控有源电扫阵列雷达，它不仅具备雷达的各种工作方式，还能提供有源干扰、无源接收、电子支持手段、电子对抗、电子通信等能力。

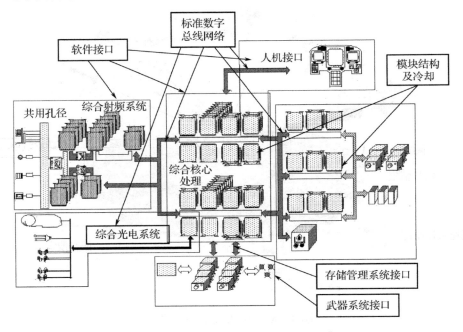

图 3 "宝石台"航电系统架构

此外，美国还将提高直升机机载综合射频系统能力，从而继续推进综合射频技术的发展。美国诺斯罗普·格鲁曼公司联合哈里斯集团等 10 家公司共同建立的旋翼机航电创新实验室（RAIL），将致力于提高直升机载传感器系统整合水平。研究人员试图将飞机上的每个传感器包都通过新的方式链接在一起，并探讨能否自动为飞行员和地面指挥员提供战斗场景信息。该项举措标志着综合射频技术在成功应用于舰船、战斗机等武器装备之后，将推广应用于直升机领域。RAIL 实验室的工作将有力地牵引综合射频技术的持续发展并推动其进一步扩展应用领域。

（二）其他国家典型综合射频系统研究进展

1. 瑞典和意大利联合开发多功能相控阵系统（M-AESA）

瑞典和意大利联合开发的多功能相控阵系统（M-AESA）项目始于 2005 年，其融合了雷达、电子战和通信功能，可执行多种任务，并能够自动适应战场动态条件，可提供更好的战场环境感知，并降低系统的使用和维护成本。

M-AESA 系统（见图 4）采用可缩放开放式结构，能够与海军、陆军和空军的指控系统兼容，未来可通过技术嵌入实现系统的升级。其主要研发目标是探索利用宽带共用孔径来集成雷达、通信和电子战的可能性，为决策者提供更丰富的战场态势感知。

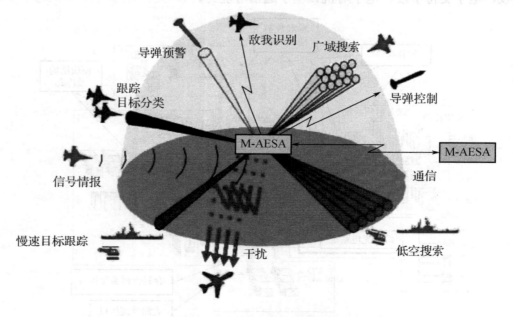

图 4　M-AESA 系统示意图

AESA 项目开发的宽带接收机模块的高功率放大器可实现不同频率范围的放大。1GHz 的瞬时带宽为合成孔径雷达（SAR）和高距离分辨率（HRR）工作模式提供了 0.3m 的高分辨率，同时为电子战模式提供了宽瞬时频谱的覆盖，也为通信模块提供了较高的数据率。

2. 英国开展先进技术桅杆（ATM）的设计和研发

早在 20 世纪 90 年代，英国就开展了先进技术桅杆（ATM）的设计和研发。ATM 采用了钢材作为内部支架，以增加桅杆的负载力。其内部采用了多层结构，可满足安装多种天线装置的要求。每层采用复合材料作隔板，可防止天线装置间的干扰。整个桅杆采用了水循环冷却系统，可降低红外辐射。

设计人员均衡考虑了舰船安全环境要求、系统性能和结构形式，将天线置于封闭式结构中，外壳采用频率选择材料，仅可通过本舰的通信及雷达信号，阻止外界干扰辐射信号进入桅杆，减少电磁干扰，提高作战系统的性能。英国 45 型驱逐舰采用了 ATM（见图 5），能够不断加入新的传感器，采用吸收雷达波的复合材料制造，降低了雷达反射面积，重量减少了 10%～30%。英国海军明日战舰 UXV 的设计基于 45 型舰，舰体中部是 ATM 的大型舰岛建筑。UXV 具有强大的火力，根据不同的作战任务可搭载即插即用的模块化任务舱，承担扫雷、登陆支援或反潜任务，将于 2020 年左右部署到英国海军。

图 5　采用 ATM 的英国 45 型驱逐舰

3. 荷兰在舰船上集成综合桅杆（I-MAST）

荷兰的 I-MAST 系统便于集成安装在舰船上，所有子系统都具有很高的利用率和实用性，是一种极具革命性的设计。该系统包含有 I-MAST 50、I-MAST 100、I-MAST

400 和 I-MAST 500 四种型号，I-MAST 100 系统是一部中央桅杆结构，可以集成舰船的雷达、光电传感器、敌我识别、电子战天线、卫星通信等通信天线以及所有相关机柜等。I-MAST 400 系统是综合桅杆系列中的最大型号，从上至下包括：泰勒斯公司的双波段（X/Ku）超高频卫星通信（SATCOM）天线、基于非旋转圆环形天线阵的敌我识别器、Sea Watcher-100 X 波段有源相控阵雷达［（适合探测体积小、速度慢的海面目标（例如蛙人、水雷和潜望镜）］，如图 6 所示。Gatekeeper 360°全景红外/光电监视与告警系统、综合通信天线系统（ICAS）（由便于应用的标准甚高频（VHF）/超高频（UHF）通信设备与 Link-16 组成）、用于空海监视的非旋转 Sea Master-400 S 波段有源相控阵雷达等。

图 6　I-MAST400 布局

4. 俄罗斯为五代机开发 SH121 多功能综合射频系统

俄罗斯季霍米洛夫仪器研究所（NIIP）研发的 SH121 多功能综合射频系统包括 N036 雷达系统和 L402 电子支援措施系统。N036 雷达系统是 SH121 的核心组成部分，也是俄罗斯第一款五代机 T-50 的机载雷达。N036 雷达系统是由 5 部雷达组成的多波段雷达系统，包括安装于机鼻的一部前视 X 波段 N036-1-01 有源相控阵雷达（1522 个 T/R 组件，担任主雷达角色）、安装于飞机机头两侧下方的小型侧视 X 波段 N036B-1-01 雷达，以及安装于机翼前缘的 2 部 L 波段 N036-1-01 雷达（见图 7），可用于敌我识别、电子战、搜索低可观测飞机及通信等，配套计算机为 N036UVS。雷达系统将为飞行员提供具有前方及侧方情况的空中态势图，信息显示于座舱及头盔显示器上，整个系统将被用于发现与跟踪空中及地面目标、武器系统瞄准及导航。按计划，俄罗斯空军将在 2020 年前完成 N036 雷达的采购工作，目前相关研制工作仍在推进中。

图 7　前视 X 波段 N036-1-01 雷达（上）、侧视 X 波段 N036B-1-01 雷达（左下）、
L 波段 N036-1-01 雷达（右下）

5. 英国实施无人机超紧凑多功能射频传感器计划（MRFS）

英国塞雷斯公司与泰雷兹英国分公司联合开展了无人机超紧凑多功能射频传感器计划（MRFS）。紧凑型无人机载多功能射频系统在减少自身重量、体积的同时节省了平台宝贵资源，使其可以装备更多侦察或武器系统，等效于增加了平台作战能力。MRFS 的研究主要用于验证超宽带综合射频一体化结构概念应用于超紧凑型无人机（7 kg 载荷）和战术型无人机（50 kg）平台上的可能性。MRFS 拟采用一部可复位有源相控阵天线（或两部天线），覆盖 4.5 GHz～18 GHz，实现雷达、电子支援措施（ESM）、电子对抗（ECM）、数据链等功能，在孔径、射频、数字模块和处理终端的多功能、通用化方面开展研究。第一阶段已结束，第二阶段将开展超宽带结构一体化天线的研制。

三、未来发展

综合射频系统的应用领域不断拓展。综合射频系统不仅应用在机载及舰载平台上，还将广泛应用于飞航导弹、地面车辆等平台的综合化电子系统及其现役平台电子系统的改造，以提升平台的作战效能。

系统设计及性能不断优化，作战效能大幅提升。综合射频系统将继续向综合化、通用化、模块化、智能化、开放式、即插即用、集成化、小型化和低成本的方向发展，且可靠性、电磁兼容性、维修性、保障性和效能将出现质的飞跃，随着新技术的发展，其信息化、数字化程度也将进一步加深。

进行跨平台综合，实现信息资源利用最大化。未来的综合射频系统将不再局限于单平台之间，而是要最大限度地利用本平台之外的信息资源。

在军事需求的有力推动下，综合射频系统的发展受到高度重视，成为国内外研究的新热点，各种基础研究项目取得了广泛的成果，美国已开始建立综合射频系统的国防工业标准。我们应重视跟踪研究国内外最新的发展动态和关键技术，使之能够应用到更多的作战平台上。

（中国电子科技集团公司第二十研究所　母　政　王　昀）

美军"分布式作战管理"项目发展研究

2018 年 3 月,美国空军研究实验室(AFRL)和美国国防高级研究计划局(DARPA)向 BAE 系统公司授出"分布式作战管理"(DBM)项目的相关合同。此前,于 2015 年初、2016 年 3 月分别授出了该项目的两个相关合同。DBM 项目在前两个合同执行后的成果已经可以让有人-无人机编队在干扰环境中飞行。

历经多年的非对称战争后,美国未来可能会与势均力敌的对手作战。由于存在强烈的干扰,对抗环境中的通信和协同会出现较大的不确定性,而这也是美军未来的有人-无人机编队需要关注的问题。DBM 项目将改进作战飞机编队的分布式任务规划和控制,确保任务的执行。

一、DBM 项目概述

2014 年 2 月,DARPA 发布了 DBM 项目跨部门公告,为战术飞机上的空中作战管理人员和飞行员开发一种决策辅助工具,旨在为无人驾驶系统提供自主性,管理对抗环境中空对空、空对地任务的复杂杀伤链,形成可应对空对空和空对地作战任务的综合分布式管理能力。具体来说,决策辅助工具是作战管理的控制算法和决策辅助软件,它可以集成到各机载系统上,提供分布式自适应规划与控制和态势感知。利用决策辅助工具可以管理日益复杂的受控系统(包括无人系统和分类能力)、威胁的投射规模、通信质量下降时的鲁棒性需求以及友军飞机损耗等。DBM 概念图如图 1 所示。

(一)项目内容

DBM 项目主要包含三个研究内容:分布式自适应规划与控制、分布式态势感知和人机集成。在 DBM 项目跨部门公告中,该项目划分为两个阶段(见图 2)。

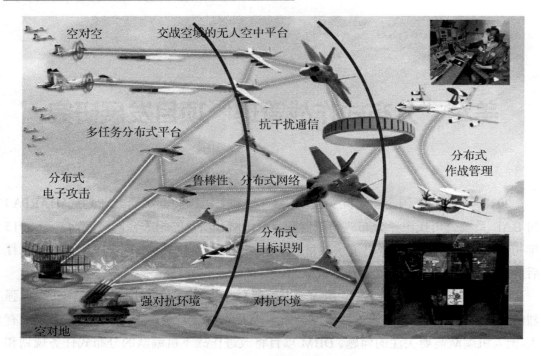

图 1 DBM 概念图

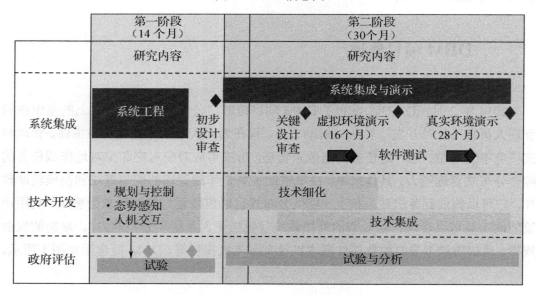

图 2 DBM 项目方案设想

第一阶段为期 14 个月，重点研究规划和控制、态势感知等技术。在分布式规划与控制方面，将根据机型（指控飞机、战术飞机、无人机）、通信环境、既定任务、敌我力量等制定任务优先级协议。例如，当指控飞机、战术飞机无法通信时，由无人机承担作战任务；在分布式态势感知方面，将开发信息管理系统来评估信息优先级，并将高优先级信息发送至其他平台；在人机交互方面，将识别战斗管理人员及飞行员在空对空、空对地作战任务中的具体决策、工作量等。

第二阶段为期 30 个月，重点开展系统集成和在虚拟/真实环境下的演示验证。在演示验证方面，将构建作战场景和具体作战任务，在虚拟和真实环境下分别开展一次演示验证；在软件架构方面，将开发可以集成到各种飞机上的开放式标准。人机交互方面，将利用现有的显示器等硬件，使作战管理人员及飞行员快速理解态势，并有效管理杀伤链。

根据设想，第二阶段要在对称的对抗环境中建立综合 DBM 能力来实现空空和空地作战管理，并在大规模虚拟行动或构建的仿真飞行和实际飞行中对这种能力进行演示验证。第二阶段的进度安排如图 2 所示。预计至少有两次"人在回路上"的演示验证。

（二）技术领域

DBM 项目主要包含两大技术领域：系统集成和技术开发。这两个技术领域的研究工作在项目的两个阶段中并行推进。

1. 技术领域 1：系统集成

技术领域 1 包含五个方面的研究内容。

（1）软件框架

第一阶段针对开放式软件架构进行商业研究。利用这种架构可以实现飞机间的互操作，并将第三方任务应用集成到飞机上。例如空军开发的开放式任务系统（OMS）架构和海军的未来机载能力环境（FACE）。

第二阶段在开放式标准上开发软件框架，并且将 DBM 应用集成到飞机上，提供适合应用的核心服务。软件基础结构可以提供一个通用的运行环境和核心服务。核心服务允许应用程序与平台有效载荷、任务系统和数据链路以相同的方式进行交互，提供最基本的低等级功能。

（2）人机交互（HMI）

HMI 的目标是使操作人员和飞行员团队能够快速感知态势并管理杀伤链，为决策辅助和自动化决策提供接口。HMI 将为不同平台的网络提供一致性接口，促进团队成员之间的协作，提供灵活的自动化和透明性交互方式，可动态地适应环境变化。

第一阶段详细分析飞行员和操作员的工作流程，并为具有代表性的第五代战机和典型的空战管理平台开发显示器样机。第二阶段选择 ABM 和战术战斗机均适用的特定硬件进行演示验证。

（3）集成

系统集成商在第一阶段建立需求，制定综合 DBM 能力和"人在回路上"演示所需的竞争设计方案（包括第二阶段提案中应具备的实际飞行器）。对第二阶段进行的虚拟飞行和实际飞行演示提出详细的要求、系统设计和计划。这一阶段要把 DBM 能力集成到真实和虚拟飞机中，目标飞机为无人机、战术战斗机和宽体作战管理飞机。初步设计评审（PDR）标志着第一阶段系统集成任务的结束。

在第二阶段，构建整合的 DBM 能力，在对等的威胁环境中管理空空和空地战斗，并在模拟飞行和实际飞行中对其能力进行演示验证。建立系统集成实验室（SILL）来开发软件框架，对技术领域 2 中的各项应用进行集成，同时提供软件开发工具包（SDK）来支持灵活软件开发环境，包括频繁的集成和测试工作。

（4）构建模拟和实验

第二阶段在 SILL 中构造模型和仿真环境，进行连续的闭环测试和实验（包括"人在回路上"和"人在回路外"）。要构建多个方案和任务集，最理想的情况是在防御规划方案的基础上进行构建。为了进行 DBM 分析，建模和仿真要拥有合理的高保真度，例如实际的数据链、电子战（通信和传感器干扰）、平台雷达横截面、集成空中防御等。

第二阶段要求评估系统灵活性，即为增加新能力对软件进行更新时所需的时间和要做的工作（飞机、传感器、技术等）。同时要确定一组系统灵活性的度量标准，给出测试和评估系统灵活性所用的方法。

（5）演示验证

第二阶段至少要进行两次"人在回路上"的演示来验证第二阶段整合的 DBM 能力。其中第一次演示验证是虚拟或构建的（如"人在环路上"，但没有进行实际飞行），主要针对空战管理人员、作战管理工作站（如安装 DBM 软件的地面模拟 E-2 或 E-3）的操作人员、模拟战术机的操作人员和模拟的无人系统。在对等的威胁环境中演示综合火控能力管理、分布式融合和作战识别能力。

第二次演示是包括真飞机在内的实际飞行，可能使用无人机，也可能是其他替代品，机上装有 DBM 软件可进行自主操作。有人战斗机和作战管理平台是虚拟的，地面操作员在装配 DBM 软件的虚拟平台上进行操作。

2. 技术领域 2：技术开发

DMB 项目在技术领域 2 进行两方面的技术开发：

① 分布式自适应规划与控制算法的识别、细化以及扩展；

② 分布式态势感知算法的识别、细化和扩展。

对于作战管理的规划和控制算法，前期已经进行了许多基础开发工作（优化以及基于 AI 的规划、控制理论方法等）——其中大部分针对的是通信畅通的许可环境。同样，在态势感知领域也做了很多工作，包括跟踪、数据融合、分布式数据融合等。第一阶段以此为基础，开发了现实的对等威胁环境下可靠的新算法的原型。第二阶段的任务是开发算法的鲁棒性实现方法，集成到技术领域 1（最终集成到真正的飞机上）里开发的软件框架中，并在虚拟仿真和模拟战斗以及实飞中对该软件进行演示验证。第二阶段初期主要是技术研发，后期工作主要集中于硬化、错误修复、模型更新（见图 2）。

（1）分布式自适应规划和控制

分布式自适应规划与控制的目的是帮助飞行员和操作员在通信受限的环境下，按照指挥员的意图对各种飞机、武器以及传感器进行实时管理。包括将任务和目标分配给飞机、武器目标配对、传感器调度等等。

分布式自适应规划和控制考虑的一个关键因素是在当前与友机连通的基础上，通过协议确定某个指定飞机的任务权限等级、任务（作战条例中编写的相关限制条件）并给出态势评估（友军和敌军）。

指定的飞机和任务不同，决策空间、相关规划和控制问题也会有所不同。传统的指挥和控制飞机上的空战管理人员与战术战斗机上的飞行员拥有不同的决策空间。空战管理人员拥有的战场空间视角更广阔，做出的决策等级更高。无人机上安装的 DBM 软件将能够自主执行任务，并提供详细的执行级的规划与控制。

DBM 项目中开发的软件能够使无人机与其他装配 DBM 软件的飞机（有人和无人）相对接，可以和其他无人机进行任务协商并一起执行任务，还可以自动执行指定任务（如计算和跟踪路径，决定何时打开传感器/其他载荷等）。

（2）分布式态势感知

分布式态势感知的目的是对敌军和友军的位置、身份识别以及状态等生成最佳的本地评估，为分布式自适应规划和控制提供支持。这就意味着为了在通信受限的环境下给本地决策提供支持，需要确定出最关键的信息与他人共享。DBM 将开发一种新的作战概念，在平台间共享时间关键数据（TCD）。分布式态势感知的一个关键任务是在对等竞争环境下，实现支持复杂杀伤链的信息自动化管理。

许多有人飞机和现有的战术数据链（如 Link16）都具有融合能力，DBM 的态势感知将与这些能力之间形成无缝化操作。

二、DBM 项目发展进程

（一）2015 年初，DARPA 授予了 BAE 系统公司、洛克希德·马丁公司、查尔斯河分析公司 DBM 项目的相关合同

重点在于系统工程（系统总体设计和技术方案）和技术开发（算法、样机研制、人机界面设计）。目前工作已基本完成。研究人员开发出了作战概念（CONOPS）、需求、设计以及后期的技术方案。设计并研制了用于分布式规划与控制、分布式态势感知和人机交互的可选方案样机。确定了竞争环境中的分布式自适应规划与控制以及分布式态势理解的算法。

（二）2016 年 5 月 3 日，AFRL 信息处代表 DARPA 授出了 DBM 项目的相关合同

合同中，要求合同承包商之一的 BAE 系统公司在"网络对抗环境态势理解系统（Consensus）"和"反介入实时任务管理系统"（ARMS）软件基础上开发分布式作战管理系统，并在虚拟和真实环境下展开测试评估，该两款软件是实现作战辅助决策的核心。而另一承包商洛克希德·马丁公司则被要求发展综合的分布式作战管理能力，并提供软硬件。

"网络对抗环境态势理解系统"为每个平台创建统一的作战态势图，然后 ARMS 用它为编队中的每架飞机制定合适的任务和飞行路径。DBM 软件可以构建具有代表性的网络状态，以评估飞机之间通信的有效性，然后在通信恢复后决定哪个信息拥有最优先的交换级别。

（三）2017 年 9 月，BAE 系统公司与 DARPA 和 AFRL 开展了 7 次、为期 11 天的飞行测试

洛克希德·马丁公司提供基础设施和测试装备，BAE 系统公司提供网络技术。采用"利尔"喷气公务机充当了无人机，采用地面模拟机充当有人机。各平台均装配了 BAE 系统公司的这两款软件。测试验证了作战辅助决策软件在有人-无人机编队协同作战中的应用。

测试中，处于地面的有人机最先加载作战任务，相关软件将任务分解，部分任务

被分配至试验空域内的无人机；当通信意外中断（事后查明，太阳耀斑造成通信中断）后，有人机、无人机按照预先设定继续执行任务。本次飞行测试验证了作战辅助决策软件的半自主性能，及其在空对空作战中的应用，软件的架构和方法的正确性也得到了检验。

（四）2018 年 3 月，AFRL 和 DARPA 向 BAE 系统公司授出了 DBM 项目相关合同

AFRL 与 BAE 系统公司合作开发一个 DBM 软件平台，该软件使用人工智能方法为飞行员提供态势感知，以推动大数据量的实时分析，可以处理任务规划数据和"蓝军"跟踪信息。提高强对抗环境下有人和无人航空系统之间的通信。

（五）2018 年 6 月，DARPA 与洛克希德·马丁公司在加州海军空战中心进行了飞行试验

成功地验证了 DBM 软件如何缩短从数据到决策的时间，减少了操作人员的工作量。DBM 项目还增加了飞行器、武器和传感器的类型，用于态势感知，任务规划和指挥项目。它采用的技术可以在不同的场景和领域（包括海上和地面）用于有人-无人机编队。可以过渡转化为一系列项目，包括无人驾驶车辆项目，先进战斗机项目和空战管理项目。

DARPA、AFRL 和 BAE 系统公司还将进行一系列的现场和实验室测试，并将于 2019 年 7 月结束。

三、结束语

DBM 项目是 DARPA 探索分布式空战体系的支撑项目之一，项目聚焦发展先进的算法和软件，提高任务自适应规划和态势感知等能力，帮助履行战场管理任务的飞行员进行快速、合理的决策，确保在强对抗环境中，提高分布式作战的整体协同能力。

DBM 项目中开发的决策辅助软件与飞机平台无关，可以安装到所有飞机的机载计算机上，帮助空中作战管理人员和飞行员保持态势感知、推荐任务、生成详细作战计划和保持飞行控制，在通信和传感器组网受限时，整个作战编队仍处于规划和控制

中，即使受到干扰时也不会丢失，从而具备避免威胁和攻击目标的能力。

围绕分布式空战，DARPA 已在作战管理、体系架构等领域开展了先期研究，正加快推进相关概念的演示验证。分布式空战强调多型单一任务类型的武器装备的协同作战能力，不再单纯依赖高新复杂装备，这将对未来的空战装备体系和作战模式产生重要影响。

（中国电子科技集团公司第二十研究所　王　瑛　程琳娜）

美军"网络航母"项目推动
网络作战系统形态的统一化

2018 年 2 月 16 日，有报道称，美国空军将代表美国网络司令部开发网络统一平台（UP），由于该平台可以搭载网络武器系统并对敌发起网络作战行动，类似于现实中的航空母舰，因此也被称为"网络航母"。2018 年 6 月，美国国防部曾表示，统一平台项目是"迄今为止美国网络司令部最大规模、最关键的采购项目"。

2018 年 3 月 6 日，洛克希德·马丁公司发布了一种新型的网络任务系统，代号"Henosis"（希腊语 ἕνωσις，原意为"统一"），以作为统一平台的竞标产品。据称该任务系统能够执行进攻性网络作战、防御性网络作战、网络作战指控等功能。然而，2018 年 10 月 29 日，诺斯罗普·格鲁曼公司获得了美国空军一份价值 5400 万美元的合同，该公司也成了美国网络司令部统一平台系统的牵头单位。

关于上述网络统一平台及其开发历程，其实有三个问题很值得分析。首先，网络统一平台"统一了什么"，或者说，该平台对网络作战领域的影响具体体现在哪些方面？其次，网络统一平台是美国网络司令部的项目，那么为什么是美国空军牵头开发而不是其他军种或者网络司令部自己，或者说，美国空军在开发网络统一平台方面有什么优势？最后，网络统一平台的牵头单位为什么是诺斯罗普·格鲁曼公司，或者说，该公司在开发网络统一平台方面有什么基础？

一、统一平台有望给网络作战领域带来巨大影响

当前，美国各军种所用的都是各自开发的网络作战系统，而且，这些系统中有很多甚至无法实现彼此联通。因此，美国国防部已经启动了对各军种独立开发的网络作战系统的统计，并致力于通过网络统一平台项目实现这些系统的统一，并将其纳入统一平台中，其最终目标是"为所有的网络作战人员提供一种统一的系统"。

此外，美国网络司令部升级为一级司令部以后，也需要有其自己的、用于实施网

络作战的基础设施，而统一平台也将充当这一角色。早在 2015 年美国国防部高层就曾指出，美国网络司令部（当时还不是一级司令部）"没有鲁棒的联合计算机网络基础设施能力，没有鲁棒的指控平台，也没有规划与执行快速、大规模网络作战的系统"。当时美国网络司令部只能与美国国防安全局共用相关基础设施。

在美国 2019 财年国防预算中，美国空军为该项目申请 2980 万美元的预算，此后的 2020 财年、2021 财年则分别申请 1000 万美元、600 万美元。2018 年 6 月，美国空军发布了一份正式的统一平台建议征集书。然而，考虑到该项目密级太高，美国空军的这份征集书的细节并未透露。

美国 2019 财年国防预算中对于统一平台的描述为："统一平台是一个联合网络作战平台，能够在战术级、作战级网络作战行动的整个过程中提供任务规划、数据分析、决策支持等能力。该平台实现了当前分散于各军种中的网络能力的集成，最终的交付物是一种最简化可实现产品（MVP）。后续还将通过迭代的方式打造一种灵活、互操作、可扩展的作战人员能力"。预算中还指出，2019 财年的预算主要用于开发两套原型系统：美国空军的原型系统（预算 1980 万美元）和美国网络司令部的原型系统（预算 1000 万美元）。

就如同美国海军需要航母、美国空军需要飞机、美国陆军需要坦克一样，美国网络作战部队需要网络统一平台来发起网络攻击。美国国防部高层表示，网络统一平台中将搭载有进攻性网络作战与防御性网络作战工具，并可实现指挥控制、态势感知、任务规划等功能。可见，统一平台对于美军网络作战而言，有着非常重要的意义：未来美国各军种的网络武器系统有望采用统一的"搭载平台"，搭载平台的统一进而又可能催生出一种统一的网络作战模式，而统一的作战模式可能为网络作战领域带来无法估量的影响。

二、美国空军"网络飞机"塑造了"网络航母"的雏形

网络统一平台项目之所以由美国网络司令部全权委托给美国空军负责，而且在 2019 财年国防预算中为美国空军分配预算（1980 万美元）是为美国网络司令部分配预算（1000 万美元）的近两倍，最主要的原因就是美国空军在开发网络统一平台方面有着非常雄厚的基础——早在美国网络司令部尚未成立之前的 2006 年，美国空军研究实验室（AFRL）就开始开发"网络飞机"（Cybercraft）项目（其作战想定示意图如图 1 所示），以实现美国空军"飞行并战斗在空中、太空、网络空间"的战略目标。

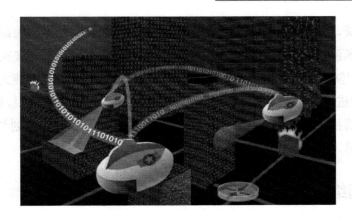

图 1 "网络飞机"作战应用想定示意图

尽管"网络飞机"项目最初主要用于美国空军的网络防御，但从当前美国军方对网络统一平台的描述来看，毫无疑问，美国空军的"网络飞机"就是"网络航母"的雏形。

（一）"网络飞机"概述

美国空军对"网络飞机"的最初描述为"一架网络飞机是一个可信的计算机实体，目标是与其他网络飞机进行协同以保护美国空军的网络"。由多架"网络飞机"的"飞机编队"由多个自主代理组成，自主安装于美国空军的每一台网络设备上（总共约有 100 万台套设备）。每一架"网络飞机"上都安装有一个决策引擎，可以在没有人类介入的情况下，快速做出决策并采取决定性行动。此外，"网络飞机"还有一个专门的指控网络，以传输指令、策略、环境数据、具体载荷等。简而言之，从最初的设计来看，"网络飞机"是一种分布式、自主化、智能化网络防御系统。

具体来说，"网络飞机"是一种软件，可以安装在美国空军的任何电子介质中。它可以自动、主动地保护军事信息系统，其主要任务是对美国空军网络空间内的所有设备（所有软硬件）进行持续保护。"网络飞机"由管理员统一进行预编程，一旦有预先规划以外的软硬件进入空军的网络空间它都会进行报警。另外，除具备保护计算机免于误操作、非法操纵外，若出现未能识别的威胁，它还能够隔离计算机。"网络飞机"允许空军集中控制其网络空间，利用"网络飞机"可以在数秒钟内完全接入整个空军计算机网络。美国空军要求"网络飞机"具备如下 4 个特点：简单、可扩展、可靠、可证明。

由于"网络飞机"只是一种"载机"，其上可"搭载"任何"载荷"，可以是防御性或进攻性载荷。美国国防预算中也指出，自 2007 年年底开始，美国空军在"网络飞机"项目技术演示中开展了一系列"进攻性网络作战能力"，彻底实现了"网络飞机"从单纯的"防御性网络作战"能力向"攻防一体的网络作战"能力的转变。具体来说，新演示的进攻性网络作战能力包括获取对目标系统的接入权限、作战过程隐蔽、收集目标系统情报、发起网络攻击、一体化动能作战与网络作战规划与执行、网络作战指挥与控制等。

（二）"网络飞机"与物理飞机的比较

"网络飞机"与物理世界内的飞机有很多可比之处（如表 1 所示）：可以进行指挥、控制；具备通信能力；携带有效载荷等。

表 1 "网络飞机"与物理飞机比较

飞 行 器	飞 机	"网络飞机"
飞行介质	空中、太空	网络空间
武器载荷	导弹、炸弹	病毒、蠕虫、控制、信息…
作战目标	摧毁目标	摧毁、降级、占有、控制、接入、迷惑目标
控制目标	空中、太空、地面移动	敌人支持空中、太空、地面移动所采用的网络链路
低截获概率	隐身（物理上）	隐身（软件、射频方面）
低探测概率	地形伪装	网络伪装
总部	预先确定的机场	任意网络空间入口
后勤要求	繁重、连续	轻便、偶尔（软件、射频方面）

（三）"网络飞机"分类

与物理飞机相同，根据作战目标的不同，"网络飞机"也可分为战略级"网络飞机"（类似于美国的战略轰炸机 B-2、战略侦察机 RC-135 等飞机）、作战级"网络飞机"（类似于 F-16、F-22 等作战飞机）、战术级"网络飞机"三类（类似于小型战术侦察无人机等）。

战略级"网络飞机"可满足长期情报侦察需求。例如：监测某一军营；积累关于某一潜在敌对国的金融信息；提供南美某国的政治情势。战略级"网络飞机"可能会花费数月甚至数年时间来搜集这类长期信息。

作战级"网络飞机"可满足短期作战需求。例如：确定某军事基地内有多少辆坦克、卡车；确定深埋地下的军事掩体的位置；确定某国政治、军事领导人的位置；确定某国的指挥与控制基础设施的状态；确定某一机场内有多少架飞机可以使用等。考虑到作战环境的多变性，作战级"网络飞机"只需工作数天到数周时间。

战术级"网络飞机"可执行实时信息收集任务，任务持续时间为数分钟或数小时。这些都是实时性要求很高的信息，例如：谁在对街的建筑物内；友军即将遭遇的坦克位于何地；某一城市或村庄内敌军的最新情报如何等。

（四）"网络飞机"的"载机"本质浅析

"网络飞机"与病毒、木马、蠕虫等传统意义上的恶意代码有着非常本质的不同：这些恶意代码好比是常规或战略炸弹、导弹，而网络飞机是装载、发射这些恶意代码的"载机"。严格意义上来说，"网络飞机"所搭载各种"装备"（入侵检测软件、恶意代码、导航软件、通信软件等）都不能算作"网络飞机"的一部分，"网络飞机"仅仅是一种"网络空间飞行器"。只是由于"网络飞机"总是带着某种特定任务"飞行"的，因此通常将其载荷也视作其一部分。但从美国空军的相关描述来看，网络飞机的研究、开发重点明显在于"载机"，而非"载荷"。这也是将"网络飞机"视作网络统一平台雏形的最主要原因。

作为一种网络空间内的"载机"，"网络飞机"研发的重点应主要包括如下几方面内容：如何隐身，即在执行网络情报监视与侦察、网络攻击、任务后自毁过程中不被敌方溯源；如何"飞入（接入）、飞越（接入后自行机动）"射频/有线端口，由于无线有线技术正不断融合，因此如何在不知不觉中接入射频/有线端口并执行任务是必须重点研究的方面；如何通信，这包括几方面内容，如何与操作员（注入网络飞机的人员）通信、多架"网络飞机"协同工作过程中如何彼此通信；如何实现指挥与控制，即"网络飞机"操作员如何控制"网络飞机"执行任务；如何自动导航，即如何在网络空间内自如地机动并找到目标；自毁机制如何设计等。

三、网络任务平台实现了"网络飞机"向"网络航母"的顺利过渡

除洛克希德·马丁公司，雷声公司、博思艾伦哈密尔顿公司甚至是一些小企业都参与了网络统一平台项目的竞争。例如，位于美国马里兰州的一家名为"启蒙"IT

咨询公司的小企业也于 2018 年获得了一份单一来源合同以提供网络统一平台的样机。该公司目前所承担的业务主要是为美国网络司令部执行具体作战任务的网络任务部队提供数据收集、数据分析、数据共享、情报融合等能力。

尽管竞争如此激烈，但最终美国空军还是选择了诺斯罗普·格鲁曼公司作为该项目的牵头单位。究其原因，与美国空军获得了美国网络司令部项目管理权限相类似：诺斯罗普·格鲁曼公司此前已经具备了雄厚的理论与技术基础，而理论与技术基础的集大成者就是其为美国空军开发的网络任务平台（CMP）项目。

（一）开发历程简述

早在 2014 年 8 月，诺斯罗普·格鲁曼公司就获得了美国空军的网络任务平台项目开发合同，并根据合同研发、交付了网络任务平台。2017 年 9 月，诺斯罗普·格鲁曼公司又获得了美国空军网络任务平台的开发与部署订单，订单潜在价值为 3700 万美元。按照计划，网络任务平台项目将于 2020~2021 年实现部署。

（二）"网络飞机"–网络任务平台–网络统一平台脉络浅析

网络任务平台是美国空军开发的"第一套综合型网络作战系统，能够为网络工具与网络武器提供一个能够在其中运行、管理、交付的基础设施或平台"。从这种描述可以看出，网络任务平台其实是"网络飞机"的更高级版本，同时也是"网络飞机"向网络统一平台顺利过渡的"中间产品"。

诺斯罗普·格鲁曼公司表示，网络任务平台可实现网络空间能力的快速集成，进而提升作战人员应对动态、演进性任务环境的快速响应能力。有关网络任务平台项目的细节及其状态的描述很少，但根据美国 2018 财年国防预算相关文件透露，相关工作包括开发并演示新型进攻性网络空间工具。

四、思考：网络作战统一系统形态与作战模式展望

网络作战的理念日趋成熟、技术日趋先进、相关网络作战"系统"也不断涌现，然而，从网络作战"系统"发展及以往经典的网络作战案例来看，网络作战模式一直处于离散、割裂、随机、专用等状态。然而，随着美国网络司令部网络统一平台的研发与部署以及此前 DARPA 开发的"基础网络作战"（X 计划）项目逐步具备作战能力，这种状态有望获得大的改观，网络作战通用作战模式有望初具雏形。具体来说，

就是在作战模式方面有望实现达到如下状态：网络作战系统形态基本实现统一化，而网络统一平台项目则有望催生出一种通用化的"网络作战武器"，其相关理论与技术已经具备了统一化网络武器系统的雏形；网络作战系统应用方式基本实现统一化，"X计划"项目有望催生出统一化的网络作战模式，该项目将网络作战空间分解为网络地图、作战单元和能力集等三个主要部分，并在此基础上致力于打造一种统一的网络作战系统应用场景与模式，这一思路继续推进下去，势必有望打造出统一化的网络作战模式。

（中国电子科技集团公司第三十六研究所　张春磊　陈伟峰）

美军电磁频谱战发展及分析

2018年10月5日，美国海军发布第2400.3号海军部长指令"电磁作战空间"，将电磁频谱环境视为与陆海空天和网络对等的作战域。指令强调军方使用的所有电磁辐射都属于电磁作战空间，明确了电磁作战空间项目、政策、流程在开发、实施、管理和评估环节中海军相关人员的角色和责任，其目的是推动海军电磁频谱作战能力发展，巩固美国海军在未来作战环境下的电磁频谱作战优势。在美国各军种中，美国海军第一个将电磁频谱确定为独立的作战域，具有标志性意义。

一、电磁频谱作战域的形成与发展

美军当前的作战域包括陆海空天和网络空间。陆海空天是自然存在的物理空间，也是划分陆军、海军、空（天）军的通行标准。网络空间概念提出后，网络空间对抗受到高度关注，2011年网络空间被确定为新的作战域。

尽管作战域具有极其重要的地位，不过美国军语中并没有对"域"（domain）和"作战域"给出明确的定义。作战域的确定，既涉及作战空间和作战样式的改变，同时也与部队、机构、条令、作战、装备、训练等方面的建设和保障密切相关。在传统的陆海空作战域，美军都建立了对应的军种、一级作战司令部，装备有相对独立的作战武器和平台，也制定了相关的作战和训练条令。目前，美国已正式成立了作为一级司令部的网络司令部，并且宣布成立天军。

电子战的发展已历经百年，从时间维度讲，电磁频谱领域的斗争要早于空、天以及后来网络空间里的军事行动。但电子战普遍被认为是为夺取其他作战域中军事行动的胜利提供保障，没有被当作一种独立的作战样式和作战力量。这导致在是否将电磁频谱作为独立的作战域上存在分歧。

近年来，随着电磁频谱在军事斗争中的应用日益广泛，作用更加突出，电子战成为新型作战力量，另外，网络作战域的确立为电磁频谱作战域的设立提供了参照和样本。电子战相关领域的人员强烈意识到有必要将电磁频谱确定为独立的作战域并积极推动落实。2015年12月，美国国防部首席信息官特里·哈尔沃森表示，"国防部将研究把电磁频谱确定为一个作战域的所有需求及影响"。2016年4月，美国国防部副首席信息官（CIO）费南空军少将称，"鉴于电磁频谱的重要性，我们应考虑将其确定为新的作战域。"2017年1月，美国国防部发布美军历史上首部《电子战战略》，进一步推动了电磁频谱作战域的确立。在2017年11月举办的第54届"老乌鸦"协会国际研讨会上，美国众议员再次呼吁将电磁频谱确定为独立的作战域。

当前几乎所有的军事行动都会在两个域中展开，一个是作战自身的域，另一个就是电磁频谱域。电磁频谱的战略重要性以及成为作战域的必要性得到高度认可。美军积极推进将电磁频谱确定为一个独立作战域。

二、电磁频谱战的形成与发展

近年来，美军推出不少新的电子战作战概念，美国海军提出了电磁机动战，美国空军提出了频谱战，美国陆军正大力发展网络电磁行动。新概念新理论的涌现一方面说明在新形势下电子战发展迅速，充满活力，同时也在一定程度上表明传统的电子战概念不能完全适应新形势的需求。在此大背景下，电磁频谱战迅猛发展。

电磁频谱战并不是最近才出现的一个新术语。早在2009年，美国战略司令部就推出了"电磁频谱战"的概念，它建立在电子战基础之上但不等同于电子战，增加了许多与电磁频谱相关的任务和功能。

当前电磁频谱战概念再次兴起，很大程度上源自2015年年底美国战略与预算评估中心（CSBA）发布的《决胜电磁波》报告。该报告与电磁频谱战相关的论述主要包括：

- 电磁频谱战大致可以描述为在电磁域中进行的军事通信、感知和电子战行动；
- 电磁频谱行动大致可以分为通信、感知和电子战三部分；
- 将美军在电磁频谱中进行的所有行动都视为电磁频谱战的组成部分，就像把所有在地面进行的作战行动都视为陆战的一部分或把所有在空中进行的作战行动都视为空战的一部分一样。

根据该报告，电磁频谱战可以被理解为"在电磁频谱中进行的所有行动，包括通信、感知和电子战三部分。"

2017年10月，CSBA又推出《决胜灰色地带》报告。这份报告并没有延续《决胜电磁波》中电磁频谱战的说法，而是使用了"电磁战"的称谓，指出："如果电磁频谱是一个作战域，那么电磁战描述的就是在这个作战域内进行的战争形式""电磁战由电磁频谱中的所有军事行动组成，包括通信、感知、干扰和欺骗，是电磁频谱作战域的战争形式""电磁战扩展了电子战的任务领域"，等等。

可以看出，CSBA先后提出的电磁频谱战和电磁战内容大致相当。同时CSBA主要侧重于电磁频谱战理念与应用，没有特别强调电磁频谱战的精确定义和全面的体系架构。美国军方是否会采纳由CSBA智库提出的电磁频谱战定义及其组成还存在不确定性。

三、电磁频谱作战理论体系的形成与发展

当前美军各种条令中还没有电磁频谱战的概念，与之最接近的军语是电磁频谱作战（electromagnetic spectrum operation，也称为电磁频谱行动）。但电磁频谱作战并不完全等同于电磁频谱战。

美军参联会在2012年发布的JP 3-13.1《联合电子战条令》和JP 6-01《联合电磁频谱管理行动》中都给出了联合电磁频谱作战的定义，而在美国陆军2010年发布的FM 6-02.70《美国陆军电磁频谱作战》、2012年发布的FM 3-36《电子战》条令、2014年发布的FM 3-38《网络电磁行动》条令，以及2017年4月发布的FM3-12《网络与电子战作战》条令中都有电磁频谱作战的定义。从这些条令中的定义可以看出，电磁频谱作战大致等于"电子战+频谱管理"。

但美军电磁频谱作战的概念和内涵还在不断演变。在2016年10月美国参联会发布的JDN3-16《联合电磁频谱作战》中对电磁频谱作战重新进行了定义，新旧定义对比见表1。不过新的电磁频谱作战体系也在不断发展中，因为此次出台的仅是联合条令说明（Joint Doctrine Note），而非正式条令。

表 1 美军电磁频谱作战定义演变

电磁频谱作战	旧定义：由电子战和频谱管理行动两部分组成。包括军事行动中成功控制电磁频谱的所有行动
	新定义：用于利用、攻击、防护、管理电磁作战环境的相互协调的军事行动
联合电磁频谱作战	旧定义：电子战与联合电磁频谱管理行动的协同工作，旨在利用、攻击、防护和管理电磁作战环境，以达成指挥官的目标
	新定义：由两个或多个军种协同进行以利用、攻击、防护和管理电磁作战环境的军事行动。这些行动包括联合部队所有电磁能的发射与接收

对照美军现有条令与JDN3-16《联合电磁频谱作战》条令说明，可以发现，电磁频谱作战已从"电子战+电磁频谱管理"发展成为一个范围更大的概念。新概念从利用、攻击、防护、管理四个维度对电磁频谱作战进行了定义和描述，并指出联合电磁频谱作战行动包括联合部队所有电磁能的发射与接收，内涵非常丰富。JDN3-16强调要改变信号情报、频谱管理、电子战之间的烟囱式结构，通过对电磁作战环境中的所有行动进行优先排序、集成、同步和去冲突，提高行动的统一性，实现真正联合的电磁频谱作战。

四、结束语

近年来，美国一直刻意渲染其在电子战领域已经落后，但事实上美国依然拥有世界上最强大的电子战力量，所谓的落后只是相比于其他国家没有绝对优势或技术代差了，希望得到更多的重视，争取到更多的经费。从近年来美国国防部成立电子战执行委员会并颁布《电子战战略》等一系列重大战略举措中可以看出，传统的电子战不仅不会被削弱、取代，而且正加速发展。

无论是美国民间智库提出的电磁频谱战还是美国军方提出的电磁频谱作战，都处于不断变化发展之中。如果不纠结于名称和定义上的差异，可以发现两者在很大程度上都是从电磁频谱的高度而不仅仅是电子系统的范畴来论述未来电磁空间的斗争，站位更高远，内涵更丰富，更加突出了电磁频谱的重要作用和地位，也昭示着电子战的迭代发展方向。

电磁频谱战理念的提出与发展，对传统的电子战行业而言是挑战更是机遇，它将促进电子战从传统的电子攻击、电子防护和电子支援，加上新近发展起来的电磁战斗管理，演进发展成为电磁利用、电磁攻击、电磁防护和电磁管理，为电子战发展注入了新的动力，开拓了更大的空间。

（中国电子科技集团公司第二十九研究所 朱松 王晓东）

美军认知电子战实战化部署拉开序幕

2018年2月22日，美国海军作战部长（CNO，美国海军最高长官）向众议院武装部队委员会主席递交的《美国海军2019财年未获投资的优先级项目清单及概述》中，描述了2019财年美国海军预算中预算未获批但对于美国海军的能力提升至关重要的一些项目及其优先级。根据《美国法典》第10卷（10 U.S. Code）的规定，尽管这些项目未获预算，但一旦有多余的预算出现时，将根据这些项目的优先级依次给予相应的资金。

该项目清单中总共列出了25类项目，其中有两个项目与认知电子战相关，分别是"F/A-18E/F自适应雷达对抗（ARC）"项目（优先级排序第22）、"EA-18G高级模式1.2&反应式电子攻击措施（REAM）/认知电子战"项目（简称"EA-18G认知电子战"项目，其又进一步细分为2个子项目，优先级排序第23）。可见，尽管这两个项目优先级不是很高（在25类项目中相对靠后），但至少透露了这样一个信息：美军已经着手将认知电子战技术集成至作战平台，认知电子战实战化部署拉开序幕。

一、美国海军有望于 5 年内具备认知电子战初始作战能力

美国海军项目清单中的两个与认知电子战相关的项目的具体情况如表1所示。从表中可以看出，无论是EA-18G的认知电子战系统，还是F/A-18E/F的自适应雷达对抗系统，都有望于2023年具备初始作战能力。如果资金充裕的话，还有望提前具备该能力。

表 1　项目清单中的认知电子战项目概述

项　　　目	概　　述
F/A-18E/F 自适应雷达对抗（ARC）	自适应雷达对抗系统可通过网络数据共享、增强型任务计算机显示、接收机改进、电子对抗能力提升等手段，为 F/A-18E/F 战斗机提供更强大的抗毁性。该项目旨在采购、更新 43 部数字化接收机与方法生成器（DRTG）的车间可替换组件（SRA），以集成到当前的 ALQ-214（V）4/5 系统中。军方要求，这些组件的更新必须支持自适应雷达对抗的处理需求。该项目所需预算为 2500 万美元

项　　　目	概　　　述
EA-18G 认知电子战（REAM）	"EA-18G 认知电子战（APN-5）项目"，主要工作是软件更改，所需预算为 1400 万美元。EA-18G 软件更改项目旨在支持并跟上新兴的电子战威胁，并可对威胁做出响应。相关资金可确保反应式电子攻击措施（REAM）技术能让 EA-18G 具备认知电子战能力，并能够与 2023 财年交付的软件配置集（SCS）H-18 实现同步
	"EA-18G 认知电子战（RDTEN）项目"，主要工作是技术转换，所需预算为 9500 万美元。相关预算将主要用于实现 REAM 能力从美国海军研究办公室（ONR）的未来海军能力（FNC）科技项目转换为 E-18G 平台可用的项目。电子攻击单元（EAU）的技术与硬件升级将把认知电子战能力引入 EA-18G 平台，这也是 EA-18G Block II 现代化的起点，同时也是专用任务吊舱研发与集成工作的开始（该工作旨在为 EA-18G Block II 现代化提供支撑）
备注：APN——美国海军飞机采购类项目；RDTEN——美国海军研发测试与评估类项目	

该清单公布后不久，2018年4月26日，诺斯罗普·格鲁曼公司宣布其获得了美国海军空战中心一份价值720万美元的合同，以便为REAM项目提供支持。诺斯罗普·格鲁曼公司的主要工作是为REAM项目开发机器学习算法。据美国国防部透露，REAM项目的主要目标是将机器学习算法引入EA-18G"咆哮者"电子战飞机，以实现"应对灵活、自适应、未知的敌方雷达或雷达模式"的目标。相关工作预计于2019年12月完成。

二、美军其他认知电子战项目也开始以实战化部署为目标

除ARC和REAM这两个项目即将实现初始作战能力以外，美军其他认知电子战项目也加快了开发速度。而且，这些项目的开发明显以实际应用为牵引，充分体现出在认知电子战领域内，美军目前的大多数项目都已经完成了技术研发阶段的工作，而是转向了具体的实战化部署阶段。当然，实战化部署的能力并不一定是"完备的"认知电子战能力，而仅仅是其中的一部分能力（如侦察、干扰、目标识别），但无论如何，朝着实战化部署迈出的这一步已经足以让认知电子战这一领域成为人工智能"实战化应用"的先驱者之一。

（一）美国国防部基于人工智能构建电磁大数据库

2018年11月27日，美国国防部首席信息官Dana Deasy在老乌鸦协会组织的第55届国际研讨会上宣布，美国国防部正在利用云计算、大数据、人工智能等新技术，来构建大型电磁频谱数据库，即联合频谱数据库（JSDR）。

1. JSDR 技术与能力细节概述

考虑到该数据库是美国应用范围最广的全球电磁频谱信息系统（GEMSIS）增量2的重点建设内容之一（二者之间的关系如图1所示），该事件也就意味着美军已经开始着手部署基于云计算、大数据、人工智能等新理论的全球联合电磁频谱数据系统。其目标是在确保自身总体完整性的同时，确保各类用户能够访问、更新（需授权）频谱相关数据。美军规定，所有最精确、最完整、最新的频谱相关数据（无论数据是已有的、新产生的、还是更新过的），都必须由JSDR来提供，该数据库作为国防部所有频谱相关数据的联合权威数据来源（JADS）。JSDR提供通用标准接口，以便从各种权威数据来源中获取（pull）频谱相关数据，进而确保全国防部范围内频谱相关数据的可视、可访问、可信。

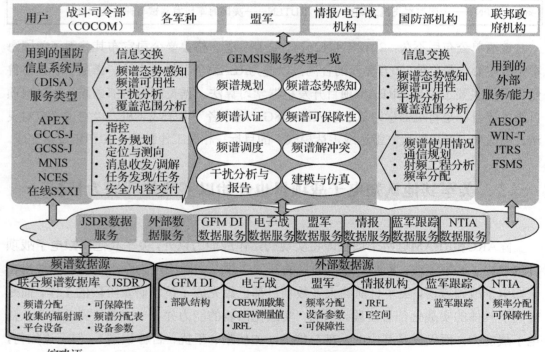

缩略语：
GEMSIS：全球电磁频谱信息系统；
GCSS-J：联合全球战斗支援系统；
JRFL：联合源频率列表；
WIN-T：战术级作战人员信息网；
GFM DI：全球部队管理数据倡议；
NCES：网络中心企业服务；
AESOP：海上电磁频谱运作项目；
CREW：无线电遥控简易爆炸装置对抗系统

APEX：自动规划与执行；
MNIS：多国信息共享；
NTIA：国家频谱管理协会；
JTRS：联合战术无线电系统；
GCCS-J：联合全球指控系统；
SXXI：21世纪频谱；
FSMS：部队结构管理系统；

图1　GEMSIS 的顶层架构及其与 JSDR 的关系

美国国防部首席信息官表示，美军四个军种的各种平台、系统全都在不同的频率上发射信号，导致了严重的信号互扰问题。此外，美军的信号情报（SIGINT）和电子战（EW）部队可用的信号数据资源也非常有限，无法更好地识别、对抗敌信号。因此，美国国防信息系统局（DISA）尝试将四个军种的数据汇集在一起，以创建一个庞大的电磁数据库，即JSDR。JSDR可有效解决上述信号互扰和信号数据资源不足的问题。

具体来说，美军希望通过云计算来实现电磁数据的汇集，并通过安全且抗干扰的卫星通信来实现数据的共享，最后再通过大数据分析和人工智能技术来实现数据的处理与挖掘，最终的目标是近实时地向全球用户提供针对性的电磁数据。将电磁频谱数据统一集成进JSDR中可以提升频谱数据访问的便利性，而JSDR与美军"军事云"（milCloud）和"联合企业国防基础设施"（JEDI）结合使用时又可以进一步挖掘潜力。milCloud和JEDI是美国国防部在云计算领域的两个重大项目，可以提供全球范围内对JSDR的访问，特别是JEDI可以将前沿部署的部队直接连接到云。此外，在战术边缘，为了将电磁数据安全地分发给空中或地面的作战人员，美国国防部还专门开发了能够抗电磁干扰、反赛博攻击的安全无线通信能力和军用WiFi。

JSDR中包括了友方、敌方、中立方、环境等电磁信号相关数据，数据体量很大。这也是美国国防部致力于将人工智能、大数据分析等理论与技术用于JSDR的原因：可以大幅降低人工处理的工作量。

2. JSDR 的开发意味着人工智能、大数据分析等理念开始在电子战、信号情报、电磁频谱管理与运作等领域内落地

自2006年开始，美国就发布了GEMSIS的初始能力文件（ICD），开始着手打造GEMSIS系统。该系统的目标是：在网络中心服务环境下，通过综合利用各种现有、新兴的能力与服务实现美军电磁频谱运作模式的转型，即从当前预规划的、静态的频谱运作模式，转型到动态的、响应型的、灵活的运作模式。简而言之，GEMSIS系统的最终目标是实现智能化（认知化）与自主化的频谱接入。

尽管GEMSIS系统的建设从十多年前已经开始，但将云计算、大数据、人工智能等新理念融入进来则是最近才刚刚开始。可见，美军已经意识到了这些理念可为军事能力带来的巨大提升，且已经开始致力于实现人工智能、大数据分析等理念在电子战、信号情报、电磁频谱管理与运作等领域内落地。

（二）BAE 系统公司获得射频机器学习（RFMLS）第一阶段开发合同

2018年11月27日，英国BAE系统公司宣布该公司已获得美国国防高级研究计划局

（DARPA）一份价值920万美元的射频机器学习系统（RFMLS）项目第1阶段合同，以开发机器学习算法来识别射频信号，提高态势感知能力。根据合同，BAE系统公司将开发机器学习算法，以利用特征学习技术来识别各种信号。还将开发深度学习方法，使系统可以通过学习，实时实现信号重要性排序。

BAE系统公司此前已经参与了美军的多个与人工智能相关的项目，包括DARPA的极端射频频谱条件下的通信（CommEX）项目、自适应雷达对抗（ARC）项目、频谱合作挑战（SC2）项目等。

1. RFMLS 项目概述

2017年8月11日，DARPA微系统技术办公室（MTO）发布了RFMLS项目的广泛机构公告，研究将机器学习等人工智能理念与方法用于射频系统设计。2017年8月31日，DARPA又举行了工业日活动，详细介绍了该项目的相关细节。

一言以概之，该项目旨在寻求射频频谱域与数据驱动型机器学习（如深度学习）之间的交集。具体来说，就是让现有机器学习方法能够用于射频频谱这一特定领域或探索新的体系结构、学习算法等。

RFMLS项目的目标是研究、打造4种关键能力，即特征学习、资源聚焦与显著性、自主射频传感器配置、波形合成。从这4种能力来看，该项目的最终目标是开发一套能够从数据中进行面向任务的学习的射频系统。

特征学习。能够从训练数据中学习出描述射频信号及其相关特性的恰当特征，即，能够学习出那些"能够从传感器数据中直接执行目标辨识任务"所需特征的能力。

资源聚焦与显著性（Attention & Saliency）。充分实现如下两种能力的互补：自上而下的（任务驱动型）资源聚焦能力，以指出哪些射频样本对于系统所执行的任务来说最重要；自下而上的（数据驱动型）机制，将聚焦的资源引导到新的感兴趣信号上。

自主射频传感器配置。形成自主配置射频传感器参数（如中心频率调谐、波束指向、模拟传感器重构）的能力，以生成改进系统总体任务性能所需的射频数据。

波形合成。让射频系统具备通过学习发射支持特定任务所需的全新波形的能力。

2. RFMLS 系统的开发意味着人工智能在电子战系统射频前端开始落地

无论是"认知无线电"这种致力于将人工智能用于无线电领域的理念，还是"数据驱动型机器学习"理念，从提出到现在都已有近20年的时间，其发展阶段示意图如图2所示。从图中的这一标准来看，当前的射频系统基本上全都属于第一阶段，即仅仅具备了一定的自适应能力，完全不具备智能能力。因此，亟待研究如何将其提升至第二阶段，即将机器学习理念引入射频系统领域。

图 2 人工智能发展的三个阶段

　　然而，将人工智能理念用于射频领域（即寻求传统射频信号处理与机器学习之间的交集），却一直迟迟没有取得突破，似乎也乏人问津。RFMLS项目即旨在开展"将现代化的机器学习用于射频频谱领域"的基础性研究，并致力于将这些基础性研究成果用于解决频谱领域内新出现的问题，尤其是"如何大幅提升射频区分能力"的问题——当前第一代的认知射频系统的区分能力基于人工设计，非常低。该项目最终的目标是开发一种目标驱动型、具备从数据中进行学习能力的新一代射频系统，这样，人类专家就可以专注于总体的系统性能，而无须关注单个子系统的性能。换言之，RFMLS项目的目标是将射频系统的人工智能程度从第一阶段推进到第二阶段乃至第三阶段，如图3所示。

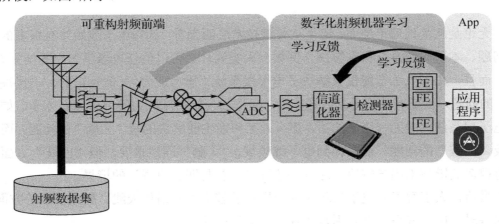

图 3 基于人工智能的射频系统

总之，RFMLS系统的开发，意味着美军已经开始尝试让人工智能在电子战系统射频前端设计方面尽快落地。

（三）美国陆军拟将最新的人工智能用于电子战

2018年5月15日，美国陆军合同司令部发布了一份信息征集书（编号W56KGU-18-X-A515），以便对工业界、学术界、政府机构进行调研，找出那些可以用于电子战、情报监视与侦察（ISR）、侦察监视与目标获取（RSTA）、进攻性赛博作战（OCO）、信号情报、处理利用与分发（PED）、大数据分析等领域的最新的人工智能、机器学习、认知计算、数据分析等技术、方法、算法、能力。调研所确定的那些技术、方法、算法、能力未来有望获得美国陆军的投资并集成到美国陆军下一代信号情报、赛博作战、电子战、情报监视与侦察等系统中。

此外，2018年8月，美国陆军快速能力办公室（RCO）举行了信号分类挑战赛，一方面是为了将人工智能技术用于信号分类以实现处理自动化，另一方面是通过开发人工智能算法训练环境，推动该技术在各军兵种的重复利用。当前美国陆军已开始将人工智能及机器学习的原型集成到电子战系统中。快速能力办公室下一步计划在作战评估中选择承包商和电子战军官，评估活动将于2019年开展，内容包括数据生成、收集和算法测试，相关技术将于2019年底交付给某作战部队。

三、思考：认知电子战正以一种很"现实"的方式逐步实现实战化部署

无论是从基础理论层面，还是从关键技术层面来看，认知电子战始终有很多的瓶颈问题、本质问题没有得到解决。例如，人类为什么可以信任机器学习出的结果？

而且，由于人工智能仅仅解决了电子战系统"思考能力"（信号识别、干扰决策等）的问题，而前端的信号预处理能力、后端的干扰实施能力等并未涉及太多。如果将电子战系统比喻为一个人的话，那么人工智能主要解决的是"大脑"的问题，而不涉及"四肢"的问题。而具体到电子战领域，"大脑"固然重要，但"四肢"方面也仍有很多关键技术尚未解决，还远未达到"大脑与四肢协调"的境界。

最后，人工智能在电子战领域的应用目前较少涉及诸如天线、射频前端等方面，而这些对于电子战系统而言则是"临门一脚"的保证。

总之，要想实现"功能完备的"认知电子战系统与能力的实战部署，仍面临诸多

障碍。

然而，从2018年一系列事件来看，美国似乎更倾向于以一种更加"现实"的方式逐步实现认知电子战的实战化部署。这种方式可总结为"**总体目标明确的碎片化部署**"，简述如下：从总体目标来看，美军在认知电子战领域一直都很明确、很连贯，即让人工智能深度融合进电子战领域，并最终大幅提升美军的电子战能力；从美军即将部署的认知电子战能力来看，都是功能不完善的、碎片化的、环节化的，即仅仅针对电子战的某一项具体个功能或环节，例如，美国海军反应式电子攻击措施的部署规划就属此类。

尽管这种部署方式远称不上完善，但从目前所处阶段来看，无疑是最有效的方式。

（中国电子科技集团公司第三十六研究所 张春磊）

美国高度重视信息和通信技术供应链安全

2018 年，信息和通信技术（ICT）供应链安全问题再次被美国推到了最前沿。美国各级政府、国会、军方等全面拉响了 ICT 全球供应链脆弱性警报。美国认为 ICT 供应链安全风险对于美国技术领先以及经济和国家网络安全的未来至关重要。

ICT 是信息技术与通信技术融合发展而形成的技术领域。ICT 的全球化应用推动了其供应链的全球化，ICT 系统的运行依赖于分布在全球相互联系的供应链生态系统，该供应链生态系统包括制造商、供应商（网络供应商和软硬件供应商）、系统集成商、采购商、终端用户和外部服务提供商等各类实体，还有产品和服务的设计、研发、生产、分配、部署和使用，以及技术、法律、政策等软环境。简单地说，ICT 供应链的基本结构包括内部开发、信息、信息系统、服务、组件和产品（或服务）制造维护及退出信息系统的整个过程。因其贯穿多个供需环节，涉及制造商、供应商、系统集成商、服务提供商等多类实体以及技术、法律、政策等软环境，已然是其他供应链的基础，成为"供应链的供应链"。

由于 ICT 供应链的全球分布性、网链结构、采购者、用户对 ICT 供应链的风险控制能力随着供应商透明度的降低而逐层降低，任意环节存在设置恶意功能、泄露数据、中断关键产品或服务提供等行为都将破坏相关业务的连续性，带来不可控的安全风险。

一、美国政府对 ICT 供应链安全给予高度重视

（一）发布《美国联邦信息通信技术中源自中国的供应链漏洞》报告

2018 年 4 月 19 日，美中经济与安全评估委员会发布了一份题为《美国联邦信息通信技术中源自中国的供应链漏洞》的报告，强调美国政府需要制定一项供应链风险管理的国家战略，以应对联邦信息通信技术中的商业供应链漏洞，包括与中国有关的采购。报告认为，中国成为全球信息通信技术供应链关键节点不是偶然的，中国政府

将 ICT 行业视为战略行业，投入了大量国有资本，长期以来一直执行鼓励 ICT 发展的政策。华为、中兴和联想被认为是具有部分上述特点的中国 ICT 企业。报告建议制定具有前瞻性的 ICT 供应链风险管理的国家战略及其配套支持政策，而不是被动应对那些已经对美国国家安全、经济竞争力或公民隐私造成损害的事件。

（二）联邦通信委员会致力于解决与公共资金支持的网络有关的供应链安全问题

2018 年 4 月 18 日，美国联邦通信委员会（FCC）发布关于保护 ICT 供应链免受国家安全威胁的新规。FCC 负责监督约 85 亿美元的通用服务基金（USF），新规"禁止使用 USF 的资金采购对于美国通信网络和通信供应链构成国家安全威胁的设备或服务"，以此致力于解决网络供应链的安全问题。

（三）国土安全部评估系统性风险中的供应链威胁

2018 年 5 月 7 日，为加强私营部门供应商的网络安全，美国国土安全部计划将总体评估和针对性评估相结合，双管齐下评估供应链风险。总体评估包括评估广泛的威胁、漏洞和攻击的潜在后果；针对性评估包括评估特定的威胁、目标和后果。

（四）发布《2018 年联邦信息技术供应链风险管理改进法案》

2018 年 7 月 13 日，美国白宫公布了《2018 年联邦信息技术供应链风险管理改进法案》，该法案建议设立两个机构——联邦 IT 采购安全委员会和关键 IT 供应链风险评估委员会，旨在为使用技术产品的政府机构提供有关如何降低供应链安全风险的指导和建议。该法案将授予民用机构更多的权力和工具以缓解供应链安全风险。另外，它将为各政府机构提供一致的、有力且精简的指导意见，以规避并解决衍生自多个信息技术产品中的安全威胁问题。该提案的目标是开始缩小严格集中的情报社区和国防部与相对宽松和分散的民用机构在供应链安全方面的投入差距。

（五）《2019 财年国防授权法案》中明确禁止美国政府使用或采购有关中国企业的设备

2018 年 8 月 13 日，美国总统特朗普签署了《2019 财年国防授权法案》，该法案的第 889 条禁止美国政府部门使用或采购：（1）华为和中兴公司（或其子机构、附属机构）生产的电信设备；（2）海能达、海康威视、大华生产的用于公共安全、政府场所安全的、关键基础设施的物理安全监控等用途的视频监控及电信设备；（3）上述公司提供的电信或视频监控服务，以及对上述设备的使用；（4）其他电信、视频监控设备或服务，经国防部部长咨询国家情报总监或联邦调查局局长后，认为提供该设备或服务的公司是由中国政府持股、控制或与中国政府有联系的。

（六）美中经济与安全评估委员会向国会提交 2018 年度报告

2018 年 11 月 14 日，美国美中经济与安全评估委员会向国会提交 2018 年度报告，就经济和安全领域提出总计 26 项建议，委员会认为其中 10 条至关重要。第一条就是国会要求美国管理和预算办公室下属的美联储首席信息安全官委员会向国会提交一份年度报告，评估中美两国产业链紧密结合可能带来的风险。

（七）敦促盟国停止使用华为的电信设备

2018 年 11 月 23 日，美国正敦促其盟国停止使用华为的电信设备，并对支持此项提议的国家增加援助。在拥有美国军事基地的国家，尽管国防部有专用卫星和电信网络用于敏感通信，但许多军事设施的通信仍通过商业网络传播，因而美国官员向德国、意大利和日本等国家的同行和高管介绍了网络攻击和间谍活动的危害，尤其是在复杂的第五代移动网络技术（5G）环境下。这项举措被认为是美国领导的盟国与中国之间更广泛的技术冷战的一部分，以控制日益数字化的世界。澳大利亚政府在 8 月宣布已阻止华为为其无线网络提供 5G 技术。12 月 7 日，英国和日本等多国对华采取行动，英国表示将在未来两年内替换其核心第四代移动网络技术（4G）中的华为设备，日本则计划禁止政府采购华为和中兴的设备。

（八）国防部建立供应链风险"联合特遣队"

2018 年 11 月 25 日，美国国防部负责网络安全的副首席信息官唐纳德·赫克曼出席国家标准与技术研究所主办的"网络安全风险管理会议"时表示，为了降低网络安全风险，国防部已经发起了倡议以降低供应链脆弱性并整合云服务。供应链脆弱性和整合云服务被视为对军方任务至关重要的两个关键领域。赫克曼表示，国防部正在利用与国防工业基地和学术界的长期合作关系，建立供应链风险"联合特遣队"并筹建联合人工智能中心（JAIC），这将为军方网络安全工作开启新的途径。

二、ICT 供应链面临的网络安全问题浅析

针对 ICT 供应链的网络攻击，实际上避开了正面强攻，以"渠道"制胜，对目标进行"迂回"式攻击。供应链攻击具有隐秘性高、投放扩散效率高、攻击面更广阔更立体等特征，因此，近年来，围绕供应链攻击的防御和应对，逐渐成为网络安全领域的重要研究方向。

在 ICT 采购全球化的态势下，ICT 供应链安全与国家安全间的关系愈发密切，美国、欧盟、俄罗斯等国家和地区先后将 ICT 供应链安全置于国家安全战略层面来考虑，供应链风险是网络安全管理里一直被低估的领域。在瞬息万变的信息时代，随着新一代信息技术及相关产业的爆发式增长，供应链风险逐渐成为网络安全风险的一个关键要素，其面临的网络安全风险来源主要有：

一是现有系统（或产品）的脆弱性和漏洞引起的 ICT 供应链安全风险。这类风险包括由于系统漏洞而导致的恶意软件对相关组件进行篡改等风险，恶意篡改可能是外在原因（如恶意程序、高级木马、外部组件、非授权部件等）导致的，也可能是内在原因（如非授权配置、供应链信息篡改等）导致的。这些风险可能导致的直接后果是使得系统功能减少或一些功能不可用。

二是供应链信息流通过程中的安全性。完整的供应链包含多个制造商、采购商、运输服务商等多个主体，信息传递过程较长，渠道较多，使其面临着信息泄露、恶意篡改、供应中断与产品质量参差不齐等安全威胁。所以，任何环节出现问题，都可能影响整个供应链的安全。

三是生产制造、开发水平低而导致的风险。ICT 产品和服务的安全性取决于整个供应链的安全水平。ICT 产品和服务设计系统集成商、供应商和外部服务提供商等各类实体，以及设计、生产、分配、部署和使用各个环节。在这些实体或环节中，受限于供应商、系统集成商能力而导致组件或系统中存在各种恶意或无意威胁。若系统使用了含有漏洞的组件，会给信息系统使用者带来潜在风险。

四是随着 5G 和物联网等技术的发展，网络攻击的途径成倍地增加，软件供应链攻击将变得更加容易，也更加普遍。根据美国信息技术研究和咨询公司 Gartner 的预测，到 2021 年将安装 251 亿个物联网单元，到 2020 年 90% 的新计算机支持的产品设计将采用物联网技术。物联网连接的增长将对信息和通信技术的供应链风险管理（SCRM）产生重要挑战。物联网的普及将扩大联邦信息和通信技术的受攻击面，缩短破坏这些网络所需的时间，但发现这些破坏所需的时间却并未减少。而公共部门和

私营部门都有责任在商业技术供应链中提高风险意识和加强风险管理。

五是全球化的发展扩大了网络信息安全风险。ICT 供应链的全球化发展，使系统用户在复杂的国际环境下对供应链安全风险的察觉和管控能力下降。ICT 供应链全球化给国家、组织及个人带来了便利，同时也可能直接或间接地影响公司的管理和运行，从而对系统使用者带来风险。这种方式造成的风险极其复杂且难以察觉，供应链中一个看似无关的不合格操作可能会直接给使用者带来重大风险隐患。

六是企业普遍缺乏对 ICT 供应链风险评估和管理的措施。企业通常只针对系统及产品开发生命周期过程部署安全防护措施，而对外部供应链安全风险管理意识较为薄弱。

三、美国落实全球 ICT 供应链安全风险管理的主要举措分析

鉴于国家关键基础设施和关键资源对 ICT 技术的依赖，识别和控制 ICT 供应链风险，加强 ICT 供应链安全管理已经成为保障国家安全的重要手段。在国家战略以及标准制定层面，美国、欧盟、俄罗斯等都提升了 ICT 供应链安全管理的地位。目前，美国已从国家政策制定、供应链安全评估、供应链风险管理及协调机制到外商投资安全审查制度等层面，逐步形成了针对 ICT 供应链的深层次安全管理体系。

（一）出台多项政策法规不断加强立法以应对 ICT 供应链安全问题

近些年来，随着管理措施的陆续落地和管理范围的不断扩大，美国的 ICT 供应链安全防御体系不断加强。美国政府先后出台多项政策法规不断强化 ICT 供应链安全对于国家战略的重要性，并提出具体要求。

（二）重点评估美国 ICT 供应链对中国的依赖程度

美国官方认为，美国社会对关键基础设施的供应链并不完全了解。下一步，政府和行业之间将进行循环评估，从研发到运营，检查供应链的每一层，确定风险领域并优先考虑。甚至提出，这些评估有助于通知外国投资委员会，以促进外国公司在收购美国公司时做出更一致的决定。评估的重点是美国信息和技术等领域供应链对中国的依赖程度。目前美国国会正在审议《保卫美国通信法案（HR4747）》解决供应链安全问题的新法案，禁止政府采购或使用华为、大唐及中兴等中国公司的电信设备和服务，禁止把中国高科技企业的设备和服务作为美国电信设施的核心技术组成部分。例如，

2018 年 4 月，美中经济与安全评估委员会发布了一份题为《美国联邦信息通信技术中源自中国的供应链漏洞》的报告，报告认为美国联邦 IT 网络的 95% 以上的商业电子组件和信息技术系统都由商业现货产品（COTS）提供支持。

从目前美联邦通信委员会的评估及新规、美国国土安全部、美国国防部等部门的评估报告及正在进行的评估来看，评估工作重点是美国供应链对中国的依赖问题。因此，在美国对中国未来的政策考量中，全球供应链安全问题将是重要的参考因素。

（三）建立供应链风险管理国家战略和协调机制

美中经济安全审查委员会建议，美国政府应构建一项针对美联邦 ICT 供应链漏洞的"供应链风险管理国家战略"，包括涉及与中国有关的采购问题以及一些让美国具备前瞻性的支持政策。不能用简单的排除、禁止来解决通信网络和供应链完整性面临的风险问题，需要寻求彻底解决问题的方法，并对已经损害美国国家安全、经济竞争力或美国公民隐私的漏洞、违规和其他事件做出反应。

美国联邦信通技术现代化增加了对私营部门和商业现货产品的依赖。美国认为防范供应链攻击，需要与私营部门进行沟通与协作。而美国国家标准和技术研究所（NIST）将加强与私营部门合作，制定高质量、可实施的标准，以改善供应链安全和信息与通信技术系统的网络安全，包括广泛采用的 NIST 网络安全框架。NIST 未来还将供应链标准扩展到更广泛的联邦信息系统，包括由私营部门承包商运营的系统。

同时还将建立联邦 ICT 供应链风险管理的集中领导。事实上，美国政府缺乏一个统一的、整体的供应链风险管理方法。2018 年 10 月 30 日，美国国土安全部成立美国首个 ICT 供应链风险管理工作组，集合政府和产业界的力量，目标是为识别和管理全球 ICT 供应链中的风险提出建议，并负责评估和减轻对供应链的威胁，特别是来自其他国家的威胁。该管理工作组的成立是国土安全部供应链风险管理计划的一部分，由 DHS 国家保护和计划局（NPPD）负责监督，采用公私合作模式，防范并控制 ICT 供应链风险，对美国计算机和通信系统面临的网络风险提供建议并进行管理。

未来的风险将涉及软件、基于云的基础架构和超融合产品，而不是硬件。供应商、供应商或制造商的业务联盟、投资来源以及联合研发也是风险的来源，但传统的供应链风险管理中并不总是涵盖这些风险。识别这些风险并创造性地解决它们，作为供应链风险管理适应性方法的一部分，对于联邦政策的成功推行也是非常重要的。

（四）进一步完善外商投资安全审查制度

美国率先推出了外商投资安全审查制度，在完善安全审查制度的进程中始终走在世界前列，在法律法规、审查机构、审查程序、审查标准、运作程序等方面都做出了成熟的制度设计，有力地维护了美国的国家安全和国家利益。近年来，ICT 供应链结构日趋复杂，增加了网络安全风险的渗透渠道，ICT 供应链安全审查是指国家审查机构在关键信息基础设施领域的网络产品和服务采购过程中，针对潜在的供应链安全风险进行识别、调查和验证的相关活动。

近年来，美国以网络安全为由，频频采取涉华贸易限制措施，使华为、中兴、联想等企业赴美投资受限。究其原因，一是美国外国投资委员会（CFIUS）对我国信息技术企业在美投资进行国家安全审查；二是美国政府或国会对政府部门、重点行业采购中国信息技术产品进行直接干涉；三是美国众议院情报委员会对中兴、华为进行特别调查，使其退出美国市场；四是美国国会通过历年的《综合持续拨款法案》，限制美国四家政府部门购买中国企业生产的信息技术设备。

四、几点建议

（一）建立我国自己的网络安全审查制度，防范网络空间新型国家安全风险

网络安全是高技术的对抗，信息技术产品和服务是决定网络与信息系统安全的根本。当前我国信息技术产品和服务面临着诸多安全风险，而我国既有的网络安全管理政策尚不足以满足国家安全的底线需求，例如，我国等级保护制度侧重于通过分层的防御体系对信息系统进行保护，其关注的是信息系统及其组件在运行中的安全，因而不能完全解决 ICT 供应链的安全问题。因此，亟待将 ICT 供应链安全上升到国家安全的层面，建立网络安全审查制度成为迫切需求。

网络安全审查是防范网络空间新型国家安全风险的重要制度，也是完善我国网络安全体系的重要制度。2016 年 7 月发布的《国家信息化发展战略概要》专门在关键信息基础设施保护的章节中提出建立网络安全审查制度。2016 年 11 月通过的《网络安全法》，确立了关键信息基础设施运营者采购网络产品和服务的网络安全审查制度。2016 年 12 月发布的《国家网络空间安全战略》提出网络安全审查是三个需要在国家层面建立的制度之一，提出要建立实施网络安全审查制度，加强供应链安全管理，对党政机关、重点行业采购使用的重要信息技术产品和服务开展安全审查，提高产品和服务的安全性和可控性，防止产品和服务提供者和其他组织利用信息技术优势实施不正当竞争或损害用户利益。

在供应链全球化的今天，我国无法摆脱全球化的浪潮，我们既要使用来自国外优秀的产品和服务，又要确保其安全，故建立网络安全审查制度成为必然需要。

（二）高度重视并提升我国 ICT 产业自身供应链安全等级

美国为了自身的政治经济利益和国家安全，将进一步提升产品供应链的安全审查等级。因此，我国 ICT 产业供应链商应当主动提高自身的安全等级。未来的供应链管理，除了要确保按时交付产品和服务，还需确保产品在整个生命周期内风险最小化，提高供应链的抗打击性和柔性。企业应加快实施 ICT 网络产品与服务安全评估，把网络安全和隐私保护作为业务运营中的最高纲领，更系统性地构建整个安全可信的高质量产品。重视供应链流程设计、信息安全管理和供应链风险管理，提高安全检测能力。对信息系统供应商、集成商、服务商等开展有关行业资质、市场信誉、物理安全、保密资质、安全管理与技术等内容的安全评估工作。

（三）加强 ICT 供应链安全标准规范的研究和制定

我国标准化委员会针对 ICT 供应链安全开展了一些工作，包括发布了 GB/T 31722《信息技术 安全技术 信息安全风险管理》和 GB/T 24420《供应链风险管理指南》，以及正在制定的《信息安全技术 ICT 供应链安全风险管理指南》，旨在梳理 ICT 供应链与传统供应链安全管理的不同特点，进而系统地呈现 ICT 供应链的安全威胁、脆弱性和可能存在的风险。

我们应借鉴和参考国际标准化组织（ISO）、美国 NIST 等的相关工作，如 NIST 自 2008 年起就相继完善推出联邦信息系统供应链风险管理实践计划，制定了新的标准规范，以强化 ICT 供应链安全管理，旨在消除购买、开发和运营过程等供应链全生命周期中可能影响联邦信息系统的高风险。结合我国 ICT 供应链安全评价的实际工作，我们应制定适合我国国情的 ICT 供应链安全评价标准，重点涵盖针对大数据、移动互联网、工业互联网、物联网等新技术新应用的供应链风险管理。

（中国电子科技网络信息安全有限公司 张晓玉）

指挥控制领域年度发展报告

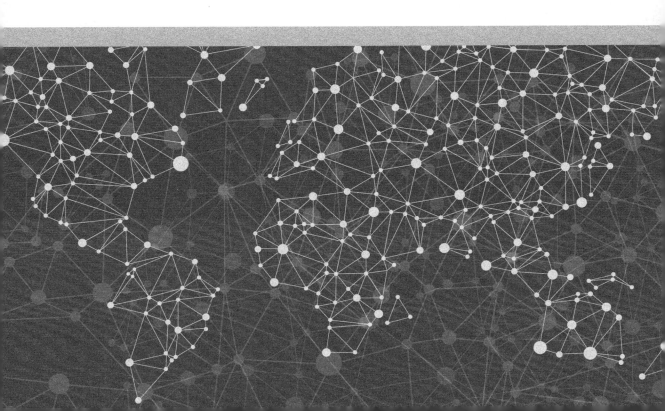

指挥控制领域年度发展报告编写组

主　　编：端木竹筠

副 主 编：李晓文　陈　帅

撰稿人员：（按姓氏笔画排序）

　　　　　介　冲　王　璨　朱　虹　忻　欣　李晓文

　　　　　李皓昱　金　欣　赵　锋　钱　宁　戴钰超

审稿人员：梁维泰　熊朝华　朱　松　冯　芒　彭玉婷

　　　　　方　芳　刘凌旗　李　剑

综合分析

在战场形态多样化、战场环境复杂化、作战领域融合进一步深化的形势下，世界指挥控制领域在作战理论、基础设施、技术、系统及装备等各个层面均面临新的挑战。为应对这些挑战，2018 年，世界军事强国均高度重视并大力开展指挥控制领域的能力建设工作，主要包括：颁布指挥控制相关战略、条令，积极开展理论研究，提出新的指挥控制概念；加速多域指挥控制能力发展；大力研究前沿技术，以促进指挥控制能力的突破；开发核心技术、部署新型装备以提升战术边缘和远征指挥控制能力；研发网络态势感知技术以实现网络空间指挥控制能力；推进强对抗环境下分布式指挥控制技术的开发验证；升级指挥控制基础设施和网络以应对通用和互操作性挑战；积极探索发展多国合作间的指挥控制能力。

一、颁布战略、条令，指导指挥控制能力发展

2018 年，从以美国为首的军事强国颁布的战略和条令中可以看出，各国指挥控制能力建设呈现出向多域联合、统一和通用方向进一步深化发展的趋势。

（一）国家战略

国家层面上，2018 年 1 月，美国国防部颁布《美国国防战略》为联合部队的发展以及如何参与、遏制并赢得未来军事冲突指明了方向。《美国国防战略》提出推进现代化的路径需要建立国防部内统一的目标——网络化自适应多域联合作战。此外，要加快发展网络能力，重点关注可扩展、适应性强和多样化的能力部署，为联合部队指挥官提供最大限度的灵活性。

（二）各军兵种

在军兵种层面，强调通过对基础设施和网络的整合实现多个作战域环境下联合、无缝的指挥控制。

2018 年 1 月，美国陆军制定了任务指挥网络现代化的行动路线，确定了 4 条行动路线，推动陆军未来网络的发展：（1）统一的网络。旨在提供统一的传输和支撑网络赋能技术，在对抗环境中为美军提供可靠的网络传输能力；（2）通用操作环境（COE）。重点通过集成联合信息环境（JIE）和相关应用为各级指挥官提供支持；（3）联合部队和盟军的互操作能力。旨在解决联合信息环境和任务合作伙伴环境中的互操作能力问题，为整个通用操作环境提供支持。（4）指挥所的生存能力和机动能力。

旨在实现战斗编队在对抗环境中的分布式任务指挥能力。

2月，美国空军在2019年预算中提出了全新的空中情报、监视与侦察（ISR）计划——先进作战管理和监视（ABMS），将在21世纪40年代实现完全作战能力。计划表明，美国空军将通过研究下一代机载监视与指挥控制技术，同步空中、地面、无人机和卫星等资产以形成一个无缝网络，改变在多域环境下实施战场管理指挥控制的方式。

6月，美国海军发布了新版《JP 3-32 联合海上作战的指挥与控制》，强调海上力量的联合、多国联盟环境下的指挥与控制，体现了美国海军在重返制海权战略转型中对联合指挥控制的重视。

二、开展多域指挥控制理论研究，紧跟未来作战需求发展

2018年，国外指挥控制理论界紧跟未来作战需求发展，对多域指挥控制进行了深入研究。由美国国防部长办公室举办的国际指挥与控制技术研讨会（ICCRTS）代表了当前指挥控制技术领域的最高学术水平，2018年11月召开的第23届ICCRTS会议将主题确定为多域指挥控制，指出了多域指挥控制面临的四项挑战：（1）由于任务伙伴差异很大，对于不同的任务伙伴最适合的指挥控制方法各不相同；（2）多域作战涉及物理域、虚拟域和社会域，不同域的指挥控制方法不尽相同；（3）多域作战在充满竞争的赛博环境中进行，指挥控制需要将防御性赛博空间作战与其他任务进行协调；（4）由于非人类智能合作者和自主系统的使用，在不同的域中、对不同的实体而言，对非人类智能合作者和自主系统的信任程度和依赖性不同。

戴维·阿尔伯茨等知名学者分析了多域作战对指挥控制的影响，认为多域作战的指挥控制将由多域作战的性质、作战域的动态变化以及参与主体的能力所决定。有效的多域指挥控制需要进行整体设计。

北约特种作战司令部发言人认为实现多域作战中的指挥控制，未来应重点发展互操作和集成能力、采用开放的架构和系统并利用发展中的下一代技术支持实时决策。北约的研究机构将多域指挥控制的目标确定为寻求避免冲突、支持在多个域中执行作战行动的各个主体内部以及相互之间的协同，具体研究内容包括每个主体在各自的作战域中采用的方法以及如何协调参加多域作战的各个主体之间的行动。

此外，如何跨越多个域与智能机器进行合作、人类与自主系统编队的指挥控制、人工智能在指挥控制领域的应用也是研究人员重点关注的理论问题。

三、加速多域指挥控制能力发展，应对多域融合挑战

美军认为，到 21 世纪 30 年代，当前的部队结构将无法应对反介入/区域拒止、反卫星武器、定向能武器、网络攻击等诸多威胁，为此需要向多域作战样式转变。美国空军将多域指挥控制列为最高优先事项，从制定作战概念、开发支撑技术和教育与培训三方面加速多域指挥控制能力的建设。2018 年 8 月，美国空、天和网络各界专家组成的综合团队对通用任务软件基准（CMSB）、多域同步效果工具（MDSET）、赛博攻击网络模拟器（CANS）和空中任务命令管理系统（ATOMS）等多域指挥控制工具进行了演示验证，通过协同跨域决策框架实施指挥控制以创造协同效应并缩短从"数据到决策"的周期，实现了基于同一时间以及所有域的态势感知进行决策的能力。

四、推动人工智能等前沿技术在指挥控制领域的运用，应对未来作战环境的挑战

2018 年，在指挥信息系统领域，以美军为代表的军事强国开展了以人工智能、大数据、云计算、物联网为代表的前沿信息技术的研发工作，新兴技术的应用推动了指挥信息系统领域中博弈对抗、态势研判、平行仿真等新功能的快速发展。

（一）采用人工智能技术辅助指挥决策

人工智能技术能够帮助指挥官确定敌方意图，对敌方行动进行预判，进而协助指挥官改进决策。2018 年 3 月，美国国防高级研究计划局（DARPA）启动了"罗盘"（COMPASS）项目，利用先进的人工智能技术、博弈论以及建模和评估来衡量对手对各种刺激的反应，帮助摸清敌人的真实意图，为战区级作战和规划人员提供强大的分析和决策支持工具。5 月，英国宣布成立人工智能旗舰实验室，开展了使用人工智能技术协助指挥官改进决策的研究项目。

（二）利用自主性技术支持跨域指挥控制

自主性能为指挥控制领域带来众多益处，可极大缩短作战概念制定、目标选择和任务分配所需的时间，并且在作战过程中指挥官能通过自主性系统对不断变化的态势

进行响应并重新分配部队。2018 年 7 月，洛克希德·马丁公司开发了一种采用自主性技术的名为 DIAMONDShield 的跨域指挥控制解决方案，能够快速将接收到的 TB 级数据转换为情报信息，实现武器和传感器数据的链接，将空中、陆地、海洋和空间中的不同平台和系统连接起来，为用户提供跨域的分层、综合防御，并且还能实现飞行任务自动规划能力，支持联合部队协作以及敌人意图分析，加快指挥决策进程。

（三）利用增强现实技术提升指挥官态势感知能力

增强现实技术在指挥控制领域的应用主要集中在战场态势认知、指挥决策支持和远程指挥协同交互三个方面。2018 年 11 月，英国 BAE 系统公司宣布开始使用增强现实技术帮助指挥官在舰船上的任何地方随时查看战术情况数据和其他重要信息，改善在未来战场中的决策能力。此外，通过将友方船只的位置或其他数据叠加到真实视图上增强作战人员对态势的感知能力，使指挥官在无须参考控制台的情况下更好地注意动态局势，增强指挥官对态势的把控和应变能力。

五、开发新型指挥控制技术，提升战术边缘和远征指挥控制能力

未来作战环境要求以更小的增量来运用军事力量，这使得以更低的指挥级别来实现联合协同成为必然。因此，未来对战术边缘的运动中指挥控制的需求将持续增长。而战术边缘因常处在无连接、时断时续、低带宽（DIL）环境下，无论是通信能力还是存储能力都十分受限。2018 年，以美国为代表的不少军事强国为处于战术边缘的指挥官开发了指挥控制能力或部署了新型装备。

（一）建立通用环境使战术边缘获得和指挥所相同的功能或体验

2018 年，美国陆军持续优化新的车载通用任务指挥系统——"车载计算环境"（MCE），通过车载计算环境，战术边缘的指挥官和士兵能够获得与指挥所相同的感观体验。6 月，美国海军在联合特遣部队司令部署了新的指挥、控制、通信、计算机、情报、监视与侦察（C4ISR）系统，支持联合特遣部队司令在前沿部署的参谋、少尉至上校层级的各指挥官、行政人员、情报和作战人员的各项职能，还将目前散布在整个基地的功能集合到一个地点，从而优化联合特遣部队指挥官执行任务的能力。美国陆军还评估了基于地图的任务指挥解决方案——战术计算环境（TCE），TCE 能够实

现从旅级到战术边缘的平板电脑、笔记本电脑和其他计算设备等平台之间的协作。

（二）开发新系统为战术边缘提供更强大的态势感知和通信能力

2018 年，德国莱茵金属公司（Rheinmetall）为加拿大开发的一种名为 Argus 的士兵系统开始装备加拿大部队，以提升战术边缘士兵的态势感知能力，增强其作战效能和防护能力。Argus 作为一种模块化的士兵系统，具有高度直观的用户界面，通过在需要的地点和时间提供不断更新的态势感知，允许部队在各指挥层级上更有效地进行通信，士兵和指挥官之间可以迅速交换语音和数据，从而全面提高作战部队的机动性、杀伤力、可持续性和互操作性。6 月，美国陆军开发了用于远征的徒步任务指挥装备，该项目被称为远征联合作战指挥平台（X JBC-P），目的是为徒步士兵提供车载蓝军跟踪系统的能力，满足部队对连及以上指挥层级进行超视距任务指挥的需要。12 月，美国雷声公司完成"兵力倍增器战术边缘节点"（FoXTEN）测试，FoXTEN 软件可以安装在笔记本电脑上，能够向作战人员提供多个来源的情报，使士兵能快速制定任务决策。FoXTEN 功耗极低，确保士兵能够在无连接、时断时续、低带宽的严峻环境中获得态势感知。

（三）开发新型任务指挥技术以改进远征指挥能力

轻量型指挥控制能力能够加快指挥所部署，缩短部署期间造成的无连接时间，提升态势感知的延续性。2018 年，美国陆军针对旅及旅以下部队开发未来指挥所核心能力及演示系统，包括轻型移动指挥所和超轻型移动指挥所等，为根据任务组建并紧急部署到形势严峻地区的部队提供支持，从而使他们能在抵达目的地后立即开展行动。这些系统能够减轻指挥官的负担，并为他们提供与固定式、网络化任务指挥系统相同甚至更好的能力。此外，美国陆军公布了 15 项新型任务指挥技术，用于指挥所保障车、任务指挥平台等。这些技术的主要目标是简化指挥所设置，改进远征指挥能力，使士兵们更快、更轻松地搭建和拆除指挥所，改善指挥所的连通性、敏捷性和可扩展性。

六、开发网络作战平台，实现网络空间指挥控制权

在多域作战中，指挥官对包括网络空间的整个战场空间的理解至关重要，因此，美军不断开发平台、系统或工具来理解网络、电磁频谱甚至是社交媒体环境。

2018 年 6 月，美国国防部征集各军种对于开发新一代网络作战平台——"统一平台"的输入信息。目前，美军各军种都在使用自己独立的网络空间系统，许多系统未能互连互通。而"统一平台"将包括进攻性和防御性工具，可实现指挥控制、态势感知和规划功能。工业界则将该计划称为可用于发动网络作战并执行 ISR 功能的"网络母舰"。这一平台是美军执行网络作战必需的平台，对于美国国家安全至关重要，美军认为其能够在多域作战中提供压倒优势，并能够借助网络空间实现力量投送。

与此同时，美国陆军启动网络态势理解（cyber SU）计划的原型设计。通过 cyber SU 计划生成的工具，指挥官将能够查看和了解在其管辖下的非物理战斗空间所发生的事件。美国陆军通信电子研究、开发和工程中心（CERDEC）启动了"每个接收器都是传感器（ERASE）"项目。该项目通过六项科学和技术研究工作创建一种可显著增强和扩展陆军战术感知能力的整体方法，使用所有可用的战术资源来感知网络电磁环境，帮助指挥官更好地了解网络空间和电磁频谱，使其能够从可用的信息中推导出敌方作战意图。此外，ERASE 项目开发数据管理、分析、可视化和指挥控制工具，利用机器学习和高级分析为指挥官提供各种行动方案，加快指挥官决策过程。

七、发展分布式指挥控制技术，提升强对抗环境下作战能力

为了在反介入/区域拒止和通信受限的强对抗环境下开展空对空和空对地作战，高对抗作战环境中的指挥控制能力至关重要，美军为此寻求发展分布式指挥控制技术。2018 年 3 月，分布式作战管理（DBM）项目正式进入第三阶段，发展和试验应对强对抗环境的两种能力：在协作作战的飞机中分享统一作战场景；实现有人/无人编组的分布式、自适应任务规划和指挥控制。7 月，体系集成技术及试验（SoSITE）项目演示验证了如何应用"系统之系统"（SoS）方法和手段在对抗环境中对包括空、天、地、海、网络空间的各个作战域内的系统进行快速无缝的集成。2018 年，美国空军开始着手推进先进作战管理和监视（ABMS）项目的备选能力方案制定，重点关注如何协调机载传感器、天基传感器以及其他传感器。该项目将探索分散的作战管理指挥与控制能力，通过研究下一代机载监视与指挥控制技术，同步空中、地面、无人机和卫星等资产以形成一个无缝网络，改变在多域环境下美国空军实施战场管理指挥和控制的方式。

八、升级基础设施和网络，提升指挥控制系统互操作能力

信息基础设施和通信网络是实现指挥控制的基础，其通用性和互操作性直接决定了指挥控制信息流的持续性与可靠性。美军指挥控制基础设施和网络主要包括空军空中和空间作战中心、海上网络和企业服务（CANES）网络基础设施、陆军任务指挥网络、核指挥、控制和通信网络（NC3）系统等。2018 年《美国国防战略》指出，互操作性是作战概念、通信、情报共享和设备等所有联合行动要素中的首要问题。美军为应对指挥控制系统的通用性和互操作性的挑战，不断升级其基础设施和通信网络。

（一）升级网络和基础设施，确保指挥控制信息流的完整性

2018 年 1 月，美国国防部发布《核态势审议》（NPR）草案，率先提出升级核指挥、控制和通信网络系统，以确保信息传输的完整性，保证克服核攻击影响所必需的弹性和生存能力。4 月，美国陆军开始开展任务指挥网络的现代化工作，通过采用统一网络和通用操作环境，创建一体化端到端网络，消除烟囱式结构，实现网络扁平化，提高网络速度，确保移动性以实现任务式指挥。4 月，美国海军升级 CANES 网络基础设施，使其达到全面生产阶段，实现了 C4ISR 能力的一体化。CANES 将把用于舰载、潜艇和岸上项目的五个传统网络整合为一个公共计算环境，能够处理四十多种指挥、控制、情报和后勤应用，增强了舰队的作战能力。

（二）整合指挥控制系统或采用新架构，实现各级系统的互通和互操作

2018 年 3 月，美国陆军开始计划利用一体化防空反导指挥系统（IBCS）将战场上的其他重要防空反导系统整合到一起，包括用于防御火箭、迫击炮、火炮、巡航导弹和无人机系统的陆军间接火力防护能力。陆军的目标是将所有可获取的传感器信息集中到一个综合火力控制网中，从而加快美国陆军应对空中威胁的速度。9 月，美国海军陆战队开始采用面向战术服务的架构（TSOA）提供持续、可靠的指挥控制信息流，建立能够实现多系统和网络之间无缝情报交换的框架，通过连接独立、互不兼容的战术数据系统，使海军陆战队获取关键任务信息。

九、发展多国联合指挥控制，整合各国联合作战能力

2018 年，无论是美军颁布的《美国国防战略》等顶层战略，还是美、英、法联军空袭叙利亚的联合作战，均充分体现了多国联合的必要性，单一国家必须有整合多国部队的作战能力，使其各指挥层级都能够应对作战全过程。2018 年，美国和北约其他成员国均高度重视多国联合指挥控制能力建设。

（一）建立统一网络，为多国合作提供互操作能力

2018 年，美国陆军开展战术网络演示验证，验证了便携式战术指挥通信终端（T2C2）、指挥所计算环境、途中任务指挥、地面传输视距无线电台等软硬件系统与设备。此次演示验证着眼于建立一个统一的任务指挥网，为所有任务指挥系统建立通用的运行环境，提高陆军部队之间以及与联合部队的互操作能力，同时为联盟和任务伙伴提供网络连接，提升多国联合指挥控制的机动性和能力。

（二）举行联合演习，为多国合作提供互操作能力

2018 年夏，北约举行"统一愿景（Unified Vision）"演习，约 20 个国家参与了演习，评估和测试了北约盟军的联合作战能力。演习有两大关键目标：①最大限度地提高北约和各国 ISR 资产及能力的互操作能力；②进一步改进联合 ISR 行动的流程，重点关注信息的联合处理、利用和分发。演习重点关注成员国之间的标准和作战程序以及流程，讨论了国家之间共享 ISR 数据以进一步利用或进行多源情报分析。

十、结语

未来作战将是同时在地面、海上、天空、太空、网络和电磁频谱进行的多域作战，以美军为代表的军事强国在 2018 年大力开发多域指挥控制能力，动态整合多个领域的进攻和防御行动，探索通过网络态势理解技术与工具来实现对网络空间的指挥控制权。多域指挥控制能力的演进需要新兴技术的支撑，人工智能、自主性、增强现实等新兴技术在指挥控制辅助决策、态势感知领域的应用进一步拓宽和加深。

随着未来作战对战术边缘的指挥控制的需求持续增长，2018 年，各国普遍致力于提升其战术边缘指挥控制能力，主要措施有建立指挥控制通用操作环境、开发任务式指挥控制技术和轻量型指挥控制技术等。此外，反介入/区域拒止和通信受限的强对抗环境将是未来战争的常态，以 DBM、SoSITE 和 ABMS 为代表的分布式作战管理相关项目进行了大量演示验证，进一步推进了分布式指挥控制能力的发展。

（中电莱斯信息系统有限公司　李晓文　钱宁）

重要专题分析

美军发布新版《联合海上作战的指挥与控制》

2018 年 6 月 8 日，美军发布新版《JP 3-32 联合海上作战的指挥与控制》。该条令描述了海上作战域的基本情况，解决了联合部队海上部队指挥官与其司令部之间的关系构建问题，为计划、执行和评估联合海上作战提供了原则和指南。

新版《JP 3-32 联合海上作战的指挥与控制》确立了所有作战人员在海上环境中的作战准则，对海军以及联合部队整体而言均具有重要价值。新版条令对合成作战、特定海上作战的指挥与控制以及关于海上作战域感知的修改反映了美国海军在联合海上作战的指挥与控制方面新的考量；尤其是新版条令中增加了合成作战指挥官组织结构视图、关于海上力量关键职能的内容以及两栖战备群和海上远征部队的作战应用框架图，对理解美国海军联合作战的指挥控制均有重要意义。

一、发布背景

此次新版《JP 3-32 联合海上作战的指挥与控制》的发布距离该条令首次发布已有十余年。在此期间，美军对海洋战略的认知发生了重大变化。尤其是 2012 年以来，美国将大国战略竞争视为最大的海上挑战，认为中国和俄罗斯正在损害美军海上战略优势和行动自由。因此，美军的海上战略开始围绕"由海向陆"到"重返制海"进行转型，并针对这一战略从作战概念、系统研发等方面开展了全面系统的调整。

近年来，美军开始全面布局"重返制海"的海上战略，主要举措包括：①提出创新性作战概念，如"空海一体战"、联合介入作战、全球进入和濒海作战以及"分布式杀伤"等；②不断增加作战平台数量，扩大舰队规模；③开发前沿技术或作战平台，如高功率微波武器、激光武器、无人潜航器（UUV）和远程潜航器、潜射无人机、分布式反潜系统、深海基地等装备和系统；④加强与盟国的合作，以维系美国全球领导地位的作用。

此外，为推动新的海上战略实施，美军发布了一系列战略、作战概念及相应的条令，主要有 2010 年的《海军作战概念：执行海洋战略》、2015 年的《推进、参与、常备不懈：21 世纪海上力量合作战略》、2017 年的《水面部队战略：重返制海》和《对抗性环境中的濒海作战》等，此次《JP 3-32 联合海上作战的指挥与控制》的修订也体现了其海上战略的变化。

二、主要内容

新版《JP 3-32 联合海上作战的指挥与控制》共包括 4 个章节，分别是概述、联合海上作战的组织、规划联合海上作战、特定海上作战的指挥与控制以及其他作战考量。该条令的主要内容及重要变化如下。

（一）海上力量的基本职能与指挥控制的基本方略

条令指出，美国海军具有五大核心职能：作战介入、威慑、海洋控制、海上势力规划和海上安全。其中，海洋控制行动是运用海上力量的核心，是成功完成所有海上任务的必要因素。海洋控制旨在确保部队对海洋领域的使用权，防止敌人使用其海上领域。海洋控制行动是使用海军部队，在陆地、空中、太空、网络空间或特种作战部队支援下，在重要海域实现军事目标的行动。

此外，条令介绍了指挥控制的基本方略，着重指出联合海上作战往往具有分散性，通过任务指挥可以实现行动的统一。任务指挥是指根据任务型命令，通过分散执行的方式展开军事行动。任务指挥的成功需要各级指挥部的下级领导严格执行并积极采取独立行动以完成任务，其关键在于深入理解指挥部各层指挥官的意图。指挥官根据作战的目的（而不是如何具体执行分配的任务）发布任务型命令。同时，在可能的情况下，上级指挥官应赋予下级指挥官决策权，以尽量减少细化的控制，并授权下级根据对指挥官意图的理解（而非持续沟通）积极主动地做出决策。

（二）联合海上作战规划

条令介绍了联合海上作战通用的组织架构，指出联合海上部队通常包括海军、海军陆战队、特种作战部队、海岸警卫队和边境巡逻部队等。

关于规划联合海上作战，条令重点介绍了海上作战规划流程和输出、作战区域的组织、一般作战规划考量。一般作战规划考量包括情报、火力和目标定位、海上作战域感知、保障、指挥控制系统支持、防护、环境、天气、海洋法规、无人机系统和网络空间。对于多国环境下的联合海上作战规划，海上力量的作战目标是达成海上控制、兵力登陆、同步整个海上作战区域的海上作战；并支持多国部队指挥官的作战概念和意图以完成多国特遣部队任务。海上力量主要是海军，但是也可能包括登陆部队、海上空中部队、两栖部队或其他在海上具有主权、被赋予安全或警察职能的部队。海上作战指挥通常由多国部队海上部队指挥官负责。

（三）特定海上作战的指挥控制以及其他作战考量

特定海上作战的指挥与控制以及其他作战考量部分描述了水面战、防空反导、反潜作战、水雷战、打击战、两栖作战、海上火力支援、指挥官的通信同步、海上拦截行动等方面的指挥控制及作战考量。其中，重点介绍了水面战中美军海上任务组织在战略、战役和战术级的组织架构、有效传感器和作战系统管理、合成作战指挥官与联合作战区域的集成、战术级水面战的指挥控制；防空反导部分介绍了美军弹道导弹防御指挥关系与功能；反潜作战主要介绍了战区反潜作战指挥官的职能以及战术级反潜指挥控制的内容。

三、重要变化

新版条令的重要变化包括增加了合成作战指挥官组织结构视图、关于海上力量关键职能的内容以及两栖战备群和海上远征部队的作战应用框架图，在"特定海上作战的指挥与控制以及其他作战考量"章节中强化了海上作战的指挥与控制评估的内容。

（一）两栖战备群和海上远征部队的作战应用框架

条令在部队的作战应用考量部分新增了依靠海上远征部队的两栖战备群的作战应用框架，介绍了依靠海上远征部队的两栖战备群的常见作战应用模式：汇聚式（Aggregated）、分散式（Disaggregated）和分布式（Distributed）。其中，汇聚式是两栖战备群与海军陆战远征分队由同一名地理区域作战指挥官指挥下使用的最常见形式；分散式是在两栖战备群与海上远征部队被分成不同部分以支持多个地理区域作战指挥官时所采用的作战模式，此种模式会造成作战准备度、训练和维护的降级，因此应尽量避免使用；在两栖战备群与海上远征部队不得不被分成多个部分以支持多名地理区域作战指挥官，但最初的地理区域作战指挥官保有作战控制权，而其他地理区域作战指挥官对所有分布式要素执行战术控制时，分布式作战是最佳选择。

（二）合成作战指挥官组织结构

在多国部队考量部分，条令新增了对合成作战指挥官组织结构的介绍，该结构分为三层，最下面一层为协调机构与组织，包括空域控制机构、空中资源分部协调员、密码资源协调员、部队跟踪协调员、直升机分部协调员、发射区域协调员、潜艇作战协调机构；中间一层为职能部队指挥官，包括弹道导弹防御指挥官、海上拦截作战指挥官、水雷战指挥官、行进补给部队指挥官等，最上面一层则是作战指挥官，包括防空反导指挥官、信息战作战指挥官、海战指挥官和突击战指挥官。

四、分析与解读

新版《JP 3-32 联合海上作战的指挥与控制》体现了美国海军对海洋战略的认知，进一步反映了美国海上战略转型理念。通过对新版条令的分析和解读，可以得到以下几点结论。

（一）美军日益重视各类海上力量的联合

新版条令重视对美军的各类海上力量——海军、海军陆战队和海岸警卫队间的融合与联合，强调海上作战基本职能的实现依赖的是各类海上力量的联合能力。

美国海上战略转型的主要特点之一体现在海军、海军陆战队和海岸警卫队三方的一体化程度越来越高。三方除了共同制定海上战略文件外，在作战概念和条令方面也趋于统一。例如，三方于2013年1月联合发布的《海上安全合作政策：海军、海军陆战队和海岸警卫队的联合视角》文件，规划了从行动、计划到机构协调的系列合作政策，以维护海上安全。2015年8月，美国海军作战部和海军陆战队发布了"对抗性环境中的濒海作战"概念发展小组任务指南。该小组旨在美国海军和海军陆战队之间构建一体化的指挥控制架构，以实施一体化海上作战、陆上作战、海陆双向作战。美军将海军陆战队纳入合成作战指挥体系，并将合成作战司令部确定为两个军种的常设指挥机构，实行一体化的进攻和防御性作战行动以应对日益复杂的威胁。

（二）进一步明确多国联合海上作战的指挥控制组织关系

新版条令重视多国联盟环境下的联合海上作战，新增了合成作战指挥官组织结构视图，进一步明确了合成作战的组织关系。

强调与盟友间的合作是美国近年来军事战略的一个典型特点。2015 年的《美国国防战略》指出，在应对日益增强的"反介入/区域拒止"挑战中，美军成功的关键在于提升联合互操作性，在军种、盟友、跨部门和商业伙伴之间部署更安全、更具通用性的系统，这包括联合信息环境、全球一体化后勤和一个整体的联合情报、监视与侦察（ISR）计划。2018 年 1 月颁布的《美国国防战略》强调与盟友间的军事互操作性，指出互操作性是作战概念、通信、情报共享和设备等所有联合行动要素中的首要问题。在"重返制海"的海上战略转型中，美军无论是在战略设计、作战概念创新还是装备研发等方面都十分重视与盟国的联合。其多国联合海上作战理念在 2018 年与英、法等国对叙利亚化学武器工厂展开的联合作战中得到了淋漓尽致的体现和有效检验。美军认为，打击叙利亚行动的成功得益于美军和其盟友从军事教育体制到作战指挥机构，均高度重视联合作战概念的学习和运用，最终才得以实现跨国协同。

（三）强化依靠海上远征部队建立两栖海上基地

新版条令新增了两栖战备群和海上远征部队的作战应用框架图，描述了通过海上远征部队以保持两栖作战力量的三种作战应用模式以及各自的应用场景，为两栖部队建立远征前沿基地提供了指导。

美军认为其两栖部队的领先优势在过去几十年已削弱，美军必须采用新型两栖作战概念，部署新型或改进型两栖作战能力，提升两栖部队的分布式作战能力、杀伤力和生存能力。因此，美军大力发展海上远征打击大队，打造"海上基地"，在海上重要方向前沿保持两栖作战力量已成为新常态。

综上所述，新版《JP 3-32 联合海上作战的指挥与控制》的发布正处在美军海上战略转型的大背景之下，该版条令对海上力量的联合与合作的强调，对多国合作行动中的指挥控制、两栖战备群和海上远征部队内容的修订均体现了美军重掌制海权的意图以及对建立濒海地区海上优势的重视。

（中电莱斯信息系统有限公司　李晓文）

美国国防部提出核指挥、控制和通信系统发展新途径

2018 年 2 月，美国国防部发布《核态势评估报告》（Nuclear Posture Review），认为美国目前的核系统仍能提供有效保障，但由于系统组件老化以及来自太空和网络空间的威胁，系统风险正不断加大。为此，该报告提出制定全面计划以升级核指挥、控制和通信（NC3）系统，确保信息传输的完整性，使系统具备克服核攻击影响所必需的韧性和生存能力。新系统必须改善指挥所和通信链路，即升级空军和海军的指挥飞机，使核代码从总统安全传送至洲际弹道导弹、轰炸机和潜艇。该报告对当前的核态势作出了全面的评估，有助于美国了解自身和均势对手的核力量现状。据此，美军采取相关措施，开展核系统现代化工作，从而提升美国核力量的威慑程度。

一、NC3 系统现状

NC3 是由许多地基、空基、海基和天基系统组成的大型复杂系统，旨在确保总统与核部队的互联互通（如图 1 所示）。其组成包括预警卫星和雷达；通信卫星、飞机及地面站；固定的和机动的指挥部以及核系统的控制中心。当前的 NC3 分为两个部分：①在发生核事件之前支持日常核和传统作战的组件；②在所有核威胁环境中提供可生存、安全和持久通信的组件。虽然有些 NC3 系统是专门用于核任务的，但是大多数同时支持核任务和常规任务。NC3 系统具有五个重要功能：发现、警示以及确定攻击特征；自适应核规划；支持召开决策会议；接收总统命令以及启动对军队的管理和指挥。

当前的三位一体战略核力量主要是在 20 世纪 80 年代或之前部署的，由装备有潜射战略导弹的潜艇、地基洲际弹道导弹以及载有重力炸弹和空射巡航导弹的战略轰炸机等三部分组成。三位一体核力量和非战略核部队一起，辅以 NC3 的支持，可以提供适应美国战略所需的多样性和灵活度，以实施核威慑。虽然 NC3 并未列入三位

一体战略核力量，但是该系统对美国国防至关重要。目前的 NC3 系统传承自冷战时期，上一次升级可追溯至 30 年前。

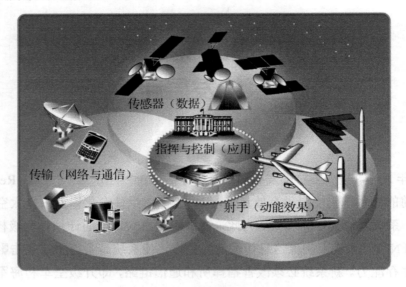

图 1 NC3 系统

为了维持核威慑能力，应在整个 NC3 体系结构中维持、发展并重新调整关键系统和能力，从而确保在当今复杂的多域、多威胁的环境中对国家核力量进行有效的指挥与控制。这些能力必须在任何阶段和任何条件下向总统和核部队提供可靠的通信能力。美国战略司令部需要强大的 NC3 能力贯穿整个太空、空中和陆地域，以有效遂行战略威慑行动。

二、NC3 系统现代化发展计划

根据《核态势评估报告》所述，美国必须拥有一个全天候，即使在最巨大的核袭击压力下也能控制美国核武器的 NC3 系统。为了实现该目标，美国将保持并升级其核能力，开展 NC3 现代化工作，并加强对核军事与非核军事计划的整合。此外，还将对作战指挥和各军种进行组织和资源配置，开展规划、训练和演习，以整合美国的核部队与非核部队的作战行动，应对敌方的核威胁和部署。

据美国国会预算办公室估计，NC3 的现代化工作将在未来 10 年耗资 580 亿美元。美国国防部正在开展多项采办工作以推动 NC3 组件的现代化发展，主要包括以下几个方面：

（1）加强天基威胁防护。为了确保空间资产的灵活性和韧性，在必要时阻止将冲突扩大到太空，将加强对太空作战部队的培训，应对 21 世纪各种威胁，为成功实现各项任务目标做好准备。

（2）加强赛博威胁防护。保护 NC3 组件免受当前和未来的赛博威胁，并确保 NC3 系统所需的信息技术持续可用。

（3）加强一体化战术预警和攻击评估。开发包括现代化天基红外系统卫星和集成导弹防御传感器的未来架构，以最大限度地延长预警时间。继续推动国防支援计划系统过渡到天基红外系统，并加强地基雷达。升级后的天基红外系统星座将包括 6 颗由现有国防支援计划架构支持的卫星，以增强美国卫星的生存能力。此外，美国将继续维持和升级国防系统，以支持准确的攻击评估。

（4）改善指挥所和通讯链路。升级关键的 NC3 空中平台，包括国家空中作战中心（NAOC）、空中指挥所（ABNCP）和配备塔卡木（TACAMO）系统的飞机。在所有固定和移动地点开发规划系统，以加强指挥和控制，并在 NC3 系统上部署现代化通信发射机和终端，以更好地确保各级核力量通信的可靠性和韧性。

（5）完善决策支持技术。继续采用信息显示和数据分析的新技术，更好地为总统决策和高级领导人商议对策提供支持。

（6）一体化规划与作战。提高作战司令部在敌方运用核力量的情况下通过网络化指挥与控制系统进行通信和共享信息的能力；加强将核和非核军事行动结合起来的能力，以遏制有限的核升级和非核战略攻击；作战司令部将为此任务进行计划、组织、训练和演习。

（7）改革对整个 NC3 系统的管理。改进对 NC3 的管理，确保国防部得到妥善组织，以维护一个可应对当前和未来环境的功能齐全的 NC3 系统。

三、NC3 系统基础设施和监管方式的完善

《核态势评估报告》发布之后，美国采取了一系列措施通过完善基础设施和监管方法来推动 NC3 系统的发展。

2018 年 7 月，美军表示将迁移到一个耗资 13 亿美元的全新核战争指挥中心。该指挥中心目前正在建设中，它位于内布拉斯加州的欧法特（Offutt）空军基地，将拥有升级的电力系统、制冷系统和网络基础设施。指挥中心内先进的通信系统可将规划人员与导弹发射井、搭载核武器的轰炸机、弹道导弹潜艇和世界各地的其他核部队相连。目前，美军使用的核指控设施多部署于地上建筑内，没有很好地利用安全性极高

的地下设施，也没有采用冗余和分散的布局形式。而新指挥中心最重要的部分将位于地下，因此其计算机等设备不会受到核爆炸产生的电磁脉冲的影响。

此外，美国国防部长吉姆·马蒂斯下令对核 NC3 的管理进行改革，由战略司令部全权负责涉密通信系统，确保总统与军队在核事件中保持联络。国防部长任命战略司令部司令约翰·海腾将军为监督 NC3 系统的唯一负责人。战略司令部将承担该系统不断增加的作战、需求管理、系统工程和整合职责。负责采办和保障的国防部副部长办公室将处理 NC3 的资源和采办事项。

四、NC3 系统发展分析

未来大国较量是基于战略核力量的综合国力的全面对抗，美国在拥有全世界公认最先进的常规作战力量、最大核武库的同时，仍不断地将新的技术手段应用于完善核力量作战指挥控制体系、升级换代核武库，加强核力量的建设发展，保持核优势。从NC3 系统发展中可以得到以下几点启示：

（1）需仔细研判局势，提前规划核指挥、控制和通信系统的现代化发展。美国的战略核力量在规模、作战运用、指挥控制等各个方面一直处于世界领先地位，战略司令部司令也指出美国的核威慑力至少还能保持十年，但是《核态势评估报告》已发出告警，敦促美国及时做出调整和改变。未雨绸缪，提前做出规划，是确保国家优势的关键。

（2）设立统一的组织机构监管 NC3 系统，理顺指挥控制链路。以前，主要由空军负责指挥美国大约 70% 的 NC3 武器系统，但是由于美军的三位一体战略核力量涉及海陆空三军，设立统一的组织机构管理和监督 NC3 系统将有助于理顺指挥链路，支持快速有效地遂行指挥控制任务。进而提高作战指挥的及时性和有效性。

（中电莱斯信息系统有限公司　朱虹）

美国空军开展桌面推演推动多域指挥与控制能力发展

2018 年 8 月 15 日起，美国空军与洛克希德•马丁公司联合举行了为期 4 周的多域指挥与控制（MDC2）桌面推演活动，目的是让工业界更好地理解美国空军多域作战规划的过程，并实现新老系统的整合。在推演过程中，洛克希德•马丁公司就如何利用下一代战争规划系统来开发满足多域作战需求的技术进行了演示。此次演习是美国空军与洛克希德•马丁公司合作开展的第 4 次多域指挥与控制演习，体现了美国空军对多域指挥与控制能力的重视，代表了美国空军对未来新型指挥方式的探索和实践。未来，多域指挥与控制工具将极大提升美国空军的多域作战能力，实现跨域作战协同，完成对目标的全方位打击。

一、多域指挥与控制概念内涵

多域指挥与控制指协调陆、海、空、天和网络领域的资源以获取、融合和利用各种来源的信息，形成多域通用作战图，在时间、空间和目的方面整合多域战计划并实现同步执行，从而满足指挥官的目标。根据美国空军发布的《2030 年空中优势飞行计划》，到 2030 年左右，美国空军当前的部队结构将无法应对反介入/区域拒止、反卫星武器、定向能武器、网络攻击等诸多威胁，为此需要向多域作战样式转变，并将多域指挥与控制列为美国空军的最高优先事项。在美国空军的《2035 年空军未来作战概念》文件中，空军对其核心使命任务的排序进行了更改，将"指挥与控制"由之前的第 5 项前移至第 1 项，并改为"多域指挥与控制"，将"航空航天优势"改称"自适应多域控制"，体现了美国空军对多域指挥与控制的重视。

2016 年，美国空军多域指挥与控制"体系能力协作小组"（ECCT）就如何改进美国空军指挥与控制现状开展了研究。研究结果表明，多域指挥与控制是在未来冲突中取得成功的关键，它包括三个要素：高质量的态势感知能力、快速的决策能力以及利用持续的反馈信息跨域指挥部队的能力。

多域指挥与控制设想了这样一种模式：迅速融合来自全球传感器、平台甚至武器网络的数据以形成可支持行动的情报，并在所有空军部门、各军种和情报部门之间共享；在正确的时间为指挥官提供正确的信息，让指挥官可以跟踪友军和敌军，运用适当的武器来打击任何域的目标，并接收近实时的反馈信息。多域指挥与控制还将运用电子和网络战方面的先进能力以及定向能和超声速武器，并寻求开发攻防兼备的战术、技术和程序。

二、多域指挥与控制能力的发展举措

美国空军多域指挥与控制倡议的领导人 Saltzman 准将建议美国空军从三个方面发展多域指挥与控制能力：制定作战概念、发展支持技术和改善指挥与控制专业人员的培训。

在制定作战概念方面，美国空军自 2016 年起开始与洛克希德•马丁公司开展多域指挥与控制推演活动，寻求发展多域指挥与控制系统和流程，目前已开展了四次推演。第一次推演于 2016 年 10 月举行，重点关注太空战。第二次推演于 2017 年 4 月举行，采用了白板和电子表格为多域指挥与控制进程建模，重点在于集成空中作战中心的各个系统并达成互通，获取实时情报，实现机器-机器通信，从而支持日常计划编制和战术决策，并为操作员提供实时建议。第三次推演于 2017 年 10 月举行，主要构建了一种跨域通用作战语言，并引进了辅助作战规划的软件，试图创建类似于传统"空中任务指令"的"综合任务指令"。空中任务指令为战区内的每架飞机分配飞行任务并进行调度，而综合任务指令将把任务分配给所有太空和网络部队。第四次推演于 2018 年 8 月举行，由空、天和网络各界专家组成的综合团队对通用任务软件基准（CMSB）、多域同步效果工具（MDSET）、网络攻击网络模拟器（CANS）和空中任务命令管理系统（ATOMS）等工具进行了演示验证。

在发展支持技术方面，美国空军以影子作战中心为名在内华达州内利斯空军基地成立多域指挥与控制实验中心。该中心将探索空中作战中心与太空和网络指挥与控制系统的结合方式，然后在内利斯空军基地进行现场飞行试验。此外，该中心还建立了一个研发和运行环境，让熟悉实战指挥与控制行动的人员与编写代码、设计软件和技术工具的专业人员协作，共同解决指挥与控制过程中的问题，并测试人工智能、机器学习和自动化技术，快速开发当前作战所需的原型软件。影子作战中心的功能之一，是吸取项目的经验教训，利用已有的商业和公用软件，通过重写代码，生成一套企业级解决方案，从而提高采办速度。该作战中心也将直接参与国家太空防御中心展开的实验，为太空作战域构建指挥与控制体系。

在支撑结构方面，美国空军计划组建由经验丰富的空军人员构成的指挥控制骨干队伍，从而帮助实现该领域的专业化。空军计划首批招募约 500~700 名空军人员，将他们安排在联合参谋部、空军参谋部、各个一级司令部和空军其他部门中关键的指挥与控制岗位。

三、多域指挥与控制工具与相关技术

美国空军正委托业界帮助其开发多域指挥与控制系统，目前主要有洛克希德·马丁公司、雷声公司和 L3 技术公司提供了各自的解决方案，这些方案涉及人工智能、开放架构、自动化和模式识别等技术。

洛克希德·马丁公司已经将其产品用于多域指挥与控制推演活动，并在推演的过程中不断验证和改进多域指挥与控制工具，主要包括：

通用任务软件基准（CMSB）：采用开放式系统架构的自动决策辅助工具，可在多域环境中将作战规划与战术执行联系起来。该工具可实现任务规划的自动化，从而更好地利用可用资源。在演习过程中，CMSB 首先查询 F-35 的打击能力，然后计算该战斗机在完成打击之前或之后是否有足够的燃料执行 ISR 任务，从而为计划员提供更多备选方案。

多域同步效果工具（MDSET）：它能够融合传统"烟囱"式系统，可使作战人员基于多域态势做出决策；可生成多域任务包，从而结合动能和非动能手段攻击目标。洛克希德·马丁公司未来将把人工智能技术应用到该工具上。

网络攻击网络模拟器（CANS）：它是一种分布式仿真系统，可以模拟网络攻击和网络防御。该系统可以训练用户，对网络的易损性进行分析，为网络作战演习提供支援。

iSpace 系统族：可提供综合太空态势感知（SSA）能力，并实现太空作战管理和指挥与控制功能。该系统族包含三类产品（如图 1 所示），这三类产品可单独运行也可协同运行。

（1）位于底层的传感器任务处理器产品可配合传感器使用，提供本地目录管理，与一个或多个指挥与控制/作战管理、指挥与控制（C2/BMC2）中心和其他传感器进行网络中心通信，可执行基于策略的传感器控制和任务分配。

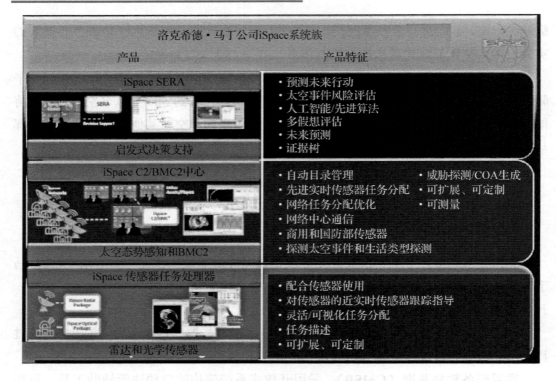

图 1　洛克希德·马丁公司 iSpcae 系统族

（2）位于中间层的 iSpace C2/BMC2 可为系统动态添加传感器，接收和处理来自传感器和其他实体的数据，执行自动目录管理，分配可执行任务的传感器，探测利益相关的太空事件并发出警告，识别威胁状态并自动生成行动方案。iSpace C2/BMC2 支持雷达、空基和地基被动射频与光学传感器，包括网络中心通信和显示器的开放式架构可提供能够快速部署、配置和根据需求定制的平台。该产品目前已投入使用，并且在 2017 年美国战略司令部的"全球哨兵"演习中作为指挥与控制太空态势感知能力使用。

（3）位于上层的 iSpace 产品是太空事件风险评估（SERA）工具，该工具接收来自 C2/BMC2 系统的输入，以确定关注的太空态势。SERA 还接收各种情报评估，通过使用这些信息，SERA 利用基于规则的专家系统引擎、概率推理和机器学习等人工智能技术，根据当前和预测信息来预测潜在威胁。iSpace SERA 工具曾被美国战略司令部用于 2016 年和 2017 年的"全球哨兵"演习。

空中任务命令管理系统（ATOMS）：该系统可使指挥官计划、组织和指挥美国联合空中作战，它取代了战区作战管理核心系统（TBMCS，美国空军规划空中作战所用的系统）中现有的 3 个程序：战区空中计划器、执行管理重新计划器和攻击主计划工具。ATOMS 系统可管理包括战斗机、轰炸机、加油机、无人机、直升机和巡航导弹在内的所有空中平台。该系统包括一个新型指挥控制空中作战套件，将使作战人员快速有效地进行任务规划和重新规划。升级后的系统将使作战人员更快地访问实时作战信息和情报信息，并为他们提供更好的计划工具、协同工具和增强的态势感知能力，同时大幅减少保障费用。

雷声公司主要通过利用人工智能和机器学习、多传感器数据融合和开放式架构等技术构建多域指挥与控制能力。人工智能、机器学习和人-机组合技术可用于筛选数据，消除无关数据，并聚集任务关键信息。多传感器数据融合利用来自多个传感器的数据创建一个共享的作战态势图，由分布在不同作领域的红外、雷达等传感器收集大量的图像和数据，利用强大的计算能力近实时地处理这些信息，以创建完整的态势图，帮助指挥官和作战人员做出最佳决策。开放式架构可保证第三方技术的利用，可保证多域指挥与控制能力的快速升级，并且可提供更好的稳定性和可维护性。

L3 技术公司注重多域指挥与控制中通信能力的构建，正在研发高级组网能力和分析能力，利用预测性和基于效果的分析技术、人工智能技术来降低多域行动中系统级架构的复杂性。该公司主要通过研发三个领域的相关技术来支持多域指挥与控制：持续联网的能力，即保证战场上所有节点和资源持续联网；多级安全能力，即保证各种结构、内容和密级的数据的安全性；人工智能和自主性能力，可帮助减少多域行动的复杂性。

四、结语

美国空军探索的多域指挥与控制将改变组织形式和作战样式。美国空军目前正在通过业界征询和作战推演等方式寻求合理的多域指挥与控制流程和系统，并将在2019年继续与洛克希德•马丁公司合作开展第五次多域指挥与控制推演活动。未来，采用了人工智能等新技术的多域指挥与控制工具必将成为美军作战效果的"倍增器"。

（中电莱斯信息系统有限公司　介冲）

美国陆军确定任务指挥网络现代化的行动路线

任务指挥网络（Mission Command Network）是支持各级指挥官和士兵运用任务指挥思想并集成所有战斗职能的重要能力，为指挥官获得态势感知、跨域机动以及开展联合作战完成使命提供支撑。2018 年 3 月，美国陆军发布《任务指挥网络现代化实施计划》执行摘要，确定了开展任务指挥网络现代化的 4 条行动路线，以此推动陆军任务指挥网络的未来发展。

一、任务指挥网络概述

美国陆军面临着不确定、竞争激烈和动态的作战环境，随时准备应对世界任何地方的各种威胁，而且需要能够以非预期的方式开展作战。面对这一挑战，美国陆军倡导任务式指挥（Mission Command），使得指挥行动从控制更多地转向授权，以此克服各种不确定性，提升部队的主动性和适应能力。

任务指挥系统（Mission Command System）通过运用人员、网络、信息系统、程序和装备等五个组成要素，为任务式指挥和任务式指挥的各项作战职能提供支持。任务指挥系统包括四项功能：为指挥官制定决策提供支持；收集、建立和维护相关信息并提供情报产品，支持指挥官获悉并理解战场态势；制定并传递指令；为指挥官沟通、协作及充分发挥部队能力提供手段。陆战网（LandWarNet）是任务指挥系统的重要组成部分，它将美国陆军的士兵、平台、编队、指挥所、营地、驻地以及其他各类设施连接到一起。

在美国陆军发布的文件《任务指挥网络愿景及说明》中，任务指挥网络被定义为任务指挥和陆战网的全部能力集，它可支持指挥官、士兵实施任务指挥并整合各项作战职能，使得指挥官能够获得并保持态势理解、跨域机动和开展联合武装行动，完成各项任务。未来的任务指挥网络将由各种直观、安全和遵循标准的能力组成，可满足指挥官的需求并集成到通用操作环境中，能够支持远征的且不间断的任务式指挥。任务指挥网络中各项能力都是可信、可互操作、可剪裁并支持协作和身份认证，在作战中的任何时间、任何地点都能够使用。图 1 是任务指挥网络作战概念图。

图 1 任务指挥网络作战概念图

二、现有任务指挥网络面临的问题

目前，美国陆军的任务指挥网络过于复杂且脆弱，缺少通用标准而呈现碎片化，并且没有足够的移动能力，无法有效对抗具备先进技术的对手的电子战攻击，装备的体积、重量和能源消耗等也不能满足地面部队对敏捷性的需求。此外，它缺乏端到端的互操作能力，不能很好地支持联合部队以及与其他机构、多国伙伴之间的协作。当前的网络现代路径缺少生存能力、效能、互操作能力，无法满足远征部队在各种环境中面对各种对手时的作战需求。

三、未来任务指挥网络及实现途径

美国陆军正在寻求可扩展、可剪裁、具备远征能力、韧性可靠的现代化网络解决方案，实现战斗编队在拥挤和对抗程度日益提高的环境中的分布式任务指挥能力。美国陆军任务指挥网络现代化战略的愿景是建立一体化统一的端到端的作战网络，扁平、快速、具有移动能力并且受到保护，可以支持各层级指挥官选择任意地点指挥部队开展作战。

美国陆军将其使命定位于参加作战并赢得战争。因此，任务指挥网络最重要的能力应是支持陆军遂行作战以及为作战做好准备。遂行作战是指陆军作为统一行动的一部分，在世界范围内跨陆、海、空、天、赛博各域，在许可、非许可、竞争或拒止等各种环境中开展远征的统一地面作战；为作战做好准备是指按照陆军规定履行部队人员配置、培训和装备发放并建立和维持作战准备。

美国陆军制定《任务指挥网络现代化实施计划》，确定了以下四条行动路线：

- 统一的网络；
- 通用操作环境；
- 联合部队和盟军的互操作能力；
- 指挥所的生存能力和机动能力。

统一的网络将提供统一传输和支持网络的使能要素，在拥挤和对抗的环境中提供确保的网络传输能力。通用操作环境的重点是集成联合信息环境（JIE）和为各级指挥官提供支持的相关应用。联合部队和盟军的互操作能力将解决联合信息环境和任务伙伴环境中的互操作问题，并为整个通用操作环境提供支持。指挥所的生存能力和机动能力重点在为战斗编队在拥挤和对抗程度日益增长的环境中开展分布式任务指挥提供支持。该计划将分为三个阶段：近期（2017—2020）、中期（2021—2025）和远期（2026以后）。

未来的任务指挥网络将具有以下特征：①简单直观，提供单一任务指挥套件，可以由士兵安装、操作和维护；②可用、可靠且具有韧性，可以在所有与对手对抗的作战环境中使用；③远征、可移动，支持行进中的语音、数据和视频；④基于标准且受保护，可以持续不断地升级；⑤在统一地面作战中，支持作战人员更快地观察、判断、决策和行动；⑥支持将网络作为武器系统使用。

从作战需求出发，美国陆军希望任务指挥网络满足：①能够作战、打击、移动、通信、防护和保障；②在任何域和环境中与任一对手交战时，可以随时随地提供可靠的通信。

从技术需求出发，任务指挥网络应满足：①在所有环境中都可以利用足够安全的通信提供语音、数据和视频；②可以为下至排级提供态势感知；③士兵可以安装、运行和维护相关设备，并且在任意地点均可使用；④运行在通用操作环境之上，提供通用的图表、应用和集成数据；⑤确保持续的联合互操作能力，支持敏捷、灵活地作战；⑥减少电磁特征；⑦联合和联盟合作伙伴可以使用。

四、重点关注的技术领域

为实现任务指挥网络的现代化目标，陆军正在针对C3I网络和赋能领域中的相关技术开展研究，主要包括战术通信和组网、可靠的定位、导航与授时、电子战、网络-电磁活动、任务指挥应用、持久的情报、监视与侦察以及指挥所等。

（一）战术通信和组网

为确保美军在战场上的信息优势，陆军战术网络必须能够在拥挤和降级的对抗环境中提供可靠的通信能力，支持随时随地的通信和及时、果断的行动能力。陆军重点关注自动化和智能网络、抗干扰话音和数据、自主平台通信、频谱态势感知和高带宽商业技术等技术，解决上述问题。

（二）可靠的定位、导航与授时技术

多域环境中的统一地面行动要求美国陆军部队在支持联合行动中，能够进入空间、网络和电子战等领域，取得并保持定位、导航与授时优势。必须保证支持统一地面行动和统一行动合作伙伴的传输平台的可靠性和安全性，使其能够按时传送态势感知信息，使行动部队能够快速采取行动，取得对敌的机动优势。美军部队必须尽可能消除和缓和对联合统一地面行动造成的威胁，同时保证友军的行动自由。陆军将在电子防护、支持和攻击、禁止敌方定位、导航与授时服务的能力，以及展示不依赖 GPS、基于量子技术和适用于全环境的超高精度定位、导航与授时能力等方面开展研究。其他研究工作还包括开发不依赖 GPS 的模块化传感器、开放体系结构中的传感器融合能力以及牵头国防部的定位、导航与授时建模和仿真合作计划。

（三）电子战

电子战能力使美军部队在行动区域能够将电子攻击、电子战支援和电子防护与其他战术相结合，形成对敌的优势。陆军将投资于电子战技术，希望在可见的将来保证美军的电子支援、电子攻击和态势感知能力。研究工作包括生产基于标准的多功能平台，支持 2025 及以后用于陆军统一地面行动的电子战战略。

（四）网络-电磁活动

美军需要通过技术继续巩固关键网络和武器系统，保护重要资产免受网络和电磁频谱的威胁。这些科技投资交付的技术提高了美军的网络和电磁韧性，并通过战术资产获取态势感知信息。研究工作还包括开发支持作战网络平台的系统体系结构，旨在提高整个行动域的互操作能力，减少训练压力，实现网络-电磁能力的战术交付。

（五）任务指挥应用

任务指挥应用必须快速关联和集成数据，将其转化为有用的信息，实现快速精确的态势感知功能，并减少指挥所运行所需的士兵人数。关键能力包括共用作战图、网络空间感知和电磁频谱，能够为各级梯队的指挥官和领导提供支持并实现所有作战职能。陆军正投资于可提供具有标准化数字计划功能的决策支持工具、基于模型的决策工具、自动化传感器反馈发现、预测性可视化和机器学习能力，以提高士兵在任意行动节奏下的理解能力、反应时间和精度。

（六）持久的 ISR

为克服距离限制并实现远距离精确和区域火力打击能力，陆军科技投资项目提供了通过持续战场态势感知实现可靠机动的能力。增强的态势感知能力降低了遭到战术突袭和被敌方发现的概率。此外，这些资产提高了目标获取概率，使美军能够进行更充分的交战准备。该领域的科技投资包括为徒步和车载士兵提供可负担的、精确的远程目标识别和地理定位能力。这些项目旨在保障地面部队的速度和防护能力。补充性投资包括潜在威胁自主感知能力、传感器互操作能力、多功能感知，以及为士兵和部队提供的自动捕捉目标及数据处理和合成能力，用于挖掘和分发信息。

（七）指挥所

指挥所在统一地面行动各阶段为指挥官及其参谋提供持续的行动可视化、理解、指导和同步能力。指挥所必须使部队能够在处理危机事件的途中，或者在大型作战行动的初期阶段实施分布式作战任务指挥，同时快速集成各作战职能。这些指挥所能力是加强与统一行动合作伙伴进行统一地面行动规划、协同和同步的必要条件，同时可以减少电子和物理特征，从而防止敌方火力探测和定位。指挥所基础设施必须具备可部署性、机动性和对快节奏致命性打击的抗毁性等能力。陆军科技投资项目将升级指挥所基础设施（包括服务器）、发电系统、车辆、设备包及其他赋能技术，从而实现移动式、可扩展、定制化的指挥所。

五、结语

美国陆军希望通过任务指挥网络的现代化,建立统一的扁平化作战网络,消除烟囱式结构,提高网络速度并增强移动性和安全性,实现远征、机动、敏捷、抗毁和互操作能力,提高在未来作战中的战斗效能、决策制定等能力,支持陆军在任何环境中战胜任何对手。

(中电莱斯信息系统有限公司　钱宁)

美国陆军召开战术云论坛
探讨提升任务式指挥能力

以云计算为核心的云能力是近年来信息领域最重要的创新之一，美国陆军高度重视战术边缘云技术的发展，旨在为前沿的指挥和作战人员提供决策所需的战场态势感知和信息处理能力，为实现任务式指挥提供支撑。

2018 年 8 月 1 日~2 日，美国陆军网络跨职能团队与战术指挥、控制、通信（C3T）项目办公室在北卡罗来纳州罗利召开了"战术云技术论坛"，目的是帮助行业合作伙伴和感兴趣的政府组织根据美国陆军战术网络现代化的优先事项确定工作目标并围绕这些优先事项开展工作。本次论坛探讨了分布式计算（任务式指挥）的需求，包括向战术编队提供云服务的可能性，并确定了战术云未来发展的 4 大目标：①达成端到端互操作性，实现任务式指挥；②解决旧有技术和设施与现存环境的集成问题；③达成多方无缝数据共享；④形成快速建立和加入任务合作方环境（MPE）网络的常规能力。

一、美国陆军战术云概念及发展目标

美国陆军将战术环境中的云计算列为构建下一代战术网络计划的重点，以期在正确的时间、正确的地点为部队们提供以正确形式显示的正确信息，从而更好地实现分布式远征任务指挥。

（一）概念

截至目前，美国陆军条令中未明确表述过战术云的概念。在美国陆军颁布的《陆军云计算战略 1.0》中，提出向在无连接、时断时续、低带宽（DIL）环境下行动的边缘用户提供云服务交付能力，并给出了相应的实现方法：

- 保证能够在无连接期间以本地方式生成并处理任务关键型数据；
- 开发并/或采用带有云赋能技术的可部署战术处理节点，以及可为任务关键型应用提供离线数据处理同步的解决方案；
- 建立连贯一致性语义，以便在网络连接能力完全恢复时对数据进行协调。

"战术薄云"研究是与美国陆军所寻求的在战术环境中提供云服务能力最密切相关的一个项目。它由可以部署至战术边缘的轻型服务器和通信设备组成，依靠战场上的智能手机、无线电、微型节点和其他通信设备组成的移动自组网实现通信能力，使得远征和移动作战中的部队能够及时获取所需的信息。从目标和实现方法等方面看，"战术薄云"能够满足美国陆军对战术环境中利用云计算能力的需求，最有可能作为美国陆军未来战术云的解决方案。

（二）需求与发展目标

在 2018 年 8 月初召开的"战术云技术交流会"上，美国陆军网络跨职能团队根据美国陆军战术网络现代化的优先事项确定了未来的工作目标，并明确了战术云未来发展的 4 大需求领域。

1. 达成端到端互操作性，实现任务式指挥

美国陆军目前使用的网络具有多种身份等级，缺乏端到端的互操作性，网络高度复杂、脆弱，且不直观，并未完全实现任务式指挥。另外，网络使用不同的设备、数据存储和服务，且通过不同的功能层和传输层传输。因此，美国陆军提出了以下需求：

（1）从多个位置和来源聚集数据，以便在无连接、时断时续和有限带宽等战术条件下为作战人员提供数据分析能力。

（2）在用户使用徒步、车载、指挥所等各种类型设备的情况下，都能够增强作战人员态势感知的人工智能和数据分析解决方案。

2. 解决旧有技术和设施与现存环境的集成问题

美国陆军部队没有统一的单一基线，因此经常要求部队将过时的技术集成到先进的环境中。美国陆军目前面临的限制条件有临时基础设施，有限的连通性，尺寸、重量和功率限制，电力和制冷变化，以及非正常关闭和重启等。该领域的需求主要有以下 3 点。

（1）研究利用云技术的数据和应用策略，使美国陆军在无连接、时断时续和有限带宽的环境中以最佳的方式使用动态可用的计算资源。

（2）开发使部队能够快速更改配置管理文件，并且在不需要彻底重建部队软件基础设施的情况下与其他部队协同作战的自动化工具或其他软件。

（3）充分利用现有技术，能够在几乎无须增加硬件或采用现有硬件的情况下，让陆军部队在非密 IP 路由网（NIPR）、保密 IP 路由网（SIPR）、敏感但非密（SBU）和任务合作方环境（MPE）等不同密级的多个网络中行动。

3. 达成多方无缝数据共享

美国陆军需要在战术和企业环境间有效共享共性服务，并实现陆军企业内部以及与任务合作方间的无缝数据共享。因此，美国陆军计划开展以下 3 项工作。

（1）开发一种能够确保物理分散的节点在偶尔出现网络资源连接中断的情况下保持同步的体系结构和技术解决方案。

（2）研究能够将标签与数据关联，并且在数据被使用、修改和融合的情况下保持数据系谱和起源信息的数据源数据标签方法。

（3）开发一种包括指挥所、车载和移动/手持式计算环境的通用操作环境（COE）技术管理方法；形成一种包含配置控制委员会（CCB）并能处理规范和标准变更的组织结构；研究如何降低生产过程中形成的关键任务缺点或降级的影响。

4. 形成快速建立和加入任务合作方环境网络的常规能力

任务合作方环境是一种能够与拥有数字化能力的统一行动合作方进行跨作战职能数字信息交换的任务网络。要实现快速建立和加入这一环境，美国陆军需要：

（1）研究提升美国陆军和联合、部门间、政府间与多国（JIMM）合作方之间通信、企业服务（电子邮件、语音、对话、视频电话会议、全球地址列表）以及功能服务（通用作战图、情报、勤务/后勤、火力）互操作能力的解决方案。

（2）开发能够提升美国陆军和联合、部门间、政府间与多国（JIMM）合作方之间企业和功能服务可用性和抗毁性的解决方案；并制定信息共享解决方案，提升美国陆军跨多个加密安全域从企业和功能服务共享信息的能力。

二、战术薄云

美国海军陆战队和陆军士兵们越来越依赖于随时使用计算能力，但为了保持远征作战的机动性，使用的设备必须轻巧、便携。在战术环境中使用移动设备有许多局限性：①便携式设备的计算能力远不及传统的台式计算机或服务器；②图像识别或定位等计算密集型任务会极大消耗设备电量；③任务环境中的网络不可靠且带宽受限。虽然卡内基梅隆大学提出的"游牧服务"（Cyber Foraging）可以使计算能力有限的手持设备通过 Internet 或其他网络搜索并利用附近功能更强的计算机或服务器，以完成密集型计算任务，从而减少移动设备的计算需求并节约电量，但其无法用于战场和灾区等通信严重受限的恶劣环境。

（一）"战术薄云"能够部署至战术边缘

为了解决战场最前沿的士兵们对云计算能力的需求，卡内基梅隆大学提出了将互联网边缘的"薄云"概念应用于战术边缘的构想，即"战术薄云"，并在陆军的资助下开展相关技术的研究。

"战术薄云"是可部署、可发现的虚拟机"薄云"，由可以部署至战术边缘的轻型服务器和通信设备组成。对"战术薄云"的早期研究大部分都是以"游牧服务"为基础。"战术薄云"能够以一种更为从容的方式实现与"游牧服务"相同的功能：将服务器和计算机这些可发现的资源置于战术边缘，这样资源匮乏的移动设备就能很容易地找到它们，使遥远地区和处于移动作战场景中的士兵们能够及时获取所需的信息。

（二）"战术薄云"可利用移动自组网实现边缘数据的传输与处理

"战术薄云"可依靠战场上的智能手机、无线电、微型节点和其他通信设备组成的移动自组网实现通信能力。其主要功能是：

（1）提供基础设施来调度移动设备上的计算。通过"薄云"，单独的移动计算设备能够连接起来，转移数据，并将计算机密集型任务分配给"薄云"，然后让虚拟机来加速数据处理。

（2）提供针对特定任务的前沿数据传输。例如，如果用户知道最终会在任务中使用某些数据，就可以利用"薄云"存储这些数据，这样就可以在需要的时候使用数据了。

（3）履行数据过滤功能，去除用户不需要的数据流。假设用户从云、企业或数据中心接收了很多信息，可以让"薄云"对数据进行一些预过滤，这样在移动设备上用户只会接收到所需要的信息。

（4）能够充当企业云的数据收集点。"战术薄云"可以充当军队在战术边缘收集数据的收集点，照片、视频、事件报告和其他情报数据可以上传到"薄云"，然后在连接允许的情况下转发到远程企业级数据库。

（三）"战术薄云"可满足连级作战小队的计算需求

"战术薄云"可以部署在普通直升机、V-22"鱼鹰"以及悍马车上，能够跟随部队进行机动。在部队前出时，通过企业云预先将"薄云"服务器配置好，进入作战区域后，"薄云"服务器根据通信情况与企业云开展"机会式"的数据同步，以满足前线部队需求（如图1所示）。"薄云"可创建一个半径达 20~30 千米的"通信穹顶"，为近 200 人的连级小队提供云计算能力。

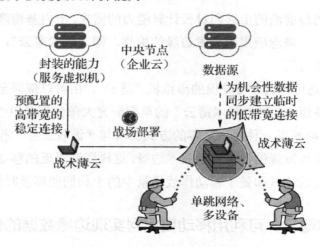

图 1 "战术薄云"示意图

三、结语

美国陆军目前重点发展"战术薄云"，将分布式云计算引入到恶劣的作战场景中，希望通过在战术环境中提供的云服务，更好地实现分布式任务指挥。"战术薄云"不仅可在战术边缘收集数据，为连接到它的用户提供信息服务、计算能力等，并且在连接允许的情况下能够将数据转发到远程企业云。针对"战术薄云"还有许多工作要做，如安全性。目前"战术薄云"依赖于网络提供的安全能力，移动设备根据网络策略和权限与薄云交互，未来将探索在与企业云断开连接的场景中建立可信身份的解决方案。

（中电莱斯信息系统有限公司　李皓昱）

美国陆军指挥所计算环境通过关键能力评估

指挥所计算环境（CPCE）是美国陆军"通用操作环境"（COE）的一部分，由通用软件标准和战术服务器基础设施组成，提供集成的、可互操作、网络安全和经济高效的计算基础框架，为作战行动中的指挥所提供支持。

2018年11月1日至12日，美国陆军训练和条令司令部（TRADOC）和美国陆军测试与评估司令部（ATEC）、系统工程和集成部门（SoSE&I）共同在得克萨斯州布利斯堡开展了"网络集成评估"（NIE）18.2演习，重点对指挥所计算环境的初始作战能力进行评估。根据测试结果和测试部队的反馈，美国陆军认为指挥所计算环境基本满足初始作战能力要求。此次评估将为未来指挥所计算环境的设计和继续完善提供决策信息。

一、指挥所计算环境研发背景

当前美国陆军的火力、机动、情报和导航等作战职能仍采用独立的系统，各系统使用专用的硬件、软件，拥有不同的用户界面、不兼容的数据模型和地图引擎，这些"烟囱式"的系统之间缺乏互操作能力，造成各梯队和职能之间存在信息共享障碍，并且系统维护、更新、培训和现代化改造的成本呈指数级增长。为了解决这些问题，2017年4月，美国陆军发布《通用操作环境（COE）》，为陆军各种作战环境中的任务指挥系统提供通用的基础，支持不同系统之间的信息共享和互操作。通用操作环境并非一个系统或一个列档项目，而是一套使安全和可互操作的应用程序能够在各种计算环境（CE）中快速开发和执行的标准。

2018年3月，美国陆军制定《任务指挥网络现代化实施计划》，确定了四条行动路径，构建"通用操作环境"是四条行动路径之一。美国陆军将按照"通用操作环境"制定的标准来实施任务指挥网络现代化计划。"通用操作环境"包含6种计算环境：**指挥所计算环境、车载计算环境、移动/手持计算环境、数据中心/云/力量生成**

计算环境、传感器计算环境和实时/安全关键/嵌入式计算环境，每个计算环境都由一名计划执行官（PEO）牵头建立计算环境工作组，帮助每个计算环境的开发人员设计解决方案。

二、指挥所计算环境组成

指挥所计算环境由新的单一战术服务器基础设施和通用软件基线组成，为士兵提供一个核心的指挥所系统，在这个系统上可以整合各种作战职能。

（一）指挥所计算环境硬件基础设施

指挥所计算环境的硬件基础设施主要包括战术服务基础设施（TSI）服务器、智能客户端和基于 Web 的客户端（见图 1）。

战术服务基础设施
（TSI）服务器

- 提供通用基础设施
- 核心工具（消息中心、通知）
- 数据模型/数据服务
- 同步服务（跨系统同步数据）
- 通用服务（聊天、话音、身份验证管理、补丁管理）
- 战术性DCO基础设施（TDI）整合（v2.0）

智能客户端

- 使用商业化硬件：车载系列计算机系统（MFoCS）、笔记本电脑、平板电脑
- 混合操作系统、Linux基础+Android用户界面
- 无连接、时断时续、低带宽（DLL）环境和早期进入行动中的完整功能
- 便于携带（车载或"徒步"）
- 在低级部队更普及
- 连接到战术服务器基础设施时可以充当Web客户端
- 可同步通信

Web客户端

- 使用商品硬件：陆军黄金大师版笔记本电脑（Army Golden Master laptops）
- Windows 操作系统+标准软件
- 通过浏览器访问TSI服务器上的应用程序
- 针对指挥所使用，但具有可移植性
- 在高级部队更普及

图 1　指挥所计算环境硬件基础设施

战术服务基础设施（TSI）服务器　提供通用基础设施、核心工具、数据模型/数据服务、同步服务（跨系统同步数据）、通用服务（如聊天、话音、身份验证管理（IDaM）、补丁管理）、战术性数据中心基础设施（TDI）整合等功能。根据任务需求的不同，美国陆军将提供大型和小型战术服务基础设施服务器。之前陆军拥有 9 个专

用于任务指挥的服务器堆栈，重达 1200 磅，改进后的大型战术服务基础设施服务器只需要 3 个运输箱，重约 357 磅，初始部署时间大约需要 2～2.5 小时。与旧服务器相比，大型服务器还具有更高的计算能力。

小型战术服务基础设施服务器酷似一台笔记本电脑服务器。虽然它不具备大型计算机的计算能力，但可以提供一种连续工作解决方案。小型版战术服务基础设施具有更强的远征能力，可以满足远征部队的基本需求。在部队转移时，小型版本的服务器可支持连续工作，为部队提供一切移动中所需的能力，直到建立战术作战人员信息网（WIN-T）。在营级部队，作战人员将配备两台小型笔记本电脑服务器。尽管目前指挥所计算环境无法将每个系统都集成到战术服务器基础设施中，但它为提供数据、情报、精确度、消息中心、聊天功能、战备情况和资源报告等功能奠定了基础。

智能客户端　主要包括商业化硬件如车载系列计算机系统（MFoCS）、笔记本电脑、平板电脑等，使用 Linux 基础+ Android 用户界面的混合操作系统。智能客户端可同步通信，在连接到战术服务基础设施时可以充当 Web 客户端，在低级部队更普及。

Web 客户端　供指挥所使用，具有可移植性，在高级部队更普及。Web 客户端主要使用商用笔记本电脑、Windows 操作系统和标准软件，通过浏览器访问战术服务基础设施服务器上的软件。战术服务基础设施（TSI）作战部署视图参见图 2。

（二）通用软件基线

美国陆军通过创建通用的软件基线、软件开发套件（SDK）和接口来开发可互操作的产品，最终呈献给用户的是一张通用作战图，所有作战软件均以 Web 应用程序的形式在用户界面体现。这种共性便于陆军集成、整合各种作战系统，简化测试和验证过程，减少重复能力和软件开发。

"SitaWare 总部（HQ）"是"指挥所计算机环境"任务指挥核心软件，为指挥官提供创建和管理高级战略计划、指令和报告工具，从而支持军事决策制定流程。2018年，"SitaWare 总部（HQ）"按照通用软件基线，利用 Web 技术集成了美国科尔工程服务公司（CESI）的行动方案（CoA）分析决策支持工具——"聚焦作战的仿真（OpSim）"，在"SitaWare 总部（HQ）"界面中以十分直观的 Web 方式构建一个对用户透明的仿真环境，对仿真结果进行比较并为指挥官选择行动方案提供支持。

在指挥所计算环境中，不同系统软件解决方案被通用软件工具替代。这不仅可为士兵提供通用的视觉和使用感受，而且减少了升级、维护的费用。为了鼓励竞争，指挥所计算环境将提供软件开发套件，使行业和其他第三方能够为标准基线提供新的战术应用。

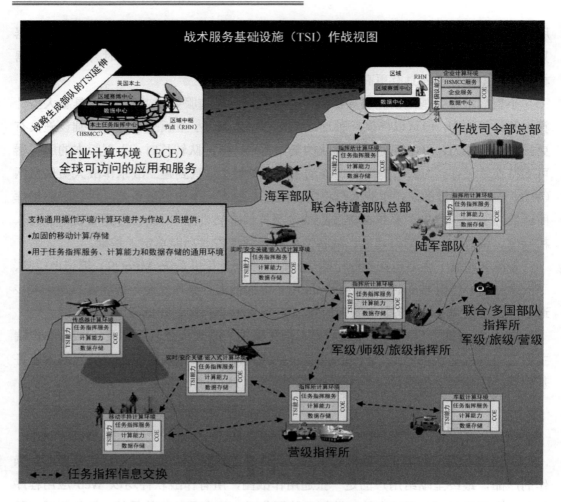

图 2　战术服务基础设施（TSI）作战部署视图

三、指挥所计算环境的能力

指挥所计算环境提供集成的、可互操作、网络安全和经济高效的计算基础框架和标准，为作战行动中的指挥所提供支持。

（一）在单台工作站上提供通用作战图（COP）

指挥所计算环境将涉及火力、后勤保障、情报、保护、行进和机动任务的能力整合到单一、直观的环境中，在单台工作站上提供通用作战图，通用作战图包含可供所有用户共享的通用软件和服务。通过通用作战图及其扩展应用以及通用服务层，可实现陆军的防空、火力支持、机动、情报、空情图、后勤等各种作战功能（见图 3）。

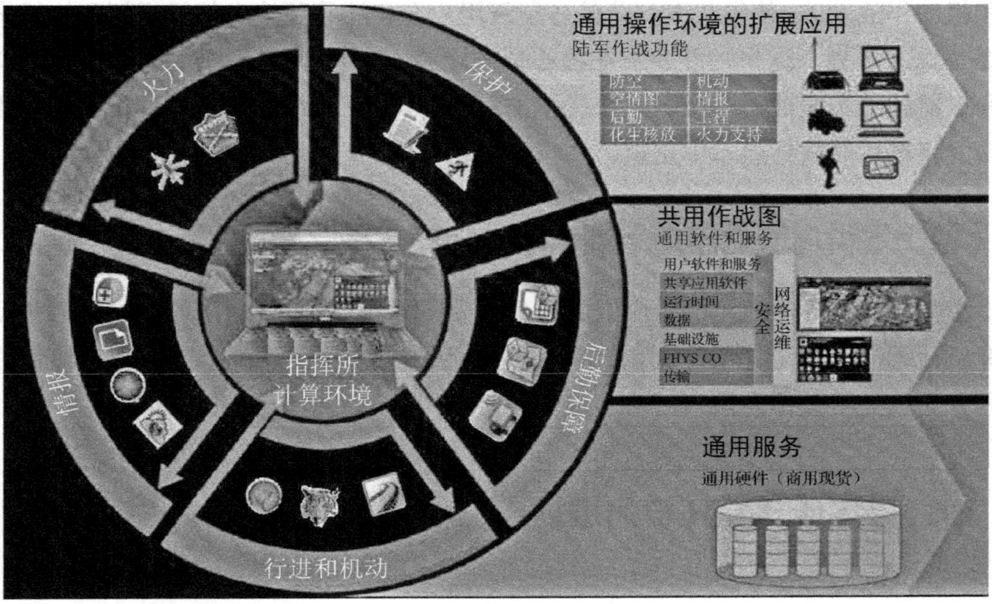

图 3　指挥所计算环境作战能力整合

（二）建立通用服务层，通过基于 Web 的技术开发并部署可互操作的应用程序

指挥所计算环境建立通用服务层，在"基础设施即服务"的基础上提供任务指挥应用程序及核心工具，将使得陆军能够通过基于 Web 的技术开发并部署可互操作的应用程序。通用服务层是指挥所计算环境能力的直接来源，通过有效利用一体化地图、聊天、消息传递、通用外观和体验、数据服务及其他服务，显著减少了专有系统硬件和软件数量。任务指挥应用程序及核心工具是通用服务层的延伸，负责各种作战职能的所有用户均可使用。指挥所计算环境将使得陆军能够通过基于 Web 的技术开发并部署可互操作的应用程序。这些应用程序背后的基础设施可在需要时支持联合部队和盟军的互操作性。作战指挥官和参谋人员可以通过政府授权的笔记本计算机连接到相应的涉密网络，登录基于 Web 的框架（该框架被称为 Ozone widget 框架）以接入应用，这些应用为指挥官提供了数字化地图的三维视图。

（三）与其他计算环境进行互操作

指挥所计算环境还将与"通用计算环境"中另外两个部分——"车载计算环境"

和"移动/手持计算环境"进行互操作。为了提高互操作性，项目办公室正在开发行进和机动作战功能，使得从军到营的各层级用户在各计算环境中都能规划和执行作战命令和作战计划。这个功能建立在核心基础设施上，将允许未来指挥所、指挥 Web 网和以前的陆军全球指挥控制系统（GCCS-A）等独立系统进行独立决策。其他的作战功能将在后续软件版本中出现。

（四）提供内嵌的用户培训手册和视频教程

指挥所计算环境还将提供内嵌的用户培训手册和视频教程，指导用户使用并设定指挥所计算环境的运行条件。用户首先进行通用功能的核心培训，然后根据他们的任务和分支接受更具体的培训，从而减轻了后勤和培训负担、节约了费用。

四、指挥所计算环境的进展

像商业软件发布一样，美国陆军通过基线版本更新的形式来体现指挥所计算环境功能的改进。当前在用的第二版指挥所计算环境（CP CE v2）简化了指挥所服务器基础设施，可为用户提供通用作战图的访问权；引入初始版本的任务式指挥"应用程序"，为指挥官提供了增强的态势感知和理解。

目前，美国陆军正在开发第三版指挥所计算环境（见图 4）。主要工作是融合整个战术空间的信息（如指挥所数据、车下数据和车上数据），从而产生"统一数据"。"统一数据"技术的优点包括：

- 使陆军指挥所更加敏捷，用户仅需进行一次编码，就能获得公共通信连接，无需对许多单独的作战职能服务器进行配置；
- 简化在作战系统间共享信息的方式并增强网络安全性。如与未来指挥所（CPOF）共享来自高级野战炮兵数据系统（AFATDS）的数据；
- "统一数据"还有助于实现陆军的"任务指挥网"构想，使指挥官能跨领域和地点保持态势感知。

第三版指挥所计算环境将开始提供综合任务指挥能力，在指挥所、平台和各梯队中拥有共同的外观和感知。美军将基于能力需求分析和任务式指挥基本能力来将统一行动和未来指挥所各种能力集成到统一的指挥所计算环境中（见图 5）。

2018 年 11 月，美国陆军通过"网络集成评估"（NIE）18.2 对指挥所计算环境的初始作战能力进行测试。按照多域作战概念，NIE 18.2 设置了严苛的作战条件，包括

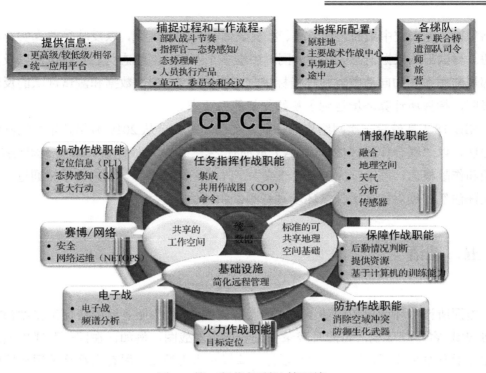

图 4　第三版指挥所计算环境

将统一行动（AMUCA）和未来指挥所（CPoF）
能力集成到指挥所计算环境中

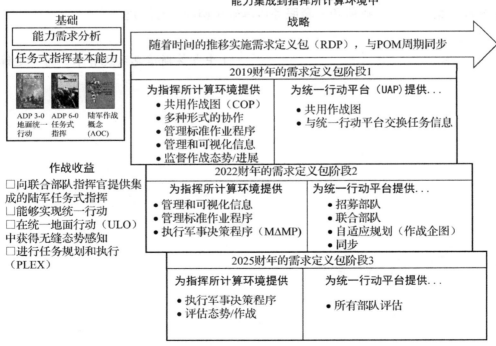

图 5　指挥所计算环境能力集成

网络空间、无人空中威胁、电子战、社交媒体等高对抗区域，以反映当前真实存在的威胁。测试部队依据消息完成率、同时中继多个网络、网络态势、互操作性以及与当前部署陆军系统的向后兼容性等指标进行了测试评估，测试数据和测试部队的反馈结果表明，指挥所计算环境达到了初始作战能力要求。

NIE 18.2 是最后一次网络集成评估，美国陆军决定从 2019 财年开始取消网络集成评估，以"联合作战评估"（JWA）取而代之，"联合作战评估"聚焦于新兴能力、试验和作战概念，每年一次，在欧洲或太平洋战区交替举行。未来美军将通过"联合作战评估"继续对指挥所计算环境进行测试和评估。

五、结语

指挥所计算环境正在向基于网络的服务转型，连接到服务器的任何工作站都将能访问 Web 客户端环境，可随时登录并查看通用作战图。例如，在同一张通用地图上既能显示友军和敌军，也可以叠加后勤、情报和火力数据。所有士兵将使用相同的通用聊天软件，无论士兵的军事职业专长如何，都将以相同的方式发送聊天消息。美军预计将于 2019 年实现指挥所计算环境初始作战能力。未来，美国陆军将向一个系统、一个解决方案、一个指挥所和一套服务器基础设施的目标迈进。

（中电莱斯信息系统有限公司　赵锋）

美国海军陆战队研制数据采集推演平台

2018 年 6 月，美国海军陆战队开始研制一款专门用于训练、教育以及测试未来人工智能应用的推演平台——"雅典娜"，为人工智能用于军事决策提供测试平台。在该研制工作中，一支海军陆战队战术和作战小组参谋人员团队通过一系列战争游戏，构建了反映新威胁的场景。"雅典娜"游戏平台让用户在与类似 Alexa 语音助手的应用程序交谈时完成计划制定流程，该程序会提示防御形式、不同战术任务的定义以及相关的历史案例。在游戏进行过程中，一个人工智能应用程序会获取数据，并比较用户对掩护和射程交叉区域的使用，之后再根据其他数据评估用户的表现，同时将这些数据录入到关于美国军事专业人员战斗方式的数据库。最后，"雅典娜"对数据进行评估并为用户提供建设性的提示，将该用户的成绩与顶级水平用户成绩进行比较。

目前，美军缺乏构建人工智能学习程序所需要的大量数据，这些应用程序可以按上述方式支持指挥官和参谋的决策。一些现有数据比如作战训练数据库中的数据并不支持机器学习和其他人工智能算法。因此，使用商业游戏可提供必要的环境，以获取用于军事决策的人工智能应用程序需要的大量数据。

一、推演平台在发展人工智能中的作用

通过类似"雅典娜"这样的游戏环境，美军可以找到称职的指挥官，并获得构建未来人工智能应用所需的数据。"雅典娜"可以测试各种决策工具包，并探索与使用任何新技术相关的人类因素。在美军计划人员寻求将人工智能融入现代能力时，"雅典娜"具有以下作用。

首先，它提供适应性更好并可剪裁的教育环境。通过跟踪玩家提出的问题、他们与游戏的交互以及结果，"雅典娜"将会了解美军如何战斗以及可以改进的地方。其次，该游戏将为测试新的人工智能应用程序提供一个平台。例如，开发人员可以引入新的使用人工智能的后勤管理能力，以查看它是否可以提高玩家的表现。玩的游戏越

多，收集的数据越多，这样可以更好地优化人工智能应用程序。"雅典娜"研制工作的下一步是获取数据并开始对其进行结构化，以支持各种类型的人工智能实验。"雅典娜"研制团队正在与美国陆军未来司令部、美国陆军第 75 创新部门以及美国海军陆战队训练和教育司令部合作设计该架构。这些数据将提供给一系列可在游戏生态系统中进行测试的人工智能应用程序使用。作为测试平台的战争游戏提供了观察人机协作的讨论平台。第三，"雅典娜"将提供自动化红队联盟功能。随着越来越多的玩家在与 Alexa 类似的界面交互的同时计划和执行任务，研制团队将建立一个数据语料库来说明偏差和风险容忍度。该系统可测试对偏差的重视是否会改变战争游戏结果。一旦有足够的数据量，"雅典娜"就可以自行模拟现代军事行动，并提出新型战术。这些战术以及用于测试人类制定的行动方案的应用程序可以通过商业平台进行测试。

"雅典娜"为探索如何将人工智能整合到军事决策过程提供了一个测试平台。使用竞争性战争游戏来观察军事专家如何决策，为测试一系列增强作战人员判断的应用程序建立了基准数据。"雅典娜"事件表明，美军正在努力解决缺样本数据和缺验证手段的问题。而其解决问题的办法是通过打造贴近实战的战争游戏，采集军事专家的决策数据，用于训练人工智能算法，同时也为人工智能算法提供测试验证环境。这条思路对于我军而言具有重要的借鉴参考价值。

二、指挥控制系统智能化面临的主要问题

在指挥控制系统智能化发展的道路上，目前遇到了两大瓶颈问题：缺样本数据和缺验证手段，使得智能化一直停留在概念上，难以落到实处。

其一，缺样本数据。国内目前指挥控制领域已有的数据主要来源于战备值班，实兵演练、兵棋推演等渠道的积累。其中值班和演练数据规模有限、对抗性较弱；兵棋仿真粒度过粗，且需要大量人工参与，积累数据效率低。且已有的数据目前因为缺少清洗、转换、标注等原因，尚无法直接为机器学习所用。

其二，缺验证手段。虽说实践是检验真理的唯一标准，但用于检验人工智能却有很大的难度。真实环境太过复杂，干扰因素众多，人工智能算法得出的结果不可信很难说是算法本身的问题还是干扰因素的问题。指挥控制人工智能算法的实践检验成本太高，以致大样本实验不可实现。另外，验证指挥控制人工智能是否可信、水平高低目前也缺乏可量化考核的指标。

综上所述，由于样本数据和验证手段的缺乏，目前还不具备发展指挥控制智能化的良好基础。

三、发展设想

　　游戏的本质是博弈，而指挥控制的核心也是博弈，包括与对手行动的博弈，以及与环境不确定性之间的博弈。博弈是产生不确定性的来源，如果没有博弈则一切皆按既定的程序发展，指挥控制存在的必要性就会大大降低。过去指挥控制系统建设的重心在信息化上，主要是实现办公自动化、业务流程化和数据标准化，可以暂时不考虑博弈的问题。而未来如果将重心放在智能化上，则与博弈密切相关。指挥控制核心的态势认知及预测、方案推荐及评估，以及模拟训练、作战实验等方向，如果离开博弈去做研究，则更多是做些功能和流程的演示，很难实用化。某种程度上说，智能指挥控制的核心部分必须放在博弈对抗的背景下去研究。

　　博弈实验环境的概念如图1所示。通过博弈实验环境提供一个虚拟作战环境，供红、蓝、白三方（或更多方）指挥人员开展博弈实验。其中，白方（导演方）可任意设定对抗场景、对抗规则，导调实验过程，评判实验结果。红、蓝方制定行动计划，观察战场态势变化，运用博弈策略，指挥兵力行动。在仿真环境下，模拟推演被指挥对象的自主对抗行为、裁决行动效果、生成模拟态势，采集对抗数据，开展机器学习。

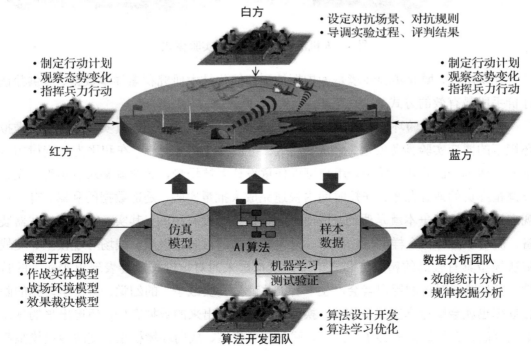

图 1　博弈实验环境概念图

博弈实验环境提供的是一种人机混合智能的博弈实验模式，如图 2 所示。自主博弈对抗是博弈实验能够开展起来的重要前提。如果"棋子"不拨不动，小到一架飞机、坦克都要人来操控，那么随便一个博弈实验都得花上很长时间，无法模拟出真实战争的实时性。另一方面，从做实验的角度看，只推演一次不能称之为实验，只有样本数量达到一定规模实验才有效。而要做大样本实验就必须减少"人在环"，提高实验效率。因此，智能博弈实验就是要让越来越多的"棋子自己动起来"，逐步减少"人在环"的比率，提高实验效率。可以先用人工规则建模的方式实现自动博弈对抗，积累出一定规模的实验数据后，再通过机器学习实现自主博弈对抗。先实现单个"棋子"的自主行动，再实现对一群"棋子"的自主指挥。

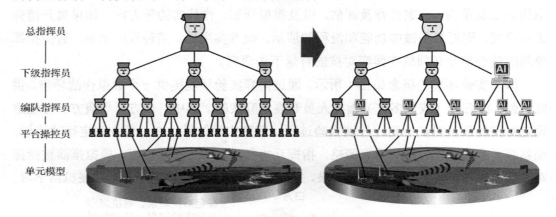

图 2　人机混合智能的博弈实验模式

在现阶段，博弈实验环境是为指挥控制智能化技术研究积累样本数据、提供验证评价手段最有效的方式。

其一，博弈实验环境是积累对抗样本数据的最佳方式。相比真实战争实践，虚拟环境下的博弈实验具备安全、经济、高效、可按需订制等优点，在和平为主旋律的当下尤其适合。在博弈实验中，用户可以任意设计对抗场景，随意调整对抗难度，充分发挥指挥员的博弈艺术，在短时间内快速完成大批量实验，是造数据的利器。有一种观点认为模拟战争本就是假的，造出来的数据也是没有用的。其实，什么样的武器装备，决定了会有什么样的战法战术。只要基本的武器装备模型、战场环境模型、交战裁决模型具有较高的精细度和置信度，模拟出来的对抗过程就会表现出实战中的特性，参与博弈对抗的用户就会产生一种"这就是真实战争"的幻觉，机器学习到的隐含规律也就会贴近真实战争规律。换言之，虽然造出来的数据有假，但造出来的规律是逼真的，做到这点就够了。同时，武器装备模型、战场环境模型、交战裁决模型都是有真实物理实验数据可以支撑的，首先数据的置信度可以得到保障，其次模型的精细度也是可以不断设计提升的。

其二，博弈实验环境是验证评价指挥控制人工智能的有效手段。在棋类和游戏人工智能领域，博弈对抗赛是对人工智能智能水平最为有效的验证评价方式。而评价人工智能的水平高低，最有说服力的指标就是对什么样的对手获得了多少的胜率，因为客观公正，不含主观成分。虽然棋牌和游戏与真实战争差别很大，但验证评价的方式是相通的。当一个人工智能模型算法被设计出来需要验证评价时，可以为其量身定制一个对抗场景。一种方式是为红蓝双方制定同样的交战规则和胜负标准，将人工智能嵌入到某一方实体或指挥单元模型中去，与嵌入了其他人工智能模型算法的另一方之间举行博弈对抗赛，按胜率评价优劣；另一种方式是设计一个作战任务，使用同一个蓝方，在同一个红方中分别嵌入待比较的两个不同人工智能模型算法，按任务完成的质量评价优劣。博弈对抗赛这种验证评价方式较为客观公正，排除了人工评价的主观性，以及真实作战环境中的各种复杂干扰因素，指标容易设计，也易于考核，是人工智能发展初级阶段的一种可行的验证评价方式。等人工智能发展到一定水平之后，就可以放到真实作战环境中去验证。

除此以外，博弈实验环境还可以支撑作战方案推演、态势演化预测、战法战术研究、指挥模拟训练等实际应用。这些应用虽然目的和作用不同，底层却可以是同一套博弈实验环境，在上层增加不同的应用功能即可。对于这些应用而言，博弈对抗也是非常关键的。离开博弈对抗，推演则沦为表演，只能用于计划冲突检测、单方行动预测、作战概念演示、指挥流程教练；而加入博弈对抗，推演则成为实验，可以支撑方案效能分析、态势演化预测、战法战术验证、指挥艺术锻炼。在此基础上，还可以将军事博弈实验环境脱密之后推向民间游戏市场，产生民用领域经济和社会效益的同时，利用民间积累的数据反哺军事战法战术研究，实现高水平的军民融合发展。

综上所述，借鉴美国海军陆战队大学的研究思路，打造类似"雅典娜"的博弈实验环境，对于发展指挥控制智能化具有重要意义，具有非常广阔的应用前景。

（中电莱斯信息系统有限公司　金欣）

美军利用人工智能技术增强决策分析能力

未来战场态势信息规模大、种类多，战争已进入大数据时代，战场态势信息的不确定性和战场复杂性是态势感知面临的主要挑战。人工智能技术的发展不仅促进了数据的搜集，还有助于分析数据，支持迅速融合形成可支持作战行动的情报，进一步增强了作战人员的态势感知能力。运用智能化数据处理技术，可在大数据中发现复杂事物间的相关关系，突破人类分析联系事物的局限性，决策者据此可快速、准确地判断和预测战场形势发展变化，进而大幅提高决策质量。

2018 年 1 月，美国空军发布"数字企业多源开发助手"（MEADE）项目的广泛机构公告，试图通过对话的方式来改进军事情报分析，同时支持决策制定。2018 年 4 月，美国国防高级研究计划局（DARPA）推出"罗盘"（COMPASS）项目，帮助战区级联合作战司令部指挥官进行正确高效决策。2018 年 5 月，DARPA 战术技术办公室发布"受监督自主性的城市侦察"（URSA）项目，旨在进一步推动决策分析能力的发展。这些项目可增强态势理解，加快从数据到决策的过程，为指挥人员的决策提供快速且准确的支持，代表了人工智能技术在决策分析应用中的最新进展。

一、增强决策分析能力的主要人工智能项目

（一）MEADE 项目

随着所收集的情报数据的复杂程度、速度、种类和数量的增加，多源情报分析的效率也需要相应地提高。2018 年 1 月，美国空军发布 MEADE 项目的广泛机构公告，寻求研发一种交互式问题解答系统，作为虚拟助手帮助分析人员处理海量的复杂情报数据。

MEADE 项目包含两个重点关注领域："实时操作员驱动的要点探索与响应"（ROGER）和"交互式分析和情境融合"（IACF）。图 1 描述了 ROGER 概念视图。

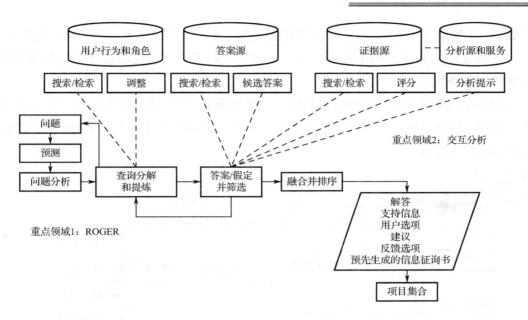

图 1　ROGER 概念视图

ROGER 是一个会话式问答系统，研究人员将开发一个分析助手，提供便捷的接口来支持交互式搜索、信息检索并进行分析。该系统整合了多情报源搜索/检索、自然语言处理、推荐引擎、应用分析和问答系统等，将在云或分布式计算环境中运行。ROGER 将确定是否进一步分析或是已有直接可用的答案。

在 IACF 中，研究人员将开发情境融合和预测分析能力，为给定态势找到最好的行动方案。此外，该领域需要研究与 ROGER 的交互方法，所开发的技术至少支持以下功能：针对多源情报的数据分析；跨多平台或多传感器的情境融合；用户和实体的行为分析；使用结构化叙述或类似的通用语义表达来组织信息。

美国空军研究实验室为该项目投资 2500 万美元，将在五年内分阶段实施。该实验室将成立一个系统集成研究室，通过其"自动化处理和开发中心"来支持相应的安装、测试、分析和完善等工作。

（二）COMPASS 项目

2018 年 4 月 5 日，DARPA 战略技术办公室发布 COMPASS 项目广泛机构公告（BAA），旨在开发一种应对"灰区"威胁的决策支持系统，帮助战区级联合作战司令部指挥官识别对手真正意图、进行正确高效决策。

该项目试图从两个角度来解决问题：首先试图确定对手的行动和意图，然后再确定对手如何执行这些计划，如地点、时机、具体执行人等。但在确定这些之前必须分析数据，了解数据的不同含义，为对手的行动路径建立模型，这就是博弈论的切入点。然后在重复的博弈论过程中使用人工智能技术在对手真实意图的基础上试图确定最有效的行动选项。

COMPASS 项目包含三个技术领域，如图 2 所示。第一个技术领域侧重于对手长期的意图、战略；第二个技术领域为战术和动态作战环境的短期态势感知；第三个技术领域是建立指挥官工具箱。

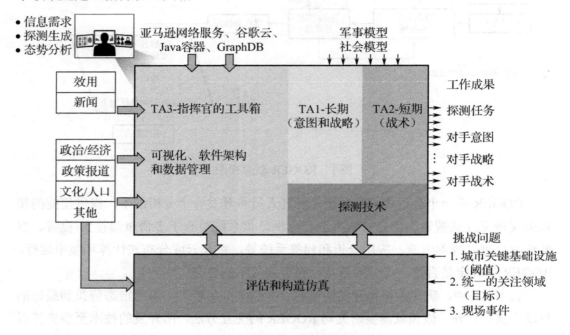

图 2　COMPASS 项目的架构

COMPASS 利用从非结构化信息源中提取事件的技术（例如主题建模和事件提取）等现有的先进技术。它能够应对不同类型的灰色地带情况，包括但不限于关键基础设施中断、信息作战、政治压力、经济勒索、安全部队援助、腐败、选举干预、社会不和谐以及混乱等。该项目测试与评估团队在虚拟环境中对技术进行评估，并通过实时建模仿真推动技术评估。

（三）URSA 项目

2018 年 5 月 10 日，DARPA 战术技术办公室发布 URSA 项目广泛机构公告，旨在探索使用无人机、一体化传感器和高级算法来辨别威胁和非战斗人员。

对美国军方来说，城市地形内的侦察、监视和目标获取仍然是一个棘手的问题。城市的地形特点可为威胁提供掩护。此外，城市环境中的平民必须受到保护，这挑战了军方主动查验作战人员的能力。敌方作战人员可能进行伪装，并与非战斗人员混在一起，从而严重妨碍美军迅速区分这两类人群的能力。目前最先进的侦察系统和传感器还不足以克服城市视线障碍和迅速移动的目标带来的挑战，也不足以为区分威胁和非战斗人员提供可靠的手段。因此，美军必须依靠徒步作战人员在城市地区积极巡逻，侦察威胁，并维护安全。但是，持续巡逻需要耗费大量的人力和时间，并将导致这些作战人员面临重大风险。

URSA 项目旨在促使由美国地面部队操作和监管的自主系统能够在接触到敌对势力之前探测并辨别威胁。该项目试图通过结合有关人类行为、自主算法、一体化传感器、多种传感器模式的新知识，以及可衡量的人类反应，来辨别交战方和无辜旁观者之间的细微差别，从而克服城市环境的复杂性所带来的挑战。

该项目的关键部分包括利用新证据的能力；自主融合多源信息，以优化区域搜索和置信度；采用先进的算法迅速综合和积累证据，以过滤威胁，从而准确地识别威胁。

URSA 根据情况提高或降低自主性等级，由人做出最终决策，机器提供辅助。该系统的决策框架如图 3 所示。

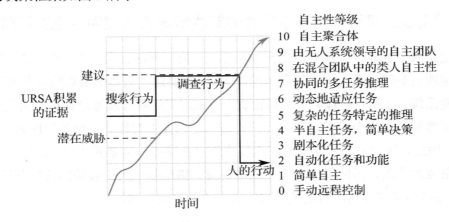

图 3　URSA 决策框架图

URSA 项目为期 36 个月，分两个阶段开发。第一阶段是概念开发阶段，包括初步的技术研究，以开发一种不断发展的演示架构和方法。第一阶段工作由两个部分组成：第一部分将集中于系统级的解决方案和演示；第二部分是技术演示和试验阶段，将用于资助关键使能能力，如组件级算法、行为分析技术以及可增强多系统级方法的技术或研究。在第二阶段中，将继续增强系统级能力，并将能力迁移到城市环境测试站点进行现场演示。

二、美军智能化决策分析技术发展趋势

随着战场环境和对手的日益复杂多变，人工智能技术在决策分析领域将发挥更加重要的作用，成为深入理解对手意图、增强战场态势理解、加快决策速度和提高准确性的重要因素。智能化决策分析技术发展趋势主要体现在以下几个方面。

（一）重视增强态势感知能力，加快从数据到决策的速度

通过利用人工智能技术，可充分融合卫星、互联网、无人机等技术手段，加快情报提取与分析速度，实现全天候、多层次、实时广泛的情报搜集。MEADE 项目、COMPASS 项目和 URSA 项目均通过利用人工智能技术快速有效提取出关键信息，帮助分析人员处理海量的复杂情报数据，从而增强态势感知能力，为指挥官快速作出决策提供帮助。

（二）以人-机协作为基本方式的新决策模式将成为主流决策模式

即便是人工智能识别精确度达到 90% 以上，依旧无法自主完成全部工作。来自人类的欺骗或诱导输入是人工智能最大的克星。只需要通过简单的数据输入就可以欺骗人工智能系统。哪怕只是像素被放错位置，一张坦克的照片就可能被误判为汽车，但人眼就很容易辨别出个中差异。为此，人们正在为人工智能寻找预防和应对"欺骗"的方法。因此，尽管人工智能技术在作战决策方面发挥了重要的作用，但是人工智能无法自主做出决策，最终仍须由人类做出决策。借助基于人工智能的决策分析系统，以人-机协作为基本方式的新决策模式将成为主流决策模式。

（中电莱斯信息系统有限公司　朱虹）

美国陆军公布多项新型任务指挥技术

远征任务指挥是美国陆军未来作战重点发展的八大关键能力之一，美国陆军的网络也正在向远征任务指挥网转型。美国陆军的目标是使远征部队能够即刻部署到世界上任何一个环境险峻的地点，并且在部队一抵达目的地后就能开始执行任务。因此，以通信电子研究、开发与工程中心（CERDEC）为首的团队近年来不断研发能够改善指挥所基础设施和能力的新技术。

2018年7月，通信电子研究、开发与工程中心在马里兰州阿伯丁试验场对战术计算环境（TCE）、远征联合作战指挥平台（X JBC-P）、远征指挥所（Ex CP）、单一多模式安卓服务工具（SMASH）等新技术进行了演示。这些经过士兵验证的新技术即将转变为列档项目，是通信电子研究、开发与工程中心近三年来努力改进指挥所能力的成果，将使士兵们更快、更轻松地搭建和拆除指挥所，还将改善指挥所的连通性、敏捷性和可扩展性。

一、背景介绍

由于特定的作战和部署要求，远征机动已经成为陆军实施作战行动的标准样式。在"于复杂的环境中取胜"这一全新作战概念的引领之下，美国陆军正建立具备远征能力，可根据特定作战任务调整配置和规模的部队，以应对不断变化的安全环境。

陆军部队必须准备好在较小规模的后勤保障下快速部署、转移到作战地域，在广阔区域行使职能。不管首要任务是作战、人道主义援助，还是镇压叛乱或其他行动，陆军士兵和领导都需要多样化的能力，尤其是任务指挥能力。实现这些能力的关键是：①更好的指挥、控制、通信与协作；②从多个来源按需获取和集成情报和信息（以产生透彻的、可供行动之用的态势理解）；③与所有任务合作伙伴的自动互操作和共享；④在驻地进行部署环境下的工作和训练的能力。所有这些基本要素构成了远征任务指挥。在远征机动这样一种背景下，远征任务指挥指的是"对从多个地点实施远征机动并跨所有领域投送力量的部队行使任务指挥。"

在美国陆军协会主办的"多域战——全球兵力研讨与博览会"上，美国陆军训练与条令司令部司令帕金斯提出了美国陆军未来作战应重点发展的八大关键能力，即跨域火力、作战车辆、远征任务指挥、先进防御、网络与电磁频谱、未来垂直起降飞行器、机器人／自主化系统、单兵／编队作战能力与对敌优势等。可见，美国陆军指挥控制领域未来发展的重点将是在远征作战环境下实现敏捷、可靠、高效的任务指挥能力。

二、远征任务指挥技术的发展

作为陆军在 C4ISR 创新方面的应用研究和先进技术开发中心，CERDEC 与美国陆军训练和条令司令部合作开展了"远征任务指挥科学技术目标（EMC STO）"计划，并在士兵技术委员会的监督下实施。

美国陆军的主要目标是简化指挥所设置，赋予指挥官更强大的能力。"远征任务指挥科学目标"计划已经明确了陆军未来的指挥所要求，研制了多款经过士兵验证的移动指挥所技术原型。这些新技术将使士兵们更快、更轻松地搭建和拆除指挥所，还将改善指挥所的连通性、敏捷性和可扩展性。目前，许多技术已经转变或即将转变为陆军的列档项目，为指挥所现代化奠定了基础。

（一）远征指挥所

当前，美国陆军的指挥所通常由各种各样的帐篷以及许多承载指挥所功能的车辆组成。在某些情况下，这样的指挥所可能需要数天才能完全组装好，这对于轻型部队来说具有很大挑战性。并且，远征部队指挥官需要在指挥所外进行机动指挥。

为了解决上述问题，通信电子研究、开发与工程中心正在设计远征指挥所，使指挥官抛弃传统的"办公室"，可以在任何地点通过便携式计算机或手持设备进行无缝、有效的指挥。

远征指挥所是一个可扩展的固定方舱式指挥所（如图 1 所示）。远征指挥所将视频分发、电力和网络布线、带内置电源和网络连接箱的快速直立工作台以及吊顶式投影仪完全集成在一起。该指挥所还配有内置空调和照明，方舱壁可以安装架子和挂钩以悬挂地图或其他与任务指挥相关的器材。美国陆军司令部计划在师或核心级梯队中使用远征指挥所。与基于帐篷的指挥所相比，远征指挥所可以在 30 分钟内完全投入使用，或者在 30 分钟内打包和转移。多个远征指挥所单元可以组合起来构建更大的指挥所。陆军的几支部队将于 2019 年夏天接收第三代远征指挥所，并向部队司令部提供反馈意见，以改进未来的产品性能。

图 1　远征指挥所示意图

通信电子研究、开发与工程中心主要通过保障车辆与新型应用程序来改进指挥所的基础设施和能力。保障车辆旨在为分布式指挥所和减少指挥所占用空间提供支持，同时提高灵活性和机动性，主要有轻型移动指挥所（L-MCP）和改进型指挥所平台（CPP（I））两项重要成果。

1. 轻型移动指挥所

轻型移动指挥所提供了一个独立、快速移动的指挥所节点，可用作小型且功能强大的任务指挥车为轻型步兵、空中机动部队和空中突击部队提供支持。L-MCP 主要为营级部队设计，集成在"悍马"平台上，包括快速搭建的帐篷、可展开的标准高度的桌椅、半加固式大屏幕显示器、战术网组件、集成式语音通信和任务指挥系统。轻型移动指挥所可在 15 分钟内实现语音通信和定位跟踪，并在 30 分钟内组建完毕并实现完全作战能力，为 6 名作战人员提供工作空间。此外，该型指挥所可以配备内置配电系统，为所有的指挥所资源供电。

2. 改进型指挥所平台

改进型指挥所平台是一种搭建在"悍马"车内的单车解决方案原型，整合了所有必要的任务指挥基础设施，旨在为旅和团级提供任务指挥功能和指挥所支持。该指挥所提供了比陆军当前两个指挥所平台更强的能力。根据作战需求，组建或拆除改进型指挥所平台需要大约 15 分钟。车载服务器可以在车载模式或拆卸模式下运行，切换运行模式仅需不到 20 分钟。改进型指挥所平台还包含车载电源系统，无须外部电源就可为指挥信息系统和设备冷却基础设施提供充足的支持。

（二）战术计算环境

为了响应陆军推进远征任务指挥的需求及改进现有靶场通信系统的功能，通信电子研究、开发与工程中心正在开发战术计算环境（TCE）。战术计算环境将移动网络和基于桌面的设备结合在一起，从多个实时陆军数据源接收信息，帮助指挥官及其参谋建立协作体验。战术计算环境内的设备可通过士兵无线电波形、以太网、Wi-Fi 和 4G LTE 网络进行通信，并且能够在无连接、时断时续和低带宽（DIL）的环境中运行。

支持战术计算环境的平板电脑（如图 2 所示）提供了广泛的功能，可以帮助士兵协同并提高态势感知能力。例如，系统通过军事地图符号识别部队，用户可以通过战术计算环境或蓝军跟踪监测设备输入或跟踪军事地图符号。系统内置的地图命名库也可用于绘制敌方部队的位置。战术计算环境还具有自由标记功能，允许用户输入障碍物、边界、部队移动和其他信息。

图 2　支持 TCE 的平板电脑

在模拟或实际作战行动中，战术计算环境可为指挥官和参谋提供"镜像"和"扩展"两种协作模式。当指挥官与参谋分开时，可以使用'镜像'模式。该模式可使所有人看到同一副地图，并能实时显示任何人对地图的更改。"扩展"模式允许同一地点的用户将现场的平板电脑放在一个网格中，形成一个大屏幕，以替代传统固定指挥所内的大尺寸显示器。支持战术计算环境的设备除了能够以协作模式与其他设备共享屏幕，还能够为用户提供聊天、照片和文件共享功能。

2018 年 4 月，陆军士兵在位于加利福尼亚州欧文堡的国家训练中心（NTC）对战术计算环境进行了评估。训练人员使用战术计算环境与网络来构建演习公共作战图（COP），从模拟战场系统获取数据。根据这些数据，训练人员能够了解交战后哪些车辆"被毁"，哪些车辆"幸存"。大型车载平板电脑允许训练人员通过移动或静止时的消息收发跟踪部队单位并与其他参训人员协作。

（三）先进的人机交互技术

为了使士兵更容易在各种环境中使用战术计算环境，通信电子研究、开发与工程中心正在开发用于人机交互的单一多模式安卓服务工具（HCI SMASH）。

单一多模式安卓服务工具是一种集成有自动语音识别功能的轻型软件，可以与任务指挥系统进行语音交互，为徒步和车载士兵提供穿越险恶环境的能力（如图 3 所示）。它使士兵能够通过语音进行导航或将信息输入到系统，例如，士兵们可以直接发出"显示覆盖图层"或"向右移动地图"等语音指令，不需要任何手动操作。

图 3   工程师展示正在运行的 HCI SMASH

该型工具有很强的集成能力，主要体现在以下两个方面：

（1）该软件能够完全集成到支持战术计算环境的设备中。目前，单一多模式安卓服务工具样机已被集成到由通信电子研究、开发与工程中心夜视项目组开发的士兵平视显示系统中，并且作为一个功能被集成到"奈特勇士"系统中，由士兵项目执行办公室进行评估。

（2）单一多模式安卓服务工具本身也可以不断增加新的功能。例如，该工具已经集成了联合军事标准 2525D 规范中确定的所有战场符号。

未来，单一多模式安卓服务工具还将增强语音输入转换为文本的功能，士兵能够通过语音创建文本消息，以及在不适合传统鼠标和键盘等外围设备的环境中进行手势和眼动跟踪交互。

（四）快速的决策制定技术

通信电子研究、开发与工程中心还在与战术级指挥、控制、通信计划执行办公室开展合作，探索预测性任务建议，实现陆军军事决策过程的自动化。自动化规划框架（APF）原型能够使指挥官和参谋（不论是否处于同一地点）通过决策过程来分析机动、后勤、火力、情报和其他作战功能的行动路线。指挥官和参谋可以在流程中点击步骤和任务，并接收嵌入陆军条令数据的图形，这是陆军军事决策的共同参照框架。精简决策过程中的步骤将加快指挥官作战筹划的决策周期。

自动化规划框有望从实验室转移到实战环境。在战场上，它将成为指挥所计算环境（CP CE）用户界面内的一款应用程序。指挥所计算环境第三版将开始提供综合任务指挥能力，在指挥所、平台和各梯队中拥有共同的外观和感知。

（五）用于远征的徒步任务指挥装备

联合作战指挥平台（JBC-P）为士兵提供卫星网络、安全数据加密、通用地图、直观的界面、对话功能和后勤信息。但在部队前往的一些地区，无法使用现有的车载联合作战指挥平台。部队希望作战人员离开车载联合作战指挥平台系统时仍能使用友军跟踪功能。为此，美国陆军正在探索对联合作战指挥平台进行改进的可能，以实现可以用于空降作战、远距离侦察巡逻或穿越山地和丛林地形的移动解决方案。目前，研究人员已开发出名为远征联合作战指挥平台（X JBC-P）的方案原型并正开展相关试验。

X JBC-P 套件包括加固式平板电脑、电源和无线电收发机，可由一名士兵携带。该系统使用两节电池供电即可工作四小时，连接便携式燃料电池发电机则可将工作时间延长至 24 小时。X JBC-P 将满足部队对连及以上指挥层级进行超视距任务指挥的需要，可提供安全的双向传输能力。作战人员可先连接到车载联合作战指挥平台系统，而后连接到指挥所。这种能力对陆军轻型和空降部队至关重要，这些部队在早期进入行动期间通常无法使用便携式任务指挥解决方案。

目前正在评估的版本由一台加载了 JBC-P 软件的商用现货平板和一台尺寸和重量与智能手机相当的铱星网络设备组成。在过去一年中，研究团队向第 2 旅战斗队、第 82 空降师、第 173 空降旅、第 101 空降师分别提供了 X JBC-P 的迭代版本。在上半年开展的为期一个月的"陆军远征勇士"试验中，也对该系统进行了评估。目前，X JBC-P 项目已转为由战术级指挥、控制、通信计划执行办公室负责，以帮助实现未来的移动态势感知能力。

三、结语

如今的安全环境充满着各种不确定性。美国认为，其潜在的对手正不断发展间接和不对称的技术以抵消美军的力量，并对美国的重要利益造成巨大威胁。因此，美国陆军必须保持战略和战役上的灵活性，能够即刻部署到世界上任何一个环境严峻的地点，并且可在抵达之后立即开展作战行动。未来，"远征任务指挥科学技术目标"计划将提供更多灵活且适合远征的能力，以实现无缝、不间断的任务指挥，使指挥官能够从任何地点无缝地指挥并快速制定决策。

（中电莱斯信息系统有限公司　李皓昱）

美国海军可部署联合指挥控制系统
实现移动式指挥控制能力

2018 年 6 月至 8 月，在 2018 年"环太平洋"演习（RIMPAC）期间（如图 1 所示），美国海军首次将可部署联合指挥控制（DJC2）系统用作海上作战中心（MOC），实现了重要的新型作战能力——岸上移动环境下的机动指挥控制能力。在演习中海上作战中心的指挥官使用 DJC2 系统首次在移动环境下对所辖的所有作战资产进行指挥控制。DJC2 系统除了常规的指挥控制和通信能力之外，还提供了生成共用作战图、情报和战备状态的能力。

图 1 "环太平洋"演习期间，美国第三舰队人员正在操作 DJC2 系统

此次演习演示验证了 DJC2 系统的机动性和 C4ISR 功能，展现了对海军未来作战产生影响的可能性，其对海军作战效能的提升、使命范围的扩大均存在积极意义。DJC2 系统作为海军牵头的三军联合指挥控制系统项目，为美军联合作战带来的机动性和易部署性也值得关注。

一、系统概述

美军认为，为应对重大危机和突发事件，联合部队司令需要一种能快速反应和部署的联合指挥控制系统，使参谋人员能及时制定计划，从而有效指挥部队快速遂行作战行动。此类指挥控制系统在作战初期应当能提供途中和早期进入的指挥控制能力；当联合特遣部队完全就位后，能提供设备、设施、指挥应用软件及服务等核心功能。为此，美军从 2002 年开始研制 DJC2 系统——一种适用于各战区司令部和联合部队司令部的模块化、可扩展、可快速部署的联合指挥控制装备。

DJC2 系统是美国国防部的一项重大 IT 投资项目，被列为重大自动化信息系统（MAIS）项目，它也属于国家安全系统（NSS）之一。DJC2 系统由美国海军领导研发，项目的需求由联合部队司令部提出。

在伊拉克战争中，DJC2 系统得到首次实战应用，它被部署到中央司令部作战指挥中心，负责陆海空三军的联合指挥，有效发挥了快速部署和作战指挥的作用。后续该系统分别成功地应用于"卡特里娜"飓风救援行动、海地救援行动等，是一个适应作战和应急救灾、本土安全防御等多使命的快速反应、网络化的联合指挥控制系统。

二、系统组成及功能

（一）系统特点

DJC2 系统为作战司令部和联合部队司令提供计划制定、控制、协调、执行以及作战评估的功能。该系统综合集成了态势感知、联合火力和机动、情报、后勤、兵力投送等最先进的联合指挥与控制工具。 DJC2 系统具有以下特点：

- 提供通用、标准化的指挥控制软硬件；
- 可根据不同的作战需要进行裁剪、配置，支持陆海空作战；
- 支持联合作战行动的同步化；
- 实现跨军种、跨职能、跨战区司令部指挥结构的横向及纵向集成；
- 互操作的通信、信息和基础设施系统与全球信息栅格（GIG）体系结构相一致；
- 采用模块化的开放系统结构并充分利用 COTS 和 GOTS 产品；
- 采用新技术，并对大量现有的系统、软件和硬件进行综合集成。

DJC2 系统可迅速提供必要的指挥控制和协作功能，能从后方获得信息支援，提供增强的危机告警能力，为基于效果的战役行动确定关键目标，监控战役过程并评估作战效果。

在进入作战的初始阶段，先遣部队利用 DJC2 系统对态势进行评估，为联合部队司令的作战指挥做前期准备；在前往战区途中，为联合部队司令提供态势感知并进行任务规划；在战区作战中，为联合部队司令指挥特定作战行动提供所需的全套系统，指挥人员及其参谋可以通过五种网络收发信息并参加与远程站点的视频会议，利用高度一体化的指挥控制及协作软件工具制定和实施作战计划。DJC2 系统作战视图如图 2 所示。DJC2 系统为指挥人员提供一个一体化的指挥控制司令部系统，使指挥人员在到达世界任何地方的 6～24 小时内，建成一个独立运行、自主供电、网络使能的联合特遣部队司令部。

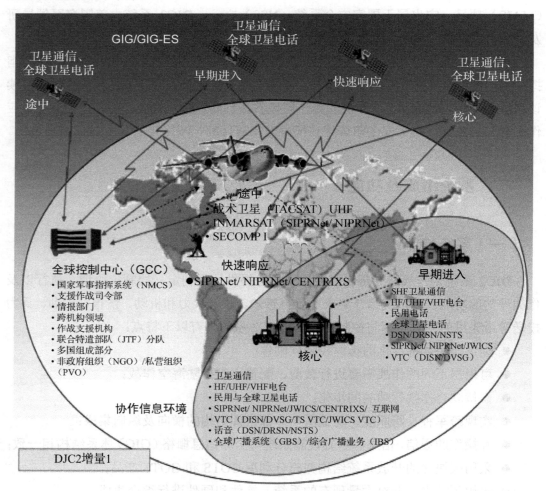

图 2　DJC2 系统作战视图

（二）系统组成及配置

1. 系统组成

一套完全部署的 DJC2 系统包括：

- C2 应用：使用的是联合全球指挥控制系统（GCCS-J），包括共用作战图（COP）、综合图像和情报（I3）、全球作战支援系统（GCSS）、联合作战计划和执行系统（JOPES）、全球运输网（GTN）、战区作战管理核心系统（TBMCS）远程系统等应用；
- 协作信息环境（CIE）：包括国防协作工具组件（DCTS）、信息工作空间（IWS）、视频会议；
- 商用办公自动化系统；
- 情报系统：集装箱化联合全球情报通信系统（C-JWICS）/可部署联合情报支持系统（JDISS）；
- 通信系统：USC-60A 和 USC-68、全球广播系统（GBS）、DRSN 电话、内通；
- 网络：保密 IP 路由器网络（SIPRNET）、非保密 IP 路由器网络（NIPRNET）、JWICS、联合企业区域信息交换系统（CENTRIXS）、NGO；
- 电力供应设备、环境控制设备；
- 方舱、拖车等。

系统还提供与国防部以及商业通信线路的接口，用于联合部队司令部接收和分发信息。

2. 配置类型

DJC2 系统有四种配置：途中系统、快速反应包（RRK）、早期进入（EE）系统以及核心应用系统。

（1）途中系统是一套机载系统，它包括可快速配置的 C2 系统组件、通信系统、网络等，它们装在经过改造的空军 462L 底盘上，能在 90 分钟内迅速安装到 C-17 和 C-130 飞机上。

（2）快速反应包是一种轻型通信组件，可以由 2-15 人组成的前沿指挥小组携带、并在很短的时间内迅速部署到危机发生地域，收集态势感知和承担有限任务。RRK 主要包括网络部件和便携式卫星天线，利用 GIG 接入 SIPRNET、NIPRNET、Internet 、CENTRIXS 网络。

（3）早期进入配置支持早期进入作战区域的小规模联合特遣部队的作战指挥，通常包括 20-40 个操作员席位以及标准网络服务以及地面建制通信系统。

（4）DJC2 核心配置具备全套 DJC2 能力（包括 5 种网络），有 60 个操作员席位，支持小规模到较大规模的联合特遣部队的作战指挥，能在 24 小时内完成架设并投入运行。

此外，美军还研制了海上 DJC2 系统原型系统，原型系统可安装在集装箱中，能很便捷地装载到舰船上。目前该系统已成为海上型 DJC2 系统，为舰队或联合特遣部队司令部提供标准化的水上指挥控制能力，提供具有灵活性、自适应性的系统。

三、研发情况及作战应用

（一）研发情况

DJC2 系统是美国国防部的一个联合项目，由美国海军领导研发，采用螺旋式开发方式，分阶段实施，不断提高系统基线能力以满足动态变化的作战需求。在项目开发过程中，最大限度地利用现有的战略、战术及商用资源。

2002 年 1 月，DCJ2 任务需求文件（MNS）获得确认；2003 年 9 月批准作战需求文件（ORD）；2007 年 1 月，实现初始作战能力（IOC）；2008 年 9 月，实现完全作战能力。DJC2 核心系统先后部署到南方司令部（USSOUTHCOM）、太平洋司令部（USPACOM）、欧洲司令部（USEUCOM）、美国陆军南方司令部等。

（二）主要作战应用

1. 实战应用

在伊拉克战争中，中央司令部 DJC2 系统是第一个战区总部级可部署指挥控制系统，能在危机发生后快速部署。它也是第一个应用于实战的系统，在伊拉克战争中，该系统作为作战指挥中心，负责对伊拉克战时陆海空三军的联合指挥。在作战指挥中心内作战人员通过平板大屏幕可以看到巴格达的军事部署、地理环境和天气情况、无人机从战场上空发来的实时视频信息等。司令部的作战计划通过加密电子邮件以 10MB 信息块的形式传输给作战部队。

2. 救援行动

DJC2 除了完成军事作战使命外，还适用于应急救援行动等多种使命任务。

2005 年 8 月"卡特里娜"飓风期间，军民用地面通信基础设施被毁。美军迅速开展应急救援，DJC2 系统作为执行救援任务的联合海上部队唯一的近岸指挥控制系统，在此次行动中发挥了关键的作用。该系统在不到 3 天的时间内迅速完成了包装、运输、架设并投入运行，建立起有效的通信，确保应急救援联合特遣部队与其他参与部队以及州救援组织之间的通信畅通。DJC2 系统还为联合特遣部队提供了移动式的指挥所，通过该指挥所，指挥人员可指挥搜救、监视和后勤行动。

2010 年海地发生地震后，南方司令部 DJC2 系统（海上型）通过美国海军两栖登陆舰 LHD-5 "巴坦号" 运送到海地太子港，建成海地联合特遣部队的指挥所，提供了 SIPR 、NIRP 等各类通信服务。

在随后的尼泊尔地震、日本海啸和利比里亚埃博拉救援工作中，DJC2 系统都作为重要工具在行动中发挥作用，验证了其快速部署、快速反应的能力。

3. 军事演习

DJC2 系统近年多次参与了 "环太平洋" 军事演习，在演习中美军测试了其新研发版本及其性能水平，使 DJC2 经过了真实场景检验。

2016 年 6 月 30 日开始的 "环太平洋" 军演期间，美军在夏威夷安装了 DJC2 新版系统——DJC2 下一代飞地（NGE），并进行了测试，结果表明系统到达了重要里程碑节点。DJC2 NGE 提高了美军在 "环太平洋" 军事演习期间响应多国紧急事件的能力，还解决了互操作性，并制定了通用型岸基和远征基线，支持了联合和海军用户。DJC2 NGE 部署后，原先 3 个飞地的早期进入配置所需的装运箱将从 20 个（包含 78 个机架）减为 4 个（包含 16 个机架），仅需半个小时就可安装好。5 个飞地的标准核心配置在产品尺寸、重量和功率上也有成比例的缩小。

2018 年 6 月中旬到 8 月 2 日举行的 "环太平洋" 演习期间，美国第三舰队与 DJC2 研发团队合作，重新配置系统和网络以实现必需的能力，将 DJC2 系统用作海上作战中心。海上作战中心的指挥官使用该系统对所辖的所有作战资产进行指挥控制。这些指挥控制工作通常在固定地点或舰上进行，之前从未在移动的岸上环境中执行过。此次军演验证了 DJC2 使美国海军具备了移动环境下的机动指挥控制能力。

四、现代化工程

DJC2 现代化工程于 2015 年开始，包括对备选方案的研究、开发、测试和评估（RDT&E）分析以及硬软件配置变化的概念验证。现代化的一般程序是技术插入和技术更新，避免已部署系统的功能退化。同时寻求如何提高产品赛博安全水平并减小产品尺寸、重量和功率，以此降低产品制造、运行和维持成本。图 3 所示为 DJC2 系统截屏。

图 3　DJC2 系统截屏

（一）集成新技术，提升作战能力

作为现代化工程的一部分以及对前线部署指挥官需求的响应，美国海军不断开发、集成新技术，改进了产品尺寸、重量、功率（SWaP），使 DJC2 更加易部署，保持技术领先，更好地支持全球作战。2018 年，DJC2 主要开展工程开发，支持国防信息系统局联合信息环境（JIE）战术处理节点，并致力于迁移到通用基础设施。此外，还测试并演示验证互操作性和任务伙伴环境，为后续系统开发升级做准备。

（二）整合计算和存储资源，减小设备尺寸

近年来，美国海军对 DJC2 系统进行了现代化，减少硬件数量并增加软件定义存储量。升级后的 DJC2 平台可将服务器、存储器、虚拟化和联网等功能集成在一起，从而消除了对昂贵和无效的 3 层数据中心架构的需求。升级后的 DJC2 设备被开发者称为"盒子中的数据中心"，该设备的大小比其替代的传统系统小 3/4。DJC2 现代化工作与海军云迁移工作保持一致，前者可为海军云方案提供支持。

未来 DJC2 项目将致力于系统工程、集成和试验上，重点融入新兴的赛博安全技术，并调整通用系统架构，保持与联合信息环境（JIE）和战术分组网（TPN）一致。

（中电莱斯信息系统有限公司　戴钰超）

美国海军推进舰载网络
统一海上网络和企业服务发展

2018 年，美国海军对其舰载 C4I 基础设施——统一海上网络和企业服务（CANES，图 1 为该系统硬件设备图）开展了一系列推进工作，从加速生产、牵头现代化工作等多种途径，升级、整合新技术和功能，使美国海军提高了作战能力、终端用户效率以及指挥、控制、通信、计算机、作战和情报（C5I）系统能力。

具体包括：1 月，启动 CANES 生产阶段，包括安装舰载系统、对现有硬件进行移除和替代的升级工作；4 月，美国海军"卡特霍尔"号船坞登陆舰（LSD 50）上的生产阶段达到了最后一项里程碑；8 月，洛克希德·马丁公司获得合同为 CANES 现代化和整合工作进行备选方案基线分析等。

CANES 升级、整合工作为海军带来了长期的经济效益，且提高了作战人员的作战敏捷性。有了 CANES，美国海军的海基 C4I 网络更加容易操作，通过 CANES 创造的通用计算环境，使作战人员能及时获取最前沿技术，应对新威胁。

图 1　CANES 设备正在进行交付前的装载和测试

CANES 是海军下一代舰载网络，它利用灵活的开放式体系结构，统一了原有的关键 C4I 网络。海军将 CANES 用作向战术云扩展的骨干网络，以便快速、高效、低成本地访问、部署、存储大数据。研究 CANES 发展思路和历程，将帮助理解和分析美军信息基础设施发展状态和趋势以及云计算、人工智能等相关前沿技术的应用。

一、项目背景

美国海军的数百艘舰船上一共装备了数千套传统网络系统，包括一体化舰载网络系统（ISNS）、组合全局区域信息交换（CENTRIXS）、绝密信息网络（SCI）、潜艇局域网（SUBLAN）等网络。每个网络都有自己专用的机柜和服务器，彼此之间不能共享服务和存储资源，每个应用也都有自己专用网络和硬件，不仅在安装、培训和后续保障服务上导致成本预算高昂和人员增加的问题，更重要的是，每个网络被设计成支持单一的作战功能，造成海上网络呈"烟囱式"，网络之间信息共享和互操作能力很差，无法满足现代化战争要求。在此背景下，美国海军推出了 CANES 项目，旨在通过创建统一的公共网络系统来合并、替代先前多种分散式的 C4I 网络系统，以减少网络种类、安装空间及人员配置，提高互操作能力。

美国海军于 2006 年提出 CANES 项目，2008 年 11 月确定 CANES 开发决策。从2011 年起，CANES 项目开始了包括网络硬件和网络软件基础设施在内的计算机环境建设。

CANES 以 ISNS 系统为基础，逐步把 SCI、SUBLAN、CENTRIXS、视频信息交换系统（VIXS）、舰载视频分发系统（SVDS）集成进来，将这些传统烟囱式网络及其应用都迁移到 CANES 中。根据硬件需求，CANES 利用标准化的网络基础设施和通用化的机柜体系结构来创建统一的计算环境，并通过企业服务为作战和管理应用程序提供"托管"（hosting）服务，以提高互操作能力，减少传统硬件的数量和安装空间。

二、项目目标

CANES 项目是为了处理早期舰载网络环境的相关问题，在保证现有网络完整性的同时对网络进行现代化改造，即在不破坏现有海军多种网络的情况下将现代开放式网络集成到海军舰队中。将传统的海上网络整合成一个精简型的公共网络结构是其最终目标。按照规划，CANES 将首先整合 ISNS、SCI、CENTRIXS-M、SUBLAN、VIXS/SVDS 这几种 C4I 网络；第二阶段将逐步整合一些其他网络，如海军核反应推进装置网络等。具体目标是：

（1）根据海军和联合作战的需求，建立一个安全的海上网络。

（2）通过使用成熟的跨领域技术和信息基础设施，统一和减少海上网络数量，并加以技术更新，提高网络之间的互操作性。CANES 的网络整合范围绝不仅仅局限于当前规划的这几种传统网络，还包括其他一些网络和系统。例如，当前许多海上系统为了实现自己的功能需求都拥有配套的网络基础设施，CANES 继续进一步调查这些系统需要实现哪些网络功能，如果目前 CANES 没有提供这些功能，将在未来增量开发计划中将其作为特定服务添加进来，以供所有类型的舰载网络加以利用。

（3）减少海上网络基础设施的重复现象，减少其安装空间和相关硬件的费用。

（4）提供更可靠、更安全的作战应用及其他能力，满足当前和未来的作战需求。除了能够减少硬件安装空间和成本外，CANES 提供的统一网络基础设施和服务，还能够形成网络中心企业服务（NCES）海上核心服务（ACS）战术优势，支持国防部所有的 C4ISR 系统应用程序迁移到面向服务体系结构（SOA）环境中去，同时简化业务流程，将应用/服务与具体的硬件分离开来，从而满足当前和未来战术作战任务的需求。

三、功能描述

CANES 体现了海军的 IT 应用策略，即直接满足关键的信息安全/计算机网络防御（CND）需求，提供更加安全和可靠的海上网络基础设施。CANES 的主要功能包括话音服务、视频服务、数据服务和系统管理等，其所创建的企业信息环境，可为水面舰船、潜艇、空中作战平台和岸基设施执行常规业务、作战、情报侦察等任务提供有效支持。特别应注意的是，CANES 不仅仅提供公共的网络硬件基础设施（如网络传输、网络存储与计算），更重要的是还提供 C4ISR 应用中最基础、最核心的海上企业服务（全球信息栅格 GIG 的 9 种核心企业服务），所有的 C4ISR 应用都可调用这些核心服务开发自身的应用程序。

四、网络构成

CANES 的任务是提供一种企业信息环境，为水面舰船、潜艇、空中作战平台和岸基设施执行常规任务、作战、情报侦察等活动提供有效支持。从体系结构角度来看，CANES 的主要目标包括：①将现有的海上物理网络整合成一个统一的物理网络架构；②对物理服务器和数据存储设施进行虚拟化管理；③在虚拟化资源之上开发一种面向服务的核心服务架构，为信息应用提供一种平台，将这些应用迁移到 SOA 架构中。

在 CANES 项目中，值得注意的是：①CANES 采用智能技术和现有的商用成熟技术进行集成，项目中的所有技术均已验证；②更多的网络管理功能以减少人员和维护要求为目标，舰队首席信息官（Fleet CIO）对海上网络具有"可见性"（Visibility）。CANES 特别强调网络监视、健康评估、设备管理以及计算机网络防御等功能。

CANES 是采用开放式体系结构的战术网络基础设施，主要由三个核心部件构成。

（一）通用计算环境（CCE）

通用计算环境能有效地利用"虚拟化"技术将舰载网络硬件（交换机和路由器）、机架、服务器和通信媒介等整合到公共网络核心中，以取代相似的硬件、独立的操作，从而实现硬件基础设施的虚拟化管理。目前，一台服务器上仅能同时运行一种操作系统，但是借助于采用 SOA 架构的虚拟化技术后，不同种类的操作系统（如 Linux，Solaris，Windows 等）以及它们各自所支持的所有应用程序都可以在同样的硬件和服务器设施上同时运行，即 1 台"虚拟化服务器"将允许表面上不兼容的系统和多个独立运行的应用程序同时运行在 1 台单独的服务器上，最终实现将多种计算功能整合到一个公共网络和服务器组中的目标，这将有效扩展计算机能力，并能够使硬件设施投资和资源得到最大化利用。

（二）基于 SOA 的海上核心服务（ACS）

CANES 的 SOA 架构旨在为服务使用者提供一种结构平台，在此平台上可以利用开源和 COTS 软件对各种基本能力和核心服务等进行混搭和匹配，快速地创建、调用、执行和管理各种基于服务的新应用以及以网络为中心的核心企业服务等，从而满足不断变化的作战需求。

基于 SOA 的海上核心服务创建一种可升级的服务交互分层模型，将现有烟囱式系统的传统应用分解、转换为面向用户、数据的可复用式公共服务和应用，这些公共服务和应用能够利用现有的基本信息服务、架构服务、ACS 和特定的服务。其中，基本信息服务可以提供普遍的信息共享能力；架构服务对应用软件、数据、战略服务等提供托管和传送交付功能。通过采用标准化的接口，系统可以调用这些公共服务，有益于减少成本，统一系统的维护工作。

（三）跨域解决方案（CDS）

跨域解决方案能实现多个不同安全保密级别（MLS）的系统运行在同一个客户端工作站，其当前技术成熟度为 3 级。

跨域解决方案也允许用户设置数据访问的许可级别，以便在不同的安全级别内均可访问同样的数据，同时阻止信息流在不同安全域中的传输。即允许不同安全等级（绝密、秘密、解密、非密）的数据在公共网络设施通用计算环境上传输。

五、项目发展

（一）项目历程

CANES 开发决策在 2008 年 11 月获批，2009 年 4 月发布招标书。2011 年 1 月，CANES 项目通过了里程碑 B 的评审验收，开始进入项目的工程、制造开发与演示阶段，并许可生产 4 套用于作战和训练的装备。2012 年 CANES 达到里程碑 C 并进入生产与部署阶段，开始进行单艘舰艇的安装，包括 2 套工程开发模型的安装，随后进行编队舰艇、岸基设施及其他部队级舰艇的安装。2012 年 12 月，首批 10 套 CANES 系统中的第 1 套安装在 DDG 69 上，安装时间持续 18 周，第 2 套于 2013 年 5 月安装在 CVN 74 上。2015 年 10 月，CANES 进入完全部署阶段。如果该项目按计划进行，到 2021 年，CANES 最终将装备 192 个平台（包括水面舰船、潜艇和海上作战中心）。

（二）未来发展

2018 年 3 月，美国海军战术网络项目办公室开展了"云端 CANES 服务"实兵演示验证，向应用程序提供方展示了在亚马孙网络服务（AWS）GovCloud 虚拟私有云（VPC）中托管的 CANES 和敏捷核心系统的可接入性。这使得应用程序开发人员能够提前查看 CANES 网络，以缩短与现有应用集成系统集成测试流程相关的测试时间，提升应用程序互操作性并最终提升 C4I 系统和托管应用程序的整体可靠性。

美国海军正在针对 8 个在云环境中托管的列档项目应用程序开展工作，以试验 CANES 中的集成和测试流程。美国海军希望在 2019 年继续开展这些试点项目，并准备在 2019 年上半年扩大应用程序集成工作范围。该云环境是协作筹划环境（CSE）的关键组成部分之一，后者是实现建设战术网络 DevOps 体系的关键要素，也是 DevOps 工作的一部分。DevOps 旨在提高 CANES/敏捷核心系统交付速度和质量。

建立一个有效利用云的灵活计算资源的 CANES 开发环境，可以经济、按需的方式提供 CANES 托管服务。这将使得 CANES 和应用程序的开发工作更具性价比，更有效率，在有效利用资金的同时更快地将各种能力转移给作战人员。

（中电莱斯信息系统有限公司　戴钰超）

俄罗斯推进战役级自动化指挥系统部署

2018 年 6 月，俄罗斯国防部宣布正将金合欢-M 自动化指挥控制系统部署至战役级地面部队司令部，包括 12 支诸兵种合成集团军和 4 支陆军集团军。金合欢-M 系统不仅能够为战役级指挥官提供指挥控制和态势感知能力，还可以联络或直接指挥海军、空天军和空降兵下属部队。俄罗斯国防部计划耗资 210 亿卢布（3.14 亿美元）采购 32 套金合欢-M 系统，2019 年底完成全部部署工作，以缩短作战指挥周期，简化信息收集、处理、显示和交换的流程，提高俄罗斯陆军战役级部队的指挥效率。

一、系统概述

金合欢区域性指挥系统由俄罗斯联合仪器制造公司（UIMC）子公司 Sistemprom 设计研发，最初的构想是解决战场火力打击所需要的侦察、定位及目标导引问题，并逐步扩展了金合欢系统的功能，将其发展成为集指挥通信、数据传输、武器控制和作战保障于一体的综合指挥信息系统，将最高统帅、军区司令、战场指挥员，以及军官和士兵等整个军事组织联成一体，并联通战场上的其他军队。

金合欢-M 系统 2010 年就已经在俄军总参谋部的辅助指挥所、沃罗涅日军区和莫斯科军区总部部署。俄罗斯陆军第 20 集团军参谋部在高加索-2012 军演中使用了金合欢-M 系统，如图 1 所示。俄军在此次演习中测试了金合欢-M 与其他战役-战术指挥控制系统的集成情况，然而结果暴露出较严重的问题，如因数据交换协议不同导致无法与俄罗斯陆军的"星座-M2"战术级指挥控制系统直接连接，故无法在旅级部队进行部署。针对兵种指挥信息系统通用化、标准化程度低、指挥效率不高等问题，同时为了与新型三级指挥体制相适应，俄罗斯陆军对自动化指挥系统进行改造，开始采用统一的接口和协议将不同系统连接起来，力图构建一体化的陆军自动化指挥系统。目前该系统已解决了之前存在的互联互通问题，具有指挥一体化联合作战和网络中心战能力。2018 年 6 月，俄罗斯国防部宣布在战役级地面部队司令部部署金合欢-M 系统，预计 2019 年底完成部署工作。

图 1 金合欢-M 自动化指挥系统

二、系统组成和功能

金合欢-M 系统是俄军为解决陆军战役级指挥互连互通问题，提升陆军部队信息化水平而开发的系统。该系统充分利用了俄陆军一体化网络技术，具有较强的互连互通和互操作能力。

金合欢-M 系统包括自动化指挥所和自动化总部两个组成部分，其中自动化指挥所以卡玛斯全地形重型卡车为平台，具有高机动性快速部署能力。两个组成部分间具有数据自动传输功能。自动化指挥所配备无人机（UAV），能够为战区前沿（FEBA）的作战行动提供支持。无人机续航时间为 1.5 小时，最大航速 120 千米/小时，机载摄像机的拍摄范围可达 15 千米。该系统与集团军中的各类新型通信系统（卫星、对流程/HF 或光纤）相连，使用加密的无线电和卫星频道形成单一的信息环境，实现所需的韧性通信中枢能力，保障指挥所与后方总部间的无间断信息交换能力。同时，系统具有可扩展性，可根据任务实际情况装配不同自动化机动单元（APE），以满足不同指挥控制层级的作战要求。图 2 所示为金合欢-M 系统的自动化指挥所内部图。

金合欢-M 系统可用于作战、维和和特种作战行动。系统功能包括：

（1）可持续接收和分析关于敌方行动、空中、地面、干扰、辐射、化学和生化等方面的实时态势数据，以及己方部队战备、训练、弹药和燃料库存、人员精神和心理状态等信息，将加工后的数据以电子图表的形式实时显示在屏幕上，为指挥官提供指挥控制和态势感知能力。

图2　金合欢-M系统的自动化指挥所内部图

（2）自动化总部与前方自动化指挥所间的通信能力使指挥官可以从后方直接向前方部队下达命令，缩短了决策过程，提高了指挥效率。

（3）系统还能够与海军、空天军和空降兵等其他军兵种的自动化指挥控制系统相连接，以及俄罗斯的国家防御指挥中心实时交互。

（4）在平时，该系统用于控制部队分组，计划和监督部队和训练单位日常活动的实施。

（5）通过林中旷地防空自动化系统并入一体化指挥网络中，与巴尔瑙尔-T 等防空系统组成较为完善的野战防空指挥体系，并且同级各分系统之间也做到了相互连通，同时具有空域管制等功能。图3所示为以金合欢系统为核心的俄罗斯陆军地面防空指挥体系。

三、三级自动化指挥体系

此次金合欢-M 系统在战役级部队的大规模部署进一步完善了俄军的战略、战役和战术三级自动化指挥体系，实现了从单系统分散建设到一体化发展的转型过程。俄军为实现该目标，采取了多项措施加快新一代战略、战役和战术级自动化指挥系统的

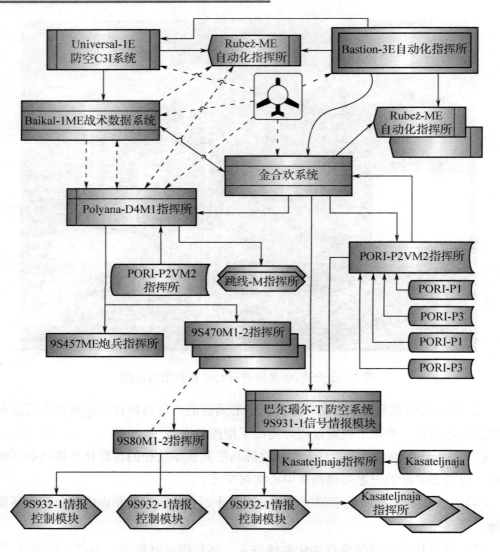

图 3 俄罗斯陆军地面防空指挥体系

建设步伐，包括制定了与新一轮军事改革方案相配套的《2009—2011 年国家武器纲要》，以师改旅为切入点推动陆军改革和转型，加快通信和指控自动化系统的信息化改造和建设步伐，以尽快建成新一代战略和战役级自动化指挥系统，使之与新型三级作战指挥体制相适应，以发挥出最大的作战和指挥效能。到 2012 年已经初步建成以空天防御自动化指挥系统、武装力量野战指挥自动化系统和跨军种区域一体化指挥自动化系统为代表的自动化指挥体系。俄战略级自动化指挥系统包括预警探测系统、战略通信系统和指挥控制中心三部分。预警探测系统和战略通信系统相当于指挥控制中心的耳目和神经，为军事指挥提供信息来源并保障信息传输。指挥控制中心的核心是

2014 年 12 月正式投入运行的国家防御指挥中心（NDCC）。中心包括战略核力量管理中心、作战指挥中心和军队日常行动指挥中心 3 个主要部门和 6 个保障组织指挥中心，通过互操作能力实现战略级（各军种指挥中心、兵种指挥中心、联合作战指挥中心）、战役级（集团军指挥中心、军区指挥中心）及战术级（空军基地指挥所、旅指挥所和师指挥所）的统一指挥和信息互通（见图 4）。

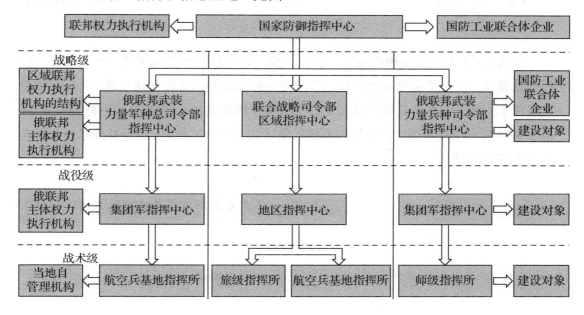

图 4　国家防御指挥中心协同组织关系

俄战役级自动化指挥系统的建设工作从 20 世纪 90 年代就已经在集团军和方面军司令部层面开展，以发展跨军种的区域一体化自动化指挥系统为核心，旨在保障配置于不同地点和互不隶属的各军兵种部队指挥机构之间的信息交换。目前俄军已全面完成战区级自动化指挥系统的数字化改造，实现区域内武装力量各军兵种部队和其他军队指挥自动系统的互通互联。

俄战术级自动化指挥系统主要由通信系统和各种结构性、功能性指挥分系统组成，其主要发展方向是：增强二者在信息交换和数据处理方面的能力；继续扩大卫星通信在战术指挥控制中的作用；完善自动化指挥控制系统的架构，实现数据的分布式处理，并与全军指挥控制系统保持兼容；设备的软硬件设施应实现标准化和统一化；扩大通信服务范围，增加实时传输多媒体数据的功能；使用新的数字信号处理技术和抗干扰技术；逐步改变通信信道的加密方法，由原先的硬件加密法改为软件加密法；增加新的频带和波段。目前，俄军已经列装包括星座 M-2、巴尔瑙尔-T 和仙女座-D

在内的多种新一代战术自动化指挥系统，各种作战和保障单元可通过战术互联网实现动态的互联互通，并实现作战指挥、战场侦察、火力打击、对空防御、综合保障等功能要素的综合集成。

四、结束语

金合欢-M 系统是集指挥通信、数据传输、武器控制和作战保障于一体的综合指挥信息系统，实现了从最高统帅部、军区司令到战场指挥员的互联互通，将各作战单元联成了一体。该系统是俄军重要的战役级指挥控制系统，它与国防指挥中心，以及俄军各种新一代战术级自动化指挥系统的集成实现了俄军战略、战役和战术级指挥控制能力的有效统一。

（中电莱斯信息系统有限公司　忻欣）

日本首次部署"协同作战能力"系统
提升印太地区美日协同作战能力

2018 年 7 月 30 日，搭载了美军"协同作战能力（CEC）"系统的日本最新一代驱逐舰"摩耶"级一号舰"摩耶"号下水，预计将于 2020 年服役；日本防卫省计划在 2019 至 2020 年度完成的两艘海上自卫队新型"宙斯盾"舰上安装"协同作战能力"系统。航空自卫队也正探讨在将于 2019 年度开始正式启用的 4 架 E-2D 预警机上部署"协同作战能力"系统，加强在战时与美军的联合，提高自卫队防空能力。这将使日本舰艇及预警机可与装备该系统的美国舰船和飞机共享传感器数据，扩大美日战场空间感知能力和综合作战效能。

一、部署"协同作战能力"系统的背景

特朗普政府在 2018 年 6 月提出"印太战略"，将亚太概念扩展到印度洋地区，突出日本在该战略中的作用，加强美日在情报共享、侦查、监测和军演方面的合作力度。2016 年 3 月日本新安保法案正式实施。新安保法案对日本核心宪法的基础、防卫战略基本方针——专守防卫产生了巨大影响。两年来日本不断探索新安保法案的落地过程，以行使所谓的集体自卫权为核心，为自卫队走向海外参与更多的军事行动松绑。

日本防卫省希望借助"协同作战能力"系统建设本国陆海空三维层面上的综合防空反导能力。此前日本已经引进美国陆基"宙斯盾"系统。海基层面，日本水面舰艇大多使用美国"宙斯盾"系统，与美国系统不存在兼容性问题。空基层面，日本航空自卫队的 E-2 系列预警机均采用美国作战系统，数据链也与美军兼容。日舰装备"协同作战能力"系统之后，可以和美军加强情报数据共享，提高共同防御空中威胁的能力，进一步加强美日军事同盟。

二、"协同作战能力"系统部署计划

"协同作战能力"系统是美国海军在原C3I系统的基础上为加强海上防空作战能力而研制的作战指挥控制通信系统。该系统主要利用计算机、通信和网络等技术，把航母战斗群中各舰艇上的目标探测系统、指挥控制系统、武器系统和舰载预警机联网，实现作战信息共享，统一协调作战行动。在该系统内，每艘舰艇都可以实时共享战场态势和目标动向。在打击空中目标时由处于最佳位置的军舰发射武器进行拦截，提高航母编队的防空能力。"协同作战能力"系统也是美国海军综合防空火控系统（NIFC-CA）的重要组成部分。它将分布于舰船、飞机（E-2C /D）以及地面的雷达数据整合进单一综合空情图中，具有目标指示、复合跟踪、协同作战等功能，能够使作战编队获得更远的探测范围、作用距离、跟踪精度，实现分布式联合作战，提高体系作战能力。该系统专门设计通过将机载预警与控制系统平台转换扩展至水面联合舰队自身传感器来加强舰队的联合防空能力。

（一）日本"摩耶"号驱逐舰首次搭载"协同作战能力"系统

2018年7月30日，日本最新一代驱逐舰"摩耶"级一号舰"摩耶"号，在位于横滨的日本海洋联合株式会社矶子工厂下水，舷号DDG-179。这是日本最新的"宙斯盾"级驱逐舰（见图1），排水量为10800吨，不论从吨位、技术水平还是作战能力方面都是日本最先进的驱逐舰之一，它首次搭载了"协同作战能力"系统。"摩耶"号驱逐舰下水意味着日本海上力量进一步得到提升。

图1　日本宙斯盾驱逐舰

（二）日本将全面部署"协同作战能力"系统

日本国防部将在 2019 年到 2020 年购买 4 架 E-2D 高级鹰眼预警机和 2 艘新一代"宙斯盾"驱逐舰，防卫省计划在 2019 年到 2020 年为两艘海上自卫队新型"宙斯盾"舰安装"协同作战能力"系统。航空自卫队也计划在将于 2019 年开始正式启用的 4 架 E-2D 预警机上部署"协同作战能力"系统，目的是通过在 E-2D 预警机上搭载"协同作战能力"系统，与盟友共享信息，加强在战时与美军的联合，提高自卫队防空能力。日本防卫省计划在秋田县、山口县部署的陆基"宙斯盾"系统，将来很有可能也会配备该系统。

（三）部署"协同作战能力"系统将提高日本舰队作战能力

"协同作战能力"系统主要由安装在舰队内各平台上的联合交战处理机（CEP）和数据分配系统（DDS）构成。"协同作战能力"系统可快速收发大容量信息，信息更新频率高，可将来袭导弹、敌方飞机等目标信息即时与伙伴共享。"协同作战能力"系统能够让日本的"宙斯盾"驱逐舰远离潜在的冲突区域，利用距战斗区域更近的平台对其导弹进行引导。目前，日本的"宙斯盾"驱逐舰仅能够使用自身雷达导航和发现敌方的导弹和飞机。

"协同作战能力"系统的部署将从以下三个方面提高日本舰队的作战能力。

1. 合成跟踪与识别

通过各平台上的联合交战处理机实时融合来自舰队内各平台的未经处理的雷达测量数据，形成一个单一的火控质量合成航迹，产生统一、精确和实时的战术图像，供各舰共享。利用共享信息，系统内的所有单位都可以协调并做出反应，更好地利用现有装备，以确保投入适度战力来应对所有的空中威胁。

2. 精确引导与威胁告警

在"协同作战能力"系统已经形成了一条合成航迹的情况下，如果某个平台的雷达不能获得和保持这一航迹，并且该航迹对该平台构成了威胁，"协同作战能力"系统可向该平台雷达提供专门捕获提示信息，使其能在较远的距离上捕获目标，从而扩大了雷达覆盖范围。如果战斗群中某舰艇不能依靠自身雷达锁定跟踪，而该目标又对该舰艇构成威胁，则"协同作战能力"系统在为该舰艇提供合成航迹图像的同时还可以自动对该舰进行威胁告警，使其做好防御准备。

3. 协同联合作战

在形成火控质量合成航迹和合成识别的基础上，可以实现舰队内各平台协同的防空作战。协同作战的方式包括：提示作战、利用远程数据作战和前传作战。在提示作战中，发射平台可根据"协同作战能力"系统的航迹提示，进行精确、自动的传感器捕获。在利用远程数据作战中，发射平台可利用"协同作战能力"系统或远程平台提供的火控质量的相关数据对舰空导弹进行发射、中段制导和末端照射控制。在前传（Forward Pass）作战中，在导弹中段制导阶段或终端制导阶段，发射舰对导弹的控制能力可以转移到另一艘舰上。

三、部署"协同作战能力"系统对美日联合作战能力的影响

除了"摩耶"号驱逐舰，"协同作战能力"系统还将安装在日本 E-2D 预警机上。"协同作战能力"系统能够连接飞机和舰船的探测和跟踪传感器，将提高美、日两军之间的数据共享水平以及联合导弹防御能力。

（一）数据共享

根据现有的数据共享系统，预警机 E-2D 在成功发现对方导弹之后，无法指挥"宙斯盾"舰进行拦截，"宙斯盾"舰只能在自身雷达探测到目标的情况下才能进行拦截，因此雷达的预警时间和范围受到限制。如果搭载"协同作战能力"系统，"宙斯盾"舰就可以对 E-2D 预警机探测到的导弹等目标进行即时拦截。这样，无论日、美哪个国家首先发现了目标，都可以将信息共享给对方，然后实施联合作战，大幅提高了目前日军和美军之间数据共享的水平。

（二）导弹防御

"协同作战能力"系统可扩大日本"宙斯盾"舰的探测范围，加强与美军作战平台的协同能力。"协同作战能力"系统不仅能用于舰队协同防御反舰导弹作战，而且能用于弹道导弹防御作战。海军陆战队、战术飞机和舰队装备"协同作战能力"系统后，可形成战区协同防空作战系统。日本自卫队对搭载"协同作战能力"系统的飞机和舰船进行海空一体化运用，可以提高应对速度，扩大拦截范围。

四、结语

　　"协同作战能力"系统是一种连接飞机和船舶的探测和跟踪传感器并提供综合火力控制能力的传感器网络系统。"协同作战能力"系统的部署将使得美日联合作战的能力和层次进一步提高，实现共享信息、联合作战的目的。一旦美日实施了联合探测、联合指挥以及联合进攻，日本军队的作战能力将会大幅提高。

（中电莱斯信息系统有限公司　王璨）

大事记

美国陆军制定任务指挥网络现代化的行动路线   2018 年 1 月，由于美国陆军的网络现代化方案正在向远征任务指挥网络转型，按照陆军参谋长（CSA）指示，任务指挥网络现代化实施计划确定了 4 条行动路线（LOE），推动陆军未来网络的发展：1）统一的网络。旨在提供统一的传输和支撑网络赋能技术，在拥挤的对抗环境中为美军提供可靠的网络传输能力。2）通用操作环境（COE）。重点在集成联合信息环境（JIE）和相关应用，为各级指挥官提供支持。3）联合部队和盟军的互操作能力。旨在解决联合信息环境和任务合作伙伴环境中的互操作能力问题，并为整个通用操作环境提供支持。4）指挥所的生存能力和机动能力。旨在实现战斗编队在拥挤和对抗程度日益提高的环境中的分布式任务指挥能力。

美国陆军为分布式通用地面系统（DCGS-A）制定新的发展策略   2018 年 1 月，陆军领导人表示，希望摒弃过去增量式的发展方法，通过更好地结合现有的商业能力、用户反馈信息和"能力小模块"模式继续向前推进分布式通用地面系统（DCGS-A）项目。DCGS-A 是美国陆军的战场情报共享系统，其快速高效分发情报、监视与侦察（ISR）数据的能力受到质疑。除了向能力小模块模式转变，另外一个重要的转变是更多地关注来自士兵的用户反馈，包括来自战场、训练演习和网络集成评估中的反馈。这些反馈将推动简化 DCGS-A 中的 IT 系统，增强用户界面，将反馈纳入采办过程，优化系统的培训，甚至改进人-系统的集成。

美国国防部全面升级核军事指挥网   2018 年 1 月，美国国防部发布《核态势审议》（NPR）草案，率先提出制定全面计划以升级核指挥、控制和通信网络，即 NC3系统。NPR 草案指出，美国必须拥有一个能在任何时候控制美国核力量的系统，即便是在核攻击环境下；NC3 系统必须确保信息传输的完整性，并具备可靠地克服核攻击影响所必需的弹性和生存能力。新系统必须改善指挥所和通信链路，即升级空军和海军的指挥飞机，使核代码从总统安全传送至洲际弹道导弹、轰炸机和潜艇。据美国会预算办公室估计，未来 30 年将花费 1840 亿美元用于升级核网络，全部升级预计需要十年以上时间。

美军完成保密 IP 路由网络（SIPRNet）访问迁移项目   2018 年 2 月，美国国防信息系统局（DISA）完成了保密 IP 路由网络（SIPRNet）访问迁移项目，改进其任务伙伴与 SIPRNet 的连接方式，实现连接方式的现代化，并降低相应成本。该项目使SIPRNet 从点对点网络演进到虚拟网络，并将带宽由 1GHz 提高到 10GHz。同时，该项目通过缩小网络规模，提升了网络效率，增加了网络容量并提高了网络抗毁性。由于当前网络符合联合信息环境（JIE）标准，该项目的完成使得 DISA 及其任务合作伙伴可以利用保密联合区域安全栈（S-JRSS），实现客户虚拟化接入能力。DISA 正利用多协议标签交换（MPLS）及其在网络扩展技术中的效率优势，将成本集中到虚拟本地接入网络（VLAN）中。这意味着超过 1 万个用户能够通过新型加密设备虚拟连接到 DISA 端的某台路由器。

美国空军取消联合监视和目标攻击雷达系统（JSTARS）的改造计划 2018 年 3 月，在公布的 2019 财年预算提案中，美国空军取消了联合监视目标攻击雷达系统的改造计划，转向使用无人机和七架增强型 E-3 机载预警和控制系统（AWACS）飞机的分散式战斗管理模式。为了弥补 JSTARS 飞机退役所造成的能力损失，美国空军计划为 MQ-9"死神"无人机装备新型地面移动目标指示器（GMTI）雷达，使其自身可形成闭合的杀伤链。这种 GMTI 雷达与飞机现有的光电传感器和武器配合使用，无须依靠其他资产即能够探测、发现并击落敌机。目前有 3 架 JSTARS 飞机因存在问题而无法执行任务，2019 年美国空军将不再为其提供维护资金，但其余 JSTARS 飞机将继续服役至 21 世纪 20 年代中期。

美国国防高级研究计划局启动"罗盘"项目，利用人工智能辅助指挥官决策"灰色地带" 2018 年 3 月 14 日，DARPA 战略技术办公室启动了一项名为"罗盘"（COMPASS）的新项目，通过规划活动态势场景来进行收集和监测。该项目旨在开发软件，通过衡量对手对各种刺激的反应来帮助摸清敌人的意图。COMPASS 项目将利用先进的人工智能技术、博弈论以及建模和评估来识别产生关于对手意图的大多数信息的刺激，并为决策者提供关于如何响应的高保真情报，且每种情报方案都有正面和负面的权衡行动的过程。该项目的最终目标是为战区级作战和规划人员提供强大的分析和决策支持工具，以减少敌对行动者及其目标的不明确性。

美国国防高级研究计划局"分布式作战管理"项目进入第三阶段 2018 年 3 月 15 日，美国国防部国防高级研究计划局（DARPA）已向 BAE 系统公司授出"分布式作战管理"（DBM）项目第三阶段合同，DBM 项目的目标是把有人/无人编组中的无人机变成僚机。该项目在前两阶段发展的成果能让有人/无人机编组在干扰环境中飞行。在 DBM 项目中，该公司正在发展和试验应对强对抗环境的两种能力：在各合作作战的飞机中分享统一作战场景的软件；有人/无人编组的分布式、自适应任务规划和控制系统。DBM 项目将在 2019 年 7 月结束，BAE 公司是第二和第三阶段的承包商。

美国陆军开展战术网络演示验证 2018 年 3 月 19 日，美国陆军在梅尔-亨德森联合基地举行演示验证，展示其战术网络现代化的成果，涉及陆军 2017 年制定的网络现代化战略的各个方面。陆军网络现代化战略着眼于建立一个统一的任务指挥网，为所有任务指挥系统建立通用的运行环境，提高陆军部队之间以及与联合部队的互操作能力，同时为联盟和任务伙伴提供网络连接，并改进指挥所远征的机动性和能力。此次演示验证重点关注陆军无线电和卫星通信能力的提升，并展示了许多硬件和软件资产，其中包括：便携式战术指挥通信终端（T2C2）、指挥所计算环境、途中任务指挥、地面传输视距无线电台等。

美国陆军推迟实现一体化防空反导指挥系统（IBCS）初始作战能力 2018年3月，美国陆军将IBCS达成初始作战能力的计划由原2018财年推迟至2022财年。自2016年有限用户测试（LUT）发现软件缺陷以来，IBCS项目已取得了显著进展，美国陆军将继续进行测试以实现这一里程碑。美国陆军最初打算将IBCS作为其未来的一体化防空反导（IAMD）体系的指挥控制系统，将雷达、发射装置和发射者进行整合。现在，陆军计划利用IBCS将战场上的其他重要防空反导系统整合到一起，其中包括用于防御火箭、迫击炮、火炮、巡航导弹和无人机系统的陆军间接火力防护能力。陆军的目标是将所有可获取的传感器信息集中到一个综合火力控制网中，从而加快美国陆军应对空中威胁的速度，无论这些威胁来自弹道导弹、巡航导弹、固定翼和旋翼飞机、空对地导弹还是空中飞行的无人机系统。

美国陆军采用移动情报平台升级分布式通用地面系统 2018年4月11日，雷声公司宣布将开展FoXTEN移动情报平台的演示验证。FoXTEN可被视为美国陆军分布式通用地面系统（DCGS）的移动组件，是供士兵使用的下一代移动情报系统，可以快速将士兵连接至各种情报源，为他们提供所需的实时信息，以便在各个领域做出任务决策。美国陆军正在利用包括该移动平台在内的一系列新组件和能力升级现有的DCGS系统。

美国海军C4I基础设施统一海上网络和企业服务系统进入全面生产阶段 2018年4月17日，美国海军"卡特霍尔"号船坞登陆舰（LSD 50）上的统一海上网络和企业服务（CANES）生产阶段达到了最后一项里程碑。CANES系统的生产阶段于2018年1月开始，包括安装舰载系统、对现有硬件进行移除和替代的升级工作，此次升级包括拆除7个数据中心并送至商业企业进行软件升级、改进底座以适配数据中心安装的新机架、升级舰上的边缘交换机和骨干交换机。美国海军将通过此次CANES升级提高作战能力、终端用户效率以及指挥、控制、通信、计算机、作战和情报系统能力减少致命性漏洞并与最新型赛博安全工具的发展保持同步。

美国海军实现无人机协同目标打击为指挥官提供远程威胁识别能力 2018年4月，美国航空环境公司在一艘美国海军海岸特战舰上利用无人机进行了一次自动化"传感器到射手"海上协同作战能力演示，提高了美国海军无人系统应对威胁的自主能力，并使指挥官获得了空前的远程威胁识别。演示用到了安装有"传感器到射手"软件的笔记本电脑、小型数字数据链以及高增益天线。利用无人机发送回来的视频，可大大提高操作员的态势感知能力，小型无人系统数字数据链可增强对无人机的指挥控制，提高机载系统与地面系统之间的互操作。目前"传感器到射手"能力处于原型开发阶段。

美国国防高级研究计划局与空军实验室共同推进新型分布式作战管理系统开发
2018 年 4 月，美国空军实验室（AFRL）表示，美国国防高级研究计划局（DARPA）的分布式作战管理项目（DBM）将增加飞行器、武器和传感器的类型，用于态势感知、任务规划和指挥控制。DBM 系统是合作方联合提出的一种新型解决方案，强调在缺乏通信的环境中，也能实现有人和无人机之间复杂的团队合作。DBM 项目中使用的技术可以在不同的场景和领域用于有人/无人编队，该项目可以过渡转化为一系列项目，包括无人驾驶车辆项目、先进战斗机项目和空战管理项目。DBM 计划将运行到 2019 年 7 月，DARPA、AFRL 和 BAE 公司计划将更深入地了解作战飞机的具体通信需求，继续开展一系列现场和实验室测试。

美国陆军提升"爱国者"导弹防御系统的指挥控制能力　2018 年 4 月，雷声公司正协助美国陆军部署和研发"爱国者"系统的指挥控制能力。在硬件方面，雷声公司研制了非车载爱国者信息协同中心（DPICC）。非车载版本安装在 7 个运输箱中，可以在任何温度、配备可靠的电力和通信插件的地方部署，仅需要 10 个人就能保障运行。在软件方面，雷声公司正在增强当前的爱国者显示系统，以更新颖、直观的 3-D 方式将信息呈现给操作员。软件升级工作还包括：改进人机界面；开发关键信息"面板"和类似谷歌的搜索功能，帮助操作员更快地搜索关键信息和制定决策；实现"爱国者"系统和"萨德"系统之间的互操作。"爱国者"显示软件增强功能预计在 2020 年左右交付。

美国陆军开发未来指挥所核心能力及演示系统　2018 年 4 月，美国陆军装备司令部的通信电子研究、开发和工程中心（CERDEC）对几个陆军部队的指挥所演示系统提供评估，评估显示演示系统符合远征标准，将为根据任务组建并紧急部署到形势严峻地区的部队提供支持，从而使他们能在抵达后立即开展行动。该中心与美国陆军训练和条令司令部合作，开展陆军指挥所现代化的能力开发工作，开发了多种能力演示系统，包括轻型移动指挥所和超轻型移动指挥所等，这些系统主要针对旅及旅以下部队开发，可以减轻指挥官的负担，并为他们提供与固定式、网络化任务指挥系统相同的甚至更好的能力。

美国陆军研发战术计算环境，增强远征任务指挥能力　2018 年 4 月，陆军国家训练中心（NTC）负责训练的士兵对战术计算环境（TCE）进行了评估。战术计算环境是一种灵活的、基于地图的任务指挥解决方案，由美国陆军通信电子研究、开发和工程中心（CERDEC）开发。TCE 可响应陆军推进远征任务指挥的需求并改进现有靶场通信系统的功能，提供态势感知，并实现从旅级到战术边缘的平板电脑、笔记本电脑和其他计算设备等平台之间的协作。在评估期间，训练人员使用 TCE 与网络来构建演习共用作战图（COP），从模拟战场上的若干系统获取数据。

美国陆军推进任务指挥网络的现代化 2018 年 4 月，美国陆军开展任务指挥网络的现代化工作，计划采用统一网络、通用操作环境、互操作能力和指挥所四条行动路线，创建一体化端到端网络，消除烟囱式结构，实现网络扁平化，提高网络速度，确保移动性并加强网络保护。

美国陆军宣布 "多域战"（multi-domain battle）概念正式转变为"多域作战" 2018 年 5 月，美国陆军训练与条令司令部司令宣布，陆军正在开展的"多域战"（multi-domain battle）概念将正式转变为"多域作战"（multi-domain operation），以更好地应对未来冲突。此概念的转变体现了理论概念必须发展以确保与美国国防战略方向一致。《美国 2018 年国防战略》规划了未来任务、新作战环境、技术进步、预期敌人、面临威胁、对手等，为联合部队如何发展以参与、遏制、赢得未来军事冲突指明了方向。因此，"多域战"必须体现这一战略。以"战斗"（battle）定义该概念限制了可能性和结果，单纯的战斗胜利难以赢得日趋复杂的军事竞争，必须通过开展整体作战方能实现。

美国国防部开发新一代网络作战平台——"统一平台"，以实现网络作战指挥控制、态势感知和规划 2018 年 6 月，美国国防部征集各军种对于开发新一代网络作战平台——"统一平台"的输入信息。目前，美军各军种都在使用自己的独立网络空间系统，许多系统未连接在一起。而"统一平台"将包括进攻性和防御性工具，可实现指挥控制、态势感知和规划功能。工业界则将该计划称为可用于发动网络作战并执行情报、监视和侦察功能的"网络母舰"。"统一平台"是美国网络司令部迄今为止最大也是最关键的采办计划。这一平台是美军执行网络作战必需的平台，对于美国国家安全至关重要，能够在多域作战中提供压倒优势，并能够借助网络空间投送力量。

美军发布新版《JP 3-32 联合海上作战的指挥与控制》 2018 年 6 月 8 日，美军发布了新版《JP 3-32 联合海上作战的指挥与控制》。该条令描述了海上作战域，解决了联合部队海上部队指挥官与其司令部之间的关系构建问题，为计划、执行和评估联合海上作战提供了原则和指南。与 2013 年 8 月发布的上一版条令相比，新版条令修改了关于合成作战的内容、特定海上作战的指挥与控制考量以及关于海上作战域的感知的讨论；增加了合成作战指挥官组织结构视图、关于海上力量关键职能的内容以及两栖战备群和海上远征部队的作战应用框架图。

美国海军空间战与海战系统司令部交付现代化指挥、控制、通信、计算机、情报、监视和侦察（C4ISR）系统 2018 年 6 月 14 日，美国空间战与海战系统司令部（SPAWAR）交付了可扩展、即刻可投入使用的企业信息和通信系统，新系统将作为位于吉布提莱蒙尼尔军营的非洲之角联合特遣部队司令（CJTF-HOA）新的联合总部设施。新系统是一个可扩展的平台，将满足未来几年前线部署指挥官的需求。此外，新系统还加入了至关重要的 C4ISR 功能以支持美国非洲司令部在东非的作战。该系统还支持非洲之角联合特遣部队司令在前沿部署的参谋部、少尉至上校阶级的各指挥官、行政人员、情报和作战人员以及莱蒙尼尔军营的各项职能，还将目前散布在整个基地的功能集合到一个地点，从而优化联合特遣部队司令执行任务的能力。

美国海军陆战队研制新型空中战术网络系统 2018 年 6 月 28 日，海军陆战队宣布已将战术网络系统系列的新版本——NOTM-机载增量 II 系统安装到 MV-22"鱼鹰"倾转旋翼飞机上。该系统能够为多达 5 个用户提供在空中使用网络、语音、电子邮件、视频和短信的能力。NOTM-机载增量 II 系统能够为海军陆战队提供空中的实时指挥、控制和协同任务规划，当地面上的情况发生变化，指挥官可以在途中根据侦察装备提供的信息更新共用作战图来支持任务的变化。第一批 NOTM-机载增量 II 系统将于 2018 年 6 月部署到第 22 海军陆战队远征部队（MEU），并于 2019 年部署到海军远征部队 I 和 II。

美国陆军开发用于远征的徒步任务指挥装备 2018 年 6 月，美国陆军通信电子研究、开发和工程中心（CERDEC）牵头开发适合远征的联合作战指挥平台（JBC-P）可选方案的原型并开展试验。该项目被称为远征 JBC-P（X JBC-P），目的是为徒步士兵提供车载蓝军跟踪系统的能力。远征 JBC-P 将满足部队对连及以上指挥层级进行超视距任务指挥的需要。作战人员可先连接到车载 JBC-P 系统，然后再连接到指挥所。远征 JBC-P 为士兵提供卫星网络、安全数据加密、通用地图、直观的界面、对话功能和后勤信息。远征 JBC-P 和车载计算机系统系列（MFoCS）是陆军现代化工作的一部分，到 2022 年，所有现役、预备役和国民警卫队部队将采用最新的软硬件，实现标准化。

可部署联合指挥控制（DJC2）系统实现机动指挥控制能力 2018 年 6 月，在 2018 年度"环太平洋"演习（RIMPAC）期间，美国第三舰队与 PMW 790 合作，将可部署联合指挥控制（DJC2）系统用作海上作战中心（MOC），实现了重要的新型作战能力。在演习中，海上作战中心的指挥官使用该系统对所辖的所有作战资产进行指挥控制。这些指挥控制工作通常在固定地点或舰上进行，之前从未在移动的岸上环境中执行过。作为海上作战中心，本次演习表明，海军已经可以在移动环境下实现机动指挥控制能力。

北约举行"统一愿景"演习，演练 ISR 互操作能力 2018 年 6 月，北约举行了"统一愿景（Unified Vision）"演习，来评估一系列 ISR 能力。这次演习测试了北约盟军为提高联合作战能力所做的工作，有两大关键目标：最大限度提高北约和各国 ISR 资产及能力的互操作能力；进一步改进联合 ISR 行动的流程，并重点关注信息的联合处理、利用和分发。"统一愿景"演习主要关注一些标准和作战程序与流程，还讨论了国家之间是否愿意共享 ISR 数据等敏感问题，以进一步利用或结合其他数据用于多源情报分析。

俄罗斯部署金合欢自动化指挥控制系统　2018 年 6 月，俄罗斯国防部宣布正在包括 12 支诸兵种合成集团军和 4 支陆军集团军在内的战役级地面部队司令部部署金合欢-M 自动化指挥控制系统。该系统不仅能够为战役级指挥官提供指挥控制和态势感知能力，而且可以联络或直接指挥海军、空天军和空降兵下属部队，并与新建的国家防御指挥中心实时交互。俄罗斯国防部将耗资 210 亿卢布采购 32 套金合欢-M 系统，计划到 2019 年底完成全部部署工作，旨在缩短作战指挥周期，简化信息收集、处理、显示和交换的流程，提高俄罗斯陆军战役级部队的指挥效率。

美国陆军推出多项新型任务指挥技术，提升指挥所能力　2018 年 7 月 18 日，陆军公布了 15 项经过士兵验证、旨在改善指挥所基础设施和能力的新技术，包括：指挥所保障车、任务指挥平台、设备包、战术计算环境、用于人机交互的单一多模式安卓服务和能量告知的运营等。这些新技术即将转为列档项目，是美国陆军通信电子研究、开发和工程中心（CERDEC）近三年来努力改进指挥所能力的结果。陆军的主要目标是简化指挥所设置，赋予指挥官更强大的能力。此外，新技术还改进了远征指挥所能力、战术计算环境和能源告知运营，将使士兵们更快、更轻松地搭建和拆除指挥所，改善指挥所的连通性、敏捷性和可扩展性。

美军开发跨域指挥控制系统，可实现外部数据与战场空间的可视化关联　2018 年 7 月，洛克希德·马丁公司正在开发一种叫作 DIAMONDShield 的跨域解决方案，能在当今的威胁环境中加快指挥官的决策速度，快速将接收到的 TB 级数据转换为情报信息。该系统是一种前所未有的基于地图的先进指挥控制系统，能实现武器和传感器数据的链接，并已成功地参与了联合能力演示。该系统是综合防空和导弹防御系统的基础，将空中作战中心与导弹防御系统和 ISR 能力连接起来，以执行各种场景任务。它还能将空中、陆地、海洋和空间中的不同平台和系统连接起来，为用户提供跨域的分层、综合防御。DIAMONDShield 系统的另一个独特的功能是飞行任务自动规划能力。该系统可以支持战略和战斗计划同时进行、任务执行、先进战场监控、联合和联军部队协作以及敌人意图分析。

美国空军发布下一代情报、监视与侦察（ISR）优势飞行计划　2018 年 8 月 2 日，美国空军发布下一代情报、监视与侦察（ISR）优势飞行计划，寻求维持并增强空军在数字时代的决策优势，以更好地应对大国竞争和快速技术变革。该优势飞行计划按照美国《国防战略》的要求，通过调整目标、方式，以及评估从人力密集型宽松环境转型至均势对手威胁环境下的人机编队方法，重新定位了 ISR 体系。

美国陆军开展分布式通用地面系统（DCGS-A）新能力的作战测试　2018 年 8

月 14 日，美国陆军分布式通用地面系统（DCGS-A）针对士兵的有限用户作战测试在胡德堡中央技术支持设施（CTSF）举行。陆军各大司令部的士兵与美国陆军作战测试司令部（USAOTC）共同测试了一种名为"能力 Drop-1"的商业解决方案。该方案能够满足战术营的情报需求，与武装部队司令部（FORSCOM）提出的"互操作、简单、便携"等优先事项保持一致。在作战测试期间，每位士兵都配备了 DCGS-A"能力 Drop-1"系统，通过该系统执行使命基本任务。军事情报士兵负责战术营情报部分的解决方案测试，并确保系统用户需求有回应。此次测试为高层领导评估 DCGS-A"能力 Drop-1"的适用性、抗毁性和包括系统如何影响任务效能在内的有效性提供了信息。

美国海军升级综合海上网络与企业服务（CANES）项目，进行备选方案基线分析　2018 年 8 月 30 日，洛克希德·马丁公司赢得了一份为期五年、价值 6660 万美元的合同，为美国海军海上战术作战网络现代化和整合工作进行备选方案基线分析。洛克希德·马丁公司将设计系统和子系统、促进市场研究和分析替代组件、采购组件和子系统、提供技术文档更新、管理集成测试并交付要部署到 CANES 基线上的组件。CANES 是美国海军新一代舰载战术网络，标志着美国海军在指挥、控制、通信、计算机、情报、监视和侦察（C4ISR）能力方面发生了重大变化，不仅实现了 C4ISR 能力一体化，还能在保证节约经费开支的前提下，增强各舰队的作战能力。

美国陆军测试证实一体化防空反导作战指挥系统的有效性　2018 年 8 月，美国陆军宣布其已经开展了为期 5 周的测试，利用 IBCS 将分散在各处的雷达、防空连和多种类型的导弹发射器连接到一起。本次测试采用了真实和模拟的战斗机、巡航导弹和弹道导弹目标，IBCS 利用卫星中继、光纤和视距无线通信等连接分布在 3 个陆军基地 20 个站点的陆军雷达、防空连和多种类型的导弹发射器，作战半径接近 2000 公里。IBCS 从短程"哨兵"雷达和远程"爱国者"雷达获取目标数据，然后将这些数据传输给 PAC-2，PAC-3 和 PAC-3 MSE 等三种类型的爱国者导弹。

美国海军陆战队升级全球作战支援系统　2018 年 8 月，美国海军陆战队将全球作战支援系统（GCSS-MC）从第 11 版升级为第 12 版。这一关键升级为海军陆战队提供了现代化的报告和商业情报能力，加强了海军陆战队的赛博安全态势，提升了战备审计水平，并为将来部署额外能力创造了条件。

洛克希德·马丁公司举行多域指挥与控制（MDC2）桌面推演活动　2018 年 8 月，美国空军与洛克希德·马丁公司联合举行了为期 4 周的多域指挥与控制（MDC2）桌面推演活动，目的是让工业界更好地理解美国空军多域作战规划的过程，并实现新老系统的整合。在推演过程中，洛克希德·马丁公司就如何利用下一代战争规划系统来开发满足多域作战需求的技术进行了演示。此次演习是美国空军与洛克希德·马丁公司合作开展的第 4 次多域指挥与控制演习，体现了美国空军对多域指挥与控制能力的重视，代表了美国空军对未来新型指挥方式的探索和实践。

美军一体化防空反导作战指挥系统（IBCS）演示组网和信息交换能力 2018 年 8 月，在美国陆军牵头的通信系统测试中，诺斯罗普·格鲁曼公司一体化防空反导（IAMD）作战指挥系统（IBCS）展现了优异性能和高互操作性。借助诺斯罗普·格鲁曼公司 IBCS，指挥官可以使用任何可用的通信方式远程调配部队。今年 3～4 月及 4～5 月，IBCS 分别成功通过了多节点和实时空军士兵检验。在此基础上，美军于 5 月和 6 月开展外部通信测试，组合使用真实和模拟的防空反导资产演示验证了 IBCS 的话音和数据通信系统。这次组网和通信演习进一步验证了 IBCS 在陆军一体化防空反导企业内以及与联合部队高层军事部门构建和分享高质量单一综合空中图像的能力。话音和数据信息通过各种安全的军事网络进行交换，包括 Link 16 战术数据链路网络。

通用动力公司演示多平台指挥控制通信技术 2018 年 9 月 10 日，通用动力任务系统公司宣布，在今年举行的先进海军技术演习（ANTX）中，该公司牵头的团队成功演示验证了无人潜航器（UUV）、潜艇和陆基任务作战中心之间的跨域、多级指挥控制和通信（C3）能力。该演示验证为水下对抗环境中多个平台间的通信难题提供了技术解决方案，涵盖从高级作战规划到战术任务执行。通用动力团队利用"全局"战区级规划工具来实现对载人潜艇和无人潜航器系统的跨域指挥、控制和通信。演示中，一座陆基战区级规划指挥中心和一个潜艇战术级指挥中心采用实时任务通信，向"金枪鱼 21（Bluefin21）"无人潜航器以及海军水下战中心拥有的无人潜航器分派任务。此次演示验证中，模拟无人机、卫星和真实的陆基和海上通信节点利用无线通信和水声通信，实现了实时的指挥、控制和通信。

美国海军研制面向战术服务的架构，为海军陆战队建立战术优势 2018 年 9 月，美国海军空间战和海战系统中心大西洋分部（SSC Atlantic）采用面向战术服务的架构（TSOA）提供持续、可靠的指挥与控制（C2）信息流，支持海军陆战队在战斗中取得胜利。TSOA 计划由海军陆战队系统司令部管理，是海军陆战队空地特遣部队（MAGTF）指挥、控制和通信软件服务和应用的开放式架构集合。TSOA 建立了一种可实现多系统和网络之间无缝情报交换的框架，并通过提高战场空间内数据的可用性来改善系统和网络。TSOA 可显示人性化的通用作战图像，为海军陆战队提供了最安全、有效和可靠的信息，使其在作战任务期间能够根据"情境"做出准确的决策。TSOA 通过连接那些独立、有时不兼容的战术数据系统，使海军陆战队获取关键任务信息。TSOA 是一个企业服务总线，连接多个系统，所有工作都在后台完成。TSOA 允许用户访问所有信息，可以根据用户需求进行定制，由用户自行选择获得所有信息或仅订阅部分或单条信息。

美国陆军升级一体化防空反导作战指挥系统　2018 年 10 月 1 日，美国陆军授予诺斯罗普·格鲁曼公司一份价值 2.89 亿美元的合同，为部署一体化防空反导（IAMD）作战指挥系统（IBCS）继续开展系统设计和开发。根据合同，诺斯罗普·格鲁曼公司将升级 IBCS 交战作战中心和综合火控网络中继，以提高性能、可靠性和可维护性。该公司还将开发、交付 IBCS 软件 4.5 版，该版本集成了"爱国者"系统以及针对威胁变化所设计的更新。此外，该公司将提供后勤、培训和测试支持，包括计划于 2019 年底进行的飞行试验。

美国陆军通信电子研究、开发和工程中心推出 ERASE 项目　提升战场态势感知　2018 年 8 月，美国陆军通信电子研究、开发和工程中心（CERDEC）启动了"每个接收器都是传感器（ERASE）"项目。该项目至少包括六项相关的科学和技术研究工作。每项工作都是一个独特的构建模块，结合起来将创建一种可显著增强和扩展陆军战术感知能力的整体方法。ERASE 项目基于四个核心原则：①利用所有可用的战术接收器（无论其原设计功能如何）作为潜在的传感器，扩大陆军的赛博和电磁传感器范围；②通过开发新颖的传感器和系统概念扩展传感器范围；③通过显示、整合和关联当前隐藏在系统内部或被忽略的数据来利用所有可用数据；④通过开发数据管理、分析、可视化和指挥控制工具，加快指挥官决策过程。ERASE 项目帮助美军部队利用所有可用的专用和潜在传感器来验证和丰富已知的情报。通过利用并拓展商业技术的先进能力来扩展延伸陆军战术感知能力，从而加快指挥官决策过程。

美军升级 E-8C 联合监视目标攻击雷达系统（JSTARS）　2018 年 10 月 3 日，诺斯罗普·格鲁曼公司获得了一份价值 1750 万美元的合同，用于对 E-8C JSTARS 机队中 16 架飞机的中央计算机进行第五代升级。这项工作是美国空军在开发后续高级作战管理系统（ABMS）的同时继续提高机队能力的一种低风险策略。诺斯罗普·格鲁曼公司计划使用运行 Linux 的先进技术升级现有中央计算机，为任务系统带来巨大飞跃。此次升级旨在继续为作战指挥官快速提供新能力，以确保美军作战人员始终能通过 JSTARS 掌握信息优势，获取决策优势。JSTARS 是一种全天候、远程、实时、广域的监视和作战管理及指挥控制武器系统，为战场指挥官提供实时态势信息，同时将目标位置发送给飞机和地面打击部队。

美国陆军网络集成评估（NIE）测试"指挥所计算环境"初始作战能力　2018 年 11 月 1 日至 12 日，美国陆军网络集成评估测试了"指挥所计算环境"（CP CE）的初始作战能力。CP CE 旨在整合不同的指挥所工具、程序和任务，使美国陆军的反应比敌人更快。CP CE 支持 Web 方式，它把当前任务系统和程序整合到一个单一的用户界面中，包括战术地面报告系统（TIGR）、美国陆军全球指挥控制系统（GCCS-A）、指挥 Web 和未来指挥所（CPOF）等。CP CE 将提供战场空间通用作战图，增强协作，并实现快速行动。通过系统整合，CP CE 可以"实现更快地相互理解，从而比敌人行动更快，更具杀伤力"。

美国陆军评估综合战术网（ITN）概念　2018 年 11 月 1 日至 12 日，美国陆军在网络集成评估（NIE）18.2 中评估了新提出的综合战术网（ITN）概念。陆军基本上已经将网络分为"企业"和"战术"两类。在"战术"层面，美国陆军正在实施综合战术网（ITN）概念。正在探索的"当前 ITN 结构"包括：先进的组网波形、战术数据链路主机、系留无人机、跨域解决方案、战术数据中心、小孔径卫星通信、媒体服务器（战术）、战术边缘空中/地面一体化、数据链网关、指挥所集成 hub 和铱星终端。

美国国防高级研究计划局"拒止环境协同作战"项目进入最终验证阶段　2018 年 11 月，美国国防高级研究计划局（DARPA）"拒止环境协同作战"（CODE）项目举行了系列试验，验证了 CODE 无人机在通信降级或被拒止环境中适应和响应意外威胁的能力：这些无人机高效共享了信息，协同规划和分配了任务目标，并制定了经协调的战术决策，以最低限度的人类指挥协同应对了动态、高威胁的环境。项目将于 2019 年春结束，此后，DARPA 将把 CODE 软件存储库完全移交海军空中系统司令部。

美国空军发布"多域指挥控制移动节点能力"机载通信节点项目　2018 年 11 月 14 日，空军生命周期管理中心"指挥、控制、通信、信息与网络"（C3I&N）理事会特殊项目部发布了一份关于"多域指挥控制移动节点能力"项目的信息征求书。美国空军专家希望新的机载通信节点能够通过现在和未来的军用机载和卫星通信链路，以高数据速率安全接收数据。这些节点能够执行人工智能功能并输出相关数据和 AI 产品。美国空军官员将使用非密数据在 ShadowNet 非保密实验网络上对这些节点进行机载实验，以期在未来将这种能力转换至机密数据和网络。其理念是快速收集、处理重要信息并分发给作战人员，以利用敌人在地面、空中、海上和网络空间的弱点。这些通信节点还应该能够减轻敌人对指挥控制通信的电子战攻击和网络攻击。

情报侦察领域年度发展报告

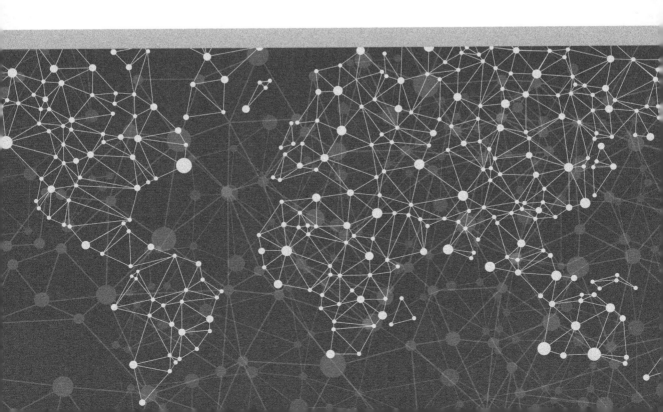

情报侦察领域年度发展报告编写组

主　　编：吴　技

副 主 编：邓大松　路　静　丁一鸣

撰稿人员：（按姓氏笔画排序）

王玉婷　王　虎　李　琨　吴　技　陈祖香

罗巧云　杨红俊　周羽丰　郭敏洁　蒋罗婷

路　静

审稿人员：南建设　邓大松　康　峰　彭玉婷　方　芳

杨莲莲

综合分析

2018年，世界力量对比加速演变，大国间竞争趋于显性，地区热点问题持续升温。世界军事强国为应对快速变化的世界格局，纷纷从战略、装备体系和技术等方面推动情报与作战融合发展，逐步优化联合情报、监视与侦察（ISR）力量，为陆海空天和网络空间等多领域作战的联合作战部队提供情报支撑，以支持并满足指挥官在面对复杂对手时的信息需求。

一、发布情报条令和战略文件，引领"多域作战"情报能力发展

2018年，美军由"第三次抵消战略"基础上发展而来的"多域作战"概念已趋向成熟，并得到各军种的认可。它是美军继"空海一体战"概念后新推出的用于对付其他国家"反介入/区域拒止"战略的新概念，蕴含着美国军方对转变当前困境和发展未来作战模式的诉求。这一概念与联合情报的思想一脉相承，美国陆军、空军在本年度新发布的情报条令和战略文件中均予以响应，强调要以更好的方式优化和联合情报监视侦察力量，为跨陆地、海洋、空中、太空和网络空间等多领域作战的联合作战部队提供情报支撑，以支持并满足指挥官在面对复杂对手的大规模战斗行动中的信息需求。

2018年9月，美国陆军发布新版《ADP 2-0》情报条令，取代了2012年8月发布的《ADP 2-0》和《ADRP 2-0》情报条令。新版条令为复杂作战环境中的情报支持提供了通用架构，并为支持统一地面作战提供了框架，是陆军情报条令的基础。此版条令中，特别强调了多域战中情报支援工作的重要性，各类情报保障的场景包括空袭作战、空中导弹防御、火力打击、网络电磁空间作战、信息战、空间战、军事欺骗和信息搜集等。在多域战中，情报支援在多域态势感知方面发挥着重要作用，需提供每一个作战域的敌我双方能力和弱点，重点考虑的是侦察的深度，及时、重要的情报搜集能力和分析能力至关重要。

7月16日，美国陆军最高情报官员签署了新的《信号情报战略》，该战略从物资、组织和理论角度来将信号情报、电子战和网络进行整合，能在极大程度上改善陆军信号情报部队的能力。新的陆军信号情报战略要求同步达成四个主要目标，所有这些目标都是为了增加杀伤力并保护战场上的士兵。这四个目标分别为：组建陆军信号情报部队；训练，管理和投资部队；装备陆军信号情报部队（重点关注下一代侦察系统）；发展信号情报理论。

8月2日，美国空军发布下一代情报、监视与侦察（ISR）优势飞行计划，寻求构建下一代ISR体系，其目标是使作战人员胜任2028年作战任务。为应对竞争激烈环境

的挑战，未来的ISR体系将包括整合先进技术的多领域、多情报、政府/商业合作的协作感知网格，并具有弹性、持久性和渗透性，支持动能和非动能能力。新的ISR战略寻求能够有效融合来自多个作战域的多军种平台数据和可公开获取信息的传感器网络，所有相关数据的处理工作将借助人工智能完成。空军在战场所使用的各类创新技术，将推进空军整个ISR体系在数字时代的发展，并为多域作战做好准备。

二、情报侦察装备发展趋于构建跨域、分布、协同的体系

（一）ISR装备向体系化、多平台化、集成化发展，保障一体化联合作战

美国空军在2019财年预算中取消了E-8C"联合星"（JSTARS）替换项目，而将资源转向基于"系统簇"（FoS）的开放式架构系统，并在此基础上加速研制开发"先进作战管理系统"（ABMS）。美国空军取消E-8C替换项目转而寻求"系统簇"架构表明美军以平台为中心的情报监视侦察（ISR）系统和作战管理系统正逐步朝着跨域、分布式、协同的大趋势转变。后者能够大幅提高美军ISR能力和作战指挥效率，并具备更强的弹性和生存能力。

2018年3月，美国空军生命周期管理中心利用MQ-9"死神"无人机上对"敏捷吊舱"（AgilePod）进行了3次飞行试验。这是"敏捷吊舱"首次在空军主力武器系统上挂载飞行，标志着美国空军"蓝色卫士"（Blue Guardian）工程达到了一个重要里程碑，为下一步实战装备奠定了基础。该吊舱可以挂载到包括有人侦察机、无人机、战斗机等在内的多种平台上，"敏捷吊舱"的发展能大幅简化现役有人战机或无人机安装各类型传感器或目标指示吊舱系统，进而构建分布式协同的传感器网络。美国空军采用该项目的开放自适应架构和传感器开放系统架构以及敏捷制造技术，可以针对新环境中出现的威胁，在短时间内将吊舱无缝集成到使用标准体系结构的不同平台上，迅速形成ISR节点，完善一体化的ISR体系，形成网络化的信息优势，迅速满足快速响应作战需求。这种"与平台无关"的ISR传感器发展策略凸显了情报侦察装备向非传统情报监视侦察领域扩展的趋势，响应了美国空军在其下一代ISR优势飞行计划中强调的"跨域、分布、协同"作战概念，即未来的ISR网络将是穿透、防区外、持久等ISR能力的"平衡组合"，"蜂群"、微型或自主无人机、天基传感器、高超声速、智能武器均有可能成为未来ISR网格之中的节点。

8月8日，美国陆军发布下一代机载情报、监视和侦察（AISR）传感器和平台信

息征询书（RFI），征集用于有人和无人平台的下一代机载情报监视侦察系统的方案，也强调要提高陆军在对抗环境中在所有作战域的感知能力，以支援机动和深度定位作战，包括可在未来作战中应用的有人和无人平台；提高传感器能力，可用于防区外更远程作战，包括集成情报/电子战/网络空间传感器；用于前沿作战的高空气球、蜂群无人机系统等非传统平台，包括在所有作战环境（恶劣天气等）中轻型、有效的感知概念。

（二）重视发展航天侦察能力，满足各作战域情报需求

同时，在"跨域协同"概念的指引下，世界各国重视发展航天侦察能力，以对其他各作战域的行动提供战略和战术情报支持能力。（1）美国发射代号为NROL-47的保密卫星，提高雷达成像侦察卫星的覆盖范围和重访能力；（2）美国国防高级研究计划局（DARPA）接收首颗"太空增强军事作战效能"（SeeMe）态势感知小卫星，可为地面士兵提供更为强大的态势感知能力，也为战术侦察小卫星创新应用开启了新的契机；（3）DARPA启动发展一种由60~200颗卫星组成的"黑杰克"军用低轨监视和通信卫星星座，构建弹性抗毁、反应迅速的低成本、分布式、全球覆盖的天基侦察网络；（4）美国空军发射增强型地球同步实验室试验卫星（EAGLE），旨在探测、识别、鉴定威胁行为并增强太空态势感知；（5）俄罗斯成功发射第三颗"莲花-S1"电子侦察卫星，继续推进"藤蔓"电子侦察卫星发展计划；（6）日本成功发射"光学6号""雷达6号"侦察卫星，星座布网即将完成，天基侦察监视能力大大增强；（7）法国发射新一代军用侦察卫星，可提供可见光和红外波段的高清成像照片，以满足法国和欧洲的国防情报需求。

（三）响应低成本作战需求，无人蜂群技术取得显著成果

此外，无人蜂群技术作为低成本分布式侦察系统的代表，DARPA的一系列研究项目在本年度取得显著进展。2月，DARPA进攻性蜂群使能战术（OFFSET）项目推出第一个开放架构式蜂群战术试验台，并启动开展蜂群算法及城市侦察和隔离战术（SATURAN）研究；4月，DARPA"小精灵"（GREMLIN）项目研究进入第三阶段，将在未来21个月的项目周期内以强健、快速响应和经济实惠的方式，利用ISR和其他模块化、非动能有效载荷，进行概念证明飞行演示；7月，"快速轻量自主"（FLA）项目完成了第二阶段的飞行测试，实现更轻、更小、更智能的目标，成功地演示了对模拟城镇周边不同位置汽车的自主识别。

三、积极提升"数据驱动"情报信息体系能力，有效保障军事作战

2018年8月13日，美国国防部召开主题为"数据即武器系统"的国防部情报信息系统（DoDIIS）年度会议。战略司令部司令约翰·海顿指出，战略司令部与作战指挥部都严重依赖信息和情报，必须在正确时间获得正确的信息和情报。如果没有情报信息，这两个机构所有的能力几乎毫无意义。国防情报局局长罗伯特·阿什利进一步指出，当前情报工作所面临的主要挑战是确定可能发生事件的迹象以及遗漏的信息。情报机构必须从一个分析人员提供事件细节的描述性组织，转变为分析人员描述可能发生的事件的预测性组织。数据本身以及利用这些数据识别信息并挖掘情报的能力，将决定作战行动的最终成败。

美国空军具体推进下一代ISR优势飞行计划的第一步便是制定数据战略，该战略规定了军方使用、访问和保护数据的标准。ISR优势飞行计划强调要掌握"获取数据的方式，实现数据的融合和搜索，从而依据数据来揭示未来的发展趋势。"

同时，美军的情报数据中心正在向商业云环境和企业托管方式转型。美国陆军目前正在将专用的IT基础设施、应用、系统以及相关数据转移到经过授权的云服务供应商（CSP），并将数据中心整合到陆军企业托管设施中，通过重构和整合，形成现代化敏捷情报服务支持。它将承载任务系统、应用程序、服务和数据，供企业和前沿部署用户访问，同时降低了资本投资，并提供一种灵活的战术和非战术用户连接能力。2018年8月，美国陆军发布了更新的企业云战略，标志着美国陆军将向混合云环境发展，通过构建安全、可访问、弹性、生存、灵活、动态、随需应变、人工智能就绪、自动化和自助服务的云能力来满足其未来情报数据应用需求。

四、"算法战"推进情报处理智能化转型

情报处理智能化是在信息化基础上，对信息价值的再挖掘、再融合与再利用，生成智能化情报产品，在确保信息顺畅通联与共享融合的基础上，更加强调智能要素在战场态势感知、情报搜集、情报处理和分发等方面发挥作用，实现自主化侦察预警、智能化辅助决策、无人化打击防护等，以智能化优势夺取战场主动权。智能算法利用前沿机器学习和人工智能等颠覆性技术，支持快速、自主生成可用信息，为作战人员

提供数据分析，有助于将战场海量可用数据快速转变为可用于行动的情报，同时减轻此方面的人力负担，使操作员得以从此类工作中解放出来，专注于更高级别的任务。美军通过制定相关战略并推出作战概念和技术项目，牵引情报处理智能化的发展。战略上，美军在其第三次"抵消战略"中着眼于筹划面向未来的"算法战"，组织架构上，成立以"算法战跨职能小组"为代表的协调机构，同时，着力推进"算法战"相关技术研发项目。具体到2018年，美军在中非战场上取得了令人炫目的成绩，预示着算法战争的开端，引领着美国各军事机构推进人工智能算法研究的热潮。

6月，美国国防部牵头创建新的人工智能研究中心——联合人工智能中心（JAIC），目的是使国防部能够迅速交付新的人工智能赋能的能力，并有效地试验支持国防部的军事使命和业务职能的新型作战概念。联合人工智能中心将为整个国防部建立一套通用的人工智能的标准、工具、共享数据、可重用技术、流程和专业知识。联合人工智能中心接管了"专家工程"，其开发的算法已在美国非洲司令部、中央司令部的5～6个地点实现部署，后续还会在更多地点部署。

DARPA相继推出"人工智能探索"（Artificial Intelligence Exploration，AIE）和"下一代人工智能"（AI Next）计划，将投入20亿美元开发新的人工智能技术，旨在加快AI平台的研究和开发工作，探索如何克服现有机器学习和基于规则的人工智能工具的局限性，以帮助美国保持在AI领域的技术优势。

国家地理空间情报局拟采用"3A"战略——自动化（Automation）技术、增强（Augmentation）技术和人工智能（AI）技术来应对情报处理智能化的转型挑战，大力推进人工智能技术在对地观测中的应用，包括处理光谱数据集、地表全色电光图像和高分辨率三维数据模型等，同时开展其云结构的现代化工作，目标是利用人工智能处理所有图像。为此，美国国家地理空间情报局（NGA）于2018年9月授予雷声公司、德州大学奥斯汀分校等六家单位共七份人工智能对地观测合同，研究利用机器学习算法处理海量数据。

美国空军、陆军、海军也各自通过成立专门的跨职能人工智能组织或团队、投资研究项目等方式，积极推进将人工智能整合到军队力量中。

（中国电子科技集团公司第十研究所　吴技　郭敏洁）

重要专题分析

美国空军发布"下一代情报、监视与侦察优势飞行计划"

2018年8月2日，美国空军发布下一代情报、监视与侦察（ISR）优势飞行计划，寻求维持并增强空军在数字时代的决策优势，以更好地应对大国竞争和快速技术变革。该优势飞行计划按照美国《国防战略》的要求，通过调整目标、方式，以及评估从人力密集型宽松环境转型至均势对手威胁环境下的人机编队方法，重新定位了ISR体系。

一、主要内容分析

美国空军的下一代ISR优势飞行计划是保密的，因此美国空军的开发、测试、部署等工作细节以及时间进度安排均不公开。但美国空军主管情报的副参谋长杰米森中将在2018年7月31日接受采访时对计划进行了阐释，说明了未来十年军方在情报、监视和侦察领域的发展目标。

（一）目标

美国空军寻求构建下一代ISR体系，旨在为关键作战人员提供决策优势，使其胜任整个冲突环境下的作战任务。为应对竞争激烈环境的挑战，未来的ISR体系将包括整合先进技术的多领域、多情报、政府/商业合作的协作感知网格，并具有弹性、持久性和渗透性，支持动能和非动能能力。空军将重新调整、重组、稳步推进人员队伍建设并提高其自动化水平，使用空军的体系流程以确保ISR体系在2028年之前拥有足够设备和人员以实现既定愿景。为此，空军的目标是提高质量并尽可能减少执行任务的人数，同时使作战人员胜任2028年作战任务。空军在战场所使用的创新技术，将推进空军整个ISR体系在数字时代的发展，并为作战做好准备。

（二）途径

美国空军将通过三条途径来推动下一代ISR优势飞行计划，包括：寻求颠覆性技术和机遇；使用多任务、跨域ISR收集能力来增强战备和杀伤力；加强基础能力和人才建设，发展伙伴关系，以推动文化变革。

美国空军将通过推进十个技术领域开发为优势飞行计划的实施提供支持，包括：机器智能（人工智能、自动化和人机编队等技术的统称）、软件开发和原理样机、高空侦察平台、开源信息、航天ISR、网络ISR、人力资本（研究如何培养下一代ISR专业人员），以及加强与工业界、美军其他军种、学术界和国际伙伴等各方面的合作。

（三）要点

根据摘要文件，为胜任2028年之后"反介入/区域拒止"强对抗环境下的作战任务，美国空军将寻求多种手段来构建具备弹性、持久性、渗透性、跨域、体系协同、智能化特征的下一代ISR体系，具体包括：

（1）推动体系转型：一是设立一体化且平衡的ISR组合，并使之具备成本效益，先进轰炸机、五代/六代战斗机、临近空间/高空侦察平台、蜂群、微型或自主无人机、天基传感器、高超声速武器、智能武器等均有可能成为未来ISR组合的节点；二是按照既定方向和途径推动变革，推动构建下一代ISR体系，并为各冲突地区作战人员提供决策优势。新的ISR体系将使美国空军能够更加谨慎地使用先进ISR能力，因为其使用"物理人工智能"（PAI）作为指示/预警（I&W）、线索/提示的基础信息来源。所有这些要素都将被整合到作战环境分析中的联合情报准备中。

（2）推进跨域协同：美国空军ISR部门以及合作伙伴对下一代ISR优势计划的成功实施至关重要。空军将积极地从传统的单域方法转型到以传感、识别、归因和共享（SIAS）为基础的多域、多智能、原型设计以及快速试验文化中。

（3）发展新空间ISR：美国空军通过新的有人/无人、防区外/防区内的持久性国防部和商业解决方案，更有效地利用空中、太空和网络空间，推动太空和网络空间ISR的成熟化。在空中层，重点发展高空侦察平台。

（4）整合新力量：引入政府/商业机构的能力补充缺陷，大力发展开源信息的情报获取、处理和应用。

（5）寻求新驱动力：广泛寻求颠覆性技术/机会，重点通过数据战略和机器智能定义下一代ISR体系如何遂行作战。空军必须拥有能够实现机器智能的架构和基础设施，包括自动化、人机编队以及人工智能。

（6）优化决策评估：美国空军将参与并推进网络评估流程，该流程最终将为空军的规划选择以及其他作战决策提供信息支持。

二、几点认识

（一）数据战略是下一代 ISR 体系发展的基础

美国空军具体推进ISR飞行计划的第一步便是制定数据战略，该战略规定了军方使用、访问和保护数据的标准。相对于未来可获得的新型硬件设施而言，这些硬件所提供的数据及其新的应用则更为重要。ISR优势飞行计划强调要掌握"获取数据的方式，实现数据的融合和搜索，从而依据数据来揭示未来的发展趋势。"

获取高质量、高置信度的数据将可能使所有作战部队都能看穿战争迷雾，基于近乎完美的态势感知执行作战行动。情报界将利用及时、准确、融合的数据构建通用、高度准确战场态势图并同时推送给所有作战单元进而实现在战争期间做出最合适的决策。然而，为了缩短传感器数据搜集到分析的时间，满足海量新、老数据的获取、存储、检索与传输要求，必须实行统一、一致且可互操作的数据标准，这是提高数据搜集、处理、分析及共享效率的必要基础。

（二）人工智能将推动联合情报准备发生颠覆性变化

美国空军认为，应当采用结构化数据、基础支撑平台、多云（multi-cloud）方案等工具手段，加快占据人工智能研发的先机，通过机器智能来减轻飞行员操作ISR任务的工作负荷。

人工智能技术的引入必将指数级地倍增下一代ISR体系的情报处理能力，解决传感器数据和情报信息处理瓶颈，并提升情报预测的效能，支撑复杂对抗环境下联合作战的快速决策环。

（三）下一代 ISR 体系将从单域感知转向多域感知

在过去，美国空军由专门的飞机独立执行ISR任务；在未来，多个多任务飞机装载的多种传感器将提供相同的功能，即通过"战斗云"连接，实现情报信息的综合集成。未来ISR网络的需求将是穿透、超视距、持久等能力的"平衡组合"，蜂群、微型或自主无人机、天基传感器、高超声速武器、智能武器均有可能成为未来ISR网络的节点。

新的ISR战略寻求能够有效融合来自多个作战域的多军种平台数据和可公开获取信息的传感器网络，各军种平台既包括传统的RQ-4"全球鹰"无人机，也涵盖采用新技术的无人机蜂群及其他平台，所有相关数据的处理工作将借助人工智能完成。随着ISR行动出现在多个作战域，加之美国空军分布式通用地面系统（AF-DCGS）武器系统架构功能日益提升、天基监视以及网络空间和信号情报（SIGINT）能力不断提高，战场上同时发生并快速变化的OODA（观察、定位、决策和行动）多环将成为现代战争的固定配置。情报监视侦察体系对战场环境的感知将从聚焦于舰、机、车等单个目标转向于以传感、识别、归因和共享（SIAS）为基础的对敌方整个作战目标体系/网络的感知。

（四）开源情报迎来重要发展机遇

美国空军主管情报的副参谋长杰米森中将指出，尽管美国空军并非经常利用公开信息渠道获取情报，但下一代情报、监视与侦察优势飞行计划将为军方提供采集社交媒体或新闻网站公开信息的重要机会。在优势飞行计划中，"开源信息"已被明确列为重点发展的十大技术领域之一。这表明开源情报将成为美国空军情报体系未来发展的一个重要情报门类和手段。

美军情报搜集管理按照来源分为5个主要部分，分别是人工情报（HUMINT）、信号情报（SIGINT）、图像情报（IMINT）、测量与特征情报（MASINT）和OSINT（开源情报）。其中前4个情报来源都是保密的，但都需要得到开源情报的支持。开源情报工作能有效促进对作战环境、敌情、地形、气象和民事感知，作为持续性的过程，开源情报能对军事行动提供以下作用：一是能提供作战环境的态势感知；二是能获取关于威胁特征、地形、气象和民事的信息；三是构建所需的情报知识体系；四是能提供关于特定作战环境内潜在威胁行动或意图的基本知识和理解，以支持指挥官的实时情报需求；五是能生成情报知识，作为军队综合功能的基础，如战场情报准备。

（中国电子科技集团公司第十研究所　吴技）

美国陆军发布新版《ADP 2-0》情报条令

2018年9月，美国陆军发布新版《ADP 2-0》情报条令，取代了2012年8月发布的《ADP 2-0》情报和《ADRP 2-0》情报条令，这是美国陆军自2012年情报条令改编后的又一次重大变化。2012年前，美国陆军的情报条令只有《FM 2-0》，2012年，陆军将2010年版《FM 2-0》情报条令一分为二，将大部分内容合并到了《ADRP 2-0》中，并新增《ADP 2-0》阐述情报的基本原则、核心能力，而此次发布的新版《ADP 2-0》又将两部条令内容进行了整合，提供一个通用架构。2016年以来在美国陆军的主导下，"多域作战"正从概念走向现实并得到各军种的认可，该条令是在这一背景下出台的指导陆军情报作战的顶层文件，为复杂作战环境中的情报支援提供了通用架构，并为支持统一地面作战提供了框架，是陆军情报条令的基础。新版条令的内容有重大改动，并有意与《FM 3-0》作战条令嵌套使用，帮助陆军聚焦于大规模作战行动相关的新挑战。

一、主要内容

新版条令强调了一个基本原则：作战和情报紧密相关，情报流程是连续的，直接驱动和支持作战过程。情报的本质是联合的、跨部门的、政府间的和多国的。为了确保情报工作的有效性，需要做到：在大规模作战行动之前建立有效的情报架构；指挥官和参谋必须建立有效的关系；指挥官必须了解情报搜集手段的限制和差距并采取有效的措施来克服和减轻这些限制；情报单元需要适时调整情报搜集计划。条令共分为5章，每章主要内容如下。

（一）作战与情报

第一章讨论了情报如何与最基础的作战条令概念结合在一起。为了理解陆军情报，在《FM 3-0》作战这个大背景下理解情报非常重要。陆军部队参与全球作战，通常作为联合部队的一部分遂行作战并为未来作战做准备。本章概述了大规模作战行动、统一行动和联合作战、陆军的战略地位、统一地面作战以及关于进攻、防御、维稳和民事机构防御支持的决定性行动等方面的内容。此外，还更新了对作战环境和威胁的讨论，并讨论了多域战中的情报支援。

（二）情报支援

第二章讨论了最基本的情报理论。情报支援对于作战至关重要，并且发生在从战区部队到营级部队的每个层级。为了推动情报工作，指挥官和参谋必须了解情报作战职能、情报核心能力、国家到战术情报、设置战区以及建立情报体系结构。本章讨论了情报的目的，更新了对情报作战职能的讨论以及对情报核心能力的描述，并引入了情报处理、利用和分发（PED）作为第四个核心情报能力（与情报同步、情报行动和情报分析共同组成陆军情报的四大核心能力），引入"国家到战术情报"替代旧版条令中的"情报企业"。

（三）情报流程

第三章讨论了该情报条令中最重要的内容——情报流程。情报流程是一个模型，描述了情报作战职能如何促进态势感知并支持决策。本章讨论了如何将情报流程嵌入作战过程，对流程中的计划与指导、生产、分发步骤进行了阐述，将原来的搜集步骤改为了搜集与处理步骤，并将分析和评估作为一种持续性活动进行讨论，重新修订了情报流程。

（四）陆军情报能力

第四章讨论了情报作战职能支持态势感知和决策的关键能力。该职能利用情报能力执行情报流程。这些关键能力是全源情报和单源情报，其中单源情报包括情报门类、补充情报能力以及PED能力。本章更新了对全源情报的讨论并把身份活动作为全源情报工作的一部分，更新了情报门类，讨论了互补的情报能力，并重新阐释了PED。

（五）为情报而战

第五章讨论了如何为情报而战。本章讨论了在大规模作战行动中如何获取情报并强调了情报挑战；重新描述了指挥官在情报中的作用，包括情报收集、整合过程和持续活动；讨论了支援防御和进攻、侦察、安全作战和深入作战的计划考量和信息需求；

讨论了开发一个灵活的信息收集计划和建立有效的情报体系等方面的内容；更新了对信息收集的持续性特点的讨论。

二、主要变化

（一）增加了多域战中的情报支援

此版条令中，特别强调了多域战中情报支援工作的重要性，情报保障的场景包括空袭作战、空中导弹防御、火力打击、网络电磁空间作战、信息战、空间战、军事欺骗和信息搜集等。在多域战中，情报支援在多域态势感知方面发挥着重要作用，需提供每一个作战域的敌我双方能力和弱点，重点考虑的是侦察的深度，及时、重要的情报搜集能力和分析能力至关重要。

（二）将PED作为情报的核心能力

长期以来，陆军条令中都分别阐述或定义过情报处理、分析和报告功能，联合和此版陆军条令目前承认PED概念（此版条令中新增的一个术语）下的这些功能，并将PED作为一种核心的情报能力。在联合条令中，PED是一个情报概念，有助于情报资产的分配，在这一概念下，规划人员检查所有收集资产，并确定是否需要分配额外的人员和资源来利用收集的信息；除了理论，PED在国防部情报能力的发展中发挥着重要作用。PED始于对独特系统和能力的处理和情报支持，例如无人机的全动视频。与以前的地理空间情报（GEOINT）收集能力不同，全动态视频不具备自动将原始数据处理成可用格式并支持人员进行初始利用的能力。因此，需要单独的PED能力。PED能力是单一来源情报活动的一个重要方面，它确保收集的结果能用于单一来源和全源分析。自2006年以来，跨多个门类的PED需求显著增长，国防部已经在不同的梯队建立了许多不同的PED能力。

PED是相关功能的执行，包括将收集到的数据转换并提炼为可用信息，分发这些信息以供进一步分析，并在适当时向指挥官和参谋提供作战信息。由情报人员或情报单位进行的PED称为情报PED。情报PED有助于信息收集后的高效使用和分发。本质上，情报PED是情报作战功能处理收集的数据和信息、执行初始分析（利用）并以可用形式提供信息以供进一步分析的方式。在情报PED期间，一些信息将被识别为作战信息。这种情况下，作战信息将会分发给指挥官和参谋人员。PED环节的一个重要工作是数据格式统一，并提供与信息收集计划和预期结果相关的收集有效性反馈。根据

2017年版《JP 2-01》联合情报与国家情报对军事行动的支援条令，PED能力包括：接收、处理、转发和存储，或者传输搜集数据的装备；将搜集数据传输到利用中心的通信系统体系和相关的带宽/吞吐；接收处理过的数据、转换为可用格式并分发给用户的利用中心；以及满足作战司令部特殊PED需求的作战人员。PED能力还可能包括远程或分布式传感器控制和数据链操作。

（三）重新阐释了情报流程

在JP 2-0联合情报条令中，情报流程包括六类相互关联的情报活动，包括：计划与指导、搜集、处理与利用、分析与生产、分发与综合、评估与反馈。由于陆军作战的独特性，陆军情报流程与联合情报流程有一些细微的差别，同时考虑与联合情报流程每一个类别的对应，陆军情报流程由4个步骤（计划与指导、搜集和处理、生产和分发）和两个持续的活动（分析和评估）构成，如图1所示。虽然此版条令中陆军情报流程仍为4个步骤，但2012年版条令中第二个步骤只是搜集不包括处理。

在搜集和处理阶段，一旦出现作战信息，则不经处理立即提供给战术指挥官，这阶段的处理包括第一阶段图像开发、数据转换和相关、文档和媒体翻译以及信号解密；在情报生产阶段，情报人员处理和分析来自单一或多个情报来源、门类和互补情报能力的信息，并将这些信息与现有情报整合，创造出最终的情报产品；情报分发的方法和技术有多种，包括直接分发（通过人与人之间、语音通信或电子手段）、直接电子分发（一种消息传播程序）、即时消息、网络发布（为用户提供通知程序）、光盘分发，而指挥官和参谋沟通的渠道有三种，包括指挥渠道、参谋渠道和技术渠道。分析发生在整个情报流程的各个阶段，对态势的评估从收到任务开始，并在整个情报流程中继续进行。

三、小结

此版情报条令的前言明确指出要与《FM 3-0》和《ADRP 3-0》作战条令嵌套使用，并且条令多处强调情报的作战功能，可见情报与作战的关系更加紧密。将PED作为一项新增的核心能力并把搜集和处理合并到一个环节有助于美国陆军更快、更高效、更准确地执行作战任务，并为远征部队提供了情报能力。这是美国陆军发布情报条令以来首次在情报条令中使用和继承了JP 2联合情报系列条令的术语，并将2012年版"情报企业"术语改为了国家到战术级的情报，强调的是联合与协作。由此可见，美军已经从理论上对联合情报达成了统一的认识，陆军对联合情报的认识达到新的高度，多域作战概念下情报的深度联合是必然趋势。

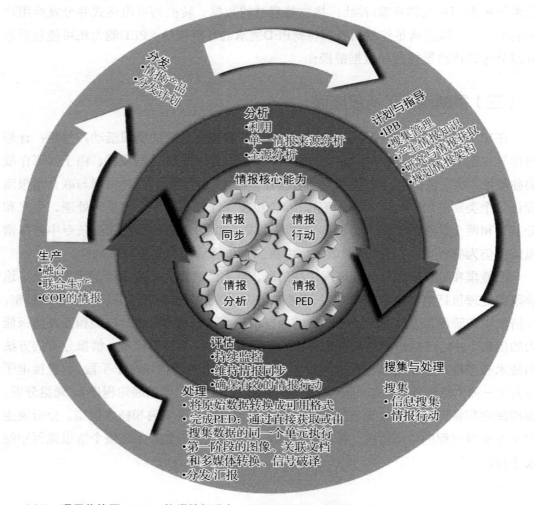

COP：通用作战图；IPB：战场情报准备；PED：处理、利用和分发

图 1　陆军情报处理流程

（中国电子科技集团公司第十研究所　陈祖香）

美国空军取消 E-8C 替换计划

美国空军在2019财年预算中取消了E-8C"联合星"替换项目，并考虑在2019年后陆续退役3架称为"机库皇后"的E-8C，其零部件以用于维持现有的机队。至此，历时近五年的E-8C替换计划被迫中止。

E-8C曾在多次局部战争和反恐行动中发挥重要作用，承担了大量的侦察监视、战斗管理和指挥控制任务，但进入21世纪后的E-8C存在着机体老化、作战效能低、运维成本高等难题。2014年初，E-8C替换项目被提上日程，美国国会建议用更小、更高效的商用飞机平台，搭配具备地面动目标指示（GMTI）/合成孔径成像（SAR）功能的新型雷达和新型作战管理系统，以提高作战能力并降低全寿命周期成本。2017年，空军提出采购17架新型飞机按照一比一的比例替换E-8C，其整个项目的研制采购成本高达69亿美元。

尽管如此，部分空军高层和国会成员认为这种大型单一任务平台在未来的高对抗环境下难以生存。现任美国空军部长威尔逊表示："中俄地空导弹的射程和威力已超出想象和预期，如发生冲突，"联合星"甚至可能在开战的第一天被击落。在国会和国防部的反复审议下，E-8C替换项目被迫取消，节省的资金将用于加速构建生存能力更强、作战弹性更大的ABMS。

一、后继方案

ABMS是E-8C的后继项目，它基于"系统簇"的开放式架构，将无人机、预警机、F-35等ISR平台和/或指控平台连接成"簇"，利用多平台形成的"面"侦察指挥网络替代E-8C的"点"侦察指挥系统，并将各传感器节点的信息绘制成统一的战场图景。

ABMS项目分为三个阶段。第一阶段，采购6架MQ-9无人机用于ABMS系统的早期开发，研制可由MQ-9无人机挂载并具备GMTI/SAR能力的轻型雷达，研发开放式任务系统软件和敏捷通信技术；第二阶段，将新型传感器和开放任务软件集成到陆基、空基的作战管理与指挥控制（BMC2）平台上，与之互联的传感器还包括预警机、无人机、五代机和卫星传感器，从而提供在对抗环境下的目标感知能力；第三阶段，完善ABMS的组成和功能，实现完全运行能力。

ABMS计划在2035年实现初始作战能力。在此之前，美国国防部还须抽出专门预算继续维持现役的E-8C机队，使E-8C站好最后一轮岗。

二、发展思路分析

美国空军取消E-8C替换计划转而寻求"系统簇"架构表明美军以平台为中心的ISR和作战管理装备正逐步朝着分布式、协同的大势转变。后者具备更强的弹性和生存性，并能大幅提高美军的ISR和作战指挥效能。

（一）顺应国际安全形势，从应对局部战争、反恐战争向应对大国对抗转变

2018年1月，美国国防部发布《国家安全战略报告》，明确表示"大国竞争已成美国国家安全的首要关切，中俄成为影响美国安全和繁荣的重要威胁"。尽管曾取得辉煌战果，但E-8C主要参与的是局部战争和反恐战争，对抗双方实力悬殊，E-8C可在防区外轻易完成侦察监视任务。现如今，中国的歼-20战机和俄罗斯的S-400防空导弹系统等先进装备已列装部队，像E-8C这样的大型高价值目标，自身缺乏有效的防卫措施，是导弹和战机猎杀的重点对象。因此，美军对经典装备"化整为零"，将多作战要素分散到多个平台上，即使部分节点遭到破坏，也不会对整个"系统簇"形成致命损伤，从而提升体系的安全性和弹性。

（二）改变体系架构，从大平台集成的强耦合形态向分布式动态互联的弱耦合形态转变

纵观美国空军近年的财政预算，以大型平台为载具的系统项目已然寥寥，而多节点的网络化通信和指挥控制研究呈井喷之势。具备分布式、动态互联的"系统簇"架构理念已经渗透到美国空军的ISR、指控、杀伤等各个领域。

在作战概念上，美国空军空战司令部于2013年提出了"战斗云"概念，旨在将地理分散的作战平台、传感器、武器系统、各类数据等战场资源相互连接，在体系层面实现战场资源的高效管控及海量信息的分布式处理与共享。在体系作战上，"体系集

成技术与试验"（SoSITE）以现有航空系统的能力为基础，将飞机、武器、传感器和任务系统纳入其中，并把各种空战能力分布于大量可互相操作的有人和无人平台上。在动态组网上，"满足任务最优化的动态适应网络"（DyNAMO）通过发展网络动态自适应技术，使空军各独立设计的空基网络在面临主动干扰时仍可降级进行高速数据传输。在高速通信上，"100 Gbps射频高速链路"将研制100吉比特/秒速率的机载通信数据链，空对空传输距离长达200千米，为分布协同的作战单元提供了强力纽带。

（三）重视无人系统应用，从有人系统为主、无人系统为辅向有人–无人平分秋色的方向发展

美国空军使用无人系统的传统由来已久，MQ-9等无人机更是广泛用于中东战场上，执行了大量的地面侦察和火力打击任务。尽管如此，这些无人机往往是在敌方地面防空武器被己方有人战机摧毁的条件下开展行动，其侦察效率、打击火力、敏捷性等方面都逊于有人机。但无人系统有着载重比大、成本低和损失可承受等优势，在自主技术的推动下，无人系统有望从配角晋升为主角。

美国空军在无人系统研究领域可谓全面开花。在发展规划上，美国空军研究实验室的《无人系统发展路线图》给出了"取代有人平台""有人-无人编队作战"以及"无人编队协同"三条路径，预示无人系统将在5年、10年和25年间分别实现协同ISR、协同打击和对敌防空火力压制的能力。在软件开发上，"多样化机载侦察编队"（HART）将开发有人/无人侦察机的一体化战术规划和传感器管理系统，为复杂地形环境中的单兵作战提供连续、实时的三维ISR支持。在平台研制上，"低成本可消耗无人机技术"（LCAAT）研制可在拒止环境下遂行战场监视、通信干扰和武器投掷等任务的可弃型无人机，多架LCAAT无人机可由单个五代机进行指挥控制，实现战力倍增。

三、结束语

E-8C替换项目从高调启动、稳步推进到戛然终止，其命数反映了美军对未来战争形态的判断已发生重大变化。未来战争中，作战双方实力的较量重点将不再是单个高精尖装备的较量，而是分布式协同体系之间的较量。以信息为主导、网络为中心、体系为支撑，实现感知、决策、管理等资源的协同化应用才是美军未来装备建设的重点考量。

（中国电子科技集团公司第十四研究所　王虎）

DARPA 接收 SeeMe 态势感知小卫星

2018年10月3日，雷声公司宣布已经向DARPA交付了首颗SeeMe小卫星，它将为地面士兵提供更为强大的态势感知能力。首颗SeeMe小卫星已在2018年12月3日搭载SpaceX公司的火箭发射升空进入低地球轨道（LEO），而军事用户将有机会在2019年初对其性能进行评估。

之前，SeeMe项目因为是DARPA提出的创新项目，在一定程度上还存在较大的不确定性，并且停止了一段时间。随着这次雷声公司成功交付首颗卫星，未来该项目的发展前景广阔，并且可以为战术侦察小卫星创新应用开启新的大门。

一、项目背景

多年来，美国一直致力于开发并研制高成本、长寿命、重访周期较长的大型侦察卫星项目，但是由于这些卫星系统成本高、过顶机会有限、数量少、重访周期长、缺少实时信息分发链路，以及受到优先级冲突和保密规定限制，导致前线部署的基层作战人员无法实时按需获取战区情报。而与此同时，其他国家却在利用商业成像服务获取信息，得到了不对称优势。

另外，美军过度追求卫星的通用性，一个军事卫星系统需要兼顾多种军事需求，一颗卫星或安装多种任务载荷或单个载荷复杂程度高，从而导致卫星研制难度和风险大幅提高。此外，即使研制成功，这类卫星仍然可能出现在轨故障或发射失败。而由于成本昂贵，政府一般不会实施其备份系统的研制，这直接加大了美军重要空间能力处于断层的风险。为了改变这种现状，美军提出了重塑卫星体系结构的解决方法，提倡发展"分散式"卫星体系结构，即将复杂的军事卫星任务分解为数目较多、功能较简单的卫星任务。

SeeMe项目是DARPA在2012年提出的创新研究项目，计划以24颗低成本小卫星构建低地球轨道星座，满足战术应用需求，解决战场态势感知数据获取不足，以及无法向基层作战人员按需提供卫星图像数据等问题。另外，SeeMe项目将改变研制高成本、长寿命的复杂大型卫星的传统思路，转向以低成本、短寿命的简单小卫星完成战场态势感知任务，是落实美军"分散式"卫星体系结构构建思路的重要体现。

二、项目介绍

DARPA在2012年先后举办了SeeMe项目的工业日研讨会和跨部门意见征询书，向工业界全面介绍了该项目的设计目标、关键技术领域、项目计划安排等信息，并开始向包括移动电话、工业机械、CMOS固态器件、赛车和医疗器械等工业领域机构征询关键技术的创新方案。

雷声公司于2012年12月获得了DARPA的一份SeeMe卫星合同，合同价值150万美元，2018年10月，该公司向美国国防高级研究计划局（DARPA）交付了首颗SeeMe卫星；2013年，千禧年空间系统（Millennium Space Systems）公司也获得了DARPA的SeeMe卫星合同，价值191万美元，2013年10月，千禧年空间系统公司宣布成功研制出SeeMe卫星平台，并利用高空气球验证了"即指即拍"作战概念；另外，2013年，ATK公司也获得了一份DARPA的SeeMe卫星合同，该公司计划将无人机上使用的先进图像处理算法用于航天，并且利用更高功率处理方法减小卫星的大小、重量、功率以及成本；2013年，诺瓦沃克斯（NovaWurks）公司获得了DARPA的SeeMe卫星合同，并计划利用本公司的希萨（HISat™）小卫星平台发展卫星。

（一）设计目标

DARPA以低成本为目标，并结合以下三大因素制定了SeeMe项目的设计目标：一是美国国防部要求美军具有在90天内完成全球军事战争准备的能力；二是美国国防部希望具有在90分钟内向前线作战人员分发数据的能力；三是DARPA计划利用"空射辅助太空进入"（ALASA）项目开发新型火箭，以单发低于100万美元的成本将重量约25千克的卫星送入低地球轨道。SeeMe项目设计构想见图1。

现从卫星系统、轨道设计、性能指标3个方面来介绍SeeMe项目的设计目标。

1. 卫星系统

SeeMe项目计划由24颗小卫星组成星座，单星重量25千克，设计寿命45～90天。在收到卫星研制需求后的90天内，按照固定单星研制成本，利用商业现货部件建造24

颗卫星。不算发射与地面支持和运行费用，单颗卫星成本50万美元，24颗卫星总成本共计1200万美元。

2. 轨道设计

SeeMe卫星星座将运行在轨道高度450千米×720千米，倾角98°的低地球轨道上，实现对南北纬10°之间区域的持续覆盖，重访周期小于90分钟。根据军事作战需求，卫星星座可以以不均匀方式部署。

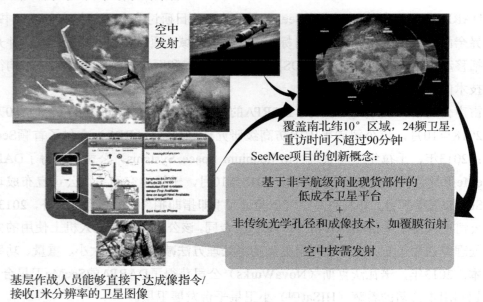

图1　SeeMe项目的设计构想

3. 性能指标

（1）每颗SeeMe卫星都能同时支持10个地面用户，从地面用户通过手持设备或通信系统向卫星提出成像请求到接收图像数据能够在90分钟内完成。

（2）在300千米轨道高度上，能够获取星下点分辨率优于NIIRS 5（NIIRS是美国国家图像解析度分级标准）的可见光图像，对应地面分辨率距离（GRD）为0.75米～1.2米。

（3）利用现有的商业或军事运输方法将24颗SeeMe卫星运送到全球范围内至少3个民用机场或军事基地等待发射，像验证常规军需品一样验证SeeMe卫星系统，并且利用商业或军事集装箱进行储存和运输。

（4）卫星和运载火箭之间采用"即插即用"接口，确保能够在到达发射场后12～96小时内快速完成星箭总装，之后进行自主检测。另外，确保总装流程简单易懂，以便只具备较少知识或培训经验的飞行员、海员或士兵也能完成总装工作。

（5）SeeMe卫星发射入轨后，能够在12小时~96小时内自主完成在轨检测与校准，之后正式在轨运行，为军事作战提供支持。

（二）作战概念

SeeMe项目以"小卫星、大星座"理念发展天基战术侦察能力，具有持续覆盖、快速响应特点，在应用理念上与无人机系统相似，可持续提供目标区域高分辨率战术应用图像。在SeeMe项目想定作战概念下，允许作战部队通过手持终端操作，即可在90分钟内接收到用户指定精确位置的卫星图像。

SeeMe卫星响应军事作战需求，融入作战的应用流程为：①作战用户制定作战任务规划，发现天基能力不足，提出申请发射SeeMe卫星；②研制团队接到卫星发射申请，快速提取仓储预制部件和载荷，快速组装、集成与测试；③卫星运抵预定基地（即常规机场），以机载空中发射方式发射入轨；④卫星入轨后12~96小时内自主完成在轨检测与校准，实现业务运行；⑤战区指挥官利用手持终端，基于类似VMOC的指控工具直接将作战任务规划上传至单星或星座，请求的内容包括纬度、经度、时间、身份等信息；⑥SeeMe卫星响应任务指令，自动定位并采集符合美国国家成像解译度分级标准（NIIRS）5.5版要求的、以用户为中心前后各5千米范围内的图像，在要求的时间内传递给用户手持终端，完成任务响应，见图2~图4。

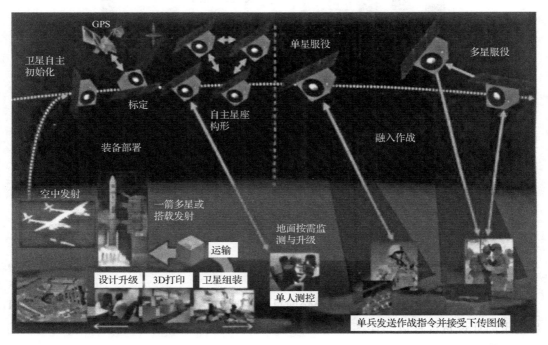

图 2　SeeMe 卫星响应军事作战需求、融入作战概念图

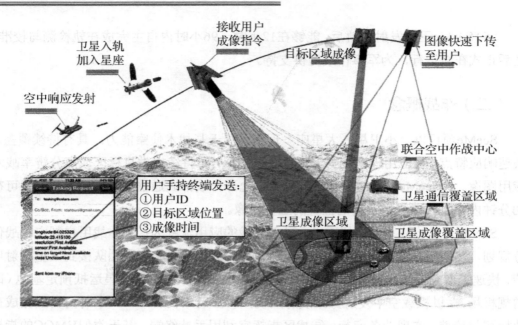

图 3 SeeMe 项目的作战支持体系

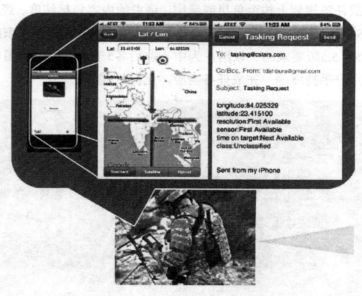

图 4 通过手持设备接收 SeeMe 图像

（三）关键技术领域

按照SeeMe项目设计需求，SeeMe项目将主要包括2个关键技术领域：技术领域1是基于商业现货部件以非连续方式研制卫星系统的技术；技术领域2是非传统光学孔径和成像技术。

技术领域1旨在采用非宇航级商业现货部件，以非连续方式制造卫星系统，同时满足低成本和快速研制的要求，此处的非连续方式是指SeeMe卫星根据军事作战要求的时间和数量进行研制。具体来说，该领域需要实现以下3个目标：

（1）不管军事作战对SeeMe卫星系统的需求如何，始终以要求的固定单星价格进行非连续性生产。在非连续性生产过程中，可以利用现有的非宇航产品线、加工技术和机器设备，以及非宇航工业部门的高批量生产线，如快速、低成本制造技术（移动电话行业普遍采用的原始设备制造商/OEM方式），推进技术（赛车行业采用的一氧化二氮高压推进技术），固态部件（工业机械电子部件），以及阀门技术（医疗器械行业的气动阀技术）等。

（2）通过利用商业现货部件的固有可靠性来确保卫星平台的可靠性。目前，许多工业部门生产的非宇航部件的可靠性都达到甚至超过了低端宇航部件的要求。这些高可靠性商业现货部件和分系统可以用于制造一些可靠性要求不是十分苛刻的卫星系统。这样不仅能降低成本，加速研制进度，还能促进非宇航级工业部门开发一些创新的质量保证和系统工程方法与流程，进一步提高商业现货部件的可靠性。

（3）商业现货部件以一定的速度和周期进行更新换代，因此，SeeMe卫星系统可以更快速地引入更新换代的新产品和新技术。在SeeMe卫星研制过程中，预先就考虑到商业现货部件和产品的淘汰更新，以及一些新技术、新方法的出现，进而使SeeMe卫星系统所用商业现货部件与用户终端软硬件保持一致的更新换代速度。

技术领域2将利用非传统可展开射频和成像孔径，以及传统或非传统图像处理技术，使光电系统以最低的成本和质量达到成像传感器性能最大化，实现与战区装备直接通信、快速响应成像需求和图像数据分发。具体来说，该领域需要实现以下3个目标：

（1）开发可见光成像孔径技术，实现在300千米低地球轨道上获取一定区域（例如5千米×5千米）的分辨率优于1.5米的图像数据。

（2）开发射频通信技术，实现直接接收来自用户手持设备（例如安卓智能移动终端）的低带宽成像请求。用户通过手持设备发送成像目标区域的经度和纬度信息、成像时间和用户身份识别号，SeeMe卫星成像后以适当的数据率将图像发送至主叫用户设备，或通过战区地面站再进一步分发到主叫用户设备。

（3）通过采用传统或非传统图像处理技术，增强传统孔径光学系统的整体能力，提升SeeMe卫星系统的信息分发效能。

三、项目进展

最初，DARPA计划在2014～2015年实现SeeMe项目的在轨演示验证，制定了历时四年的实施路线图（见图5），分三个阶段实施，总经费约4500万美元。

第一阶段：早期独立研究阶段。各投标商可以分别对2大技术领域进行竞标，提出各自的创新设计方案，对非宇航级商业现货部件进行测试和验证，完成初步设计评审（相当于系统概念评审）；DARPA希望签署若干份研究合同；该阶段计划历时14个月。

第二阶段：制造、集成和系统测试阶段。投标商可以组成团队或独立对整个项目进行竞标，设计总体解决方案，并完成关键设计评审；另外，至少完成6颗卫星的制造，并保证至少2颗卫星完成相关的环境试验，该阶段计划历时15个月。

第三阶段：完成24颗卫星的研制工作，并利用ALASA火箭进行空中发射，完成SeeMe星座的飞行验证，该阶段计划历时12个月。

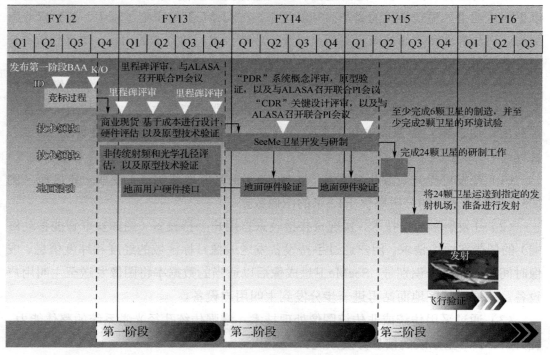

图5　SeeMe 项目的实施路线图

不过在2015年，因为DARPA的SeeMe项目失去了资金，DARPA终止了SeeMe项目，但是仍然在支持几个合同商继续研制SeeMe卫星。2018年10月，雷声公司向DARPA交付了首颗SeeMe卫星，并在12月初搭载SpaceX公司的火箭发射升空。

四、项目影响

SeeMe卫星是一个快速响应战术成像系统。相较于无人机而言，卫星轨道更高，因此能侦察更广阔的区域，覆盖受限范围地区，并且面临更少来自地面的威胁。

SeeMe卫星不仅能及时响应战场变化，为指挥官提供实时战场态势信息，而且可使空间系统更加稳健，减轻卫星易损性，这种灵活的太空资源将对未来作战样式产生重要影响。首先，SeeMe卫星位于低轨，能进一步拓展空间系统的应用范围，使空间系统具有更广泛的战术应用能力，及时响应不断变化的战场需求，快速提供针对战役和战术任务的战场情报信息。其次，SeeMe卫星能提高太空的战略应急能力，及时应对始料未及的紧迫需求，成为大型卫星系统战略能力的有力补充。然后，SeeMe卫星将有效提高关键空间系统在未来战争中的快速补充、恢复和重建能力，明显加大对卫星硬杀伤的技术难度和成本，成为太空防御的新途径。最后，SeeMe项目的研制具有很强的作战针对性，成功部署后，将极大提高美军在太平洋及南中国海地区的全域战术作战能力。

另外，在成本方面，SeeMe卫星在价格及交付时间方面的突破将开创新的商业模式，使超低价星座的建设成为可能。在推动其他项目方面，SeeMe项目不仅为美国军事航天提供了新技术的试验平台，也推动了其他微小卫星的发展。

目前，虽然SeeMe卫星还未发射升空，但随着第一颗卫星的成功交付，该项目将为更小、更廉价的战术小卫星开辟道路。随着战术小卫星的发展，配套系统也将逐步完善，这将对世界各军事强国保持其未来空间优势地位产生积极影响。

（中国电子科技集团公司第十研究所　蒋罗婷）

美国空军"蓝色卫士"工程达到重要里程碑
向敏捷 ISR 能力迈进

2018年3月，美国空军生命周期管理中心利用MQ-9"死神"无人机对"敏捷吊舱"进行了3次飞行试验，此次测试是"蓝色卫士"工程第三个工程项目——"收割死神"（Harvest Reaper）的重要内容，标志着"蓝色卫士"工程达到了一个重要里程碑，为进入实战检验打下了坚实的基础。

一、项目背景

当前作战环境不断变化，技术发展迅速，系统设计必须充分考虑未来的升级，美国国防部发布的一系列项目背景文件也进一步强调"使用模块化开放系统架构刺激创新"以及"项目规划中技术的嵌入和升级"。

对于情报监视侦察领域来说，当前大多数传感器系统都是针对明确的目标集为满足某一具体任务需求而设计的，几乎没有考虑其他场景，即用多种不同传感器组合跟踪多种不同目标集。除此之外，锁定供应商和数据权的问题也阻碍了竞争，限制了创新，进而增加了项目周期总成本。

"蓝色卫士"工程是由美国空军研究实验室传感器局（AFRL/RY）牵头、最早采用开放任务系统（OMS）的项目，旨在帮助AFRL/RY迅速利用成熟的技术、演示验证并转化成先进的C4ISR能力，满足作战环境中作战人员的需求。

二、项目概况

"蓝色卫士"工程的任务是以更快的速度、更低的成本为作战人员研制、演示验证和提供C4ISR能力，其由AFRL/RY牵头，与空军生命周期管理中心（AFLCMC）、空军快速能力办公室（AFRCO）、空军研究实验室材料和制造局（AFRL/RX）、空战司令部（ACC）和传感器开放系统架构（SOSA）项目合作完成。该项目的核心在于以下5个关键策略：

- 以更低的成本、更快速地获得作战人员需要的ISR能力；
- 基于美国空军开放任务系统（OMS）的传感器架构；
- 采用OMS项目的研究成果和工程保障；
- 美国空军拥有的硬件/软件基线；
- 减少项目之间的重复工作和集成时间。

"蓝色卫士"通过基于效果的系统工程过程研发和集成技术，其关键策略之一就是采用模块化开放系统架构，主要是开放任务系统（OMS）体系架构。"蓝色卫士"计划（见图1）旨在提供一个与平台、传感器和任务无关的基线研究和开发环境。随着作战人员需求的明确，就寻找新技术和合作伙伴，并衍生出配套项目，定制能力来满足目标平台和任务需求。

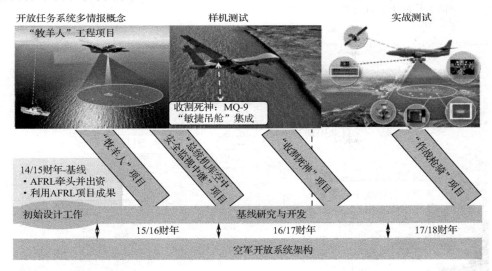

图1 "蓝色卫士"工程项目进度安排

三、项目现状

如图1所示，"牧羊人"（Shepherd）项目和"总统机库空中安全监视中继"（PHASOR）项目已经完成，目前正在进行的是"收割死神"项目，已在特种作战部队的MQ–9"死神"无人机上演示验证了"敏捷吊舱"。

（一）"牧羊人"项目

2015年，"牧羊人"项目启动（见图2），该项目由美国空军ISR创新管理局（HAF/A2I）发起，目的是在作战环境中提供具有多情报开放式体系架构能力的作战演示验证。平台采用改装的UC-12B，选择的传感器是为满足特定的海上任务而定制的，其目的是要使用全动视频（FMV）、合成孔径雷达（SAR）、动目标指示（MTI）和自动识别系统（AIS）。"牧羊人"项目利用AFRL"蓝色卫士"所有的指挥和控制（C2）和被称为追踪器的英特尔分析工具，可传输多情报数据，并为分析人员提供分析工具。"蓝色卫士"团队证明了简单的OMS工具在作战环境中的有效性和可用性。除了在作战环境中演示开放式体系架构能力，特别是OMS 1.0外，"牧羊人"项目还获得OMS命令和控制、OMS数据传输处理以及OMS数据产品可视化利用的相关经验。该项目于2016年3月结束，成功地飞行了30多个架次，演示验证了OMS技术。

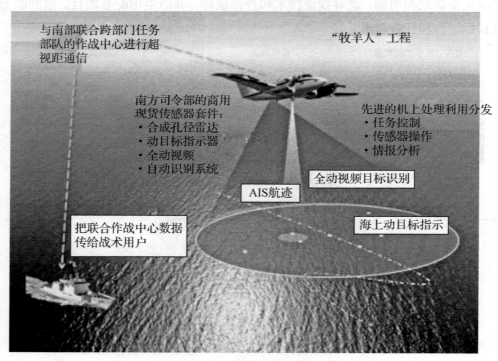

图 2 "牧羊人"工程项目的作战演示验证

（二）"总统机库空中安全监视中继"（PHASOR）项目

在"牧羊人"项目取得成功后，"蓝色卫士"团队获得了一个机会，为美国空军博物馆第四个机库的启用仪式提供持续监视和监督服务。因此，这个项目被称为"总统机库空中安全监视中继"（PHASOR）项目（见图3）。该活动于2016年6月举行，在监视任务中使用的主要传感能力包括1台高清摄像机和1台广域摄像机，这2台摄像机都是通过OMS集成的，并由机载操作员控制。

图 3　"总统机库空中安全监视中继"（PHASOR）项目

为了便于通过开放任务系统（OMS）进行空对地通信，PHASOR项目采用了2个独立的航空电子服务总线（ASB）用例：一个在空中，一个在地面。网关服务通过数据链转发OMS消息，地面远程操作员成功地指挥和控制空中传感器，接收收集到的和机载可用数据的元数据内容（例如传感器覆盖范围），以及在任务期间根据需要请求完整数据产品。PHASOR项目允许团队展示更复杂的OMS和操作员交互，并进一步降低了即将进行的"收割死神"项目中无人遥控操作的风险。

（三）"敏捷吊舱"第一阶段样机

与"牧羊人"和PHASOR项目同时进行的是"敏捷吊舱"第一阶段样机（见图4），它是AFRL材料和制造局（AFRL/RXM）根据ISR敏捷制造（AMISR）合同制造的。ISR敏捷制造的目标是研究、开发、设计和构建多情报、可重构吊舱样机，演示验证敏捷制造和模块化开放系统方法（MOSA）的优势，使吊舱式ISR能力更加经济实惠，操作更加灵活。

图 4   空军研究实验室"敏捷吊舱"第一阶段样机

"敏捷吊舱"是美国空军注册的首个物理系统，由空军研究实验室牵头与雷多斯（Leidos）公司和代顿（Dayton）大学合作研制的可安装在多种飞机上的可重置吊舱（见图5）。该吊舱由多个长度约为71厘米～152厘米（28英寸～60英寸）的隔舱组成，采用开放式架构，可集成多种传感器，并且可在飞行中重构，像乐高积木一样组装成不同的配置，因此可以根据特定任务需求定制传感器包，作战人员就可以用一个平台上的多个传感器满足各种任务需求。图6显示了具有多个传感器的示例配置。例如，可将高清视频、光电和红外传感器以及雷达部署在一个"敏捷吊舱"中，减轻了设备的重量。

敏捷吊舱

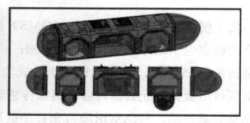

敏捷吊舱由3～5个可重置的载荷隔舱构成

图 5   "敏捷吊舱"的构成

2017年，吊舱成功地在DC-3飞机上进行了初始样机的试验。空军研究实验室发现，最初的"一个型号适应所有平台"的设想限制了"敏捷吊舱"的能力，因此启动了小型敏捷吊舱（Mini-AgilePod）项目，开发包括小、中、大尺寸的"敏捷吊舱"系列（见图7），根据具体传感器技术和任务需求进行更改，可搭载最优的传感器配置，安装在多种飞机上。

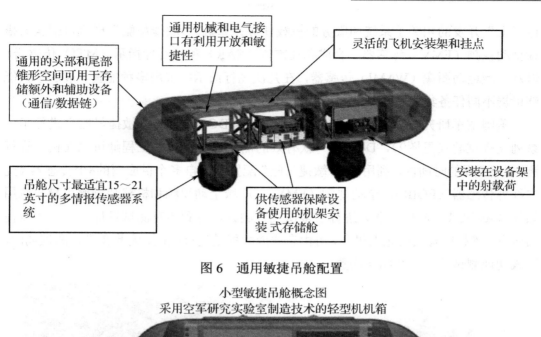

通用机械和电气接口有利用开放和敏捷性

灵活的飞机安装架和挂点

通用的头部和尾部锥形空间可用于存储额外和辅助设备（通信/数据链）

安装在设备架中的射载荷

吊舱尺寸最适宜15～21英寸的多情报传感器系统

供传感器保障设备使用的机架安装式存储舱

图6　通用敏捷吊舱配置

小型敏捷吊舱概念图
采用空军研究实验室制造技术的轻型机机箱

空军研究实验室"蓝色卫士"开放架构内部元件

可移除的头部和尾部锥形体

大小可变的中段

完全归政府所有且可重新配置

图7　多个吊舱尺寸配置

（四）"收割死神"项目

上述项目为先进技术研发、演示和应用铺平了道路，当前正在进行的"收割死神"项目将OMS传感器、先进处理和硬件以及算法集成到"敏捷吊舱"中（见图8），并集成到MQ-9"死神"无人机上，使该平台能够在"敏捷吊舱"内具备飞行中重构能力。"敏捷吊舱"可以安装到不同的翼挂点，搭载着能够支持OMS、ASB以及由"蓝色卫士"开发的相关子系统和服务的机载任务计算机。"敏捷吊舱"样机可配置成搭载全动视频（FMV）传感器、合成孔径雷达（SAR）和动目标指示（MTI）传感器，以及广域运动图像（WAMI）传感器，在几次飞行演示中采用多种配置，展示了其能够根据不同任务集快速定制能力。

美国空军研究实验室于2017年利用道格拉斯DC-3货机对"敏捷吊舱"进行了一系列飞行试验（见图9），DC-3是一款有效的测试平台，多名工程师可以在机上进行测试。在2周的时间内，利用5个"敏捷吊舱"配置了来自多个供应商的8个传感器（光电红外传感器（EOIR）、全动视频（FMV）、广域全动视频和机载超频谱引导与应用系统（ACES-HY）传感器）进行了多次飞行测试，达到所有测试目标。由于"敏捷吊舱"可搭载在有人或无人机上，可由有线或数据链进行控制，因此在飞行测试期间，还成功地测试了多种数据链配置。

图 8　"收割死神"的敏捷吊舱　　　图 9　道格拉斯 DC-3 机身下配备了"敏捷吊舱"

美国空军研究实验室于2017年12月与德事隆航空（Textron Aviation）公司合作，利用该公司的"蝎子"（Scorpion）轻型攻击机测试"敏捷吊舱"，用最基本的挂载装备成功地安装了该吊舱，在短短数周内完成集成，凸显了其"即插即用"功能，以及快速集成到各类开放架构平台的可行性。

"蝎子"轻型攻击/侦察机装载的"敏捷吊舱"有2个独立的传感器转塔，可包括光电、红外或多频谱相机，或者上述的组合。将多个传感器放在1个吊舱中，在增强飞机态势感知能力的同时，可以将其有限的挂点空间让给其他外挂使用。

在上述利用其他飞机进行试验的基础上，2018年3月，美国空军生命周期管理中心传感器项目办公室与空军生命周期管理中心中空无人系统项目办公室合作，在MQ-9"死神"无人机上对该吊舱进行了3次飞行试验，这是首次在空军主力武器系统上挂载飞行，这些试验标志着空军研究实验室材料与生产局人力技术（ManTech）团队、传感器管理局"蓝色卫士"团队的同仁牵头进行的长达2年先进技术研发达到了顶峰。

（五）下一步工作

2018年8月15日，美国空军决定对适应该"敏捷吊舱"的新型传感器套件进行全面竞标，并计划在2019财年初正式启动项目征集活动。根据空军研究实验室的合同通告，美国空军希望该套件体积足够小，整个套件不超过"MS-177的尺寸、重量和功率（SWaP）限制"，以便能安装在"敏捷吊舱"模块化传感器舱中。预计未来一年内，就可以装备到U-2S"黑寡妇"有人侦察机或RQ-4"全球鹰"无人机上。

四、关键技术

"蓝色卫士"是由美国空军AFRL/RY牵头进行的工程项目，采用了空军快速能力办公室（AFRCO）开放任务系统（OMS）倡议的核心概念和原则实现开放式情报、监视和侦察（ISR）平台架构，以在作战环境中利用开放体系架构的先进传感技术迅速满足作战需求。

开放任务系统（OMS）是美国空军快速能力办公室（AFRCO）授权由工业部门主导的项目，旨在开发和演示验证基于一致同意的、非自有知识产权的开放架构，以便将子系统和服务集成到机载平台上。该计划的推动力主要在于需要降低采购和寿命周期成本以及降低武器系统上任务系统架构的开发、维护、技术更新和能力升级带来的风险。OMS由子系统（如载荷和传感器）之间的关键系统接口以及通过航空服务总线（ASB）的连接及其服务来决定。

传感器开放体系架构（SOSA）将支持硬件和软件单元。特别是既可以应对不断增加的ISR数据需求，又能适应未来升级的开放架构。比如，增加新的传感器功能、增强机上数据处理和扩展数据存储。每个单元都设计成松散耦合，以促进竞争性采购，使重复工作量最少。

"蓝色卫士"开放自适应系统架构（OA2）以空军的开放任务系统（OMS）通用软件标准集为基础，并发挥传感器开放系统架构（SOSA）的优势。其自适应体系架构如图10所示，再加上OMS参考实现、合适的传感器和其他OMS使能系统，以支持在作战演示中对能力进行飞行测试。航空电子服务总线（ASB）和关键抽象层（CAL）根据主题通过ActiveMQ（Java消息服务）发布/订阅传输层支持消息交换。商用戴尔服务器（处理和数据存储）和笔记本电脑（分析师工作站）通过10吉比特每秒以太网骨干相连。除此之外，通过飞行测试，团队已进一步验证了缩小体积、重量与功率

（SWaP）的配置，仅由1台戴尔笔记本电脑和虚拟机（VM）服务器构成。

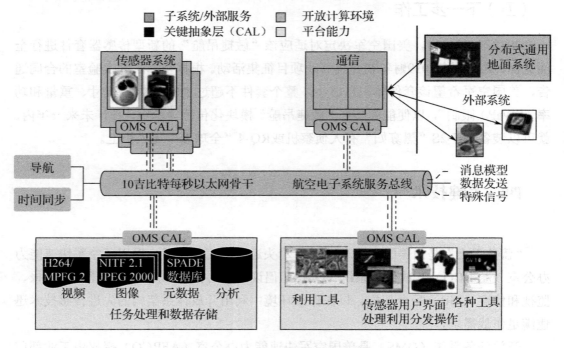

图10 "蓝色卫士"系统架构

五、影响意义

目前，飞机上的传感器能力是为特定任务而构建的，例如近距离空中支援或目标瞄准，使用专有的软件和硬件。开放式系统架构标准与具有"即插即用"功能和配置的单个"敏捷吊舱"相结合，使一个吊舱能够执行数百种不同的任务集，可根据作战需求，迅速构建需要的ISR能力。由此可带来以下优势。

（一）迅速响应作战需求构建 ISR 体系

即时响应能力是美国空军所追求的空中力量灵活性的一个关键原则。ISR领域面临的一个关键挑战就是战场形势迅速变化，AFRL传感器管理局采用"蓝色卫士"的开放自适应架构和传感器开放系统架构和敏捷制造技术，可以针对新环境中出现的威胁，在短时间内将吊舱无缝集成到使用标准体系架构的不同平台上，包括有人侦察机、无人机、战斗机等在内，迅速形成ISR节点，完善一体化的ISR体系，形成网络化的信息优势，迅速满足快速响应作战需求。

这也凸现了模块化体系架构对航空平台的好处，美国空军将利用OMS和快速、高效费比的创新实现先进能力来应对全球挑战。

（二）迅速针对任务重置载荷

"敏捷吊舱"凭借其模块化和开放式体系架构，可根据任务需求，在飞行中重置载荷。由3～5个单独部分组成，每部分都可容纳不同的传感器系统。美国空军通过将整个传感器套件配置为安装在"敏捷吊舱"内部，也对其进行了设置，便于地面人员在必要时快速更换其他传感器。

随着传感器套件越来越小，将来有更多的选择，甚至可以装载其他类型的载荷，如通信节点、电子战或网络战系统，或小型弹药。

（三）创新研发模式促进竞争

"敏捷吊舱"项目一开始就希望将敏捷制造实践引入情报、监视和侦察（ISR）企业，最终形成一种完全由政府所有的开放式体系架构ISR能力，这种能力不受载荷和平台的限制。

空军研究实验室"蓝色卫士"团队一直在研发快速集成传感器的技术和标准，并通过"敏捷吊舱"验证了可行性，"敏捷吊舱"是政府拥有的系统，政府完全拥有平台制造的数字数据，政府拥有数据权就允许在供应商之间展开需求和技术转化竞争。

为了保持"敏捷吊舱"的发展势头，并为作战人员提供最佳的系统选择，空军研究实验室材料和制造局已与商业公司签订了14项不同的信息传输协议（ITA），以共享"敏捷吊舱"技术数据包。

ITA是一种技术转让方式，允许政府与其他实体分享其自行开发的与设计和制造活动相关的软件；ITA通常涵盖软件可执行文件、源代码、三维计算机辅助设计模型和系统分析。

如果需要新的传感器能力，更多的供应商将拥有竞争该合同需要的数据，可以先设计传感器，当"敏捷吊舱"成为一个在册项目时，这些传感器可以作为'即插即用'集成到"敏捷吊舱"中。也就是说，"敏捷吊舱"能够让空军研究实验室与工业界合作形成最佳解决方案。

（四）降低后勤和采购成本

如果"敏捷吊舱"按预期工作，在实际操作中，地面机组人员可以快速更换装备，以更好地应对当前的情况，而不必准备一架完全不同的飞机，甚至只需安装一个完全不同的吊舱即可。这将减少一个单位执行不同任务集可能需要的飞机总数，并有可能加快适当设备的使用。这尤其对前沿部署的单位特别有用，因为那里的现有基础设施和资源可能会受到限制。

该吊舱可以挂载到包括有人侦察机、无人机、战斗机等在内的多种平台上，"敏捷吊舱"的发展能大幅简化现役有人战机或无人机安装各类传感器或目标指示吊舱系统，进而减轻后勤和采购负担。

（中国电子科技集团公司第十研究所　罗巧云）

美国陆军战术边缘情报处理能力新发展

自2015年以来，DCGS-A增量2合同迟迟未授出，发展方向不明确。直到2017年，美国陆军转型采用"能力滴"（Capability Drop）模式继续发展DCGS-A，该系统的更新升级才有了实质进展。而在陆军改变采购模式以后，第一份授出的DCGS-A合同便是改进战术边缘情报处理能力，并在2018年11月的网络集成评估NIE18.2中测试了两种新型战术边缘情报处理系统，将于2019年3月选择其中一种作为新的战术情报系统进行部署。种种迹象表明，雷声公司的FoXTEN系统有更强的竞争力，将为美国陆军战术边缘节点提供新型情报处理能力。

一、发展背景

（一）战术边缘情报处理能力需求迫切

DCGS-A是陆军的基础情报系统，主要用于数据发布、信息处理并分发有关威胁、中立国、天气和地形的ISR信息，具备传感器任务分配和从多个源接收情报信息的能力。目前美国陆军部署最多的DCGS-A增量1包括8个子系统：便携式多功能工作站（P-MFWS）、固定式多功能工作站（F-MFWS）、地理空间情报工作站（GWS）、情报融合服务器（IFS）、跨域服务器组件（CDSS）、战术级情报地面站（TGS）、战役级情报地面站（OGS）和情报处理中心（IPC），各子系统的部署层级如图1所示。

从图1可以看出，美国陆军的DCGS-A系统是为营及以上层级提供情报处理能力的系统。因此，在2013年，美国陆军与特种部队共同发起了更小型、更灵活的DCGS-A Lite项目，用情报融合服务器（IFS）和精简的多功能工作站（MFWS）使作战人员能够在连接的、带宽受限的和断开的环境中开展情报搜集和分析工作，为陆军和特种部队提供了一种快速响应能力。2016年，陆军在总结DCGS-A发展经验时就提出未来DCGS-A系统将重点考虑为低层级梯队提供能力。针对未来作战环境和作战特征变化，2017年美国陆军将战术边缘层士兵的战场感知和协同能力提升纳入发展重点，致力于满足战术边缘作战特殊需求的应用研究。因此，2017年8月，陆军发布了用于战术梯队的第一个DCGS-A"能力滴"招标书，将包括一套硬件和软件解决方案为35F（陆军的初级情报分析团队）全源分析员提供服务。硬件将包括耐震膝上电脑和现有营级梯队情报融合服务器的替代件。软件将改进分析员在带宽非常有限的环境下（陆军称作断开的、间断的和有限带宽的环境）作战，易于使用，并且能提供用于战场情报准备、情报处理、利用与分发的工具。

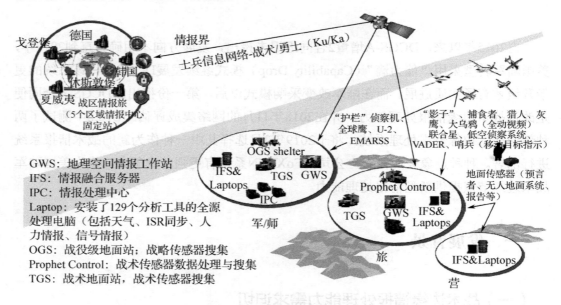

图1   DCGS-A 系统族

（二）新型"能力滴"采购模式推动战术边缘情报处理能力快速发展

过去，DCGS-A系统以增量的形式进行开发和部署，采用"能力滴"采购模式后，每个"能力滴"更小、独立且更灵活，关注的是特殊的需求和应用，未来DCGS-A系统将注重部队反馈、改进市场调研并加强与工业界的合作，这些措施有助于将更多的先进能力更快地提供给作战人员。新的采购战略将通过7组能力（即"能力滴"）推进DCGS-A现代化，每次完成一组能力升级，也将采用与国防情报信息企业（DI2E）匹配的基准体系架构。

自第一个"能力滴"招标书发出后，陆军收到了8家公司的竞标方案。2018年3月，陆军分别授予雷声公司和帕兰提尔（Palantir）技术公司两份长达10年的、总计8.76亿元的DCGS-A增量1能力滴1（CD1）竞争合同，支持"测试-排故-测试"（Test-Fix-Test）模式，为现役和预备役战术单元及海岸警卫队提供服务。2018年8月17日，陆军各大司令部的士兵与总部设在胡德堡的美国陆军作战试验司令部合作完成了针对士兵的有限用户作战测试。作战测试期间，每位士兵都配备了DCGS-A"CD-1"系统，通过该系统执行职能相关的基本任务。此次测试为高层领导评估DCGS-A"CD-1"的适用性、生存性和包括系统如何影响任务效能在内的有效性提供了信息。2018年9月25日雷声公司宣布，已开发出能安装在商业现货笔记本电脑上的FoXTEN新软件系统，作为参与DCGS-A CD-1竞标的系统之一，FoXTEN是战术边缘节点力量倍增器（Force Multiplier Tactical Edge Node）的缩写，能收集无人机信息、信号情报、卫星图像和人力情报数据，为用户提供360°的战场视图。该软件使用的是商用笔记本电脑平台，可快速部署和使用，是用于边缘节点的情报处理平台。从合同授出到原型产品测试整个周期不到一年，比大规模增量升级的采购模式更快更灵活，有力地推动了陆军战术边缘情报处理能力快速发展。

二、FoXTEN 组成与特点

FoXTEN和DCGS-A Lite都是雷声公司的产品，根据雷声公司披露的相关文件，DCGS-A Lite是FoXTEN的早期版本，两者采用了相似的架构和技术。DCGS-A Lite的核心工具包括Hyperion、分析员笔记本和Vega，而FoXTEN的核心工具包括Hyperion、Omega和Vega。

（一）Hyperion 数据挖掘工具

Hyperion是FoXTEN的数据挖掘工具，其界面如图2所示。士兵可以搜索最新的情报，创造出允许指挥官做出及时和明智决定的产品。Hyperion的自动实体提取功能在非结构化文本中识别诸如姓名、位置和敌方单位等情报，并在建立链接时自动提醒用户。Hyperion的主要功能在连接或断开网络时都能发挥作用。Hyperion可以访问多个数据源或情报数据库，并能与分析工具集成。这些数据库包括共享数据库（SDB）和个人数据库（PDB）。当连接到网络时使用SDB并且输入针对特定任务的过滤信息。SDB数据通过管理员设置的常设查询进行管理。PDB存储本地数据以便于离线访问，并且利用来自SDB的数据子集来离线填充数据。

（二）Omega 工具

FoXTEN的Omega工具在一个光滑的图形界面中显示数据之间的关系，帮助用户识别密度、通用性和层次结构，如图3所示。

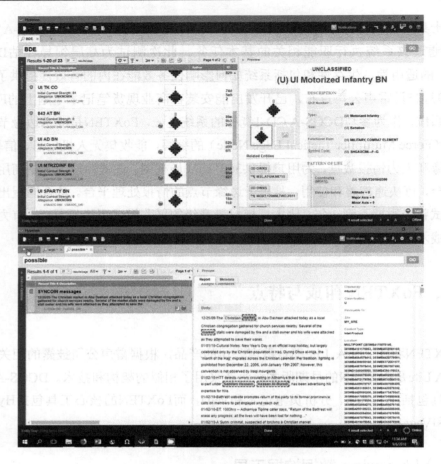

图 2　FoXTEN Hyperion 界面

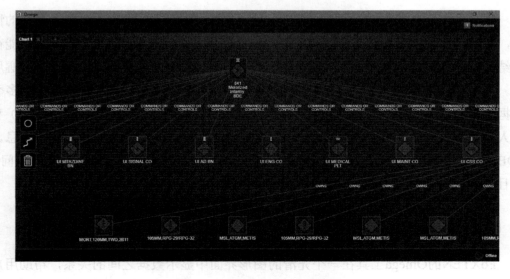

图 3　FoXTEN Omega 界面

（三）织女星（Vega）4D 空间分析应用程序

Vega是FoXTEN改进的混合障碍物覆盖（MCOO）构建器，自动计算受限地形、移动走廊、关键地形，以及最有可能的敌人逼近通道。它是完全自动化的，并在几秒钟内生成这些关键数据，而不是士兵当前要求的几小时或几天。在地面设备的自动计算中，容易进行任务规划。该设备可以在理想的位置绘制，用于监视已定义的NAI（感兴趣的命名区域），并且士兵可以看到整个NAI是否包括在该设备的绘制位置中。Vega是一个基于Web的瘦客户端应用程序，用于在四维空间中的数据可视化和数据处理（其界面见图4）。应用程序可以作为Ozone 窗口小部件或作为独立的Web应用程序来配置，并且不需要插件就能在现代的Web浏览器中运行。Vega作为使用HTML 5和WebGL Web新标准的原型，是由雷声公司在DCGS-A的合同支持下创建的。Vega是一个完全开源的软件，也是一个具有稳定的应用程序编程接口用于协同能力开发的平台，它利用开源框架，侧重于用户体验。

图 4 FoXTEN Vega 界面

凭借其开放的架构，FoXTEN还采用了MarkLogic操作系统来替代Oracle操作系统，从而提高了非结构化数据的处理器速度，具备在断开连接、间歇连接或低带宽

（DIL）环境中的能力。数据通信达到22千比特/秒、33%丢包率、300毫秒延时FoXTEN即可正常工作，即使战场通信保障比野战电台能力更低也能有效传输数据。其具备以下特点：

- 适用于营级及以下层级部队；
- 采用开放体系架构，能安装未来修改的应用和新的应用；
- 基于商业平台开发，易用性、移植性和灵活性强；
- 能搜集和管理更多种类的信息，直接通过Web整合几百种不同的情报源，包括无人机信息、信号情报、卫星图像、人力情报数据、网络安全数据、战斗空间数据等；
- 可以在断开连接、间歇连接或低带宽的环境中使用，关键数据可存储在系统硬盘中；
- 单兵只需90分钟就可学会使用，不需要服务器堆栈、现场支持工程师和大量基础设施。

三、影响意义

FoXTEN是新一代用户友好的、适应性强的商业技术产品，将作为DCGS-A的升级版部署到战术边缘，雷声公司称等了20年才开发出这种技术。雷声公司作为空军DCGS的最大承包商，不仅成功研制了面向服务架构的DCGS-AF Block 10.2，还于2016年起积极推动空军和陆军DCGS向开放架构转变，便于集成新技术和新能力。

（一）FoXTEN 为战术边缘提供了更快的情报获取能力

随着战场传感器生成的数据量日益增加，通过大型情报处理工作站会使情报处理时延增加，反恐战争后美军低层地面部队对情报处理的时效性提出了更高的要求，2017年美国陆军更是将战术边缘层士兵的战场态势感知纳入发展重点。作为美国陆军的下一代士兵移动情报系统，FoXTEN提供了轻量化、易部署的情报处理平台，在战术边缘就可生成、利用和分发信息，增强了情报处理分发的灵活性和快捷性，可缩短战术边缘情报利用的时延，提高情报利用的时效性，更好发挥情报产品在战术边缘的效用。该产品基于商业平台开发，可快速部署到陆军现有系统。FoXTEN的推出不仅标志着美国国防承包商的商业集成能力取得重大进展，为陆军提供了前所未有的战术边缘情报处理能力，更是为网络空间、电子战和信号情报的融合（在一个平台上）提供了技术路径。

（二）战术边缘情报处理新发展将极大提升边缘作战的效能

随着网络中心战的发展，战术边缘的态势感知和信息处理能力对瞬息万变的战争局势的影响越来越大，美军的最终目标是在战术边缘维持作战人员对战斗空间的态势感知。近年来，美军通过在战术边缘部署云节点（云应用）、改进边缘通信能力等措施解决战术边缘数据存储和传输的问题。FoXTEN的推出则重点解决了边缘情报处理的问题，使得指挥官在远程环境中能快速且容易地制定决策，将极大地提升战术边缘作战效能。FoXTEN以其小型化、模块化、鲁棒性、开放性和低成本的优势为美军情报处理系统的发展提供了新的思路。

（中国电子科技集团公司第十研究所　陈祖香）

美国陆军正式启动未来武装侦察直升机研制

2018年3月，在参加美国陆军协会一次会议时，"下一代旋翼机"（FVL）项目跨职能团队（CFT）负责人透露了美国陆军开发"未来武装侦察直升机"（FARA）的计划。10月3日，美国陆军合约司令部发布"未来武装侦察直升机竞争性原型机"（FARA CP）项目信息征询书，标志着该项目正式启动。

一、项目背景

美国陆军从2014年开始陆续封存或退役OH-58D武装侦察直升机，到2017年作战用OH-58D已完全退役（训练用机将服役至2022年）。其原本承担的武装侦察任务由AH-64E武装直升机与无人机协同完成。但在实践中，美国陆军发现武装直升机与无人机的协同完成武装侦察任务并不能完全满足要求，开发专用的武装侦察直升机仍然是必要的。

二、项目构想

根据FARA CP信息征询书对未来美军作战场景的设想，陆军航空兵（陆航）必须在高对抗/复杂空域和恶化的环境中作战，对抗拥有综合先进防空系统的匹敌/近匹敌对手。美国陆军需要一种尺寸满足隐藏在雷达杂波中、在大城市高楼间穿梭要求，可执行武装侦察、轻型攻击与防御任务，具备发射改进的防区外致命或非致命能力的平台。这种可选有人驾驶的下一代直升机能降低飞行员的认知工作负荷，通过高可靠设计与更长的免维护时间获得更高的作战频次（OPTEMPO），具备先进的编队与自主能力。通过与无人系统与多种空射武器的编组，该平台可以成为突破敌军综合防空系统的核心装备。具备小平台高性能的特点，在陆航装备体系中承担"尖刀"角色。为平台设计一套有弹性的"数字主干"对于未来子系统与软件的能力升级与可承受的寿命周期管理至关重要。该型飞机将部署在师以上层级，但其他衍生型号可以部署在其他层级的陆航部队。

整个项目启动后，竞标厂商将有9个月时间进行初步设计，政府从中选出其中2个设计，由厂家进行详细设计并制造测试原型机。2023财年开始进行试飞并完成原型机验证。随后军方选定1个机型转入生产制造阶段。具体时间安排见表1。

表 1 FARA CP 项目重要节点时间表

重 要 节 点	预 计 时 间	目 的	阶 段
授出初始设计合同	19 财年 3 季度		第一阶段
系统需求评审	20 财年 1 季度	收集信息	
初始设计与风险评审	20 财年 2 季度	为选出 2 个设计奠定决策基础	
选出 2 家厂商	20 财年 3 季度	做出选择决策	
最终设计与风险评审	21 财年 1 季度	决定是否继续建造/测试	第二 a 阶段
初始预备设计评审/提交的数据将用于决定是否进入后续完整系统认证与生产阶段	22 财年 3 季度	收集信息	
测试准备评审	飞行测试前	决定是否进行主要测试	
原型机首飞/飞行验证	23 财年 1 季度		
政府飞行测试	23 财年 3 季度～23 财年 4 季度		第二 b 阶段
FARA CP 完成	23 财年 4 季度	选出 1 家厂商转入下一阶段	第三阶段
后续完整系统认证与生产阶段	仍待决定		第四阶段

三、相关研制情况

从项目计划安排看出，FARA项目仍然处于非常初期的阶段，美军公开的信息也不多。但是作为"未来垂直起降飞行器"（FVL）框架下开展的型号项目，可以通过对FVL项目进展情况的梳理来对FARA未来发展进行一些预测。

（一）FVL 项目

2008年，美国国会"直升机连线"指示国防部为未来垂直起降飞行器（FVL）项目编制战略规划。2009年，国防部启动FVL计划关注相关技术开发，并与参谋长联席会议J-8委员会合作讨论未来进行基于能力的评估并制定科技规划的可能性。2012年，有关FVL项目的战略规划完成并提交国会，该规划提出研发并部署下一代机型以确保21世纪及以后美国在直升机领域的优势。下一代机型将通过采用通用核心技术、架构及训练的联合解决方案来最小化开发、采购、与寿命周期成本，成为能力最强、效费比最佳的机型。2013年，联合需求监督委员会备忘录（JROCM）确定了FVL系统簇（FoS）初始能力文件（见表2）。随后美国军方对FVL的能力需求进行了修订，并在2015年批准了能力集（CapSet）文件。FARA项目对应的就是能力集1，满足陆军武装空中侦察（AAS）任务的需求。

表2 未来垂直起降飞行器系统簇

未来垂直起降飞行器系统簇				
轻 型	中 型			重 型
能力集 1 任务 侦察 攻击 警戒 近战攻击/ 近距空中支援 水面战 直接攻击 海上封锁行动	能力集 2 任务 侦察/攻击 警戒 近战攻击/近距空 中支援 伤员后送 水面战 直接攻击 反潜战 战斗搜救 海上封锁行动 布雷/反水雷	能力集 3 任务 布雷/反水雷 伤员后送 空中突击 后勤补给 人道主义救援/救灾 两栖突击 非战斗撤离行动	能力集 4 任务 伤员后送 空中突击 后勤补给 人道主义救援/ 救灾 两栖突击 非战斗撤离行动	能力集 5 任务 伤员后送 空中突击 后勤补给 人道主义救援/ 救灾 两栖突击 非战斗撤离行动
服役军种 陆军 海军陆战队 特种部队 海军 海岸警卫队	服役军种 陆军 海军陆战队 特种部队 海军 海岸警卫队	服役军种 陆军 海军陆战队 特种部队 海军 海岸警卫队	服役军种 陆军 海军陆战队 特种部队 海军	服役军种 陆军 海军陆战队 特种部队 海军

（二）JMR-TD 项目

几乎就在美军启动FVL计划的同时，为了了解工业部门为全新飞机设计或现有机型改进所能提供的能力，美军启动了FVL项目的先行技术验证项目——"联合多任务—技术验证"（JMR-TD）。

FVL项目不会在具体解决方案分析（MSA）阶段以后直接采用JMR项目验证的任何设计。FVL项目也不会让系统簇的所有机型倾向或选择某个特定的团队或构型——

如倾转旋翼或复合构型。在各能力集虽然可能采用完全不同的机体，但在子系统层面，如发动机、航电系统、软件等，则会有高度相同的需求。没有一种构型完美适用于所有尺寸/能力集，因此每一个能力集都会有单独的采办竞标。

JMR-TD项目分为飞行器验证（AVD）与任务系统架构验证（MSAD）两部分（见图1）。飞行器验证阶段，贝尔公司已经试飞了V-280，西科斯基-波音联合团队SB>1"无畏"原计划在2018年夏进行首飞，但是进度一再推迟，预计到2019年试飞。

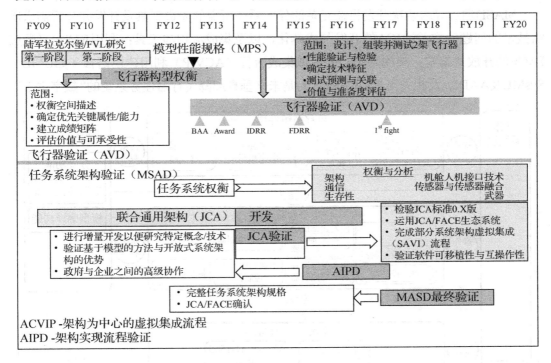

图1　JMR 项目技术验证计划

任务系统架构验证方面，各军种早在2009财年就已开始研究一种联合通用架构（JCA）的可行性，并努力开发一种航电参照架构。陆军在2012～2013财年授出6份任务系统效能权衡与分析合同：波音公司负责任务场景/可互操作的通信分析；霍尼韦尔航宇公司负责传感器与传感器融合权衡研究；洛克希德·马丁公司负责座舱人机接口技术，基于能力的任务设备包，武器、目标与任务，以及战场感知优化相关的权衡研究；罗克韦尔·柯林斯公司负责研究任务系统架构；西科斯基公司负责生存性优化研究；塞维斯（SURVICE）工程公司负责攻击性与生存性系统的优化与分析工具。

这些研究的一项主要成果就是使联合通用架构（JCA）能基于未来机载能力环境（FACE）可重用软件标准开发出来（见图2）。2014年，霍尼韦尔与西科斯基-波音的联合团队获得合同开展JCA验证，并利用为RAH-66"科曼奇"项目开发的实验室环境运行了这一软件。目的是检验最初的JCA标准，利用JCA/FACE "生态"，进行 "局部系统架构虚拟集成"（SAVI）流程，验证软件的可移植性与互操作性。2015年，"架构实现流程验证"（AIPD）招标书发布，该项目的主要工作是研究特定概念/技术，并验证基于模型的方法与开放式体系架构的优势。任务系统架构验证（MSAD）的最终验证将在2017~2019财年进行，成果将包括一个完整任务系统架构的规格说明，一份项目实施指南，以及一份JCA/FACE能共同创造持久、有效、高效的开放式架构的证明文件。

　　MASD项目寻求解决开发日益复杂的任务系统所需的先进工具及开发并分析需求所需技术的问题。它关注JCA的开发与成熟化，以及集成流程与工具；利用JCA定义顺应FACE的开放式架构；架构为中心的虚拟集成流程（ACVIP）利用建模语言（如UML、SysML及AADL）及相关工具；JCA被认为是未来垂直起降飞行器任务系统的 "数字主干"。

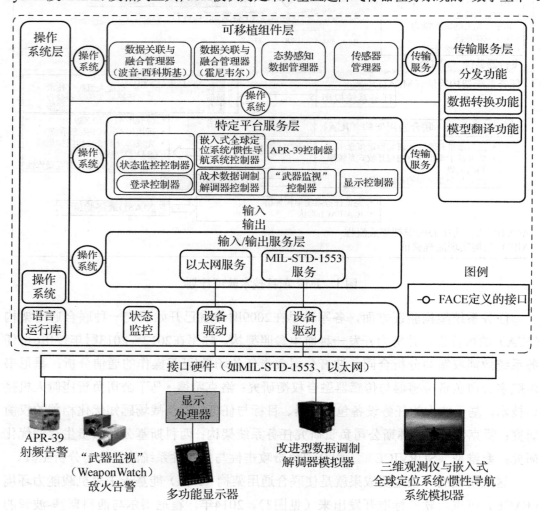

图 2　JCA 验证架构

（三）FARA 项目未来预测

FARA就是上文提到的满足能力集1的型号项目，该项目研制的直升机将扩展传统武装侦察直升机的任务范围。根据2015年披露的一份有关美国陆军ISR装备层级的文件显示，OH-58D装备旅级战斗队及以下层级的部队（见图3），而FARA项目公布的信息征询书显示其"将部署在师以上层级，但其他衍生型号可以部署在其他层级的陆航部队"。这意味着它的主要任务也将不再局限于直接支援己方步兵和装甲单位的作战行动，将会承担一些固定翼侦察机和无人机（如RC-12X和MQ-1C）执行的情报搜集任务。此外，未来与近匹敌对手作战时，敌方综合防空系统将大大限制己方航空单位发挥作用，因此美国陆军希望将FARA打造成未来陆航体系中的"尖刀"，用于穿透并压制敌方防空火力网，为后续其他飞机打开通道。

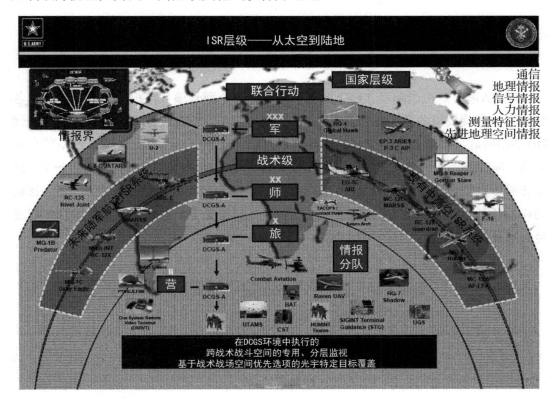

图3　美国陆军 ISR 装备层级

FARA与无人机的协同能力将是项目的一项关键需求，例如与无人机共享信息，向无人机发出指令等，并且美国陆军早已在AH-64D武装直升机及OH-58F原型机上实现了直升机对无人机的操控，因此实现FARA与无人机的协同在技术上是可行的。同时，考虑到FARA要承担的"尖刀"角色，该机将承担更多的高威胁任务，与无人机实现协同作战是降低风险的有效手段。

FARA将具备更高程度的自主化能力。近年来，人工智能与机器学习技术的发展日新月异，在FARA上引入这些技术将有助于降低机组成员的工作负荷。例如，人工智能技术可以帮助过滤大量无用的传感器数据及其他信息，或者规划最佳的行动路线，提升机组成员的任务表现。

FARA的航电系统将采用开放式体系架构。软件的开发与改进现在已经是飞机开发中最昂贵也是最重要的工作之一。此前进行的JMR-TD项目研究了联合通用架构（JCA）的可行性，并开发了一种航电参照架构。FARA有望利用JMR-TD项目下任务系统架构验证的研究成果构建一种开放式的"数字主干"来减少开发与部署新软件的时间并降低寿命周期成本。

四、影响意义

FARA项目是美国陆军在FVL框架下落地的首个型号项目，担负着为美国陆军各级别下一代旋翼机的研制进行"探路"的任务。该项目也是美军第四次尝试开发替代OH-58D的武装侦察直升机型号，在吸取前几次经验教训的基础上，美军希望能在10年内，即2028年实现该机的初始作战能力，这仅是其他新研机型所需时间的一半。这意味着该机型可能不会采用太多新技术，而是对现有成熟技术进行集成。同时，该机的作战任务也较OH-58D有所扩展，在机型更小的情况下，对航电系统的综合化程度势必有更高的要求。

（中国电子科技集团公司第十研究所　周羽丰）

日本发射最新"情报收集卫星"
大幅提升侦察监视能力

长期以来，为实现军事大国目标，日本积极发展侦察卫星，提高军事侦察监视能力，日本政府每年投入间谍卫星的研制费用高达600亿日元（约合人民币37亿元）。"情报收集卫星"（IGS）是日本自主发展的成像侦察卫星系统，是日本军事侦察监视能力的重要组成部分。2018年2月和6月，日本宣布成功发射"光学6号"和"雷达6号"侦察卫星，IGS星座布网即将完成，天基侦察监视能力大大增强。

一、IGS 发展背景

侦察卫星系统可使日本对全球事态进行监视，及时了解、掌握周边动态，特别是中国和朝鲜的军事事态，并且在夺取战场信息优势、直接支援部队作战、提高武器装备作战效能等方面发挥重要的作用。因为看到了军用卫星的巨大价值，日本开始谋求发展军事航天能力。早在20世纪70年代末，日本防卫厅就曾委托民间机构对建立卫星侦察系统进行了研究。但是，由于1969年日本国会决议规定"宇宙空间利用不得作为军事用途"，加之美国担心日本军用卫星将对自己的空间优势构成挑战而加以反对，结果日本谋求独立研制侦察卫星的计划被长期搁置。但是，日本并未放弃，通过多种途径获得高分辨率卫星图像建立本国的天基侦察能力，利用民用卫星进行军事卫星技术尝试，并积极寻找理论根据和制造各种借口，试图发展独立军用侦察卫星。

早期日本购买外国的商用卫星图像进行情报分析，并直接利用美国提供的导弹预警信息为军事服务。美国先进的卫星侦察系统能够很容易地监视日本周边事态，并向其提供侦察卫星图像信息和窃听收集到的信号情报。日本还通过与美国、法国、以色列等国的商业合作，建立了多个遥感卫星地面接收站，可接收几乎目前所有高分辨率商业遥感卫星的图像，包括美国"陆地"（Land Sat）系列卫星、"快鸟2号"（Quick Bird Ⅱ）卫星、"轨道观测卫星"（Orb View），法国"斯波特"（SPOT）系列卫星和"伊科诺斯"（IKONOS）卫星，加拿大"雷达卫星"（Radar Sat）和以色列的"地球资源观测卫星-A1"（EROS-A1）。而且，日本研制的情报管理支持系统（IMSS），专用于分析商业高分辨率卫星所获得的图像数据，可进一步提高图像的精度，满足其军事需求。

然而，使用别国的卫星进行观测会受到有关国家的限制，而且有关国家通过日本选购的商用卫星照片就可以判断日本关心的领域和内容。20世纪80年代中期，日本发展多用途民用遥感卫星，兼作军事用途，并为发展军事侦察卫星系统储备技术。先后发射了"海洋观测卫星-1、-1b"（MOS-1、-1b）、"日本地球资源卫星-1"（JERS-1）和"先进地球观测卫星"（ADEOS）等，日本初步掌握了制造军事侦察卫星的能力。

与此同时，日本一直在酝酿研制部署专用的军用航天系统，建立独立的情报系统。早在1985年，日本就开始为研制军用卫星造舆论。1996年5月，日防卫厅提出发射独立的侦察卫星，以加强对近邻各国军事形势的情报搜集能力。1997年日本防卫白皮书提出把用于通信、导航、侦察监视的卫星系统作为"特别关注"的重点加以发展。1998年11月，日本以朝鲜1998年8月31日进行了飞经日本上空的中程弹道导弹试验，而日本事前一无所知为借口，决定发展独立的侦察卫星系统。1999年4月1日，日本专门设立了"卫星信息搜集委员会"，以研究研制、使用侦察卫星带来的相关问题。2001年4月2日，日本又成立了侦察卫星办公室，以推进日本的侦察卫星计划。

二、IGS 发展现状

IGS卫星计划一直受到日本财政的大力支持，从1998年计划开始到2003年首颗卫星发射成功，总体预算达到2500亿日元。卫星组网开始后每年还有600亿～700亿日元的预算用于在轨卫星的更新和下一代卫星的技术开发。日本政府迄今为构筑"情报收集卫星"监视体系累计投入了约1.3万亿日元。基于之前较强的技术基础和日本的巨资建设，IGS卫星系统快速发展，不断升级换代，其光学型号已经发展了5代，雷达型号已经发展了4代。

（一）骨干卫星体系升级为 10 机体制

"情报收集卫星"（IGS）由日本内阁卫星情报中心负责运行，卫星有两种，均为5年寿命的低轨道卫星：一种是光学成像卫星，搭载高性能摄像机，负责昼间侦察，辅助近红外波段可以识别伪装目标；另一种是雷达成像卫星，装有合成孔径雷达，负责夜间或能见度差的情况下侦察。每组侦察卫星由一颗光学成像卫星加一颗雷达成像卫星组成。

IGS系统最初的构造是"2+2"的4机体制，雷达卫星和光学卫星各2颗，2机一组，一共2组4机，每天可对全球拍摄一次，监测地球上任何地区的变化。因为2003年11月的卫星发射失败，以及雷达1号机及雷达2号机接连发生电源故障未达到设计寿命，4机体制迟迟未能建立起来。直到2013年4月26日雷达4号机的正式运用，日本10年前规划的4机体制才终于完成。

IGS服役的卫星设计寿命5年，技术验证机为2~3年。为了应对雷达卫星电源负荷大、容易故障的问题，从2015年2月1日起日本开始投入了雷达预备机。

2015年，日本内阁卫星情报中心提出"通过拍摄时间的多样化及拍摄频率的提高"，计划将卫星规模发展至总计10颗，IGS系统将转化为"4+4+2"的10机体制，即光学卫星和雷达卫星各4颗以及2颗数据中继卫星，从而加强对目标的动态监视，可对目标进行1天多次拍摄。在计划中新加入的4颗情报收集卫星定位为"时间轴多样化卫星"，其中"光学多样化卫星1号机"（2016年开始研发，2024年发射）进行观测，原来4机体制中对"重点目标的发现、识别及详细监控"变成了10机体制的"重点目标的发现、识别及动态的监视（船队和车辆群的移动等）"，可在突发事件的数小时之内拍摄到热点地区的情报。两颗数据中继卫星（首颗计划2019年发射）用于加快图像获取速度，依此形成更强大的10机体制。运用2颗数据中继卫星后，全球大部分地区拍摄的图像可以在一小时之内下传给地面站。

（二）IGS 光学卫星发展到第五代

2018年2月27日13:34分，三菱重工业公司和日本宇宙航空研究开发机构（JAXA）在鹿儿岛县的种子岛宇宙中心，发射了搭载政府情报收集卫星"光学6号"的H2A火箭38号机。卫星在约20分钟后进入预定轨道，发射取得了成功。"光学6号"的研发费用为307亿日元（约合人民币18亿元），发射费用为109亿日元。这是日本研制的第五代光学侦察卫星，分辨率为0.3米，达到国际先进水平。IGS光学卫星历年发射情况如表1所示。

表 1　IGS 光学卫星发射情况

发 射 时 间	日 本 代 号	国外编号	技术等级	分辨率/米	目 前 状 态
2003-3-28	IGS-O1"光学 1 号"	IGS-1A	第一代	1	设计寿命 5 年，已退役
2003-11-29	由于发射失败，编号取消	IGS-2A	第一代	1	发射失败

续表

发 射 时 间	日 本 代 号	国外编号	技术等级	分辨率/米	目 前 状 态
2006-9-11	IGS-O2 "光学 2 号"	IGS-3A	第二代	1	2013 年退役
2007-2-24	IGS-O3 试验星	IGS-4A		0.6	设计寿命 3 年，已退役
2009-11-28	IGS-O3 "光学 3 号"	IGS-5A	第三代	0.6	设计寿命 5 年，在役
2011-9-23	IGS-O4 "光学 4 号"	IGS-6A	第四代	0.6	设计寿命 5 年，在役
2013-1-27	IGS-O5 试验星	IGS-8B		0.4	设计寿命 2 年，已退役
2015-3-26	IGS-O5 "光学 5 号"		第五代	0.4	设计寿命 5 年，在役
2018-2-27	IGS-O6 "光学 6 号"			0.3	在役

第一代和第二代光学卫星搭载了先进陆地观测卫星（ALOS-1）上面的全色遥感立体测绘仪（PRISM）以及先进可见光与近红外辐射计-2（AVNIR-2）的改进型号，其中可见光全色分辨率提高到1米，近红外分辨率提高到5米。ALOS-1卫星是日本宇宙航空研究开发机构（JAXA）发射的民用对地观测卫星，重4吨以上，卫星上载有三个传感器：美国古德里奇（Goodrich）公司参与开发的PRISM，全色分辨率2.5米，主要用于数字高程测绘；AVNIR-2的分辨率可以达到8米，主要工作在近红外波段，采用离轴三反光学系统的设计思路，用于精确陆地观测；相控阵型L波段合成孔径雷达（PALSAR），用于全天时全天候陆地观测。第二代和第一代采用了相同的光学系统，主要是提高了指向性能和拍摄时间。

第三代光学卫星主要以高分辨率化作为研制目标，其分辨率达到60厘米级别，采用高效的GaAs电池以缩短电池长度、提高刚性、减小转动惯量，提高姿态控制能力，可以大角度测摆拍摄。另外，处理卫星图像的地面系统也同时加强。第四代搭载了第三代一样的光学传感器，主要改进是采用了轻量化设计，提高了太阳能电池板的效率以应对电源不足的情况（具备侧摆能力），使得整体小型化，重量降低到一吨多。

第五代光学卫星是目前在轨性能最高的IGS光学卫星，分辨率达到40厘米，光学系统进行了大幅度改进，重量也上升到2吨以上。第六代光学卫星从2013年开始研发，和第五代光学系统类似，升级了高性能传感器。

第七代光学卫星的研制正在计划中，自2015年开始研发，光学系统进行重大改进，首颗星是将于2023年发射的"光学8号"，分辨率将达到25厘米，具备车辆类型的识别能力。

（三）雷达卫星发展到第四代

2018年6月12日，日本宇宙航空研究开发机构和三菱重工业公司从鹿儿岛县种子岛宇宙中心发射了一枚H2A运载火箭39号机，成功将侦察卫星"雷达6号"送入预定轨道。这颗卫星将替代正在超期服役的"雷达4号"，在夜间和多云天气时也能获取图像数据，可分辨地面上50厘米大小的物体。IGS雷达卫星历年发射情况如表2所示。

表 2　IGS 雷达卫星发射情况

发射时间	日本代号	国外编号	技术等级	分辨率/米	目前状态
2003-3-28	IGS-R1 "雷达 1 号"	IGS-1B	第一代	1～3	2007.03 失效，电源故障提前退役
2003-11-29	发射失败，编号取消	IGS-2B	第一代	1～3	发射失败
2007-2-24	IGS-R2 "雷达 2 号"	IGS-3B	第二代	1～3	2010.08 失效，电源故障提前退役
2011-12-12	IGS-R3 "雷达 3 号"	IGS-7A	第三代	1	设计寿命 5 年，是否退役不详
2013-1-27	IGS-R4 "雷达 4 号"	IGS-8A	第三代	1	设计寿命 5 年，在役
2015-2-1	IGS 雷达预备机	IGS-9A	第三代	1	作为雷达备用机在役
2017-3-17	IGS-R5 "雷达 5 号"		第四代	0.5	在役
2018-6-12	IGS-R6 "雷达 6 号"			0.5	在役

第一代和第二代雷达卫星搭载了ALOS-1卫星上相控阵型L波段合成孔径雷达（PALSAR）的改良型号。ALOS-1卫星上携带的PALSAR的分辨率可达10米，而雷达卫星搭载的合成孔径雷达的功能更强，分辨率提高到1米～3米。第二代雷达卫星为第一代的改良型号，分辨率一样，但是拍摄时间增加。

第三代雷达卫星进行了重大改进，首先是雷达升级为类似ALOS-2搭载的PALSAR-2 雷达，增强了性能，分辨率达到1米以下；吸取之前雷达卫星电源故障的教训，对电源部分进行了强化。ALOS-2搭载的PALSAR-2能够实施24小时昼夜监控、全天候监测，增加了新的观测模式（聚光灯模式），分辨率提高到1米至3米，并采用"双接收天线系统"确保高分辨率的观测带宽。

第四代雷达卫星在第三代的基础上进行了改进，其分辨率从第三代的1米以下大幅提高到0.5米以下。日本计划于2020年发射的先进雷达卫星，技术很可能基于第四代IGS雷达卫星。

三、重要意义

（一）日本天基侦察体系得以完善

早期，日本通过购买外国的商用卫星图像、借助本国民用遥感卫星发展军事用途等方式，进行天基情报侦察。"情报收集卫星"系统的发展建设，标志着日本开始拥有专用的、独立自主的天基侦察体系。随着技术的革新和进步，2015年日本内阁卫星情报中心将"情报收集卫星"体系从"光学卫星2颗+雷达卫星2颗"的4机体制升级为"光学卫星4颗+雷达卫星4颗+数据中继卫星2颗"的10机体制，天基侦察体系得以提升，功能更为强大，可全方位更有效地监视地球上任何地区的变化。

（二）日本天基侦察能力大大增强

日本斥巨资发展了"情报收集卫星"军用成像侦察系统，其发射的卫星性能一直在稳步提升，光学成像侦察的分辨率从1米提升到"光学6号"的0.3米，雷达成像侦察卫星的分辨率从1～3米提升到"雷达6号"的0.5米，达到世界先进水平行列。多颗光学、雷达卫星协同工作，具有在24小时内对地球任意地点进行拍摄的能力。IGS系列卫星的构建，意味着日本拥有独立的战略侦察能力，不再依靠美国，未来的10机体制还将进一步增强对地球任意地点的侦察能力。

（三）对周边国家安全局势影响深远

日本建成独立天基情报侦察系统的主要任务是监视世界热点地区的形势，特别是军事态势的变化，亚太地区则是其侦察的重中之重。随着侦察卫星系统的完善和更新，日本对周边国家（地区）的情报收集能力空前提高，势必对后者的安全环境形成挑战，乃至成为影响东亚地缘政治格局的新变量。相对于日本的侦察卫星发展，2013年朝、韩相继公布新宇宙计划，朝鲜设立国家宇宙开发局，韩国提出"2040宇宙愿景"，期望发展为宇宙强国。我国是日本的近邻，近年来，日本最新出台的一系列国家安全和军事战略，均把我国列为其重要防范对象，并不断加强对我国的情报收集。随着IGS军事侦察卫星部署的升级完成，日本对中国的情报收集能力将空前提高，必将给中国的战略安全环境带来严重威胁。

（中国电子科技集团公司第二十七研究所　王玉婷　路静）

中国台湾第一颗自主研制卫星
"福卫"-5号正式投入使用

2018年9月21日，中国台湾太空中心宣布，他们自主研制的第一颗卫星——福尔摩沙卫星5号（简称"福卫"-5号）在解决图像质量问题后，拍摄的图片已可以使用。它将接替"福卫"-2号卫星承担军民两用对地观测任务，提供自主的战略侦察能力。"福卫"-5号的使用，标志着中国台湾已具备完全的卫星自主研制能力，同时保证台湾在5年内继续拥有天基遥感侦察能力。

一、项目背景

中国台湾早期通过购买国外遥感卫星图像数据获取天基对地观测能力，1991年通过制定航天科技发展规划开始自主发展航天能力。"福卫"是其中最重要的项目，规划有"福卫"-1～3、5和7等系列卫星。其中"福卫"-2和"福卫"-5是遥感卫星，主要用于为台湾提供天基遥感侦察能力。"福卫"-5号是"福卫"-2号的后继星。

"福卫"-2卫星于2004年5月21日发射，全色分辨率2米，多光谱分辨率8米，幅宽24千米，设计寿命5年，2016年8月正式退役。"福卫"-2卫星由中国台湾和原阿斯特留姆公司[现空中客车防务与航天公司（ADS）]共同研制，原阿斯特留姆公司作为卫星主承包商，负责研制卫星平台和有效载荷，中国台湾负责研制部分组件。

二、项目概况

"福卫"-5卫星于2017年8月25日发射，是从平台到载荷均由台湾全面自主研发的第一颗卫星，运行在轨道高度720千米、倾角98.28°的太阳同步圆形轨道，每天绕地球14.5圈，每两天经过台湾上空一次。卫星为光学遥感卫星，重475千克，任务寿命5

年，造价56亿新台币。卫星搭载高分辨率光学遥感载荷，可提供全色（黑白）2米、彩色4米的图像分辨率，可用于土地普查、农林、水利、城市建设、环境保护与灾害防范等。

（一）卫星平台

"福卫"-5卫星平台呈八棱柱体，尺寸约1.6米（外径）×2.8米（高），采用三轴稳定控制方式，具有任意方向±45°的侧摆能力，卫星具有一定的敏捷性，可在过顶期间对非平行于星下点轨迹的指定区域进行成像，即异步成像能力。图像数据下行链路采用X频段，数据传输率150兆比特/秒，测控链路采用S频段。星上固态存储器容量80吉字节。卫星带有2块太阳电池板，在轨期间提供280瓦平均功率。与"福卫"-2卫星采用的原阿斯特留姆公司低地轨道星-500-XO（Leostar-500-XO）平台相比，中国台湾自主开发的"福卫"-5卫星平台在敏捷性方面还有一定的差距。

"福卫"-5号卫星平台的组成如图1所示，"福卫"-5号卫星的结构图如图2所示。

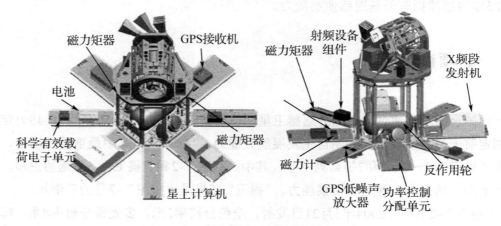

图1 "福卫"-5号卫星平台的组成

（二）有效载荷

"福卫"-5卫星带有2个有效载荷，主有效载荷为遥感相机（RSI），次有效载荷为先进电离层探测器（AIP）。

遥感相机是一个推扫成像器，质量95千克，平均功率75瓦，由卡塞格伦望远镜和电子单元组成（见图3）。卡塞格伦望远镜由口径45厘米、焦距3600毫米的主镜，以及次镜、校正透镜、遮光罩、碳纤维复合材料结构和焦平面阵列组成。其中，焦平面阵列是最关键组件，由CMOS成像传感器、带通滤波器、控制电子器件和支架结构组成。

CMOS成像传感器由微像科技股份有限公司设计，包括1个全色和4个多光谱成像传感器，全色成像传感器包含12000个像元，每个像元尺寸10微米，多光谱成像传感器包含6000个像元，每个像元尺寸20微米。遥感相机全色分辨率2米，多光谱分辨率4米，幅宽24千米，数据量化12比特。

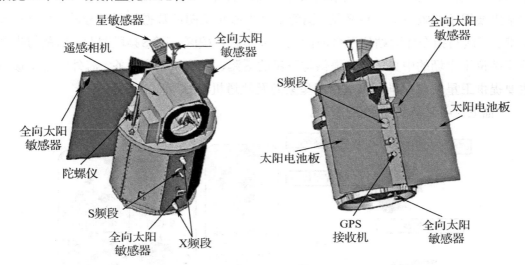

图2 "福卫"-5号卫星结构图

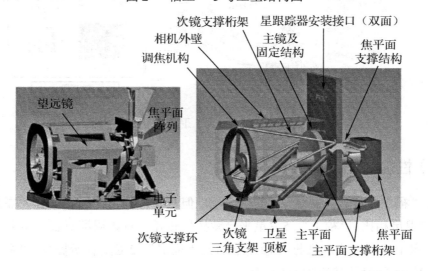

图3 遥感相机结构图（左）和望远镜结构图（右）

（三）地面段

"福卫"-5卫星地面段由任务操作与控制中心，S频段跟踪、遥测与指令地面站，X频段数据接收站，图像处理中心和海外紧急支援站组成。

任务操作与控制中心、X频段数据接收站和图像处理中心都位于台湾新竹市科学园区。任务操作与控制中心包括任务操作中心、任务控制中心、飞行动态设施、地面通信网络和科学控制中心，提供卫星下行遥测数据监控、指令上传、卫星轨道确定和预测、卫星任务调度、科学数据获取与分发，以及内外部通信等功能。X频段数据接收站主要用于接收卫星图像数据，图像处理中心负责图像数据处理与分发。2个S频段跟踪、遥测与指令地面站位于台南的成功大学归仁校区，1个S频段跟踪、遥测与指令地面站位于中坜的中央大学，提供与卫星的遥测、跟踪和遥控服务。海外紧急支援站主要提供卫星发射与早期轨道、卫星紧急及轨道机动时所需的支援。

"福卫"-5卫星系统如图4所示。

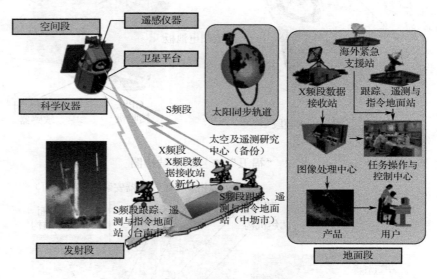

图4 "福卫"-5 卫星系统

（四）性能对比

虽然"福卫"-5是"福卫"-2的后继星，但是其各方面性能并没有大幅提升。与"福卫"-2卫星相比，"福卫"-5卫星平台敏捷性较差，重访周期更长，但多光谱成像分辨率、星上存储能力和数据传输速率均比"福卫"-2卫星有所提高。"福卫"-5与"福卫"-2的性能对比情况如表1所示。

表1 "福卫"-5与"福卫"-2卫星性能对比

项　　目	"福卫"-5	"福卫"-2
轨道高度/倾角	720 千米/98.28°	891 千米/99.14°
重访周期	2 天	1 天

续表

项　　目	"福卫"-5	"福卫"-2
降交点地方时	9：45～10：15	9：30～10：30
卫星质量	475 千克	764 千克
卫星尺寸	1.6 米（外径）×2.8 米（高）	1.6 米（外径）×2.4 米（高）
设计寿命	5 年	5 年
侧摆能力	>0.6°（寿命末期）	>0.6°（寿命末期）
卫星平台	自主研发 （部分组件采购）	Leostar-500-XO （原阿斯特留姆公司）
卫星敏捷性	滚动向：24°/60 秒 俯仰向：24°/60 秒 偏航向：7°/60 秒	滚动向：60°/60 秒 俯仰向：50°/60 秒 偏航向：35°/60 秒
指向精度	0.1°（每轴）	0.1°（每轴）
图像定位精度	2 米（有地面控制点） 390 米（无地面控制点）	2 米（有地面控制点） 470 米（无地面控制点）
相机质量/功率	95 千克/75 瓦	114 千克/161 瓦（成像），73 瓦（待机）
探测器类型	TDI CMOS 探测器阵列 全色像元 12000 个 多光谱像元 6000 个	线阵 CCD 全色像元 12000 个 多光谱像元 3000 个
光学系统	卡塞格伦望远镜，口径 45 厘米，焦距 3600 毫米	卡塞格伦望远镜，口径 60 厘米，焦距 2896 毫米
谱段	1 个全色和 4 个多光谱	1 个全色和 4 个多光谱
分辨率	2 米（全色），4 米（多光谱）	2 米（全色），8 米（多光谱）
幅宽	24 千米	24 千米
相机信噪比	≥92	≥92
遥感相机占空比	≥8%（每轨）	≥8%（每轨）
星上存储能力	80 吉字节	45 吉字节
数据传输率	150 兆比特/秒（X 频段）	120 兆比特/秒（X 频段）

三、项目现状

2017年9月8日，"福卫"-5号卫星传回首批图像，照片模糊存在失焦现象，并存在部分光斑，初步判断主要是光学校准仪器精确度有误差导致焦距偏移引起。后来太空中心采取了3种策略进行校正，包括温度调控方式、模拟调整卫星高度、数码修正。在采用多种技术进行校正后，卫星图像质量得到改善，可以达到卫星预期的黑白图像2米、彩色4米的分辨率。目前卫星的图像数据已投入使用，并对外出售。

图5中左图为利用"福卫"-5卫星的图像分析新竹市2017年二期稻的耕种范围；右图为使用"快眼"卫星、斯波特-7（SPOT-7）和"福卫"-5卫星的归一化差分植被指数（NDVI）图像显示稻谷对应的播种期、抽穗期、收割期，组合成对应的RGB图像，直观显示稻谷的分布范围。

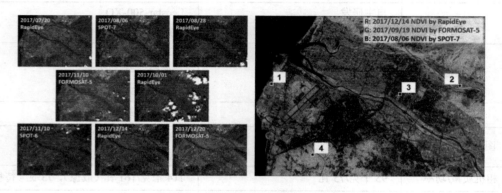

图 5　利用多种卫星多个时期的高分辨率图像分析稻谷生长周期

图6是"福卫"-5拍摄的桃园机场全色照片，从图中可以看到，2米的分辨率可以明确分辨出飞机机型。3米分辨率的图像就可用于侦察，1米分辨率可用于详查。"福卫"-5号卫星介于这两者之间，完全可以用于普查，并结合其他来源的卫星图像实现详查。

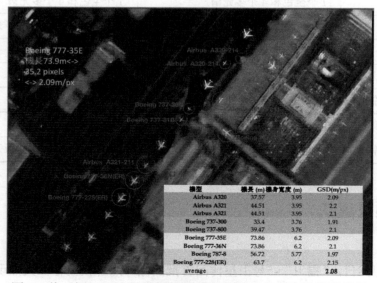

机型	机长(m)	机身宽度(m)	GSD(m/px)
Airbus A320	37.57	3.95	2.09
Airbus A321	44.51	3.95	2.2
Airbus A321	44.51	3.95	2.1
Boeing 737-300	33.4	3.76	1.91
Boeing 737-800	39.47	3.76	2.1
Boeing 777-35E	73.86	6.2	2.09
Boeing 777-36N	73.86	6.2	2.1
Boeing 787-8	56.72	5.77	1.97
Boeing 777-228(ER)	63.7	6.2	2.15
average			2.08

图 6　从"福卫"-5 号拍摄的桃园机场照片分析飞机机型结果

四、影响分析

（一）"福卫"-5号卫星是中国台湾第一颗从平台到载荷完全自主研制的卫星，它的成功发射与运行标志着中国台湾已具备完整的卫星自主研发能力

整颗卫星在太空中心主导与组织下，由中国台湾的产、学、研三界协力研制，将卫星、卫星平台、载荷与各相关分系统的设计、分析、制造、整合、模拟、测试等过程，逐一做了一遍。太空中心负责卫星、卫星平台系统、遥感载荷系统与各相关分系统的需求规划、界面界定、设计、整合与测试，以及卫星的整合与测试（包括空间环境测试）等。卫星相关的元件与组件则由台湾产、学、研组成团队，负责开发与制造。参与的学校有：中央、清华、交通、成功等大学；参与的产业公司有：汉翔航太、凌群电脑、胜利微波、微像、锡成科技、鑫豪等公司；参与的研究机构有：中同科学研究院、仪器科技研究中心、晶片系统设计中心等。这次研发为台湾掌握卫星制造关键技术积累了经验和资料。

中国台湾的航天产业目前面临缺少充沛资金、没有强大的研发团队，也没有完整的航天体系等问题，在是自主研发还是与国外机构合作的策略问题上也存在分歧。"福卫"-5号卫星的成功使用，无疑在一定程度上为台湾发展独立自主的航天侦察能力提供了信心。台湾计划先研制光学遥感卫星，在提高分辨率与增大卫星平台后，再研制雷达成像卫星。

（二）"福卫"-5号卫星维持了台湾的天基遥感侦察能力

"福卫"-5号卫星虽然与"福卫"-2号相比性能没有明显提升，但在成像能力上保持了"福卫"-2的水平且略有提升。而且"福卫"-5用CMOS取代CCD，成本功耗低，成像速度快，可以迅速拍出海量照片。"福卫"-5的成功应用至少保证台湾在5年内继续拥有自主的天基遥感侦察能力。

（中国电子科技集团公司第十研究所　杨红俊）

美国陆军扩展战场态势感知软件应用

美国陆军正在计划通过基于通用作战环境（COE）的系列软件应用替代原有系统的不同界面，形成统一界面的通用作战图，使前线指挥所、战场车辆、行进部队、徒步士兵等不同战术层级之间能够获得可互操作的通用态势感知、友军跟踪、信息分发服务、地图绘制、协同规划等能力，实现真正意义上的态势感知、信息互通和互操作。

2018年2月，美国陆军宣布将扩展使用战场态势感知软件——SitaWare，其应用范围不仅包括车辆部队，还将纳入前线指挥所和徒步士兵。它能够为指挥机构和前线部队提供增强的态势感知、指挥控制和作战管理能力，实现陆军未来指挥所（CPOF）、战场车辆平台、单兵之间的互操作性。2018年11月，美国陆军在网络集成评估（NIE 18.2）中，对基于SitaWare "前线" 2.0版（Frontline v2.0）的车载任务指挥系统（MMC）应用进行了测评。这是一款商用产品，与指挥所使用的SitaWare "司令部"（SitaWare HQ）软件应用配套。该应用降低网络复杂度，具有士兵熟悉的功能，包括从指挥所到车载平台、从车载到手持平台，为士兵提供直观的系统，从而减少士兵操作使用所需的培训时间。根据此次测评士兵反馈，美国陆军将确定未来网络设计方案。

从当前美国陆军测评效果来看，新型战场软件应用不仅能够利用最新技术快速提升C4ISR信息共享和互操作能力，同时也缩短了研制部署周期，为美国陆军C4ISR系统综合一体化发展开辟了一条新的途径。

一、发展动因

近年来，美国陆军战场应用软件在开发部署速度、规模和复杂性等方面均呈现大幅度递增趋势，其发展动因主要有以下几个方面：

首先，战场应用软件能够快速提升战场C4ISR系统的整体效能，有助于加速陆军战场信息系统现代化转型。由于受作战任务多样化、战场环境复杂化、战场系统多元化和专用化、作战部署分散化等陆军固有的作战任务特点制约，陆军战术边缘层应用的信息系统装备存在特殊需求，传统上的硬件设备开发研制和应用部署往往需要一个漫长的复杂过程，因此，需要一种创新方案来满足苛刻战场环境下各种具有挑战性的作战需求。通过各种软件应用程序，美国陆军能够及时利用最新前沿技术，通过按需定制、快速部署、灵活应用的方式，满足前沿作战指挥官和作战士兵对于系统装备能力升级的需求。

其次，战场应用软件有利于美国陆军消除传统C4ISR系统之间"烟囱"式壁垒，实现各层级、各系统之间态势信息共享和互操作性。由于美国陆军在C4ISR系统建设过程中存在要素众多、规模庞大、技术体制多代并存等诸多问题，成为其装备现代化转型过程中的严重桎梏，因此，美国陆军试图利用新的应用软件方案来解决这一问题。目前，美国陆军正在计划通过基于通用作战环境的系列应用软件替代原有系统的不同界面，形成统一界面的通用作战图，使前线指挥所、战场车辆、行进部队、徒步士兵等不同战术层级能够获得可互操作的通用态势感知、友军跟踪、信息分发服务、地图绘制、协同规划等能力，实现真正意义上的互通和互操作。

此外，战场应用软件可进一步带动美国陆军C4ISR装备研发和采购机制的重大变革。目前，美国陆军所有信息技术（IT）的研发和管理进程均是以大规模的生产模式为基础的，如生产坦克或飞机。这种模式不能适应信息技术快速更新的节奏，而这种快节奏是加速市场变化的关键驱动力，也是美军对手国家采用的战术和技术。较长的采购程序周期不能适应作战需求的发展变化，而且为陆军有效利用最新信息技术设置了障碍，因此需要引入一种新的机制，以快速利用新技术，响应动态变化的作战需求。

二、发展现状

21世纪以来，美国陆军进入军事装备现代化转型发展。在此大背景下，软件转型成为美国陆军网络现代化发展的一部分。作为网络现代化工作的重要实施方案，美国陆军从2009年开始构建全球化网络总体建设（GNEC）。该项工作为美国陆军能够实现全球访问的应用程序和数据提供了必要的基础设施条件。GNEC重点是为士兵提供可接入的网络通用接口，让士兵从本土地基到作战部署前沿地区都能够可靠地访问应用程序和数据。美国陆军在"2009挑战演习"中完成了GNEC第一阶段演示验证，成功展示了它所提供的全球访问能力。此时，美国陆军可通过区域处理中心（APC）管理旅级部队从基地到前线的作战指挥应用程序，为远征部队部署软件应用创造了条件。

2010年，美国陆军正式提出软件转型计划，开始尝试从繁琐的硬件系统集成方式向通用软件架构及软件开发工具包的方法转变。具体工作包括：规范最终用户环境和软件开发工具包；构建精简的软件采购流程；完善军方应用程序市场。最初涉及的系统主要包括：陆军战斗指挥系统（ABCS）、陆军分布式通用地面系统（DCGS-A）、二十一世纪旅及旅以下部队作战指挥系统（FBCB2）。初步经验表明，这些做法不仅成功地提升了系统一体化集成的效率，同时还缩短了新技术应用于战场上的时间，且降低了装备研发部署成本。

2015年至2017年，美国陆军主要进行各种战术应用软件的具体需求开发和架构设计，以支持通用作战环境和指挥所计算环境（CPCE）。工作内容包括确定与通用作战环境和指挥所计算环境兼容的方案集，在应用套件中包含指挥网（CW）、通用战术可视化（CTV）、未来指挥所和后勤组件的无缝功能组合，同时增强易用性，并简化管理员操作。

2017年至2018年，美国陆军发展的多种战术软件开始部署使用。美国陆军战术指控、通信项目执行办（PEO C3T）于2017年初宣布，指挥所计算环境中使用战术态势感知软件SitaWare。这样，美国陆军的4个独立系统，即未来指挥所、指挥网、战术地面报告系统（TIGR）和陆军全球指挥控制系统（GCCS-A），将具备互操作性。2018年2月，美国陆军扩大该软件套件的应用，分别发展了适用于车载计算环境（MCE）和徒步士兵计算环境（DCE）的软件应用。这进一步表明，美国陆军为解决系统互操作性和"烟囱式"问题而采用的商用现货解决方案正在取得成效。

美国陆军计划在2019年～2025年，通过软件迭代和硬件模块化的综合集成方式，将当前多个任务系统和功能（包括联合作战指挥平台（JBC-P）、未来指挥所、指挥网、陆军全球指控系统（GCCS-A）、战术位置报告系统（TIGR）、先进野战炮战术数据系统（AFATDS）、战术空域综合系统（TAIS）、航空任务规划系统（AMPS）、陆军分布式通用地面系统（DCGS-A）等）整合到一个系统中，形成基于微服务器和战术云的简单、直观、可互操作的新一代战场信息系统，如图1所示。

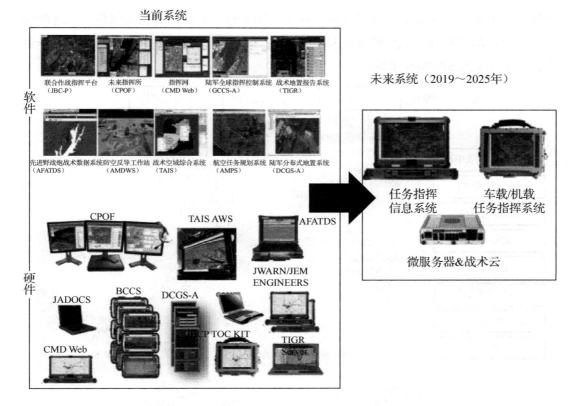

图 1　美国陆军通过软/硬件综合集成构建未来战场信息系统

三、SitaWare 软件能力分析

SitaWare应用软件着眼于未来联合作战和盟军作战需求，主要是为指挥机构和前线部队提供增强的态势感知、指挥控制和作战管理能力。该软件以面向服务的通用开放式架构为基础，能够融合来自海、陆、空和联合作战中心各情报侦察系统提供的空中图像、地面图像、海上图像和联合态势图，如图2所示。软件应用与新的数据范式及更广泛的应用服务相结合，通过统一运行环境和统一界面，构建从旅级指挥部到战术边缘等各层级之间，从工作站到平板电脑、手持式设备等各平台/系统之间的C4ISR系统互通和互操作能力。

SitaWare由三个可互操作和可伸缩的部分组成：SitaWare总部（HQ），主要用于指挥所（CP）和营级以上指挥部；SitaWare前线（Frontline），主要用于前线战场营级以上车辆的作战管理；SitaWare边缘（Edge），主要用于战术边缘层士兵。如图3所示，由于SitaWare不依赖于硬件设备安装，因此可嵌入美国陆军未来的新一代信息系统任何硬件设备中，实现陆军未来指挥所、战场车辆平台、单兵之间的互操作性，这就意味着，美国陆军最新一代车载系列计算机系统（MFOCS Ⅱ）无论选择何种硬件平台方案，都可驻留SitaWare系统。

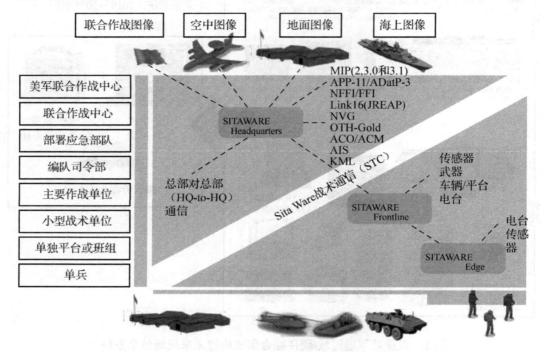

图2　SitaWare 将增强各军兵种间横向联通

图3　SitaWare 态势感知软件的互操作性

SitaWare系列软件均采用开放式架构，允许外部系统综合集成，支持用户服务器和端对端架构，以及特定ad-hoc协同和数据共享；其内置机制使不同层级的指控系统之间能够共享信息；基于通用数据对象模型，支持通用作战图和指控信息的轻量级数据交换、聊天，以及常规的数据对象文件传输；其组件中包含战术通信（STC）模块，这是一种在通信和网络环境不可知情况下的专用模块，支持低带宽网络的数据传输。此外，该系统还提供一个软件开发工具包（SDK），允许美国陆军根据自身需求定制其他功能。SitaWare系列软件的主要功能如图4所示，包括以下几项。

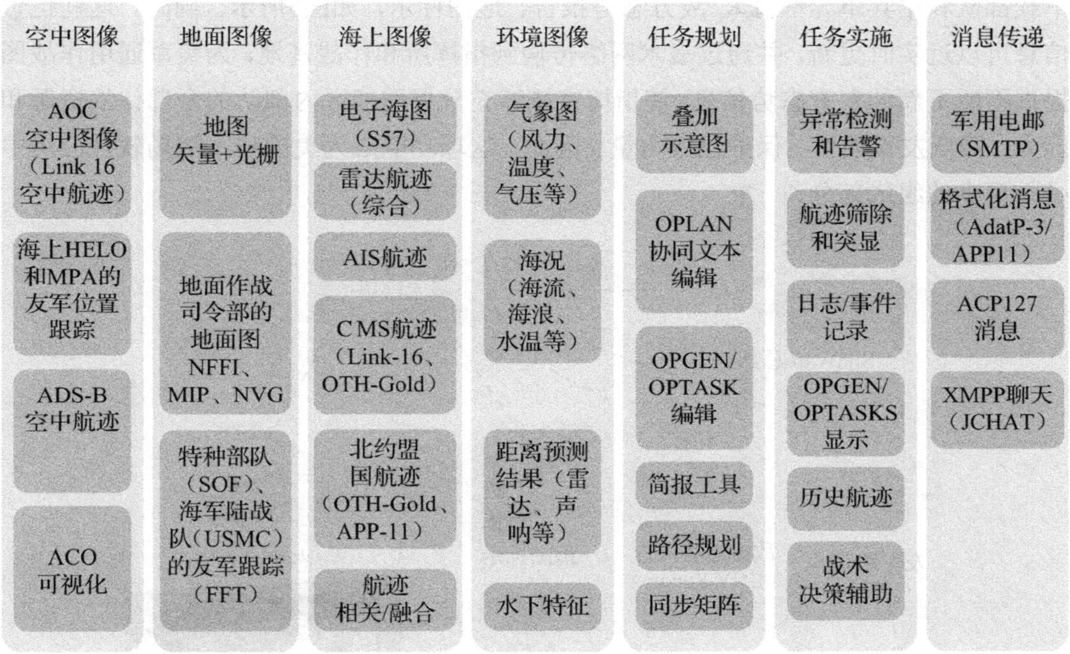

空中图像	地面图像	海上图像	环境图像	任务规划	任务实施	消息传递
AOC空中图像（Link 16空中航迹）	地图矢量+光栅	电子海图（S57）	气象图（风力、温度、气压等）	叠加示意图	异常检测和告警	军用电邮（SMTP）
海上HELO和MPA的友军位置跟踪	地面作战司令部的地面图NFFI、MIP、NVG	雷达航迹（综合） AIS航迹 CMS航迹（Link-16、OTH-Gold）	海况（海流、海浪、水温等）	OPLAN协同文本编辑	航迹筛除和突显 日志/事件记录	格式化消息（AdatP-3/APP11） ACP127消息
ADS-B空中航迹	特种部队（SOF）、海军陆战队（USMC）的友军跟踪（FFT）	北约盟国航迹（OTH-Gold、APP-11）	距离预测结果（雷达、声呐等）	OPGEN/OPTASK编辑 简报工具	OPGEN/OPTASKS显示 历史航迹	XMPP聊天（JCHAT）
ACO可视化		航迹相关/融合	水下特征	路径规划 同步矩阵	战术决策辅助	

图 4　SitaWare 系列软件的主要功能

（1）共享空中/地面/海上图像：提供来自美军空战中心（AOC）、地面作战司令部（LCC）、海军作战管理系统（CMS）的目标航迹报告及态势报告，实时共享海、陆、空友军位置信息（包括类型、规模和位置），并可进行航迹相关和融合，增强态势感知，支持可靠的目标识别。

（2）共享环境图像：提供气象图（包括风力、温度、气压等）和海况图（海况海流、海浪、水温等）、水下特征等环境信息，以及雷达、声呐等探测的距离信息。

（3）协同任务规划：通过图形叠加、文本编辑、简报等工具，各战术层级之间可协作构建文本和图形方式的计划、指令，实现路径规划、任务同步等功能，且在规划周期中具有高度的灵活性。

（4）支持任务实施：在任务执行过程中，可查看异常情况告警、日志/事件记录和历史航迹记录，并突出显示近筛选后的重要目标航迹，以辅助战术决策。

（5）消息传递：将计划、指令和图片等文档放在聊天信息中，发送给各个层级的作战单位或单兵。通常采用结构化消息（如9行CBRN报告等），同时支持军用和民用数据通信标准，确保联合作战和盟军作战的互操作性。

其中，友军跟踪是该系列软件中最重要的一项功能。通过这一功能，各级指挥官、行进部队和士兵等可获得在其作战区域内己方部队和盟军部队的准确位置信息（包括车载部队和单兵单元信息）、敌方态势报告、地图标示，如图5所示。同时，这些位置信息可以近实时更新，并通过战术网络传输到指挥所和作战基地，为美军通用作战图提供不断更新的友方态势信息，使指挥官能够充分调用战区内部队的全部作战资源和能力，降低友军误伤、保护己方力量。因此，这项功能成为美国陆军战场软件应用中必不可少的组成部分。

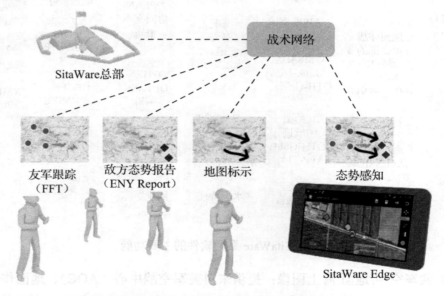

图5　SitaWare Edge 提供友军跟踪功能

四、几点认识

（一）战场软件应用将成为美国陆军通用作战环境的主干，加速美国陆军实现真正意义上的通用作战图

战场应用软件与通用硬件相结合，可提供一套通用的应用和服务，支持模块化和

可伸缩方案，确保能与当前系统融合，并引入敏捷开发和新的动态能力。在后端通用软件集成之后，美国陆军各层级指挥部与车载平台之间将具有跨多种计算环境的通用外观和使用效果，在指挥所计算环境与车载计算环境下运行，使指挥部能够在第一时间获取各军兵种的态势和目标信息，实现各级用户间的无缝C4ISR数据交换和互操作性，为实时通用作战图提供支持。

（二）新型软件应用将成为美军消除 C4ISR 系统"烟囱式"架构、实现系统综合一体化的有效发展途径

美国陆军将通过软件迭代和硬件模块化方式，逐步消除当前多种战场信息系统装备"烟囱式"壁垒，使C4ISR系统向综合一体化发展，有效增强军兵种之间的横向联通，确保在多兵种联合作战中迅速获取信息优势。

（三）新型软件应用将从根本上转变传统装备研发模式，可及时引入最新科技，满足不断变化的动态作战需求

美国陆军从新型软件应用引入新的采购机制，采用企业合作的方法来完成，在成熟商用现货技术基础上，通过软件开发者与终端用户共同合作、按需求改进的方法来实现定制军用产品，不仅可利用最新技术、缩短研发周期、降低成本，同时确保了军事需求的特殊性，构建了一种创新的军民融合发展模式。同时，软件应用采用全模块化开放式架构，将集成放在首位，关键组件之间建立了共享的通用基础，其通用架构使陆军能够迅速嵌入由政府、业界或其他单位开发的新应用程序，能够做到"开箱即用"，以快速应对不断变化的技术发展和作战使用需求。

（中国电子科技集团公司第十研究所　李琨）

大事记

美国国家侦察办公室保密卫星发射入轨　1月12日，美国国家侦察办公室（NRO）在范登堡空军基地发射了一颗代号NROL-47的保密卫星。NROL-47据猜测是在"未来成像体系"（FIA）计划下研制的新雷达成像卫星系列的第五颗卫星，即"FIA-雷达5"。前4颗卫星已分别在2010年9月、2012年4月、2013年12月和2016年2月发射。按2013年外泄的预算文件，在被2型卫星接替前，该项目共拟发射5颗卫星。这些卫星由波音公司建造，用于接替1988～2005年间发射的"长曲棍球"雷达侦察卫星。

美国情报机构开发自动化视频分析技术　1月，美国情报高级研究计划局（IARPA）公布了人工智能领域的最新工作重点：视频监控及利用机器视觉实现视频监控的自动化。在"深度互联模态视频活动"（DIVA）的新项目下，IARPA已经选择了6个团队来开发用于扫描视频的机器视觉技术。相对于DARPA开展的类似项目，IARPA开展的这一工作将侧重于公共安全应用领域，例如确保政府设施的安全或者监控已成为恐怖袭击目标的公共场所，其重点是处理间谍卫星和越来越多的无人机和传感器网络所产生的巨量视频和数据。

美国空军为军事情报分析和决策开发交互式工具　1月，美国空军研究实验室称其将在未来5年投资2500万美元开发"数字企业多源开发助手"（MEADE），帮助分析人员处理大量复杂的情报数据。空军将MEADE描述为一种"虚拟助手"，可使几乎任何情报人员或指控人员，不管技术能力如何，都能完成复杂的分析工作。MEADE包括两个重点领域：实时操作员驱动的主旨探索与响应（ROGER）和交互式分析与情境融合（IACF）。ROGER是对话形式的问答系统，跨情报源、自然语言处理、推荐引擎和应用分析进行综合搜索，计划运行在云或分布式计算环境下。IACF关注的是利用信息与预期分析情境融合，发现特定态势下的最佳行动路线，还提供成功计量指标，如响应时间、精确度、正确关联概率等。

美国空军发布多传感融合项目"精确实时作战识别传感开发"（PRECISE）　1月29日，美国空军装备司令部在美国政府采购网站上发布了"精确实时作战识别传感开发"（PRECISE）（FA8650-18-S-1672）项目的相关信息。该项目通过融入光电技术（如可见光、红外、多光谱和超光谱传感器），旨在增强监视雷达的作战有效性。该项目包括：合作和非合作系统；雷达、红外，光电和多光谱/高光谱传感器；单传感器/单模到多传感器/多模；传感器体系结构。该项目周期总共63个月，其中60个月用于技术研发，3个月完成最后报告。

美国空军制定先进作战管理系统（ABMS）计划　2月，美国空军在其公布的2019财年预算中提出了ABMS计划，希望通过研究下一代机载监视与指挥控制技术，寻求采用最新ISR技术，在快速变化、分散的作战区域中，实时地无缝连接各种卫星、无人机、地面传感器和有人驾驶监视飞机，将在2040年左右实现完全作战能力。该计划标志着美军以平台为中心的ISR系统和作战管理系统正逐步朝着跨域、分布式、协同的发展大势转变。后者能够大幅提高美军ISR能力和作战指挥效率，并具备更强的弹性和生存能力。

美国海军借助大数据提升决策制定能力 3月，美海军研究办公室（ONR）宣称正在开展被称为"代码 31"（Code 31）的系列大数据技术基础和应用研究项目，以减少机动计划编制时间、扩展数据访问途径、加强分析处理能力和提高预测能力，为面对大量数据的计划人员、分析人员和指挥官提供关键的分析工具。这些工具旨在提高反潜战、一体化防空反导、电磁机动作战以及远征和综合火力任务的决策制定能力。Code 31进行的研究融合了大数据技术和高级分析技术，以改善作战、情报和战术决策。主要研究项目包括"聚焦数据的海军战术云（DF-NTC）""海军战术云参考实施（NTCRI）""作战规划工具（OPT）"，以及多目标优化和资源优化等。

美国陆军研究实验室（ARL）研究将物联网技术应用于态势感知 3月，美国陆军研究实验室称其正在研究如何用自然植物连接交通摄像头、运动探测器和敌方传感器系统，作为未来战场信息的来源。研究的重点是把有机的电路变成一个传感器，可以在战场上联入网络。陆军实验室正努力将战场物联网（IoBT）方法应用于战区指挥、控制、通信、计算机和情报（C4I），通过非传统的信息源为士兵及其指挥官提供关键信息。IoBT研究的三个主要领域是：①设备信息发现、配置和调整；②自主驱动和智能服务；③分布式异步处理和分析数据。

"敏捷吊舱"在MQ-9无人机上进行首次飞行测试 3月，美国空军生命周期管理中心在MQ-9无人机上开展了3次"敏捷吊舱"飞行试验。这是"敏捷吊舱"首次在空军主力武器系统上挂载飞行，标志着美国空军"蓝色卫士"工程达到了一个重要里程碑，为下一步实战装备奠定了基础。这次飞行试验由空军主导多方合作完成，雷多斯公司负责集成开放式架构传感器，代顿大学负责完成传感器命令和控制软件，"亚当工厂"（AdamWorks）制造"敏捷吊舱"舱体，通用原子公司负责整个系统到MQ-9的集成。"敏捷吊舱"可容纳和集成多种任务传感器，并能快速灵活更换载荷类型，以适应多种飞机的作战需求。在面临紧急需求时，可以减少配备载荷耗费的时间和成本。

美国国防部计划构建联合企业国防基础设施，积极发展商用云战略 3月7日，美国国防部云执行指导小组（CESG）举办工业日活动，提出了联合企业国防基础设施（JEDI）的设想：将JEDI设想为一个全球的、具有韧性且安全的云环境，可为遍布全球的作战人员提供支持。JEDI使美国国防部能够利用商业云计算的创新，它将为美国本土内外的作战人员提供基础设施即服务（IasS）、平台即服务（PasS）以及其他云能力，并扩展到战术边缘。JEDI项目初期将仅涉及非密数据，最终将涵盖所有级别的数据。JEDI计划将作为国防信息系统局（DISA）军事云（MilCloud）计划的一个补充。美国国防部希望最大化利用商业云的能力，但目前还不能将高价值、敏感的重要数据放在商业云上。国防部的目标是在合同授出后6个月内使JEDI可提供"秘密级"的基础设施即服务和平台即服务能力，在9个月内提供"绝密级"服务。

俄研制兼具侦察与作战能力的新型无人直升机　3月，俄罗斯国防部证实，俄已开始试验一种同时兼具侦察与作战能力的新型无人直升机，未来将交付俄驻叙利亚和其他热点地区的部队使用。该款新型无人直升机由俄罗斯直升机公司进行生产，采用同轴设计方案和全新的传动设计，最大续航能力5小时，最高飞行速度为200千米/小时，最大飞行高度约3505米（11500英尺），起飞质量高达500千克，使用柴油发动机，可在零下30～50摄氏度下运行。能够同时跟踪至少50个地面移动目标和固定目标，协助火炮战术部队探测导弹系统、弹药库、坦克、机械化敌方部队以及其他潜在目标。它主要由俄制部件组成，并采用开放式结构原理设计。目前，2架直升机原型已生产完毕并开始飞行试验。

DARPA"罗盘"项目利用人工智能辅助指挥官决策"灰色地带"　为了更好地理解和应对敌方的灰色地带战斗，DARPA战略技术办公室于3月14日宣布了一项名为"罗盘"（Collection and Monitoring via Planning for Active Situational Scenarios，COMPASS）的新项目，通过规划活动态势场景来进行收集和监测。该项目不是开发新的感应技术、虚拟现实系统或其他高级硬件。该项目专注于高级软件，通过利用与快速变化情景相关的现有技术系统（如标准视频开发或文本分析工具）来收集大量的情报，迅速向决策者提供选择支持。

美国国土安全部寻找"监控"全球媒体的承包商　4月3日，美国国土安全部（DHS）在美国政府招标网站上发布招标信息，旨在寻找一家公司为其提供媒体比较工具、通信工具以及识别顶级媒体影响者的能力，服务的时间跨度为1～5年不等，所有这些服务的目标均为追踪与DHS或特定事件相关的媒体报道。数据整合工作将包括开发一个数据库，用以搜集：记者、编辑、社交媒体影响者以及博主等相关情报，包括地址、记者类型、联系方式、每个影响者以前的报道概况、当前的出版物以及其他可能相关的信息。DHS希望追踪全球逾29万个新闻来源，包括在线、印刷、广播、有线、无线、商业和工业出版物在内的地方、国家和国际性的新闻媒体和社交媒体。此外，DHS还希望中标单位具备多语种媒体报道追踪能力，包括阿拉伯语、中文和俄语在内的100多种语言，并将这些多语种文章即时翻译成英文。

美国空军发射高轨军事卫星EAGLE　4月14日，美国空军发射了增强型地球同步实验室试验卫星（EAGLE），由轨道ATK公司制造。EAGLE旨在进行探测、识别、鉴定威胁行为并增强太空态势感知的实验。其中一颗名为Mycroft的子卫星，被称为"第四代太空态势感知实验卫星"，将探索增强太空物体特性表征和导航能力的方法，研究飞行安全的控制机制，并探索提高空间态势感知的设计方法和数据处理方法。

美国海军评估MQ-8C"火力侦察兵"协同作战能力　4月16日，美国海军MQ-8C "火力侦察兵"垂直起降无人机开始初始作战测试和评估；6月15日，MQ-8C继续在"科罗拉多"号（LCS-4）濒海战斗舰上进行作战试验，旨在验证MQ-8C与其他空中装备以及近海战舰协同作战的能力。由诺斯罗普•格鲁曼公司制造的MQ-8C是MQ-8B的升级版本。与MQ-8B相比，MQ-8C速度、升限和载重能力都得到提升。MQ-8C航程为150海里，有效载荷约136千克（300磅）；而MQ-8B的航程为110海里，有效载荷约91千克（200磅）。MQ-8C增强的能力将为指挥官提供更佳的综合情报、侦察与监视图像。

DARPA构建"黑杰克"军用低轨监视和通信卫星星座　4月19日，DARPA发布"黑杰克"项目跨部门公告，研发一种小型的军事通信与监视卫星。项目最终目标是发展一种由60～200颗卫星组成的星座，运行高度500～1300千米，每颗"黑杰克"卫星由一个商业化卫星平台、一个控制单元以及一个或多个能够自主运行超过24小时的军用有效载荷组成。"黑杰克"将构建低地球轨道星座，完整、全天候覆盖整个地球，提供全球恒定覆盖和全球恒定监护服务。这将是一个能力极强、反应迅速的全球侦察网络，且不易受到攻击或破坏。

兰德公司发布报告《定义国防事业第二代开源情报》　5月17日，美国兰德公司发布报告《定义国防事业第二代开源情报》，提出了第二代开源情报（OSINT）的定义，介绍了开源情报的关键问题，包括开源情报在过去50多年的演变；开源情报与其他情报门类的比较；开源工具使用的方法；将现有技术应用于开源情报的挑战。报告指出进一步开展开源情报方法论、开源分析用的商业现货工具、开源分析方法等领域的研究，能有更多机会为情报界带来更大情报价值，并使更高效作业成为可能。

美国陆军发展数据融合分析技术提升信息深度　5月，美国陆军合同司令部为"融合分析"项目发布信息征询书，目的是提升信息深度的同时减轻情报分析员的工作负荷。陆军期望通过该项目深化应用自动化数据融合方法，包括所有数据的标准化；单个或所有情报的关联；探测与聚合的关系；以及模式发现与利用等。陆军希望开发一个应用程序来将数据融合能力整合进军事单位、设施、装备等。业界厂商除了要提出解决方案外，还需要估算安装、测试、验证这些数据融合能力的费用，识别潜在风险，并描述其解决方案如何应用于多领域及多层级上。

美国空军研发软件定义无线电信号情报技术　5月9日，美国空军研究实验室信息局宣布向黑河（Black River）公司授出一项价值930万美元的合同，用于信号情报（SIGINT）软件定义无线电（SDR）项目研究。黑河公司将发展最先进的软件定义无线电技术来维持信号情报能力，包括实时搜集、地理定位和信号开发利用，以增强美国空军在网络空间域的认识。黑河公司将寻求方法，探测、识别、表征和定位相关新兴通信和低功耗信号；为新系统和波形开发数字信号处理软件；为远程搜集系统开发软件和硬件架构；将这些能力整合到信息作战和搜集系统中；并描述密集信号环境下机载或地面平台上认知软件定义电台的特性。根据合同，黑河公司将于2022年5月前交付合同内容。

美"算法战跨部门小组"挖掘作战数据　5月，"算法战跨部门小组"（AWCFT）副主任加里·弗洛伊德中校接受媒体采访，阐释了"Maven计划"如何利用AI技术挖掘作战数据。"Maven计划"项目在启动过去一年以来取得了重大进展，所开发的算法已在美国非洲司令部、中央司令部的5～6个地点和美国弗吉尼亚州兰利空军基地第一分布式地面站（DGS-1）部署，帮助操作员将原始监视数据转变为可帮助指挥官做出关键作战决策的情报。与现有分析工具相比，这些算法本身"相对轻量级"；且可以快速部署，仅需一天左右的时间即可完成设置。

美国海军MQ-4C"特赖登"长航时侦察无人机正式入役　5月31日，美国海军举行了MQ-4C"特赖登"长航时侦察无人机系统正式入役仪式。首批2架MQ-4C已进驻穆古角海军航空站，未来将部署至关岛前沿部署基地，在太平洋区域执行情报监视侦察任务。MQ-4C在任务区域将借助光电/红外传感器、雷达探测、识别和追踪水面舰艇；侦察数据将传回至MQ-4C作战基地，或将数据发送给附近的P-8A海上巡逻机。按照计划，MQ-4C无人机将于2021年形成初始作战能力，届时，无人机将具备信号情报功能，替代海军的EP-3E电子侦察机。美国海军计划在5个前沿部署基地均部署4架MQ-4C无人机。

麦克萨数据分析部门将扩编以满足日益增长的地理空间情报分析需求　6月，麦克萨技术公司的数据分析部门宣称，现有1100名雇员的光辉解决方案（Radiant Solutions）公司将计划在一年里再增设300名数据科学家、软件开发人员和地理空间分析师，以满足日益增长的军事情报和测绘需求。AI训练用地理空间数据是一个方兴未艾的市场，也是光辉公司高度重视的一个业务关注点。IARPA、国防创新实验机构（DIUx）以及NGA利用训练数据来组织"机器学习挑战赛"，并通过免费提供优质卫星和航拍影像来激励开发人员参赛。在近来的3项比赛中，光辉公司提供了数字地球公司卫星图像上超过300万个带标注的物体，并发布了一个免费的软件开发工具包，以帮助开发人员把机器学习模型运用到光学和雷达图像等地理空间情报上。

俄罗斯陆军将列装PRP-4A"阿格斯"装甲侦察车　6月，俄罗斯陆军称其将列装PRP-4A"阿格斯"（Argus）装甲侦察车，用以代替PRP-4"纳德"（Nard）装甲侦察车。PRP-4A"阿格斯"装甲侦察车基于BMP-1步兵战车，战斗全重为13.8吨，可载4

人，最高行驶速度为65千米/时，最大连续行驶里程为550千米。"阿格斯"装甲侦察车装备有雷达传感器、广角激光测距仪、测距成像系统和测距热像仪，雷达可识别12千米外的机动坦克目标和7千米外的机动单兵目标，广角激光测距仪可识别10千米外的3辆坦克目标。

BAE公司推出iFighting车载态势感知解决方案 2018年欧洲防务展（Eurosatory）6月11日～15日在巴黎举行，此次BAE系统公司展示了一套新的战场态势感知解决方案——iFighting。iFighting融合车辆内不同系统的数据，滤过并确定最重要的信息，减少了士兵需要处理的信息量，同时提高态势感知能力，使得机组人员能够更快、更有效地进行决策，以提升在战场上的整体效能。BAE系统公司还展示集成了iFighting的最新版CV90步兵战车。

日本成功发射情报搜集卫星 6月12日，日本成功发射1颗"情报搜集卫星"（IGS）。该系列卫星在低地球轨道上运行，包括光学和雷达成像卫星，由日本内阁卫星情报中心负责管理。本次发射的是由三菱电机制造的IGS "雷达6号"，前一次发射的"光学6号"卫星于2月发射入轨。日本目前有8颗情报搜集卫星在轨，其中6颗正在运行。日本政府计划将在轨侦察卫星的数量增加到10颗。

IARPA启动人脸识别挑战赛 6月13日，IARPA宣布与国家标准与技术研究院（NIST）合作，启动"人脸识别算法融合"（FOFRA）挑战赛。此次挑战赛旨在整合应用于相同输入图像的多种算法，提高对人脸图像识别的准确率。

行星公司和空中客车公司达成卫星图像产品协议 6月，行星公司和空中客车防务与航天公司的地理空间部门达成协议，将共同发展图像产品，并且双方可以使用对方的卫星。该项合作协议包含行星公司每日全球覆盖的较低分辨率（0.9米～5米）卫星星座，以及空中客车公司有限覆盖的高分辨率（0.5米～1.5米）卫星星座。客户今后可以先通过行星公司的"鸽群"卫星扫描全球，然后再针对感兴趣区域放大空中客车公司的高分辨率卫星图像。

日本即将装备新型RC-2电子侦察飞机 6月26日，日本新一代RC-2电子侦察飞机入驻日本东京西北部的入间空军基地，编号为18-1202。根据计划，日本航空自卫队将采购4架该型飞机并部署在入间空军基地。新型飞机以日本川崎重工的C-2运输机为载机，航程和高度较较现役的YS-11EB电子侦察飞机有大幅提升，巡航速度为890千米/小时，飞行高度可达12200米，航程7600千米，飞机性能更优，监控范围更大。机上安装的是ALR-X电子情报侦察系统，能够同时搜集多个目标的数据，其多波束和多接收信道功能提高了远程测向的精度。ALR-X系统灵敏度高，能够远程搜集电磁信号，接收的频率范围宽；通过采用新型软件，该系统能够搜集所有类型的数字调制信号。

美国国防部成立联合人工智能中心 6月27日，美国国防部副部长帕特里克·沙纳汉正式下令由国防部新任首席信息官戴纳·迪希牵头创建新的人工智能研究中心——联合人工智能中心（JAIC），目的是使国防部能够迅速交付新的人工智能赋能的能力，并有效地试验支持国防部的军事使命和业务职能的新型作战概念。联合人工智能中心将为整个国防部建立一套通用的人工智能的标准、工具、共享数据、可重用技术、流程和专业知识。国防部的目标是在30天内启动一系列被称为"国家使命倡议"的人工智能项目，同时接管备受争议的Maven项目。

苏霍伊S-70"猎手"察打一体无人机首次公开亮相　6月，俄罗斯称其"苏霍伊"设计局研制的国内首架重型攻击无人机"猎手"即将在新西伯利亚飞机制造厂（"苏霍伊"公司分支）首次亮相。该无人机已进入地面测试最终阶段，预计将于2019年首飞，2020年装备部队。目前，该型无人机性能参数官方尚未说明，根据公开数据，其起飞重量达到20吨，使其在同类机型中吨位最大，最大速度估计为1000千米/小时。

IARPA发起"水星挑战赛"，寻求预测中东事件的创新技术　7月，美国IARPA宣布发起"水星挑战赛"，寻求预测中东事件的创新技术。基于开源数据，这些方法将可预测叙利亚、伊拉克、埃及、黎巴嫩、沙特、约旦、卡塔尔和巴林的军事活动，以及沙特的传染病和部分国家（约旦和沙特）的内乱。IARPA标示，该挑战赛的目的是开发利用开源数据预测大规模社会事件的方法，并提出指标和预测体系。

美国陆军发布新版陆军情报作战条令　7月16日，美国陆军最高情报官员签署了新的《信号情报战略》，此次签署的新战略可以确保能够提供及时相关的信号情报，以支持并满足指挥官在面对复杂对手的大规模战斗行动中的信息需求。新的陆军信号情报战略要求同步达成四个主要目标以增加杀伤力并保护战场上的士兵。这四个目标分别为：组建陆军信号情报部队；训练、管理和投资部队；装备陆军信号情报部队；发展信号情报理论。

美国改组机构和发展重点装备强化太空态势感知能力　7月，美国战略司令部的联合太空作战中心（JSpOC）过渡到联盟太空作战中心（CSpOC），以便将盟友与合作伙伴的能力集中到指定的任务区域，从而弥补能力差距。该中心是美国太空监视网的中央指挥和控制节点，负责创建或维护太空态势感知目录，上报情报产品。在装备方面重点发展包括：S频段"太空篱笆""沉默的巴克""深空先进雷达概念""地球同步太空态势感知计划"（GSSAP）卫星等。

莱昂纳多公司展出"蜘蛛"通信情报系统　7月16日～22日，在英国范堡罗国际航空航天展上，莱昂纳多公司推出了新型"蜘蛛"（Spider）机载通信情报（COMINT）系统。"蜘蛛"系统的工作频率为20兆赫兹～6吉赫兹，能够执行信号探测、识别、分析和地理定位等任务，该系统主要用于"空中国王"（King Air）350这类固定翼飞机、中空长航时无人机和直升机上。"蜘蛛"系统的瞬时数字带宽达100兆赫兹，可同时查看系统频谱中的八个波段，探测复杂信号，每秒最多可执行64000次测向（DF）任务，精度达2°均方根（RMS）。"蜘蛛"系统还利用自适应数字波束成形技术，可在强干扰信号出现时增强弱目标信号。

DARPA"快速轻量自主"（FLA）无人侦察机完成第二阶段飞行试验 7月18日，DARPA宣布：该局最近完成了"快速轻量自主"（FLA）项目的第二阶段飞行试验，验证了先进算法。在该算法的支持下，小型空中和地面无人系统将成为士兵的队友，有能力自动执行一些危险的任务，例如遂行巷战前的侦察或者地震后在受损的结构中搜寻幸存者。DARPA在2015年启动FLA项目，聚焦发展先进自主算法，以便使大约2.27千克（约5磅）的轻质四旋翼无人机可以拥有高性能的智能软件。第一阶段实现了在机上安装各种不同的传感器以感知环境信息。第二阶段的研究减少了机载传感器的数量，让单个传感器承担更多的工作，进一步降低了飞行器的重量，实现了更高的飞行速度。

俄罗斯先进机动式三坐标监视雷达在伏尔加区域服役 2018年7月，俄罗斯中部军区发言人称，俄罗斯第五代Protivnik-GE 机动性三坐标监视雷达已开始在总部设在伏尔加区域的萨马拉防空兵团服役。Protivnik-GE雷达是高机动性、抗干扰分米波监视雷达，具有跟踪数据处理能力。雷达采用数字相控阵和数字空间信号处理技术，旨在执行自动或半自动探测、定位和跟踪战略与战术飞机、巡航导弹、弹道目标和小型低速飞行器任务。同时，该雷达还可以对目标进行分类、敌我识别、定位有源干扰器。此外，雷达当作为自动防空与空军指挥控制系统的一部分时，可为战斗机指挥生成雷达数据，并为地对空导弹系统指定数据。

美国空军发布"下一代情报、监视与侦察优势飞行计划" 8月2日，美国空军发布下一代情报、监视与侦察（ISR）优势飞行计划，寻求维持并增强空军在数字时代的决策优势，以更好地应对大国竞争和快速技术变革。该优势飞行计划按照美国《国防战略》的要求，通过调整目标、方式，以及评估从人力密集型宽松环境转型至均势对手威胁环境下的人机编队方法，重新定位了ISR体系。ISR飞行计划包含10个附录，如机器智能（人工智能、自动化和人机编组等技术的统称）、软件开发和原理样机开发、高空侦察平台、公开信息、航天ISR、网络空间ISR、人力资本（研究如何培养下一代ISR专业人员），以及与工业界、其他美军兵种、学术界和国际伙伴等各方面的合作。

美国陆军寻求下一代机载情报、监视和侦察传感器与平台 8月8日，美国陆军发布下一代机载情报、监视和侦察（AISR）传感器和平台信息征询书（RFI），征集用于有人和无人平台的下一代机载情报监视侦察系统的方案。目的是从工业界收集概念和创意，提高陆军在对抗环境中在所有作战域的感知能力，以支援机动和深度定位作战，包括提高当前机载侦察系统的生存能力；可在未来作战中应用于有人和无人平台；提高传感器能力，可用于防区外更远程作战，包括集成情报/电子战/网络空间传感器；用于前沿作战的高空气球、蜂群无人机系统等非传统平台，包括在所有作战环境（恶劣天气等）中轻型、有效的传感概念；评估交付一套飞行试验样机的进度和成本；技术成熟度；尺寸、质量、动力和冷却约束；系统级作战概念。

美国正式终止JSTARS飞机替换计划　8月13日，美国特朗普总统签署了《2019财年国防授权法案》，法案正式生效。授权法案取消了"联合星"飞机替换计划，而选择支持美国空军的下一代ABMS。E-8C飞机将持续飞行到21世纪20年代，当ABMS系统"增量2"形成初始作战能力时，空军开始退役现有E-8C飞机。尽管美国空军尚未公布ABMS系统的细节，但是从已知消息来看，该项目涉及多个现有平台的升级，包括RQ-9无人机与E-3预警机，使其能够以新的方式进行联网。ABMS项目增量1阶段从现在开始持续到2023年，包括升级数据链与开发一些空间技术，并将隐身飞机与无人机的传感器连接起来；增量2与增量3密级更高，目前没有更多信息披露。

美国国会通过7500万美元拨款为陆军开发武装侦察直升机　8月23日，美国参议院通过2019财年国防拨款法案，其中7500万美元用于启动新的未来武装侦察直升机（FARA）项目。与取消的RAH-66"科曼奇"隐身侦察直升机相比较，FARA没有雷达隐身的要求，但会应用"科曼奇"的先进声隐身技术。FARA还将作为控制无人机的控制机，搭载1～2名机组人员，可与各种无人机协同作战。美国陆军希望未来武装侦察直升机能够紧跟地面作战部队，在其上方飞行，在作战前沿相互保护，而无人机和导弹则深入地空域纵深进行打击。

美国海军陆战队接收首部采用GaN技术的AN/TPS-80雷达　8月，诺格公司提前向美国海军陆战队交付首部采用先进大功率、高效氮化镓（GaN）天线技术的AN/TPS-80地/空多任务雷达（G/ATOR）系统。这套系统是整个小批量生产阶段的第七套，此前6套系统均未采用GaN天线技术。这是美国海军陆战队首次装备采用先进GaN技术的地面多任务有源相控阵雷达。G/ATOR的服役表明了美军的雷达装备正朝着多功能一体化的方向发展。作为一种多任务雷达，G/ATRO具备AN/UPS-3雷达的战术预警能力、AN/MPQ-62雷达的连续波目标捕获能力、AN/TPS-63雷达的对空警戒能力、AN/TPQ-46雷达的炮位侦察校射能力、以及TPS-73雷达的航空管制能力。除了多功能优势，其优异的机动性能和较低的运维成本也可满足海军陆战队在复杂环境下的作战要求。

美国陆军开展DCGS-A新能力的作战测试　8月，美国陆军在胡德堡中央技术支持设施（CTSF）开展了针对美国陆军分布式通用作战系统（DCGS-A）"能力滴-1"（CD-1）的有限用户作战测试，为高层领导评估DCGS-A"能力滴-1"的适用性、抗毁性和包括系统如何影响任务效能在内的有效性提供了信息。美国陆军还计划设立"Maven计划"能力试点，并开展FoXTEN测试工作。

美军开展电磁频谱战中基于AI的信号识别研究　8月27日，美国航空航天公司（Aerospace Corp.）一个由8名工程师组成的团队，参加由陆军快速能力办公室赞助的"盲信号分类挑战赛"，利用信号处理和人工智能技术，正确检测并分类出最多的无线电信号，在150多支参赛队伍中排名第一，最终赢得该项赛事。在比赛中，参赛队伍要利用赞助方提供的大量杂乱的无线电信号作为"训练数据"，开发出先进算法，实现信号分类。美军希望借助人工智能技术，实现电磁频谱战中电子信号的快速分选和识别。

美国情报界引入"使用机器增强情报能力"理念指导人工智能项目　9月11日，美国国家情报总监办公室副首席信息官拉纳娅·乔斯在参加专家服务委员会组织的年度"技术趋势会议"上表示，美国情报界计划在2020年前完成"情报界信息技术体系（ICITE）"向参考架构的转化规划，同时通过"使用机器增强情报能力（Augmenting Intelligence using Machines，AIM）"理念来指导美国情报界各成员单位开展人工智能相关项目，并已于2019年1月正式发布了战略文件。"使用机器增强情报能力"理念的本质是一种思考模式、一个开展业务的方法论，而非特指某些技术或某个项目办公室——审视过去需要由情报分析师、情报搜集人员、资料保管人员手工完成的工作，并利用机器智能将他们从这些手工作业中解脱出来，让他们可以从事更有价值的工作。

美国国家地理空间情报局利用AI处理地理空间情报　9月，美国国家地理空间情报局（NGA）向OG系统公司、雷声公司和SRI国际等授出了多份为期一年的研究合同，寻求应用先进算法和机器学习描述地理空间数据。NGA授予的每份合同都涉及特定领域，例如处理光谱数据集，使用机器学习和全色电光图像进行土地使用表征，以及调整算法以适应三维数据集。NGA的目标是采用人工智能、增强和自动化的"3A"战略，将75%的分析移交给机器，最终将3A应用于摄取的每一张图片中。人工智能和自动化接管了大部分分析工作后，人类分析师将能够集中精力研究最重要的信息。

笛卡尔实验室将为美国国防部开发地理空间情报分析平台　9月12日，笛卡尔实验室宣布从DARPA获得了一份价值720万美元的合同，将参与"地理空间云分析"（GCA）项目。DARPA计划通过该项目实现在一个单一平台上收集开源和商业卫星数据，并创建工具以在该平台上构建和测试预测模型。笛卡尔实验室将把实时卫星图像、天气模式、绿色能源运营、航运和其他领域等75个数据集统一为单一的用户友好系统。在为期18个月的项目结束时，政府各部门将审查和评估不同平台和工具的价值。

美国空军将为侦察机安装高光谱三维成像传感器　9月，美国空军官员表示，希望新的"敏捷吊舱"传感器足够小，以适合安装在模块化传感器吊舱内，然后整合进

U-2S "龙女" 侦察机或RQ-4 "全球鹰" 无人机。"敏捷吊舱" 是一种介于三节到五节之间的 "类似乐高积木" 的系统，每个系统都有一个不同的传感器。新的传感器套件将包括一个高光谱成像仪，但尚不清楚该系统来自哪家制造商。美国空军的目标是使整个光电传感器套件不超过MS-177的尺寸、重量和功率（SWaP）限制。新的望远镜头结合U-2S或RQ-4的高空能力，可以让这些飞机更深入地观察拒止区域，安装空中激光雷达将使传感器能够产生目标区域的三维成像。

波音子公司推出新的增程型无人系统　9月17日，在美国空军协会年度航空、太空和网络会议上，波音子公司英西图（Insitu）公司宣布推出一款超视距，支持卫星通信的小型无人机系统——"增程型集成者"。该无人机系统仅重约66千克（145磅），可在200海里作战半径上工作10小时，在300海里作战半径上工作6小时。"增程型集成者" 改善了该尺寸无人系统的续航能力，传统上这些系统被限制在大约80千米～113千米的视距内运行。此次增加的距离和时间来自卫星通信技术的进步，这使得该无人机可以将所需的组件进一步小型化。系统采用模块化设计，可轻松集成多个有效载荷，包括电子战和信号情报。与目前运营的中高空无人系统相比，成本显著降低。

哈里斯公司为士兵开发基于高光谱传感器的战场视觉增强技术　10月，哈里斯公司正在开发一种用于战场的新型视觉增强技术。这种由高光谱传感器实现的新型成像可以帮助士兵在严苛的环境或距离条件下识别物体。此前，这类系统只能安装在飞机这样的大型平台上。随着高光谱传感器体积的变小，价格和使用难度的降低，潜在应用数量也不断增加。研究人员仍在对这项技术进行细化研究，通过利用人工智能、机器学习和其他复杂的处理技术，确保战场影像尽可能准确。在短期内，这意味着高光谱传感器需与其他数据节点串联运行。

DARPA接收首颗SeeMe态势感知小卫星　10月3日，雷声公司宣布已经向DARPA交付了首颗SeeMe卫星，它将为地面士兵提供更为强大的态势感知能力。首颗SeeMe卫星将在2018年晚些时候搭载SpaceX公司的火箭发射升空进入到低地球轨道，而军事用户将有机会在2019年初对其性能进行评估。之前，SeeMe项目曾暂停了一段时间。随着这次雷声公司成功交付首颗卫星，将为战术侦察小卫星创新应用开启新的契机。

航空环境公司为美国空军提供 "大鸦" 小型无人机　10月，美国空军与美国航空环境公司（AeroVironment）签订了一份价值1300万美元的合同，用于采购该公司的RQ-11B "大鸦" 小型无人机系统。"大鸦" 是当今世界上使用最广泛的无人机系统之一。无人机传感器载荷包括双前视和侧视光电摄像头，以及前视和侧视红外摄像头，具备电子摇摄、倾斜和变焦功能。这些无人系统将用在美国南方司令部责任区范围内，包括中美洲，南美洲和加勒比海国家。合同包括无人机、备件包、辅助设备和定期培训。

最新一代泰雷兹光电系统装备"戴高乐"号航母　2018年10月，法国宣称，"戴高乐"号航母在大修期间装备了法国泰雷兹公司最新一代ARTEMIS被动红外搜索与跟踪（IRST）系统。该系统由固定在上层建筑的三个传感器构成，能够24小时不间断监视水面。这三个传感器实现360°监视视野，没有盲点，不分昼夜。ARTEMIS具备先进的电子图像稳定能力，并且数据刷新速率比扫描IRST系统高10倍，能够比上一代传感器更快的探测并识别威胁。

俄罗斯发射第三颗"莲花"电子情报卫星　10月25日，俄罗斯联盟2-1b型运载火箭在普列谢茨克发射场发射了"莲花"（Lotos）S1系列电子情报卫星的第三颗卫星"莲花"S1-3，代号或为"宇宙"2528。"莲花"S1系列卫星是"利亚纳"（Liana）下一代电子情报卫星系统的一个组成部分，由进步中央特别设计局采用"琥珀"平台建造，发射重量约6吨，采用900千米、倾角67.1度轨道。前2颗卫星"莲花"S1-1和"莲花"S1-2已在2014年12月和2017年12月发射。俄还在2009年11月发射了一颗研制型卫星，即"莲化"S。

DARPA推出ERASE项目，提升战场态势感知　10月，美国陆军通信电子研究、开发和工程中心（CERDEC）启动了"每个接收器都是传感器（ERASE）"项目。该项目至少包括6项相关的科学和技术研究工作。每项工作都是一个独特的构建模块，结合起来将创建一种可显著增强和扩展陆军战术感知能力的整体方法。ERASE项目基于四个核心原则：利用所有可用的战术接收器（无论其原设计功能如何）作为潜在的传感器，扩大陆军的网络空间和电磁传感器范围；通过开发新颖的传感器和系统概念扩展传感器范围；通过显示、整合和关联当前隐藏在系统内部或被忽略的数据来利用所有可用数据；通过开发数据管理、分析、可视化和指挥控制工具，加快指挥官决策过程。

以色列推出"无人机护卫者"增强型无人机探测系统　11月21日，以色列航空航天工业公司（IAI）的子公司埃尔塔系统（ELTA Systems）公司推出了一种增强型版本的"无人机护卫者"（Drone Guard）地面系统，用于探测、跟踪并破坏无人机。该增强型反无人机系统由IAI的埃尔塔系统（ELTA Systems）子公司开发，并增加了通信情报（COMINT）功能，以便根据广播频率进行更精确的探测、分类和识别。除了通信情报之外，"无人机护卫者"的三维雷达、光电（EO）和干扰系统都已升级。

美国国防部寻求小型近程无人侦察机方案　11月，美国国防部开始接受竞标陆军"近程侦察"（SSR）项目的小型无人机方案，主要面向商业现货产品，旨在加快采购与部署流程。国防部要求SSR的体积不能超过9.43升（约576立方英寸），最大起飞重量不超过1.36千克（约3磅），能够由1人在2分钟内完成组装和拆解。任务载荷方面，至少可搭载一台照相侦察设备，分辨率不低于1600万像素，同时具备高清全动态视频拍摄能力。能够在较远距离外对不同目标实现态势感知能力，其中对人为300米，对车辆为200米。性能指标方面，其续航时间不低于30分钟，飞行半径不低于3000米，飞行高度可达2438米（约8000英尺），能够在7.8米/秒（约15节）及以上风速条件下正常飞行。采购成本方面，单机平台造价控制在2000美元左右，光学传感器同样不超过2000美元。

诺斯罗普·格鲁曼公司将为日本研制3架"全球鹰"远程监视无人机　11月，诺斯罗普·格鲁曼公司宣布将依照与美国空军签订的489.9万美元合同条款，为日本研制3架"全球鹰"无人机以及无人机的传感器增强套件和2个地面控制系统。"全球鹰"Block 30配装有雷声公司的增强集成传感器组件（EISS）和诺斯罗普·格鲁曼公司的机载信号情报有效载荷（ASIP），以进行态势感知和大面积的情报收集。根据这份合同，诺斯罗普·格鲁曼公司将在圣地亚哥开展研制工作，并将于2022年9月完成交付。

DARPA欲将机器学习技术用于射频信号识别　11月，DARPA授予BAE系统公司一份价值920万美元的合同，用于其射频机器学习系统（RFMLS）项目。项目旨在利用射频机器学习系统能力，研究无线电频谱构成，包括了解占据频谱的信号种类、区分重要信号与背景信号、识别不符合规则的信号，并利用这类系统辨别来自物联网设备的射频信号，以及将这些信号与企图入侵这些设备的信号相区别。作为该项目的一部分，BAE公司将开发新的数据驱动机器学习算法，以便识别不断增加的射频信号，提高商业或军事用户对操作环境的态势理解能力。BAE系统公司也加入了DARPA频谱协作挑战（SC2）项目的第二轮主要工作，将机器学习和人工智能引入射频领域。

美国空军寻求数字信号处理技术提升信号情报和网络情报能力　12月4日，美国空军研究实验室信息局发布一份关于网络/信号情报收集、处理技术和使能技术项目的征询书（FA875019S7002），旨在寻找新方法改进实时数字信号处理技术，实现对隐蔽信号和网络数据的自动检测、识别、分选、跟踪、优先排序和地理定位，增强其当前的网络情报和信号情报（SIGINT）能力。信号情报的自动化是一个主要的目标，重点是信息提取、数字信号处理和自动化增强。项目总投资约1亿美元。

法国发射新一代军用侦察卫星　12月19日，法国国家航天研究中心成功发射一颗军事情报用途的光学侦察卫星CSO-1，这是法国第三代军事情报卫星群CSO系列的第一颗卫星。CSO-1卫星重约3.5吨，将在800千米高度的太阳同步轨道飞行，提供可见光和红外波段的高清成像照片，帮助满足法国和欧洲的国防情报需求。CSO-1卫星设计寿命为10年。CSO卫星系列将由3颗卫星组成，另两颗卫星分别计划于2020年和2021年发射升空。这3颗卫星将在不同高度的轨道上运行。

DARPA"X分队"项目首次演示验证取得成功　12月，DARPA开展的"X分队"（Squad X）项目举行首次试验，成功地演示验证了其能有效扩展和增强小型徒步作战单元的态势感知能力。此次试验为期一周，美国海军陆战队利用便携式、一体化自主空中与地面系统探测了来自物理、电磁和网络等多域作战环境的威胁，为分队在作战想定中的行动提供了关键情报。

预警探测领域年度发展报告

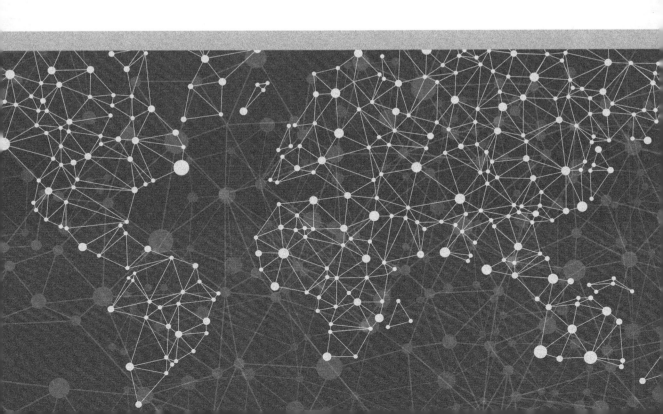

预警探测领域年度发展报告编写组

主　　编：邓大松

副 主 编：朱庆明　吴　燕　方　芳　石晓军

撰稿人员：（按姓氏笔画排序）

王　昀　王惠倩　王　虎　邓大松　吴永亮

张　昊　张　蕾　韩长喜　薛　慧

审稿人员：张　良　彭玉婷　王　燕　吴　技　吴明阁

综合分析

2018年，世界军事强国为应对日益多样的空天和水下威胁，不断推出军事科技发展战略，从作战样式和能力需求上牵引预警探测技术的发展。面对高超声速武器、无人蜂群、弹道导弹、无人潜航器等新兴威胁和高威胁目标，美俄等国积极探索新型预警探测手段和技术，研发新装备，推进重大装备的试验和部署，提高复杂电磁环境下对隐身飞机、弹道导弹、高超声速、低空无人机、水下威胁等目标的防御能力。

一、在防空预警探测领域，新型防空雷达装备不断涌现，综合作战能力持续增强

随着战场电磁环境日益复杂，隐身飞机、高空高速巡航导弹、无人战斗机、临近空间目标、战术弹道导弹等威胁目标大量出现，近年来，涌现出了一批采用新一代技术的新型防空雷达装备，2018年全球军用防空雷达主要呈现出以下几大趋势。

（一）应对复杂作战环境，不断推出新型防空预警雷达装备

面对复杂的作战环境，为完善预警探测体系，全球范围内多个国家都在积极地推出新型防空预警雷达来弥补防空预警缺口。瑞典萨伯公司在2018年4月举行的印度国际防务展上展出了其"长颈鹿1X"雷达，该雷达是末端补盲装备，能为领空指挥人员提供连续、精确的空中态势感知能力。德国亨索尔特公司在2018年4月举行的德国柏林航天展上首次展出了一款紧凑、机动式Xpeller反无人机系统——Xpeller Rapid，其由一部雷达系统、一部照相机、无线电探测器以及干扰机组成，既能集成到车辆上，也能以车辆运输的方式实现快速部署。同样在此次航展上，亨索尔特公司还首次公开展示了其称为TwInvis的无源雷达系统，该系统可集成到任意一型全地形车辆或厢式货车上，本身无须辐射信号就能监控空中交通，能"被动"分析无线电台或电视台信号的回波。亨索尔特公司在2018年6月巴黎举行的欧洲防务展上又再次推出了新产品——TRML-4D地基防空雷达系统，一种能快速探测与跟踪上千个目标的三坐标多功能雷达。以色列航宇工业公司在2018年欧洲防务展上同样推出了新型EL/M-2138M防空雷达，该型雷达具有4个有源电扫阵列（AESA）凝视面板，可实现360°方位覆盖，并具有边行进边监视能力。雷声公司2018年6月向美国陆海空三军验证了其低功率雷达，一种1平方米大小的小型AESA多任务雷达，其是精密进场着陆、航空监视、精密气象观测，以及小型无人机探测与跟踪的理想装备。2018年9月，在澳大利亚阿德莱德举行的2018陆军装备展上，澳大利亚CEA技术公司展出了其基于海基AESA的

首部陆基雷达样机——CEA战术雷达（CEATAC），该型雷达设计安装在澳制"棘蛇"轻型装甲车上，将可能用于澳大利亚未来的地基防空系统。2018年10月的欧洲海军展上，法国泰勒斯公司公布了一款新型双轴多波束AESA雷达NS50，该型雷达将满足小型战舰、海岸巡逻舰、两栖支援舰的一系列对空警戒和目标指示作战需求。

（二）提升防空作战能力，升级和换装先进防空预警雷达

随着威胁目标性能的不断提升，种类不断多样化，各国军方所配备的老式雷达装备已无法再匹配当前及未来防空预警体系的作战要求，升级老式和换装新型雷达已势在必行，年内全球范围内雷达换装采购动向明显。2018年2月，美国海军陆战队宣布初始部署两部AN/TPS-80地/空任务定向雷达（G/ATOR），这标志着该军种新一代防空雷达G/ATOR已达到初始作战能力。2018年3月，BAE系统公司中标澳大利亚"金达莱"作战雷达网（JORN）升级项目，JORN在保障澳大利亚国防军空海作战，以及边境监视、灾难救援、搜索与营救等行动方面起到了十分重要的作用。2018年3月，立陶宛军方与以色列航宇工业公司签署了一份采购5部补盲近程对空监视雷达及后勤保障服务的合同，这批近程雷达将集成到立陶宛联合空域监视系统中，并在2019年年底前开始运行。2018年4月，意大利莱昂纳多公司推出了舰载"克洛诺斯"双波段有源相控阵雷达，并计划2019年在意大利海军多用途滨海巡逻舰上装备该型雷达。2018年7月，以色列RADA电子工业公司的多任务半球雷达（MHR）被选作为莱昂纳多DRS公司任务设备组件（MEP）方案的一部分，将用于支撑美国陆军近程防空能力。2018年9月，西班牙英德拉公司已签署了一份为泰国皇家空军提供"兰萨LRR"三坐标雷达的合同，这种全模块化可扩充架构的先进雷达系统不仅能满足当前作战要求，而且还具有应对未来挑战的先进功能。2018年10月，美国SRC公司获得美国陆军一份AN/TPQ-50雷达系统订购合同，TPQ-50雷达灵活的系统架构将能满足美国陆军对防空监视和反火力目标搜索等新兴能力需求。

（三）面向隐身和高超声速威胁，打造预警探测新能力

当前对于以战斗机为代表的军用飞行器，隐身或低可观测性技术已成为标配，所有的新型战斗机在设计上都考虑了隐身原理及技术，以降低其雷达信号特征。传统雷达由于技术体制上的原因，大多无法探测这类目标，开发探测隐身目标的新型雷达技术显得日益紧迫。加拿大滑铁卢大学2018年4月公布正在开发一种新型量子雷达技术，以期将包括隐身飞机在内的目标以极高的精度识别出来。采用量子雷达，理论上，这类飞机不仅将会暴露，而且还不会察觉到已被发现。目前，该项目还处在实验室研究

阶段。加拿大国防部已为该项目注资270万美元来加快推动量子雷达的实战应用，并期望以量子雷达更换2025年退役的北方预警系统（NWS）雷达站。同样，近年来高超声速技术已经从概念和原理技术试验阶段进入了原理样机设计和飞行试验阶段，包括美俄在内全球多个国家都陆续取得了技术上的重大突破，将对现役防空预警体系产生极大的挑战，为此国外正在开展相应研究，并已推出了具有相应能力的雷达装备。在2018年10月举行的欧洲海军展上，瑞典萨伯公司公布正通过引入高超声速探测模式（HDM），一种探测与跟踪高超声速飞行目标的能力来增强其"海长颈鹿4A"固定阵面雷达的能力。受雷达直线视距的影响，海军舰船应对高速低空飞行导弹的时间有限。随着高超声速威胁的兴起，海军舰船将要面对的危险更高。萨伯公司通过引入HDM为应对这一新兴挑战提供了解决方案。由于航迹形成时间短，该方案将能为舰船提供更多的时间来应对各种目标。HDM能力建立在萨伯公司下一代边跟踪边扫描技术的基础上，该项技术能在不到一秒的时间内对各种环境下的各类目标进行航迹起始，包括隐身目标。

二、在反导预警探测领域，推进前沿部署，发展空基探测能力

2018年，在反导预警领域，美国继续推进前沿部署，在亚太地区加紧同盟建设；在欧洲地区推进欧洲分阶段自适应方案（EPAA），在波兰和罗马尼亚均部署了"爱国者"PAC-3系统，同步增加海基反导装备，在技术领域，氮化镓市场前景广阔，各国争相将其应用于新型雷达的研发和旧型雷达的升级。

（一）进一步推进前沿部署，增强亚太反导联盟能力

继2017年在韩国部署"萨德"反导系统后，美国于2018年初与日本确定了在日本部署两部陆基宙斯盾，进一步提升美日反导联盟在亚太的反导能力。当前，美日在西太平洋地区已经部署有海基宙斯盾舰、陆基"爱国者"双层反导系统。2018年7月，日本防卫省宣布将引入2套岸基"宙斯盾"，采用美国洛克希德·马丁公司的下一代"宙斯盾"雷达，计划2023年投入使用。日本政府计划将这两部S波段固态雷达（SSR）部署在西边靠日本海的秋田县和山口县。SSR雷达与美国政府正在阿拉斯加建设的弹道导弹拦截雷达系统远程识别雷达（LRDR）所用的技术相同，包括氮化镓（GaN）等新型技术，最大探测距离远超过1000千米，其性能将远优于上一代岸基"宙斯盾"雷达（SPY-1），该雷达可实现对日本列岛的全境覆盖，其部署将对西太地区的反导形势产生重大影响。

（二）重点发展空基反导探测和拦截能力

美国已经基本形成较为完善的全球一体化反导体系，基本可覆盖全球、全弹道（助推段/中段/末段），雷达与红外系统相结合、"陆/海/空/天"全程观测、分层拦截，唯独助推段拦截由于缺乏前沿部署，不能长期战斗值班等原因，能力尚弱，这也是美国近些年的发展重点，主要包括天基、空基激光武器拦截，机载动能拦截弹，机载预警装备等。2013年，美国空军、导弹防御局（MDA）和国防高级研究计划局（DARPA）联合开展名为机载武器层（AWL）的基于动能拦截的空基反导系统研究项目，指出，空军的F-15、F-35、B-1 轰炸机、MQ-9 无人机以及海军的作战飞机都可能挂载空基拦截弹进行空中巡逻，与海基反导系统配合，共同构建完整的战区反导杀伤链，AWL涉及的关键技术有推进技术、传感器技术和导航与姿态控制技术等。2017年以来，美军多次提出发展空基助推段反导，特别提出使用F-35隐身战斗机承担该任务。2018年4月，美国导弹防御局表示：F-35战斗机将于2025年具备探测、跟踪弹道导弹的能力。8月，美国国会希望导弹防御局尽可能地快速开发和演示对高超声速武器和洲际导弹的助推段拦截能力，其中天基和空基激光武器将是重要的技术实现手段。国会预计5000万美元预算来推动激光反导项目进展，将支撑开发三个独立的激光扩展工作，目标是在2021年演示500千瓦激光武器，并在2023年展示兆瓦级的武器能力。在空基部署方面，MDA希望未来在无人机、F-35和其他空军飞机上应用紧凑型兆瓦级激光器，这样可保证在适当位置的飞机均可在导弹助推段实施拦截。

（三）高功率氮化镓技术成为反导雷达实用装备主流技术

美国正在发展基于氮化镓的"爱国者"PAC-3 MSE和"萨德"系统，远程识别雷达（LRDR）、防空反导雷达（AMDR）和夏威夷国土防御雷达（HDR-H）也将采用GaN放大器。GaN技术已然成为下一代雷达的主流技术。根据美国战略分析公司预测，射频GaN市场收入同比增长超过38%，到2022年将超过10亿美元，2024年超过34亿美元，军用方面主要涉及雷达、电子战（EW）和通信等。

三、在空间监视领域，装备新研和部署并重，提高空间监视能力

空间监视对空间活动和空间的长期维护至关重要。许多国家目前都在利用空间监视来保护空间资源，提升空间能力。随着对空间资源的逐渐重视，全球范围内以美俄

为代表的多个国家已陆续开始建造或规划新一代空间目标监视系统。美国已于2018年完成了取代老式VHF频段空间监视系统的下一代空间监视系统"空间篱笆"的建造工作；俄罗斯正计划在北冰洋沿岸建设大批地基观测站，从而在卫星和空间碎片过境北极地区时提供相关空间态势感知信息。

（一）加快开发新型空间监视设施，提升全球空间监视能力

全球范围内欧美已陆续开建了新一代空间目标监视雷达，这些系统目前已接近完成，即将入役，将会推动全球空间监视能力实现大幅提升。德国弗劳恩霍夫高频物理与雷达技术研究所在2018年4月的柏林国际航展上介绍了其目前正在开发一种能全天时观测近地空间的新型雷达系统——德国试验型空间监视与跟踪雷达（GESTRA）。作为德国的新一代空间监视系统，GESTRA计划2019年在德国航天中心投入运行，这将是首次在德国境内实现全天时观测卫星和空间碎片活动，将对德国及欧洲深入研发和操控空间设施产生积极的影响。美国洛克希德·马丁公司在夸贾林环礁上建造的AN/FSY-3"空间篱笆"系统已于2018年5月开始跟踪空间目标，计划2019年初开始投入使用。洛克希德·马丁公司目前已完成了这部雷达的建造工作，一旦完成剩余测试项目及雷达组装集成，该雷达将交付美国空军进行最终的开发测试与评估和作战测试与评估。"空间篱笆"系统服役后将填补美国空军VHF频段空间监视系统退役所留下的空白，大幅改善美军空间监视能力。

（二）重视空间监视能力建设，规划部署空间监视新装备

在太空资源逐渐得到全球各国重视的背景下，全球多个国家都在规划建设新型空间监视装备，保障空间资源安全。由于境内没有观测近极轨和太阳同步轨道的地基观测站，俄罗斯目前正计划在北冰洋沿岸的纳纳特斯自治区建设一批地基空间观测站，并期望2020年建成一种试验性网络，从而在卫星和空间碎片过境北极地区上空时提供重要的空间态势感知信息。为此，俄罗斯莫斯科物理技术学院已于2018年11月在纳纳特斯自治区设置了一部试验型望远镜样机来开展相关试验。2018年1月，日本宇航研究开发机构（JAXA）计划从2018年起研制能够探测约10厘米大小空间微小碎片的雷达。这部新型空监视雷达将采用特殊的信号处理技术，能对在低轨道飞行的小型太空垃圾进行监测，预计于2023年投入运行。另外，为实时监测空间碎片和反卫星武器活动，日本防卫省2018年11月也宣布将部署一部能探测5800千米以上高度空间态势活动的空间监视雷达。日本防卫省已为该项目在2019财年预算中申请了相关经费，同样计划于2023年启用该系统，并将与美军共享所收集的信息。

（三）商业资本涌入空间监视市场，助力空间监视深入发展

除得到各国政府的鼎力支持外，一些商业资本公司目前也看好空间监视领域的发展前景，纷纷出资进行相关技术研发，推动商用空间监视市场的发展。2018年5月，美国分析图形公司与加拿大托特技术公司联合宣布在加拿大安大略省阿尔贡坤射电天文台建成了首部能跟踪地球同步轨道（GEO）目标的商用雷达系统。该系统能跟踪5万千米远的目标，探测2米大小的GEO目标，通过与光学设施联合观测能使目标位置精度达到150米，远优于单独采用光学设施的250米精度。美国空间态势感知商业公司LeoLabs于2018年9月宣布计划在新西兰建设一部新型相控阵空间监视雷达。这将是相控阵型空间监视雷达首次在南半球部署，将大幅提升空间避撞与跟踪服务的质量。LeoLabs公司目前利用位于美国得克萨斯州米德兰和阿拉斯加州费尔班克斯的相控阵雷达跟踪低地轨卫星和10厘米以上大小的碎片，并计划数年内在全球范围部署6部能跟踪卫星及2厘米以上空间碎片的雷达。为跟踪2厘米大小目标，这部位于新西兰的新型雷达会采用更高频率，将是首部改进型雷达，并计划于2019年投入运行。

四、水下预警探测平台和装备呈现井喷式发展，生物探测技术有望改变水下战场形态

2018年，北约和俄罗斯的军事对抗从海上发展到水下。以美国和俄罗斯为代表的海上大国争相研制水下无人潜航器（UUV）平台，稳步装备新型无人反潜舰艇和新型声呐装备，大力研究生物传感器等新型水下探测技术。

在水下探测平台方面，俄罗斯的各类UUV开发计划呈井喷之势。俄罗斯军方宣布正并行开展17种UUV的设计开发工作，包括装载核动力发动机以对敌方进行远程高速打击的"波塞冬"潜航器；拥有多种传感器模块以监测水下特性的"金枪鱼"仿鱼型自主平台；以及航行在北极冰层下方、确保俄罗斯海上航线安全的长航时强自主UUV。相比之下，美国更注重开发现有UUV的协同作战能力。在罗得岛州举行的2018年度"先进海军技术演习"中，美国海军考察了单/多水下平台协同探测、定位、跟踪和瞄准技术，可信机器人支持战术或作战决策技术，单/多平台协同广域持续搜索技术，以及同/异种平台的协同指控技术，共有30个无人系统参与了演示。

在水下探测装备方面，DARPA成功完成"反潜战持续跟踪无人艇"（ACTUV）无人水面艇项目，并将正式移交至海军研究局，以继续推进中等排水量无人水面艇

（MDUSV）的研制；美国海军授予L-3公司980万美元订单，以生产和交付具备高探测性、高可靠性和高抗老化性的TB-34X拖曳阵声呐，以提高美军潜艇在近海、港口等杂乱环境的反潜探测能力；海上系统司令部授予雷多斯（Leidos）公司1390万美元合同，以生产和测试ADC-MK5主动声学对抗装备，该装备能够产生干扰噪声，可保护美国和盟友的潜艇抵抗敌方声制导鱼雷的袭击。

在水下探测技术方面，雷声公司获得DARPA海洋生物传感器（PALS）项目合同，旨在利用海洋生物的先天能力来感知潜艇和UUV引起的海洋扰动，并研发硬件和算法将生物体行为转化为可操作的信息，以执行海峡、沿海区域的战略预警任务；日、法两国正式开展新型声呐技术的联合研发，集日本的低频声呐探测技术和法国的高频声呐显像技术优势于一体，以提升探测海底水雷的能力；美国海军正在寻求空中部署的被动浮标技术，该浮标可自动精确定位水听器阵列上的水听器基元，并在浮标内的处理系统中进行波束形成和数据通信，最终实现对敌方极静潜艇的探测、识别和跟踪。

（中国电子科技集团公司第十四研究所　薛　慧　王　虎

中国电子科技集团公司第三十八研究所　吴永亮）

重要专题分析

新型作战概念索引下的预警探测系统
发展趋势分析

2018年，美国继续推进多种新型作战概念。1月，美国智库战略与国际研究中心发布《分布式防御》报告，探索反导新方法；3月，美国空军研究实验室推出的"科技2030"倡议视频中展示了"忠诚僚机""小精灵"、高功率微波武器"反电子设备高功率微波先进导弹"（CHAMP）、六代机等概念；9月，DARPA在成立60周年庆祝会议上，热烈探讨"马赛克战争"作战概念；12月6日，美国陆军发布了"多域作战1.5"版本"多域作战2028"，进一步完善2017年发布的"多域战"概念，寻求通过快速持续地整合所有作战域来对抗和击败对手的拒止能力。

一、新型作战概念

上述作战概念有的是2018年首次提出的，有的是近年作战概念的进一步发展。美国认为，随着军事技术和高科技系统在全球的扩散，美国先进卫星、隐身飞机和精确制导弹药等传统优势平台的战略价值正在下降，而商业市场上电子技术的快速更新换代令成本高昂、研制周期长达数十年的新军事系统在交付之前就已经过时。随着中国和俄罗斯在军事上的崛起，美国武器装备和技术优势正在不断被削弱，全球公域介入能力面临严峻挑战。在这种情况下，美国接连提出"多域战""分布式杀伤""分布式防御""算法战""电磁频谱战""马赛克战争"等一系列作战概念，与前期"网络中心战""空海一体战""作战云""战术云"等一脉相承，试图通过作战概念创新、技术创新和武器装备创新，构建起一套作战效能突出、开发周期短且成本可承受的新型作战力量体系，实现"第三次抵消战略"的目标。

（一）"马赛克战争"

"马赛克战争"将每一个武器比作一块马赛克瓦片，每一块瓦片只是一副更大图像的一部分，丢失了一块不会给整体造成显著影响，从而指挥官可利用现有系统，快速构建赢得战争所需的作战能力。"马赛克战争"的概念于2017年8月由DARPA战略技术办公室（STO）提出，2018年，DARPA领导者在该机构成立60周年庆祝会议上，热烈探讨"马赛克战争"作战概念（见图1），反映了对此作战概念研究的进一步深入。该作战概念旨在寻求开发可靠连接不同系统的工具和程序，灵活组合大量低成本传感器、指控节点和武器节点，利用网络化作战，实现高效费比的复杂性，对敌形成不对称优势。

对于"马赛克战争"，美国设想了地面战、空战、海战等作战场景下的作战方式。在地面战争中，美国陆军可以在主要地面力量进入战场之前，提前派遣无人机或地面机器人探测敌方威胁并将其坐标传回，该坐标随后被传输至后方的视距外打击系统，后者实施打击并清除威胁。在空战中，美国空军可先部署成本相对低廉、可消耗的无人机，每架无人机搭载不同的武器或传感器系统，指挥官可以像足球教练对足球队员进行排兵布阵一样指挥这些无人机，这些增加的无人机可以使战场态势变得更加复杂从而干扰敌人的决策；指挥官可根据战场形势的变化和战损情况，替换战场上的系统。在海战中，马赛克概念可以使敌人陷入更加复杂的局面，因为海战包含了空中、地面、海上和水下等多种作战环境的行动，同时舰艇、潜艇、飞机和无人系统协同完成任务的复杂度更高。

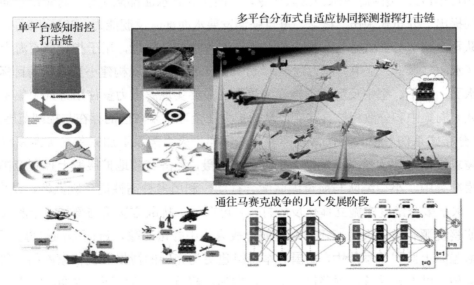

图1 "马赛克战争"作战概念

"马赛克战争"可使美军获得新的不对称优势。美军当前的很多系统由于其集成商采用不同的互操作标准，相互难于共享信息，也不容易扩展，马赛克作战概念将开发可靠连通各节点的程序和工具，寻求促成不同系统的快速、智能、战略性组合和分解，实现无限作战效能。"马赛克战争"还将使杀伤链更具弹性，因为在马赛克概念下，指挥官可以将"观察、定位、决策、行动"（OODA）环的功能拆分开，各种传感器平台可与各种决策方相连，并与各种作战平台相连，从而带来了各种排列组合的可能性，迫使敌方与各种攻击组合相对抗，无论敌人采取何种行动，美军总有可能完成自己的杀伤链。

（二）"算法战"

2017年4月，美国国防部提出"算法战"概念，将从更多信息源中获取大量信息的软件或可以代替人工数据处理、为人提供数据响应建议的算法称为"战争算法"。同时美国国防部组建"算法战跨职能小组"（AWCFT），推动人工智能、大数据等战争算法关键技术的研究。随着人工智能的进步，尤其是随着类脑设备的发展，战争算法将在处理数据、计算能力等方面有巨大提升，并与兵棋推演、人工智能和指挥控制系统相融合，成为未来战前预演、战时感知与智能决策的关键核心。

（三）"分布式杀伤"

2015年1月，美国海军水面部队司令、大西洋舰队水面部队司令、海军部水面作战局共同提出"分布式杀伤"概念，重点强调发展水面部队反舰能力；2016年6月，美海军舰队司令将"分布式杀伤"概念提升为海军作战部队概念，用于指导所有海上作战装备（水面、水下、空中）能力建设，"分布式杀伤"概念以构建小型编队为目标，以强化水面、水下、空中反舰能力建设为重点，最终实现海上力量使用方式由集中（航母编队）向集中和分散相结合转变，从而扩大在全球重要海区的存在与控制范围。

"分布式杀伤"模式下，常规部署灵活多样，火力配系更加完善。美海军将根据不同需求灵活组建大量小型编队，执行常规威慑，经济有效地扩展海上控制范围。在大规模冲突中，小型编队与航母编队配合行动，利用多种高性能反舰武器，从空中、水面、水下多个维度实施立体化反舰打击，可有效干扰敌方决策与部署，分散敌情报监视侦察资源和进攻火力，还可避免航母成为集中打击对象，进而提高航母安全性。还可增强海上监视侦察能力，美国海军将组建更为完善的情报监视侦察网络，联合其他军兵种，以无人系统、预警机、卫星等作为侦察节点，从水下、水面、空中、太空多个维度不间断监视敌方海上和沿海地区军事部署，实时掌握动向。

（四）"分布式防御"

"分布式防御"作战概念是美国智库战略与国际研究中心2018年1月在《"分布式防御"——一体化防空反导作战概念》报告中提出的新型作战概念，报告分析了美军防空反导系统在应对以俄罗斯、中国为代表的"反介入/区域拒止"上存在的能力不足，提出了"分布式防御"新型作战概念。"分布式防御"旨在创建一个更加灵活和弹性的防空反导架构，增加对手的应对难度和作战成本。该概念主要包含网络中心、火力分散部署、进攻拦截武器共置、分层拦截、发射装置伪装等几个方面。

（五）"电磁频谱战"

为全面夺取战场电磁频谱控制权，美军近年相继推出了一系列的发展战略、作战条令及研究报告，提出"电磁频谱战"作战概念，将电磁频谱作为一个新的作战域，指导技术研发、装备发展、力量建设及作战运用。"电磁频谱战"是电子战概念的升级，一是对电磁频谱的定位从一种媒介上升为一个作战域，二是将电子战的地位从保障式、反应式提升为决定式、主动式，三是电磁频谱战包含电子战并进行了扩充。为应对远程作战、克服对手"反介入/区域拒止"日益强大和自身敏捷性方面的不足，美军认为应优先部署"低-零功率"网络对抗措施，采取无源工作或低截获概率的工作方式在电磁频谱中获得更大的作战优势。"低-零功率"电磁频谱战运用构想图如图2所示。

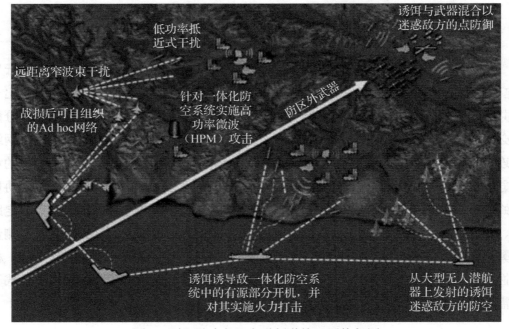

图2 "低-零功率"电磁频谱战运用构想图

（六）"多域战"

2018年5月，美国陆军透露"多域战"的名称将从"多域战"改为"多域作战"，升级多域战的作战层级，拓展作战范围。2018年12月6日，美国陆军发布"多域战"概念的升级版（V 1.5），以陆军手册的形式发布，标志着"多域战"从概念阶段进入到操作阶段。"多域战"概念于2016年由美国陆军提出，该概念旨在通过灵活性和弹性的力量编成，推动美国陆军由传统陆地向海洋、空中、天空、网络空间和电磁频谱等其他作战域拓展，通过所有作战域的联合行动，更好地支持联合作战部队在"反介入/区域拒止"（A2/AD）作战环境中的军事行动，有效压制主要作战对手不断进步的先进传感器网络、一体化防空系统以及精确打击武器，确保美军的行动自由和优势保持。

二、新型作战概念对预警探测系统的需求

新型作战概念对预警探测系统的需求可分为两个方面，一是新型作战概念的使用方应用新型作战概念时对自身预警探测系统的要求，二是新型作战概念的承受方面对对手使用新型作战概念时应该如何规划、开发和部署使用自身预警探测系统。

（一）分散部署

从"马赛克战争""多域战""分布式杀伤""分布式防御""作战云""战术云""电磁频谱战""全球公域介入与机动联合"等众多新型作战概念中，都可以归纳出一个共同特征，即作战要素的分散化。对新型作战概念的使用方而言，作战要素的分散化必然体现为预警探测系统的分散化，这在一定程度上会分散信息力，需要通过网络的连通和空时频等的对准使分散的预警探测系统实现协同探测。对新型作战概念的承受方而言，预警探测系统面临的隐身飞机、高超声速武器、弹道导弹、超低空威胁以及蜂群目标来袭范围更广、区域更大、数量更多，对预警探测系统及时预警、稳定跟踪、精确识别等能力提出了严峻挑战，传统集中式传感器部署方式除无法克服探测体制弊端造成的探测距离不足、容易遭受敌方干扰等问题外，还存在目标特征明显、机动性差、容易暴露自身等带来的生存性缺陷，因此，预警探测资源在新型作战样式下也需要分散部署。

（二）提升信息处理速度

随着现代战场在空间上的拓展，复杂多样的战场信息传感器遍布陆、海、空、外层空间和电磁网络空间，各类情报侦察与监视预警信息呈爆炸式增长，由此产生的海量信息数据超出了情报分析员的能力范围，令人难以招架，导致战场信息收集不及时、有效信息产出时效性低、反馈失误等严重问题。与此同时，隐身飞机、高超声速、无人机蜂群、群化武器等新式智能化武器装备与新型作战样式的提出，对指挥员决策的时效性、准确性、灵敏性提出了更高要求。因此，提高信息处理速度成为新型作战概念的使用方和承受方共同面对的问题。为应对信息处理问题，美国提出"算法战""马赛克战争""作战云"等作战概念，以人工智能、量子计算为支撑，从体系层面构建高效并可相互替代的处理系统。

（三）提高生存能力

"分布式杀伤""马赛克战争""电磁频谱战"等作战概念均强调通过体系化协同探测、无源探测，提高对敌方防空反导系统和威胁目标的感知能力。在这种情况下，预警探测系统需提高自身作战隐蔽性，否则作战首轮就会遭到对方的攻击，这对新型作战概念的使用方和承受方同样都是适用的。

三、新型作战概念牵引下的预警探测系统发展趋势

（一）分布式网络化协同探测

分布式探测无论对于进攻方进行战场态势感知还是对于防御方进行来袭威胁预警，特别是对于对隐身飞机、高超声速武器、弹道导弹、超低空威胁，都有提升探测范围、抗干扰和生存能力等方面的得益。而仅仅把预警探测装备化整为零而不进行有效的互通和协同则不能有些发挥装备效能。只有预警探测系统组成一个协同的体系，才能发挥总体大于局部的效果。2017年6月，朝鲜使用无人机绕开防御系统，成功侦察了韩国的"萨德"导弹阵地，如果无人机携带简易爆炸装置，摧毁"萨德"系统AN/TPY-2雷达，将会使整个"萨德"系统失效，如同针对伊拉克的"沙漠风暴"行动中美军使用"战斧"巡航导弹和"地狱火"导弹打击伊拉克防空系统关键节点和防空雷达后伊拉克整个防空系统陷入瘫痪一样，而如果"萨德"系统能够利用天基预警

卫星或其他传感器信息进行发射和拦截，将会使防御系统得到更大的弹性。

（二）智能化信息处理

随着战争从体能较量、技能较量发展为智能较量，人工智能成为实现预警探测系统智能化目标发现、跟踪、识别、预测、威胁评估的基础。通过运用标准化分析算法建立数据自主分析系统，能够缩短观察、判断、决策、行动环（OODA）的反应时间，节省数据带宽，有效提升数据处理和挖掘效率，从而减少战场态势感知的不确定性，在智能决策、指挥协同、情报分析、战法验证等关键作战领域发挥作用。为提高预警探测系统智能化信息处理能力，美国开展了"认知雷达""频谱机器学习"等多项研究计划，推动预警探测系统性能不断提高。

（三）有源无源一体化

新型作战概念越来越重视电磁辐射的控制，若有源雷达频繁开机不仅容易被侦察定位，还会受到反辐射武器的打击或电磁干扰。无源雷达/外辐射源雷达以目标本身辐射的信号或目标反射外来信号来探测目标，但在偏远地区且目标实施无线电静默时，无源雷达/外辐射源雷达将无法进行目标探测。将有源雷达和无源雷达/外辐射雷达进行一体化设计，则可将有源雷达和无源雷达/外辐射源雷达进行配合协作，既发挥外辐射源雷达的隐蔽性和抗反辐射导弹的能力，又能配备武器资源，实现探测打击一体化。

四、结语

为赢得未来作战的主动权，美国不断调整军事战略，创新作战样式，并推进先进技术开发和装备研制。本文针对近年新兴的作战概念提出了几点预警探测系统可能的发展方向，难以覆盖所有方面，期待引起预警探测领域相关人员的警惕和关注，开展有针对性的研究，为有效应对提前布局。

（中国电子科技集团公司第十四研究所　韩长喜）

新型威胁对预警探测系统能力需求的探讨

作为牵引预警探测持续发展的外在因素，2018年预警探测系统面临的威胁对象呈现加速发展态势。在电子战领域，2018年，美国海军下一代干扰机中频段系统（NGJ-MB）和低频段系统（NGJ-LB）分别进入工程制造和开发阶段与技术演示阶段；在远程打击领域，2018年12月，美国下一代轰炸机B-21"突袭者"完成关键设计评审；在空战领域，第六代战机迅猛发展，2018年3月美国空军研究实验室对外展示第六代战斗机概念特征，英国高调宣布开始研发第六代战斗机"风暴"，五代机加速部署，无人作战概念验证稳步推进。新型威胁的发展使预警探测系统面临越来越多的挑战。

一、主要威胁发展动向

2018年，空中目标、弹道导弹、空间目标、地海目标和电磁频谱等预警探测系统面临的威胁均取得一系列突破和进展。

（一）空中威胁

2018年，国外空中威胁取得多项重大突破，美国空军为实现由应对恐怖主义向大国战略竞争的转型，大力推进新作战概念验证、下一代装备研发、新装备采购和作战应用。俄罗斯空军推出一系列非对称威慑打击手段，欧洲也推出下一代装备研制计划。

1. 战略轰炸机

2018年4月，美国下一代轰炸机B-21"突袭者"完成初步设计评审，12月又通过了关键设计评审，标志着美国下一代隐身战略打击轰炸机的发展又达到一个里程碑。根据计划美国空军最新型的B-21"突袭者"轰炸机将至少要生产100架，甚至有可能多达200架，还会配备下一代远程防区外巡航导弹，首架B-21将在2020年代中期开始服役，陆续取代B-1B、B-52、B-2战略轰炸机。俄罗斯下一代战略轰炸机"未来远程航空系统"（PAK DA）样机制造筹备工作已经开始，PAK DA具有隐身性能，能够携带大量武器，并可在简陋的机场起降，该机将在2028—2029年开始批量生产。

2. 战斗机

作为获得制空权进而获得制海权和制陆权的核心装备，2018年战斗机的发展呈现出六代机发展迅速、五代机加速扩散等发展特点。

美国六代机目标形态逐步清晰。2018年3月，美国空军研究实验室公布了第六代战斗机模拟动画，展示了美军第六代战斗机的概念特征：以"战斗云"概念为设计牵引；进一步强调全向宽频综合低可探测能力；采用自适应发动机，远航能力、超声速巡航能力明显提高；以机载激光武器为新质特征。俄罗斯研制的六代机将采用有人驾驶和无人驾驶两种模式，1～2架可以控制20～30架无人机。法国和德国联合研发的六代机应用人工智能技术，能与无人机编队作战。英国高调宣布开始研发第六代战斗机"风暴"。该机具有隐身性，能够控制指挥无人机群作战，将配备高超声速武器和激光武器，可选择有人和无人驾驶模式。

五代机方面，美国空军加强对第五代战斗机的升级改进和采购。对F-22"猛禽"战斗机增挂进一步改进的AIM-9X和AIM-120D空空导弹，提高实时"协同瞄准"能力。俄罗斯第五代战斗机苏-57计划2019年开始交付。米格-41战斗截击机的开发设计工作已于2018年启动。日本第五代战斗机F-35的装备已规模化，并进一步增加采购数量。韩国引进的首架F-35A已经出厂，2021年前陆续交付。以色列首次实战运用F-35战斗机，其跨代优势得到有力检验。

3. 远程反舰导弹（LRASM）

远程反舰导弹（LRASM）已具备初步作战能力。2018年5月，美国空军进行LRASM齐射试验。试验中，2架B-1B轰炸机发射了2枚LRASM，两枚导弹自主导航通过计划的路径点，完成了中段末端导航的自主转换，使用弹上的传感器发现并导引向移动的海上目标，随后自动识别出需要攻击的目标并成功命中。LRASM是美国DARPA开发的一种隐身反舰巡航导弹，具有优异的态势感知和自主瞄准能力，这标志着LRASM已经形成初步作战能力，将在2019年装备到F/A-18E/F战斗机上，提高美军反舰能力。

4. 无人蜂群

2018年3月，美国空军研究实验室在未来空中作战的模拟动画中展示了美国空军对"忠诚僚机"和"蜂群作战"的设想：6架无人僚机在1架F-35战斗机控制下编队突防、对地攻击，C-130投放100多架"小精灵"无人机"蜂群"。美国空军继续深化"忠诚僚机"概念研发。美国空军和国防高级研究计划局正在测试新的硬件和软件，以实现F-15、F-22、F-35等战斗机飞行员在驾驶舱中指挥10架甚至更多架无人机。2018年4月"小精灵"项目开始第三阶段的研究工作，计划2019年底进行C-130多架无人机的发射和安全回收试验。欧洲空中客车公司进行"蜂群作战"及"蜂群"与有人机协同作战测试。测试中，一架装备有"狂风"战斗机完整驾驶舱的"利尔"喷气式公务机充当战斗机，5架无人机组成"蜂群"，"蜂群"与有人机进行了编队飞行，目标识别，一架无人机被击落而另一架无人机接管其任务等。

5. 高超声速武器

美国空军确定研发两种机载高超声速武器。美国空军4月授予洛克希德·马丁公司"高超声速常规打击武器"（HCSW）研发合同，要求在合同签署后的24个月内，完成高超声速常规打击导弹关键性设计审查，2022年前实现早期作战能力。美国空军6月又向洛克希德·马丁公司下达第二个高超声速导弹研制订单，要求研发空射高超声速助推滑翔导弹"先进快速反应武器"（ARRW），要求在2021年形成早期作战能力。俄罗斯宣布装备空射高超声速导弹"匕首"。"匕首"空射高超声速导弹采用主动雷达末制导，能够机动，速度可达10马赫以上，射程2000千米。日本投巨资发展高超声速助推滑翔弹和高超声速巡航导弹技术。日本计划参照美国空军的渐进升级发展思路，分批次发展射程在296～496千米之间的高超声速助推滑翔导弹。

（二）弹道导弹

2018年，国外弹道导弹的发展表现出弹道导弹试验频繁、策划新导弹发展、加快弹道导弹装备部署等发展特点。

2018年1月和6月，印度分别成功进行了"烈火5"导弹的第五次和第六次发射，2月组织了"大地"导弹夜间试验，8月连续三次进行了K-15潜射弹道导弹试验。2018年3月，俄罗斯总统普京表示俄已列装80枚新型洲际弹道导弹，预生产的"萨尔马特"导弹年度内交付部队使用。2018年5月，俄北方舰队"北风"级潜艇在白海齐射4枚"布拉瓦"导弹，检验了导弹的战术性能和可靠性。美国在7月和11月分别组织了两次"民兵3"导弹试验。

（三）空间威胁

2018年，X-37B继续执行第五次任务，在轨飞行时间超过400天。X-37B是一种可以进入空间并返回的空天飞行器，具有高速度机动、多装备载荷、成本低廉、可重复使用等优势，既能作为侦察设备，通过灵活变轨全方位侦察敌方态势，又能搭载武器装备对目标进行攻击。2018年8月，国际空间站遭到空间碎片撞击，造成舱体出现空气泄露。对于空间人造航天器来说，来自宇宙和飞行轨道上的空间碎片会对其自身造成巨大威胁，毫米级的物体撞击足以造成损伤，而厘米级的则可能直接造成致命后果，这一次的碰撞位置恰好是联盟号的轨道舱，如果是在空间站的常驻舱体位置，可能会提前宣告它的时代的结束。

（四）地海威胁

2018年，美国海军陆战队的6架F-35B随"黄蜂"号两栖攻击舰进行了首次海外部署，于4月和9月先后完成首次作战部署和首次对陆打击任务。美国海军继续推动电磁轨道炮研发，使射程达到129～161千米，并在大型舰艇上为电磁轨道炮预留空间。法国公布了"飞马座"电磁轨道炮项目。2018年3月，远程精确火力跨职能小组首次将远程精确火力以项目群形式公布，标志着陆军将成体系地发展远程精确打击能力，在10月举行的陆军协会年会上提出，将按照近程火力、纵深火力和战略火力三个层面发展远程精确火力体系。2018年7月，美国新型武装直升机S-97"突袭者"第二架原型机成功试飞，时速480千米。

（五）电磁对抗

随着作战对象、作战环境和作战样式的变化，电子战的核心任务正从平台对抗转向频谱对抗。2018年，美俄不断强化理论研究，推动技术创新，加强电子战装备的建设。

美国海军下一代干扰机中频段系统（NGJ-MB）和低频段系统（NGJ-LB）分别进入工程制造和开发阶段和技术演示阶段。诺斯罗普·格鲁曼公司应美国海军的要求，开发机器学习算法，准备在2025年前后完成对整个EA-18G机群认知电子战能力的部署。2018年7月，俄罗斯公布了"伐木人-2"（Porubshik-2）先进电子战飞机研发计划，目前已完成飞机的概念设计，即将开始功能设计和开发。俄罗斯继续将叙利亚和乌克兰作为电子战装备的试验场，1月份通过电子干扰和火力打击，成功挫败了无人机蜂群对俄驻叙利亚基地的袭击。8月，日本陆上自卫队最新列装的网络电子战系统（NEWS）首次亮相。

二、主要威胁特征

从2018年空中威胁、弹道导弹、空间威胁、地海威胁、电磁对抗等预警探测系统面临的主要威胁来看，可发现主要威胁在作战空间、作战速度、技术形态、作战样式、作战效果均表现出不同的特点。

作战空间全域化。作战武器可能从太空、临近空间、空中、陆地、水上、水下等发起全高度、多方位、全距离、多样式的攻击。

作战时间敏捷化。高超声速飞行器、弹道导弹、高能微波、高能激光武器将显著压缩从信息获取到目标摧毁的时间，实现敏捷打击。美军为F-15战斗机开发的激光武器将在2019年正式开展测试。

作战对象隐身化。作战对象除前向隐身外，侧向和后向隐身将得到增强，隐身频段得到扩展，下一代战斗机、下一代轰炸机、LRASM、弹道导弹、蜂群都具有很强的隐身能力。

作战平台无人化。各种体积、重量、用途的无人平台将得到应用，无人平台承担更多的作战任务。国外六代机均采用可选无人配置，蜂群作战、无人僚机成为新兴作战样式，高超声速武器成为导弹发展的新形态，X-37成为巡航空天的常客。

作战方式协同化。有人无人平台、空空平台、空面平台等通过信息共享、任务协同实现高效作战。协同作战已经成为国外作战方式的主流，有人平台协同、无人有人协同、无人平台自主协同已成为国外战斗机、轰炸机、舰船等的基本作战样式。

作战效果精确化。基于高精度探测、定位、跟踪、制导等手段，实现外科手术式精准"点穴"打击，降低附带损伤。LRASM、高超声速武器等平台利用惯性导航、GPS、地形匹配和红外制导等多种手段实现自主精确作战，提高打击精度。

作战背景复杂化。作战区域杂波类型多样，自然干扰、无意干扰、欺骗式干扰、压制式干扰、主瓣干扰、副瓣干扰等电磁干扰交织。美国下一代干扰机频率覆盖范围更广，俄罗斯不断检验新型电子战装备作战效能。

三、新型威胁对预警探测系统能力的需求

新型目标为新一代战争赋予环境高复杂、博弈高对抗、响应高迅速、信息不完整、边界不确定等作战特点，也对预警探测系统的覆盖区域、作用距离、数据率、跟踪能

力、抗干扰能力、目标识别能力、引导保障能力提出了新的要求。

（一）防空反导一体化

威胁目标的全方位、全高度、全速度、全轨迹来袭特性要求预警探测系统摆脱传统专用工作模式，向综合化、多功能化转型，既要能应对气动目标，也能有效探测跟踪弹道导弹目标、高超声速目标，实现高速低速目标、高空低空目标、高机动低机动目标的一体化能力。为解决防空反导一体化探测问题，美国海军开发了AMDR雷达，该雷达2017年完成了反导试验，目前正在生产，将装备于伯克Flight III驱逐舰上；陆军正在开发"低层防空反导传感器"（LTAMDS）；美国空军的三维远征远程雷达（3DELRR）也进入了工程与制造开发阶段，该雷达使用软件化技术，能够根据战场需求升级雷达功能，应对吸气式和弹道等各种目标。2018年8月，美国陆军正在研发的一体化防空反导作战指挥系统（IBCS）进行了大规模测试，试验表明IBCS能够将大片区域内的探测传感器和拦截单元有机整合，融合形成"单一空情态势图"。

（二）适应复杂环境

当前压制式干扰、欺骗式干扰、灵巧式干扰已在战场中广泛使用，能够对雷达造成全方位、全频段、全样式的干扰，主瓣干扰是雷达面临的难题。电子侦察会更灵敏、更精细，干扰功率会更强，干扰手段会更丰富，干扰效果会更明显，不仅会造成软杀伤，还可能导致硬摧毁。除了要大力发展无源雷达、分布式雷达、微波光子雷达、量子雷达等新体制雷达外，采用盲源分离、认知处理等新的信号处理理论和技术，通过对干扰更好地感知和估计，优化干扰对抗手段，对提升下一代雷达复杂电磁环境对抗能力具有重要作用。比如俄罗斯专门为第五代战斗机苏-57配套研发的中远程空空导弹K-77采用主动和被动复合制导，64单元有源相控阵雷达主动末制导一旦受到主动干扰，就会自动转入被动模式，在导弹失去跟踪后，可自动搜索目标，当前该导弹已进入测试阶段。

（三）自主目标识别

下一代战争需要的不是影响指挥员决策效率和决心的海量概要信息，而是面向应用和任务的确切情报，目标识别将成为拨开战场迷雾的重要手段。雷达目标识别技术经过几十年的发展，从窄带识别发展到宽带识别、成像识别和微多普勒特征识别，成为反导反卫、对空情报、对海侦察、精确制导判断真假目标和敌方行动意图的核心技术。下一代战争智能化、精确化、无人化的特征必将推动雷达走向自主、智能，目标识别技术将成为支撑智能雷达自主决策、快速决策的关键。在今后一段时间，针对远距离识别难题的低信噪比目标识别技术、针对非完备库目标识别问题的电磁仿真技术、减少人工干预和判读的自动化识别技术将成为目标识别重要研究方向。为提高自主目标识别能力，DARPA开展了"对抗环境下目标识别与自适应"（TRACE）项目，开发一种实时、低虚警率和低处理功耗的目标识别系统，利用机器学习技术对合成孔径雷达（SAR）图像中的目标进行自动定位和识别，将目标识别的时间由3～4分钟缩短到3秒。

（四）探测攻击一体雷达

探攻一体雷达通过雷达和微波武器功能的结合，利用宽带AESA和空间功率合成技术生成大功率。作战时，先用雷达模式对目标进行探测和识别，确认威胁目标后立即切换到高功率微波武器模式，对目标进行干扰或摧毁。探攻一体雷达颠覆了传统完全基于火力打击的攻击模式，彻底解决信息链、打击链分割独立的问题，实现发现后"零时延"打击，实现OODA的闭环。早在2005年，美国空军就确认正研制具有攻击能力的有源相控阵雷达。对E-10飞机AESA雷达的计算表明该雷达具有对雷达、通信、导航等系统敏感器件性能降低和失效的能力。探攻一体雷达需要解决的关键问题是高功率微波源小型化以及雷达与高功率天线的集成。探攻一体雷达不仅体现装备的多功能化，更是信火一体新型装备模式的体现，实现了信息域与杀伤域的集成，这种装备特别适用于应对无人蜂群之类的新型饱和攻击威胁。

四、结语

预警探测系统作为承担发现目标和引导保障双重作战任务的信息系统，在一体化联合作战的全流程发挥着重要作用，成为现代战争作战体系的经络。在预警探测系统发展过程中，其探测对象也在跨代发展，给预警探测系统提出更多的功能和更高的指标要求。本文提出的四点需求并不是能力需求的全部，旨在抛砖引玉，启发同行认识到当前威胁对象的发展动向和特点，进行更深入的思考。

（中国电子科技集团公司第十四研究所　韩长喜）

2018年高超声速武器及防御能力进展研究

一、概述

2018年，美国和俄罗斯在高超声速武器项目上均有了重大进展，展示了多种新型装备和发展计划。俄罗斯于3月国防咨文中公布了其"先锋"高超声速滑翔导弹和"匕首"高超声速巡航导弹。美国在8月公布"空射快速响应武器"（ARRW）项目文件，并首次正式授予其AGM-183A的武器编号，成为美国第一种获得编号的高超声速武器。

在防御方面，DARPA于11月份发布"滑翔破坏者"项目招标预告文件，这标志着美国正进一步强化其针对高超目标的防御能力。未来，美国将结合增程型THAAD系统、空基助推段拦截技术和"用于跟踪高超声速滑翔飞行器的天基微型传感器实验"项目逐步构建自己的高超声速武器防御体系，以图在高超防御领域获得领先优势，值得我们对此高度关注。

二、2018年高超声速武器进展

（一）俄罗斯高超声速武器进展

2018年3月，俄罗斯总统普京发表国情咨文，披露了俄罗斯两款高超声速武器，分别为"匕首"空射型高超声速巡航导弹和"先锋"高超声速助推滑翔导弹。

"匕首"导弹是一型具有精确打击能力的高超声速航空弹道导弹，可由米格-31战斗机携带实施打击。该弹具备极高的加速能力，可迅速将高超声速弹头加速至高超声速，并能够在高超声速情况下进行机动，具备极强的突防能力。"匕首"导弹采用全天候导引头，能够确保在昼夜不同时间的打击精度。"匕首"导弹最大飞行速度可达10马赫，射程可达2000千米，具备极大的威慑能力。据俄国防部宣称，"匕首"导弹可对海上大型水面机动目标（航母、巡洋舰等）进行有效打击，目前该弹已进行了多次训练，可能已小批量投入现役，是一种优秀的战术高超声速打击武器。

"先锋"高超声速助推滑翔导弹是一种装配高超声速滑翔弹头的战略级洲际弹道导弹系统，其高超声速弹头编号为15Yu71。与传统洲际弹道导弹的弹头不同，滑翔机动弹头有相当一部分的飞行弹道处于几十千米高的稠密大气层中，可在飞行途中进行机动，绕过反导系统探测和拦截，实施打击。

（二）美国高超声速武器进展

2018年8月，美国空军全寿命周期管理中心授予洛克希德·马丁公司"空射快速响应武器"（ARRW）项目高超声速导弹研制合同，其编号为AGM-183A，合同金额高达7.8亿美元。该型导弹采用了大量战术助推滑翔（TBG）项目的技术成果，在一些配件上实现了通用化，降低了技术风险。该型弹是目前美国首个授予正式编号的高超声速武器项目，其对高超声速武器需求非常迫切，该弹计划将在2021年形成早期作战能力。

目前，美军其他重点发展的高超项目包括"高超声速吸气式武器概念"（HAWC，X-51A项目后续型，战术型机载高超巡航弹），"高超助推-滑翔导弹"（TBG，HTV-2项目后续型，机载型/舰载型高超助推滑翔弹）和AHW潜射/陆射型高超助推滑翔飞行器、高超声速常规打击武器（HCSW）等。可以预见，美军未来高超声速武器打击体系将由战略级高超武器、战术级高超武器构成。其中，战略级为助推滑翔式导弹，射程约6000千米～12000千米，首先装备美国海军潜艇。战术级武器包括高超声速巡航导弹、高超声速助推滑翔弹，前者将装备美国空军战斗机、轰炸机等空中平台，射程约1000千米～1500千米，后者将装备美国空军作战飞机和美国海军水面舰艇，射程约1500千米～2000千米。

三、高超声速武器防御技术发展

世界高超声速武器防御系统的建设还整体处于初始阶段，目前美国在该领域具备较强的技术水平，下面将对美国高超导弹防御重点发展的项目情况进行简单介绍，并对2018年美国高超声速武器防御方面的进展进行阐述。

（一）美国高超声速武器防御发展情况

目前美国已开发或发布的高超声速武器防御项目主要包括增程型"萨德"系统、

空基助推段激光拦截技术以及天基微型传感器项目。

1. 增程型"萨德"系统

2016年5月，美国众议院要求导弹防御局（MDA）启动"高超声速助推滑翔导弹和机动式弹道导弹防御"专项，以应对高超声速、机动式导弹威胁。其中，用于拦截助推滑翔导弹的最快方法就是研制增程型"萨德"系统（THAAD-ER，见图1）。

"萨德"（THAAD）系统是目前唯一能在大气层内、大气层外拦截弹道导弹的陆基高空远程反导系统，研制于1989年，2008年部署第一套系统。典型的THAAD导弹营共分为4个部分，包括1部TPY-2多功能反导相控阵雷达、TFCC火控通信组、3辆八联装发射车、24枚拦截弹。

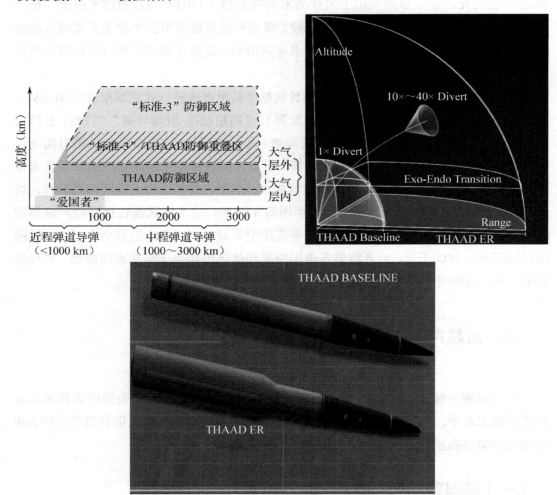

图1　基线型 THAAD 系统及增程型 THAAD-ER 系统

当前的THAAD拦截弹采用单级助推器，长6.17米，最大直径37厘米，起飞重量900千克。该弹由助推器、动能拦截器及整流罩组成，最大速度达2.8千米/秒。增程型THAAD-ER系统将采用两级火箭设计，其中第一级初始助推器将由34厘米增大至直径53厘米，从而获得更大的拦截距离，而第二级助推器直径36.8厘米将用于在释放杀伤器前缩短与目标的距离，提高燃尽速度，提供更大的碰撞拦截动能。增程型THAAD-ER系统将采用原有的发射装置与杀伤器，但因拦截弹体积变化，发射装置将从当前的8联装设计改为5联装。根据洛克希德·马丁公司描述，增程型THAAD-ER系统的拦截距离、拦截高度约是基线型的3倍，防御区域可扩大9～12倍。

2. 空基助推段激光拦截技术

2016年4月，美国导弹防御局（MDA）表示正计划使用机载激光武器来防御中、俄高超声速打击武器，计划投入2300万美元，开展2项不同的高能激光武器技术，分别为劳伦斯·利弗莫尔国家实验室（LLNL）开展的"二极管泵浦碱金属激光系统"（DPALS）和林肯实验室的光纤合成激光器（FCL）。

2018年8月，美国国会希望导弹防御局（MDA）尽可能地快速开发和演示对高超声速武器和洲际导弹的助推段拦截能力，其中天基和空基激光武器将是重要的技术实现手段。国会预计5000万美元预算来推动激光反导项目进展，将支撑开发三个独立的激光扩展工作，目标是在2021年演示500千瓦激光武器，并在2023年展示兆瓦级的武器能力，未来或将可通过SpaceX BFR在太空中部署高能激光武器。在空基部署方面，MDA希望未来在无人机、F-35和其他空军飞机上应用紧凑型兆瓦级激光器，这样可保证在适当位置的飞机均可在导弹助推段实施拦截。

（1）林肯实验室光纤合成激光器（FCL）

FCL计划启动于2011年，2012年输出功率实现2.5千瓦。2013年，利用21个独立的光纤放大器，合成实现17.5千瓦输出功率。2014年，输出功率达34千瓦。2015年，利用42个光纤放大器，实现44千瓦输出功率。2017年，林肯实验室将演示一部功率密度达7千克/千瓦的30千瓦光纤激光器。2018年，输出功率达50千瓦，功率密度达5千克/千瓦。

（2）LLNL实验室"半导体泵浦碱金属激光系统"（DPALS）

DPALS计划启动于2011年，2013年峰值输出功率达3.9千瓦，激光器运行时间达4分钟。2014年、2015年，DPALS的输出功率分别达5千瓦、14千瓦，且激光器累计运行时间超过100分钟，且无任何部件的性能下降。2017年，LLNL实验室演示一部平均功率30千瓦的DPALS系统，并计划完成120千瓦激光武器系统的初步设计，包括增益单元和泵传输系统。2019年，DPALS系统的输出功率将达到120千瓦，其功率密度达3千克/千瓦水平。至2019年，MDA将在DPALS、FCL两种方案中"二选一"，继续开展未来助推段拦截激光武器系统研制。

2016年8月26日，MDA发布"低功率激光反导武器演示系统"招标书，旨在开发用于高空长航时无人机的高能激光反导武器，特别是验证助推段反导拦截作战概念。诺斯·罗普格鲁曼公司"全球鹰"无人机、波音公司"魅眼"无人机、通用原子公司"复仇者"无人机等均参与了该项目竞争。搭载激光武器的高空无人机平台的飞行高度约10.7千米，远大于目前美国空军研究实验室（AFRL）正在开展的基于AC-130运输机的"高能液态激光区域防御系统"（HALLADS）的飞行高度。

目前，通用原子公司已利用MQ-9"死神"无人机搭载雷声公司"多光谱瞄准系统"（MTS-C）光电红外转塔，完成了多导弹目标精确跟踪演示验证。MTS-B包含短波和中波红外传感器，而MTS-C的长波红外传感器可跟踪"冷"弹体、处于助推段燃尽的弹道导弹、余焰或尾气等，可识别并跟踪1000千米范围内的导弹目标。而在利用无源传感器的跟踪演示验证之后，MDA计划在2019年开展激光跟踪试验。

3. 天基传感器技术

2017年3月，美国导弹防御局MDA发布了"用于跟踪高超声速滑翔飞行器的天基微型传感器实验"项目公告，主要面向国防领域主要承包商、商业公司、国家实验室、大学及大学附属研发中心等机构征询天基微型传感器实验方案。

MDA计划利用两颗基于模块化设计、开放式系统架构和通用用户界面的50千克级低轨卫星，验证传感器、光学设计、通信和指向精度等。该项目计划于2017年授出一份双星合同，涉及卫星发射、在轨运行等内容，并通过至少两年的弹道导弹防御试验评估其技术性能和作战效能。

该卫星的主要技术指标包括：单星总质量不超过50千克；设计寿命目标为5年，至少为2年；轨道高度不大于1000千米；可接近实时地向地面系统提供跟踪数据，精度能够满足反导系统作战需求；卫星能够安装于通用多卫星适配器上，以分摊发射成本。

（二）2018 年高超声速武器防御进展

1. 诺斯罗普·格鲁曼公司高超声速防御导弹系统概念

2018年9月诺斯罗普·格鲁曼公司透露了部分高超声速武器防御相关细节。诺斯罗普·格鲁曼公司认为高超声速导弹是完全可以拦截的，一型高超声速导弹防御系统不但技术上可行，而且可以快速交付且经济上完全可承受。根据该公司的构想，未来高超声速武器防御系统将包括天基传感器、高速拦截弹以及非动能拦截武器（例如定向能武器和电磁武器等）。

根据诺斯罗普·格鲁曼公司的防御构想，其关键点在于以下三点：

（1）天基监视卫星群将是高超声速武器防御的重要组成部分。诺斯罗普·格鲁曼公司希望基于现有成熟技术，开发反导体系中预警监视卫星的其他功能，用于高超导弹防御。

（2）开发高超声速拦截弹。高超声速打击武器的高速性能对于拦截弹的开发提出了比反导领域更苛刻的要求，诺斯罗普·格鲁曼公司高层建议将在研的某项高超声速武器项目改装为高速拦截弹，以加快整体研制进程。

（3）非动能拦截武器。非动能武器目前主要包括定向能及电磁武器等，可在高超声速导弹发射助推段进行定向能拦截，采用电子战系统在中段和末段干扰导弹导引头或通讯导航系统，提高拦截效率。

2. DARPA"滑翔破坏者"（Glide Breaker）项目

2018年11月，DARPA发布了"滑翔破坏者"项目招标预告文件，其目标是研发先进拦截器的某项支撑技术，以支撑该拦截器能够在高层大气拦截机动式高超声速目标。项目最终将完成该技术的应用能力演示验证试验，试验结果将用于支撑后续开展全系统拦截能力的分析。

根据DARPA相关资料，该项目主要聚焦于研制和集成一型硬杀伤武器系统需要开展的部件技术风险降低活动。项目的关键指标之一是慑止能力：给敌人任务成功率和有效突击范围造成巨大不确定性的能力。

四、结语

高超声速武器由于其高速特点，压缩了防御系统的预警和反应时间，现有拦截武器的射程、精度以及速度难以胜任有效拦截的作战任务。随着以中、俄高超声速项目不断进展，美国开始逐步增强在高超声速武器防御上的关注和投入。

在总体层面，美国将考虑整体系统架构平衡性，利用现有传感器、C2BMC系统进行改进、论证，并在技术层面上针对新概念武器、传感器等关键技术进行研发，其总体思想是在利用现货技术论证反高超能力的同时，开发关键技术，增强防御能力。

在具体装备方面，美国将逐步发展以天基传感器、地基拦截弹、空基助推段激光武器为代表的立体化高超声速武器防御体系，并可能尝试将进攻性高超声速导弹改装为反高超拦截系统，以期获得在高超声速武器防御领域的领先优势。

（中国电子科技集团公司第十四研究所　张昊）

国外低空无人机探测系统发展研究

2018年8月，英国国防部与以色列拉斐尔先进防务系统公司签订一份价值2000万美元的合同，紧急采购6套"无人机穹"（Drone Dome）反无人机系统（C-UAS）来保护英国部队，应对恐怖分子使用小型无人机进行攻击、情报搜集等威胁行为。

随着城市低空空域的开放，民用无人飞行器迅速发展，黑飞事件经常干扰正常飞行，采用低空无人机从空中发起恐怖袭击活动已成为新的热点。防范处置低空无人机的干扰破坏已成为重大安保活动的世界性难题，突出表现为"探测难、管控难、处置难"。低空无人机属于典型的"低慢小"目标，飞行高度低、速度慢、特征信号弱，且容易受到地面多径效应、地面与城市杂波的影响，给探测系统造成很大困难，低空无人机预警探测系统成为预警探测领域的新热点。

一、"无人机穹"系统概述

拉斐尔公司向英国提供的Drone Dome（"无人机穹"）系统主要针对质量2千克～22千克之间的小型无人机，由雷达和光电探测识别设备、通信干扰设备等组成，这些设备安装在轻型全地形车（ATV）上，如图1所示。

Drone Dome采用的雷达是以色列RADA公司的RPS-42 S波段多任务半球雷达（MHR），四个雷达阵面提供360度全方位覆盖，根据无人机尺寸、材料、飞行特征等，对无人机的探测距离在3.5千米到10千米之间。

"无人机穹"采用的光电设备是康卓普（CONTROP）公司的MEOS-LR光电/红外监视系统，该系统安装在能够自动调平和陀螺稳定的云台上，能够全方位探测；传感器套件包括一个能够穿透障碍物成像的短波红外传感器、一个720毫米透镜焦距的热成像仪和一个660毫米透镜焦距的彩色摄像机组成，能够自动完成目标探测、分类和识别，探测距离约250米。MEOS-LR还包含一个激光指向仪和一个可选的激光测距仪。"无人机穹"采用宽带检测接收机分析无人机信号来探测无人机。C-UAS

还包含一个数据融合和显示装置，对雷达和光电传感器获取的数据进行融合，并显示空中态势。

图1 Drone Dome 反无人机机系统

"无人机穹"采用的反制措施由"网线"（Netline）公司提供，包括软杀伤式无人机通信干扰机和硬杀伤式高功率激光器，但英国国防部采购的系统只选用了通信干扰机，没有配装激光杀伤器和激光引导装备。通信干扰机用于扰乱无人机与无人机操作员之间的通信，作用距离可达数公里，从而夺取无人机指挥权，使其降落在安全区域，并可避免无人机截获的情报被敌方接收，还可对无人机操作员进行定位。"无人机穹"已在葡萄牙、西班牙、泰国等国家得以应用。

二、低空无人机探测系统的发展背景

近年来，利用无人机作战已成为空袭行动的重要作战方式，无人机功能也从传统的情报侦察向隐身突防、通信中继和空中打击等全方位拓展。无人机容易被敌方、恐怖分子和犯罪分子利用，给国家安全造成很大的危害和隐患。比如，犯罪分子使用无人机将毒品偷运到边境或监狱，或是未经批准的无人机飞越体育场馆和机场附近的控制区域，甚至撞到白宫草坪等，都暴露了敏感设施或关键基础设施在无人机面前的脆弱性，因此开发部署发现、识别和打击敌对或威胁无人机的手段和装备迫在眉睫。2017年3月，美国《联邦计算机周刊》披露，美国国土安全部科学技术局认为小型无人机对人员和关键基础设施构成威胁，正在寻找能够探测、识别和跟踪小型无人机的技术。美国陆军将无人机列为"五大威胁平台"中最具威胁力的空中平台之一，2017年4月，发布《无人机系统技术报告》，指出应当重点关注如何辅助机动部队防御低空慢速小型无人机，要把反无人机任务融入旅级及以下作战部队进行训练。

预警探测系统作为反低空无人机的第一道防线，任务贯穿发现、跟踪、识别和拦截效果评估等反无人机作战的全流程，是反无人机取得成功的重要保证。

从预警探测的原理来说，低空无人机探测系统与传统的防空雷达没有本质区别，但由于大多数低空无人机体积小、飞行高度低、速度慢、温度低等特点，因此雷达散射截面积小、处于雷达观测的杂波区、目标回波与杂波分离困难、红外特征微弱等特点，且不易与鸟类区分，给探测系统造成了很大困难，因此，反无人机预警探测系统既与常规预警探测系统类似，又有显著的不同。

三、当前低空无人机探测系统与能力水平

（一）当前低空无人机反制手段与系统

低空无人机探测系统作为反无人机系统的组成部分，对其探测和引导技术指标的要求与使用的拦截手段密切相关。一般来说，防空高炮、防空导弹、激光武器对信息支援系统的作用距离、精度要求较高，而电子干扰、微波武器、捕捉网等手段对信息保障的需求的要求相对降低，表1给出了反低空无人机各种手段的优缺点对比。表2给出了国外典型的反低空无人机系统。

表 1　国外反低空无人机优缺点对比

序号	手段	优缺点对比				
		成本	精度	附带损伤	技术成熟度	应对蜂群效果
1	防空高炮	高	较低	大	高	差
2	防空导弹	高	高	大	高	差
3	电子干扰	低	高	小	高	好
4	激光武器	低	高	小	低	较好
5	微波武器	低	高	小	低	好
6	榴霰弹	高	高	大	低	好
7	捕捉网	低	较高	小	高	差

表 2　国外典型反低空无人机系统

系 统 名 称	研 制 单 位	研制/使用时间	探测手段	拦截手段	能力水平	应用情况
EAPS 系统	美国陆军研发与工程开发中心（ARDEC）	2010 年研制	TPQ-53	50 毫米速射炮发射制导炮弹拦截	兼顾火箭炮、火炮、迫击炮和无人机威胁	完成了功能验证实验
"铠甲" S1 弹炮结合防空系统	俄罗斯图拉仪表设计局	2008 年投入使用	预警雷达、跟踪制导雷达、光学探测设备	高射炮、防空导弹	对于 200 米高的目标，最远攻击距离可达 18-20 千米；对于 5 米高的目标，攻击距离可达 15 千米	已装备俄罗斯等国
"反无人机防御系统"（AUDS）	英国 Blighter 公司、Enterprise 控制系统公司、Chess Dynamics 防务公司	2015 年投入使用	雷达、光学系统	无线电干扰	探测距离 10km，从发现目标到实施干扰可在 15 秒之内完成，能对抗无人蜂群	参与多次试验，已经实用部署
"隼盾"（Falcon Shield）（见图 2、图 3）	意大利芬梅卡尼卡集团 Selex ES 公司		雷达、光电传感器	无线电干扰	能够对小型无人机进行探测、识别和击落	已投入实用
"反无人机技术于方法全球分析与评估"（ANGELAS）	法国泰勒斯公司	2015 年研制	雷达、声学	动能打击、激光致盲、电子干扰	高能激光器作用距离 3～5km	演示了对抗炮弹、无人机等目标的能力
无人机卫士（Drone Guard）	以色列航空工业公司		雷达、光电	无线电干扰	集成了多款雷达，可在远中近距离探测无人机	已投入实用

图 2　"隼盾"反无人机系统组成

图 3　"隼盾"反无人机系统作战示意

（二）当前低空无人机探测系统能力水平

1. TPQ-53 雷达

TPQ-53雷达（见图4）原是一款炮位侦察校射雷达，为了应对日益严重的无人机威胁，2016年7月，洛克希德·马丁公司对AN/TPQ-53雷达进行了一系列演示实验，验证其识别和跟踪无人机，并为前线区域防空指挥和控制中心（FAADCC）提供数据的能力。

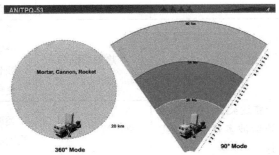

图4　TPQ-53 雷达

2. "铠甲S1" 预警探测系统

"铠甲S1"预警探测系统包括一部目标探测雷达和一部工作在毫米波和厘米波两波段的跟踪雷达，目标探测距离为30千米，跟踪距离为24千米，可以跟踪各种目标和作战中飞行的地对空导弹。除雷达外，火控系统还有一个光电探测设备，由长波段的热成像仪和红外定向仪组成。

3. AUDS 系统 Blighter A400 系列雷达

AUDS系统Blighter A400系列雷达系统工作在Ku波段，采用调频连续波多普勒体制，输出功率4瓦，方位覆盖180度（标准模式）或360度（可选），仰角覆盖10度或20度，可使用倾斜系统进行俯仰调整，范围为-40度到30度。探测距离10千米，最小目标RCS 0.01平方米。光学系统采用2.3兆像素、光学放大倍数30和数字放大倍数为12的彩色高清自聚焦摄像机，以及采用第三代冷却技术的热成像照相机和视频跟踪仪。具体参数如表3所示。

表3　UADS Blighter A400 系列参数

雷　　达	光学跟踪器		定向射频干扰器
探测距离：10千米	Viper 动态定位器	方位：360度 俯仰：-50度～+60度 最大速度：60度/秒	高增益四波段天线系统
最小目标尺寸（RCS）：0.01平方米	Piranha 46 高清摄像机	类型：彩色高清2.3MP 光学变焦：×30 数字变焦：×12 调焦方式：自动	反制/压制效果可选
波段：Ku	热摄影机	类型：第三代冷却 分辨率：640×512像素 波长：3微米～5微米 变焦：24度～1.8度视场	可根据威胁类型选择专用压制波形
雷达类型：E扫调频连续波多普勒警戒雷达	光电视频跟踪器	类型：数字视频跟踪仪与检测器	软件定义智能射频抑制
输出功率：4瓦	光学反制器（可选）	类型：1.4度高密度波束	经过优化的反制剖面
方位覆盖：180度（标准），360度（可选）			射频输出功率：根据需求可调整
俯仰覆盖：10度（M10S天线）或20度（W20S天线）			
俯仰调整：-40度～+30度（使用BRTS雷达倾斜系统）			

4. "长颈鹿"（Giraffe）AMB 雷达

瑞典萨博公司"长颈鹿"（Giraffe）AMB雷达在常规模式下提供空中监视能力的同时，探测、分类和跟踪低空或低速飞行的小型无人机，并已验证了在复杂环境下同时应对6架无人机目标的能力。萨博公司于2015年4月向英国政府代表演示了近程和中程"长颈鹿"灵敏多波束雷达系统具有增强的"低慢小"目标探测跟踪能力，能发现超过100个雷达反射截面不小于0.001平方米的空中目标，将无人机从周围地面杂波中识别出来。该雷达可与多种类型的武器系统相连接，执行反无人机任务。

（三）低空无人机探测系统面临的挑战

战场的无人化是未来战场发展的一个重要趋势，而随着商用无人机的日益普及和得益于低空突防的有效性，低空无人机将成为高中低全速度谱系无人机的一个重要应用领域，并将与人工智能技术、隐身技术、微系统技术紧密结合在一起，这给反无人特别是预警探测系统提出了越来越多的挑战，这也是当前系统所无法适应的。

智能化技术将使无人机具有智能感知、智能路径规划、智能决策能力，不需要按照有关指令或预先编制的程序完成作战任务。这意味着无人机能够自主感知射频环境，定位雷达位置，自动调整飞行路线和作战策略规避雷达探测，使攻击更具突然性和精确性。

隐身技术不仅使无人机继续降低RCS，还可通过红外和声特征控制，全面降低信号特征，使敌方预警探测设施全面降低效能。

微系统技术不仅能够进一步降低无人机的体积、重量、功耗，还可进一步提高无人机的智能化水平，提高无人机打击威力，使预警探测系统面临的探测任务更加沉重。

另一方面，无人机作战样式也日益繁多，日益从当前单架或少批量无人机编组行动向有人机无人机协同行动和蜂群行动发展，这使预警探测系统不仅面临探测问题，还将应对通道不足、系统饱和、干扰交织、威胁度判断等一系列难题。

人机编组和无人机集群作战成为美国"第三次抵消"战略提出后重点发展的领域，启动了多项计划开展作战概念研究、关键技术攻关，进行了多次飞行试验，取得了重大突破，相关计划和项目如表4所示。

表 4　美国正在开展的蜂群项目

基 础 能 力	项 目 名 称	主 管 部 门	首次提出时间
作战体系概念	"体系集成技术与实验"（SoSITE）	DARPA	2015 年
	"进攻性蜂群技术"（OFFSET）	DARPA	2017 年
	"跨域海上监视与瞄准"（CDMaST）	DARPA	2015 年
指挥/控制/管理系统	"拒止环境下的协同作战"（CODE）	DARPA	2015
	"分布式作战管理"（DBM）	DARPA、空军	2014 年
智能武器平台	"远程反舰导弹"（LRASM）	DARPA、海军	2009 年
	"山鹑"（Perdix）	SCO	2014 年
	"忠诚僚机"（Loyal Wingman）	SCO、空军	2016 年
	"小精灵"（Gremlins）	DARPA	2015 年

续表

基 础 能 力	项 目 名 称	主 管 部 门	首次提出时间
智能武器平台	"低成本无人蜂群技术"（LOCUST）	海军	2015 年
	"大直径无人潜航器"（LDUUV）	DARPA、海军	2013 年
	"持续追踪无人反潜艇"（ACTUV）	DARPA、海军	2012 年
网络通信系统	"对抗环境中的通信"（C2E）	DARPA	2015 年
	"用于任务优化的动态网络"（DyNAMO）	DARPA	2016 年
	"深水导航定位系统"（POSYDON）	DARPA	2015 年

值得关注的是，2018年1月6日凌晨，13架无人机集群袭击了俄罗斯驻叙利亚赫梅米姆空军基地和塔尔图斯补给站，这次袭击虽然集群水平较低，但参与袭击的无人机是固定翼无人机，且携带了由炮弹改装的炸弹（见图5），具有较高的威胁性和破坏性，是无人机蜂群作战的首次实战应用，代表了低成本无人机集群化作战的趋势。因此，无人蜂群已经成为预警探测系统需要考虑的威胁。

图5　叙利亚战场袭俄的无人机及携带的武器

四、未来发展方向

（一）多传感器协同与信息融合

雷达、光学、射频、声等探测技术各有利弊，综合使用多种探测技术，构建多频段、全距离、全精度的综合探测系统可实现对低空无人机的无缝跟踪监视。世界上，当前的低空无人探测系统大部分都采用了多种探测手段（见表5）。

表5　低空无人机探测技术对比

技术手段	原　　理	优　点	缺　点	最大作用距离
雷达	主动发射和接收信号，探测定位测量目标	距离远、精度高、全天时、全天候	易被侦察，安全性低	10千米
光学	光学被动成像	体积、重量、功耗低、技术成熟	易受天气影响	数百米
射频	被动接收侦测到的无线电信号，进行定位和分类	成本低、功耗低	无法感知处于电磁静默状态下的无人机	数百米
声学	被动接收声信号，对目标定位和分类	成本低、安全性好、功耗低	探测距离受环境影响大，嘈杂城区或大风都会影响探测性能	数百米

（二）提高目标容量

低空无人机一个重要的发展方向是无人蜂群作战，蜂群中目标数量可能多达数百个（见图6和图7），且可能伴随假目标干扰，因此，预警探测设备面对大批量目标和干扰，很容易导致系统饱和，降低性能，因此，反无人机探测系统需要优化系统架构、采用高性能计算设备和自适应算法来应对多目标攻击场景。

图6 无人机蜂群释放　　　　　　　图7 无人机蜂群作战

（三）引入人工智能技术

低空无人机打击和反低空无人机是一对时间域的激烈博弈，低空无人机的目标特征和飞行特征导致反低空无人机系统从发现目标到做出决策打击的时间很短，这要求探测跟踪系统在发现目标之后，能够快速进行目标的分类和识别，确定目标威胁等级，自主确定潜在目标是否构成威胁，降低操作人员人工判断的依赖程度，而人工智能技术是解决这一问题的有效途径。美国黑睿技术公司研制的UAVX反无人机系统利用神经网络对无人机目标自动分类，有效降低了虚警并较少了人在回路的需求。

（中国电子科技集团公司第十四研究所　韩长喜）

美国海上无人作战系统应用研究

一、引言

2018年8月30日，美海军航空系统司令部授予波音公司一份价值8.05亿美元的MQ-25A航母舰载无人加油机合同，标志着该项目正式进入工程与制造发展阶段。MQ-25A加油机将拓展美海军航空兵的作战半径，有效提高战斗力，此外海军也明确要求其应具备执行情报、监视和侦察任务的能力。MQ-25A项目合同的授出意味着美国"舰载无人空中侦察和打击系统"（UCLASS）项目在调整为"舰载无人空中加油系统（CBARS）"项目后最终落地，其设计目标也由最初的X-47B无人战斗机转为无人加油机系统。可以确定的是，美国在UCLASS项目研究方面的技术积累将在后继无人机型的研制中充分利用，大大减小整体研制周期和技术难度。

美国海军目前装备了大量无人作战系统，主要包括无人作战飞机、无人舰以及无人艇等，从功能上涉及情报监视侦察、反水雷、反潜战、探察与识别、海洋调查、通信/导航节点、设备运送、信息作战和时敏打击等多种任务。这类无人系统将与海军有人系统实现作战协同，更加有效地发挥作战效能。

本文将针对美国海军空中和水下装备或研制的多个项目和装备进行详细论述，对这类项目在情报侦察、预警探测、战术打击等一系列作战任务中的作用进行阐述。

二、无人作战系统简介

海用无人系统主要包括无人作战飞机、无人舰以及无人艇等，从功能上涉及情报监视侦察、反水雷、反潜战、探察与识别、海洋调查、通信/导航节点、设备运送、信息作战和时敏打击等多种任务。

（一）无人飞行器项目

美国海军非常重视在舰载无人飞行器方面的研究工作，其开发的主要目标为具备情报、监视和侦察能力（ISR）、自主控制、有效打击和空中加油能力的一系列无人机系统。但是，美军项目发展过程并非一成不变，而是根据自身作战需求和预算平衡方面的考虑，对开展的项目进行调整。下面将对美国海军开展的无人飞行器典型研究项目和装备进行简述。

1. UCLASS 项目

"舰载无人空中侦察和打击系统"（UCLASS）项目是美国海军于2010年开展的一项研究计划，计划研制一种可完成空中侦察和打击任务的舰载无人作战系统。针对该计划，诺斯罗普·格鲁曼公司提出了X-47B无人攻击机概念，这是一款具备低可探测性的无尾翼舰载无人空战系统，该概念从提出就引起了世界各国的密切关注。该机型的初始设计目标是全身全频谱隐身特性，即宽带、全向的低可探测性，同时还应具备较强的ISR能力。

但美军于2016年对UCLASS项目进行了调整，美国将开展"舰载无人空中加油系统（CBARS）"项目，其定位为舰载无人加油机，代号为MQ-25"黄貂鱼"无人机，同时海军也明确要求其应具备执行情报、监视和侦察任务的能力。根据美国海军于2017年10月公布的MQ-25的招标文件，其储油量可达6.8吨左右，将会使得美舰载机战斗群作战半径延伸560～740千米，使航母作战群作战范围达到1300千米。波音、洛克希德·马丁和通用原子航空公司参与了竞标活动，目前波音公司已经公布了其原型方案。

2. "战术侦察节点"（TERN）项目

"战术侦察节点"（TERN）项目是美国国防高级研究计划局（DARPA）和海军研究办公室（ONR）联合开展的研究项目，其目标是研发可从前沿部署小型舰艇的甲板上发射与着陆的飞机，以提供远程情报、监视与侦察能力及其他能力。

TERN无人飞行器ISR载荷约为270千克左右，其作战范围可达1600千米，飞行高度为3米～7600米，如图1所示。根据设计要求，TERN系统应具备以下四种技术能力：①垂直发射/回收能力；②情报、监视、侦察（ISR）能力以及电子战和轻当量攻击能力；③具备昼夜、各种天气情况下行动的能力；④具备电子战/通信节点功能。

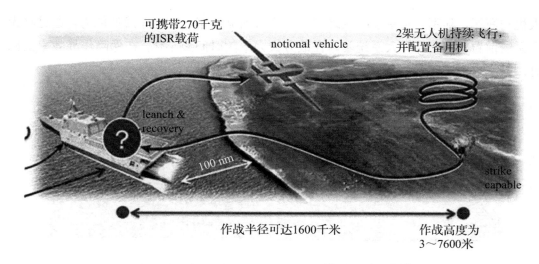

可携带270千克的ISR载荷

notional vehicle

2架无人机持续飞行，并配置备用机

leanch & recovery

100 nm

strike capable

作战半径可达1600千米

作战高度为3～7600米

图1 "战术侦察节点"作战示意图

根据招标文件，TERN项目可分为三个研制阶段。TERN项目前两个阶段的研发重点在于系统的初步设计和风险降低，并对各种先进技术能力进行整合，以创新方式实现项目目标。而第三个阶段合同目前已被授予诺斯罗普·格鲁曼公司，该公司将开始建造全规格尺寸的演示原型机并进行海上试飞。据称该无人机起飞时采用直升机起降方式，然后切换至机翼飞行，在完成任务后，无人机返回舰艇，切换回垂直起降模式。

3. "火力侦察兵"无人机

"火力侦察兵"MQ-8无人机是美国诺斯罗普·格鲁曼公司为美国海军研制的舰载垂直起降战术无人机，用于执行侦察和瞄准任务。美海军希望该无人机平台能够成为一种多功能武器系统，以承担海上巡逻侦察、反潜、反舰及反水雷作战任务。

"火力侦察兵"无人机是一种低成本、高可靠性的作战系统，可依托海军战术控制系统软件（TCS）、数据链以及通信中继能力来进行控制。该装备的基本型载荷包括光电/红外传感器和激光测距探测器等，可发现、识别并跟踪敌方目标，能够为战舰等打击平台提供精准的目标信息，并可进行作战效果评估，成像结果如图2所示。从整个C4ISR体系来看，"火力侦察兵"无人机承担了通信节点的功能，将会提高作战体系中其他平台的作战效率和适应性。

从单装备作战能力上来看，该型无人机已经具备了较强的自主作战能力，主要体现在以下几点上：①发射和回收阶段不需要操作人员在回路中进行控制；②具备飞行中进行任务更新的能力；③拓展飞行包络；④对载船作战的影响最小化；⑤对维护支持人员要求最小化。图3所示展示了"火力侦察兵"无人机的作战概念图，展示了无人机与海军、陆军、海军陆战队之间进行实时数据共享、协同作战的能力，通过将无人系统前置侦察，将有人系统暴露在敌方火力下的时间最小化，在保障作战效率的同时，减小可能出现的人员伤亡。

图2　光电成像（左）与红外成像（右）效果图

图3　火力侦察兵作战概念

火力侦察兵无人机已经出现了三种改型，最新型号为MQ-8C，相对于之前型号，其体积更大、续航能力更强（可达12小时）、载重量更大（可达1200千克），这意味着MQ-8C将能够携带更多传感器载荷。目前，MQ-8C传感器载荷还是以光电载荷为主，但据诺斯罗普·格鲁曼公司称，未来将会在该机上装备海面探测雷达和"沿海战场侦察和分析"（COBRA）机载水雷探测系统，并将配备Link-16数据交换系统和飞行中目标更新能力。此外，在武备方面，美国海军已经将BAE公司的先进精确杀伤武器系统（激光制导火箭）整合到了MQ-8B中，并计划将其整合到MQ-8C上。

目前，美国海军正在试验将MQ-8C无人机与西科斯基公司的MH-60R或MH-60S"海鹰"有人驾驶直升机进行"有人-无人战术协同"，使得这两个平台实现优势互补：一个作为观察者，一个付诸行动，其基本作战流程是："火力侦察兵"出发并探测目标，实现跟踪识别，然后有人直升机与水面目标交战。

（二）无人艇/潜航器项目

美国在无人艇和无人潜航器方面近来有了长足的发展，这类系统具备无人化、低成本特点，适合进行前突布置作战，能够承担战术侦察、电子战、反潜战、水面战、水面防空以及岛礁防护等多元化任务。下面将针对几种美军近年来重点研发的项目进行详细介绍。

1. ACTUV 无人水面艇项目

反潜战持续跟踪无人艇（ACTUV）是由DARPA主持的一项重点无人水面艇项目，该工程的目的是研发一种无人操纵，一次可在海面数千平方公里范围内自动追踪敌方低噪声柴电潜艇的无人舰艇，其续航时间应在2~3个月。该项目重点关注无人驾驶、超长续航和自动跟踪搜索三方面功能，顺应了人工智能技术的应用潮流。该工程采用大量民用舰船技术，配备各种民用导航、定位技术，有效降低了生产成本，价格将控制在5000万美元以下。

第一艘ACTUV原型艇已于2016年1月下水，被命名为"海上猎人"号，采用三体船型，长40米，宽12.19米，重达140吨，可在5级海况下持续巡航。目前，DARPA已经在该原型艇上测试"空中拖曳式海军系统"（TALONS）样机，以提升ACTUV的探测能力。作为一种新型载荷，TALONS通过滑翔伞将传感器等有效载荷提升至300米的高度，具备低成本、大探测范围的优势。整个测试过程中，TALONS样机通过线缆与航行中的无人艇进行了通信测试，相对于传统的直接将传感器安装在无人艇上的方式，其传感器及射频设备的工作范围得到了大幅度拓展。TALONS作为TERN项目（见上文）的一部分，TALONS在ACTUV上的成功整合标志着DARPA跨项目协作的成功，同时为两个项目的鲁棒性和互操作性测试提供了机会。

2. 分布式敏捷反潜项目（DASH）

DARPA开展的分布式敏捷反潜项目（DASH）旨在通过开发无人系统水下感知能力，来增强对敌方潜艇的探测能力，以扭转潜艇装备在海战中的非对称性优势。

DARPA认为，未来反潜可通过在开阔海面不同深度部署深海声呐节点以完成对潜艇的大范围探测监视任务。每个声呐节点将类似于太空中的卫星系统，以对水下进行有效探测。声呐节点具备低噪声、宽"视野"的特点，可对其数量进行拓展，构建协同探测平台网络，实现在大海域范围内对潜艇目标进行探测跟踪。而在广阔的浅层大陆架区域，项目将采用分布式移动传感器，但与上述不同，此时系统主要将应用非声学传感器对目标进行探测。

整个计划将开发两个原型样机系统，分别为转换可靠声学路径系统（TRAPS）和风险潜艇控制系统（SHARK）。其中TRAPS是一种固定式被动声呐节点，旨在通过利用深海底作业的优势实现大面积海域探测监视覆盖。该项目由科学应用国际公司（SAIC）进行研发，其设计部署深度为6千米，可收集探测经过潜艇的声学特征，并将其发射至水面节点上以进行数据传输；而SHARK系统则是一种新型水下无人潜航器，其设计目标为提供移动主动声呐平台，以便在初步探测到潜艇后方便对其跟踪。目前，SHARK系统已经完成海试，该型UUV长7米，重量在1.5吨左右，可下潜至水下600米的深度，航速为3.5节，将采用安装在艏部的远距离主动声呐和侧面的接收阵列进行探潜。在实战中，系统可接替多艇交互的方式进行轮流作战，或者由多个无人艇进行结构重组，形成类似栅栏的形状，对敌方潜艇进行探测。SHARK系统将使用声学调制解调器向水面无人艇和卫星发送数据，而无人水面艇作为通信中继节点，将数据发送至卫星和岸基设备。未来SHARK的作战形态将会将4～6个无人艇安置在一个集装箱中，由舰船运载，这样可在预定区域放置多个SHARK系统，提高作战效率。

3. 大排水量无人潜航器 LDUUV

LDUUV大排水量无人潜航器是美国海军研究办公室（ONR）于2011年开始研制测试的一款具备察打一体能力的大直径重型无人潜航器。该系统采用模块化设计，能够装备不同的传感器及作战模块，具备反潜、反水雷、侦察、跟踪、自主作战、智能打击多元化任务能力。LDUUV续航时间可达70天，满足长时间、大航程的任务需要。此外，潜航器具备较强的战场适应能力，既可搭载于美国现役核潜艇、濒海战斗舰平台，又可独立使用，其武器装备主要包括各种类型的导弹和反潜用的深水炸弹等，具备较强的火力投射能力。

美国海军研究办公室的LDUUV革新海军原型机（LDUUV-INP）（见图4）于2015年进行了首次测试。整个项目的关键攻关技术包括电站、燃料与电池技术、水下避撞技术、水下数据传输网络等，将最大限度地提升其任务能力。ONR计划目前有4个原型机，最先制造出的2艘将被送至无人系统项目办公室，其中一个是空壳主要用于展览，另一个将被送至UUVron中队来增加作战经验。至于剩下的两艘原型机，ONR将继续对其应用软件和自主性进行研究，对其进行成熟化，最终在合适的节点将样机转交至无人海用系统项目办公室。

图4　LDUUV-INP原型机

4. 超大无人潜航器项目（XLUUV）

超大无人潜航器项目（XLUUV）是美国海军的重点关注项目，主要用于研发一种超大排水量长航程自主平台。与LDUUV项目类似，该项目也将采用模块化、开放式系统，可搭载不同载荷，能够完成多种任务。与其他无人潜航器不同，XLUUV将不会以各类潜艇和舰艇作为母舰，而是直接从码头出发进入焦点区域。其基本招标要求为：长度超过38米，容积高于9.2立方米，航程不低于2000海里。该系统可作为布雷艇深入数百公里进入敌方航道，也可在海战中作为诱饵，在己方潜艇发动攻击时引诱敌人。此外，其自身也具备侦察、跟踪、反水雷及反潜能力，可进行前置部署对海域进行战场警戒。

波音公司和洛克希德·马丁公司目前是该项目的主要竞标对象，海军于2017年10月分别给予洛克希德·马丁公司4320万美元，波音公司4230万美元的合同，用于对该项目系统的设计和技术数据交付工作。

波音公司的XLUUV方案将主要基于其研制的"回声旅者"（Echo Voyage）新型无人潜航器，并将对其进行一系列改进以满足军方的要求。目前该系统已经在南加州达纳角港进行了短时间近岸测试，进行了离岸航行（少于1小时）。表1给出了Echo Voyager系统的具体参数，可由此对XLUVV性能参数进行初步参考。

表 1　Echo Voyager 性能参数

重　　量	4.545 吨
尺寸	5.6 米×1.3 米×1.3 米
最大潜深	3000 米
最大速度	14.5 千米/时
最小速度	2.8 千米/时
最适应航速	4.6～5.6 千米/时
续航能力	28～150 小时（取决于电池种类）

三、无人系统主要作战模式

目前DARPA针对海上无人作战系统已于2015年提出了"跨域海上监视与瞄准"项目（CDMaST），将美军现有的集中式的战斗群模式转变为一种分布化、敏捷化作战模式，将作战系统分布在100万平方千米范围的海域内，降低系统的整体风险。这种模式把各种作战功能分散到各个低成本系统中，通过各种功能的有人/无人系统构建"系统之系统"体系，实现对水面敌方舰船和水下潜艇大面积、跨域（海下、海面和空中）进行监视和定位的能力，增强感知能力，有效实施打击。CDMaST项目目的是将分散化的有人/无人系统及各类传感器系统利用起来，使用较低成本获得最大化的作战效率，使得敌方作战耗费远高于己方，更加经济地达成作战目的。根据DARPA的项目构想，体系应具备大区域（可达100万平方千米）、分散化、跨域（海下、海面和空中）、自适应性及弹性的特点。CDMaST项目概念图如图5所示。

从图5可看出，系统之系统可应用于武器系统、移动（无人）系统、固定的无人值守系统（海底）和有人系统等。其中，移动（无人）系统包含无人机、无人艇、无人潜航器等装备；武器系统包括美军新型远程反舰导弹（LRASM）、重型鱼雷等；在固定无人值守系统方面，则包含海底部署的各类载荷、传感器等装置；在有人系统方面，则包括常规的舰船、潜艇、作战飞机等。整个CDMaST系统之系统架构将能够为不同类型装备提供通信、能源、信息管理和定位/导航及授时（PNT）等服务，提升整体作战水平。DARPA认为，该项目应具备有效、可部署、成本低、持续性强以及自适应性等特性，满足未来海面作战的需求。

图 5　CDMaST 系统

DARPA认为CDMaST项目的任务组成应覆盖杀伤链的每一环节，保证各环节高速、有效，提高打击性能。一条完整的杀伤链应包括发现（Detect）、识别（Classify）、定位（Localize）、跟踪（Target）、交战（Engage）、评估（Assess）六大任务单元。

总体上看，CDMaST项目的目标不是开发某项技术，而是开发并演示新型海上系统之系统，即（SoS）作战概念。它将结合新型通信、作战管理、指挥控制、定位导航授时、后勤、传感器、有人/无人系统、武器等装备技术，全面提升空中、水面、水下目标探测、跟踪与打击能力。该项目主要优势包括三点：

（1）无人系统大规模应用提升整体作战能力。美军目前在无人机、无人艇、无人潜航器方面目前已经有了大量的技术积累，随着人工智能等技术的不断发展，无人平台作战水平将不断进步，将会具备更加完善的探测、打击一体化能力。无人系统具备长时间待机值守能力，可布置在整个体系最前方执行前沿探测、打击任务，降低有人系统的危险性，通过与有人系统协同作战，有效提升己方感知、通信、指控、打击能力。

（2）分布式部署大大提升有效作战范围。未来DARPA将会把各种有人、无人系统和海底预置系统整合集成为CDMaST分布式网络，相对于传统的作战方式，其探测、作战范围被大大拓展，达到100万平方千米，可实现更大面积海域的作战优势。这种分布式作战理念将现有编队的集中式防空、反舰、反潜模式转化为在更大海域范围内的分布式、灵活性、动态化打击样式，迫使对手投入更多的资源开展体系对抗。

（3）CDMaST技术结合传统作战平台所具备的目标监视与目标指示能力将为新型武器开发需求提供牵引作用。由于CDMaST作战需要，未来很可能将开发出低成本、高效费比、可大规模应用的水面/水下平台、传感器、武器设备。

四、应用影响

　　无人系统的大量应用，对降低海军作战成本、提高探测范围、增强系统作战自主性有着深刻的影响。在单一平台装备方面，美国主要对其自主性、续航性进行了研究，并试图降低装备成本，增强装备间协同作战能力，提高作战效费比；在体系建设方面，美国试图建设以CDMaST体系为代表的跨域协同作战网，将无人飞行器、无人舰艇以及各类传感器通过"系统之系统"架构有机结合起来，扩大作战范围，增强体系作战能力。总体而言，美国正试图通过无人系统的体系化应用，颠覆传统的舰队打击群的海战模式，将大大扩张海域探测监视范围，具备更强的作战灵活性和打击效率，这种革新化作战模式值得我国对此高度关注。

（中国电子科技集团公司第十四研究所　张昊）

外辐射源雷达发展分析

2018年4月，德国HENSOLDT公司在柏林航天展览中首次披露研制的Twinvis新一代外辐射源雷达。该雷达采用高灵敏度数字接收机，单个系统即可实现全方位监控200多架飞机，对大型飞机的作用距离达250千米；该雷达通过同时分析大量频段，实时融合产生精确的战场图像。外辐射源雷达反隐身、隐蔽工作、抗干扰等特性在隐身目标不断扩散、干扰愈演愈烈的作战环境下受到军事强国的高度重视，纷纷开展技术研究和装备开发。

一、外辐射源雷达原理和特点

外辐射源雷达是一种利用第三方发射的电磁信号探测目标的雷达系统，该体制雷达本身不发射能量，而是被动地接收目标反射的非协同式辐射源的电磁信号，对目标进行跟踪和定位。可能利用的外辐射源有包括雷达信号、广播信号（调频、调幅、数字音频广播）、电视信号（模拟电视、数字电视）、移动通信（GSM、CDMA）信号、卫星（GPS等）信号、手机基站信号等。

（一）工作原理

外辐射源雷达目标检测通常采用相干处理技术，即在接收系统中至少要设置2个通道——监测通道和参考通道，分别用来接收目标回波信号和参考信号；然后通过监测通道（杂波抑制后）与参考通道的互相关模糊函数（匹配滤波）计算获取距离-多普勒谱，据此实现目标检测与跟踪。外辐射源雷达工作原理示意图如图1所示。

（二）雷达特点

外辐射源雷达具有生存力、反隐身、低空目标探测等方面的优势。一是生存能力强，外辐射源雷达本身不发射任何信号，难以被敌方侦察设施探测到，具有较强的生存能力；二是反隐身能力强，对隐身目标的外形隐身或材料隐身都有较好的抑制效果；三是研制和维护成本低、设备体积小、机动性强、易于部署；四是低空目标探测能力强，对探测低空飞行的飞机和巡航导弹十分有利。

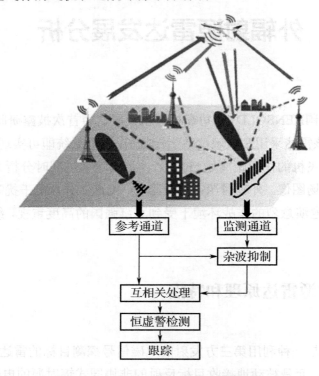

图 1　外辐射源雷达工作原理示意图

二、国外典型外辐射源雷达系统

近二十年来，利用广播电视、通信基站、导航和通信卫星、无线局域网络等机会照射源的外辐射源雷达逐渐受到人们重视并成为新型探测技术的研究重点，国外已成功研制了多种试验系统，获得了大量实测数据，外辐射源雷达的基础理论与关键技术取得了突破性进展，其中已经投入使用的系统包括洛克希德·马丁公司研制的"沉默的哨兵"外辐射源雷达，法国Thales公司研制的HA100外辐射源雷达等。以上系统主要以覆盖最广泛的FM广播和电视伴音等模拟调制信号作为照射源。自从20世纪90年代以来，随着数字广播、数字电视及数字通信网络等在全球兴起，相关系统逐步从模拟制式向数字制式转换，利用数字广播的外辐射源雷达（DBPR）逐步成为近年新体制外辐射源雷达的研究热点。欧洲多个国家在该领域的研究水平处于世界前列，相关技术的研究至今已有近十年历史，当前尚处于实验系统研制和技术演示验证阶段，典型系统及其参数如表1和表2所示。

主要研究机构包括德国应用科学研究院（FGAN-FHR）、法国宇航实验室（ONERA）、法国泰勒斯公司、英国伦敦大学（UCL）、波兰华沙工业大学、意大利罗马大学和比萨大学等。已有成果集中体现在基于DAB信号的VHF波段外辐射源雷达和基于DVB-T信号的UHF波段外辐射源雷达的理论与实验上。

表1 典型的 DBPR 系统

系统简称	系统全称	频段	使用信号	研究机构	图　　片
DELIA	DAB 线阵试验雷达	VHF	DAB	德国弗朗霍夫研究所	
PETRAII	外辐射源试验 TV 雷达	UHF	DVB-T	德国弗朗霍夫研究所	
NECTAR	泰勒斯 DVB-T PBR 验证	UHF	DVB-T	法国泰勒斯 /Onera	
CORA	隐蔽雷达	VHF/UHF	DAB，DVB-T	德国弗朗霍夫研究所	
PARADE	外辐射源雷达验证	VHF/UHF	FM，DAB，DVB-T	欧洲宇航防务集团（EADS）	

表 2　典型系统的技术参数

参　　数	DELIA	PETRAII	NECTAR	CORA	PARADE
频率	225～230 兆赫兹	514 兆赫兹	470～860 兆赫兹	150～350 兆赫兹，400～700 兆赫兹	88～240 兆赫兹，474～850 兆赫兹
天线形式	八木	面天线	偶极子	交叉偶极子/平板偶极子	垂直偶极子
阵元数	4	104	4	16	7/14
单元增益	12 分贝	/	/	/	/
极化	垂直	垂直			垂直
通道数	1	16	4	16	7/14
带宽	1.6 兆赫兹	7.6 兆赫兹	7.6 兆赫兹	1.6 兆赫兹/7.6 兆赫兹	1.536 兆赫兹/7.6 兆赫兹
方位覆盖	55 度	90 度	120 度	360 度	120 度
仰角覆盖	55 度	60 度	/	120 度	/
实时处理	是	是	是	是	是
定位	两坐标	两坐标/三坐标	两坐标	三坐标	两坐标
功率	<1 千伏安	<10 千伏安	/	<15 千伏安	/
年份	2009 年	2009 年	2009 年	2009 年	2007 年

三、外辐射源雷达发展新动向

（一）系统配置网络化

广播、电视、通信等外辐射源的分布特性为实现分布式协同组网探测提供了天然条件。通过网络优化设计可构建更加灵活的多基地收发配置（单发多收、多发单收、多发多收）（见图2），采用空间分集和信息融合等技术，通过优化网络设计，可以扩展雷达探测范围、提高系统的检测和跟踪性能、改善系统的测量精度。

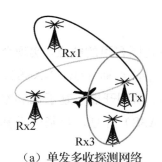 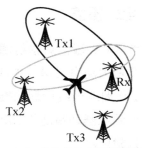

| (a) 单发多收探测网络 | (b) 多发单收探测网络 | (d) 多发多收探测网络 |

图2　多基地收发配置

（二）有源无源一体化

外辐射源雷达以目标反射外来信号来探测目标，但在偏远区域且目标实施无线电静默时，外辐射源雷达将无法进行目标探测。将有源雷达和外辐射源雷达进行一体化设计，则可将有源雷达和外辐射源雷达进行配合协作，既发挥外辐射源雷达的隐蔽性和抗反辐射导弹的能力，又能配备武器资源，实现探测打击一体化。

（三）多波段综合一体化

不同频段的信号在电波传播特性、基站布局、信号功率与覆盖、信号带宽与结构等方面具有较大差异，综合利用多照射源信号的优点实现一体化探测为性能改善提供了途径。比如利用同一观测地点的多频段（HF/VHF/UHF）广播电视信号构建多波段混合 DBPR，通过信号融合的方法可以最大限度地改善外辐射源雷达目标检测与跟踪能力；利用同一频段多个不同频道（窄带）信号构建合成宽带 DBPR，通过相参合成或非相参合成等方式，可获得在距离和方位分辨（ISAR 成像）、杂波抑制、检测信噪比、覆盖面积等指标方面的性能改善。

（四）承载平台多样化

除地基外辐射源雷达外，基于机载和车载等移动平台的外辐射源雷达也成为研究方向。外辐射源雷达无须发射装置，具有重量轻、体积小、功耗低等适宜机载的特点，通过提升平台高度，可有效减小雷达低空探测盲区。特别是随着无人机（UAV）平台和技术在历次局部战争的应用，无人机发展势头日趋强劲，因此发展无人机载外辐射源雷达也是发展方向之一。

（五）利用天基信号实现全球覆盖

卫星信号具有全球覆盖的特点，可克服常规辐射源覆盖范围有限的缺点，实现全球覆盖。常用的天基外辐射源主要是大功率卫星，如GPS、格洛纳斯（GLONASS）、北斗等全球定位卫星系统。目前在欧洲地平线计划的推动下，欧洲开展了基于伽利略全球导航卫星系统辐射信号的"无源双基地雷达"（SPYGLASS）计划，对基于天基辐射源的外辐射源雷达进行了试验验证。

四、结语

随着频谱资源的日益紧张和可用外辐射源的日益增多，外辐射源雷达受到越来越多的重视，呈现出快速发展的势头。外辐射源雷达的隐蔽性、低功耗、反隐身等特点使其在军事和民用领域都有极强的吸引力。外辐射源雷达正朝着多站多源协同探测、有源无源一体化、宽带化等方向发展。

（中国电子科技集团公司第十四研究所　韩长喜）

日美联合研发陆基远程反导雷达

2018年7月，日本宣布与美国联合研发一部陆基远程反导雷达，完善日本现役反导体系，提供基于日本本土的远程预警、精确跟踪、目标识别能力，这对于日本反导体系、美国全球战略反导体系均具有深远的影响意义。

一、联合研发事件背景

当前，日本反导体系包含陆海双域、高低双层作战装备。其中，低层末段拦截由陆基"爱国者"反导武器系统负责完成，海基部分主要依赖以"金刚"级驱逐舰和"爱宕"级驱逐舰构成的高层反导拦截装备，主要负责助推段拦截、对处于大气层外飞行中段的整体或头体分离的弹道导弹目标拦截、大气层内的再入段拦截。目前，日本海上自卫队的宙斯盾反导系统配备了"标准"-3 Block 1A/1B型拦截弹，其关机速度低于3.5 km/s，可实现对中远程弹道导弹的拦截能力，但不具备洲际导弹拦截能力。正在开发试验的"标准"-3 Block 2A关机速度可达到4.5 km/s，具备有限的洲际导弹拦截能力。

在反导探测方面，除了宙斯盾战舰上的SPY-1多功能相控阵雷达，还包括用于远程预警跟踪的J/FPS-3UG、J/FPS-5，以及美军在日本北部、中部各部署的一部TPY-2前置预警雷达等。

在日本现役反导雷达装备中，J/FPS-5固定式全固态有源相控阵雷达是探测距离最远的国产反导装备，共4部，分别部署在北部防空区、中部防空区、西部防空区和西南防空区，探测距离大约在1400千米～1600千米之间。该雷达由日本防卫省主导开发，三菱电机公司制造，采用L+S双波段和三面阵体制，其中L波段主要负责防空警戒，S波段主要负责弹道导弹预警与情报处理，通常指向高威胁空域。

经过多年建设，日本反导体系已初步具备一定作战能力的，具有突前部署、机动部署等优势，但存在诸多能力短板：

（1）预警覆盖能力不足，无法实现全境覆盖：现役反导体系装备数量有限，可实现对朝、俄等国重点方向的反导预警覆盖，探测盲区则更多依赖宙斯盾舰进行机动部署实现补盲，对日本东海岸的探测覆盖能力明显弱于西海岸，北部覆盖能力强于南部覆盖能力。

（2）反导预警体系要素不齐全，超远程预警探测能力存在空白：因日本国土缺乏战略纵深，现实导弹威胁距离日本本土较近，体系响应时间较短，更多地采用陆海基前沿部署、机动部署，优先发展应对中短程弹道导弹的反导预警探测手段，实现短期内反导作战能力形成，体系规划中缺乏超远程预警跟踪能力，天基预警能力一直处于纸面规划阶段，更多地依赖于美日联合反导应急机制的情报共享，缺乏对对手国土纵深导弹发射的及时预警能力。

（3）目标精细识别距离较近：日本现役反导雷达多采用L、S等波段，更多地注重对目标的远程预警与粗跟踪，对目标的精细识别能力不足。美军驻日的2部TPY-2雷达虽工作在X波段，具备对弹头的精细识别能力，但该雷达因天线孔径、发射功率有限，主要用于在前沿阵地跟踪战术导弹或处于助推段、上升段的中远程导弹、洲际导弹，此时各类弹头、诱饵、箔条等尚未抛撒，造成目标整体尺寸大，识别难度低，但缺乏对弹头目标的识别过程。此外，囿于有限的探测距离与前置部署模式，TPY-2的跟踪识别对象仅为朝鲜、伊朗等国家发射的导弹威胁目标，对中俄发射的、飞越北极的弹道目标并不具备识别能力。

基于上述反导能力不足，日本计划引入更多反导雷达装备，完善反导体系，增强作战能力，以补短板，增强能力。正是在此背景下，日本计划基于美国强大的反导装备研发生产实力，联合开发一部陆基远程反导雷达，完善现有反导体系作战能力。此外，确认引入2套陆基宙斯盾系统，计划于2023年投入使用，实现对日本列岛的全境覆盖。

二、联合研发反导雷达概况

最初，为争夺日本雷达的项目竞标，美国雷声公司和洛克希德·马丁公司分别基于AMDR舰载双波段防空反导雷达和LRDR远程识别雷达提出竞标方案。

其中，AMDR雷达包含一部四面阵S波段雷达（AMDR-S）、一部三面阵X波段雷达（AMDR-X）和一部雷达设备控制器（RSC），具备多任务能力，可同时完成反导与区域防空、自防御任务，支持大气层外弹道导弹的远程探测、跟踪与识别。其中，AMDR-S采用子阵级数字阵列体制，可完成弹道导弹自主预警/提示预警、跟踪识别、拦截引导、毁伤评估，完成弹道导弹防御。

最终，洛克希德·马丁公司的LRDR改进版方案凭借更强的空域搜索能力、更低的全寿命成本而胜出。根据竞标方案，日本版LRDR雷达将由洛克希德·马丁公司、日本富士通公司、三菱电机公司联合研发，但采用富士通公司的氮化镓T/R组件。

日本版LRDR雷达的具体设计细节尚未透露，目前仅能根据美国版LRDR进行一些推测。美国版LRDR远程识别雷达是一部基于GaN半导体收发组件的地基固态相控阵雷达，工作于S波段，采用子阵级数字有源阵列体制，负责遂行战略反导预警跟踪识别、空间态势感知两大作战任务。美国版LRDR于2014年开始研制，2020年部署在阿拉斯加州克里尔空军基地，可精确跟踪识别中、俄、朝打击美国本土的洲际弹道导弹，解决美国战略反导装备体系存在的远程目标识别问题。

三、事件影响评估

日美基于LRDR雷达联合开发一部陆基远程反导雷达，对于日本、美国反导体系作战均具有较为深远的影响。

首先，LRDR雷达将大幅提升日本反导体系的反导预警能力。一旦服役，LRDR雷达将成为日本反导体系的骨干型远程反导预警装备，可对对方国土纵深发射的远程导弹进行提前预警，提前跟踪。假设雷达最终部署在西南诸岛，基于美国版LRDR雷达的威力估算，可探测我国酒泉地区的导弹、卫星发射，比现役反导体系的探测威力范围提高2倍以上。

其次，将大幅提升日本反导体系的远程目标识别能力。目前，日本反导体系的整体识别能力有限，仅具备对中近程导弹的识别能力，且精细识别距离大约在1000千米以内，无法支撑对中远程导弹、洲际导弹的二次拦截需求。LRDR雷达一旦列装服役，可很大程度改善体系识别能力，推远识别距离，支持宙斯盾系统的二次拦截作战信息保障。

最后，将大幅提升美国全球战略反导体系的体系作战能力。美军针对东北亚的导弹威胁采取的应对措施分为国土部署与国际合作，国土部署装备可支持中段跟踪识别，但早期预警发现能力不足，国际合作渠道部署的TPY-2雷达的远程识别能力欠佳，不足以支撑远程反导作战。基于日美反导情报共享机制，日本一旦部署LRDR雷达，其预警跟踪识别情报将第一时间接入美军全球战略反导作战网，实现美日共享，一方面增加美军的提前预警时间，另一方面提升美军的体系识别能力。

（中国电子科技集团公司第十四研究所　邓大松）

意大利推出"克洛诺斯"舰载
双波段八面阵相控阵雷达

2018年4月，意大利莱昂纳多公司推出"克洛诺斯"（KRONOS）舰载双波段有源相控阵雷达，计划在2019年装备意大利海军PPA多用途滨海巡逻舰。该雷达采用雷达-对抗一体化设计，具有高度灵活、智能的雷达资源管理功能，且采用积木式设计方案，系统配置方案灵活，适装多种舰型，技战术设计性能处于国际领先水平。

根据意大利国防部的设计要求，KRONOS双波段雷达将具备非常灵活的配置方案，共设计三种作战配置，分别为配置双波段雷达的"全版本滨海巡逻舰"方案、配备KRONOS-STARFIRE的"轻型滨海巡逻舰"方案以及配备KRONOS-QUAD的"轻型+滨海巡逻舰"方案。PPA滨海巡逻舰的首舰配备的X波段KRONOS-STARFIRE雷达正处于测试评估阶段，预计2019年初交付；完整版的C+X双波段雷达将配装第四艘PPA巡逻舰，预计2024年正式交付。

一、KRONOS 系列舰载雷达概况

KRONOS双波段雷达是莱昂纳多公司研发的KRONOS系列多功能雷达的最新型号。该系列目前共有六型，分别为陆基固定式、陆基机动式、舰载无源相控阵、舰载单面有源阵、舰载四面有源阵、舰载双波段等多种改型，现装备意大利、阿联酋等国。

KRONOS双波段雷达包括1部C波段四面阵KRONOS-QUAD雷达和1部X波段四面阵KRONOS-STARFIRE雷达和1部系统资源管理器，基于早期的EMPAR舰载多功能无源相控阵雷达的成熟技术，可探测掠海飞行巡航导弹、俯冲式导弹、潜艇等多种新型威胁，可执行海上编队区域防御和舰船自防御、火炮火力控制与导弹制导、近海作战、电子攻击、反战术弹道导弹作战等任务。

KRONOS-QUAD系列固定式四面阵雷达工作于C波段，构成舰载主防空导弹系统（PAAMS）的核心传感器，方位覆盖±45度，俯仰覆盖60度，可执行体搜索、多目标

跟踪、导弹上行数据传输、瞬时航迹起始、精确有效功率辐射控制、电子攻击、干扰源定位跟踪、杂波检测等任务。

KRONOS-STARFIRE系列固定式四面阵雷达工作于X波段，可执行对空对海监视、超精确多目标跟踪、电子攻击等任务。每个阵面尺寸可根据用户需求，增减收发单元数量，实现阵面的缩放。

系统资源管理器可有效管理与作战功能相关的特定任务，如双波段搜索与跟踪、火力控制、导弹制导、电子攻击、主波束/副瓣对消、自检、校准、环境监控等。为降低两部雷达间的电磁干扰问题，系统管理器可协调两部雷达的探测资源，管理监视空域内每个方向的特定辐射波形、执行时间、发射频率等。系统管理器主要由调度优化和任务执行两大模块组成。其中，调度优化模块可设置每个阵面执行的任务次序。任务执行模块负责物理实现收发模块编程等任务。所有作战功能的响应时间通常为秒级，调度优化模块的响应时间为微秒级，而任务执行模块的响应时间则更短，达到纳秒级。

二、KRONOS 系列雷达设计特点

KRONOS双波段雷达具备一体化防空反导、雷达对抗一体化设计优势，可供我国舰载雷达设计借鉴。

首先，从雷达作战功能来看，采用了防空反导一体化、双波段协同探测设计，提升单舰综合探测效能。KRONOS双波段雷达不仅仅满足于舰载防空的基本需求，而是向防空反导一体化方向发展，具备对中远程战役弹道导弹、中近程战术弹道导弹探测跟踪识别与导弹制导功能，同时兼顾对低空、超低空目标探测和反潜等多种功能。此外，该系统采用双波段综合集成的方式，采用统一接口，由系统资源管理器负责系统资源的统一调度与集中管理，并实现与电子战等功能的兼容，实时控制舰载电子战系统，充分实现雷抗一体化协同作战，从而最大限度地减小舰载电子信息系统的种类和数量，提高资源利用率，提升了多频段协同探测的能力和雷达的综合效能。

其次，从系统架构上来看，该雷达采用开放式集成架构、高度模块化与积木化设计，阵面扩展与性能裁剪灵活，适装不同吨位舰艇。两部雷达均采用积木式设计，根据作战任务的需求，增减收发单元数量，实现作战性能的缩放。

C波段雷达通过收发模块的数量增减，可实现作战能力的定制。目前，共有QUAD1000、QUAD2000和QUAD3000等3种不同配置。其中，QUAD1000的每个阵面收发模块数量多于600个，雷达收发模块总数量达到2400个以上。QUAD2000的阵面尺寸与QUAD1000相同，但单个阵面收发模块数量达到800个以上，可适当提高雷达

探测距离。QUAD3000每个阵面采用了2500个基于氮化镓半导体器件的收发模块，可执行远程探测与反战术弹道导弹任务。

X波段雷达共有STARFIRE-1000、STARFIRE-2000和STARFIRE-3000三种配置。其中，1000型和2000型的模块数量较少，可执行对空对海监视、反舰导弹监视、火力支援、无源频率监测与干扰选通录取等。3000型可执行对空对海监视、火炮火力控制、电子攻击、高分辨率对海监视、间断式连续波照射等任务。

最后，系统安装方式灵活，上层建筑设计灵活度高。由于C波段、X波段雷达均采用固定式四面阵设计，因每个雷达的阵面尺寸不同，舰船上层建筑存在"一上一下"、"一一并排"等2种桅杆构型。通常，C波段雷达通常位于桅杆下方，负责广域对空搜索，而X波段装于C波段雷达上方，负责精细跟踪与对海搜索。此次透露的KRONOS双波段雷达则采取并排安装方案，而不是一上一下方案，这正好证明雷达阵面方式的设计灵活性。

三、事件意义

KRONOS双波段雷达的设计特点存在很多值得借鉴和思考：

（1）频率选择的背后要素值得深思。美军舰载双波段雷达通常采用S+X，其中S波段负责远程空域搜索，X波段更多负责对海搜索和火控制导，而KRONOS则采用频段较为相近的C+X，其中C波段负责远程探测，但工作频率比S波段更高，大气衰减更严重，因此在相同设计条件下获得相同的探测距离，需要更大的功率孔径积。这种频率选择是出于设计成本考虑，还是从舰船系统工程的总体设计集成出发，以牺牲其他作战要素的性能为代价，这需要深入研究。

（2）防空反导一体化设计已成为舰载雷达的发展趋势。从弹道目标威胁的迫切性、舰船作战任务的多功能扩展，牵引舰载雷达的作战功能逐渐从单纯的防空作战转向防空反导一体化。KRONOS雷达的一体化设计已成为舰载雷达设计潮流，可作为我军相关装备研制的重要参考。

（3）高度积木化设计是提高雷达设计灵活性、适装性和优化全寿命周期成本控制的重要手段。KRONOS雷达采用与AMDR类似的高度积木化设计，通过阵面规模灵活裁剪，适装不同吨位舰船，实现高度的装备应用灵活性，同样可作为我军相关装备研发的重要参考。

（中国电子科技集团公司第十四研究所　邓大松）

日本研发空间微小碎片探测雷达

2018年1月，日本宇航研究开发机构（JAXA）开始研制新型地面监视雷达，用于对2000千米高空10厘米左右大小的各种太空碎片进行严密监测和及时预警，以解决目前的地面监测装备灵敏度不足而无法探知微小空间目标的问题。新雷达的探测能力将是日本现有同类型雷达的200倍，预计于2023年投入使用。新雷达标志着日本航天局在构建独立的太空态势感知体系（SSA）的道路上迈出了第一步。

一、研制背景

人类太空活动日趋频繁，造成太空碎片（包括废弃的人造卫星碎片和火箭残骸等）的数量激增。数据显示，在低轨道上，现分布有20000多个大于10厘米以及数十万个10厘米以下的太空碎片，对正常运转的人造卫星、国际空间站和宇航员构成了严重威胁。

日本从2004年开始，利用部署在冈山县的雷达系统，监测本土上空数百千米至2000千米的近地轨道上的太空碎片。该雷达为日本首个空间碎片专用雷达观测系统，精度较低，只能监测到直径1.6米以上的碎片，而对于构成低轨道太空碎片的主体——10厘米量级的碎片则无法探知，不得不依赖美国提供的监测数据。

近年来，随着美国太空战略的调整和"美主日从"的太空合作模式趋于平衡，日本在太空安全领域迎来快速发展的契机。2016年，日本政府在《宇宙基本计划》中明确提出，从国家安全的角度加强对太空碎片的监视，希望获得对微小太空碎片的自主探测和跟踪能力。

日本宇航研究开发机构（JAXA）的新型地面监视雷达正是为实现上述目标而进行研制的。新雷达将部署在现有雷达附近，通过显著增强向太空碎片发射的功率输出，并采用特殊信号处理技术，实现对10厘米级太空碎片的探测，其探测能力是日本现有同类型雷达的200倍，预计于2023年投入使用。

二、日本空间态势感知系统现状

作为日本最重要的宇航研究开发机构，JAXA负责太空碎片监测、轨道数据收集、对卫星的潜在威胁分析，并对其重返大气层做出预测。自2000年以来，JAXA一直在研发自己的空间碎片目录，并在日本政府的支持下，于近年来构建了空间态势感知（SSA）系统，旨在准确了解空间碎片状况，降低碰撞风险，保护卫星生命安全，从而实现"人人享有更安全的空间"。

目前，日本的空间态势感知系统的主要装备由位于上齐原（Kamisaibara）空间警卫中心（KSGC）的相控阵雷达和美星（Bisei）空间警卫中心（BSGC）的太空望远镜两大部分组成。这两个系统均部署在日本西部的冈山县。

其中，BSGC的光学望远镜用于观测高太空轨道，主要使用1米和50厘米两种规格的光学口径，于2000年投入使用。KSGC雷达观测系统则用作低轨道探测，已于2004年4月投入使用。由KSGC、BSGC两个中心负责对太空碎片进行不间断观测，将接收的观测数据传送到筑波（Tsukuba）空间中心（TKSC），由后者进行空间碎片的数据处理和分析，对太空碎片和卫星间的可能碰撞做出预警，通过远程控制卫星变轨，以达到保护卫星的目的。图1展示了日本空间态势感知系统的主要装备情况。

图1　日本空间态势感知系统的主要装备：雷达天线罩和天线阵面（左）、
1米和50厘米的光学望远镜（右）

2016年，日本政府已着手研发新雷达装备，构建一套新的态势感知系统，确保防卫省能够在平时对各国的人造卫星活动和太空垃圾实施监视，最大限度地发挥日本的技术实力，提高太空目标观测能力、增加观察频率（从每天200次增加到10000次）、提高处理能力（用于自动观测规划），实现"空间的可视化"。

为此，日本目前除了积极研发可探测10厘米太空碎片的新雷达，还将在山口县（东经126°～136°）部署另一部空间监视雷达。该雷达装有数台直径15米～40米的抛物面天线，主要用于监视距地36000千米地球同步轨道的太空目标。部署地点上空运行着日本绝大多数的地球静止轨道卫星，且周围无遮蔽物。JAXA打算在2023财政年度建立一个系统，利用两个雷达联合运行，达到共同监测空间碎片的目的。

表1　日本计划打造的空间态势感知体系的主要性能指标

雷达	观测能力	10厘米（高度650千米）
	同时观测的物体数量	最多30个
光学望远镜	检测极限等级	1米望远镜：约18级
		50厘米望远镜：约16.5级
分析系统	管理的目标数量	最多100000个目标
	观测数据量（雷达）	10000条/天
	观测计划制定	自动处理

此外，JAXA还将根据空间政策基本计划，在2022财政年度之前建立光学望远镜和雷达以及轨道信息分析系统，以促进空间态势感知活动。

三、影响意义

近年来，日本竭力发展自己的高端卫星，军事意图十分明显。2015年新版《太空基本计划》、2016年《基本空间政策》中明显可以看出日本政府强化太空态势感知的强烈需求。

事实上，JAXA打造新雷达用于微小太空碎片监视只是其发展太空力量的一个借口。一旦具备这种能力，意味着可以监视任何大小和速度的轨道飞行器以及在起飞阶段的洲际导弹和运载火箭，为打击轨道飞行器和助推段导弹提供预警信息。

当前，日本还在依赖美国提供的太空数据。为此，JAXA认为有必要构建独立的太空态势感知体系。新雷达将成为日本航天局在启动这项计划的道路上迈出的第一步。

（中国电子科技集团公司第十四研究所　张蕾）

美国海军陆战队接收首套
氮化镓地/空任务导向雷达

2018年8月，诺斯罗普·格鲁曼公司完成了首套基于氮化镓技术的地/空任务导向雷达（G/ATOR）的生产和测试工作，并正式交付美国海军陆战队。G/ATOR具备优异的战技术性能和多任务能力，将对空防御、对地防御和机场指挥调度功能合为一体，可满足美国海军陆战队在未来30年内的作战需求。

一、项目背景

美国海军陆战队现役的雷达装备由AN/TPS-59、目标捕获系统族和AN/TPS-63/73雷达三部分组成。其中，AN/TPS-59是陆战队唯一的远程雷达，主要用于探测吸气式目标和战术导弹，并将数据传输到陆战队的航空指挥控制系统（CAC2S）中；目标捕获系统族包括AN/TPQ-46火力发现雷达、AN/TPQ-49轻型反迫击炮雷达和AN/TSQ-267目标处理套件，用于定位、识别和回击敌方的炮兵部队；AN/TPS-63/73是两坐标近/中程防空雷达，可以弥补AN/TPS-59雷达的探测盲区，或部署在作战前线进行早期预警，该雷达还可用作陆战队的战术空中作战中心（TAOC），以执行对空警戒和航空管制。

在近几次局部战争中，上述几型雷达为美国海军陆战队作战行动的顺利开展立下了赫赫战功，因而被奉为美国海军的经典装备。但在新时期复杂对抗环境下，这些装备的缺点逐渐显露：首先，近程防空雷达型号众多且功能单一，在实施多任务作战行动中需要多种雷达组合使用，灵活性差；其次，上述雷达于20世纪七八十年代批装部队，尽管多次改型升级，但落后的技术体制限制了装备性能的发展；然后，这些装备的尺寸和重量很大，机动性不足，限制了远征作战能力。最后，上述雷达装备依旧采用美军传统的封闭式软硬件系统，开放程度低，可拓展性差。

鉴于此，美国海军陆战队于2005年8月发起G/ATOR项目，旨在打造一款标准化、中近程有源相控阵雷达，该雷达集多种功能于一身，可远征至各种复杂环境下进行作战。对于远程雷达，陆战队计划已经将最新型的AN/TPS-59A（V）3三坐标有源相控阵雷达部署部队，计划服役到2035年。

二、项目发展

G/ATOR官方代号AN/TPS-80，工作在S波段，是一种中近程三坐标数字有源相控阵雷达。该雷达拥有基于砷化镓和基于氮化镓T/R组件两种型号，后者具备更高的性能和可靠性。

G/ATOR于2009年3月完成设计评审，2014年3月开始低速率生产。为了有效降低开发风险，诺斯罗普·格鲁曼公司通过4个增量逐步增加G/ATOR的功能，这4个增量对应4个Block的G/ATOR雷达。

Block-1型GATRO旨在实现近程防空、对空警戒和战场感知功能，该雷达向海军陆战队的航空指挥控制系统（CAC2S）和复合跟踪网络（CTN）提供实时数据，为作战指挥官提供对空感知，其探测目标包括无人机、巡航导弹、空中吸气式目标等。Block-1型G/ATOR旨在取代AN/UPS-3、AN/MPQ-62和AN/TPS-63雷达，已于2018年2月完成初始作战能力。

Block-2型G/ATOR加装了反火力/反炮位任务软件，拥有探测炮弹轨迹和逆推武器发射点功能，具备反火箭、火炮和迫击炮（RAM）能力，该雷达数据会实时提供给陆战队炮兵团的火力保障协调中心和火力指挥中心。在此种工作模式下，雷达波形和操作界面和Block-1型稍有差异。Block-2型G/ATOR旨在取代AN/TPQ-46雷达，并于2018年9月实现初始作战能力。

Block-3型G/ATOR增加非合作目标识别能力，并通过升级敌我识别模式和软件代码以改善反对抗措施。Block-3不是新型雷达，而是对上述两型雷达的优化。

Block-4型G/ATOR加装空中交通管制功能，可远征至机场执行机场监视任务。Block-4计划在未来取代陆战队的AN/TPS-73雷达，但尚未包含在目前的采办计划中，系统研发工作也尚未开展。

三、系统组成

G/ATOR基线系统包括雷达设备单元、通信设备单元和电源设备单元。

G/ATOR雷达设备单元主要是安装在拖车上的相控阵天线和转动驱动装置，由中型战术车辆（MTVR）拖曳。雷达天线配合机械装置实现360度全覆盖，阵面上安装有几百个诺斯罗普·格鲁曼公司的先进氮化镓或砷化镓T/R组件，并采用F-35的机载雷达APG-81的设计理念和技术，以实现高性能和高可靠性。G／ATOR的设定工作温度为-44℃~55℃，为减轻冷却系统重量，雷达采用轻质风冷系统取代之前的两级冷却装置为阵面冷却。主雷达上方还安装了美国电传公司（Telephonics）的UPX-44系统以实现敌我识别。

G/ATOR的通信设备单元包括雷达通信和控制系统，安装在M1152高机动多用途轮式车辆（HMMWV）上。该系统能够实时向战术空中作战模块（TAOM）、通用航空指挥控制系统（CAC2S）、复合跟踪网络（CTN）和先进野战炮兵战术数据系统（AFATDS）传输雷达测量数据，以实现多部队的机动联合作战和网络化协同作战。

G/ATOR的电源设备单元包括60千瓦的发电机和安装在托盘上的相关电缆，由MTVR承载。

四、采办方案

作为美国国防部的重点采购项目，G/ATOR的全寿命采购成本高达51亿美元。海军陆战队计划在低速率生产阶段采购6部砷化镓基和9部氮化镓基G/ATRO（包括1部工程开发模型），在全速率生产阶段采购33套G/ATOR系统。在未来经费预算中，海军陆战队还将额外采购12套G/ATOR系统。

海军陆战队计划为采购的57部G/ATOR指派三类任务：其中，17部负责对空监视和防空；28部负责武器定位和地面防御；最后的12套将远征至机场执行机场监视和航空管制。目前这些雷达均拥有相同的软硬件，但未来将逐步升级以适应不同的作战任务。

五、优势分析

G/ATOR用一套多功能雷达方案取代了5个传统雷达系统，采用先进氮化镓技术提升战技术指标、降低系统的尺寸、重量、功耗和成本（SWPC），其优异的机动性和环境适应性可以满足海上、空中和地面各类特遣部队的远征需求。

（一）多任务能力

作为一种多任务雷达，G/ATOR集海军陆战队5型经典雷达装备的能力于一身，包括AN/UPS-3雷达的战术预警能力、AN/MPQ-62连续波雷达的目标捕获能力、AN/TPS-63雷达的对空警戒能力、AN/TPQ-46雷达的炮位侦察校射能力，以及AN/TPS-73雷达的航空管制能力。G/ATOR的服役极大地改善了海军陆战队雷达型号繁多、功能单一的局面。

此外，根据美国政府问责办公室的报告，G/ATOR在探测距离等关键指标上与美国空军正在开发的三维远征远程雷达（3DELRR）相似，在某些性能需求上超过了美国陆军现役的AN/TPS-53炮位侦察校射雷达，因而成为这两型雷达的有力竞争对手。诺斯罗普·格鲁曼公司正在积极向美国陆军和空军推广G/ATOR，意在使其成为装备于美国海、陆、空三军的多功能通用型号。

（二）先进氮化镓技术

氮化镓已经逐步取代砷化镓成为数字相控阵雷达的主流技术，前者具备更大的功率、更高的效率和更轻的重量。G/ATOR项目管理委员称，氮化镓基G/ATOR的性能全面超越砷化镓基G/ATOR，并计划对已采购6套砷化镓G/ATOR进行改进升级。

目前砷化镓G/ATOR系统的发电机最大输出功率为60千瓦，设计工作海拔高度在1200米以下，而当系统在空气稀薄的高海拔工作，发电机的化油器效率下降，进而使得发电机功率输出略低于规格功率，最终影响G/ATOR的探测效能；相比之下，氮化镓G/ATOR的效率比砷化镓高1/6，且组件重量更轻，因此前者有望在3000米甚至3600米的高海拔工作。

美国海军陆战队官员曾提出用"简化版"的氮化镓基G/ATOR替代砷化镓G/ATOR，以达到减少开发和运维成本的目的。该简化版将T/R组件数量缩减76个，可在总采购预算中节省4000万美元。

（三）高灵活性和可用性

G/ATOR具备高的作战灵活性和环境适应性。在陆运方面，G/ATOR采用轻型、高机动的HMMWV和MTVR作为平台，可实现快速部署和转移；在空运方面，G/ATOR采用轻型风冷系统取代之前的两级冷却系统，降低了系统尺寸和重量，提高了空中运输能力，使得G/ATOR可以通过3架CH-53E 重型直升机、3架MV-22B "鱼鹰" 倾转旋翼机或者1架C-130运输机空运到站点。在快速响应方面，G/ATOR在30分钟内即可完成架设，在45分钟内即可正常工作。此外，G/ATOR还可在各类恶劣地形和电磁环境下工作，具备良好的环境适应性。

六、结束语

作为一款通用型、多功能雷达，G/ATOR提高了装备可生产性、可操作性和可维护性，降低了生产和运维成本，批量服役后将极大改变美国海军陆战队的雷达装备库形态和雷达部队结构。作为一款高性能雷达，G/ATOR采用诺斯罗普·格鲁曼公司的先进氮化镓T/R组件和AN/APG-81机载雷达相关技术，具备高功率、高效率、低功耗和高可靠性优势。作为一款远征型雷达，G/ATOR自身具备高机动能力，可在高海拔工作，并可由直升机运输至各类站点进行部署，进而满足海军陆战队在恶劣环境下的作战需求。

（中国电子科技集团公司第十四研究所　王虎）

日本计划引入下一代岸基"宙斯盾"雷达系统

2018年7月，日本防卫省宣布将采购两部美国洛克希德·马丁公司的下一代"宙斯盾"雷达系统，部署在西部靠日本海的秋田县和山口县，用于监视整个朝鲜半岛。首部系统计划于2023财年启动。据初步估计，日本采购这两部岸基"宙斯盾"系统的总花费将达23.92亿美元，每套设施价值约11.96亿美元，加上运行维护和培训成本，整个采购成本将增长至约41.64亿美元。

一、日本岸基"宙斯盾"雷达分析

朝鲜近年来多次试射弹道导弹，相关技术不断取得突破，其最新型导弹据称能打击包括华盛顿在内的大部分美国城市，并能飞越过日本当前的防御系统，完全处在日本海的日本战舰拦截导弹射程之外。鉴于上述情况，日本意欲引入一款陆基美制系统来提升日本的弹道导弹防御（BMD）能力，而岸基"宙斯盾"系统正是日本的潜在考虑对象，相关提案已于2017年12月获得日本安倍内阁的批准。尽管美国总统特朗普和朝鲜领导人金正恩在2018年6月12日举行的美朝首脑会晤上达成了朝鲜半岛无核化协议，但由于弹道导弹磋商的未来进程并不明朗，日本政府决定仍按计划推进部署岸基"宙斯盾"系统。

虽然一部岸基"宙斯盾"系统已在罗马尼亚投入运行（见图1），另一部正在波兰进行安装，但日本这次不是简单的商用现货采购。日本防卫省表示，这一定程度上是由于日本所寻求的能力水平仍需研发才能实现。但日方未透露日本防卫省特定的性能指标。这些先进但尚未实现的能力一定程度上将源于新型的下一代岸基"宙斯盾"系统，该系统将能探测与跟踪目标，并制导拦截弹与目标交战。

图 1　位于罗马尼亚德韦塞卢的岸基"宙斯盾"系统

日本岸基"宙斯盾"系统将采用洛克希德·马丁公司的固态雷达（SSR）技术，这一技术与美国政府正在阿拉斯加建设的弹道导弹拦截雷达系统——远程识别雷达（LRDR）所采用的技术相同，同样将应用氮化镓（GaN）等新型器件。洛克希德·马丁公司描述称SSR并不是一型雷达，而是一种制造雷达的可扩充标准模块。洛克希德·马丁公司2016年已在美国新泽西穆尔镇建造了一座固态雷达集成站（SSRIS），在保障LRDR研制的同时，持续推动SSR的开发工作。LRDR将采用数千个SSR标准模块来提升目标截获、跟踪和识别能力，已于2018年9月完成了最终设计评审，计划2020年在美国阿拉斯加州克里尔完成部署。2018年1月，洛克希德·马丁公司利用岸基"宙斯盾"的关键部件和SSR技术，演示验证了下一代岸基"宙斯盾"的系统性能、效率和可靠性。此次测试结果表明将SSR引入"宙斯盾"系统能扩大态势感知范围，缩短预警时间，带来多项系统优势，包括目标探测距离更远、同时交战目标数量更多、目标截获概率更高、复杂陆地环境适应能力更优、对军民用无线电设备干扰最小化、更充分发挥新型标准-3 Block IIA导弹性能等。由于"宙斯盾"软件目前已能兼容多型雷达，因而现役和未来的各型"宙斯盾"均能在运行控制SSR的同时，接收雷达的目标跟踪数据。已选用舰载"宙斯盾"系统的西班牙和澳大利亚也正在开展将本国固态雷达融入"宙斯盾"系统的研发工作。

与美国在罗马尼亚和波兰部署的前两部岸基"宙斯盾"系统，及已在全球多国服役的海基"宙斯盾"雷达相比，这次日本采购的是经过升级的全新GaN有源电扫阵列（AESA）雷达，功率和作用距离都将得到大幅提升，性能将远优于采用中央发射机的上一代无源相控阵"宙斯盾"雷达。据日媒报道，日本新型岸基"宙斯盾"雷达最大探测距离远超过1000km，约是日本海上自卫队"宙斯盾"驱逐舰现役SPY-1雷达的两倍。

日本防卫省表示，岸基"宙斯盾"系统将由日本陆上自卫队运行。选择陆上自卫队的一个原因在于陆上自卫队具备防卫这些基地的能力。地面设施，尤其是雷达，易受突袭攻击。另外，由于日本海上和航空自卫队都已具备弹道导弹防御能力，日本政府也希望赋予陆上自卫队相应的能力。日本航空自卫队运行日本的"爱国者-3"（PAC-3）系统来提供应对弹道导弹的点防御。而已拥有"宙斯盾"使用经验的日本海上自卫队将有助于陆上自卫队操控该型系统。PAC-3系统、海基"宙斯盾"BMD系统加上岸基"宙斯盾"系统将组成日本未来的主要BMD防线。图2展示了岸基"宙斯盾"系统的概念图。

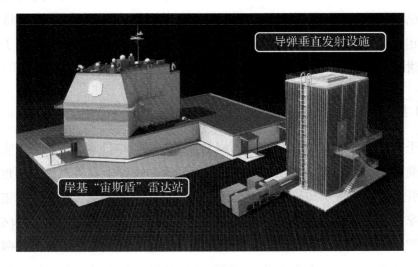

图2　岸基"宙斯盾"系统概念图

二、日本选用岸基"宙斯盾"系统的动因

日本在选定下一代岸基"宙斯盾"系统前，曾考虑过包括末端高空区域防御（THAAD）系统和下一代舰载"宙斯盾"雷达SPY-6在内的其他美制系统方案，但最终选用岸基"宙斯盾"主要出于以下几方面考量。

（一）成本和部署时间

与THAAD系统相比，岸基"宙斯盾"系统覆盖范围更大，成本更低，功能更强，更适合日本独特的地理环境和战略需求。单套配备48枚导弹和9部发射台的THAAD

系统约11亿美元，日本至少需要6套系统才能满足相应的需求，再加上基地建设、运行维护等其他相关成本，开销巨大。与之相比，两套岸基"宙斯盾"及总计40多亿美元的采购成本具有明显的优势。美国海军最新型SPY-6雷达也曾是日本的重点考虑对象，SPY-6虽正在与"宙斯盾"进行集成，但在2023年前将无法投入作战，而这一时间是日本希望部署岸基"宙斯盾"的大致时间。由美国雷声公司研制的SPY-6雷达是美国海军未来DDG 51 Flight III型驱逐舰的主传感器。2018年5月，Flight III型驱逐舰首舰开工建造，该舰计划于2023年交付，2024年形成初始作战能力。美国海军总计订购了22艘该型驱逐舰，并可能还会再追加采购11艘。面对美国海军对Flight III型驱逐舰及SPY-6雷达如此强烈的需求，在美军优先的前提下，日本采购SPY-6将无法得到雷声公司相应的供货保障。而LRDR将在2020年完成部署，洛克希德·马丁公司届时能全力推进这一潜在的对外军售项目。

（二）易于传感器融合组网

相比于THAAD和SPY-6两型系统，岸基"宙斯盾"与日本现役海基"宙斯盾"作为同一厂商研制的类似系统，在传感器、发射装置和操控上具有高度通用性，互操作性更优，引进后能很快形成作战能力。日本是全球除美国外第一个部署"宙斯盾"驱逐舰的国家，早在1988就引入了首套海基"宙斯盾"系统。日本目前拥有6艘"宙斯盾"驱逐舰，其中4艘已升级为弹道导弹防御型，另两艘正在进行导弹防御升级。而两部新建的驱逐舰计划在2020财年（截至2021年3月，日本财年为自当年4月1日起至次年3月31日终结）结束前交付这一能力。在局势高度紧张期间，一两艘日本"宙斯盾"BMD战舰能补充加强岸基"宙斯盾"系统共同组成一道防线，相互间能通过数据链组网实现互操作——共享信息，确定威胁优先级，并基于每部系统的位置、战备状态和可用武器来分派导弹拦截目标。即使某部岸基"宙斯盾"停运，日本海上自卫队也能派出一艘驱逐舰临时替代执行相关任务。

（三）推动日本国防工业发展

对日本而言，选用岸基"宙斯盾"的另一项优势在于洛克希德·马丁公司在SSR的开发过程中与日本企业开展了深入的合作，SSR的GaN器件就源于日本富士通公司。另外，由于未来海基和岸基"宙斯盾"系统BMD系统都将换装由美国雷声公司和日本三菱重工联合研制的效能更高的"标准-3"SM-3 Block IIA拦截弹，因此日本岸基"宙斯盾"系统很可能会将该型导弹配备作为主要武器。美国已于2018年内多次批准向日本出售数量不等的SM-3 Block IIA拦截弹，该型导弹未来作为日本岸基"宙斯盾"系统的主要武器几乎不会存在任何障碍。采购岸基"宙斯盾"在实现提升日本BMD能力目标的同时，还能进一步刺激推动日本军工企业的发展，实现军费回流，日本利益最大化。而日本还期望借助相关采购，制造影响力，从而让日本军工产品顺利打入国际市场。

三、主要影响

（一）完善日本导弹防御体系

由于中段是弹道导弹飞行时间最长的一段，中段反导在整个反导作战过程中具有拦截机会多、拦截效果好等诸多优势，不过技术难度也相对较大。日本现有的海基"宙斯盾"系统存在多目标接战能力不足的缺陷，并且这些"宙斯盾"战舰的自持能力有限，恶劣海上环境也会严重影响其反导作战能力，一旦拦截失败会对承担末端防御的PAC-3系统造成巨大的压力。新型岸基"宙斯盾"系统采用AESA系统，能大幅提升多目标交战能力，并且受维护保障和气象环境的影响较小，可全天时全天候运行，将能极大地弥补上述不足，从而能最大限度提高日本的反导效果，给予对手强有力的威慑。

（二）减轻日本海基"宙斯盾"的压力

日本采购岸基"宙斯盾"系统将在一定程度上减轻其"宙斯盾"驱逐舰舰队持续进行导弹防御巡航的压力。为实施拦截，相关巡航活动要求这些战舰保持在限定区域内，造成它们易受到潜艇的攻击。此外，这些昂贵高性能的战舰在进行导弹防御值班时，无法再执行其他更多的任务。引进岸基"宙斯盾"不仅能实现与海基"宙斯盾"功能互补，还能将日本"宙斯盾"驱逐舰从繁重的导弹防御任务中释放出来，从而将作战重心恢复到海基"宙斯盾"的初始任务上，在日本积极打造航母的背景下，更多地承担起舰队或编队防空及战舰防护等其他重要任务。

（三）加速扩张美国全球导弹防御

早在2004年，美日就达成了导弹防御合作协议，共享弹道导弹防御系统的情报。2018年10月，美军驻日反导司令部成立，其将承担美军驻夏威夷反导部队的部分指挥功能，指挥驻日反导部队和雷达部队，将来还计划负责指挥驻关岛的THAAD反导部队。新司令部的设立使美日导弹防御合作得到了进一步的强化。在相关背景下，日本岸基"宙斯盾"在部署后也必将会与美国共享相关情报信息，从而成为美国导弹防御系统的重要一环。日本部署岸基"宙斯盾"系统其实是美国全球导弹防御扩张的新动向，将对东北亚和西太平洋军事安全形势产生重大深远的影响。

（中国电子科技集团公司第三十八所　吴永亮）

荷兰即将装备 SMART-L MM/N
新型舰载雷达

2018年6月荷兰国防部发布消息称，根据荷兰－美国的最新研究显示，荷兰SMART-L雷达能与美方的SM-3拦截导弹联合工作，而荷兰皇家海军将很快在其防空指挥护卫舰（LCF）上采用新型SMART-L（多任务/海军）MM/N雷达来取代老式的SMART-L雷达。SMART-L MM/N雷达是在SMART-L雷达基础上深入开发的成果，具有专用的弹道导弹防御（BMD）模式。目前，该型雷达的开发与制造已进入后期阶段，服役后将成为北约海上弹道导弹防御（MBMD）能力的核心，进而大大缓解北约主要依靠美国实施欧洲BMD的状况，分担美国在欧"宙斯盾"系统的战备压力。

一、主要背景

在2010年11月的北约里斯本峰会上北约做出了一项重大决策，将保护民众和领土免受弹道导弹攻击的能力研发作为其集体防御方针的核心要素。在这一政策背景下，美国提出了欧洲分阶段自适应方案（EPAA），通过在欧洲部署海基和岸基"宙斯盾"系统及标准-3拦截弹等诸多措施来打造北约弹道导弹防御能力。而荷兰是欧洲国家推动北约弹道导弹防御（BMD）建设工作的急先锋，正通过积极发展MBMD能力来分担美国在欧洲导弹防御方面的重担。

荷兰是雷达和反弹道导弹技术的欧洲引领者，相关工业能力是支撑其开展MBMD研发的重要保证，泰勒斯荷兰公司已验证了其在反导雷达技术方面具有极优的能力。2006年12月，荷兰皇家海军护卫舰"特罗姆普"号在夏威夷附近以经过简单改进的泰勒斯荷兰公司SMART-L远程监视雷达，探测和跟踪到了一枚来袭弹道导弹目标，而美国海军曾认为采用旋转雷达是无法实现的。其后荷兰又多次以SMART-L雷达参与类似的演习，积累了大量的海上反导作战经验。

基于上述原因，荷兰政府于2011年11月宣布，计划升级荷兰皇家海军的4艘"德·泽文·普洛文思"级LCF护卫舰，使其具备增程对空/空间监视与跟踪能力，以助力北约BMD能力建设。而为LCF护卫舰配备泰勒斯荷兰公司D波段SMART-L MM/N预警雷达则是此次MBMD升级的具体体现形式。

二、SMART-L MM/N 雷达的发展历程

SMART-L MM/N雷达的起源要回溯到约20年前，当时荷兰皇家海军与德国海军一起在美国的技术支持下开展了海上战术弹道导弹防御（MTBMD）的可行性研究和概念验证，从而研究了为应对BMD威胁，如何对荷兰4艘新型"德·泽文·普洛文思"级防空与指挥护卫舰所配备的防空战系统进行改进。MTBMD研究活动确认了泰勒斯荷兰公司SMART-L体搜索雷达的BMD搜索与跟踪潜能，再加上建模与仿真所展示的前景，推动了于2003年做出建造与测试一部增远程（ELR）样机的决策。该样机通过采用专用ELR波形和先进的多普勒处理技术等工程方法，引入了高灵敏度BMD通道。

样机于2004年开始进行陆基试验，并于2005年初在荷兰的陆基测试站成功完成评估。舰载技术样机合同于2005年12月签署，相关样机于2006年安装到了"德·泽文·普洛文思"级护卫舰HNLMS"特罗姆普"号上，从而支持该舰参加了在夏威夷附近举行的弹道导弹跟踪实弹演习。样机通过增加支持ELR模式的实时信号处理硬件，实现了无需对现有前端硬件做任何更改。2006年12月在夏威夷附近演习期间，"特罗姆普"号成功跟踪到了一枚弹道导弹目标的飞行全程，并将其跟踪数据通过Link 16传送给了这一区域内的美国战舰，实现了战术级互操作性，从而提供了SMART-L ELR模式具有更高灵敏度的决定性证据。

在样机试验项目成功以及相应演习成果的基础上，泰勒斯荷兰公司进一步改进ELR模式，并最终定义了产品标准式升级，即SMART-L预警能力（EWC）型。SMART-L EWC采用ELR波形及相关处理，并同时引入了一种新型大功率有源电扫阵列（AESA）天线来更换老式SMART-L雷达的无源电扫阵列天线（PESA）。

在2011年11月确认升级4艘LCF护卫舰执行海上BMD任务后，荷兰国防部的国防物资局（DMO）于2012年6月向泰勒斯荷兰公司授出了一份价值1.25亿欧元（1.4亿美元）的合同，以开展4部SMART-L EWC雷达的全规模工程开发与制造。2016年4月在荷兰赫尔德完成近场测试后，首部全作战能力（FOC）的雷达于2016年8月出厂，并于当年9月在荷兰亨厄洛开始上塔测试。这部FOC雷达用于支持全系统鉴定。另一部生产型系统于2016年12月出厂，2017年1月开始上塔测试。2017年5月，随着首批两部雷达在亨厄洛进行测试，该公司宣布SMART-L EWC系列被重新命名为SMART-L MM

（重新命名中的MM表示"多任务"，以反映该型雷达在不同任务与领域中更大的效用）。除SMART-L MM/N雷达（后缀"N"表示该产品系列的海军型）外，SMART-L MM雷达还拥有SMART-L MM/F（"F"代表固定型）和SMART-L MM/D（"D"代表机动部署型）其他两种型号。其中，SMART-L MM/D已获荷兰皇家空军两部雷达的订单，也在亨厄洛进行塔上测试。

2017年9月，在多国联合举行的"坚强之盾2017"演习期间，位于荷兰亨厄洛的SMART-L MM雷达对从苏格兰西北海岸赫布里底试验场发射的一枚弹道导弹目标进行了300余秒的持续稳定跟踪，所达到的航迹质量足以支持BMD型战舰实施远程数据发射（LOR）拦截交战，再次证明了泰勒斯荷兰公司在BMD雷达应用上的全球领先能力。

除首批两部雷达外，另两部SMART-L MM/N雷达也正在加紧建造中，计划于2019年完成交付，预计同一年荷兰皇家海军首艘改进型LCF护卫舰会达到初始MBMD能力，到2021年底所有的4艘战舰都将升级执行MBMD任务。图1展示了正在亨厄洛进行测试的SMART-L MM/N雷达。

图1　正在亨厄洛进行测试的 SMART-L MM/N 雷达

三、SMART-L MM/N 雷达性能分析

泰勒斯荷兰公司的重要挑战是在现役LCF平台一系列限制（重量、体积和功率）下实现增程能力，与防空战（AAW）相比，弹道导弹跟踪要求更大的仰角、高度和

速度覆盖范围，并且与老式雷达相比，新型雷达要具有足够的粒度来识别目标导弹的各个独立部件，如燃料箱、助推器、弹头和诱饵等。这要求仔细进行系统重新架构，引入一种基本上全新雷达来实现"装配关系、规格尺寸和功能"的更换，并避免大规模舰体改动。该公司从软件和硬件两方面入手，通过采用新型ELR波形和引入氮化镓（GaN）AESA天线等方法满足了上述一系列要求，从而最终将SMART-L MM/N仪表量程扩展至2000千米，增大了仰角覆盖范围，引入了探测与跟踪高空超高速弹道导弹的优化新波形和处理，实现了轨迹、发射点和弹着点估计，以及导弹拦截器提示和火控支援等诸多功能。同时，所有现役SMART-L的体搜索功能仍被保留下来，以支持真正的综合防空反导（IAMD）能力。

与标准的AAW波形相比，特有的ELR波形展现出了更高的占空比，提供了更优的探测灵敏度，更大的距离和速度覆盖范围，以及点迹级径向速度测量。新型的全数字化AESA前端基于1000多个 GaN发射/接收模块，安装无须大规模舰上改进，采用二维（2D）数字波束形成器实现了双轴多波束运行（仰角和方位上以多波束扫描），能按需扩展方位和仰角上的波束，形成多个瞬时接收波束，并能将波束照射至所需的方向，从而能精确瞬时显示方位、距离、仰角和径向速度的数值。数字化2D AESA本身还具有灵活的前视/后视波束控制能力，提供了更长的驻留时间，达到了快速航迹起始和更高的航迹跟踪率。AESA架构还提高了冗余度，在个别模块发生故障时具有故障弱化能力。SMART-L MM/N雷达的处理架构基于泰勒斯公司的通用SR3D平台，实现了能在无须改变软件的情况下更换硬件。这意味着其实际上是一种开放式雷达，能通过软件升级实现功能和性能提升。

此外，该系统将能以多个旋转和凝视模式工作，支持AAW体监视和BMD搜索与跟踪。在仅执行对空监视模时，SMART-L MM/N的仪表量程为480千米。在BMD旋转模式下，仪表量程限定为1000千米。而在BMD凝视模式下，仪表量程提高至2000千米。在旋转模式下，该雷达每5秒更新一次。在专用BMD凝视模式下，更新时间可设定为2秒或5秒。在凝视模式下，该雷达能执行90°方位搜索和120°方位跟踪。天线在凝视模式下仍能跟随被跟踪的目标缓慢移动，并维持视域。

四、影响分析

（一）加快盟国 MBMD 能力建设

在SMART-L MM/N雷达获得成功的基础上，德国和丹麦很大可能会继荷兰之后采购该型雷达，这两国都是现役SMART-L雷达的老客户。德国军方于2016年12月做出了一项针对北约弹道导弹防御的重要决定：3艘F124级护卫舰将采用一种新雷达进行升级。德国军方正在寻求一种商用现货即插即用技术，鉴于F124级同样装备的是老式SMART-L雷达，泰勒斯荷兰公司的SMART-L MM/N雷达似乎是最有希望的选择。对于丹麦，SMART-L MM/N雷达是丹麦特玛公司根据一份IAMD咨询支撑研究正在调研的选项之一，其护卫舰也装备有SMART-L雷达。丹麦在2014年9月于华沙举行的北约峰会上宣布，将把丹麦皇家海军3艘"伊万·休特菲尔德"级护卫舰中的至少1艘战舰升级为能执行BMD传感器任务，并向北约BMD系统提供这一能力。

（二）提升欧洲国家在北约反导中的作用

从2010年起，北约就一直在打造一种防御中远程导弹的弹道导弹防御综合系统，保护盟国及其民众免受不断扩散的导弹及大规模杀伤性武器的攻击。但就目前而言，这一能力主要依靠美国为欧洲打造的EPAA计划来实现，作为一项北约的集体决策，欧洲国家自身在其中发挥的作用并不突出，在北约反导的具体实施过程中也未见欧洲国家装备的身影。但随着荷兰LCF护卫舰即将装备SMART-L MM/N雷达，这一情况将会发生改变。LCF护卫舰很快将能与驻欧的美国"宙斯盾"BMD型战舰一起在欧洲水域联合执行MBMD任务，并随着德国、丹麦等国未来相继开展护卫舰雷达升级工作，可执行MBMD任务的欧洲战舰的数量将会得到进一步提升，从而将会进一步减轻美国在欧的BMD压力，提升欧洲国家整体在北约反导中的作用。

（三）推动荷兰实现综合海上反导能力

虽然荷兰目前并没有引进BMD拦截能力的备案项目，但前期开展的研究已证明了将"标准-3（SM-3）"导弹集成到LCF作战系统中的可行性，SMART-L MM/N雷达的入役可能会推动荷兰在欧洲国家中率先实现这一能力。"坚强之盾2017"演习期间，LCF护卫舰HNLMS"德·鲁伊特尔"号上经过改进的SMART-L雷达通过新型BMD雷达处理功能，为一艘美国海军的"宙斯盾"驱逐舰提供了跟踪数据，支持美舰远距离外发射SM-3拦截弹拦截了一个弹道导弹目标。此次事件再加上LCF护卫舰的Mk-41垂直导弹发射装置本身就兼容SM-3导弹，再次证明了采用新型雷达的LCF护卫舰未来在加装SM-3导弹后将具备一定程度独立的BMD能力，而LCF护卫舰将可能成为继"宙斯盾"BMD型战舰后，北约第二种具备综合海上反导能力的战舰。

（中国电子科技集团公司第三十八研究所　吴永亮）

加拿大"雷达星"星座任务即将进行卫星发射

2018年9月30日，在历经5年多的建造与测试后，"雷达星"星座任务（RCM）项目的主合同商加拿大麦克唐纳-德特威勒联合（MDA）公司安全地将第三颗也是最后一颗RCM卫星运送至美国加利福尼亚。目前所有3颗RCM卫星均已成功运抵加利福尼亚，并计划于2019年5月搭乘空间探索技术公司的一枚"猎鹰9"火箭从美国加利福尼亚州范登堡空军基地发射升空。"雷达星"星座服役后不仅能保障加拿大各级公、私机构的各种应用，更重要的是加拿大军方作为该星座的最大用户将能通过RCM项目大幅提升其海上监视能力，尤其是对北极地区的舰船活动的监控。在北美空天防御合作的背景下，美军将与加拿大共享相关数据，并十分重视RCM项目所能实现的作战能力提升。

一、主要背景

鉴于当前加拿大"雷达星"项目下唯一一颗在用卫星"雷达星-2"已超出设计寿命服役多年，加拿大正在加快"雷达星"项目的后续项目"雷达星"星座任务（RCM）项目的进展，目前3颗RCM卫星已建造完成，准备发射。

"雷达星"项目要追溯到20世纪70年代，当时加拿大政府寻求一种可确保海冰地区航行安全的可靠技术。经过多年的研发，"雷达星-1"于1995年11月发射成功，是加拿大首颗全天时全天候向加拿大及全球及时提供C波段合成孔径雷达（SAR）数据的卫星系统，并一直运行至2013年3月。2007年12月发射的"雷达星-2"卫星继续保证了加拿大作为全球天基SAR系统的领军者地位。"雷达星-2"设计为一直运行至2014年，但预计在完成RCM能力部署前，加拿大目前仍将继续依靠"雷达星-2"来提供数据。

为在未来保持天基SAR系统的优势，早在2004年，"雷达星-2"仍处在研制过程中，加拿大政府就决定在"雷达星-2"之后继续推动其"雷达星"项目。后续项目将采用新方式——以星座结构飞行的低成本小卫星，主要目标是在停运"雷达星-2"后，继续保证C波段SAR数据的连续性，持续为海上监视、灾害管理和环境监控等应用提供SAR图像。在此背景下，RCM项目由此应运而生，并于2005年开始启动。图1为"雷达星"星座构想图。

图1 "雷达星"星座构想图

二、RCM项目主要进展

2006年3月，加拿大航天局向"雷达星"项目的主合同商加拿大MDA公司授出了一份RCM概念设计与任务定义（A阶段）合同，该阶段于2007年完成。2008年11月，为期16个月的B阶段合同授出。2010年2月，随着初始设计评审的完成，B阶段结束，RCM项目转入C阶段。在2012年11月完成项目关键设计评审后，2013年1月，加拿大航天局与MDA公司针对3颗RCM卫星的建造、发射和初始运行达成了一份价值7.06亿加元的合同，RCM项目进入D阶段。2015年1月，RCM项目地面段系统级初始设计评审完成。2015年11月，MDA公司完成了星座首颗卫星的主要载荷部件SAR天线和数据发射天线的测试（见图2）。2017年12月，RCM项目的地面段进行了出厂测试，所有设备于2018年1月初交付加拿大航天局进行主控设施集成。2018年9月，最后一颗RCM卫星交付至美国加利福尼亚，并计划于2019年5月连同先前已运至加利福尼亚的另两颗RCM卫星，由一枚"猎鹰9"火箭以一箭三星的方式发射升空。

图 2　正在测试的一颗 RCM 卫星

三、RCM 项目分析

随着RCM项目向着SAR卫星星座发展，这次升级将完全不同于之前从"雷达星-1"到"雷达星-2"单颗卫星的能力升级，而是一项系统级演变。星座的优势在于将大幅缩短对地球上同一区域连续成像的间隔时间（重访时间），而RCM项目的目标就是通过部署3颗卫星以6倍的监视范围来改善对加拿大及其海域的持久监视能力。RCM将以星座结构在同一轨道面上间隔120°均匀分布3颗C波段SAR卫星，这意味着卫星之间相互跟随并间隔30分钟。与"雷达星-2"性能类似的这些卫星将在600千米高度的太阳同步轨道上对加拿大进行日常覆盖，并基本上实现对全球任何地点的日常访问。每颗卫星的重访周期为12天，整个星座重访周期为4天。因此，3颗卫星组合运行形成了新的能力，通过利用后续卫星的干涉测量数据对，将干涉测量数据对的间隔从现在的24天降至4天，从而实现了干涉测量应用的改进。该星座的卫星在设计上进行了折中，通过将每颗卫星成像工作时间减少至15分钟/轨道（"雷达星-2"的相应时间为28分钟），降低了它们的尺寸和成本。3颗卫星的组合能力优于"雷达星-2"，能更好地观测加拿大的陆地和海上地区。

RCM项目的空间段由3颗RCM卫星组成。每颗卫星配备两种载荷：SAR载荷和舰船自动识别系统（AIS）载荷。

相关雷达载荷的双面板C波段SAR天线是一种采用了收发（T/R）组件的有源相

控阵天线，分别由锁紧释放装置和天线展开子系统实现收笼和展开。SAR载荷将执行所有的成像工作，以及雷达数据的存储、加密和传送。每颗卫星均能以多种成像模式提供SAR图像，这些模式的选用确保了"雷达星"用户的数据连续性。在宽域模式下，将以中分辨率（16米～100米）对关注的大面积区域进行监测和采集数据，主要支持海上和环境应用。在高分辨率模式下，该星座将以达3米～5米的空间分辨率按需采集特定图像。它还拥有1米×3米的分辨率的聚束模式。该星座拥有单极化、双极化、简缩极化和全极化能力。这些极化选项最大限度地丰富了所采集数据的信息内容。

AIS是一种应答器系统，通过广播发送甚高频（30～300兆赫兹）海事通信信号来提供所载船只的身份、类型、航线、位置、速度等信息。根据国际海事组织（IMO）的要求，所有排水量300吨以上（A类）的舰船必须配备AIS。相关AIS载荷将收集宽测绘带（宽于常见的SAR测绘带）内的舰船信息，这些信息将综合用于SAR舰船探测，以区分非合作舰船与其他舰船。RCM项目是综合应用SAR和AIS载荷的首批卫星项目之一，加拿大军方将能根据需求启用这两种载荷。而装配AIS载荷正是根据加拿大国防部的要求，加拿大军方目前依靠从商用和其他资源获取的AIS数据与"雷达星-2"所采集的图像进行相关，这存在数据延迟和不确定性等诸多不便，极大地影响了加拿大军方海上航路监控能力。以同一颗卫星载有这两种载荷将实现近实时的海上监视能力，无须再从不同的系统中收集各种数据来融合成相应的信息，从而将大幅缩短信息获取时间，使加拿大军方能更快地做出响应，更有力地保障加拿大的国防战略。

除上述两种载荷外，RCM卫星还包含多部S波段和X波段通信天线。图3展示了RCM卫星最终展开状态下的结构图。

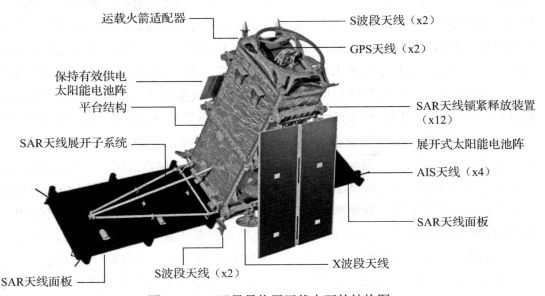

图3　RCM卫星最终展开状态下的结构图

表 1 RCM 卫星的关键参数

轨道	同一轨道面上以 120° 分隔的 3 颗完全相同的卫星 高度：600 千米 倾角：97.74° 重访周期：每颗卫星 12 天，星座 4 天
质量	约 400 千克
SAR 载荷	C 波段：5.405 吉赫兹，有源单元 右视，非星下点 雷达孔径尺寸：6.75 米（长）×1.38 米（宽） 带宽：100 兆赫兹
AIS 载荷	4 通道，A 类
太阳能电池阵列	主电源：2.2 米（长）×1.7 米（宽） 保持有效供电电源：1.6 米（长）×0.5 米（宽）
尺寸	收笼：1.71 米（长）×2.24 米（宽）×3.95 米（高） 展开：6.75 米（长）×3.15 米（宽）×3.75 米（高）
设计寿命	7 年

RCM项目将需要多个地面站点来大面积覆盖加拿大关注的海上区域，并能在10分钟到30分钟的采集时间内提供数据。地面段主要基于现有的基础设施，并需要执行如下任务：指挥与监控卫星的飞行与成像，接收卫星遥测数据，接收卫星载荷数据，以及管理用户数据等。地面段操作系统主要集中在加拿大航天局，将在这里执行端到端操作。此外，通过"极地厄普西隆2"计划，加拿大国防部也加入进来进行数据序化、处理和接收。加拿大测绘与对地观测中心将通过对地观测数据管理系统进行SAR数据归档。SAR数据接收和遥测、跟踪与控制（TT&C）系统基于已形成的加拿大地面站网络，主要涉及位于加拿大境内的阿尔伯特王子城、因纽维克和加蒂诺的S波段控制与遥测接收设施、马斯顿和奥尔德格罗夫的X波段接收站，以及一座主要用于星座发射与早期运行（LEOP）的北方地面终端站（瑞典空间公司的基律纳地面站）。将这些站点结合起来可以访问处在任一轨道上的RCM卫星。在加拿大境内的五座站点中，分别位于加拿大东、西海岸的马斯顿和奥尔德格罗夫站点隶属于加拿大国防部，是加拿大军方为利用"雷达星-2"卫星的数据而在"极地厄普西隆"计划（已由MDA公司于2011年完成）下兴建的两座军用站点。为保障RCM项目，MDA公司已于2016年6月获得加拿大国防部一份价值4850万加元的合同来开展"极地厄普西隆2"计划，加上合同选项，合同总价将达6310万加元。MDA公司通过升级这两座军用站点，采用新型计算能力、地面站和天线来支持加拿大军方的近实时海上监视需求，从而利用

RCM的SAR图像每日为加拿大国防部提供数百万平方千米海域的信息。

四、影响分析

（一）推动加拿大军民融合深入发展

RCM项目是加拿大继"雷达星-2"后又一个成功实施的军民融合技术典范。虽然加拿大联邦政府部门，包括加拿大渔业与海洋部、农业部、环境部、自然资源部和公共安全部都将使用RCM数据，但加拿大军方才是RCM项目的最大用户，将应用到约80%的RCM数据，RCM项目正是在加拿大国防部的大力支持下才得以顺利实施。RCM项目星座结构方式所实现的高时空分辨率不仅将支持环境监测、灾害管理等重要的民事应用，还将满足加拿大军方的相应需求，加拿大军方根据需要有权调用RCM卫星。

（二）大幅提升加拿大军方海域感知能力

与现役单颗"雷达星-2"卫星相比，RCM的轨道布局使其能覆盖地球的绝大部分地区，将能在加拿大远北地区上空每天卫星过境4次，在西北航道（位于北美大陆和北极群岛之间）上空每天卫星过境数次。RCM所实现的近实时海上监视能力、扩展的覆盖范围和更高频次的重访率使加拿大军方能更及时地获取更丰富的海域信息，将在保障加拿大军方探测、识别和跟踪相关海域和北极地区关注舰船的活动中起到十分重要的作用，从而在未来有力地支撑起加拿大军方的海域感知任务。

（三）深化加拿大与美国的军事战略合作

美国政府一直十分关注RCM及其所能提供的数据，并重视RCM将带来的作战能力提升。鉴于加拿大和美国长期的军事战略合作关系，RCM数据将会通过北美防空防天司令部（NORAD）或其他机构向美军传送。NORAD的任务正在向海域扩展，北极航道监视能力是其急需提升的能力之一，RCM将有助于大幅提升NORAD在相关方面的态势感知能力，能为其提供从海上接近北美大陆的相应信息。另外，美国国家地理空间局（NGA）和国家侦察局（NRO）也与加拿大军方取得联系，以寻求确定针对RCM的可能需求。

（中国电子科技集团公司第三十八所　吴永亮）

美国防空与反导雷达进行多目标跟踪及
弹道导弹拦截试验

2018年9月，由雷声公司研制的防空与反导雷达（AMDR）探测、捕获并跟踪了来自美国海军太平洋导弹靶场的多个目标，并引导导弹对其中一枚弹道导弹进行了拦截。2017年，AMDR分别完成了对先进短程弹道导弹、中程弹道导弹及复杂多目标进行跟踪的试验，初步展现出AMDR应对各种日益复杂的实时目标的能力，本次对弹道导弹的成功拦截表明AMDR向综合防空与反导（IAMD）能力的实现又迈进了一步。

一、概述

美国海军AMDR是世界上第一部以防空反导一体化为核心的多功能双波段有源相控阵雷达，在设计之初便具备同时多任务能力，而其替代的SPY-1雷达在最初设计时仅针对防空任务，经不断升级后具备反导能力，但防空与反导只能分时进行。AMDR可完成对来袭导弹的远程预警探测、跟踪识别、拦截引导与毁伤评估全流程作战，还能执行反舰、反潜、远程对陆攻击等多种作战任务；而SPY-1雷达缺乏对潜望镜等海面小目标的探测能力，对掠海飞行导弹等低空、超低空目标的探测能力也不足。目前基线-9版本"宙斯盾"系统采用"多任务信号处理器"（MMSP），将防空与反导的信号处理集中在一块芯片上，具备了多任务并行处理能力，与AMDR的探测能力兼容。

二、研制背景

2007年，美国海军在进行一项名为"联合部队海上防空与导弹防御替代选项分析（MAMDJF AOA）"的研究后得出结论：需要大孔径相控阵雷达（SPY+30dB，即比现役宙斯盾舰的SPY-1雷达增益提高30分贝）+新设计建造的船体来满足防御弹道导弹和巡航导弹威胁的能力，以"朱姆沃尔特"级导弹驱逐舰（DDG-1000）为基础发展而来的新一代巡洋舰（CG（X））将成为用来搭载这种大孔径的AMDR的军舰。

但是到了2009年，美国海军在进行"雷达/船体研究"（Radar/Hull Study）后认为较小孔径的AMDR可以搭载到"伯克"级驱逐舰（DDG-51）船体上，并且仍然符合IAMD能力的要求。2010年4月，美国海军因为经费的压力取消了CG（X）巡洋舰计划，并重新启动了DDG-51生产线，新型的双波段AMDR仍作为新型DDG-51 3型驱逐舰的主力装备，承担IAMD任务。

三、系统组成

AMDR是双波段雷达（DBR），由一部S波段远程雷达（暂称AMDR-S）、一部X波段中/短程多功能雷达（暂称AMDR-X）以及雷达组件控制器（RSC）三部分组成。AMDR雷达构想图如图1所示。

图 1　海军 AMDR 雷达构想图

（一）AMDR-S 雷达

AMDR-S是AMDR计划的开发核心。AMDR-S是一种采用全固态组件的有源相控阵雷达，用来替代宙斯盾舰上的SPY-1雷达，其工作波段为S波段（工作频宽将超越既有的AN/SPY-1），用于提供针对空中与弹道导弹目标的广域搜索、跟踪、弹道导弹防御（BMD）目标识别，以及导弹通信功能，被要求具有良好的抗干扰、过滤杂波能力，并能在恶劣海象、天候之下仍能追踪新一代低雷达截面积空中物体。值得一提的是，由于AMDR以防空和反弹道导弹任务为主，对远距离精确探测的需求比先前DBR雷达系统更严苛，因此S波段雷达仍采用传统上四面阵列天线的配置（如图2所示），而不是DBR雷达的三阵列配置。

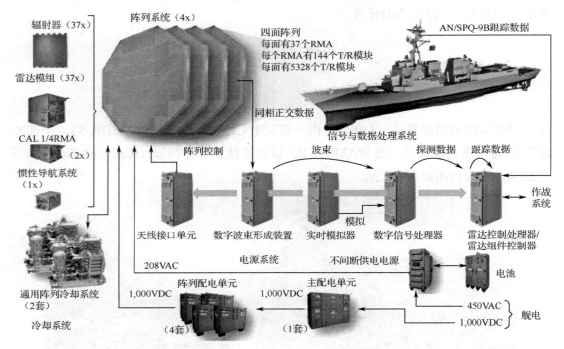

图 2　AMDR 组成示意图

依照2015年公布的伯克Flight 3相关资料，每组AMDR-S天线阵列高4.298米、宽4.145米、深1.524米，阵面外框依旧为类似AN/SPY-1的八角形。每组AMDR雷达阵列由37组雷达模组（RMA）总成以及37个天线辐射单元构成；每组RMA长宽高各60.96厘米，由四个线性可替换单元（LRU）构成，每个LRU由包含许多快速抽换的多频道收/发模组（TRIMM）以及相关的单元组成（见图3、图4），并内建液冷系统，能在不关闭液冷回路的情况下直接更换天线阵列上的TRIMM，六分钟内能完成LRU的抽换。

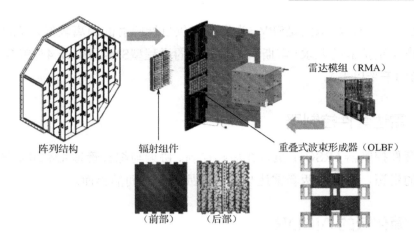

图 3　AMDR-S 雷达阵列以及雷达模组（RMA）总成

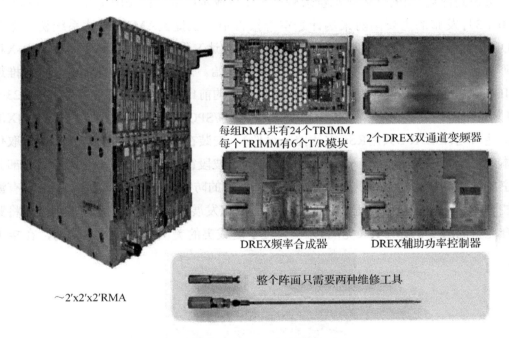

图 4　RMA 及其组成

（二）AMDR-X 雷达

　　X波段雷达基于现有的相控阵技术，能够进行地表和地平线探测，搜索跟踪低空飞行的飞机和导弹，并具备潜望镜探测以及先进的导弹照射、通信支持。AMDR-X计划使用一部兼具搜索、跟踪等功能的相控阵雷达，天线阵面尺寸约1.22米×1.83米，而雷声公司已经开发完成的SPY-3是最有可能的候选者。值得注意的是，根据若干伯克3型的构型模型，即便配备AMDR-X之后，仍装备原有的三座SPG-62照射雷达（见

图1圆圈处）。一个可能原因是SPY-3为导弹提供目标照射的距离较低，无法满足宙斯盾舰远距离防空接战的要求（宙斯盾舰艇使用的增程型SM-2 Block 4与SM-6的最大有效射程在240千米以上）。

（三）雷达套件控制器

雷达套件控制器（RSC）：负责在后端控制、协调与综合管理AMDR-S与AMDR-X两套雷达的资源，并作为两套雷达与舰载作战系统之间的界面。

（四）简化版的AMDR

考虑到伯克3型的舰体排水量余裕有限以及成本原因，在美国审计署（GAO）于2010年3月发布的主要国防采购计划审查报告中，就提到AMDR雷达系统初期会以SPQ-9B（替代原有伯克2A型舰上的AN/SPS-67雷达）作为X波段雷达，而AMDR-X相控阵雷达的开发与竞标工作会在较晚的时候开始。2012年4月，美国海军决定推迟AMDR-X相控阵雷达的开发工作，2016财年订购的前12艘伯克3型驱逐舰（DDG-123～134）使用简化的雷达构型，以一部修改过的AN/SPQ-9B跟踪雷达作为AMDR的X波段雷达（与AMDR-S共用RSC雷达控制组件），安装在主桅杆顶端，而AMDR-S取代原本的SPY-1D；不过，融入旋转式SPQ-9B型X波段雷达的AMDR-S能弥补当前部分防空反导探测缺陷，但难以应对未来威胁，今后的防空反导雷达需要融入X波段有源相控阵雷达，也就是向真正的三面阵列AMDR-X发展。2016年7月初，雷声公司将第一套完整的SPY-6 AMDR（见图5）交付位于夏威夷的美国海军导弹测试场，在接下

图5　第一套完整的AMDR雷达

来一年内进行实际测试，包含探测、导弹射控、防空作战与反弹道导弹等测试科目。注意此雷达结构包含下方的AMDR S波段主阵面以及顶部修改自SPQ-9B的X波段近程跟踪雷达。

四、作战性能

与现有AN/SPY-1相比，AMDR-S可以在两倍距离外探测到雷达截面积（RCS）小一半的目标（见图6）。

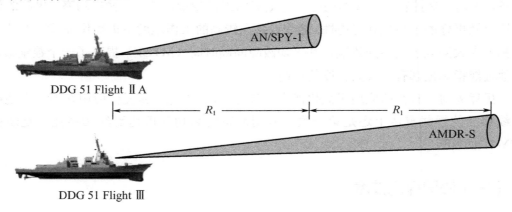

图6　AMDR-S雷达与AN/SPY-1探测距离比较

为应对将来的大规模的饱和攻击威胁，AMDR-S同时捕获目标的数量增加至SPY-1的30倍以上，估计能够同时探测到10000多个目标。

对所探测到的目标同时进行跟踪的数量为SPY-1的6倍。SPY-1能同时跟踪的目标数量为200个，估计AMDR-S能够同时跟踪1200个以上的目标。

对发射以后进行制导支持的对空导弹的数量为SPY-1的3倍。SPY-1能够对20个目标进行导弹制导，AMDR-S能够同时制导导弹攻击目标的数量为60个。

五、关键技术

（一）双波段数字波束形成技术（DBF）

按照美国海军的说法，数字波束成形技术是AMDR雷达最大难点所在，通过这项技术可以通过软件编程使雷达同时产生多道波束，以便在同时支援防空与导弹防御任务时提供需要的雷达资源，从而满足不同作战需求。虽然数字波束成形技术过去已被应用在雷达上，但用在AMDR这样大尺寸的雷达上还是第一次。

此外，雷达波束的形成不再依靠传统的模拟馈线网络形成，而是通过数字化技术来形成雷达波束，雷达将具有波束指向性更高、探测能力和抗干扰能力更强等特点。

（二）收发（T/R）组件技术

防空反导雷达的T/R组件技术采用了新一代半导体器件氮化镓（GaN）。氮化镓的主要优势是具备更高的功率容量和更高的功率密度，相比上一代的砷化镓（GaAs）设备，雷达在保持较小尺寸的同时具有更宽的工作频带、更大的输出功率、更高的信噪比以及更好的导热性和导电性。这些设备在较高的工作温度下仍能保证较好的技术指标，大大降低了设备的依赖，其平均故障间隔时间（MTBF）提高了一个数量级，其他性能指标也都有了较大程度的提高。

虽然先前已有雷达应用了氮化镓半导体元件，但将氮化镓元件应用在如此大规模天线口径的舰载雷达上还是第一次，应用后雷达总功率可达到约10兆瓦，是现役SPY-1D的2倍。

（三）协同探测技术

AMDR S波段、X波段实际作战时是同时工作的，S波段主要用于体搜索和防空反导，更小的AMDR-X雷达将用于地表和地平线搜索，作为AMDR-S雷达的补充。实际作战时，两部雷达需要进行协同探测，以减少防御漏洞。

（四）数据融合技术

在传统的系统中，各个不同的雷达都有独自的后端信号处理与数据处理设备，雷达天线接收的原数据先经过信号处理，然后经过数据处理，最后将输出的探测数据输入战斗管理系统进行处理与融合。

而在AMDR双波段雷达架构之下，S波段与X波段雷达则以同一套数据处理后端设备来统一处理两部雷达的数据，则需要对两部雷达的数据进行融合处理，形成综合的目标航迹数据提供给作战指挥系统。

此外，天线阵体系架构技术、热管理技术、分布式接收机/激励器等技术也是AMDR的关键技术所在，通过对关键技术进行梳理研究，能够打破国外在技术上的一些封锁，从而为我国类似装备研制提供借鉴。

六、启示与建议

（一）采用 RMA，实现真正的可扩展性

AMDR-S天生具备完全可升级性，雷达系统基于一个0.61米×0.61米×0.61米的RMA，该模块能堆叠，根据任务要求和搭载舰船的大小，组成大型雷达或小型雷达。图7中的三种阵面都由相同的RMA单元构成，RMA的数量多寡决定了雷达阵面的孔径、发射功率与性能。中间的是伯克Flight 3采用的AMDR-S，阵面由37个RMA构成，最左边的则是EASR雷达，阵面只有9个RMA。

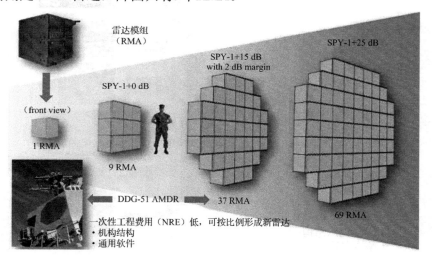

图 7　RMA 能够根据任务要求和搭载舰船的大小，组成大型雷达或小型雷达

目前美国海军对AMDR-S的要求是SPY+15分贝，也就是相比SPY-1，信噪比提高15分贝，性能强32倍；但是也可以将雷达制造成SPY+25分贝或SPY+10分贝，从而提高对更大或更小舰艇平台的适装性。

此外，冷却、校准、功率和逻辑界面是完全可升级的，该雷达系统能适合无数种应用，并非仅适用于AMDR，同时具备实用性、可靠性和可维护性。

（二）采用开放式体系结构

在硬件系统工程中，采用模块化与开放式体系结构标准、接口以及设备，可以用较低的成本实现新雷达的制造或旧雷达的升级，使得系统的通用性和适应性大大增

加，同时子模块可以由不同公司单独研制，这样的模式有效地减少了研发成本，缩短了研发时间。

在软件系统工程中，采用软件产品线体系结构（PLA）开发通用、开放式接口，能够便于在未来与其他作战系统进行集成。

同时，依赖于改进后的基线9宙斯盾作战系统以及宙斯盾通用来源资料库（CSL）。宙斯盾CSL能够使用户快速在"一旦建立，能够使用很多次"的架构下，快速将新能力与新程序集成到舰队中，实现现代化舰船与新建舰船内软件的再利用及通用性，CSL是提升舰队互操作性问题的关键所在。

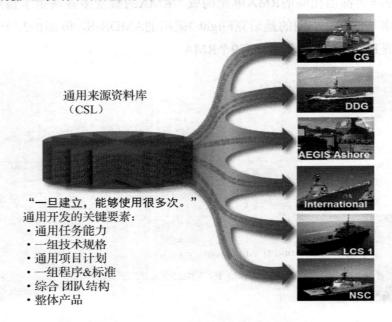

图8　CSL能够用于各种平台，包括各种等级与各类舰船以及陆基系统平台

（三）大量采用现有技术以降低研发风险

AMDR-S雷达除采用氮化镓技术以及DBF技术以外，也大量采用了诸如数字阵列雷达技术、经济性通用雷达体系结构等现有技术，从而降低研发风险。AMDR-X雷达也将大量采用现有技术，并且应该也会打算应用AMDR-S上的DBF和模块化技术。

（中国电子科技集团公司第二十研究所　　王惠倩　王　昀）

美国首次公布视频合成孔径雷达试飞结果

在2018年4月举行的IEEE国际雷达会议上，雷声公司先进传感器和技术部介绍了DARPA牵头开发的视频合成孔径雷达（ViSAR）项目的最新进展，首次公开了ViSAR实物结构图和试飞结果，并详细介绍了试验过程采用的系统标校、运动补偿、目标检测、特征提取等具体试验方法和处理过程。

一、事件背景

ViSAR是一种工作频率位于235吉赫兹的太赫兹频段（0.1太赫兹～10太赫兹）的合成孔径雷达（SAR），研制的主要目的是为了解决烟雾、沙尘等恶劣战场环境下空地支援作战面临的信息不连续、不清晰问题。ViSAR项目由DARPA牵头，L-3电子设备公司、BAE系统公司、雷声公司、诺斯罗普·格鲁曼公司等公司参与，2012年开始研制，经过五年的努力，制造出演示系统，于2017年4月到7月期间进行了多种飞行条件下的飞行试验。

根据DARPA前期发布的信息，ViSAR由发射链路、天线、接收链路、信息处理和显示控制等分系统构成。ViSAR天线安装于传统光电传感器的万向节中，长15厘米，宽15厘米，由五个通道构成，包含一个发射通道和四个接收通道，能够完成高分辨率SAR成像、地面动目标指示（GMTI）、干涉测高、目标定位等功能。按照DARPA的研制要求，ViSAR的帧率为5赫兹（每秒成像5次），分辨率为0.2米，作用距离10千米，视场100米。

二、ViSAR 系统描述

（一）系统架构和工作流程

雷声公司此次披露的ViSAR架构更加详细，ViSAR系统工作流程则是首次公开。

ViSAR演示系统由天线、收发设备、信息处理器和显控系统四大部分组成。图1展示了ViSAR演示系统功能框图。ViSAR在操控员的控制下根据相应的工作模式产生相应的发射信号，经过放大由天线辐射出去；四个接收通道使用线性调频脉冲作为基准波形对接收信号进行去调频，使用高速模数转换器（ADC）对中频信号进行数字化来生成同相和正交（IQ）分量数据，再使用先进的现场可编程门阵列（FPGA）和信号处理器来生成SAR图像、动目标指示（MTI）和阴影检测雷达数据产品。最后，雷达数据产品传输到单板计算机显示出来，供操作员使用。单板计算机还完成系统控制、导航计算和雷达管理功能。ViSAR还与一部X波段雷达分系统相连接，后者完成发射波形产生和控制，并将接收信号下变频至中频。

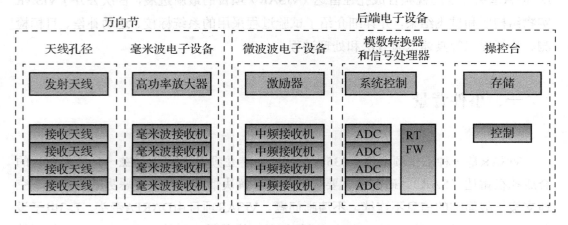

图 1　ViSAR 演示系统功能框图

ViSAR系统的一项独特特征是能够同时采集并处理用于SAR、MTI和阴影检测的IQ数据。这三种软件由技术服务公司（TSC）设计，软件设计的目标是使用相同的IQ数据集生成三个数据流。然后，将三个数据流组合成单一的显示，为用户提供多模信息，提高态势感知以及探测和跟踪慢速运动目标的能力。软件套件同样包括校准操作，对接收到的IQ数据进行实时处理。

（二）系统关键性能参数

硬件方面，ViSAR传感器前端，包括天线阵列，封装在雷声公司设计的多谱瞄准系统（MTS-B）转台内，如图2所示。MTS-B转台能够提供高质量指向，同时作为前端电子器件的稳定平台。目标ViSAR系统将把所有电子设备，包括RF激励器、接收机和后端电子都封装在类似大小的转台内，这将使目标系统容易集成到各种飞机上，为态势感知提供宽视场和稳定的目标交战能力。ViSAR关键电子技术是亚太赫兹前端电子设备，其中诺斯罗普·格鲁曼公司开发的上变频器和下变频器能在X波段信号和太赫兹频段进行变换。雷声公司开发的固态中功率放大器（MPA）能够产生0.5瓦的输出功率。L3通信公司开发的全频带高占空比的行波管（TWT）高功率放大器（HPA）可产生50瓦的平均功率。米利技术公司（MIlliTech）设计的天线阵列由一个发射天线和四个接收天线组成，采用高斯光学天线（GOA）单元，四个接收天线采用共视轴设计，具有最大的波束重叠覆盖；可进行二维干涉测量；每一天线的半功率波束宽度可提供有效的视场；天线副瓣设计得非常低，以降低模糊，同时主瓣波束在整个波束宽度内设计得比较平滑。

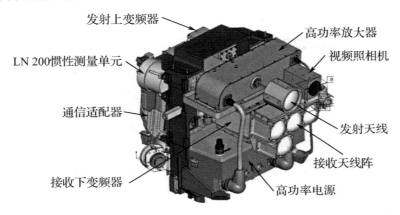

图 2　射频电子封装在 MTS-B 转台内

软件方面，ViSAR系统要满足延迟、帧率、成像质量和检测等方面的目标，并可工作于所有气象条件。高帧率，低图像延迟对算法、信号处理架构以及处理器硬件的吞吐量提出了较高要求。235吉赫兹频率形成的成像几何和较短的SAR孔径时间需要较小的数据格式和低阶自聚焦，来生成高质量图像。鉴于FPGA处理器的吞吐能力，算法需要实时完成所有要求的信号处理。精细分辨要求发射脉冲带宽能够得到地面的精细距离分辨率。

三、ViSAR 飞行试验

ViSAR工作频段较高，作用距离易受大气衰减的影响，因此要考虑大气条件。进行验证计划的飞行试验飞机是DC-3，鉴于DC-3飞机飞行路径的抑制角较低，飞行测试中会遇到更多的大气衰减。综合ViSAR验证系统的功率孔径积和大气衰减，将飞行试验的标称探测距离设置为2千米。ViSAR飞行试验从2017年4月开始，到2017年7月结束，共4个月，在得克萨斯州的中落锡安（Midlothian）进行，这里天气特别潮湿，会造成较大的信号衰减。基于大气模型和天气信息的分析，估计单程大气衰减超过10分贝。这还和每天的时间有关系，大约有2或3分贝的单程损耗起伏。所得SAR图像的实时飞行观测表明由大气造成的信噪比（SNR）和杂噪比（CNR）衰减与这些估计是一致的。飞行试验期间的大气衰减如图3所示。

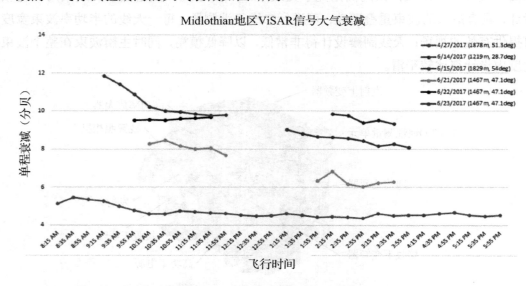

图 3　ViSAR 试飞期间估计的得克萨斯州 Midlothain 单程大气衰减

（一）信号处理方法

在进行SAR成像和MTI之前，ViSAR要进行标校、去调频、聚焦等信号处理，这对改善SAR图像质量和MTI检测性能具有重要作用，这些流程与常规SAR是一致的，但由于ViSAR工作频段相对微波频段高得多，具体方法和要求会有所不同。

1. 标校

标校用于降低系统误差的影响，ViSAR系统性能的主要测量是冲击响应，冲击响应失真主要来源于系统工作带宽内的增益和相位误差。对于SAR而言，低阶多项式增益和相位误差影响图像聚焦、分辨率和对比度。对于动目标指示（MTI）性能而言，增益和相位误差降低目标检测概率，增加虚警概率。而且，发射接收定时的通道失配、增益误差和相位误差会影响后多普勒空时自适应处理（STAP）信号处理检测目标的能力。

ViSAR使用跨频率通道均衡技术来降低冲击响应失真的影响，以获得接近理想的冲击响应。通过对每一通道接收信号的增益和相位进行调整来改善通道均衡和定时。图4给出了两个通道校准的结果，可以发现校准后的冲击响应得到改善，通道之间的冲击响应如期望一样得到了良好匹配。

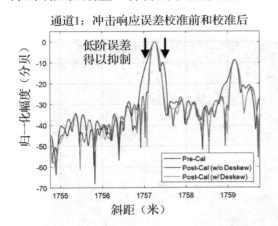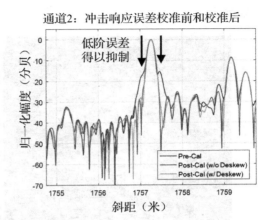

图4　冲击响应均衡通道校准

2. 去调频

ViSAR去调频之前的通道之间的时间延迟失配表明存在距离或频率偏置误差。因为距离多普勒分辨单元没有对齐，这些偏置误差影响MTI所需的自适应阵列处理能力。这些影响可通过工厂零距延时（ZRD）标校来缓解。用于通道平衡和ZRD的工厂标校数据来自明亮散射体的自由空间标校信号。图5表明通道均衡和ZRD校准的效能与使用三个空间通道和对消比测量的性能相当。

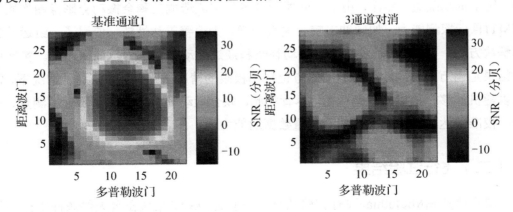

图5　ViSAR系统获得对高SNR自由空间工厂校准信号所需的对消比

尽管在ViSAR系统中没有利用图像密度均匀性（IIU）需求，但考虑了中频增益响应和天线波束形状的主要作用。由于ViSAR接收机去调频的设计，均匀杂波区增益变化会产生与频率相关的中频链路、去混叠滤波器和ADC采样奈奎斯特去响应的增益响应。还考虑了增益相对雷达距离和几何关系。图6是使用辐射校准的一个例子，使用高杂噪比（CNR）数据，辐射校准能够显著改进照射视场，进一步扩大系统态势感知能力。

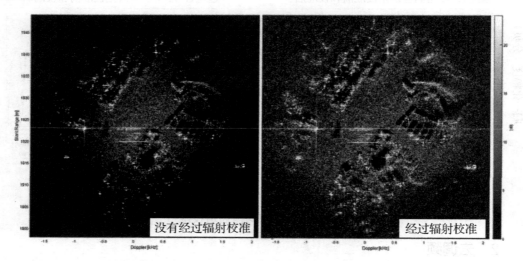

图 6　辐射校准实例（2017 年 7 月 14 日 Midlothian Junkyard 场景飞行试验数据）

3. 联合平台运动补偿和自聚焦

ViSAR系统工作频率高，对平台的振动更为敏感，需要把振动补偿作为系统设计的一部分进行考虑。首先将毫米波射频电子器件和天线阵列安装在转台的内部万向节中，用于振动隔离。然而，由于机械振动或飞行湍流造成的剩余振动会影像图像质量和MTI目标探测能力，如同冲击响应失真一样，为改善雷达性能，使用了一组运动目标解决方法。图7给出了没有经过运动补偿和经过运动补偿的SAR图像比较。实例中的结果是当万向节到达软件驱动的方位扫描极限的情况下得到的，在这种情况下，雷达以随机漂移扫描模式采集数据。尽管如此，联合运动补偿方法还是验证了测量、估计、校准雷达视线运动并生成高质量数据的能力。

（二）飞行试验结果

得克萨斯州Midlothian飞行试验的目标是验证ViSAR系统在全天候条件下提供优异态势感知和稳健目标交战的能力。为支持演示验证，在多个位置对多种目标进行了飞行试验，包括静止的反射器、机会性运动目标以及感兴趣的杂波特征。

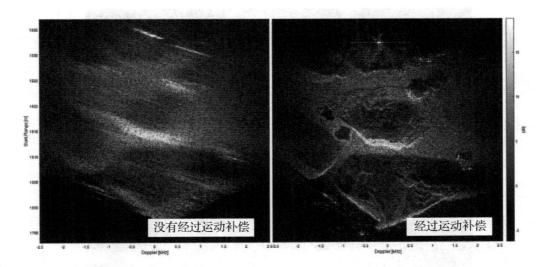

图7 没有经过运动补偿获得的 SAR 图像（左）和经过运动补偿获得的 SAR 图像（右）

1. 高分辨成像

图8给出了第一张采集的SAR图像结果，该实验于2017年4月27日进行，雷达面朝东方，目标是得克萨斯州Midlothian的一处飞机库。ViSAR精确测量了顶部和放置在其中的直角平面反射器，特别明亮的是校准源。飞机库的顶棚在中部靠下区域清晰可见，并伴随折叠和雷达阴影。杂草区域的杂波回波看起来比前方和右侧的水泥跑道还要强，油桶也是可见的。高分辨率显示器显示出更多纹理和特征，如光板和相关阴影。

ViSAR系统验证了连续和持续地进行360度聚束式视频SAR的能力。在6分钟内采集了得克萨斯州Midlothian中途区域机场的两圈图像。该场景包含由于建筑物高度造成的重叠，并获取了返回中途机场的机会性运动目标。图9显示了连续视频流的两帧，其中ViSAR分别向西方和北方观测。

2. 获得目标杂噪比

ViSAR系统还验证了在最恶劣天气衰减环境下的杂噪比（CNR）。本地地形CNR通过使用滑窗进行估计。图10给出了同构杂波、异构杂波和大型离散杂波场景下的本地CNR的实例估计。本地平均CNR图由于低通滤波器变得模糊，小型斑点和空间变化分布在高斯主瓣上。ViSAR系统在草地区域最恶劣大气衰减条件下获得了10分贝的CNR，在Junkyard 场景等大气衰减下电视轴附近的大气衰减超过20分贝。

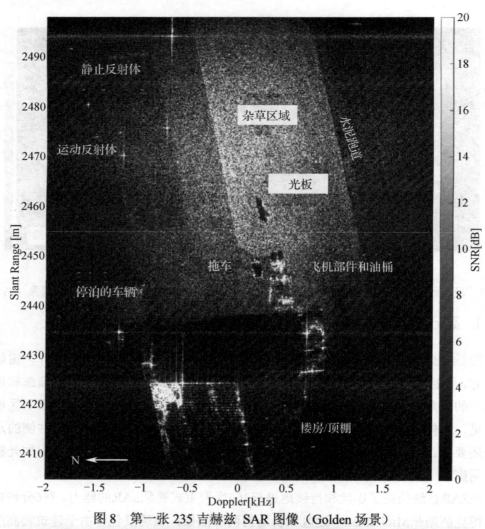

图 8   第一张 235 吉赫兹 SAR 图像（Golden 场景）

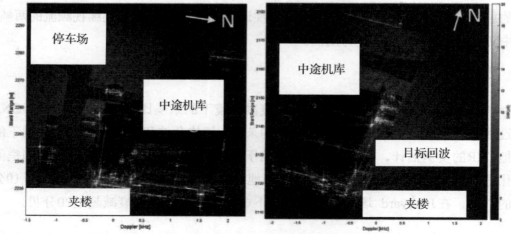

图 9   对 Mezzanine 场景的连续和持续聚束 SAR 视频的两帧图像

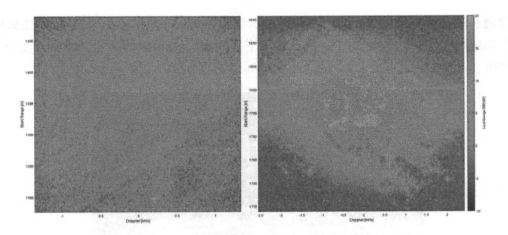

图 10　估计的 Grass 场景的 CNR（左）和 Junkyar 场景（右）

3. ViSAR 运动目标检测和特征提取实例

ViSAR系统能够采集数据支持慢速运动目标检测和特征提取能力的验证。多通道采集和自适应阵列处理使ViSAR信号处理器能够在杂波背景下检测目标，图11演示了应用于机会性运动目标检测的后多普勒STAP目标检测结果，分别对应于Mezzanine场景和Junkyard场景。在这两个场景中，雷达回波在运动目标阴影区域对称出现。对于Junkyard场景，飞行试验是在厚云层区域开展的，这影响了光电和红外传感器的性能。然而，ViSAR传感器能够提供良好的态势感知（值得赞赏的），图像表现出持续性高帧率低延迟，运动目标清晰可见。

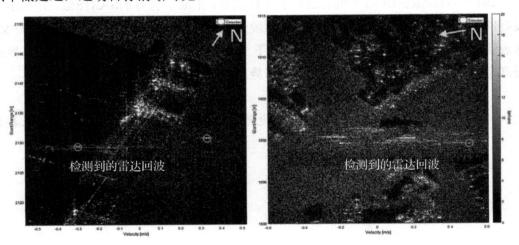

图 11　Mezzanine 场景（左）和 Junkyard 场景（右）运动目标检测的实例

使用检测结果来进行特征提取信号处理，实运动目标的ISAR切片使用自适应杂波对消和动目标自聚焦来生成。阴影和ISAR切片由ViSAR帧在动-停-动运动中生成例阴影和ISAR切片，如图12所示。在此环境下，光电/红外传感器因为云的原因性能下降严重。

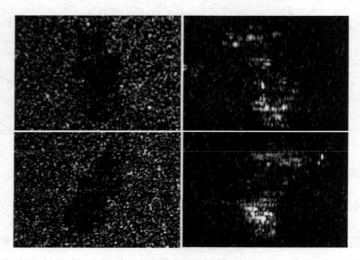

图 12　浓厚云层条件下从 Junkyard 场景中进行运动目标特征提取的实例

四、影响分析

2017年ViSAR在DC-3飞机上进行了飞行试验，生成了优异的SAR图像，并显示了良好的地面动目标指示能力，验证了该频段作战和射频性能的多个基于模型的假设。这表明ViSAR成功完成研制和试验工作，下一步将可能进入装备研制阶段，这将显著提高有人机和无人机对地打击实时战术态势感知能力。

（中国电子科技集团公司第十四研究所　韩长喜）

欧美继续推进微波光子雷达技术发展

2018年是国外微波光子雷达研究领域稳步推进的一年。除了DARPA持续在微波光子项目上发展外，2018年10月，欧盟成功地研制出面向海洋态势感知的光子增强型多输入多输出（MIMO）雷达；11月，俄罗斯也宣布对首部试验型微波光子雷达进行了测试。

一、欧盟国家推出光子 MIMO 雷达样机

近年来，欧洲国家意大利一直走在世界微波光子研究领域的前列，制造出世界首部全光子数字雷达（PHODIR）。2018年，意大利大学电信联盟（CNIT）国家光子实验室的博戈尼（Bogoni）等人发表了《基于微波光子的智能遥感系统》，文中介绍了利用分辨率为15厘米、带宽有限的多部雷达实现了一个基于光子学的分布式相干MIMO雷达网络。经测量，其横向分辨率达到了3厘米。光子技术使得一个中心单元产生并合成多个多波段信号，然后通过光纤将这些信号分发到多个天线或从多个天线进行收集成为可能。这是光子所固有的内在相干性决定的，所有原始数据都在中心单元中一同被处理，因而大大降低了计算的复杂度。当相干雷达的数量增加时，系统的模糊度降低，而系统的精度则主要依赖于雷达的分布和相干程度。

在此项研究的基础上，2018年10月，欧盟成功地推出面向海洋态势感知的光子增强型MIMO雷达样机，目前正在进行实际应用测试。研究结果表明，该雷达样机发挥了光子技术的大带宽、低相噪及高比特数的优势，降低了体积、重量和功耗，性能显著提升。

二、俄罗斯今年首次测试快速光子雷达

继2017年俄罗斯最大的无线电子设备制造商——无线电电子技术联合集团（KRET）在"射频光子相控阵"（ROFAR）项目上取得重大突破后，俄罗斯《莫斯科

共青团员报》报道称，2018年11月，俄罗斯研究所和设计局联合团队对首部采用微波光子技术的试验型雷达进行了测试。

该试验雷达站的研制主要针对空中目标的探测和跟踪问题。俄罗斯著名军事专家认为，光子技术对军用雷达而言具有重要意义，希望利用微波光子技术带来革命性变化。而此次试验则进一步确认了微波光子技术在雷达上应用的可能性。俄罗斯承认，尽管目前的试验样机仍存在诸多不足和应用上的限制，但在产品定型时会消除这些缺陷。

下一个阶段的工作是光子集成电路的研发。它们将与不同无线电频段（如毫米波和厘米波）的电子产品一较高下。对于存在无线电干扰和电磁辐射的环境中工作而言，光子技术显得尤为重要。

事实上，从电子过渡到光子，催生了新一代雷达——利用超高频电磁波发射、接收和转换信息。微波光子雷达的信息传输和处理将以每秒数十和数百太比特的速度进行。也就是说，来自目标的反射信号将瞬间被接收和处理，并立即转换成数字。届时目标将以100%的概率被识别。

同时，这种雷达的体积将更小。以弹道导弹预警系统的重要组成部分"达里亚尔"远程雷达为例，该雷达站建在边境周围并负责监测有导弹威胁的主要方向。如果把所有电子元件换成无线电光子组件——雷达站的体积将减小到二分之一至四分之一。不但目标探测范围不会缩小，而且识别精度和信号处理速度将会提高数倍。此外，这种雷达站的热辐射也将大大降低。

另一方面，所有传统的雷达站、电子战和电子情报系统接收的是目标反射回来的模拟信号，并随后被转换成数字信号，以便计算机处理后，将"图像"发送给操作员。现有电子域的模数转换器，主要是低频转换器，其接收并处理信号的速度和带宽都是有限制的，在现有的雷达、电子战和电子情报系统中都达到了物理极限。当雷达需要在高、低不同的频率下切换工作（如相控阵天线抗干扰应用）时，将出现困难。正因为如此，首个试验雷达在俄问世具有重大军事意义。

三、美国 DARPA 在微波光子研究领域持续推进

在2018年4月举办的国际雷达会议上，原美国海军实验室微波光子学方向负责人、现任美国DARPA战略技术办公室（STO）主任文森特·尤里克（Vincent J. Urick）著文《微波光子技术在DARPA：过去、现在和未来》。文中，他总结了DARPA过去和现在在微波光子领域所做出的突出贡献和成果。

美国DARPA自20世纪80年代末就开始支持微波光子雷达的相关研究，并形成了

"三步走"的发展规划。其中，第一阶段为高线性模拟光链路的研究，利用超低损耗的光纤取代体积大、重量重、损耗大和易被电磁干扰的同轴电缆。第二阶段实现了光控（真延时）波束形成网络，用于替代在宽带情况下会出现波束倾斜、孔径渡越等问题的传统相移波束形成网络。

进入21世纪后，光纤通信和光子技术的成熟带来了微波光子技术的飞速发展。因此，第三阶段的主攻方向为微波光子信号处理的实现，即研制芯片化的微波光子雷达射频前端。为此DARPA设立了诸多项目，包括"高线性光子射频前端技术"（PHORFRONT）、"适于射频收发的光子技术"（TROPHY）、"光任意波形产生"（OAWG）、"可重构的微波光子信号处理器"（PHASER）等等，并积极推进此方面的研究成果向军事转化，以实现军民两用。

一个典型的例子就是"超宽带多功能光子收发组件"（ULTRA-T/R）项目，兼顾了商用5G无线网络和军用两方面的需求，利用光子技术来抑制射频干扰实现同时收发功能。DARPA在该项目上历时6年，设计了崭新的技术，取得了重大突破。经验证，这样的光子线路可以工作在比传统的电子线路高得多的频段上并获得更大的瞬时带宽，但在噪声系数和动态方面要稍逊一筹。专家建议，未来将在系统级实现分层式抗干扰，从而在光子和电子之间谋求新的技术平衡点。

对于未来，Vincent认为，微波光子雷达是突破现有雷达的性能极限，实现多功能协同融合的有效解决方案。但是，按照DARPA目前的分工，微系统技术办公室（MTO）负责微波光子学（只支持器件），而战略技术办公室（STO）分管系统（但并未投入微波光子学），导致项目缺少系统牵引、器件价格高昂，无法商用的局面，这些都阻碍了DARPA在该领域取得更大的进步，今后DARPA肯定会作出调整。

四、结束语

2018年是各项微波光子雷达技术研究稳步推进的一年，部分试验系统趋向成熟，向着工程应用阶段又迈进了一大步。

欧、美、俄在该领域所取得的重大进展，更加充分地验证了将体积小、重量轻、可集成的光子系统引入雷达的可行性和优越性。毫无疑问，微波光子将彻底改变现有雷达体制，赋予雷达系统更加蓬勃的生命力，将带来未来雷达系统体积以及重量降低至数十分之一，大大减轻飞机、卫星、舰艇等载荷重量的同时，获得性能上的巨大提升。

（中国电子科技集团公司第十四研究所 张蕾）

美国海军实验室升级多波段
软件定义合成孔径雷达

2018年1月，美国海军研究实验室发布多波段合成孔径雷达（MB-SAR）升级相关项目征询书。MB-SAR是先进的软件定义雷达，主要用于广域监视和模糊目标探测。此次升级的重点是开发包括光数据采集、处理和分析在内的新能力，并与美国海军飞机在该领域所使用的技术进行集成。

一、MB-SAR 概况和开创性软件定义架构

MB-SAR是一种新型的机载战术合成孔径雷达，由诺斯罗普·格鲁曼公司研制，于2011年正式交付。其应用面相当广泛，适用于当前和未来的许多项目。多个工作波段用以支持多种任务的执行，如从6000米空中监测13000平方千米领土上每天发生的变化，用于冰层下、植被和建筑物穿透成像以及定位反简易爆炸装置（IED），等等。这些能力已经在美国海军的多个先进探测项目中得到充分验证。

不同于大多数合成孔径雷达X波段的设计，MB-SAR扫描频谱中超高频（UHF）和L波段的目标，这使得雷达传感器可以在更广阔的地理区域内进行搜索。此外，利用复杂的低频全极化数据，解决了较长波长合成孔径雷达的难题，实现了机上实时处理，可自动生成强度、双色多视图、强度变化检测、极化变化检测、相干变化检测以及增强变化检测等图像产品。而在MB-SAR前，尚没有其他产品能在低频率范围实现上述功能。

尤其值得一提的是，MB-SAR是世界上最早出现的软件定义雷达之一。这是一种通过构建开放式的体系结构，在研制雷达操作环境的基础上，通过软件定义、扩展和重构实现新功能的下一代雷达技术。这种新的雷达体制上的灵活性极具军事应用价值，开创了适用于不同任务和飞机平台的快速反应设计的先河。由于雷达的各项功能是通过软件定义实现的，不涉及硬件电路和驱动程序，因而它突破了传统雷达系统事

先考虑特定的应用场景，对传感器信息应用带来的限制。利用传感器数据流，软件定义MB-SAR雷达系统具备了更为灵活的射频感知和多种应用的能力。此外，还为复杂电磁环境中利用机会信号进行无源探测提供了可能。

一个典型的例子就是美国海军实验室的"珀尔修斯"（Perseus）项目。基于软件定义技术的MB-SAR迅速根据实战需求灵活配置资源，在一个月左右时间内完成了与NP-3D"猎户座"载机平台的集成、测试和校准，成功地探测到简易爆炸装置和其他威胁目标。

二、MB-SAR 升级的具体内容

根据美国海军研究实验室的日程安排，其正在研发和改进合成孔径雷达数据采集、信号处理与利用算法，数据筛选和压缩技术以及信息分发方法。为此，研究人员首先需要确定单一或分布式射频架构，开发硬件、软件及算法，利用有源/无源信号，进行目标探测、跟踪、成像和识别。

美国海军研究实验室计划MB-SAR雷达升级项目为期5年。升级内容主要包括：

（1）改进MB-SAR雷达天线子系统，增加雷达作用距离、频谱覆盖范围；减少尺寸、重量和功耗，使其适装于吊舱和不耐压的飞机隔舱内。

（2）开发并测试新的探测算法，用于单视、相干和非相干变化检测，并定位、跟踪移动目标，如低速移动人员及低雷达横截面积的目标。

（3）开发新的先进合成孔径成像算法，用于目标定位、分类、干涉合成孔径成像，视频合成孔径成像、超精细分辨率成像，以及三维立体图像。

（4）研发用于压缩、数据集成和可视化的新软件，提高合成孔径雷达的探测和目标识别能力。

（5）计划为雷达开发深度学习和神经网络能力，使其自动适应不同的系统功能。

三、影响评估

MB-SAR雷达的此次升级无疑将大幅度提升系统性能和在情报、监视、侦察（ISR）部署中的作战效能，如推远作用距离、提高目标识别能力、实现超高分辨率成像。另一方面，作为软件定义雷达的代表型号之一，MB-SAR的升级更具有示范意义。

通常，一部新雷达是为特定的任务和平台创建的，设计和制造工作需要多年时间来完成。为适应复杂电磁环境，更有效地应对威胁还需要不断进行技术改造。MB-SAR的升级将对如何快速将新理论、新算法、新设备植入雷达系统关键模块，通过硬件重组、软件重构实现新的功能和新的能力做出演示，验证了软件定义雷达在简化开发过程、缩短开发周期以及降低研制成本方面的巨大优势。这种开放式体系架构和面向应用的标准化模式乃是雷达技术未来发展的大势所趋，也为雷达系统走向"智能化"奠定了坚实的技术基础。

（中国电子科技集团公司第十四研究所　张蕾）

DARPA 设立可用于毫米波频段的数字相控阵技术项目

2018年1月，DARPA设立"毫米波数字阵列"（MIDAS）项目，旨在开发工作在18吉赫兹～50吉赫兹频段上的多波束数字相控阵技术。虽然目前的应用范围仅限于军事安全通信，但是DARPA认为，毫米波数字相控阵代表了相控阵的未来发展方向，对于雷达等其他军用电子信息系统领域的应用同样具有重要的借鉴意义。

一、MIDAS 项目研发目标和重点关注领域

DARPA设立MIDAS项目的初衷旨在开发单元级的数字相控阵技术，以支持下一代军用毫米波系统。为了解决自适应波束形成问题，并确保最终解决方案应用的广泛性，MIDAS项目寻求开发一种能够支持多波束定向通信的通用型数字化阵列单元，并把研究的重点放在降低数字化毫米波收发器的体积并增强其性能上。具体研发目标如下：

（1）探索多波束系统在极宽频率范围的毫米波上的应用范围；采用超紧凑射频和毫米波混合信号设计，实现阵列内部自身的数字化；降低满足高线性要求的毫米波数字收发装置的几何尺寸和功率。

（2）开发并演示以"瓦片"（Tile）（见图1）为基本组成单位的子阵（单元数大于16），该子阵列可在18～50GHz频段上扩展到大型阵面，同时不会减少子阵内的空间自由度。

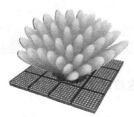

2个核心技术领域：
● 工作在18吉赫兹～50吉赫兹的数字射频硅基"瓦片"；
● 宽带天线和收发组件。
满足多种应用的可缩放解决方案：
● 视线战术通信设备；
● 低剖面卫星通信系统；
● 新兴的低轨道卫星通信系统。

图 1　通用毫米波频段数字阵列"瓦片"

重点关注四个研究领域，分别是：

● 创新型收/发高线性采样和变频方案；

● 用于阵面每个单元的分布式本振/时钟产生和同步电路；

● 宽带、高效收/发放大器和辐射孔径；

● 新型制造技术，以实现将所有这些组件集成并封装到一个可缩放的"瓦片"上。

二、MIDAS 项目主要研究阶段和内容

MIDAS项目的研发专注于两条关键技术路线。首先是硅芯片的发展，以形成阵列单元核心收发器。其次是宽带天线、收发组件以及系统整体集成方法的发展，使该技术能够被用于战术系统之间的视距通信以及当前和新兴卫星通信等多种应用场合。

整个MIDAS项目为期四年，将分三个技术阶段实施（见图2）：

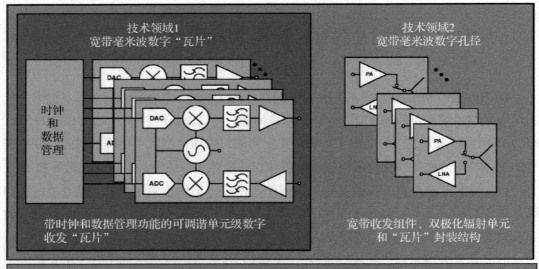

图 2　MIDAS 项目的研发分为三个技术阶段 TA1～TA3

技术阶段1（TA1）：研发宽带毫米波数字"瓦片"结构——具有时钟和数据管理

功能的可调谐单元级数字收发"瓦片",即单元级数字波束形成器(EDBF)。

技术阶段2(TA2):宽带毫米波数字孔径——宽带T/R组件、双极化辐射单元和"瓦片"式封装结构。

技术阶段3(TA3):毫米波阵列基础支撑技术——超低功率宽带数据转换器、可调谐频率选择射频前端、未来的混合收发器和子采样收发器组合架构、流媒体数字波束形成处理。

其中,计划TA2在TA1的基础上实现较大的技术跨越,其带宽和动态范围比后者要提升10倍,同时进一步改善各方面的性能和效率。

根据时间计划表,现阶段为TA1,主要工作围绕MIDAS的架构方案进行验证以及单元级性能的研究,需实现以下性能指标:

(1)至少覆盖18吉赫兹~50吉赫兹的频段。

(2)在"瓦片"的配置中,为将栅瓣减到最低,同时获得所期望的扫描性能;在最高频率处,各个双极化单元的间隔为自由空间波长的一半或更小,即50吉赫兹频率处,间隔≤3毫米。

(3)发射和接收均设置两个极化通道,以支持新兴的MIMO编码方案、主动极化感知或扫描角度上的极化校准以及传统的线性圆极化。

(4)单元数量≥16,对应于空间通道的最小数量,为后续开展支持双极化工作的更多通道的研发奠定基础。

(5)噪声系数的测量包括从射频到自检电路的整个接收链。

(6)瞬时带宽是经过变频、采样、滤波后的数字化带宽,为经过收/发波束形成器后置处理或预先处理后的带宽。

(7)与谐波相关的互调失真是接收机和发射机非线性的主要来源,特别是在数字波束形成后,因此为接收机和发射机分别规定了IIP3和OIP3(带内测量)。

(8)"瓦片"不需要同时发射和接收,任何时间只有发射器或接收器在使用。对于一个16个单元(32个通道)的"瓦片",其功耗为发射或接收模式下的总功耗除以32。

三、影响评估

DARPA的"毫米波数字阵列"(MIDAS)项目致力于突破宽带频率覆盖、精确波束指向等多个技术挑战,寻求通用型毫米波数字阵列模块的设计方案,解决目前的毫米波系统互操作性问题,为国防部下一代毫米波系统提供有力支撑。

虽然目前的研发还只是针对通信，但是其意义不只是将相控阵技术应用于更高频段的毫米波，大幅缩短节点发现时间，提高网络吞吐量，为美国军队提供具备安全移动通信能力。DARPA认为，毫米波技术结合数字波束形成代表了相控阵的下一个发展方向，有助于将相控阵的工作频率推向更高频带，同时缩减天线阵列尺寸、将定向天线能力引入小型系统中。MIDAS项目的解决方案在应用上具有通用性和广泛性，其研究成果如：单元级宽带数字波束形成技术、多波束可缩放阵列技术对于雷达等其他应用领域具有重要借鉴意义，必将带来相控阵技术发展地平线上的范式转换。

（中国电子科技集团公司第十四研究所　张蕾）

大事记

美国空军成功发射天基红外系统第四颗地球同步轨道卫星　2018年1月，美国空军在佛罗里达州卡纳维拉尔角空军基地成功发射天基红外系统第四颗地球同步轨道卫星（GEO-4）。GEO-4卫星是美国空军导弹预警星座的最新型入轨卫星，装备了可用于扫描和凝视的红外监视传感器。美国空军利用该卫星进行数据收集、导弹发射活动探测、支持导弹防御、扩大技术情报收集、战场态势感知增强。同时，成功发射该卫星意味着完成了天基红外系统星座初始部署，使天基红外系统能够覆盖全球范围。

美国空军计划启动多传感器融合项目　美国空军2018年1月计划投资3360万美元，启动为期五年的"精确实时战斗作战识别传感器研发"（PRECISE）项目。该项目主要研发使能技术，增强作战人员的战场识别能力，侧重侦察监视飞机基于雷达的对空/地目标识别能力。通过融入光电技术（如可见光、红外、多光谱和超光谱传感器），旨在增强监视雷达的作战有效性。PRECISE项目除了融合多个不同的射频和光电传感器外，还将通过信号处理、可选带宽、相似算法等提高雷达技术能力。PRECISE项目可提高雷达信号处理和雷达融合其他传感器的能力，以解决信号模糊问题，提高远距离目标的识别能力。

日本研发可探测微小空间碎片的雷达　2018年1月，日本宇航研究开发机构（JAXA）计划从2018年起研制能够探测大约10厘米的空间微小碎片的雷达。新型雷达将显著增强向太空碎片发射的电磁波输出，并采用特殊的信号处理技术，其探测距离2000千米，探测精度高达10厘米，探测能力是现有雷达的200倍。

德国亨索尔特公司推出PrecISR新型空中监视雷达　德国亨索尔特公司2018年2月宣布正在开发一款PrecISR机载多任务监视雷达，可为武装部队、边境保护当局提供前所未有的态势感知能力和极短反应时间。PrecISR是一款软件定义型雷达，采用先进的X波段有源阵列与数字接收机技术，可安装于直升机、无人机、固定翼任务飞机等多种机型，可同时完成多种不同任务，包括对地聚束/条带SAR/GMTI模式、对海ISAR模式、防空模式等，可探测、跟踪、识别几千个目标，雷达量程距离370千米，最高分辨率0.3米。与其他雷达相比，PrecISR雷达采用紧凑型结构设计，所有功耗部件均位于飞机机体外部，因此雷达与载机的集成工作大幅简化。目前，PrecISR雷达正处于全尺寸样机研制阶段，2019年将投产一架全功能型飞行演示样机，并在2020年开始投产。

瑞典萨伯公司"全球眼"预警机成功首飞　2018年3月瑞典萨伯公司基于庞巴迪G6000喷气式客机研制的"全球眼"空中预警控制飞机成功完成首飞试验。该机配备了多个传感器套件，包括一部平衡木体制的增程型"爱立眼"机载有源相控阵远程预警雷达，采用氮化镓收发组件，其探测距离比基本型"爱立眼"雷达提高70%。此外，该机鼻锥底部的整流罩内还安装了一部X波段"海浪"-7500E对海搜索雷达和一部前视光电红外系统。

加拿大开发量子纠缠雷达光子源技术 加拿大滑铁卢大学2018年4月宣布，加拿大国防部为该校量子计算研究所和纳米技术研究所投资270万美元，用于开发量子雷达纠缠光子源技术，项目周期为3年。该项研究作为加拿大国防部全域态势感知（ADSA）科技计划的一部分，最终目的是将量子照明雷达从当前实验室阶段推进到加拿大北极地区等现实应用场景。加拿大国防部期望使用量子照明雷达替换2025年即将退役的美加北方预警系统（NWS）雷达站，提高雷达在北极地区恶劣气象环境（如地磁暴和太阳耀斑）下雷达探测和识别目标（尤其是隐身飞机和巡航导弹）的能力。

意大利推出舰载"克洛诺斯"（KRONOS）双波段有源相控阵雷达 2018年4月，意大利莱昂纳多公司推出"克洛诺斯"舰载双波段有源相控阵雷达，并计划2019年在意大利海军PPA多用途滨海巡逻舰上装备该型雷达。"克洛诺斯"双波段雷达系统包括一部C波段四面阵"KRONOS-QUAD"雷达和一部X波段四面阵"KRONOS-Starfire"雷达。两部雷达均安装在舰船上层建筑，采取并排安装方案，而不是一上一下方案，以消除相互间的电磁干扰。此外，该系统配备一个系统管理器，不仅负责控制雷达，还可以实时控制舰载电子战系统，充分实现雷抗一体化协同作战。

德国亨索尔特公司推出新型无源雷达系统 在2018年4月举行的柏林航天展上，亨索尔特公司还首次公开展示了其称为TwInvis的无源雷达系统，该系统可集成到任意一型全地形车辆或厢式货车上，本身无须辐射信号就能监控空中交通，能"被动"分析无线电台或电视台信号的回波。该雷达采用高灵敏度数字接收机，单个系统即可实现全方位监控200多架飞机，对大型飞机的作用距离达250千米；该雷达通过同时分析大量频段，实时融合产生精确的战场图像。

美国空军"空间篱笆"雷达进入测试阶段 位于夸贾林环礁的"空间篱笆"雷达已完成建造和整合，该雷达在2018年5月开始跟踪空间目标并接收目标数据，进行目标数据的整合，并计划在2019年由美国空军开展验收工作。"空间篱笆"是美国最新一代的空间目标监视雷达，该雷达用于探测低轨至同步轨道范围内的卫星和碎片，以规避太空碰撞，保护美国卫星资产。该雷达采用S波段工作频率，具备更高的精度和分辨率，能够跟踪超过20万个直径大于2厘米的目标，可以探测400千米以内玻璃球大小的碎片。

美国海军研究局启动FXR雷达研究 美国海军研究局2018年5月已向洛克希德·马丁公司、诺斯罗普·格鲁曼公司、雷声公司等三家公司各授予一份价值15万美元的初始研究合同，要求支持美国海军的未来X波段雷达（FXR）研发。FXR雷达旨在用于换装现役舰载雷达，也可用于新建舰船，其作战功能类似于现役AN/SPQ-9B机械扫描雷达，包括对海搜索、水平搜索、潜望镜探测识别等。此外，FXR雷达还可提供专用跟踪、导弹通信和先进电子防护等功能。

德国亨索尔特公司发布TRML-4D防空雷达 在2018年6月巴黎举行的欧洲防务展上，德国亨索尔特公司发布了基于TRS-4D有源相控阵雷达的陆基改型TRML-4D。该雷达工作于C波段，采用氮化镓固态发射机和软件定义功能，可提供比S波段雷达更高的探测精度，从而为指控系统和拦截武器系统提供更高的拦截杀伤概率。TRML-4D的探测灵敏度为雷达横截面RCS=0.01平方米，对高度30000米目标的最大探测距离为250千米，最小探测距离为小于100米。战斗机目标可在120千米外完成目标确认，而超音速导弹则在60千米外确认目标。

日本将引进下一代岸基"宙斯盾"雷达系统 2018年7月，日本防卫省宣布将引进两套下一代岸基"宙斯盾"雷达系统，进一步提升其全方位反导能力。新型雷达将主要负责对导弹飞行中段目标进行精确跟踪、目标识别、拦截制导与毁伤评估。下一代岸基"宙斯盾"雷达为有源数字相控阵雷达，将采用美国在建的远程识别雷达（LRDR）的固态收发技术，波束扫描速度更快，信号处理更加灵活，且具备较强的抗干扰性。未来，随着下一代岸基"宙斯盾"雷达系统的引进，日本反导体系的拦截精度和效率将会得到大幅提升，将成为日本反导体系的能力"倍增器"，进一步提升日本整体反导能力。

美国海军陆战队接收首部氮化镓型地空任务导向雷达 美国诺斯罗普·格鲁曼公司2018年7月宣布，美国海军陆战队已接收了首部基于氮收发（T/R）组件的地空任务导向雷达（G/ATOR）。G/ATOR的服役表明了美军的雷达装备正朝着多功能一体化的方向发展。作为一种多任务雷达，G/ATRO具备AN/UPS-3雷达的战术预警能力、AN/MPQ-62雷达的连续波目标捕获能力、AN/TPS-63雷达的对空警戒能力、AN/TPQ-46雷达的炮位侦察校射能力、以及TPS-73雷达的航空管制能力。除了多功能优势，其优异的机动性能和较低的运维成本也可满足海军陆战队在复杂环境下的作战要求。

美国海军实验室开发新一代地波超视距雷达 根据2018年8月美国海军研究实验室（NRL）发布的2017年度总结报告，NRL已建造、安装和测试一部实验型高频地波超视距雷达（HFSWR），比早期的地波超视距雷达的检测与跟踪性能大幅提升。该雷达被称为下一代地波超视距雷达（NG-HFSWR），采用双基地体制，工作在高频频段的低频段（3~15MHz），现已安装在东海岸，可监视马里兰州和弗吉尼亚州附近海域。

美国海军陆战队F/A-18C集成APG-83 AESA雷达 美国诺斯罗普·格鲁曼公司2018年8月成功地对美国海军陆战队的一架F/A-18C"大黄蜂"进行了产品型APG-83可扩充捷变波束雷达（SABR）的匹配检测。此项匹配检测验证了SABR对于F/A-18C/D"大黄蜂"是一项低风险安装方案，该型雷达能与"大黄蜂"的功率、冷却和航电系统相集成。美国海军陆战队要求一种有源电扫阵列（AESA）方案，因为这种雷达在提升可靠性和可维护性的同时不会降低作战性能。美国海军陆战队规定的目标是改进一种在产已部署的AESA，并同时满足F/A-18C/D当前尺寸、重量、功率的限制和冷却需求。诺斯罗普·格鲁曼公司验证了产品型APG-83 SABR雷达可安装到F/A-18C/D上，达到了相关目标，所实现的技术成熟度满足美国海军陆战队机群插入计划进度要求。美国海军陆战队计划升级约100架F/A-18C/D上的雷达。APG-83将解决生存性、可靠性和可维护性等美国海军陆战队关心的问题。

美国远程识别雷达成功实现卫星闭环跟踪能力　美国洛克希德·马丁公司的远程识别雷达（LRDR）2018年8月成功开展了闭环模式下卫星的探测、捕获和跟踪试验。该试验验证了LRDR的软硬件性能，表明了系统具备高设计成熟度，为2019年进入全速率生产奠定基础。LRDR是地基中段防御（GMD）系统的核心传感器，为保护美国本土提供关键的弹头-诱饵分辨能力。此外，LRDR还可承担态势感知任务，通过利用自身快速、广域空间搜索能力与高跟踪精度优势，探测、跟踪、测量、识别中低轨目标，对其进行编目、分析、定轨，为空间攻防提供目标信息。美军从2020年开始在阿拉斯加、太平洋地区陆续部署1部LRDR远程识别雷达、2部MRDR中程改型，以提升对来自亚太地区导弹威胁的识别能力。

西班牙英德拉公司向泰国出售"兰萨-3D"雷达　2018年9月西班牙英德拉公司收到一份合同，负责为泰国皇家空军提供"兰萨-3D"远程雷达系统（LRR）。此次合同将包括对空情报雷达、相关随机设备等。此外，该合同还包括全方位的后勤保障包，如备件、操作维护培训等。"兰萨-3D"雷达是Lanza远程对空情报雷达系列的一员，采用完全模块化和积木式架构设计，在硬件设备和软件设备都具备积木可扩展能力。

美国批准对日本销售9架E-2D预警机　美国国防安全合作局2018年9月宣布，美国国务院已批准向日本出售9架E-2D"先进鹰眼"机载预警与控制（AEW&C）飞机的潜在对外军售项目，加上相关航电系统、武器及备件在内，该项目总计价值约31.35亿美元。向日本出E-2D"先进鹰眼"飞机能提高日本利用AEW&C来有效保障国土防御的能力。日本将采用E-2D"先进鹰眼"飞机探测感知太平洋地区的空海活动，并补充加强其现有的E-2C"鹰眼"AEW&C机群。美国诺思罗普·格鲁曼公司航空系统分部将是该项目的主合同商。

美国SPY-6（V）雷达首次成功跟踪多目标　美国雷声公司2018年10月宣布，其AN/SPY-6（V）防空反导雷达在夏威夷开展的反导试验中成功同时跟踪到多个靶弹目标。这是该雷达首次完成多目标跟踪。该雷达目前处于积极生产中，预计明年开始交付美国海军并安装在正在建造中的"杰克·里维斯"号驱逐舰。SPY-6（V）雷达将负责为"标准"-3、"标准"-6导弹提供目标指示与武器制导，在探测距离、精度和可靠性方面远优于现役雷达。

"海上长颈鹿-4A"雷达开发高超声速导弹探测跟踪模式　在2018年10月举行的欧洲海军展上，瑞典萨伯公司宣布为"海上长颈鹿-4A"雷达开发一种新型的软件使能工作模式，可为雷达增加高超声速导弹探测跟踪能力。"海上长颈鹿-4A"雷达工作于S波段，是一部有源相控阵体制的舰载多功能中远程体搜索雷达，采用基于氮化镓收发组件的四面固定阵，2014年首次投入市场。最初，该雷达采用单面旋转天线阵，现变更设计为采用多个有源相控阵天线的固定阵配置方案。此次增加的高超声速探测模式（HDM）可使雷达尽早探测并跟踪飞行速度5马赫以上的高速威胁目标，甚至可在强环境杂波和干扰背景下完成目标监测跟踪。

俄罗斯完成"甲虫-AM"有源相控阵火控雷达研制　俄罗斯法扎特朗-NIIR公司在2018年11月举行的珠海航展上透露，为米格-29战斗机开发的首部"甲虫-AM"有源相控阵火控雷达正在完成生产制造。"甲虫"-AM雷达在2016年首次面世，可跟踪30个目标并同时攻击6个目标，其探测距离达到260千米。一般而言，一部机载火控雷达的MTBF时间为100～150小时，而"甲虫"-AM可达到500～600小时。目前，该雷达已完成制造，即将交付米格飞机集团并安装到米格-29战斗机，2019年开始雷达飞行试验。此外，俄罗斯空军计划在米格-35上也配装该雷达，在雷达完成试飞之后开始列装，并计划2年内完成。

洛克希德·马丁公司获得夏威夷国土防御雷达合同　美国洛克希德·马丁公司2018年12月获得美国导弹防御局（MDA）价值5.85亿美元的夏威夷国土防御雷达（HDR-H）合同。该公司将开展HDR-H的设计与开发，并会在夏威夷的瓦胡岛上实施雷达部署。HDR-H的自主搜索和持久精确跟踪与识别能力将能优化美国弹道导弹防御系统（MBDS）的防御能力，应对新兴的威胁。洛克希德·马丁公司将利用远程识别雷达（LRDR）的开发成果来向MDA提供低风险、高价值的HDR-H方案，包括支持未来能力提升的开放式、可扩充架构。相关工作将在美国新泽西州穆尔镇和夏威夷州瓦胡岛两地开展。

通信与网络领域年度发展报告

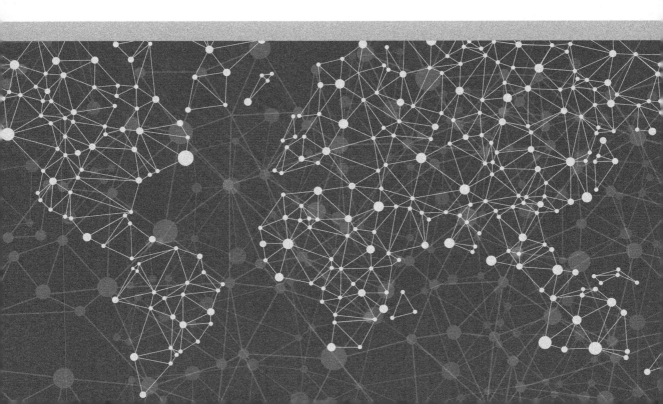

通信与网络领域年度发展报告编写组

主　　编：王　煜

执行主编：唐　宁

副 主 编：邵　波　张春磊　罗广军　方　芳　雷　昕

撰稿人员：（按姓氏笔画排序）

丁雪丽　于金华　王　静　刘　芳　阮贝娜

李　硕　张　锐　张春磊　罗　蓉　唐　宁

颜　洁

审稿人员：吴　巍　汪春霆　康　峰　陈丽洁　李　剑

综合分析

2018年，外军通信与网络领域系统装备与技术的发展平稳推进。在空间域，美、俄、日等多个国家发射了新型军用通信卫星，美国作为领跑者，仍然引领着未来军事卫星通信的发展和建设方向，在其当代卫星通信系统建设即将完成的同时，也基本明确了未来卫星通信的发展思路，采用军民融合卫星通信体系，加大商用卫星技术和系统的使用和支持力度。在地面域，美军继去年停止采购"战术级作战人员信息网（WIN-T）"增量2等不符合未来需求的多种装备系统后，提出了新的陆军网络现代化战略，克服当前网络复杂度高、存在较多脆弱性并且机动性不足等短板，通过统一网络、建设通用操作环境，提升互操作性和指挥所建设四条任务线（LOE），实现远征不中断任务指挥；实现一种直观、安全、基于标准且适应指挥官需求并集成到通用操作环境内的网络；实现有保障的、互操作的、可定制的、协同的、基于身份的并且能在作战需要的地方获得的网络能力，同时遵循"停止、修复、转型"思路，继续修复当前作战急需的系统能力，调整了未来的研发及采办路线。在空中域，美军机载高速射频骨干网项目取得重大突破，欧洲则推出了新型安全空中军事通信网络解决方案，未来，高动态环境下的机载网络建设仍是研发的重点。此外，各国政府、业界和学术机构在通信基础技术领域的各项研究不断深入，在太赫兹通信、基于量子效应磁力计的甚低频通信电台、空间激光通信等领域取得多项研究成果。

一、继续完善军用卫星通信系统建设，关注加强民用卫星通信系统的军事应用，确立建设军民融合卫星通信体系为未来军事卫星通信发展方向

（一）美、俄、日纷纷发射新型军用通信卫星，卫星通信覆盖、容量、速度进一步提升

2018年，各国继续按规划推进其军用卫星通信系统的部署工作，美、俄、日三国均有重量级军事通信卫星发射升空。

美国空军于2018年10月17日发射了"先进极高频（AEHF）"系统的第4颗卫星AEHF-4。AEHF系统是美军正在建设的受保护安全抗干扰卫星系统，用于为美国国家领导人及陆海空部队提供高生存能力和受保护的保密通信。作为"军事星"的接替型号，每颗AEHF卫星的总通信容量比由5颗卫星构成的整个"军事星"星座还要大。新卫星具有加密级别高、截获与探测概率低、抗干扰和能穿透核武器引起的电磁干扰等基本特征。AEHF-4发射后，AEHF系统完成了全球覆盖组网，达到了完全运行能力，

可使美军的受保护军用卫星通信能力进一步升级。美军还规划了另外2颗卫星（AEHF-5和AEHF-6），将在AEHF-1和AEHF-2达到使用寿命时取而代之。

俄罗斯于2018年4月19日发射了"福音（Blagovest）"系列的第二颗卫星"福音"12L。"福音"是俄罗斯新研制的重型军事通信卫星系列，用于高速数据传输，可向用户提供电话和视频会议以及互联网宽带接入等服务。该系列卫星通过公开通信信道传输，属军民两用。

日本亦于2018年4月6日成功发射了第二颗防卫通信卫星"煌1号"。日本防卫省计划发射三颗同类卫星，首颗卫星"煌2号"已于2017年1月成功发射。第三颗卫星"煌3号"计划于2022年发射。此前，日本防卫省一直靠租用"超鸟"卫星的转发器执行军事通信任务，并且三颗超鸟卫星上的转发器分属陆、海、空自卫队。而防卫通信卫星系统是其开发的防卫省专用X频段卫星通信系统。实现三星组网后，不仅能大幅增加通信容量和提升通信速度，更重要的是可使防卫省超越陆、海、空框架实现对卫星通信链路的一体化管控和统一分配。

（二）美军完成宽带卫星通信备选方案分析，明确宽带卫星通信体系发展思路

为帮助美军研究未来应如何满足宽带卫星通信的发展需求，美国国防部于2016年12月启动了宽带卫星通信备选方案分析（AOA）工作，联合业界共同探索未来的宽带卫星通信体系发展思路。该项工作于2018年6月完成，结果提交美国国防部长。

虽然AoA的细节尚未披露，但美国国防部官员透露了研究的大体情况。这项研究工作得出了两个重要结论：一是美国国防部应当继续混合采用军用和商用卫星满足其宽带卫星通信需求，同时不断提高防护水平，以应对干扰及近年来出现的各种其他威胁；二是美军目前大多数军用卫星通信终端与现代卫星通信技术不兼容，这将成为未来商业卫星通信采购工作的一个巨大障碍。

美军目前混合采用了WGS系统和商业卫星系统作为其宽带卫星通信骨干。美国商业卫星运营商长期以来一直在争取更大的宽带市场份额。然而就在AOA正式发布研究结果之前，美国国会却于2018年3月突然宣布拨款采购额外两颗WGS卫星，这令一些商业卫星运营商倍感失望。不过美国国防部官员称，这一决定虽然使AOA工作的侧重点略有调整，但不会改变美国国防部采用商业卫星的总体设想或未来机遇。

在终端问题上，美军目前部署的宽带卫星通信终端大多都是高度定制化的，用途

单一，缺乏弹性和互操作性。要想综合利用空间段的新技术和新能力，就需要研发具有灵活卫星接入能力的卫星通信终端。美军于2018年5月授予休斯公司合同，由其负责开发一种"灵活调制解调器接口"，实现能以漫游形式跨多个卫星供应商使用的终端，可使现有终端与商业网络和军用卫星实现连接，提高系统弹性。然而这项工作仍不足以解决所有问题，业界建议美国国防部应专门针对终端开展进一步研究。

（三）高通量卫星、低轨道卫星星座蓬勃发展，军方积极开发其军事应用潜力

随着商业模式及技术的快速创新，产生了高通量卫星（HTS）、低轨道（LEO）卫星星座等一系列先进的商业卫星通信系统。军方和业界正在积极开发这些系统的军事应用潜力。

高通量卫星近来已迅速成为卫星通信的变革性技术。2018年，日本"地平线-3e"（Horizons-3e）、加拿大"电信卫星18V"（Telstar 18V）等多颗高通量卫星相继发射升空，并且卫讯公司（Viasat）高通量卫星ViaSat-2的卫星通信业务已通过军事应用论证。HTS可实现带宽和吞吐量的极大增强，但因其大都采用商用级封闭式设计，不利于拓展其军事应用。业内现已推出以国际通信卫星Intelsat EpicNG为代表的开放式体系HTS系统，具有更大的灵活性。美国海军陆战队曾利用Intelsat EpicNG平台，为WIN-T增量2提供驻停通和动中通能力，使政府用户体验到了性能、灵活性和弹性方面的进步。

LEO卫星星座近年来蓬勃发展，多家公司竞相提出了大型低轨卫星互联网星座计划，并将于近几年内付诸实施。LEO卫星星座具有巨大的军事应用潜力，因此军方也开始积极探索如何利用LEO卫星星座满足新的作战需求。2018年，DARPA发布了"国家安全太空系统和低轨星座信息征询书"，探索利用大型低成本LEO卫星星座满足国防部任务需求的技术信息。DARPA正在开发的"黑杰克"LEO小卫星星座项目，旨在利用商业卫星搭载军用有效载荷，验证由低轨小卫星组成网状网提供全球覆盖的高度军事可用性。

HTS、LEO星座等新兴商业卫星系统能够以低成本提供大容量卫星通信，实现通信多样性，从而进一步在军事竞争环境中提升通信系统性能和弹性。如何更好地利用它们的优势为军事作战服务以及如何克服它们固有的一些局限性将是军方需要研究的课题，其中安全问题将是研究的重点。

二、遵循"停止、修复、转型"思想，美国陆军调整战术网络现代化实施路线

美国陆军近来一直致力于对其战术网络现代化发展路线进行调整。2018年2月，美国陆军向白宫和参议院武装部队委员会提交了一份新的《战术网络现代化战略》报告，提出要精简网络，简化作业流程，提高网络可靠性和机动性以应对更多威胁。基于美国陆军参谋长的指示，美国陆军于2018财年开始采取了"停止、修复、转型（Halt, Fix and Pivot）"的网络现代化方式。

（一）"停止"：停止不符合当前及未来作战需求的项目

基于对未来威胁和作战环境以及作战方式变化的分析研究，美国陆军认为其当前的网络现代化方式无法满足作战人员对互操作性、易用性、抗毁性、安全性的需求，因此首先需要停止未来网络状态不需要或不能满足当前作战需求的项目，包括停止进一步购买"战术级作战人员信息网（WIN-T）"和其他有缺陷的系统，例如"未来指挥所（CPOF）"和"中层组网车载电台（MNVR）"系统。

（二）"修复"：修复可满足当前最关键作战需求的系统

在停止上述项目的同时，针对近期威胁，从整体角度考虑，对能满足当前最关键作战需求的系统和战术网络能力进行修补，简化网络设备及操作。采取的一些具体措施及2018年取得的进展包括：

1. 用充气天线代替用于卫星通信的重型金属天线，减轻设备重量及缩短安装时间

为简化当前网络，用充气天线代替用于卫星通信的重型金属天线是简单而有效的办法之一。"可搬移战术指挥通信（T2C2）"系统是美国陆军研制的新型充气式卫星通信系统，分为精简版（1.2米卫星终端）和重型版（2.4米卫星终端）。在野外测试时，士兵们在不到30分钟的时间内就能把充气天线安装好并连接到网络上。2018年1月，该充气天线开始全速生产，3月，美国陆军将其装备到了第82空降师第3旅战斗队。此后还将陆续装备到陆军其他旅战斗队。

2. 部署"轻型战术通信节点"和"轻型网络运行安全中心"，增强旅战斗队移动通信能力

美国陆军正在限制WIN-T重型版的使用，但仍将部署其轻型版。2018年，WIN-T增量2的轻型版"轻型战术通信节点（TCN-L）"和"轻型网络运行安全中心（NOSC-L）"已部署到轻步兵部队，并在作战测试中获得好评。轻型版WIN-T增量2不仅能为旅战斗队提供移动中任务指挥和卫星通信能力，同时还大幅缩短了作战部队架设设备及接入网络的时间，并且具有较强的抗毁能力和抵御网络攻击的能力。目前已知装备了该设备的有美国陆军25步兵师和第101空中突击师，其他优先轻型步兵旅战斗队将在未来数年间陆续装备。

3. 研发测评"综合战术网络"，改善低级梯队指挥官及士兵信息共享能力

美国陆军近来在寻求向更多小型战术梯队提供更好的任务指挥、数据传输和通信能力。"综合战术网络（ITN）"是美国陆军正在实施的新型战术网络概念。它不是一个新的网络，而是利用一系列现有系统（包括双通道领导者电台、小卫星、组网波形及无线电网关等）实现营及以下分队网络连通能力的一个概念或解决方案。ITN能使低级梯队指挥官和士兵快速共享态势感知信息，并且直观易用，能够快速灵活部署，同时还允许供应商不断快速插入新技术和系统，从而保持技术领先。2018年11月，美国陆军在德克萨斯州布利斯堡举行的"网络集成评估（NIE）"18.2中对ITN概念进行了测试评估。同时，美国陆军已于2018年9月授出双通道领导者电台合同。作为ITN的一个重要组成部分，这种新型电台可使指挥官在一条信道受到敌方干扰时切换到另一信道进行通信。今后，美国陆军还将通过一系列实验继续对ITN进行测试评估。

（三）"转型"：向更灵活的"调整并购买"采办策略转型

在网络现代化战略的实施过程中，美国陆军认为，传统的需求生成和采办程序阻碍了陆军网络的快速发展和持续更新。

陆军"停止、修复、转型"行动路线中的转型，就是向"发现、试验、调整并购买"的采办和现代化方式转变，利用"发现并试验（Find and Try）"的方法，不断对适于军用的商业解决方案进行评估，然后"调整并购买（Adapt and Buy）"可以满足特定军用挑战且测试结果最优的方案，同时修改战术、技术和程序，实现对新技术的最佳利用。通过这种方式实现网络现代化，可以利用并非专为满足军用级标准设计的商业系统来满足军事需求，从而实现快速技术插入。

可以看出，美国陆军今后不希望再将大量资金投入到自行研发中，而是将重点放到能力整合和更快速的测试评估上，进而加快技术应用和装备列装速度。例如前文提到的综合战术网络（ITN），就不是一个新研制的网络，而是商业网络和传输能力与美国陆军现有战术通信系统和网络相结合的产物，并且美国陆军正在通过不断的测试、反馈、评估来协助推动ITN网络设计。

三、美欧继续推进机载网络技术及方案研发，机载高速骨干网项目取得重大突破

机载网络是战场信息环境中的一个关键环节，发展机载网络将提高空中部队作战效率以及空地联合作战的协同性，充分发挥空中作战平台效能，并通过空中网络扩展现有地/海面以及天基能力，完成陆、海、空、天一体化网络的最后一块拼图，有助于缓解当前通信面临的诸多限制。

美欧均非常重视实现机载组网所需关键技术的研发。2018年，美国国防高级研究计划局（DARPA）机载骨干网项目取得重大突破；欧洲推出了新型空中军事通信网络解决方案。另外，美国空军研究实验室（AFRL）信息研究所公布近期通信研究课题也在关注机载通信技术。

（一）DARPA "100 Gbps 射频骨干网" 项目获重大进展

"100 Gbps射频骨干网"项目是DARPA于2013年1月启动的，旨在开发一种新型机载高速无线骨干网传输系统，使位于约1.8万米高空的飞机能够实现传输速率达100吉比特/秒的空-空通信（通信距离200千米）和空-地通信（通信距离100千米）。项目第一阶段已于2016年结束，验证了100吉比特/秒无线链路的可行性。

2018年1月，在项目的第二阶段测试中，DARPA联合诺斯罗普·格鲁曼公司在城市环境中（20千米范围内）操作、演示了速率为100吉比特/秒的数据链路，树立了无线传输速度新标杆。在2018年6月开始的第三阶段飞行测试中，又演示了速率为100吉比特/秒、通信距离达100千米的空-地链路，如果降低数据率，距离还可进一步延伸。该项目的完成将使美军空中通信迈上新台阶。

（二）空客推出空中军事通信网络解决方案——"天空网络"

2018年7月，空客公司推出安全空中军事通信网络解决方案—"天空网络

（NFTS）"。NFTS将整合多种技术，例如卫星链路（地球同步轨道、中、低地球轨道星座）、战术空-地、地-空和空-空链路、话音链路、5G移动通信单元和激光通信连接，形成弹性全球网状网络。空客公司的通信网络解决方案可在飞机、卫星、指挥中心和地面/海上部署的移动部队之间实现互操作，从而解决单架飞机、无人机（UAV）和直升机在分离网络中运行时面临的问题。"天空网络"是空中互联作战空间的基础，其目标是到2020年提供全面作战能力。"天空网络"计划是空客"未来空中力量"项目的一部分，与欧洲未来作战空中系统（FCAS）的发展紧密相关。

（三）美国空军研究机构公布近期通信研究课题

2018年9月，美国空军研究实验室（AFRL）信息部下属的信息研究所发布了2019年与学术界合作开展的研究课题。这些研究课题从一定程度上反映了空军当前关注的信息技术领域以及面临和希望解决的问题。就通信领域看，美国空军仍将高动态环境下的机载网络建设作为重点，涉及的研究课题包括机载组网与通信链路、下一代机载定向数据链与组网（NADDLN）、先进的高速数据链路、空中层捷变网络，等等。同时，美国空军仍继续密切关注和探索诸如软件定义网络、超宽带组网、量子通信、认知无线电、区块链等先进技术的发展应用，以解决其跨域作战、业务量激增、通信资源优化配置、通信安全等问题。

四、新兴宽带互联网星座进展顺利，卫星通信与5G加速融合，天地网络呈一体化发展

（一）新兴卫星宽带互联网与地面互联网协同发展

2018年，新兴宽带互联网星座建设取得多项进展。"下一代铱星（Iridium NEXT）"进行了三批共25颗卫星的发射，再发射一批10颗卫星便将全部完成部署；"一网（OneWeb）"星座申请增设1260颗卫星，将其原计划的低轨星座规模进一步扩大；加拿大电信卫星（Telesat）公司低轨试验卫星发射升空并成功完成调制解调器空中测试；太空探索技术（SpaceX）公司"星链（Starlink）"卫星互联网项目已获得全部卫星的批文，将于2019年开始发射第一批卫星。

这批新兴的宽带互联网星座在未来移动互联网络中的地位将从辅助区域补盲、满足特定行业应用为主，发展成为全方位参与天地一体化网络构成，与地面互联网协同融合发展。从技术上看，它们采用基于统一IP交换技术，实现与地面互联网的融合互

通；在市场策略上，它们摒弃了与地面移动通信相竞争的策略，转而与电信运营商开展合作，用卫星为蜂窝提供回程服务，解决"最后1公里"的问题，或是将卫星接收设备用作小区"热点"，拓展现有地面网络；从终端来说，不出售类似"铱星"电话的专用卫星终端设备，用户可以继续使用现有的智能手机和平板电脑访问卫星网络。

（二）卫星网络与5G加速融合

随着5G技术的日益成熟，卫星与5G的融合成为业界关注的新热点。

目前，世界多个国家和组织都在积极推动卫星网络与5G网络融合。2018年6月召开的3GPP（第3代合作伙伴计划）RAN（无线接入网）全会上公布的5G首个全球商业化标准为5G与卫星的融合铺平了道路。在2018年6月举办的欧洲网络与通信会议上，"5G卫星与地面网络（SaT5G）"联盟现场演示了卫星与3GPP网络架构的融合。欧空局（ESA）于2018年在"5G卫星计划"项下启动的ALIX项目制定并提出了分阶段的标准化行动计划，以确保当前卫星系统、网络和技术向5G的精准融合。2018年11月，ESA"5G环境下星地网络融合演示（SATis5）"项目首次进行5G现场演示，成功验证了卫星物联网应用。

当前，星地网络由竞争走向互补，合作共赢的星地融合新商业模式正在兴起。卫星网络与5G相互融合，取长补短，共同构成全球无缝覆盖的一体化综合通信网络，满足用户无处不在的多种业务需求，是未来通信发展的重要方向。

五、通信基础技术不断进步，太赫兹通信、基于量子效应磁力计的甚低频通信电台、空间激光通信等领域各有进展

2018年，在通信基础技术研究领域，各国都非常重视太赫兹通信、空间激光通信等前沿技术的开发，不断通过实验测试、验证最新技术成果，提升通信传输速率及安全性。

太赫兹通信方面，泰克公司联合法国"电子、微电子及纳米技术研究院（IEMN）"演示了通过单载波无线链路实现100吉比特/秒的数据传输速率。演示采用了先进的数据编码、太赫兹光子学及宽带设备和线性设备，根据最新发布的IEEE 802.15.3d标准，在252吉赫兹至325吉赫兹频段实现了超快速无线连接。

甚低频通信电台技术方面，美国国家标准与技术研究院（NIST）开创了一个将量子物理效应技术与低频磁无线电——甚低频数字调制的信号相结合的新领域，他们

正在研制一种基于量子效应磁力计的甚低频通信电台，可在无线电和卫星通信受限或不存在的地区实现通信和导航。这种能力将使军事和应急人员能够在城市峡谷、建筑物内、地下甚至水下保持连接。美国国防部对这一技术表现出浓厚兴趣，海军研究办公室和陆军研究实验室为NIST提供了额外资助。

在空间激光通信领域，欧空局与空客公司的"空间数据高速公路"已成功实现10000次激光链接，可靠性达到99.8%。美国国家航空与航天局利用"光学通信和传感器验证"任务的两颗立方星，成功验证了星地激光通信技术，数据传输速率达100兆比特/秒，是目前同等大小卫星传输速率的50倍。瑞士科学家开发出一种能将空气加热到1500摄氏度的激光器，激光产生的冲击波可形成一个云中隧道，从而让激光束不受限制地穿过云层，提高星地激光通信的效率和稳定性。

六、结语

以往，政府和军方常常是技术创新的引领者，互联网和GPS等来源于军事领域的研究成果令全社会都获益匪浅。但如今，为了在全球竞争中保持领先，商业领域在技术创新上的速度和投资力度都已经超过了军方，新兴商业技术正为军事通信与网络领域的发展提供源源不断的推动力。无论是未来卫星通信体系中军事与商业卫星体系的融合，还是地面战术网络现代化过程中对云计算、自动化、人工智能和机器学习等商业技术的吸收采纳，军方都在最大限度地利用商业资源满足军事需求，在保持技术领先的同时也节约了成本，缩短了研制周期。当然，在不断拓展商业创新技术在军事领域应用的同时，还需积极探索军用系统与商业技术集成的最佳途径、以及解决利用商业技术进行军用数据传输的安全性等问题。

（中国电子科技集团公司第五十四研究所　唐宁）

重要专题分析

美国陆军确立任务指挥网络
现代化需求与实施战略

    2018年7月，美国陆军颁布了《任务指挥网络现代化实施计划》的执行摘要。美国陆军任务指挥网络是美军联合信息环境（JIE）的内在组成部分，是陆军执行任务指挥的关键。它将任务指挥和陆军陆战网能力集成到一起，整合了所有作战功能和统一行动支撑因素，使陆军指挥官、领导者和士兵能够遂行任务指挥，同时也为指挥官建立、维持态势认知，实现跨域/位置机动和执行联合作战提供了手段。

    美国陆军颁布此文件，主要是为了实现到2040年的任务指挥网络设想，同时支持实现美国陆军信息技术网络战略和陆军作战概念。文件基于美国陆军当前和未来作战场景以及陆军任务指挥网络面临的挑战，确立了美国陆军网络关键作战需求和实现这些需求的网络现代化战略。

一、美国陆军作战环境和面临的网络问题

    为了维持在全球的优势地位，美国陆军一直密切关注作战环境的变化并采取相应的应对措施。未来，美国陆军仍将保持较小的部队规模，并通过创新和采用先进技术维持对对手的不对称优势。

    从军队部署看，未来，美国陆军仍主要部署在本土大陆，但要随时准备应对全球威胁，同时还要继续与许多不同的国内外任务伙伴实现无缝联合行动。

    这份文件指出，美国陆军面临的对手包括敌对国军方、非国家武装组织、犯罪和恐怖组织，各种物理威胁和网络威胁交织到一起。对手还在利用商业技术获取作战优势。随着对手威胁能力的提升，城市化的持续推进以及先进网络空间和反网络空间能力的扩散，非传统作战越来越多。另外，各种技术，包括大规模杀伤武器、先进传感器、人力增强、自主进程和自动决策制定等，都将渗透到战场上。随着数据生成速度加快，信息极为丰富，但信息的质量可能不高，提取出与任务相关的内容可能充满挑

战。而且，假信息可能成为武器。可以说，技术的发展将极大地影响美国陆军未来作战模式。

近几年，美国陆军一直在致力于其网络的现代化升级。美国陆军认为，当前的网络太复杂、太脆弱并且机动性不足，另外，也未针对联合作战、机构间和多国协作进行优化，抗干扰能力差，易受到网络攻击，且不能满足灵活的地面部队对尺寸、重量、功率的需求。美国陆军参谋长（CSA）指出，"当前的网络现代化路线缺乏远征陆军作战人员在所有环境下对抗所有敌人所需的生存能力、效能、互操作性和适用性"。

美国陆军在其《任务指挥网络愿景与陈述》中将这一问题明确为"陆军如何实现远征、不中断任务指挥；如何实现一种直观、安全、基于标准且适应指挥官需求并集成到通用操作环境内的网络；如何实现有保障的、互操作的、可定制的、协同的、基于身份的并且能在作战需要的地方获得的网络能力"。

二、美国陆军任务指挥网络现代化作战需求

根据实际场景下的预期任务和威胁，结合2016年的桌上演习结果分析，美国陆军在《任务指挥网络现代化实施计划》中将以下五个领域确立为关键作战需求。

（一）汇聚的任务指挥网络

将当前相异的网络汇聚到一个能在全球任意环境下无缝运行的单一网络内。支持汇聚网络需要强调的重点包括一体化传输，为战术、战略作战区域内的部队，尤其是指挥所和动中任务指挥提供连接和网络接入。为支持一体化传输，中心工作之一是增强网络与电子战弹性，通i过网络电磁活动（CEMA）和电子战工具消减敌方威胁。利用联合区域安全栈（JRSS）架构创建安全冗余，实现安全活动标准化并减少暴露的网络攻击面。

各项现代化工作提供的功能都必须具备以下特点：灵活性，允许网络运行于任何环境下；在常驻地、行进途中和部署条件下提供相同的用户体验；单一身份，人员或非人员实体（个体或单位）在任何地方、任何时间均能安全地访问授权的所有国防部资源；电磁特征管理，能够修改网络组件特征，提升电磁发射、通信和作战的安全性。

（二）网络增强与扩展

加强或扩展网络，克服空间和地面网络的不足。支持这一需求需要强调的领域

包括：增加作战时作战地的带宽容量和连接，提供更多通信路径，从而提升指挥官的网络"机动"能力；还要促进实现情报、监视与侦察（ISR）和远距离精确火力等作战能力。这一作战需求需要考虑研发各类可以增强和扩展网络的地面、空中和近空能力。

具体而言，地面考虑网状（Mesh）网和升空平台中继；空中考虑浮空器和飞机中继载荷；近空考虑高空气球；空间层考虑增大卫星容量。网络还应具有频谱机动能力，在竞争性网络/电子战环境下具备冗余通信路径。

（三）合成训练环境（STE）

STE通过网络向需求点提供教育和训练支持，包括战斗训练中心、常驻地任务指挥中心和校舍。利用STE可以获得各种培训支持要素和描述作战与任务变量的数字化学习内容库，从而能够支持按需培训。美国陆军希望通过STE创建更真实、更复杂的训练环境，更好地反映陆军未来可能面对的作战情况。

（四）通用操作环境（COE）

COE强调统一行动伙伴（UAP）间的互操作性。COE是一种完全集成的互通环境（包括云计算），实现联合信息环境（JIE）和任务伙伴环境（MPE）下的联合作战。也适用于任务指挥应用，跨梯队支持指挥官和领导者实现所有作战功能。指挥官及参谋人员通过通用作战图像（COP）、统一的应用和系统互操作性来了解态势，包括网络电磁活动和电磁数据。这一需求还包括任务伙伴环境有时要延伸到战术网络，战术话音互操作方案，以及统一行动伙伴可访问态势认知情况。

（五）可部署的、移动的、灵活的一体化指挥所

这是一种一体化指挥所设计，支持即时部署/移动。一体化设计根据梯队和编队调整，将具有远征通信能力包。这一通信能力包针对各种作战（从小分队早期介入到完整战斗作战）调整指挥所要素，实现远征机动通信。该需求满足编队灵活性、机动性和保护要求。采用模块化和可互换组件促进任务重组，允许指挥所在多个位置使用，且具有低剖面（网络、电磁、物理）特征。

三、任务指挥网络现代化实施战略

根据美国陆军任务指挥网络现代化实施计划，陆军通过四条任务线（LOE）实现上述作战需求，并制定了近期（到2020年）、中期（到2025年）和远期（2030年及以后）目标，支持实现网络试运行未来状态2020、未来状态2025和未来状态2030及以后，每一种未来状态随着技术的发展在3年～5年内实现。图1所示为美国陆军确立的网络现代化战略框架。

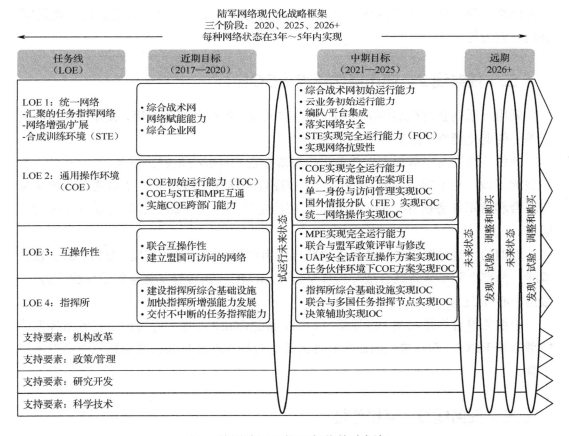

图 1　美国陆军网络现代化战略框架

（一）任务线1：统一网络

建立可在全球任意环境下无缝覆盖运行的汇聚任务指挥网络，包括三部分工作：综合战术网、综合企业网和统一网络赋能能力。将研发基于标准的网络体系架构，跨域、跨环境把企业和可部署的网络能力统一到一起，具有统一传输层（实现特定网络能力"即插即用"）、网络操作功能和支持异构网络集成到一起的其他功能。陆军希望通过路径多样化和动态路由提供网络弹性，确保战术分队能够在敌方环境下通信。统一网络充分融合网络和电子战能力，支持网络作为武器系统部署。

该任务线解决的当前问题包括：如碎片化的机构和功能网络、网络漏洞、复杂性、脆弱性、缺乏与联合和盟军伙伴间互操作能力等。解决的作战需求涵盖：汇聚的任务指挥网络、网络增强/扩展、合成训练环境。

近期主要工作包括"安全但非密网络"、空地集成和下一代战术电台。中期的关键工作是：完成网络、业务提供和传输汇聚；融合网络与电子战能力；动态频谱分配；动态网络调整。面向未来网络状态的关键研发与技术工作包括：改进波形、增强/扩展网络能力等。

（二）任务线2：通用操作环境（COE）

采用一系列获得批准的标准和技术，实现统一的任务指挥应用，使作战人员能随着条件的变化调整和配置网络。

该任务线针对当前烟囱式任务指挥系统存在的问题提供解决方案。当前系统不容易彼此集成，也不能提供精确的通用作战图像。该任务线还通过使用通用图像支持与联合和盟军任务伙伴之间的协作。一项决定性工作是在2019财年装备COE的初始版本。

近期的一些关键工作包括提供向联合通用作战图像过渡的方案，聚焦于减少软件基线；为整个陆军装备联合战斗指挥平台（JBC-P）（2019财年具备初始作战能力）、数据中心/云迁移。

中期关键目标是在整个陆军运行COE，推进COE的成熟，并将遗留任务指挥系统转型至基于COE。面向未来的研发和技术计划包括自动规划和快节奏数据驱动型决策工具。

（三）任务线3：互操作性

开发可快速适应通用操作标准的体系结构和任务指挥系统，通过网络实现与所有统一行动伙伴间的适当协作，创建联合互操作性和盟军的可接通性。未来，陆军将采购那些能够融合利用通用商业标准和被广泛接受的军事互操作标准的解决方案。

该任务线的近期重点是开发"安全但非密"网络、互通的网关和电台，以实现MPE的初始作战能力。中期关键目标包括：MPE完全运行能力；一种部署方案，将不连贯的MPE延伸到战术网络内；填补统一行动伙伴信息交换缺口（数据、消息和波形互操作）。

长期关键工作是一些研发和科技计划，聚集于通信、信息系统和信息管理领域、ISR、情报融合、数字化火力和后勤支援领域内的互操作性。

（四）任务线4：指挥所

目标是使陆军能够在全谱作战范围内部署指挥所，包括从早期介入到重大战斗作战，且解决当前指挥所布设/拆除、生存性、机动性、适用性和覆盖范围问题。

近期关键目标是2018财年向高优先级分队交付箱式房和篷车；向旅战斗队重新优先交付临时指挥所增强方案（如安全WiFi）；改进平台集成。中期关键目标包括交付指挥所定向需求能力，开发并交付一体化指挥所设计，提供捷变性、机动性和保护能力。面向未来的关键研发与科技计划包括特征管理和先进的指挥所机动方案。

四、采取新的网络现代化建设方式

美国陆军认为，传统的需求生成和采办程序阻碍了美国陆军网络快速发展和持续更新。基于美国陆军参谋长的指示，美国陆军正改变网络现代化路线，采取"停止、修复、转型到调整并购买"的方式，如图2所示。新方式于2018财年开始，每种网络状态以3年～5年为期推进。陆军希望先停止未来网络状态不需要或不能满足当前作战需求的项目（2018财年～2020财年）；同时针对近期威胁，从整体角度考虑，对单个系统和战术网络的能力进行修补，尤其是要通过增强抗干扰能力，提升通信弹性；最终利用"发现并试验"的方法，不断对适于军用的商业解决方案进行评估，然后"调整并购买"可以满足军用挑战且测试结果最优的方案，同时修改战术、技术和程序，实现对当前以及新技术的最佳利用。

可以看出，陆军不希望再将大量资金投入到自行研发中，而是将重点放到能力整合和更快速的测试评估上。未来网络建设基于士兵体验而不是工程人员的经验，通过横向和纵向需求整合，解决网络连接中断和网络不一致问题。新方式吸取了业界以"客户"为中心的理念，"以士兵为中心"进行网络设计和创新，颠覆了美国陆军当前的采办流程，这体现出美国陆军网络现代化建设方式发生了根本变化。

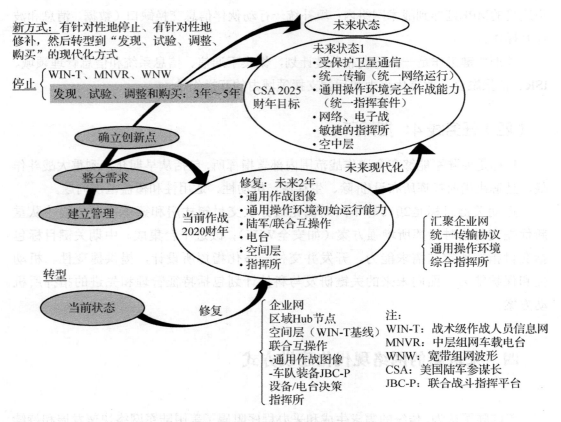

图 2 美国陆军采取新的网络现代化方式

五、结语

对于当前和未来陆军作战，美军当前的任务指挥网络能力面临着复杂度高、新威胁风险、机动性不足、互操作性差等挑战。美国陆军在2018年7月发布的《任务指挥网络现代化实施计划》中明确了五项作战需求和围绕这些作战需求而确立的四条任务线，同时变革网络现代化路线，采取"以士兵为中心"的理念，强调将作战能力更快交付到作战人员手中。美军将通过该实施计划实现整个陆军及其与联军/盟国伙伴协作所需的任务指挥能力。

（中国电子科技集团公司第五十四研究所 丁雪丽）

美军完成宽带卫星通信备选方案分析
明确宽带卫星通信体系发展思路

为寻找一种最佳采购方式来满足美军日益增长的卫星通信需求，美国国防部于2016年底启动了宽带卫星通信"备选方案分析（AOA）"。这项工作对整个卫星业界进行了调研，并针对军方应如何从私营部门的创新中获益提供了一些候选方案，其结论和建议将对美国未来的军事卫星通信架构产生重要影响。研究由美国政府和业界团队共同开展，历时18个月，已于2018年6月底完成并提交给美国国防部长。

虽然AOA的细节尚未披露，但国防部官员于2018年6月27至28日在美国军事通信会议上透露了研究的大体情况。这项研究工作得出的重要结论之一是：美国国防部应当继续混合采用军用卫星和商业卫星来满足其宽带通信需求，同时应当不断提高防护级别，以应对干扰及近年来出现的各种其他威胁。

一、增购 WGS 卫星令业界沮丧，但不会改变美军采用商业卫星的总体设想

目前，美国国防部混合采用了美国空军的"宽带全球系统（WGS）"和商业卫星作为其宽带卫星通信骨干。WGS是美军目前运行的容量最大的卫星，可为美国海、陆、空军及海军陆战队士兵提供全球宽带卫星通信服务。同时，也有卫讯（ViaSat）公司、国际海事卫星组织（Inmarsat）、国际通信卫星组织（Intelsat）、SES公司和回声星（EchoStar）公司等多家主要商业运营商正在为美军提供卫星带宽。美国陆军空间与导弹防御司令部（SMDC）官员称，大约70%的美国军事卫星通信是通过宽带网络承载的。

美国商业卫星运营商长期以来一直在争取更大的宽带市场份额，认为卫星业界有足够的能力以优惠的价格为军方提供服务。一批提供宽带互联网业务的巨型星座亦将在几年内开始发射，届时将会为市场提供更多的选择和更低廉的价格。然而在AOA

结果正式发布前，美国国会却于2018年3月突然在国防部2018财年预算中增加了6亿美元拨款，用于采购额外两颗WGS卫星，使WGS系统的卫星总数从原定的10颗升至12颗，这令一些商业卫星运营商倍感失望。

根据业界分析，美军采购额外两颗WGS卫星的动因如下：

（1）美军对高速可靠卫星通信的需求正在快速增长

美军对WGS话音、视频和数据容量的使用需求正在逐年激增。即使最新的三颗WGS卫星（WGS-8～WGS-10）加装的数字信道化机使单颗WGS卫星的可用带宽几乎翻倍，但仍预计会在2020年出现容量缺口，并且在此之后这一缺口还会逐年递增。这就意味着会有越来越多的美军作战人员无法即时接入宽带卫星通信服务，从而不得不转而使用其他性能较差的通信线路。这无疑会危害到美军作战。

（2）美国空军需要时间来完成未来规划

美国空军进行的旨在确定未来宽带卫星通信提供方式的备选方案分析工作事实上还远未真正完成。在近十年内不太可能发射新一代通信卫星，而随着太空环境竞争性的日益提高，军事规划者们无法确定在这期间美军的在轨资产会发生何种变故。但可以确定的是，远在解决容量短缺问题的新卫星体系完全实现之前，就需要对WGS星座进行更新。

（3）商业卫星缺乏关键的安全特性

WGS卫星能将波束集中对准美军部队作战的特定区域，从而提高信号的抗电磁干扰能力；通过增强提供给最急需用户的功率，可以克服对传输的威胁。而像Intelsat之类公司运行的商业卫星通常缺少像WGS卫星那种固有的抗干扰特性。因此，美军在需求激增时会转而采用商业卫星提供通信服务，但又不愿将其作为日常通信手段。商业卫星可以通过改装来提高抗干扰能力，但这需要一定时间来实现。

（4）向新系统迁移会带来风险

为增购WGS卫星拨款的一个明确动因是：向一个新的军用卫星体系迁移存在风险。美国空军计划在2020年代对几个卫星星座进行替换，下一代卫星的功能指标将更侧重于弹性而不是单纯的功能可用性。经验证明，当卫星的关键性能特性有所变化时，通常会在技术和资金上遇到问题，从而导致进度拖延。因此，在解决替换WGS卫星带来的风险问题之前，美国国会希望继续购买已经比较成熟的WGS卫星。

（5）提高弹性比降低成本更重要

美国的空间系统正在受到越来越多的动能和非动能攻击威胁。因此，美军必须使联合部队所依赖的卫星更具弹性，包括采取一些主动和被动防御措施，或进行欺骗性运行。而商业卫星通信之所以比军用卫星成本低，就在于它们不需要承受加装以上附加特性的负担，但这也意味着在威胁日益增强的环境下，过多依赖商业卫星通信会使美军的全球通信连接变得不那么可靠。

总之，安全、可靠的卫星通信对于美军作战来说至关重要。美军出于上述考虑，做出了增购两颗WGS卫星的决策。美国国防部官员称，采购额外WGS卫星（首颗将于2022年发射）的决定使宽带卫星通信备选分析工作的侧重点略有调整，但这一决策并不会改变美国国防部采用商业卫星的总体设想或未来机遇。

二、借助受保护战术波形（PTW），混合采用军用和商业卫星满足受保护卫星通信需求

AOA中一个重要考虑因素是空间域所面临的新威胁环境，按照美国国防部官员惯用的说法，这一环境正变得越来越拥挤，越来越充满竞争性和对抗性。特别是通信卫星，面临从干扰（包括无意和有意）、网络攻击到直接动能攻击等种种威胁。

美国空军空间与导弹系统中心负责军事空间能力采购（包括WGS卫星）的官员称，如今不需要采取一定程度干扰防护的军用卫星通信用户比5年或10年前已经少很多了。"我们发现受保护战术卫星通信是一个重要的增长领域，这一领域中有太多的用户需要采取更高级别的保护。"该官员称，要满足提高安全性的需求，就需要混合采用军用和商业卫星。

随着受保护战术波形（PTW）的出现，通过商业卫星进行通信将会变得更加安全。PTW由美国空军研发，是美军下一代受保护战术通信系统方案的核心。PTW是通过耦合"先进极高频（AEHF）"系统上的军用扩展数据速率（XDR）波形标准与商业通信中广泛采用的数字视频广播-卫星标准2（DVB-S2）通信体制，开发出一种不依赖于通信卫星体系架构的受保护战术波形。它是一种新的、弹性更强的无线电波形，是在卫星通信应用软件无线电技术的重要体现。利用这种波形，美军的非受保护军事卫星以及商用卫星可通过软件加载PTW的形式实现受保护战术通信功能。也就是说，通过使用该波形，即使是不具备受保护卫星通信能力的WGS卫星以及普通透明转发式商业卫星，只要在终端更换调制解调设备（变为PTW调制解调器），并加装加密模块，就能够实现良好的抗干扰水平。

美国空军目前正在对PTW进行战场测试。美军计划于2023年先通过现有WGS卫星实现PTW通信，再于2025年扩展到商业卫星。

三、卫星通信终端与现代卫星通信技术不兼容，将成为商业卫星通信采购的最大障碍

AOA研究得出的另一重要结论是，大多数军用卫星通信终端与现代卫星通信技术不兼容，这将成为未来商业卫星通信采购工作的一个巨大障碍。AOA将终端称为一个"限制因素"。业界建议美国国防部单独针对终端开展研究。

美军目前部署的宽带卫星通信终端数量大约为17000部。大多数终端都是高度定制化的，很难升级，运行成本也很高。要想利用空间段的新能力，就要对它们进行改装或替换，而这是一项既昂贵又耗时的工作。因此美军只能继续使用遗留终端。比如美国海军发射了5颗新的"移动用户目标系统（MUOS）"窄带通信卫星，但大多数海军舰船因缺少终端而无法接入这些卫星；美军有20颗新的"全球定位系统（GPS）"卫星在轨，运行的是更为安全的军用信号，但也处于缺少用户设备的窘境。

（一）缺乏统一规划导致产生大量烟囱系统

美国国防部卫星通信战术终端可部署在作战区域用作战术边缘网络，将国防部信息网（DoDIN）服务扩展到战术边缘的关键节点。美军主要的国防部通信网络，如海军自动化数字网络系统（ADNS）及陆军战术级作战人员信息网（WIN-T）等，均使用了不同的战术卫星通信终端支持不同的网络通信拓扑，包括点对点、枢纽辐射和网状拓扑。

不同的国防部应用和部署需求导致产生了数十种终端类型，由不同的项目办公室采办。各种各样的终端项目只对性能、大小、重量和功率（SwaP）以及任务保障提出了要求，未从企业级角度进行权衡。再加上国防部还使用了许多采用专用技术的商业现货调制解调器，而大多数商业现货产品和解决方案都针对特定需求，很少关注企业范围的体系架构。不同不可互操作的调制解调器系统数量激增，导致产生了大量烟囱式系统，阻碍了灵活有效地使用卫星通信资源。

（二）异构空间资源对终端提出灵活性要求

未来的美国国防部宽带卫星通信架构将利用高度异构的空间资源，包括商业管理服务。这些系统在运行频段、性能、波束大小、覆盖区域、射频特性等方面明显

不同。新兴技术还将提供新的空间选择，如V频段和W频段系统。商业卫星通信使用量的增长还将引入具有不同运行特性的新型卫星通信系统网络类型（如HTS封闭式网络）。但现有专用、高度定制和单一用途的传统终端为采用创新技术和服务制造了障碍。

要将众多异构的国防部卫星通信系统和网络进行融合，面临着商业、架构和技术方面的巨大挑战。为了应对这些挑战并减少风险因素，必须制定国防部企业级的终端战略，研发具有灵活卫星接入能力的卫星通信终端。

灵活终端支持灵活和动态使用异构军事和商业卫星系统。在竞争环境中，空间段使用的多样化将使美军可以通过不同卫星迅速提供通信容量，减少任务关键链路被对手发现或干扰的可能性。因此，可在不投资尖端、高成本军用卫星的情况下，实现一定程度的保护能力。

（三）研发"灵活调制解调器接口"，实现终端漫游

美军主要依靠Ka、Ku、C和X这四个频段进行宽带卫星通信。针对灵活性需求，美国国防部官员希望业界能研发出基本不需要改装就可在卫星系统和频率之间无缝切换的终端，也就是一种能以漫游形式跨多个卫星供应商使用的终端。这一能力类似于现代手机，后者可自动切换到某个特定地点可用的任何网络。

美国空军正在开发一种所谓的"灵活调制解调器接口（FMI）"，可实现现有终端与商业网络和军用卫星的连接。这项调制解调器升级工作如果成功，将提供类似于手机的漫游能力，使战术终端跨多个运营商网络在多个频带内工作。

2018年5月，休斯公司获得FMI项目合同，负责为军事终端设计FMI原型机。休斯公司将研究如何创建一个灵活且具有弹性的互操作系统，使美国国防部的各种全球应用不仅能够通过自己的卫星网络运行，还可利用商业卫星、管理系统、网关、波形和调制解调器支持国防部终端运行，从而加强任务保证能力。2017年，休斯公司就参与了这一先导性研究项目的第一阶段，建议国防部采取支持宽带政府应用互操作性的卫星通信战略，并认为此举将极大增强国防部的通信基础设施并降低采办和运营成本。第二阶段，休斯公司将基于上述建议，开发和生产新型FMI用于演示和评估，探索如何有效实现可互操作的系统方案。

四、结语

随着商业卫星通信技术和产业的快速发展，美国国防部认识到商业能力可以满足其高容量、全球覆盖、低成本和实现弹性的需求，正在积极与业界合作，制定国防部宽带卫星通信企业推进战略，高效获取和有效管理其卫星通信体系中的先进商业卫星通信能力。

美国国防部与业界合作开展的AOA工作不仅研究了美军未来宽带卫星空间系统的需求，而且还明确了未来国防部宽带卫星通信企业架构的发展思路。未来的美军宽带卫星通信架构具备可负担性、弹性和灵活性，满足美国国防部在竞争和良性运行环境中所需的宽带卫星通信能力。

（中国电子科技集团公司第五十四研究所　唐宁）

美国空军开发灵活调制解调器接口
实现跨卫星平台漫游灵活终端

当前先进的商业卫星通信系统，包括运行在地球同步轨道（GEO）、中轨（MEO）和低轨（LEO）上的高通量卫星（HTS）能够以低成本提供大容量卫星通信，实现通信多样性，从而进一步在军事竞争环境中实现通信系统弹性。美国空军空间和导弹系统中心（SMC）2017年启动了商业卫星通信（COMSATCOM）试点项目，寻求实现更灵活和更具弹性的军事通信。

2018年，COMSATCOM进入第二阶段，寻求通过开发灵活调制解调器接口（FMI）建立开放系统架构。FMI能够在多个运营商网络之间利用不同的波形和调制解调器在多个频带内进行安全通信。终端具备一定灵活性，能够在多个频带内跨多个运营商网络运行并支持不同波形/调制解调器，不仅是访问HTS服务的先决条件，也是竞争环境中提供弹性能力对抗威胁的关键。

2018年5月，休斯公司获得COMSATCOM第二阶段研究合同，为美国国防部评估实现多个卫星通信系统间互操作性的可行性。根据这一合同，休斯公司负责为军事终端设计FMI原型机，实现各种军事、商业系统和服务在战场上的互操作性。FMI原型机在任务管理架构背景下进行演示，支持宽波束、点波束和具有星上处理能力的卫星，包括GEO HTS和LEO卫星星座。

一、背景

当前，美国空军正在开发灵活调制解调器接口，可实现现有终端与各种商业网络和军用卫星的连接。如果这项调制解调器升级工作取得成功，将提供类似于手机业务的多频段连接能力。

图1描述了由空间段、基础设施段、战术段和管理段组成的未来高水平美国国防部卫星通信架构。该架构旨在跨越以上四个段聚合能力，实现通信的可负担性、弹性

和性能目标。FMI是这一架构的关键推动者，它致力于将多种商业波形/调制解调器（常为专有）设计并集成到国防部战术终端中，实现终端的灵活性和企业的弹性。

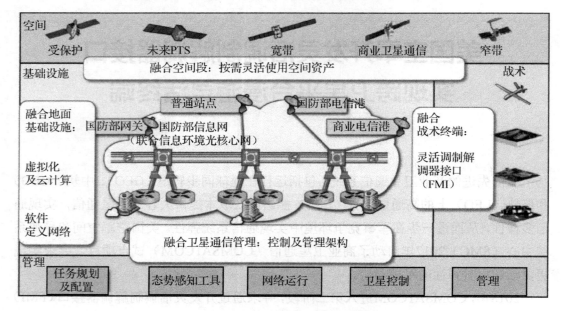

图1　未来美国国防部卫星通信架构

二、灵活终端

在卫星通信中，灵活终端涉及一系列支持终端在运行、配置、管理和卫星组网方面灵活性的能力、技术和实现架构。美国国防部卫星通信将利用高度异构化的空间段（包括军用和商用系统）为国防部作战提供核心通信资源。

（一）灵活终端具有多频段、多波形、可控制管理的特点

美军设想的灵活终端具有以下性能特点：

（1）多频段：射频子系统（可控天线、低噪声放大器（LNA）、功率放大器（PA）等）能够跨多卫星和多频段运行，包括X、Ku和Ka频段；为了同时与多颗GEO/MEO/LEO轨道卫星进行通信，终端也可集成多种孔径。

（2）多波形：调制解调器系统遵循标准硬件配置、尺寸外形，能够支持多种通信和组网波形，如国防部波形（增强型有效带宽调制解调器（EBEM）、网络中心波形（NCW）、受保护战术波形（PTW）、工业界标准波形（DVB-S2/DVB-RCS（2））以及

封闭管理服务网络的专用商业波形。

（3）可控制/可管理：可通过前置策略或带内带外实现的逻辑信道进行终端配置和运行的动态控制和管理。

（二）灵活终端可实现抗干扰、跨域漫游及优化访问能力

灵活终端将实现新的能力和解决方案，支持美国国防部作战需求，包括：

（1）抗干扰、抑制干扰并实现保护：架构和终端灵活地利用开放空间资源为国防部卫星通信提供保护能力奠定了基础。通过部署若干策略和技术，可支持持续进行接口/干扰监测、动态切换传输波形（如使用PTW）、切换到不同的转发器、以及漫游到不同的卫星网络。

（2）跨网漫游和全球移动性：实现终端灵活性不仅仅是在不同的转发器或卫星之间的简单切换。它使终端能够接入不同的卫星网络和底层基础设施，也就是在不同卫星通信服务之间漫游。卫星的覆盖范围广和容量大等特点将为实现全球范围的终端移动性提供支撑。美国国防部终端从固定平台、战术动中通平台到机载情报、监视和侦察（AISR）平台都将从中受益。

（3）优化访问：商业或军事卫星能力设计时都会考虑目标终端用户需求。国防部可以利用这些系统所提供的不同覆盖范围、性能和成本指标，优化其访问决策。

三、灵活调制解调器接口

作为实现灵活架构的重要组成部分，FMI概念对于解决终端灵活性问题至关重要。它涉及战术终端跨多个调制解调器的集成、运行和管理。

短期内，FMI可实现卫星接入的灵活性，使战术终端能够跨多个运营商网络在多个频带内工作，并支持不同的波形/调制解调器。从长期来看，FMI为战术终端段向多频谱、多波形、多路径和多供应商终端能力融合发展提供了途径。

除了提供终端灵活性之外，FMI也能实现一系列未来美国国防部运行环境中极具吸引力的新型终端能力，包括全球终端移动性、网络到网络漫游、远程终端配置、态势感知和网络管理等。

（一）部署 FMI 支持灵活使用商业卫星通信的系统架构

图2描述了部署FMI支持灵活使用商业卫星通信的高层系统架构，目标是利用、

管理和控制"商业卫星通信即服务"。为了降低集成专有商业服务和商业现货设备的复杂性，FMI的重点是在现有商业卫星通信基础设施上部署一种控制和管理平面覆盖架构。如图2所示，商业卫星通信的内部控制和管理（视为小企业）在很大程度上是对美国国防部最终用户隐藏的。只有管理和控制两种接口暴露给国防部系统，而底层的端到端传输基本保持原样。

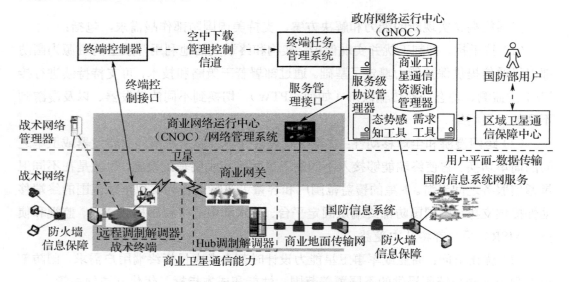

图2　使用商业卫星通信的系统架构

整个系统架构的关键接口包括：

（1）服务管理接口：这一接口位于商业网络运行中心（CNOC）/网络管理系统（NMS）和政府网络运行中心（GNOC）之间。它支持商业卫星通信服务规划、配置、服务等级协议（SLA）管理和态势感知功能。设想此接口将携带基于XML的消息，支持美国国防部用户对商业卫星通信能力进行统一管理。

（2）终端控制接口：这一接口位于终端控制器和天线控制单元（ACU）、调制解调器和中频信号交换机等终端组件之间，为终端设备的规划、配置和态势感知提供支持。

（3）空中下载管理和控制信道（OTA MCC）：这是一种低数据速率到中等速率、双向、鲁棒的逻辑控制信道，由带内控制信道（IBC）通过宽带通信空中接口或带外控制信道（OBC）通过单独的窄带指令空中接口支持。空中下载管理和控制信道支持国防部任务管理系统（NMS）和终端之间的控制和管理功能。

（二）多波形调制解调器系统是 FMI 的关键组件

图3所示给出了一个概念上的多调制解调器终端系统架构，说明了主要的功能元素和接口。FMI接口见表1。该架构提供了一个集成点，可以利用各种军事卫星通信和商业卫星通信支持可负担性、弹性和性能目标。在该架构中，终端控制接口和空中下载管理和控制信道是控制和管理平面架构的一部分，支持灵活终端运行。

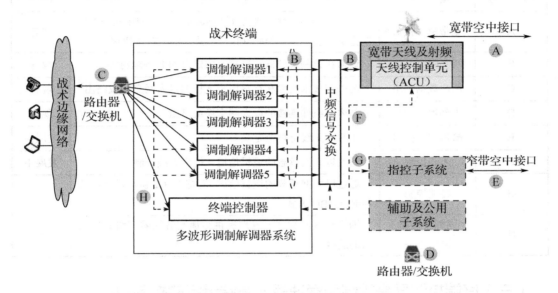

图 3　多调制解调器终端系统架构

FMI的关键组件是多波形调制解调器系统，它通过多种通信波形提供宽带卫星通信，包括用于HTS托管服务的供应商专用通信波形、商业标准（如DVB-S2/RCS（2））以及国防部波形（如PTW、NCW、EBEM及CDL等）。终端控制器是多波形调制解调器系统的一部分，提供终端控制和管理功能。实际实现方式将取决于终端/平台，例如：

硬件即插即用：多调制解调器和终端控制器集成在标准19英寸机架上。调制解调器外部端口连接到终端控制器进行控制和管理。实现硬件即插即用不需要改变现有调制解调器，终端控制器通过调制解调器网络管理接口或端口执行本地控制和管理。

硬件集成方案：采用硬件机箱集成调制解调器卡和终端控制器卡。由主板提供调制解调器和终端控制器之间的接口和连接。

软件定义调制解调器（SDM）：部署能够支持多波形的通用SDM平台。SDM实现中嵌入终端控制器功能。

　　根据实现选择，终端系统只需要选择部分接口。例如，如果人工控制终端运行，接口A～D足以满足需求。然而，为充分实现灵活终端能力，接口E～H应该是成熟的、标准化的。该架构的其他特殊功能组件包括空中下载管理和控制信道及通用终端指控（CTC2）协议。

表1　FMI接口

编　号	接　口	描　述	成熟度
A	宽带空中接口	由射频终端特性、调制解调器波形（卫星空中接口）规范定义，支持终端控制（IBC方式）的CTC2协议	现有
B	中频	通常在调制解调器波形规范中定义的L频段特性	现有
C	用户数据网络	与外部战术网络和终端用户连接的以太网交换或路由	现有
D	内部数据网络	与内部组件连接的以太网交换或路由	现有
E	窄带空中接口	由窄带无线电规范定义	发展中
F	天线控制	通过以太网承载的逻辑信道，提供天线控制	发展中
G	终端控制	通过以太网承载的逻辑信道，支持CTC2协议进行终端控制（OBC方式）	新
H	调制解调器网络管理	为进行调制解调器管理提供与调制解调器网络管理端口的连接	新

（三）终端控制器是控制和管理战术终端运行的控制中心

　　终端控制器的主要功能包括：

　　（1）调制解调器管理：终端控制器通过接口H连接到调制解调器网络管理（NM）端口，可以执行本地网络管理功能，包括故障、配置、计费、性能和安全性（FCAPS）。为支持网络管理接口，可以使用命令行接口（CLI）或标准协议如简单网络管理协议（SNMP）。调制解调器管理功能也可能包括动态加载波形或选择正确硬件配置以及启动网络初始化过程（网络引导、网络接入、用户登录等）。

　　（2）天线控制：终端控制器通过接口F与天线控制单元（ACU）连接。这一接口使终端控制器可以指挥天线跟踪特定卫星并接收天线状态信息。开放天线调制解调器接口协议（OpenAMIP）可用于支持接口F。应该注意的是，OpenAMIP还没有被采纳为行业标准或美国国防部标准，需要进一步实现标准化。

　　（3）终端控制的本地代理：终端控制器与驻留在基础设施段的国防部任务管理系统（MMS）交换控制和管理消息。终端控制器运行客户端通用终端指控（CTC2）协议，接收终端配置和运行指令，它也向任务管理系统返回终端状态报告。

（四）OTA MCC 在任务管理系统和终端控制器之间透明传输 CTC2 协议消息

OTA MCC是一个由底层物理传输链路承载的逻辑双向信道。实现OTA MCC有两种方式：

方式1——带内控制信道（IBC）：OTA MCC嵌入到宽带通信链路中。IBC方式的数据路径通过接口A和接口B到达调制解调器。在这种情况下，CTC2协议消息作为用户数据被传送并路由到终端控制器。

方式2——带外控制信道（OBC）：OTA MCC嵌入到单独的窄带指控链路中。OBC方式的数据路径通过接口E和接口G到达终端控制器。窄带信道可由移动用户目标系统（MUOS）、铱星（Iridium）、视距信道（LOS）等提供，仅用于终端指控目的。对于已经实现指控信道的终端/平台（如AISR）来说，这一方式非常具有吸引力。

CTC2应用层协议使用通过IBC或OBC提供的现有IP网络服务。CTC2协议设计考虑事宜包括：

通用：CTC2应设计为通用应用层协议，不限制在特定传输网络，即协议消息能够透明穿越陆地、卫星宽带和/或窄带链路。该协议应该是轻量级的，高效的，可以在不同的硬件平台上实现（如嵌入调制解调器中，嵌入独立的终端控制器）。

标准：CTC2协议应作为一种行业标准加以规范化，应得到商业现货设备供应商的广泛认可，包括电信工业协会（ITA）TR34以及电信管理论坛（TMF）。标准应指定一组最小的数据模型、状态机和功能。

集中管理和控制：该协议应支持来自集中决策源的终端运行的空中下载管理和控制。也可用于态势感知和终端性能监控。

可扩展：该协议应设计为可集成新兴网络能力，如软件定义网络（SDN）。

安全可靠：该协议应是安全可靠的。

四、结语

本文概要介绍了灵活终端和灵活调制解调器接口的概念。采用FMI可实现多频段、多波形和可控灵活终端，这对于在2028时间框架实现美国国防部宽带需求至关重要。

（中国电子科技集团公司第五十四研究所　颜洁）

低轨卫星互联网星座发展及其军事应用研究

地球卫星轨道分为低地球轨道（LEO）、中地球轨道（MEO）、同步地球轨道（GEO）。低轨一般是指位于地球表面500千米~2000千米的范围。由几十颗至几千颗不等的低轨卫星组网构成的卫星系统被称为低轨卫星互联网星座。近年来，由于具有信号更强、传输时延更低、全球覆盖性更好等优势，低轨卫星构成的星座系统逐渐受到重视，全球低轨卫星星座领域的发展有持续加速的态势，美国"铱星"已发展为更新一代，军方、政府和商业用户都有所增加，美国一网公司（OneWeb）、加拿大电信卫星公司（TeleSat）、美国太空探索技术公司（SpaceX）等多家公司也竞相提出了大型低轨卫星互联网计划。并且，对作战能力至关重要的军事卫星来说，传统的开发和部署模式也不能适应竞争日益激烈的空间环境。而低轨互联网星座的技术优势使其具有巨大的军事应用潜力，因此军方也开始积极探索低轨卫星星座的利用，以满足新的作战需求。

一、商用低轨互联网星座蓬勃发展

目前，全球多家公司都开始开发和部署低轨卫星互联网星座，星座规模发生质的飞跃，许多星座计划的规模达到数百至数千颗卫星量级；"下一代铱星""电信卫星""星链"计划等星座的卫星间还利用了星间链路，便于卫星间以及卫星与地面传输信息；频段方面除使用Ku和Ka频段外，SpaceX公司、OneWeb公司和加拿大TeleSat公司还开始申请使用业界关注甚少的V频段；所提供服务也从移动通信转向关注于宽带高速接入。下面详细介绍其中最具代表性的星座的发展近况。

（一）"下一代铱星"系统即将完成发射部署

2007年，"铱星"公司宣布启动星座更新计划，发展"下一代铱星"以确保现有体系结构的延续。"下一代铱星"星座将总共有81颗卫星，包括66颗工作星、9颗在轨备份星和6颗地面备份星。工作星运行于高度780千米、倾角86.4度的低轨道。卫星提供L频段速度高达1.5兆比特/秒和Ka频段8兆比特/秒的高速服务。"下一代铱星"将维持现有铱星星座的网状网架构，由星间链路连接的低地球轨道卫星形成一个全球天基网络，允许地球上任何位置的地面或空中的用户通信。

"下一代铱星"的75颗卫星将分8次被送上太空。2017年1月14日，第一批10颗"下一代铱星"卫星在美国加利福尼亚州范登堡空军基地由"猎鹰9号"火箭发射升空，并且已开始为客户提供服务。

2018年3月30日，第五批10颗"下一代铱星"卫星从范登堡空军基地成功发射。2018年5月22日，该公司第六批5颗"下一代铱星"成功发射。2018年7月，第七批10颗卫星成功发射。接下来会进行最后一批10颗卫星的发射。

（二）"一网"星座继续扩大规模

美国的"一网（OneWeb）"公司提出的低轨卫星星座于2017年6月获得了美国联邦通信委员会（FCC）批准，成为美国首个获批的新一代"非地球同步轨道"（NGSO）星座计划。

OneWeb星座由飞行在1200千米近极地圆形轨道上的720颗低地球轨道（LEO）卫星和在轨备份星及相关地面控制设施、网关地面站和终端用户地面站（用户终端）组成。这些卫星分布在18个轨道面上，每个轨道面上40颗卫星，其星座卫星覆盖示意图如图1所示。系统可为世界任意地方的小型低成本用户终端提供高质量宽带互联网接入。系统中每颗卫星要同时连接地面站和用户才能建立服务，这种弯管式系统属于天星地网，其卫星设计的尽量简单，大大降低成本。

图1　OneWeb卫星覆盖示意图

2018年3月19日，OneWeb公司向FCC请求增设1260颗卫星，把其已获准建设的低轨星座规模扩大到原方案的将近3倍。新增卫星将采用与前720颗卫星相同的Ku和Ka频段。为接纳新增的1260颗卫星，OneWeb公司将把轨道面数量增至36个，并把每个轨道面最多部署的卫星数量从40颗提高到55颗。编队规模扩大后将需要设更多的地面站，每个地面站将设多达50部天线来同星座联系。

2018年5月，OneWeb公司表示，OneWeb星座首次组网发射的时间将为2018年年底，以便开展更多的地面测试。

OneWeb星座目前共规划有三代，预计，OneWeb第一代星座将具有7太比特/秒的容量，第二代将达到120太比特/秒，第三代星座容量将达到1000太比特/秒。

（三）加拿大"电信卫星"开始第一阶段测试

加拿大电信卫星公司（Telesat）计划构建一个采用极地轨道和倾斜轨道的"混合双低轨卫星系统"，并于2017年11月获得FCC批准进入美国市场运营，这是继OneWeb星座之后第二个获FCC批准的该类方案。

Telesat低轨卫星星座将由至少117颗卫星加上备份星组成。星座采用两个轨道。一个是倾角99.5度的极地轨道，另一个是倾角37.4度的倾斜轨道。极地轨道星座提供全球覆盖，重点覆盖极地区域。倾斜轨道星座重点覆盖赤道和中纬度区域。系统采用Ka频段，每颗卫星都拥有星上处理能力和星间链路。该星座的具体网络体系架构如图2所示。

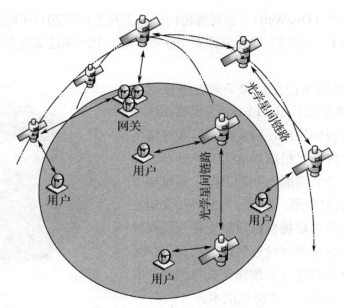

图2　Telesat LEO 星座网络体系架构图

2018年1月12日，Telesat的第一阶段低轨试验卫星发射升空。该公司目前正在对其能力进行演示，将展示系统设计的关键特征，特别是低延迟宽带能力。

2018年7月30日和8月1日，Telesat公司分别授出两份星座设计合同，开展"一系列工程活动和技术评审"，论证设计电信卫星公司的低轨互联网星座系统。

2018年10月8日，Telesat公司第一颗LEO卫星的调制解调器成功完成空中测试。

预计大规模发射将在2020年开始，整个星座2022年开始运营，将拥有太字节的通信容量。

（四）"星链"计划的卫星全部通过 FCC 批准

美国太空探索技术（SpaceX）公司提出了"星链（Starlink）"计划，目的是通过在近地轨道部署1.2万颗小卫星，为全球任何地方的住宅用户、商业用户、社会公共机构、政府以及专业用户提供类似光缆的宽带低时延互联网接入及通信服务。

Starlink系统的空间段由两个星座组成：一个是LEO星座，将在轨道高度1110千米～1325千米的83个轨道面上部署4425颗Ka和Ku频段卫星；另一个是VLEO星座，将在更低的340千米轨道部署7518颗V频段卫星，进一步减小时延与提高容量。卫星之间采用光学星间链路，直接连接用户和服务，属于天星天网。

2018年2月22日，SpaceX公司已将2颗试验星发射入轨，其外观如图3所示。预计2019年开始发射正式工作星。

图3　Starlink 试验卫星

2018年3月29日，FCC批准了SpaceX公司2016年提交的"SpaceX非同步轨道卫星系统"的申请，批准发射4425颗低轨卫星进入美国市场运营。在同年11月16日，SpaceX公司又向FCC提出申请计划在地球轨道上部署7518颗卫星，并已获得批准。这些卫星轨道高度在335千米到346千米之间。这意味着Starlink卫星互联网项目已获得全部卫星的批文。

（五）俄罗斯提出"以太"低轨卫星通信系统

俄罗斯也在积极筹划低轨卫星互联网项目。2017年11月，俄罗斯媒体首次披露建立"以太（Ether）"全球卫星通信系统的计划，将其列入"俄罗斯数字经济"国家计划。Ether项目是俄罗斯国家"混合"智能通信网的重要组成部分。

Ether系统天基部分被称为"天基数据总线"，由288颗轨道高度为870千米的卫星组成，其中70颗卫星覆盖俄罗斯全境。卫星之间将采用星间链路连接，保证地球任何地点以及空中或航天目标都能传输信息。Ether将是一个基于卫星的混合基础设施，通信卫星和地面蜂窝网络、各类转发器相互协作，还将与其他卫星合作、提供中继服务等。Ether系统传输速率达5兆比特/秒～15兆比特/秒。系统可以接入10000台技术装备、10000个共享接入点，包括军用和民用目标。卫星通信用户数量可达1000万个。

2018年5月22日，俄罗斯航天系统公司推出了Ether低轨卫星通信系统解决方案。该项目也称"全球多功能通信卫星系统（GMISS）"，能比肩OneWeb和Starlink低轨卫星互联网系统。

Ether项目目前正在开展草案设计工作。按规划，Ether系统将于2020年前完成系列研发工作，为确定准确配置，需要进行系列（含在轨）试验和测试工作。2023年开始部署Ether星座，2026年起投入运营。

二、低轨星座主要优势及军事应用潜力分析

基于不同轨道构建的卫星通信系统，在星地通信时延、系统设计复杂度、成本、覆盖范围等方面具有不同的特点。低轨卫星星座则具有以下明显优势并拥有巨大的军事应用潜力。

（一）低时延、高容量

一般低轨卫星轨道较低，因此可将时延降低到几十个乃至十几个毫秒，能够与地面网络相提并论。低时延意味着可以有更多类型的应用，特别是时敏服务，并能以更低延迟提供高带宽，每颗卫星吞吐量将超过10吉比特/秒。而军方越来越需要准实时指挥和控制，及时了解战场态势并快速做出作战响应。目前新兴低轨卫星星座的强大能力能够满足军方在海上、陆地和空中执行任务时对低延迟高带宽的持续需求。

（二）覆盖范围广

低轨卫星在使用时就如同将地面基站架设在了1000千米左右的高空，覆盖范围大大增加，数千颗卫星组成的星座覆盖全球各个角落，使全球无覆盖盲区成为可能。这

对于在广阔海洋、偏远地区的作战来说非常有吸引力。应用低轨互联网星座将能为作战人员提供全球连通能力，真正做到在任何时间任何地点进行实时通信。

（三）成本低

低轨卫星星座大都使用经济性好、能够规模化生产、容易发射，易于维护的小卫星平台，使得成本大大降低。国防预算中用于卫星通信的资金有限。在这种预算环境下，低成本的卫星星座将是军事卫星通信更好的选择。应用低轨卫星星座既能提高应对威胁的能力，又不会推高成本。

（四）抗毁性强

传统卫星通信系统单一系统易受攻击，而低轨星座采用分离或分散体系结构，网络中可能有成百上千颗卫星，每颗卫星或有效载荷的体积较小，能力也更小，而且也更便宜。这样可让星座提高损失单颗卫星的承受能力，因为每颗卫星只占整体能力的一小部分。这会使敌人的攻击计划变得更为复杂，迫使他们瞄准和攻击更多卫星才能取得同样的效果，大大提高了整体系统的抗毁能力。

三、军方积极探索对低轨卫星星座的利用

传统军事卫星的部署情况在竞争日益激烈的空间环境中易受攻击，很难或不可能快速响应新的威胁。由于认识到低轨卫星星座的诸多优势，随着商业低轨卫星星座的蓬勃发展，军方也在积极探索低轨卫星星座在军事上的应用。美国国防部就为"下一代铱星"系统的安全性开发方面投入了大量资金，使其成为目前全球范围内唯一符合军用标准、真正全球覆盖的高可靠移动卫星通信网络，并且根据美国国防部和军方的需求，设计开发了一系列新的系统和业务。为了进一步提高军事作战能力，军方仍在不断为低轨卫星星座的军事应用努力开发新技术、新方法。

（一）DARPA 寻求利用低轨卫星星座完成国防部任务

美国国防高级研究计划局（DARPA）近年来也在关注利用大型低轨卫星星座的军事利用，以帮助军方完成国防任务。在2012年DARPA就提出了"军事作战太空赋能效果（SeeMe）"计划，提出发展24颗轻型低轨卫星的星座，为战场的战斗人员提供基于空间的战术信息和图像。

2018年3月23日，DARPA发布了"国家安全太空系统和低轨星座信息征询书"，探索利用大型低成本低轨卫星星座满足国防部任务需求的技术信息，关注于利用新技术和概念实现高度自主的卫星、有效载荷和星座。

DARPA将主要研究以下几个方面：多颗卫星共同分担完成给定任务；位于多个轨道面的具备多条通信链路、多个地面站和多个远程（战术）用户的大量卫星的组网；地面站指控链路不可用时的自主运行；在轨数据云及多颗卫星间动态数据存储和处理功能的自主管理；卫星或特定功能永久或暂时不可用时，卫星星座自主重构或自主执行任务；可实现灵活指控、维持操作人员合理决策工作量并能让操作人员在丢失通信或自主运行期间迅速重建态势感知能力的自主星座操作界面设计；可适用于更大规模星座、更大同时任务数量、更多通信链路种类的可伸缩方法等。

（二）DARPA 开始开发"黑杰克"小型低轨卫星，提高军事通信与监视能力

DARPA正在积极将日益增长的商业小型卫星能力用于军事应用。为此，DARPA提出了"黑杰克（Blackjack）"项目，其被美国空军视为促进尖端商业太空技术的军事应用的关键工具，并于2018年4月19日跨部门公告（BAA），希望工业部门帮助进行小型军事通信与监视卫星的研发，使其不仅能够在低地球轨道上安全运行，还能够利用现代化商业卫星技术。该项目最终目标是发展由60颗～200颗这种卫星组成的星座，运行高度500千米～1300千米。

"黑杰克"项目旨在开发低成本的空间有效载荷和商品化的卫星平台，其尺寸、重量、功率和成本（SWaP-C）较低，但具有与当今在地球同步轨道上运行的军事通信卫星类似的能力。

2018年10月15日，DARPA授予蓝色峡谷公司一份合同用于开发"黑杰克"卫星。作为"黑杰克"项目的第一阶段，蓝色峡谷公司将定义平台和有效负载要求。随后的阶段将为两颗卫星的在轨演示任务开发平台和有效载荷，并在低地球轨道上演示验证一个为期六个月的双平面系统。

（三）美国空军探索商业空间互联网的军事应用

美国空军也在寻求利用商业低轨空间互联网为其提供高带宽、高弹性数据通信能力。2017年10月25日，空军研究实验室（AFRL）"战略发展规划与实验（SDPE）"办公室发出了一份"高级研究公告（ARA）"，旨在就"采用商业空间互联网的国防实验（DEUCSI）"项目征询业界建议书。

DEUCSI项目寻求利用发展中的商业低轨空间互联网络创建一种具有弹性、高带宽、高可用性的空军通信与数据共享能力。它利用商业空间互联网，将政府相关工作及资源集中在空军应用特有的几个领域上。该项目将开展一些必要的开发和试验工作。首先，利用初期技术演示卫星和用户终端在多个空军站址和资产之间建立连接。然后，对利用商业空间互联网实现空军多种平台间双向通信的能力进行量化和评估。最终，利用经改造的商业空间互联网卫星完成灵活、低成本的特殊用途试验。

四、启示

通过对以上国外大型低轨卫星星座发展情况以及军方对低轨卫星星座利用的探索情况的梳理，得到以下启示：

（一）利用商业卫星平台搭载军用有效载荷，降低成本、缩短发射周期

军方在利用商业低轨卫星星座时或将采用商业卫星平台搭载军用有效载荷的模式。目前，在美国空军的有效载荷搭载合同框架下，已在美国国家航空航天局（NASA）多颗卫星上开展了搭载载荷的招标工作。DARPA的"黑杰克"计划以及美国空军的DEUCSI计划都提出了在商业卫星平台上使用军用有效载荷的方法。利用商业卫星平台搭载军用有效载荷成本大大低于制造、发射和运行整个卫星的成本，能缩短发射周期，使军方快速获得在轨能力。商业化卫星平台还将采用基于开放架构的电气、软件和网状网接口控制，将为在低轨运行数十种或数百种不同类型的军用卫星有效载荷创造条件。

（二）采用基于星间链路的空间组网，提供全球连接、建立弹性体系结构

基于星间链路的空间组网是突破全球地面布站限制的唯一选择，也是实现全球无缝服务的唯一选择。采用星上透明转发，需要依托关口站实现服务，而且服务区域受限于关口站部署。采用星间链路和星间组网，能直接与相邻卫星的连接，并且与地面基础设施保持完全独立，这对于军事应用而言是巨大的优势，意味着低轨星座系统将是一个超级安全和弹性的通信网络。DARPA已授予Telesat公司一份合同，研究未来的国防部航天器通过激光通信与Telesat的LEO星座连接。研究结果将使美国国防部使

用LEO系统来满足全球宽带连接需求。

（三）融入人工智能、机器学习等先进技术，提高自主能力、实现多星协作

低轨星座系统由于卫星数量多、系统复杂，在动态或战术环境下，先进的自主和机器学习技术可实现多星系统的协作管理。卫星的自主能力将利用人工智能软件来实现。最终，卫星将利用多模态传感器网络，基于空间网络，将关键数据快速移动到网络中的其他卫星以及战术边缘的其他单元。DARPA在探索如何利用大型低成本LEO卫星星座满足国防部任务需求时，就关注于卫星地面站以及卫星星座的自主运行以及多颗卫星共同完成的协作能力。在"黑杰克"项目中，DARPA致力于通过人工智能技术开发在LEO上运行的全球高速主干网支持技术，使军事卫星装备能够提供无限的超视距传感和通信能力。

当然，军方在利用商业低轨互联网星座时，仍需解决安全、频谱协调、管控方式等多种问题。

（中国电子科技集团公司第五十四研究所 王静）

高通量卫星最新发展及军事应用潜力研究

高通量卫星（HTS）是近年来商业航天领域蓬勃发展的热点，也是未来十年乃至二十年的发展方向。随着"地平线-3e（Horizons-3e）""电信卫星18V（Telstar 18V）"等高通量卫星陆续发射升空，2018年见证了高通量卫星的迅猛发展。不同于传统的宽带卫星通信，HTS可实现带宽和吞吐量级别的极大增强，在军事领域应用价值巨大，如何充分利用它们的优势满足军事通信需求，以及如何解决其中的困难和挑战是值得研究的一个课题。

一、HTS 的定义和技术特点

（一）定义

业界普遍认为，HTS是以点波束和频率复用为标志，可以运行在任何频段，通量有大有小，取决于分配的频谱和频率复用次数，可以提供固定、广播和移动等各类商业卫星通信服务的一类卫星系统。

HTS卫星与传统卫星波束覆盖对比如图1所示。

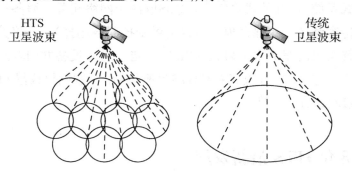

图 1　HTS 卫星与传统卫星波束对比

（二）技术特点

HTS采用点波束和频率复用技术，在同样频谱资源条件下可使卫星容量成倍增加。HTS可以运行在任何频段，通量大小取决于分配的频谱和频率复用次数。与传统卫星系统相比，HTS系统架构的根本不同在于使用多"点波束"而非宽波束来覆盖区域范围，它使得频率复用在多个狭窄聚焦的点波束上成为可能，其覆盖范围大约在数百千米。

1. 多点波束技术带来的两点效益

（1）**更高的天线发送/接收增益**　天线增益与其波束宽度成反比，波束宽度越窄，天线增益越高。较高的卫星天线增益使用户可以采用更小口径的终端，以及高阶调制编码方案（MODCOD），从而增强频谱利用效率，提高数据传输速率。

（2）**频率复用**　HTS系统利用卫星天线的高定向性来定位点波束轨迹，允许多个点波束重复使用同一频率。然而，由于点波束覆盖范围较小，因此要实现大范围的区域覆盖，则需要大量点波束。点波束的数量和频率复用程度是系统设计根据实际应用的折中考量。

2. 封闭式系统与开放式系统

（1）**封闭式系统**　在封闭式系统中，服务质量（QoS）是预先定义的，服务提供商只能够转售卫星运营商预先定义的标准化服务，无权设置自己的服务水平协议（SLA），因而具有服务不对称的典型特征。同时，所有业务都必须经由运营商的关口。封闭式系统HTS星座包括：休斯公司的休斯网络（HughesNet）、卫迅公司的Viasat Exede、欧洲卫星公司的Eutelsat Tooway以及阿联酋卫星通信公司的YahSat等。

（2）**开放式系统**　在开放式系统中，QoS取决于网络配置，服务提供商能够购买兆赫兹或兆比特容量（一些混合模型中也提供受控服务选择），并将其打包为自己的服务，有权设置自己的服务水平协议（SLA），自主选择设备并向客户销售。同时，业务可以经由第三方关口。开放式系统HTS星座包括：互联网协议星（IPstar）、Intelsat Epic、O3b以及Eutelsat星座等。

二、2018 年 HTS 最新发展

2018年是HTS迅猛发展的一年，许多重要的高通量卫星陆续升空，随着运营商计划的不断推进，加之技术的创新发展，未来必将有更多的HTS星座发射入轨并投入使用。

（一）日本成功发射高通量通信卫星 Horizons 3e

2018年9月26日，日本天空完美日星公司（SKY Perfect JSAT）在圭亚那航天中心用阿丽亚娜大推力火箭（Ariane-5ECA）成功发射通信卫星Horizons 3e，计划在静止轨道经性能验证试验后投入运行。Horizons 3e卫星是SKY Perfect JSAT公司推出的首个搭载高通量系统的卫星。该卫星是基于Intelsat EpicNG高通量平台设计的通信卫星。根据卫星的规格，与传统卫星相比，其通信容量将提高10倍以上。

Horizons 3e卫星将成为EpicNG服务的第六颗卫星，并将从东经169度覆盖太平洋地区，其发射和投入运营标志着Intelsat的EpicNG平台被成功引入亚太地区，使拥有该技术的通信卫星遍布全球卫星市场，并增强了Intelsat One Flex服务平台的能力。Horizons 3e卫星将满足亚太地区飞机、船舶等对移动业务不断增长的需求。

（二）欧洲订购下一代甚高通量卫星（VHTS），实现欧洲地区的高速宽带服务

2018年4月5日，欧洲通信卫星公司（Eutelsat）宣布订购一颗名为KONNECT VHTS的下一代甚高通量卫星（VHTS）系统，以支持其欧洲固定宽带和空中互联业务，计划将于2021年提供服务。

该卫星和相关的地面段将由泰雷兹·阿莱尼亚航天公司建造，卫星重量约为6.3吨，Ka频段容量达到500吉比特/秒，搭载有目前在轨卫星中能力最强的星载数字处理器，并且能够提供灵活的容量分配、最优的频谱利用效率以及渐进式地面网络部署能力。KONNECT VHTS卫星是目前世界上带宽容量最大的卫星中的一颗，其带宽容量与休斯公司的"木星3号（Jupiter-3）"卫星系统的带宽容量相当，所提供的服务在地理上更加集中，更侧重欧洲地区。未来十年，VHTS卫星将赋予高速互联网和空中互联市场足够的带宽容量，并能够以类似光纤的价格和速度提供服务。

（三）加拿大电信卫星（Telesat）公司第三颗高通量卫星升空，为亚太地区提供服务

美国当地时间2018年9月10日凌晨，加拿大Telesat公司的Telstar 18V卫星搭乘美国太空探索技术公司（SpaceX）新型Block 5版"猎鹰9号"火箭发射升空。该卫星也称

为"亚太5C（Apstar-5C）"卫星，是Telesat公司第三颗高通量通信卫星，也是目前为止所发射的第二重的通信卫星，重量约合7060千克，将替代2004年发射的、现位于东经138度地球同步轨道的"电信卫星18（Telstar-18）"，为中国、印尼、马来西亚等地区提供宽带通信服务。

Telstar 18V由美国劳拉空间系统公司（SSL）制造，携带63个C频段和Ku频段转发器，配备常规C频段、Ku频段波束和一个Ku频段的高通量有效载荷。

三、HTS 军事应用价值

目前，全球军事通信网络正在经历重大变革，战略通信正在经历从综合业务数字网（ISDN）向IP宽带网络的转变，其根本需求在于同时实现高数据吞吐量和通信的无缝连接。战术通信旨在增强前线士兵的态势感知能力和指挥官的近实时决策能力。为寻求更大带宽，军队或其他政府组织正在积极利用新兴应用。更多的可用带宽带来战场上一系列变革和创新，例如，美国地理空间情报局（GEOINT）由获取战场和军队运动的模糊照片发展到获取实时视频监视和大量交互式地图信息；通信由话音演变为远程视频会议；信息共享则由战前和战后指令演变为在任意地点任意设备上访问数据信息的能力。

HTS通信是实现以上这些军事应用的关键性技术之一，在军事领域具有巨大的应用价值。虽然大多数HTS最初都是设计为工作于Ka频段，但运营商们正将同样的技术应用于其他频段，尤其是Ku频段卫星。相对于传统卫星，HTS所特有的点波束可实现改善的链路性能和更高的数据率以及更好的可用性。业内现已推出以Intelsat EpicNG为代表的新一代开放式体系HTS系统，允许政府和军方用户自己选择各种波形、调制解调器和天线，从而获得更高的数据吞吐量，极大提升HTS的军事应用效益，这也是HTS通信在军事领域应用的典型成功案例之一。

当前美国政府网络在规模和复杂性上不断增长，而网络边缘的远程系统体积、重量和功率（SWaP）则不断降低，在很大程度上要依赖高通量卫星平台提供更多能力。随着越来越多的平台、任务和服务在争夺带宽，类似Intelsat EpicNG之类的系统在带宽和传输速度方面的提高对于美军保持空间情报、监视和侦察（ISR）优势至关重要。

四、HTS 军事应用案例

基于HTS在军事领域的巨大应用价值，业界、政府和军方都在积极寻求适用于军事的HTS平台。以下是HTS军事应用的两个代表性案例。EpicGN平台是Intelsat下一代高性能卫星平台，能够实现高通量、高效率、高性能、多频段、开放式、灵活性、全区域覆盖以及更低的花费，其开放式平台设计为政府和军方用户充分利用HTS的优势创造了多种可能。ViaSat公司的ViaSat-2卫星则可向政府、国防和军事应用提供卫星通信服务，为军事应用提供速率超过100兆比特/秒的通信服务，具有超越任何其他商业或美国国防部卫星通信系统的显著性能优势。

（一）Intelsat EpicNG 下一代开放式 HTS 体系

1. 体系性能优势

Intelsat EpicNG平台在HTS设计上与频率无关，在C和Ku两个频段采用高频复用。具体而言，EpicNG具有以下性能特点：

（1）后向兼容 EpicNG允许政府组织使用现有硬件和网络基础设施实现高吞吐量性能。这种体系结构（如图2所示）允许任意用户连接到任意波束，实现星形、网状和（交叉连接）环回网络拓扑。

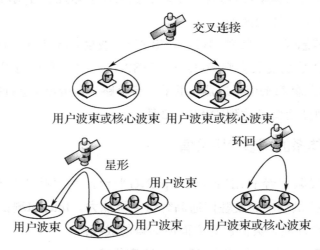

图 2　Intelsat EpicNG 卫星拓扑

（2）Intelsat EpicNG能够交付更多种类的解决方案 一颗EpicNG高性能卫星为

政府和军方用户提供的带宽是一颗传统商业卫星或一颗宽带全球系统（WGS）卫星的2倍到6倍。结合现用终端基础设施，EpicNG可提供价值最大化的连接方案。图3描述了Intelsat EpicNC体系对经济效益的提升。

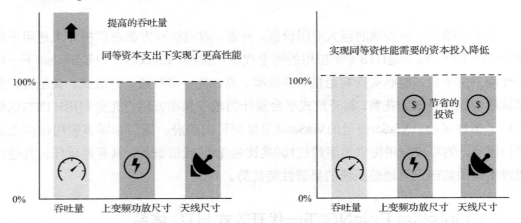

图3 Intelsat EpicNG 提高了经济效益

（3）业内最先进的专用增强型数字载荷 EpicNG数字载荷实现了从任意波束到任意波束间的连接，可更精细地调整提供的带宽容量。军方能够在两个频段即Ku频段和C频段内利用已部署的天线/调制解调器/电信港基础设施，大大节省了成本。

（4）弹性和干扰消减 Intelsat EpicNG能够适应地理区域覆盖和任务需求的变化，支持政府通信和应用的严苛需求。其点波束设计和先进的数字载荷创建了一种可以对抗干扰和减轻干扰的增强型环境，保证了政府机构在全球几乎任何环境下的作战行动中都能实现安全覆盖和连通能力。

（5）安全性/信息保障 随着2017年初IS-35e的发射，Intelsat已成为首个拥有完全符合美国国家安全系统委员会政策-12（CNSSP-12）空间要求的卫星商业运营商。IS-35e及所有后续卫星都采用了遥测（卫星下行链路）和指控（上行链路）两种加密。目前还没有其他商业运营商达到CNSSP-12要求。

2. EpicNG 体系的军事应用价值

美国海军陆战队已经利用Intelsat EpicNG平台，为"战术级作战人员信息网（WIN-T）"增量2提供动中通及驻停通高容量卫星能力。Intelsat测试结果表明了政府用户使用EpicNG在性能、灵活性等方面所取得的成绩：

（1）为机载情报、监视和侦察（ISR）带来优势能力 Intelsat EpicNG卫星提供的高效各向同性等效辐射功率（EIRP）和天线增益噪声温度（G/T）性能非常适合空中情报、监视和侦察（AISR）任务通常使用的小型终端。

（2）**加强陆军广泛部署的地面网络技术** Intelsat在多个美国国防部用户终端上进行了Intelsat IS-29e性能测试。在Intelsat EpicNG卫星上，65厘米"黑豹"（Panther）终端实现了19.5兆比特/秒的入站速率（1.63比特/赫兹）和10.7兆比特/秒的出站速率（1.19比特/赫兹），数据速率分别提高了652%和1338%。这些对战术边缘宽带速度的显著改善可实现传统甚小孔径终端（VSAT）通信无法实现的新网络能力和应用。

（3）**更具弹性的商业卫星通信** Intelsat EpicNG卫星可成功降低波束外和波束内干扰。它采用点波束小型覆盖设计，可抑制波束外干扰，不需要最终用户采取任何行动。Intelsat可以主动识别干扰源，并近实时重新配置有效载荷。

（二）ViaSat-2卫星通信业务通过军事应用论证

ViaSat-2是ViaSat公司2016年发射的Ka频段高通量卫星，其容量达200吉比特/秒以上。2018年3月12日，ViaSat宣布可向政府、国防和军事应用提供ViaSat-2卫星通信服务，为军事应用提供超过100兆比特/秒的通信服务。

2018年3月初，ViaSat进行了一次ViaSat-2卫星通信系统演示验证，并展示了一些基于云的政府应用。此次演示展现出的ViaSat-2卫星通信系统性能有：传输带宽密集型、媒体丰富的云应用；同时执行更多行动；在电磁、地面或网络攻击情况下继续运行；提供有保障的通信。

ViaSat-2可满足美国政府需要带宽密集、云连接的军事应用的需求，ViaSat-2及其网络的创新可极大提高军事任务的作战能力。该卫星通信系统是一系列超高容量全球卫星网络中的第一个，它将为全球军事力量提供优越的性能和弹性。

五、发展趋势

高通量卫星由于可提供高于传统卫星20倍的通量，大大降低每比特成本，能够经济、便利地实现各种新应用，已成为通信行业真正改变游戏规则的技术。未来高通量卫星发展有以下几点趋势。

（一）开放式HTS系统设计成为新趋势

随着业务和市场发展，HTS系统已经能够涵盖固定业务卫星和移动业务卫星的所有业务类型，产业收入令人瞩目。然而，政府和军方客户在采纳HTS业务上却进展迟缓。究其原因，最重要的一点是目前大部分HTS系统均针对特定意图建设，采用封闭体系结构满足用户业务需求。如ViaSat的Exede、Inmarsat的"全球快讯（Global Xpress）"、休斯公司的Jupiter和Eutelsat的KA-SAT等系统，都需要新的资金投入研发各自专用的调制解调器技术和业务体系结构。这些封闭系统仅提供星形连接，服务质量由业务提供商而不是终端用户控制。如果仅需要互联网接入，这些托管业务方案确实可在其有限的覆盖区域内以适当的价格提供足够的能力。

然而出于多种原因，大部分政府卫星通信网络并无法迁移到这种封闭体系结构。例如，ISR平台需要有获得认证的航空硬件和持续的可靠控制，转而采用专利硬件在成本上是不现实的；海军舰船升级也要付出高昂的成本，需要3~4年的时间规划和执行；不断发展的网络空间需求包括加密、安全和信息保障也难以融入托管业务方案中。不同军事部门、联合部队与盟军部队间的互操作问题仍会是长期挑战。此外，大部分军方和政府用户需要卫星通信覆盖到偏远和环境恶劣地区，如沙漠、丛林和海洋等，而当前封闭式HTS体系却是针对人口密集区域设计的。

不过，业内现已推出了开放式HTS系统并投入运行。以Intelsat Epic系统为代表的新一代开放式HTS系统，采用了数字载荷，引入信道化能力，极大提升了载荷灵活性。随着Intelsat EpicNG卫星平台的发展，业内也正逐步推出其他开放式体系结构的HTS系统。可以预测，新一代HTS所具有的开放特性、灵活性、安全性和抗干扰能力也必将促进其军事通信应用的发展，是未来HTS发展的重要方向之一。

（二）通量继续增长，向甚高通量卫星（VHTS）迈进

"甚高通量卫星（VHTS）"的概念目前尚无定论。大致上可以把VHTS理解为HTS系统向更高容量卫星的自然演进。HTS卫星通过增加点波束数量增加容量，但当前技术已将HTS的容量挖掘到了极限，VHTS需要通过一系列新技术提高卫星容量。

目前，最大的HTS Ka频段卫星是Jupiter-2与ViaSat-2，容量大致在200吉比特/秒~300吉比特/秒。为了建造500吉比特/秒甚至更大容量的卫星，需要利用多种技术。技术成熟时，可以增量方式推进HTS卫星演进到VHTS卫星。目前，第一代开发中的VHTS卫星是Ka频段卫星"卫迅3号（ViaSat-3）"，宣称容量可达到1000吉比特/秒。随着需求的增长，业内人士表示有充分的理由相信未来将出现更大容量的卫星。

而市场需求也将决定何时将出现第一颗Ku频段VHTS卫星。目前最大的HTS卫星工作在Ka频段，服务于直接家庭因特网市场。第一颗Ku频段VHTS卫星也将服务于这一市场。适用于Ka频段VHTS的每一项技术几乎都能用于Ku频段VHTS卫星。目前，Ku频段HTS卫星还未达到HTS技术的基线——并不是因为技术本身不能，而是因为市场对Ku频段数据与移动性服务的需求要小于Ka频段卫星直播（DTH）市场。随着这

些服务需求的快速增长，Ku频段卫星将不可避免的达到VHTS规模。

（三）HTS向更高频段发展

HTS不仅仅局限于Ka频段，也包括Ku频段和C频段。目前，由于C频段和Ku波段轨位和频率资源日趋稀缺，加之卫星通信向宽带多媒体方向发展的需求，Ka波段成为HTS发展的主流，但Ku波段仍保有其部分市场。同时，虽然Ka频段频率资源相对丰富，但面临迅速增长的带宽需求，仍显越来越拥挤，因此业界正在寻求将卫星通信频段提高到使用较少的电磁频谱部分，如Q/V频段或W频段甚至光通信。

1. Ka频段HTS是主流

与Ku频段相比，在许多高容量系统的部署情境中，Ka频段频率具有许多性能优势。首先，相比其他较低频段，在相同地面天线口径条件下，Ka频段波束宽度更窄，指向性更好，卫星抗干扰能力更强，通量更高。另外，Ka频段高通量卫星采用点波束、频率复用来扩展系统传输能力，通常，其频率复用次数在20以上，能够实现更多的频率复用，因此带来更多的容量。再者，点波束技术的应用内生性地决定了Ka频段宽带卫星通信系统的星状结构，这意味着它特别适合提供企业到用户（B2C）型应用。但是Ka频段的雨衰问题是一大挑战，目前已有的克服雨衰的相关技术有自动功率控制、自适应编码和调制技术。总而言之，综合考虑系统容量、传输速率、价格和终端尺寸、雨衰影响等因素，加之Ka频段丰富的频率资源，使得Ka频段HTS成为未来HTS发展的主流趋势之一。

2. Ku频段HTS仍有用武之地

在一些特定情境中，Ku频段频率仍发挥不可替代的优势。首先，当前大部分HTS系统采用的Ka频段相比，C频段和Ku频段受雨衰影响较小，这也是许多政府应用会考虑的一个关键因素，例如在C和Ku两个频段采用高频复用的EpicNG体系。另外，在机载ISR（AISR）领域，Ku频段具有极大优越性，具体原因有以下三点：（1）绝大部分已部署的AISR资产都几乎采用了百分百Ku频段频率，比如"捕食者（Predator）"、"灰鹰（Gray Eagle）"等大型无人机。这些无人机通过利用现有终端和基础设施，能够即刻实现高于传统宽波束卫星4倍的数据传输速率。（2）与Ka频段卫星通信相比，Intelsat EpicNG平台中的Ku频段HTS不受容量购买费用高昂和区域切换缺乏灵活性的干扰，军事用户可以仅购买所需数量的带宽，更加经济适用。（3）军用Ka频段无法在一些全球关键地域中提供服务。而Intelsat EpicNG中，采用了重叠波束设计，以Ka

频段高通量卫星20倍的大容量提供广泛的航线和陆地位置覆盖，不受波束被移动的影响。综上，在HTS市场中，Ku频段未来仍将保有一席之地。

3. HTS 向 Q/V 频段发展是必然趋势

随着宽带互联网业务需求的增长，通信卫星制造商和运营商正在期待使用更高频率提供更多带宽。相比低频率，Q/V频段技术为HTS通信带来了巨大优势，同时也存在一些技术问题需要解决。

（1）**Q/V频段的优势** 采用Q/V频段有助于释放Ka频段带宽资源。对于更高频段，业界的关注点是采用Q/V频段用于馈线链路并去除Ka频段关口站，这样，所有Ka频段可用频谱都可供用户使用。业界估计，这可能会使用户的下行链路带宽增加5倍到6倍，而不需要用户迁移到新设备上。更高的馈线链路频率则让每个关口站有更大容量，因此可减少关口站数量。由于不干扰Ka频段用户链路，关口站可以位于服务区域内，并且关口站天线可以更小。

（2）**Q/V频段的技术难题** 频率越高，受大气环境影响越严重。使用Q/V频段需要减轻严重的信号雨衰。可以采用增加信号功率和关口站位置分集的策略来减轻雨衰影响，如果一个关口站受到恶劣天气影响，可以将馈线链路变更到另一个关口站。

六、结语

HTS不仅是当前卫星通信的发展热点，也将是未来十年乃至二十年卫星通信的发展方向，国外众多运营商正在积极实施HTS部署计划，随着这些计划的不断推进，各项新技术逐渐成熟，HTS将会获得更大发展，更好地满足政府和军方的各种应用需求。

（中国电子科技集团公司第五十四研究所　阮贝娜）

美国空军 2019 年通信课题
突出机载通信和新技术研发应用

美国空军一直重视与学术界合作发展各种新能力应对军事应用需求的不断发展。美国空军研究实验室（AFRL）信息部下属的信息研究所是一个致力于信息科学与技术研发的虚拟、协同研究组织，目前由与AFRL信息部合作的很多大学组成。信息部致力于指挥、控制、通信、计算机和情报（C4I）领域以及网络技术领域的基础研究和先进研发，目标是引领空中、太空和网络部队发现、开发和集成经济可承受的作战信息技术能力。AFRL 信息部通过多种方式与研究所成员合作组建研究团队，其中包括访问学者研究计划（VFRP）和夏季学者资助计划（SFFP），旨在通过与学术界合作，推进最先进的C4I和网络技术在美国空军、国防部和商业中的应用。

2018年9月，美国AFRL信息部信息研究所公布了2019年VFRP和SFFP的研究课题，本文总结了其中与通信有关的主要课题。AFRL肩负着美军航空、航天及网络空间领域的研发重任。这些课题从一定程度上反映了美国空军当前关注的通信技术以及面临和希望解决的问题。

一、机载网络与数据链技术仍备受关注

近几年来，空中层通信的地位和作用受到了美军前所未有的重视。但空中平台具有高度动态、带宽和功率受限等特点，网络拓扑变化迅速，链路频繁断开或重建，另外，如何应对日益发展的网络空间威胁，如何在反介入/区域拒止环境下维持通信能力也成为严峻挑战。为了应对这些挑战，美国空军研究实验室偕同学术界作出了很大努力。

（一）机载网络动态资源分配

从空军的视角看，采取一种新的研发范式，支持机载组网参数动态选择对未来作战人员至关重要。平台速度、快速变化的拓扑、任务优先级、功率、带宽、延迟、安全和隐蔽性等造成的各种限制必须要考虑。

通过开发动态可重配置的网络通信架构来分配和管理通信系统资源，机载网络能更好地满足多个、经常是相互冲突的、取决于任务的设计限制要求。特别要考虑的是解决跨层优化方法的研究，重点关注应用层（如视频或音频）性能改进、频谱感知和/或优先级感知路由与调度，以及认知网络内的频谱利用问题。

（二）机载组网与通信链路

该课题重点是研究有潜力的未来高移动性机载组网与通信链路支撑技术和高数据率需求支撑技术，并探索相关的研究挑战。特别关注解决不同物理层、数据链和网络层之间跨层设计和优化可能带来的影响，以支持通过无线网络提供异构信息流和有差别的服务质量，包括但不限于：

- 物理层和MAC 层设计考虑，实现机载、地面和太空平台的有效组网；
- 节点跨动态异构子网通信的方法，这些子网具有快速变化的拓扑和信号传输环境，如友方/敌方链路/节点进入/离开栅格；
- 恶劣服务质量条件下有限物理资源的优化使用技术；
- 服务质量和数据优先级排序限制；
- 使用高带宽、高质量通信链路带来的安全与信息保障问题如何处理；
- 天线设计与先进编码，提升机载平台性能。

（三）下一代机载定向数据链与组网（NADDLN）

考虑到频谱稀缺问题，需要开发工作于更高频率上的自形成、自管理定向战术数据链。定向组网能提高频谱效率，支持自组织（ad hoc）连接，增强抗蓄意/无意干扰能力和增加链路的潜在容量。

不过，在全向系统上建立和维持定向链路网络所需的指向、捕获与跟踪（PAT）变得更加复杂。研究关注点包括：能够根据容量、延迟和干扰容限做出实时内容/背景感知权衡；任务感知链路和网络拓扑控制；费用可负担的孔径和PAT 系统；最终交付下一代机载定向数据链路与组网新能力。

（四）先进的高速数据链路

此研究重点是基于IEEE 802.16 等商用标准的高速数据链路（多吉比特），探讨使用正交频分复用（OFDM）和正交频分多址（OFDMA）的优势。为了实现多吉比特性能，研究使用采用高阶调制技术的超宽带通信体制。一些需要解决的挑战如：

- 超宽带通信系统多普勒扩频，在高动态机载环境下采用OFDM/OFDMA；
- 降低OFDM通信系统中的峰均功率比（PAPA）；
- 甚高速通信系统中的时钟和载波恢复技术；
- OFDM/OFDMA通信系统中的时频同步；
- 采用最新现场可编程门阵列（FPGA）设计的实时高效前向纠错技术。

（五）空中层捷变网络

目前空中层网络的特性限制了有效信息共享和分布式指挥控制的实现，尤其是在竞争性、性能降级和作战受限的环境下，缺乏互操作能力和预先规划/静态链路配置是最大挑战。该课题寻求无线组网先进技术，支持高动态环境下的空中信息交换，包括但不限于：容中断/延迟网络；无线电与路由器间的接口协议；机会传输协议；弹性数据/消息协议和按需确立优先级；频谱使用；基础设施共享和网状组网。

二、利用新兴先进技术解决军事通信挑战

随着新一代信息网络技术的蓬勃发展，美国空军研究实验室也将眼光投向了软件定义网络、量子通信、毫米波、区块链等技术的军事应用潜力上，并探索利用这些新技术解决其军事通信挑战。

（一）软件定义网络（SDN）

软件定义网络是计算机网络发展的一个新趋势。SDN实现了网络控制逻辑与底层数据转发面的分离，网络操作员可以编写高层多任务策略和定义复杂任务，动态地控制网络及其资源，按需满足战区内的任务需求，同时减少网络和电磁域内的风险和威胁。

该课题研究SDN如何支持联合战术边缘网络（JTEN）作战所需的动态、弹性本地或全局指挥控制。例如，高层网络控制使操作员有可能指定更复杂的任务，将许多

分离的网络功能（如安全、资源管理、优先级确立）整合到一个单独的控制框架内，实现任务/应用级需求与一组实际的网络配置相匹配；灵活的网络管理和规划；网络效率、可控性和顽存性的提升。

（二）超宽带组网：利用毫米波、太赫兹及以上频段

更高数据率需求日益增长以及射频（RF）频谱日益拥挤，推动了对更高频段如毫米波、太赫兹及以上频段的研发。设备和物理层技术的新发展有望缓解较低频段频谱的过度拥挤状况，并实现当前无线技术不可能实现的新型高带宽应用。本研究重点是开发新型组网方案，充分利用高频段的新发展提供的巨大带宽。

传统上，无线网络的设计受到的一个主要限制是可用带宽。此研究关注创新型高层协议，解决高频信道物理特性带来的挑战。例如，这些高频率上，大气和分子吸收造成的极高路径损耗会明显缩短传输距离，这就要求部署定向性很高的天线和大规模多输入多输出（MIMO）阵列，以及中继和多跳通信体制。此研究的关注领域包括但不限于：

- 链路层协议，节点不需要过于竞争信道使用，而是必须考虑信道特性和使用定向天线带来的挑战；
- 传输和网络层协议，能支持甚高数据到达速率，且无数据丢失或排队问题；
- 超密集网络拓扑控制，这些网络由有源和无源中继节点以及使用定向和大规模MIMO天线阵列的节点组成；
- 同步和介质访问策略，考虑高速机载网络中甚高数据率（太比特/秒或至少几吉比特/秒）的影响；
- 与遗留的频段接入兼容，向系统提供频谱分集。

（三）采用基于原子的量子中继器实现量子网络

实现量子网络的关键一步是演示远距离量子通信。目前，因为光子在光纤中远距离传送时面临吸收和其他损耗，使用光子实现远距离通信还极具挑战。可以选择的另一种很有前景的方法是使用基于原子的量子中继器与纯化/蒸馏技术相结合，实现远距离信息传送。这一研究项目重点是基于囚禁离子的量子中继器，采用囚禁离子量子比特小型阵列，通过光子比特连接。这些技术可用于在两个单点间传送信息，或扩展到创建多用户小型网络。

（四）太赫兹通信：重点研究太赫兹材料和信号传输机制

太赫兹通信有望提高短距离无线数据率，这可以使用基于纳米结构材料的新技术实现。可能的备选材料包括基于碳的纳米材料或其他等离子体材料。此研究重点是了解可以实现太赫兹频率信号传输的材料和机制。关注的主题包括：太赫兹信号从源传输到接收机的物理机制的理论检验；太赫兹频率组件（发射机或接收机）设计与制造策略；分析探索组件效率，实现自由空间损耗最小化。

（五）无线光通信

对于自由空间光通信链路，在大气中传播的激光波束受到湍流的影响，由此带来的波前失真即便是在短距离链路中也会导致性能下降，表现为信号功率降低和误码率（BER）增高。课题目标包括研究预期系统性能与造成波前失真特定因素间的关系，这些因素一般与某些天气变量有关，如气温、气压、风速等。

还计划使用量子密钥分发协议（QKD）如BB84协议集成量子数据加密能力，描述其在自由空间静止光链路上的使用性能，评估量子数据加密的潜在风险。相关工作包括设计和分析从简单到复杂的量子光电路用于量子操作，关注量子纠缠态在此类电路中传播时的特征。

（六）认知RF频谱易变性

考虑到跨地面、空中和太空域作战，有效使用有限的电磁频谱实现多种作战目的极其重要。业务需求不断增长而可用带宽却在减少，在两方面的压力下，必须针对各种跨域（地面、空中、太空）功能（通信、雷达、传感器、电子战等），发展更为全面、灵活和有效的可用频谱使用能力。

认识到竞争性环境下需要使用具备频谱捷变性和顽存性且在经济上可承受的多功能软件定义电台，此研究工作寻求：轻型下一代软件定义电台（SDR++）体系架构和基于商用现货（COTS）和非开发项目（NDI）的先进波形组件；相关作战安全和各级软硬件信任根的适当权衡。将创建创新型高性能灵活的无线电平台，探索使用下一代认知、智能无线电概念，满足跨各类波形标准和多个电磁频谱用例的先进连接需求，以及预算成本紧缩和装备时间缩短的需求。该技术开发将通过多频/频段/波形可重编程电台支持全球连接和互操作，实现网络化、多节点空中层连接与频谱易变性，提供系统的可组合性和工程实现弹性。

（七）基于区块链的跨网络域信息分发

比特币的底层技术区块链已展现出在各领域的巨大应用潜力，对加密货币以外的许多其他计算机安全问题也具有重大意义，如域名系统、公共密钥基础设施、文件存储和安全的文件时间戳记。此课题的目的是研究区块链技术，开发去中心化高效信息分发方法和技术，通过非受信/不安全网络（互联网）和设备实现跨网络域信息共享和存档。考虑的领域包括但不限于：安全设计与最新开源区块链实现分析；建立不同应用域基于区块链技术的理论基础；量化这些域内的区块挖矿效率、区块编辑和智能合约。

三、结语

可以看出，美国空军仍将高动态环境下的机载网络和数据链建设作为重点，同时密切关注和探索诸如软件定义网络、超宽带组网、量子通信、太赫兹通信、认知无线电、区块链等先进技术的发展应用，解决其动态组网、高带宽应用、通信资源优化配置、跨域作战、保密通信等问题。

（中国电子科技集团公司第五十四研究所 丁雪丽）

美国空军拟升级五代机机载 Link 16 数据链

2018年初举行的一次"红旗（Red Flag）"军演中，来自美国空军第27战斗机中队的隐身战斗机F-22"猛禽"演示了其通信能力，尽管此次演习中涉及了指控、实时情报分析与利用、电子战几乎所有领域，但F-22通信能力的提升无疑是最亮眼的能力。

一、五代机互通手段的争论基本取得阶段性结论

此前有关美国几款典型五代机"用什么方式实现通信"的问题一直没有定论，而此次演习则给出了相对明确的答案，即在F-22上增加Link 16数据链发射能力（称为"TACLink 16"），以实现其与四代机（如F-16、F-15）、五代机（如F-35）的互通，提升战斗中的实时数据共享能力。洛克希德·马丁公司负责F-22项目的副总裁也证实了这一点。此前F-22上也搭载有Link 16数据链终端，但为了确保不破坏其隐身性能，该终端仅具备接收能力。

考虑到"F-22和F-35这两款五代机都由洛克希德·马丁公司负责"这一事实，可以说，至此有关美军五代机互通手段的争论基本上已经取得了阶段性结论。

当然，这一阶段性结论目前尚不能扩展到美军所有的第五代平台，尤其是B-2"幽灵"隐身战略轰炸机，原因包括：首先，B-2的主承包商诺斯罗普·格鲁曼公司似乎有其独特的想法；其次，F-22战机的Link 16升级与美国空军最初规划的"让所有隐身平台都统一采用多功能先进数据链（MADL）"这一构想并不冲突，可能在不同场景下所需的通信手段也不尽相同，而且美国空军拟在B-2和B-21"入侵者"隐身战略轰炸机上部署MADL的规划目前仍在稳步推进。

二、隐身平台互通手段"统一"到 MADL 的尝试

"隐身飞机能否进行组网、应该用什么手段或技术来组网"一直是困扰美国空军的问题。最昂贵的B-2隐身战略轰炸机一直采用哈里斯公司的高性能波形（HPW），已实现与其他机型的数据传输；F-22隐身战斗机采用的是编队内数据链（IFDL），用于F-22飞机之间通信；F-35隐身战斗机采用的是诺斯罗普·格鲁曼公司开发的MADL作为其通信数据链。问题是，这三种型号的隐身飞机所用的组网数据链均不相同，如何实现互通呢？

2008年11月，负责采购、技术与后勤的美国国防部副部长指示空军与海军将MADL集成到上述三种隐身飞机上，不过后来空军还是按程序对几种备选方案进行了调研（其中就包括了战术目标瞄准组网技术（TTNT）数据链）。这样，本来需要"沉默"的隐身飞机之间不但可实现"通话"，而且还可以统一通话"语言"。

（一）MADL 数据链概述

MADL概况如表1所示，由于资料所限，很多细节尚不清楚。2009年3月份，美国空军完成调研，正式弃用TTNT并选择了MADL，原因是前者尽管数据速率很高但不具备低截获概率/低探测概率特性。后来美国国防部联合需求监督委员会已批准为所有隐身平台提供MADL。

表 1　MADL 概况

参　数　项		参　数　值
名称		MADL 第五代数据链（用于第五代战机）
应用平台		F-22、F-35、B-2（最初专为 F-35 开发，后续还有可能用于非隐身空中平台，如 E-3）
仿真模型开发商		诺斯罗普·格鲁曼公司
天线开发商		EMS 技术有限公司
F-22 升级 项目	目标	将 MADL 集成到 F-22 上，使之能与 F-35 通信
	期限	5 年（2010 年～2015 年）
	价值	约 9 亿美元
	管理机构	美国空军电子系统中心（ESC）

参　数　项		参　数　值
技术参数	频段	Ku
	天线数量	6 部（机载，共同实现球面全向覆盖）
	波束类型	窄波束
	带宽容量	与 Link 16 相当
	抗干扰特性	低截获概率/低探测概率
	专用技术	雏菊链系统（daisy chain system，一种接力通信方式）

（二）MADL 的应用想定

MADL最初的开发用途是用于F-35隐身战斗机之间的通信，其功能与用于F-22隐身战斗机之间通信的编队内数据链（IFDL）类似，但如上所述，美国空军准备将其用于所有隐身飞机之间的通信，甚至有可能用于非隐身空中平台与隐身空中平台间的通信。该数据链未来的应用想定如图1所示。从图中可以看出，当时的规划来看，IFDL继续用于F-22隐身战斗机之间的通信，而F-22、F-35、B-2彼此间的通信则采用MADL。另外，非隐身空中平台之间的通信仍以传统的Link 16为主，未来可能会视平台功能而采用多种选项（如Link 22、TTNT等）。

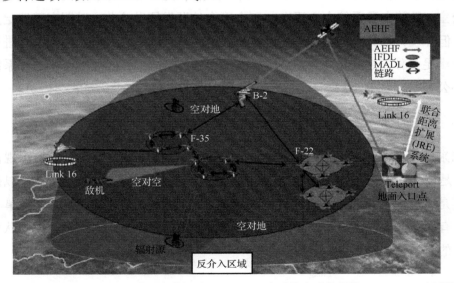

AEHF：先进极高频；IFDL：编队内数据链；MADL：多功能先进数据链；Teleport：远程端口

图 1　MADL 应用想定示意图

（三）MADL 开发方式、步骤

考虑到三种平台的敏感性，最初采取的开发方式是：先开发仅针对F-35的MADL波形；然后将该波形转交给F-22开发团队，F-22团队进行集成；此后再将其转交给B-2开发团队，并由B-2开发团队进行集成。但国防部办公室以及空中战斗司令部对这种串行开发方式不满意，因此将开发任务交给美国空军电子系统中心（ESC），电子系统中心将采用一种企业方法（enterprise approach）来开发MADL。这种开发方式的主要步骤概述如下。

1. 第一步

对F-35项目办公室目前正在开发的MADL波形进行独立研究，以确保该波形具备三种隐身飞机所需要的特性。这些特性包括：吞吐量、延迟、跳频能力、抗干扰能力等。然后电子系统中心就组成了一个专业研究团队，在进行了为期两个月的研究后，于2009年3月份将研究结果汇报给了国防部办公室。研究结果表明，当前的MADL波形可以用于上述三种隐身飞机。

2. 第二步

美国国防部办公室为MADL正式立项，并指示美国空军电子系统中心成立一个项目办公室。目前电子系统中心正在与三个平台的开发团队合作，以期完整地定义项目需求。但开发并非只是将该数据链从F-35转到F-22这么简单。需要对该波形进行工程修改以满足具体平台的要求，并可以实现后向兼容能力。目前美国空军电子系统中心项目办公室每周都要举行一次电话会议来讨论相关方案。

3. 第三步

未来该团队将使用建模与仿真的方法开发一种测试工具来确定MADL规范。然后，还是使用建模与仿真的方法，该团队将进行实际的网络中心目标想定，以确定该数据链是否能够真正满足平台间数据交换要求，即使得任务完成过程更加简单、快捷、安全、有效。例如，能够避免两架飞机瞄准并打击同一个目标。最终，该团队将确定MADL的有效性和可用性。

三、美军五代机 Link 16 使用情况浅析

当前F-35上已经搭载了具备完整收发能力的Link 16数据链终端，如果F-22在短期内再具备完整收发能力的Link 16能力，则有望在短期内实现五代机之间的Link 16互通能力。正因如此，2018初，美国空军及洛克希德·马丁公司高层表示，F-22与F-35之间的Link 16互通能力将于2020年左右实现，2019年、2020年将进行一系列测试。

（一）F-35 机载 Link 16 使用情况分析

F-35已经具备了完整的Link 16收发能力，且实现了Link 16与MADL在技术、战术层面的有机结合。据称，即便在隐身模式下，F-35也可以利用Link 16来发射信号而不会破坏其隐身性。实现这种能力的原理为：首先，生成数据，即，由Link 16终端产生标准化的Link 16波形数据；然后，局域网数据传输，即利用MADL的定向性"雏菊链（daisy chain）"技术实现局域网（F-35飞机编队内）数据传输；最后，广域网数据传输，即由距离战斗前沿最远的那一架F-35来转发该数据以供其他飞机使用。这种通信模式如图2所示。

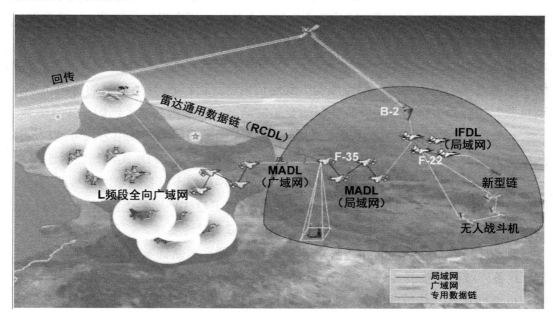

图 2　F-35 机载 MADL 用于组建局域网、广域网的示意图

简而言之，Link 16与MADL之间的关系可以总结为"Link 16提供标准数据，MADL提供网络化连接"。

（二）F-22机载Link 16使用情况分析

2018年初举行的"红旗（Red Flag）"军演结束后，美国空军发言人表示，美国空军正在开发用于F-22的增强型"五代机之间""五代机与四代机"之间的通信能力，这一通信项目称为"TACLink 16"。该项目的核心目标是通过软硬件更改来在F-22上部署Link 16发射能力。F-22 TACLink 16项目将确保F-22能够实现数据收、发功能，其通信对象包括F-35、F-16、F-15等四代、五代战斗机。这些平台之间可共同形成协同目标瞄准等能力。

2018年10月，美军高层表示，F-22的Link 16数据链收发能力是一种"战术强制性要求"，且将于2020年具备初始作战能力。此前F-22的机载Link 16终端联合战术信息分发系统（JTIDS）仅用于接收其他平台的数据，升级后的Link 16终端将采用联合多功能信息分发系统（MIDS-J）来替换JTIDS。较之传统的JTIDS，MIDS-J除了兼具收发能力之外，还具备开放式体系结构能力，因此非常容易升级、更新（仅仅通过软件更新即可实现）。

尽管在F-22飞机上增加Link 16的发射功能进而实现完整的数据收发能力并不能完全取代F-22现有电台的话音通信能力，但可在其他方面实现能力提升：加速数据与视频共享；打造一个协同且更加安全的非话音连接能力；提高抗干扰与网络防护能力。非话音连接能力在实战中显得尤为重要，因为在采用话音通信的情况下，一旦敌方破解了话音通信的加密密码，则可能窃听到通信内容。而Link 16所提供的这种"机器到机器"的能力可以实现在没有任何话音通信情况下的数据共享，例如，共享屏幕。

加装Link 16发射能力之后，F-22与其他类型飞机之间的通信使用方式可能与F-35的Link 16使用方式相类似，即由Link 16产生数据，由F-22的IFDL实现局域网连接。

然而，广域网连接方式则尚不清楚，因为目前F-22尚不具备广域网连接能力，要不就是通过B-2等其他隐身平台、借助受保护的通信卫星实现回传连接，但在具备Link 16发射能力之后，这样的网络连通性尚不足以支撑实时性要求。

理论上讲，要解决该问题，无非两方面选择：要么重新开发新的、类似于MADL的、具备广域网连接能力的新系统，这种方案会大幅增加成本；要么直接利用Link 16实现广域网连接（传统的四代机即是如此），这种方案会破坏F-22的隐身特性。

四、启示:"通"与"隐"的均衡

五代机的核心优势之一就是其隐身能力,借助隐身特性,五代机具备四代机难以企及的突防与近距离情报监视与侦察(ISR)能力。正因如此,五代机的机载传感器通常较之四代机有着更加强大的能力,而这些近距离获得的、精确的、高保真度的ISR数据只有"传输"给有需要的平台才能充分发挥作用。而"传输"本身又意味着极大的风险,敌方的电子侦察与信号情报系统极有可能通过其发射的信号来实现对其测向、定位、识别、跟踪,并最终引导精确火力打击。

简而言之,"隐身的优势只能借助一种非隐身的手段来体现",不能不说这是一种难以调和的矛盾。因此,美军在"通"与"隐"之间艰难、小心地保持着均衡,也就不足为奇了。

（中国电子科技集团公司第三十六研究所　张春磊）

DARPA "100 Gbps 射频骨干网" 项目取得突破

2018年1月，美国国防高级研究计划局（DARPA）"100 Gbps射频骨干网"项目（以下简称"100吉项目"）进行了100吉比特/秒双向数据链路演示，标志着诺斯罗普·格鲁曼公司成功完成了与DARPA签订的100吉射频骨干网项目第二阶段合同。

该项目是DARPA于2013年1月启动的，旨在开发一种高速军用无线数据链，使位于约1.8万米高空的飞机能够实现传输速率达100吉比特/秒的空-空通信（通信距离200千米）和空-地通信（通信距离100千米）。

一、项目背景

现代战争中，为实现实时态势感知和辅助决策需要有大量数据信息被传输交换，其中大部分数据是在连接各控制中心的骨干网上传输的。目前，光纤网络是军事骨干网络的核心，可确保文字、语音、视频等数据以超高速率远距离传输，但远征作战需要在光纤不存在的地方获得这种数据传输能力。

DARPA认为，美军不能依赖固定通信基础设施来部署行动，而需要在全球任意地方都能获得等同光纤的通信能力。卫星通信和自由空间光通信是可供选择的解决方案，但同时都存在一定局限性。卫星能够提供远程数据传输服务，但速率达不到要求；自由空间光通信技术可提供光纤级的传输能力，但不能透过云层传输，无法保证军事网络的可用性。因此，无线射频（RF）连接可能是最好的解决方案。

100吉项目的任务就是研究能够产生光纤级数据传输能力的技术和系统概念，最终目标是希望在战场上让士兵等地面节点以及无人机、战斗机等空中平台之间能够以100吉比特/秒的速率进行无线通信。

二、项目概述

100吉项目的目标是创建一个具有光纤级数据容量的机载无线通信链路，可穿透云层进行远距离传输，并保证高可用性。该系统将实现相距200千米的机载设备之间或高空平台（60000英尺，约18.3千米）与相距100千米的地面节点之间的数据通信，传输速率达100吉比特/秒（100 Gbps）。该数据链必须能够透过云、雾、雨，同时确保战术数据吞吐量和链路范围。图1为项目中设想的云层之外的高空平台（如"全球鹰"）与地面节点以毫米波链路进行高速通信的示意图。

图 1　DARPA 构想的 100 吉比特/秒高速机载数据链

（一）项目进度安排及最新进展情况

该项目分为三阶段。第一阶段奠定远距离100吉比特/秒无线数据链的技术基础，其项目招标公告（DARPA-BAA-13-15）于2013年1月公布，投资约1830万美元，承包商为包括雷声、诺斯罗普·格鲁曼在内的6家公司；第二、三阶段制造用于飞行试验的原型系统，其招标公告（DARPA-BAA-13-15）于2015年3月公布，承包商从6家降低到2家，研发经费为2700万美元。各阶段主要工作如下：

阶段一：基础技术研发

该项目第一阶段主要研究实现高速传输的两项关键技术：毫米波的高阶调制技术和空分复用技术。该阶段共包括3个技术领域：技术领域1（TA-1）研发了在毫米波频段生成、发送、接收和处理高阶调制信号的技术，实现了单载波25吉比特/秒及单孔径双极化下50吉比特/秒的传输速率；技术领域2（TA-2）探索了长距离毫米波链路的空分复用技术，验证了接收端同频率、多信号流之间保持独立不干扰的技术原理；技术领域3（TA-3）则涉及概念验证演示和100吉项目系统关键测试的工程实现技术开发。

第一阶段工作已完成，为实现100吉比特/秒的传输速度奠定了理论基础。

阶段二：原型系统开发

项目第二阶段开发集成高阶调制技术、空分复用技术及提升功率和频谱效率的技术等关键技术的原型系统，并将它们综合于飞机和地面工作站内。对原型系统的地面测试也安排在第二阶段完成。此外，为尽可能降低下一阶段系统设计出现变化的风险，飞行测试的准备工作也要在该阶段完成。

2018年1月，项目在城市环境中在20千米的距离上对100吉比特/秒的双向数据链路进行了演示，演示中可在4秒内下载完一部50吉字节的蓝光视频。此次演示标志着诺斯罗普·格鲁曼公司成功完成了项目第二阶段合同。系统能够在9吉比特/秒到102吉比特/秒的范围中逐帧进行速率适配，最大程度提高各种动态变化信道的数据率。演示结果表明，在9吉比特/秒到91吉比特/秒这个范围中可以实现短期无差错性能，每发送1万比特才会收到1个错误比特，最高数据速率为102吉比特/秒。

100吉项目第二阶段成功进行的地面演示为项目的飞行测试阶段打下了基础。

阶段三：飞行测试

项目第三阶段计划集中进行实际装机设备的开发和飞行测试，会进行至少两次持续数周的飞行测试，测试示意图如图2所示，包括1个空中节点和1个地面节点。

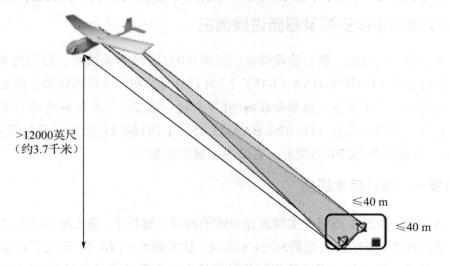

>12000英尺
（约3.7千米）

≤40 m

≤40 m

图2　阶段三飞行测试示意图

该项目开发的数据链运行高度目标是约18.3千米，为提高费效比，项目第三阶段安排在约3.7千米的空中进行飞行试验。放松的高度要求给测试飞机的选择带来更大的灵活性，且节约在飞机上升过程中的时间可被用于测试，可达到提高测试效率的目的。然而，随着飞行高度的降低，大气干扰将加剧，从而会降低传输距离。在低空的飞行测试中的结果将被建模以预测系统在目标高度上的表现。

项目第三阶段已于2018年6月启动，并成功演示了速率高达100吉比特/秒的空地链路，通信距离达100千米。如果降低数据率，距离还可进一步延伸。演示采用了诺斯罗普·格鲁曼公司研制的"海神"（Proteus）验证飞机。

（二）性能指标

100吉项目阶段二和阶段三中的测试系统包括一个空中节点和一个地面节点，其详细性能指标如表1所示。其中，空中节点的尺寸、重量和功率（SWaP）要求需要与搭载的平台相适应，地面节点则需要被安装在移动平台上，同样有相应的SWaP要求。

表1　100吉项目设计性能指标

指　　标		下　限　值	目　标　值
频率范围	上行链路 下行链路	71吉赫兹～76吉赫兹 84吉赫兹～86吉赫兹	
信道带宽	上行链路 下行链路	5吉赫兹 5吉赫兹	
空-地下行速率	60000英尺，约18.3千米 12000英尺，约3.7千米	相距50千米实现100吉比特/秒 相距20千米实现100吉比特/秒	相距100千米实现100吉比特/秒 相距25千米实现100吉比特/秒
空-地上行速率	60000英尺，约18.3千米 12000英尺，约3.7千米	相距50千米实现10吉比特/秒 相距30千米实现10吉比特/秒	相距100千米实现100吉比特/秒 相距25千米实现100吉比特/秒
空-空上/下行速率	60000英尺，约18.3千米	相距100千米实现100吉比特/秒	相距200千米实现100吉比特/秒

续表

指 标		下 限 值	目 标 值
重量	机载系统	400磅，约180千克	200磅，约90千克
	地面系统	500磅，约230千克	300磅，约140千克
DC功率	机载系统	1.5千瓦	500瓦
	地面系统	2千瓦	1千瓦
孔径尺寸	机载系统	18英寸，约0.5米	12英寸，约0.3米
	地面系统	24英寸，约0.6米	12英寸，约0.3米
孔径间距	机载系统	≤10米	≤5米
	地面系统	≤40米	≤20米
孔径数量	机载系统	≤4	≤2
	地面系统	≤6	≤4

（三）典型场景

DARPA在100吉项目中提出的该项目成果运用场景如图3所示，其中包含两种典型路径。路径①是一架飞机沿长200千米、宽50千米的路线围绕着中间的地面节点飞行；路径②是飞机在直飞过程中与距其侧向距离为25千米的地面节点进行高速通信。其中，飞机上载荷及地面站点的分布图如图4所示。

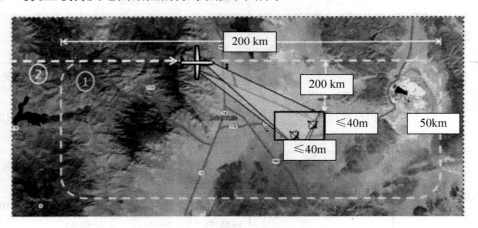

图3　100吉项目成果运用场景

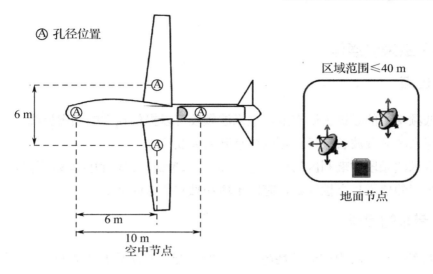

图 4　节点分布示意图

三、基本原理

由香农公式可知，通信系统的信道容量可以通过增加互相独立信道的数量来提升，如下式所示：

$$C = M \cdot B \cdot \log_2[1 + S / N]$$

式中，M是互相独立信道的数量，B是系统带宽，S是接收端信号功率，N是接收端噪声功率。上式可以写成频谱效率的形式，SE（比特/秒/赫兹）为单个独立信道的频谱效率，受限于接收信号的信噪比，如下式所示：

$$C = M \cdot B \cdot SE$$

一般而言，可以通过以下方法来提升系统的信道容量：

（1）**增加独立信道的个数**　例如通过空间复用技术、极化复用技术以及轨道角动量技术；其中一些技术需要通过多天线阵列才能实现。

（2）**增加系统带宽**　在较高频段上才能提供较大的系统带宽，但频率高到一定程度时，大气吸收损耗效应会比较明显，会影响链路性能。

（3）**采用频谱效率高的调制方式**　例如正交振幅调制（QAM），但需要增加发射信号功率，以提高接收信号的信噪比，满足解调门限。

鉴于此，为了实现大容量远距离传输的项目目标，100吉项目选择了毫米波通信、高阶调制技术和空间复用技术这三项关键技术，选择这些技术的原因和可能带来的问题如下。

（一）毫米波通信

1. 优点

- 低频率段的频谱资源有限，毫米波频段可以提供较大的频谱资源；
- 毫米波频段波长较短，可以减小阵列天线尺寸；
- 毫米波频段的瑞利区间可以达到100千米量级，在瑞利区间范围内，多天线阵之间的信道独立性较好，有助于增加独立信道的个数。

2. 带来的问题

- 频率越高，自由空间损耗越大，同时，当频率达到几十吉赫兹以上时，大气吸收效应也会对信号质量造成不可忽略的影响；
- 损耗大，则需要加大发射功率和天线增益，以满足系统的通信距离要求，这就增加了系统的功耗；同时要求更好的SWaP指标；
- 毫米波频段的闪烁效应会导致20千米远的接收信号强度产生高达15分贝的波动，系统设计必须考虑设计相应的可靠性协议来抵抗闪烁效应；
- 高频段对模数/数模转换器、功放器件以及射频滤波器等元器件性能要求较高。

（二）高阶调制技术

1. 优点

高阶调制可以增加每个独立信道的频谱效率。例如，32QAM的频谱效率理论值可到5比特/秒/赫兹，当系统可以提供4个独立信道时，频谱效率可以达到20比特/秒/赫兹，采用5吉赫兹的频带宽度，即可实现100吉比特/秒的信道容量。

2. 带来的问题

需要增加发射信号功率，以提高接收信号的信噪比，满足解调门限。

（三）空间复用技术

1. 优点

可以提高独立信道的数量。

2. 带来的问题

- 增加了信号处理的复杂度。毫米波多输入多输出（MIMO）信号处理的复杂度在100次运算/信息比特至2500次运算/信息比特；
- 并行处理多个高速率的数据流对系统的时间同步性能提出了更高的要求。

四、几点认识

（1）**100吉项目是目前传输速率最快的移动通信系统**　就点对点链路级传输速率而言，100吉比特/秒的数值指标比现役Link 16数据链提高4个数量级，是当前军用无线通信速率的500倍，是目前商用4G移动通信系统峰值速率的100倍，同样也高于5G移动通信系统几十吉比特/秒的目标值，是具有跨代领先意义的。

（2）**100吉项目充分体现了DARPA的技术底蕴**　就技术本身而言，100吉项目所选用的毫米波通信、高阶调制及空间复用等关键技术都是较成熟的技术，在民用通信已有应用。DARPA 100吉项目的先进之处在于制定了合适的系统设计方案，将这几项技术成功结合运用在了军事通信中。

（3）**核心关键元器件依旧是限制技术创新的关键所在**　如前所述，100吉项目从技术原理分析存在着一些固有的弊端，如高频段对模数/数模转换器、功放器件以及射频滤波器要求较高，高阶调制技术对发射信号功率要求较高等。虽然DARPA并没有公开详细的技术解决方案，但由分析可知解决这些问题的根本在于高性能元器件的支撑。核心关键元器件的缺失会严重制约先进技术的发展。

（4）**军事大数据的传输能力值得高度关注**　随着全球军事信息化水平的快速提高，各种军事数据正"爆炸式"激增。未来影响、决定军事行动的核心在数据，对数据的积累量、数据分析与处理能力将成为获得战场优势的决定性因素。100吉项目的核心目的即在帮助美军获得及时、高效的大容量数据传输能力，对于美军后续提升大数据应用能力具有积极的意义。

（中国电子科技集团公司发展战略研究中心　李硕）

（中国电子科技集团公司第五十四研究所　唐宁）

美军单兵信息系统项目"分队 X"
首次样机试验成功

一、"分队 X"样机试验成功开启士兵作战全新模式

　　2018年11月30日，美国国防高级研究计划局（DARPA）网站发布消息，"分队X"的试验分项目"分队X试验"首次样机试验成功。在为期一周的系列测试中，美国海军陆战队采用空中和地面自主平台探测来自物理、电磁和网络等多个领域的威胁，为分队在各种作战想定的行动提供重要情报。这次测试成功验证了项目能有效扩展和增强小型步兵分队的态势感知能力，演示了处于"网络连接边缘"的分队通信和协同能力，如图1所示。操作简化的"分队X"系统受到测试人员的称赞，使他们能利用因设备过于笨重复杂而难以在野外苛刻条件下使用的新技术性能。通过配合使用无人地面和空中系统，可最大限度提升分队战斗力，使一个分队就能完成正常情况下一个排的任务。"分队X试验"项目的首次试验成功，预示美军迎来单兵信息系统的创新发展机遇。

图1 "分队 X 试验"首次试验，美国海军陆战队分队采用空中和地面自主系统检测来自物理、电磁和网络等多个领域的威胁，提高了态势感知和同步机动能力

二、美军欲通过"分队 X"项目打造无所不知的士兵

（一）"分队 X"项目背景

随着信息技术的创新发展，执行作战任务部队，尤其是机载和车载部队，已可获得强大的相关作战环境信息支持，态势感知、精确决策和快速部署打击的能力快速提升。但由于成本高、随身负重及复杂环境操作难等原因，都制约了步兵分队获得这些能力，影响了美军单兵信息系统的大规模部署。

DARPA于2013年推出"分队 X"计划，寻求开发便携的机器人、无人机和传感器集成系统。在"奈特勇士"等新一代单兵信息系统的基础上，开创新技术，大幅提升美军单兵分队装备在物理、电磁和网电空间等领域的能力，提供更强的感知能力、杀伤力、适应性和灵活性，而不增加负重和认知负担。该系统将是一种具有类似智能手机的通信功能和操作简便的智能机器人助手式的计算机化武器。同时，DARPA将提供政府现货的软件体系结构（如Android战术突击套件（ATAK）和"奈特勇士"操作系统等）作为装备资源基础。

（二）"分队 X"项目研究内容与目标

"分队X"项目拟开发的突破性技术和功能将包括：改善多域作战环境（物理、电磁频谱和网电空间）的共享态势感知；通过同步所有三个作战领域的火力和机动部署，获取战场空间的主动权；通过优化对物理、认知及材料资源的利用，增加分队作战行动的机动空间和时间。项目包括三个部分："分队X基础架构研究""分队X项目核心技术（SXCT）"和"分队X试验"。

1. 分队 X 基础架构研究

评估基础结构、技术和实验计划，为项目投资提供信息并降低技术风险；包括3个基线：单兵信息交互（包括智能显示、电源管理、单兵穿戴传感器）、网络信息的交互（包括分队网络化通信、端用户设备（EUD）/态势感知应用软件、公共领域模型管理）、无人系统信息交互（包括无人机、无人车和地面传感器）。

2. 分队 X 项目核心技术（SXCT）

开发可扩展和增强分队态势感知并提供建立和控制战场空间的核心技术，涉及4

个关键技术领域（见表1）。

表 1 "分队 X 项目核心技术（SXCT）"计划相关的 4 个技术领域及目标

	技术领域	目 标 能 力	目标参数	研 发 团 队
1	精确打击能力	实现步兵分队在保持与步兵武器系统兼容且人员因素局限的条件下精确打击威胁的距离达到1000 米。相关能力包括分布式、超视距瞄准与制导弹药	精度 2 米 重量≤1000克 反冲能≤70焦耳	洛克希德·马丁公司导弹与火控分部
2	非动能攻击能力	使步兵分队在保持分队以相应的作战速度移动时具有瓦解敌方的指挥、控制、通信（C3）能力，并使用军用无人驾驶平台扩大功能覆盖范围到 300 米以上。相关能力包括分散的电子监视和来自分布式平台的协同效应	分队速度≥2 米/秒 重量≤900克 体积≤500厘米³	1）洛克希德·马丁公司高级技术实验室； 2）六立方（Six3）高级系统公司为首团队：弗吉尼亚（Virginia）技术中心、"希神（Charon）"技术公司
3	分队态势感知	使步兵分队在保持分队以相应的作战速度机动时能检测到视距和超视距（达 1000 米）的威胁。相关能力包括多源数据融合和自主威胁探测能力	精度 0.9 米 分队速度≥2 米/秒 重量≤350克 体积≤200厘米³	1）太阳神（Helios）遥感系统公司为首团队：千禧（Millennium）天线等公司； 2）"凯特威（Kitware）"公司为首团队：马里兰大学、宾夕法尼亚大学、科学系统（SSCI）公司； 3）科学系统公司为首团队：后裔（Progeny）系统公司、"欧林（Olin）"学院、"凯特威"公司； 4）斯坦福国际咨询研究所（SRI）； 5）"雷多（Leidos）"公司
4	分队自主能力	通过与嵌入式无人空中和地面系统的协作，增加分队成员在GPS 失效环境中实时了解自己和队友的位置（无 GPS 环境下误差少于 6 米）。相关功能包括有人与无人系统之间的稳健协作	绝对位置≤6 米 干预措施：无 重量≤350克 体积≤200厘米³	1）高飞技术（SoarTech）公司为首团队：密西根大学、"尼雅（Neya）"系统公司、机器人（Robotic）研究公司； 2）"雷多"公司为首团队：奥本大学等； 3）雷声公司导弹系统分部为首团队："德雷帕（Draper）"实验室、TORC 机器人技术公司

3. 分队 X 试验

将设计、开发并验证集成的武器分队系统原型样机，综合共享态势感知、优化资源、同步行动三大关键技术，为联合武器分队系统奠定技术基础。通过在物理，电磁频谱和网络空间领域的同步火力和机动调遣，最大程度提升分队在复杂多域环境下的作战效能。"分队X试验"将在以下3方面作最简投资：重要硬件开发（如用户界面、无人平台或新型传感器）；数字通信重大修订或开发（包括电台、波形和组网技术）；演示"分队X项目核心技术"计划资助的技术。"分队X试验"计划目标如表2所示。

表 2 "分队 X 试验"计划目标

类　型		指　标	阶段 I 目标	阶段 II 目标
	规模	士兵或无人系统节点数	4～16 个节点	4～25 个节点
技术 指标	精度	动能交战火力	射程≥300 米	射程≥1000 米
		非动能交战效能	射程>150 米	射程>300 米
		威胁检测	$P_d≥0.75$ $P_{fa}≤0.25$	$P_d≥0.9$ $P_{fa}≤0.1$
		定位	相对定位精度≤2 米 绝对定位精度≤10 米	相对定位精度≤1 米 绝对定位精度≤6 米
战术 指标	分发能力	节点之间	≥50 米	≥100 米
		火力团队之间	≥150 米	≥300 米
	移动性能	平均速度 爆发速度	≥1 米/秒 ≥2 米/秒	≥1 米/秒 ≥5 米/秒
	自主性能	干预数	≤3 每千米	≤1 每千米

（三）项目已完成概念论证技术开发，进入样机试验阶段

"分队X"项目已完成第1阶段（概念研究）工作，资金2240万美元。"分队X基础架构研究"（2014年3季度至2016年2季度末）分项目主要进行集成研究及定义参考架构，包括定义开放、通用、商业可扩展的政府拥有的架构；定义关键接口和标准；改善和提高分队的网络化通信、快速识别和响应威胁的能力、敏捷性和灵活性，态势感知、决策能力；进行基线技术评估；成立战术优势标准委员会（TESB）。

第II阶段（技术成熟期）进行中，资金增加到3360万美元。"分队X项目核心技术（SXCT）"（2015年至今）分项目合同授予多个团队（见表1）。2016年1月美军签订的250万美元SXCT第I阶段合同主要研制促进步兵分队作战效能与安全性的新技术。并

在2016年8月至2016年10月完成该阶段的概念演示，包括在开阔和起伏地形演示代理火力分队以及在各种任务现场演示。

2017年DARPA授予洛克希德·马丁公司1060万美元的SXCT第II阶段合同，旨在为小型分队提供指挥所类型的态势感知能力，2018年完成。SXCT第II阶段已开展的评估试验（2017年3月至5月、2017年9月至11月、2018年3月至5月）包括：在城市和复杂地形的评估试验（由来福步兵分队完成）；演示增强能力的连续实验（由开发商完成）；利用从阶段I基线实验中获得的经验教训等。目前SXCT阶段II的实施团队已加入"分队X试验"分项目的实施团队中，DARPA提供的来自SXCT或其他来源的政府提供设备（GFE）亦整合到"分队X试验"项目。2018年11月，洛克希德·马丁等公司的成果参与了首次"分队X试验"并获得成功。

"分队X试验"项目2017年8月启动，洛克希德·马丁公司获得1290万美元合同，为期48个月，分2个阶段完成：阶段I（2017年8月至2019年8月14日）实施系统样机研发，设计和测试"联合武器分队"系统设备原型；阶段II为系统研发，为期24个月，将集成新技术、继续改进系统样机的成熟，开展大量试验并完成交付。DARPA提供"分队X试验"项目的经费和系统支持，包括：支付所有DARPA作战试验的现场成本、提供模拟弹药等模拟设备和进行实验的软硬件组成（如"奈特勇士"、ATAK套件、个人防护装备、夜视装置和单兵武器/附件等）。

在2018年11月的首次"分队X试验"试验中，洛克希德·马丁公司导弹与火控分部以及"综合分析中心（CACI）"公司"比特系统（BITS）"分部参与这次试验，两家公司以有人/无人编队需求为核心，通过不同方式致力于增强步兵作战能力。海军陆战队测试了洛克希德·马丁公司的"转型分队增强型频谱态势感知和无辅助定位（ASSAULTS）"系统，他们采用带传感器系统的自主机器人探测敌军位置，使部队在敌军发现他们之前使用40毫米精确手榴弹瞄准和打击敌人。CACI公司BITS分部的电子攻击模块（BEAM）可对射频域和网络域内的特殊威胁进行探测、定位和攻击。第2次试验计划于2019年初进行。

三、美军单兵信息系统多项目同步开发获得突破进展

（一）"奈特勇士"单兵系统持续升级

目前，"奈特勇士（Nett Warrior）"单兵系统已少量生产装备部队，并保持不断升级，2018年美国陆军提出奈特勇士未来计划（NWFI），将通过快速传播信息，帮助指

挥员做出快速决策，为步兵指挥员提供态势感知和任务指挥能力。NWFI将整合全动态视频、机器人控制、宽带网络、传感器和生理监视器等新功能，扩展"奈特勇士"系统。通过安全但非密（SBU）的网络环境，NWFI可利用安全的商业和军事信息交换，完成通信传输并实现了联合互操作。

（二）针对"奈特勇士"存在问题开展的"分队 X"项目开发已取得突破性进展

"分队X项目核心技术（SXCT）"分项目开发了新的战场技术，从掌控机器人的手持设备到指导伞兵降落到地面的应用程序，致力改进人机协作和战斗团队的协同。当步兵呼叫空中支援时，通过激光精确定位目标，持久近距离空中支援（PCAS）系统可实现士兵、地面控制器和飞行员实时共享数据。雷声BBN技术公司开发的去中心化ATAK（Android战术突击套件）已成为一个完整的态势感知应用程序，可为特定用户内置许多功能（如"跳伞者（Jump Master）"是伞兵应用的一个ATAK版本，提供有关风向、目标区域甚至是他们在下降过程中的进展详细数据；ATAK还能控制携带传感器的无人机飞到特定位置以收集信息）。

（三）新型手持智能便携式 Link 16 数据链助推单兵信息化能力

2018年，新型手持智能便携式Link 16数据链有力助推美军单兵信息化能力提升，成为目前Link 16研究的重点。新版Link 16包含原有功能及安全和抗干扰保护，但手持式更适于步兵及其他地面部队使用，且设备重量轻（带电池重量仅为2磅～2.5磅）、功耗低。手持终端使前方观察者能直接与执行支援任务的飞机通信，信息直接在设备之间传递。Link 16网络已发展为广泛适用于各类视距态势感知及关键任务指控的一种解决方案。单兵成为手持数据链Link 16新的应用发展领域，并最先应对伊拉克和阿富汗地区军事行动需要提供近距离空中支援的要求。

美军通过同步开展多个项目，力求在系统尺寸、重量和功率（SWaP）、操作简化、网络延迟、人机协同、组网能力、安全保密、任务指控能力等方面加快单兵信息系统的突破发展。

（中国电子科技集团公司第七研究所　罗蓉）

美军城市及地下环境作战通信技术发展

2017年底，美国陆军参谋长马克·米利（Mark Milley）在美国陆军协会（AUSA）年会上表示，"未来的冲突大多集中在人口密集的城市地区。"随后，美军方花费了四个月时间重新审视已过时的城市及地下作战指南，发布了最新的TC 3-20.50文件。2018年5月，美国陆军训练与条令司令部司令汤森德（Townsend）指出，陆军已在多个城市中建立起了城市训练中心，大量常规部队将在此进行训练。面临着未来的战争威胁，美军越来越重视其在城市及地下等特殊环境中的作战能力。

对于城市及地下作战，有一个因素是任何军队决策和风险评估者都无法忽视的，那就是在今时今日的技术环境下，任何攻击和防御武器系统的部署以及平台的使用都将依赖于必要的网络系统、通信设备和其他同步部队行动的途径。在一个组网的现代武器环境中，控制和指挥（C2）具有更大的战术意义，在地下或建筑内等视距（LoS）通信拒止的区域保持稳定连接将成为一个特别紧迫的问题。士兵急需最新的技术，以保证通信链路的稳定和高效。

一、城市及地下通信技术背景

城市和地下的特殊环境包括建筑、小巷、隧道、洞穴或其他地下基础设施等，其作为新型的战斗场景，将对陆军的标准通信装备构成挑战：

（1）因受到建筑结构或地形因素的阻挡，以及本地其他电磁设备的干扰，视距（LoS）通信会被阻断或衰减，普通通信设备的通信范围将大大减小。使用非视距（NLoS）通信或信号穿透力更强的通信设备将成为新的需求。

（2）目前，美军在城市和地下环境中的作战主要以小队作为单位。在该类阴暗或视线被阻隔的环境里，士兵将更依赖于身上的电台设备来同步作战行动，这对通信链路的数据吞吐量和稳定性提出了更高的要求。

过去，美军主要依赖于使用战术通信中继系统。士兵通过在作战场景中放置或随身携带额外的中继设备以在部队间传递数据。然而，随着移动ad hoc组网（MANET）和多输入/多输出（MIMO）等技术日渐成熟，以及量子效应磁力计和无人系统等技术取得突破和进展，美军着力于发展多种技术解决方案，以在日后的战争冲突中取得优势地位。

二、美军相关领域的技术应用与进展

2018年，美军一方面通过演习测试并部署商业现货（COTS）能力，如新型的移动组网电台设备和波形，以求快速提高目前大量常规部队在城市及地下等环境的通信能力。另一方面，美军发起多项新技术发展项目，研究量子效应磁力计通信电台和无人系统等技术。

（一）进行大规模演习，测试并采购新型电台设备

在诸多政策与文件的指导下，美国国防部于2017年底起开展了一系列在城市和地下环境的大规模训练演习，目的是测试支持小型部队在严峻的环境中作战的下一代技术。该次长期的演习在美国数个大城市中的训练中心同步进行，关注于如何在密集的城市和地下环境中进行作战。其中，美军的多个设备供应商参加了该次演习。

美军该次演习预计训练总投入约5.72亿美元，涉及美军31支活跃的战斗旅部队中的26支。截至2018年7月，美军已有5支部队参与了演习，并计划于2019年1月前完成所有部队的训练。

作为网络现代化"适应和购买"策略的体现，美军在演习中不断测试和演示适合地下及城市作战环境的新型电台设备，在士兵的使用回馈中快速获得新能力。其中的装备主要包括了西沃（Silvus）技术公司的"数据投手（StreamCaster）"和持久性（Persistent）公司的MPU5等电台。与一般的地面电台相比，该类型电台使用了加强的移动MANET和MIMO技术，能够支撑庞大的MANET移动自组织网络，以减少对地面设施和卫星通信的依赖，并通过多波束天线减少了复杂的环境结构下多径传播效应对信号造成的影响。

1. "数据投手"电台

在美军2018年9月初的演习中，设备供应商负责为士兵提供各种战术通信能力，其中就包括了西沃技术公司的MANET MIMO "数据投手"手持电台。该型电台专为

隧道或高楼等城市作战环境设计，能有效地产生和支撑自组织和自修复的网络。通过MANET网络，陆军指挥官和士兵能够实现视频流和态势感知信息的即时通信。

该型电台拥有2×2的MIMO天线，输出功率为4瓦，提供即按即说和双频带通信的功能，以实现低干扰通信。其能在一个单一网络中支撑380个MANET节点，使信号在每个节点间高效且自动地传递，且平均每跳的时间为7毫秒，从而减少了对GPS和卫星通信的依赖，在隧道或建筑物内实现高效稳定的通信。该电台的参数如表1所示。

表1 西沃公司"数据投手"电台参数

属　　性	参　　数	图　　片
波形	移动组网 MIMO（MN-MIMOTM）	
信道带宽	5兆赫、10兆赫、20兆赫	
加密	DES、AES/GCM 128/256、Suite B	
速率	100+ 兆比特/秒（自适应）	
频带	400兆赫～6吉赫（双频带）	
工作温度	−40℃～65℃	
体积	101.6毫米×66.8毫米×38.35毫米	
重量	425 克	

2. MPU5 电台

2018年6月，在美布拉格堡的一次演习中，美国陆军在一座包含地下室的37层建筑里成功地通过MPU5实现了MANET组网。320部分散在各处的MPU5电台在一条单独的射频信道内进行了互相通信，且保留了继续扩展网络的额外容量。

MPU5手持电台通信速率为100+兆比特/秒，拥有3×3的MIMO天线，输出功率为6瓦，能在视距和非视距环境下提供大范围保密IP网络。因其基于模块化设计，操作者只需更换模块即可改变电台的支持频段，其中包括L、S和C频段等。

MPU5使用的波中继（Wave Relay）MANET路由协议技术专为实现极高等级的扩展网络设计，能够在没有外部通信基础设施的情况下以一种鲁棒且点对点的方式传输和中继安全话音、视频、文本和传感器数据。由于其优越性，持久性公司还与波音公司签订了合同，为扫描鹰系列、综合者和RQ-21A无人机整合波中继技术，使其能与所有使用该技术的电台设备无缝协作。该电台的参数如表2所示。

表 2　MPU5 电台参数

属　　性		参　　数	图　　片
频率范围		L 频段：1350 兆赫～1390 兆赫 S 频段：2200 兆赫～2500 兆赫 C 频段（低）：4400 兆赫～5000 兆赫 C 频段（高）：5000 兆赫～6000 兆赫	
数据速率		高至 150 兆比特/秒	
输出功率		6 瓦	
带宽		可设置带宽： 5 兆赫，10 兆赫，20 兆赫，40 兆赫	
节点传输时间		小于 1 秒	
节点最大间隔		130 米	
尺寸及重量	带电池：	3.8 厘米× 6.7 厘米×20 厘米 876.4 克	
	不带电池：	3.8 厘米×6.7 厘米×11.7 厘米 513.6 克	
工作温度		−40℃～85℃	

（二）加快部署新型波形，升级旧有装备

在测试并采购新型电台的同时，美军还决定对部分原有电台进行环境适应性的升级。2018年8月，美国陆军指挥控制与通信项目执行办公室（PEO C3T）宣布将在各类电台中逐步集成扩展性和环境适应性更强的战术可扩展MANET（TSM）波形。在背负电台方面，美国陆军已开始从军方定制的士兵无线电波形（SRW）向商业化的TSM波形转变，包括哈里斯和罗克韦尔·柯林斯公司目前都开始在其电台中集成TSM波形。（特种部队电台已经开始使用TSM波形）。

而对于手持电台，美军则准备为特种作战部队战术通信（STC）下一代手持（NGHH）电台集成TSM波形。其中，NGHH电台为哈里斯（Harris）和泰勒斯（Thales）公司生产的AN/PRC-163和AN/PRC-148C，这两型电台作为先进的双通道领导者手持电台，同时也是陆军单通道"步兵（Rifleman）"电台的继任者，是新型综合战术网络（ITN）的重要组成部分。

TSM是塞利威尔（TrellisWare）技术公司专为电台频率不稳定、高机动和高阻塞的场景设计的波形。得益于"拦截中继（Barrage Relay）"技术，TSM波形在洞穴、

隧道和建筑等射频难以传播的环境都有优秀的表现。TSM波形具有以下几点优势：

（1）传统的SRW波形只能在一个射频信道中支持30～40个节点，而TSM波形可使每个网络的节点扩展到200个以上，从而防止了SRW带来的相关频谱占用问题。

（2）TSM波形在蜂窝话音通信中支持高达16个话音信道，同时保证了话音和数据信道能够进一步支持定位位置信息、聊天功能和视频流。

（3）TSM波形在单跳通信时能提供16兆比特/秒的吞吐量，在多跳或多点通信时则为7.5兆比特/秒。

另外，TSM波形能够在多种软件定义电台上运行，不依赖于专门优化的硬件。该波形核心的"拦截中继"技术与Wi-Fi、DECT、WiMax、LTE或互联网驱动的路由协议等技术无关，而是基于高级的数字信号处理技术。与传统的MANET解决方案相比，"拦截中继"技术消除了对路由协议的需求，最大限度减少了网络开销，并实现了更为可靠的性能。

在2018年11月的美军网络集成评估（NIE）18.2中，美军第508伞兵团第1营对ITN通信系统及其包含的TSM波形进行了成功的测试。该次演习注重于模拟恶劣的频谱和作战环境，TSM波形在测试中表现出优秀的扩展性和稳定性。

（三）启动多个项目，聚焦量子效应磁力计通信电台和无人系统等技术

1. 基于量子效应磁力计的甚低频通信电台

2018年5月，美国国家标准与技术研究院（NIST）公布了一项基于量子物理效应磁力计的甚低频（VLF）电台系统项目。该系统使用原子磁力计作为无线电接收机，检测甚低频（VLF）数字调制信号，使军事和应急人员能够在城市峡谷、瓦砾下、建筑物内和地下保持连接。

VLF信号与较高频率的传统信号相比，在岩石、泥土或混凝土中传播距离更远，所以VLF电台在过去一般被用作矿洞等地下设施与地面联系的通信系统。但是，传统VLF电台天线体积巨大，不易移动，且接收灵敏度差，带宽极其有限，数据率低，不适合在作战场景中使用。而原子磁力计通过把激光束照射铷原子，而铷原子在磁场变化下发生自旋状态的变化。原子旋转速率的变化对应直流磁场振荡，该振荡在激光探测器处产生一个交流电信号或电压。然后，利用激光探测器产生的电流，研究人员可以检测以"0""1"形式发送比特信息的VLF数字调制信号。基于此原理制成的基于量子效应磁力计的通信设备，可在室温运行、体积小、功耗低、成本低、信号接收效果好，可作为手持设备使用。

美国国防部对这一技术表现出浓厚的兴趣，NIST获得了海军研究办公室和陆军研究实验室的额外资助，帮助NIST研发基于量子效应磁力计通信电台技术。但是，该量子磁力计电台仍面临不少挑战，如定位不精确，背景噪音大等问题。随着量子电台原型的完成，NIST正与私营部门和国防部等政府机构沟通，进一步研制生产型号，以满足未来军事作战的需求。

2. 无人系统

2018年，美国国防高级研究计划局（DARPA）从城市战场态势感知和有人-无人系统协作等方面，积极布局和推动城市及地下战相关前沿技术研究，已密集开展多个项目。

2018年10月，DARPA启动了为期三年的"地下挑战（SubT）"创新研究项目，旨在探索在城市地下、隧道和洞穴等环境进行导航、搜索和通信的新技术。该项目将寻求把先进的机器人平台与最新的绘制、导航、搜索和通信技术结合，以帮助士兵执行各项任务。

2015年，DARPA启动"快速轻量自主"项目，旨在开发一种小型无人机，使其在没有GPS导航等常规导航手段的环境下自主飞行，快速搜集态势感知信息并精确回传至NLOS环境下的士兵。该项目第一阶段于2017年6月结束；第二阶段于2018年7月完成；其下一步的目标是使无人机具备更强的计算能力。

三、影响意义及未来趋势

未来，城市及地下作战将成为美军的一个重要战略方向，而通信能力是该新型战斗场景中不可缺失的一环。2018年正值美军网络现代化和采购策略转型的一年，为了应对未来伊拉克、叙利亚、俄罗斯、中国甚至朝鲜的战争威胁，美军一方面通过频繁的演习来测试并采购新型设备和波形，另一方面启动各类新技术的研究计划，力求在未来的城市冲突中占得先机。

在采购转型和其他新政策的指导下，城市及地下作战通信能力的快速更新部署和部队常规化将是美军将来一段时间的发展方向。

（中国电子科技集团公司第七研究所 张锐）

DARPA 启动 Network UP 项目
探索抗干扰无线通信与组网技术

美国军事研究人员正在寻求工业界帮助，开发能够在信号质量下降情况下保持网络稳定性的抗干扰无线通信和组网技术。美国国防高级研究计划局（DARPA）在2018年1月5日发布了一份关于"网络通用持久（Network UP）"项目（代号HR001118S0012）的预征询书。

一、项目背景

当前许多军用无线网络面临的最大问题是无线链路中断进而短暂丢失会造成网络定期中断。无线链路重新建立后，恢复网络连通性需要的时间超过两分钟。此外，动态无线环境中的网络可能大部分时间都是在尝试建立网络，而不是进行数据传送。

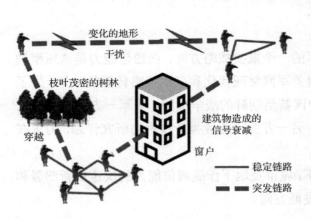

图1　面对无线环境中信号质量下降，Network Up 仍将稳定运行

当前的军用无线电台采用同一无线链路传送网络控制信息和数据，这样的话，会在无线链路质量下降时，造成网络故障。

无线网络设计人员了解控制数据的重要性，因而事先设计了有限的保护，如冗余和纠错编码。这些保护机制提供约5分贝的保护，但无法克服典型无线环境中数十分贝的信号质量下降，如图1所示（例如，在枝叶茂密、城市建筑群和存在干扰的环境中进行的数据传送）。

二、项目综述

"网络通用持久"项目将开发和演示一种新型无线电技术，利用该技术，在信号质量频繁下降的战场环境中仍可保证网络的可靠性。主要的创新是把重要的控制信道信息隔离在一条独立的强健的无线链路中，创建一条受保护控制信道，即使在数据信道丢失的情况下，仍能保证网络的可靠性。

"网络通用持久"项目把控制信息和数据信息隔离在两条不同的无线链路中进行传送，让开发者可以利用控制信息速率相对较低这一特点，并利用与环境匹配的控制链路频率，创建一种可承受信号质量下降几十分贝的强健控制链路。该项目的目标是通过强健的控制信道保证网络的可靠性，一旦链路可用时，网络就可以即刻通过该链路传送数据，从而使数据吞吐量最大化。

"网络通用持久"项目征询关于开发技术和原型无线电和网络组件的建议，旨在使军用无线网络在动态、非稳定无线链路上实现数据传送。DARPA寻求能够跨不同的无线链路把控制平面和数据平面进行隔离的方法，为此，DARPA有兴趣开发所需的技术并对主要子系统进行原型化，并实施性能评估。

DARPA把"网络通用持久"项目分为两个阶段（技术研发和系统研发），为期36个月，每个阶段为期18个月。第一阶段包含两个技术领域（TA），分别开发无线电和控制链路，以及突发链路网络。第一阶段结束时，DARPA打算发布一份针对第二阶段的一个独立、完整且开放的广泛机构公告（BAA），把"网络通用持久"控制信道子系统与传统军用电台（可能作为一种套件）进行集成，演示验证采用"网络通用持久"解决方案如何提高现有军用网络无线网络的性能。

"网络通用持久"项目进度如图2所示。

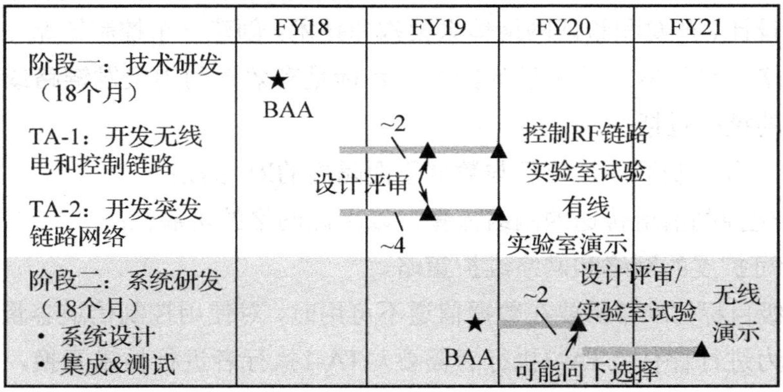

图2　Network Up 项目进度

三、两个技术领域

（一）技术领域 1（TA-1）

TA-1将设计、开发和演示一种能够使控制信道和数据信道相互独立的无线电体系架构及支持技术，DARPA设想这两种信道处在不同的射频频段。这种设计旨在数据信道质量呈大幅且周期性下降时，能够保证控制信道正常运行。TA-1将设计无线电体系架构（由数据信道和控制信道组成）和控制信道波形。使用"网络通用持久"体系架构内的现有数据波形对信道保护技术和突发通信性能进行评估，同样是TA-1设计工作的一部分。此外，DARPA还关注：对传统列装的无线电进行评估，评价如何使用"网络通用持久"控制信道（把传统无线电作为套件）来提高其在突发或不可靠信道中的性能。DARPA认为，与现有军用无线电的集成可能要求对传统无线电、波形和网络进行改造。TA-1将面临的挑战包括：

- 开发一种可靠且有效的方法，确定数据信道的可用性；
- 设计和实现一种可靠控制链路波形，即使在数据信道经历重大信号质量下降的情况下仍能正常运行。

TA-1还将应对数据信道与控制信道之间的互连和协同。若要实现互连，需要考虑每个信道的传播性能、时间上的协同等问题。TA-1执行者需要与TA-2执行者进行技术互换，保证"网络通用持久"控制信道支持"网络通用持久"网络技术的集成，并且控制信道具有足够的能力传送所需的网络数据。

（二）技术领域 2（TA-2）

TA-2将设计、开发和验证网络体系架构和技术，创建一个控制链路与数据链路物理隔离的网络。这种网络技术设计的主要目标是有效地利用突发链路或瞬时链路。TA-2将面临的挑战包括：

- 设计一种控制平面，位于与数据平面隔离的RF频段；
- 最小化控制信道传送的网络流量，以保证网络的可靠性；
- 设计可扩展的网络和网络维护策略。

作为二级目标，TA-2需要在数据信道不可用时，对使用控制信道容量传送重要任务信息的能力进行评估。TA-2执行者需要与TA-1执行者进行技术互换，告知其处理需求和网络数据交换需求。

四、两个阶段

（一）阶段一

阶段一将开发系统体系架构、技术和原型子系统，创建一种无线通信系统，在面对军用作战环境经常出现的信号质量频繁下降的情况时，保证网络的可靠性。阶段一聚焦系统设计和技术研发。系统性能仿真和原型子系统验证也属于阶段一的工作。

1. 阶段一规定目标

TA-1将设计和开发一种无线电体系架构、控制链路技术和子系统原型。规定目标包括：

- 开发一种可靠且有效的方法，确定数据信道何时可用、何时不可用；
- 实现一种可靠的控制链路波形，即使在数据信道经历严重的信号质量下降的情况下仍能正常运行；
- 解决数据和控制信道的交互问题；
- 解决控制信道频段选择问题，以便在环境及频谱降级时，提供最大信道保护；
- 对传统列装的无线电进行评估，开发一种设计方案，对如何使用Network UP控制信道（把传统无线电作为套件）进行评估；
- TA-1执行者可能还需要提交再次打算把现有无线电系统和信道（例如那些用于P25民用通信系统的系统和信道）用作高度受保护控制链路的方法；
- 通过仿真和实验室测试对性能进行演示验证。

TA-2将设计和开发能够运行在突发链路的数据传送和网络技术。规定目标包括：

- 解决控制和数据功能的隔离问题，同时最小化控制链路和无线电的网络流量；
- 开发能够及时利用突发链路的方法；
- 开发网络控制和数据平面；
- 随着节点数量调整，最小化网络所需的控制流量；
- 进行实验室演示验证。

2. 阶段一规定成果

TA-1：开发无线电体系架构和控制链路

- Network UP无线电技术设计，支持控制信道和数据信道的隔离，可靠且有效地确定数据信道的可用性；

● 折中研究，确定可推进控制信道波形设计的折中方案和理由，包括对目标频段的建议；

● 频率管理方法及对控制信道波形影响的评估；

● 在数据信道质量下降10分贝或更高时，对实施识别所需的时间进行量化；

● 对控制无线电所需的功率进行量化；

● 演示验证（通过仿真和实验室演示）控制信道能够消除至少40分贝信号质量下降的能力；

● 初步分析把控制信道与传统无线电集成在一起所需要做的工作（例如宽带组网波形）。

TA-2：开发突发链路网络

● 设计双波段网络体系架构，在该架构中，控制信息在其隔离的高度受保护频段传送；

● 设计网络技术，利用突发链路为高达50%的链路中断提供至少60%的理论数据率；

● 设计应用程序界面；

● 评估网络指标对控制信道需求的影响，如反应时间和带宽；

● 随着网络节点数量的调整，量化网络融合时间。

对至少由10个节点组成的网络进行实验室演示（该演示可接收低成本、现货无线电），对照项目目标，对性能加以证明。

阶段一执行者将负责其测试和演示的规划与执行，政府测试团队拥有对测试和演示规划进行审查的权力，而且对结果的执行和分析过程进行监督。

（二）阶段二

阶段二将成为DARPA计划发布的独立、全面且开放的广泛机构公告（BAA）的主题，阶段二将利用阶段一的TA-1和TA-2研发成果。在阶段二进行到6个月时，将进行设计评审和实验室演示。

1. 阶段二规定目标

● 建立集成的Network UP无线电节点，这些节点把Network UP控制电台与作为数据电台的传统电台连接起来；

● 利用多个移动节点进行演示；

● 在各种场景（例如城市、枝叶茂密、存在干扰的环境）下，进行性能评估。

在阶段二结束时，应开发完成Network UP控制无线电套件并与传统无线电进行集成。最终演示验证：通过控制信道与数据信道的隔离，可以大大改善数据传送的性能。另外，该项目应该完成技术实现方法的演示验证，通过该方法可以把Network UP体系架构和技术用于当前列装的军用电台和网络。

2. 阶段二规定成果

● 硬件演示表明控制信道能够消除至少70分贝的信号质量下降；
● 通过网络中的移动节点进行无线演示，该网络至少由40个节点组成（该网络可以是真实与仿真无线电的组合：起点是5部真实无线电，目标是20部真实无线电）；
● 演示验证集成的Network UP无线电（传统无线电与Network UP套件集成），可为高达80%的链路中断提供至少70%的理论数据率。

阶段二执行者将进行测试和演示，政府测试团队将参与测试和演示规划，并将根据需要协助实现测试设备的协同。另外，政府测试团队将对结果的执行和分析进行监督。

五、结语

DARPA发布"网络通用持久"项目预征询书旨在解决其当前军用网络所面临的无线链路中断和信号质量下降的问题。为了解决这一问题，DARPA将开发和演示一种新型无线电技术，利用该技术，在信号质量频繁下降的战场环境中仍可保证网络的稳定性。在这份预征询书中，针对无线电体系架构和技术以及网络架构和技术，DARPA征询创新性建议，其主要创新是把重要的控制信道信息隔离在一条独立且强健的无线链路中，创建一条受保护控制信道，即使在数据信道丢失的情况下，仍能保证网络可靠性。

（中国电子科技集团公司第五十四研究所　于金华）

DARPA 启动毫米波数字相控阵项目

2018年1月，美国国防高级研究计划局（DARPA）启动了毫米波数字相控阵（MIDAS）项目，寻求结合毫米波和数字相控阵技术的进步，以支持国防部的下一代毫米波通信系统。该项目的主要目标是研发和论证工作在18吉赫～50吉赫频率的可扩展毫米波数字相控阵组件，以支持未来多功能的多波束相控阵通信应用以及新兴的多输入多输出（MIMO）技术。

一、技术背景

20世纪60年代，定向天线阵列技术能够动态控制射频波束的相位和振幅，并拥有在广阔的视野里快速搜索窄波束的独特能力，所以很快就被应用在早期的弹道导弹防御（BMD）系统中。该技术被称为被动波束成型，特点是众多的天线组件只对应单独一个发射和接收组件。

随着晶体管技术的发展，通过在每个天线组件中都集成发送和接收组件，主动模拟波束成型技术克服了过去的高数据丢失率问题。当时相控阵主要运行在性能较好的低频波段，如UHF和L波段，这导致了其天线阵列体积过大，并局限应用于固定的雷达设备。但是，随着移动平台的需求增加，提高运行频率进而减小天线体积成了新的发展方向。20世纪80年代至21世纪初，相控阵技术的运行频率已被提高至X和Ku频段。

在相控阵技术研究的前50年，该技术主要应用于雷达而不是通信。这是因为定向天线的工作需要知道波束的指向，而在通信场景中，链路中各节点的相对位置总是不可知的，所以定向天线一般只应用在卫星通信和节点位置固定的点对点通信中。然而，得益于数字相控阵和毫米波两种技术的发展，这种模式正在发生变化，应用于毫米波的数字相控阵技术正在改变移动平台通信和组网的方式。

（一）数字相控阵技术

随着数字无线电台技术被应用在相控阵上，数字相控阵开始支持低频的数字波束成型技术。这项技术不仅能提升天线阵列的性能和减少应用的开发周期，还能支持新兴的多波束、大规模MIMO通信和定向传感等技术。数字波束成型技术使接收节点能够监视空间所有可能的方向，并快速判断出其他节点加入网络的时间和位置。这极大地简化了组网协议，并解决了过去定向组网通信中的空间扫描难题。但是，目前的数字波束成型技术仍然受限于较低的频率，导致其相应的阵列尺寸过大而无法在小型移动平台上使用。

（二）毫米波技术

毫米波为波长在1毫米～10毫米范围内的电磁波。从20世纪70年代至21世纪，相控阵的频率仍然局限在S频段至Ku频段。若使用18吉赫以上的毫米波频率，相控阵的体积、重量和功耗（SWaP）将进一步降低，并能应用在新兴的小型平台上。同时，更高频率的毫米波拥有易被大气折射和吸收的特性，非常适合小范围内高度频率复用或需要提高物理安全性的通信应用。

尽管在18吉赫～50吉赫频率范围内存在很多相关的新兴应用和关键技术，但是在微小空间放置毫米波数字收发器系统仍将是充满挑战的工作。所以，组件级别的数字无线电台技术的研发和阵列扩展技术的验证将是MIDAS项目的关注重点。

二、项目内容

（一）项目背景

毫米波天线阵列技术是新兴5G蜂窝网市场中的一个热点领域。但是，商业技术并不能满足美国国防部（DoD）的需求，其应用主要解决的是"最后一公里"的问题，即用户只在小范围内拥有高带宽和大流量的通信需求，其链路频率是预设的且采用窄带的技术方案。同时，由于基站位置是固定的，商业场景极少考虑信号指向或用户探测等问题。在可见的未来，由于成本控制和技术相对成熟，商业5G市场将采用固定、窄带和频率预设的模拟相控阵技术。

军事网络则运行在复杂得多的通信场景下。与商业应用不同，应用于毫米波的相控阵技术在军事环境下面临着诸如宽带频率覆盖、精确波束指向、用户探测和网状网络设计等问题。DoD平台之间一般相隔180千米及以上，并有着数兆比特每秒的通信数据率需求。两个军事平台在做高速不定向相对运动时需要用定向天线波束找到彼此并相互通信，这是商业相控阵方案所无法解决的挑战。

（二）项目结构

MIDAS将聚焦于研发元件级别的数字阵列硬件，以支持多波束定向通信技术。减少毫米波数字收发器的体积和功耗将是项目目标的核心。该项目研究的领域包括：

- 支持高线性收发链路的创新采样和频率转换设计；
- 分布式的本地振荡/时钟生成和元件同步技术；
- 宽带/高效的发送/接收放大器和发射孔径设计；
- 可扩展地集成和封装各类元件的新技术。

MIDAS项目预计总投入约6450万美元，分为TA1、TA2、TA3三个技术领域（TA）同步进行，而每个TA又将分成数个阶段。TA1将被授予3000万美元～4000万美元，持续36个月。TA2将被授予2000万美元～3000万美元，持续48个月。而TA3将被授予至多500万美元，持续36个月。

MIDAS项目的结构如图1所示，其中，TA1的重点是宽带毫米波数字瓦片的研发，以及实现阵列单元的核心收发器。为了把数字电台技术应用在毫米波阵列中，MIDAS将专注于研发一种通用瓦片集成电路，驱动一个包含4×4元件的小型子阵。若工作在50吉赫频率，该瓦片的大小为12毫米×12毫米，远小于典型的集成电路。每个瓦片都必须能够在18吉赫～50吉赫实现单独的信号收发功能。TA1将分为两个阶段，前者负责研发和验证阵列瓦片的架构，后者负责大幅提升阵列瓦片的性能。

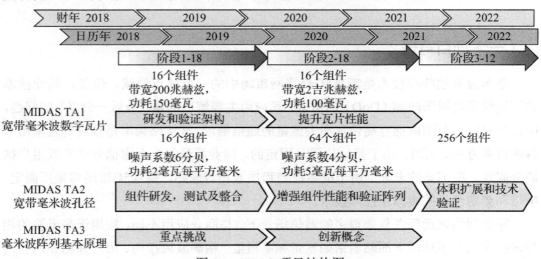

图 1 MIDAS 项目结构图

TA2将负责必要的宽带收发组件和发射孔径的设计，以及各类组件的集成和封装工作。TA2将分三个阶段进行，阶段一包含三个目标，分别为宽带发射组件和阵列的电磁设计、宽带收发组件的研发以及瓦片与其他各类组件的整合策略；阶段二的重点是降低系统噪声和增强发射功率，并增强收发组件的性能。同时，研发人员将整合四份瓦片与辐射孔径，对更大型的阵列进行验证；阶段三是整个MIDAS项目的最后阶段，除了继续把阶段二的阵列体积扩展至四倍以外，研发人员还将对其进行多波束收发和远程遥感验证。

TA3与前两个TA（领域）相对独立，主要目标是探究项目研发过程中可能出现的重点挑战和创新概念。

根据项目广泛部门公告（BAA），MIDAS预计将于2022财年完成。

（三）最新进展

2018年11月，美国国防部宣布授予雷声（Raytheon）公司1150万美元的合同，为MIDAS计划TA2第一阶段提供研发服务。雷声公司将为MIDAS项目研发数字架构和带有收发组件的可扩展孔径。新合同的工作预计将于2020年11月完成。

三、典型应用

很多美国国防部的应用都能从MIDAS项目中受益。其中包括各类短距离高数据率或长距离低数据率的空-空和空-地通信链，以及传统的视距和卫星通信。另外，对于把Ka频段和V频段应用在低地球轨道（LEO）卫星星座，提供与地面用户的连接，市场正表现出越发浓厚的兴趣。以下是其中两个经典的应用场景。

（一）机间数据链

目前，美军第四代战斗机F-22和F-35分别使用的机间数据链（IFDL）和多功能先进数据链（MADL）都工作在毫米波频率上，其利用了毫米波窄波束通信方向性好、通信速度高和不易被截获的特点，以此加强了战机的隐身性能。但是，传统的毫米波技术也带来了空间覆盖能力差等缺点。如图2所示，若采用毫米波数字相控阵天线技术，其多波束组网和扫描的能力将极大地提升机间数据链的吞吐量和可靠性，并提高战机所有空间方向上的网络性能，减少平台之间互相探测的时间。

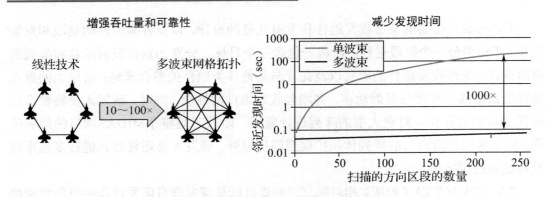

图 2 机间数据链性能的提升

（二）LEO 卫星通信

LEO卫星星座凭借大容量、低延迟和全球覆盖等特点，成了当下研究的热点。其星间和地面链路一般工作在激光、微波或毫米频段上。毫米波因为其频率资源丰富、容量大等优点，非常适合LEO卫星面向海量终端消费者大带宽低延迟需求的场景。MIDAS项目研发的小体积毫米波数字相控阵收发器，在减少卫星负载的同时，还将进一步加强其通信链路的性能。

四、结语

基于数字的毫米波通信方式是未来发展的主流技术，美军越来越关注于如何把毫米波通信广泛地应用在小型平台上。除了MIDAS，DARPA还与诺斯罗普·格鲁曼公司合作开展100吉赫射频骨干网项目，目标是研发速率达到百兆比特每秒的机间和空-地数据链，其利用的是毫米波高容量的优势。未来，毫米波通信将继续在战术系统视距通信、空基数据链和卫星通信等领域占有重要地位。

（中国电子科技集团公司第七研究所　张锐）

空间激光通信技术进展研究

由于空间激光通信所具有的大容量、远距离、抗干扰等一系列优点，使得该项技术很早便引起了世界各国及地区研究的兴趣。早在2001年，欧洲就利用先进中继和技术试验任务（ARTEMIS）卫星与地球观测系统-4（SPOT-4）卫星实现了首次星间激光通信。2013年，美国更是开展了举世闻名的月球激光通信演示（LLCD）试验，实现了月球与地面之间约40万公里的高速激光通信。近几年，在世界各国及地区的持续努力下空间激光通信技术取得了显著进展。

一、军事应用前景

空间激光通信技术在军事领域具有广阔应用前景。其中主要的应用包括：卫星数据中继、数据回传以及卫星组网等。在卫星数据中继方面，利用激光通信技术可以对侦察卫星或侦察飞行器所收集的海量数据实现近实时回传，这对于某些需要密切关注的热点地区的态势掌握具有极其重要的军事意义。此外，利用激光通信技术还可以实现空间任务关键数据的中继回传，确保空间任务的顺利实施。由于中继卫星一般所能提供的资源相对充裕，因此也是目前空间激光通信技术的主要应用平台。

在卫星数据回传方面，随着各类探测手段的不断提升，如合成孔径雷达、高分相机、超光谱成像仪等的运用，以及网络化、信息化技术军事应用的不断深入，各类军用卫星数据回传所需的带宽越来越大，单纯的无线电通信逐渐难以满足急剧增长的通信带宽需求。另外，易受干扰的无线电波也加剧了太空军事应用的风险。而激光通信速率比同等规模和功率的无线电通信高很多，且波束窄、方向性强，不易被干扰窃听，可以很好地解决无线电通信所面临的问题。

在卫星组网方面，运用激光通信技术进行卫星间的相互通信，能以吉比特每秒的速度建立星间链路。星间链路能够在各个轨道上创建与地面光纤网络相似的空间网络，通过与地面战略骨干网互联，可组建天地一体化的军用信息传递网络。

除此之外，空间激光通信技术还可应用于载人飞行器（如宇宙飞船、空间站等）对地通信、深空探测数据回传、量子保密通信等领域，为各军事大国争夺制太空权、提升军事通信安全性提供必要的通信保障。

二、2018 年空间激光通信技术主要进展

由于空间激光通信技术特有的技术优势，美、日、欧等世界主要国家和地区均在该领域积极布局。据相关报道，2018年欧洲和美国在该领域均有所进展。日本据先前报道也有若干空间激光通信项目在进行，但本年度未见显著进展报道。

（一）美国空间激光通信技术进展

美国空间激光通信技术开发领域涵盖面较广，应用场景覆盖了低轨、高轨、深空以及载人飞行器，并由美国国家航空航天局（NASA）具体负责该领域技术的开发管理。2018年，NASA继续稳步推进空间激光通信技术的开发，并取得一定进展。

1. 光通信与传感器演示（OCSD）项目进行首次立方星对地激光通信技术验证

2018年8月，OCSD项目取得里程碑式进展。项目成功进行了两颗1.5U立方星对地100兆比特/秒激光通信试验，以及立方星间约6米距离抵近机动试验。以往的空间激光通信往往使用大型卫星，而这是世界上首次立方星对地激光通信试验。

OCSD项目由NASA空间技术任务委员会资助，并由美国航空航天（Aerospace）公司负责实施。项目计划突破两项关键技术，分别是小卫星对地高速激光数据传输以及抵近操作技术。项目分两个阶段，共发射3颗此类卫星，其中OCSD-A卫星作为第一阶段任务已于2015年10月发射，但因卫星姿态控制系统问题，未能完成星间激光通信载荷的测试。第二阶段的两颗卫星OCSD-B和OCSD-C于2017年11月搭乘"天鹅座"货运飞船，从美国弗吉尼亚州的沃洛普斯飞行试验场发射，并于2017年12月从"天鹅座"货运飞船实现部署。为控制卫星体积重量，卫星没有安装捕获、瞄准和跟踪（APT）系统，而是采用姿态调整实现激光通信瞄准，姿态控制精度0.025度。

OCSD项目的成功演示将进一步开启小卫星的应用潜能，如小卫星空间组网、对地观测数据高速回传等。

2. NASA 披露太比特红外传输（TBIRD）项目计划

2018年6月，NASA发文称，其TBIRD项目计划2019年开展在轨演示，并计划2024年投入实际运行。该项目将突破性地实现低轨立方星对地超高速数据传输。

由于低轨卫星过顶时间很短，要在如此短的时间内实现大量数据传输，对链路带宽的要求是巨大的。目前研究的低轨卫星对地激光通信，速率一般在10兆比特/秒～1000兆比特/秒，而该项目所能达到的峰值速率高达200吉比特/秒，是原有速率的数百倍，日均数据回传量超50太比特，完全能够满足未来低轨卫星数据回传的需要。此外，项目计划采用商用货架器件以降低成本，并采用可直接安装于用户所在地的小型地面站，从而省去地面回传网络。项目初期将建设两个地面站，未来或将建设更多地面站。

随着各类空间传感器的运用，低轨卫星对地回传的数据量越来越大，加之低轨道卫星过顶时间短，传统射频链路传输带宽日渐成为观测数据回传的瓶颈，TBIRD项目的成功实施将彻底打破这一制约瓶颈。

3. 激光通信中继演示（LCRD）项目公布后续计划

2018年4月，NASA的一份文件对外披露了LCRD项目后续发展计划。项目计划2019年开展LCRD高轨卫星对地激光通信实验，2021年利用LCRD高轨卫星中继，进行国际空间站对地激光通信实验。并计划2025年～2027年在LCRD卫星的基础上新增两个高轨节点，正式开始提供数据中继服务。

LCRD项目将在2013年开展的LLCD项目的基础上，进一步验证激光通信系统在太空中的长期可靠性，并研究编码、跟踪以及激光与射频链路混合组网技术。项目先期将仅演示高轨卫星与位于加利福尼亚和夏威夷的地面站之间的点对点双向激光通信，通信速率为1.244吉比特/秒，后期将进行空间站集成LCRD低轨用户调制解调与放大终端（ILLUMA-T）→LCRD高轨卫星→地球的单向激光数据回传实验，回传速率为1.244吉比特/秒。LCRD项目激光通信终端将搭载于美国空军研究实验室的太空实验项目卫星（STPSat-6），而此前原计划是搭载于太空系统劳拉公司（SSL）建造的商业通信卫星。

LCRD演示验证项目包含了多种应用场景，是美国变革航天器关键任务数据中继回传方式的一种尝试。

4. 深空光通信（DSOC）项目计划变更

2018年6月，NASA发文称，搭载DSOC载荷的"普赛克（Psyche）"飞行器发射日期由原定的2023年提前至2022年，并计划当年开展深空激光通信演示实验。

DSOC项目由喷气推进实验室（JRL）主导，是NASA太空探索任务的一部分。DSOC载荷将搭载于"普赛克"探测器飞往火星与木星之间的一颗金属小行星，预计2026年飞抵，届时探测器将对该小行星进行测绘和扫描，并将搜集的科学数据通过激光回传至地球。

2022年开展的深空激光通信实验计划采用近红外波段激光束和5米口径光学地面站，飞行终端采用22厘米光学口径天线，通信速率125兆比特/秒，通信距离达4000万公里。为保证在如此远距离上的稳定激光互联，系统采用了大功率激光发射器以及信标光辅助跟瞄技术。

近年，美国不断加大火星探测力度，而高速稳定的数据回传链路是火星探测必不可少的，DSOC项目作为深空激光通信探路者项目，它的顺利实施将为美国未来的火星探测任务提供高速数据回传能力。

5. 猎户座载人飞船光通信项目（O2O）光学调制解调器启动开发

2018年10月，朗讯政府解决方案创新公司（LGS Innovations）发表声明称将为NASA猎户座载人飞船O2O项目提供关键部件—光学调制解调器，并计划在2019年末交付。

O2O项目旨在提高猎户座载人飞船数据回传能力以及改善宇航员通信环境，系统将在猎户座载人飞船执行"探索任务-2（EM-2）"时进行首次测试，并将实现月球附近到地面的激光通信。具体负责系统建造的是NASA戈达德太空飞行中心和麻省理工学院（MIT）林肯实验室。而该光学调制解调器正是由MIT林肯实验室委托朗讯政府解决方案创新公司开发的。根据目前消息该调制解调器可提供前向80兆比特/秒以及后向20兆比特/秒的双向通信能力，可满足高清视频的传输。如果任务进展顺利，将来不排除在后续任务中部署更多的激光通信终端。

猎户座飞船是NASA研制的新一代多功能载人太空飞船，它将把人类带往低地球轨道之外的其他小行星甚至火星。而O2O系统将显著提升载人飞船的通信速率和通信距离，为美国未来更多的载人航天任务提供通信保障。

（二）欧洲空间激光通信技术进展

目前，欧洲主要通过政府通信系统预先研究（ARTES）框架计划支持空间激光通信相关项目的发展，其中包括欧洲数据中继卫星系统（EDRS）项目和安全激光通信技术（Scylight）项目。

1. EDRS 项目稳步推进

2018年2月，空客公司授予麦克唐纳德特威勒（MDA）公司一份价值320万美元的EDRS-D光学中继有效载荷合同。EDRS-D为EDRS项目第3颗中继卫星，旨在将EDRS系统覆盖范围扩展至欧洲以外的区域。

2018年3月，EDRS-A卫星开始为"哨兵"-2A卫星提供日常中继服务。至此，EDRS-A卫星开始为"哨兵"系列全部4颗卫星（"哨兵"-1A/1B/2A/2B）提供激光中继服务。截至2018年5月，EDRS系统共完成超一万次激光互联，可靠性达99.8%，传输数据累计超500太比特。

2018年6月，欧空局公布EDRS-C卫星最新进展，称该卫星正在位于慕尼黑的德国工业设备管理公司（IABG）进行发射前的最后测试，并计划2019年发射。

EDRS项目是欧空局与空客公司合作开展的项目，也是全球首个投入实际运行的卫星激光中继项目，项目致力于利用激光将低轨卫星、高空飞行器采集到的数据中继至高轨卫星，然后通过Ka频段微波回传至地面，其中激光链路速率为1.8吉比特/秒。项目的初步目标是利用两颗高轨卫星（EDRS-A、EDRS-C），实现对欧洲地区的数据中继覆盖，后期还将新增EDRS-D和EDRS-E两颗高轨卫星，最终实现对全球的数据中继覆盖。

2. Scylight 项目迈出实质性一步

2018年5月，欧空局与卫星运营商欧洲卫星公司（SES）签订"量子密码通信系统（QUARTZ）"开发合同。随后在6月欧空局举行的2018年度"工业日"上，SES公司宣布与10家公司及研究机构建立联盟关系，共同开发QUARTZ系统。QUARTZ是一个空间量子密钥分发和管理平台，主要研究通信卫星如何分配光子"密钥"，帮助实现对卫星通信的安全加密。QUARTZ是Scylight项目的一部分，是该项目迈出的实质性的第一步。借助QUARTZ项目，SES公司将开发一个强大、可扩展、且具有可行性的基于卫星的QKD系统，用于地理分散的网络。

Scylight项目是欧空局2016年启动的ARTES框架下的一个新项目，项目旨在通过政府与工业部门、卫星厂商、服务提供商、研究机构以及相关学者的多方面合作，促进卫星光通信创新技术的研发及应用，尤其是空间激光通信在安全方面的应用。

三、结语

近年，美国、日本、欧洲在空间激光通信技术领域均投入巨资进行相关技术的研究和在轨试验，对空间激光通信系统所涉及的各项关键技术展开了全面深入研究，并在诸多应用领域取得显著进展。

空间激光通信技术在卫星数据中继领域趋于成熟。美国、日本以及欧洲在这一领域均有部署。如美国的LCRD项目、日本的数据中继系统（JDRS）以及欧洲的EDRS系统。其中，欧洲在这一领域处于领先，其EDRS系统已投入日常运行。其他领域虽然近年也取得了长足的进步，但距离实用化还有一定距离。

立方星激光通信技术成为研究热点。由于立方星体积小、重量轻、发射成本低，且可以空中灵活组网或以编队飞行的方式实现虚拟大型航天器的功能。因此，立方星近年成为世界主要国家及地区研究的热点。激光通信技术的运用可以大幅提升立方星传输速率，且激光通信终端体积小、重量轻的特点也满足立方星对载荷的要求。今年，OCSD项目的成功试验对立方星激光通信技术的发展具有里程碑式的意义。

QKD成为空间激光通信技术新的发力点。随着欧洲"量子旗舰计划"、美国"国家量子计划"的颁布，世界主要国家和地区均在量子领域积极布局。其中量子通信是不可或缺的部分，而目前QKD是量子通信中最为成熟的技术，可实现理论上绝对安全的保密通信。但是基于地面光纤网络的QKD由于光纤损耗，导致QKD应用范围受限，而借助空间激光通信技术则可以实现量子秘钥的全球范围分发，具有重要现实意义。日本和欧洲在该领域均有动作，日本去年基于"苏格拉底（SOCRATES）"卫星成功开展了QKD实验，而欧洲今年也启动了名为QUARTZ的量子密码通信系统项目。

未来，随着空间激光通信技术的持续发展和各项关键技术的不断突破，空间信息传输的实时性和安全性将得到前所未有的提升，空间通信技术或将由此迎来新的变革。

（中国电子科技集团公司第三十四研究所　刘芳）

大事记

DARPA发布Network UP项目预征询书　2018年1月8日，据美国军事航空电子网站报道，美国国防高级研究计划局（DARPA）在2018年1月5日发布了一份关于"网络通用持久"（Network UP）项目（代号HR001118S0012）的预征询书。该项目将开发和演示一种新型无线电技术，利用该技术，在信号质量频繁下降的战场环境中仍可保证网络的稳定性，Network UP项目为期三年，旨在开发能够使军用无线网络在不稳定无线链路上传送数据的原型。

英国研发多设备间量子密钥分发技术　2018年1月10日，《物理学报》发表了英国伦敦大学学院研究团队的一项研究成果，该团队开发了一种能在多个量子设备间进行安全通信的方法，有望推动大规模、高可靠量子密钥分发网络向实用化迈进。研究团队称，在与某个设备建立通信前，网络会对该量子设备的安全性进行测试，方式是检测设备间的联系是否符合量子特性。下一步将与英国国家量子技术的合作伙伴一起继续推进该项研究，对该网络进行进一步测试。

法国国防部推进电话服务向VoIP转型　2018年1月17日，据空中客车公司网站报道，法军国防基础设施网络和信息系统联合服务局与空中客车公司签订了为期七年的"交响乐"（Symphonie）项目合同。该合同为"笛卡尔"（Descartes）项目的一部分，Descartes项目的目标是实现法国武装部队电信网络现代化。Symphonie将为法军1500个站点的270000名用户提供电话服务。通过实施Symphonie项目，承载站点间通信的电话核心网络将从使用综合业务数字网（ISDN）技术过渡到VoIP系统。这一技术飞跃将大大节约运行成本。

首颗商用低轨新型Ku频段通信小卫星成功发射　2018年1月19日，加拿大开普勒（Kepler）通信公司的一颗超低成本通信小卫星在中国酒泉卫星发射中心成功发射。该卫星为一颗大小为10厘米×10厘米×30厘米的纳卫星，这也意味着Kepler成为首家发射和成功运营Ku频段通信小卫星的商业公司。Kepler公司计划构建由140颗立方体卫星组成的星座。此次发射的纳卫星是两颗演示卫星中的第一颗，将演示Kepler公司的软件定义无线电和天线阵列核心技术。星座在后期建设中会增加星间链路。

欧空局发射GOMX-4B小卫星　2018年2月2日，丹麦GOM宇航公司（GomSpace）公司研制的GOMX-4A及GOMX-4B卫星搭载长征二号丁火箭在酒泉卫星发射中心发射升空，随后与该公司位于丹麦奥尔堡的总部成功建立了无线电联系。这两颗卫星均为6U立方体通信星，寿命3年～5年。二者将对小卫星间通信技术进行验证，在轨演示验证数据将为更大规模的小卫星星座探索更先进的通信方案。卫星初步联系建立起来后，GomSpace公司将对两颗卫星各个子系统展开测试，并将于2018年3月进入全面运行阶段。

DARPA研发基于商用手持设备的战术信息共享新技术　2018年2月5日，美国国防高级研究计划局（DARPA）授予凡科（Vencore）公司合同，旨在探索和提供新的安全模型技术，通过商用手持设备支持战术联合环境中的信息共享。该项目的第一阶段价值410万美元，在未来三年内实施。Vencore将开发基于联合网络的VeriNet——可验证的安全命名数据网络（NDN）。VeriNet的目标是利用商用手持设备在战术边缘提供直观的用户界面，实现多级安全的信息共享，同时最大限度地减少稀缺手持资源的使用。该解决方案还提供基于NDN的安全战术边缘网络技术。

美军演示用于前线的网络安全通信系统　2018年2月6日至8日，亚星（PacStar）公司和Fidelis网络安全公司在陆海空通信和电子协会（AFCEA）西部会议上现场演示了一种全新的战术网络安全系统——"PacStar战术Fidelis网络安全系统"。这种完全集成的网络安全系统将保护美军战区内的各种车载和前方作战基地的通信。这一网络安全系统可以运行恶意软件检测、入侵防御和威胁分析，这使得战场上的士兵可以自动监控异常情况（警报验证）。PacStar IQ核心软件已在美军战术级作战人员信息网（WIN-T）增量1项目中使用。

美国空军开发增强型极地卫星系统通信载荷　2018年2月6日，据每日航空网站报道，美国空军授予诺斯罗普·格鲁曼公司一份价值4.288亿美元的合同，为增强型极地卫星系统（EPS，又称先进极地系统（APS））开发两个通信有效载荷。EPS卫星运行在地球高椭圆轨道，可为部署在北纬65度到北极90度的部队提供不间断的通信业务。EPS将替代当前过渡型极地系统（IPS），为北极地区的作战人员提供联合、协同和受保护的卫星通信，避免北极地区出现通信覆盖空隙，这对在北极冰盖地区活动的美国潜艇尤为重要。诺斯罗普·格鲁曼公司将于2022年12月完成研发工作。

欧洲"太空数据高速公路"开始研发EDRS-D下一代光学通信有效载荷　2018年2月16日，空客公司授予麦克唐纳·迪特维利联合有限公司（MDA）一份价值320万美元的合同，为第三颗"太空数据高速公路"（又称欧洲数据中继系统（EDRS））卫星设计研发EDRS-D光学数据中继有效载荷。根据合同，MDA将确定EDRS-D载荷的初始设计方案，评估和确定增强EDRS-D载荷容量、安全性和灵活性的先进技术和创新解决方案。EDRS不仅将满足欧洲航天活动对空间数据传输速率、传输量和实时性日益增长的需求，更将使欧洲摆脱对非欧地面站的依赖，保持空间通信的战略独立性。MDA公司计划EDRS-D于2019年进入最终生产交付阶段。

印度发射大容量通信卫星，打造高速太空互联网时代　2018年印度发射了数颗大容量通信卫星。2018年11月14日发射的"Gsat-29"卫星重达3423千克，携带了覆盖Ka频段和Ku频段的高通量通信转发器，另外还携带了覆盖Q频段和V频段的设备，并首次携带光通信设备。2018年12月5日发射的"Gsat-11"卫星重约5854千克，搭载40个Ku和Ka频段转发器，可提供14吉比特/秒的数据传输速率。"Gsat-20"卫星计划

2019年发射。这些卫星可共同提供100吉比特/秒的高速带宽，为边远地区提供高速互联网连接。这些卫星使用多个点波束，并多次重复使用这些波束以覆盖整个印度。

Kratos公司交付基于虚拟机的卫星地面通信架构　2018年2月27日，克瑞拓斯（Kratos）国防&安全解决方案公司宣布其子公司Kratos RT Logic交付了虚拟机软件卫星地面通信解决方案，该解决方案可指挥和控制全球宽带卫星通信系统（WGS）卫星的有效载荷。此次交付包括Kratos的前端处理器（vFEP）和网关（vGTW）系统的虚拟机软件版，包括40个vFEP和40个vGTW的安装，可实现从支持28个独立指挥控制任务的5个运行中心控制多达14颗卫星的星群。它将为美国空军空间企业愿景（SEV）和空军企业空间作战管理指挥控制系统（BMC2）提供支持。

美军首例支MUOS卫星通信的机载电台通过安全测试　2018年2月，美国海军空间与海上作战系统司令部（SPAWAR）对罗柯公司的ARC-210 RT-2036（C）机载无线电系统进行了一项"无损害"测试，该电台通过MUOS信号与空中和地面平台成功进行了通信，并通过了MUOS卫星通信军用安全标准测试。ARC-210 RT-2036（C）是第六代ARC-210电台，提升了传统ARC-210机载电台的功能，具有高度可靠和安全的通信能力，成为目前市场上唯一利用最新MUOS波形完成测试的机载电台。这标志着利用MUOS信号与地面和空中资产进行通信的下一代机载通信又向前迈进了一大步。

美军向实现保密IP网传输现代化迈进　2018年2月，美国国防信息系统局（DISA）完成了保密IP路由器网络（SIPRNet）访问迁移项目，改进其任务伙伴与SIPRNet的连接方式，实现连接方式的现代化，降低了相应成本。该项目使SIPRNet从点对点网络演进到虚拟网络，并将带宽容量由1吉增加到10吉。通过缩小网络规模，提升了网络效率，增加了网络容量并增强了网络顽存性。由于当前网络符合联合信息环境（JIE）标准，该项目的完成使得DISA及其任务合作伙伴可以利用保密联合区域安全栈（S-JRSS），实现客户虚拟化接入并增强顽存性。

欧洲展示首款速率达25吉比特/秒的全石墨烯光通信链路　2018年2月底，2018世界移动通信大会上，欧洲"石墨烯旗舰"项目研发团队展示了世界上第一个全石墨烯光通信链路，每条通道的数据速率为25吉比特/秒。该项目旨在利用石墨烯的电子和光学特性制造全新性能水平的光通信设备。此次演示的关键在于由石墨烯器件执行所有主动电光操作。接收器包含石墨烯光电探测器，可将输入的光学数据信号转换回电子信号。石墨烯光子器件与现有通信环境的无缝集成是下一代数据传输的关键。

SES O3b卫星通信星座再添四颗新卫星　2018年3月初，阿丽亚娜航天公司在其2018年的第二次任务中使用"联盟号"运载火箭将另外四颗O3b MEO（中地球轨道）卫星送入轨道，由SES网络公司运行的星座再添四星。此次的四颗O3b中轨卫星将位于地球上空7830千米的中地球轨道上，比同步卫星距离地球近四倍，将提供低延迟、类似光纤的连通能力，为日益增长的移动性、固定数据和政府市场中的人员和企业提供高速连通能力。SES将在全球范围内增加38%的容量，并将潜在市场由北纬和南纬45度拓展至50度。

研究证明高通量卫星（HTS）可为政府用户提供优越性能　2018年3月初，卫星通信前沿（SatCom Frontier）发表了一篇文章，称高通量卫星（HTS）星座已迅速成为卫星通信的变革性技术，远远超过现有卫星通信的带宽、速度和吞吐量，且开放的HTS体系结构系统能使政府终端用户更好地控制自己的数据，具有更大的灵活性。文章分享了一个案例，即美国海军陆战队如何利用国际通信卫星Intelsat EpicNG平台，为战术级作战人员信息网（WIN-T）增量2提供驻停通和动中通的HTS能力。

美国国防部强制使用新软件通信体系（SCA）　2018年3月1日，美国国防部联合企业标准委员会宣布将软件通信架构（SCA）4.1版列为国防部信息技术标准注册处（DISR）的强制性战术无线电标准，并停用SCA2.2.2版。SCA4.1版提升了网络安全性，提高了性能，增强了软件的可移植性，并可能降低SCA兼容产品的开发成本。新版本SCA后向兼容，这意味着SCA4.1版无线电台可以运行SCA2.2.2版的波形应用程序。

美国陆军将获得适用于城市环境和隧道的无线电新波形　2018年3月6日，据iHLS网站报道，美国陆军已经找到突破其当前最好的战术通信波形——士兵无线电波形（SRW）某些局限性的方法。泰勒斯公司已开始交付价值3700万美元的双通道AN/PRC-148C改进型多频带队内队间战术无线电台（IMBITR）订单，这是一款手持式无线电台，重两磅，可同时为下车用户和车载配置提供话音和数据能力。新电台引入了一种新波形——战术可扩展MANET（TSM）波形，使每个网络的节点扩展到200个以上，能够在城市环境，山洞、隧道和建筑等各种环境中提供话音、视频和数据通信。

美国陆军装备新型充气型天线卫星通信系统　2018年3月6日，据美国陆军网站报道，美国陆军为其第82空降师第三旅部战斗队配备了一种新型充气型天线卫星通信系统，即"便携式战术指挥通信"（T2C2）系统，以在不断演变的战斗环境中实现远征任务指挥与态势感知能力。此前于2018年1月11日，该系统已获批进入全速生产阶段。T2C2项目是美国陆军网络现代化战略的一部分，能够在联合作战中实现不间断的任务指挥，确保正确的话音、视频和数据通信。这些弹性的卫星通信终端可承受极端天气条件，甚至在空投条件下也可运行。

美国国防部推进联合企业国防基础设施建设　2018年3月7日，美国国防部发布了联合企业国防基础设施（JEDI）征询建议书草案。随着这一草案的出台，美国军方正在向进一步采购基于商业云的解决方案迈进。JEDI使美国国防部能够利用商业云计算的创新，它将为美国本土内外的作战人员提供"平台即服务"（PaaS）"基础设施即服务"（IaaS）以及其他云能力，并扩展到战术边缘。JEDI计划将作为国防信息系统局（DISA）军事云（MilCloud）计划的一个补充，该计划正在向美国国防部提供云服务。

ViaSat-2卫星通信业务通过军事应用论证　2018年3月12日，ViaSat公司宣布其ViaSat-2卫星通信业务可用于政府、国防和军事应用。该业务利用了全球最先进的ViaSat-2通信卫星以及地面联网技术的创新，将提供比任何其他公司或美国国防部卫星通信系统更大的性能优势。演示验证的卫星系统速度证明其为业界最快的宽带连接，超过100兆比特/秒。ViaSat-2卫星通信系统的能力包括：传输带宽密集的云应用；通过VoIP传送实时双向视频会议和话音；进行指挥控制（C2）和态势感知（SA）通信；应对电磁、地面或网络攻击实现持续作战等。

OneWeb公司请求增设1260颗卫星　2018年3月19日，OneWeb公司致信美国联邦通信委员会（FCC），请求把其已获准建设的低轨星座规模扩大到原方案的将近3倍。FCC去年6月批准了OneWeb利用720颗卫星组网在美国开展服务的申请。OneWeb现请求增设1260颗卫星，从而使卫星总数达到1980颗。OneWeb称，新增卫星将采用与前720颗卫星相同的Ku和Ka频段频谱。为接纳新增的1260颗卫星，OneWeb称其将把轨道面数量增加一倍，即从18个增至36个，并把每个轨道面最多部署的卫星数量从40颗提高到55颗。

DARPA探索利用大型低成本低轨卫星星座完成美国国防部太空任务　2018年3月23日，据防务系统网站报道，DARPA发布了"国家安全太空系统和低轨星座信息征询书"，欲征询新技术信息，利用大型低成本LEO卫星星座满足美国国防部任务需求。采用分布式卫星组网方式可实现冗余和弹性，但要充分优化任务执行性能，一种潜在解决方案是提高自主性并利用机器学习能力。当前自主和机器学习技术的进步可实现多星系统的协作管理。DARPA正在探索利用新技术和概念实现高度自主的卫星、有效载荷和星座。

欧洲"空间数据高速公路"开始提供全面服务　2018年3月27日，据太空新闻网站报道，欧洲"空间数据高速公路"（Space Data Highway）已经顺利通过调试期，开始为"哨兵"-2A卫星提供常规数据中继，这标志着"空间数据高速公路"开始为"哥白尼"计划的全部4颗"哨兵"卫星提供全面服务。"空间数据高速公路"旨在运用先进的空间激光通信技术打造全球首条"空中光纤"，计划通过地球静止轨道数据中继卫星，为近地轨道航天器、高空无人机、有人飞机等与地面控制中心之间提供实时数据中继。

美国陆军透露未来战术网计划　2018年3月27日，据国家防务网站报道，美国陆军正计划改进战术网络，将现有战术级作战人员信息网（WIN-T）视为未来能力的基线。WIN-T是基础，不会被完全替代，但它也需要现代化革新，为美军提供多种更强的网络传输手段。为此，美国陆军创建了很多团队（包括一支网络跨功能团队）关注这些顶层现代化优先项目。美国陆军正在审查的技术之一是DARPA的LEO卫星和其他能力，将在2021或2022年演示。美国陆军已在第82空降师的一个营开展该项实验。

FCC批准SpaceX公司"星链"星座申请　2018年3月29日，美国联邦通信委员会（FCC）批准了SpaceX公司利用由4425颗Ku和Ka频段宽带卫星组网的"星链"（Starlink）星座在美国开展服务的申请，但拒绝了该公司放宽星座建成时间要求的请求。另一个条件是要进一步完善卫星离轨方案。FCC提出的其他限制条件还包括，系统轨道碎片减缓方案要得到批准，星座的有效功率通量密度（EPFD）验证要在服务启动前得到国际电联"满意"或"合格"的评价。

SpaceX成功发射第五批10颗"下一代铱星"　2018年3月30日，SpaceX从美国加州范登堡空军基地使用回收的Falcon 9火箭把第五批"下一代铱星"卫星送往太空轨道，这是今年SpaceX第六次成功完成发射任务。发射大约1小时12分钟后，Iridium卫星网络运营中心确认10颗"下一代铱星"通信卫星均已在预定轨道成功部署并开始测试。迄今SpaceX已分批把50颗卫星送上太空。"铱星"网络用户已超过100万，并持续呈现增长的趋很势，这一里程碑式进步证明了"铱星"网络的可靠和灵活性。

美国陆军通过轻型版WIN-T增量2实现保密通信　2018年4月3日，据美国陆军网站报道，在近期进行的一次着重推进其分布式任务指挥能力的现场测试中，美国陆军第25步兵师通过轻型版WIN-T增量2成功在位于相隔数千公里外的三个站点的轻型作战车辆间实现了保密通信。作为美国陆军首个全面列装轻型WIN-T增量2的旅级部队，第25步兵师第2步兵旅战斗队自去年11月以来一直在对新系统能力进行测试，包括：更轻型的系统；动中通能力；更少的系统架设时间。

DARPA选择卫迅公司小型Link 16电台+水下光纤作为海上射频战术网备份通信能力　2018年4月5日，据军事宇航电子网站报道，美军研究人员需要用安全的小型Link 16电台终端支持一项计划——用浮标和水下光纤网作为备份军事通信链路。DARPA决定从卫迅公司购买"徒步版战场感知与目标系统（BATS-D）"AN/PRC-161手持Link 16电台终端用于其"水下战术网络体系（TUNA）"项目第二阶段的海上演示。该项目旨在借助水下光纤骨干网在竞争性环境中通过光纤暂时恢复RF战术数据网络。该电台体积小、功耗低，可明显降低通信浮标的体积，提高其持久性和可部署性。

日本成功发射第二颗军用通信卫星　2018年4月6日，日本发射了第二颗军用通信卫星"煌1号"，"煌1号"是搭载在"超鸟-8"卫星上的通信载荷。"煌"系列是新一代X频段通信卫星，在抗干扰、防窃密、耐用性及全天候等方面具有优势，可支持实现日本防卫省中央指挥所与陆、海、空自卫队间的互联互通，提高自卫队综合作战能力。

美国陆军透露未来战术电台需求　2018年4月7日，据C4ISRNET网站报道，美国陆军称，高端对手在电子学和战术方面的进步将迫使其要针对当前和未来威胁变更改造和优化通信网的方式。美国陆军实现未来通信弹性的工作不仅要让各条链路更具弹性，抗干扰能力更强，能够对抗各种威胁，而且在一条链路出现问题时还可使用多条其他链路。这也是美国陆军希望实现的下一代战术网传输能力。除多波形和大频谱覆盖范围外，未来电台还必须具备无源感知能力，提供一定的频谱环境态势感知能力。

法国武装部队对4G通信技术进行战术评估演示　2018年4月7日，据以色列iHLS网站报道，法国武装部队目前已经利用阿托斯（Atos）公司的Auxylium通信系统测试了4G移动通信技术在作战环境中的性能。Atos公司将其Auxylium通信系统纳入由移动技术和相互连接的军事物品组成的生态系统中。此次战术评估演示中，通过与法国国防部装备总局（DGA）开展合作，法国武装部队演示了4G技术在通信、信息共享以及指挥控制领域的应用，实现了包括空中客车防务及航天公司、比利时FN赫斯塔尔（FN Herstal）公司以及泰勒斯在内的多家公司设备的互联互通。

美国海军陆战队探索利用F-35战斗机现有无线电台实现空地直接数据共享　2018年4月12日，据全球作战（FightGlobal）网站报道，美国海军陆战队正在开展多项试验，试图通过一台平板电脑就可以向地面士兵提供一条链路，使其获得F-35"闪电-II"战斗机和其他无人机收集到的传感器数据。美国海军陆战队目前正在试验利用F-35的现有无线电台将传感器数据传送至地面的新方法，利用F-35的所有波形，并将之浓缩为一种将信息传递到地面海军陆战队士兵的能力。

美国空军发射"连续广播增强卫星通信（CBAS）"卫星　2018年4月14日，据太空网站报道，美国空军将一颗名为"连续广播增强卫星通信（CBAS）"的地球同步轨道通信卫星和一颗实验型ESPA增强GEO实验室试验（EAGLE）演示卫星发射到地球上空35786千米的地球同步轨道，两颗卫星在此轨道能够覆盖地球同一区域。此次任务的目的是提高军事卫星通信能力和演示新一代空间航天器设计。CBAS卫星设计用于在作战指挥官与高级军官之间中继信息，提升美军现有的军事卫星通信能力。

NASA小卫星项目开始进行先进通信技术在轨试验　2018年4月16日，据卫星日报网站报道，美国国家航空航天局（NASA）"小卫星技术计划"中"太阳能电池板与反射阵列集成天线"（ISARA）项目和"光通信与传感器演示验证"（OCSD）项目的小卫星近期完成系统检验进入在轨运行阶段，将首次验证多项先进通信技术。ISARA任务首次在太空中演示验证反射阵列天线以及与太阳能电池板集成的天线，也是首次验证反射阵列天线的Ka频段无线电通信。这次验证可以使立方体卫星等级的小卫星实现大带宽无线电下行数据传输。

美国空军将增购两颗宽带全球系统（WGS）卫星　2018年4月18日，据太空新闻网站报道，美国国会于2018年3月突然在国防部2018财年预算中增加了6亿美元拨款，用于采购由波音公司制造的两颗宽带全球系统（WGS）卫星——WGS 11和WGS 12。波音公司已经完成了WGS 10卫星的生产制造，目前正在进行第11颗和第12颗WGS卫星的前期准备工作。WGS 10卫星计划于2018年11月搭乘统一发射联盟的火箭发射升空。WGS 11和WGS 12将不再采用ViaSat的卫星平台，而是希望采用已经用于全球IP宽带卫星和Intelsat公司的Epic卫星的更新型平台。

俄罗斯发射第二颗"福音"军用通信卫星　2018年4月19日，俄罗斯质子M型运载火箭于在拜科努尔发射场发射了"福音"（Blagovest）12L军事通信卫星，代号"宇宙"2526。"福音"12L是"福音"系列的第二颗卫星。"福音"是俄罗斯新研制的重型军事通信卫星系列，由信息卫星系统（ISS）采用"快讯"2000平台，配备C频段和Ka/Q频段转发器，将用于高速数据传输，可向用户提供电话和视频会议以及互联网宽带接入等服务，设计寿命至少15年。该系列卫星将通过公开通信信道传输，属军民两用。

DARPA发布"黑杰克"项目公告，寻求发展低轨小卫星星座　2018年4月19日，DARPA发布"黑杰克"项目跨部门公告（BAA），希望工业部门帮助研发一种小型军事通信与监视卫星，不仅能够在低地球轨道上安全运行，还能够利用现代化商业卫星技术，具有经济可承受性；最终目标是发展由60～200颗这种卫星组成的星座，运行高度500千米～1300千米轨道。该项目将设立一个操作中心管理所有的卫星及有效载荷，但星座有能力在没有操作中心的情况下运行30天。"黑杰克"有效载荷的数据处理将在轨完成，无须地面数据处理的支持。

DISA升级国防骨干网络　2018年4月25日，美国国防信息系统局（DISA）发布通告，宣布正在利用下一代光传送系统升级国防信息系统网（DISN），此次升级将使美军骨干网速提升10倍，从目前的10吉比特/秒升级到100吉比特/秒分组光传送系统，将为美军各大作战司令部带来更好的"基础设施弹性、服务交付节点弹性、加密能力，并将关键的传统组成部分迁移至基于互联网协议的以太网基础设施"。该计划将于2019年完成，届时可以向联合信息环境企业数据中心以及联合区域安全栈站点提供100吉比特/秒带宽。

美国空军开发宽带HF网络架构　2018年4月，美国国防部发布的创新研究计划显示，美国空军正在谋划开发一种先进的全球宽带短波（WBHF）通信网络架构。"用于点对点地球表面通信的安全无线HF通信网络架构"项目网络覆盖地面、空中以及海基节点，能够提供足够的弹性，应对节点丢失、高空电磁脉冲（HEMP）环境等挑战。美国空军希望该项目提供一种先进的宽带HF设计理念，并改善HF系统点对点结构下对自然环境和人为干扰的弹性。该项目同时也有望实现军民两用。

美国空军开发军用级直接射频数字转换软件无线电　2018年4月，美国国防部发布了创新研究计划。其中，美国空军将启动"军用级直接射频转换软件无线电"的项目研发活动，最大限度地利用现有商业现货产品，实现各种加固、抗辐射且抗电磁脉冲特性。该项目利用开源方法，开发一种军用版本的直接射频转换软件无线电，并将首先应用在挑战性环境（尤其是核爆前、核爆中、核爆后）中核攻击后的指挥控制领域，相关技术成果有望大幅优化美军的军事通信架构。

美国激光通信中继演示（LCRD）项目公布后续计划　2018年4月，NASA一份文件对外披露了LCRD项目后续发展计划。项目计划2019年开展LCRD高轨卫星激光对地通信实验，2021年利用LCRD卫星作为中继，进行国际空间站对地激光通信实验。并计划于2025年～2027年在LCRD卫星的基础上新增两个高轨节点，并开始正式提供数据中继服务。

美国陆军"联合作战评估"18.1旨在提高网络互操作，共享通用作战图　2018年4月到5月初，美国陆军及其多国伙伴进行了2018年"联合作战评估"演习——JWA 18.1，以提高互操作性，使分立的联军网络能够共享通用作战图（COP）。演习中，美国陆军和联军伙伴评估了有助于提高联军互操作性并共享通用作战图的通信网络新技术和系统，包括诸如商用联盟设备（CCE）之类的陆军设备和类似"陆军联军互操作性解决方案"（ACIS）等任务通用软件。新技术赋予联军交换后勤、地形、火力、友军和敌军位置数据等信息的能力，以改进完善COP，加快整个联合多国部队的决策过程。

美国空军签约哈里斯公司开发视频数据链手持电台　2018年5月1日，据军事宇航网站报道，位于美国俄亥俄州赖特·帕特森空军基地的美国空军生命周期管理中心宣布，已与美国哈里斯公司射频通信部门签订了一份价值1.3亿美元的合同，开发和制造手持视频数据链（HH-VDL）电台。HH-VDL电台将帮助战场上的美国空军士兵通过一个小巧、轻便、坚固且可靠的收发信机，与指挥中心交换各种保密和不保密的全运动视频和注释图像。根据合同，哈里斯公司将在纽约罗切斯特开展这项工作，预计于2023年4月全部完成。

基于量子效应磁力计的甚低频通信电台实现通信能力跃升　2018年5月1日，据信号杂志报道，美国家标准与技术研究院（NIST）正在研制一种基于量子物理效应的技术，经典通信需要在带宽和灵敏度间进行权衡，而采用量子传感器可二者兼得，量子电台比现有的磁传感器技术更为灵敏，使用量子效应磁传感器可实现最佳磁场灵敏度。此项技术能使第一响应人员、作战人员和船员在无线电和卫星通信受限或不存在的地区实现通信和导航。这种能力将使军事和应急人员能够在城市峡谷、瓦砾下、建筑物内、地下甚至水下保持连接。

欧空局欲建量子"加密通信系统（QUARTZ）"卫星 2018年5月3日，欧空局与总部设在卢森堡的SES公司签署了一份合同，开发一种"量子加密通信系统（QUARTZ）"。"QUARTZ"卫星将作为两个地面站之间的传递者保护通信安全。SES公司在"QUARTZ"项目的框架下计划将该平台发展成为一个鲁棒的、可扩展的且具有商业可行性的卫星量子密钥分发（QKD）系统，用于地理上分散的网络。

美国国防部欲实现灵活、弹性、互操作的卫星通信能力 2018年5月7日，据休斯公司官方网站报道，休斯网络系统公司已获得一项先导性研究项目的第二阶段研究合同，为美国国防部评估实现多个卫星通信系统间互操作性的可行性。根据这一合同，休斯公司将负责为军事终端设计灵活的调制解调器接口（FMI）原型机，实现各种军事、商业系统和服务在战场上的互操作性。FMI原型机将在任务管理架构背景下进行演示，支持宽波束、点波束和具有星上处理能力的卫星，包括新的地球同步高通量卫星和低轨卫星星座。

100吉比特/秒无线通信即将到来 2018年5月17日，据微波杂志报道，本周有两个新项目均宣称开发出100吉比特/秒"无线光纤"解决方案。这两个项目分别来自Tektronix/IEMN（泰克公司/电子、微电子及纳米技术研究院）和日本电报电话（NTT）公司。二者采用的方法不同，前者演示验证了252吉比特/秒～325吉比特/秒频率上信号达到100吉比特/秒数据率的单载波无线链路（最近发布了IEEE 802.15.3d标准），而后者采用一种新的技术原理——28吉赫兹轨道角动量（OAM）复用并结合多入多出（MIMO）技术。

铱星公司获准开展海事安全通信服务，打破Inmarsat垄断 2018年5月21日，铱星通信公司宣布，联合国已认证其可以开展"全球海难与安全系统"（GMDSS）服务。这将结束国际移动卫星公司（Inmarsat）对这项国际性船舶服务的垄断。GMDSS系统提供海上应急通信服务，即使在海员无法呼救的情况下也能传送相关信息。《国际海上人命安全公约》要求总吨位在300吨以上的船只在开展国际航行时需在船上配备GMDSS设备。国际移动卫星公司自1999年以来一直是GMDSS设备的唯一提供者。铱星公司预计将在2020年启动GMDSS服务。

"空间数据高速公路"已成功达成10000次激光链接 2018年5月21日，据卫星新闻网站报道，空间数据高速公路（Space Data Highway）系统是世界上第一个基于尖端激光技术的"空间光纤"系统，目前已成功实现10000次激光链接，可靠性达到99.8%，在最初的一年半时间里，这些链接已经完成超过500太比特的数据下载。该系统目前主要为哥白尼计划的哨兵对地观测卫星提供服务，通过激光锁定低轨卫星，收集它们在近地轨道扫描地球所产生的数据。

SpaceX 公司成功发射第六批5颗"下一代铱星"卫星 2018年5月22日，SpaceX公司的"猎鹰"9-1.2型火箭在范登堡空军基地成功发射了铱星通信公司的第6批5颗"下一代铱星"低轨移动通信卫星。这是"猎鹰"9的第10次旧箭复用飞行，也是其第三次用旧箭发射"下一代铱星"卫星。铱星公司共从欧洲泰雷兹·阿莱尼亚空间公司订购了81颗"下一代铱星"卫星，拟先用其中的75颗组网（66颗工作星+9颗在轨备份）。每颗卫星重860千克，用于接替原设计寿命只有7年的现役卫星。"下一代铱星"项目共需耗资30亿美元。

俄罗斯公布全球通信卫星系统：7年内建成288颗卫星 2018年5月22日，《俄罗斯商业咨询日报》发表题为《俄全球通信卫星系统项目细节公布》的报道，俄罗斯国家航天公司透露了造价2990亿卢布的全球卫星系统项目的细节。这个名为"太空"的系统将由288颗卫星组成，由私人投资者和基金注资。该系统预计将由位于高度870千米轨道上的288颗卫星构成，信号覆盖整个地球表面，计划到2025年建成，可提供电话和互联网接入服务，其中包括物联网、交通路况和无人驾驶汽车监控等方面的服务。

美国空军第5颗受保护抗干扰卫星通过关键测试 2018年5月，据先进极高频（AEHF）项目主合同商洛克希德·马丁公司消息，美国空军高度受保护通信卫星——第5颗AEHF卫星通过了39天的极端温度试验，即将于2019年发射。AEHF-5还完成了声测试。测试中，卫星性能表现完美，目前卫星正处于系统级测试当中。AEHF卫星对美国及其国际合作伙伴非常重要。抗干扰卫星通信系统为各个作战域作战的士兵和战略指挥官之间提供顽存、受保护的全球范围通信。

美国国防信息系统局升级美军企业话音服务 2018年5月，美国国防信息系统局（DISA）表示，DISA将向美国国防部提供4种企业话音服务，包括：IP企业话音（EVoIP）、IP企业保密话音（ECVoIP）、企业音频会议（EAC），以及话音ISP（VISP）。DISA正在推进将原有国防信息系统网（DISN）上提供的传统通信解决方案，替换为基于IP技术实现的有保障语音、视频、数据与服务。ECVoIP是一种已经充分证明的低成本大型企业环境保密呼叫方式。EAC是一种"无预约"音频会议服务，DISN用户可以请求一条专用会议线路访问所有美国国防部任务伙伴。

美国海军陆战队利用新一代战术通信卫星增强其通信能力 2018年6月7日，据C4ISRNET网站报道，美国海军陆战队系统司令部正在利可靠方便的战术移动卫星系统——移动用户目标系统（MUOS）改进其通信方式。MUOS是一种窄带卫星系统，旨在支持需要提高移动性、数据率和作战灵活性的用户，士兵可以利用该系统在战场上使用商用手机技术增强话音和数据通信接入。MUOS波形将被添加到美国海军陆战队AN/PRC-117G电台和未来的多信道电台中。该系统减轻了作战人员的压力，他们可以在不受地面网络范围限制的情况下四处巡逻。

SES公司O3b星座覆盖范围扩展至全球　2018年6月8日，卢森堡卫星运营商SES公司称，美国联邦通信委员会（FCC）已批准其利用26颗新增卫星在美国销售卫星连通性服务的请求。这些新增卫星将会兼用倾斜和赤道轨道，从而把O3b星座覆盖范围从目前的南北纬50度之间一路扩展到地球两极，成为一个全球性系统。新获授权将使SES能够运营共计42颗中轨卫星。SES称，FCC的批文使之能"把下一代'O3b增强'（O3b mPOWER）编队扩充到原先的3倍"。每颗"O3b增强"卫星容量将是第一代卫星的10倍以上。

美国卫星工业协会（SIA）发布《2018年卫星产业状况报告》　2018年6月13日，卫星工业协会（SIA）发布了《2018年卫星产业状况报告》，内容涵盖卫星服务、制造业、地面设备和发射服务。报告显示，2017年全球卫星产业收益相比2016年增加3%，其中卫星制造业收入比2016年增长10%，地面设备收入增长5.6%，卫星发射产业收入下降16%，地面设备收入增长5.6%。美国卫星行业协会主席认为，如果美国要充分接受卫星提供的技术创新，就必须对环境和频谱监管制度进行有效的管理和维护。

美国国会推动军事与商业卫星通信的融合　2018年6月13日，美国众议院拨款委员会国防小组委员会通过《2019财年国防部拨款法案》，在公开发布的拨款法案说明中，提及了卫星通信的相关问题，要求美国国防部研究未来卫星通信架构。国防小组委员会此次要求陆军、海军和空军部长在《2019财年国防拨款法案》颁布后180天内，提交综合的宽带和窄带通信架构与采办策略。通信架构应包括政府和商业系统的空间段、应用段和地面段。这份报告标志着商业卫星通信将进一步融入军事通信领域。

美国国防部发布首部通过MUOS战术卫星通信波形运行关键安全测试的双通道软件无线电台　2018年6月14日，据军用嵌入式网站报道，罗克韦尔·柯林斯公司的AN/PRC-162（V）1软件无线电台是第一部通过了美国国防部移动用户目标系统（MUOS）波形运行关键安全测试的战术地面无线电台。美国海军空间与海上作战系统司令部（SPAWAR）使用最新版本的MUOS波形在AN/PRC-162上进行了"无害"（DNH）测试。MUOS是新一代UHF卫星通信系统，它将实现与美国国防部全球信息栅格（GIG）和国防交换网的连接，并可分发综合广播服务（IBS）消息，将为作战人员提供更高的机动性和更高的信号质量。

美国陆军利用综合战术网（ITN）提升战术连通性　2018年6月29日，据C4ISRNET网站报道，美国陆军正寻求向更多的小型战术梯队提供更好的任务指挥、数据传输和通信能力。通过综合性战术网络（ITN）这种简化、独立的营级移动网络解决方案，美国陆军试图向小部队的徒步领导者提供网络能力，为战术边缘提供带宽更高、鲁棒性更好、敏捷可靠的网络。这套能力能提供更好的任务指挥、态势感知和空地一体化能力，可弥补连级能力的不足，也能根据部队的作战环境或指挥官的目标进行定制。

NASA披露太比特红外传输（TBIRD）项目计划　2018年6月，NASA发文称，其TBIRD项目计划2019年开展在轨演示，并计划2024年投入实际运行。该项目将突破性地实现低轨立方星直接对地超高速数据传输。峰值速率高达200吉比特/秒，日均数据回传量超50太字节。

美国国防部完成宽带卫星通信备选方案分析　2018年6月底，由美国政府和业界团队共同开展的宽带卫星通信"备选方案分析"（AOA）研究完成并提交给美国国防部长。这项工作针对军方应如何从私营部门的创新中获益提供了一些候选方案，其结论和建议将对美国未来的军事卫星通信架构产生重要影响。这项研究工作得出的重要结论之一是：美国国防部应当继续混合采用军用和商业卫星来满足其宽带通信需求，同时应当不断提高防护级别，以应对干扰及近年来出现的各种其他威胁。

欧洲演示提高卫星通信传输速率的新技术　2018年7月12日，欧空局（ESA）宣布，在ESA"通信系统高级研究"（ARTES）项目的支持下，由空客公司、Newtec公司、SES公司及卢森堡大学组成的团队演示了一项可将特定带宽的卫星通信传输速率提高9%的新技术。研究团队通过开发和演示新型的多载波数字"预失真"地面技术，提高卫星通信链路的余量，这项最新技术此前仅出现在一篇名为《非线性卫星系统的多载波连续预失真》的学术论文上。ARTES项目的特点是着重开发有明确市场需求或机会的服务和产品。

DARPA完成作战系统组网集成技术演示验证　2018年7月13日，据飞行员在线（pilotonline）网站报道，洛克希德·马丁公司臭鼬工厂和DARPA近期开展了一系列飞行试验，演示验证了如何应用系统之系统（SoS）方法和手段在对抗环境中对包括空、天、地、海、网络空间的各个作战域内的系统进行快速无缝的集成。演示验证在加州美国海军空战中心进行，是DARPA体系集成技术和试验（SoSITE）五年计划的一部分。飞行试验演示了地面站、飞行试验台、C-12和飞行试验飞机之间的互操作性，并验证了基于一种新的集成技术——STITCHES下多个系统之间传递数据的能力。

第7批10颗铱星顺利部署　2018年7月25日，SpaceX公司"猎鹰"9号火箭从美国西海岸范登堡空军基地发射升空，将第7批10颗铱星卫星送入低地球轨道，这些卫星将用于组建通信网络。57分钟后，卫星相继开始部署，整个部署过程约15分钟。随后，SpaceX公司确认，10颗卫星已在近地轨道成功部署。铱星公司的下一代全球卫星计划Iridium NEXT计划发射81颗卫星，其中75颗由SpaceX公司分8次发射。

美军为MIDS-LVT升级现代化Link 16通信能力　2018年7月26日，据美国陆军技术网站报道，美国政府已授予Viasat公司一份8550万美元的合同，升级多功能信息分发系统-低容量终端（MIDS-LVT）Link 16无线电台。根据合同要求，Viasat将交付

MIDS-LVT批次升级2（BU2）软硬件升级与支持服务。Viasat将为美国陆军、海军、海军陆战队及对外军售（FMS）用户提供升级的现代化Link 16通信能力。该订单表明美国政府欲继续保持全球部署的MIDS-LVT电台的长期存在，确保持续的战术数据链路能力，确保与装备Link 16的平台和未来作战人员的互操作性。

美国海军MUOS窄带战术卫星系统获准扩大作战使用　2018年8月2日，美国海军宣布美战略司令部已批准美国海军下一代窄带卫星通信系统——移动用户目标系统（MUOS）扩大作战使用。由洛克希德·马丁公司建造的移动用户目标系统（MUOS）是一个由5颗卫星组成的卫星星座，包括4颗运行卫星和1颗在轨备用卫星。MUOS是在战场上使用商用手机技术的卫星通信系统，与地面中继器共同形成一个全球军事蜂窝网络。过去六年，美国海军陆战队已经部署了数千台具备MUOS能力的AN/PRC-117G电台，这些电台的固件最终将升级以支持MUOS波形。海军陆战队希望在2019年年中拥有并运行MUOS初始能力。

美国成功完成首次立方星激光通信技术验证　2018年8月6日，据航天日报网站报道，美国航空航天公司利用"光通信和传感器验证"任务的两颗1.5U立方星，成功验证了星地激光通信技术。试验中，数据传输速率达100兆比特/秒，是目前同等大小卫星传输速率的50倍。以往的空间激光通信往往使用大型卫星，而这是世界上首次立方星对地激光通信试验。

美国空军为下一代受保护卫星通信项目开发天线子系统原型　2018年8月20日，据每日航天网站报道，美国空军空间与导弹系统中心已选定空间系统劳拉（SSL）公司帮助其定义下一代受保护卫星通信。按照合同，SSL公司将开发、测试和分析天线子系统原型。SSL公司利用对卫星通信趋势和空间与地面下一代受保护通信先进技术的掌握，将创建天线子系统原型，定义和演示关键技术，实现有弹性的、成本效益高的高性能受保护战术卫星通信能力。这项研究将为美国空军空间与导弹系统中心开发和演示下一代军事卫星通信体系结构。

美国海军陆战队对其激光通信系统开展现场测试　2018年8月21日，美国海军陆战队第七通信营的远征部队信息组对其激光通信系统——战术视距光通信网络（TRLON）进行了现场测试。本次测试在日本冲绳的美军汉森营地进行，可测试系统在当地潮湿且天气多变环境下的运作性能。该系统旨在增强海军陆战队现有的战术通信系统，提供比射频通信更高速、更安全的视距通信，同时还可以缓解射频频谱拥塞。该系统目前被设计用于地对地通信，但最终将扩展应用到舰对岸和空对地通信中。

DARPA 100吉比特/秒射频骨干网项目取得重大进展　2018年8月22日，据ASD新闻网站报道，通过在城市环境中以100吉比特/秒的速度运行一条长20千米的数据链路，DARPA联合诺斯罗普·格鲁曼公司为无线传输树立了一个新标杆，也标志着诺斯罗普•格鲁曼公司成功地完成了与DARPA签订的100吉射频骨干网项目第二阶段合同。此100吉系统能够在9吉比特/秒到102吉比特/秒的范围中逐帧进行速率适配，最大程度提高各种动态变化信道的数据率。数据传输性能的显著提升可明显增加机载传感器可收集的数据量，缩短利用数据的时间。100吉系统成功进行地面演示为100吉射频骨干网项目的飞行测试阶段打下了基础。

美国实现潜艇与机载设备的直接通信　2018年8月23日，据太空日报网站报道，美国麻省理工学院的研究人员设计了一种革命性无线通信系统——"平移声学-射频通信"（TARF）系统，能让水下和机载传感器直接共享数据。该系统包括一个声呐发射器和一个极高频雷达，水下发射器将声呐信号引导到水面，产生与发射的1和0相对应的微小振动；在水面上方，高度灵敏的雷达接收器读取这些微小振动并对声呐信号进行解码。研究人员希望该系统最终能让无人机或飞机在水面上快速飞行时能够不断地接收和解码来自水下的声呐信号。

卫迅公司赢得"空军一号"互联网合同，改善美国最高当局应急通信和指挥控制能力　2018年9月8日，据C4ISRNET网站报道，美国国防信息系统局（DISA）与卫迅公司签署合同，为美国总统专机"空军一号"提供互联网服务。合同周期总共8年，总价5.6亿美元。"空军一号"将能在重大危机中保持不间断指挥链路，在飞行中使用宽带连接，利用全动高清视频流服务完成途中指挥控制任务。"空军一号"上的美国总统可收到相关情报报告，与其他地方的政府和军方伙伴通信，然后拟定适当的反应行动，对危机做出反应，甚至可通过推特完成。

加拿大Telesat公司第三颗高通量卫星升空　美国当地时间2018年9月10日凌晨，加拿大Telesat公司的Telstar 18 Vantage卫星搭乘美国SpaceX公司新型Block 5版"猎鹰9号"火箭发射升空。该卫星是加拿大Telesat公司与香港亚太卫星控股有限公司（APTSatellite Co. Ltd.）合作开发的，也称为Apstar-5C（亚太5C）卫星，是Telesat公司第三颗高通量通信卫星，也是目前为止所发射的第二重的通信卫星，重量约合7060千克，将替代现位于东经138度地球同步轨道的Telstar-18（又称为Apstar-5、亚太5号）卫星，为中国、印尼、马来西亚等地区提供宽带通信服务。

美国海军软件定义数字模块化电台更新MUOS战术卫星波形　2018年9月14日，据通用动力网站报道，通用动力公司任务系统子公司领导的团队为美国海军的软件定义数字模块化电台（DMR）成功测试并发布了升级版移动用户目标系统（MUOS）WFv3.15波形。新波形是一种能够增强软件定义DMR中MUOS能力的软件，可改善整个MUOS卫星通信网络中的安全话音、视频和数据通信能力。美国战略司令部近期批准了该卫星通信网络扩展作战用途。DMR是一种4通道电台，是美国海军用于水面船只、潜艇和岸上站点的通信枢纽，能够同时和各种战术电台通信，并在不同的安全级传递信息。

美国海军新一代岸基骨干网——下一代企业网再次竞争合同正式招标　2018年9月18日，美国海军终于发布了等待已久的"下一代企业网（NGEN）"再次竞争合同最终招标书。但此次招标只是项目的二分之一，仅涉及硬件部分。NGEN将取代美国的海军及海军陆战队内联网（NMCI）成为美国海军的岸基骨干网。此次招标书特别针对国防部保密和非密网上使用的硬件设备。NGEN-R硬件部分投标截止到2019年11月19日。NGEN-R第二部分招标书，即服务管理集成和传输（SMIT），预计在接下来30天进行，内容包括大部分NMCI骨干和功能。

美国陆军正式授出双通道领导者软件定义无线电台合同　2018年9月22日，据C4ISRNET网站报道，美国陆军近期向哈里斯公司和泰勒斯防务公司授出一份双通道领导者软件无线电台合同。美国陆军计划采购1540部该型号的领导者无线电台和338套车载安装套件，但合同的总金额目前尚不清楚。双通道领导者软件无线电台对于未来竞争环境下的任务指挥非常重要，可通过多个波形提供数据和话音通信，能够让地面指挥官在一个通信频率受到敌方干扰的情况下可以切换到另外的频率，是实现美国陆军网络现代化总体战略的关键。

空中客车公司成功利用高空气球进行平流层4G/5G军事通信　2018年9月26日，据空中客车公司网站报道，该公司成功利用高空气球对军用平流层4G/5G通信技术进行了测试。此次测试的技术称之为Airbus LTE AirNode，它能够在卫星和无人机的帮助下为机载设施、地面或者海上作战行动提供数周或者数月的高安全性通信能力。是空中客车公司的机载安全组网军事通信项目（"天空网络"）的关键组成部分。利用新一代空中远距离通信技术，高空平台将能够创建持久而安全的通信蜂窝，对来自多种平台的信息进行中继。

日本成功发射Horizons 3e高通量通信卫星　2018年9月26日，日本Sky Perfect JSAT公司在圭亚那航天中心成功发射通信卫星Horizons 3e，计划在静止轨道经性能验证试验后投入运行。Horizons 3e卫星是Sky Perfect JSAT公司推出的首个搭载高通量系统的卫星。该卫星是基于Intelsat EpicNG高通量平台设计的通信卫星，将成为EpicNG服务的第六颗卫星。Horizons 3e卫星发射并投入运营，标志着Intelsat的EpicNG平台被成功引入亚太地区，使拥有该技术的通信卫星遍布全球卫星市场，并增强IntelsatOne Flex服务平台的能力。

业内成功在移动平台上利用蜂窝和卫星网络实现混合数据回传　2018年9月，凯米塔（Kymeta）公司与美国联邦机构一起进行了一系列现场试验，成功演示了沿新墨西哥州南部边境进行可靠、无缝通信的好处和可行性。Kymeta成功演示了一种完整的混合网络体系结构，提供给在通信降级环境中工作的联邦机构人员使用。Kymeta的混合模型综合使用了卫星和蜂窝网络来增强性能，并允许在两个网络之间进行动态业务管理，从而实现了成本效益最佳的数据路由和其他软件定义功能。

新加坡和英国宣布合作开发量子密钥分发（QKD）立方星　2018年10月1日，据太空技术网站报道，新加坡和英国政府近期宣布一项合作建造并运行一个量子密钥分发（QKD）立方星试验台的计划。通过此次合作，新加坡和英国将共同开发一颗基于立方体卫星标准的"QKD Qubesat"卫星，其目标运行时间为2021年。此项合作计划将投入1000万欧元，利用量子纠缠在卫星和地面之间建立密钥，并在位于英国和新加坡的两个地面站进行量子秘钥分发。QKD Qubesat立方星将在新加坡和英国之间使用QKD技术测试密码密钥的安全分发。

DARPA接收并发射首颗"SeeMe"态势感知小卫星　2018年10月3日，据雷声网站报道，该公司已经向DARPA交付了首颗"提高军事作战效能的空间系统"（SeeMe）卫星，它将为地面士兵提供更为强大的态势感知能力。DARPA的SeeMe项目全称为太空增强军事作战效能项目，旨在直接利用可负担的小卫星向小型部队提供及时的战术图像。未来的小卫星星座可以向士兵的手持设备提供关注地点的高分辨率图像。这颗SeeMe小卫星于2018年12月搭载SpaceX公司的火箭发射升空。

Telesat首颗LEO卫星完成与调制解调器的空中测试　2018年10月8日，据卫星演进网站报道，"新技术"（Newtec）公司于当天宣布该公司的调制解调器首次成功与Telesat公司的第一颗低轨（LEO）卫星完成空中测试。2018年1月12日，Telesat公司的第一阶段低轨卫星发射升空。目前正在进行Ka频段有效载荷测试，而Newtec的技术正被用于演示不同服务场景。最新试验表明，测试用户业务利用Newtec公司的调制解调器成功通过卫星进行了传输，表明LEO星座可以实现无丢包的无瑕疵运行。此次测试Telesat计划部署的全球低轨卫星星座的一个重要里程碑，该星座将彻底改变全球宽带通信能力。

美国休斯公司开发创新性的直升机卫星通信技术　2018年10月8日，据太空新闻网站报道，美国休斯（Hughes）公司开发了一种新的兼容下一代高通量通信卫星（HTS）平台的波形，该波形能够在不受干扰的情况下穿过直升机旋翼叶片，以高速率为直升机提供超视距通信，使直升能够通过卫星提供长距离和高速率的传输能力。测试表明，这项新技术将数据速率提高到了2兆比特/秒至4兆比特/秒，与目前直升机视距通信的典型速率400千比特/秒至650千比特/秒相比，不仅速率大幅提升，而且价格也便宜得多。这一技术将使政府能够更好地利用现有直升机并使其能够与更大范围内的通信网络连接。

法国自主研发"协同作战能力"（CEC）系统　2018年10月8日，据海军认知网报道，法国自主研发的"多平台态势感知演示验证系统"（TsMPF）已成功完成测试。测试中，由"戴高乐"号航空母舰、"地平线"级防空驱逐舰和FREMM多任务护卫舰组成的编队，在通用战术图像的支持下，成功击落了8架模拟执行针对航母的反水面战任务的"阵风"战机。这是协同作战能力首次出现在欧洲海军中。在远海，特别是饱和攻击这样的高强度作战环境中，TsMPF可为海军舰队执行防空任务提供至关重要的附加能力，并可作为美国CEC系统的替代系统提供给盟国海军。

DARPA为"黑杰克"（Blackjack）空间监视计划选定优化型LEO通信和监视卫星 2018年10月15日，据军事航天电子网报道，美国国防高级研究计划局（DARPA）与蓝色峡谷（Blue Canyon）技术公司签约，为DARPA的BlackJack计划开发尺寸、重量与功耗（SWaP）优化型的LEO轨道军事通信与监视卫星。项目初期，Blue Canyon将为BlackJack定义卫星平台与载荷需求，之后将开发两颗在轨演示卫星的平台与载荷，并在两个LEO轨道平面完成6个月演示。未来的BlackJack星座演示将涉及20颗卫星。该项目理念是为验证LEO载荷有足够的能力执行军事任务，增强和完善现有计划，并可能"等效于或优于当前部署的天基系统"。

美国陆军欲研发可穿戴无线通信装备 2018年10月16日，美国陆军合同司令部的官员发布了一份关于缩小尺寸和功率（ICW芯片组）的安全士兵内部（Intra-soldier）无线模块项目的征询通知。关键是提供战场环境下可防止敌军截获或干扰的安全无线数据链路。美国陆军研究人员设想了一种能够支持AES-256位加密的无线通信模块，使士兵系统开发人员能够满足小功率士兵内部无线系统的新需求。研究人员希望将这种安全、小型、低功耗的士兵内部无线模块与现有或开发中的传感器系统集成，以提高步兵的态势感知通信和传感器处理能力。

宇宙神5发射AEHF-4军事通信卫星 2018年10月17日，联合发射联盟公司的宇宙神5-551型运载火箭在卡纳维拉尔角空军站发射了美国空军第4颗"先进极高频"（AEHF）军事通信卫星AEHF-4。卫星将被送入一条地球同步转移轨道。AEHF系列卫星由洛克希德·马丁航天系统公司采用A2100M平台建造，发射重量约6.2吨，有效载荷由诺斯罗普·格鲁曼宇航系统公司提供，设计寿命14年，用于为美国国家领导人及陆海空部队提供高生存能力和有保护的保密通信，可为美战略部队、空军空间预警资源和作战部署部队提供快速全球覆盖。

美国国防部接收WASP战术浮空器 2018年10月18日，据今日美国安全网站报道，"无人机航空"（Drone Aviation）公司已向美国国防部交付了多任务战术"绞车式浮空小型平台"（WASP）。WASP是一种移动性战术规模浮空器，可以扩展防区外探测与通信的范围，并可携带多种载荷支持军事行动。新交付的WASP系统集成了先进的通信与光传感器，扩展了一些此前只能在大型浮空器上才能提供的新能力。WASP现在可以同时支持多种先进通信与光载荷。大大扩展了其任务灵活性，包括范围更广的情报监视与侦察（ISR）支持。

    瑞士科学家希望利用激光产生"云中隧道"以促进卫星通信   2018年10月18日，据太空战争网报道，为了提高远程信息传输的效率和安全性，科学家们一直希望逐步淘汰无线电卫星通信，并引入激光通信技术。瑞士日内瓦大学物理学教授沃尔夫和他的研究伙伴开发了一种能够将空气加热到1500摄氏度的激光器。激光产生的冲击波可将水滴推向旁边，形成一个云中隧道，从而允许携带数据的激光束不受限制地穿过云层。他们将在较厚的云上进行激光测试，预计2025年进行全球实施，使得那些阴云密布的国家拥有这项技术。

    空中加油机可能成为美国空军未来网络关键节点   2018年10月29日，据防务新闻网站报道，美国空军空战司令部司令表示，未来美国空军空中加油机的用途将不仅仅局限于空中机动，其关键作用是在更大的空中网络中充当一个节点。2018年9月，罗克韦尔·柯林斯公司宣布获得合同，向KC-135R加油机提供驾驶舱内实时信息系统（RTIC），该系统将首次为这些加油机提供与美国空军主要数据链Link 16之间的连接。飞行员和飞杆操作员现在可以掌握敌方威胁、目标数据和蓝军位置等信息，获得实时态势感知，从而更有效地执行任务。

    美国海军首次在F-35与舰船之间建立数字空中连接   2018年10月30日，据军事嵌入式系统网报道，美国海军和雷声公司成功完成演示，展示了雷声公司舰艇自卫系统（SSDS）的数字空中连接能力。Link 16数字空中控制（DAC）将允许F-35通过传递数据来帮助船只和其他飞机探测目标。利用这一能力，雷声公司和美国海军首次成功将海军陆战队的F-35B联合攻击机与海军"黄蜂号"两栖攻击舰连接起来，从而在没有语音通信的情况下共享目标、任务分配和飞机状态信息。

    法国海军水面舰队利用RIFAN 2系统实现保密宽带数据传输   2018年10月31日，据卫星新闻网站报道，在空中客车等公司的努力下，法国海军60多艘舰艇现在装备了"海军内部网-2"（RIFAN 2）系统，可以确保从航空母舰、前线支援护卫舰，巡逻艇到潜艇等所有海上舰船之间及其与岸上指挥中心之间建立安全宽带连接。RIFAN 2项目的目的是为法国海军水面舰艇和潜艇配备一个真正安全的内联网系统，可以传输不同密级的数据，从"无保护"到"机密"和"北约机密"级。

    美国国防部签约康姆泰克通信公司开发可搬移式对流层散射系统   2018年10月，据报道，康姆泰克（Comtech）通信公司将为美国某国内主承包商提供可搬移式对流层散射系统。此次合同提供的系统可以增加现有模块化可搬移传输系统（MTTS）对流层散射终端的能力。MTTS是第一个模块化，可快速部署的运输箱式对流层散射系统，实现低延迟，高吞吐量的数据链接，已被美国陆军用作导弹防御通信网络的重要部分。这一合同表明了在当前美国空间通信资产生存能力受到威胁的背景下，美国陆军对高可靠、长距离、低延迟地面通信的需求。

美国陆军启动网络集成评估（NIE）活动的最后一次工作　2018年11月5日，据美国陆军网站报道，美国陆军于11月1日至12日进行网络集成评估（NIE）18.2，这也是美军10年NIE活动的"最后一次"。美国陆军第82空降师第三旅是此次评估的测试部队。此次NIE的测试重点是指挥所计算环境（CPCE）系统初始作战测试。CPCE包括的任务指挥信息系统和车载计算环境（MCE）包括的车载任务指挥系统均将在该环境下进行评估。NIE 18.2 ITN的评估和试验将有助于为ITN的设计决策提供信息，并为计划于2019年开始的网络跨功能团队（N-CFT）旅级评估提供数据。

法军未来卫星通信星座计划增加第三颗锡拉库斯-4卫星　2018年11月6日，据太空新闻网站报道，法国国防部计划为其下一代地球同步军事卫星通信星座增加第三颗锡拉库斯-4卫星。该卫星将不同于正在建造的其他两颗卫星，其主要目的是解决机载系统日益增长的需求。计划中的第三颗锡拉库斯-4卫星许多方面仍未最后确定，但航空应用将是重点，覆盖范围将主要维持在当前覆盖区域。第一颗锡拉库斯-4卫星计划2021年开始运行，第二颗将在2022年开始运行。

业内推出首个全平面超低剖面L频段电调阵列天线　2018年11月6日，据太空新闻网站报道，以色列GetSAT通信公司推出了市场上首个全平面电调阵列天线Ultra Blade。该天线无活动部件，是目前市场上最小的L频段天线，并且可与任何L频段卫星兼容，其先进的物理特性和技术指标有望改变未来移动宽带卫星通信。凭借90%以上的天线效率，以及业内前所未有的任何L频段卫星独立跟踪能力，Ultra Blade可为任何环境下的应用，包括航空、地面和海上提供出色的高吞吐量方案。

EGS架构推动空间企业愿景　2018年11月9日，据军事嵌入式系统网站报道，美国空军"统一指挥控制系统（CCS-C）"地面系统向"企业级地面服务（EGS）"架构迁移的第三阶段研究工作已完成，目前顺利进入第四阶段。第三阶段的工作演示了EGS环境能力的弹性与灵活性。此前第二阶段已于8月26日顺利完成。企业级地面服务（EGS）是美国空军太空事务愿景（SEV）的一项使能技术，完全实施后将为所有美国空军卫星提供一个通用的基于服务的地面架构。

英国开发新型数据链WEnDL　2018年11月14日，据国外网站报道，英国BAE系统公司开发了一种利用现有卫星导航和民用飞机数据提高军用飞机安全性的解决方案——"Web使能数据链"（WEnDL）。该新型数据链系统可增强军用飞机的空中态势感知能力，增强空域安全。WEnDL系统能够使用来自广播式自动相关监视（ADB-S）

系统的数据，并以简单的格式直接传输相关信息，供军用飞机使用。WEnDL能使测试人员操作更灵活，并增强了飞行中的全方位态势感知能力。

DARPA开展毫米波数字阵列研究　2018年11月，美国国防部宣布授予雷声公司1150万美元的合同，为"毫米波数字阵列（MIDAS）"计划第一阶段提供研发服务。DARPA旨在通过MIDAS项目发展工作在18吉赫兹至50吉赫兹频段的多波束数字相控阵技术，以加强军事系统之间的安全通信能力。雷声公司将为MIDAS项目研发数字架构和带有收发组件的可扩展孔径。研究将集中在降低数字毫米波收发机的尺寸和功率上，这将实现移动平台的相控阵技术。新合同的工作预计将于2020年11月完成。

定位导航授时领域
年度发展报告

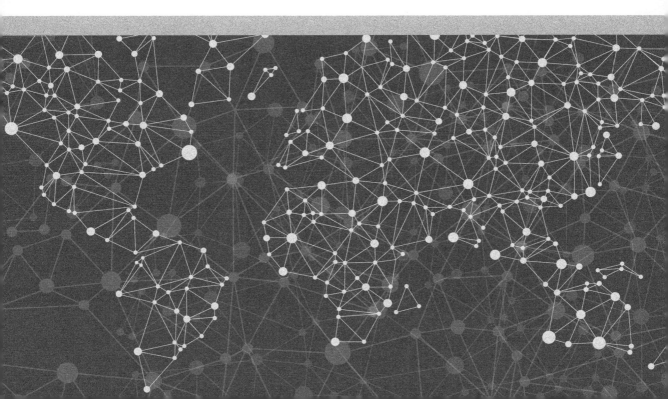

定位导航授时领域年度发展报告编写组

主　　编：方　芳

执行主编：吴　燕　路　静

副 主 编：魏艳艳　伍尚慧

撰稿人员：（按姓氏笔画排序）

尹哲春　伍尚慧　闫　婧　张轩瑞　吴　燕

罗　锐　路　静　魏艳艳

审稿人员：张上海　刘忆宁　陈鼎鼎　彭玉婷

综合分析

近几年，定位、导航和授时（PNT）技术呈现多系统融合发展的特征。2018 年，PNT 技术仍延续了这一发展特点。美国、欧洲和俄罗斯等国家和地区继续推进卫星导航系统建设，英国和韩国也发布卫星导航系统建设计划。在几大卫星导航系统不断发展的同时，各种全球导航卫星系统（GNSS）备份技术也在不断发展，在 GNSS 拒止环境下为用户提供可靠 PNT 的服务。

一、卫星导航系统与技术发展

GNSS 是构建 PNT 体系的核心基石，是保障国家国土安全、促进经济发展的重要信息基础设施，一直是各国竞相发展的目标。2018 年，已投入运行的卫星导航系统加快了发展步伐，英国、韩国也发布卫星导航建设计划。

（一）美国加快 GPS 现代化进程，重在解决欺骗干扰问题

首颗 GPSⅢ卫星成功发射。2018 年 12 月 23 日，美国空军第一颗 GPSⅢ卫星成功发射升空，标志着美国现代化 GPS 项目进入实际部署阶段。GPSⅢ卫星采用模块化架构，并配备哈里斯公司采用 70%数字化设计研制的任务数据单元，连接原子钟，辐射强化计算机和强大的发射机，使 GPSⅢ信号精度达到现有信号精度的 3 倍，卫星的抗干扰能力提高了 8 倍。GPSⅢ新增 L1C 民用信号，是首颗可与其他 GNSS 系统互操作的 GPS 卫星。首颗 GPSⅢ卫星以意大利航海家"韦斯普奇"命名，这也是美国空军首次为 GPSⅢ卫星命名。2018 年 9 月，哈里斯公司已向美国空军交付了 6 套任务数据单元。

GPSⅢ后续卫星生产项目获批。2018 年 9 月，洛克希德·马丁公司赢得价值 72 亿美元的最新一批 22 颗 GPSⅢF 卫星生产合同。GPSⅢF 系列卫星将在 GPSⅢ技术基线的基础上，进一步提升 GPS 现代化能力，具备更强的抗干扰能力和区域军用防护能力。搭载的新型搜索营救有效载荷可提高全球搜救行动的及时性。首颗 GPS ⅢF 卫星计划于 2026 年发射。

下一代地面运控系统成功完成两轮网络安全测试。GPS OCX 是增强型地面控制段，由美国空军主导，雷声公司负责的 GPS 现代化地面段研制项目。2018 年 4 月 2 日～13 日和 2018 年 5 月 16 日～20 日对 GPS OCX Block 0 进行了两轮测试，分别测试了从内、外部破坏系统的信息安全保障（IA）。在所有测试中，GPS OCX 能够防御

内、外部的网络威胁，阻止播发错误的导航和授时数据，表明系统的运行符合设计要求，系统是安全可靠的。

军用 GPS 用户设备即将进入增量 2 发展阶段。2018 年 4 月 6 日，美国国防部联合需求监督委员会（JROC）正式批准了军用 GPS 用户设备（MGUE）增量 2 能力发展文件（CDD）。MGUE 增量 2 计划是面向解决精确制导弹药和联合通用模块化手持式设备方面的需求。同时，小尺寸、低重量和低功耗电路板卡及部件也是增量 2 关注的重点。MGUE 增量 2 将为美国国防部和各军兵种提供持久的 PNT 解决方案，为作战人员提供可靠的 PNT 服务。目前，增量 1 计划正处于研发测试阶段，计划于 2019 年完成接收机板卡级测试。

（二）欧洲 Galileo 完成系统组网，推出面向用户的 PNT 需求系列文件

2018 年 7 月 25 日，欧洲成功发射了 4 颗 Galileo 卫星，使在轨卫星数量达到 26 颗，扩大了 Galileo 的全球覆盖范围。2017 年 12 月升空的 4 颗卫星于 2018 年 10 月 12 日开始发射导航信号，使 Galileo 的服务卫星达到 18 颗。

目前，Galileo 只具有初始运行能力，并不能保证全天候使用，需要与其他 GNSS（如 GPS）结合使用向用户提供 PNT 服务。Galileo 计划在 2020 年达到 30 颗卫星，届时，Galileo 将具备完全运行能力，定位精度将达到 20 厘米。

为了加快 Galileo 在未来的推广应用，2018 年 10 月 18 日，欧洲全球导航卫星系统管理局（GSA）发布了 8 份 PNT 用户需求系列报告，涉及航空、海洋和内陆水道、位置服务、农业、测绘、时间同步、铁路和公路等领域。这一系列文件通过对各类用户需求进行深入分析，为用户和各行业提供相关的咨询服务，并为应用定位技术的相关部门和人员在规划和决策方面提供保障。

（三）俄罗斯推进 GLONASS 空间段和地面段部署，扩大 GLONASS 全球导航服务网

2018 年 6 月 17 日和 11 月 4 日，俄罗斯先后成功发射 2 颗 GLONASS-M 卫星，至此，GLONASS 在轨运行卫星总数达到 27 颗。GLONASS-M 卫星的核心是铷原子钟，为导航数据提供精确的授时基准。

2018 年 12 月，位于亚美尼亚的布拉堪天文台的 GLONASS 地面站投入使用，这是俄罗斯在境外建设的第 11 个 GLONASS 地面站。这个地面站能够测量 GLONASS 卫星参数，提高 GLONASS 在全球范围内的精度和性能。此外，俄罗斯

联邦国家航天集团公司计划在国外再建设数十个地面站，以扩大其在国际卫星导航市场的影响力。

（四）英国拟自主研发卫星导航系统

2018 年 8 月，英国政府发表声明，将 2017 年预算的 30 亿英镑"脱欧准备资金"中的 9200 万英镑用于开展独立的卫星导航系统可行性研究，探讨未来开发独立自主卫星导航系统的方案。根据声明，可行性研究周期 18 个月，将对英国自主建设全球卫星导航系统进行详细的技术评估，并提供相应的进度安排。研究将由英国航天局主导，英国国防部提供支持。设想中的卫星导航系统将同时提供民用和加密信号，且能与美国 GPS 相兼容。

英国提出自行建设卫星导航系统是因为担忧"脱欧"后可能无法继续参与欧盟 Galileo 项目，将来可能会在敏感安全信息的获得渠道上受到限制。而 GNSS 在商业、军用和其他关键领域的应用越来越重要，英国政府最新发布的布莱克特（Blackett）研究评估报告称，卫星导航信号的持续阻断将造成英国每日 10 亿英磅的经济损失。

（五）韩国发布建设韩国定位系统计划

2018 年 2 月，韩国发布《第三次航天开发振兴基本计划》（以下简称为《计划》），提出要建设韩国自己的卫星导航系统——KPS。根据《计划》，KPS 将在 2021 年进行地面测试，2022 年进行卫星导航核心技术研发，2034 年正式提供服务。

韩国计划研发的 KPS 属于区域卫星导航系统，将覆盖朝鲜半岛周边 1000 千米范围，一共需要发射 7 颗卫星，其中 3 颗位于朝鲜半岛上空的地球静止轨道上。韩国海洋渔业部（MOF）负责厘米级定位服务任务控制站的研发和运行。同时，MOF 将建设 17 个参考站（包括 11 个海事站和 6 个内陆站），并提供差分 GNSS 服务。

韩国目前使用的 GPS 的定位精度为 10 米到 15 米，预计，建成的 KPS 动态定位精度将达到 10 厘米，静态定位精度将达到 5 厘米。

（六）美国基于铱星的 PNT 技术逐步成熟

2018 年 1 月，美国萨特尔斯（Satelles）公司发布基于铱星的卫星时间和位置（STL）最新测试结果，试验采用差分数据和精度更高的恒温晶体振荡器（OCXO）。试验结果显示，其授时精度可达纳秒级。

2016 年，萨特尔斯公司对外发布 STL 服务。2017 年，STL 在楼层内的演示验证结果公布，在室内信号严重衰减环境下，STL 的定位精度可达 20 米，授时精度达 1 微秒。

STL 信号强度是 GNSS 信号的 1000 倍，在地下、室内也能接收到 STL 信号，且可以抵御大功率干扰机干扰，在 GNSS 拒止环境下，可以弥补和增强 GNSS 性能。

二、卫星导航拒止环境下的定位、导航和授时技术发展

为了应对卫星导航局限性，满足多样化的 PNT 需求，国外积极探索研究多种技术手段。陆基远程导航技术和卫星导航技术在能力上能够形成互补，一直是美国和俄罗斯等国家关注和发展的重点。此外，新兴技术手段如一体化的通信导航技术和基于量子的导航技术今年也取得了突破性进展。

（一）陆基远程导航技术

2018 年，美国涉及"罗兰"导航系统建设的法案正式立法。俄罗斯积极推进和扩大对"恰卡"（Chayka）导航系统的部署。英国也在对"增强罗兰"导航系统（eLoran）的发展做进一步的论证。韩国启动 eLoran 建设计划。

1. 美国正式颁布涉及陆基"罗兰"导航系统建设的法案

2018 年 12 月 4 日，美国总统特朗普正式签署"2018 年海岸警卫队授权法案"。法案第 514 节援引了"2018 年国家授时弹性和安全法案"中的"备份授时系统"内容，其中对选用的备份授时系统提出了具体要求，陆基"罗兰"导航系统是目前唯一满足法案要求的 GPS 授时备份系统。法案还明确了由美国交通部负责系统建设，并确保在两年内投入运营。虽然这项新法案不是一项资金法案，但国会在 2018 年为技术演示已投入了 1000 万美元拨款。该系统的立法为将来拨款法案铺平了道路。

2. 俄罗斯扩大"恰卡"导航系统的建设

（1）计划建设覆盖极地的恰卡导航系统

2018 年 10 月，俄罗斯在远东无线电导航服务网（FERNS）第 27 次理事会上表示，计划建设至少 7 个"恰卡"（Chayka）发射台，覆盖北极航道，在 GNSS 性能被

阻断时作为 GNSS 备份系统使用，保障船只在北极航道安全行驶。

俄罗斯在极地开展了多个原油、气等项目，货运量日益增多，预计到 2020 年货运量达 6370 万吨。随着货运量的增多，俄罗斯还开展了多个港口建设和部分港口改建工作，有效的导航手段是保障船只在北极航道安全行驶的必要条件。

（2）开展双边合作，扩大系统应用，促进区域经济发展

2014 年 5 月，俄罗斯、白俄罗斯和哈萨克斯坦三国签署成立了欧亚经济联盟。作为其重要的合作伙伴，俄罗斯与白俄罗斯合作建设俄罗斯-白俄罗斯远程导航台链，包括 4 个俄罗斯台站和 1 个白俄罗斯台站。目前，正在对白俄罗斯台站进行现代化改造，预计 2019 年达到俄罗斯当前台站的水平。而在 2017 年，哈萨克斯坦也向俄罗斯提出，欲联合建设性能上与 Chayka 相类似的导航系统，提供定位授时服务。

3. 英国开展"增强罗兰"（eLoran）导航系统建设和应用的论证

2017 年 6 月，英国太空局、英国创新机构和英国皇家导航协会（RIN）共同发布"GNSS 性能衰退对英国经济的影响"全文报告。2018 年 6 月，英国政府科学办公室发布布莱克特政府报告"卫星时间和位置：关键基础设施对卫星导航系统依赖研究"，报告提出，在必要时采用潜在的备份系统，在 GNSS 不可用时增强英国的关键服务弹性。英国创新机构运营的网络知识传输网络（KTN）、英国皇家导航协会和英国灯塔总局等几家机构组成的定位导航授时技术小组（PNTTG）对"2017 全文报告"提出的低频和 eLoran 两种射频备份系统状态进行评审。

英国的 eLoran 站位于坎布里亚州安索恩市，目前主要用于航空领域。eLoran 站可以提供国家协调世界时（UTC）可溯源授时服务，其性能与 GPS 极为相似。为了扩大应用领域，正在开展电信和广播关键基础领域内的性能评估，其中包括在室内接收信号。eLoran 数据通道可以为欧洲大部分地区播发差分校正值、GNSS 星历数据和咨询通告、加密密钥和高优先级电文。

4. 韩国启动"增强罗兰"（eLoran）导航系统发展计划

2018 年 5 月，韩国船舶和海洋工程研究所（KRISO）在 2018 年度"国际航标协会"第 19 届会议上公布了韩国 eLoran 建设计划、发展现状及预计定位精度评估结果。计划包括，将现有的 2 座 Loran 发射台站升级为 eLoran，并新建 1 座 eLoran 发射台站和 2 座差分 Loran（DLoran）台站。项目分两阶段实施，预计到 2023 年实现 eLoran 系统的初始运行能力。2018 年 8 月，韩国与美国乌尔萨（Ursa）公司签订了"eLoran 发射站测试床系统"合同，用于第一阶段的 eLoran 发射台站的技术研发。

5. 发布"增强罗兰"导航系统应用系列标准

2018 年 9 月，美国国际自动机工程师学会（SAE International）PNT 委员会推出三项 eLoran 信号系列标准，即增强罗兰信号发射标准、三态脉冲调制数据通道调制技术和第 9 脉冲调制数据通道调制技术。信号标准的发布代表陆基远程导航系统已具备实施条件。

（二）一体化通信导航技术

2018 年 7 月 10 日，美国 CTSi 公司和 L3 技术公司在罗纳德·里根号航母上应用 F/A-18F 超级大黄蜂完成了在高度竞争和 GPS 拒止环境下的一体化通信导航系统的飞行验证。该系统称为"增强型链路导航系统"（ELNS），是一种应用通信信号的舰载导航系统，可用于航空导航和引导飞机着陆/着舰。ELNS 采用 L3 技术公司的抗干扰波形，在通信和 GPS 拒止环境中能够防御敌方对己方通信和导航信号的探测和阻断。

ELNS 样机研制由美国海军赞助。研究团队在 18 个月内对 ELNS 进行了持续的空中飞行测试。在 15 次飞行测试中，每次测试都达到要求，包括 152 次进近。ELNS 可提供区域导航能力，在整个着陆过程中取代 GPS，覆盖范围超过 50 海里（约 92.6 千米）。

ELNS 的应用可扩展至所有类型的无人机，包括如 MQ-25 需要高完好性的无人机，以及承载受限的小型无人机。ELNS 是首个将 GPS 拒止导航能力引入小型无人机的系统。ELNS 结合了相关领域的大量投入，创造出一种全新能力，引领了飞行器 PNT 能力发展的新方向。

（三）量子导航技术

2018 年 11 月，在伦敦开幕的英国国家量子科技展上，M2 激光系统公司宣布其已与帝国理工学院联合研制出首款用于精确导航的量子加速度计，并在现场进行了演示。

此次展示的量子加速度计不但是一套独立完整的系统，而且便于机动，这也是英国政府近五年来耗资 2.7 亿英镑开展的"英国国家量子科技计划"所取得的最新成果。这种新型量子加速计的系统设计可用于大型机动平台的导航，例如船舶和列车。

三、智能导航技术发展

导航源的日益增多，以及大数据、人工智能和深度学习等技术的不断发展，为实现多导航源融合，提升导航装备的自适应能力和自主导航能力创造了条件。与单一导航技术相比，这种自主性的导航技术将是未来智能导航的发展方向。

（一）演示验证先进算法

2018 年 7 月，美国国防高级研究计划局（DARPA）完成了快速轻量自主（FLA）项目第二阶段的飞行测试，成功演示验证了研发的先进算法。这类算法可使小型无人机在不依赖 GPS 导航以及外部操作员或传感器通信的情况下自主执行任务。测试结果表明，凭借先进的视觉辅助导航技术等研究成果，该项目可应用于城市户外、室内等自主飞行场景，在识别重要目标的同时，能够以更快的速度穿越多层建筑物。

（二）开展视觉导航技术飞行测试

美国陆军航空导弹研发工程中心（AMRDEC）和雷多斯公司（Leidos）公司一直致力于研究视觉导航（VBN）集成技术增强 MQ-1C 灰鹰无人机在 GPS 拒止条件下的导航性能。2018 年开展了 VBN 集成技术的飞行测试。灰鹰无人机的飞行试验代表了 VBN 解决方案的技术成熟度向前迈进一大步。

该项目正在对多个潜在体系架构的 VBN 性能进行评估，包括重新使用无人机已装备的通用传感器平台（CSP）以及可能增加的专用凝视型长波红外（LWIR）相机。2017 年，在灰鹰建模、导航和集成（GEMNI）实验室完成了硬件回路（HWIL）测试。

（三）研发视觉综合空间评估器

2018 年，在美国陆军坦克自动化研发中心（TARDEC）主导下，雷多斯公司开始研发视觉综合空间评估器（VISE），这种导航系统能够充分利用可用信息源，在 GPS 拒止条件下，为美国陆军地面平台提供高精度的位置信息。

VISE 的软件体系结构主要由几何视觉模块、情境视觉模块和动态可重构粒子滤波器三个导航模块组成。VISE 的目标是，地面平台在具有挑战性的 GPS 运行环境（如城市峡谷）和导航战攻击（如 GPS 干扰或欺骗）条件下具备鲁棒性，从而提供增强型军用系统能力。

（四）研制导航融合模块

为了满足日益增长的对高可用性、高完好性导航系统的需求，使系统可以应用于 GPS 拒止环境，罗克韦尔·克林斯公司和综合系统解决方案（IS4S）公司联合研制基于全源定位导航技术（ASPN）的导航融合模块（Rockwell Collins's Nav Fusion Module）。目前，罗克韦尔·克林斯公司已完成高速公路、城市和非公路等 GPS 拒止环境下的系统测试。非公路条件测试环境包括岩石地形、沙质地形、水路交叉和陡峭、海拔高度不断变化的区域。

导航融合模块采用 ASPN 兼容接口，方便了未来传感器和接口的融入。

2018 年，罗克韦尔·克林斯公司继续开展研制工作，提高系统完好性和导航性能，目前正在研究将该产品推向应用市场的发展路线图。

四、结束语

获取强对抗环境下的 PNT 优势已经成为军事大国追求的目标。日益增长的用户需求和不断变化的环境推动 PNT 能力朝着卫星导航服务无法企及的水下、地下、室内等环境发展，同时卫星导航系统脆弱性弱点并未影响各国建设发展和应用卫星导航系统的积极性，多系统融合的 PNT 技术必将成为未来的发展趋势。

（中国电子科技集团公司第二十研究所　魏艳艳　吴　燕）

重要专题分析

美国推进 GPS 现代化地面运控系统发展

GPS 现代化地面运控系统（OCX）是由美国空军主导，雷声公司负责的 GPS 增强型地面控制段研制项目，是 GPS 现代化计划核心组成部分之一。2018 年 4 月～5 月，先期交付给美国空军的 GPS OCX Block 0 完成了两轮网络安全测试。在两轮测试中，GPS OCX 能够防御内、外部的网络威胁，阻止播发错误的导航和授时数据。

一、研制背景

GPS 是重要的国家信息基础设施，广泛地应用于军/民领域。在军事应用上，GPS 为现代战争中各类武器平台、高精度制导导弹等作战系统提供导航引导和关键的时空信息保障。在民事应用上，GPS 可用于车辆引导、空中交通管制系统辅助、农业监测、通信系统地理定位、金融交易同步等，对人们的生产和生活方式产生了深远的影响。GPS 已成为军事能力的倍增器，国家经济建设与发展的助推器，在保障国家安全与促进经济发展中发挥着不可替代的作用。

美国 GPS 空间段由 20 多颗绕地球运行的卫星组成。卫星由地面运控系统控制，地面操作人员可以对卫星进行管理，对发送给用户的数据和来自用户的数据进行保护，并监测系统的性能以确保精度。

GPS 地面运控系统可以看作是整个 GPS 系统的"大脑"。随着卫星技术的发展，现有的地面运控系统（OCS）已无法应用目前在轨的 GPS II 卫星的全部能力，而 2018 年 12 月发射的首颗 GPS III卫星还引入了更多目前 OCS 无法处理的技术。其次，军/民领域对 GPS 过度依赖，若系统崩溃将带来严重的金融、社会和国家安全问题，GPS 已成为网络攻击的潜在目标。为了解决这一问题，2010 年，美国空军授予雷声公司 GPS 下一代运控系统（GPS OCX）研制合同，推进 GPS 地面系统现代化，能够应用 GPS II 和 GPS III卫星具备的新能力；系统更具灵活性，以满足未来新的需求。

雷声公司的 OCX 研制重点主要包括：第一、集成强大的网络防御能力，保障系统端-端免受恶意的网络攻击；第二、可以管理 GPS ⅡR、GPS ⅡR-M、GPS ⅡF 和 GPS Ⅲ卫星，在卫星进行升级或是过渡到新卫星时保障连续操作；第三、发展 OCX 架构，可以支持发射和在轨检查系统（LCS），为首颗发射的 GPS Ⅲ卫星做准备。

二、现代化地面运控系统的能力改进

与现有的 GPS OCS 相比，GPS OCX 将实现以下五个方面的能力改进，如图 1 所示。

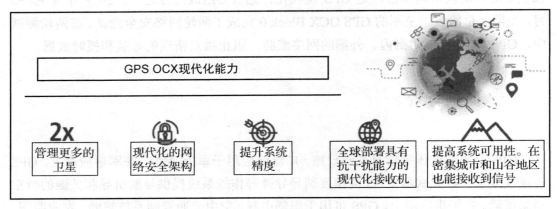

图 1　GPS OCX 现代化能力

（一）显著提升系统性能

精度、可用性和完好性是衡量 GPS 系统及其信号是否有效的三种度量标准。OCX 将提升和增强 GPS 的这三种性能。终端用户的精度将达到目前系统的两倍。而且，OCX 对 GPS 星座卫星管理数量不受限制。GPS 信号会更强，将覆盖如城市密集街道和山区等区域。为了确保信号的安全可靠，OCX 集成了联邦航空管理局（FAA）广域增强系统（WASS）中使用的相同算法，在所有关键外部接口上使用数字签名。这些技术将赋予 GPS 用户前所未有的系统完好性。

（二）增强网络攻击防御能力

为了保护 GPS 不受恶意网络攻击的影响，避免 GPS 的性能降低或系统中断，OCX

采用了美国国防部 8500.2 "深度防御"（DoDI 8500.2 "Defense in Depth"）信息保障标准，以及一系列专有网络安全技术，增强了系统的网络攻击防御能力，同时也符合美国军方和政府的网络安全标准。设计的 GPS OCX 是迄今为止最为安全的地面运控系统。

（三）提高安全信息共享能力

"物联网"依赖于快速、安全、自动化的信息共享。以往如时钟和卫星位置校正等关键信息只能通过严格的点对点接口获得，并且只能提供给极少数用户。GPS OCX 引入了一个独立的、以网络为中心的接口，接口采用最新的加密技术，能够与更大的用户群快速、准确和安全地共享信息，不受时间和地点的限制。

（四）完全兼容军/民用信号

目前的 GPS OCS 不能处理最新的导航信号，只能管理在用卫星播发现代民用信号。新型军用 M 码信号比现有信号更精确、更具抗干扰/欺骗能力，但在用 OCS 无法支持这种新型 M 码信号。OCX 则可以与现在和未来的民用、军用信号完全兼容。

OCX 还将推出 L1C 信号。L1C 信号与俄罗斯、欧洲、中国、日本和印度的导航系统兼容，为用户提供范围更广、精度更高的卫星网络，扩大全球覆盖范围。

（五）采用灵活开放的体系架构

以前的 GPS OCS 均采用专用封闭式架构，而 GPS OCX 采用开放式体系架构。随着系统应用领域的扩展，OCX 这种面向服务的架构，模块化的分系统设计，以及新能力和信号的集成能力再不需要对系统进行重建。灵活开放的体系架构能满足未来需求，同时延长了系统的预期寿命。

三、发展现状

GPS OCX 系统的发展分三个重要阶段：Block 0、Block 1 和 Block 2。Block 0 已于 2017 年 9 月向美国空军正式交付，为 2018 年首次发射的 GPS Ⅲ现代化卫星提供保障，如图 2 所示。Block 1 计划于 2021 年交付，届时将具有完全运行能力，可以对现有卫星和现代化卫星及其信号进行管理，精度更高，现代化接收机可实现全球部署，为军事用户提供抗干扰能力。Block 2 与 Block 1 同期交付，增加了对 L1C 新信号和现代化军用 M 码信号的运行控制。

图 2　美国施里弗空军基地的 GPS OCS Block 0 系统架构

目前，GPS OCX 已完成了以下几个重要节点。

（一）GPS OCX Block 0 完成测试验证

GPS OCX Block 0（也称作发射和在轨检查系统）是完全具备网络安全的卫星地面系统。它包括计算硬件，运行中心工作站和任务应用软件，可应用于首颗发射入轨的 GPS Ⅲ卫星，完成初始在轨测试。

2017 年 9 月 29 日，雷声公司向美国空军交付了 GPS OCX Block 0。10 月 3 日，GPS OCX Block 0 与 GPS Ⅲ链路校验时首次进行了"交互"。11 月 2 日，政府和业界完成了工厂任务准备测试，通过率达 97.7%。此次测试验证了卫星与 GPS OCX Block 0 从模拟发射到早期轨道的指控交互能力。

（二）GPS OCX 进入软件研发最终阶段

2018 年 3 月，GPS OCX 进入软件研发最终阶段。该阶段重点关注自动化能力提升以及 L1C 民码和军用 M 码控制。先进的自动化能力将使操作人员关注关键任务涉及的信息，如不断更新的卫星位置。L1C 的目标是提高全球的获取能力，M 码是提高更好的抗干扰能力。最终软件研发结束后，雷声公司将开始系统集成和测试，确保2021 年 Block 1 和 Block 2 的正式交付。

（三）GPS OCX Block 0 成功完成两轮网络安全测试

2018 年 4 月 2 日~13 日进行了第一轮测试，由合同"蓝队"负责，从内部破坏系统的信息安全保障（IA）。2018 年 5 月 16 日~20 日开展了第二轮测试，由空军"红队"网络渗透测试人员负责，测试人员从外部突破系统的信息安全保障（IA）。两次测试，GPS OCX 能够防御内、外部的网络威胁，阻止播发错误的导航和授时数据。结果表明，系统的运行符合设计要求，系统是安全可靠的。

GPS OCX 设计完全采用美国国防部信息安全保障标准，具有美国国防部空间系统最高级别的网络安全能力。网络安全能力能够提高系统精度，使系统具有更好的全球可用性，满足现代化抗干扰接收机的全球部署要求。

四、过渡计划

GPS OCX 的研制计划自启动以来频繁延期，为了配合 GPS Ⅲ卫星发射任务，保障卫星能够正常运行和在轨测试，美国空军分别在 2016 年和 2017 年与洛克希德·马丁公司签订了两项合同，"GPSⅢ应急运行（COps）"和"M 码早期应用（MCEU）"，由洛克希德·马丁公司对管理 GPS 星座体系结构发展计划的运行控制系统（AEP OCS）进行升级，即对 GPS OCS 和 M 码早期应用进行"应急"升级，用于在研的 OCX Block 1 投入使用前的过渡应用。

MCEU 能力。M 码是先进的新型军用信号，信号更为强大和安全，具有抗干扰和欺骗能力，使美国及其联合部队可以安全地获取 GPS 军用信号。

MCEU 将对 AEP OCS 进行升级，使 AEP OCS 可以分配、上传和监视 M 码信号。M 码的加快部署，可以为作战人员使用的现代化用户设备的测试和部署提供保障。MCEU 将为目前在轨的 8 颗 GPSⅡR-M 和 12 颗 GPSⅡF 卫星以及未来的 GPS Ⅲ卫星提供 M 码的指挥和控制能力。

GPSⅢ应急运行能力。GPSⅢ卫星在发射和校验后，每颗卫星都将成为 GPS 星座的成员。应急运行将使 AEP OCS 为能力更为强大的 GPS Ⅲ卫星提供保障，使 10 亿多每天依赖 GPS 的军用、民用和商用用户完成 PNT 任务。除了支持 GPSⅢ之外，应急运行还将继续支持目前星座中的所有 GPS ⅡR，GPS ⅡR-M 和ⅡF 卫星。

洛克希德·马丁公司表示，GPS OCS 的升级工作将于 2019 年 5 月完成，M 码早期应用软件于 2020 年完成。首颗 GPS Ⅲ卫星将会与 OCX Block 0 交互，但该颗卫星的管理还是由升级的 GPS OCS 来承担。

五、结束语

GPS 现代化计划将为美国在全球的军/民用户提供新的 PNT 能力。GPS OCX 是美国 GPS 现代化计划中的重要内容，将与未来的 GPS Ⅲ卫星配套运行。新型 OCX 将提供增强型性能，不但实现现代化民用信号和军用信号的有效管理，还将具有前所未有的网络防御能力，实现安全的信息共享。

（中国电子科技集团公司第二十研究所　魏艳艳）

基于低轨星的 PNT 技术逐步成熟

2018 年 1 月，美国萨特尔斯公司在美国导航学会精密定时与时间间隔系统及其应用（ION PTTI）年度会议上发布了基于铱星的卫星时间和位置（STL）最新测试结果，试验采用差分数据和精度更高的恒温晶体振荡器（OCXO）。试验结果显示，STL授时精度可达纳秒级。

STL 系统是萨特尔斯公司与波音公司和铱星有限责任公司（Iridium Satellite LLC）合作开发的一种基于低轨卫星的 PNT 系统。STL 系统利用 66 颗低轨道铱通信卫星组成的星座发射专门设计的信号，STL 接收机接收信号得到精确时频观测量后推导出PNT 信息。由于 STL 信号具有较高的射频（RF）功率和编码增益，可以到达室内等GPS 信号不可到达的遮蔽区域，能够增强目前的 GPS，或者作为 GPS 备份使用，为室内、有源干扰和恶意欺骗等环境下的用户提供安全的 PNT 服务。

一、研制背景

以 GPS 为代表的卫星导航系统是全球迄今为止最为复杂的技术创新之一，不仅成为消费者的电子产品以及从手机到电网等美国国家关键基础设施中一项无处不在的技术，而且也是全球军事用户和民事用户定位、导航与授时的黄金标准，逐渐形成了军/民用户对 GPS 的高度依赖。

（一）GPS 的局限性

随着技术的发展，GPS 脆弱性弱点日益凸显，导致其应用存在一定的局限性，主要体现在以下四个方面。

第一、信号穿透能力差，特殊环境下无法应用。 GPS 导航卫星轨道高度高，一般在 2 万～3 万千米轨道高度上，导航信号经过空间损耗到达地面时已很弱，无法穿透地面和建筑物等密度较大的建筑物，在都市、室内、地下环境中信号的衰减现象非

才能对信号进行解密，抗欺骗能力强。

4. 具备时间同步和授时能力

STL 通过 GPS 溯源到 UTC 时间。STL 相对于 UTC 授时精度约 200 纳秒。目前，萨特尔斯公司采用全球 25 个地面站的铷驯服授时接收机测量 GPS 时间，并进行比较和相互校验。GPS 出现故障时，STL 会检测到 GPS 故障，在 GPS 恢复正常运行前采用铷振荡器。

5. 可提供位置认证能力

铱星星座每颗卫星有 48 个点波束，可以提供位置认证服务。接收机接收的数据包与唯一的解密代码相关联，数据包里的信息可确定是哪颗铱星和波束接收到的电文。对移动载体的定位，需要结合如惯性导航系统（INS）等一起使用。

（三）PNT 能力试验

2017 年和 2018 年，STL 系统先后进行了室内定位授时试验和 3 种场景的授时试验。

1. 室内进行的定位和授时试验

2017 年 6 月，斯坦福大学托德·沃尔特博士在《GPS 世界》上公布了 STL 在楼层内的信号强度测试结果。试验分为三个部分：STL 信号在室内的穿透能力试验、室内的时间传递能力试验和室内定位能力试验。

STL 信号室内穿透能力试验在一幢高楼内进行，分别在第 13 层（2 个）、第 9 层（2 个）、第 6 层（1 个）和第 2 层（1 个）中选取 6 个测试点，这 6 个测试点均处于 GPS 不可用的严重衰减环境中。试验采用两部 GPS 接收机和一部 STL 接收机。试验结果显示，高层靠窗位置最多能够跟踪到 1～2 颗 GPS 卫星，低层则 1 颗卫星也跟踪不到。而即便是在第 2 层也能接收到很强的 STL 信号，并不受楼层内钢制和混凝土等障碍物的影响，STL 的载噪比（C/N_0）达 35 分贝·赫兹～55 分贝·赫兹，而 GPS 在开阔环境下的载噪比一般为 35 分贝·赫兹～50 分贝·赫兹。

室内时间传递能力试验是在一个静态的室内环境中对 STL 授时性能进行评估。试验对一个用户 STL 接收机板进行了配置，使该接收机可以生成一个秒脉冲（PPS）输出。将 STL PPS 之间的授时差异与 GNSS "真" 参考的授时输出进行比较。试验持续了 30 天，试验结果显示，STL 在严重衰减环境中的授时精度可达 1 微秒。

进行室内定位能力试验时，由于定位需要卫星随时间的运动才能完成，所以，试验首先研究了 STL 定位精度随时间的收敛特性。在一个一层办公环境中收集 24 小时的 STL 数据，在一系列实验中对数据进行后处理，应用 24 小时的数据集评估定位收敛特性。试验结果显示，在收敛 10 分钟后，有 67% 的试验的定位精度优于 35 米。而收敛时间充分的情况下，在室内严重衰减环境中可以达到 20 米的定位精度。

2. 3 种试验场景下的授时试验

2018 年 1 月，萨特尔斯公司公布了采用 3 种试验场景进行的 STL 授时试验结果。试验结果显示，STL 授时精度可达纳秒级。试验中，萨特尔斯公司根据不同的设备、服务和环境设置了 3 种试验场景，如表 1 所示。

表 1　3 种 STL 试验场景

试验设备及条件	场景 1	场景 2	场景 3
振荡器	外部铷钟	外部铷钟	内置恒温晶体振荡器（OCXO）
接收机模式	位置已知	位置未知	位置未知
环境	户外	室内——木制建筑物内	室内——木制建筑物内
接收天线	高质量	低成本	低成本
差分数据	否	否	是，20 千米距离

试验使用的用户设备包括斯坦福研究系统公司（SRS）的 PRS10 铷蒸汽频率参考和萨特尔斯评估套件（EVK2）STL 接收机，如图 1 所示。

斯坦福研究系统公司（SRS）的 PRS10
铷蒸汽频率参考

Satelles EVK2 STL 接收机
· Maxim 射频芯片
· 赛灵思 Spartan-3 系列现场可编程门阵列（FPGA）
· TI 双核 DSP 芯片
· 内置 OCXO 或外置时钟

图 1　试验用户设备

试验持续 10 天，试验结果显示，在使用内置高精度恒温晶体振荡器和差分数据的情况下，STL 的授时精度可达 160 纳秒。

（四）STL 与 GPS 的性能比较

从信号体制来看，STL 的性能特点能够增强和补充 GPS 性能。STL 与 GPS 的性能比较见表 2。

表 2　STL 与 GPS 的性能比较

	GPS SPS L1	STL
UTC 授时精度	20 纳秒	200 纳秒
定位精度	3 米	30 米～50 米
商业应用	在用	在用
首次定位时间——授时	100 秒	授时：几秒
首次定位时间——定位	100 秒	500 千米内几秒；收敛时间约 10 分钟
快速移动载体	是	与惯性测量单元（IMU）组合应用
抗欺骗能力	仅限军用信号	是，认证信号，加密信号
抗干扰能力	微弱信号易受干扰	是，强 30 分贝～40 分贝
覆盖范围	全球 在极地精度会有衰减	全球 覆盖极地区域
户外可用性	地平线以上可视范围（精度衰减因子（DOP）较低的情况下获得精确的位置）	过境时间内的有限视觉范围
室内可用性	否	是
地下	否	否
水下	否	否
嵌入式数据/通信通道	否	是，低速 相同的天线卫通速率较高

从表 2 可以看出，STL 具有抗干扰和欺骗能力，且大功率信号不受遮蔽障碍物影响，在能力上可以与 GPS 形成互补。

（五）STL 的局限性

从目前的发展来看，STL 能力还存在一定的局限性。主要包括以下几点：

（1）定位、授时精度不如 GPS。STL 的定位精度是 30 米～50 米，授时精度 200 纳秒～500 纳秒，对于移动载体，PNT 性能衰减更快。

（2）STL 信号是一种相对新的信号，STL 接收机获取信号能力不如 GNSS 接收机。目前，只有模块级的接收机可以使用。

（3）从技术上看，STL 是全球性的，但实际上，STL 服务只在一些具有战略意义的国家进行商业化销售，仅对每年付费用户提供免费服务。GNSS 提供全球免费服务。

三、未来应用

STL 重叠的点波束提供位置特定的数据，且每隔几秒钟发生变化，发射的高功率信号具有加密安全特性，极难受到误导或欺骗，这一优势使其在依赖于 GPS 的军事行动和能源、数据网络以及金融交易等民用领域具有广阔的应用前景，如图 2 所示。

图 2　STL 在军/民领域的潜在应用

（一）军用领域的应用

参与军事行动的地面部队/单兵、地面车辆、飞机和海上舰艇等军用装备需要不受阻碍地访问可信 PNT 信息。目前，美国的军事行动都依赖 GPS 提供 PNT 信号，但由于地形条件或是敌方干扰和欺骗可能导致无法接收到 GPS 信号。部队、单兵和军用装备如果接收不到 GPS 信号就代表着 PNT 数据丢失，无法获得任务所需的态势感知能力，阻碍任务的实施。而地面部队、单兵和军用装备在 GPS 拒止环境下作战的概率越来越高，必须通过其他手段提供可信的 PNT 信息。

当 GPS 信号不能使用或是仅能间断性使用时，STL 可以提供增强 PNT 服务，以可信和可靠的 PNT 能力保障任务的成功完成。STL 依靠强大的铱星信号提高作战部队和军用装备在 GPS 拒止环境下的作战能力，可应用于车上、车下等多平台。此外，STL 信号还可以穿透室内，可应用于特殊环境下的反恐作战等。

（二）民用领域的应用

1. 通信网络应用

全球通信网络须依靠 GPS（或其他 GNSS 系统）提供精确授时并保持同步，以保持通信系统正常工作。众所周知，因欺骗、干扰、设备故障或卫星异常导致 GPS 信号丢失，会使宏单元、分布式天线系统（DAS）装置和小单元等关键设备失效。如果一个塔台的授时精度超出这个范围，可能会导致大片区域通信中断。而 GPS 信号的大面积中断可能造成整个国家通信瘫痪。

STL 可以作为完全独立的 GPS 备份，或者对 GPS 进行增强，提供可信的授时和同步，确保连续通信。

2. 数据网应用

时间戳对于许多数据网络环境而言是至关重要的。美国金融市场的来往信息和交易中采用高精度时间戳，确保透明度，防止欺诈。在进行高频率交易时，如数毫秒内交易额达数百万，高精度的时间同步服务显得尤为重要。GPS 受到欺骗将会使金融出现灾难性后果，导致市场失效。STL 可以作为金融和其他数据网络的 GPS 授时和同步备份。如果 GPS 信号被欺骗或被干扰，STL 提供可信的授时和同步，保障连续通信。

3. 公共电力网应用

电力网运营商越来越多地在相位同步（同步相量系统）中使用 GPS 信号授时，致使美国公共电力网受到黑客攻击的可能性加剧。这些同步相量系统通过相量测量单元（PMU）来保障电力系统的可靠性和电网效率，为电力网提供同步服务，查找传输网络的故障。PMU 用 GPS 为测量值标上时间戳，然后发送回中央监测站进行处理。在 GPS 受到干扰或欺骗时，PMU 时间戳可能受人为操控，导致某些元件、过载线路或过载变压器过热，从而造成停电或电力网设备损坏。STL 可以作为公用电网 GPS 授时和同步备份技术。

四、结束语

从美国发布的《国家 PNT 体系结构最终报告》可以看出，应用非导航卫星实现测距定位已列入美国未来 PNT 体系发展框架之中。卫星导航系统功率低，频谱窄，在军事对抗中易被干扰和欺骗。低轨星轨道低、卫星多，战争中被干扰的难度大。同时，低轨星基础设施投入少，无须额外投入，仅需对终端做些改动即可投入应用。因此，低轨星作为非导航卫星测距手段为 PNT 体系的建设提供了良好的基础条件，在军/民领域具有广阔的应用前景。

（中国电子科技集团公司第二十研究所　魏艳艳）

韩国发布陆基远程"增强罗兰"
导航系统建设计划

"罗兰 C"导航系统是典型的提供区域覆盖的远程陆基无线电导航系统。2018 年 10 月，韩国船舶和海洋工程研究所（KRISO）在 2018 年"远东无线电导航网"（FERNS）第 27 次会议上公布了韩国"增强罗兰导航系统"（eLoran）的研制和实施计划。韩国 eLoran 建设将分两个阶段实施，第一阶段在 2020 年完成系统研制和测试床建设；第二阶段在 2030 年实现系统服务的初始运行能力。韩国计划建设的 eLoran 除了提供卫星导航备份服务以外，还将是韩国独立的陆基 PNT 系统。

一、韩国"增强罗兰"导航系统建设需求

韩国没有独立的 PNT 系统，关乎于民生生活和国家安全的 PNT 服务主要依赖美国的 GPS。2010 年，韩国遭受 3 次外在的 GPS 干扰，机场、船只丢失 GPS 信号，通信基站信号质量下降，对韩国的关键基础设施造成了极大的威胁。因此，韩国政府决定依靠本国现有的陆基罗兰导航资源建设独立的 PNT 系统，作为 GPS 的补充和备份。2011 年 10 月，韩国海洋渔业部（MOF）启动 eLoran 建设计划，但因相关技术问题未被政府采纳。2014 年，韩国政府发布新的招标文件，并与韩国 SK 电信公司签订 1260 万美元的合同。同年 12 月，韩国 MOF 和英国交通部签署了 eLoran 技术合作谅解备忘录（MoU），由英国和爱尔兰灯塔局（GLA）为 MOF 提供技术咨询。但因海外供应商问题，项目一直未正式启动。

2016 年，韩国海域数百只渔船因其 GNSS 信号受到黑客干扰无法返航，韩国政府开始着手系统设计，并启动"eLoran 测试床项目"。项目目标是建设一个独立的导航系统，作为 GNSS 备份，为用户提供定位、导航、授时和数据服务（PNT&D）。

二、韩国"增强罗兰"导航系统实施计划

韩国 eLoran 系统的研制周期为 8 年，分两阶段实施。

（一）第一阶段完成"增强罗兰"导航系统研制和测试床建设

项目第一阶段（2016 年～2020 年）的研制内容包括 eLoran 系统设计、研制、集成和测试床建设，并在干扰严重的西海域进行海上演示验证，如图 1 所示。

2018 年 8 月，韩国与美国乌尔萨公司签订了"eLoran 发射站测试床系统"合同，用于 eLoran 发射台站的技术研发，并提供授时和控制系统。

图 1　eLoran 系统研制和测试床建设阶段

（二）第二阶段实现"增强罗兰"导航系统初始运行能力

项目第二阶段（2021 年～2023 年）的目标是建设 eLoran 新发射台站，完成 eLoran 系统集成，达到 eLoran 初始运行能力，如图 2 所示。

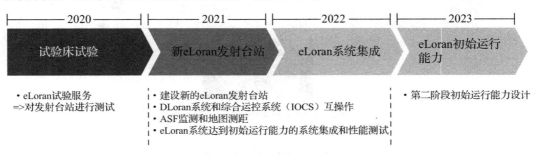

图 2　完成 eLoran 初始运行能力

三、韩国"增强罗兰"导航系统测试床发展现状

韩国 eLoran 测试床由 KRISO 与包括韩国延川大学在内的其他几个单位组成 KRISO 财团共同研制。按照建议申请书要求，eLoran 测试床在差分罗兰站（DLoran）30 千米区域内的定位精度达 20 米（95%），UTC 时间同步 50 纳秒，eLoran 数据通道（LDC）可以向用户提供包括辅助二次因子（ASF）校正值在内的一些重要数据，如表 1 所示。

表 1　韩国 eLoran 测试床要达到的性能指标

定 位 精 度	授 时 精 度	eLoran 数据通道调制方法
<20 米	<50 纳秒（均方根误差）	Eurofix 或第 9 脉冲

（一）系统组成

韩国 eLoran 测试床将由 3 个 eLoran 发射站（含 1 个新建站和 2 个原有的 Loran 站）、2 个 DLoran 站（新建）和控制站组成，如图 3 所示。为了提高 eLoran 精度，需要对位于国家海事 PNT 办公室（NMPO）的 eLoran 系统控制站进行升级。

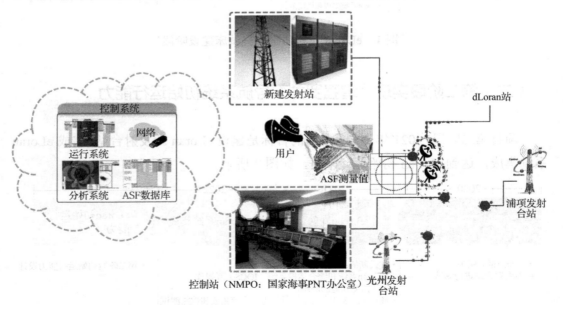

图 3　eLoran 测试床配置图

1. 升级 2 个罗兰发射台站，新建 1 个增强罗兰发射台站，提高系统可用性

eLoran 系统需要接收至少 3 个与 UTC 保持同步的发射台信号才可以计算用户二维位置。因此，韩国需要将位于浦项市（Pohang）和光州（Gwangju）的 2 个 Loran-C 台站升级为 eLoran，且要与 UTC 时间保持同步。此外，为了保障在周边国家发射台站不可用的情况下，韩国的 eLoran 还能提供服务，则需要再建 1 座 eLoran 发射台。经过综合考虑和评估，在乔桐岛（Gyodong）建设新的 eLoran 发射台可以使 eLoran 测试床性能达到最优。

2. 建设差分罗兰校正站，提高系统定位精度

ASF 是 Loran 最大的误差源，需要通过 ASF 方向图和差分校正值进行补偿。按照 eLoran 测试床项目建议申请书，测试区要覆盖仁川（Incheon）和平泽市（Pyeongtaek）两大港口。因此，仁川和平泽市被选为新建的 DLoran 校正站址。

（二）"增强罗兰"导航系统测试床模拟试验

2018 年 5 月，韩国在"国际航标协会"第 19 届会议上发表了 eLoran 发展报告。报告介绍了采用两种模拟试验对韩国未来 eLoran 台链的定位精度的预测结果。一是仅用韩国本土的 3 个 eLoran 发射台；二是用韩国本土 3 个 eLoran 发射台和 FERNS 网的 4 个发射台。

1. 应用韩国 eLoran 发射台站的模拟试验

模拟试验采用 3 个韩国 eLoran 发射台和 2 座 DLoran 校正站，分两种情况进行模拟试验。第一种应用 3 个韩国 eLoran 发射台模拟，第二种应用 3 个韩国 eLoran 发射台和 2 座 DLoran 校正站模拟。

第一种模拟结果如图 4 所示，试验假设 ASF 补偿覆盖所有区域，图中等精度线代表重复精度。模拟结果显示，达到的精度是最理想的。

第二种模拟试验是在第一种试验的基础上，结合应用了仁川和平泽 2 座 DLoran 校正站。模拟采用了 ASF 空间去相关模型，仅限于对 DLoran 校正站 30 千米区域内实现完全补偿。这种情况满足建议申请书中要求的仁川和平泽市两大港口 20 米定位精度要求，但还不满足国际海事组织（IMO）规定的 10 米精度要求。

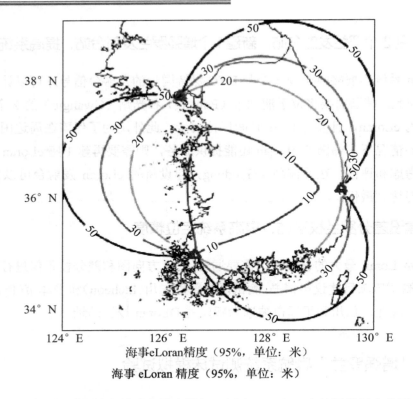

海事eLoran精度（95%，单位：米）

海事 eLoran 精度（95%，单位：米）

图4　3个韩国发射台的重复精度模拟（图中"三角"为韩国发射台位置）

2. 应用韩国 eLoran 发射台和 FERNS 发射台的模拟试验

eLoran 发射台数量越多，水平精度因子（HDOP）通常会越低，定位精度随之会提高。进行 eLoran 全视模式模拟时共使用了 7 个发射台（包括 3 个韩国发射台、3 个中国发射台和 1 个俄罗斯发射台）和 2 个 DLoran 站。模拟结果显示，与采用 5 个韩国发射台的情况相比，重复精度有显著的提高，如图5 所示。

在采用 ASF 空间去相关模型后，仁川和平泽市两大港口有可能达到 IMO 规定的 10 米定位精度要求。但是，在仁川进行现场测试时，接收的乌苏里斯克（Ussuriysk）发射台信号较差不能用于导航，因此，韩国 eLoran 测试床将来可能低于预期性能。

在预测韩国未来的 eLoran 测试床达到的定位精度的模拟试验中采用了 Loran-C 多台链定位算法，以及仁川 Loran-C 实际的测量数据。与传统的 Loran-C 定位方法相比，传统的方法不能同时使用 Loran 多台链发射的信号，而这种算法可以把所有接收到的 Loran-C 信号用于定位。因此，这种 Loran-C 多台链定位算法的定位精度预计能达到 eLoran 全视定位算法的能力。

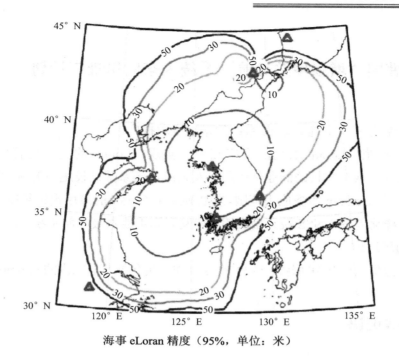

海事 eLoran 精度（95%，单位：米）

图 5 7 个发射台的重复精度模拟（图中"三角"为各发射台位置）

模拟试验中，由于乔桐岛的 eLoran 发射站还未建成，乌苏里斯克发射台信号不能用于导航，因此，图 5 模拟结果只是在余下的 5 个发射台的实际测量数据上完成的定位精度评估。

模拟时采用了仁川延川大学 DLoran 校正站来监控 Loran-C 台链信号，同时生成 ASF 校正值。表 2 总结了同一位置静止用户 15 分钟内的观测精度性能。如果用户和 DLoran 校正站的距离增加，ASF 空间去相关也随之增加，则定位精度就会降低。按照预测，如果 HDOP 降低，随着定位计算中的 eLoran 台站数量的增加，会提升系统定位精度。因此，如果部署新的 eLoran 发射站，在仁川就可以使用 6 个发射站的信号，则同一静止用户的定位精度预计会优于 14 米。

表 2 定位计算中使用的发射站数量获得的 HDOP 和定位精度比较

定 位 算 法	单链（仅 7430*）	多台链（7430+浦项台）	多台链（7430+浦项台+光州台）
HDOP	2.43	1.06	0.95
定位精度（95%）	23.4 米	15.0 米	14.0 米
*7430 为位于中国的 3 个台站			

四、韩国"增强罗兰导航"系统未来应用推广计划

韩国计划分三步实施 eLoran 系统的未来应用推广。

第一步实施 eLoran 系统的推广应用。实现 eLoran 的完全运行能力，推广 eLoran/GNSS 集成接收机的商业化应用以及系统在国家基础设施中的时间同步应用。

第二步扩大 eloran 服务应用范围。发展独立于 GNSS 的海用定位导航授时应用系统，提供多样化差分 GNSS 校正信息服务，发展军用战术级导航系统，以及可用于国家灾害的通用通道。

第三步提供全球 PNT 服务。与 FERNS 合作实现包括北极在内的 eLoran 全球应用。

五、结束语

韩国目前没有独立的 PNT 系统，其定位导航服务仍在很大程度上依赖于美国的 GPS，在受到局部多次干扰后，韩国决定依靠本国现有资源发展独立的 PNT 系统，在卫星导航性能衰减或不可用情况下，提供连续的 PNT 服务。陆基远程导航系统将为整个韩国地区提供精度优于 20 米的定位和导航能力，满足各领域用户 PNT 需求。陆基远程导航系统的建设无疑是服务于韩国国家安全和经济发展的需要。

（中国电子科技集团公司第二十研究所　魏艳艳　罗　锐）

基于视觉的智能导航技术发展近况

2018 年，美国陆军航空导弹研发工程中心和雷多斯公司对应用了基于视觉导航技术的 MQ-1C 灰鹰无人机进行飞行测试。试验中采用具有强大计算能力的英伟达图睿（NVIDIA Tegra） X2 处理器，不但提高了计算速度，而且能在测量数据送至导航滤波器时进行完好性校验。此次飞行试验代表了 VBN 解决方案技术成熟度向前迈进一大步。

一、概述

视觉是自然界绝大多数动物采用的导航手段，因图像中含有丰富的空间信息，特别是视觉作为一种自主的测量方式，在 GNSS 受干扰、遮挡而无法工作的情况下仍能有效发挥作用，相对惯性导航具有良好的误差累积抵制能力，发展空间十分广阔。

现今，多样化的作战条件对各作战平台的导航能力提出了更高的要求。由于视觉导航技术具有的优势，美军开展了多个项目对视觉导航技术在多种军用平台的应用进行研究，并成功地完成了视觉导航系统（VBN）的导航能力的演示验证。雷多斯公司是主要的 VBN 技术研发公司，开发出多个适用于不同军用平台的 VBN 技术，可在 GPS 拒止条件和导航战环境下应用，并进行了演示验证，2017 年完成了 VBN 系统在 DC-3 运输机和 S-3B 维京式反潜机的实时验证。2017 年完成了 MQ-1C 灰鹰直升机在实验室的演示验证。目前，雷多斯公司还在对应用于灰鹰直升机的多个潜在体系架构的 VBN 性能开展研究，包括重新使用无人机已装备的通用传感器平台（CSP），以及增加使用的专用凝视型长波红外（LWIR）摄像机，并在 2018 年进行了飞行测试。此外，应用于地面车辆的 VBN 技术也在不断地推进中。

二、视觉导航技术在空中平台上的应用研究

2017 年，雷多斯公司在 ASPN 项目支撑下，对 VBN 算法进行了改进，完成了系统分析，制定了实时飞行验证项目。

（一）改进视觉导航算法

雷多斯公司研制了一套完整的 VBN 体系结构，具有高精度匹配（数米级）和广域搜索（几百米或几千米）能力。该结构支持包括图形处理单元加速（GPU-acceleration）在内的多个处理器运行。在 VBN 算法中还结合应用了动态可重构粒子滤波器（DRPF）传感器融合算法。这种 DRPF 算法是在 ASPN 项目框架下研发的，并已在陆、海、空多个平台试验中得到应用。

（二）研制多个系统性能分析建模工具

与 GPS 系统相比，VBN 系统还没有一套行之有效的系统可用性分析方法。未来的 VBN 系统会根据不同的飞行高度、地形地貌和传感器参数进行匹配，雷多斯公司研制出多个分析建模工具对 VBN 系统在不同阶段的导航性能进行预测分析。

（三）开展飞行验证实验

飞行试验采用了两种不同的机型，DC-3 运输机和 S-3B 维京式反潜机。系统在 DC-3 运输机和 S-3B 反潜机上的布局不同，DC-3 运输机的传感器和处理器采用开放式结构；而 S-3B 反潜机的 VBN 系统则装在一个密闭的传感器吊舱内。试验主要对四项内容开展验证，如表 1 所示。

表 1 验证项目

1	验证 VBN 在各种飞行速度和高度下的导航性能
2	验证无法读取 GPS 或是 VBN 测量数据达 15 分钟以上时，如水上飞行，VBN 恢复导航的能力
3	验证目前执行情报、监视和侦察任务（ISR）的机载长波、中波和短波红外传感器（IR）的导航性能
4	研发一种可预测全球 VBN 性能的模型。目的是根据不同的飞行区域对传感器和任务参数进行匹配，应用这些模型预测 VBN 精度及其可用性

2017 年 2 月，基于 VBN 的 ASPN 系统先行在 DC-3 运输机上进行了飞行试验。试验目的主要是对飞行过程中的算法进行验证，为随后的 S-3B 反潜机上试验做准备。

试验结果显示，改进的 VBN 算法初始检验合格。

2017 年 3 月～4 月，在 S-3B 维京式反潜机上进行了两次系统性能飞行试验。每次飞行时间约 3 个小时。飞行高度 304 米～7620 米，飞行速度 50 节～350 节。在 S-3B 维京式反潜机上对四项飞行验证项目进行了验证，其验证结果如表 2 所示。

表 2　验证结果

序　　号	验 证 项 目	验 证 结 果
1	VBN 在各种飞行速度和高度下的导航性能	飞行高度低于 4570 米（约 15,000 英尺）时，应用改进算法，VBN 的定位精度为 10.4 米；在云幕高度上方飞行时，这段时间因无法目视地面使得系统性能有所衰减。虽然在云层飞行时 VBN 不可用，但可以获得其他传感器提供的位置修正量，因此这段时间内的定位精度保持在 42.1 米
2	水上飞行时，VBN 恢复导航的能力	水上飞行 17 分钟时，VBN 改进算法可重新恢复导航能力，在 30 秒内将累积的 3 千米导航漂移误差减少至 15 米
3	长波、中波和短波红外传感器的导航性能	试验采用各种光谱波段收集到的数据集对 IR 传感器的导航性能进行分析。结果表明，即使采用现有的 IR 图像与可见光卫星图像数据库进行匹配，导航精度也可达 5 米～15 米。验证过程中，有些货架 IR 传感器分辨率较低使其导航性能略差，而不同光谱波段的传感器进行匹配并不影响系统导航性能
4	应用分析建模工具对全球 VBN 性能进行预测	试验采用蒙特卡洛分析工具对 VBN 在全球范围内可达到的导航性能进行预测分析，并采用美国地质勘探局（USGS）提供的全球地表覆盖气候数据库得到各战区预测的地表覆盖分类比率，继而产生 VBN 在相关战区的各种性能曲线。从性能曲线上即可看到传感器参数随飞行高度变化时的预测精度和可用性

三、视觉导航技术在无人机上的应用研究

美国陆军航空导弹研发工程中心和雷多斯公司联合研制了应用于 MQ-1C 灰鹰无人机的 VBN 集成技术，用于增强 MQ-1C 灰鹰无人机在 GPS 拒止条件下的导航性能，提高任务能力。2017 年，在灰鹰建模、导航和集成（GEMNI）实验室的回路硬件（HWIL）试验中完成了 VBN 算法测试。2018 年进行了飞行测试，测试中增加了实时视觉导航完好性校验。

（一）采用英特尔处理器完成算法

以前进行的多次 VBN 飞行试验均采用固定方向和视场的可见光摄像机，飞行高度 4572 米（15000 英尺），导航精度优于 10 米。2017 年，可见光摄像机安装在 CSP 平台的万向支架上，GEMNI 实验室完成的实时试验定位精度优于 15 米。试验采用 DuraCOR 810 任务计算机完成算法。该任务计算机使用的是英特尔 L7400 Core 2 Duo 处理器，无离散通用图形处理单位（GPGPU）。

（二）采用新型英伟达处理器完成算法

2018 年试验新增凝视型摄像机，分别采用万向支架和固定方向安装方式，并对其不同场景的导航性能进行评估。试验使用 NVIDIA Tegra X2 处理器对算法进行处理。NVIDIA Tegra X2 处理器具有强大的计算能力，同时消耗的功率更小。每个测量数据发送到导航滤波器之前还会进行完好性校验。另外，试验使用可见光光电（EO）和 IR 传感器，在 HWIL 和飞行试验两种环境中对算法进行测试，并在不同高度和地域以不同的速度对导航性能进行了评估。

四、视觉导航技术在地面平台上的应用研究

2017 年[1]，在美国陆军坦克自动化研发中心（TARDEC）主导下，雷多斯开始研发综合型视觉空间评估器（VISE），这种导航系统能够充分利用可用信息源，使地面平台在具有挑战性的 GPS 运行环境（如城市峡谷）和导航战攻击条件下（如 GPS 干扰或欺骗）具有鲁棒性，在 GPS 拒止条件下，为地面车辆提供高精度的定位信息，提高军用系统作战能力。

---

1 由于掌握资料有限，并未查找到项目实施确切日期，只是从零碎的信息分析出项目应该是 2017 年开展的。

（一）项目概述

目前，应用于地面车辆的视觉导航算法仅能提供有关跨坐标系的车辆姿态变化的相对导航信息。VISE 结合应用地理空间信息源以及包括卷积神经网络算法（CNN）在内的视觉处理算法推导出绝对大地位置信息。研制的 VISE 将采用新的算法，系统在初始化后可为 150 千米或更大范围的地面车辆提供 5 米～10 米圆概率误差（CEP）精度，不需要任何 GNSS 测量数据。

系统最初是为大型车载应用而设计，因此，考虑用各种传感器如可见光、长波长红外（LWIR）和 LiDAR 系统对车载战术级 IMU 进行增强。为了在使用这些传感器时可以产生绝对位置测量值，VISE 还加载有本地道路车载网络数据库、三维环境模型和如 OpenStreetMap （OSM）等服务导出的开源地理空间数据库。

（二）关键技术

VISE 软件体系结构主要由三个导航模块组成：几何视觉模块（geometric vision module）、情境视觉模块（contextual vision module）和动态可重构粒子滤波器（DRPF）。

1. 几何视觉模块：通过地图匹配完成测距和定位

几何视觉模块结合应用了雷多斯公司研发的街道级地理登记算法（street-level georegistration algorithm）[2]，提高了对全球可用的三维纹理化模型的摄取能力。该模块将实时传感器图像与地理登记的三维虚拟环境信息进行匹配，以深度匹配和外观匹配两种方式生成测量信息，如表 3 所示。

表 3　几何视觉模块的主要功能

功能一	深度匹配：由 LiDAR 传感器生成的深度图与三维环境中提取的几何信息匹配
功能二	外观匹配：摄像机坐标系外观被编码为描述符，与三维参考世界的渲染图像描述符进行匹配

算法中使用了弗里肯（Vricon）公司的适用于全球的三维纹理化模型作为输入匹配源，可以用于军事应用。以前进行精确导航时需要通过局域设备对某个区域进行测

2最初是为 DARPA Squad-X 开发的。

量，而使用 Vricon 模型则不需要这样做。

2. 情境导航模块：路标识别，完成环境感知

情境导航算法采用与环境相关的语义信息对几何视觉模块使用的物理匹配方法进行补充。情境导航模块采用了 CNN 视觉算法，主要具有两项功能，如表 4 所示。应用情境导航模块进行辅助，可以有效提高都市、郊区和乡村环境的导航精度。

表 4　情境导航模块辅助的主要功能

功能一	检测模糊地标，如交通信号灯和停车标志，与数据库关联时为导航滤波器提供多模信息
功能二	检测和处理明确地标，包括路程标志牌和路标

3. 动态可重构粒子滤波器：视觉与惯性导航等传感器组合实现高精度定位

DRPF 模块的作用是将几何视觉模块和情境视觉模块得出的多模态测量数据与其他车载传感器（如 IMU 和里程表）进行融合。DRPF 是为 DARPA ASPN 项目开发的，已经在包括车载平台在内的 8 个平台实时演示中进行了验证。它是一种 Rao-Blackwellized 型粒子滤波器，经改良后可以使用可用的传感器完成动态状态向量重构。通过增广滤波器状态进一步对惯性导航传感器进行实时连续地校准，在其他测量数据不可用时，减少惯性漂移。DRPF 具有两个主要功能，如表 5 所示。

表 5　动态可重构粒子模块的主要功能

功能一	融合模糊情境测量信息，如停车标志和交通信号检测
功能二	将传感器信息与预定的道路网络数据库相结合，实现精确的车辆定位

（三）系统研制阶段和内容

从收集的资料分析，VISE 导航系统研制时间为两年，分三阶段进行。第一阶段，提交试验数据后处理初始结果。第二阶段，完成系统在日间的演示验证。第三阶段，完成系统夜间工作的实时演示验证。各阶段研制内容如图 1 所示。

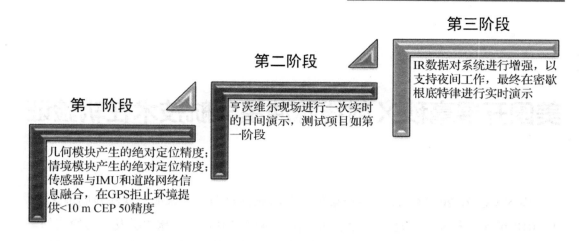

第三阶段

IR数据对系统进行增强，以支持夜间工作，最终在密歇根底特律进行实时演示

第二阶段

亨茨维尔现场进行一次实时的日间演示，测试项目如第一阶段

第一阶段

几何模块产生的绝对定位精度；情境模块产生的绝对定位精度；传感器与IMU和道路网络信息融合，在GPS拒止环境提供<10 m CEP 50精度

图 1　VISE 的研制阶段和内容

五、结束语

随着传感器微型化及计算机性能的提高，视觉导航技术进入了以人工智能和设备综合化（结合雷达、红外和激光等）为重要特征的高性能发展阶段，在军事领域有着潜在的应用前景。近几年，伴随着人工智能技术的发展，美国陆续开展了 GPS 拒止条件下视觉导航技术在无人/有人机、地面车辆等军事平台的验证，验证表明，基于视觉的智能导航技术正在逐渐走向成熟。

（中国电子科技集团公司第二十研究所　魏艳艳）

美国开展毫秒 X 射线脉冲星导航技术在轨验证

继 NASA 在 2017 年 11 月进行毫秒 X 射线脉冲星导航技术的首次在轨验证之后，于 2018 年 5 月和 9 月又连续进行了两次在轨测试实验，利用脉冲星发出的稳定的毫秒脉冲 X 射线对深空中高速运动物体进行导航，精度达 3 到 16 千米。毫秒 X 射线脉冲星导航技术具有工程应用价值，对未来深空探测任务具有重要意义。

一、技术概述

目前，深空探测器的导航主要依赖于地球上的深空测控网进行遥测遥控。深空探测器飞行距离远、时间长、环境未知性较强，依靠地面测控的航天器导航与控制方法在实时性、成本和资源上受到种种限制，很难满足深空探测一些特殊任务对高精度导航与控制的需要。为此，深空探测自主导航与控制技术受到了人们的关注。

作为深空探测自主导航技术重点的天文导航是以已知星历的自然天体作为导航信标，利用光学导航敏感器对导航信标进行成像，通过图像处理算法对导航信标进行识别定位，根据导航信标的星历信息或特征信息，结合光学导航敏感器的内外参数，提供高精度的惯性视线指向，从而进行载体姿态位置确定的一种导航定位方法。天文导航无须地面无线电设备参与，自主性、安全性和隐蔽性强，对于飞行在深空中无法依赖地面测控的探测器而言，有着得天独厚的应用环境。X 射线脉冲星导航是天文导航技术的一种，具有全自主、抗干扰、导航范围广等优势，有着重要的战略研究价值和广阔的工程应用前景。

脉冲星是高速旋转的中子星，是一种具有超高密度、超高温度、超强磁场、超强辐射和引力的天体，能够提供高度稳定的周期性脉冲信号，可作为天然的导航信标。X 射线脉冲星是高速自转的中子星，具有极其稳定的周期性，被誉为自然界最精准的天文时钟，特别是毫秒级脉冲星的自转周期稳定性高达 $10^{-19}\sim10^{-21}$，授时稳定性媲美高精度原子钟。基于类似 GPS 的相对定位原理，对不少于 4 颗毫秒 X 射线脉冲星信号进行测量，在轨测算同一信号分别到达航天器与参考点的时间，即可确定航天器的位置与时间信息。

二、试验情况

"X 射线授时和导航技术站点探测器"（Station Explorer for X-ray Timing and Navigation Technology，SEXTANT）项目是 NASA 空间技术部在"改变游戏规则"（GCD）项目资助下开展的一个深空导航项目。该项目利用脉冲星发出的稳定、自然的毫秒脉冲 X 射线对深空中高速运动的物体进行导航，是对安装在国际空间站外部的中子星内部结构探测器（NICER）进行试验的最新项目。

近年来，NASA 积极开展"X 射线授时和导航技术站点探测器"（SEXTANT：六分仪）及中子星内部结构探测器（NICER）的项目研发，在 2018 年 5 月和 9 月对 SEXTANT 项目分别进行了两次测试实验，通过利用脉冲星发出的稳定、自然的毫秒脉冲 X 射线对深空中高速运动物体进行导航，是对安装在国际空间站外部的中子星内部成分探测器（NICER）科学仪器的增强版。图 1 所示为"中子星内部组成探测器"（NICER）的反射镜组件。

图 1 "中子星内部组成探测器"（NICER）的反射镜组件

NICER 于 2017 年 5 月部署到国际空间站上，作为空间站的外装有效载荷。NICER 探测器是一台洗衣机大小的"观测平台"，关注所有类型的中子星，包括那些发射周期性脉冲信号的脉冲星，其发射镜组件将 X 射线集中在硅探测器上，以收集探测中子星内部结构的数据。SEXTANT 项目主要关注脉冲星。脉冲星可以提供高精度的授时信息，类似于通过 GPS 系统提供的原子钟信号。

2017 年 11 月，NASA 开展了该项目的第一次试验，SEXTANT 使用 52 台 X 射线望远镜、探测器和其他先进技术来探测 X 射线光子，估算其到达航天器的时间，并开发专用算法将测试结果与星载导航解决方案融合。在演示验证中，SEXTANT 使用 4 颗毫秒脉冲星作为目标，并对 NICER 进行定向，使之能够探测到脉冲星的波束。在为期两天的验证中，SEXTANT 提供了 78 次授时测量数据，供团队开发自动显示国际空间站上 NICER 位置的算法。国际空间站的飞行速度为每小时 17500 英里（约 28163 千米），SEXTANT 系统可以在半径 16 千米的范围内定位 NICER，有时定位精度可高达 5 千米。演示验证了使用 X 射线脉冲星作为信标的自主航天器导航技术。X 射线导航（XNAV）能够在整个太阳系中提供类似 GPS 的自主导航功能，作为 NASA 深空网的补充和导航备份。图 2 所示为安装在国际空间站外部的 NICER 探测器。

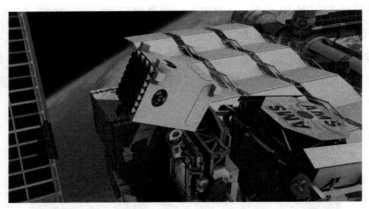

图 2　安装在国际空间站外部的 NICER 探测器

2018 年 8 月，SEXTANT 项目进行了第二次试验，使用 5 颗独立的脉冲星作为目标；2018 年 9 月，SEXTANT 项目进行了第三次试验，鉴于技术项目的保密性，NASA 官网及媒体未作相关报道。

目前，SEXTANT 团队希望开发一个衍生系统，用于低地球轨道以远空间的导航测试。该衍生系统隶属于规划中的小卫星科学任务 CubeX，后者将使用 X 射线荧光技术探测月球表面和地下以及其他无空气天体，将采取传感器逐层叠放方式，当无空气天体面向太阳一侧时，使用 X 射线荧光技术探测；而背日一侧或需要导航时，可利用同样的光学系统，使用毫秒脉冲星的 X 射线波束进行导航。同时，NASA 还在进行另一项研究工作，将 X 射线导航纳入 NASA 规划的月球轨道深空门廊和未来的载人登火任务。

　　深空探测是国家太空战略的重要组成部分，自主导航技术作为深空探测中一项关键技术越来越受关注，并成为各国深空探测技术研究和发展的热点之一。以基于 X 射线脉冲星的自主导航、视觉导航以及基于原子量子效应的高精度惯性导航技术为代表的新型自主导航技术正在快速发展。因此，我国应把握时机，加快自主导航的研究步伐，攻破技术难点，为我国深空探测事业做好技术储备，全面提升我国太空力量，为走向太空奠定坚实的基础。

　　　　　　（中国电子科技集团公司第二十七研究所　伍尚慧　路静　闫婧）

DARPA 导引头成本转换项目进入批生产阶段

2018 年 5 月，DARPA 授予英国 BAE 系统公司合同，推动一种用于精确制导弹药的新型低成本光学导引头从验证到量产的快速转化工作。这种导引头将安装在精确制导弹药上，在没有 GPS 信号时自主导航，并且可以自动侦察、确认和将导弹导引到固定、移动和重新定位的目标。

一、导引头成本转换项目进展情况

未来作战面临着高度对抗、有限信息支援、全气候条件、多任务需求等挑战，不确定性大幅增加，受 GPS 固有缺陷影响，美军及各军工企业积极开展研发 GPS 拒止环境下的制导系统。

2015 年 5 月，美国 DARPA 发布跨部门公告，为"导引头成本转换"（SECTR）项目寻求解决方案。该项目旨在设计和验证可在无 GPS 环境中实现全天候精确打击的小尺寸、轻型、低功率和低成本（SWaP-C）导引头。DARPA 要求该制导系统的精度相当于或优于当前导引头的末制导精度。同年 12 月 18 日，美国空军研究实验室代表 DARPA 宣布授予洛克希德·马丁公司价值 820 万美元的合同，作为 DARPA 导引头成本转换项目（SECTR）的一部分，开展上述导引头的试验工作。

项目第一阶段，由 BAE 系统公司和洛克希德·马丁公司两家承包商共同承担进行为期 18 个月的项目研发，通过了关键设计评审。BAE 系统公司在 DARPA 的导引头成本转换（SECTR）计划第一阶段测试了导引头。SECTR 导引头可与多种弹药武器平台集成，不仅可以昼夜工作，而且还可以在 GPS 导航不可用或不可靠的环境中，通过被动式光电和红外传感器进行自主精确制导。

该项目旨在发展一种全天候工作的无源光电/红外导引头，其由基于成像的导航系统和自动目标识别（ATR）系统组成，以便在 GPS 拒止或降级环境中使用。导航和目标识别这两种功能是相互独立的，既可以独立工作也可以同时运行。而且导引头也可以设计为仅仅拥有导航或者 ATR 导引功能。

根据 SECTR 项目的设计思路，在 AFRL 开发的导引头开放架构上使用模块化光学系统、成像传感器、导航传感器和处理器，以大幅降低成本。该项目将使用最先进的传感器和处理器，导引头架构随着部件技术的进步而不断改善，这种模式即可降低研发和集成导引头的成本和时间，亦可降低技术风险。作为 DARPA 项目之一，目前，BAE 系统公司针对基于成像的导航和自动目标识别正在开发很多算法，并将采用最佳集成技术，在数月之内利用模块化设计技术与其他公司的焦平面阵列成像传感器集成。

SECTR 导引头具有很大优势：其一，模块化设计使其能够适应各种尺寸和复杂的武器，可以通过改进配装在武器上或者安装在新设计的武器上，还可以增强或者替代现役导航系统；其二，SECTR 是一种"聪明的导引头"，可以嵌入系统内部而不是位于武器的某个部位，例如在现役精确制导武器上，SECTR 可以使用原有的 GPS 接收机或惯性测量单元，或者把它们集成在导引头内部；其三 SECTR 也是一个成本转换项目，成本目标是现役武器平台定制导引头的几分之一。

2018 年 5 月 7 日，英国 BAE 系统公司获得美国 DARPA 授予的 SECTR 项目第二阶段合同，宣布正在准备其低成本光学导引头从演示验证到批生产的快速转化工作。在项目第二阶段，BAE 系统公司将通过挂飞和自由飞行试验对导引头技术进行孵化和演示验证，并将与美国空军、海军和特种作战司令部同时开展合作，向三种不同的武器转换该导引头。在 DARPA 的项目中，基线导引头将安装在现有弹药（尚未指定）上开展试验，所有三个转换应用都将开展飞行试验。该阶段将于 2019 年 7 月结束，完成在多个精确制导弹药平台上的多次试射。首家转换武器的承包商将在 2 个月之内收到第一批原型导引头以进行测试。

二、项目研究内容

该项目的概念方案采用捷联式光电/红外传感器，并采用开放式和模块化架构，包含 GPS 接收机、惯性测量部件，以及为未来升级预留的接口，具有低成本的特点。SECTR 项目的工作流程为：该武器在载机发射之前，事先将相关目标位置、进入路线、目标特征和拟打击设施数据下载到导引头，在进入强对抗环境前采用 GPS 导航；进入强对抗环境后利用成像传感器进行目标识别、定位并选择瞄准点。其被动捷联光电/红外传感器用于导航时采用大视场，具有低级到中级的分辨力；用于末制导时采用窄视场，具有中级到高级的分辨力。其三个技术领域(TA) 分别是：TA1：导引头系统的研发、工程研制、集成和测试；TA2：无 GPS 环境下导引头的导航技术；TA3：目标识别、瞄准点选择和末段寻的。SECTR 项目分为两个阶段：第一阶段为期 21 个月，主要设计和开发质量小于 5 千克导引头；第二阶段为期 18 个月，集成和测试重量不超过 2 千克的导引头，最终的重量指标小于 1 千克。SECTR 导引头指标要求如表 1 所示，项目要求 SECTR 导引头可在高对抗环境下无外源信息工作 15 分钟，末制导精度同等或优于现有导引头。

表 1　SECTR 导引头需达到的指标要求

任　务	指　标
第一阶段：导引头设计及技术研发：21 个月	
TA1：导引头设计和研发	SWap≤3×10^3 厘米^3/5 千克/50 瓦； 瞄准点相对精度 A-SEP$_{50}$≤Z^{a,c} 米（预期值） 昼/夜，对抗固定和移动的目标
TA2：无 GPS 环境下导航	飞行中导航：N-SEP$_{50}$≤10 米^b（≤2 米最终） 昼/夜，无 GPS 环境下，采用其他外部标记辅助导航
TA3：约束目标确认、识别和瞄准点选择	P_{TR} ≥ X^a，P_{AR} ≥ Y^{a,d}，昼/夜
第二阶段：导引头集成及测试：18 个月	
导引头样机	SWap≤10^3 厘米^3/2 千克/20 瓦（初步标准） ≤0.5×10^3 厘米^3/1 千克/10 瓦（最终目标） 物料清单成本<2 万美元（初步标准），<10 万美元（最终目标）
导引头开放式架构演示论证	与两个不同的传感器套件集成的时间<3 个月
导弹头与平台集成，半实物演示验证	集成到两个不同的武器平台所用时间<3 个月
闭环飞行测试	同 TA2 指标要求，即： 飞行中导航：N-SEP$_{50}$ ≤10 米^b（≤2 米最终） 昼/夜，无 GPS 环境下，采用其他外部标记辅助导航； P_{TR} ≥ X^a，P_{AR} ≥ Y^{a,d}，昼/夜； 瞄准点相对精度 A-SEP$_{50}$≤Z^{a,c} 米（预期值） 昼/夜，对抗固定和移动的目标

a：涉及 DARPA SECTR 项目 BAA 文件的机密性而未公开；

b：导引头预估位置与实际位置的差别：预估值（导引头位置）－实际值（导引头位置）；

c：瞄准点与导引头相对位置的预估值与实际值之间的差别：预估值－实际值（瞄准点位置-导引头位置）；

d：PAR 仅用于计算已正确识别的目标。

（一）SECTR 导引头核心组成方案

导引头的核心部分采用被动捷联式光电/红外（EO/IR）传感器和片上系统处理器组成（见图 1），其中被动捷联式光电/红外（EO/IR）传感器与主动传感器相比，具有更小的 SWaP-C 和更低的可探测性，同时，捷联式结构也比万向节式结构的 SWaP 值更小。导引头采用模块化和开放的硬、软件架构，在元件之间的软件部分将采用标准化应用程序编程接口（API），能够快速更换为雷达、反辐射、合成孔径雷达、半主动激光、激光雷达、毫米波等各类不同型号传感器，并可在滑翔炸弹、巡航导弹、小型无人飞行器等多种武器平台进行快速集成。

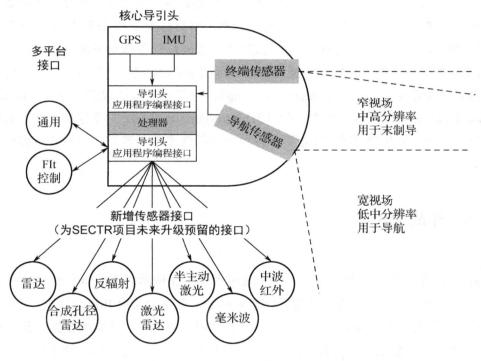

图 1　SECTR 导引头核心组成方案

（二）SECTR 导引头功能

鉴于 SECTR 导引头的作战概念，其主要功能包括：

1. GPS 拒止环境下导航

SECTR 导引头可以在 GPS 可用的环境下利用 GPS 进行导航。但在无 GPS 环境下需利用导引头图像与机载地形数据库图像进行比较来实现导航。可用的算法包括（但不限于）：同步定位和映射（Simultaneous Location and Mapping，SLAM）以及比例不变特征跟踪（Shape Invariant Feature Tracking，SIFT）等。导航无须高分辨率图像，但要求大视场，以便在各种地形环境（包括有地杂波的低海拔地区和城市、峡谷）和无万向节传感器时，获取导航所需的地形区域信息。

2. 自主目标识别和瞄准点选择

SECTR 导引头必须具有对其自身传感器进行数据处理能力，并在平台间通信可用的情况下，具有对多个 PGM 进行数据融合的能力，以实现自主目标识别和瞄准点选择。导引头将利用现有或建模的目标特征、目标特殊军事用途及背景，从杂乱背景或诱饵中分辨出目标。目标识别潜在方法包括：将目标模型和 ISR 图像信息转换为 EO /IR 图像，使可见光/短波红外、中波红外或长波红外图像与多传感器进行融合，并利用立体/偏振视频制作被动三维图像。目标识别算法包括（但不限于）：仿射不变特征跟踪（Affine Invariant Feature Tracking），形状不变特征跟踪（Shape Invariant Feature Tracking），3D 线框模型匹配（3D wire-fame matching）等方法。导引头将选择具有极高分辨率的瞄准点，且能够在各种光照条件或夜间等无光照条件下实现上述功能。

三、作战应用

SECTR 导引头在高对抗环境中的作战应用如图 3 所示。在武器发射前，SECTR 导引头将收到对指定区域进行特定目标搜索指令，首先由其他 ISR（情报、监视、侦察）系统对目标进行探测、跟踪、识别和攻击选择。ISR 系统获取的数据信息将在导引头发射或武器进攻前下载至导引头，包括：目标位置（固定目标为特定位置；移动或重新定位目标则为有界区域）、到达目标路线图以及目标特征和预期目标瞄准点信息。武器发射后，可能无法与目标区域外进行通信，导引头将通过 GPS（可用时）或不使用 GPS（拒止或不可靠时）将导弹导航至目标区域，利用发射前接收的信息搜索目标、自主识别并选择瞄准点，为导弹武器末制导提供目标/瞄准点的状态评估。图 3 中展示的是单个精确制导武器（PGM）与目标的交战场景。如果是多个精确制导武器执行任务，各武器间还具备数据交换能力。表 2 所示为 SECTR 导引头的作战应用条件。

表 2　SECTR 导引头作战条件

作　战　条　件	描　　述
光照	昼/夜：从全日照到无月夜晚的全部光照条件，并可穿透云层
季节	四季均可
气候	中纬度的夏季、冬季；热带；郊区 23 千米可视距离
大气湍流干扰	HV 5/7
目标类型	固定；重新定位（浮动）；移动
目标和地形可视度	陆地上飞行：对某些地形始终保持清晰视场； 末段：对目标保持清晰视场
平台	滑翔炸弹；空地导弹；巡航导弹（空射或地面发射）
平台速度和射程范围	100 米/秒，最大 50 千米； 270 米/秒，最大 900 千米
无 GPS 飞行时间（无外部参考）	在 GPS 拒止且无外部参考的环境下，最多 15 分钟
提示搜索区域（重新定位（浮动式）和移动目标）	≤4 平方千米
作战规模	单平台或多平台打击目标
平台通信	单平台打击：发射后无通信；多平台打击：平台间可能存在通信联系

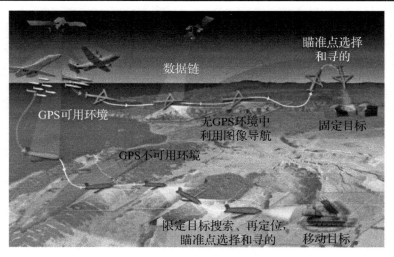

图 3　SECTR 导引头的作战应用

四、意义

SECTR 导引头集成了多种使用弹药的武器平台，并且可以昼夜操作。它可以在GPS 导航不可用或不可靠的环境中通过被动光电和红外传感器进行自主精确制导。导引头的开放式结构使精确度高、竞争力强的低成本弹药能够在有限访问和拒止环境中导航和定位目标。它为这些弹药提供快速反应能力，同时满足严格的成本、尺寸、重量和功率要求。

该项目具备在敌方电子干扰和电子压制能力较强的"反介入/区域拒止"条件下的作战应用能力，能够有效提高军用平台在 GPS 受限条件下的导航定位精度，将进一步促进其他技术向小型化、低成本方向发展。可以预见，包括 SECTR 技术在内的不依赖 GPS 的导航制导技术一旦成熟，将能够广泛应用于各类承担远程纵深精确打击任务的导弹武器，全面提高导弹武器在未来高对抗环境下的自主作战能力，推进未来作战样式的改变。SECTR 技术具有广阔的发展前景。

（中国电子科技集团公司第二十七研究所　伍尚慧　尹哲春）

新型原子钟技术推进 PNT 能力进一步提升

原子钟的精确授时与定位在导航卫星和国防装备应用中至关重要。2018 年，世界各航天国家大力推进新型原子钟的发展，目前正在进行的研发包括：美国的深空原子钟（DSAC），定位、导航和授时（PNT）用抗辐射原子钟和光电集成钟；日本的芯片级原子钟；英国的小型原子钟研究以及德国的新型光学时钟。各种原子钟不断推陈出新，新型原子钟技术突破传统思路，将进一步为精确导航发展增加原动力。

一、原子钟概述

原子钟是现代量子力学和电子学相结合的产物，它利用原子不同能级之间跃迁所发射或吸收的电磁波频率作为标准，具有高准确和高稳定的特点。传统上的原子钟分为氢原子钟、铷原子钟和铯原子钟三种，都已成功地应用于太空、卫星以及地面控制。铷原子钟具有体积小、重量轻、功耗低、技术难度相对较低、可靠性高等优势，被全球四大导航系统普遍采用，但其长期稳定度和漂移率指标相对较差。氢原子钟体积、重量和功耗相对较小，可搬运，因其独有的选态组件和储存泡结构特性，使得其可获得较为理想的原子跃迁谱线，其稳定度指标相比铷钟、铯钟都是最优。其漂移率虽不及优选型铯原子钟，但可保障导航系统长达半年以上的自主导航能力，这使得氢钟成为卫星导航中最具有竞争力的原子钟。铯原子钟的最大优势是低漂移特性，主要用于导航卫星的长期自主授时，可满足非常时期的应用需求，但铯原子钟的几项关键技术，目前国际上仅有美国掌握。

星载原子钟技术是保障卫星导航高精度的有力举措，其作用主要体现在三个方面：

一是将原子钟作为卫星上时间频率标准和测量空间信号传播距离的手段；

二是将原子钟从地面搭载空间，并且以广播方式发送信号，使得原子钟这类原为实验室使用的极高端产品，变成为无限量用户提供高精度时间与位置信息的大众化服务；

三是星钟广播的时间被作为导航用户机的参照量，用户接收机本身无须装备高精度时钟，就可以享受高精度的定位、导航和授时服务。另外需要强调的是，从导航卫星发射机至接收机之间的距离测量均被归结为测量时间，所测量的时间，包括从发射机出发时间至接收机到达时间之间的时延（或称为时间间隔）。星钟的引入确保了收发机之间导航信号传播时延测量的高精度。

二、各国积极开展新型原子钟研发，进一步提高授时能力

2018 年，美国、日本和欧洲各国大力发展各种新型导航用原子钟技术，有望将为国民经济和军事应用带来精确的授时能力。

（一）美国大力推进新型原子钟技术发展

美国原子钟技术得到进一步重视，并取得重大进展。2018 年，美国进行了多项有关原子钟项目的研发。美国宇航局（NASA）正在研发创新型汞离子阱技术深空原子钟（DSAC），将通过验证试验，为未来 NASA 深空探测任务提供准确的星载计时；美国空军研究实验室（AFRL）与频率电子公司签署的"空间合格原子钟计划"项目，将更强调原子钟的抗辐射性和符合空间要求的高性能原子频率标准（AFS）系统；而美国国防先期研究计划局（DARPA）的"原子-光电集成"（A-PhI）项目征询书寻求满足 GPS 拒止环境下高性能的原子捕获时钟技术。

1. 美国宇航局采用汞离子阱技术研发深空原子钟

深空原子钟（DSAC）是 NASA 多年来致力于发展的深空探测项目，旨在为未来的 NASA 任务提供准确的星载计时。DSAC 是基于汞离子阱技术的一个小型化、低质量原子钟，能够在深空恶劣环境运行。据 NASA 官网介绍，2018 年 DSAC 项目正在建造一个演示装置和有效载荷，将搭载在通用原子电磁系统公司提供的航天器上，将于 2019 年发射到地球轨道，其中有效载荷将运行至少一年，以展示其基于单向导航的功能和实用性。这种新技术使航天器不再需要依靠双向跟踪，而可以使用从地球发送的信号来计算位置而不返回信号并等待来自地面的命令，该过程可能只需几小时。该技术将提供及时的位置数据和星载控制，可以实现更高效的操作、更精确的机动和调整以应对突发情况。DSAC 项目将进行飞行验证小型化，超精确汞离子原子钟比当今最好的导航时钟更稳定。

在深空中，准确的计时对于导航至关重要，但并非所有的航天器都有精确的时计。

目前，大多数任务都依靠地面天线与原子钟搭配导航。地面天线向航天器发送狭窄的聚焦信号，然后返回信号。NASA 利用发送信号和接收响应之间的时间差来计算飞船位置、速度和路径。这种方法虽然可靠，但在效率上有欠缺，因地面站必须等待航天器返回信号，一个站只能一次跟踪一个航天器。

NASA 在加利福尼亚州帕萨迪纳的喷气推进实验室（JPL）对深空探测原子钟 DSAC 的研发已历经 20 年，DSAC 试飞将把这项技术从实验室应用到太空环境，利用 GPS 信号来演示其精确的定轨能力及性能，验证 DSAC 可以在一天内保持时间精度超过两纳秒（.000000002 秒）。在实验室环境中，深空原子钟的精度可在 10 天内漂移不超过 1 纳秒，目标是达到 0.3 纳秒的精度，该实验将提供更多的科学数据，并进一步开发深空自主无线电导航。

深空网络地面站原子钟大小如冰箱，而 DSAC 大小已缩小至约四个烤面包机，并且可以进一步小型化以用于未来的任务。DSAC 这种工作模式的转变使航天器能够专注于任务目标，而不是调整其位置，以指向地面天线来关闭双向跟踪链路。此外，这一创新将使地面站能够在火星附近跟踪多个卫星，在某些情况下，跟踪数据的准确性将超过传统方法的 5 倍。图 1 所示为 DSAC 外观图；图 2 所示为 DSAC 深空原子钟有效载荷实物图。

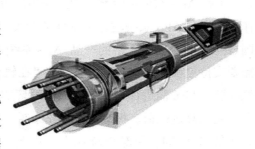

图 1　DSAC 外观图

图 2　由原子钟、GPS 接收机和超稳定振荡器组成的深空原子钟有效载荷

一旦 DSAC 技术实用化，未来的任务就可以利用该技术使时钟在跟踪数据量和质量上提高，将 DSAC 与星载无线电导航耦合，可确保未来深空探测任务具有将人类送回月球并穿越太阳系所需的导航数据。同时，DSAC 技术也可以提高 GPS 时钟的稳定性。基于地面的测试结果显示，DSAC 比目前在 GPS 上运行的原子钟要稳定

50 倍以上。DSAC 有望成为有史以来最稳定的深空导航时钟。

2. 频率电子公司开发空间用 PNT 抗辐射原子钟

美国空军寻求 PNT 中网络和抗辐射原子钟技术，研发符合空间要求的高性能原子频率标准（AFS）系统，以用于需要高度同步的 GPS 等航天卫星。2018 年 4 月，美国空军研究实验室与频率电子公司（Frequency Electronics Inc.）签署了一份 1940 万美元的合同，以实施开发"空间合格原子钟计划"，时间为期七年，最终从 7 个申请者中选择了美国频率电子公司为其提供相关解决方案。该项目将有助于美国空军空间系统中的授时应用，并最终实现在航天器飞行实验中演示合格的原子钟。

该项目设计将着重从环境因素、抗辐射性能考虑，AFS 系统将在中地球轨道（MEO）正常运行两年。频率电子公司将对 AFS 开展一系列研发，包括开发在轨实验的 AFS 硬件，以了解 AFS 对环境变化和卫星演习的灵敏性，以及处理和减少整个授时系统的危险操作；并将对 AFS 系统进行关键任务的关键功能研发，以抵御网络攻击，使之最终成为美国 GPS 项目办公室合格的产品。AFS 系统将支持标准的 13.40134393 兆赫正弦波输出，或需要支持更快的速率，以适应未来"在轨可重复编程数字波形发生器"（ORDWG）的其他实验。AFS 需进行苛刻的在轨热循环实验，及具备在恶劣发射环境下生存并运行的能力，包括高过载荷、振动和高冲击事件。初期设计评审（PDR）目标是必须完全抗辐射，且在 MEO 的使用寿命为 10 年。该型抗辐射空间用原子钟将搭载在未来导航技术卫星（NTS）-3 开展空间实验和演示。项目完成时间为 2025 年 9 月。

3. DARPA 拟研发光电集成钟

2018 年 7 月，美国 DARPA 为"原子-光电集成"（A-PhI）项目发布信息征询书，向产业界寻求相对简单的便携式光电集成电路（PIC），以满足 GPS 拒止环境下高性能定位、导航和授时（PNT）器件的使用。A-PhI 项目聚焦于两个技术领域：研发一个光电集成钟原型；研发一个基于 Sagnac 干扰仪架构的原子捕获陀螺仪。

A-PhI 项目目标是演示紧凑型光电集成电路能够替代传统自由空间光电器件，实现高性能原子捕获陀螺仪和原子捕获时钟，且不减少采用基础封装时的器件性能。DARPA 希望能够在保持精度的同时使这些被捕获的原子具备便携性。项目将进行概念验证，原子捕获陀螺仪不仅将带来系统尺寸前所未有的减少，还可在角度敏感性和动态范围上带来超越传统自由空间光电器件一个数量级的提升。

PIC 领域的最新研究进展表明，基于微谐振器、光频合成、新型片上/片外耦合、波长解复用器和用于动态操控光场的片上相控阵的片上光频梳，可制造低成本芯片以取代光学系统，并且没有传统自由空间光学系统的对准精度要求。美国 A-PhI 项目将通过使用光电集成电路和被捕获原子来实现高性能、稳健、便携式时钟和陀螺仪。未来，通过与紧凑和加固型激光器和电子设备协调工作，可实现功能齐全、高性能的便携式 PNT 系统。

（二）日本采用新结构研发芯片原子钟

2018 年 1 月，日本国家信息与通信技术研究所、日本东北大学、日本东京工业大学采用新结构研发芯片尺寸原子钟，并预期将在 2019 年推出该器件的样品。

该研究利用压电薄膜中的厚度伸缩（TE）模式，研发了工作在 3.4 吉赫的微波发生器，适用于在吉赫频率的机械谐振，且不需频率倍频器和非片载石英振荡器。该研究的关键点是包含在硅基微区域中的铷气体，及一个用于稳定微波发生器频率的反馈回路来支持原子钟工作。短期频率不稳定指标是 10^{-11}，平均时间是 1 秒。

芯片级原子钟虽然在 2011 年实现了商业化，其中包含了多个芯片，主要功耗集中在微波发生器和复杂的锁相环系统，而日本本次推出的新型芯片级原子钟在性能上将比已经商业化的模块级原子钟提升一个量级，在体积和功耗上可分别减少 30%～50%。该技术将能够减少卫星或基站等高端应用所有原子钟的尺寸、成本和功耗，还可转换为实际应用。图 3 为原子钟新型结构与传统结构的对比。

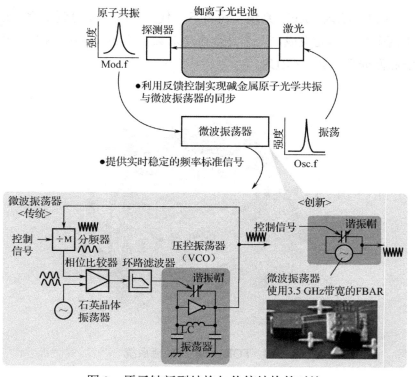

图 3 原子钟新型结构与传统结构的对比

（三）英国开展基于锶离子的小型原子钟研究

2018 年 2 月，英国Ⅲ-Ⅴ族光电半导体制造商 CST Global 公司表示将牵头"冷原子系统用大功率磷基分布反馈激光器"（HELCATS）项目。该项目从 2018 年 3 月～2019 年 2 月，持续一年，项目总投资为 49.7574 万英镑。参研单位包括英国国家物理实验室（NPL）和格拉斯哥大学。

该项目将支持使用锶离子的小型原子钟。研制锶原子钟需要四个工作在 690～710 纳米的磷基砷化镓分布反馈（DFB）激光器。技术上将采用低损失波导方法来实现窄发射线宽和光电集成，以实现独立 DFB 和放大器的在片制造。该设计不仅将有助于减小量子钟光源的尺寸、重量和成本，还可以改进可靠性和输出功率。预计与现有系统相比，精度将提升 1 万倍。目前商业上还没有为小型锶原子钟应用所研发的半导体激光器，该项目将在商业上实现该领域的突破及满足原子钟发展需求。

（四）德国成功发射新型光学时钟

2018 年 5 月，德国 Menlo 系统公司将下一代光学时钟发射到太空。该光学时钟有效载荷由两个独立单元组成，一个是全自动双频梳系统（FOKUS Ⅱ，见图 4），另一个是碘稳频激光器（JOKARUS）。

图 4　FOKUS Ⅱ 双频梳系统

德国 Menlo 系统公司对该时钟进行了太空实验。试验中，该设备由火箭搭载至238 千米的太空飞行了 10 分钟，经受了 6 分钟的微重力环境，并将碘光学时钟与标准射频原子钟进行了比较，该系统在整个飞行过程中保持运行，全自动频梳系统成功完成测试任务。带频梳的有效载荷持续振动的加速度总均方根值为 9g，冲击加速度为 21g（g 为重力加速度），恒定加速度为 12g。同时，该系统公司首次对研发的新一代光学时钟进行双光梳测量，并对两个完全不同、基于分子的碘光学时钟与基于原子的标准射频原子钟在空间和微重力环境下进行了比较。实验证明，频梳的性能可与 Menlo 系统公司最新的商用系统相媲美，基于碘的光学时钟可以比先前使用铷气体时钟实现更高的精度。

这是 Menlo 系统公司研发的光学时钟第三次在太空进行飞行试验，与 2015年、2016 年的两次太空试验相比，本次对关键元器件进行了改进，使用了低释气材料制造，体积大幅度减小而更为紧凑，降低了功耗，为实验提供了灵活性和冗余性。半导体激光器频率基准套件 JOKARUS 作为一个单独的模块，由德国费尔南德-布朗研究所、柏林洪堡大学（HUB）、不来梅大学和 Menlo 系统公司共同开发，使用了基于碘分子激光吸收的有源光学频率基准，该基准同时使用了两个光梳。

基于碘光谱的组件集成技术是一种非常有应用前景的技术，可使空间光学系统紧凑和坚固耐用，目前美国 NASA 和欧洲航天局（ESA）正在计划中的激光干涉仪空间天线（LISA）任务将可能从该项研究工作中受益，这项技术未来将可能应用于开发太空光学时钟，双频梳系统在太空中可以成为精密光谱学、光谱仪校准、亚微米量程、激光雷达激光器的校准和下一代卫星任务中微波生成的游戏规则改变者。

三、几点认识

新型原子钟进展迅速，将提升 PNT 能力。原子钟材料不再局限于铯元素，采用汞、锶、碘材料的光学原子钟在不断加大研发，精度将比铯钟提供 100 倍，随着光学原子钟技术的日益成熟，原子钟已经突破了单纯原子的界限，开始朝着原子核和单个离子特性测量的方向发展，同时，满足 GPS 拒止环境下高性能 PNT 器件使用的便携式光电集成电路（PIC）也在不断推进，将进一步推进光电集成钟原型的开发。芯片级原子钟的开发也是当今世界原子钟领域的研发热点之一，可应用于卫星导航、武器系统数据链、时频体系节点等，是极具工程应用前景的原子钟。

新技术助推导航原子钟发展，为精确授时提供保障。原子钟的设计研发注重小型化、轻质、低功耗（SWaP），强调在恶劣发射环境中的生存和运行能力，关注抗辐射和抵抗网络防御能力建设，拟打造抗辐射太空原子钟，以适应未来"在轨可重复编程"的需求。可以预计，这些研发项目获得的支撑技术将为导航、通信、侦察等电子设备提供精准授时与同步，将大幅提高频率和授时精度，并改善可靠性和输出功率。这些新型系统与现有系统相比，将在精度上实现极大的飞跃。

（中国电子科技集团公司第二十七研究所　伍尚慧　路静）

导航对抗技术不断发展，实战应用凸显威力

2018 年，在叙利亚战场，美俄在电磁空间展开了新一轮碰撞，针对无线电信号频谱的争夺和控制愈发激烈，导航对抗成为一个重要的作战手段。美国继续推进导航卫星的抗干扰和网络防御能力建设，开发"抗辐加固"技术以对抗干扰与网络攻击；开展了多项测试来提升 GPS 拒止环境下的作战能力。美国、俄罗斯等国不断推出新型导航对抗装备，如美国罗克韦尔·柯林斯公司研发的 GPS 抗干扰接收机 DIGAR、俄罗斯的便携式导航对抗新装备等。

一、实战应用凸显威力，为作战行动赢得先机

2018 年 4 月，在以美国为首的多国联军对叙利亚进行的联合打击军事行动中，首次实施了天基信息对抗作战，确保空袭打击行动的成功实施。

在叙利亚战场，导航对抗发挥重要作用。美军实施了多种导航对抗手段，其中包括：① "GPS 区域精度增强"行动。美军严密监视俄、叙对 GPS 卫星系统的干扰，主战装备和大型无人机均配备了军用 GPS 接收机，具备一定的抗干扰能力；②在拟定的时段和地域实施了军事打击行动，通过在 GPS 卫星飞经战区前上注最新星历数据，进一步提高了作战区域的天基导航精度；③严密监视敌方对战场 GPS 的干扰，一旦识别和锁定目标，陆、海、空联合部队立即实施精确打击。

俄罗斯在叙利亚也表现出不凡的导航对抗能力。在美国空袭叙利亚期间，为了保护自身目标免遭美国 GPS 制导武器的打击，俄罗斯实施了 GPS 干扰，使叙利亚首都大马士革附近的 GPS 信号出现异常；俄、叙部署了包括干扰 GPS 信号等卫星信息链路的电子对抗装备，采用了 Krasukha-4 电子战系统干扰美国小型侦察无人机接收 GPS 信号，该系统安装在 BAZ-6910-022 卡车上，可进行大范围干扰、压制机载雷达和通信系统，并可干扰低轨侦察卫星，作用距离可达 300 千米。2018 年 1 月，武装分子 13 架无人机接近俄军事设施，俄罗斯采用"汽车场"地面主动干扰系统通过采取欺

骗干扰方式，使其无法接收 GPS 信号而降落或坠毁。目前，俄正加速向军队提供一体化电子战装备，俄电子战装备在一系列参数上尤其在作用距离方面优于美国同类武器系统，其研发的装备对无人机特别有效。

二、美国 GPSIII 卫星抗干扰和网络防御能力进一步提高

2018 年 12 月 23 日，美国新一代 GPSIII 首颗卫星发射成功。GPSIII 卫星较之前的二代卫星抗干扰能力提高了 8 倍，具有更强的抗欺骗干扰、电子攻击和网络防护能力。美国 2018 年提出的太空预算重点项目是制造更多抗干扰 GPS 卫星，2018 年 9 月，美国空军售出制造 22 颗下一代 GPS IIIF 卫星合同，GPS IIIF 项目将具备更强的抗干扰和电子攻击能力，将改进导弹预警功能，提高太空态势感知能力，提高在轨飞行器防御能力。同时，美国空军还在开发"抗辐加固"技术以应对太空战。太空战的挑战包括抵御激光攻击和"干扰"武器，以及使用小型太空设备的同时解决辐射问题。2018 年 11 月，美国雷声公司的 GPS 下一代运控系统 OCX 完成了严格的网络安全漏洞评估，测试了系统抵御内部和外部网络威胁的能力。

新型军用 M 码信号的部署与应用是 GPS 现代化军事部分的核心内容，将替代传统的 P（Y）信号，成为未来美军主要的军用导航信号。2018 年，美军正在对成熟的下一代 GPS 接收机卡进行测试和集成，提供更准确可靠的 PNT 解决方案，还开展了一项将 M 码 GPS 信号继续改进用户终端性能的工作，以提高兼容性，增强 GPS 信号的抗干扰性，以及利用 M 码进行攻防导航战，并计划在 2019 年军用 GPS 用户设备（MGUE）的第一个增量完成卡级测试，以便为服务采购策略提供信息。在短期内，将利用支持 M 码的主战平台来验证这些先进的抗干扰能力。

三、美俄等国推出新型装备，提升导航对抗能力

2018 年，美国、俄罗斯和加拿大都推出了一系列产品，不断加强导航对抗能力建设。

（一）美国大力开展导航卫星抗干扰技术研发

1. 罗克韦尔·柯林斯公司研发 GPS 抗干扰接收机

2018 年，罗克韦尔·柯林斯公司获得美国空军授予的 300 台军用码（M-code）GPS 接收机后续订单。12 月，美国空军为 F-16 战斗机配备了一款由罗克韦尔·柯林斯公司研发的抗干扰 GPS 接收机（DIGAR）。该接收机是目前最新型数字 GPS 抗干扰接收机，旨在防止 GPS 信号干扰。DIGAR 接收机具有卓越的数字波束形成或归零抗干扰技术，支持 Y 码和 M 码抗干扰，多达 16 个同步光束，具有出色的抗干扰能力，是第一台配装在战斗机上的最新型数字 GPS 抗干扰接收机，性能超过传统接收机。2017 年该公司已向美国空军交付了 770 台该型接收机。罗克韦尔·柯林斯公司在 2018 年获得全球定位系统局（GPS-D）的安全认证，从而加快了为更多平台和设施集成军用码 GPS 接收机，并开展了更广泛的测试工作。

2. 美国 Spectracom 公司推出抗干扰 Model 8230AJ 型天线

该天线于 2018 年 2 月推出，是一款高增益（40 dB）GNSS 室外天线，专为恶劣环境而设计，可提高弹性并防止干扰和欺骗，可覆盖 GPS L1、GLONASS L1、BeiDou B1、Galileo E1 和 QZSS L1，采用三级低噪声放大器，中段 SAW 和紧密预滤波器，以防止高次谐波和 L 波段信号饱和，锥形天线结构可抵御来自地平线的干扰，无须重新布线。

（二）俄罗斯重视导航对抗装备建设

2018 年，俄罗斯 ZALA AREO 公司研发了一系列导航对抗产品，另外，俄罗斯为新型电子战机"伐木人 2 号"配备了干扰系统，能使军事卫星上的电子系统瘫痪。

1. 便携式导航对抗装备可干扰卫星导航信号

2018 年 8 月，俄国防部在《军队-2018》非公开展览会上展出一款由俄 ZALA AREO 公司研发的便携式导航对抗新装备（ZALA ZONT）。ZALA ZONT 由蓄电池和抑制导航信号的组件组成，可干扰 2 千米半径范围内的 GPS、GLONASS、北斗、伽利略卫星导航信号。该装置安装在一个标准弹药夹里，具有轻量、尺寸小、作战半径大的特点；可 6 小时不间断工作。技术指标见表 1，图 1 为 ZALA ZONT 装置示意图，图 2

为干扰 GPS/GLONASS 信号设备。

表 1 ZALA ZONT 技术指标

作用 半径	重量	无间断 工作时间	充电 时间	蓄电池 尺寸	抑制导航信号 组件尺寸
2 千米	8 千克	6 小时	3 小时	150×90×30 毫米	180×90×30 毫米

图 1 ZALA ZONT 便携式干扰导航装置示意图

图 2 专为武装和特种部队设计的干扰 GPS/GLONASS 信号设备

2. 干扰 GPS/GLONASS 信号设备提升部队作战能力

2018 年 10 月，ZALA AERO 公司在《国际刑警组织-2018》国际展会上又推出了抑制 GPS/GLONASS 信号的设备。该设备专为武装和特种部队使用，旨在干扰敌方设备。设备将集成在无人机机翼下，可干扰 5 千米半径范围内卫星导航信号，也可以干扰使用导航信号的设备正常工作。

3. 研发新型战机实施压制性电子干扰

2018 年 7 月，俄罗斯披露新型战机反卫星技术。俄罗斯正在研发一种新型电子战机"伐木人 2 号"，能使军事卫星上的电子系统瘫痪。该战机配备了干扰系统，将取代正在俄罗斯空军部队服役的伊尔-22PP "伐木人"（Il-22PP Porubshchik）电子战机。新型战机将配备全新的机载设备，可以对海陆空的任何目标进行压制性电子干扰，并可使敌方卫星失去地面导航和无线电通信能力。

（三）加拿大 NovAtel 公司推出抗干扰天线 GAJT-710ML

2018 年 11 月，NovAtel 推出 GPS 抗干扰技术天线 GAJT-710ML，GAJT 是一种零点形成天线系统，可确保计算位置和时间所需的卫星信号仍然可用， GAJT 能够进行改装，适用于陆地或海上以及无人机（UAV）等小型平台，可与已安装的接收机配合使用，包括陆军手持式国防先进 GPS 接收机（DAGR），使用 SAASM 和 M 码的其他军用接收机，也可与在 GPS L1 和 L2 频段运行的民用和军用接收机配合使用。GAJT 能够剔除无用信号而识别干扰或欺骗信号，为 GPS 导航和精确授时接收机提供保护，确保计算位置和时间所需的卫星信号始终可用。

（中国电子科技集团公司第二十七研究所　伍尚慧 张轩瑞）

大事记

美国萨特尔斯（Satelles）公司的铱星时间和位置系统（STL）授时精度达纳秒级 2018年2月，萨特尔斯公司发布卫星时间和位置（STL）系统最新测试结果，试验采用差分数据和精度更高的恒温晶体振荡器（OCXO），试验结果显示，其授时精度可达纳秒级。

两颗北斗三号卫星成功发射 2018年3月30日，我国在西昌卫星发射中心以一箭双星方式成功发射第三十、三十一颗北斗导航卫星。这两颗卫星属于中圆地球轨道卫星，是我国北斗三号第七、八颗组网卫星。后续将对进入工作轨道的卫星进行集成测试，并与此前发射的6颗北斗三号卫星进行组网运行。

美国GPS现代化军用GPS接收机增量2能力发展文件正式签署 2018年4月6日，美国国防部联合需求监督委员会（JROC）正式批准了军用GPS用户设备（MGUE）增量2能力发展文件（CDD）。MGUE增量2计划是面向解决精确制导弹药和联合通用模块化手持式设备方面的需求。同时，小尺寸、低重量和功耗电路卡及部件也是增量2关注重点。MGUE增量2将为美国国防部和各军兵种提供持久的PNT解决方案，为美国空军、陆军、海军和海军陆战队提供安全的PNT服务。

美国下一代地面运控系统成功完成网络安全测试 2018年4月～5月，先期交付给美国空军的GPS OCX Block 0成功完成了两轮网络安全测试。2018年4月2日～13日进行了第一轮测试，由合同蓝队负责，从内部破坏系统的信息安全保障（IA）。2018年5月16日～20日开展了第二轮测试，由空军红队网络渗透测试人员负责，测试人员从外部突破系统的信息安全保障（IA）。试验在GPS OCX Block 0上进行。在两次测试中，GPS OCX能够防御内、外部的网络威胁，阻止播发错误的导航和授时数据。GPS OCX设计完全采用美国国防部信息安全保障标准，具有美国国防部空间系统最高级别的网络安全护能力。网络安全能力能够提高系统精度，使系统具有更好的全球可用性，满足现代化抗干扰接收机的全球部署要求。

印度成功发射最新导航卫星IRNSS-II 2018年4月12日，印度导航卫星IRNSS-II于印度安德拉省斯利哈里柯塔岛成功发射升空。IRNSS-II是印度卫星定位系统（NavIC）最新卫星。NavIC属于区域导航卫星系统，为印度以及其周边1500千米范围内的用户提供导航服务。

国际海事组织（IMO）正式接受北斗导航系统加入全球海上遇险与安全系统（GMDSS） 2018年5月25日，IMO海上安全委员会（MSC）第99次会议在英国伦敦闭幕，我国北斗导航系统申请加入GMDSS并成为其服务供应方顺利通过会议启动审核，正式揭开了后续一系列认证工作的序幕。IMO将组织导航、通信和搜救（NCSR）组委会对其开展系统评估。

Galileo全球卫星导航系统参考中心正式启动 2018年5月，位于荷兰诺德韦克

供涉及可靠 PNT 的车上、车下和航空领域的技术和计划，或是路线图。

欧洲全球导航卫星系统管理局推出 PNT 用户需求系列报告　2018 年 10 月 18 日，欧洲全球导航卫星系统管理局（GSA）发布 8 份 PNT 需求系列报告，对各市场的用户需求进行了深入分析。报告名称分别是：航空用户需求报告；海洋和内陆水道用户需求报告；位置服务用户需求报告；农业用户需求报告；测绘用户需求报告；时间同步用户需求报告；铁路用户需求报告和公路用户需求报告。发布的系列报告不仅为用户和各行为提供相关的咨询服务，还可为应用定位技术的相关部门和人员在规划和决策方面提供保障。

英国研发首款用于精确导航的量子加速计　2018 年 11 月 9 日在伦敦开幕的英国国家量子科技展上，M2 激光系统公司宣布其已与帝国理工学院联合研制出首款用于精确导航的量子加速计，并在现场进行了演示。此次展示的量子加速计是一套独立完整的系统，具有机动性特点，是英国政府近五年来耗资 2.7 亿英镑开展的英国国家量子科技计划所取得的最新成果。量子加速度计中采用了该公司开发的一种用于超低温原子传感器的通用激光系统，可以对原子进行冷却，提供测量加速度所需的光学尺。据悉，新型量子加速计的系统设计可用于大型机动平台的导航，例如船舶和列车，其原理也可以用于基础科学研究，如寻找暗能量和引力波，帝国理工学院的科研团队也正在对其进行深入研究。

美国正式颁布涉及陆基"罗兰"导航系统建设的法案　2018 年 12 月 4 日，美国总统特朗普正式签署 2018 年海岸警卫队授权法案。法案第 514 节援引了 2018 年国家授时弹性和安全法案中的备份授时系统内容，对选用的备份授时系统提出了具体要求，陆基罗兰导航系统是唯一满足法案要求的备份系统。法案还明确了由美国交通部负责系统建设，并确保在两年内投入运营。

美国首颗 GPSⅢ卫星成功发射　2018 年 12 月 23 日，美国空军第一颗 GPSⅢ卫星成功发射升空，标志着美国现代化 GPS 项目进入实际部署阶段。GPSⅢ卫星配备了哈里斯公司研制的经过 70%数字化设计的任务数据单元，连接了原子钟，辐射强化计算机和强大的发射机，使 GPSⅢ信号比现有信号精确 3 倍。卫星的抗干扰能力提高了 8 倍。GPSⅢ新增 L1C 民用信号，是首颗可与其他 GNSS 互操作的 GPS 卫星。此外，这颗卫星还被美国空军命名为韦斯普奇。

信息安全领域年度发展报告

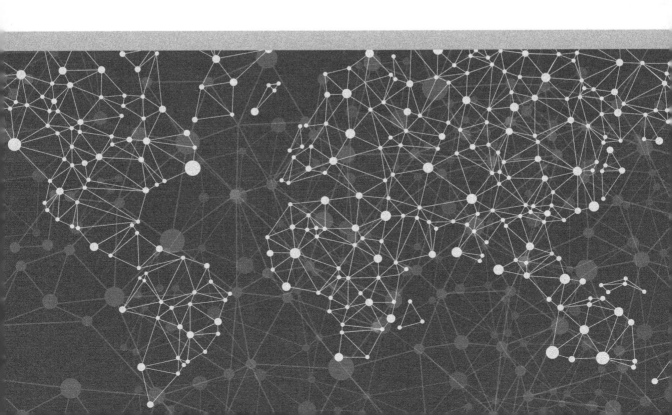

信息安全领域年度发展报告编写组

主　　编：霍家佳

副 主 编：金　晶　廖方圆

撰稿人员：（按姓氏笔画排序）

　　　　　王一星　李奇志　杨晓姣　张晓玉　陈　佳

　　　　　陈　倩　金　晶　龚汉卿

审稿人员：张文政　张春磊　朱　松　李　硕

综合分析

当前，信息安全领域已被世界各国视为影响国家安全、地缘政治乃至国际政治格局的重要因素之一，成为国家间战略博弈的新高地。随着信息化建设和信息技术（IT）的快速发展，各种信息安全技术的应用更加广泛、深入，信息安全的重要性日益突出，不仅关系到机构和个人用户的信息资源和资产风险，也关系到国家安全和社会稳定。在"互联网+"被广泛提及的今天，信息安全问题也越来越受到人们的关注，信息安全的内涵也不断丰富，如今业界普遍认为信息安全包括网络安全和数据安全，本报告将重点阐述网络安全在 2018 年的发展态势情况。

2018 年，网络安全事件频发，以美国为主的西方国家不断加强网络安全战略和组织机构的完善创新，重点推进网络安全技术的应用，确保网络安全领域的持续稳定发展。

一、全球网络安全态势严峻，安全漏洞和勒索软件威胁事件持续增加

2018 年，网络安全态势日益严峻，国家间的网络冲突不断增多，针对国家的网络攻击愈演愈烈。同时，安全漏洞和勒索软件事件持续发酵，给网络安全带来深远影响。

（一）国家间网络冲突不断增多

2018 年，在网络空间安全领域，国家间的网络冲突不断增多，以美俄冲突为代表，网络冲突成为国家间对抗的主要形式，并成为影响国家安全的重要因素。

3 月，派拓网络（Palo Alto Networks）公司威胁情报小组 Unit 42 连续两次观察到俄罗斯黑客组织"奇幻熊"（Fancy Bear，又被称为 Sofacy、Sednit、STRONTIUM 或 APT28）对欧洲政府机构进行攻击。此次鱼叉式网络钓鱼电子邮件以"国防与安全 2018 年大会议程"为主题，作为附件的诱饵文件名为"Defense & Security 2018 Conference Agenda.docx"。与之前的攻击活动一样，该组织仍采用了 Flash SWF 恶意文件变种 Dealers Choice，但这次使用了一个更新的版本。此次发现的新版 Dealers Choice 使用了类似的技术手段——从命令控制服务器（C2）上获取恶意 Flash 对象，但 Flash 对象的内部机制与最初分析的原始样本相比存在显著差异。其中一个差异是逃避技巧的升级。对于之前版本的 Dealers Choice 来说，一旦受害者打开了诱饵文档，其嵌入的 Flash 对象会立即加载并开始恶意任务。但在后来的

活动中，只有当受害者滚动到 Flash 对象所嵌入的文档特定页面时，Flash 对象才会被加载。此外，新版的 Dealers Choice 需要与 C2 服务器进行多次交互才能成功利用终端系统。

6 月，美国国防部授权美国网络司令部采取更激进的方式保护国家免遭网络攻击，此前，美国网络司令部主要采取防御姿态，试图在对手进入美国网络系统时予以拦截。新推出的这一战略可能会使美国与支持恶意黑客组织活动的国家产生冲突。5 月，美国国防部对美国网络司令部进行升级，授权美国网络司令部对境外网络进行日常刺探，以在网络武器发挥作用之前使其丧失能力。这项策略的转变反映出特朗普政府将赋予军事指挥官更大的权力，以及美国已经认识到应对不断增加的网络攻击时防御力量不足的情况。4 月，美国以叙利亚东古塔地区发生化学武器袭击为由，联合英国、法国对叙利亚军事设施进行精准打击。自 2011 年以来，这场战争已经打了整整七年。相关军事专家认为美国人会试图瞒天过海，采用网络攻击，在没有国土防空系统的地区借他人之手发难。

（二）政府部门及军队网络安全态势日益严峻

2018 年，全球网络空间安全有组织、有计划的攻击事件增多。这些攻击事件都显示了攻击者所拥有的网络攻击能力，其攻击范围更广，攻击手段更复杂，所带来的损失也更严重。

3 月，越南高级持续性威胁组织海莲花（OceanLotus）已经为其恶意工具库添加了新的后门程序，而这个后门程序包含启用文件、注册表和进程操纵以及下载更多其他恶意文件的功能。OceanLotus 组织通过发起鱼叉式网络钓鱼和水坑攻击活动来传播该后门程序，同时依靠过去曾经使用过但未被发现的策略，包括大量代码混淆和动态链接库（DLL）侧载。

11 月，网络安全公司 UpGuard 的研究人员发现美国陆军情报与安全司令部的一台 AWS S3 服务器配置错误，导致大量美国国家安全局（NSA）文件被泄露。其中一份文件暴露了美国 NSA 监控计划 Ragtime 的更多细节。Ragtime 是美国 NSA 执行情报收集活动的代号。美国前总统小布什于 9·11 恐怖袭击事件之后批准了恒星风（Stellar Wind）计划，此后该计划在奥巴马执政期间更名为 Ragtime，其允许收集外国公民的电子邮件和短信等通信情报。Ragtime 计划属于最高机密，只有少数 NSA 员工有权了解该计划并访问其中的数据，外国情报合作伙伴也在 Ragtime 信息禁阅之列。

（三）安全漏洞和勒索软件事件不断涌现

2018 年，安全漏洞和勒索软件事件继续曝光，并持续发酵，这一年的安全漏洞及其严重性创历史新高，企业和个人面临的安全威胁日益剧增。

1 月，英特尔的两个最新致命漏洞波及全球，此漏洞属于硬件层面的漏洞，由于这两个漏洞的存在，理论上所有能访问虚拟内存的中央处理器（CPU）都可能被人恶意访问。英特尔、ARM、AMD 等大部分主流处理器芯片均受到漏洞的影响。

4 月 18 日，思科旗下的 Talos 情报与研究小组报告称，在摩莎（Moxa）公司的工业路由器中共发现 17 项安全漏洞，其中包括多种高危的命令注入与拒绝服务漏洞。这些安全漏洞源自 Moxa EDR-810 设备，该设备是一台集成化工业多端口安全路由器，可提供防火墙、网络地址转换、虚拟专用网络以及托管二层交换机功能。

二、各国发布安全战略，优化升级组织架构，巩固网络安全地位

2018 年，以美国为首的西方国家不断推出网络安全战略，优化升级网络安全组织机构，增强网络空间安全实力，同时，其他国家也跟随美国步伐，结合本国国情，采取相关措施，巩固网络安全地位。

（一）新版安全战略和法律陆续出炉

2018 年，各个国家及相关部门相继发布战略规划，全面提升网络空间的话语权，为网络空间活动提供法律保障。

9 月 18 日，美国国防部发布《2018 年国防部网络战略》，该战略提出了建立更具杀伤力的力量、网络空间竞争及威慑、强化联盟和合作伙伴关系、改革国防部以及培养人才五条具体战略方针。同时，还要求无论是在军事冲突时期还是和平时期都要加强网络空间能力，同时也指出了当前的一些不足，包括需要改进军方网络人才的招募、培训和维护等。

9 月 20 日，美国白宫发布了《国家网络战略》。这是特朗普上台后的首份国家网络战略，该战略概述了美国网络安全的 4 项支柱、10 项目标与 42 项优先行动，体现了特朗普政府的治网特点与思路。该战略主要建立在保护联邦政府与关键基础设施网络安全的第 13800 号总统令基础上，凸显了网络安全在美国国家安全方面的重要地位。

5 月，美国国土安全部发布《网络安全战略》，确定了五大方向及七个目标，希望更积极地履行网络安全使命，以保护关键基础设施免遭网络攻击。该战略旨在使国土安全部的网络安全工作规划、设计、预算制定和运营活动按照优先级协调开展。该战略将致力于协调各部门的网络安全活动，以确保相关工作的协调一致。

6 月，加拿大推出新版国家网络安全战略。该战略作为加拿大在网络安全方面的路线图，旨在实现加拿大人的目标和优先事项。这份战略将指导加拿大政府开展网络安全活动，以保护加拿大人的数字隐私、安全和经济。该战略还将帮助加拿大打击、抵御网络犯罪，并提高本国的网络安全弹性。

5 月，欧盟"通用数据保护条例"（GDPR）生效。GDPR 加强了欧盟内部的个人数据隐私保护，让消费者对自己的个人信息拥有更大的控制权。政府官员和法律专家表示，新规定还对出于"公众利益"的跨境个人数据传输进行了限制，对其使用施加了新条件，包括引入额外的隐私保护措施。

（二）组织机构不断丰富完善

2018 年，以美国网络司令部正式升级为标志，各个国家网络安全组织机构不断丰富完善，新型组织机构接连而出，网络部队、网络综合中心等的不断成立，为网络安全业务的落地提供了保障。

5 月，美国网络司令部正式升级为联合司令部，陆军上将保罗·中曾根（Paul Nakasone）就任新司令，美国将越来越重视数字战，以应对俄罗斯等国带来的安全威胁。从此美国网络司令部正式与太平洋司令部及欧洲司令部同级，执行任务可直接向国防部部长报告。此次网络司令部升级，首先将强化美军的网络空间作战能力，进一步加强美国国家防御能力；其次，升级体现了美军在抵御网络威胁上日益增强的信心，有助于消除美军盟友和伙伴的疑虑，并对敌人形成威慑。美国国防部表示，将网络司令部从战略司令部的次级司令部升级，体现了网络空间对于美国国家安全日益提高的重要地位。美国网络司令部组织地位的提升，体现了美国国防部致力于将网络空间作为一个作战领域的长期承诺，也表明了美国国防部适应不断变化的战争性质的决心。

9 月，网络空间"日光浴"委员会由《2019 财年国防授权法案》（NDAA）授权成立，以艾森豪威尔总统"日光浴"项目为蓝本。该法案规定，这个机构的设立原因是"就防止美国在网络空间遭遇重大网络攻击的战略方法上达成共识"。这个网络空间"日光浴"委员会，将包括美国国家情报副总监、国土安全部副部长、国防部副部长、联邦调查局局长在内的 14 名成员。

6 月，欧盟六国成立"网络快速响应小组"，该小组将对欧盟成员国在网络领域的工作进行补充，而不会复制现有的举措、架构和模式。该声明的签署国打算进一步确定和定义该计划，争取到 2019 年实现初始作战能力。

（三）全球网络安全合作进一步加强

为了维护网络空间共同体的发展，网络安全合作一直是全球网络安全国家发展的重要方向。2018 年，合作进一步加强，国家与国家之间、企业与企业之间的网络安全合作逐渐成为常态。

2 月，美国众议院通过了一项《乌克兰网络安全协作法案》，旨在促进美国和乌克兰政府进一步加强网络安全合作。该法案明确要求美国需协助向基辅的政府电脑提供高级安全保护，特别是那些保护乌克兰关键基础设施的系统；向乌克兰提供支持，使其减少对俄罗斯技术的依赖；帮助乌克兰扩大网络安全信息共享的能力。

11 月，新加坡与加拿大、美国签署伙伴关系协定，该协定涵盖数据共享、联合技术认证计划以及能力建设举措。这些举措旨在提升新加坡运营网络安全的能力，其中包括保护关键基础设施、发展国内网络安全生态系统，以及建立东盟安全可靠的区域网络空间。

4 月，美国雷声公司宣布与 Virsec 公司结盟，为全球政府和关键基础设施客户提供商用网络安全工具。结合雷声公司数十年的网络安全防御专业知识以及 Virsec 公司的执行专利技术，通过检测由网络入侵引起的软件应用程序偏差来保护网络。

三、信息安全技术不断升级革新，推动技术变革

2018 年，网络安全技术发展迅速。人工智能、量子、区块链、云服务等技术都取得了重大突破，同时新兴的网络安全技术不断涌现，推动网络安全技术的又一次变革。

（一）人工智能技术在网络安全方面的应用不断增强

2018 年，人工智能技术继续蓬勃发展，世界各国积极推进其发展，政府和机构尤其重视人工智能技术在网络空间安全领域的应用。

4 月，美国陆军研究实验室（ARL）的科学家们发现了一种利用新型神经网络计算机架构来解决被称为"整数分解"的古老数论难题的方法。通过在计算中模拟哺乳动物的大脑，美国陆军的科学家们正在开启一个新的领域，从传统计算架构转向能够

在极端尺寸、重量和功率受限环境中运行的设备。

6月，美国国防部"专家计划"（Maven Project）人工智能项目中所开发的算法已能部署至美国及其海外多个地点，帮助操作员将原始监视数据转变为可帮助指挥官做出关键作战决策的情报。

7月，美国NSA将把一个可以防止恶意软件入侵的Sharkseer项目转交于国防信息系统局（DISA）。Sharkseer项目借助人工智能技术，扫描输入通信量上存在的漏洞，以保护美国国防部的网络安全。Sharkseer项目可以查到美国国防部输入通信量中存在的"零日"漏洞攻击，以及高级持续性威胁。此外，该项目还能监控那些可入侵美国国防部网络的邮件、文件和输入通信量。

（二）量子密钥分发技术在网络安全领域取得重大突破

2018年，量子密钥分发技术在网络安全领域取得重大突破，并在通信、政务、金融等领域形成了一些试验网和试用网。未来，基于量子密钥分发的量子通信技术需要进一步推广和应用。

5月，欧洲航天局与SES公司签署了一份合同，开发一种量子密码通信系统（QUARTZ）。QUARTZ将作为两个地面站之间的传递者保护通信安全，描述一串随机数的信息被编码为纠缠光子，它们从地面站发射到太空中的卫星，再送回另一个地面接收机，密钥用于解密信息。如果任何对手试图篡改密钥，就会改变纠缠光子的量子态，因此发送者就会知道有人试图拦截他们的通信。

5月，Quantum Xchange的新上市公司开发了一种使用量子密钥分发技术的方法，这种方法的特点在于加密密钥的产生是基于不可破坏的量子现象。与其他正在开发中的解决方案不同，Quantum Xchange网络不仅已经可用，而且还弥补了现代加密固有的缺点，解决了加密数据即将被量子计算机所破解的威胁。

（三）区块链技术在网络安全领域应用不断落地

2018年，区块链技术在网络空间安全应用的领域落地，利用区块链技术进行信息安全技术的融合，抵御网络攻击，成为网络安全应用的突出范例。

3月，DEEP AERO公司研发出了一个基于区块链的人工智能驱动的智能无人机系统（UAS）交通管理（UTM）平台。该平台可用于保障共享空域内有人/无人低空民航飞行的安全。DEEP AERO UTM平台将从全局角度出发协调各UTM系统之间的整合问题，并且可以在不破坏现有的有人航空系统体系的情况下，使制造商、服务提供商和终端用户等工业部门安全高效地使用无人机。

4月，新西兰惠灵顿维多利亚大学的一项最新研究发现，其最近提出的"量子区块链"技术有望保障区块链系统不受量子计算机黑客攻击的影响。维多利亚大学的研究人员认为这种新型量子区块链拥有一种如时光机般的特性，即在进行自我解释时会对过往记录产生影响，帮助量子区块链系统抵御来自量子计算机的黑客攻击。

5月，物联网安全公司 Xage 声称结合区块链技术和数字指纹技术开发出一个防篡改系统，以保护工业物联网资产。这种解决方案将区块链技术和数字孪生技术相结合，使组织机构能够了解每台设备或机器的正确状态，并以分布式账本的形式共享信息。区块链作为其安全架构的一部分，在网络节点上分发和验证专用数据，使工业系统和传感器安全地进行规模化协同工作。这一解决方案的关键核心在于数字指纹识别过程，数字指纹试图尽可能多地显示网络中每台设备或控制器的信息。

（四）云服务模式在网络安全领域逐渐得到认可

2018 年，云服务的应用受到政府和军队等机构的青睐，云服务模式日渐成熟，也逐步受到业内人士的认可，未来将在网络安全领域发挥巨大作用。

4月，美国 Equinix 公司宣布推出 Equinix Smart KeyTM 新型云安全服务，这是一项全球密钥管理和加密软件即服务功能，可以简化云系统或目的地的数据保护。

5月，美国国防部发布联合企业国防基础设施（JEDI）云项目合同，该合同的总价值近 100 亿美元。JEDI 云项目由美国国防部打造，用于承载政府最敏感的机密数据，其中包括关键性核武器设计信息及其他核机密。这份重新签署的文件指出，最终中标厂商必须能够通过全方位的最高机密政府安全许可。

6 月，美国国防部推出一个亿级云合同——国防企业办公解决方案（DEOS）合同，这是继美国国防部 JEDI 合同后，第二份重要的云合同。美国国防部想要通过 DEOS 项目解决 350 多万用户遗留系统中存在的一些问题，例如企业电子邮件、协作服务、语音和视频服务、消息传递、内容管理和其他生产力功能。

9 月，量子计算先驱 Rigetti Computing 推出了 Rigetti 量子云服务（QCS），这是一个利用 Rigetti 的混合量子经典方法开发和运行量子算法的完整平台。

（五）信息安全技术创新和迭代加速

2018 年，为应对当今复杂的网络安全态势，以生物认证为代表的新型信息安全技术问世，为网络安全技术快速发展打下坚实基础。

3 月，Spiceworks 公司发布的一项调查报告称，到 2020 年，90%的企业将会采用生物认证技术。这份调查针对北美和欧洲的 500 多名受访者，主要围绕目前发展迅速的生物认证技术。结果发现，62%的受访者已经采取了不同形式的生物认证，24%的受访者表示未来两年内将采用生物认证技术。

9 月，美国国防先期研究计划局（DARPA）向网络安全公司 PacketForensics 授予了一份价值 120 万美元的合同，用于开发定位和识别隐藏网络对手的新方法。该合同是"利用自主权对抗网络对手系统"（HACCS）项目的一部分。为了构建僵尸网络，黑客利用恶意软件感染接入互联网的设备，使其能够执行远程服务器指令。由于病毒大部分时间处于休眠状态，受感染设备的所有者几乎不知道他们的终端设备受到了攻击。DARPA 旨在通过 HACCS 项目来建立一个系统，可以在用户不知情的情况下自动识别僵尸网络感染的设备并禁用其恶意软件。

8 月，美国陆军卓越网络中心在一份机构声明中表示，该中心正在测试网络空间欺骗能力，这种能力可以提供早期预警、发布虚假信息、混淆信息、延迟网络，或以其他方式阻碍网络攻击者。

四、结语

鉴于 2018 年国际网络安全态势依旧严峻，未来全球网络与信息安全态势将更为复杂多变，网络安全问题将成为大国博弈的焦点，今后的网络安全态势不容乐观。面对新局面，各个国家着眼网络安全治理的长远目标，规划落实战略举措，加强网络空间体系建设和关键基础设施保护，鼓励新兴网络安全技术的研发和技术创新，尽快解决核心网络安全技术受制于人的窘境。

（中国电子科技网络信息安全有限公司　龚汉卿）

重要专题分析

美国国土安全部加速在网络安全领域的技术创新与实践

2018 年 3 月，美国国土安全部（DHS）科学技术局发布了两个新指南，分别是《2018 网络安全分部技术指南》和《2018 网络安全分部产品组合指南》，这两个指南概述了科学技术局在网络空间安全领域所研究产品的范围，并为这些产品的转化提供机会。《2018 网络安全分部技术指南》是网络安全分部发布的第 3 次年度技术指南。

2015 年，《国土安全部科技改革与提高法案》明确了 DHS 网络安全技术研发的职能，DHS 在促进网络安全技术创新及成果转换方面的作用凸显。随后，2016 年、2017 年、2018 年 DHS 连续发布多项网络安全技术指南、实用技术转化指南及产品指南等，指导网络安全相关企业进行技术创新，大力推动相关技术成果转化，成为继DARPA 之后美国网络安全领域技术创新的又一大推手。

一、DHS 发布指南以明确其网络安全技术创新重点领域

（一）聚焦的重点研究领域

《2018 网络安全分部技术指南》列出了网络安全分部（CSD）聚焦的重点研究领域，从这些领域中可以看到，美国对网络安全领域的技术十分关注，并且由专门的网络安全分部负责对相关项目进行支持和协调，并为这些项目的研发和产业化应用提供优质的政策和平台，促进网络安全产业健康快速发展。具体来说，网络安全分部的研究聚焦于以下领域。

1. 关键基础设施网络

确保控制国家能源基础设施的信息系统的安全，包括电网、石油和天然气精炼厂和管道，降低作为传统独立系统网络化和上线时的脆弱性；创造新的方法来规划设计

关键基础设施系统的适应性；与国土安全部、工业界以及其他联邦和州政府在关键基础设施可靠性方面进行合作，开展解决国土安全关键基础设施挑战的研究。

2. 信息物理系统

确保信息物理系统和物联网在系统设计前就识别并消除了安全漏洞，并通过为关键基础设施部门开发网络安全技术指南来广泛部署成果设备；随着对物联网安全的逐渐关注，开发针对汽车、医疗设备和楼宇控制的技术解决方案；处理可联网的物理系统的安全、信任、上下文感知、环境智能和可靠性问题；并通过协调适当的特定监管机构、政府研究机构、工业界，参与并支持部门重点创新、小型商业化尝试和技术转化。

3. 网络安全推广

通过为高中生和大学生提供发展技能的机会，并且给予他们通过团体比赛获得高等教育和锻炼的机会，帮助开展和制定对国家未来网络安全人员需求至关重要的培训和教育计划。

4. 网络安全研究基础设施

通过网络风险和信任政策及分析信息市场（IMPACT），协作开发真实数据和信息共享能力、工具、模型和方法论，来支撑全球化网络风险研究社区，并通过防御技术实验研究（DETER）实验台，开发用于支撑开发和实验性地测试下一代网络安全技术所需的基础设施。

5. 网络安全中的人为因素

针对基础设施所有者采用网络安全措施的激励措施，以及对商用网络运营商预防攻击从而减轻网络风险的激励措施等问题开展研究；编写一本指导手册，详细说明创建、运行和维持一个有效的网络安全事件响应小组的原则；开发检测和减轻内部威胁的方法；开发直观的安全解决方案，可由信息技术所有者和经过少量培训或无须培训的操作人员实施；并制定决策辅助来帮助组织机构更好地评估和衡量其网络的安全态势，并根据威胁和成本进行适当的升级。

6. 身份管理和数据隐私

为客户提供所需的身份和隐私研发专业知识体系和技术，以提高其系统和服务的安全性和可靠性。

7. 执法支持

开发新的网络取证分析工具和调查技术，以帮助执法员和审查员处理网络犯罪，并调查犯罪分子使用匿名网络和加密货币的情况。

8. 移动安全

开发创新的安全技术来加速以下四个领域的移动安全应用：基于软件的移动信任根证书、移动恶意软件分析和应用归档、移动技术安全、持续认证；识别并开发超越移动设备应用程序部署的创新方法，以提供持续的验证和威胁保护，并实现贯穿移动应用程序生命周期的安全性。

9. 网络系统安全

开发能减轻云计算安全隐患的技术；构建能缓解新型和当前分布式拒绝服务攻击类型的技术；开发能帮助组织机构更好地评估和衡量其安全态势并帮助用户根据威胁和成本做出明智决策的决策辅助工具和技术；启动网络测量科学应用项目以改善全球网络流量信息的收集，开展攻击模型研究，使关键基础设施所有者和运营商能够预测网络攻击对其系统的影响，并创建当攻击发生时能够识别并能向系统管理员报警的技术；增强互联网核心路由协议的安全性，使通信能够遵循组织机构间的预期路径；开发不断调整攻击面的能力，以及使系统在发生网络攻击时仍能继续运行的技术。

10. 开源技术

建立对开源安全方法、模型和技术的认识，为支持国家网络安全目标提供可持续的方法。

11. 软件保障

开发分析软件的工具、技术和环境，解决软件中的内部缺陷和漏洞；创建统一威胁管理系统来监控和分析软件系统和应用程序的安全威胁；使静态分析工具的功能现代化与先进化，以提高其覆盖率并将其无缝集成到软件开发和交付流程中；提高与关键基础设施（能源、交通、电信、银行和金融及其他部门）相关的软件安全性。

（二）资助的主要创新项目

除了重点领域，《2018 网络安全分部技术指南》还对其在各领域资助过的创新项目精华进行了介绍和推广。这里介绍的每一个项目都在指南中被美国 CSD 主任道格拉斯·茂安称作"都是可供国土安全机构采用的用于分析和发展网络空间安全技术的众多研究工作的精华"。CSD 为这些项目提供了良好的平台资源，促进科技成果市场转化，将这些项目投入到实践中，以解决美国实际面临的网络空间安全问题。CSD 对这些项目的发展潜力具有相当的信心。

这些项目涵盖了软件保障、移动安全、身份管理、分部式拒绝服务防御、数据隐私、网络安全研究基础设施、信息物理系统安全、网络推广、网络取证以及网络安全分部对于技术转化到实践项目的解决方案；《2018 网络安全分部技术指南》对这些项目从概述、解决的客户需求、技术方法、技术优点、竞争优势和下一步计划等方面进行了简要阐述，为网络空间安全技术相关从业者提供参考。

通过了解这三十多个被 DHS 看中的创新项目，我们可以看到它们是如何吸引 DHS 的目光、抢占网络安全"C 位"的。

（三）设立的创新计划

《2018 网络安全分部技术指南》介绍了 DHS 的两项创新计划。

1. 下一代网络基础设施尖端计划

下一代网络基础设施尖端计划，研究解决国家关键基础设施网络安全面临的挑战，发现、测试和转让行之有效的解决方案，弥补网络安全漏洞，保护这些关键系统和网络。目前，该计划正在努力强化金融服务部门（FSS）的网络防御，FSS 通常是网络犯罪的重点目标。一方面测试现有解决方案，另一方面与 DHS 硅谷创新计划（SVIP）进行合作。

2. DHS 硅谷创新计划

硅谷创新计划与创新社区保持同步，以解决美国国土安全部的职责任务和本土企业面临的最困难的网络安全问题。SVIP 正在扩大范围，寻找加强国家安全的新技术，目的是整合政府、企业家和工业界的力量，找到尖端的解决方案。总部位于加利福尼亚硅谷的 SVIP，与全国和世界各地的创新社区建立了联系，利用商业研发生态系统进行政府应用，推动创新研究，加快市场转型。

SVIP 通过精简的申请和交易流程寻求应对国土安全部任务挑战的解决方案，包括安全网络和技术解决方案，首先响应海关和边境保护问题。

SVIP 可以在 24 个月内，分四个阶段，最多投入 80 万美元（每期 20 万美元）。自 2015 年 12 月启动以来，SVIP 共收到了 250 多项申请，向 25 家公司颁发了奖项，引发私营企业投资超过 4 亿美元。

二、DHS 构建了完善的网络安全技术创新组织管理体系

（一）科学技术局牵头技术创新管理

目前，DHS 有 10725 个网络安全相关职位，其主要网络安全职能部门有两个：国家保护与计划管理局（NPPD）和科学技术局。DHS 的主要职责有：保护联邦政府民用网络的安全；保护关键基础设施；网络威胁的响应；减少网络犯罪；建立伙伴关系；促进创新；网络人才培养。其中，网络安全技术创新工作由科学技术局牵头负责。

科学技术局的一项重要任务是网络空间安全防护，即科学技术局必须针对美国国土安全部门的关键性需求提供有效和具有创新性的观点、方法和解决方案；作为国土安全部的科学顾问，针对 DHS 的主要研发目标，科学技术局对各部门的科学与技术研究实行从开发到转化的全过程管理。科学技术局的工程技术人员、科研人员与产业界和学术界密切协作，确保各项研发投资满足当前及未来的高优先级需求。

（二）网络安全分部（CSD）负责具体研发工作

在 2003—2010 年期间，科学技术局的网络安全项目重点解决的是 DHS 网络运行和关键基础设施保护方面的需求。随着网络安全越来越重要，到 2011 财年，科学技术局正式成立了网络安全分部，隶属于科学技术局下面的先期研究计划局（HSARPA），主要从事网络安全研发具体工作。

CSD 的主要职能与网络安全研发相关，包括方向规划、新技术和工具的研发、科技成果转化、网络空间安全防护，其具体目标有：加强关键基础设施的安全性和弹性，确保联邦政府信息技术企业的安全；高级的取证、事件响应和报告能力；加强生态系统，推动网络生态系统中创新的、成本效益高的安全产品、服务和解决方案；推动科研转换，促进可信赖的网络基础设施的建设；培养网络安全专业人才；提高公众意识并推广网络安全最佳实践；推动国际参与，促进能力建设，加强国际合作。

CSD 的使命是通过以下三种途径来提高美国国家关键信息基础设施及互联网的安全性和可靠性：开发交付新的技术、工具和方法，使美国在对抗网络攻击时能够防御、减轻风险和保护当前及未来的系统、网络和基础设施；开展并且支持技术转化；领导并协调包括客户、政府机构、私营部门和国际合作伙伴在内的研发社区的研发工作。

三、DHS 提出了网络安全技术创新保障的举措

（一）通过战略规划确立网络安全技术创新的优势地位

DHS 作为美国政府网络安全的一个重要职能机构，在协同落实美国国家网络安全战略部署方面发挥着至关重要的作用。通过几任总统"递进式"的网络安全战略，美国网络安全战略从早期的分散逐步走向系统，从局部走向整体，形成了以关键基础设施保护、促进网络安全技术研发和创新等为核心的网络安全战略体系，通过规划实施确保美国政府始终保持网络安全技术的领先优势。

2011 年，美国发布了《联邦网络空间安全研发战略规划》，提出重点发展具有"改变游戏规则"潜力的革命性技术，并确定了四个研发主题。随着云计算、大数据等新兴技术领域的发展，美国发布了《联邦政府云计算战略》《大数据研发计划》等文件，将新一代信息通信技术、云计算、大数据、人工智能等新兴技术领域作为战略重点。

2018 年 5 月，DHS 发布了最新《网络安全战略》，该战略描绘了 DHS 未来五年在网络空间的路线图，为 DHS 提供了一个框架，指导该机构未来五年履行网络安全职责的方向。《网络安全战略》确定了 DHS 管理网络安全风险的五大主要方面及七个明确目标。该战略明确指出要优先开展 DHS 网络安全研究、开发和技术转化，支持 DHS 的任务目标，为此提出以下要求：DHS 的研究和开发工作必须继续支持并推动美国的网络安全目标，包括保护能力的发展，以确保联邦企业和关键基础设施和必要的工具用于执法；DHS 必须优先考虑支持事件响应、信息共享等其他网络安全目标的研究和开发；DHS 必须利用商业能力和研发能力瞄准信息和通信技术；凡是 DHS 开展的网络安全研究和开发投资，必须把重点放在支持部门的优先事项上，并可以通过 DHS 和其他利益相关方（包括私营部门、各州、地方、部落、地区和国际合作伙伴）共同实现创新。

（二）通过持续的财政投入维持和强化网络安全技术创新能力

2018 财年国土安全部预算总需求为 706.92491 亿美元，其中网络安全两个主要相关部门的预算分别为：国家保护与计划管理局预算为 327.7489 亿美元，科学技术局预算为 62.7324 亿美元；2019 财年国土安全部预算总需求为 744.38719 亿美元，国家保护与计划管理局预算为 334.8261 亿美元，科学技术局预算为 58.3283 亿美元。可以看出，美国 DHS 网络安全预算总体呈现增长趋势，对科学技术局的财政投入持续稳

定，从而确保了网络安全新技术的研发能力得以维持并不断强化。

（三）通过 SBIR 项目鼓励小企业协助联邦网络安全研究工作

科学技术局充分认识到，美国小企业在解决各种问题方面拥有丰富的创造力，他们是创新的引擎，所以希望能从他们那里得到灵感，以广撒网的形式寻找高度创新的解决方案。2004 年，科学技术局启动了小企业创新研究（SBIR）项目，该项目是一个竞争性合同项目，旨在通过资助小企业开发新型与增强的网络安全解决方案，从而增加创新参与并鼓励美国小企业参与联邦研发，并通过 SBIR 的资助提升私有部门的商业化水平。

SBIR 项目分为 3 个阶段，第一步是评估该技术的优点以及被提交上来的建议是否具有可行性；通过第一阶段的建议将有 6 个月的测试资格，并将获得 10 万美元的奖励；如果通过第一阶段的建议被纳入第二阶段，将获得 24 个月的测试资格，以及高达 75 万美元的奖励；第三阶段是针对先前由 SBIR 资助的项目提出建议，根据初期项目成果、科学和技术优势以及商业化潜力，其中每个项目都可能有资格获得进一步的开发资金，但是除 SBIR 的资助以外，还可以从其他投资人那里获得发展资金。

科学技术局通过 SBIR 项目资助了众多小企业进行网络安全前沿技术的研发与创新，比如，DHS 认识到区块链技术代表着一种创新技术的跨越式发展，在多个经济领域都有许多用途和应用，科学技术局也看到了这项技术的潜在优势，为探索区块链技术并促进美国区块链技术的可行用途（包括共享紧急响应者信息，创建不可变更记录和数据审计日志，改善旅行者体验，减少货物转移中的欺诈状况等），科学技术局在 2016 年就率先开展相关技术和项目研究，并且通过 SBIR 项目为小企业提供了数千万美元的奖励，研究区块链的各种能力。

近年来，SBIR 项目资助的研究主题还涉及：将区块链技术应用到身份认证管理和隐私保护；知识型认证和验证的远程身份验证可选方案；态势认知和先发制人网络防御的恶意软件预测；顺应力和准备工作的实时评估；拓展静态分析工具以检测新软件系统的潜在漏洞；网络风险与信任政策及分析信息市场，等等。

（四）通过 TTP 项目促进网络安全新技术的市场转化和实用化

对于研发机构而言，将技术推向市场一直是一项艰难的挑战，为促进网络安全新技术的成功转化，科学技术局特别建立了"技术转化"（TTP）项目。该项目旨在对联邦资助开发的网络安全技术进行鉴定，提供转化资金，适时将其转化为实用型的商业产品。TTP 项目会在每一财年内选定多项网络技术方案，并将其纳入为期 36 个月的商业推广计划。科学技术局会在此期间逐步将技术成果交付至投资者、开发商、制造商并帮助其成为具备商业可行性的方案。TTP 项目帮助科学技术局为技术方案找到关键性网络安全投资方，从而加快技术的过渡进程。

科学技术局通过三种方式进行成果转化，一是商业化，二是政府采购，三是开源。2004—2017 年，通过 TTP 项目总共有超过 75 项技术产品实现转化，其中，2004—2010 年有 11 项产品商业化，3 项产品得到开源，1 项产品得到政府采购；2011—2014 年有 12 项产品商业化，3 项产品得到开源，2 项产品获知识授权；2015—2017 年有 16 项产品商业化，2 项产品得到开源，3 项产品获知识授权；通过小企业创新研究，有超过 10 项产品商业化，2 项产品得到开源。量子保密通信、Hyperion、NeMS、athScan 以及 PACRAT 等技术都已经成功实现了商用授权。

据悉，联邦政府在非密网络安全技术上的投入每年超过 10 亿美元。

（五）通过人才战略保证网络安全技术创新的活力

人才是一切技术创新的源泉。美国在制定相应网络安全战略的同时，也制定并实施了全面的网络安全人才尤其是精英人才的培养战略，从 2004 年开始，DHS 就与美国 NSA 的信息保障司（IAD）合作实施了"国家学术精英中心"计划。

2011 年 9 月，DHS 和人力资源办公室牵头提出《网络安全人才队伍框架（草案）》，明确了网络安全专业领域的定义、任务，及人员应具备的"知识、技能、能力"，对开展网络安全专业学历教育、职业培训和专业化人才队伍建设起到了重要的指导作用。

2012 年 6 月，DHS 与大学和私企合作启动了一项旨在培养新一代网络专业人才的"网络安全人才计划"（Cybersecurity Workforce Initiative）。这项计划的任务是：制定人才培养战略，提升国土安全部对网络竞赛和大学计划的参与程度；加强公司合作伙伴关系；通过跨部门合作组建一支能在联邦政府所有机构工作的网络安全队伍。DHS 通过该计划招聘了一大批网络安全专业人才，其中包括计算机工程师、科学家、分析师和信息技术专家。除此之外，DHS 还非常重视与民间安全人才的交流，并鼓励和吸引民间安全人才参与国家网络安全建设，通过"吸血式"人才战略，国土安全部建立了世界一流的网络组织并吸引了最优秀的网络安全人才，保证了其在防御网络威胁方面的领先优势。

四、结语

当前，我国网络安全业界在技术创新上还面临诸多问题，投入不足、研发能力分散、产品技术能力欠缺、只在国内进行低技术水平竞争、市场非常碎片化等等，造成真正有技术创新能力的厂商寥寥无几，即使有心在技术创新上面有所作为的厂家也经常感到力不从心。

为此，我们必须借鉴 DHS 在网络安全领域技术创新的成功经验，统筹网络安全技术创新领导机构；重点筛选有发展前途的新技术；通过人员、设施和政策保障，及时解决新技术发展过程中出现的相关问题；加快促进网络安全技术成果转化，推动新技术由技术生态位向市场生态位发展，积极培育壮大网络安全产品服务市场；建立健全网络安全人才发现、培养、激励等机制，发挥好不同类型网络安全人才的作用，通过项目、工程、平台、竞赛等形式，锻炼、培养、造就人才，增强产业发展后劲；加大投入和资助力度，鼓励企业的创新交流合作，推动网络安全产业向高端集聚发展。

（中国电子科技网络信息安全有限公司　陈倩）

（二）威慑能力与集体安全成为网络安全战略的两大支柱

尼尔森在 2018 年 RSA 大会上强调称，网络安全的重要集体性意义已经达到史无前例的高度。高连通性意味着美国的风险现在已经成为全球的风险，她将网络攻击比作一种自然灾害，"如果我们各自为战，那么从集体角度讲必将承受巨大损失。"尼尔森指出，威慑能力与集体安全将成为白宫下一步网络安全战略中的两大支柱。

关于威慑能力，特朗普政府在 2017 年 5 月发布的网络安全行政令（13800 号）中授权建立一个网络威慑框架。2018 年 7 月，美国参众两院通过的 2018 年《国家国防授权法案》确立了美国的网络威慑和应对政策，要求国防部更新其网络战略，并对网络威慑的含义进行更明确的定义，同时呼吁政府制定更加明确的网络威慑战略。法案要求该战略应该包括对所需要改进的网络攻击能力措施的描述，以及"关于适当部署网络攻击能力的原则性声明"；在更新的战略中，国防部长应"专门制定一个网络攻击战略，其包括网络攻击能力计划。该计划包括计算机网络开发和网络攻击，以阻止来自俄罗斯和其他对手的空中、陆地或海上攻击。"该法案也指导国防部长制定关于将网络攻击工具纳入国防部武器库，以及帮助北约合作伙伴共同发展网络攻击能力的指导性文件。

2018 年 5 月，白宫原本打算在特朗普网络安全行政令一周年之际发布网络威胁战略摘要等多个网络安全相关报告，但由于特朗普政府内部就其网络威慑战略中是否囊括"报复性黑客攻击"产生分歧，原定于 2018 年 5 月 11 日要公开发布的特朗普政府"网络威慑战略的公开版摘要"被推迟发布。目前，美国国家安全委员会正在修改相关内容，并且美国国务院对威慑战略进行了总结，着重强调有敌人对美国政府或是美国境内公司发动网络攻击时的回应。据媒体透露，战略摘要能广泛地告知民众政府的秘密行动计划，同时向对手发出信号暗示何种行为会越过红线，因此战略摘要虽不是全面报告，但仍然具有非常重要的作用。

在 2018 年 RSA 大会上，美国国土安全部针对网络安全提出了"集体防御"模式，集体防御的一个重要内容是"共享"，国土安全部已经通过诸如自动监测共享等项目共享威胁信息，但它希望与公司和基础设施组织更加充分地共享国土安全部的安全工具。为此，国土安全部提出了一项计划，即直接与行业共享网络安全工具，尤其是医院、机场和化学工厂等关键基础设施行业。尼尔森表示，共享这些工具的过程与持续诊断和缓解计划类似。

集体防御的另一个重要内容是"合作"，美国计划与各私营与公共合作伙伴开展更为密切的合作，旨在增强弹性水平并阻止恶意行为者。目前，美国政府和科技界对是否要对由外国政府发起或资助的黑客发起网络攻击这一问题尚未达成共识。许多科技公司都表示不会帮助政府实施此类攻击。对此，尼尔森认为政府需要制定一系列的规范准则。

（三）美国网络监控在调整中继续强化

网络监控话题在多届 RSA 会议中被屡次提及。在 2018 年 RSA 大会前一周，DHS 就公开招标寻找承包商，以帮助"监控"全球超过 29 万个新闻来源，包括在线、印刷、广播、有线、无线、商业和工业出版物在内的地方、国家和国际性的新闻媒体和社交媒体。此外，DHS 还希望中标单位具备多语种媒体报道追踪的能力，包括阿拉伯语、中文和俄语在内的 100 多种语言，并将这些多语种文章即时翻译成英文。同时希望对方开发一个大型"媒体影响者"数据库供其使用。

DHS 希望这家公司能提供基于应用程序的框架，以便 DHS 员工用来分析在线文章和社交媒体对话，或通过内部智能手机警报、短信、电子邮件或 WhatsApp 消息接收自动警报。DHS 仅需为这款应用的安全协议指定密码保护，而不是任何其他数据或网络防护措施。

本届美国政府对待网络监控的态度是不断调整、持续强化。新的《美国自由法案》草案使 NSA 和 FBI 的监控"合法化"；目前，参众两院已通过延长"外国情报监视法"第 702 条有效期的相关法案，重新为多个政府监控项目授权。该法案虽然从名义上来看是针对外国目标的，但实际上它也赋予了 NSA 等机构监控美国公民的权力，从而强化了 NSA 的监听能力。美国总统特朗普通过推特对该法案表示支持，并称该法案一旦在美国参议院通过，他会签字将其生效变成法律。

二、产业发展趋势

（一）小微安全企业主打创新牌，隐私保护和威胁检测手段推陈出新

每届 RSA 大会的沙箱（SandBox）创新论坛都是关注的焦点之一，该论坛催生了许多新的安全技术，并潜在地改变网络安全产业的发展态势。业界巨头紧盯创新成果，适时"出手相接"。

本届评选出的十大创新安全公司，业务范围涵盖了各种不同的技术，其中包括欺骗与威胁检测、云安全、人工智能以及机器学习、网络安全、加密以及容器安全等。其分别是：（1）Acalvio，其主要产品平台 ShadowPlex 是一种欺骗技术，旨在欺骗黑

客并对其设置陷阱。（2）Awake Security，其核心产品 Awake 安全调查平台是一个威胁狩猎平台，它还提供了攻击活动分析和快速响应功能。（3）BigID，它是企业隐私和数据管理供应商。该公司的平台可帮助组织发现个人身份信息，其中包括非结构化和结构化数据。这也是可以帮助组织遵守欧盟 GDPR 的关键功能之一。（4）BluVector，公司的业务是人工智能驱动的网络安全。BluVector Cotex 是该公司的检测和响应安全平台，而 BluVector Pulse 可以提供设备管理和监控功能，是 Cortex 的一个补充。（5）cyberGRX，这是第三方网络风险管理平台，可以帮助企业理解和管理供应链威胁载体。（6）Fortanix，它可以提供运行时的加密功能，以补充英特尔软件防护扩展（SGX）。该公司的核心平台是运行时的加密平台，可在应用程序使用时对其进行透明加密。Fortanix 还有一个自防御密钥管理服务（SDKMS），用来保护用于加密操作的加密密钥。（7）Hysolate，公司的平台主要是为端点资源提供高度隔离服务。该公司的平台提供了一个"虚拟空隙"，使端点能够拥有一个隔离的锁定操作系统，以及可以访问企业资源的解锁系统。（8）Refirm labs，这是一家物联网安全厂商，专注于固件的完整性。Refirm labs 的核心技术是 Centrifuge Platform，可自动检测物联网设备的固件漏洞。（9）ShieldX，作为其 APEIRO 网络安全平台的一部分，ShieldX 提供了多云微分段功能。APEIRO 将深度包检测（DPI）功能与分析和检测功能相结合，帮助减少和减轻网络风险。（10）StackRox，是一家容器和微服务安全厂商，可提供可视性、控制和威胁检测功能。该公司的核心平台称为检测和响应，并提供核心容器安全功能。

其中，BigID 公司获得冠军；第二名是 Fortanix。BigID 借助机器学习技术和认证情报，开发出软件平台，能够帮助企业更好地保护员工和客户的数据，量级可达到 PB 级。借助 BigID 的服务，企业可以有效响应"以个人数据隐私为中心的 GDPR 要求，包括被忽视的权利、加快违规响应通知、确保遵循用户协议以及限制所收集数据的使用方式等"。Fortanix 此次参赛的自防御密钥管理服务（SDKMS）作为下一代硬件安全模块产品，专门面向云端应用程序。

（二）面向业务、服务业务、运营业务

在 2018 年 RSA 大会上，各家厂商将产品与业务更紧密地贴合，站在业务运营者的角度执行调度工作。产品从功能化到业务化的转变，意味着产品希望在最终用户端能得到更广泛的验证，也意味着产品开始走向平稳发展阶段。

例如，Alogosec 提出"业务流"（Business Flow）概念，在 Business Flow 中，产品从原有的管理员视角中跳出，不再关注于策略、子网、网络协议，而是直接站在业务角度去分析风险和执行处置。虽然从技术角度这个转变并不一定非常困难，但其贴

近用户、提升体验、凸显价值的产品设计思路非常值得借鉴。

对于用户来讲，一项重要的业务就是合规。在产品中，各大厂商也针对合规业务给出了解决方案，例如在 Skybox 产品进行业务录入和访问关系录入时，其定义并非全靠安全基线，而是根据合规需求提供现成的合规配置模板调用，让合规业务落地变得更为简单。

此外，Firemon 公司在 2018 年推出了全球策略控制器（GPC），该产品的理念是直接服务业务、省去中间步骤。

2018 年 RSA 大会上最受欢迎的新产品开发领域是云安全、安全编排、威胁检测和事件响应。

（三）大型安全企业继续实施并购战略，打造更全面的安全解决方案

传统 IT 巨头均有重金收购新兴安全公司的行为。其中，亚马逊云计算 AWS 于 2018 年 1 月收购了 Sqrrl 网络安全初创公司，这是一家网络安全软件研发商，融合了各种安全大数据技术，包括分布式计算、连接分析、机器学习、以数据为中心的安全性及高级可视化工具，致力于通过分析大数据来追踪网络安全威胁，让企业能够更快识别和定位这些威胁。迈克菲于 2018 年 3 月收购了多伦多的 TunnelBear 公司，通过收购，迈克菲计划将 TunnelBear 的虚拟专用网络（VPN）技术整合到其安全链接产品中；赛门铁克也于 2018 年 3 月收购了以色列的移动安全初创公司 Skycur。

通过收购战略，这些大型安全企业快速弥补了自身的安全技术短板，逐步搭建起企业内部多产品的安全生态环境。借助收购战略，这些企业力图成为行业最全面、最一体化的网络安全综合解决方案提供商，并通过其全球影响力，进一步扩大网络安全的全球业务范围。在本次 RSA 展会主展台上，这些企业倾力而出，引人注目。

三、技术新兴热点

每届 RSA 大会都是预测网络安全技术发展趋势的风向标，本次大会也不例外。2018 年 RSA 大会有以下技术成为大会的讨论热点。

（一）隐私保护

在如今大数据和隐私泄露的敏感时期，网络隐私保护成为新课题。网络隐私保护是"和人的本性对抗"。大数据和分享经济的流行是一把"双刃剑"。一方面来说，大

数据和分享经济使人们的生活变得更加便利，给人们提供的个性化服务会更加贴心。另一个方面，如果信息被泄露、被恶意利用，造成的危害也非常大，此时人就像生活在一个玻璃盒子里面，全部被透明、公开。

如今，人们的隐私保护意识日渐提高，近期脸书（FaceBook）事件的爆出，令许多公司和用户都十分紧张。再加上欧洲新数据法 GDPR 的颁布，其影响十分深远。未来，网络隐私保护将成为安全投资的风口。

在创新沙箱大赛中，获得第一名的 BigID 公司就是专注于用户隐私和数据保护的公司。BigID 软件平台能够帮助企业客户有效响应以个人数据隐私为中心的 GDPR 要求，具体包括被忽视的权利、加快违规响应通知、确保遵循用户协议以及限制所收集数据的使用方式等。

大安全时代，网络安全不仅仅是简单的病毒、木马，而且关系到国家安全、社会安全、民生安全。网络安全可谓是牵一发而动全身，其中数据和隐私的保护尤为重要。所以，完善大数据时代的隐私保护机制，建立完备的数据保护体系，未来还需要政府、社会和企业、用户共同努力，这也是大安全时代最需要关注的新课题。

（二）物联网安全

随着联网设备逐渐走进人们的数字生活，物联网安全也就成了 2018 年 RSA 大会的热门话题。

互联网数据中心（IDC）市场研究公司表示，物联网智能家居设备的市场相当诱人，将成为第四大行业。尽管如此，大多数设备的设计并未考虑安全性。

2016 年的 Mirai 僵尸网络感染了 30 多万台包括网络摄像头和路由器在内的物联网设备，这足以说明物联网安全问题带来的影响巨大。尽管 Mirai 僵尸网络敲响了警钟，但联网智能家居设备的安全性似乎并未改观。物联网设备普遍存在未加密的固件升级问题、未加密的摄像机视频流、明文通信、密码存储未设置保护等安全缺陷。

物联网存在的各种安全问题需要物联网设备制造商和终端用户联合采取措施以确保设备安全。物联网设备的另一个问题是，物联网设备有太多组件，包括处理器、云与 Web 服务、设备与应用程序，这导致很难兼顾所有这些组件的安全问题。系统的每部分都至关重要，漏洞可能就存在于应用程序、平台、设备、传感器和云中。

（三）人工智能

如果 2017 年说人工智能在安全领域还是一个炒作话题的话，2018 年必将看到大量人工智能在安全领域的落地实践。从本次 RSA 大会的展区就能看出一二，虽然参展的几十家厂商身处不同的安全细分市场，提供不同的安全产品，但是 2018 年共同的一点就是大家都在向与会观众诉说着自己的新产品、新技术是如何通过人工智能、机器学习来最大程度上提升安全水平的。

在本次大会的演讲中，飞塔（Fortinet）公司作为网络威胁联盟（CTA）的创始成员，全球威胁情报领域的实践者与领军者，提出了群体智能（Swarm Intelligence）的概念，这是人工智能领域的概念之一。

Fortinet 认为，下一代僵尸网络最大的特点将是"集群"（Swarm），即不再是依靠中心化的指挥与控制，而是实现去中心化的连接，基于一定的算法进行自组织的一套点对点僵尸网络，也就是通过群体智能来构建一套健壮/稳定的僵尸网络，在极大程度上可以扩展攻击链，加速攻击速度，并且可以完全不需要人工介入。

在不断进化的攻击面前，防御一方也应该进行相应的进化，为了进行更好的防御，同样核心也是围绕着群体智能这一概念。面对成群结队的攻击，如果防御方不能将自己的网络、设备"团结"起来，就注定输在起跑线上了。因此 Fortinet 始终倡导整合、协同、联动、甚至生态，生态圈内大量的安全产品能够形成协同，使得网络内的微隔离成为可能，将攻击对手限制在一个个微小的隔离区域内，使其无法横向传播与扩散，将一条完整的攻击杀伤链切断。基于整个生态的协同联动，足以让用户应对不同攻击面的威胁，不论是物联网、网络还是电子邮件等，并且彼此间能够进行自组织和自动化调整，提升安全响应速度，做到及时发现及时解决，让对手寸步难行。

（四）区块链

我们注意到 2018 年区块链技术也成为一大热点，区块链于 2018 年第一次独立出现在 RSA 大会上。从内容的深度来看，区块链的研讨还是以科普为主，内容主要涉及区块链原理、区块链安全分析，以及案例分享。

密码专家、大学教授和网络安全专家在该大会的一个小组会议上讨论了加密与加密货币的区别，解释了区块链炒作以及区块链的正确用途。以色列魏茨曼科学研究院（Weizmann Institute）的计算科学教授安迪·沙米尔表示，虽然区块链技术被炒作过头，但当量子计算机出现时，它能用来保证数字签名的有效性。未来，利用区块链保证数字证书安全性的一种方式就是简单证明证书是在量子计算机可用之前生成的。安全研究员兼顾问保罗·科歇尔表示，虽然区块链是一个有趣的技术，但不一定能成为商业。

当然，需要清醒地看到区块链目前处于泡沫期，期待其解决所有问题是不现实的，区块链技术进入成熟应用前必须解决大量的技术问题，并提供合理的业务相关特性。例如公司破产法中有在一定时间内撤销交易的规定，那么电子交易的区块链应用也应提供相关的机制，这就需要修改区块链的交易机制，或提供额外的中间件。

总之，从研讨会的话题和参会者的积极态度来看，区块链在国外同样引人关注。随着区块链技术的升级与扩展，一些人指出有必要为其制定真正的标准与安全协议。区块链正越来越多地作为物联网、支付（无论实际规模如何，特别是点对点支付）、身份、首次币发行、忠诚度计划、共享资源分配以及联网设备等的有效解决方案。内容提交者们正积极探索区块链技术中的分布式信任模型与可用性如何作为安全解决方案实现用户管理与自身管理，并借此帮助企业改进运营能力、安全性并带来新的服务类型。此外，坏人们当然也不会错过区块链这一重要机遇。

由于区块链是一个跨学科的综合性技术，许多公司的高层决策者还不太清楚其产生的价值。但区块链能保证去中心化的信任，以及可回溯性等的技术原理，确实给未来加密货币的发展带来了很多想象空间。

四、中国产业的声音

本次 RSA 大会共吸引了全球 577 家机构参展，其中来自中国的参展企业有 27 家，分别是 360、阿里巴巴、安天、飞天诚信、绿色网络、山石网科、华为、文鼎创数据、微步在线、青藤云安全、芯盾时代、卫达安全、联软科技、恒安嘉新、安博通、顶象科技、安恒信息、绿盟科技、国舜、三未信安、盛邦安全、指掌易、安点科技、北方恒扬科技、浩瀚深度信息、长亭科技、升鑫网络。

360 公司首次集中展示了由拒绝服务（DDoSMon）、网络扫描（ScanMon）和域名异常（DNSMon）三项系统构成的全网威胁实时监控系统，三大杀毒引擎（QVM、QEX、AVE），以及专注高级持续性威胁（APT）事件追踪的波塞冬系统，还有多款国民级安全产品。这些技术和研究成果，代表了当前国内应对网络威胁的最高技术水平。安博通参展的是网络安全可视化与态势感知的产品与技术；顶象科技在大会上展示的是"全行业互联网业务安全解决方案"，主要为金融、电商、物联网等提供全流程的业务安全；盛邦安全在大会上用"共享安全"的理念来实现流量清洗，展示的是共享抗分布式拒绝服务的新产品；长亭科技在大会上首次发布了新产品洞鉴（X-Ray）安全评估系统，这是一款集成主机资产和 Web 资产的扫描器安全评估系统。

本次大会从展台形势和参展内容来看，中国产业界已经开始在国际舞台上发声。但是，就目前而言，美国等国家对于安全的关注比国内更加深入，无论是会议规模还是公司、企业。此外，国外安全热门话题与国内也存在一定的差异。相对而言，国外对于区块链技术显得较为冷静，并没有国内这么推崇，人工智能方面也是如此，国外和人工智能有关的课题也并不多见。

目前，美国政府以及企业投入资源最多的仍是监管和数据安全两方面。对于技术的追求更纯粹，监管力度更大。企业更多从实际业务或高层建设出发，从云安全、网络安全、攻击和防御等角度来探讨。

另外，本次大会以团体形式展现的是闻名已久的以色列安全厂商，而在大会展台及讨论现场也随处可见来自以色列的安全专家，这个国家网络安全产业的蓬勃发展值得特别关注。

（中国电子科技网络信息安全有限公司　陈倩）

美国高度重视信息和通信技术供应链安全

2018 年，信息和通信技术（ICT）供应链安全问题再次被美国推到了最前沿。美国各级政府、国会、军方等全面拉响了 ICT 全球供应链脆弱性警报。美国认为 ICT 供应链安全风险对于美国技术领先以及经济和国家网络安全的未来至关重要。

ICT 是信息技术与通信技术融合发展而形成的技术领域。ICT 的全球化应用推动了其供应链的全球化，ICT 系统的运行依赖于分布在全球相互联系的供应链生态系统，该供应链生态系统包括制造商、供应商（网络供应商和软硬件供应商）、系统集成商、采购商、终端用户和外部服务提供商等各类实体，还有产品和服务的设计、研发、生产、分配、部署和使用，以及技术、法律、政策等软环境。简单地说，ICT 供应链的基本结构包括内部开发、信息、信息系统、服务、组件和产品（或服务）制造维护及退出信息系统的整个过程。因其贯穿多个供需环节，涉及制造商、供应商、系统集成商、服务提供商等多类实体以及技术、法律、政策等软环境，已然是其他供应链的基础，成为"供应链的供应链"。

由于 ICT 供应链的全球分布性、网链结构、采购者、用户对 ICT 供应链的风险控制能力随着供应商透明度的降低而逐层降低，任意环节存在设置恶意功能、泄露数据、中断关键产品或服务提供等行为都将破坏相关业务的连续性，带来不可控的安全风险。

一、美国政府对 ICT 供应链安全给予高度重视

（一）发布《美国联邦信息和通信技术中源自中国的供应链漏洞》报告

2018 年 4 月 19 日，美中经济与安全评估委员会发布了一份题为《美国联邦信息通信技术中源自中国的供应链漏洞》的报告，强调美国政府需要制定一项供应链风险管理的国家战略，以应对联邦信息通信技术中的商业供应链漏洞，包括与中国有关的采购。报告认为，中国成为全球信息通信技术供应链关键节点不是偶然的，中国政府

将 ICT 行业视为战略行业，投入了大量国有资本，长期以来一直执行鼓励 ICT 发展的政策。华为、中兴和联想被认为是具有部分上述特点的中国 ICT 企业。报告建议制定具有前瞻性的 ICT 供应链风险管理的国家战略及其配套支持政策，而不是被动应对那些已经对美国国家安全、经济竞争力或公民隐私造成损害的事件。

（二）联邦通信委员会致力于解决与公共资金支持的网络有关的供应链安全问题

2018 年 4 月 18 日，美国联邦通信委员会（FCC）发布关于保护 ICT 供应链免受国家安全威胁的新规。FCC 负责监督约 85 亿美元的通用服务基金（USF），新规"禁止使用 USF 的资金采购对于美国通信网络和通信供应链构成国家安全威胁的设备或服务"，以此致力于解决网络供应链的安全问题。

（三）国土安全部评估系统性风险中的供应链威胁

2018 年 5 月 7 日，为加强私营部门供应商的网络安全，美国国土安全部计划将总体评估和针对性评估相结合，双管齐下评估供应链风险。总体评估包括评估广泛的威胁、漏洞和攻击的潜在后果；针对性评估包括评估特定的威胁、目标和后果。

（四）发布《2018 年联邦信息技术供应链风险管理改进法案》

2018 年 7 月 13 日，美国白宫公布了《2018 年联邦信息技术供应链风险管理改进法案》，该法案建议设立两个机构——联邦 IT 采购安全委员会和关键 IT 供应链风险评估委员会，旨在为使用技术产品的政府机构提供有关如何降低供应链安全风险的指导和建议。该法案将授予民用机构更多的权力和工具以缓解供应链安全风险。另外，它将为各政府机构提供一致的、有力且精简的指导意见，以规避并解决衍生自多个信息技术产品中的安全威胁问题。该提案的目标是开始缩小严格集中的情报社区和国防部与相对宽松和分散的民用机构在供应链安全方面的投入差距。

（五）《2019 财年国防授权法案》中明确禁止美国政府使用或采购有关中国企业的设备

2018 年 8 月 13 日，美国总统特朗普签署了《2019 财年国防授权法案》，该法案的第 889 条禁止美国政府部门使用或采购：（1）华为和中兴公司（或其子机构、附属机构）生产的电信设备；（2）海能达、海康威视、大华生产的用于公共安全、政府场所安全的、关键基础设施的物理安全监控等用途的视频监控及电信设备；（3）上述公司提供的电信或视频监控服务，以及对上述设备的使用；（4）其他电信、视频监控设备或服务，经国防部部长咨询国家情报总监或联邦调查局局长后，认为提供该设备或服务的公司是由中国政府持股、控制或与中国政府有联系的。

（六）美中经济与安全评估委员会向国会提交 2018 年度报告

2018 年 11 月 14 日，美国美中经济与安全评估委员会向国会提交 2018 年度报告，就经济和安全领域提出总计 26 项建议，委员会认为其中 10 条至关重要。第一条就是国会要求美国管理和预算办公室下属的美联储首席信息安全官委员会向国会提交一份年度报告，评估中美两国产业链紧密结合可能带来的风险。

（七）敦促盟国停止使用华为的电信设备

2018 年 11 月 23 日，美国正敦促其盟国停止使用华为的电信设备，并对支持此项提议的国家增加援助。在拥有美国军事基地的国家，尽管国防部有专用卫星和电信网络用于敏感通信，但许多军事设施的通信仍通过商业网络传播，因而美国官员向德国、意大利和日本等国家的同行和高管介绍了网络攻击和间谍活动的危害，尤其是在复杂的第五代移动网络技术（5G）环境下。这项举措被认为是美国领导的盟国与中国之间更广泛的技术冷战的一部分，以控制日益数字化的世界。澳大利亚政府在 8 月宣布已阻止华为为其无线网络提供 5G 技术。12 月 7 日，英国和日本等多国对华采取行动，英国表示将在未来两年内替换其核心第四代移动网络技术（4G）中的华为设备，日本则计划禁止政府采购华为和中兴的设备。

（八）国防部建立供应链风险"联合特遣队"

2018 年 11 月 25 日，美国国防部负责网络安全的副首席信息官唐纳德·赫克曼出席国家标准与技术研究所主办的"网络安全风险管理会议"时表示，为了降低网络安全风险，国防部已经发起了倡议以降低供应链脆弱性并整合云服务。供应链脆弱性和整合云服务被视为对军方任务至关重要的两个关键领域。赫克曼表示，国防部正在利用与国防工业基地和学术界的长期合作关系，建立供应链风险"联合特遣队"并筹建联合人工智能中心（JAIC），这将为军方网络安全工作开启新的途径。

二、ICT 供应链面临的网络安全问题浅析

针对 ICT 供应链的网络攻击，实际上避开了正面强攻，以"渠道"制胜，对目标进行"迂回"式攻击。供应链攻击具有隐秘性高、投放扩散效率高、攻击面更广阔更立体等特征，因此，近年来，围绕供应链攻击的防御和应对，逐渐成为网络安全领域的重要研究方向。

在 ICT 采购全球化的态势下，ICT 供应链安全与国家安全间的关系愈发密切，美国、欧盟、俄罗斯等国家和地区先后将 ICT 供应链安全置于国家安全战略层面来考虑，供应链风险是网络安全管理里一直被低估的领域。在瞬息万变的信息时代，随着新一代信息技术及相关产业的爆发式增长，供应链风险逐渐成为网络安全风险的一个关键要素，其面临的网络安全风险来源主要有：

一是现有系统（或产品）的脆弱性和漏洞引起的 ICT 供应链安全风险。这类风险包括由于系统漏洞而导致的恶意软件对相关组件进行篡改等风险，恶意篡改可能是外在原因（如恶意程序、高级木马、外部组件、非授权部件等）导致的，也可能是内在原因（如非授权配置、供应链信息篡改等）导致的。这些风险可能导致的直接后果是使得系统功能减少或一些功能不可用。

二是供应链信息传递过程中的安全性。完整的供应链包含多个制造商、采购商、运输服务商等多个主体，信息传递过程较长，渠道较多，使其面临着信息泄露、恶意篡改、供应中断与产品质量参差不齐等安全威胁。所以，任何环节出现问题，都可能影响整个供应链的安全。

三是生产制造、开发水平低而导致的风险。ICT 产品和服务的安全性取决于整个供应链的安全水平。ICT 产品和服务设计系统集成商、供应商和外部服务提供商等各类实体，以及设计、生产、分配、部署和使用各个环节。在这些实体或环节中，受限于供应商、系统集成商能力而导致组件或系统中存在各种恶意或无意威胁。若系统使用了含有漏洞的组件，会给信息系统使用者带来潜在风险。

四是随着 5G 和物联网等技术的发展，网络攻击的途径成倍地增加，软件供应链攻击将变得更加容易，也更加普遍。根据美国信息技术研究和咨询公司 Gartner 的预测，到 2021 年将安装 251 亿个物联网单元，到 2020 年 90% 的新计算机支持的产品设计将采用物联网技术。物联网连接的增长将对信息和通信技术的供应链风险管理（SCRM）产生重要挑战。物联网的普及将扩大联邦信息和通信技术的受攻击面，缩短破坏这些网络所需的时间，但发现这些破坏所需的时间却并未减少。而公共部门和

私营部门都有责任在商业技术供应链中提高风险意识和加强风险管理。

五是全球化的发展扩大了网络信息安全风险。ICT 供应链的全球化发展，使系统用户在复杂的国际环境下对供应链安全风险的察觉和管控能力下降。ICT 供应链全球化给国家、组织及个人带来了便利，同时也可能直接或间接地影响公司的管理和运行，从而对系统使用者带来风险。这种方式造成的风险极其复杂且难以察觉，供应链中一个看似无关的不合格操作可能会直接给使用者带来重大风险隐患。

六是企业普遍缺乏对 ICT 供应链风险评估和管理的措施。企业通常只针对系统及产品开发生命周期过程部署安全防护措施，而对外部供应链安全风险管理意识较为薄弱。

三、美国落实全球 ICT 供应链安全风险管理的主要举措分析

鉴于国家关键基础设施和关键资源对 ICT 技术的依赖，识别和控制 ICT 供应链风险，加强 ICT 供应链安全管理已经成为保障国家安全的重要手段。在国家战略以及标准制定层面，美国、欧盟、俄罗斯等都提升了 ICT 供应链安全管理的地位。目前，美国已从国家政策制定、供应链安全评估、供应链风险管理及协调机制到外商投资安全审查制度等层面，逐步形成了针对 ICT 供应链的深层次安全管理体系。

（一）出台多项政策法规不断加强立法以应对 ICT 供应链安全问题

近些年来，随着管理措施的陆续落地和管理范围的不断扩大，美国的 ICT 供应链安全防御体系不断加强。美国政府先后出台多项政策法规不断强化 ICT 供应链安全对于国家战略的重要性，并提出具体要求。

（二）重点评估美国 ICT 供应链对中国的依赖程度

美国官方认为，美国社会对关键基础设施的供应链并不完全了解。下一步，政府和行业之间将进行循环评估，从研发到运营，检查供应链的每一层，确定风险领域并优先考虑。甚至提出，这些评估有助于通知外国投资委员会，以促进外国公司在收购美国公司时做出更一致的决定。评估的重点是美国信息和技术等领域供应链对中国的依赖程度。目前美国国会正在审议《保卫美国通信法案（HR4747）》解决供应链安全问题的新法案，禁止政府采购或使用华为、大唐及中兴等中国公司的电信设备和服务，禁止把中国高科技企业的设备和服务作为美国电信设施的核心技术组成部分。例如，

2018 年 4 月，美中经济与安全评估委员会发布了一份题为《美国联邦信息通信技术中源自中国的供应链漏洞》的报告，报告认为美国联邦 IT 网络的 95% 以上的商业电子组件和信息技术系统都由商业现货产品（COTS）提供支持。

从目前美联邦通信委员会的评估及新规、美国国土安全部、美国国防部等部门的评估报告及正在进行的评估来看，评估工作重点是美国供应链对中国的依赖问题。因此，在美国对中国未来的政策考量中，全球供应链安全问题将是重要的参考因素。

（三）建立供应链风险管理国家战略和协调机制

美中经济安全审查委员会建议，美国政府应构建一项针对美联邦 ICT 供应链漏洞的"供应链风险管理国家战略"，包括涉及与中国有关的采购问题以及一些让美国具备前瞻性的支持政策。不能用简单的排除、禁止来解决通信网络和供应链完整性面临的风险问题，需要寻求彻底解决问题的方法，并对已经损害美国国家安全、经济竞争力或美国公民隐私的漏洞、违规和其他事件做出反应。

美国联邦信通技术现代化增加了对私营部门和商业现货产品的依赖。美国认为防范供应链攻击，需要与私营部门进行沟通与协作。而美国国家标准和技术研究所（NIST）将加强与私营部门合作，制定高质量、可实施的标准，以改善供应链安全和信息与通信技术系统的网络安全，包括广泛采用的 NIST 网络安全框架。NIST 未来还将供应链标准扩展到更广泛的联邦信息系统，包括由私营部门承包商运营的系统。

同时还将建立联邦 ICT 供应链风险管理的集中领导。事实上，美国政府缺乏一个统一的、整体的供应链风险管理方法。2018 年 10 月 30 日，美国国土安全部成立美国首个 ICT 供应链风险管理工作组，集合政府和产业界的力量，目标是为识别和管理全球 ICT 供应链中的风险提出建议，并负责评估和减轻对供应链的威胁，特别是来自其他国家的威胁。该管理工作组的成立是国土安全部供应链风险管理计划的一部分，由 DHS 国家保护和计划局（NPPD）负责监督，采用公私合作模式，防范并控制 ICT 供应链风险，对美国计算机和通信系统面临的网络风险提供建议并进行管理。

未来的风险将涉及软件、基于云的基础架构和超融合产品，而不是硬件。供应商、供应商或制造商的业务联盟、投资来源以及联合研发也是风险的来源，但传统的供应链风险管理中并不总是涵盖这些风险。识别这些风险并创造性地解决它们，作为供应链风险管理适应性方法的一部分，对于联邦政策的成功推行也是非常重要的。

（四）进一步完善外商投资安全审查制度

美国率先推出了外商投资安全审查制度，在完善安全审查制度的进程中始终走在世界前列，在法律法规、审查机构、审查程序、审查标准、运作程序等方面都做出了成熟的制度设计，有力地维护了美国的国家安全和国家利益。近年来，ICT 供应链结构日趋复杂，增加了网络安全风险的渗透渠道，ICT 供应链安全审查是指国家审查机构在关键信息基础设施领域的网络产品和服务采购过程中，针对潜在的供应链安全风险进行识别、调查和验证的相关活动。

近年来，美国以网络安全为由，频频采取涉华贸易限制措施，使华为、中兴、联想等企业赴美投资受限。究其原因，一是美国外国投资委员会（CFIUS）对我国信息技术企业在美投资进行国家安全审查；二是美国政府或国会对政府部门、重点行业采购中国信息技术产品进行直接干涉；三是美国众议院情报委员会对中兴、华为进行特别调查，使其退出美国市场；四是美国国会通过历年的《综合持续拨款法案》，限制美国四家政府部门购买中国企业生产的信息技术设备。

四、几点建议

（一）建立我国自己的网络安全审查制度，防范网络空间新型国家安全风险

网络安全是高技术的对抗，信息技术产品和服务是决定网络与信息系统安全的根本。当前我国信息技术产品和服务面临着诸多安全风险，而我国既有的网络安全管理政策尚不足以满足国家安全的底线需求，例如，我国等级保护制度侧重于通过分层的防御体系对信息系统进行保护，其关注的是信息系统及其组件在运行中的安全，因而不能完全解决 ICT 供应链的安全问题。因此，亟待将 ICT 供应链安全上升到国家安全的层面，建立网络安全审查制度成为迫切需求。

网络安全审查是防范网络空间新型国家安全风险的重要制度，也是完善我国网络安全体系的重要制度。2016 年 7 月发布的《国家信息化发展战略概要》专门在关键信息基础设施保护的章节中提出建立网络安全审查制度。2016 年 11 月通过的《网络安全法》，确立了关键信息基础设施运营者采购网络产品和服务的网络安全审查制度。2016 年 12 月发布的《国家网络空间安全战略》提出网络安全审查是三个需要在国家层面建立的制度之一，提出要建立实施网络安全审查制度，加强供应链安全管理，对党政机关、重点行业采购使用的重要信息技术产品和服务开展安全审查，提高产品和服务的安全性和可控性，防止产品和服务提供者和其他组织利用信息技术优势实施不正当竞争或损害用户利益的行为。

在供应链全球化的今天，我国无法摆脱全球化的浪潮，我们既要使用来自国外优秀的产品和服务，又要确保其安全，故建立网络安全审查制度成为必然需要。

（二）高度重视并提升我国 ICT 产业自身供应链安全等级

美国为了自身的政治经济利益和国家安全，将进一步提升产品供应链的安全审查等级。因此，我国 ICT 产业供应链商应当主动提高自身的安全等级。未来的供应链管理，除了要确保按时交付产品和服务，还需确保产品在整个生命周期内风险最小化，提高供应链的抗打击性和柔性。企业应加快实施 ICT 网络产品与服务安全评估，把网络安全和隐私保护作为业务运营中的最高纲领，更系统性地构建整个安全可信的高质量产品。重视供应链流程设计、信息安全管理和供应链风险管理，提高安全检测能力。对信息系统供应商、集成商、服务商等开展有关行业资质、市场信誉、物理安全、保密资质、安全管理与技术等内容的安全评估工作。

（三）加强 ICT 供应链安全标准规范的研究和制定

我国标准化委员会针对 ICT 供应链安全开展了一些工作，包括发布了 GB/T 31722《信息技术 安全技术 信息安全风险管理》和 GB/T 24420《供应链风险管理指南》，以及正在制定的《信息安全技术 ICT 供应链安全风险管理指南》，旨在梳理 ICT 供应链与传统供应链安全管理的不同特点，进而系统地呈现 ICT 供应链的安全威胁、脆弱性和可能存在的风险。

我们应借鉴和参考国际标准化组织（ISO）、美国 NIST 等的相关工作，如 NIST 自 2008 年起就相继完善推出联邦信息系统供应链风险管理实践计划，制定了新的标准规范，以强化 ICT 供应链安全管理，旨在消除购买、开发和运营过程等供应链全生命周期中可能影响联邦信息系统的高风险。结合我国 ICT 供应链安全评价的实际工作，我们应制定适合我国国情的 ICT 供应链安全评价标准，重点涵盖针对大数据、移动互联网、工业互联网、物联网等新技术新应用的供应链风险管理。

（中国电子科技网络信息安全有限公司　张晓玉）

从"大规模网络狩猎"项目看人工智能技术在网络安全领域的应用

2018 年 8 月，美国 DARPA 联手英国 BAE 系统公司研发了一种新的基于人工智能的网络安全技术，以应对当今日益复杂且频繁的高级别网络攻击。"大规模网络狩猎"（CHASE）项目旨在采用计算机自动化、先进算法和一种新的速度处理标准，来实时跟踪大量数据，帮助安全人员锁定那些采用高级别黑客技术且隐藏在大量数据流中的网络攻击。

未来，人工智能技术也将在网络安全领域发挥更大的能效，帮助国家政府、军队、企业等机构应对愈演愈烈的网络攻击。本文接下来将对人工智能技术在网络安全领域的应用做深入阐述。

一、CHASE 项目介绍

DARPA 此次启动的 CHASE 项目中所使用的人工智能技术，可以解释为"自适应数据收集"技术，即通过人工智能技术自动筛选大量信息，而非人工来"跟踪"并进行实时调查。CHASE 项目的宗旨就是寻求开发自动化工具来检测和明确新的攻击向量，同时收集正确的语境数据，并在企业内部和企业间部署安全保护措施。

DARPA 和 BAE 系统公司此次合作研发的先进技术所带来的潜在影响将是巨大的，因为在目前状况下，由于缺少足够的存储和内存，有近 80%隐藏在大型企业网络中的非法数据没有被检测出。一些高级黑客正是利用这一安全缺陷进行犯罪活动，这些高级黑客掌握了当今最强的网络防御链，且正在对此进行破解。

目前，CHASE 项目的首要任务是着眼于通过在正确的时间从正确的设备中提取正确的数据，凭借动态方法加速网络搜索进程。CHASE 项目采用了"抵抗对手"机器学习技术。机器学习的目的是建立自动化，并通过模式识别和依据巨大历史数据库比较新数据等方式，对新的信息进行分析。

该项目目前正处于三个研发阶段中的第一阶段,其目的是在三年内为美国军事服务带来一项成熟的人工智能操作技术。CHASE 项目的目标是使网络所有者能够重新配置传感器,并提供接近于人工监测水平的机器速度,最终使用先进的模式来检测和击败目前在大型企业网络中未被发现的网络威胁。

在 CHASE 项目中引入人工智能技术,可以很好地帮助研究人员动态地重新配置传感器分布,以便捕捉到更多的细节,而这些细节是人工所不能发现的。这不仅有助于阻碍常用的恶意软件、网络钓鱼等网络攻击,还可挫败那些更复杂、采用更高黑客技术的网络攻击。

二、人工智能在网络空间安全领域的应用分析

人工智能在未来国防军事发展中将会发挥越来越重要的作用,在针对网络空间安全领域的恶意软件攻击和防御体系建设等方面,人工智能领域的新兴技术将构成基础的通用体系。未来,人工智能技术向网络空间安全军事领域的延伸,还可能导致国家战略、武装力量活动的计划和组织出现明显变化,改变现有的军事格局。本节将从网络攻击和防御两个方面分析人工智能在网络空间安全领域的应用。

(一)人工智能技术在网络攻击中的应用

网络攻击是指黑客利用网络存在的漏洞和安全缺陷对网络系统硬件、软件及其系统中的数据进行的攻击。研究人员通过人工智能自主寻找网络漏洞的方式,或将逐步取代人工漏洞挖掘方式,使网络作战部队的行动更加高效,针对特定网络的攻击手段更加隐蔽和智能,在未来网络作战中掌握主动权的能力进一步提升。

美国斯坦福大学和美国 Infinite 初创公司联合研发了一种基于人工智能处理芯片的自主网络攻击系统。该系统能够自主学习网络环境并自行生成特定恶意代码,实现对指定网络的攻击、信息窃取等操作。该系统的自主学习能力、应对病毒防御系统的能力得到 DARPA 的高度重视,并计划予以优先资助。此次研发的新型网络攻击系统是基于 ARM 处理器和深度神经网络处理器的通用架构,仅内置基本的自主学习系统程序。它在特定网络中运行后,能够自主学习网络的架构、规模、设备类型等信息,并通过对网络流数据进行分析,自主编写适用于该网络环境的攻击程序。该系统每24 小时即可生成一套攻击代码,并能够根据网络实时环境对攻击程序进行动态调整,

由于攻击代码完全是全新生成的，因此现有的依托病毒库和行为识别的防病毒系统难以识别，隐蔽性和破坏性极强。DARPA 认为该系统具有极高的应用潜力，能够在未来的网络作战中帮助美军取得技术优势。

除人工智能自主网络攻击系统外，DARPA 早在 2015 年就新增了"大脑皮质处理器""高可靠性网络军事系统"等研发项目。大脑皮质处理器项目旨在通过模拟人类大脑的皮质结构，开发出数据处理更优的新型类脑芯片。高可靠性网络军事系统（HACMS）项目则应用了一些所谓"形式化方法"的数学方法来识别并关闭网络漏洞，该项目的首个目标是为无人机研发网络安全解决方案，并将该解决方案运用于其他的网络军事平台。

人工智能在密码破译领域的探索也已经开始。谷歌已经开发出能够自创加密算法的机器学习系统，这是人工智能在网络安全领域取得的最新成功。谷歌位于加州的人工智能子公司谷歌大脑（GoogleBrain）通过神经网络之间的互相攻击，实现了最新突破。他们设计出两套神经网络系统，它们的任务就是确保通信信息不被第三套神经网络系统破解。这些机器都使用了不同寻常的算法，这些方法通常在人类开发的加密系统中十分罕见。

（二）人工智能技术在网络空间防御中的应用

网络空间恶意软件防御技术通过使用机器学习和统计模型，寻找恶意软件家族特征，预测进化方向，提前进行防御。近几年来，美国 DARPA 接连启动了多个人工智能项目，用以提高网络空间安全防御能力。

DARPA 启动人工智能探索（AIE）的项目，旨在加快新人工智能概念的开发速度。该项目的总体目标是让美国在人工智能技术方面保持领先地位。

DARPA 启动的 AI Next 项目是基于 DARPA 过去 60 年来引领开发的两代人工智能技术的，旨在解决国防部最棘手的问题，并定义和塑造未来的发展趋势。

DARPA 启动了通过规划活动态势场景收集和监测（COMPASS）项目，旨在开发能够评估敌方对刺激反应的软件，然后辨别敌方意图并向指挥官提供如何进行智能反应。该项目的最终目标是为战区级运营和规划人员提供强大的分析和决策支持工具，以减少敌对行动者及其目标的不明确性。

DARPA 和 BAE 系统公司联合开发了一种以人工智能为支撑的新型网络安全技术 CHASE，以对抗那些意图避开现有防御系统的复杂网络攻击。该项目寻求开发自动化工具来检测和描述新的攻击痕迹，收集正确的关联数据，并采取网络保护措施。CHASE 项目将开发一些组件的原型，帮助网络所有者重新配置传感器，同时又可进行适当的人工干预。

除了 DARPA，美国的军政部门，以及其他国家的政府机构也都在积极研发人工智能技术，并力图将其应用于现有的军政系统中，帮助军队及政府工作人员有效抵御外来威胁的入侵。

美国国家安全局提出的"爱因斯坦3"计划，增加了自动响应、阻止恶意攻击的功能，可进一步加强网络防御的主动性和可行性，其核心支持技术即使用了基于人工智能的相关技术，用于识别和检测恶意行为。

美国国土安全部在 2017 年 RSA 大会上展示了 12 项基于人工智能技术的网络安全系统。其中，REDUCE 系统能快速识别恶意软件样本间的关联关系，提取已知和未知威胁特征；无声警报系统可在缺乏威胁特征的前提下，检测"零日"攻击和多态恶意软件；类星体系统可由网络防御规划人员提供可视化和定量分析工具，以评估网络防御效果。

美国 DISA 发布的《大数据平台和网络分析态势感知能力》文件，介绍了其利用人工智能技术的大数据平台在增强网络空间态势感知能力上的应用情况，试图通过人工智能技术，加强海量数据的融合分析，挖掘恶意行为的特征，实现网络攻击的智能检测。

麻省理工学院计算机科学与人工智能实验室（CSAIL）和人工智能初创企业 PatternEx 联合开发了名为 AI^2 的基于人工智能的网络安全平台，通过分析挖掘 360 亿条安全相关数据，能够高精度地预测、检测和阻止 85% 的网络攻击，比之前的检测成功率提高了近 3 倍，且误报率也有所降低。研究人员表示，AI^2 系统检测的攻击行为越多，系统接收分析人员反馈的结果越多，系统预测未来发生的网络攻击行为的准确率就会越高。

2016 年，IBM 公司发布了沃森网络安全（Watson for Cyber Security）计划，该技术的理念在于利用 IBM 的沃森（Watson）认知计算技术，帮助分析师创建并保持更大的网络安全性能。Watson 的目标是吸收并理解所有这些非结构化数据，来处理并响应非结构化的查询请求。最终，网络专家将能够直接查询"如何应对××零日攻击"，甚至是"当前的零日漏洞威胁是什么"，Watson 将使用之前从研究论文、博客上收集并处理的信息来进行回答。

日本防卫省确定将人工智能引入日本自卫队信息通信网络的防御系统中。此举的主要目的是依靠人工智能的"深度学习"能力，对网络攻击的特点和规律进行分析，以期为未来的网络攻击做好准备。

三、结语

2018 年，人工智能热度不减，它在网络安全领域也得到了越来越多的应用，它在主动安全防护、主动防御、策略配置方面发挥的作用越来越大，但是当前仍旧处于探索阶段。比如基于神经网络，在入侵检测、识别垃圾邮件、发现蠕虫病毒、侦测和清除僵尸网络设备、发现和阻断未知类型恶意软件执行等方面进行了大量的探索；基于专家系统，在安全规划、提高安全运行中心效率、量化风险评估、威胁情报等方面也做了很多探索，收到了良好的效果。未来，数据的安全、信息的安全等都将贯穿于人工智能的应用过程中。

（中国电子科技网络信息安全有限公司　金晶）

从《能源行业网络安全多年计划》看美国能源部未来网络安全战略走向

2018 年 5 月 14 日，美国能源部发布了 52 页的《能源行业网络安全多年计划》，该计划确定了美国能源部未来五年力图实现的目标和计划，以及实现这些目标和计划将采取的相应举措，以降低网络事件给美国能源带来的风险。该计划以 2011 年发布的《实现能源传输系统信息安全路线图》为基础，补充了路线图，明确了美国能源部的角色和作用。

一、《美国能源部网络安全计划》概述

《能源行业网络安全多年计划》侧重于关注美国能源部各部门协调确定的高优先级举措，并支持美国联邦政府和能源行业的战略和计划，以此降低美国能源行业的网络安全风险。这份计划着眼于美国能源行业最高优先级的需求，同时指出，美国联邦政府必须帮助降低那些可能引发大规模或能源中断的网络安全风险，并详细阐述了美国能源部降低网络风险应采取的举措和行动。该计划重点强调美国能源行业、联邦政府机构和非政府合作伙伴之间应紧密加强合作。

美国能源部在这份计划中提出了降低网络风险的综合战略，主要涉及两个方面的任务和三个目标。两个方面的任务包括：加强与现有合作伙伴的合作，加强美国当今的能源输送系统安全，以应对日益增长的威胁，解决日益严峻的威胁并持续改进安全状况；开发变革性的解决方案，从而在未来开发出具备安全性、弹性和自我防御功能的能源系统。三个目标包括：加强美国能源行业的网络安全防范工作，通过信息共享和态势感知加强当前能源输送系统的安全性；协调网络事件响应和恢复工作；加速颠覆性解决方案的研发与演示（RD&D）工作，以创建更安全、更具弹性的能源系统。

二、美国能源部网络安全计划详解

《能源行业网络安全多年计划》指出，电力公司、公共事业公司、石油和天然气公司等已集成先进的数字技术来实现物理功能的自动化与控制管理，从而提高效率并适应快速变化的多能源发电，但这也扩大了网络攻击面，并为网络威胁创造了新机会。

（一）开展针对性研究

美国能源部表示，为了实现网络安全总体目标，能源部正在开展几十个针对性的活动和 RD&D 项目，其目的有两个：一是帮助公共事业保护当今的能源基础设施免受未来的网络威胁；二是设计下一代未来系统，使其从一开始就具备自动检测、拒绝和抵御网络入侵的能力。迄今为止，美国能源部资助的网络安全 RD&D 项目已经开发和交付了 35 个工具、指导文件及技术，其中几个已在全国范围内使用。

1. 行业主导型研究项目综述

网络安全风险信息共享计划（CRISP），旨在让能源行业的所有者和运营商自愿近乎实时地共享网络威胁数据，借助情报分析这些数据，并接收机器对机器威胁的警报和缓解措施。CRISP 目前由 26 个公共事业公司组成，占美国电力客户的 75%。美国能源部希望扩大这项计划的参与度。参与该计划的公司基本上都在公司防火墙外安装了信息共享设备（ISD）。ISD 以加密的形式收集数据，并将其发送至 CRISP 分析中心。CRISP 分析中心负责分析接收的数据，使用政府提供的信息，并向参与公司返回针对潜在恶意活动的警报和缓解措施。这些警报可直接引入公司的入侵检测或防御系统。

针对网络攻击的传输、分配保护与控制装置的协同防御（CODEF）项目，旨在开发分布式安全域层，使传输和配电网保护和控制设备能够协同防御网络攻击。

ABB 公司开发并在维尔电力管理局（BPA）的传输级上展示了其网络安全技术，以确保使用该技术不妨碍能量传输功能。

2. 实验室主导型研究项目综述

西北太平洋国家实验室研制的 SerialTap 旨在保护那些老旧的工业控制系统，这些系统无法与当今的网络安全工具交互。SerialTap 是一种低成本嵌入式设备，用于被动地监听串行线路通信，并通过以太网传输，以实现控制系统态势感知。

美国能源部电力输送和能源可靠性办公室正在与美国能源部的国家实验室合作开发专业的网络资源和能力，该能力将应用在网络事件发生期间，以帮助能源公司识别并响应网络攻击。

智能电网的量子安全模块——量子密钥分发以一种独特的方式加密关键网络流通，据此运营商可以检测对手何时试图拦截密钥（导致接收到的量子信号不可避免地失真）。

洛斯阿拉莫斯国家实验室最近使用经典/量子混合通信系统现场试验来改进光子偏振跟踪并提高加密速度。

3. 大学主导型研究项目综述

在高校层面，已经成功付诸实施的项目是"值得信赖的电网基础设施"（TCIGPG），该项目由 5 个大学组成，与工业、国家实验室和学术界合作研究控制系统并设计工具。该项研究已经为能源部门提供了多种新的工具，具体如下。

Autoscopy Jr. ——一种基于主机入侵检测系统，用于远程部署的智能电网设备，但不支持内部检测系统，也无法更新恶意软件签名。

Amilyzers——监视智能仪表和网格接入点间的网络流量来检测设备是否偏离指定的安全策略。

NP-View——从防火墙和路由器配置执行全面的网络路径分析，以此识别错误配置或是否偏离安全策略。

（二）多手段应对网络风险

该计划还包括了帮助美国能源行业防范、检测和缓解网络事件的技术途径。

1. 注重网络安全预防

美国能源部表示，位于美国圣地亚哥的初创企业 Qubitekk 正致力于将技术商业化，以加速采用量子计算、加密技术和应用程序。这家公司正在牵头一项研究合作计划，希望使用量子密钥分发缩小网络攻击面。与此同时，美国爱荷华州立大学也在领头开发算法，通过连续地自主评估，来减少美国能源输送系统（EDS）体系结构的网络攻击面，包括变电站、控制中心和 SCADA 网络。

2. 检测并识别网络事件

美国国家乡村电力合作协会（NRECA）牵头一项研究，以开发出快速识别效用控制通信异常的技术。这些异常最终可能会成为网络攻击的标志，并帮助其他公共事业公司加速缓解攻击。美国施瓦茨工程实验室（SEL）也正在带头开展一项研究，以检测并欺骗通常用于同步相量数据的精确同步定时信号。此举可为电网运营提供前所未有的可见性。SEL 的研究还包括开发可能的缓解解决方案。美国德克萨斯州 A&M 大学也在开发算法，以检测针对整个电网架构精确同步定时信号的入侵企图。

3. 自动防御型高压直流输电系统

瑞士 ABB 技术公司正在牵头开展一个研究项目，以使高压直流输电系统能够检测并自动拒绝可能破坏电网稳定性的指令。这项研究通过电网的物理特性，预测电网如何响应接收到的命令，即拒绝可能会危及电网稳定性的命令，同时及时执行合法的命令。该项目建立在电力输送和能源可靠性办公室先前启动的一个 RD&D 项目之上，美国能源部表示已在传输级交流输电系统中证明了这项功能。

4. 模型风险评估

与此同时，美国能源输送网络弹性联盟（CREDC）将正式模拟风险评估和网络多样性，以评估美国能源输送系统遭遇"零日"攻击的弹性。风险评估模型可根据潜在影响对攻击分类，并选择具有弹性的缓解方法。

（三）行业牵头保护网络安全

私营行业也在加大力度保护电网系统，由行业主导开展的电力输送和能源可靠性办公室项目概述如下。

1. 电网边缘（Grid Edge）设备

英特尔公司正在带头开展一项研究，旨在保护电网边缘设备与云之间的网络交互。未来的架构可能会不断将云计算用于大数据分析中，以处理越来越多电网边缘设备的数据流，因此这项研究尤为重要。

2. 动态负载管理

美国联合技术研究中心正在主导开发一项研究，旨在借助与建筑能源提供商互动的建筑管理系统识别可能影响电网的网络事件，并切换到功能可能有限、但更加安全的平台，从而降低攻击影响。

3. 保护互联的微电网系统

瑞士 ABB 技术公司正在开发网络物理控制和保护架构，用于安全集成多微电网系统，从而确保在网络攻击事件发生期间性能稳定。未来的电网架构可能会依赖微电网和微电网系统，以提高电网的稳定性，从而在有利于电网运行的情况下创建电岛。

（四）能源行业的网络安全需求

1. 代码开发安全与软件质量保证

可在新产品中进行安全编码实践，但成本高昂、与老旧产品存在冲突、缺乏需求仍是关键障碍。美国能源部表示，克服这一挑战需要大力开展意识和劳动力培训工作，但供应链风险仍是一个关键问题。

2. 实时监控安全状态及信息共享

尽管用于监控的工具和产品增多，但实时监控运营技术系统仍是一个挑战，没有工具能实时评估新风险。美国能源部表示，用户发现很难跟上数据和警报的步伐，需要机器对机器的信息共享来加速响应速度。

3. 安全的串行和可路由通信以及安全无线通信

某些信息技术/运营技术（IT/OT）公司正在开发新的安全协议，并在运营技术系统上测试新方法。但是，在整个系统上实现这些协议和方法存在许多挑战。诸如软件定义网络（SDN）之类的新兴技术尚未产生重大影响。

4. 网络攻击期间自行配置 EDS 网络架构

自行配置和自我防御架构在很大程度上仍需额外投入 RD&D。美国能源部表示，将继续支持 RD&D，以开发使运行网络路径绕过干扰的技术，以及开发识别受攻击电网系统的设备并调整余下未受影响的设备，从而降低损失。

5. 实时取证的能力

美国能源部指出，对于网络攻击事件的分析来说，运营技术取证在很大程度上仍是黑盒子活动。取证与共享数据之间仍存在巨大的技术差距。此外，虽然新技术可自动识别网络事件，但仍需大量 RD&D 来设计系统，以自动响应或重新配置。

（五）存在的短板及未来挑战

《能源行业网络安全多年计划》声称，由于美国能源行业普遍缺乏安全意识，导致其对网络安全新工具和新技术的引入受到限制。美国能源部特别提到由美国联邦政府资助的资源和工具，此类资源和工具有价值可言，但尚未在美国电网行业被广泛采用。此外，最初以公私合作伙伴关系设立的组织机构如今已成为单独的实体，但很少有电力行业成员了解或参与到这些组织机构中去。

未来，在《能源行业网络安全多年计划》的实现过程中将会存在诸多挑战，包括：新提出的解决方案在有效性、可操作性等商业性方面都还存在诸多不确定因素；网络安全工具和技术的使用是否会阻碍能源传输；新上线的网络安全应急响应系统是否与现有系统兼容；亟须制定互操作网络安全解决方案的通用标准；具有内置网络弹性的未来系统是否能够预测未来的网格场景和需求；能源领域的组织机构和公司缺乏专业的网络安全技术研发人员，等等。

三、美国能源行业网络安全建设举措分析

如今，美国已经形成了多方协同的能源行业网络安全运作机制。在能源部发布《能源行业网络安全多年计划》之前，美国就已经采取了各项网络安全建设举措，保障能源行业中所涉及的关键基础设施的网络安全。

（一）制定能源行业网络安全顶层战略

能源是国家的关键基础设施之一，能源行业的网络安全是美国国家总体安全战略的重要元素。2006 年，美国能源部发布《实现能源领域控制系统安全 2006 年路线图》，提出了政府及电力公司的信息安全建设项目和目标。2011 年，发布了《实现能源供给系统网络安全 2011 年路线图》，形成了新的国家能源网络安全政策，提出了网络系统安全建设的举措。

（二）建立能源行业网络安全职能机构

为了确保能源行业信息安全措施的贯彻执行，美国建立健全了网络安全管理机构。美国国土安全部负责包括能源行业在内的网络安全威胁分析与网络安全事件的应急响应，组织包括能源行业等基础设施在内的大规模网络安全演练。美国 NIST 负责

工业控制系统安全标准和智能电网信息安全标准的制定。美国能源部的独立监管办公室下设有计算机网络安全保护评估办公室，负责保密计算机的安全、非保密计算机的安全并对能源行业网络进行检查。

（三）颁布能源行业网络安全法规

2001 年，美国通过《2001 关键基础设施信息安全法案》，对包括能源行业在内的关键基础设施的信息安全进行了规范。2005 年 8 月，美国通过《能源政策法 2005》，提出了今后美国能源发展的总体策略和加强能源信息安全的具体举措。2007 年，美国通过《能源独立和安全法案（EISA）》，指定 NIST 制定智能电网等能源行业的发展框架。2009 年，美国国土安全部发布了《国家基础设施保护计划（NIPP）》，旨在加强对国家重要基础设施和关键资源的保护，提高其在威胁事件中的快速响应能力。

（四）统一能源行业网络安全标准

在加强能源行业信息安全法规建设的同时，美国政府还针对各类能源行业制定了具体的标准指南，用以指导能源行业的网络安全工作。2004 年 4 月，NIST 颁布了《工业控制系统防御框架》（1.0 版本），为包括能源行业在内的工业控制系统防护制定了安全框架。2007 年 1 月，美国能源部发布《21 步改进 SCADA 网络信息安全》，提出了加强能源行业 SCADA 系统安全的具体步骤。2008 年 1 月，美国联邦能源监管委员会颁布了《关键设施保护》标准，旨在确保能源行业的信息系统安全。接下来，美国政府还发布了一些有关电力、石化、交通等领域的安全指南。

（五）研发能源行业网络安全技术

技术是保障信息安全的核心基础。为此，美国政府高度重视能源行业的信息安全技术研发。2012 年 4 月，美国能源部下属太平洋西北国家实验室宣布，正在开发网络活动可视化工具，用于追踪企业内可疑恶意活动的来源。2013 年 2 月，能源部提出发展能源输送控制系统网络安全的工具和技术。10 月，美国能源部计划进行 11 个项目的研发，涉及输电控制系统安全、数据信息网络安全等各个方面。此外，美国国土安全部还大力发展工业控制系统专用密码技术，推出了通用的 SCADA 密码标准，用于能源行业之间的信息系统安全传输。

四、结语

　　能源行业信息系统是关系国计民生的关键信息基础设施，一旦遭到破坏、丧失功能或数据泄露，会严重威胁国家安全和公共利益。美国作为全球最大的能源消费国，发展形成了一个规模庞大、信息化程度高的能源行业。为了确保其能源领域的网络安全，美国政府构筑了比较完善的网络安全保障体系。当前，我国正在加快推进信息化和工业化的深度融合，能源行业的信息化程度得到了快速提升，但由于信息基础薄弱，一些核心信息技术还未达到自主可控，使得能源行业的网络安全形势复杂、严峻。为此，我们应积极借鉴美国在能源行业的网络安全举措，结合我国能源领域的实际，从政策法规、组织机构、技术标准等多个方面，大力加强能源行业的网络安全建设，全面提升能源行业的信息化和网络安全水平。

（中国电子科技网络信息安全有限公司　金晶）

美国多方面推动物联网网络安全建设

自 2016 年 10 月美国 DynDNS 公司"断网"事件以来，美国持续关注物联网安全，加快物联网网络安全建设。2018 年美国出台多项物联网国家法案，并发布《物联网网络安全国际标准现状跨机构报告》草案，直至美国加州通过物联网网络安全法案，美国物联网网络安全建设明显加快。

一、美国物联网网络安全背景

（一）美国出台多部物联网网络安全法案

2016 年 10 月，黑客劫持了大量物联网设备导致美国东部大规模网络瘫痪，美国意识到物联网网络安全的重要性。2016 年 11 月，美国国土安全部发布《保障物联网安全战略原则》。2017 年 8 月，美国两党议员联合向国会提交了一项关于物联网安全的法案《2017 物联网网络安全改进法》，9 月美国国会正式通过该法案，目前已提交至美国相关立法机构。

2018 年，美国政府启动物联网现代应用、研究及趋势（SMART）法案的制定，该法案旨在改变物联网网络安全缺乏协作和对话的情况，减少不必要的障碍，试图回答"谁在做什么"的问题，以促进政府机构间的讨论，避免冲突和重复监管的问题。对于行业而言，法案强调行业自律，并提供了一站式的最佳做法和标准。2018 年 11 月 28 日，美国众议院通过了该法案，目前已提交给参议院。

（二）美国加州通过物联网网络安全法案

2018 年 9 月 28 日，美国加州批准了《物联网设备网络安全法》（SB-327），成为美国第一个通过物联网网络安全法案的地区。该法案将于 2020 年 1 月 1 日开始生效，主要规定了三方面内容：第一，法案要求互联设备的制造商为设备配备合理的安全性能或与设备性质和功能相适应的性能，要求每个设备都需要一个"独特的预设密码"，这个密码对于每个设备来说可以是唯一的，也可以在用户首次访问设备之前生成新的身份验证；第二，法案要求企业采取合理管理和控制措施以确保个人信息的安全，并要求对不再需要保留的个人信息采取相应手段，使其难以再恢复与识别；第三，法案要求企业采取并维护信息安全流程，避免个人信息发生未经授权的访问、破坏、使用、修改或披露。

《物联网设备网络安全法》抓住了物联网设备目前比较突出的安全性问题：设备制造商普遍对设备设置相同的密码或者未设置用户身份认证，黑客很容易控制设备，导致大范围的安全性问题。法案第一点所说的"独特的预设密码"是指每个物联网设备应单独使用一个密码，可能由数字、字母和符号等较长且最新的密码组成，而非由设备商来设置一个统一且较简单的密码。除了唯一的预设密码方式，该法案还可以强制用户在首次联网前自设密码。

（三）发布《物联网赛博安全国际标准现状跨机构报告》草案

2018年2月14日，美国跨机构国际网络安全标准化工作组（ICSWG）通过国家标准及技术研究所（NIST）发布了《物联网网络安全国际标准现状跨机构报告》的草案，阐述了物联网的系统、组件、设备网络安全标准的开发与实施现状。国家标准及技术研究所在报告草案发布后公开征集对报告的意见，反馈截至2018年4月，截至2018年12月尚未发布新的报告。该报告从五个应用领域研究物联网的网络安全现状，即车联网、消费者物联网、健康物联网及医疗设备、智能楼宇以及智能制造。国家标准及技术研究所表示，由于没有统一的网络安全标准，多数物联网的设备容易受到网络攻击。

报告呼吁各机构参与到物联网网络标准的开发中，并确定采购活动中适当的标准。此外各机构也应当与工业界合作，在评估机制方面达成共识，例如对网络标准的需求等。国家标准及技术研究所在报告的总结中称，基于标准的网络安全风险管理将继续成为物联网应用可信度的主要因素，物联网网络安全将需要调整现有标准，并制定新标准解决弹出式网络连接、共享系统组件等问题。美国对私营机构的依赖程度大，美国政府要有效参与制定网络安全标准，就需要与私营部门协调与合作。

二、美国物联网网络安全发展现状

（一）美国物联网网络安全目标

根据美国国防部的说法："物联网和工业控制系统的三个质量维度为完整性、可用性和保密性。传统的信息系统通常优先考虑保密性，其次是完整性，最后是可用性，而控制系统和物联网通常优先考虑可用性，然后是完整性，最后是保密性。这并不意味着应该只关注可用性。我们需要确保我们保持足够的完整性和保密性，以满足安全、隐私和任务需求。"

据美国国家标准及技术研究所所述，其《NIST SP 800-82》文件中工业控制系统的具体安全目标适用于物联网系统，主要有七个目标。

第一，限制对网络和网络活动的逻辑访问。这可能包括使用单向网关、带防火墙的非军事化区域网络体系结构，以防止网络流量在公司和物联网之间直接传递，以及为公司和物联网的用户提供独立的身份验证机制和凭据。物联网系统还应该使用多层网络拓扑，在最安全可靠的层进行最关键的通信。

第二，限制对物联网网络和组件的物理访问。对组件未经授权的物理访问可能会严重破坏物联网系统的功能。应该使用物理访问控制的组合，例如锁、读卡器或警卫。

第三，保护单个物联网组件不被利用。这包括在实地条件下测试安全补丁后，尽快部署安全补丁；禁用所有未使用的端口和服务，并确保它们保持禁用状态；将物联网用户权限限制在每个角色所需的权限内；对审计跟踪进行跟踪和监视；在技术可行的情况下，使用安全控制，如反病毒软件和文件完整性检查软件，以防止、阻止、检测以及削弱恶意软件的攻击。

第四，防止未经授权的数据修改。这包括传输中的（至少是跨网络边界的）数据和静止的数据。

第五，可检测安全事件和事故。检测尚未升级为事故的安全事件，可以帮助防御者在攻击者达到目的之前打破攻击链。这包括检测失败的物联网组件、不可用服务和耗尽资源的能力，这对于提供物联网系统适当、安全的功能非常重要。

第六，可在不利条件下维护功能。这涉及物联网系统的设计，使每个关键组件都有一个冗余的对应组件。此外，如果一个组件失效，它就不应在物联网或其他网络上产生不必要的流量，或者在其他地方引起其他问题（例如级联事件）。物联网系统还应该允许降级，例如从完全自动化的"正常运行"到操作人员参与较多、自动化程度较低的"紧急运行"，再到没有自动化的"手动运行"。

第七，可在事件发生后恢复系统。事故是不可避免的，事故应对计划是必不可少的。好的安全程序可在事故发生后使物联网系统尽快恢复。

（二）美国物联网网络安全标准现状

目前美国物联网仍未有统一的网络安全标准，但根据《物联网赛博安全国际标准现状跨机构报告》可知，美国物联网网络安全标准将重点考虑加密技术、网络事件管理、硬件保证、身份和访问管理、信息安全管理系统、系统安全评估、网络安全、安全自动化与持续监控、软件保证、供应链风险管理、系统安全工程等 11 个核心领域，这几个领域的标准现状如下所示。

在加密技术领域，许多物联网组件可以支持国际标准化组织/国际电工委员会（ISO/IEC）18033-3:2010 中包含的高级加密标准（AES），AES 标准已被市场广泛接受。此外，目前已经开发的许多标准支持物联网系统，如 ISO/IEC 29167、ISO/IEC 29192 等，但市场尚未完全接受这些标准。

网络事件管理领域已经有许多标准，包括网络事件识别、处理和补救。其中许多标准适用于物联网系统，如健康信息信任联盟共同安全框架（HITRUST CSF）v9、互联网工程任务组请求注解（IETF RFC）5070-2007、ISO/IEC 29147:2014、ISO/IEC 30111:2013、结构化信息标准促进组织（OASIS）OpenC2、OpenFog 参考架构（RA）等，其中一些标准已被市场广泛接受。

硬件保证领域已经开发了几个相关标准，如 ISO/IEC 27036、ISO/IEC 20243:2015 等。

身份和访问管理领域有许多可用的标准，有许多是专门支持物联网系统或特定物联网应用的，如线上快速身份验证联盟（FIDO）通用身份验证框架（UAF）v1.1；HITRUST CSF v9；用于访问控制的全球物联网标准组织（OCF）规范 1.0；IETF RFC 7925 认证和协商加密算法和密钥；用于家庭和构建物联网应用程序的线程规范。

信息安全管理系统领域有几个市场接受的标准，一般适用于物联网系统或特定物联网应用，如工业标准体系结构/国际电工委员会（ISA/IEC）62443 系列、ISO 13485:2016、ISO 27799:2016、ISO/IEC 20243:2015、ISO/IEC 27002:2013 等。

系统安全评估领域与物联网相关系统安全评估标准较多，且市场接受度较高。加密模块的安全要求标准（如 ISO/IEC 19790:2015）和加密模块的安全测试要求（如 ISO/IEC 24759:2014）适用于许多类型的物联网组件。此外还有 ISO/IEC 15408、ISO/IEC TR 30104:2015、美国保险商试验所（UL）2900 等。

网络安全领域与物联网系统领域相关的各种类型的网络有许多网络安全标准，如 3GPP 长期演进（LTE）用于移动电话的高速无线通信；用于与固定和移动设备短距离数据交换和建立个人区域网络的蓝牙无线标准；IETF RFC 7252、IEC 62591:2016；车辆环境无线接入电气和电子工程协会（IEEE）1609 系列标准（WAVE）；Wi-Fi TM IEEE 802.11-2016；开放移动联盟（OMA）轻量级机器对机器技术规范；紫蜂协议（ZigBee）3.0 等。

安全自动化与持续监控领域有几个已批准和起草的标准，大多数都与物联网系统相关。已批准的标准包括 IEC TR 62443 3-2-3:2015 和 IETF RFC 7632。

软件保证领域有许多已批准的软件保证标准，许多都与物联网系统相关，如 IEC 82304-1:20 06、ISO/IEC 20243:2015、ISO/IEC 27036、UL 2900 标准等。

供应链风险管理领域有三个经过批准的供应链事件管理（SCRM）标准，即 ISO/IEC27036、ISO/IEC 20243:2015 和 UL 2900，它们与物联网系统或特定物联网系统相关。

系统安全工程领域有许多已批准或起草的系统安全工程标准，有些与物联网系统或特定物联网系统相关，如 ISO/IEC/IEEE 15288:2015、ISA/IEC 62443、ISO/IEC 15026 等。

三、美国物联网网络安全发展预测

（一）进一步发展完善物联网网络安全法案

加州的物联网设备网络安全法可能会带来示范性效应，同时在物联网日益严峻的安全形势推动下，美国各部门可能会加快审议、出台战略性物联网网络安全法案，并对 2018 年及以前出台的法案进行修改。如果加州推行的第一部物联网网络安全法案能够带来较好的反响，预计美国各州将跟随加州的脚步，陆续推行物联网网络安全法案，并吸取加州法案的经验，进一步完善物联网网络安全法案。

任何东西的出现都不是十全十美的，但它出现后就像生命一样，会不断地成长和完善，因此可以预见，加州法案的推行肯定会遭遇不少反对意见，这些反对意见可为今后的物联网安全方面的法案提供参考，减少模糊、有争议性的条文。例如在内容上如果只是添加类似于初始密码的功能却不删除那些会悄悄访问设备甚至是会攻击电脑的软件，可能是一种本末倒置的行为，仅仅设立密码并不能涵盖所有身份验证系统，那么依旧会为"未来"等物联网僵尸病毒留下传播漏洞。

（二）按领域健全物联网网络安全标准

目前美国国家标准及技术研究所已经完成了物联网网络安全标准现状的研究，对加密技术、信息安全管理等 11 个网络安全核心领域进行了摸底调查，可以预测美国国家标准及技术研究所今后将重点针对这 11 个领域健全网络安全标准。

具体而言，在加密技术领域，随着区块链技术的不断发展及其在完整性、可追溯方面的先天优势，未来区块链技术将应用到物联网安全机制。目前由于区块链技术仍在开发中，还没有形成相应的标准，未来必将会在该领域制定新的标准。在网络事件管理领域，一些物联网系统无法使用软件补丁来修复网络安全漏洞，可能需要最佳实践来弥补，今后可能在运作规范方面下功夫。硬件保证领域今后也可能通过完善和规范固件开发的最佳实践来最大限度地避免恶意软件攻击。

身份和访问管理领域可能将审查现有标准，以确定现在是否有足够标准，是否需要针对物联网系统进行修订。信息安全管理系统领域可能将使用基于 ISO/IEC 27002 的管理系统标准，它也适用于 27000 系列尚未涵盖的物联网应用。物联网安全控件或将叠加，不仅可以指定安全控件，还可以规定控件的具体实现要求。

在系统安全评估领域，现有的标准并不针对物联网，未来可能对其进行审查，以确定这些标准是否足够，是否需要针对物联网系统进行修订。网络安全领域，现有的标准可能需要更新或需要新的标准来处理可能自发连接的物联网网络。

在安全自动化与持续监控领域，由于物联网生态系统是异构的，所以物联网设备制造商和安全供应商可能需要开发用于监控且特定于设备的代理和接口，直到标准制定为止。在软件保证领域，可开发最佳实践以避免恶意软件的攻击，将软件开发的最佳实践集成到物联网标准中。在供应链风险管理领域，通用标准并不针对物联网，可能需要对这些通用标准进行评审，以确定它们是否足够或需要针对物联网系统进行修订。在系统安全工程领域，可能要确定一般的系统安全工程标准是否需要考虑物联网系统。

四、结束语

物联网网络安全并不是某一个环节的事情，而是从供应商到消费者、从政府到公民、从硬件到软件等全方位的事情。2018 年是美国物联网网络安全发展的高峰期，但高峰不是顶峰，未来美国物联网网络安全将持续快速发展，从法案的制定到推行，从标准的制定到接受，美国物联网网络安全建设仍在起步，但已经领跑全球。我国在物联网应用方面并不逊色于美国，在网络安全方面应吸取美国的经验，制定我国的物联网网络安全法，并积极参与国际物联网网络安全标准的制定。

（中国电子科技集团公司第三十六研究所　王一星）

从美国《国家量子计划法案》看量子计算对网络空间安全的威胁及解决对策

近年来，世界科技强国开始高度重视量子计算研究，纷纷发布自己的量子信息科技战略，旨在抢占下一轮科技发展的制高点，争取早日实现"量子优势"。为了加速量子研究，确保美国成为全球量子技术的领先者，2018年6月27日，美国众议院科学委员会通过了《国家量子计划法案》，将在五年内拨款13亿美元用于量子计算研发。

量子计算是下一代计算机的重要发展方向，在超高速并行计算、大容量数据快速搜索、最优化问题、人工智能、密码破解、量子模拟等方面有着得天独厚的优势。理论证明，可相干操控30个量子比特的量子计算机的计算能力即能超越现有最快的超级计算机，能操控50个量子比特的量子计算机将对现有的经典密码体制构成重大威胁。当量子计算机的量子比特达到100个时，即能破解当前计算机实现的所有经典密码算法。在运算能力强大的量子计算机面前，网络空间现有的经典密码保障防御体系将不堪一击，对未来网络空间安全造成极大的威胁和挑战。

一、美国《国家量子计划法案》简介

美国《国家量子计划法案》主要提出：制定十年"国家量子行动计划"，以加速美国的量子科学发展；要求成立"国家量子协调办公室"协调计划的相关政策和计划；授权美国能源部、美国国家标准与技术研究院和美国国家科学基金会2019—2023年投入12.75亿美元（约合人民币84.45亿元）进行量子研究。以上三家机构分别将获得6.25亿美元、4亿美元、2.5亿美元，每个机构将获得的具体拨款将由美国国会的拨款机构决定，拨款通常低于授权的支出金额。

（一）美国十年量子行动计划

该法案提出美国总统应当实施十年"国家量子行动计划"，具体举措包括：设定这项十年计划的目标、优先事项和指标，以加速美国在量子信息科学和技术应用方面的发展；投资支持美国联邦的基础量子信息科学和技术研发、演示和其他活动；投资支持相关活动，以拓展量子信息科学和技术劳动力管道；针对美国联邦量子信息科学和技术研发、演示和其他相关活动提供跨部门协调支持；与行业和学术界合作利用知识和资源；有效利用现有的联邦投资，以促成实现计划目标。

（二）成立国家量子协调办公室

法案要求美国总统在白宫科学技术政策办公室内设立"国家量子协调办公室"，负责监督机构间的协调事务，并提供战略规划支持，充当利益攸关方的中心联络点，开展公共宣传，促进私营部门将联邦政府的研究商业化。该办公室的主任由美国科学技术政策办公室的主任与美国商务部、美国国家科学基金会主任和能源部协商确定。这份"国家量子计划法案"还明确要求，该办公室员工应从美国联邦机构抽调，且为国家科学技术委员会量子信息科学小组委员会的成员。

（三）成立量子信息科学小组委员会

法案要求信息科学小组委员会负责协调美国联邦机构的量子信息科学和技术研究、教育活动和项目，根据劳动力缺口和其他国家的需求制定该计划的目标和优先事项，评估并提出联邦政府基础设施需求，同时，评估与战略盟友在量子信息科学技术方面的研发合作机会。

（四）成立国家量子计划咨询委员会

美国国家量子计划咨询委员会的职责包括：为美国总统和量子信息科学小组委员会评估量子信息科学技术的趋势和发展状况、实施该计划的进度、修改计划的必要性，并向总统提交改进该计划的评估报告。

（五）法案对三家政府机构的不同要求

为推动量子信息科学和技术的研究发展，该法案对美国国家标准与技术研究院、美国国家科学基金会和美国能源部提出了推动量子信息科学和技术研究的具体要求和举措。

第一，该法案要求美国国家标准与技术研究院支持基础的量子信息科学和技术研究，制定推进量子应用商业发展所必需的指标和标准。法案还要求国家标准与技术研究院利用现有的项目，与其他适当的机构合作培训量子信息科学和技术方面的科学家。此外，国家标准与技术研究院还须开展利益相关方研讨会，讨论美国量子信息科学和技术行业发展的未来指标、标准、网络安全和其他拨款需求。

第二，法案要求美国国家科学基金会开展基础的量子信息科学和工程研究及教育计划，并开展活动继续支持基础的跨学科量子信息科学和工程研究，支持量子信息科学和工程领域的人力资源开发工作。此外，美国国家科学基金会主任与其他合适的联邦机构协商，向高等教育机构或合法非营利的组织机构拨款成立 5 个量子研究和教育多学科中心。

第三，此法案要求美国能源部开展基础的量子信息科学研究，制定量子信息科学研究目标，并成立国家量子信息科学研究中心，在机构层面，法案将授权美国能源部设立 5 个量子信息科学研究中心，致力于开展基础研究，以加速量子信息科学和技术成果突破。

二、量子计算给网络安全带来的威胁

量子计算的超强计算和密码破译能力可以说是未来战争的"颠覆者"，这对传统国防通信与保密体系构成了巨大的现实威胁，是任何一个国家和军队都必须正视和面对的。

一旦量子计算实用化，基于大数分解问题、有限域上离散对数、椭圆曲线上离散对数问题的公钥密码将被攻破，并且将降低对称密码的安全性。然而这些公钥密码和对称密码正是当前网络与信息系统中所广泛使用的密码技术，包括 RSA 加密标准、RSA 签名标准、DSA 签名标准、DH 密钥交换标准协议等国际标准算法，以及各国的标准化算法。而且，量子计算对于信息安全的威胁还具有前溯性，如果现在的通信网络流量遭到窃听并被存储下来，未来潜在的对手利用量子计算能力，就能对这些通常加密的信息进行破解。

密码技术是信息安全的核心技术，大量应用于各种信息系统和国防装备中。量子计算对当前标准化密码的威胁冲击巨大、涉及面较广，直接影响当前党、政、军、民领域的网络与信息安全，关乎国家网络空间安全。

"先存储再破译"是破解当前密码系统的一个重要策略，量子计算对长期保密性或前向安全具有致命的威胁。由于存储能力的不断提高、成本不断下降，一些组织可以将现在无法破译的信息保存起来，待日后时机成熟再来攻击。以"摩尔定律"的发展速度，这个"成熟时机"也许相当长的时间内都不可能出现，而量子计算机的出现则立马促成了"成熟时机"的到来。军队与许多重要机构的设备有很长的生命周期，比如涉及国家安全的情报，其保密性要求能够挫败未来几十年内任何可能兴起的技术。很多专家预测量子计算机能够在这个时间窗口内高效地破解公钥密码，因此我们必须解决这个隐患。

三、国外为应对量子计算威胁采取的举措

量子计算技术快速发展对密码技术产生了极大的威胁和挑战，一旦实用化量子计算出现，将导致基于离散对数、整数分解的公钥密码体制直接被快速攻破，意味着当前所使用的网络信息系统不再安全。为应对此颠覆式威胁，美国及欧洲和亚洲的部分国家已经公开启动了抗量子计算攻击密码技术研究计划，并逐渐向"抗量子计算攻击量子密码技术时代"迁移。抗量子计算攻击密码体制将是未来网络空间安全的密码核心。

（一）美国抗量子密码标准化计划

美国 NIST 正在与学术界、产业界共同开展抗量子算法的研发与标准化工作，并且强调新的抵抗量子攻击的密码算法应该灵活，尽量可以和现有的公钥体制进行交互和兼容，减小向新的密码基础设施迁移的难度。学术界和产业界的研究者将各自研发的抗量子计算算法以及开源代码提交给 NIST，这些算法在速度、大小和其他性能指标上拥有不同的优缺点。2015 年 8 月，美国国家安全部已经公开宣布启动抗量子计算攻击密码算法标准化工作，并逐步将美国信息安全迁移到"抗量子密码时代"。2016 年 4 月，NIST 公布了美国对"抗量子密码算法标准化"的工作计划，2016 年秋至 2017 年 11 月，NIST 面向全球征集抗量子密码算法，然后进行 3~5 年的密码分析工作，预计在 2022—2023 年，完成抗量子密码标准算法的起草并发布。未来，那些"抗量子特性"最强的新加密算法将获得认证，作为联邦信息处理标准（FIPS）颁布施行。

（二）欧洲抗量子密码标准化计划

2015 年 3 月，欧洲电信标准协会（ETSI）成立量子安全密码工业标准工作组，主要负责抗量子密码算法的征集和评估，抗量子密码、量子密码的工业标准制定，并且每年发布"量子安全白皮书"，公布抗量子密码的最新进展。

2015 年 3 月，欧盟启动了抗量子密码项目 PQCrypto，并纳入欧盟地平线 2020

计划。由学术界和工业界 11 家单位共同推动"小型设备环境下的抗量子密码""互联网环境下的抗量子密码"、"云计算环境下的抗量子密码"以及抗量子密码的标准化，明确提出了面向小型设备、互联网、云计算的抗量子密码应用以及标准化。于 2015 年 1 月启动的欧盟 SAFECrypto 项目也致力于提供新一代实用的、稳健的、物理安全的抗量子密码方案。

（三）亚洲抗量子密码相关计划

除了美国、欧洲以明确的工作计划和实施路线开始了"抗量子密码算法标准化"工作，日本、韩国也在着手启动抗量子密码计划，以应对量子计算对国家网络与信息安全的威胁。为了及时跟进国际抗量子标准化工作，中国、日本和韩国等亚洲国家组织了"亚洲抗量子密码论坛"。第一届、第二届、第三届"亚洲抗量子密码论坛"于 2016、2017 和 2018 年分别在中国、韩国、日本举办。

（四）抗量子密码体制的研究

抗量子计算攻击的密码体制（本文简称抗量子密码体制），也被称为后量子密码体制（Post-Quantum Cryptography），是指能够在量子计算机出现之后，仍然是安全的密码体制，主要包含基于 hash 的密码体制、基于编码的密码体制、基于格的密码体制、基于多变量的密码体制。这四类密码体制是主流，当然还有其他类的密码体制，但在学术界研究聚焦不多。

从 2006 年第一届 PQC 国际会议召开以来，抗量子密码体制已经经历了 10 年的快速发展时期。美国 NSA、NIST 于 2016 年启动抗量子密码算法的征集工作，这表明量子计算的快速发展已经对当前使用的标准密码体制构成了较大的威胁，并且当前抗量子密码已经开始为标准化工作的开展做准备。

四、几点思考

（一）发展量子计算对策考虑

计算能力是信息时代的动力。信息时代即将发生新的根本性变化，即将进入新的历史阶段，我国必须思考和布局如何在历史即将发生转折的弯道上实现超车。

量子计算、量子保密通信以及抗量子密码是量子时代网络安全的三个重要特征。

目前，我国在量子密码技术研究方面处于国际领先地位，并且即将启动抗量子密码的国家重点专项研究计划。但是，由于发达国家为保持量子计算技术的优势而采取技术封锁等因素，估计我国的量子计算器件与量子计算机技术会落后于美国十五年以上。在这段时间差内，由于在计算能力上完全不对称，美国的量子计算机对于我国基于现有计算架构的经典密码体系将会形成巨大的安全威胁。因此，必须尽早考虑应对措施。

如果专用型量子计算机真正在 15 年内能实用化，则传统保密通信技术必将被迫面临重大变革。对我国密码学术界而言，是一个重大的挑战，也是重大的机遇，需要高度重视，尽快布局相应的发展计划。相关建议如下：制定以量子计算技术为核心的量子信息科学发展战略；开展抗量子密码研究；引入私营企业和资本进入量子计算研究领域；合理统筹资源，积极鼓励竞争；加强数学、物理、计算机等理工基础学科建设，形成合理的人才队伍结构。

（二）抗量子计算安全防御机制考虑

美国政府明确表示当美国量子计算发展到一定程度时，将不对外公布相关进展情况和技术资料。我国将无法准确掌握美国或者欧洲量子计算机成熟的时间进程。一旦美国、欧洲的量子计算机悄然存在，将对当前使用的密码技术产生极大威胁，对我国的网络空间安全和军事安全造成严重影响，以致对方可以直接成功攻击我国网络基础设施和信息系统。

因此，在抗量子计算威胁方面，应拓展思维空间，不一定局限于某一种或某一类技术。在基于经典计算架构的网络空间中，可以综合采取抗量子密码、信息论安全、数据业务流分离传输、海量信息隐藏以及报文分片多径传输等安全机制。

1. 以抗量子密码算法抵御量子计算的超级破解能力

当前学术界普遍认为应采取量子密钥分发和抗量子密码算法（指 Shor 算法和 Grover 算法）来应对量子计算攻击。以量子密钥分发技术为代表的量子密码技术目前已接近实用水平，5 年内将具备大规模部署的条件。量子密钥分发如今已被确认进行可抗量子计算。目前主流的抗量子密码以格、安全哈希、多变量、编码等新型密码算法为代表。这些抗量子算法（QRA）的成熟度比较难判断，根据国内外专家的观点，要实际应用需要 10 年以上。QRA 究竟能否抗量子未得到理论上的严格证明，但人们普遍认为其可以抗量子。

量子密钥分发主要解决量子计算时代的密钥分发问题，抗量子密码主要用于解决加密、认证、安全存储等问题。二者需要互相结合使用。但是，我们必须清醒地认识

在职位调整方面，设立网络安全和工业控制系统集成事务官员。NDAA 2019 规定在 180 天之内，由国防部长指定一名官员负责国防部网络安全和工业控制系统集成事宜，主要是参照美国 NIST 为工业控制系统的网络安全制定的框架，开发部门内的认证标准。在部门改革方面，要求国防部部长评估美国联合部队总部—国防部信息网络（JFHQ-DoDIN）的角色、任务和职责以及是否将其移交给网络司令部；此外，国防信息系统局将承接美国国家安全局防范恶意软件和零日漏洞的网络安全项目（Sharkseer），该项目旨在利用商业技术检测并缓解基于 Web 的恶意软件、零日漏洞和高级持续威胁。法案还要求消除低效的网络安全计分卡，禁止国防部在 2019 年 10 月 1 日以后在其网络安全记分卡上花费任何资金。

（五）保障国防部自身的网络安全

NDAA 2019 要求国防部审查自身漏洞，保障供应链安全。具体体现在如下方面：（1）扩大国防部在评估武器系统网络漏洞方面的工作。从 2021 财年开始，国防部部长必须向国会提供每个主要武器系统的"预算合理性展示"和详细的网络安全评估，包括网络漏洞状况、网络安全风险、计划中的活动和所需的资金。（2）遵守国土安全部 2017 年发布的关于联邦机构电子邮件和网站安全的指令，如执行卡巴斯基软件禁令。（3）保障供应链安全。NDAA 2019 要求评估关键系统的软件安全性，禁止国防部使用任何外国"信息技术、网络安全系统、工业控制系统、武器系统或计算机杀毒系统"，除非供应商披露其是否与外国政府有联系，是否允许外国政府审查或访问该产品的源代码。法案还要求为国防工业供应链中的小型制造商和大学提供网络安全方面的帮助，包括提高对威胁的认识，开发自我评估机制、共享技术和威胁信息，建立网络咨询认证计划等。（4）快速上报数据泄漏。在遭遇网络入侵并造成军事人员身份信息泄漏时，国防部部长必须立即通知国会。

（六）提升国防部的网络安全能力

NDAA 2019 从强化技术、扩大采购权限、强化政企合作等方面提升网络安全能力。（1）发展溯源技术。为提高美国网络威慑，要求国防部推进溯源技术、人工智能的发展，并在适当的时候展示实力与打击意图，让对手清楚任何针对美国的网络攻击或恶意网络活动将遭受极大的成本。（2）修改网络司令部的采购权限。将网络司令部负责人的采购权限从 7500 万美元提高到 2.5 亿美元，并将此权限延长至 2025 年。（3）在高等院校建立网络学院培养网络安全人才，主要是在具有预备役军官训练计划的高等学校中建立网络学院，为军队和国防部未来的军事和文职领导人提供包括外语、密码学、数据科学等网络操作技能，并设立网络奖学金项目，启动网络安全学徒计划。（4）创建网络安全试点项目，包括针对关键基础设施网络攻击的建模与仿真试点项目，以及美国陆军国民警卫队地区网络安全培训中心试点项目。

（七）加强网络安全国际合作

除要求国防部改善与私营部门的网络安全合作，NDAA 2019 还要求加强国际网络安全合作，集中体现在加强北约的网络防御能力，提升美国在其中的领导地位。法案要求国防部部长不晚于 2019 年 3 月 31 日向国会国防委员会提交一份报告，详细描述国防部应当如何做才能提高美国在北约中领导和协作构建网络防务、阻止网络攻击的能力，具体包括实施本组织网络行动域路线图，提高网络态势感知能力，合作打击针对成员国的信息战等。

三、影响意义

2018 年 7 月 31 日，美国副总统彭斯在出席国土安全部组织的首届网络安全峰会时表示，"美国对网络攻击必须准备作出反应"，NDAA2019 在很大程度上是对这次表态的呼应，其主要影响有两点。

（一）国防部发起军事网络行动的自由度扩大

此前国防授权法案也有授权国防部在网络空间采取行动的权力，但繁复的机构间审查与公开透明的要求严重掣肘了国防部行使网络行动的自由。NDAA2019 允许国防部部长有权在网络空间进行包括秘密行动在内的军事行动，并将网络行动和信息行动视为传统军事活动，将为国防部的行动扫除障碍。此外，NDAA2019 明确要求针对俄罗斯、中国、朝鲜、伊朗的网络攻击实施积极防御，实质上是国会"预先授权"总统采取网络行动，也体现出美国国会对于特朗普甚至是奥巴马政府网络工作的不满，希望利用这种预先授权的方式提高威慑力度。

（二）加快了国防部网络安全工作改革

从保护 IT 供应链到提升国防部应对网络攻击的能力，再到加强网络安全的国际合作，NDAA2019 突出审核既有的网络安全规则与条款的有效性，按照成本与收益的原则进行重组与改革；法案还透露出国防部正主动寻求与国土安全部在防御网络攻击上更紧密的合作，如授权国防部成立加强关键基础设施的网络安全和弹性试点项目，派遣 50 名网络安全人员，以支持国土安全部民用网络保护的任务。这或许预示着"各自为政"的联邦各机构开始梳理在网络空间中重叠的地盘，并寻求和解。

（中国电子科技网络信息安全有限公司　陈佳）

各国重视区块链技术在网络安全中的应用

2018 年上半年，黑客使用包括服务器漏洞、PHP 漏洞、恶意软件、潜在的金融诈骗网站等各种载体进行恶意挖矿达到 79 万余次。根据 BESEC 的数据显示，目前已公布的区块链相关公共漏洞和暴露（CVE）数量达到 54 个，损失约超过 36 亿美元，重大安全事件发生 139 次以上。

一、各国尝试将区块链技术用于网络安全领域

在经历了区块链技术的概念爆发期和炒作期之后，全球对区块链技术的关注程度仍然居高不下，世界各主要国家和地区竞相布局区块链发展和应用探索，以美国、加拿大、以色列为代表，各国积极鼓励探索区块链技术在网络安全领域的应用，并逐渐显现成效。

（一）美国

2018 年，美国国会发布《2018 年联合经济报告》，提出区块链技术可以作为打击网络犯罪和保护国家经济和基础设施的潜在工具，指出这一领域的应用应成为立法者和监管者的首要任务。美国 DARPA 也正在大力投资区块链项目，旨在安全储存国防部内部的高度机密项目数据。2017 年，总统特朗普签署了一份 7000 亿美元的军费开支法案，其中包括授权一项区块链安全性研究，呼吁"调查区块链技术和其他分布式数据库技术的潜在攻击和防御网络应用"，支持美国 DHS 开展的加密货币跟踪、取证和分析工具开发项目。

（二）俄罗斯

2018 年，俄罗斯军方将用区块链技术加强国防网络安全。俄罗斯联邦国防部在 ERA 技术园区建立了一个独特的研究实验室，以开发区块链技术，并将技术应用于

加强网络安全和打击针对关键信息基础设施的网络攻击。专家认为，区块链将帮助军队追踪黑客攻击的来源，并提高其数据库的安全性。

（三）以色列

2018 年 10 月，以色列证券管理局已经开始使用区块链技术来改善网络安全，以及应对网络安全挑战问题。据称，这款区块链软件系统是由信息公司塔尔多历时 3 个月开发出来的。据以色列证券管理局表示，将区块链技术植入一个名为 Yael 的系统，政府机构就可以利用该系统向其管辖的机构发送消息和下达通知。以色列证券管理局还表示，未来还会有两个系统也将嵌入区块链技术。一个是在线投票系统，运用了区块链技术，这个系统就可以让投资者在任何地方参与会议；二是麦格纳系统，其用于管理局监管下的机构记录所有报告。以色列证券管理局方面认为，利用区块链技术无法篡改的优势，防止信息被编辑或删除，可以让传递给监管机构的信息多一层保护，以防信息泄露，增加了信息传递的可信度。不仅如此，只要信息上链了，区块链技术就可以查看信息在传送过程中的具体情形，以便验证其真实性。

二、区块链技术网络安全领域应用浅析

从改善数据完整性和数字身份到防护物联网设备安全以防止拒绝服务攻击，区块链在网络安全领域的应用潜力很大。事实上，区块链在机密性、完整性和可用性这三个方面都将有所作为，可提高系统弹性，改善加密、审计，提高透明度。近几年，国外区块链技术网络安全领域的相关实践应用也在蓬勃发展，其典型应用如表 1 所示。

表 1　区块链技术在网络安全领域的典型应用

序号	应 用 简 介	应 用 实 例
1	Guardtime 实时监测以减少网络攻击	由爱沙尼亚加密技术专家 Ahto Buldas 创立的 Guardtime 是一家数据安全公司，自 2007 年以来运行至今。目前，该公司已经使用区块链技术创建了一个无密钥的签名基础设施（KSI），它是传统的公共密钥基础设施（PKI）的升级，它使用非对称加密和由中央认证机构（CA）维护的公共密钥缓存。2016 年，该公司用区块链技术记录和保护了爱沙尼亚全国 100 万人口的健康记录，成为全球区块链技术应用的里程碑事件

序号	应 用 简 介	应 用 实 例
2	REMME 逐步取代密码的地位	企业借助 REMME 公司的区块链技术，可以在不需要密码的情况下对用户和设备进行身份验证。这就消除了身份验证过程中的人为因素，从而避免它成为潜在的攻击对象。过于单一的登录系统和集中化的架构是传统系统的一大弱点，基于密码制的系统无论花费了多么高昂的成本，一旦客户和雇员的密码被窃或破解，都有可能付诸东流。区块链网络承担了强大的身份验证职责，同时解决了单点攻击的问题。此外，分布式网络可以帮助各方之间达成共识。 　　由于针对集中密码管理器 LastPass 的大量攻击可能会造成数百万账户信息失窃，因此，可以利用分布式公共密钥基础设施来对用户和设备进行身份验证。REMME 公司不使用密码，而是为每个设备提供一个特定的 SSL 证书。证书数据是在区块链上进行管理的，这使得恶意黑客几乎不可能使用假证书。该平台还使用双重认证来进一步增强用户的安全性
3	Obsidian 确保聊天的隐私和安全	信息服务是互联网时代的我们每天都要用到的功能，这些应用程序已经被用于付款，并通过聊天机器人来吸引用户。消息和商业的整合为我们的生活带来了很多便利。然而，社会工程、黑客攻击和其他安全漏洞存在固有的危险，例如，考虑到 WhatsApp 和 Telegram 可能面临基于图像元数据的缺陷的风险，Obsidian 使用了区块链分布式网络，它不能被任何单一来源审查或控制。此外，通信元数据分散在分布式账本上，不能集中在一个中心点，通过这样的数字指纹来减少监视的风险。用户不需要链接到他们的电子邮件地址或电话号码，因此增加了隐私性。Obsidian Messenger 还将实现一个并行网络，用于交换数据和文件等有效负载，而平台还将流通其代币用作解锁平台功能。 　　像 Obsidian 这样的初创公司使用区块链来保护社交媒体聊天软件的隐私通信数据，与 WhatsApp 或 iMessage 所采用的端到端加密不同，Obsidian 的聊天软件使用了区块链技术来保护用户的元数据安全，用户不需要使用电子邮件或其他认证方法来使用聊天软件，而元数据是随机发布在"区块链账本"中的，因此攻击者无法通过入侵单一节点来收集用户的所有数据
4	IBM 提升数据保密性和完整性	虽然区块链最初的设计并没有考虑到具体的访问控制，但是现在某些区块链技术已经解决了数据保密以及访问控制的问题了。在这个任何数据都有可能被篡改的时代，这显然是个严重的问题，但是完整的数据加密可以保证数据在传输过程中不被他人通过中间人攻击等形式来访问或篡改。 　　整个物联网产业都需要数据完整性保障。比如说，IBM 在其沃森物联网（Watson IoT）平台中就允许用户在私有区块链网络中管理物联网数据，而这种区块链网络已经整合进了他们 Big Blue 的云服务中。除此之外，爱立信公司的区块链数据完整性服务又提供了全面的审计、兼容和可信赖数据服务来允许开发人员利用 Predix PaaS 平台来进行技术实现

作为网络时代的新一轮变革力量，区块链作为一种全新的信息存储、传播和管理机制，通过让用户共同参与数据的计算和存储，并互相验证数据的真实性，以"去中心"和"去信任"的方式实现数据和价值的可靠转移。目前，区块链技术应用以网络安全领域为典型代表，向社会诸多领域逐渐扩展延伸，得到了普遍的关注和全球性的探索。

区块链技术在与现有技术结合催生新业态、新模式的同时，区块链技术的发展及其在网络安全领域的深入应用仍需要漫长的整合过程，其核心机制、应用场景中存在的潜在网络风险也给技术应用和现有网络安全监管政策带来新的挑战。因此，我们理性看待区块链的技术优势和网络安全领域应用的同时，强化应对潜在网络安全风险已成为保障区块链技术的健康、有序发展的当务之急。

三、区块链技术面临网络安全威胁

区块链不是万能的，不可迷信更不能神话区块链技术。随着大数据、物联网、人工智能等新技术的广泛应用，不断出现的数据泄露和信息安全事件也给个人隐私保护、企业安全生产、社会公共服务等带来新的挑战。基于分布式账本技术的区块链，在确保数据安全和信息完整性方面具有天然的优势，被很多人给予厚望。

然而，区块链并非万灵药，从技术复杂度和系统数量到其实现，区块链都不能保证 100%安全。交易速率上的限制，还有关于信息是否应保存在区块链中的争论，都是该技术在网络安全应用方面的顾虑。

目前区块链技术本身仍存在一些网络安全风险，应用过程中可能会引发一定的安全问题。近年来，区块链网络安全事件频发造成重大经济损失。据统计，自 2011 年到 2018 年 10 月，全球范围内因区块链网络安全事件造成的损失近 36 亿美元。可见，区块链网络安全问题不容忽视。基于业界已有的研究报告，将区块链面临的网络风险与挑战分为六大方面：基础设施安全、密码算法安全、协议安全、实现安全、使用安全和系统安全。

（一）基础设施安全

区块链的发展，基础设施是关键。区块链的基础设施主要包括交换机和路由器等网络资源、硬盘和云盘等存储资源以及 CPU 和图形处理器（GPU）等计算资源。当前面临的主要有物理安全风险以及数据丢失和泄露等安全风险。

物理安全风险主要指区块链存储设备自身以及所处环境的安全风险，如 LevelDB、Redis 等数据库中可能存在未及时修复的安全漏洞，导致未经授权的区块链存储设备访问和入侵，或者存放存储设备的物理运行、访问环境中存在的安全风险。

数据丢失和泄露主要包括区块数据和数据文件的窃取、破坏，或因误操作、系统故障、管理不善等问题导致的数据丢失和泄露，线上和线下数据存储的一致性问题等。例如，EOS 的 IO 节点可通过原生插件，将不可逆的交易历史数据同步到外部数据库中，外联数据库数据为开发者和用户提供了便利的同时，也可能引发更多的数据丢失和泄露风险。

（二）密码算法安全

区块链使用了大量密码算法以保证安全性。但现有的一些密码算法存在一定缺陷，使用有缺陷的密码算法会大大影响安全性。另外，随着量子技术的发展，使用不能抵抗量子攻击的密码算法都有较大风险。目前密码货币的算法是相对安全的，但是随着数学、密码学和计算技术的发展会变得越来越脆弱，况且区块链中的密码算法在使用过程中也存在问题。另外，量子计算对现有公钥密码带来的影响是颠覆性的，2017 年，IBM 宣布成功搭建和测试了两种新机器。当然，算法方面也曾出现过随机数漏洞事件，比如 2014 年 12 月，blockchain.info 爆出随机数问题。

（三）协议安全

区块链是一个新的协议层，是一项去中心化的协议，分布在 Web2.0 之上，支持点对点传输，基于分布式的特性，无须任何中介，美国人都可以直接发送和存储数据并参与金融交易。协议安全主要指共识机制、P2P 网络等存在的安全隐患，主要面临共识算法漏洞、流量攻击以及恶意节点等威胁。

（四）实现安全

智能合约运行环境的安全性是区块链安全的关键环节，智能合约起步较晚，其风险主要来源于代码实现中的安全漏洞。目前，部分区块链项目会设计并使用自己的虚拟机环境，如以太坊的 EVM，而 Hyper Ledger Fabric 等则直接使用成熟的 Docker 等技术作为智能合约的处理环境，一旦在运行环境中存在虚拟机自身安全漏洞，或验证、控制等机制不完善等，攻击者可通过部署恶意智能合约代码，扰乱正常业务秩序，消耗整个系统中的网络、存储和计算资源，进而引发各类安全威胁。

（五）使用安全

使用安全主要指使用的智能合约、数字钱包、交易所以及应用软件等存在的安全问题。另外，应用了区块链技术的服务器上的恶意软件、系统的安全漏洞等都可能成为攻击者攻破区块链应用的切入点。使用安全方面目前存在以下问题，比如私钥托管容易造成监守自盗以及黑客盗取；区块链钱包的口令存在被恢复的危险；私钥一旦丢失，便无法对账户的资产做任何操作。最需要考虑使用安全的是所有的数字货币系统，比如 2017 年 12 月，朝鲜黑客攻击了韩国加密货币交易所，导致价值 76 亿韩元（约合 699 万美元）的加密货币被盗。

（六）系统安全

上述基础设施、密码算法、协议、实现、使用安全漏洞与黑客攻击结合，可使区块链受到致命打击。社会工程学手段与传统攻击方法结合使区块链变得更加脆弱，有组织的攻击行为将对区块链安全造成极大危害。综合运用算法和协议，借助网络安全漏洞，与网络攻击紧密结合，采用技术和社会工程学手段，一旦国家或组织实施综合性网络安全攻击，会对密码系统造成极大的危害。

四、安全性威胁应对建议

（一）集中力量攻关区块链安全风险应对技术

针对协议安全性，POW 中使用防 ASIC 杂凑函数，使用更有效的共识算法和策略；针对实现安全性，需要对关键代码进行严格、完整的测试，以及采用更加安全的智能合约；针对使用安全性，主要是对私钥生成、存储、使用进行保护，使用有效的魂币模式，对敏感数据进行加密保护。另外，也要选择安全的交易所，因为交易所聚集了大量的数字货币，所以很容易成为黑客或者一些敌对、恐怖组织的攻击目标；针对算法安全性，可以采用抗量子算法，如基于格的签名算法，或者采用盲签名、环签名、聚合签名、多重签名、门限签名策略，总之要采用新的、本身经得起考验的密码技术；针对黑客的攻击，可采用拟态防御的方法。拟态防御是一项技术，利用拟态防御技术，对于提高区块链系统安全性会起到非常好的作用。

（二）探索创新性的区块链监管手段

探索"沙盒监管""穿透监管"等区块链监管模式，监管机构可为特定区块链产品、服务和应用模式的测试创新构造"安全沙盒空间"，在满足企业在真实场景中测试其产品方案需求的同时，严防风险外溢；或在区块链节点中设置一个或多个监管机构节点的方式，使监管方可全面及时获取区块链业务流程、用户关系、信息流向等监管信息，以"穿透式"的方式深入区块链业务核心实施监管。

（三）区块链应回归技术本质，存储安全标准亟待建立

随着信息的交互流动加速，区块链得以脱离数字货币的范畴而走向更广泛的资本市场，数字资产管理成为目前区块链有望尽快落地的应用之一。然而由于缺乏安全基础设施建设和防护，存储为目标的区块链成为黑客攻击的"重灾区"。

在区块链技术的发展过程中，区块链各技术分支和应用领域发展程度不均衡，缺乏统一的概念术语、架构及测评标准，技术和机制特性给法律和监管带来挑战等问题在不同程度上对技术的发展应用和产业化形成了阻碍。围绕技术架构规范、开发规范、身份认证等相关标准化、合规化问题，国际标准化组织和开源组织已开始启动区块链安全标准化工作，规范区块链技术应用发展。截至目前，国际电信联盟远程通信标准化组织在区块链安全议题上表现活跃，参与方众多，研究范围较广，推进路线明确。国际电信联盟远程通信标准化组织成立了三个焦点组、一个问题小组，设立多个标准研究项目，围绕区块链整体发展、安全及物联网、下一代网络演进、数据管理应用等开展标准化工作。

（四）强化推动区块链安全产品和服务市场发展

政府应当鼓励网络安全企业、区块链相关企业等重视区块链技术安全问题，推动智能合约漏洞挖掘、区块链产品代码审计、业务安全监测等相关安全产品和服务的开发应用，同时提升区块链产品应用安全水平和抗攻击能力，不断优化区块链技术生态结构。

区块链技术正日益成为网络安全领域创新的重要驱动力量，其技术带来的巨大变革不容忽视，技术和应用场景中的潜在网络安全风险也在逐渐显现。全球各个国家在着力把握技术发展先机的同时，也需正视风险，从发展引导、强化监管、风险研判、国际合作等多角度积极应对，有效防范化解新技术网络安全风险，切实保障区块链技术在网络安全领域的健康、有序发展。

（中国电子科技网络信息安全有限公司　龚汉卿）

从欧洲电信学院披露混合信号无线芯片电磁泄漏风险看电磁信息泄漏研究发展

2018 年 8 月，来自欧洲电信学院（Eurocom）软件和系统安全小组的一组研究人员从普通通信芯片发出的噪声中提取到了加密密钥。这种信息泄露来自无线电设备本身，而不需要访问目标机器或植入某种恶意软件。研究小组解释了涉及的物理机制：如果片上系统（SoC）在同一块芯片上整合模拟操作和数字操作，CPU 的操作不可避免地泄漏给无线电发射器，而且可以远距离跟踪。由于 CPU 和无线电之间的串扰，研究小组在 10 米外从 tinyAES 中获取了 AES-128 密钥；进一步使用一种关联攻击，研究小组在 1 米外获取了 mbedTLS 中的 AES-128 密钥。同时为了证明这个问题不是特定厂商才有的，研究人员测试了 nRF52832（来自 Nordic 半导体公司的蓝牙低功耗芯片）和高通 Atheros AR9271（Wi-Fi USB 无线网卡），研究小组同样在 10 米外提取到了密钥。

一、信息设备电磁信息泄露的危害

随着信息技术的飞速发展，信息系统已在各领域得到了广泛应用。在信息系统安全研究领域，人们讨论的重点往往是网络攻击、安全漏洞以及计算机病毒等内容，而对上述因信息设备在运行过程中产生电磁辐射所造成的信息泄漏问题却重视不够，使得截获并破译信息设备产生的电磁辐射中携带的有用信息，已成为不法分子窃取信息的新途径。因此，其直接危害是将信息外泄，使不法分子或竞争方掌握重要情报，同时电磁泄漏还存在着间接危害，当不法分子或竞争方掌握我方信息动态后可通过电磁对抗设备对我方进行攻击或在信息传送线路中植入错误信号，使己方的命令码翻转，扰乱信息网络，使涉密信息的安全受到严重威胁，而且这种威胁与黑客攻击、病毒攻击等网络攻击方式相比更加隐蔽，危害更大。

例如美国"棱镜门"事件爆发后，美国对外情报网络工作的神秘组织定制入口行动办公室（TAO）被曝光，其下辖的四个分支部门之一接入技术行动部门主要进行网外行动（线下行动），帮助中央情报局和联邦调查局的情报人员，在海外目标电脑或通信系统中秘密安设窃听装置，通过特殊的设备进行远程信息窃取。根据斯诺登透露：2013 年 6 月 30 日，《卫报》报道称美国国家安全局对包括日本和法国在内的 38 个驻美大使馆及代表处实施了监听。根据斯诺登提供的秘密文件显示，美国情报机构将窃听工具植入欧盟使馆特区的密码传真机中，拦截欧盟华盛顿特区的秘密通信信息，代号为 DROPMIRE。据英国广播公司驻德国柏林的编辑史蒂夫·埃文斯透露，被窃取的信息包括欧盟在贸易上的立场和军事信息，美方在与欧洲政府进行的谈判中使用了这些信息。DROPMIRE 计划所披露的文件中黑底白字的图片，引起了世界各国计算机侧信道研究学者和专家的注意，该项技术基于老式的间谍手段，即通过电流、声波震动和其他能量的敏感变化实现解密信息，属于瞬时电磁脉冲发射监测技术（TEMPEST）的范畴，主要是利用仪器的泄漏发射获取秘密信息。该窃取技术在密码传真机中植入了特殊的器件，并利用特殊的天线远程接收信号，根据对电磁信息泄漏技术的研究，该黑底白字图片极有可能是泄漏发射的接收还原信号。

因此，有针对性地研究信息系统中电磁泄漏造成的威胁及对策，对于确保信息安全具有十分重要的意义。

二、国外研究现状

在电磁信息安全领域，各国既研究电磁信息提取技术，又研究电磁信息安全保障的电磁防护技术。

（一）电磁信息泄漏研究发展现状

1985 年，荷兰学者范埃克（Van Eck）在《Computer & Security》发表论文，介绍了远距离接收计算机显示器的原理，他只用了 15 美元的元器件和一台黑白电视机，首次公开揭示了计算机 CRT 显示器的电磁泄漏风险。因此，该现象被称为"范埃克窃密（Van Eck phreaking）"。

1985 年春天，英国 BBC 电视台在"明日世界"节目中播放了一段 5 分钟的视频，介绍了计算机显示器的电磁泄漏风险，并展示在汽车里安装接收设备获取附近建筑里的计算机显示器内容，该建筑正是苏格兰场（英国伦敦警察局的代称）。

2003 年，剑桥大学库恩（Kuhn）博士的论文讲述了计算机电磁泄漏的原理和接收方法，并给出了一种通过主动攻击获取计算机敏感信息的方法。库恩博士利用电磁波泄漏发射原理，将有意窃取的信号隐藏到计算机显示器正常显示的视频中，借助显示器视频电磁波发射强的优势，将敏感信息传输出去。软件算法巧妙地将敏感信息隐藏嵌入到计算机显示器视频中而使人眼不易观察到，接收机却可以远距离高质量获取隐藏的电磁波信息。窃密者可以将软件隐藏算法做成木马植入被攻击的计算机中，攻击不联网的计算机，具有很强的隐蔽性。

2011 年，日本大阪大学的 2 名学者研究了满足电磁兼容（EMC）B 级标准的信息技术设备最远接收距离，给出了不同频率范围最远接收距离的理论估值，通常都有几百米的范围。

2018 年 4 月 6 日，以色列本古里安大学一组学术研究人员撰写了一篇题为《PowerHammer：通过电源线窃取隔离电脑的数据》的论文，其中详细介绍了通过电源线窃取隔离电脑数据的攻击手段，研究人员将这种数据窃取技术命名为"PowerHammer"，PowerHammer 调节电能消耗将受害者电脑的二进制数据编码成电能消耗模式，进而通过电源线窃取隔离设备的数据。第一种攻击方式为"线路 PowerHammer"，即攻击者设法利用隔离计算机和电源插座之间的电源线，这种攻击的数据窃取速度约为 1000 bps；另一种攻击方式为"相位 PowerHammer"，入侵者利用的是建筑内电力服务配电板的电源线相位，这种攻击更加隐蔽，但在速度方面的表现较差，仅能以 10 bps 的速度获取数据。研究人员的实验结果显示，此类攻击能从隔离的台式电脑、笔记本电脑、服务器，甚至物联网设备窃取数据。此外，CPU 拥有的核芯越多，数据泄露的速度越快。尽管这种攻击方式目前只处于实验阶段，情报机构可能会利用此类工具获取情报。

（二）电磁信息泄漏防护措施研究发展

目前国外对保证电磁信息安全采取的防护技术可以从硬件防护技术和软件防护技术来划分，为达到电磁信息安全的目的，通常采用的硬件防护技术有电磁防护材料、使用低辐射设备、屏蔽加固、滤波、利用噪声干扰源等。

国外如美国、韩国在电磁信息安全领域已经取得一系列成果。

荷兰学者范埃克的成果引出了美国早已关注的有关电磁泄漏研究的 TEMPEST 计划。早在 20 世纪 50 年代，美国政府注意到电磁波发射可以被捕获从而造成泄密。如果发射来自密码设备，造成的泄密危害将是致命的。根据军方的研究结果，美国启动了 TEMPEST 计划。TEMPEST 计划通过引入标准和认证测试程序，减少敏感信息处理、传输和存储等相关设备的电磁泄漏发射风险。美国政府机构和合作供应商采用了大量满足 TEMPEST 标准的计算机和外围设备（打印机、扫描仪、磁带机、鼠标等）对数据进行保护。

美国麻省理工学院研制的纳米复合材料在波段 8~18GHz 范围内对电磁波的屏蔽效能与铜不相上下。2012 年，美国国防部和 NASA 与纳米技术公司签约，开始大规模生产碳纳米管作为材料的薄片、导线，以提高装备的电磁干扰防护性能。同时，业界还开展了大量应用性研究，如具有高屏蔽性能的环氧基多壁碳纳米管复合物的应用，工程碳纳米管复合材料以及纳米结构复合材料多层屏蔽体的优化方案等，均取得了一定进展。2012 年，美国 IBM 公司研究中心利用几层石墨烯制成了新的防护材料，可对兆赫兹频率的辐射和微波的电磁辐射进行有效防护，显著降低了敏感电子设备中的外部电磁干扰，此举推进了石墨烯芯片在电磁防护领域的实用化。

2015 年，美国 Tech-Etch 公司发布了其新开发的屏蔽垫片，该产品可在几分钟内形成板级屏蔽样品。这种薄板有两种不同的尺寸：标准型为 0.25inch^2，公制型号为 5mm^2，两种规格都由镍黄铜材料制成，可防锈。两种规格还可软焊，可直接焊接到屏蔽夹或板上，而无须修整或电镀。随后，Tech-Etch 公司又推出新型铍铜屏蔽垫片，具有超过 100dB 的衰减，有 100 多种标准型材可供。

2016 年，韩国科学技术研究院、德雷赛尔大学的研究人员证实了一些过渡金属碳化物（MXenes）及其聚合物复合材料在电磁干扰屏蔽上有着潜在的用途。45 微米厚的 Ti_3C_2Tx 薄膜电磁干扰屏蔽效能可达到 92dB，这是迄今所制造的合成材料中屏蔽性能表现最佳的材料。

2018 年 10 月 31 日，由美国纽约大学坦登工程学院、德雷塞尔大学、耶鲁大学等单位的科研人员组成的团队采用了一项创新技术，相对低成本地生产出了电磁屏蔽复合薄膜，与以往厚重、刚性不透明的薄膜相比，这种通过旋转喷涂层层自组装技术（SSLBL）制备的柔性半透明可控的电磁屏蔽薄膜，可被应用于更为广阔的电磁屏蔽应用。

三、建议与启示

由以上事件及其技术分析可以看出，除通过互联网、电信网和基础设施可获取大量情报信息外，通过网外（线下）攻击的能力，即对于场所和物理隔离的信息系统，通过架设窃听装置、向信息设备植入电磁辅助攻击也可实现对信息的获取，这种能力为涉密单机及与互联网严格物理隔离的涉密网络的信息窃取提供了途径，这些对信息安全造成了极大的威胁，因此必须加快研究涉密场所电磁信息安全防护技术。

电磁信息安全防护是一项系统工程，任何单一的防护措施都不是万无一失的，要根据不同系统的特点采用与之相适应的最佳防护措施进行综合防护。

（中国电子科技网络信息安全有限公司　陈佳）

美国能源部研发智能电网安全检测
工具以提升智能电网安全

美国能源部劳伦斯伯克利国家实验室的一组研究人员启动了一个专注于设计和实现工具的项目，该机构称这款工具能检测配电网络上的网络攻击和物理攻击。这个为期三年的项目于 2018 年 3 月初启动，预算约 250 万美元，包括美国国家农村电气合作协会（NRECA）和萨克拉门托市政事业部（SMUD）在内的行业合作伙伴也将参与其中。

智能电网的概念由美国最早提出，美国电力科学研究院（EPRI）于 1998 年提出智能电网雏形，即复杂交互式网络/系统（CIN/SI），并于 2000 年前后提出"IntelliGrid"概念及相关研究计划，致力于构建一个全面、开放的技术体系，且对智能电网架构加以开发，以支持涉及的通信及信息交换。自此以后，欧洲各国、加拿大、澳大利亚、包括中国等国家也积极跟进这一新的发展动向，积极投入到对智能电网的研究中。

作为下一代电力网络，智能电网具有高可控性、高能源利用率、自愈性等特点。它是一种典型的信息物理融合系统，由传统电力基础架构与信息基础架构共同组成。智能电网的安全问题包括物理安全和信息安全两个方面。智能电网信息化及其物理系统与信息系统的深度融合为其引入了新的安全隐患，从而成为攻击者对智能电网进行攻击的突破口。针对信息系统的网络攻击，在破坏其功能的同时也会传导至物理系统并威胁其安全运行。鉴于智能电网目前已经成为网络黑客的眼中猎物，各个国家不遗余力地投入资金研发智能电网安全，智能电网的安全正在成为关注热点。

一、 智能电网成为网络攻击的重要目标

智能电网是一把双刃剑，它在优化电网系统的运营和提高人民生活水平的同时，也为很多不法分子用技术手段获取电网机密信息和用户信息提供了窗口，特别是近几年来通过网络攻击智能电网并进行破坏的事件时有发生，比较典型的事件如下所述。

2015 年 12 月，乌克兰电网遭遇突发停电事故，引起乌克兰西部地区约 70 万户居民家中停电数小时。事后达拉斯信息安全公司 ISight Partners 的研究人员表示，这是由于黑暗力量（BlackEnergy）恶意软件/代码导致的破坏性事件。2016 年 12 月 17 日，乌克兰基辅北部 330 千伏变电所发生停机，导致基辅地区大面积停电。在 Cybertech 2016 大会上，以色列能源与水力基础设施部部长披露，以色列电力局在 2016 年 1 月遭受了一次严重的网络攻击。事发后以色列当局被迫对电力设施中被感染的计算机进行了关闭。2016 年初，中国国家电网旗下的两款应用程序"用 e 宝"、"掌上电力"出现数据泄漏，已经涉及超过千万级用户规模。

据此，我们可以得到如下启示：其一，电力系统作为国家关键性基础设施已经成为网络攻击的重要目标，网络攻击能达到类似于物理攻击的效果，从而导致变电站乃至整个能源供给系统的瘫痪；其二，攻击者具备一定的电力系统工程背景，对变电站监控系统软件及电网业务流程都非常了解，其发动的针对电力系统的攻击具有很高的技术含量；其三，工业界还没有为此类网络攻击做好准备，电力系统中信息基础设施的脆弱性客观存在，面对网络攻击时表现得非常敏感，现有的信息安全防御体系难以完全有效抵御此类网络攻击。

二、美国能源部国家实验室研发智能电网安全检测工具

为了检测配电网络上的网络攻击和物理攻击，美国能源部劳伦斯伯克利国家实验室研究小组历经三年研发出了一款工具，该工具使用微相量测量装置收集配电网的物理状态信息。该工具将这些数据与 SCADA（以计算机为基础的 DCS 与电力自动化监控系统）信息相结合就能对系统性能提供实时分析，并向电网运营商发出预警。

该实验室开发的威胁检测应用结合了安全工程和计算机安全。除了伯克利国家实验室，美国亚利桑那州立大学、电力标准实验室、电力研究院、软件厂商 OSISoft、Riverside Public Utilities 和美国南方电力公司也参与了威胁检测应用的开发。劳伦斯伯克利国家实验室将牵头开发算法，通过发送相反的信号以抵消恶意软件针对逆变器的攻击，这是一种类似于降噪耳机的做法。

三、智能电网信息安全面临的挑战

随着智能电网的电力传输系统用于双轨传送电力和信息，信息技术和电信基础设

施成为能源部门基础设施的关键。智能电网的建设在为电力企业以及用户带来效益和实惠的同时，也带来了新的安全风险。

（一）电力系统复杂度的增加，增加了安全防护的难度

随着智能电网规模的扩大，互联大网的形成，电力系统结构的复杂性将显著增加，电网的安全稳定性与脆弱性问题将会越显突出。同时复杂度的增加，将导致接口数量激增、电力电子系统之间的耦合度更高，因此很难在系统内部进行安全域的划分，这使得安全防护变得尤为复杂。

（二）智能电网安全标准规范的缺乏

智能电网的安全问题越来越得到关注，虽然欧美已经提出了一些安全策略，但还没有形成统一的智能电网安全标准规范体系。美国 NIST 在 2009 年 9 月份发表了一篇涉及智能电网安全方面的文章《智能电网信息安全策略与要求》，不过目前还只是初稿，有待进一步的修订、完善。由于缺乏一套完整的安全标准规范体系，智能电网今后的安全性将无法得到保障，这也是智能电网将会面临的一个非常严峻的问题。

（三）网络环境更加复杂，攻击手段智能化

智能电网建设的信息集成度越来越高，网络环境更加复杂，病毒、黑客的攻击规模与频率会越来越高。此外随着大数据、云计算、物联网、移动互联、宽带无线等信息通信技术的应用，它们在为智能电网的生产、管理、运行带来支撑的同时，也会将新的信息安全风险引入智能电网的各个环节。为了提高数据的传输效率，智能电网可能会使用公共联网来传输重要数据，这也将会对智能电网的安全稳定运行造成潜在的威胁，甚至可能造成电网运行的重大事故。不安全的智能网络技术将会给黑客提供他们所附属的不安全网络的快速通道。而且未来有组织的攻击越来越多，网络攻击的手段也会更加多样化和智能化，这都将给电力系统带来严峻考验。

（四）用户侧存在安全威胁

未来用户和电网之间将会出现更加广泛的联系，实现信息和电能的双向互动，基于高级计量架构（AMI）系统，用户侧的智能设备都将直接连到电力系统。这不可避免地给用户带来安全隐患，一方面用户与电力公司之间的信息交互涉及公共互联网，用户的隐私将会受到威胁；另一方面家用的智能设备充分暴露在电力系统中，易受到

黑客的攻击。因此智能电网中端到端的安全就显得非常关键。

（五）智能终端存在安全漏洞

随着大量智能、可编程设备的接入，已实现对电网运行状态实施监控、进行故障定位以及故障修复等，从而提高电网系统的效率和可靠性。这些智能设备一般都可以支持远程访问，比如远程断开/连接、软件更新升级等。这将带来额外的安全风险，利用某些软件漏洞，黑客可以入侵这些智能终端，操纵和关闭某些功能，暴露用户的使用记录，甚至可以通过入侵单点来控制局部电力系统。因此这些智能终端可能会成为智能电网内新的攻击点。面对更加复杂的接入环境、灵活多样的接入方式，数量庞大的智能接入终端，对信息的安全防护提出了新的要求。

除此之外，智能电网的信息安全问题还涉及其他因素，如心怀不满的员工、工业间谍和恐怖分子发动的攻击，而且还必须涉及因用户错误、设备故障和自然灾害引起的对信息基础设施的无意破坏。脆弱性可能会使攻击者得以渗透网络，访问控制软件，改动负荷条件，进而以无法预计的方式造成电网瘫痪。电网面临的其他风险还包括：电网不断增加的复杂性，有可能引入脆弱性，使电网越来越多地暴露在潜在攻击者和无意错误之下；相互连接的网络，会造成各网络共有的脆弱性发作；引发通信中断和恶意软件肆虐的脆弱性日渐增多，有可能导致拒绝服务或破坏软件和系统的完整性；供潜在敌对分子恶意利用的入口点和通道越来越多；破坏数据保密性的潜在可能性，其中包括对用户隐私权的侵犯。

四、智能电网信息安全技术概述

智能电网信息安全技术涉及网络攻防技术、信息安全保密技术、网络终端安全防护技术、网络测量技术等。

（一）网络攻防关键技术

网络攻击从攻击者的角度可分为被动攻击、主动攻击、邻近攻击、内部人员攻击和分发攻击等；从攻击对象的角度可分为硬件设备的攻击、对网络协议的攻击、对应用系统的攻击、对信息内容的攻击、对主机操作系统的攻击和对服务进程的攻击等；从攻击的后果可分为网络信息系统或信息的保密性、完整性、可用性、可靠性等被破坏。网络攻击的关键技术主要有：探测侦查技术、漏洞挖掘技术、密码破解技术、渗透控制技术、代码传播技术、目标破坏技术、攻击隐藏技术。

网络防御体系是信息安全保障的重要组成部门，它依赖于人、操作和技术来共同实现，重点是对信息基础设施实施纵深防御战略，做到多层防护，涉及的领域包括网络与基础设施防御、区域边界防御、计算环境防御和支持性基础设施防御等。网络防御技术主要有攻击检测技术、攻击防范技术、应急恢复技术等。

（二）信息安全保密技术

在计算机网络高速发展的情况下，加密是实现数据保密性、完整性最有效的方法。鉴于高速通信网络对加密技术的新要求，美国正致力于开发一种动态可变的加密技术，NSA 和 Sandia 国家实验室均参与了该项技术的研究。据悉，目前已制造出几种密钥捷变加密样机，如 Milkbush、Enigma2 和可伸缩 ATM 加密机等。

另一方面，在网络攻击活动日益增多的情况下，计算机系统的脆弱性成为五角大楼最为担心的问题。为确保信息安全，美国国防部大力开发计算机网络安全保密系统。具体工作如下：（1）设置新的报警系统，使所有指挥层以标准化程度做出一致性反应，不仅能提供防御措施，为国防部建立应对各种信息安全威胁的行动标准，还可在网络防护过程中明确相关作业指挥官的职责，并使作战人员在网络遭受攻击时仍可顺利获取信息。（2）开发自动入侵探测环境系统。该系统能在一台标准显示器中无缝隙集成各种入侵探测装置，收集来自不同类型传感器的数据，分析比较并统一输入，在多个作战级将输入数据显示为单一的入侵检测报告，大大增强了国防部检测网络入侵的能力，提高了报告网络遭受攻击的及时性。（3）部署主动网络防御系统。该系统能跟踪发现攻击的源头，并实时还击。其中，移动代理程序能探测到连接网络的路由器；全面探测程序能扫描网络传输的数据，找到正在发生或将要发生的网络入侵线索；指示和标记程序能探测到数据包中的可疑行动并找到攻击源头。（4）研制国土安全指挥控制系统。美国国防部筹资 5380 万美元研制的国土安全指挥控制系统，把各种数据信息、各个网络系统甚至是各种软件综合到一起，可以及时跟踪了解各种情况。（5）研制防止敌方入侵计算机的数据库和信息库。高数据库和信息库可以保护关键的指挥和控制系统，当系统受到攻击时，能够脱离操作并自动与空军信息战中心和计算机应急分队等连接，利用最新的对抗信息来更新数据库，达到保护计算机和网络不受攻击的目的。

（三）网络终端安全防护技术

网络终端安全防护技术应重点关注网络末端计算机及其操作系统，相关的使用人员和多种安全风险途径，信息资产的完整性和保密性，网络终端安全行为的可追究性等方面的问题。其目的是防止对网络终端用户的恶意信息窃取、信息破坏和信息篡改等攻击行为，防止网络终端用户通过网络将内部机密信息有意或无意泄露出去，防止网络末端用户对内部重要数据服务器进行攻击和破坏，并对安全事件进行审计跟踪。在制定技术策略时，尤其要重视以下系统的安全：操作系统安全、网络访问安全、网络末端信息数据安全、接口控制、移动存储设备控制、监控与审计。

网络终端安全技术防护是一个非常细致的问题，要实现全面安全防护，最好的办法是建立一个网络末端安全保障系统。其服务端配置在网络末端各个计算机系统中，控制管理端能够同保护网络边界和网络基础设施的安全产品与技术结合起来，共同组成网络安全保障体系，提升信息安全保障能力，对抗来自网络内外的各种安全威胁。

（四）网络测量技术

网络测量技术是指通过收集数据或分组的踪迹，定量分析不同网络应用在网络中的分组活动情况，从而获取网络行为第一手指标参数的手段。网络测量和网络行为分析技术最初主要着眼于发现网络瓶颈，优化网络配置，加强网络管理，为 Internet 流量工程和网络行为学研究提供基础辅助依据和验证平台，为开发高性能网络设备和设计网络协议提供理论基础。随着网络测量技术的发展，网络测量在保障网络安全，防范大规模网络攻击方面的重要作用，特别是对网络对抗与信息战的支持作用，受到了更多关注，针对 Internet 的测量与分析已成为学术界、企业界和国家政府部门普遍关注的重要问题之一。

面对日益严重的网络安全威胁，利用大规模网络策略可以对网络浏览与网络拓扑的变化进行分析，对网络在异常环境下的可生存性做出分析与评估，为防范大规模网络攻击提供预警手段，使国家对网络管理更具宏观控制力。

五、几点建议

在智能电网面临严峻威胁的今天，建议从以下几个方面做好智能电网的安全防护工作。

（一）借鉴可信计算思想，提升应用保障能力

基于可信计算思想，加强智能电网主机、终端、应用和数据安全防护。按照国家

信息安全等级保护的要求，采用相应的身份认证、访问控制等手段阻止未授权访问，采用主机防火墙、数据库审计、可信服务等技术确保主机系统的安全。根据具体电力业务终端的类型、应用环境以及通信方式等选择适宜的防护措施，主要采取接入认证、病毒防护、安全桌面、可信芯片等防护措施保障终端安全。部署应用加密和校验、安全加固、安全审计、剩余信息保护、抗抵赖、资源控制、数据备份与恢复、代码安全管控等应用层安全防护措施，保障业务应用系统的安全。按照涉密数据、商密数据、敏感数据、一般数据对公司数据进行分级防护。根据不同的级别，在数据的生成、传输和存储过程中做好数据加密和校验、备份与恢复等方面的数据安全控制措施。

（二）提高电网软硬件设备及安全产品的国产化水平

实现信息安全问题的高度自主可控，坚持自主创新、自主研发，提高电网软硬件设备及安全产品的国产化水平，摆脱外来技术掣肘，努力实现突发状况可控。目前，国家电网公司国产化已经达到90%，在保证电网安全的基础上，继续提高电网国产化水平，实现完全的自主可控。

（三）从管理制度上强化智能电网的安全管理

制定完善的信息安全管理制度，健全包括安全评估、安全规划、运行管理、应急响应等方面的信息安全管理手段；建立信息安全培训体系、信息安全保障体系等；加强内部人员管理，对于重要网络要做好审计工作，大规模的审计对日志分析显得尤为重要，杜绝内网机服务器包括电脑的违规使用。

（四）积极开展信息网络设备安全应急演练活动

通过网络模拟攻击事故场景重现等形式，演练面对各类突发信息安全事件时工作人员的应急处理能力，提高信息人员的专业素质，加强应对信息突发事故的协调处理能力。

（中国电子科技网络信息安全有限公司　李奇志）

从黑客控制电力公司计算机系统看工业互联网信息安全问题

2018 年 3 月，黑客获得了印度 Uttar Haryana Bijli Vitran Nigam（UHBVN）电力公司的计算机系统访问权，窃取了大量客户计费数据，攻击者还向该公司索要 15 万美元的勒索费用以赎回数据。此类事件的爆发暴露出工业互联网存在严重的安全问题，其后果将产生巨大的负面影响和经济损失。未来，为了提高生产效率和效益，工业化和信息化的融合势必会越来越明显，工业控制系统利用最新的计算机网络技术来提高系统间的集成、互联以及信息化管理水平。越来越开放的工业互联网，将带来越来越严重的信息安全问题。

一、全球工业控制系统态势分析

本文的全球工控数据来自卡巴斯基实验室工业控制系统网络应急响应小组对 2018 年上半年工业威胁情况进行调查得出的报告。卡巴斯基实验室成立于 2016 年，是全球比较权威的提供工业系统免受网络威胁的机构，可以保证数据具有一定的参考价值。

2018 年上半年，全球得到卡巴斯基实验室解决方案保护的所有工业控制系统（ICS）计算机中，41.2%遭到至少一次恶意软件攻击。2017 年上半年，遭到攻击的 ICS 计算机比例为 36.61%，而下半年这一比例则增长到 37.75%。

其中，遭到攻击的工业控制系统计算机数量最多的国家为越南，其 75.1%的工业控制系统计算机遭到攻击，其次为阿尔及利亚和摩洛哥，遭到攻击的比例分别为 71.6%和 64.8%。工业设施遭受攻击最少的三个国家依次为丹麦（其工业企业计算机遭受攻击的比例为 14%）、爱尔兰（14.4%）和瑞士（15.9%）。发展中经济体遭受攻击的 ICS 计算机数量最多，而发达地区的遭受攻击的 ICS 计算机数量最少。

工业控制系统来自互联网的威胁数量呈现逐年递增的态势，并且其已经成为工业控制（工控）系统感染的主要来源：27%的威胁来自万维网；可移动存储介质的威胁位居第二，占总数的 8.4%。邮件客户端在数量上占据第三位，威胁数量占 3.8%。

全球工业控制系统遭到网络攻击的比例令人担忧。针对工业计算机的网络攻击被认为是一种极度危险的威胁，因为它们会导致物资损失，造成整个系统和生产中断。不仅如此，工业企业停工会严重破坏该地区的社会福利、生态和宏观经济。

二、工业互联网所面临的信息安全风险分析

工业互联网的发展将使得连入互联网的工业系统/设备越来越多，导致以前相对封闭独立的工业网络及设备大量暴露在互联网上。国内外多个从事互联网设备的搜索引擎，都能够搜索大量暴露在互联网上的工控设备情况，如国外的撒旦（Shodan）、国内的钟馗之眼（ZoomEye）、谛听等。显然工业系统间通过工业互联网提升工业系统间智能化协同、提升生产效率的同时，也可能使别有用心的人从互联网上发现、访问这些系统。

加上以往工业设备因只关注系统功能实现，普遍缺乏对系统安全问题的重视，使得这些联网的工业设备自身的脆弱性也很严重。据统计，自从 2010 年震网事件之后，ICS 系统漏洞数（每年新增）已呈现急剧增长的趋势，并且多为高风险级别的漏洞。这些工控设备因种种原因不能及时实现系统更新或者打补丁，多数情况下都是"带病"运行，其面临的安全风险可想而知。显然，暴露在互联网上的工控系统，必然会因其自身的脆弱性而被利用，从而大大增加遭受网络攻击的安全风险。

（一）设备安全风险

传统意义上的工业设备以机械装备为主，关注的重点在于物理安全和防止人身伤害的功能安全。未来，工业设备和产品将越来越多地集成通用嵌入式操作系统及应用软件，实现感知、决策、控制等一系列功能。互联化、智能化使海量工业设备和产品直接暴露在网络攻击之下，木马病毒在设备之间的传播扩散速度将呈指数级增长，智能设备的信息安全问题亟待解决。

（二）网络安全风险

当前，工业网络正处在由总线技术向工业以太网技术的演进过程中，未来"三化（IP 化、扁平化、无线化）+灵活组网"的发展方向基本成为产业界共识，这将对工

业网络安全产生颠覆性的影响。一是攻击门槛大大降低，针对 TCP/IP 协议的攻击方法和手段成熟，可被直接利用，现有工业以太网交换机性能低，难以抵抗广播风暴等拒绝服务攻击；二是静态安全策略面临挑战，灵活组网使网络拓扑的变化更加复杂，传统静态防护策略和安全域划分方法面临动态化、灵活化挑战；三是无线安全风险增大，无线技术的应用需要满足工厂实时性、可靠性要求，难以实现复杂的安全机制，极易受到非法入侵、信息泄露、拒绝服务等攻击。

（三）控制安全风险

当前工业控制安全主要关注控制过程的功能安全，信息安全防护能力不足。控制协议、控制软件等在设计之初主要基于信息技术和运营技术相对隔离以及运营技术环境相对可信这两个前提，同时工业控制的实时性和可靠性要求高，诸如认证、授权和加密等需要附加开销的信息安全特征和功能被舍弃。信息技术和运营技术的融合打破了传统安全可信的控制环境，网络攻击从信息技术层渗透到运营技术层，从工厂外渗透到工厂内，工业控制面临极大的安全风险。

（四）数据安全风险

由于工业数据体量大、种类多、结构复杂的特点，加之逐步在信息技术和运营技术层、工厂内外双向流动共享的趋势，都将带来新的安全风险；工业领域业务复杂，数据种类和保护需求多样，数据流动方向和路径复杂等，均使得数据保护的难度增大；从低价值生产数据能够推断出具有高价值的敏感数据，使得大数据分析催生了价值保护的需求；个性化定制、服务化延伸等涉及大量用户隐私数据，使得用户隐私数据泄露的风险增大。

（五）技术安全风险

两化融合物联网的发展使得 TCP/IP 协议和用于过程控制的 OLE（OPC）协议等通用协议越来越广泛地应用在工业控制网络中，随之而来的通信协议漏洞问题也日益突出。例如，基于微软的 D 协议，D 协议是在网络安全问题被广泛认识之前设计的，极易受到攻击，并且 OPC 通信采用不固定的端口，导致目前几乎无法使用传统的 IT 防火墙来确保安全性，因此确保使用 OPC 通信协议的工业控制系统的安全性和可靠性给工程师带来了极大的挑战。

工业控制系统安全不是"老系统碰上新问题"，而是传统信息安全问题在工业控制领域的延伸。当前信息技术已广泛应用于石油、化工、电力等众多领域，为传统工业控制系统的优化升级提供了重要支撑，同时也带来了网络环境下的信息安全问题，蠕虫、木马、黑客攻击等网络威胁对工业控制系统的冲击呈现愈演愈烈的发展态势。

（六）应用安全风险

网络化协同、服务化延伸、个性化定制等新模式、新业态的出现对传统公共互联网的安全能力提出了更高的要求。工业应用复杂，安全需求多样，因此对网络安全隔离能力、网络安全保障能力要求比较高。

三、国外工业互联网管理现状分析

随着工业互联网的不断发展，发达国家例如美国等国在工业安全保障体系、安全管理方面都做了大量的工作。

（一）工业安全相关的政策法规

在美国等发达国家中，工业系统均被视为国家关键信息基础设施的重要组成部分。在法律战略层面，出台国家战略来强调工控安全的重要战略地位；在政策措施层面，出台白皮书以及指导建议等，为政府、企业和个人提供明确的管理目标和详细的行动指南。

2013 年，美国发布《国家网络和关键基础设施保护法案》，法案强调加强对包括工业控制系统在内的基础设施保护力度；2016 年，美国发布《制造业与工业控制系统安全保障能力评估》草案，其目的是帮助制造商及化工厂等使用特殊计算机化生产流程的从业企业预防在线攻击活动；2017 年，美国总统特朗普签署了一项名为"增强联邦政府网络与关键性基础设施网络安全"的行政令，要求采取一系列措施来增强联邦政府及关键基础设施的网络安全。此外，美国国土安全部和国家标准技术研究院还共同撰写了《控制系统安全建议目录》，并会同国务院联合发布了《加强 SCADA 系统及工业控制系统的安全》报告。

2013 年，欧洲网络与信息安全研究局发布了《工业控制系统网络安全白皮书》，旨在对全面预防和防御 SCADA 系统遭受网络攻击提出建议；2014 年，欧盟理事会通过了《欧盟网络防御政策框架》，目的是提高共同安全和防御政策框架下的网络弹性水平、任务和操作，以及协助成员国发展有关共同安全和防御政策的网络防御能力；欧洲议会与欧盟议会在 2015 年就欧盟委员会的提案达成协议，欧盟内部市场委员会于 2016 年投票通过《网络与信息安全指令》提案。该指令旨在为欧盟成员国提供高水平的网络与信息安全，不仅用于应对黑客的网络攻击，还用于应对技术故障及自然灾害。

（二）工业安全管理统筹机构

美国、英国、德国等国都设有专门的管理机构，这些机构专门负责保护包括工业控制系统在内的关键信息基础设施。美国的工业安全管理体系权责分明，统筹协调。其国土安全部承担鉴别和认定关键基础设施、分析关键基础设施威胁和脆弱性、协调关键基础设施遭受破坏后的跨部门紧急行动等统筹协调职责。此外，国土安全部还专门设立了工业控制系统网络应急响应小组、工业控制系统联合工作组等机构。

欧盟成立了网络和信息安全局，该局负责提高欧共体、成员国以及业界团体对于网络与信息安全包括工业控制安全在内的关键信息基础设施安全问题的防范、处理和响应能力。德国于 2011 年成立了国家网络防御中心，联邦政府的多个主要职能部门都将参与其中。该中心由德国联邦信息技术安全局负责，包括联邦宪法保卫局在内的联邦政府的多个部门以及各州均有代表参与此项工作的协调。其主要职能是，一旦发生网络攻击，迅速评估形势，并向各级部门提出应对措施建议。

（三）工业安全保护标准体系

美国、欧盟等为提升标准的适用性并强化保护要求，在工业安全保护标准方面持续发布重要标准更新，细分领域的标准研制也相应提速。美国 NIST 发布了《工业控制系统安全指南》（NIST SP 800—82）、《联邦信息系统和组织的安全控制建议》（NIST SP800-53）、《系统保护轮廓——工业控制系统》（NISTIR 7176）、《智能电网信息安全指南》（NISTIR 7628）等标准规范。欧盟大部分成员国都积极制定了本国的工业控制系统信息安全标准、指南等，英国发布了《工业控制系统安全评估指南》《最佳实践指南——过程控制和 SCADA 安全》《SCADA 和过程控制网络的防火墙部署》，德国发布了《工业自动化系统的信息技术安全：制造工业中采取的约束措施》，瑞典则发布了《工业控制系统安全加强指南》等标准规范。

（四）工业安全技术支撑保障

美国、欧盟在工业控制信息安全技术研究方面同样高度重视，相继建设了骨干研究基地和平台，为技术支撑做保障。美国成立了大批重点实验室，专门负责工业控制系统安全研究，主要包括爱达荷国家实验室、桑迪亚国家实验室、太平洋西北国家实验室、阿贡国家实验室、橡树岭国家实验室和洛斯阿拉莫斯国家实验室，研究范围涵盖工控安全标准/协议制度、工控威胁和脆弱性研究、安全控制技术研发等。欧盟建立了 Scada Lab 实验室，同时建立了若干工业控制系统信息安全测试床，旨在为各成员国提供测试评估等技术支撑。西班牙政府也成立了工业网络安全中心，以解决国家关键信息和通信技术中存在的网络安全漏洞。

四、关于工业互联网安全保障体系的建设思路

工业互联网通过网络互联及信息化技术提升工业系统综合效益。同时，工业控制系统也面临来自互联网的信息安全威胁的强大压力。面对新的信息安全威胁，工业互联网的发展将促使传统工业控制系统安全理念的巨大转变。

（一）功能安全与信息安全并重

传统的工业控制系统因其相对封闭性，更多关注如何避免工业控制系统因系统故障或误操作而造成的业务中断问题，因黑客攻击所造成的信息安全问题则很少关注，而随着工业化与信息化的深度融合，信息安全已成工业互联网所面临的重要安全问题。基于此，关于工业互联网的安全防护理念将不仅仅是要解决工业控制系统自身的功能安全，更要对来自互联网络的信息安全威胁及时处置，实现从传统的仅注重功能安全到当前功能安全与信息安全并重的安全理念转变。

（二）更关注安全防护效果、安全效益

传统的 IT 系统安全防护建设的重点是构建基于安全产品的合规性的安全防护体系，这种安全防护体系是基于历史知识和最佳实践的方式，其主要目的是抵御已知攻击的泛滥，但并不能抵御未知的入侵攻击。为了应对未知的新型入侵攻击，可期望通过安全运维模式，通过快速的检测与应急响应能力，尽可能降低因遭受攻击而造成的损失。从这个角度来说，安全建设的目标将不再仅仅是强调安全产品的合规性，而需

要更加关注安全建设的防护效果和安全效益。作为国家关键信息基础设施重要组成部分的工业互联网及其核心系统，因其主要面对来自黑客组织的 APT 等新型未知攻击，传统的安全产品的合规性安全防护策略只能对攻击者的攻击代价进行增大，并不能从真正意义上阻挡攻击者。因此，对于工控系统的安全防护理念，也将需要实现从重点关注功能安全到符合政策、标准的信息安全合规性建设，再到关注安全防护效果、安全效益的转变。

（三）构建多机制安全协同的纵深防护体系

面对工业互联网发展过程中如此复杂的安全防护需求及所面对的针对性攻击威胁，相对完善的工业互联网安全手段则是构建多机制安全协同纵深防护体系。

当前工业领域安全防护常用的分层分域的隔离与边界防护思路及传统的 IT 安全手段已不能有效识别和抵御所有可能的攻击。在假定系统总是能够被攻破的前提下，系统安全能力建设的重点将更加侧重考虑系统的两个方面：如何能及时洞察系统中的安全缺陷及漏洞，并尽早主动采取补救措施；如何能快速、准确地发现攻击入侵，并进行及时处置。

针对以上两方面安全能力的建设，具体将通过建立面向工业互联网的安全监测预警体系，充分结合安全大数据分析能力和威胁情报，及时洞察工业互联网中的安全风险、隐患和安全威胁，进而基于威胁情报分享及应急处置决策机制，实现有效协同，形成威胁感知、监测预警与应急处置的动态闭环，最终实现基于多种安全机制密切协同的纵深安全防护体系，大大提升对所监测工业网络系统的综合安全保障能力。

五、我国工业互联网安全发展策略启示

（一）积极出台工业互联网安全保障策略

立足两化融合的发展需求和演进方向，将工业互联网安全纳入国家安全的优先发展领域，逐步将其提升至国家战略高度。制定出台工业互联网安全保障战略、行动计划等，从确保国家安全战略、应对网络战威胁的角度明确工业互联网安全工作的定位、发展目标和保障措施等，提升工业互联网安全保障工作的规范化、科学化水平。

（二）建立健全工业互联网安全管理机制

设立关键信息基础设施保护领导与统筹机构，将工业互联网安全纳入其职责范

围。明确政府各部门的行政职责权限并统筹协调职责分工，确立协调领导与推进落实相配套、权责明晰的工业互联网安全管理机制，按照国家政策规定监督指导相关单位落实工业互联网安全保护的责任，加强政府部门、行业机构与企业间的信息共享。

（三）组织完善工业互联网安全标准体系

组织、协调行业监管部门、研究机构、制造企业、安全厂商等共同合作，研究制定工业互联网安全相关的管理、技术、测评等标准规范，指导业界开展工业互联网安全保障体系建设。积极主导或参与工业互联网安全国际标准化活动及工作规则的制定，推动具有自主知识产权的标准成为国际标准，逐步提升我国在工业互联网安全国际标准化组织中的影响力。

（四）推进加强工业互联网安全技术手段建设

建设国家级工业互联网安全监测预警平台，为重点行业和相关主管部门提供网络空间内重要工业控制系统的信息安全监测和预警支撑服务。建立国家级工业互联网安全漏洞共享平台，实行安全风险和漏洞通报制度，收集并及时发布有关漏洞、风险和预警信息。

（中国电子科技网络信息安全有限公司　杨晓姣）

大事记

美国众议院通过《网络漏洞公开报告法案》 1月15日，美国众议院通过了《网络漏洞公开报告法案（Cyber Vulnerability Disclosure Reporting Act）》。虽然这一法案的适用范围非常有限，但电子前沿基金会（EFF）对此还是表示支持并希望参议院也能为其亮绿灯。该法案是一个简短且简单的法案，其将要求美国 DHS 向国会提交关于政府如何处理公开漏洞的相关报告。具体来说，报告内容分为两个部分：DHS 为协调网络漏洞公开而制定的政策和程序描述；可能为机密属性的"附件"，包括一些特定实例的描述。或许这一法案最好的地方就在于它能彰显政府确实如其长期以来所说的那样公开了大量漏洞。

特朗普签署新 NSA 监控法 1月19日，特朗普总统宣布已经在《外国情报监控法（FISA）第 702 条修改再授权法》上签名，即这个备受争议的新监控条款成了法律。最新授权将在 2023 年 12 月到期。 特朗普在官方声明中表示，这份法案将能让情报机构收集关于美国外的国际恐怖分子、武器扩散者及其他重要外国情报人员的重要情报信息。

美国公布新核战略，遭到网络攻击也会用核武反击 2月2日，美国国防部公布了酝酿一年之久的《核态势评估》。报告要求美国军队对海陆空三类核武器进行全面现代化升级。报告称，研发新式核武器的主要方向是海基发射的低当量战术核武器，改装一部分潜艇，使其拥有装低当量核弹的能力，同时计划开发一种由潜艇发射的载核巡航导弹。新战略扩大了允许美国使用核武器的范围。如果美国基础设施比如国家电网或通信网络遭受非核武器造成的严重袭击，或者美国遭遇严重的网络攻击，那么美方也会使用核武器进行反击。更新升级核武器库的现代化方案只是特朗普扩军目标之一。

俄罗斯暗网出现新型勒索软件 GandCrab 2月4日，网络安全公司 LMNTRIX 的专家发现了一种名为 GandCrab 的新型勒索软件，通过感染受害用户系统以获得达世币（DASH）赎金（该服务由托管在.bit 域中的服务器提供）。目前一些俄罗斯黑客团体正在暗网上为 GandCrab 做宣传，主要通过使用 RIG 以及 GrandSoft 等开发工具包来分发该勒索软件。近段时间里，LMNTRIX 实验室一直在追踪 GandCrab 勒索软件的流入，并发现此款勒索软件被设定为不得用于感染独联体（即前苏联成员国）国家的系统。

NIST 最新安全布局，物联网安全困局或将开解 2月26日，美国 NIST 向联邦机构和私营部门提供了一个更好的未来物联网安全问题的解决方案。在 2 月的物联网网络标准的跨部门报告中，NIST 警告称，由于没有一套统一的网络安全标准，多数物联网的设备可能受到网络攻击。物联网已经在许多电子产品中盛行起来，IoT 技术的日益普及将为不法之徒提供更多的机会。报告提供了用于分析 IoT 网络安全标准现状的五大物联网技术应用领域：联网汽车物联网、消费者物联网、医疗保健物联网、智能建筑物联网、智能制造物联网。报告还分析了物联网的网络安全目标、风险和威胁。报告总结称，基于标准的网络安全风险管理将继续成为物联网应用可信度的主要因素，NIST通过对上述五大应用领域的分析指出，物联网网络安全将需要调整现有标准，并制定新标准解决弹出式网络连接，共享系统组件等。

美国众议院通过"关键基础设施"最新法案 3月19日，美国众议院通过《2018 DHS网络事件响应小组法案》，提出授权由美国国土安全部国家网络安全与通信整合中心（NCCIC）下的"网络狩猎及事件响应小组"（HIRT）帮助保护联邦网络和关键基础设施免于遭受网络攻击。目前，DHS通过响应小组响应网络事件。这项法案授权HIRT帮助关键基础设施的所有者和运营者响应网络攻击，并提供缓解网络安全风险的策略。它还允许DHS部长尼尔森将私营企业的网络安全专家纳入HIRT当中。此外，这项法案还要求在其成为法律之后的四年内，NCCIC必须不断评估HIRT，并在每个财年结束时向美国国会汇报评估结果。

特朗普签署《澄清境外数据合法使用法案》 3月23日，特朗普签署《澄清境外数据合法使用法案》，这使得美国执法机构更易跨境调取其公民海外信息，FBI将可凭借一纸传票，收集来自其他国家的电子邮件和个人信息，从而避开这个国家的隐私保护法和法律制度。隐私保护组织却颇有顾虑，他们担心美国与其他国家签署双边协议交出数据时，数据可能会被他国政府恶意利用。在云法案出台之后，司法部与微软先前的争议已失去意义，就在美国司法部要求最高法院撤销这一诉讼之际，同时也根据新的法案取得了新的搜查令，要求微软提供爱尔兰服务器上的用户数据。美国云服务商全球化或因此受影响。

美国国网络司令部颁布最新指挥战略 4月2日，美国网络司令部颁布了一项新战略——《实现和维护网络空间优势：美国网络司令部指挥愿景》，该战略涉及美国网络司令部的目的、方式和手段。标志着美国网络空间领域作战和战略思维的重大变革，也将为全球数字安全和网络环境的稳定发展带去积极影响。美国网络司令部的新战略也涉及如何防范和遏制他国侵蚀美国在网络空间这一领域绝对优势的相关内容。该新战略指出，在过去十年中网络空间领域的战略背景和作战环境发生了巨大的变化。美国网络司令部此次发布的新战略在这一基础上给出了一个全面的应对方案。新战略的有效实施需要美国政府和学术界大胆运用新思维，以制定出正确的组织结构和能力提升路径。这些都为新的网络思维奠定了基础。

美国参议员推出新法案，规范在线数据使用 4月11日，美国国会参议员理查德·布卢门撒尔和埃德·马基提出一项新法案，旨在对Facebook公司和其他在线服务的数据收集业务加以规范。这项法案被称为《终止边缘提供商网络违法的客户在线通知》（CONSENT Act），要求必须在获得用户明确许可的前提下，才能使用、共享或出售任何个人信息，同时，要将数据收集、共享或使用的时间明确通知用户。该法案还将增加新的安全和违规上报要求。最重要的是，《终止边缘提供商网络违法的客户在线通知》规定联邦贸易委员会有权对任何违反新规则的行为进行处置。该法案一旦通过，该委员会在在线广告领域的权力和作用将显著扩张。

美国能源行业网络安全政策新动向　4 月 18 日，美国众议院能源和商业小组委员会通过 4 项能源安全法案，旨在提升美国能源部的网络响应能力和参与度，并制定新计划解决电网和管道的安全问题。美国国土安全部和联邦调查局（FBI）2018 年 3 月 15 日曾发布联合警报，称俄罗斯政府针对美国能源和其他关键基础设施行业发动网络攻击，进一步激起了美国方面对未来关键基础设施行业的担忧。美国国会议员为此提出多项法案，希望以此防范关键基础设施行业的网络威胁。佩里及美国能源部的高级官员已认识到能源行业面临广泛的网络威胁，他们仍坚持将网络安全作为优先事项，包括成立新办公室解决美国能源资产面临的物理安全和网络安全威胁。

勒索软件 Satan 新增永恒之蓝漏洞攻击模块　4 月 24 日，安全团队 Malware Hunter Team 介绍了一款新的恶意软件，它被怀疑是勒索软件 Satan 的一个新变种。自 2017 年 11 月以来，该变种就一直在利用"永恒之蓝"（ExternalBlue）漏洞并通过网络传播，从而对文件进行加密。Satan 并不是第一个利用永恒之蓝漏洞的勒索软件，最令我们印象深刻的应该是袭击了全球 150 多个国家的勒索软件"想哭"（WannaCry）。但是，这足以说明 Satan 的开发者仍在不断改进和增加勒索软件的功能。值得注意的是，Satan 作为一种勒索软件即服务，它将比其他勒索软件更具威胁性。因为，这种服务意味着任何人都可以轻而易举地构建复杂的勒索软件，并且在无须掌握过多高端技术的情况下就能够针对目标发起有效的攻击。

美国能源部发布"五年计划"保护网络安全　5 月 14 日，美国能源部发布了 52 页的《能源行业网络安全多年计划》，确定了美国能源部未来五年力图实现的目标和计划，以及实现这些目标和计划将采取的相应举措，以降低网络事件给美国能源带来的风险。《能源行业网络安全多年计划》概述了网络风险管理实践的颠覆性变革，美国能源部履行网络安全责任的举措，以解决能源所有者和运营商不断变化的安全需求等问题，力图在应对网络威胁方面占据先决优势；强调了网络威胁的频率、规模和复杂程度不断上升，发动网络攻击也变得更加容易。国家黑客、网络犯罪分子和恐怖分子不断探测能源系统，企图利用网络漏洞感染、破坏或摧毁能源系统。

美国国土安全部发布《网络安全战略》　5 月 15 日，美国 DHS 发布了网络安全战略，希望更积极地履行网络安全使命，以保护关键基础设施免于遭受网络攻击。该战略旨在使 DHS 的网络安全工作规划、设计、预算制定和运营活动按照优先级协调开展。该战略将致力于协调各部门的网络安全活动，以确保相关工作的协调一致。该战略描绘了 DHS 未来五年在网络空间的路线图，为 DHS 提供了一个框架，指导该机构未来五年履行网络安全职责的方向，以减少漏洞、增强弹性、打击恶意攻击者、响应网络事件、使网络生态系统更安全和更具弹性，跟上不断变化的网络风险形势。

英国发布第一版《最低网络安全标准》　7 月 1 日，英国内阁办公室发布第一版《最低网络安全标准》，该标准将被纳入《英国政府安全职能标准》。英国所有政府机构（包括组织机构和承包商）均被要求强制执行该标准，这份标准为所有商业组织机构提供了安全框架。这份标准提出了一系列指导性措施，而非具体举措。这份标准虽然简短，却涵盖了确保网络安全的 5 个方面（识别、保护、检测、响应和恢复）以及对应的 10 项举措。

高速量子加密通信密钥分发速率达 10 兆比特每秒　9 月 11 日，日本东芝集团和东北大学的 Tohoku Medical Megaban 组织在铺设的光纤链路上，成功应用了东芝集团欧洲剑桥研究实验室开发的高速量子加密通信技术，实现了量子密钥分发速率达 10 Mbps、通信时间超过 1 个月的世界首个量子加密通信。东芝集团构建了通过光纤链路进行数据传输的应用程序，将这个应用程序与高速量子加密技术相结合，即使在真实环境下也能验证实际密钥的分发速率。此外，东芝集团还构建并运行了一个无线传感器网络，该网络可持续监测铺设的光纤光学链路，并阐明了由于全年天气、振动、其他因素的变化，以及量子加密通信的性能特征导致的光纤特性变化之间的关系。这是高速量子加密通信实际应用的重大进步。

美国特朗普政府出台《国家网络战略》　9 月 20 日，特朗普政府发布公众期待已久的《国家网络战略》（National Cyber Strategy of the United States of America），这是其上任后的首份国家网络战略，概述了美国网络安全的 4 项支柱，10 项目标与 42 项优先行动。战略主要建立在"保护联邦政府与关键基础设施网络安全"的第 13800 号总统令基础上，并回应了 2017 年底颁布的《国家安全战略》，凸显了网络安全在美国国家安全中的重要地位。《国家网络战略》的内容主要包括保护美国人民、国土及美国人的生活方式，促进美国的繁荣，以实力求和平，扩大美国影响力四大部分。

美国发布《武器系统网络安全报告》　10 月 9 日，美国政府问责局（GAO）发布了题为《武器系统网络安全——国防部开始解决大规模漏洞问题》的报告，该报告同时还递交给了美国参议院军事委员会。报告称美国国防部开发的武器系统都存在安全漏洞，攻击者利用漏洞可以控制武器系统，甚至破坏其功能，美国国防部在保护武器系统免受网络威胁方面面临巨大挑战。报告指出这是由美国武器系统计算机化的本质、武器系统网络安全起步晚，以及对武器系统安全性理解不够等综合决定的。而随着国防部的武器系统的软件化和网络化趋势不断加强，这一问题亟待解决。

    CAESAR 竞赛公布最后获胜方案   2018 年 3 月，CAESAR 竞赛公布最后获胜方案，从最初提交的 27 个方案中选取了 7 个最优方案。2013 年，一个新的针对认证加密方案设计的竞赛——CAESAR（Competition for Authenticated Ciphers：Security，Applicability，and Robustness）被正式提出，此次竞赛得到了美国 NIST 的资助。CAESAR 是专门针对认证密码而创立的国际密码竞赛，此项赛事的基本要求是认证密码的提交。CAESAR 竞赛于 2013 年 1 月开始，2017 年 12 月结束，2018 年 3 月公布结果，整个竞赛活动持续 5 年时间。CAESAR 竞赛旨在增强人们对认证加密算法的认识和信心。

反侵权盗版声明

电子工业出版社依法对本作品享有专有出版权。任何未经权利人书面许可，复制、销售或通过信息网络传播本作品的行为，歪曲、篡改、剽窃本作品的行为，均违反《中华人民共和国著作权法》，其行为人应承担相应的民事责任和行政责任，构成犯罪的，将被依法追究刑事责任。

为了维护市场秩序，保护权利人的合法权益，我社将依法查处和打击侵权盗版的单位和个人。欢迎社会各界人士积极举报侵权盗版行为，本社将奖励举报有功人员，并保证举报人的信息不被泄露。

举报电话：（010）88254396；（010）88258888

传　　真：（010）88254397

E-mail:　　dbqq@phei.com.cn

通信地址：北京市海淀区万寿路 173 信箱

　　　　　电子工业出版社总编办公室

邮　　编：100036

世界军事电子年度发展报告

—— 2018 ——

（下册）

中国电子科技集团公司发展战略研究中心　编

電子工業出版社

Publishing House of Electronics Industry

北京·BEIJING

图书在版编目（CIP）数据

世界军事电子年度发展报告. 2018. 下册/中国电子科技集团公司发展战略研究中心编. —北京：电子工业出版社，2019.6

ISBN 978-7-121-36735-9

Ⅰ. ①世…　Ⅱ. ①中…　Ⅲ. ①军事技术－电子技术－研究报告－世界－2018　Ⅳ. ①E919

中国版本图书馆 CIP 数据核字（2019）第 111888 号

责任编辑：竺南直

印　　刷：北京捷迅佳彩印刷有限公司

装　　订：北京捷迅佳彩印刷有限公司

出版发行：电子工业出版社

　　　　　北京市海淀区万寿路 173 信箱　邮编　100036

开　　本：787×1 092　1/16　印张：99　字数：2 052 千字

版　　次：2019 年 6 月第 1 版

印　　次：2019 年 6 月第 1 次印刷

定　　价：980.00 元（上、下册）

凡所购买电子工业出版社图书有缺损问题，请向购买书店调换。若书店售缺，请与本社发行部联系，联系及邮购电话：（010）88254888，88258888。

质量投诉请发邮件至 zlts@phei.com.cn，盗版侵权举报请发邮件至 dbqq@phei.com.cn。

本书咨询联系方式：davidzhu@phei.com.cn。

世界军事电子年度发展报告（2018）编委会

编审委员会

总 顾 问：王小谟

主　　任：陆　军

副 主 任：朱德成　张　龙

委　　员：（按姓氏笔画排序）

马　林　任大鹏　冯进军　关　松　刘　建　刘　勇

孙艳兵　何　涛　吴礼群　吴亚林　吴振锋　宋朱刚

李锦华　李　晨　杜新宇　杨　新　肖志强　陈坤峰

陈信平　周　彬　姜东升　胡跃虎　胡明春　赵晓虎

卿　昱　柴小丽　曾智龙　蒋和全　鲁加国　蔡树军

薛勇健

编辑委员会

主　　编：李　晨

副 主 编：彭玉婷　方　芳　李　硕　王龙奇　王传声

序

绘军事电子发展脉络 筑国家网信事业基石

1865 年，麦克斯韦发表一组方程式，阐释了电与磁这对宇宙间最深刻的作用力之间的联系，将电场与磁场统一起来，奠定了现代电子技术理论基础；1947 年，贝尔实验室发明晶体管，推动了全球范围内半导体电子行业进步，现代电子技术与产业的发展由此拉开序幕。一个多世纪以来，电子技术为整个科学技术的前进插上了翅膀，已成为信息领域腾飞的基石。建立在集成电路与各种半导体器件基础上，具备信息搜集、传输、存储、处理、应用等功能的电子信息技术与系统对现代社会产生了极大影响，以前所未有的广度和深度引领科技发展，改变了人类生活样貌、社会形态，并变革着战争方式。

习总书记指出，"科学技术从来没有像今天这样深刻影响着国家的前途命运，从来没有像今天这样深刻影响着人民的生活福祉"。当今世界正处于数字化、网络化、智能化创新突破、全面融合与网信事业引领发展的历史交汇期。全球科技竞争已进入白热化阶段，科技革命带来的军事革命也在时刻上演。军队现代化除过去提出的面向机械化、信息化发展外，还面临向网络化、无人化、智能化等更高层级发展的任务。电子信息技术作为引领和带动全球新科技革命和军事革命的关键领域，其发展速度之快、波及范围之广、影响程度之深，未有能及。

我国在两千多年的辉煌历史中，产生了许多足以自傲世界的科技发明，但在

1840 年以后一步步跌入半殖民地半封建社会，基本缺席了前几次世界科技革命发展的浪潮。新中国成立、特别是改革开放以来，我国科技事业实现跨越，在最尖端的领域不断取得突破性进展。电子信息领域从思想理论缺失、技术产业落后逐步转变为思想、理论、方法、技术、产业全面发展，尤其是综合电子信息系统的提出和践行，代表了世界电子信息领域发展的新高度。我们当前正处于一个从过去电子信息技术时代的跟踪者、模仿者转变为未来电子信息技术时代引领者的不可错过的历史机遇期。我们正在经历这样一个伟大的变革：在继承现代科技发展之积极成果的同时，站在综合电子信息系统的高度，重新审视和布局电子技术与电子信息技术未来发展，开创一个崭新的时代！为此，一代又一代从业者、关注者将努力拼搏、奋勇向前！

但这一切不会是一帆风顺、一蹴而就的。过往烽火硝烟尚在，今日坎坷前路艰辛。近期沸沸扬扬的出口管制等事件不断警醒我们，跨越之路，障碍重重。大国竞争终究是实力竞争，没有科技，何谈实力？军事电子作为军队国防建设的关键核心领域，地位极为重要。形势逼人，挑战逼人，使命逼人！形势召唤，挑战召唤，使命召唤！

电子信息技术诞生于军事需求，成长于国防应用，强盛于民用领域，但军事领域的突破与进展始终是观察和研究电子信息技术进步的风向标。对军事电子各领域进行跟踪、梳理、分析和研判，反映发展态势、研判未来趋势，是电子信息行业的需求，军事国防领域的需求，更是国家的需求和时代的需求。

广大网信科技工作者的责任和追求，就是把习总书记描绘的蓝图变成施工图，变成一个个具体的、一点一滴的工作，并不断取得实实在在的成效。中国电科的科技情报工作也一直秉承着这样的信念，用实践来支持国家网信事业的发展。本年度报告是中国电科情报研究团队对世界军事电子领域一年以来风云变幻的记录，以事实呈现和分析研判的方式，对该领域的战略规划、系统装备、技术突破等重点热点发展动向及趋势进行全方位展现。年度报告内容厚重、覆盖全面且具有专业水准，体现了中国电科情报研究团队昂扬向上的精神状态和刻苦努力的奋斗精神。

多事之秋，世界远未太平，时势逼迫，务须勤思勤悟。希望本年度报告成为相关领域战略研究和技术研发人员了解军事电子发展的窗口。若能为各位提供一点启发和参考，就不枉编写过程中作者们的努力与付出。相信同志们早已摩拳擦掌，做好了踏上奋斗之路的准备！

中国工程院院士：

二零一九年六月

前　言

2018 年，世界军事电子发展风起云涌，网络空间、电子战、基础器件等关键领域频繁出台战略规划计划、谋划未来布局，多域作战、云作战、马赛克战争等新兴概念得到进一步研究与实践探索，重要系统装备持续更新换代、提升作战能力，人工智能、量子信息、区块链等前沿技术不断发展与深化应用，军事电子领域跨域协同、全频谱集成、大数据驱动、一体化智能化等态势愈加突显。

为全面掌握世界军事电子发展态势，本年度发展报告对指挥控制、情报侦察、预警探测、通信与网络、定位导航授时、信息安全、军用计算、网络空间作战、电子战、基础领域、微系统、电子测量、人工智能技术等十三个领域年度发展情况与特点进行了研究，并筛选出各领域的重大发展动向，以专题分析的形式对其发生背景、当前进展、未来走向和重大意义进行了深入研究，包括一个综合卷和十三个分报告。

本年度发展报告的编制工作在中国电子科技集团公司科技部的指导下，由发展战略研究中心牵头，电子科学研究院、信息科学研究院、第七研究所、第十研究所、第十一研究所、第十二研究所、第十三研究所、第十四研究所、第十五研究所、第二十研究所、第二十七研究所、第二十九研究所、第三十二研究所、第三十四研究所、第三十六研究所、第三十八研究所、第四十一研究所、第四十三研究所、第四十九研究所、第五十一研究所、第五十三研所、第五十四研究所、第五十五研究所、第五十八研究所、中电莱斯信息系统有限公司、网络信息安全有限公司、重庆声光电有限公司、成都天奥电子股份有限公司等单位共同完成，并得到集团内外众多专家的大力支持。在此向参与编制以及提供帮助的众多专家与同事表示由衷感谢。

由于编者水平有限，疏漏之处在所难免，敬请广大读者谅解并指正。

编者

2019 年 4 月

目录

大事记 ·· 322

预警探测领域年度发展报告

综合分析 ·· 339

重要专题分析 ·· 347

信息安全领域年度发展报告

军用计算领域年度发展报告

基础领域年度发展报告

微系统领域年度发展报告

电子测量仪器领域年度发展报告

人工智能技术领域年度发展报告

网络空间作战领域年度发展报告

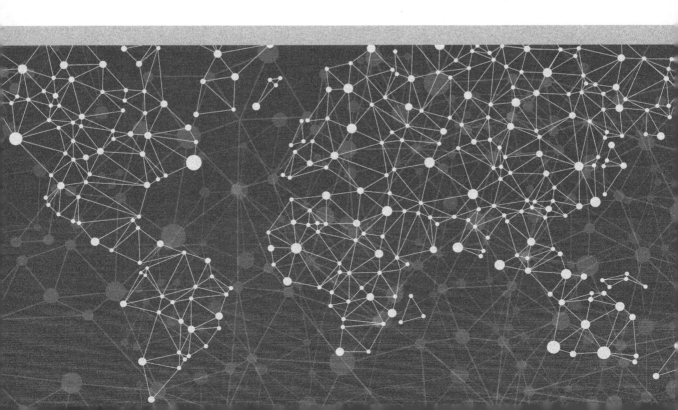

网络空间作战领域年度发展报告编写组

主　　编：陈柱文

执行主编：李　硕

副　主　编：张春磊　廖方圆

撰稿人员：（按姓氏笔画排序）

　　　　　王一星　方辉云　李子富　余云平　张春磊

　　　　　陈柱文　曹宇音　曹宇萌　王　巍　陶晓佳

　　　　　沈　涛　陈伟峰

审稿人员：王　巍　全寿文　霍家佳　陈鼎鼎

综合分析

2018 年网络空间作战年度发展综述

2018 年，网络空间可谓热闹非凡，各国纷纷发布自己的网络安全战略，并以网络安全战略为指导，全方位提升本国的网络安全水平。同时以美国为首的西方国家也加大对网络攻击能力的舆论造势以及网络对抗演习的针对性，目标直指中国、俄罗斯等国，这种毫不避讳的"指名道姓"做法给人山雨欲来风满楼的感觉。

相较海陆空天等传统作战领域，美国在网络空间这个新作战域的投入力度非常大。2018 年，美国在装备系统、新技术研发、人员及训练等都采取了一系列的动作，使网络空间的攻防能力再上新台阶。各种新技术，如人工智能、区块链等也逐渐开始落地，为网络攻防提供新的能力。此外，物联网、关键基础设施等也面临越来越严重的网络攻击威胁，给民众的日常生活以及社会稳定带来极大的隐患。

一、美国发布一系列文件明确网络作战发展思路

2018 年，美国先后发布了一系列战略文件，明确了网络安全、网络攻击、网络防御、网络威慑、网络能力建设等多方面的发展思路。

（一）国土安全部成为联邦网络安全的领导部门

美国国土安全部最初的任务重点是防止恐怖主义袭击，网络安全只是一个"次要的关注对象和责任"，后来逐渐发展演变成为美国联邦政府网络安全的领导职能机构。2018 年 5 月 15 日，美国国土安全部发布《网络安全战略》，明确网络安全事关国家安全，是国土安全部的核心任务之一，并由国土安全部来统一、协调联邦及非联邦机构网络安全工作，包括增强政府网络与关键基础设施安全性与弹性、打造更加安全可靠的网络生态系统等措施。此外，在 2018 年 9 月发布的国家网络战略也体现了由国土安全部领导联邦机构网络安全工作的政府意见。

（二）国家网络战略凸显美国利益优先的霸权主义

自从特朗普成为美国总统后，美国利益优先成为其最主要的执政理念，这一点也反映在网络空间层面。2018 年 9 月，美国总统特朗普签发了《美国国家网络战略》，这是自 2003 年以来，美国第二次系统、全面阐述其国家层面的网络战略。2018 年的国家网络战略明确提出由国土安全部集中管控联邦民用网络安全，并出于网络安全目的有权查看各机构的服务和基础设施。

此外，在网络力量建设与展示方面，新版国家网络战略坚持由美国主导制定行为规范，以美国利益为优先，致力于实现网络威慑。同时战略还明确表示其他国家也应遵守美国制定的规范，且美国将以此规范作为发起网络威慑反击与报复的基础，凸显了以美国利益优先的霸权主义。

（三）国防部网络战略为网络作战能力发展指明方向

如果说国土安全部或白宫发布的网络战略文件更多是从政府机构的角度来阐述，那么美国国防部在 2018 年 8 月发布的《网络战略（概要）》则是从军方的角度出发，提出国防部网络空间作战的目标及实施方案。国防部的网络战略对进攻性网络能力进行了强调，明确在网络空间内采取行动是国防部的日常工作，并通过网络空间作战来收集情报和增强军事作战准备能力，采取先发制人的方式主动将针对美国关键基础设施的威胁扼杀在萌芽中。同时联合部队将采用攻击性网络能力和创新概念来确保在冲突的全过程中都能实施网络作战行动。

网络空间的攻防双方本来就处于失衡状态，攻击方可以掌握更多的主动权，国防部的网络战略为美军的网络作战能力指明了方向，那就是攻击性网络能力，将主动攻击作为威慑对方以及化解威胁的有效手段。

（四）网络空间作战条令为网络军事行动奠定基础

美国很早就将网络空间作为其军事行动的作战域，并在 2009 年就开始成立了网络司令部。2017 年，该司令部升级为一级司令部，成为美国第十个联合作战司令部，地位与美国中央司令部等主要作战司令部持平。美军早在 2013 年就发布了网络空间作战条令，但当时对网络司令部的定位和职能还不明确。2018 年 6 月 8 日，在网络司令部升级为一级司令部、原来仍存在争议的地方已经尘埃落定之后，美国适时地对5 年前发布的网络作战条令进行了大幅度修改，并首次明确了各网络任务部队的职责及其与其他机构之间的关系，使网络空间的攻击、防御、利用、安全等各项活动变得有法可依、有理有据。与此同时，美军通过发布第二版网络空间作战条令，明确了网络作战的能力要素、要求、预期和描述，以及作战单元、流程、想定、指控等方面内容，建立起网络空间作战的顶层架构，为网络空间的军事行动奠定基础。

二、美国从训练、岗位等角度强化网络作战能力

万变不离其宗，诸战皆以人为本，即使人工智能技术取得极大突破，网络作战也依然离不开人的参与，而人员需要接受训练才能熟练掌握各项作战技能。因此 2018 年，美国从训练、培养人才、调整岗位等多个维度加强网络作战能力建设。美国国防部官员在 2018 年 5 月宣布网络司令部 133 支网络任务部队已全部实现全面作战能力，提前完成任务。同时在 2018 年发布的网络空间作战联合条令明确网络任务部队由网络防护部队、网络国家任务部队、网络战斗任务部队三类组成，分别侧重网络空间防护，国防部信息网内的网络作战，以及支援区域战斗司令部司令、职能战斗司令部司令的网络作战等职能。

在训练方面，美国网络司令部通过建设持续网络训练环境（PCTE），将分散在各处的网络训练设施整合起来，使网络作战单位可在不同地面登陆并参与类型广泛的网络攻防训练，该项目的具体采购工作由陆军网络司令部负责。2018 年 8 月，美国陆军网络司令部授予 ManTech 公司合同，用于开展持续网络训练环境项目的研发。面对日益激增的网络训练需求，美国空军在加利福尼亚州建设新的网络训练设施，以容纳更多的网络新兵。

为进一步增强网络空间作战能力，美国还通过调整、增加网络作战岗位等措施，扩大网络空间作战的人才队伍。2018 年 3 月初，美国海军陆战队新设立网络战岗位，代号 17XX，同时美国陆军也正将把电子战士兵纳入网络作战部门，此举旨在将网络/电子战人员纳入特种作战部队的范畴，进一步加强网络空间的作战能力。同时，美国海军陆战队为进一步扩大网军力量，放宽招募在年龄和经验方面门槛，让更多人可以加入海军陆战队，同时在 2018 年预算中增加约 1000 名海军陆战队员的费用，其中有相当大一部分人员将从事网络及电子战任务。

同时为更好地发动并利用民间网络高手，美国各军兵种还通过积极举办"黑掉国防部""黑掉海军陆战队""黑掉空军""黑掉陆军"等一系列的漏洞挖掘奖赏活动，以提升网络安全能力。

三、新技术/设备助力网络空间攻防能力发展

网络空间的攻防离不开新技术、新设备，近些年来，以人工智能、区块链、物联网为代表的技术及设备被越来越多地用于网络空间的攻防能力建设，使得攻防双方处于交替上升的胶着状态。

（一）人工智能、区块链技术逐渐用于网络攻防

就目前技术水平而言，人工智能技术的主要任务是替代操作人员进行一些重复性的劳动，使其有更多时间和精力来完成有创造性的任务，这一点在需要投入大量时间成本的漏洞挖掘方面表现得尤为明显。对网络空间作战而言，漏洞即武器，掌握的漏洞越多，作战时可使用的武器就越多。

美国国防高级研究计划局（DARPA）作为美军技术创新的领军机构，很早就开始探索网络攻防的新技术，而人工智能技术在最近几年取得了突飞猛进的发展，自然也成为 DARPA 重点关注的技术，例如在 2016 年举行网络挑战赛激励参赛队伍研发自动攻击能力等。2018 年 4 月，DARPA 发布了"人机探索软件安全"（CHESS）项目，利用人工智能技术来发现信息系统的漏洞，这些漏洞既可以用于及时形成补丁提升网络安全，也可以为网络攻击部队提供情报支援。同年 8 月，DARPA 还授予英国 BAE 系统公司"大规模网络狩猎"（CHASE）项目合同，利用计算机自动化、先进算法和新处理标准实时跟踪大量数据，帮助锁定网络攻击，为后续的溯源和反击提供支撑。

人工智能技术除用于漏洞挖掘、大数据处理外，还可与网络攻击的其他方面结合，包括用于观察学习反恶意软件的决策，以开发难以被检测的恶意软件；用于实现更为高级、精准的鱼叉式钓鱼攻击；绕过安全检测的钓鱼网页等。

除人工智能技术外，区块链技术由于在可溯源方面的巨大优势，也开始被应用到网络安全领域，用以保护网络资产的安全。2018 年 5 月，安全公司 Xage 称其开发出一套基于区块链技术和数字指纹技术的防篡改系统，以保护工业物联网（IIoT）资产。此外，随着 IPv6 的逐渐普及，网络空间中大量的设备将拥有独立的 IP 地址，原来共用 IP 的"集体户口"将逐渐独立变成"个体户口"，这也意味着每个设备都要为自己的行为负责。通过将区块链、IPv6 等技术结合起来，可以实现对网络资产的全面跟踪记录，提升网络安全。

（二）物联网设备成为众多网络攻击者新目标

随着技术及市场的发展，众多公司加入到物联网这个大市场，使得物联网设备快速涌入市场各领域，但是这些物联网设备的安全状况却不容乐观，大量的物联网终端设备存在漏洞多、攻击门槛低等问题。与此同时，传统的网络安全边界被打破，各种设备使用各式各样的手段进行数据传输，包括蓝牙、WiFi、ZigBee 等，产生出更多的攻击点，从而为攻击位于不同地理位置的多样性设备、多人或多终端合作进行新型内网跳板攻击提供了便利。

2018 年分布式拒绝服务攻击发展迅猛，其中以物联网设备为反射点的简单服务发现协议（SSDP）反射放大攻击是其重要手段之一。同时 2018 年针对物联网和网络设备的恶意病毒层出不穷，包括 2017 年几乎波及全球的"未来"（Mirai）恶意软件的新变种、首个能在设备重启后存活的"捉迷藏"（HNS）物联网僵尸网络恶意病毒、支持启动持久性功能的 VPNFilter 物联网恶意软件等等。

可以预见，利用物联网设备构建僵尸网络以实施分布式拒绝服务攻击将在较长一段时间内成为网络攻击的主要手段。未来网络攻击者有可能将僵尸网络与人工智能技术结合起来，进行更加灵活、隐蔽的分布式拒绝服务攻击。

（三）美国打造网络空间作战统一平台

网络空间作战技术及装备发展迅速，但由于缺少网络作战的统一调度平台，使得各种能力和手段难以形成合力，这成为制约网络作战能力有效发挥的瓶颈。为此，美国网络司令部计划通过"统一平台"项目，将各种攻击和防御集成到同一个平台上，实现网络资源统一调度，这是美国网络司令部自成立以来最大规模的一个项目。

为争取"统一平台"项目，洛克希德•马丁公司在 2018 年 3 月发布一款名为 Henosis（希腊语"统一"）的原型系统，可将网络空间的作战效能集成到各个作战域中。2018 年 10 月，诺斯罗普•格鲁曼公司赢得"统一平台"项目合同，负责该项目的开发、集成、列装和维护工作。

虽然美国官方并没有明确"统一平台"项目的具体内容和能力，但外界普遍认为，该平台其实相当于网络空间里的"航空母舰"，里面搭载了用于实施网络攻击和防御的各种能力。从作战的角度看，"统一平台"项目通过为各种能力提供接入、显示、控制平台，为有效遂行网络作战任务提供全面的保障能力。

四、关键基础设施成为网络攻击的高价值目标

网络攻防并不局限于互联网设施，越来越多的基础设施信息系统成为网络攻击的目标，包括水务系统、交通系统、能源系统、金融系统等关系国计民生的关键基础设施。

2017 年 12 月，FireEye 公司和 Dragos 公司发布报告称，发现了一种旨在接管施耐德电气安全设备系统的恶意软件，其目标是造成物理损坏后果，导致正常作业流程关闭，目前该恶意软件已蔓延到中东，造成石油天然气工厂停运。2018 年 2 月，四台接入欧洲废水处理设施运营技术网络的服务器遭遇恶意软件入侵，致使废水处理设备的中央处理器被拖垮，废水处理服务器瘫痪。2018 年 4 月，加勒比岛屿圣马丁岛的整个政府基础设施、公共服务因遭网络攻击而全部中断。

针对关键基础设施的攻击并不局限于个体行为，而是已经上升到国家层面的行为。2018 年 3 月，美国表示俄罗斯网络黑客正在攻击美国关键基础设施，其中包含了能源网、核设施、航空系统以及水处理厂等，这也是美国方面首次公开确认遭到基础设施网络攻击。同年 3 月，美国陆军中将在一份书面参议院证词中提到，美国军方计划对敌方基础设施进行网络攻击，并称这是对中国和俄罗斯进行威慑战略的一部分，让其看到美国有关闭或破坏其基础设施的能力，这也是美国首次公开讨论针对外国基础设施的网络攻击能力。关键基础设施已成为网络空间作战的高价目标以及制胜关键。

五、英美为将来更多的网络攻击行动造势

网络攻击由于比较敏感，因此英、美等国在政府公开文件中鲜有提及，更多的是谈论网络安全和网络防御等，而网络攻击一直犹抱琵琶半遮面。2018 年，英、美等国一改常态，开始不断为网络攻击造势。

美国国防部在 2018 年 9 月发布的《网络战略概要》提到，将采取"前沿防御"概念，用主动攻击的方式从源头上破坏或制止针对美国的恶意网络活动。同时美国在2018 年的国防授权法案中明确授权国防部可在外国网络空间中采取适当规模的行动以实现扰乱、挫败及威慑等目的。美国联合参谋部也正在研究将权限委托给网络司令部的细节，而且更多涉及网络攻击的权限。

英国国家通信情报局（GCHQ）局长在 2018 年 4 月对外宣布，已经与英国国防

部合作，对 IS 极端恐怖组织发起了重大网络攻击，这是国家通信情报局首次系统而持续地进行降低对手网络能力的行动，并成为更广泛的军事行动的一部分。

目前美国已经将网络空间视为作战域，而紧随美国之后，将会有越来越多的国家将其视为独立的作战域，或现代军事行动的重要组成部分，因此可预见网络攻击行动必将变得更加频繁，这可能与决策层面以及普通民众的认知存在一定的冲突。面对这种局面，以美国为首的国家为在一定程度上缓解甚至消除这种冲突，在舆论上、法律法规上为网络攻击行动预热造势，为将来更多地采取网络攻击行动奠定基础。

六、网络演习频繁且更加紧贴实战

不同于物理空间的攻防行动很大程度受场地、装备的影响，网络空间的攻防行动可以悄无声息地进行，也可以更加频繁、更加有针对性地进行。网络空间的演习一方面可以锻炼部队的响应能力，另一方面也是国家或组织表明其态度及立场的方式。近些年来，美国、北约等不断宣扬俄罗斯、中国的网络攻击能力对其构成严重威胁，于是开展一系列演习行动，以加强网络攻防能力建设。

2018 年 1 月 30 日至 2 月 2 日，北约网络合作防御卓越中心（CCDCOE）在拉脱维亚举行"2018 十字剑"演习，这是北约第一次在不同的地理位置同时进行多项动能和网络作战。2018 年 2 月，美国驻韩国和太平洋的军队演练发起进攻性网络行动的能力。2018年 4 月，美国国土安全部举行了"网络风暴 5"演习，重点关注交通运输和关键制造业，同时还融入了模拟的社交媒体平台，用包含软件漏洞报告在内的信息轰炸参与者。

2018 年 4 月，北约网络合作防御卓越中心在爱沙尼亚塔林举行全球最大规模的"2018 锁盾"网络防御演习。此次演习以俄罗斯攻击北约网络目标为背景，重点是保护关键服务和关键基础设施，模拟对电网的数据采集与监控（SCADA）系统和变电站、4G 公共安全网络、军事监控无人机和控制无人机操作的地面站等实施攻击。5月，美国国民警卫队举行了"2018 网盾演习"，模拟承包运输行业基础设施的私营企业网络系统遭遇黑客入侵。9 月，美国空军网络司令部及美国欧洲司令部与黑山进行网络防御安全协作演习，共同促进网络能力建设，并震慑俄罗斯不要扰乱民主进程。

虽然各式各样的网络演习基本都是围绕保护关键基础设施及核心服务，但从另一个角度来看，必须要能够模拟攻击才能实现所谓的保护任务，而且鉴于关键基础设施存在一定程度的相似性，因此这些网络安全演习也可视为网络攻击行动的预演，以便提升对假想国的网络攻击能力。

（中国电子科技集团公司第三十六研究所　陈柱文　沈涛）

重要专题分析

美国从人才、保障方面加强网络作战能力建设

网络空间作为一个新的作战域，在起步阶段必然面临人员短缺的问题，因此如何快速组建一支满员且技术熟练的作战队伍是提升网络作战能力的关键。2018 年，美国通过训练、招募、调整岗位等多种途径加强网络作战人才队伍建设，不断扩大网络作战人员队伍。同时美国还通过升级网络靶场、研发网络作战的统一平台等措施，以便更好地为进攻性网络任务和防御性网络任务提供保障，提升网络作战能力。通过多方面措施，美国国防部官员在 2018 年 5 月宣布网络司令部 133 支网络任务部队已全部实现全面作战能力，提前完成任务。

一、多举措加强人才队伍建设

网络空间作战能力很大程度上取决于人才能力，没有技术娴熟的网络操作人员，再好的作战系统也发挥不了应有的作用。为加强网络空间人才队伍的建设，2018 年美军主要采取了建设训练环境、扩大人才招募范围、优化调整岗位设置等手段，不断扩大人才规模。

（一）将人才队伍建设提升到战略高度

2018 年美国发布了多份网络战略文件，包括《国土安全部网络安全战略》《国家网络战略》《国防部网络战略（概要）》等，这些战略文件都将培养人才、加强人才队伍建设作为其中一项重要任务来抓，例如国防部在网络战略概要里明确，要建立一支有杀伤力的部队，并为留住现有的网络人才提供多种技能及职业发展机会；同时加强国家网络人才库的建设，促进全美国中小学教育的科学、技术、工程、数学和外语（STEM-L）学科的发展；此外国防部将建立一个网络人才管理计划，为最有经验的网络人员提供集中的资源和机会，并采取竞争的方式发现网络领域的人才。

网络空间由于是一个新的作战领域，聚集了大量跨学科、跨领域的知识，同时也

是一个发展非常迅速的领域，因此对人才队伍建设提出了更高的要求。为此，美国已经将此事上升到战略高度，以战略文件为指导，给人才队伍建设明确了要求和方向。

（二）以持续网络训练环境为契机统筹全军训练资源

2018 年 8 月，美国陆军网络司令部授予 ManTech 公司合同，用于开展持续网络训练环境（PCTE）项目的研发。持续网络训练环境项目是由网络司令部牵头、陆军的网络司令部负责实施的一个训练环境建设项目，旨在通过建设持续网络训练环境，将分散在各处的网络训练设施整合起来，使网络作战单位可在不同地面登陆和参与类型广泛的网络攻防训练。此外持续网络训练环境可以减少生成/呈现训练场景的时间、增加训练的容纳能力、提高训练质量、提高训练场景/仿真环境的重复利用率。

目前美国各军兵种的网络司令部根据自己的实际情况以及不同的网络作战任务使用不同的网络训练环境，这些训练环境可能在工具、能力方面并没有太多的交集。训练环境及场景其实就是对作战的想定，因此可以预想到在不同训练环境下成长的网络作战人员在联合作战环境下必然存在兼容性问题，既包括使用工具等"硬能力"的兼容性和作战节奏、偏好等"软能力"的兼容性。因此美国网络司令部这次计划以持续网络训练环境项目为契机，对分散的训练资源整合起来，为将来的网络空间联合作战提前做好准备。

（三）加强人才招募力度和范围

2018 年，美军加强网络人才的招募力度和范围，以便迅速发展壮大人才队伍，提升网络空间作战能力。联邦公报在 2018 年 2 月表示，美国军方可能会修改义务兵役制度，以便在不考虑年龄和性别的情况下征募网络专家和其他关键的科学技术工程与数学（STEM）专业人才。

美国海军陆战队可谓各军兵种中的精锐部队，其准入门槛自然也是最严格的。近些年来美国海军陆战队一方面是面临民众参军意愿不强、符合招募标准的候选人不多的现状，另一方面是网络空间攻防技术发展迅速，给网络空间作战提出很高需求，因此美国海军陆战队在 2018 年的招兵要求中放宽在年龄和经验方面的标准，以便让更多人可以加入海军陆战队，特别是加入目前最缺人的网络空间作战领域。同时海军陆战队还在 2018 年预算中增加约 1000 名海军陆战队员的费用，其中有相当大一部分人员将从事网络及电子战任务。此外美国海军陆战队还在 2018 年 3 月初新设立网络战岗位，代号 17XX，以便于更好、更有效地招募网络空间作战人才。

（四）调整岗位盘活现有网络力量

为进一步增强网络空间作战能力，美国还通过现有人员调整等措施，盘活网络空间作战的人才队伍。

在网络空间方面，由于网络空间和电磁空间存在较多可融合的地方，因此美国陆军采取网络电磁空间作战概念，并发布了网络电磁行动条令，为实现网络电磁联合作战提供依据。在这样的背景下，美国陆军在 2018 年还开始逐渐将电子战士兵纳入网络作战部门，此举旨在将网络/电子战人员纳入特种作战部队的范畴，进一步加强网络空间的作战能力。

2018 年 3 月，美国空军信息主管兼首席信息官表示，空军正在推进其网络中队发展计划，以便加强网络部队建设，并计划在年底率先将多个空军基地的 IT 工作人员重组为网络部队，以便更好地利用现有的网络人才。此外，美国空军还计划在 2019 年开始在全军范围内开始计算机语言能力调查，为后续从中筛选合适的人员加入网络部队打下基础。

（五）发动群众充分利用民间黑客能力

为更快、更好地发现国防信息系统中存在的网络漏洞，美国国防部在 2016 年开始实施多个漏洞挖掘奖励项目，包括"黑掉国防部""黑掉陆军""黑掉空军""黑掉海军陆战队"等一系列挑战，并取得了良好的效果。在民间黑客的积极参与下，美国国防部发现了大量的网络漏洞，为后续采取相应解决方案提供依据。2018 年 10 月，美国国防部进一步扩大漏洞挖掘奖赏项目，新增加 bugcrowd 漏洞托管奖励的提供商，成为继 HackerOne、Synack 后的第三家提供漏洞托管奖励服务的公司，一边更充分地利用民间黑客的能力来发现系统漏洞，提升网络安全能力。

二、升级靶场、开发作战平台提升作战保障能力

（一）升级国家网络靶场添加测试和验证的新技术、新手段

网络靶场是用于测试和验证网络作战技术和系统的关键基础设施，同时也是网络作战的重要保障力量，美国国防高级研究计划局在 2009 年开始建设国家网络靶场，到 2012 年才建设完毕并开始交付国防部，为检验网络作战武器发挥重要作

用。随着网络攻防技术的快速发展和迭代，美国国家网络靶场的能力已经难以满足需求，为此美国国防部开始筹划对网络靶场进行升级，以适应新情况、新技术发展的需要。

2018 年 2 月，洛克希德·马丁公司宣布获得总价值约 3390 万美元的合同，将对美军国家网络靶场进行一系列的例行维护和能力提升项目，旨在使国家网络靶场具备测试和验证更先进网络战技术的能力，目前相关工作已按计划展开。同时为更好地检验网络空间的攻防能力，美国还计划对国家网络靶场的能力进行大幅度升级和扩展，使其能演示和研究最具破坏力的网络病毒以及隐蔽性最强的恶意代码，而且还能将恶意代码的传播有效地控制在靶场范围内，避免泄露到公用或军用网络上。此外升级后的网络靶场的测试范围也得到进一步扩展，具备测试新的网络协议、卫星和射频通信系统，以及战术机动通信和海事通信系统的能力。

（二）开发统一平台项目实现网络攻防的运筹帷幄

随着网络攻防技术及手段的快速发展，美军发现自己缺少网络作战的统一调度平台，各种能力和手段难以形成合力，这成为制约网络作战能力有效发挥的瓶颈。为解决这一问题，美国网络司令部计划通过"统一平台"项目，将各种攻击和防御集成到同一个平台上，实现网络资源统一调度。这是美国网络司令部自成立以来最大规模的一个项目，具体工作由美国空军来实施。

为竞争美国网络司令部的"统一平台"项目，洛克希德·马丁公司在 2018 年 3 月发布一款名为名为 Henosis（希腊语意为统一）的原型系统，可将网络空间的作战效能集成到空中、陆地、海上和太空多域作战任务中。该原型系统是一个系统之系统，作为一个指挥控制战斗管理可视化工具，协调防御性网络作战、进攻性网络作战以及网络空间的情报监视与侦察，为美军遂行网络作战打造了一个通用框架，大幅提升网络武器的协同与集成能力。

2018 年 10 月，诺斯罗普·格鲁曼公司获得美国网络司令部的统一平台项目合同，将负责该项目的开发、集成、列装和维护工作，相关工作预计在 2021 年 10 月 31 日完成。统一平台项目将多种独立的网络平台集成到一起，实现统一管理和网络同步行动，使美军能快速获得全方位的网络作战能力。

虽然美国官方并没有明确统一平台项目的具体内容和能力，但外界普遍认为，该平台其实相当于网络空间里的"航空母舰"，里面搭载了用于实施网络攻击和防御的各种能力。从作战的角度看，"统一平台"项目通过为各种能力提供接入、显示、控制的平台，为有效地遂行网络作战任务提供全面的保障能力。

三、总结

网络空间作战能力建设涉及多个方面，其中人才队伍和作战保障能力是其中关键的要素，2018 年美国通过在这两方面加大力度，以提升网络空间的整体作战能力。

（中国电子科技集团公司第三十六研究所　陈柱文　王一星）

美国发布新版《美国国家网络战略》

2018 年 9 月，美国总统唐纳德·特朗普签发了《美利坚合众国国家网络战略》。这是自 2003 年乔治·布什总统签发《确保网络空间安全的国家战略》以来，美国第二次系统、全面阐述其国家层面的网络战略，重要意义不言而喻。特朗普总统在该战略的"序言"部分也指出"随着此次《国家网络战略》的发布，美国终于有了 15 年来第一份覆盖全面的网络战略"。

一、主要内容

此次发布的战略从国家层面系统阐述了美国如何利用网络领域来实现其 4 方面的战略目标（4 大"支柱"）及其子目标，以及为了实现各个子目标而采取的具体措施（"优先事项"）。

（一）支柱一：保护美国人民、国家及生活方式

目标是通过管控网络安全风险以增强本国的信息及信息系统的安全性和弹性。具体分为 3 个子目标，各个子目标及优先事项如表 1 所示。

表 1 支柱 1 子目标及优先事项

子 目 标	优 先 事 项
保护联邦网络及信息的安全	● 进一步集中管控联邦民用网络安全； ● 使风险管理与信息技术活动相一致； ● 改进联邦供应链风险管理； ● 加强联邦承包商的网络安全； ● 确保由政府来领导最佳和创新的实践

续表

子　目　标	优　先　事　项
确保关键基础设施的安全	● 优化权责； ● 根据已确定的国家风险对行动进行优先排序； ● 将信息及通信技术供应商作为网络安全使能者； ● 保护美国的民主； ● 激励网络安全投资； ● 对国家研发投资进行排序； ● 加强运输与海上的网络安全； ● 加强太空网络安全
打击网络犯罪并加强事件报告	● 加强事件报告及响应； ● 更新电子监视及计算机犯罪法； ● 降低网络空间跨国犯罪组织的威胁； ● 加强对海外犯罪分子的抓捕力度； ● 加强伙伴国的执法能力以便打击网络犯罪活动

（二）支柱二：促进美国繁荣

目标是保持美国在技术生态系统的影响力，并将网络空间发展为经济增长、创新、效率的开放式引擎。具体分为 3 个子目标，各个子目标及优先事项如表 2 所示。

表 2　支柱 2 子目标及优先事项

子　目　标	优　先　事　项
培育有活力且弹性的数字经济	● 激励一个自适应且安全的技术市场； ● 创新优先； ● 投资下一代基础设施； ● 推动数据的跨国界自由流动； ● 保持美国在新兴技术的领先地位； ● 推动全生命周期的网络安全
培育并保护美国的原创性	● 更新外国在美投资及运作的审查机制； ● 维持一个强大且平衡的知识产权保护系统； ● 保护美国新理念的机密性和完整性
培养卓越的网络安全劳动力	● 打造并维护人才通道； ● 扩大美国工作人员的技能改造和教育机会； ● 强化联邦网络安全劳动力； ● 利用行政权力来强调和奖励人才

（三）支柱三：通过提升力量来维护和平

目标是识别、打击、破坏、降级和威慑网络空间中破坏稳定和违背国家利益的行为，同时保持美国在网络空间内的主导地位。具体分为 2 个子目标，各个子目标及优先事项如表 3 所示。

表 3　支柱 3 子目标及优先事项

子　目　标	优　先　事　项
通过制定"责任担当型国家行为规范"来增强网络稳定性	● 鼓励全球共同遵守新制定的网络行为规范
追溯并威慑网络空间中的不可接受行为	● 以客观、协作的情报为基础； ● 施加报复并展示对美发起网络攻击的后果； ● 发起网络威慑倡议； ● 应对恶意网络影响作战和信息作战行为

（四）支柱四：提升美国的影响力

目标是保持互联网长期以来一直具备的开放性、互操作性、安全性和可靠性，使其与美国利益实现相互促进与增强。具体分为 2 个子目标，各个子目标及优先事项如表 4 所示。

表 4　支柱 4 子目标及优先事项

子　目　标	优　先　事　项
促进开放式、互操作、可靠和安全的互联网	● 保护和促进互联网自由； ● 与志同道合的国家、工业界、学术界和民间团体合作； ● 构建多边互联网治理模式； ● 促进可互操作和可靠的通信基础设施和互联网连接； ● 促进和维护美国的全球独创性市场
构建国际型网络能力	● 加强网络能力建设

二、特点分析

从此次发布战略的主要内容可以看出，在当前网络空间重要性日益增强、网络空间内的博弈与冲突日益激烈的情况下，美国从国家层面、战略层面对网络空间的重视程度也不断加大。具体来说，主要体现出了如下几方面特点。

（一）网络与信息网络安全方面，坚持政府主导、集中管控

传统上，美国的各类网络、信息系统等的网络安全都是"多头管理"的。

军方的网络、信息系统相对隔离、独立，但其网络安全的管理也略显混乱，尽管美国国防部网络司令部已经升级为一级司令部，但距离"网络安全的统一管控"还有很长的距离。

政府网络与系统的网络安全通常由政府或业务与系统供应商来负责，主管部门是美国国土安全部，但这种所谓"主管"也是非常松散的一种管理模式。

工业部门（包括与美国政府、军方关系密切的企业）、商业部门（包括那些与美国国计民生利益攸关的机构）、学术界（包括那些知识产权密集型的高校等）的管理则要更加随意且缺乏集中性，基本上是"各扫门前雪"。

此次战略中明确提出"集中管控联邦民用网络安全""由政府来领导最佳和创新的实践"等理念，足以表明美国已经意识到了这种网络安全"多头管理"模式的弊端，并已经开始着手改变这一现状。此外，战略中所提出的"改进联邦供应链风险管理"其实也是"政府主导网络安全"的一种具体体现。

（二）关键基础设施网络安全方面，坚持政企协作、加大投资

关键基础设施（尤其是关键信息基础设施）网络安全对于一个国家的重要性，美国从最初开始重视网络空间与网络安全的时候就已经充分意识到了，尤其是诸如"震网"（stuxnet）病毒等针对关键基础设施的网络攻击手段曝光以后，美国对于关键基础设施网络安全与防护方面的重视更是达到了前所未有的高度。

此次在战略中所描述的一系列旨在确保美国国家关键基础设施方面的举措（优化权责、识别风险、与信息及通信技术供应商深度合作、加大关键基础设施网络安全投资等）实际上是上述重视程度的一种体现。此外，此次战略还首次明确了美国最关心的两类关键基础设施，即运输与海上基础设施、太空基础设施。

（三）打击网络犯罪方面，坚持国际合作、加强执法

网络空间的全球连通性、"领土"模糊性决定了在该空间内采取任何行动都必须基于一种国际化、全球化的方式才能顺利开展。打击网络犯罪亦是如此，美国一个国

家既没有能力，也没有方法来单独实施。因此，此次战略中非常强调在打击网络犯罪方面的国际合作（当然，战略中的合作对象仅限于美国的盟友及伙伴国）。

此外，在打击网络犯罪的实施环节方面，该战略似乎非常重视所有环节的"观察-定位-决策-行动"（OODA）的闭环。战略中提到的电子监视、事件报告、响应、威胁缓解等分别对应上述环节。

（四）网络空间能力利用方面，致力于打造技术、创新、人才三位一体的实施途径

关于"如何利用网络空间以使其最大限度地提升美国能力"方面，此次发布的战略给出了明确的答案，即打造技术、创新、人才三位一体的实施途径。

技术方面，通过新技术引领、构建基础设施代差、确保优势地位等方式来实现"培育有活力且弹性的数字经济"这一目标。

创新方面，通过保护知识产权、保护先进理念等方式实现"培育并保护美国的原创性"这一目标。

人才方面，通过打通通道、加强培训、强化意识、加大奖励等方式实现"培养卓越的网络安全劳动力"这一目标。

（五）网络力量建设与展示方面，坚持以我为主制定行为规则，致力于实现网络威慑

尽管技术层面、理论层面上能否实现真正意义上的网络威慑尚存争论，但战略层面上来看，世界各国一致认为应充分展示实施网络威慑的实力、意愿与决心。作为号称"世界上遭受网络攻击最多的国家"，美国当然最为迫切地想向全世界表明其实施网络威慑的坚定决心。

然而，要实施威慑，除了展示能力（报复/反击的能力）、表达意愿与决心以外，还有两个前提必须具备。

其一，实现精确的网络攻击溯源，以便使得网络报复/反击有的放矢。

其二，设定明确的报复/反击门限。也就是说，在什么情况下可以实施网络报复/反击。

此次发布的战略中就分别针对这两方面进行了阐述，并给出了解决方案：精确攻击溯源方面，描述模棱两可，看来至少技术层面尚未取得实质性进展，进而导致依然无法实现真正意义上的精确溯源；门限设定方面，则通过制定"责任担当型国家行为规范"来约束其他国家的行为，可以预期，该行为规范中一定会涉及"网络空间中的

不可接受行为"的具体界定，而这种界定就将会成为美国实施网络威慑的"报复/反击门限"。

三、与其他版本的比较

尽管美国总统特朗普表示，这版网络战略是"15 年来第一份覆盖全面的网络战略"，但严格来说，自 2003 年以来，2018 年发布的这版网络战略文件应该是美国总统签发的第三份专门针对网络领域的战略性文件——除 2003 年乔治·布什总统签发的《确保网络空间安全的国家战略》以外，2011 年贝拉克·奥巴马总统还签发了一份《网络空间国际战略：网络化世界中的繁荣、安全与开放》文件。尽管 2011 年这一版战略文件将自身定位为"国际"战略，但主要还是立足美国国内，而且，从"内容相似度"方面来看，2011 年这一版战略已经具备了 2018 年这一版战略的雏形。

（一）与2003年版《确保网络空间安全的国家战略》的比较

2003 版的网络战略所提出的战略目标是通过确保网络空间安全，以实现如下具体目标：防止针对关键基础设施的网络攻击；降低美国在面对网络攻击时的脆弱性；若网络攻击不可避免，则确保遭受的破坏程度最低、恢复时间最短。

围绕上述三大目标，战略还总结出了 5 个优先事项：构建一套国家级网络空间安全响应系统；发起一个国家级网络空间安全威胁与脆弱性降低项目；发起一个国家级网络空间安全感知与训练项目；确保美国政府的网络空间安全；实现国家层面、国际层面的网络空间安全协同。

2003 年是网络空间、网络作战等概念尚为"新概念"的时期，因此所谓网络空间"战略"，其实主要偏向具体的技术、项目、系统等细节，尚无非常顶层的、系统的、成体系的规划，也缺乏具体可行的实施方案与途径。而此次发布的 2018 版战略则在这两方面都有了很大的提升。

（二）与2011年版《网络空间国际战略：网络化世界中的繁荣、安全与开放》的比较

2011 年版的战略主要包括 3 方面内容，即构建网络空间策略、展望网络空间未来、明确网络空间策略优先事项。

构建网络空间策略。主要方法包括：保持、提升数字化网络和美国社会与经济的

良性互动；同时还要充分意识到数字化网络对美国网络空间安全带来的新挑战；在坚持相关原则（个人自由、个人隐私、信息自由流动等）的基础上直面上述新挑战。

展望网络空间未来。美国对网络空间领域未来工作的规划包括：不断提升网络空间的开放性与互操作性，为美国带来全方位能力的提升；不断提升网络空间的安全性与可靠性，打造出可持续的网络空间；制定统一规则，打造稳定的网络空间。此外，战略还展望了美国未来各个层面在网络空间领域的主要目标，包括：外交层面加强国际合作；国防层面强化网络威慑；发展层面致力于实现国家的繁荣与安全。

明确网络空间策略优先事项。包括：经济层面，构建一个国际标准的、具备创新能力的开放型市场；网络保护方面，增强安全性、可靠性、弹性；执法方面，扩展协同与法律规则；军事方面，随时准备好应对 21 世纪的安全挑战；互联网治理方面，打造高效、多方兼顾的架构；国际发展方面，实现能力、安全与繁荣；互联网自由方面，支持基本自由与隐私权。

可见，尽管名为"国际"战略，但 2011 版战略实际上是立足美国自身的。而且，该战略已经具备了 2018 版战略的雏形：2018 年版的战略中所提到的 4 大支柱都可以在 2011 版战略中找到影子。因此，若从传承角度来看，2018 版战略与 2011 版战略才真正算是"一脉相承"。

而且，2011 版战略中对于军用网络空间安全方面着墨很多，而 2018 版几乎完全以民用网络空间安全为主，并与美国国土安全部 2018 年 5 月发布的《网络安全战略》战略遥相呼应。之所以出现这种情况，可能基于两方面考虑：首先，国防领域的网络空间战略中，有些内容可能会比较敏感，不适合在类似于白皮书的这种公开发布的战略中体现太多；其次，美国国防部刚刚于 2018 年 8 月单独发布了一个《国防部网络战略》（公开发布的只有战略的概要，而非全文），相关内容无须赘述。

（中国电子科技集团公司第三十六研究所　张春磊　曹宇萌）

美国发布新版《国防部网络战略》

2018 年 8 月，美国国防部发布了《国防部网络战略（概要）》（封面如图 1 所示，截至发稿时，完整版战略未公开发布），以取代 2015 年版的《国防部网络战略》。从 2011 年 7 月美国国防部发布《国防部网络空间作战战略》，到 2015 年 4 月美国国防部发布《国防部网络战略》，再到 2018 版《国防部网络战略》，美国军方在网络空间、网络作战领域的顶层战略、实施途径也日益明晰。

图 1　美国国防部《国防部网络战略（概要）》封面

一、国防部网络战略的主要内容

此次发布的网络战略主要包括两方面内容，即阐述美国国防部在网络空间与网络作战领域的战略目标，明确为实现这些目标而采取的实施方案。

（一）阐述战略目标

网络战略指出，美国国防部在网络空间领域的 5 个目标包括：确保联合部队能够在竞争的网络环境中完成任务；通过实施那些能够增强美国军事优势的网络空间作战行动，来加强联合部队能力；保护美国关键基础设施免受恶意网络活动攻击，这些活动可能将导致严重网络事件，无论该活动是独自发起或是作为更广泛攻击活动的一部分；保护美国国防部的信息和系统免受恶意网络活动的影响，包括非国防部主管的网络上的国防部信息；扩大国防部与跨机构、工业部门和国际合作伙伴的网络合作。

（二）明确实施方案

网络战略重点阐述了实现上述目标所采取的具体实施方案（"战略方法"），概述如下。

建立一支更有杀伤力的联合部队。具体方案包括：加快网络能力发展；用创新培育灵活性；利用自动化和数据分析来提高效率；采用商用现货网络能力。

在网络空间内实现竞争和威慑。具体方案包括：威慑恶意网络活动；在日常竞争中持续对抗恶意网络活动；提高美国关键基础设施的弹性。

扩大联盟和合作伙伴。具体方案包括：与私营部门建立可信的伙伴关系；实现国际合作关系；制定网络空间"责任担当型国家行为规范"。

改革国防部。具体方案包括：将网络意识融入国防部的制度文化；增加网络安全问责制；寻求可承受、灵活且鲁棒的物资解决方案；扩大漏洞发现的众包范围。

培养人才。具体方案包括：维持一支随时就绪的网络劳动力；加强国家级网络人才建设；将软硬件专业知识作为国防部核心竞争力之一；建立网络高级人才管理项目。

二、特点分析

尽管与 2011 年版、2015 年版的战略有一定的传承性，但 2018 年版的战略也体现了其独有的一些特色。

（一）承认网络空间的无界连通性，加强多维协作

2018 年版的战略概要中，有很大的篇幅用于阐述美国国防部与各方面的协作，包括国防部内部各军种、兵种的协作，以及国防部与其他政府机构、工业部门、学术界、私营企业、友军、盟国、伙伴国等的协作。

之所以如此，最大的一个原因就是网络空间"天生的"无界连通性。在此，所谓的"界"既包括主权意义上的"国界"，也包括技术意义上的"逻辑边界"，还包括物理层面的"陆、海、空、天、水下、电磁频谱等作战域之间界线"。在这种无界连通的空间内，任何一个机构、部门、组织、国家乃至国际组织都无法凭借一己之力确保其安全。因此，协作既是必由之路，亦是无奈之举。

（二）承认网络冲突的不可避免性，强调慑战并举

网络空间的无界连通性还带来了另一方面的挑战，即网络空间内冲突的不可避免性——即便对于诸如军事网络空间这样相对封闭的空间而言，亦是如此。

美国国防部也充分意识到了这一点，并探索出了一条可相对有效地解决该问题的思路，即慑战并举。这种思路最大的优势就是将原本"不可避免的"网络空间冲突转化为一种"可分阶段、部分避免的"冲突。这就类似于《孙子兵法》中所说的"不战而屈人之兵，善之善者也"。这种思路大致分为3重"境界"：首先，通过展示报复与反击实力、意愿、决心来实现对敌威慑，尽可能让潜在对手不敢在网络空间内或通过网络空间发起攻击，此之谓"慑"；然后，如果通过综合各方面情报确认威慑并未起作用，而潜在对手依然要发起攻击，则通过先发制人的方式实施"主动防御"，将冲突消弭于萌芽状态，此为"战"之首先方式；最后，若冲突终无法避免，则正面交锋，此为"战"之最后方式。

（三）承认网络安全文化的重要性，培养专业人才

网络空间是一个人造空间，这一特征导致网络空间除了具备技术密集型这一特点外，还具体非常鲜明的"人才密集型"（尤其是高层次、专业型人才）特点，因此，争夺人才已经成为网络领域的常态。这一点在美国体现得尤为明显，美国国防部为代表的美国军方、美国国土安全部为代表的政府部门、美国高新技术企业等为代表的工业部门之间一直在争夺人才方面明争暗斗。

2018年版的战略中，对于网络领域人才的要求非常成体系，大致可分为战、研、训、管四类。其中：作战类人才是最具国防特色的人才类型，除了具备专业知识以外，还要随时可以根据指示与授权开展进攻性、防御性、利用性网络作战行动，因此，战略中专门提出要维持一支随时就绪的网络劳动力；研究类人才主要指的是各类软硬件专业领域人才，因此，战略中专门指出将软硬件专业知识作为国防部核心竞争力之一；人才培训与训练是为包括美国国防部在内的各类部门打造、维持网络人才库的核心手段，是国家网络战略在美国国防部范围内的具体体现，因此，战略中专门提出要加强国家级网络人才建设；人才管理也是确保美国国防部在网络人才库得以动态维持与提升的关键，因此，战略中专门提出将建立一个网络高级人才管理项目。

（四）承认网络领域鲜明的时代性，紧跟时代步伐

从本质上来讲，网络空间可以视作是"码域"的代名词，即"逻辑代码所覆盖之处，皆是网络空间"。而从当前数字化、信息化、数据化、智能化等领域飞速发展的今天，"逻辑代码所覆盖"的领域都是高新技术密集型、理论密集型领域。因此，网络空间与网络作战不断发展的过程势必是一个不断融入新理念、新理论、新技术的过程。简而言之，网络领域具备非常鲜明的时代特性。而这种特性在 2018 年版的国防部网络战略中也体现得非常明显，很多近年来涌现出的新理论、新技术都在这版战略中得到了体现。

例如，强调网络空间作战过程中的智能化与大数据分析等新技术的引入、提倡更多地采用商用现货能力、鼓励采购可扩展性服务（如云存储和可扩展计算能力）等。

三、与其他版本的比较

如前所述，美国国防部总共发布过 3 个版本的网络战略，这 3 个战略的主要侧重点概述如下。

2011 年版的战略中，重点提出了美军在网络空间与网络作战领域的 5 个"战略倡议"，也就是说，还没有上升成为真正的"战略目标"，而且所提的几个倡议也是相对比较顶层、务虚的。可以说，2011 年版战略更多的是体现了美国国防部关于网络空间与网络作战的重视态度，以及对于这一"新兴"领域的建设性探索。

2015 年版的战略中，明确提出了美国国防部在网络领域的 5 个"战略目标"，并分别就每个目标的子目标进行了详细描述。可以说，2015 年版战略首次明确阐述了美国国防部在网络空间与网络作战领域的战略目标，为美国国防部指明了方向。

2018 年版的战略中，也阐述了美国国防部在网络空间与网络作战领域的 5 个目标，且这 5 个目标与 2015 年版战略中的相关描述有明显的继承性特点。然而与 2015 年版战略最大的区别在于，2018 年版战略将重点放在了如何实现这些目标方面，即系统给出了战略方法。可以说，2018 年版战略为美国国防部实现网络空间与网络作战领域的战略目标明确了实施方案。

（中国电子科技集团公司第三十六研究所　张春磊　曹宇音）

美国土安全部发布《网络安全战略》

2018 年 5 月 15 日，美国国土安全部发布了其首份《美国国土安全部网络安全战略》，对未来 5 年内网络安全领域的发展愿景、目标、实现过程等内容进行了描述。尽管这是美国国土安全部首份网络安全领域内的战略文件，但纵观其在网络安全领域内发布的一系列历史文件，实际上可以看出其基本理念是一脉相承、一以贯之的。其中，最有特色的理念就是"网络生态系统"。之所以说该理念有特色，是因为该理念与美国国防部的网络安全观有着本质的差别：美国国防部强调"打造一个安全的网络空间"，重点强调其职责范围内网络空间的"安全性"。而美国国土安全部则强调将其职责范围内的网络空间"打造成一个弹性、健康的网络生态系统"，重点强调自动化、互操作、可认证等特点，而不是把"安全"作为唯一标准。导致这种差别的主要原因是其职责范围内的网络空间的特性有着本质差别：国防部职责范围内的网络空间相对封闭，可控性更强；美国国土安全职责范围内的网络空间则相对开放，可控性差，因此，必须承认这类网络空间的本质不安全性、攻击不可避免性，只需确保生态系统弹性且健康即可。

一、国土安全部网络安全战略主要内容

国土安全部的网络安全战略首先对未来 5 年内的愿景进行了详细、中肯的描述，明确"到 2023 年，国土安全部将通过如下措施提升其国家网络安全风险管理能力：增强政府网络与关键基础设施安全性与弹性；减少恶意网络行为；提升对网络事件的响应能力；打造一个更加安全、可靠的网络生态系统。所有这些措施都在国土安全部统一协调以及与其他联邦/非联邦实体密切协作下开展的"。

从这种描述可以看出，尽管"打造一个更加安全、可靠的网络生态系统"仅仅是美国国土安全部提升其国家网络安全风险管理能力的诸多措施之一，但该措施与其他措施之间并非完全的并列关系，而是一种因果关系，其他措施都是过程，而打造网络

生态系统则是最终要实现的目标与结果。足见美国国土安全部对于将整个美国非军用网络空间打造为一个生态系统的决心。

简而言之，该战略的主要内容可概括为"5 个支柱（pillar）、7 个目标（goal）"。

（一）支柱 1：风险识别

主要旨在"评估不断演进的网络安全风险"（目标 1），即充分理解国家网络安全风险态势，分析不同风险之间的依赖性与系统关联性，评估恶意用户实施恶意攻击方法的变化情况。具体来讲，就是始终掌握国家层面的、体系层面的网络安全风险战略态势。

（二）支柱 2：漏洞填补

主要旨在"保护联邦政府的信息系统"（目标 2）、"保护关键基础设施"（目标 3），分述如下。

"保护联邦政府的信息系统"主要涉及如下措施：通过提升管控能力、制定信息安全策略、分析网络安全态势等来提升联邦政府信息系统的网络安全；在整个联邦政府内，提供保护能力、工具、服务；部署新型网络安全能力以保护国土安全部信息系统的安全。

"保护关键基础设施"主要涉及如下措施：充分分析并评估国家关键基础设施的网络安全风险；强化网络威胁提示、防御措施等网络安全信息的共享；为网络安全所有相关方提供更强大的网络安全能力与资源。

（三）支柱 3：威胁应对

主要旨在"阻止、瓦解网络空间犯罪"（目标 4）。该目标主要涉及如下措施：打击金融领域与跨境网络犯罪，并瓦解犯罪组织；阻止、瓦解、打击网络安全威胁，以保护人员、国家安全特别事件、关键基础设施；与相关机构密切协作并形成针对网络空间恶意行为的执法能力；提升调查能力并增加相关资源，以应对越来越多的执法挑战。

（四）支柱 4：后果缓解

主要旨在"有效应对网络事件"（目标 5）。该目标主要涉及如下措施：鼓励自愿报告网络事件、上报受害情况，以方便做出有效响应；扩展资产响应能力，以缓解、管控网络事件；网络事件响应方之间强化协同，以确保威胁响应与资产响应之间的互补性。

（五）支柱5：网络安全效果巩固

主要旨在"加强网络生态系统的安全性与可靠性"（目标6）、"提升国土安全部网络安全行动管理能力"（目标7），分述如下。

"加强网络生态系统的安全性与可靠性"主要涉及如下措施：通过软硬件、服务、技术等多个维度来提升网络安全，打造更加弹性的网络；优先开展网络安全方面的研发、技术转化等工作，以支持国土安全部的任务目标；拓展国际合作以推动国土安全部相关目标的实现，并打造一个开放、协同、安全、可靠的互联网；提升人员招募、教育、训练、维系等方面的水平，以打造一支世界级的网络队伍。

"提升国土安全部网络安全行动管理能力"主要涉及如下措施：实现全国土安全部范围内网络安全策略开放、战略、规划行动等的集成；对国土安全部网络安全类项目与行动进行优先级划分并进行评估。

二、美国国土安全部网络生态系统发展历程

对网络生态系统研究最感兴趣的是美国国土安全部，该机构分别于2011年3月和2011年11月发布了《在网络空间内实现分布式安全》白皮书、《确保未来网络安全的蓝图：国土安全部企业级网络安全战略》，如图1所示。此后围绕网络生态系统的建设、开发，美国政府部门、学术团体等都开展了大量研究。

图1 国土安全部发布的相关文件

（一）发布《在网络空间内实现分布式安全》白皮书

2011 年 3 月，美国国土安全部国家防护与项目理事会（NPPD）发布了《在网络空间实现分布式安全》白皮书，提出了"利用自动化集体行动（ACA）来构建健康、弹性的网络生态系统"的倡议。该白皮书主要阐述了一个健康的网络生态系统的基本要求，以及一个健康的网络生态系统所应具备的主要特点。该白皮书认为一个健康的网络生态系统具备自动化、互操作、可认证三大基本要求，如图 2 所示。

图 2　健康网络生态系统的三大基本要求

自动化行动过程（ACOA）是一种将决策和行动协同起来以应对各种网络状况的策略。自动化解放了网络人员，能够让他们在面对复杂的环境时能更好地去思考、解惑、判断。自动化同样也让攻击响应的速度更加及时，这样即可解决"以人工响应速度来应对机器速度传播的攻击"这一现状。自动化还可以实现以机器速度执行的能力，网络防御人员就可以介入攻击者的攻击环或决策环。此外，自动化能够使网络空间更容易接受和适应新的或已验证的安全解决办法。

互操作主要是策略层面的问题而非技术层面的问题，它是确保准确无误的自动化的前提，也是将分散独立的网络参与者整合一个有意义的网络防御系统的基础。具体来说，互操作包括了语义层面、技术层面、策略层面的互操作能力。互操作可加强和深化网络设备间的协作，形成新的智能，加快传播学习到制式，从根本上改变生态系统。

可认证特性可确保在线决策的可信性。在线环境中几乎每一个决策都是远程完成的。若决策过程有需要，则可通过认证过程来确保决策参与者是可信的或真实的。当然，认证过程需要确保个人隐私性。一个健康的网络生态系统中，认证的对象不应仅局限于人，还包括网络设备（如计算机、软件、信息）。可认证对于网络防御非常关键，因为在安全决策过程中，通信和内容溯源是主要因素。除网络防御以外，可认证性也可以提升其他网络能力。

（二）《确保未来网络安全的蓝图：国土安全部企业级网络安全战略》

2011 年 11 月，美国国土安全部发布了《确保未来网络安全的蓝图：国土安全部企业级网络安全战略》，其中专门提出强化网络生态系统，并系统阐述了如何强化网络生态系统。

1. 打造"强壮的"网络生态系统的前提条件

一个主要支撑美国土安全部蓝图的策略是：今天保护关键信息结构，明天创建更强的网络生态系统。这一策略表现了美国想要实现一个安全有弹性的网络生态系统的立场。而一个"强壮的"网络生态系统所应具备的前提包括：用户可恰当定义、理解、管控信息与通信技术风险；组织与个人定期应用安全与隐私相关标准、最佳实践经验；个人、组织、网络、服务、设备的身份可验证；信息与通信技术设计过程中即将可互操作的安全性考虑在内；利用近实时、机器到机器（M2M）协同来实现威胁指示与告警、自动化事件响应。

从当前世界网络空间的"健康状况"来看，上述所有前提条件几乎都不具备，因此，要打造一个真正意义上"强壮的"网络生态系统还任重而道远。

2. 网络生态系统的强化措施及目标

关键信息基础设施广泛地存在于网络生态系统中。国土安全事业部将会阶段性的提升网络生态系统的健康，而要实现这一愿景将要联合授权的个人和组织，可信赖的协议、产品、服务、配置和体系结构，协同共同体和透明流程。蓝图列举了强化网络生态系统的 4 个大目标及 11 个小目标。

让个人、组织采用更安全的运作方式，以实现如下目标：在公、私部门培养网络专业人员；构建分布式安全基础。研发、使用更加可信的网络协议、产品、服务、配置、体系结构，以实现如下目标：减少漏洞；增强可用性。构建协同共同体，以实现如下目标：实现网络空间内的身份认证；增强设备间的技术、策略互操作能力；实现安全过程的自动化。构建透明流程，以实现如下目标：挖掘并共享网络空间安全事件的根源；基于验证的效能来部署安全措施；关注"投资回报"；实现激励。

3. 其他

围绕网络生态系统的建设、开发，美国政府部门、学术团体等都开展了大量的研究。如 2011 年 6 月，新美国安全中心出版了《美国网络未来——信息时代的安全和繁荣》一书，对网络空间的现状、问题、未来等一系列问题进行了探讨。

美国国土安全部的 2014—2016 财年预算报告中，也对维护网络生态系统提出了 4 点要求：加强关键基础设施的安全性和弹性，从而应对网络攻击和其他危险；保护联邦政府民间信息技术企业；提升网络法执行、事件响应和报告的能力；加强巩固网络生态系统。

三、美国国土安全坚持打造网络生态系统的动因分析

美国国土安全部开发网络生态系统的主要研发动因可归结为"网络空间是一个人造的空间"：作为一个人造空间，尽管规模很大、应用范围很广，但网络空间无法具备自然界生态系统的各种特性。为使得网络空间走向完备、自治、安全，学术界、军方等都致力于通过各种方式将网络空间打造成无限接近自然界生态系统的系统。

具体来讲，作为一个人造空间，当前网络空间主要存在如下多方面问题与不足之处。

存在大量脆弱点。这一特征是人类弱点在网络空间内的最直观体现——由于"制造"网络空间的人类具备各种各样的无法避免的缺点（如计算机体系机构设计者的理想主义情结、软件开发者不良的编程习惯等），因此这些缺点也全都引入了网络空间内。

网络攻防速度不对等。所有网络攻击都以机器速度（理想状态下接近光速）扩散，但大多数网络防御则只能以人工速度进行部署（若攻击的隐蔽性足够强大，则防御部署时间还可能进一步增加）。

网络入侵、攻击难以发现。随着网络攻击手段、技术的复杂度、定向性、隐蔽性越来越高，因此大多数网络入侵与攻击的检测难度越来越大，加之网络空间内本来就存在诸多漏洞，导致网络生态系统安全性问题日益突出。

防御孤立分隔、缺乏协同共享。尽管在特定情况下，也有多种有效的防御手段与技术，但由于网络空间内存在人员、组织机构的利益冲突，导致有效的防御手段与技术孤立进行，无法协同共享，进而大幅提升了网络空间内防御的效率。

攻击频繁、后果严重。一方面，网络攻击成本不断降低，导致网络空间内的攻击越来越频繁；另一方面，网络防御成本却不断提升，加之缺乏重视，使得网络空间内的网络攻击次数远超一个正常生态系统自持、自治所能承受的极限。频繁的攻击也为网络空间带来了非常严重的后果，使其"健康状态"越来越差。

其他如安全策略不一致，用户处置经验不足等。

四、美国土安全部网络生态系统未来发展前景分析

根据对《网络安全战略》内容进行分析，可知美国土安全部致力于打造的未来网络生态系统应该是弹性且健康的。

（一）弹性

弹性可以看作是一种目标，它通过强调威胁避免、系统鲁棒、功能重构以及快速恢复等要素，反映了一种对抗条件下的体系能力。包括强调准备好应对并适应变化条件，承受破坏并从中快速恢复的能力。还包括可以经受故意攻击、意外事件或自然发生的威胁或意外事件，并从中恢复的能力。

弹性（resilience）与鲁棒性（robustness）不同：前者侧重遭受攻击时的恢复能力（"回弹"能力），后者侧重遭受攻击时的加固能力（"硬度"），二者之间的区别如图 3 所示。

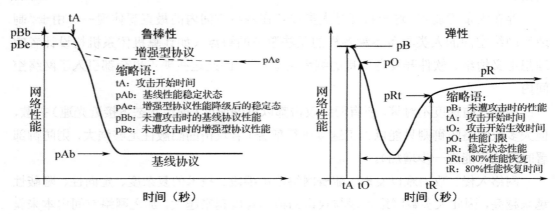

图 3　弹性与鲁棒性之间的区别

1. 核心理念

美国国土安全部、美国国防部等机构非常重视"网络弹性"能力的开发，这一点本身即传达出这样的一种信息：在一个开放的、人造的网络空间内，没有绝对的安全性，网络防御不能闭关死守，只能"见招拆招"。

概括起来，网络弹性这一概念"隐含"的几大核心理念如下：承认网络空间的不安全性，本质上讲，网络空间是不安全的，没有什么方法能够确保网络空间的绝对安全性；承认网络攻击的不可避免性，网络攻击在网络空间内总是存在的，而且大有愈演愈烈之势；承认攻击后果的可缓解性，尽管网络攻击数量越来越多、力度越来越大、隐蔽性越来越强，但网络攻击造成的后果可以通过网络弹性技术、手段来缓解；承认"固守城池"防御的低效性，在本质上不安全的网络空间内，"固守城池"式的防御手段效率非常低，类似于"马其诺防线"，仅起到心理安慰作用而已；承认快速恢复能力的重要性，总而言之，网络防御的重点不是如何确保网络空间内不遭受网络攻击，而应该是从攻击导致的严重后果中快速恢复。

2. 关键技术

想要实现弹性这一特性，网络空间所要具备的关键技术为：异构冗余技术；完整性度量技术；安全隔离技术；侦测与监控技术；非持续性技术；分布式防御技术；自适响应技术；迷惑性技术。

（二）健康

一个健康的网络生态系统具备持续检测、分层防御和对抗、学习和快速适应的特点。健康生态系统能够互相补充安全性、使用性、可靠性以及秘密和公民自由的保护。实现网络生态系统其健康构想，需关注如图 4 所示的 4 类技术。

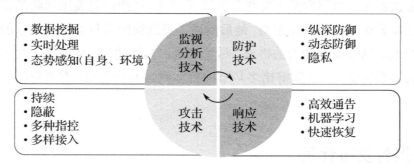

图 4　确保网络生态系统健康的关键技术

（中国电子科技集团公司第三十六研究所　张春磊　王巍）

美国审计署发布《武器系统网络安全》报告

2018 年 10 月，美国审计署（GAO）发布了《武器系统网络安全》报告，这也是美国审计署发布的第一份全面关注武器系统网络安全的报告。该报告分析了导致当前美国国防部武器系统网络安全形势堪忧的诸多因素，并通过对美国国防部在研武器系统进行测试以分析其网络安全态势，最后阐述了美国国防部目前已经采取的一系列旨在提升武器系统网络安全能力的措施。尽管未给出具体建议，但该报告对于提升美国国防部在武器系统研发、采购等诸多环节的整体网络安全意识，有着重要的警醒与指导意义。

一、报告发布背景

按照规划，美国国防部当前开发的武器系统将耗资 1.66 万亿美元，然而由于这些武器系统大多是依赖软件来实现其功能，因此已经成为世界各国发起网络攻击的主要目标之一。出现这一现象的主要原因在于，尽管武器系统与传统的信息技术系统在功能方面有着明显区别，其所面临的网络安全挑战也千差万别，但本质上来讲，绝大多数武器系统都可视作网络-物理系统（CPS，如图 1 所示），在这类系统中，网络漏洞、网络威胁、网络风险等通用问题都普遍存在。而且由于网络-物理系统与物理世界关系密切，因此，一旦遭受网络攻击，则可能导致比传统信息技术系统严重得多的后果，甚至会导致人员丧生。

除了技术层面以外，美国国防部的武器系统网络安全领域还面临武器系统需求与采购流程复杂、相关责任机构职责不明确等问题。

鉴于此，美国国会参议院武装部队委员会要求美国审计署对美国国防部在提升武器系统网络安全方面的工作进行审查，此次审查的重点对象是美国国防部的在研武器系统。

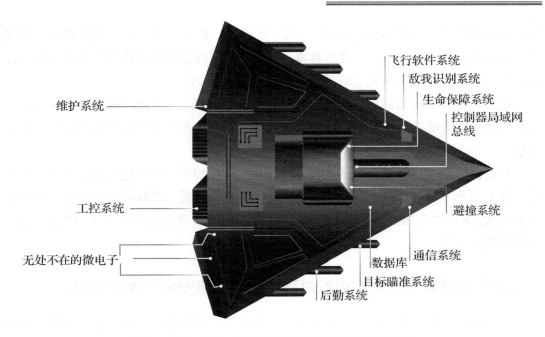

图 1　绝大多数武器系统都可视作网络-物理系统

二、导致武器系统网络安全堪忧的主要因素

导致美国国防部武器系统网络安全当前态势的因素有很多，主要因素包括三方面：其一，美国国防部武器系统的计算机化、网络化特征日益凸显；其二，美国国防部过去对武器系统网络安全不够重视；其三，美国国防部对于如何开发网络安全性更高的武器系统理解不够深入。

（一）武器系统软件化、网络化程度的提升催生出大量网络安全漏洞

首先，美国国防部的武器系统越来越多地依赖软件与信息技术来实现其预期作战效能。当前武器系统中软件的体量正在呈指数增长，而且这些软件嵌入在了武器系统的多个技术复杂型子系统中，这些子系统包括各种硬件、信息技术器件。几乎所有武器系统正常功能的实现都需要用到计算机，而且美国国防部还非常重视提升武器系统的自动化程度，以尽量减少人类的参与程度。

其次，美国国防部的武器系统的网络化程度远超以往，这带来了很多的网络漏洞，防御难度也越来越大。美国国防科学局（DSB）的调查结果表明，武器系统中几乎所有组成部分都是网络化的。武器系统通常要与美国国防部信息网（DoDIN）甚至诸如

国防承包商等的外部网络相连，而有时候一些诸如后勤系统等的其他类型系统会与武器系统连接到同一个网络上，更有甚者，武器系统可能会间接连接到公共互联网。这种连通性在很大程度上简化了武器系统的信息交换能力。

最后，武器系统效能的发挥需要依赖外部信息系统，而这些系统易受网络攻击。例如，武器系统需要用到定位与导航系统、指控系统、通信系统等来实现其预期作战效能。

尽管武器系统对信息技术的依赖、自动化程度的提升、网络化程度的提高，在很大程度上提升了武器系统的作战效能，但代价也非常沉重：武器系统的网络攻击面也不断增大。所谓"攻击面"，指的是敌方可用来发起网络攻击的"攻击点"（攻击向量）所构成的"面"。

（二）武器系统研发与采购过程中未将网络安全作为关注重点

自 20 世纪 90 年代初开始，美国审计署等相关组织机构就不断发出多次警告，指出：武器系统对软件化、网络化的依赖程度不断提升，会带来多方面风险。然而，直到最近，美国国防部才开始重视武器系统的网络安全问题，此前美国国防部主要关注武器系统的硬件安全。而且在美国国防部采购流程中，也没有专门对网络安全领域提出具体需求。

（三）美国国防部尚未找出确保武器系统网络安全的方法

有关如何确保武器系统网络安全，美国国防部也尚未找出有效措施。尽管武器系统与传统信息技术系统存在诸多相似之处，但美国国防部也意识到，不能直接生搬硬套传统信息技术系统的网络安全方法。

美国国防部正致力于确保构成武器系统组件的网络安全性，例如，武器系统的监控设备；此外，特定武器系统也会存在特定的网络安全需求，不能一概而论，这也为美国国防部带来了更大的挑战；最后，最为严重的是，某些项目主管自己也对于其所负责武器系统设计方面存在的网络安全问题也不太清楚，更不用提确保系统网络安全。

三、美国国防部在研武器系统大多存在重大网络安全漏洞

2012 年到 2017 年期间，美国国防部测试人员在几乎所有在研武器系统中都发现了任务关键型网络漏洞。

（一）武器系统网络安全评估识别出了很多任务关键型网络漏洞

美国国防部测试团队在测试过程中很容易就获得了武器系统接入权限，并实现了对武器系统的控制，而且测试团队接入、控制武器系统所使用的工具，仅仅是那些初级、中级的网络攻击工具，而没有采用高级、先进的工具。

测试团队发现的这些任务关键型网络漏洞主要体现在如下几方面。首先，仅仅采用网络安全控制并不意味着可确保系统网络安全；其次，此前已经识别出的网络漏洞，在某些项目中也未得到弥补。

（二）美国国防部对于武器系统中的网络漏洞了解得很不全面

导致这一问题的原因包括如下几方面。

首先，由于开展测试的次数有限，美国国防部也无法全面地了解其武器系统的网络漏洞。通过测试找出的网络漏洞并不全面，非实战环境下所做的测试也无法真实反映实战环境下的真实网络威胁。

其次，由于测试团队测试某一系统所用的时间有限，因此，他们会寻求采用那些最简单、最有效的接入方式，而不是穷举敌人可能利用的所有网络漏洞。

最后，特定系统存在的局限性也会影响测试结果。例如，有些武器系统的网络与数据是专用的，测试人员也无法全面评估其网络安全性。再例如，有些系统与外部系统之间的链路能力都是模拟出来的，而非真实的链路。

（三）武器系统项目主管对其项目的网络安全性盲目自信

很多武器系统的项目主管都声称其系统非常安全，甚至在有些项目尚未经过网络安全评估的情况下就给出这种论断。这种盲目自信主要体现在如下几方面。首先，项目主管会列举出其所采用的安全控制措施，以作为其认为"系统安全"的论据，但通常无法给出测试结果作为支撑；其次，即便项目经过了网络安全评估，某些项目主管也会质疑评估结果，因为评估并不是在实战环境中做出的。

四、美国国防部已经采取的应对措施

过去数年来，美国国防部已经采取了一系列措施来提升武器系统的网络安全性。主要涉及如下几方面。

（一）发布、更新了相关策略与指南

自 2014 年以来，美国国防部已经发布或更新了至少 15 份全军层级的策略、指南、备忘录等文件，以打造网络安全性更高的武器系统。与传统的文件相比，这些新的文件主要具备如下特点。首先，明确指出这类文件可用于武器系统；其次，很多涉及需求与采购流程（包括需求明确、技术成熟度、开发测试、运作测试等）等的关键策略中，都开始重视网络安全。

（二）提出相关倡议以帮助了解武器系统网络安全漏洞及应对之策

美国 2016 财年国防授权法案要求美国国防部长在 2019 年底之前，对每一套武器系统都进行网络漏洞评估，并开发出缓解这些漏洞所带来风险的具体策略。在此法案指导下，美国国防部采取了一系列措施来提升其对当前和未来武器系统网络漏洞的了解，确定如何缓解针对这类漏洞的风险，并倡议开发更加安全的系统。为响应该倡议，美国各军种也成立了相应的组织机构来重点关注本军种范围内武器系统的网络安全。

（三）国防部在提升武器系统网络安全方面还存在系统性障碍

尽管采取了一些措施，然而，若要开发更具网络弹性的武器系统能力方面美国国防部还面临一系列障碍，而这些障碍又进一步增加了当前制定的策略、新倡议等具体落实的难度。障碍主要体现在人力资源方面缺乏、信息共享能力不足这两方面。

五、思考：数字化、软件化、信息化、智能化的"副作用"

从数字化时代到来的那一天起，武器系统的网络安全问题就已经出现。随着武器系统形态从数字化向软件化方向发展，这一问题就显得更加突出。因为，尽管软件化对于系统自身能力有着不可替代的重要性，但如果从网络攻防的角度来讲，软件化程度的不断提升则意味着网络攻击面的不断扩大。换言之，随着武器系统数字化、软件化、信息化、智能化程度的不断提升，其网络安全问题也会越来越严重。

例如 2016 年 3 月有报道称 F-35 自动后勤信息系统（ALIS）会 2016 年 7 月份发布 2.0.2 版本的软件，但专家警告说，该软件可能存在网络安全漏洞。对 F-35 而言，

ALIS 非常重要，其主要功能是对全球 F-35 编队进行预测性监控（prognostic monitoring），将飞行后的数据发回给洛克希德·马丁公司位于沃斯堡市的处理中心，以帮助消除后勤链中存在的不足之处。

这种例子其实还有很多，而每一个例子都在展示着数字化、软件化、信息化、智能化所带来的这种难以避免的"副作用"。如同药物一样，副作用不可避免，治病才是王道。

（中国电子科技集团公司第三十六研究所 张春磊 陈柱文）

美军大幅修订《网络空间作战》条令

2018 年 6 月 8 日，美军发布了修订版的网络作战条令，即《JP 3-12：网络作战》。该条令是网络司令部升级为一级司令部（职能类）后的首部网络作战条令，重要性不言而喻。从美国国防部体系结构框架（DoD AF）的角度来看，该条令还有着更为深层的重要意义，即该条令意味着美军朝着打造完美的网络作战体系结构的目标迈出了决定性的一步。因为从该版本的条令来看，几乎全篇都是在围绕作战体系结构（即作战视图（OV））的各个要素、维度展开。

一、条令发布背景浅析

2017 年 8 月 18 日，美国国防部官方网站报道称，根据美国总统特朗普的指示，美国国防部于当天启动了将美国网络司令部（USCYBERCOM）升级为一级战斗司令部的流程。此次升级对于美军、美国乃至全世界范围内的网络作战领域而言，都具有非常重要的意义，美国总统特朗普就表示"这一新成立的一级司令部将加强美国网络作战能力，并为增强美国的防御能力提供更多的机遇"。

然而，司令部升级仅为第一步，后续仍有诸多工作要做、诸多挑战要应对。其中，最为迫切的工作之一就是在全军范围内制定并发布相关条令，以明确：网络空间与网络作战的基本概念；关键网络作战行动的内涵与外延；相关机构的权责；网络作战的实施流程，即规划、协同、执行、评估等诸环节。尽管 2013 年 2 月 5 日美军发布了一版《JP 3-12：网络作战》，并且也或多或少涉及了上述内容。然而，当时正处于美军对于网络司令部级别犹豫不决之时，在组织机构层面、作战实施等层面的描述与网络司令部升级后的描述存在较大差别，因此，对该条令进行大刀阔斧地修订，成为了网络司令部升级之后的当务之急。

正是在这一背景下，2018 年 6 月 8 日，美军发布了修订版的条令，即《JP 3-12：网络作战》。

二、条令主要内容

该条令正文包括 4 章，外加 4 个附录，其中正文 4 章的相关内容概述如下。

（一）网络空间与网络作战综述

这一章阐述了美军对网络空间、网络作战的理解与认知，进一步理清网络空间与网络作战的内涵与外延。具体包括如下几方面内容：**网络空间与网络作战的基本概念以及网络空间对联合作战的影响；网络空间的特性，**阐述了网络空间与物理域的关系，并给出了网络空间的分层模型（一个三层相关模型，如图 1 所示）；**实现网络作战与其他领域作战的集成；网络作战部队，**主要阐述了网络作战部队相关机构的指控关系，尤其重要的是首次明确了网络任务部队的职责（如表 1 所示）及其与其他机构之间的关系，如图 2 所示；**联合部队网络空间利用所面临的挑战。**

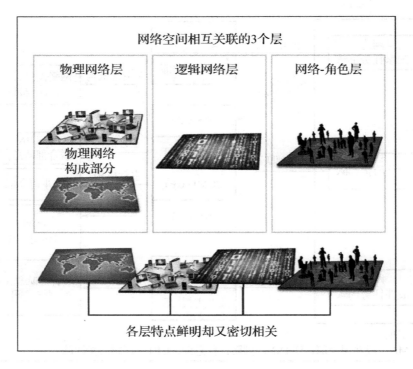

图 1　网络空间的层次模型

表 1 各类网络任务部队的主要职责

类 型	主要职责概述
网络防护部队（CPF）	主要实施国防部信息网内部防护或受命对其他友方网络空间进行防护。该部队由多个网络防护团队（CPT）构成，网络防护团队在统一组织、训练、装备下实现协同防护，以对网络资产拥有者、网络安全业务供应商（CSSP）、用户等提供支持
网络国家任务部队（CNMF）	主要实施网络作战以应对国防部信息网内（或国内，需要的情况下）所面临的重大网络威胁。该部队由多个有正式编号的国家任务团队（NMT）、国家支援团队（NST），旨在保护非国防部信息网友方网络空间的国家级网络防护团队构成
网络战斗任务部队（CCMF）	主要实施网络作战以支持区域战斗司令部司令、职能战斗司令部司令的任务、规划、优先事项。该部队由多个有正式编号的战斗任务团队（CMT）及相关战斗支援团队（CST）构成

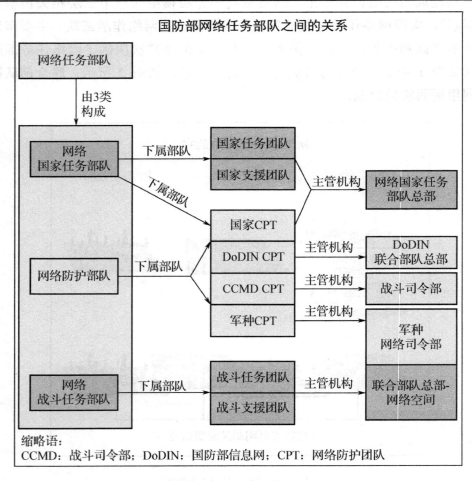

图 2 国防部网络任务部队之间的关系

（二）网络作战核心活动

这一章是美军网络作战行动的具体化、体系化、系统化描述：不仅描述了具体的网络作战行动，还系统阐述了网络作战行动的支撑活动、使能活动；而且除行动本身以外，还阐述了作战行动与作战任务、作战部队之间的体系化关系，如图 3 所示。具体包括如下几方面内容。

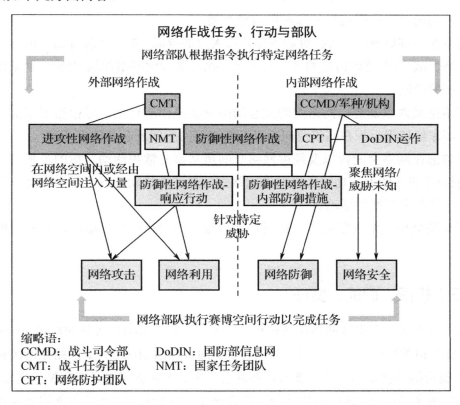

图 3　网络作战任务、行动与部队

网络空间使能的活动。指的是美国国防部用以实现进攻性网络作战（OCO）、防御性网络作战（DCO）、国防部信息网运作等 3 类任务（或任意任务组合）所需要在网络空间内实施的相关活动。需要说明的是，上述 3 类任务本身所包含的相关活动不应归入网络空间使能的活动之内。典型的网络空间使能的活动包括指控系统运作、后勤系统运作、利用互联网实现在线训练等。

网络空间任务（网络作战任务）。指的是除了网络空间使能的活动以外的所有网络作战任务，具体来说，包括进攻性网络作战、防御性网络作战、国防部信息网运作 3 类。

网络空间行动（网络作战行动）。 指的是为执行进攻性网络作战、防御性网络作战、国防部信息网运作任务所采取的、特定战术级别的行动，每执行一项任务都会涉及一种或多种具体行动。具体的网络空间行动包括网络安全、网络防御、网络利用、网络攻击等。

网络空间内的对抗措施。 指的是为缓解敌方网络作战行动效果所采用的设备、方法，该领域与上述所有类型的网络作战行动在内涵方面都有交叉。从物理角度来看，大致可分为内部对抗措施与外部对抗措施两类。

网络作战部队分派。 包括对如下部队或人员的分派：执行国防部信息网运作与防御性网络作战-内部防御措施的部队与人员；执行防御性网络作战-响应行动或进攻性网络作战的部队。

网络空间内以及经由网络空间发起的国家情报作战行动。 即根据国家情报优先级、由国家级情报组织在网络空间内以及经由网络空间发起的情报活动。

国防部在网络空间内以及经由网络空间所从事的常规活动。 指的是那些旨在形成非情报/非战斗能力、功能所采取的网络空间使能的活动，以及用于支持、维护国防部各级部队所采取的活动。

其他联合作战常规职能。 包括指控、情报、火力、机动、维护、防护、信息等领域。

（三）权限、职能、责任

这一章明确了在实施网络作战过程中，各级、各类机构与人员的权限、职能、责任。主要的相关机构与人员包括美国国防部、国家应急响应部门、网络空间关键基础设施/关键资源防护部门、国防部长、参联会主席、军种参谋长、国家警卫局参谋长、美国网络司令部司令、国防信息系统网联合部队总部指挥官、各军种网络司令部指挥官、网络空间联合部队总部指挥官、网络国家任务部队总部指挥官、网络作战综合规划部队指挥官、美国太平洋司令部与美国北方司令部指挥官、美国战略司令部指挥官、国防信息系统局局长、国家安全局局长/中央安全局局长、国防情报局局长、国防部网络犯罪调查中心、国土安全部、司法部等。

（四）规划、协同、执行、评估

这一章从流程的角度描述了美军网络作战的主要环节。

（1）网络作战规划环节。首先介绍了联合作战规划与网络作战之间的关系，然后描述了网络作战规划中应该考虑的因素（时间因素、红区与灰区内的作战规划、国防部信息网防护规划、规划效能评估等），并阐述了网络作战规划的情报与作战分析支持（涉及情报需求、威胁检测与特征描述、情报增益/损耗、告警情报、开源情报、网络空间内的情报监视与侦察等）。

（2）目标瞄准环节。该环节大致分为如下几个相互关联的步骤：首先，在网络空间内以及经由网络空间确定目标特征，主要是物理网络层的目标特征、逻辑网络层的目标特征、网络角色层的目标特征；然后，通过网络利用行动来接入目标；最后，对目标进行统一命名并与目标实现同步。此外，本环节还专门阐述了时敏目标（TST）的瞄准问题。

（3）网络作战部队指控环节。该环节包括：全球网络作战指控；用以支持战斗司令部指挥官的网络作战指控；常规网络作战指控与应急网络作战指控；内部网络作战任务指控与外部网络作战任务指控；网络作战部队指控使能能力（通用作战图、前传/回传能力）；多国网络作战指控。

（4）网络作战同步环节。该环节包括：国防部/跨机构/跨国网络作战中的冲突化解；电磁频谱内作战能力的同步，如对电磁频谱的依赖、电磁频谱内以及经由电磁频谱的"火力"（指的是电子攻击、网络攻击等的"软火力"，下同）集成；网络空间内的"火力"（网络攻击能力）集成；风险规避方面的同步，风险主要指的是内部威胁、基于互联网的能力威胁、跨域/跨网/跨密级连通方面的威胁。

（5）网络作战效能评估环节。网络作战效能评估指的是指挥官持续评估作战环境、作战过程，并将评估结果与作战构想、作战意图相对比以确定实际效能发挥程度的过程。该环节的工作重点是开发能够衡量网络空间内的火力及其他效能的性能量度（MOP）和效能量度（MOE），并基于此评估网络作战对于整体作战目标的支持程度。

三、条令所做的大幅修订浅析

由于该条令是美国网络司令部升级为一级司令部以后发布的网络作战条令，因此，随着相关职责、权限、流程的逐步明确，此次条令较之 2013 版的条令有了非常大的变化。下面通过对这两版条令进行简单的横向比较分析来解读新版条令所体现出的新特点。

（一）内容大幅扩展，细节更加突出，网络作战顶层架构雏形初具

单纯从页数来看，新版条令 104 页，比上一版条令多了 34 页，增幅将近 50%。

增加的、细化的内容大多与美国国防部网络司令部升级、网络任务部队具备作战能力这两方面有关。而且，随着这两方面尘埃落定，美军的网络作战体系雏形也初步形成，主要体现就是网络作战顶层结构的所有要素均已具备并逐步完善，这些要素包括能力要素、能力预期、能力描述、组织机构建设、作战想定/构想、基本作战单元、指控与协同、作战流程/程序、作战活动模型等。

此外，新版条令中充分体现了美国国防部网络司令部升级为一级司令部之后的职能调整，同时对于已具备作战能力的网络任务部队在网络作战中的重要作用、主要职责等也进行了详细描述。在这两级网络作战机构指控等关系理清的基础上，可以说美军的网络作战组织机构模型已经初步确立。反观 2013 年版本的条令，在组织机构方面的描述则显得线条太粗且不成体系。

（二）基本概念认知不断深入，网络空间与网络作战概念演进以各自方式"渐入正轨"

尽管美军发布的网络空间、网络作战相关条令已不下 10 个，但在基本概念认知方面其实一直浮于表层，这或多或少对相关条令的完备性造成了一定的影响。具体概述如下。

1. 网络空间基本概念方面

2013 版条令中，关于网络空间基本概念及相关内容的描述方面，尽管也给出了"3 层模型"并且对每一层进行了相对详细的描述，然而作为一个"作战"条令，可能更关注网络空间对于实施网络作战而言有哪些与其他空间不同的、专有的特性。基于这方面考虑，2018 版的条令干脆将介绍基本概念的章节标题"网络空间"直接改为了"网络空间的特性"。这种修订的优点概述如下。

主线更加清晰。即所有描述均围绕"网络作战"这一主线展开，而对于作战而言，"作战环境下网络空间具备什么特点"远比"网络空间是什么"更加重要。

概念仍在演进。这是从网络空间概念本身来说的，之所以抛开基本概念的纠缠，而将重点放在其特点的陈述方面，还有一个原因就是网络空间的概念仍在演进之中，随时存在变数。

2. 网络作战基本概念方面

2013 版的条令中，关于网络作战基本概念及相关内容的描述方面，相对比较偏"学术"与"技术"，而不太注重"作战"与"战术"。而新版条令则修订了这一点，主要体现在如下几方面。

注重体系。新版条令中，直接将章节标题由"网络作战"改为"网络作战核心活动"。尽管本章（正文第二章）除了标题以外，子标题完全一样，但意义却大不相同：2013 版条令中，网络作战相关活动是作为网络作战这一大概念下的一个维度来介绍的，网络作战是主线；新版条令中，网络作战核心活动是主线，网络作战基本概念等都是为了"渲染"这条主线而存在的。而且，从上下文机构来看，"网络作战核心活动"部分与后续的"权限、职能、责任"部分、"规划、协同、执行、评估"部分刚好是分别阐述了美国国防部作战体系结构的三个核心要素，即"活动""组织关系""作战流程"，这样的逻辑更加清晰。总之，新版条令的阐述更加直入主题、开宗明义，能够更好地支撑美军网络作战体系结构的建设。

助力实战。新版条令中，将"联合部队与网络空间"拆分成了"网络作战部队"与"联合部队网络空间利用所面临的挑战"两部分，将"网络作战规划考虑要素"细分为"网络作战规划的情报与作战分析支持"与"目标瞄准"两个环节。这两方面的变化分别体现了美军在网络作战组织机构方面的变化以及对网络作战实施过程认知的深化。总之，新版条令的阐述更加详细且有针对性，充分体现了 2013 年到 2018 年这 5 年间网络作战领域发生的变化，条令与实战之间的距离也越来越近。

（三）作战组织已经成形，作战活动日趋完备，作战流程更加细致，网络作战的作战体系结构基本形成

2003 年、2007 年、2009 年美国国防部分别发布了 1.0 版、1.5 版、2.0 版的《国防部体系结构框架（DoD AF）》文件，该文件是美军为打造网络中心战（NCW）环境下的指挥、控制、通信、计算机、情报、监视与侦察（C4ISR）体系结构框架而专门开发的，其前身就是《C4ISR 体系结构框架》（1996 年、1997 年分别发布了 1.0 版、2.0 版）。简单来说，国防部体系结构框架为国防部、联合部队乃至多国部队范围内的体系结构开发提供多维度的顶层指导，相关维度包括顶层规划、能力、数据与信息、作战、项目、业务、系统、标准等，如图 4 所示。

具体到作战方面，美国国防部发布的所有作战类文件（条令、手册等）基本上都是在"作战体系结构"的指导下制定的，《JP 3-12：网络作战》亦是如此。而且，相较于 2013 版的条令，新条令在打造、完善美军网络作战体系结构方面更进一步，甚至可以说，新条令的核心目标就是打造完备的网络作战体系结构。

这是因为，根据《DoD AF 2.0》的规定，作战体系结构主要涉及顶层作战构想、作战资源、组织关系、作战活动、作战规则、作战状态转换、事件跟踪等 7 个方面，

而新条令中有关作战单元关系、作战活动与部队、作战部队指控、核心作战活动、作战权责、作战诸环节切换、作战效能评估等方面的描述刚好与这 7 个方面一一对应。

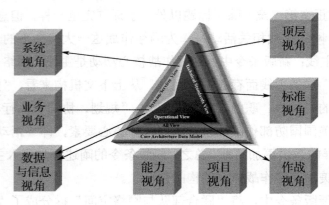

图 4　国防部体系结构框架示意图（以 2.0 版为例）

可见，在新版条令的支撑下，美军的网络作战体系结构框架已经初步搭建完成，再结合美军各军种以及相关机构开发的网络作战理论（如美国陆军的网络电磁行动）、技术项目（如 DARPA 开发的一系列网络作战技术）、系统装备（如美国空军开发的一系列"网络武器"），美军在网络作战领域的实战能力架构已经形成。

（中国电子科技集团公司第三十六研究所　张春磊　陶晓佳）

美军"网络航母"项目推动
网络作战系统形态的统一化

2018 年 2 月 16 日，有报道称，美国空军将代表美国网络司令部开发网络统一平台（UP），由于该平台可以搭载网络武器系统并对敌发起网络作战行动，类似于现实中的航空母舰，因此也被称为"网络航母"。2018 年 6 月，美国国防部曾表示，统一平台项目是"迄今为止美国网络司令部最大规模、最关键的采购项目"。

2018 年 3 月 6 日，洛克希德·马丁公司发布了一种新型的网络任务系统，代号"Henosis"（希腊语 ἕνωσις，原意为"统一"），以作为统一平台的竞标产品。据称该任务系统能够执行进攻性网络作战、防御性网络作战、网络作战指控等功能。然而，2018 年 10 月 29 日，诺斯罗普·格鲁曼公司获得了美国空军一份价值 5400 万美元的合同，该公司也成了美国网络司令部统一平台系统的牵头单位。

关于上述网络统一平台及其开发历程，其实有三个问题很值得分析。首先，网络统一平台"统一了什么"，或者说，该平台对网络作战领域的影响具体体现在哪些方面？其次，网络统一平台是美国网络司令部的项目，那么为什么是美国空军牵头开发而不是其他军种或者网络司令部自己，或者说，美国空军在开发网络统一平台方面有什么优势？最后，网络统一平台的牵头单位为什么是诺斯罗普·格鲁曼公司，或者说，该公司在开发网络统一平台方面有什么基础？

一、统一平台有望给网络作战领域带来巨大影响

当前，美国各军种所用的都是各自开发的网络作战系统，而且，这些系统中有很多甚至无法实现彼此联通。因此，美国国防部已经启动了对各军种独立开发的网络作战系统的统计，并致力于通过网络统一平台项目实现这些系统的统一，并将其纳入统一平台中，其最终目标是"为所有的网络作战人员提供一种统一的系统"。

此外，美国网络司令部升级为一级司令部以后，也需要有其自己的、用于实施网

络作战的基础设施，而统一平台也将充当这一角色。早在2015年美国国防部高层就曾指出，美国网络司令部（当时还不是一级司令部）"没有鲁棒的联合计算机网络基础设施能力，没有鲁棒的指控平台，也没有规划与执行快速、大规模网络作战的系统"。当时美国网络司令部只能与美国国防安全局共用相关基础设施。

在美国2019财年国防预算中，美国空军为该项目申请2980万美元的预算，此后的2020财年、2021财年则分别申请1000万美元、600万美元。2018年6月，美国空军发布了一份正式的统一平台建议征集书。然而，考虑到该项目密级太高，美国空军的这份征集书的细节并未透露。

美国2019财年国防预算中对于统一平台的描述为："统一平台是一个联合网络作战平台，能够在战术级、作战级网络作战行动的整个过程中提供任务规划、数据分析、决策支持等能力。该平台实现了当前分散于各军种中的网络能力的集成，最终的交付物是一种最简化可实现产品（MVP）。后续还将通过迭代的方式打造一种灵活、互操作、可扩展的作战人员能力"。预算中还指出，2019财年的预算主要用于开发两套原型系统：美国空军的原型系统（预算1980万美元）和美国网络司令部的原型系统（预算1000万美元）。

就如同美国海军需要航母、美国空军需要飞机、美国陆军需要坦克一样，美国网络作战部队需要网络统一平台来发起网络攻击。美国国防部高层表示，网络统一平台中将搭载有进攻性网络作战与防御性网络作战工具，并可实现指挥控制、态势感知、任务规划等功能。可见，统一平台对于美军网络作战而言，有着非常重要的意义：未来美国各军种的网络武器系统有望采用统一的"搭载平台"，搭载平台的统一进而又可能催生出一种统一的网络作战模式，而统一的作战模式可能为网络作战领域带来无法估量的影响。

二、美国空军"网络飞机"塑造了"网络航母"的雏形

网络统一平台项目之所以由美国网络司令部全权委托给美国空军负责，而且在2019财年国防预算中为美国空军分配预算（1980万美元）是为美国网络司令部分配预算（1000万美元）的近两倍，最主要的原因就是美国空军在开发网络统一平台方面有着非常雄厚的基础——早在美国网络司令部尚未成立之前的2006年，美国空军研究实验室（AFRL）就开始开发"网络飞机"（Cybercraft）项目（其作战想定示意图如图1所示），以实现美国空军"飞行并战斗在空中、太空、网络空间"的战略目标。

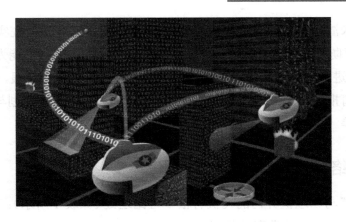

图 1 "网络飞机"作战应用想定示意图

尽管"网络飞机"项目最初主要用于美国空军的网络防御，但从当前美国军方对网络统一平台的描述来看，毫无疑问，美国空军的"网络飞机"就是"网络航母"的雏形。

（一）"网络飞机"概述

美国空军对"网络飞机"的最初描述为"一架网络飞机是一个可信的计算机实体，目标是与其他网络飞机进行协同以保护美国空军的网络"。由多架"网络飞机"的"飞机编队"由多个自主代理组成，自主安装于美国空军的每一台网络设备上（总共约有100万台套设备）。每一架"网络飞机"上都安装有一个决策引擎，可以在没有人类介入的情况下，快速做出决策并采取决定性行动。此外，"网络飞机"还有一个专门的指控网络，以传输指令、策略、环境数据、具体载荷等。简而言之，从最初的设计来看，"网络飞机"是一种分布式、自主化、智能化网络防御系统。

具体来说，"网络飞机"是一种软件，可以安装在美国空军的任何电子介质中。它可以自动、主动地保护军事信息系统，其主要任务是对美国空军网络空间内的所有设备（所有软硬件）进行持续保护。"网络飞机"由管理员统一进行预编程，一旦有预先规划以外的软硬件进入空军的网络空间它都会进行报警。另外，除具备保护计算机免于误操作、非法操纵外，若出现未能识别的威胁，它还能够隔离计算机。"网络飞机"允许空军集中控制其网络空间，利用"网络飞机"可以在数秒钟内完全接入整个空军计算机网络。美国空军要求"网络飞机"具备如下 4 个特点：简单、可扩展、可靠、可证明。

由于"网络飞机"只是一种"载机"，其上可"搭载"任何"载荷"，可以是防御性或进攻性载荷。美国国防预算中也指出，自 2007 年年底开始，美国空军在"网络飞机"项目技术演示中开展了一系列"进攻性网络作战能力"，彻底实现了"网络飞机"从单纯的"防御性网络作战"能力向"攻防一体的网络作战"能力的转变。具体来说，新演示的进攻性网络作战能力包括获取对目标系统的接入权限、作战过程隐蔽、收集目标系统情报、发起网络攻击、一体化动能作战与网络作战规划与执行、网络作战指挥与控制等。

（二）"网络飞机"与物理飞机的比较

"网络飞机"与物理世界内的飞机有很多可比之处（如表 1 所示）：可以进行指挥、控制；具备通信能力；携带有效载荷等。

表 1 "网络飞机"与物理飞机比较

飞 行 器	飞 机	"网络飞机"
飞行介质	空中、太空	网络空间
武器载荷	导弹、炸弹	病毒、蠕虫、控制、信息…
作战目标	摧毁目标	摧毁、降级、占有、控制、接入、迷惑目标
控制目标	空中、太空、地面移动	敌人支持空中、太空、地面移动所采用的网络链路
低截获概率	隐身（物理上）	隐身（软件、射频方面）
低探测概率	地形伪装	网络伪装
总部	预先确定的机场	任意网络空间入口
后勤要求	繁重、连续	轻便、偶尔（软件、射频方面）

（三）"网络飞机"分类

与物理飞机相同，根据作战目标的不同，"网络飞机"也可分为战略级"网络飞机"（类似于美国的战略轰炸机 B-2、战略侦察机 RC-135 等飞机）、作战级"网络飞机"（类似于 F-16、F-22 等作战飞机）、战术级"网络飞机"三类（类似于小型战术侦察无人机等）。

战略级"网络飞机"可满足长期情报侦察需求。例如：监测某一军营；积累关于某一潜在敌对国的金融信息；提供南美某国的政治情势。战略级"网络飞机"可能会花费数月甚至数年时间来搜集这类长期信息。

作战级"网络飞机"可满足短期作战需求。例如：确定某军事基地内有多少辆坦克、卡车；确定深埋地下的军事掩体的位置；确定某国政治、军事领导人的位置；确定某国的指挥与控制基础设施的状态；确定某一机场内有多少架飞机可以使用等。考虑到作战环境的多变性，作战级"网络飞机"只需工作数天到数周时间。

战术级"网络飞机"可执行实时信息收集任务，任务持续时间为数分钟或数小时。这些都是实时性要求很高的信息，例如：谁在对街的建筑物内；友军即将遭遇的坦克位于何地；某一城市或村庄内敌军的最新情报如何等。

（四）"网络飞机"的"载机"本质浅析

"网络飞机"与病毒、木马、蠕虫等传统意义上的恶意代码有着非常本质的不同：这些恶意代码好比是常规或战略炸弹、导弹，而网络飞机是装载、发射这些恶意代码的"载机"。严格意义上来说，"网络飞机"所搭载各种"装备"（入侵检测软件、恶意代码、导航软件、通信软件等）都不能算作"网络飞机"的一部分，"网络飞机"仅仅是一种"网络空间飞行器"。只是由于"网络飞机"总是带着某种特定任务"飞行"的，因此通常将其载荷也视作其一部分。但从美国空军的相关描述来看，网络飞机的研究、开发重点明显在于"载机"，而非"载荷"。这也是将"网络飞机"视作网络统一平台雏形的最主要原因。

作为一种网络空间内的"载机"，"网络飞机"研发的重点应主要包括如下几方面内容：如何隐身，即在执行网络情报监视与侦察、网络攻击、任务后自毁过程中不被敌方溯源；如何"飞入（接入）、飞越（接入后自行机动）"射频/有线端口，由于无线有线技术正不断融合，因此如何在不知不觉中接入射频/有线端口并执行任务是必须重点研究的方面；如何通信，这包括几方面内容，如何与操作员（注入网络飞机的人员）通信、多架"网络飞机"协同工作过程中如何彼此通信；如何实现指挥与控制，即"网络飞机"操作员如何控制"网络飞机"执行任务；如何自动导航，即如何在网络空间内自如地机动并找到目标；自毁机制如何设计等。

三、网络任务平台实现了"网络飞机"向"网络航母"的顺利过渡

除洛克希德•马丁公司，雷声公司、博思艾伦哈密尔顿公司甚至是一些小企业都参与了网络统一平台项目的竞争。例如，位于美国马里兰州的一家名为"启蒙"IT咨询公司的小企业也于 2018 年获得了一份单一来源合同以提供网络统一平台的样

机。该公司目前所承担的业务主要是为美国网络司令部执行具体作战任务的网络任务部队提供数据收集、数据分析、数据共享、情报融合等能力。

尽管竞争如此激烈，但最终美国空军还是选择了诺斯罗普·格鲁曼公司作为该项目的牵头单位。究其原因，与美国空军获得了美国网络司令部项目管理权限相类似：诺斯罗普·格鲁曼公司此前已经具备了雄厚的理论与技术基础，而理论与技术基础的集大成者就是其为美国空军开发的网络任务平台（CMP）项目。

（一）开发历程简述

早在 2014 年 8 月，诺斯罗普·格鲁曼公司就获得了美国空军的网络任务平台项目开发合同，并根据合同研发、交付了网络任务平台。2017 年 9 月，诺斯罗普·格鲁曼公司又获得了美国空军网络任务平台的开发与部署订单，订单潜在价值为 3700 万美元。按照计划，网络任务平台项目将于 2020~2021 年实现部署。

（二）"网络飞机"-网络任务平台-网络统一平台脉络浅析

网络任务平台是美国空军开发的"第一套综合型网络作战系统，能够为网络工具与网络武器提供一个能够在其中运行、管理、交付的基础设施或平台"。从这种描述可以看出，网络任务平台其实是"网络飞机"的更高级版本，同时也是"网络飞机"向网络统一平台顺利过渡的"中间产品"。

诺斯罗普·格鲁曼公司表示，网络任务平台可实现网络空间能力的快速集成，进而提升作战人员应对动态、演进性任务环境的快速响应能力。有关网络任务平台项目的细节及其状态的描述很少，但根据美国 2018 财年国防预算相关文件透露，相关工作包括开发并演示新型进攻性网络空间工具。

四、思考：网络作战统一系统形态与作战模式展望

网络作战的理念日趋成熟、技术日趋先进、相关网络作战"系统"也不断涌现，然而，从网络作战"系统"发展及以往经典的网络作战案例来看，网络作战模式一直处于离散、割裂、随机、专用等状态。然而，随着美国网络司令部网络统一平台的研发与部署以及此前 DARPA 开发的"基础网络作战"（X 计划）项目逐步具备作战能力，这种状态有望获得大的改观，网络作战通用作战模式有望初具雏形。具体来说，

就是在作战模式方面有望实现达到如下状态：网络作战系统形态基本实现统一化，而网络统一平台项目则有望催生出一种通用化的"网络作战武器"，其相关理论与技术已经具备了统一化网络武器系统的雏形；网络作战系统应用方式基本实现统一化，"X计划"项目有望催生出统一化的网络作战模式，该项目将网络作战空间分解为网络地图、作战单元和能力集等三个主要部分，并在此基础上致力于打造一种统一的网络作战系统应用场景与模式，这一思路继续推进下去，势必有望打造出统一化的网络作战模式。

（中国电子科技集团公司第三十六研究所　张春磊　陈伟峰）

美国陆军继续推进其网络电磁行动理念

2018 年 7 月 26 日，美国陆军授予雷声公司一份 4900 万美元合同，用于开发电子战项目管理工具（EWPMT）增量 4，同时维护并帮助列装增量 3 及增量 4 能力。其中增量 3 和增量 4 与后续一项名为网络空间及电磁战场管理（CEMBM）项目有关，网络空间及电磁战场管理项目旨在将频谱管理与网络空间态势感知能力集成到电子战项目管理工具中。电子战项目管理工具的重点是显示并理解电磁事件，而网络空间及电磁战场管理则为电子战、电磁频谱、网络空间作战，以及如何管理和控制这些系统提供态势感知能力。

一、电子战项目管理工具

美国陆军的电子战项目管理工具是一个战场规划和战斗管理系统，有助于完成对敌人通信、遥控炸弹、雷达系统和其他射频资产干扰的管理，同时保护美国和盟国的射频系统。它协助美国陆军电子战军官计划、协调、管理电子战活动并消除冲突。

EWPMT 项目由 4 个增量组成，其中增量 1 以可视方式显示作战人员可干扰的敌方射频资源、干扰对象、辐射源、敌方辐射源的样子、围绕敌方发射能力可能会进行什么计划，以及以物理机动干扰敌人的策略；增量 2 是类似于帮助飞机避免碰撞的空中交通控制系统，它使指挥官能够探测、识别和管理拥挤电磁频谱中的信号，还提供独立嵌入式培训，能够模拟真实部署环境进行培训；增量 3 和 4 与频谱管理和网络态势感知有关，通过后续的网络空间及电磁战场管理能力，将网络空间和电磁频谱感知能力集成到 EWPMT 中，这些增强能力将使战场指挥官能够利用战场上探测到的敌方传感器网络漏洞，而不是只简单干扰它们。

EWPMT 系统关注于对电磁事件的观察和理解能力，而 CEMBM 能实现对电子战、电磁频谱和网络空间态势理解的共享，并提供这些系统的管理和控制方法。CEMBM 可以让电子战军官确定如何在不被干扰或发现的情况下进行电子战和网络空间作战行动，干扰敌人的通信和破坏网络空间作战发射机。

2017 年 6 月 5 日，美国陆军发布一份信息征询书，以便向工业界部门寻求推动 EWPMT 系统设计、建造、集成、试验、交付和维护的能力。

二、网络空间及电磁战场管理

2016 年 8 月 22 日，雷声公司在"网络空间探索"演习上展示了 CEMBM 工具，这是一项新的战斗管理工具，可以满足美国陆军网络空间安全要求和优先事项，该工具可将网络空间和电磁频谱感知功能集成到 EWPMT 中。CEMBM 可共享对电子战及资产管控的态势理解，让电子战官员确定行动的最佳路径，干扰敌人的通信能力，阻止其使用网络空间发射器，使美国陆军可得到一幅有关网络空间、电磁频谱和物理地形的通用作战态势图。该工具还能提供与作战和周期、成本等相关的各种益处，包括提高任务效率，缩短规划周期，与任务指挥和分析协作，降低培训成本等。

CEMBM 可以快速为传统系统提供通用接口，从而减少最终用户的培训和支持，其开放式架构使得可以快速部署新的电子战和网络空间技术，以管理时间、地理空间和数据驱动的事件，此外它可以使用流数据来触发响应，执行作业、增强资源和管理数据。

三、网络电磁行动概念解读

网络电磁行动是美国陆军率先提出的理念，其核心理念就是找到网络空间作战（CO）、频谱管理运作（SMO）、电子战（EW）三个领域的"交集"。根据 2014 年美国陆军部发布的《FM 3-38：网络电磁行动》野战手册，网络电磁行动指的是为在网络空间与电磁频谱领域获取、保持和利用相对于敌方的优势，同时阻止和削弱敌方获取相同能力，并保护己方任务指挥系统所采取的行动的统称。美国陆军战术网络电磁行动概念图如图 1 所示。

网络电磁行动由网络空间作战、电子战和频谱管理运作组成，如图 2 所示。

关于网络电磁行动理念的理解，通常会出现这样一种错误的解读，即将网络电磁行动理解为包含全部网络空间作战、电子战、频谱管理运作领域的一个"大概念"。实际上，其核心理念是找到这三个领域的交集（而非"并集"，如图 3 所示），并不断扩展这一交集的范围。

图 1　美国陆军战术网络电磁行动概念图

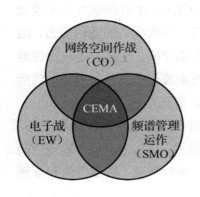

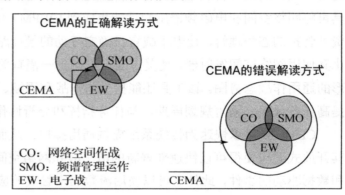

图 2　网络电磁行动概念图　　　　图 3　网络电磁行动解读示意图

四、网络电磁行动发展概况

（一）发布条令推行网络电磁行动理念

美国陆军从 2010 年就提出了网络空间电磁作战理念，自那时，美国陆军发布了多个条令，不断地推进网络空间电磁作战理念。美国陆军发布网络电磁行动条令相关事件如表 1 所示。

表 1　网络电磁行动发展的关键事件

时　间	关　键　事　件
2010 年 8 月	《网络空间/电磁竞争白皮书（2.2 版）》发布，提出"网络空间-电磁作战"理念，该理念是网络电磁行动的前身
2012 年 11 月	美国陆军发布《FM 3-36：电子战》野战手册，在附录 E "电子战的网络电磁行动支持"中首先提出了网络电磁行动理念

时 间	关 键 事 件
2014 年 2 月	美国陆军发布《FM 3-38：网络电磁行动》野战手册，是首次官方发布的"基于网络空间作战与电子战融合"的条令，亦是美国陆军从电子战向网络电磁行动首次转型的集大成者
2014 年 12 月	美国陆军发布《ATP 3-36：电子战方法》文件，作为 2014 年 2 月发布的《FM 3-38：网络电磁行动》野战手册的补充，进一步细化电子战在网络电磁行动中的实施与应用过程
2016 年 2 月	美国陆军发布《陆军条例 525-15：用于网络电磁行动的软件重新设计》，阐述了有助于实现网络电磁行动集成与互操作的快速软件重新设计（RSR）策略，明确了相关人员的职责
2017 年 4 月	2017 年 4 月，美国陆军发布了《FM 3-12：网络空间与电子战作战》野战手册，以替代 2014 年 2 月 12 日发布的《FM 3-38：网络电磁行动》野战手册。该手册提出了陆军网络空间作战与电子战作战倡议，描述了网络空间作战、电子战、网络电磁行动的基础知识与指导原则。该手册深入描述了上述 3 种作战方式如何支持、使能每个层级的作战行动、任务、功能。该手册的发布标志着美国陆军在网络电磁行动战术融合领域的努力又取得实质进展

（二）举行演习检验网络电磁行动效能

近几年以来，美国陆军在其网络电磁行动理念的指导下，不断致力于实现网络空间-电磁一体化作战。为此，美国陆军采取了一系列措施，最为典型的就是通过各类演习、竞赛来提升网络空间-电磁一体化作战能力。当前网络空间与电磁频谱这两个领域正趋于融合，美国陆军试图通过"网络空间闪电战"解决战术作战中心中的网络空间作战与电子战交互问题。"网络空间闪电战"不仅有助于美国陆军改进战术作战中心支持前方旅的相关活动，同时也将有助于美国陆军做出更好的投资决策，美国陆军还计划将"网络空间闪电战"应用到"网络空间探索"演习中。美国陆军最近开展的有关网络电磁行动演习如表 2 所示。

表 2　美国陆军最近开展的与网络电磁行动有关的演习

演 习 事 件	演 习 概 况
网络空间闪电战 2016	2016 年 4 月，美国陆军举行了"网络空间闪电战 2016"演习，演习的重点是在逼真的训练场景下测试新型作战概念。该演习要求参演部队在战术作战中心解决网络电磁行动的交互，首次将通信、网络空间防护、电子战和频谱分析等纳入战术作战中心的职能

演 习 事 件	演 习 概 况
网络空间闪电战 2017	2017 年 5 月，美国陆军开展了"网络空间闪电战 2017"演习。本次演习旨在评估一个全新的信息流通和共享模式。该演习的结果将对野战手册 3-12《陆军网络空间和电子战行动》的修订产生影响，该手册将在统一地面行动的背景下定义美国陆军网络电磁行动
网络空间闪电战 2018	2018 年 9 月，美国陆军开展了"网络空间闪电战 2018"演习。第 3 旅、第 10 山地师（实际是旅）参与并将网络空间能力整合到其正常的机动计划中。此次演习还将帮助美国陆军建立新的网络空间、情报和电子战部队原型。美国陆军正寻求建立具备各种不同能力的网络空间和电子战部队，以在现代战场上更好地协调相关能力，包括： ● 远征网络空间小队； ● 网络空间战保障营； ● 情报、网络空间、电子战和太空特遣队
网络空间探索 2016	2016 年 8 月有报道表示美国陆军在其"网络空间探索 2016"演习中，重点践行了其网络空间-电磁一体战理念，即将网络空间作战、电子战有机集成到整个军事作战行动中。演习重点关注如何提升指挥官对网络空间作战、电子战的态势理解能力，以及如何将网络空间作战、电子战态势融合为一张完整的作战视图
网络空间探索 2017	2017 年 6 月 27 日，美国陆军完成了"网络空间探索 2017"演习。该演习关注的领域包括网络空间和电子战。演习部队利用旅级、营级网络电磁行动态势理解管理工具规划部署电子战传感器，评估电子战攻击战损评估结果，并协调多军种、多国电子战任务，并升级指挥官通用作战视图
网络空间探索 2018	2018 年 6 月，美国陆军举行了"网络空间探索 2018"演习，该演习旨在确定发展成熟的网络空间和电磁技术选项，这些选项可以支持用户定义的作战态势图，为指挥官提供网络空间和电磁环境的整体视图，并于更广泛的通用态势图集成
网络空间探索 2019	美国陆军 2018 年 8 月 7 日宣布，将于 2019 年 6 月举办"网络空间探索 2019"演习。"网络空间探索 2019"该演习将重点关注如何通过网络电磁行动来支持和保护部队，并为指挥官提供非杀伤选项

（三）组建部队遂行网络电磁行动行动

2014 年，美国陆军开展实施"集团军及以下单位网络空间支援"（CSCB）项目，目的是通过作战实验摸索如何编组、加强和协调网络电磁行动部队，为相关条令、编制以及装备等领域的发展积累数据。

2017 年 1 月，美国陆军成立网络电磁行动单元，把网络空间、电子战、心理战等一系列因素综合起来，使其战术层级能高效运作。

2018 年 8 月，美国陆军将在兵力设计方面采取多项新举措，以跟上对手步伐，在网络空间、电磁频谱和空间中更好的展开竞争。这些新举措包括：

- 在各梯队中组建网络电磁行动分队；
- 在旅级部队组建新的电子战排；
- 在军级部队组建新的电子战连；
- 在路易斯堡新建一支情报、网络空间、电子战和空间分遣队；
- 新建网络空间战支援营；
- 新建远征网络空间小队。

五、几点思考

美国陆军在多域战构想中高度强调网络空间作战能力的作用，认为"没有网络空间就没有多域战，网络空间构成了跨越多种作战域实施机动的'筋脉'"。因此，为了同时在物理域和抽象域中投射作战效应，包括战略网络空间攻击以及战术网络电磁行动，网络空间作战能力将成为美国陆军建设的关键领域。

（一）网络空间-电磁一体战将成为美国陆军未来作战重要手段

网络空间是人类社会向信息化转型过程中形成的一个新领域，是跨越陆海空天的新兴战略疆域。网络空间对现代军事的影响越来越大。网络空间对抗的重要也日益突出。随着移动互联网大规模的兴起，军事战场网络越来越依靠无线接入技术，使得网络空间对电磁频谱的依赖越来越大，传统电子战攻击为实施网络电磁行动，相关的技术将得到大力发展。随着传统计算机网络的"无线化"和传统无线通信的"网络化"共同促成了电磁频谱与网络空间的融合，而这二者的融合又促成了电子战与网络空间战的融合。

网络空间-电磁一体化推动了网络空间作战与电子战的融合，使得电子战主要呈现出由电入网和由网入电两种状态。所谓的由电入网指的是电子战逐步向网络空间作战过渡，或者说是"基于无线注入的网络空间作战"。而由网入电则是从传统网络空间作战（如计算机网络战）向电子战过渡，或者说是"具备网络空间作战能力的电子战"。

理论上，只要有电磁频谱与网络空间交叉之处（或者说是电磁波与逻辑代码交叉之处），皆可实施网络空间-电磁一体战。因为所谓网络空间-电磁一体战，其本质是码域对抗，其实施过程必然是"发乎频域，止乎码域"。即通过充分融合电子战与网络空间作战优势，实现遍及电磁频谱与网络空间的作战效能。

（二）网络电磁行动能力将成为多域战构想的基础

美国陆军试图利用多域战构想推进合成兵种作战理论，使其能够适应未来作战环境中物理作战域（如太空等领域）和抽象作战域（如网络空间、电磁频谱等领域）。

在未来战场，为实现跨域作战，美国陆军必须具备机动能力，其中物理领域的机动已经较为成熟，而电磁频谱和网络空间领域的机动正在发展中，为推动跨域机动能力，美国陆军正在将网络空间作战、电子战和电磁频谱战进行集成融合，这也是看作是一种特殊的"兵种融合"。未来战场不再局限于一处，主战场区域概念也将消失。而网络空间作战以及电子战由于其涉及范围广泛，因而网络电磁行动将对联合地面作战的成功与否产生至关重要的影响。在多域战构想的促进下，网络电磁行动能力将成为美国陆军继续深入发展的重点领域。随着网络空间域的发展，美军对于网络空间作战已经积累了丰富的理论成果。目前，网络电磁行动已能够利用现行的联合部队和美国陆军计划流程，比如情报流程、目标选定和军事决策流程等，实质上已经成为美军联合作战能力的不可或缺的组成部分。

（三）多域战构想要求改进美国陆军当前网络电磁行动能力

美国陆军在《多域战构想白皮书》中指出，重塑联合部队作战能力平衡是实现多域战构想的支柱之一，这反映出美国陆军在未来现实需求。尤其在全新的网络空间作战域，尽管美国陆军认为在地面战场实施网络电磁行动是其核心竞争力之一，但其能力发展与未来战场需求相比仍然较为滞后。**在战略层面**，美国陆军根据国防部要求承担了41支网络空间任务部队的建设任务，并于2016年末实现了初始作战能力，但想要融入联合力量体系面临着巨大挑战。**在战术层面**，美国陆军已经意识到其网络电磁行动能力建设已经落后于世界先进水平，开始投入大量资源建设电子战部队，采办作战效能更高的先进装备以及加大战术单位网络电磁行动能力训练。但由于其在冷战结束后逐渐削弱了电子战能力发展力度，长年积累的能力差距很难在短时间内取得重大突破，特别是在功率电子干扰装备需要较长的采办周期，例如，能够大幅改进陆军电子战能力的"多功能电子战系统"预计要2027年才能达到全面作战能力。

（四）网络电磁行动能力将贯穿其他作战域

在可以预见在未来战争中，网络空间电磁对抗将在所有动能作战行动开始前展开，而且将在其他作战域的战斗行动结束后继续进行。为了在多域战构想明确的未来作战环境中夺取胜利，美国陆军和联合部队不仅需要积极防御网络空间安全，而且要向对手进行网络空间打击，并贯穿所有作战域。由于网络空间与电磁频谱领域之间存在的相互依赖关系，美国陆军非常重视两种能力融合发展，甚至还将部分信息作战能力进行统筹建设。从美国陆军当前力量结构特点以及美军其他作战域力量建设现状出发，网络空间是美国陆军贯穿其他作战域的最佳切入点，尤其是网络电磁行动能力是实现跨域作战的一把金钥匙。

（中国电子科技集团公司第三十六研究所　李子富　方辉云）

美国陆军开展面向多域战的网络空间
态势理解工具原型设计

2018 年，美国陆军正在向多域战转变，但缺乏对整个网络空间的全面了解，不了解整个战场空间，无法制定决策，因此美国陆军决心为将于 2020 年发布的网络空间态势理解计划（态势感知应包含态势认知、态势理解和态势预测三部分，为表述全面，后面将以态势感知的角度来阐述，笔者注）设计原型，借助于该计划，指挥官将能够查看和了解在其管辖下的非物质战斗空间所发生的事件，这种功能可能会在作战期间产生巨大影响。借助网络空间态势理解工具，工作人员能够告诉指挥官网络空间中的事件对任务可能产生的影响，并额外提供比较典型的情报，例如从面临的拒绝服务攻击推断对手即将发动攻击并可能在何处发生。

一、网络空间态势感知概念定义

美军在《JP5-0 联合行动规划》中将态势感知定义为在持续监控国内外政治和军事态势的基础上，为支持联合军种司令部及人员的事件探知和分析、决策制定等行为，描述行动环境中包括威胁在内的各种因素。

网络空间是目前地球上唯一的人造作战空间，是物理、逻辑和社会网络的集成与统一。从物理网络的角度看，网络空间包括使用电磁频谱的各类信息系统和相关基础设施等物理实体，如公共因特网、电信网、电力网、金融网、各类专用军事指挥控制信息系统等；从逻辑网络的角度看，网络空间包括在电磁频谱中传输的信息及其传输过程；从社会网络角度来看，网络空间包括由社会关系、理解和知识行为等构成的社会网络。网络空间态势感知需要同时识别和融合来自物理、逻辑、社会三个层面的数据，形成能有效描述各类对象的性质、活动、意图、相互关系、发展趋势等网络空间态势要素。

网络空间态势感知由三个基本过程构成，即对态势的认识、理解和预测，需要解决从数据采集到态势感知和预测的问题。态势感知始于认识，认识过程为态势感知提供环境内相关要素的状态、属性和动态等信息，为理解和预测提供基础；理解过程根据相关程度和重要程度对信息进行选择、整合、分析等操作，形成对当前态势的描述，并不断综合新的信息以更新当前态势；随后，态势预测过程将评估环境（态势）中的各要素即将呈现的状态和出现的变化。对当前态势理解和预测可直接支持通用作战视图（COP）的形成，为各作战指控单元提供通用态势感知信息，实现协同的任务规划并辅助行动决策的制定。

二、美国陆军发展面向多域战网络空间态势感知动因分析

2016年10月，美国陆军提出了"多域战"构想，将打破军种、领域之间的界限，最大限度利用空中、海洋、陆地、太空、网络、电磁频谱等领域联合作战能力，以实现同步跨域火力和全域机动，夺取物理域、认知域以及时间方面的优势。

"多域战"的实施，需要运用合成兵种，不仅包括物理领域的能力，而且更加强调在太空、网络空间和其他竞争性领域如电磁频谱、信息环境以及战争的认知能力。因此，"多域战"要求掌控全域态势情况，以情报驱动决策。情报感知整合能力，控制和牵引着战场作战程序，直接影响作战结果。在"多域战"行动中，美军认为实现并全程保持对敌人和友军的态势感知至关重要。因此，联合部队指挥官要依靠各领域通过特种渗透、网电侦察、新技术侦察等方式，准确获取战场态势，加强战场感知和理解分析。

过去几十年来，美国陆军已经在陆、海、空、天等物理域中开发了许多领先的能力，已初步具备了侦察感知能力。而网络空间，作为由互相关联的信息技术基础设施网络和驻留数据组成的全球范围的新信息环境，却对其态势了解不足，无法支撑各军种和联合作战的指控和决策制定，因而亟待发展网络空间态势感知能力。

三、美国陆军网络空间态势感知装备技术发展现状

为全面提升美军网络空间态势感知能力，美军在态势感知理论研究的基础上开展了大量网络空间态势感知技术研发项目。这些项目意在确保美军网络空间态势感知能力能够满足各军种及联合行动任务的要求，实时提供战场环境、行动目标的态势信息以及己方网络空间任务承担、运行状态等网络空间态势信息，为美军网络空间行动能

力提供必要保障。

美国陆军也加大了网络空间态势感知方面的研究，主要集中在网络建模、网络拓扑获取、多源/分布式数据融合、网络态势分析、态势集成与可视化等领域技术，希望全面改进和增强网络空间态势认知、形成和理解能力。

（一）网络空间运维与安全态势感知技术

运维和保护网络空间是美军的一项重要任务，直接影响美军履行其他任务的能力和效率。实现高效的网络运维、有效保护网络空间安全需要实时、全面掌握网络运维的状态和网络安全态势，包括获知网络中的计算资源及其性能（服务器、操作系统、数据库、数据容量、通信容量等）、应用性能（包括系统与应用的性能）、组网状态（包括 WAN、LAN 等组网和通信性能）、网络数据所处位置等，同时检测网络中存在的问题及其位置、违规行为及其威胁，并利用异常行为模式发现可能发生的网络攻击或重大的网络问题。

为掌握网络运维态势，美国陆军启动"分析方法与科学"项目，研究利用网络建模技术描述目标网络的基本结构和运行特性，通过监控、分析和评估网络流量模式获得网络基础设施运行情况、安全状况、任务执行情况、力量分布情况等。除此之外，美国陆军还开发用于分布式系统/网络的行为关联算法，识别针对基础设施的大范围恶意/威胁行动；构建数据（包括图像、音频等非结构数据）自动分析与理解模型，发现群体行为模式及其异常，实现对网络中群体的态势感知。

2009 年，美国陆军开始研发能提供近实时的网络态势感知融合能力的网络态势感知/通用作战视图（NETCOP）系统，该系统能够获取和融合来自配置管理数据库、频谱管理系统、安全信息管理系统、互联网协议网络管理系统、网络态势感知系统等的信息并形成通用态势视图，帮助用户理解陆军 IT 系统的整体网络态势和对战区行动任务的影响。NETCOP 系统的信息融合功能如图 1 所示。

2018 年 5 月，美国陆军在其"网络现代化战略"文件称，美国陆军快速能力办公室正与定位、导航与授时项目管理办公室开发一种战术互联网测试与分析（TITAN）系统，它是一种战斗车载快反系统，能够快速获得战术网络的态势情况，计划于 2018 财年继续初始作战评估。

（二）网络空间态势感知网络建模技术

为精确描述各类型网络的运行机理，美军开展了多项网络建模技术的研究，以有效感知网络空间基础设施的结构和运行状况。目前，网络空间态势感知的理论研究已较为成熟，已建立了多种态势感知过程模型，包括智能循环模型、JDL 模型、Boyd 控制循环（OODA）模型、Endsley 模型、瀑布模型、Dasarathy 模型、Omnibus 模型、扩展 OODA 模型等。

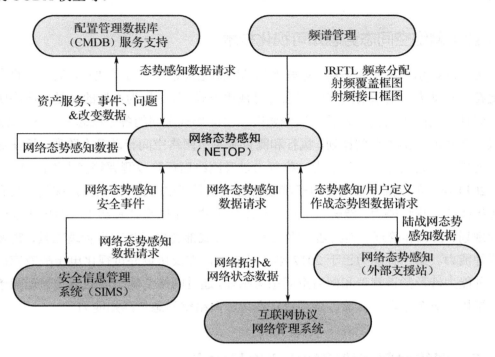

图 1   美国陆军"网络态势感知/通用作战视图"系统

2014 年 8 月，美国陆军在已有模型基础上，针对决策者对网络空间态势的需求，开始在"分析方法与科学"项目中研究陆军网络的建模技术，将陆军网络作为一个可互操作的通信网络进行基本结构和运行特性描述。2018 年 10 月，美国陆军计划开发一种可预测人类行为计算机模型，以期望获得有关社会网络层面态势感知能力。

（三）网络空间态势感知融合技术

网络空间态势感知的数据融合技术需要从数量巨大且格式、时间特性、指示对象、确定性等迥异的数据中获得具有值域范围的一组或者几组网络特征信息，用各类型数据对关注对象、系统、事件等进行全方位综合描述和解释。网络空间态势感知的数据融合需要解决数据来源分布广、类型多、体量大、内容不一致等问题。

2015 年 3 月，美国陆军向工业界寻求加快可操作情报传送的新方式，以便能够对多个不同战场传感器的信息进行融合，提供给前线需要这方面情报的战场指挥官和士兵。

2018 年 5 月 16 日，美国陆军合同司令部为"融合分析"项目发布一份信息征询书，希望通过数据融合分析技术来减轻情报分析员的工作负荷。"融合分析"项目的目的就是提升信息深度的同时减轻分析员负荷。

（四）网络空间态势感知可视化技术

为直观显示网络空间态势，更好地辅助网络空间指控和行动决策，美军一直在探索更符合行动人员需求的网络空间态势可视化方式。其中最为典型的就是美国国防高级研究计划局的 X 计划，该计划试图将网络空间作战空间的各个概念——网络地图、作战单元和能力集体现到计划、执行和测量等军事网络空间行动各个阶段，旨在寻求网络地图、计划运行单元和能力、执行力以及网络运行阶段测评等多方面的整合。

2014 年，美国陆军启动了电子战项目管理工具（EWPMT）项目，该项目具有可视化指挥控制规划能力，能够以可视化呈现的方式，帮助指挥官和士兵对电子战活动进行规划、协调和管理。美国陆军将以增量的方式部署电子战项目管理工具，需要规划四种能力。第一种能力已于 2017 年 9 月实现，涉及协调并可视化电子战效应；其他三种能力涉及频谱管理和网络空间态势感知，通过网络空间与电磁战场管理赋予电子战指挥官更多选项。目前，该项目正在增加网络空间态势感知能力。

四、网络空间态势感知未来发展重点

（一）大数据与云计算技术将解决网络空间态势感知的海量数据分析处理问题

随着信息和网络技术的不断发展，网络空间态势感知中的数据处理和应用技术面临着巨大的挑战。来自各种基础设施网络、社交网络、移动平台和军用传感器的数据急剧膨胀，且类型和来源愈发复杂，使现有数据获取、处理、应用技术和工具效能降低甚至完全失效。这类在一定时间内用常规软件工具对其内容进行抓取、管理和处理的数据集合被称为"大数据"。为解决"大数据"分析和处理问题，美国陆军开始在网络空间态势感知领域引入和应用大数据和云计算技术。

2017 年 12 月，美国陆军开始大力推进其大数据平台（BDP）的部署，并计划授予 Enlighten 信息技术咨询公司一项专有合同以实施部署大数据平台。该大数据平台将专注于大数据管理和分析以支持决策。

2012 年 8 月，美国陆军通信与电子研究、开发和工程中心发布了一份名为"指挥控制应用的决定性优势"的广泛机构公告，其中包括战术指挥与控制云计算环境，旨在使前线战场士兵通过云计算访问重要的态势感知信息，主要借助数据无线电、可穿戴计算机、坚固耐用的笔记本电脑以及其他移动计算设备。

（二）社交网络分析技术将强化社会网络层面的态势感知能力

完整的网络空间态势感知必须包括对物理网络、逻辑网络和社会网络三个层面的全面态势感知。对物理网络和逻辑网络的感知技术已经较为成熟，目前更多的是发展社会网络分析技术，以强化对社会网络层面的态势感知能力。按照层级和范围不同，对网络空间社会网络的态势感知的可分为三类，即个体态势感知、群体态势感知和事件态势感知。

美国陆军认为研究人（生物）、社会、认知等人类活动及其之间的网络关系对网络空间结构及态势的影响，需要研究网络原理理论，建立社会/文化等因素对网络的影响模型，解释复杂的生物、社会、认知等网络的特性（包括其非静态、非各态经历的统计学特性）；同时需要理解人际网络，尤其是信息人际网络中传播的数学理论。另外，通信网络和人际网络具有一定的共同点和映射关系，因此还可以研究利用通信网络的分析方法对人际网络中的关系和结构进行分析。为此，美国陆军提出"网络基础研究"项目研究人际网络原理，试图解释复杂生物、社会、认知网络等的非静态、非各态经历的统计学特性，理解信息在人际网络中传播的数学理论，并尝试利用通信网络的分析方法对人际网络进行分析。另外，美国陆军还在"基础计算科学"项目中研究新的计算结构、方法和软件工具进行传感数据和大量社交数据的融合，并研究社交网络层析方法，预测反恐作战中的个人和人群行为。

（三）小型智能设备将成为扩大网络空间态势感知范围的有力手段

近年来，随着通信技术的快速发展和应用软件的不断丰富，智能手机性能日新月异，扩展功能愈发丰富。就在智能手机深刻影响日常生活的同时，美国军方也敏锐地捕捉到智能手机的潜在军事应用价值。

近年来，美军对于研发战地智能手机的投入不断增加。美国雷声公司还曾研发过一款名为"雷声智能战术系统"的智能手机，能通过向官兵传输图片和视频的方式，有力提升单兵从信息枢纽中获取战场态势的能力。2010年，美国国防部高级研究计划局开始对智能手机应用软件进行招标。美国陆军也通过"军队应用"挑战项目，进一步丰富智能手机的军事应用。此外，美国国防部高级研究计划局还专门立足"安卓"系统打造高安全保密性的战场军事通信终端，载体同样是智能手机。

五、结语

目前美军已具有了一定的网络空间态势感知能力，能满足军队任务和行动实施的基本需要。美军已经能较全面地提取网络态势要素，适应网络空间数据融合的特点和要求实现分布式、多源数据的融合，获取己方、友方、中立方、敌方等多方面的态势信息，融合形成对战场环境的综合网络空间态势感知，实现对网络空间态势的准确理解，并能够快速分析网络空间中时敏目标的特性、状态、相互关系、重要程度等信息，辅助网络空间行动的决策制定。但美国陆军的网络空间态势感知能力相比其他军种能力较弱，它不具有整体网络空间态势感知体系结构，有些技术还不够成熟，需要借鉴其他军种技术，特别是态势感知中的预测环节较为薄弱。随着美国陆军使命任务对网络依赖程度的加深、企业化网络建设的推进等变化，网络空间态势感知的广度、深度也有待加强。

（中国电子科技集团公司第三十六研究所　李子富　张春磊）

英国《网络电磁行动联合条令注释》分析

长久以来，网络与电磁活动有着密不可分的关系，一方面网络越来越多地通过射频系统实现组网，另一方面网络化、数字化也已经渗透到各类产生电磁活动的射频系统中，因此网络空间与电磁行动的结合成为各方关注焦点之一。2018 年 2 月，根据国防大臣的指示，英国国防部的发展、概念及条令中心发布《网络电磁行动联合条令注释》，旨在通过对网络电磁行动的环境进行描述，为英国国防部、政府通信总部和跨政府合作伙伴建立网络电磁行动的基础，使各军兵种在制定专门的网络电磁行动概念时能与联合部队司令部及政府通信总部的意图保持一致。

一、《网络电磁行动联合条令注释》的主要内容

英国国防部的《网络电磁行动联合条令注释》共四章，第一章主要从技术发展、中俄等国威胁等角度阐述网络电磁行动是夺取战争胜利的关键；第二章主要界定了网络电磁行动的定义及相关概念，明确具体包含哪些活动；第三章描述网络电磁行动的发展与功能关系，指出网络活动与电磁活动的关系仍处于不断发展完善阶段；第四章从指挥链、同步与协调、网络电磁视图的角度来阐述网络电磁行动的计划与执行。

（一）明确网络电磁行动的目标、定义及内涵

英国《网络电磁行动联合条令注释》指出，数字化致使网络与信息活动不断融合，因此联合部队要想取得行动成功就必须协调网络电磁行动。英国对网络电磁行动的理解是同步并协调网络活动与电磁活动以获取作战优势，从而实现行动与效果的自由，与此同时拒止并降级敌方使用电磁环境和网络空间。英国对网络电磁行动的定义是在电磁环境和网络空间内对进攻性活动、防御性活动、告知活动、使能活动进行同步与协调，其中进攻性活动包括电子攻击和网络进攻；告知活动包括单一信号情报战场、电子监视、网络情报监视侦察；防御性活动包括电子防御和网络防御；使能活动包括

国防频谱管理、能力评估、能力开发与实施、电子战作战支持、网络作战环境准备、战场频谱管理、指挥控制通信系统、目标瞄准等。

（二）网络电磁行动的几个发展阶段

网络活动与电磁活动之间的关系处于不断发展与成熟阶段，因此需要循序渐进地将网络电磁行动整合到作战中，《网络电磁行动联合条令注释》将这个过程分为四个阶段，分别是起步阶段、发展阶段、整合阶段、泛在阶段。起步阶段由于资源和资金已经进行了分配，因此最为困难，在该阶段要对内容进行严格定义；发展阶段是在不重新设置网络部队结构和电磁部队结构的前提下开展大量的同步与协调工作，并开始努力建立一个合法的框架；整合阶段将研究未来 10 年甚至更长的概念；泛在阶段只留下那些可能永远不能整合到网络电磁行动的部分要素。

（三）网络电磁行动的计划与执行

网络电磁行动需要一个同步与协调组来实施国家指导，并确保战略及作战效果能满足高层的意图，《网络电磁行动联合条令注释》给出了建议的职能机构示意图，如图 1 所示。

联合部队总部的网络电磁行动的同步与协调由电磁战场参谋（EMB）与网络代表来执行，而电磁战场参谋则建立在现有的电子战协调单元（EWCC）的基础上。网络电磁行动必须视为联合行动不可或缺的一部分，并与其他非网络电磁行动进行全面整合，才能达到预期的效果。

《网络电磁行动联合条令注释》提出通用态势图中要包含认可电磁图（REMP），并在负责区域内识别并持续跟踪所有的辐射源及相关的平台和武器，以便对电磁环境有全面、无缝的描述。在此基础上，为支持网络电磁行动的计划和执行，认可电磁图中需要有详细的网络空间活动，并形成认可网络电磁图（RCEMP），该图是网络电磁行动的关键使能因素。

二、英美网络电磁行动发展分析

在西方国家中，英国和美国是提出或实施网络电磁行动的主要国家，其中前者以国防部发布联合条令注释的形式进行阐述，而后者以美国陆军发布野战条令的形式进行阐述。从技术发展的角度来看，网络电磁行动是未来作战的样式之一。与此同时，网络电磁行动的未来发展依然存在较大的不确定性，因为英美在具体概念方面仍存在很大的分歧，这无疑会给未来的联合作战带来不小的阻力。

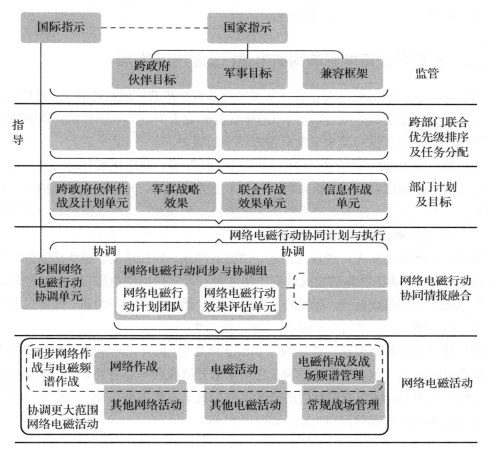

图 1　网络电磁行动职能机构示意图

（一）网络电磁行动是未来作战样式之一

网络空间作战是近些年发展非常迅速的一个方向，很多国家都相继成立了网络司令部，统管网络空间作战能力的发展，并负责执行网络空间的各种攻防行动。如果将网络空间作战比作新晋网红，那么包含电子战的电磁行动可谓是实力老将。随着网络化、数字化的发展，一方面网络的实现方式变得更加依赖电磁频谱，另一方面各种利用电磁频谱的系统或装备也走向网络化，这使得网络空间作战与电磁行动之间存在越来越多的交融，这也催生了网络电磁行动。可以预见，未来网络空间与电磁空间这两者的融合程度将越来越深，令网络电磁行动成为未来重要的作战之一。

美国陆军是网络电磁行动的坚实拥趸，早在 2012 年就提出网络电磁行动的作战概念，随后先后发布相关的条例，明确相关概念、细化具体行动的实施和应用。此外，美国陆军还通过一系列的演习活动，探讨网络电磁 行动如何与其他作战行动进行深度整合、如何评估其作战效能等问题。

（二）概念分歧可能影响网络电磁行动的未来发展

虽然英国在网络电磁行动方面与美国保持亦步亦趋的跟随状态，但他们对网络电磁行动的定义存在明显分歧，概念的不清晰或将影响未来英美等国在网络电磁行动中开展联合行动，同时也对其未来发展带来不小的阻力。

美国陆军在 FM 3-38《网络电磁行动条令》中明确，网络电磁行动是指为在网络空间与电磁频谱领域获取、保持和利用相对于敌方的优势，同时阻止和削弱敌方获取相同能力，并保护己方任务指挥系统所采取的行动的统称。网络电磁行动由网络作战（CO）、电子战和频谱管理行动（SMO）三部分组成。英国对网络电磁行动的定义是在电磁环境和网络空间内对进攻性活动、防御性活动、告知活动、使能活动进行同步与协调。换言之，美国陆军的定义偏向于用各种行动支持网络电磁行动，这些活动属于网络电磁活动的组成部分；英国的重点则是各种活动的同步与协调，或者说其本质是一种组织管理方式，各种活动存在一定的独立性。

任何联合行动都必须建立在达成共识的基础之上，英美在网络电磁行动的概念方面目前还没有达成一致，这显然不利于它们未来开展联合军事行动。不过英国在联合条令注释中也表示，网络电磁行动的概念目前仍处于不断发展阶段，因此不排除今后双方会通过协商与沟通就网络电磁行动达成共识。

（三）英美网络电磁行动概念分歧原因分析

美国陆军与英国国防部在网络电磁行动的定义存在明显分歧的原因主要有以下几个方面。

首先从级别上，英国国防部发布的《网络电磁行动联合条令注释》是适用于英国皇家空军、皇家陆军、皇家海军的综合性条令，而美国陆军的《网络电磁行动条令》显然只是适用于陆军的单一条令。由于涉及范围更广，因此《网络电磁行动联合条令注释》的措辞更加谨慎、保守，毕竟它需要协调更多方面的利益，过于激进的措辞反而不利于概念的进一步推广。

其次，美国陆军希望通过推动网络电磁行动这个新概念，以便在争取更多军费支持时有更好的理由，因此对网络电磁行动的描述也更加具体、明确，因为概念说得越清楚、完整就更加容易获得拨款。近些年来，美国各军兵种提出了不少新的作战概念和构想，包括网络中心战、空海一体战、电磁机动战、多域战，等等，其中海军提出的网络中心战可以说影响最为深远，也为海军的力量建设、军费支持带来明显的收益，因此陆军力推网络电磁行动背后多少也有争取更多军费支持的动机。同时相比空军、海军，美国陆军在电子战方面的力量比较弱，并没有太多拿得出手的系统，因此另辟蹊径推动网络电磁行动或许可以弥补自己在电子战领域的能力不足。英国国防部则需要更加谨慎地斟酌，并采取分阶段循序渐进的方式来推进网络电磁行动，以免厚此薄彼造成军内矛盾。

三、总结

英国国防部发布《网络电磁行动联合条令注释》表明网络电磁行动获得英国的认可，为网络电磁行动今后的发展打下基础，但同时我们也能看到，英美在这方面仍然存在较大的分歧，下一步将如何发展还需要进一步观察。

（中国电子科技集团公司第三十六研究所　陈柱文　余云平）

大事记

英国发布《网络电磁行动联合条令注释》 2018 年 2 月，英国国防部的发展、概念及条令中心发布《网络电磁行动联合条令注释》，旨在通过对网络电磁行动的环境进行描述，为英国国防部、政府通信总部和跨政府合作伙伴建立网络电磁行动的基础。条令注释从技术发展、中俄等国威胁等角度阐述网络电磁行动是夺取战争胜利的关键；界定了网络电磁行动的定义及相关概念，明确具体包含哪些活动描述网络电磁行动的发展与功能关系；从指挥链、同步与协调、网络电磁视图的角度来阐述网络电磁行动的计划与执行。

美军升级国家网络靶场 2018 年 2 月，洛克希德·马丁公司宣布获得总价值约 3390 万美元的合同，将对美军国家网络靶场进行一系列例行维护和能力提升项目，旨在使国家网络靶场具备测试和验证更先进的网络战技术的能力，目前相关工作已按计划展开。同时为更好地检验网络空间的攻防能力，美国还将对国家网络靶场的能力进行大幅度升级和扩展，使其能演示和研究最具破坏力的网络病毒以及隐蔽性最强的恶意代码，而且还能将恶意代码的传播有效地控制在靶场范围内，避免泄露到公用或军用网络上。此外升级后的网络靶场的测试范围也得到进一步扩展，具备测试新的网络协议、卫星和射频通信系统，以及战术机动通信和海事通信系统的能力。

美军研制无线网络入侵武器 2018 年 3 月 27 日，美国蕾杜斯公司在 AUSA 全球力量研讨会上展示通过安装在 MQ-1C"灰鹰"无人机上的干扰吊舱实施先进的网络攻击能力，该吊舱可以对地面所有的评估点进行扫描，从而使操作员识别该区域内的重点目标。美军可利用暴力入侵手段获得敌方网络密码，一旦入侵成功，便能够捕获该网络中的所有设备与数据。在研讨会的演示环节，蕾杜斯公司还展示了当己方部队成功入侵敌方网络后，敌方的所有消息可以被拦截甚至操控。

DARPA 启动人机探索软件安全项目 2018 年 4 月，DARPA 发布了"人机探索软件安全"（CHESS）项目，利用人工智能技术来发现信息系统的漏洞，这些漏洞既可以用于及时形成补丁提升网络安全，也可以为网络攻击部队提供支援。

北约举行全球最大规模网络防御演习 2018 年 4 月 23 日至 27 日，北约网络合作防御卓越中心在爱沙尼亚塔林举行全球最大规模的"2018 锁盾"网络防御演习。演习以俄罗斯为目标，重点是保护关键服务和关键基础设施，模拟对电网的数据采集及监视系统和变电站、4G 公共安全网络、军事监控无人机和控制无人机操作的地面站等实施攻击。

思科称俄通过路由器攻击乌克兰 2018 年 5 月，思科公司表示，俄罗斯政府可能通过一项恶意软件攻击，利用 VPNFilter 软件感染全球 54 个国家至少 50 万台路由器设备，并以惊人的速度瞄准乌克兰。思科公司认为，这种恶意软件威胁与当年致使乌克兰电网断电的 APT8 有直接关系，而且这种软件特别危险，可能用于大规模全球攻击，切断互联网访问。

卢森堡发布新版网络安全战略　2018年5月8日，卢森堡发布第三版网络安全战略，该战略的目标是通过致力于采取加强识别网络攻击和保护数字基础设施的能力以及提高利益相关方的防御意识等措施，增强公众对数字环境的信心和加强信息系统的安全性。

美国举行模拟真实场景的网络攻防演习　2018年5月14日至18日，美国国民警卫队举行"2018网络盾牌"（Cyber Shield 18）网络攻防演习，模拟承包运输行业的基础设施私营企业网络系统遭黑客入侵。美国陆军国民警卫队、空军国民警卫队、陆军预备役部队、文职合作机构和私营部门的800多人参加了这场演习。

美国国土安全部发布网络安全战略　2018年5月15日，美国国土安全部发布了其首份《美国国土安全部网络安全战略》，对未来5年内网络安全领域的发展愿景、目标、实现过程等内容进行了描述。同时明确将由国土安全部来统一协调多种旨在提升国家网络安全风险管理能力的措施，并与其他联邦/非联邦实体进行密切协作。

美国全部网络任务部队实现完全作战能力　2018年5月17日，美国国防部网络司令部官员称，美国网络司令部下的133支网络任务部队（包括陆军41支，海军40支，空军39支，海军陆战队13支）已全部实现全面作战能力。

欧盟最严数据保护条例生效　2018年5月25日，欧盟《通用数据保护条例》（GDPR）正式生效，该条例被誉为欧盟有史以来最为严格的网络数据管理法规。GDPR是在欧盟法律中对所有欧盟个人关于数据保护和隐私方面的规范，涉及了欧洲境外的个人资料出口，其主要目标为取回公民以及住民对于个人资料的控制，以及为了国际商务而简化在欧盟内的统一规范。根据GDPR界定的范围，个人数据也包括数字指纹（例如IP地址和Cookie），此外基因或生物识别数据也包含在"敏感数据"的范畴之内。

美军大幅修改网络作战条令　2018年6月8日，美军发布了修订版的网络作战条令，即《JP 3-12》，这是美国网络司令部升级为一级司令部后的首部网络作战条令，较2013版有大幅变化。首先内容大幅扩展，细节更加突出，其次对概念的描述也更加清晰，更重要的是阐述了网络作战部队相关机构的指控关系，首次明确了网络任务部队的职责及其与其他机构之间的关系。

美国空军太空司令部移交网络安全职责　2018年6月，美国空军太空司令部正将对抗网络空间黑客的职责移交给空中战斗司令部，以便完全专注于太空优势。空军在新闻公告中表示，在过去21个月，两个司令部就重新调整问题进行密切协调，以便能恰当地调整角色、职责。重新调整的单位包括第24空军及其下属部队，以及网络支持中队，空军网络集成中心和空军频谱管理办公室，这些单位目前直接向空军太空司令部报告。

加拿大发布新版国家网络安全战略 2018 年 6 月 12 日，加拿大发布新版国家网络安全战略，该战略用于指导加拿大政府开展网络安全活动，保护加拿大人的数字隐私、安全和经济。此外战略还明确将建立整合现有网络业务的网络安全中心，设立加拿大皇家骑警队（RCMP）国家网络犯罪协调部门，以支持和协调加拿大各地警察部队之间的网络犯罪调查。

美国陆军网络司令部加强内部威胁防范 2018 年 6 月 21 日，美国陆军网络司令部授予 Applied Insight 公司和 DV United 公司总价值 650 万美元的用户活动监控（UAM）项目，借助大数据和可视化分析等技术识别潜在的内部威胁并防止数据泄露。

美国陆军开发网络空间及电磁战场管理能力 2018 年 7 月 25 日，美国陆军授予雷声公司一份 4900 万美元合同，用于开发电子战项目管理工具（EWPMT）增量 4，同时维护并帮助列装增量 3 及增量 4 能力。其中增量 3 和增量 4 与后续一项名为网络空间及电磁战场管理（CEMBM）的项目有关，网络空间及电磁战场管理项目旨在将频谱管理与网络空间态势感知能力集成到电子战项目管理工具中。电子战项目管理工具的重点是显示并理解电磁事件，而网络空间及电磁战场管理则为电子战、电磁频谱、网络空间作战、以及如何管理和控制这些系统提供态势感知能力。

美国国防部发布网络战略（概要） 2018 年 8 月，美国国防部发布了《国防部网络战略（概要）》，阐述美国国防部在网络空间与网络作战领域的战略目标，包括确保联合部队能在竞争网络环境中完成任务，通过实施网络空间作战行动来加强联合部队能力，保护美国关键基础设施，保护美国国防部的信息和系统，扩大国防部与工业及政府部门的网络合作。战略还明确为实现这些目标而采取的实施方案，包括建立更有杀伤力的联合部队、在网络空间内实现竞争和威慑、扩大联盟和合作伙伴、改革国防部、培养人才。

美国陆军开展持续网络训练环境项目 2018 年 8 月，美国陆军网络司令部授予 ManTech 公司合同，用于开展持续网络训练环境（PCTE）项目的研发。持续网络训练环境项目是由网络司令部牵头、陆军的网络司令部负责实施的一个训练环境建设项目，旨在通过建设持续网络训练环境，将分散在各处的网络训练设施整合起来，使网络作战单位可在不同地面登陆和参与类型广泛的网络攻防训练。

DARPA 开发自动网络防御工具 2018 年 8 月，DARPA 授予 BAE 系统公司一份价值 5200 万美元合同，用于开展"网络大规模狩猎"（CHASE）项目的研究，开发数据驱动的网络狩猎工具，检测和分析网络威胁，可最大程度帮助保护大型企业网络。CHASE 项目将结合了先进的机器学习和网络攻击建模，可自动检测和消除目前未被发现的高级网络威胁。

日本成立地方网络防护队　2018 年 8 月 16 日，日本防卫省确定在本年内在陆上自卫队设立网络防护队，该队暂命名为"方面系统防护队"，专门防御外界对于日本网络空间的攻击。网络防护队的主要任务是对通信状况的监视，以及当野外通信系统和指挥系统相关网络遭受网络攻击时的应对和处理。

埃及发布首部网络安全法　2018 年 8 月 18 日，埃及总统塞西签署批准《反网络及信息技术犯罪法》，这是埃及在网络安全领域发布的第一部系统性法律，健全打击极端分子利用互联网开展恐怖活动的法律基础。

DARPA 研发僵尸网络对抗能力　2018 年 8 月 30 日，DARPA 向 Packet Forensics 公司授出价值 120 万美元的合同，该合同为利用自主系统对抗网络对手（HACCS）项目的一部分，用于探索定位并识别僵尸网络的新技术及方法，并在黑客利用僵尸网络攻击网站、企业或甚至国家前将其摧毁。DARPA 的目标是在无须人为参与的情况下识别、对抗并破坏被僵尸网络感染的设备。

美国发布国家网络战略　2018 年 9 月，美国总统唐纳德·特朗普签发了《美利坚合众国国家网络战略》，从国家层面系统阐述了美国如何利用网络领域来实现 4 个方面的战略目标及其子目标，以及为了实现各个子目标而采取的具体措施。其中 4 个战略目标包括保护美国人民、国家及生活方式，促进美国繁荣，通过提升力量来维护和平，提升美国的影响力。

美国陆军开展"网络空间闪电战 2018"演习　2018 年 9 月，美国陆军开展了"网络空间闪电战 2018"演习。第 3 旅、第 10 山地师参与并将网络空间能力整合到其正常的机动计划中。此次演习还将帮助美国陆军建立新的网络空间、情报和电子战部队原型。美国陆军正寻求建立具备各种不同能力的网络空间和电子战部队，以便在现代战场上更好地协调相关能力。

美国政府将下放网络攻击权限　2018 年 9 月，联合参谋部负责全球行动的副局长在空军协会的会议上表示，特朗普政府已经结束奥巴马时代对军事网络行动的微管理，目前联合参谋部正在研究将权限委托给网络司令部的细节。由于防御的权限基本没有太多改变，因此此次改变主意集中在攻击的权限。

美国众议院通过网络威慑与响应法案　2018 年 9 月 5 日，美国众议院通过网络威慑与响应法案，旨在阻止外国政府对美国关键基础设施发起黑客攻击，并呼吁美国总统采取措施鉴别参与国家行为体的黑客攻击行为，并对美国利益构成严重威胁的个人和组织实施制裁。

美国审计署发布《武器系统网络安全》报告　2018 年 10 月，美国审计署（GAO）发布了《武器系统网络安全》报告，这也是美国审计署发布的第一份全面关注武器系统网络安全的报告。该报告分析了导致当前美国国防部武器系统网络安全形势堪忧的诸多因素，并通过对美国国防部在研武器系统进行测试以分析其网络安全态势，最后阐述了美国国防部目前已经采取的一系列旨在提升武器系统网络安全能力的措施。

美国网络司令部授出"统一平台"项目合同　2018 年 10 月，诺斯罗普·格鲁曼公司获得美国网络司令部的"统一平台"项目合同，将负责该项目的开发、集成、列装和维护工作。"统一平台"项目将多种独立的网络平台集成到一起，实现统一管理和网络同步行动，使美军能快速获得全方位的网络作战能力。从作战的角度看，"统一平台"项目通过为各种能力提供接入、显示、控制的平台，为有效地为遂行网络作战任务提供全面的保障能力。

美国国防部扩大网络安全漏洞奖赏计划的范围　2018 年 10 月 24 日，美国国防部与三家硅谷的私营公司（HackerOne、Synack 和 Bugcrowd）签订总金额 3400 万美元的合同，扩大"黑掉五角大楼"系列活动的范围，通过众筹奖赏黑客挖掘国防资产网络安全漏洞的方式加强网络安全能力。

网络攻击致使法国核电站敏感数据泄露　2018 年 11 月，德国公共广播电视公司报道称黑客对法国公司 Ingerop 发起网络攻击，窃取了十余个项目的 1.1 万余份文件，这些文件包括核电站计划，和监狱及有轨电车网络的蓝图等内容。

美国空军组建专门的网络空间团队　2018 年 12 月，美国空军开始在全军范围内组建专门的网络空间团队，其主要任务是从网络的角度保护所在基地及关键任务免遭网络攻击。这些团队与空军及其他军兵种的网络防御团队的不同之处在于前者关注更具体、更具备的网络防御，而后者服务于美国的网络司令部，聚焦更宏观的战略型网络防御。

电子战领域年度发展报告

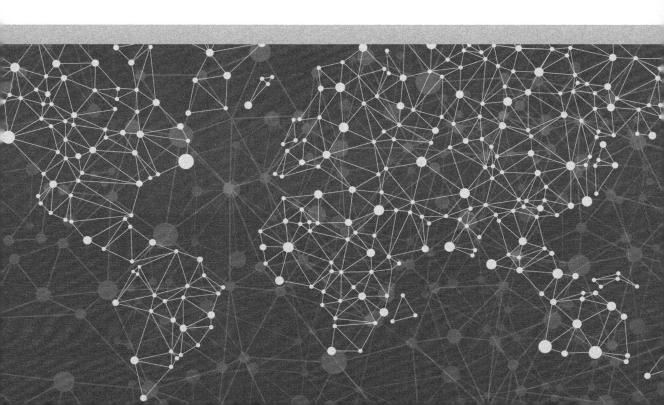

电子战领域年度发展报告编写组

主　　编：朱　松

执行主编：李　硕

副 主 编：张春磊　于晓华　韩　冰　杨　艳

撰稿人员：（按姓氏笔画排序）

　　　　　于晓华　王晓东　王　燕　朱　松　苏建春

　　　　　李子富　杨　军　杨　曼　张春磊　张　洁

　　　　　陈　越　费华莲　常晋聃　秦　平

审稿人员：臧维明　全寿文　彭玉婷　李　剑

综合分析

2018 年电子战领域发展综述

2018年伊始，在叙利亚的一系列作战行动中，电子战表现活跃，作用突出。电磁频谱成为大国博弈的焦点。

纵观2018年全球动向，电子战继续呈现出强劲的发展态势，涌现出大量新的发展动向，并取得了众多实质性进展。电磁频谱作战域的理念得到广泛认同，电磁频谱战概念不断深化，电磁频谱作战理论逐渐完善。电子战技术孕育重大突破，认知电子战渐近实用，定向能技术日趋成熟，量子对抗技术开始萌芽。电子战装备市场发展迅速，新装备不断涌现，现役装备持续升级改进。世界主要国家采取多重举措推进电子战力量建设，加强电子战技术装备发展，提升电子战作战能力，电子战加快转型发展。

一、总体态势上，美国开启电磁新冷战，电磁频谱成为大国竞争与对抗的焦点

2018年，尽管全球依然保持着和平与发展的大势，但局部冲突与争端日益增多。乌克兰东部、叙利亚、亚太等地区成为大国博弈与对抗的焦点，电磁频谱领域中的交锋持续与激烈。尤其在叙利亚，美俄虽没有直接交火，但在电磁频谱领域却展开了激烈的交锋。另一方面，电子战技术基础领域内的高科技竞争趋于白热化，摩擦不断。

（一）美国调整电子战战略目标，以中俄为主要对手，将电磁频谱战作为应对中俄"反介入/区域拒止"和"灰色地带"行动的重要手段

近年来，美国刻意夸大中俄威胁，指出中俄充分利用技术进步，加大在军事电子领域的投入，电子信息装备发展迅猛，对美军构成巨大威胁，美军拥有的电磁频谱域优势已经消退，必须加强电子战力量建设，重塑电子战能力优势。

美国认为，当前来自中俄的军事威胁包括"反介入/区域拒止"和"灰色地带"等行动，并据此提出了"第三次抵消战略""多域战"等新的作战概念作为应对策略。

这些新的作战概念大都建立在获得并保持电磁频谱优势的基础上，故更多地体现为电磁频谱域内的战斗。2017年以来，美军提出要更多地运用电磁频谱战作为应对中国在南海以及俄罗斯在乌克兰和克里米亚所谓"灰色地带"行动的主要举措，并在2018年加大了实施力度。电磁频谱内的交锋成为当前军事斗争的重要内容，也是美国挑起全球"新冷战"的主要手段。

（二）俄罗斯高度重视电子战发展，加强电子战装备与部队建设，强调运用电子战手段应对西方军事优势，通过"混合战"打击对手

俄罗斯在经济实力和军事力量衰退的状况下，高度重视利用电子战的手段应对北约国家的军事优势。在电子战发展上采取了不同于西方的战略，突出大功率和大范围电子攻击，破坏敌方的精确制导、感知和联网能力，强调将电子战能力与网络攻击和心理战集成应用，通过"混合战"战略瓦解敌方的斗志，破坏敌方的稳定。

近年来，俄罗斯电子战装备建设和应用进入了一个小高潮，部署了包括"摩尔曼斯克""克拉苏哈-4"在内的大量新型电子战装备。2018年，俄罗斯又列装了"频谱""撒马尔罕"等新型装备，并策划研制能干扰敌方卫星的电子战飞机。同时，俄罗斯加快电子战部队建设，谋划成立电子战新军种，加强电子战实战应用与训练演习力度。2018年，俄军在叙利亚采用电子战手段成功挫败了无人机群的攻击，这是首次在实战中使用电子战手段应对无人机群的攻击，开创了电子战作战的新战例。

（三）中东成为当前电磁对抗最激烈的地区，电磁环境复杂多变，多方力量展开电磁交锋

中东地区局势错综复杂，战事不断。在叙利亚，美国、俄罗斯、以色列、伊朗、叙利亚政府及反政府武装等多方势力不断角逐，电磁环境空前复杂。俄罗斯部署了"克拉苏哈-4"和"希比内"等先进电子战系统，继续将叙利亚作为电子战装备的试验场，多次对美国地面部队、作战飞机、无人机实施干扰，并成功应用电子战手段挫败了无人机群的攻击。西方评论指出，俄罗斯在叙利亚取得了电磁频谱域的胜利。与此同时，美国及其盟国也多次派出电子侦察飞机，对俄罗斯的S-400等先进武器系统实施侦察。

此外，以色列在中东地区拥有最强大的电子战能力，多次与叙利亚和伊朗展开电磁频谱交锋。沙特、阿联酋等海湾合作委员会国家大多装备有引进的先进机载自卫系统，也具备一定的电子情报搜集能力，但总体上电子战作战能力较弱，且高度依赖于西方国家。2018年年底，美国宣布将从叙利亚撤军之后，中东局势将更加复杂，电磁斗争将伴随着各种冲突的不断升级而更加激烈。

（四）欧洲国家高度关注俄罗斯威胁，加快推进电子战建设，强调弥补电子战能力缺口，部分电子战技术处于全球领先地位

欧洲国家由于近年来投资不足，电子战发展迟缓且存在能力短板。随着俄罗斯在乌克兰和克里米亚的军事行动，欧洲国家强烈意识到其电子战能力不足以应对与俄罗斯的冲突和未来的战争，高度重视弥补其电子战能力缺口。

2018年，欧洲国家纷纷加快电子战发展，电子战技术装备有了较大发展。英国"狂风"战斗机正式装备"亮云"诱饵，瑞典对"鹰狮E"战斗机进行了重大改进，其机载多功能电子战系统代表了欧洲研发的机载电子战装备的最高水平。在电子侦察领域，欧洲国家具有传统技术优势和装备优势，捷克不断改进"新型维拉"无源探测系统，法国计划采购新型电子情报飞机，英国开始列装新型舰载通信电子支援措施系统。在单兵电子战装备上，欧洲国家发展迅速，技术和装备水平位于全球先进地位。2018年西班牙推出了单兵便携式电子侦察装备，丹麦推出了世界首套穿戴式反无人机系统。

（五）亚太地区电子战军备竞赛加剧，日本、印度加快列装电子战新装备，澳大利亚成为亚太地区一支重要的电子战力量

随着美国实施重返亚太战略，美国加大了在亚太地区的电子战装备部署并多次在南中国海和朝鲜半岛实施电子战活动，亚太地区局势变得更加错综复杂，电磁军备竞赛更加激烈。

2018年，日本、印度、韩国、澳大利亚等国家纷纷加大了电子战装备建设力度，加快了新装备列装。日本在2018年12月发布的《防卫计划大纲》明确提出要利用电磁波加强对敌方的干扰。在国防规划中高度重视电子战，强调要提升电子战和网络战能力。2018年列装了RC-2 ELINT飞机，并首次在演习中展示了车载"网络电子战系统"，同时计划从美国采购EA-18G或自行研制电子攻击飞机。印度发布了《2018技术展望与能力路线图》，明确了陆海空三军的电子战需求。在装备上，印度为其国产战斗机选定了以色列产的ELL-8222电子战系统，并升级了米-17和卡-31直升机上的电子战系统，空中电子战能力得到提升。澳大利亚从美国采购的12架EA-18G电子战飞机已全部到位，成为全球第二个装备EA-18G的国家，同时多次参加美国组织的军事演习，成为亚太地区一支重要的电子战力量。

二、发展战略上，电磁频谱独立作战域的地位得到广泛认同，电磁频谱作战理论不断完善

当前，电磁频谱独立作战域的理念在全球范围内得到高度认可，电磁频谱作战域的确定势必成为未来电子战发展最有力的战略牵引。美国在继续推进将电磁频谱正式确定为独立作战域的同时，持续完善电子战顶层规划，不断完善电磁频谱作战和电磁频谱战概念和理论，多方位促进电子战发展。美国各军种结合本军种特色，深入细化国防部的电子战发展战略，大力推动军种电子战建设。俄罗斯的电子战采用不同于西方的发展战略，在装备发展、部队建设、作战应用上独具特点，在全球电子战中占据重要一极。

（一）美国发布新版《国防战略》，确定电磁频谱在未来大国对抗中的核心地位

2018年1月，美国国防部发布了新的《国防战略》。该战略中最重要的一个思路就是将美军关注的重点从打击恐怖主义和叛乱分子转移到针对中国和俄罗斯这样水平相当的竞争对手身上，明确了美国未来电子战发展的目标与需求。美国新版《国防战略》进一步确立了电磁频谱域在未来大国对抗中的核心地位，为电子战以及更广泛的电磁频谱作战提供了重要的战略指南，确定了未来相当长的一段时间内美军制定电子战规划与需求的基调。

（二）美国通过《2019年国防授权法案》，以中俄为对手推动电子战发展

2018年8月，美国总统签署发布了《2019年国防授权法案》。该法案将中俄作为主要的战略对手，要求对中国和俄罗斯的电子战能力以及未来发展进行全面评估，同时要求改进美国电子战和电磁频谱作战的相关战略、项目和条令，更新国防部《电子战战略》，补充发展路线图，在国防部内指定副部长级的高级官员负责电子战事务并成立电子战跨部门职能小组，在重要的作战司令部内设立联合电磁频谱作战分队，从战略、人员、机构等多方面推动电子战发展。另外，该法案要求为电磁战斗管理、信号情报和定向能武器的发展提供充足的资金。

（三）美国陆军发布电子战战略文件，大力发展军种电子战

随着美军将作战重点从反恐转向大国对抗，陆军开始面向未来潜在的重大作战行动和更为复杂的作战场景备战电子战。2018年1月，美国陆军还发布了《网络空间与电子战作战构想2025—2040》，提出了应对未来作战环境挑战的电子战行动解决方案。8月，美国陆军发布了《电子战战略》文件。该战略指出，电子战必须在多个作战域和整个战场进行深度整合和同步，以适应快速变化的多域作战环境。美国陆军电子战战略的目标是将电子战能力实战化，重点关注五个领域：兵力建设、作战行动、能力发展、教育和培训、伙伴关系。

（四）美国海军发布《电磁作战空间》指令，将电磁频谱确定为独立的作战域

2018年10月，美国海军发布了第2400.3号指令《电磁作战空间》，明确将电磁频谱认定为与陆、海、空、天和网络同等的作战域。美国海军将电磁频谱环境视为独立的作战域，旨在确保海军在电磁作战空间的优势。指令强调军方使用的所有电磁辐射都属于电磁作战空间，明确了电磁作战空间项目、政策、流程在开发、实施、管理和评估环节上海军相关人员的角色和责任。在美国各军种中，美国海军第一个将电磁频谱确定为独立的作战域，具有标志性意义。

（五）美国空军积极推进未来空中电子攻击体系研究，穿透型电子攻击概念逐渐明晰

美国空军针对未来联合空中作战，在《2030空中优势飞行计划》中提出全新的穿透型制空作战理论。2017年12月底，美国空军成立了电子战体系能力协同小组，开展穿透型制空概念中的电子战能力研究。该小组负责对国防部发布的《电子战战略》提供支持和补充，综合规划美国空军的电子战能力，确认关键能力差距并量化需求，促进相关条令、机构、装备、领导、人员、设施和政策的落实。2018年1月5日，该小组就未来电子战能力征求工业界的建议。2018年年底，该小组完成空军新的电子战作战概念研究。美国空军此项研究将决定未来二三十年内美国机载电子战的发展方向，也是隐身作战条件下空中电子攻击的重要战略指导，具有十分重大的意义。

三、技术研发上，认知电子战技术进入平台应用阶段，量子对抗等新兴领域开始布局

纵观2018年的发展，人工智能和大数据成为推动电子战技术发展最重要的因素，电子战技术在智能化、分布式和多功能等方向不断深化发展。

（一）认知电子战技术研究不断深化，初期成果即将实现平台应用

美国近年来开展了包括"自适应雷达对抗"（ARC）和"基于行为学习的自适应电子战"（BLADE）等多个认知电子战研究项目，并且取得了阶段性成果。2018年4月，美国海军授予诺斯罗普·格鲁曼公司一项合同，为EA-18G电子战飞机开发机器学习算法，通过引入人工智能，提升其电子战作战能力，首批改进后的EA-18G电子战飞机有望在2019年交付。5月，美国海军航空司令部选定将雷多斯公司研发的"自适应雷达对抗"技术用于F/A-18"超级大黄蜂"战斗机，通过机器学习算法实现对未知雷达的实时探测与干扰。认知电子战在即将进入实战应用阶段的同时，相关研究也更加深入广泛。2018年，美国陆军开展了"人工智能和机器学习技术、算法和能力"项目，DARPA进行了"射频机器学习系统"（RFMLS）项目研究，以开发新的由数据驱动的机器学习算法，有望将对射频频谱的理解提升到一个新的水平。

（二）量子技术快速发展，美国布局量子对抗研究

在应用需求牵引下，量子技术发展不断取得突破，在通信和雷达领域得到初步应用。2018年，美军对量子技术在雷达、保密通信、感知、导航和精确制导武器中的应用及影响进行了评估，指出虽然目前技术成熟度还较低，但必须开始研究如何应用量子技术推动电子战技术的发展，使电子战系统能与威胁系统保持同步发展，能探测、发现、应对潜在敌方的量子系统。美国陆军开展了"军事威胁应用的量子技术"项目，研究当前和未来量子技术的发展状况以及未来将采用量子技术的典型威胁系统，为开发相应的对抗措施做准备。

（三）美国国防部针对未来重大技术挑战，确定电子战技术未来投资方向

利益共同体（COI）是美国国防部建立的一种跨部门协作与合作机制。2018年，电子战利益共同体通过整合美国政府、工业部门、院校以及国际上的研究力量，确定了未来电子战科技投资战略，提出了未来电子战技术发展需要解决的六大技术挑战，分别是：1）认知、自适应能力，研发能有效领先于敌方决策与技术选择的能力；2）分布式/协同能力，针对密集复杂的威胁环境，实现空域和时域的多样化响应；3）抢先式/主动响应能力，阻止或破坏对手发现、识别、跟踪、瞄准己方部队并实施交战的能力；4）宽带/多谱系统，控制尽可能宽的电磁频谱；5）互操作与兼容能力，针对快速变化的环境，及时部署或插入先进的电子战能力，使对己方能力的影响最小化；6）先进电子防护能力，在日益拥塞的电磁频谱环境中，对己方或敌方用频活动进行防护，保障己方行动不受影响。

（四）美国空军面向未来穿透型电子攻击，加强隐身作战条件下的机载电子战技术研发

2018年，美国空军指出应围绕正在形成的穿透型电子攻击概念进行未来电子战技术研发，重点是针对敌方综合防空系统的防区内/防区外非动能作战，涉及从射频到光谱的全频谱电子战，包括下一代平台的电子战技术、空间电子战、网络电子战、电磁战斗管理等。其中通过特定频率实施进攻性网络行动的能力、对所有电子战/电磁频谱装备进行近实时指挥控制的电磁战斗管理系统级技术、用于反太空任务的电子战/电磁频谱能力等将成为未来的重要发展方向。

（五）美国海军聚焦未来舰载电子战技术需求，提出4大重点关注领域

2018年10月，美国海军研究办公室发布了电子战发明创造项目公告，探索电子战领域的技术发明创造，关注能够为美国海军电子战能力带来帮助的科学技术创新活动。公告指出将重点关注4个领域：1）寻求利用机器学习算法来解决电子战中遇到的信号处理难题；2）小型高效的灵巧波束发射机；3）开发先进的多谱激光技术，提供更强的分布式电子战作战能力；4）适用于分布式电子战的新型技术。

（六）美国陆军完善多域作战概念，研发针对大国对抗的电子战技术

2018年，美国陆军从多方面加快推动其主导的多域作战概念向实战化发展，加强电子战技术研发，弥补多域作战概念中电子战能力空白，以应对未来大国之间的对抗。其发展的主要技术包括：多频段电子攻击、电子战支持、测向以及定位技术，对多域电子战战略具有独特性和支持作用的电子战技术，加强电子战在直升机和中小型无人机上的应用。此外，美国陆军在网络电磁行动的战略框架下，加大了网络与电子战融合应用的技术发展。

四、装备发展上，俄罗斯推出一系列电子战新装备，美军加快装备升级改进

2018年，电子战装备在全球范围内得到强劲的发展，多个国家列装了新型电子战装备，尤其是俄罗斯推出了一系列电子战新系统，成为全球电子战装备发展的焦点。美国不断进行电子战装备的升级改进，电子战能力稳步提升。

（一）电子战飞机稳步发展，美国对 EA-18G 和 EC-130 进行重大升级，俄罗斯研制新型电子战飞机，多国寻求列装电子战飞机

2018年，电子战飞机的发展备受关注。美国海军对EA-18G"咆哮者"电子战飞机进行重大升级改造，为该机增加基于人工智能的认知电子战能力，并启动了EA-18G未来核心载荷"下一代干扰机"的低波段干扰能力的研制工作。美国空军积极推进EC-130H电子战飞机的载机替换工作，从2018年开始将EC-130H电子战飞机上的电子系统移植到新的EC-37B平台上。

2018年，俄罗斯宣布正在开发一种新型电子战飞机，可以对卫星实施干扰，并指出该项目目前已经完成概念论证，即将进入开发设计阶段。

日本近年来大力发展电子战飞机。2018年2月，日本航空自卫队新型RC-2 ELINT飞机进行了首飞，同时日本还积极谋求从美国购买先进的EA-18G电子战飞机。法国宣布将采购3架"美食家"（Epicure）ELINT飞机以替代老化的C-160G侦察飞机。

（二）机载电子战装备持续升级，四代机电子战系统加速改进，空射诱饵成为发展热点，雷达告警接收机性能不断完善

2018年，机载电子战装备持续升级，性能不断提升。为应对快速变化的威胁环境，各国空军都加快了四代机电子战系统的升级改进。2018年，美国海军对F/A-18的电子战系统进行了重大升级，订购了94部综合防御电子对抗系统。瑞典对"鹰狮E"战斗机的电子战系统进行了改进，其"多功能电子战系统"代表了当前欧洲机载电子战的最高水平。8月，俄罗斯宣布将为Su-30SM战斗机装备SAP-518电子干扰吊舱，以大幅提高Su-30SM战斗机在面对敌方防空系统时的生存能力。

空射诱饵取得重大进展，成为机载电子战发展的一个热点。8月23日，美国MALD系列中最新的MALD-X完成了一系列电子战技术飞行演示。美国空军授出价值9600万美元的合同，继续采购MALD-J。欧洲国家大力发展"亮云"诱饵，计划用于"狂风""台风"和"鹰狮"等战斗机。5月，英国皇家空军正式批准将"亮云"诱饵装备到"狂风"战斗机上。

在机载电子侦察领域，雷达告警接收机加快向全数字化方向发展。2018年3月，美国空军确定未来将采购779套AN/ALR-69A（V）全数字化雷达告警接收机，用于装备战术飞机和大型飞机，同时还签订了对外军售合同向日本提供ALR-69A（V）。

（三）地面电子战蓬勃发展，俄罗斯引领全球陆基电子战装备发展，美俄列装多型地面电子战新装备

2018年，俄罗斯继续引领全球地面电子战装备的发展。美国则在地面电子战能力建设方面取得了重大进展，是其地面电子战装备近年来发展最快的一年。

2018年，俄罗斯列装并部署了"季夫诺莫里耶"战略电子战系统、"频谱"车载电子战系统、"撒马尔罕"电子战系统等新型地面电子战装备，并在多种作战和演习中得以应用。与此同时，美国陆军开始研制面向未来潜在重大作战行动，适应更为复杂作战场景的电子战装备，列装了新型电子战战术车，这是美国陆军旅级电子战分队自成立以来首次具备电子干扰能力。美国陆军还加大了对"电子战规划与管理工具"的应用，其中"能力投放1"型已部署于欧洲战场，"能力投放4"型系统开始研制。其他国家也高度重视地面电子战装备的研发，在6月份主办的欧洲防务展上，法国、捷克、西班牙、芬兰、丹麦等多个欧洲国家都展示了先进的地面电子战装备。此外，日本在"富士火力"军演中首次展示并应用了新型车载"网络电子战系统"。

（四）舰载电子战装备发展有序推进，美国海军 SLQ-32 持续升级、水下电子战获得重视，欧洲多国列装舰载电子战新装备

2018年，美国海军稳步推进海上电子战装备建设，SLQ-32系列持续改进，第一批两套水面电子战升级项目（SEWIP）BLOCK 2电子战系统列装。该系统是AN/SLQ-32（V）6的可扩展、低成本版本，系统型号为AN/SLQ-32（V）6C。AN/ALQ-248"先进舷外电子战"项目顺利通过关键设计评审，AN/BLQ-10潜艇电子战系统完成升级。

英国等国家在舰载电子战装备上取得较大发展。2018年，英国皇家海军在"卫士"号45型驱逐舰上首次安装了AN/SSQ-130（V）"舰船信号利用设备""增量F"通信电子支援措施系统，并开始实施海上电子战项目第二阶段的工作，加拿大升级AN/SLQ-503舰载电子对抗系统，并计划为12艘护卫舰购置和安装"多弹药软杀伤系统"诱饵发射器，法国泰利斯公司推出了新型"殿下-H"通信电子支援措施/通信情报系统。

（五）无人机电子战迅猛发展，多型无人机电子战载荷面世，电子战反无人机装备稳步发展

2018年，世界各国都加大了无人机载电子战系统的研发和应用。8月，美国陆军计划为MQ-1C"灰鹰"无人机装备"空中多功能电子战"系统。MQ-9B无人机则集成了"圣贤"电子战监视系统。俄罗斯近年也发展了多型电子战无人机，并在乌克兰和叙利亚战场上进行了应用。2018年4月，俄罗斯宣布将对其最先进的Korsar无人机进行升级，配备电子战系统和其他侦察设备。以色列正在为无人机开发新的电子战载荷。土耳其也在大力发展"安卡-I"信号情报无人机。

近年来，反无人机成为引人关注的新领域。利用电子战手段反无人机也得到了快速发展。2018年，全球多个国家都推出或完善了反无人机电子战装备。

五、结语

随着电子战发展成为平战结合、攻防兼备、多维一体、具备战略威慑能力与战术进攻能力的新型作战力量，电磁频谱空间已成为大国博弈的重要战场。展望未来，电子战将加速转型发展，涌现出更多具有颠覆性的新技术和新装备，成为军事斗争的制胜力量。

（中国电子科技集团公司第二十九研究所 朱松 王燕 常晋聃 王晓东）

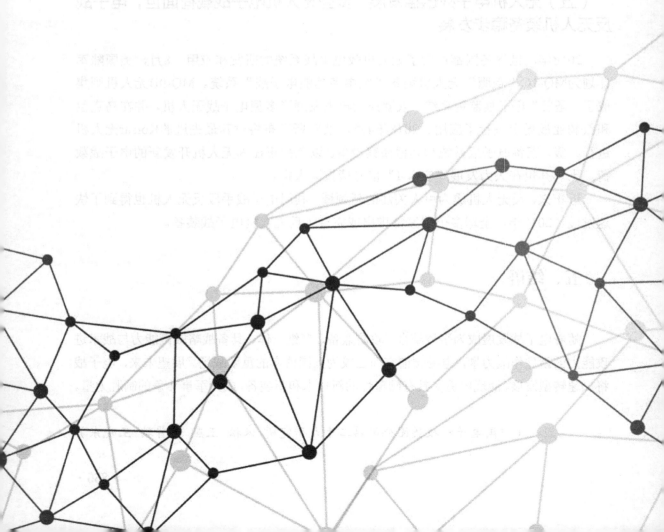

重要专题分析

美国国防授权法案以中俄为目标
推动电磁频谱作战发展

国防授权法案（以下简称法案）是美国规定国防部预算与开支的联邦法律，用于指导年度军事开支分配。2018年7月26日和8月1日，美国国会众议院和参议院分别以高票通过了《2019财年国防授权法案》，这是近20年来在国会两院通过速度最快的一次。8月13日，美国总统特朗普签署了该法案，法案正式生效。授权法案批准了美国2019财年7163亿美元的国防预算，这也是美国国防预算15年以来单年涨幅最大的一次。

一、法案剑指中国

法案将中国作为主要的战略对手，许多条款直接针对中国，对华态度堪称该法案历史上最强硬的一次。法案指出，"中国使用全国性的长期战略并利用军事现代化、影响力行动以及掠夺式经济活动胁迫周边国家，重塑对其有利的印度-太平洋地区秩序。"将中国定性为自冷战以来对美国国家安全造成最复杂多变挑战的国家，认为中国对美国的挑战已经超过当年的苏联。

法案中涉及中国部分的内容主要包括：

- 指导制定一个全美政府范围内的战略以对抗中国；
- 加强国防部向印度-太平洋地区提供兵力、军事基础设施以及后勤支援能力等工作；
- 通过"印度-太平洋海上安全倡议"，扩展并延伸海上安全协作，提升对南中国海与印度洋的海上安全与海域感知能力；
- 提高安全协作，对抗中国在非洲、东南亚及其他地区不断增强的影响；
- 支持与日本、澳大利亚和印度开展联合军事演习；
- 支持改进台湾防御能力，拓展联合训练、对外军售、安全合作授权以及高端军事交流；

- 禁止中国参加"环太平洋"（RIMPAC）海军演习；
- 禁止美国政府机构使用华为或中兴公司的技术；
- 限制美国国防部对建有孔子学院的美国大学提供中文语言项目资助；
- 修改中国军力年度报告，增加关于中国对在美国的媒体、文化机构、商业以及学术和政策团队施加恶意影响的内容。

二、法案高度关注电子战与电磁频谱作战

与往年相比，2019年国防授权法案中有关电子战和电磁频谱作战的内容明显增加，涉及多项条款，主要包括：

（一）对美国电子战展开独立评估

国会要求国防部通过国防咨询小组（JASON）对美国电子战能力展开独立评估并提出改进建议。JASON是一个鲜为人知的美国独立组织，成立于1960年，其成员大多数为顶尖科学家，其中包括11名诺贝尔奖获得者和数十位美国国家科学院院士，负责向美国军方提供独立的咨询建议。

按计划，JASON的研究将持续一年多时间，在2019年10月1日前提交报告，研究的主要内容包括：

- 评估美国与电子战和电磁频谱作战相关的战略、项目、战斗序列和条令；
- 评估中国、伊朗和俄罗斯等美国潜在对手的电子战战略、项目、战斗序列和条令；
- 提出对美国电子战和电磁频谱作战战略、项目和条令的改进建议。

美国电子战专家指出，法案之所以要求聘请第三方机构对美国电子战能力进行独立评估，是因为美国国会认为在电子战和联合电磁频谱作战方面，美国相对于实力相当的对手已不具备比较优势，同时也可能对先前美国国防部以及各军种制定的电子战发展规划不满意，以此推动国防部进一步改进和完善。

（二）对中俄电子战能力展开评估

法案要求美国中央情报局在270天内提交有关中国和俄罗斯电子战能力的评估报告，对中俄电子战条令、在陆海空天和网络空间的战斗序列、当前的技术水平以及未来10年的发展方向进行全面评估。

（三）大力发展电磁战斗管理能力

法案要求国防部长在2019年2月5日前向参众两院的武装力量委员会提交1份报告，详细说明是否需要指定一个军种作为各行动和各项目的执行机构，以保证正确便捷地执行电子战战斗管理与指控的战略和政策，同时要求保障电磁战斗管理获得充足的预算。

法案中与电子战和电磁频谱作战相关的其他重要内容还包括：

- 更新2017年发布的国防部《电子战战略》，补充发展路线图；
- 在国防部成立电子战跨职能小组，以确定国防部在人员、过程和装备上导致的电子战能力不足，并提出解决方案；
- 评估参谋部、国防部部长办公室、各作战司令部在联合电磁频谱政策和作战上的作用；
- 在重要的作战司令部内设立联合电磁频谱作战分队。

三、法案涉及大量与电磁和网络高度相关的内容

法案涉及众多与电子信息系统和网络行动高度相关的内容。

（1）机载情报侦察监视

- 拨付6.23亿美元，要求美国空军继续开展"联合监视目标攻击雷达系统"（JSTARS）更新项目，以提高战斗管理、指挥控制和对地面动目标指示的情报能力；
- 增加6000万美元，提高美国陆军"灰鹰"无人机的能力；
- 增加1.05亿美元用于EQ-4无人机系统，为作战指挥官提供通信中继和高空ISR。

（2）导弹防御

- 为导弹防御局增拨1.4亿美元用于开发定向能和太空感知项目，加快开发对超声速武器的防御能力；
- 增加1.75亿美元，加快集成"爱国者"和"萨德"导弹防御系统，满足驻韩美军需求；
- 设立一个导弹助推段动能拦截项目，开发导弹防御跟踪与识别空间传感器，继续开发用于导弹防御的高功率定向能；

- 继续研制部署在夏威夷的本土防御雷达，在2023财年达到应用状态；
- 增加投资，解决导弹防御系统的网络威胁问题；
- 投资5亿美元，与以色列共同开发导弹防御系统，共同制造"铁穹""大卫投石索"和"箭"武器系统。

（3）与网络相关的内容

- 强化网络防御，对抗来自国家行为体的主动、系统化和持续的网络攻击；
- 提升美国网络司令部、网络任务部队以及网络战工具和能力的战备优先级；
- 提高国防部与国土安全部的协同，加强对关键基础设施与网络的防御；
- 增强国防部网络、武器系统、供应链及能力的弹性；
- 确认国防部长在网络空间实施秘密军事活动与作战的授权；
- 厘清网络空间、网络安全、网络战和网络威慑政策，对针对美国的恶意网络活动予以威胁和响应。
- 加强国会对敏感的网络军事行动、网络战工具与能力的监管。

（4）新兴技术

- 重点关注推动人工智能、机器学习、量子计算和其他涉及国家安全的关键技术发展政策和项目；
- 全面支持DARPA和国防创新试验单位的创新工作，确保取得针对当前威胁以及未来威胁的技术优势；
- 推动高超声速和定向能武器的研发与成果转化；
- 提供额外的经费，加快人工智能、机器学习、定向能和高超声速项目开发。

四、法案影响分析

鉴于国防授权法案对美国军事的重要指导作用，可以预见，该法案将大力推动美军提升电磁频谱作战能力和战备水平，加大美军导弹防御、情报侦察监视力量建设力度，增强网络防御和新兴技术开发。未来，我国周边局势将越来越严峻，承受的经济和军事压力会越来越大，对此，必须高度关注、密切跟踪相关态势发展并加强对策研究，做好应对准备。

（中国电子科技集团公司第二十九研究所 朱松 王燕）

美军电磁频谱战发展及分析

2018年10月5日，美国海军发布第2400.3号海军部长指令"电磁作战空间"，将电磁频谱环境视为与陆海空天和网络对等的作战域。指令强调军方使用的所有电磁辐射都属于电磁作战空间，明确了电磁作战空间项目、政策、流程在开发、实施、管理和评估环节中海军相关人员的角色和责任，其目的是推动海军电磁频谱作战能力发展，巩固美国海军在未来作战环境下的电磁频谱作战优势。在美国各军种中，美国海军第一个将电磁频谱确定为独立的作战域，具有标志性意义。

一、电磁频谱作战域的形成与发展

美军当前的作战域包括陆海空天和网络空间。陆海空天是自然存在的物理空间，也是划分陆军、海军、空（天）军的通行标准。网络空间概念提出后，网络空间对抗受到高度关注，2011年网络空间被确定为新的作战域。

尽管作战域具有极其重要的地位，不过美国军语中并没有对"域"（domain）和"作战域"给出明确的定义。作战域的确定，既涉及作战空间和作战样式的改变，同时也与部队、机构、条令、作战、装备、训练等方面的建设和保障密切相关。在传统的陆海空作战域，美军都建立了对应的军种、一级作战司令部，装备有相对独立的作战武器和平台，也制定了相关的作战和训练条令。目前，美国已正式成立了作为一级司令部的网络司令部，并且宣布成立天军。

电子战的发展已历经百年，从时间维度讲，电磁频谱领域的斗争要早于空、天以及后来网络空间里的军事行动。但电子战普遍被认为是为夺取其他作战域中军事行动的胜利提供保障，没有被当作一种独立的作战样式和作战力量。这导致在是否将电磁频谱作为独立的作战域上存在分歧。

近年来，随着电磁频谱在军事斗争中的应用日益广泛，作用更加突出，电子战成为新型作战力量，另外，网络作战域的确立为电磁频谱作战域的设立提供了参照和样本。电子战相关领域的人员强烈意识到有必要将电磁频谱确定为独立的作战域并积极推动落实。2015年12月，美国国防部首席信息官特里·哈尔沃森表示，"国防部将研究把电磁频谱确定为一个作战域的所有需求及影响"。2016年4月，美国国防部副首席信息官（CIO）费南空军少将称，"鉴于电磁频谱的重要性，我们应考虑将其确定为新的作战域。"2017年1月，美国国防部发布美军历史上首部《电子战战略》，进一步推动了电磁频谱作战域的确立。在2017年11月举办的第54届"老乌鸦"协会国际研讨会上，美国众议员再次呼吁将电磁频谱确定为独立的作战域。

当前几乎所有的军事行动都会在两个域中展开，一个是作战自身的域，另一个就是电磁频谱域。电磁频谱的战略重要性以及成为作战域的必要性得到高度认可。美军积极推进将电磁频谱确定为一个独立作战域。

二、电磁频谱战的形成与发展

近年来，美军推出不少新的电子战作战概念，美国海军提出了电磁机动战，美国空军提出了频谱战，美国陆军正大力发展网络电磁行动。新概念新理论的涌现一方面说明在新形势下电子战发展迅速，充满活力，同时也在一定程度上表明传统的电子战概念不能完全适应新形势的需求。在此大背景下，电磁频谱战迅猛发展。

电磁频谱战并不是最近才出现的一个新术语。早在2009年，美国战略司令部就推出了"电磁频谱战"的概念，它建立在电子战基础之上但不等同于电子战，增加了许多与电磁频谱相关的任务和功能。

当前电磁频谱战概念再次兴起，很大程度上源自2015年年底美国战略与预算评估中心（CSBA）发布的《决胜电磁波》报告。该报告与电磁频谱战相关的论述主要包括：

- 电磁频谱战大致可以描述为在电磁域中进行的军事通信、感知和电子战行动；
- 电磁频谱行动大致可以分为通信、感知和电子战三部分；
- 将美军在电磁频谱中进行的所有行动都视为电磁频谱战的组成部分，就像把所有在地面进行的作战行动都视为陆战的一部分或把所有在空中进行的作战行动都视为空战的一部分一样。

根据该报告，电磁频谱战可以被理解为"在电磁频谱中进行的所有行动，包括通信、感知和电子战三部分。"

2017年10月，CSBA又推出《决胜灰色地带》报告。这份报告并没有延续《决胜电磁波》中电磁频谱战的说法，而是使用了"电磁战"的称谓，指出："如果电磁频谱是一个作战域，那么电磁战描述的就是在这个作战域内进行的战争形式""电磁战由电磁频谱中的所有军事行动组成，包括通信、感知、干扰和欺骗，是电磁频谱作战域的战争形式""电磁战扩展了电子战的任务领域"，等等。

可以看出，CSBA先后提出的电磁频谱战和电磁战内容大致相当。同时CSBA主要侧重于电磁频谱战理念与应用，没有特别强调电磁频谱战的精确定义和全面的体系架构。美国军方是否会采纳由CSBA智库提出的电磁频谱战定义及其组成还存在不确定性。

三、电磁频谱作战理论体系的形成与发展

当前美军各种条令中还没有电磁频谱战的概念，与之最接近的军语是电磁频谱作战（electromagnetic spectrum operation，也称为电磁频谱行动）。但电磁频谱作战并不完全等同于电磁频谱战。

美军参联会在2012年发布的JP 3-13.1《联合电子战条令》和JP 6-01《联合电磁频谱管理行动》中都给出了联合电磁频谱作战的定义，而在美国陆军2010年发布的FM 6-02.70《美国陆军电磁频谱作战》、2012年发布的FM 3-36《电子战》条令、2014年发布的FM 3-38《网络电磁行动》条令，以及2017年4月发布的FM3-12《网络与电子战作战》条令中都有电磁频谱作战的定义。从这些条令中的定义可以看出，电磁频谱作战大致等于"电子战+频谱管理"。

但美军电磁频谱作战的概念和内涵还在不断演变。在2016年10月美国参联会发布的JDN3-16《联合电磁频谱作战》中对电磁频谱作战重新进行了定义，新旧定义对比见表1。不过新的电磁频谱作战体系也在不断发展中，因为此次出台的仅是联合条令说明（Joint Doctrine Note），而非正式条令。

表1 美军电磁频谱作战定义演变

电磁频谱作战	旧定义：由电子战和频谱管理行动两部分组成。包括军事行动中成功控制电磁频谱的所有行动
	新定义：用于利用、攻击、防护、管理电磁作战环境的相互协调的军事行动
联合电磁频谱作战	旧定义：电子战与联合电磁频谱管理行动的协同工作，旨在利用、攻击、防护和管理电磁作战环境，以达成指挥官的目标
	新定义：由两个或多个军种协同进行以利用、攻击、防护和管理电磁作战环境的军事行动。这些行动包括联合部队所有电磁能的发射与接收

对照美军现有条令与JDN3-16《联合电磁频谱作战》条令说明，可以发现，电磁频谱作战已从"电子战+电磁频谱管理"发展成为一个范围更大的概念。新概念从利用、攻击、防护、管理四个维度对电磁频谱作战进行了定义和描述，并指出联合电磁频谱作战行动包括联合部队所有电磁能的发射与接收，内涵非常丰富。JDN3-16强调要改变信号情报、频谱管理、电子战之间的烟囱式结构，通过对电磁作战环境中的所有行动进行优先排序、集成、同步和去冲突，提高行动的统一性，实现真正联合的电磁频谱作战。

四、结束语

近年来，美国一直刻意渲染其在电子战领域已经落后，但事实上美国依然拥有世界上最强大的电子战力量，所谓的落后只是相比于其他国家没有绝对优势或技术代差了，希望得到更多的重视，争取到更多的经费。从近年来美国国防部成立电子战执行委员会并颁布《电子战战略》等一系列重大战略举措中可以看出，传统的电子战不仅不会被削弱、取代，而且正加速发展。

无论是美国民间智库提出的电磁频谱战还是美国军方提出的电磁频谱作战，都处于不断变化发展之中。如果不纠结于名称和定义上的差异，可以发现两者在很大程度上都是从电磁频谱的高度而不仅仅是电子系统的范畴来论述未来电磁空间的斗争，站位更高远，内涵更丰富，更加突出了电磁频谱的重要作用和地位，也昭示着电子战的迭代发展方向。

电磁频谱战理念的提出与发展，对传统的电子战行业而言是挑战更是机遇，它将促进电子战从传统的电子攻击、电子防护和电子支援，加上新近发展起来的电磁战斗管理，演进发展成为电磁利用、电磁攻击、电磁防护和电磁管理，为电子战发展注入了新的动力，开拓了更大的空间。

（中国电子科技集团公司第二十九研究所　朱松　王晓东）

美国空军规划下一代电子战能力

冷战结束后，美国空军片面强调隐身技术的发展，忽视了电子战能力建设。近年来，美国空军认为俄罗斯和中国等对手大力发展反介入/区域拒止（A2/AD）能力，对美国空中优势构成了巨大威胁，也意识到随着对手能力的提升，单纯依靠隐身已经无法确保空战优势，开始重新重视电子战能力的建设。基于此，美国空军正大力发展下一代电子战能力，以复兴空军电子战。

一、发展穿透型电子攻击能力

2017年，美国空军提出"穿透型电子攻击"（PEA）概念。美国空军《2030年空中优势飞行规划》指出，电子战是实现空中优势的重要因素，为确保美军的空中优势，需要以穿透型电子攻击能力深入敌方防区实施抵近干扰。

穿透型电子攻击能力的提出表明，在EF-111退役近二十年后，美国空军重新重视机载电子攻击能力的建设。美国空军指出，以前"防区外"和"防区内"的划分已经不适应现代作战而且容易形成部队"烟囱式"架构。

穿透型电子攻击能力可采用有人驾驶专用电子战飞机或现役战机的电子战改型，也可能是无人机或者是多种平台功能的组合，能够突防进入防御森严的空域实施防区内干扰，计划在2030年左右部署使用。

二、成立电子战/电磁频谱优势体系能力协同小组

为发展下一代电子战能力，美国空军于2017年12月成立了"电子战/电磁频谱优势体系能力协同小组"（ECCT），这是美国空军自2015年成立"空中优势体系能力协同小组"和2016年成立"多域指挥控制体系能力协同小组"后成立的第三个体系能力

协同小组。该小组负责在空军范围内对国防部《电子战战略》提供支持并进行完善，综合规划美国空军的电子战能力，确认关键能力差距并量化需求，推动电子战/电磁频谱优势作战概念和能力的发展，促进相关条令、机构、装备、领导、人员、设施和政策的落实。该小组将用12-18个月的时间制定美国空军电子战/电磁频谱优势能力发展的长期规划，并向美国空军参谋长提交报告。2018年1月5日，该小组发布信息征询书（RFI），就未来电子战能力征求工业界的建议。要求针对作战所有阶段的高对抗环境，分近期（2018—2025财年）、中期（2026—2030财年）与远期（2031—2040财年）三个阶段，关注从高频到紫外频段的所有有源和无源系统，重点针对敌方综合防空系统的防区内/防区外非动能作战。

信息征询书列出的关注内容见表1。

表 1 美国空军未来电子战能力内容

全谱电子战（从射频到光谱）	平台级电子战技术	改进现役平台以满足未来对电子攻击（EA）和电子战支援（ES）的需求
		支持下一代平台的 EA 和 ES 方法及技术成熟度工作
		研发或升级动能攻击武器，包括反辐射导弹及其相关的电子支援目标瞄准系统
		研发或升级防区内/防区外具有 EA/ES 能力的投掷式/一次性/可回收的平台
	电子战系统和子系统技术	改进老式 EA/ES 系统或子系统以满足未来 EA/ES 需求
		替代老式 EA/ES 系统或子系统的技术
		下一代平台 EA 和 ES 方法及技术
		替代下一代 EA/ES 系统或子系统的技术
		通过特定频率实施进攻性赛博的能力
		发展电子防护（EP）技术
	概念	系统之系统（SoS）/系统家族（FoS）
		自适应和认知系统
		满足系统和平台（尺寸、重量、功耗、冷却和信号处理/数据处理）需求的开放式架构方法
		技术与算法研发
		先进射频传感器和通信干扰技术
		先进通信/传感器干扰技术

续表

全谱电子战（从射频到光谱）	概念	数字信号处理（DSP）技术
		无源和反无源系统
		低截获概率（LPI）和反 LPI 的硬件及波形
		非射频应用技术，包括红外对抗
		射频天线技术和性能
		多威胁交战能力
		先进 EP 算法和技术
通信/网络	用于分布式 EA 和战术电子战协同的网络使能/融合系统之系统/系统家族能力	
	联网功能与技术路线图	
	保密通信的先进 EP 特征	
	战术机载通信	
	战术作战决策支持或电磁战斗管理（EMBM）	
其他电子战领域	空间电子战	确定可用于反太空任务的电子战/电磁频谱能力
		使能弹性的定位、导航和授时（PNT）能力
	赛博电子战	识别能投送同步和异步赛博效能的系统能力以及所需的体系架构
	电磁战斗管理（EMBM）	对所有电子战/电磁频谱装备进行近实时指挥控制的系统级技术
		开发软件及算法以支持决策和非动能效果评估

2018年6月，电子战/电磁频谱优势体系能力协同小组完成了第一项重要工作，并向空军高层进行了汇报。2018年年底，该小组完成空军新的电子战作战概念研究，2019年1月，该小组将提交最终的研究报告。

三、探索频谱战概念

随着作战形态的演变，电子战、网络战、导航战等这些以前独立的作战手段之间的界线越来越模糊。美国空军在2013年就提出了频谱战的概念。频谱战包括电子战、网络战、光电对抗、导航战及其他可以实现环境感知、通信、导航和目标瞄准的诸多形式，这些作战形式交织融合在一起，组成了频谱战的整体。美国空军希望通过频谱战，控制电磁频谱的各种应用，包括无线电通信、雷达、光电传感器、GPS卫星导航、精确授时、数据网络等，同时阻止对手拥有同样的能力。

目前美国空军正在进行各种各样的频谱战项目，寻求发展自适应频谱战技术，以保持在拒止环境下的作战能力。其中，美国空军研究实验室正在开展的一系列项目凸显了频谱战日益增长的重要性和美国空军对频谱战的重视程度。具体项目包括：

"频谱战评价和评估技术工程研究"（SWEATER）项目，旨在开发传感器评估技术，用软件雷达和认知雷达技术提升雷达的抗干扰能力，使有源相控阵雷达能够对抗先进的电子干扰。

"频谱战评估技术"（SWAT）项目，旨在创建一个模拟的频谱战战场，用于测试新型的电子战系统，帮助美国空军在未来冲突中控制电磁频谱。整个项目将持续到2022年。

"先进新颖的频谱战环境研究"（ANSWER）项目，旨在开发自适应频谱战技术，以保持在对抗和拒止环境中的作战能力。

"综合验证与应用实验室"（IDAL）项目，旨在探索前沿的频谱战使能技术，利用多频谱合成战场空间仿真来整合传感器与电子战技术。

美国空军研究实验室2017年向哈里斯公司授予该项目一份2490万美元的合同。哈里斯公司的研究人员将验证新的频谱战技术，开发频谱战仿真来评估新技术能否在短期内用于武器系统。同时，研究团队还将开发并整合测试电子战技术的协议与仪器。该项目预计在2021年2月前完成。

美国空军的频谱战概念并不是传统分立功能的简单叠加，而是在将电磁频谱视为一个统一作战域的前提下，强调射频电子战、网络战、光电对抗、导航战及感知、通信等电磁活动的融合与协同，是现代一体化战争中确保信息武器效能并提高总体作战能力的必要措施。

四、结束语

随着美国国防战略的重心从反恐战争转向与同等对手的大国竞争，美国空军对电子战能力的需求越来越迫切。目前，美国空军正在从战略、组织机构和研发项目等多个层面大力推进电子战能力的全面复兴。美国空军的下一代电子战能力将成为其空中优势能力的重要支柱。

（中国电子科技集团公司第二十九研究所 常晋聘 朱 松）

美国海军部率先尝试将电磁频谱视作作战域

2018年10月5日，美国海军部长签发了《海军部长指令（SECNAVINST）2400.3：电磁战斗空间（EMBS）》（下文简称《指令》），尽管该指令内容很短，但作为美国国防部2017年发布《电子战战略》以后第一个正式"将电磁频谱视作作战域"的指令性文件，因此具有非常重要的象征意义，同时也意味着美国海军部下辖的两个军种（美国海军、美国海军陆战队）已经开始率先尝试将电磁频谱视作作战域。

一、《指令》主要内容

该指令由美国海军部长签发，多维度、全方位参考了一系列美国国防部指示文件、一系列美国海军部长指令、《国防部军事与相关术语词典》《美国法典》、《白宫预算办公室（OMB）行政通告A-11》《联邦采购规范》等权威性文件。《指令》主要阐述了其发布目的、相关定义、应用范围、签发背景，明确了电磁战斗空间的相关策略以及不同级别的各类人员的具体职责。

《指令》发布的目的有两方面：其一，根据相关权威文件，构建美国海军部策略，以通过实施一种企业方法来制导美国海军部电磁频谱作战（EMSO）所需的所有行动，进而确保美国海军在电磁战斗空间的作战优势；其二，分配美国海军部在开发、实施、管理、评估电磁战斗空间项目、策略、流程、控制等方面的角色与职责。

《指令》的应用范围涉及美国海军部长（SECNAV）办公室、美国海军作战部长（CNO）、美国海军陆战队总司令（CMC），还有所有的美国海军/美国海军陆战队设施、指挥部、行动，以及美国海军部内的所有其他组织实体。

《指令》的发布背景有两方面：其一，电磁频谱（EMS）企业被美国海军部视作执行电磁频谱作战以获取电磁战斗空间优势所需的策略、管理、组织、设备、流程、条令、信息、设施、训练、物资等的组合；用频系统包括依赖电磁频谱来实现正常功能的所有电子系统、子系统、装置、设备，无论其采用哪种途径获得（如全面收购、快速采购、联合概念技术演示），或采用哪种途径采购（如商用现货、政府现货、非开发项目）。

《指令》的总体策略基于如下假设，所有电磁频谱策略都应与适用的国际、美国国内、美国联邦政府、美国国防部、联军、美国海军部等的策略相一致。具体到美国海军部，则主要采取如下具体策略：将电磁战斗空间视作作战战斗空间，该空间由军事力量所使用的所有电磁辐射构成；努力夺取、操持电磁战斗空间优势，以完成作战任务；在电磁战斗空间内协调企业级能力，以便在所有战斗域内确保电磁频谱优势和作战胜利；通过研发、采购等活动对电磁频谱企业的发展提供支撑，确保在研发、采购的所有阶段都将电磁战斗空间优势考虑在内并满足其需求。

《指令》所规定的具体职责部分明确了美国海军部首席信息官办公室、负责研发与采购的美国海军副部长（ASN（RD&A））、负责财务管理与审计的美国海军副部长、负责能源设施与环境的美国海军副部长、美国海军作战部长、美国海军陆战队总司令等各级人员的具体职责。

《指令》明确的相关定义涉及了电磁频谱（EMS）、电磁战斗空间、电磁作战环境（EMOE）、电磁环境效应（E3）等与《指令》所述内容密切相关的术语的具体定义。

二、《指令》主旨是美国海军"电磁机动战"理念的继承与发扬

2015年，美国海军作战部长（CNO）向美国众议院武装部队委员会所做的陈词中描述了"电磁机动战（EMMW）"这种新型作战手段，指出其目标是"增强己方在电磁频谱内自由机动的能力，同时拒止敌方的类似能力"。

（一）电磁机动战解读

电磁机动战主要可以从如下几方面进行解读。

1. 电磁机动战的"主战场"是电磁作战环境（EMOE）

电磁机动战将电磁频谱视作一个基本作战域。顾名思义，电磁机动战主要在电磁频谱域内展开，而具体到战场作战，则主要在电磁作战环境内展开。美军联合作战条令《JP 6-01：电磁频谱管理运作》中对电磁作战环境的定义为"与特定作战域相关的电磁影响域，包括全球范围的背景电磁环境外加其中所有的友方、中立方、敌方电子战斗序列（EOB）"。

2. 电磁机动战的"机动范围"可扩展至电磁-赛博空间环境

随着电磁频谱与赛博空间的不断融合，二者间的界限越来越模糊，因此，"跨界机动"的概率会越来越高。当然，对于赛博机动而言亦是如此：赛博机动的范围拓展到电磁频谱的概率也不断增加。2015年美国海军发布的《21世纪海上力量协同战略》中就指出"目前，电磁-赛博环境对于战争而言非常重要、对于美国的国家利益而言也非常关键，因此，我们必须将其视作一个与陆海空天同等重要的作战域"。此外，美国海军作战部长（CNO）也多次强调"未来冲突将在一个新的战场——电磁频谱与赛博空间内打响，因此我们必须首先融合这两个域，然后掌控它们"。

3. 电磁机动战是"电磁频谱内的一种分布式网络化机动活动"

通过规划、协同多种"射频活动"来实现比一种射频活动强大得多的电磁频谱"集体机动效能"，因此，可以将电磁机动战视作"电磁频谱内的一种分布式网络化机动活动"。同样，还可看出，电磁机动战的范围远比电子战大，它可以协同的射频活动除电子战以外还包括战场态势感知、指挥控制、火力打击等诸多元素。

4. 获取电磁频谱机动自由是电磁机动战的直接目标

与其他域内的机动战类似，电磁机动战的直接目标是实现电磁作战环境内的机动自由，进而获取信息主宰能力。

从这一角度来讲，可以将电磁灵活度（EMA）作为衡量电磁机动战效能的主要参数：若电磁灵活度很高，则部队可以实现在更为复杂的电磁作战环境（如敌方防守严密或难以突防的电磁环境）下实现有效机动。从这一角度可以看出，电磁灵活度高则意味着可以在电磁攻防过程中实现避实就虚（而非蛮力突防），即可以充分利用敌电磁作战环境"缺口"。

（二）电磁机动战主要功能

电磁机动战是美国海军信息主宰战略的主要手段之一，因此其主要功能与美国海军信息主宰路线图规划的几大功能模块一脉相承。根据2013年美国海军发布的《美国海军信息主宰路线图2013—2028》，美国海军未来将主要在可靠指控、战场态势感知、一体化火力三方面实现信息主宰。

电磁机动战的主要功能也是这三方面，此外，还在此基础上增加了"电磁机动"这一特色功能，因此，电磁机动战的功能可归纳为"理解并控制电磁频谱特征（战场态势感知），将电磁频谱视作关键机动空间来实施指控（可靠指控与机动），并使用电磁频谱来实现一体化火力（一体化火力）"。

战场态势感知。电磁机动战的战场态势感知功能主要是实现对所有辐射的感知、分辨、理解。主要包括如下功能：多谱传感；无源探测跟踪与目标定位；实施频谱感知；赛博态势感知。

可靠指控。电磁机动战的可靠指控功能主要是确保安全可靠通信路径基线（在此，"指控"实际上代指广义的指控通信与网络）。主要包括如下功能：鲁棒且弹性的电路、收发信机、链路；电子防护、赛博安全、电磁环境效应工程。

机动。电磁机动战的机动功能主要是实现电磁频谱的灵活应用。主要包括如下功能：辐射管理；扩频等低检测概率能力；欺骗与诱饵；无缘与自动化作战。

一体化火力。电磁机动战的机动功能主要是实现电磁频谱的灵活应用。主要包括如下功能：电子攻击，含定向能；赛博作战；网络化传感器与武器系统；辅助战斗管理。美国海军的一体化火控（NIFC）系统即是保证该项功能的主要系统，该系统包括了如下三类：防空一体化火控（NIFC-CA）、反水面一体化火控（NIFC-CS）、电子战一体化火控（NIFC-EW）。

（三）《指令》内容与"电磁机动战"理念的继承关系分析

从《指令》内容来看，有很多观点是与"电磁机动战"理念密切相关、一脉相承的，二者的比较如表1所示。

表1　《指令》内容与"电磁机动战"理念的比较

比较项	电磁机动战	《指令》中的相关内容
作战环境	电磁作战环境	● 电磁战斗空间（EMBS）。指的是一个物理环境和作战行动战斗空间，由特定时间、特定地点上所开展的军事作战行动中所有辐射电磁能构成； ● 电磁作战环境（EMOE）。由电磁能状态、场景、影响等构成的复合体，会影响到能力运用与作战决策
作战目标	增强己方在电磁频谱内自由机动的能力，同时拒止敌方的类似能力	● 电磁战斗空间主宰。指的是这样一种功能：在控制对手的信息收集、信息综合、战斗空间使用的同时，维持一个环境，该环境可增强美国海军部在信息收集、信息综合、对同一个战斗空间的使用方面的能力； ● 电磁频谱优势。指的是在电磁频谱内获得战斗空间主宰的程度，这一程度必须允许在特定时间、特定地点上无干扰地开展军事作战行动的同时，影响敌方的这种能力

比　较　项	电磁机动战	《指令》中的相关内容
所依赖的理论基础	"OODA 环"（"观察-形成态势-决策-行动环"）理论	电磁频谱作战（EMSO）。协调电磁频谱战斗空间内的所有能力，以确保在所有战斗空间内的电磁频谱优势
所依赖的物质基础	不明晰	电磁频谱企业。指的是美国海军部执行电磁频谱作战所需的策略、管控、组织、设备、流程、条令、信息、设施、训练、装备等的组合，这些可提升电磁战斗空间主宰的执行能力

三、《指令》目标是确保"电磁战斗空间主宰"

从《指令》内容可以明确看出，其最终目标是确保美国海军与美国海军陆战队能够在电磁战斗空间内确保"电磁战斗空间主宰"，在控制对手的信息收集、信息综合、战斗空间使用的同时，维持一个环境，该环境可增强美国海军部在信息收集、信息综合、对同一个战斗空间的使用方面的能力。

考虑到《指令》相关内容与"电磁机动战"在理念上的密切关系，从技术层面来讲，可以将"电磁战斗空间主宰"进行如下解读："一种以全面电磁频谱控制为目标的、基于事先规划与建模的动态、全维度电磁机动模式，其主要目标是实现并动态维持有利于己方自由机动同时拒止敌方机动自由的电磁作战环境"。而且，考虑到电磁战斗空间内的作战行动贯穿于陆、海、空、天、赛博空间等所有地理空间与虚拟空间，而且电磁战斗空间本身也可以从空域、时域、频域、能域、码域等多个维度来解析，因此，"电磁战斗空间主宰"绝对不是狭义上"频域的主宰"，而是"时、频、空、能、码全域的主宰"。

四、结束语：电磁频谱作为作战域的新时代开启

将电磁频谱视作一个作战域，必然会牵扯到这样一个问题：电磁频谱内的博弈、作战模式是什么？

　　无论是美国战略与预算评估中心（CSBA）在《电波制胜》研究报告中提出的"电磁频谱战"（EMSW）理念，还是其在《灰区制胜》研究报告中提出的"电磁战"理念，抑或是美国参谋长联席会议主席在《JDN 3-16：联合电磁频谱作战》中所描述的"电磁频谱作战"（EMSO）理念，都是对上述问题给出的答案。

　　然而，无论以何之名，电磁频谱作为作战域的新时代已然开启。

（中国电子科技集团公司第三十六研究所　张春磊）

美军认知电子战实战化部署拉开序幕

2018年2月22日，美国海军作战部长（CNO，美国海军最高长官）向众议院武装部队委员会主席递交的《美国海军2019财年未获投资的优先级项目清单及概述》中，描述了2019财年美国海军预算中预算未获批但对于美国海军的能力提升至关重要的一些项目及其优先级。根据《美国法典》第10卷（10 U.S. Code）的规定，尽管这些项目未获预算，但一旦有多余的预算出现时，将根据这些项目的优先级依次给予相应的资金。

该项目清单中总共列出了25类项目，其中有两个项目与认知电子战相关，分别是"F/A-18E/F自适应雷达对抗（ARC）"项目（优先级排序第22）、"EA-18G高级模式1.2&反应式电子攻击措施（REAM）/认知电子战"项目（简称"EA-18G认知电子战"项目，其又进一步细分为2个子项目，优先级排序第23）。可见，尽管这两个项目优先级不是很高（在25类项目中相对靠后），但至少透露了这样一个信息：美军已经着手将认知电子战技术集成至作战平台，认知电子战实战化部署拉开序幕。

一、美国海军有望于 5 年内具备认知电子战初始作战能力

美国海军项目清单中的两个与认知电子战相关的项目的具体情况如表1所示。从表中可以看出，无论是EA-18G的认知电子战系统，还是F/A-18E/F的自适应雷达对抗系统，都有望于2023年具备初始作战能力。如果资金充裕的话，还有望提前具备该能力。

表 1　项目清单中的认知电子战项目概述

项　　目	概　　述
F/A-18E/F自适应雷达对抗（ARC）	自适应雷达对抗系统可通过网络数据共享、增强型任务计算机显示、接收机改进、电子对抗能力提升等手段，为 F/A-18E/F 战斗机提供更强大的抗毁性。该项目旨在采购、更新 43 部数字化接收机与方法生成器（DRTG）的车间可替换组件（SRA），以集成到当前的 ALQ-214（V）4/5 系统中。军方要求，这些组件的更新必须支持自适应雷达对抗的处理需求。该项目所需预算为 2500 万美元

续表

项　　目	概　　述
EA-18G 认知电子战（REAM）	"EA-18G 认知电子战（APN-5）项目"，主要工作是软件更改，所需预算为 1400 万美元。EA-18G 软件更改项目旨在支持并跟上新兴的电子战威胁，并可对威胁做出响应。相关资金可确保反应式电子攻击措施（REAM）技术能够让 EA-18G 具备认知电子战能力，并能够与 2023 财年交付的软件配置集（SCS）H-18 实现同步
	"EA-18G 认知电子战（RDTEN）项目"，主要工作是技术转换，所需预算为 9500 万美元。相关预算将主要用于实现 REAM 能力从美国海军研究办公室（ONR）的未来海军能力（FNC）科技项目转换为 E-18G 平台可用的项目。电子攻击单元（EAU）的技术与硬件升级将把认知电子战能力引入 EA-18G 平台，这也是 EA-18G Block Ⅱ 现代化的起点，同时也是专用任务吊舱研发与集成工作的开始（该工作旨在为 EA-18G Block Ⅱ 现代化提供支撑）

备注：APN——美国海军飞机采购类项目；RDTEN——美国海军研发测试与评估类项目

该清单公布后不久，2018年4月26日，诺斯罗普·格鲁曼公司宣布其获得了美国海军空战中心一份价值720万美元的合同，以便为REAM项目提供支持。诺斯罗普·格鲁曼公司的主要工作是为REAM项目开发机器学习算法。据美国国防部透露，REAM项目的主要目标是将机器学习算法引入EA-18G"咆哮者"电子战飞机，以实现"应对灵活、自适应、未知的敌方雷达或雷达模式"的目标。相关工作预计于2019年12月完成。

二、美军其他认知电子战项目也开始以实战化部署为目标

除ARC和REAM这两个项目即将实现初始作战能力以外，美军其他认知电子战项目也加快了开发速度。而且，这些项目的开发明显以实际应用为牵引，充分体现出在认知电子战领域内，美军目前的大多数项目都已经完成了技术研发阶段的工作，而是转向了具体的实战化部署阶段。当然，实战化部署的能力并不一定是"完备的"认知电子战能力，而仅仅是其中的一部分能力（如侦察、干扰、目标识别），但无论如何，朝着实战化部署迈出的这一步已经足以让认知电子战这一领域成为人工智能"实战化应用"的先驱者之一。

（一）美国国防部基于人工智能构建电磁大数据库

2018年11月27日，美国国防部首席信息官Dana Deasy在老乌鸦协会组织的第55届国际研讨会上宣布，美国国防部正在利用云计算、大数据、人工智能等新技术，来构建大型电磁频谱数据库，即联合频谱数据库（JSDR）。

1. JSDR 技术与能力细节概述

考虑到该数据库是美国应用范围最广的全球电磁频谱信息系统（GEMSIS）增量2的重点建设内容之一（二者之间的关系如图1所示），该事件也就意味着美军已经开始着手部署基于云计算、大数据、人工智能等新理论的全球联合电磁频谱数据系统。其目标是在确保自身总体完整性的同时，确保各类用户能够访问、更新（需授权）频谱相关数据。美军规定，所有最精确、最完整、最新的频谱相关数据（无论数据是已有的、新产生的、还是更新过的），都必须由JSDR来提供，该数据库作为国防部所有频谱相关数据的联合权威数据来源（JADS）。JSDR提供通用标准接口，以便从各种权威数据来源中获取（pull）频谱相关数据，进而确保全国防部范围内频谱相关数据的可视、可访问、可信。

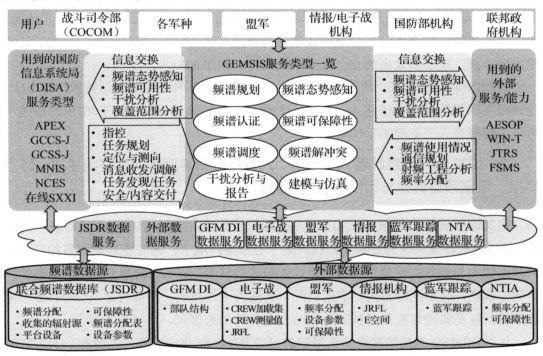

缩略语：
GEMSIS：全球电磁频谱信息系统；
GCSS-J：联合全球战斗支援系统；
JRFL：联合源频率列表；
WIN-T：战术级作战人员信息网；

GFM DI：全球部队管理数据倡议；
NCES：网络中心企业服务；
AESOP：海上电磁频谱运作项目；
CREW：无线电遥控简易爆炸装置对抗系统

APEX：自动规划与执行；
MNIS：多国信息共享；
NTIA：国家频谱管理协会；
JTRS：联合战术无线电系统；

GCCS-J：联合全球指控系统；
SXXI：21世纪频谱；
FSMS：部队结构管理系统

图 1   GEMSIS 的顶层架构及其与 JSDR 的关系

美国国防部首席信息官表示，美军四个军种的各种平台、系统全都在不同的频率上发射信号，导致了严重的信号互扰问题。此外，美军的信号情报（SIGINT）和电子战（EW）部队可用的信号数据资源也非常有限，无法更好地识别、对抗敌信号。因此，美国国防信息系统局（DISA）尝试将四个军种的数据汇集在一起，以创建一个庞大的电磁数据库，即JSDR。JSDR可有效解决上述信号互扰和信号数据资源不足的问题。

具体来说，美军希望通过云计算来实现电磁数据的汇集，并通过安全且抗干扰的卫星通信来实现数据的共享，最后再通过大数据分析和人工智能技术来实现数据的处理与挖掘，最终的目标是近实时地向全球用户提供针对性的电磁数据。将电磁频谱数据统一集成进JSDR中可以提升频谱数据访问的便利性，而JSDR与美军"军事云"（milCloud）和"联合企业国防基础设施"（JEDI）结合使用时又可以进一步挖掘潜力。milCloud和JEDI是美国国防部在云计算领域的两个重大项目，可以提供全球范围内对JSDR的访问，特别是JEDI可以将前沿部署的部队直接连接到云。此外，在战术边缘，为了将电磁数据安全地分发给空中或地面的作战人员，美国国防部还专门开发了能够抗电磁干扰、反赛博攻击的安全无线通信能力和军用WiFi。

JSDR中包括了友方、敌方、中立方、环境等电磁信号相关数据，数据体量很大。这也是美国国防部致力于将人工智能、大数据分析等理论与技术用于JSDR的原因：可以大幅降低人工处理的工作量。

2. JSDR 的开发意味着人工智能、大数据分析等理念开始在电子战、信号情报、电磁频谱管理与运作等领域内落地

自2006年开始，美国就发布了GEMSIS的初始能力文件（ICD），开始着手打造GEMSIS系统。该系统的目标是：在网络中心服务环境下，通过综合利用各种现有、新兴的能力与服务实现美军电磁频谱运作模式的转型，即从当前预规划的、静态的频谱运作模式，转型到动态的、响应型的、灵活的运作模式。简而言之，GEMSIS系统的最终目标是实现智能化（认知化）与自主化的频谱接入。

尽管GEMSIS系统的建设从十多年前已经开始，但将云计算、大数据、人工智能等新理念融入进来则是最近才刚刚开始。可见，美军已经意识到了这些理念可为军事能力带来的巨大提升，且已经开始致力于实现人工智能、大数据分析等理念在电子战、信号情报、电磁频谱管理与运作等领域内落地。

（二）BAE 系统公司获得射频机器学习（RFMLS）第一阶段开发合同

2018年11月27日，英国BAE系统公司宣布该公司已获得美国国防高级研究计划局

（DARPA）一份价值920万美元的射频机器学习系统（RFMLS）项目第1阶段合同，以开发机器学习算法来识别射频信号，提高态势感知能力。根据合同，BAE系统公司将开发机器学习算法，以利用特征学习技术来识别各种信号。还将开发深度学习方法，使系统可以通过学习，实时实现信号重要性排序。

BAE系统公司此前已经参与了美军的多个与人工智能相关的项目，包括DARPA的极端射频频谱条件下的通信（CommEX）项目、自适应雷达对抗（ARC）项目、频谱合作挑战（SC2）项目等。

1. RFMLS 项目概述

2017年8月11日，DARPA微系统技术办公室（MTO）发布了RFMLS项目的广泛机构公告，研究将机器学习等人工智能理念与方法用于射频系统设计。2017年8月31日，DARPA又举行了工业日活动，详细介绍了该项目的相关细节。

一言以概之，该项目旨在寻求射频频谱域与数据驱动型机器学习（如深度学习）之间的交集。具体来说，就是让现有机器学习方法能够用于射频频谱这一特定领域或探索新的体系结构、学习算法等。

RFMLS项目的目标是研究、打造4种关键能力，即特征学习、资源聚焦与显著性、自主射频传感器配置、波形合成。从这4种能力来看，该项目的最终目标是开发一套能够从数据中进行面向任务的学习的射频系统。

特征学习。能够从训练数据中学习出描述射频信号及其相关特性的恰当特征，即，能够学习出那些"能够从传感器数据中直接执行目标辨识任务"所需特征的能力。

资源聚焦与显著性（Attention & Saliency）。充分实现如下两种能力的互补：自上而下的（任务驱动型）资源聚焦能力，以指出哪些射频样本对于系统所执行的任务来说最重要；自下而上的（数据驱动型）机制，将聚焦的资源引导到新的感兴趣信号上。

自主射频传感器配置。形成自主配置射频传感器参数（如中心频率调谐、波束指向、模拟传感器重构）的能力，以生成改进系统总体任务性能所需的射频数据。

波形合成。让射频系统具备通过学习发射支持特定任务所需的全新波形的能力。

2. RFMLS 系统的开发意味着人工智能在电子战系统射频前端开始落地

无论是"认知无线电"这种致力于将人工智能用于无线电领域的理念，还是"数据驱动型机器学习"理念，从提出到现在都已有近20年的时间，其发展阶段示意图如图2所示。从图中的这一标准来看，当前的射频系统基本上全都属于第一阶段，即仅仅具备了一定的自适应能力，完全不具备智能能力。因此，亟待研究如何将其提升至第二阶段，即将机器学习理念引入射频系统领域。

图 2　人工智能发展的三个阶段

　　然而，将人工智能理念用于射频领域（即寻求传统射频信号处理与机器学习之间的交集），却一直迟迟没有取得突破，似乎也乏人问津。RFMLS项目即旨在开展"将现代化的机器学习用于射频频谱领域"的基础性研究，并致力于将这些基础性研究成果用于解决频谱领域内新出现的问题，尤其是"如何大幅提升射频区分能力"的问题——当前第一代的认知射频系统的区分能力基于人工设计，非常低。该项目最终的目标是开发一种目标驱动型、具备从数据中进行学习能力的新一代射频系统，这样，人类专家就可以专注于总体的系统性能，而无须关注单个子系统的性能。换言之，RFMLS项目的目标是将射频系统的人工智能程度从第一阶段推进到第二阶段乃至第三阶段，如图3所示。

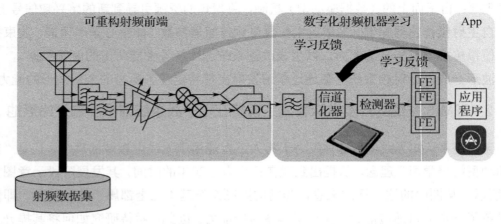

图 3　基于人工智能的射频系统

总之，RFMLS系统的开发，意味着美军已经开始尝试让人工智能在电子战系统射频前端设计方面尽快落地。

（三）美国陆军拟将最新的人工智能用于电子战

2018年5月15日，美国陆军合同司令部发布了一份信息征集书（编号W56KGU-18-X-A515），以便对工业界、学术界、政府机构进行调研，找出那些可以用于电子战、情报监视与侦察（ISR）、侦察监视与目标获取（RSTA）、进攻性赛博作战（OCO）、信号情报、处理利用与分发（PED）、大数据分析等领域的最新的人工智能、机器学习、认知计算、数据分析等技术、方法、算法、能力。调研所确定的那些技术、方法、算法、能力未来有望获得美国陆军的投资并集成到美国陆军下一代信号情报、赛博作战、电子战、情报监视与侦察等系统中。

此外，2018年8月，美国陆军快速能力办公室（RCO）举行了信号分类挑战赛，一方面是为了将人工智能技术用于信号分类以实现处理自动化，另一方面是通过开发人工智能算法训练环境，推动该技术在各军兵种的重复利用。当前美国陆军已开始将人工智能及机器学习的原型集成到电子战系统中。快速能力办公室下一步计划在作战评估中选择承包商和电子战军官，评估活动将于2019年开展，内容包括数据生成、收集和算法测试，相关技术将于2019年底交付给某作战部队。

三、思考：认知电子战正以一种很"现实"的方式逐步实现实战化部署

无论是从基础理论层面，还是从关键技术层面来看，认知电子战始终有很多的瓶颈问题、本质问题没有得到解决。例如，人类为什么可以信任机器学习出的结果？

而且，由于人工智能仅仅解决了电子战系统"思考能力"（信号识别、干扰决策等）的问题，而前端的信号预处理能力、后端的干扰实施能力等并未涉及太多。如果将电子战系统比喻为一个人的话，那么人工智能主要解决的是"大脑"的问题，而不涉及"四肢"的问题。而具体到电子战领域，"大脑"固然重要，但"四肢"方面也仍有很多关键技术尚未解决，还远未达到"大脑与四肢协调"的境界。

最后，人工智能在电子战领域的应用目前较少涉及诸如天线、射频前端等方面，而这些对于电子战系统而言则是"临门一脚"的保证。

总之，要想实现"功能完备的"认知电子战系统与能力的实战部署，仍面临诸多障碍。

然而，从2018年一系列事件来看，美国似乎更倾向于以一种更加"现实"的方式逐步实现认知电子战的实战化部署。这种方式可总结为**"总体目标明确的碎片化部署"**，简述如下：从总体目标来看，美军在认知电子战领域一直都很明确、很连贯，即让人工智能深度融合进电子战领域，并最终大幅提升美军的电子战能力；从美军即将部署的认知电子战能力来看，都是功能不完善的、碎片化的、环节化的，即仅仅针对电子战的某一项具体个功能或环节，例如，美国海军反应式电子攻击措施的部署规划就属此类。

尽管这种部署方式远称不上完善，但从目前所处阶段来看，无疑是最有效的方式。

（中国电子科技集团公司第三十六研究所　张春磊）

美国陆军借助快速能力办公室
继续实施电子战转型

2018年，美国陆军为继续推动电子战转型，通过快速能力办公室（RCO）实施了一系列的措施，包括寻求无人机载电子战攻击设备、部署地面战术电子战攻击车、向工业界寻求实现认知电子战能力的人工智能技术等。

一、RCO 成立背景

近20年的反恐行动，让美国陆军在电子战领域内的发展走了很多弯路，将太多的注意力放在了针对非对称对手的、以干扰简易爆炸装置为主要功能的装备与技术研发方面。而当前随着俄罗斯等美国潜在对手在电子战领域的飞速发展，美国陆军感到了非常巨大的压力，因此于2016年8月成立了RCO。

RCO的任务是在利用创新成果的同时，验证颠覆性创新能力，使新的能力解决方案能够满足对抗近中期和新兴威胁的需求。其主要专注于美国陆军最高优先事项需求，快速研发、采办、集成所需能力，并实施简化的采办方法、流程，以期在1～5年内交付所需作战能力。

RCO旨在加快向作战人员交付关键作战能力，确保美国陆军相应能力超越当前及潜在对手。成立之初，RCO重点发展电子战、网络空间、定位、导航与授时（PNT）三大能力，后来其任务领域进一步扩大，涵盖无人机蜂群、人工智能等先进技术领域。

二、美国陆军利用 RCO 推动电子战转型

尽管反恐战争历练了美国陆军的实战能力，但单从电子战领域来看，美国陆军其实走了一个大大的弯路。成立RCO后，美国陆军已经将电子战作为重点领域进行发

展，并将分阶段开展电子战能力原型开发。第一阶段根据新型电子战能力需求开展电子战原型开发与评估，然后在第二阶段通过加装航空设备和地面专用设备，改进第一阶段开发的电子战系统。第三阶段，引进人工智能能力，实现认知电子战。

为了推进电子战转型，美国陆军RCO采取了一系列的措施并初步取得成效。

（一）与其他机构整合，加快电子战装备采办过程

2017年4月26日，据报道，美国陆军合同司令部开始与美国陆军RCO进行"完全整合"。整合后，美国陆军合同司令部将为美国陆军RCO提供合同保障服务，确保采办程序顺利完成，向士兵交付适合的产品。美国陆军合同司令部的工作将包括检查合同时间进度，以确保部队能够加快重要能力的采办过程。这需要合同司令部了解美国陆军RCO的需求，了解RCO对于能力采办的时间进度要求。美国陆军RCO将帮助陆军合同司令部决定如何修正承包程序。

（二）利用"快速列装方式"，弥补中近期电子战能力缺陷

美国陆军RCO正在采用"快速列装方式"（rapid prototyping approach，RPA）的过渡性方案，共同推动电子战系统的设计和作战训练。RPA列装方式既能够适应部队已装备的现有系统，也能应对新兴威胁，整合提供新型电子战效果的嵌入式技术。

RPA列装方式与传统采办模式相比，陆军向官兵提供所需能力的周期大为缩短。从初次构想到交付装备的时间大约只需1年，能够在计划内的电子战项目完成之前，弥补电子战能力缺陷。在2023年前，电子战快速列装系统还可在部队使用的过程中，通过阶段性升级不断提高性能，从而可降低计划内项目采办周期过长所带来的能力缺陷风险。将电子战系统原型样机融入部队进行列装和训练，使部队不断完善对赛博战和电子战人员任务编组。在这一过程中，陆军战术部队与北约盟军的电子战专家将共同体验最丰富的电子战实践。鉴于欧洲安全局势的紧迫性，尽快适应电子战装备有助于在多个层级有效推动和形成电子战力量的最佳战场使用方式。

（三）发展人工智能技术，组建人工智能小组，实现认知电子战能力

美国陆军RCO已将人工智能作为重点发展领域之一，2018年，RCO希望将人工智能和电子战综合在一起，实现认知电子战能力。

2018年5月18日，据报道，美国陆军RCO新兴技术办公室发布了一份广泛机构公告，旨在寻求将人工智能和机器学习应用于信号分类。具体来说，就是通过提供机器学习能力来减少电子战人员的认知负担，以对密集电磁环境中关注信号实现识别和分类。该办公室希望尝试模仿工业界推动人工智能的方式，为此，该办公室发布了一项挑战赛，并给出了供工业界使用的测试数据集。挑战赛旨在寻求应用人工智能和机器学习技术实现信号识别和分类。参赛者需要提供机器学习算法，以及提供改进盲信号识别、分类速度和灵活性的程序、方法和工具。它将能改进电子战官员识别和响应战场信号的能力。

2018年10月2日，美国陆军部长马克·埃斯珀签署了题为《美国陆军指令2018-18（美国陆军人工智能任务小组以支持国防部联合人工智能中心）》的指令，要求成立美国陆军人工智能任务小组。该指令的目的是建立一个具有扩展性的美国陆军人工智能任务小组。该任务小组将由美国陆军未来司令部领导，由具有特定技能的陆军人员组成，负责领导陆军人工智能工作并支持国防部项目，快速整合并同步整个陆军体系和国防部国家军事计划的人工智能活动，利用当前的技术应用增强作战人员的能力，维护和平并在必要时赢得作战胜利，从而缩小现有人工智能的能力缺口。

（四）发展新型电子战装备，实现跨域电子战能力

自2016年10月提出以来，"多域战"概念就得到美国各军种的共鸣。2018年，美国陆军RCO更是在武器装备层面采取多种举措加速推进"多域战"概念深化发展和实战化步伐。

2018年2月，部署在欧洲的美国陆军部队成为全陆军范围内首批列装新型电子战系统的部队，该新型电子战系统型号未知，但据称可以保护美国陆军免遭俄罗斯发起的网络空间攻击，还可以在复杂的电磁环境下实施辐射源定位、战术通信干扰。

2018年2月，据报道，美国陆军RCO发布了一份信息征集书（RFI），以寻求在其"灰鹰"无人机上加载电子战系统，该系统属于美国陆军多功能电子战-空中大型项目的一部分。8月，美国陆军网络空间卓越中心宣布，"灰鹰"无人机将装备"多功能电子战"系统的空中系统功能，该系统具备电子攻击能力，目前正处于样机阶段，计划明年试飞。

2018年8月，美国陆军向第1骑兵师第3装甲旅战斗队部署了新型电子战战术车（EWTV），据悉，美国陆军RCO参与了EWTV的开发。EWTV是美国陆军在重建攻击敌方通信方面迈出的重要一步，该车搭载的基线系统是SRC公司的CREW"公爵"系

统，但进行了某些修改。该电子战系统具有高度可编程能力，能感知并干扰敌方通信与网络。

三、几点思考

（一）"快速列装方式"填补了美国陆军短、远期间能力空白

美国陆军快速装备部队旨在利用现有装备满足即时、特定的需求，通常在一年周期内交付；传统的项目执行办公室则着眼于未来的全谱作战，旨在向陆军部署在列项目。RCO与之不同，其目标是致力于在1~5年内快速交付集成了不同能力的解决方案，以满足特定战区和编队的作战需求，其设立可有效填补前两者能力研发交付周期之间的空白，形成短期、近中期及远期能力发展互为补充的格局。

（二）新型快速采办模式实现了美国陆军分阶段能力的交付

美国陆军借助于快速能力办公室，开创了一种新型快速采办模式，该模式通过获得作战人员的直接反馈、利用机构间紧密的合作关系、明确相关高层/领导直接参与决策，以及分阶段开展原型研究和能力交付等举措，使其能够在较短周期内快速向作战人员交付所需能力。

一是快速制定需求。作战人员从一开始就能参与到项目的每个环节，不仅响应了作战需求，也使研发初期便充分考虑并融入用户的反馈意见。

二是快速开展机构间合作。新模式有效利用了RCO与项目经理间的合作伙伴关系，即利用项目经理的专长、RCO的权限以及双方的资源，更快地交付新能力。此外，美国陆军作战部队高层参与RCO运行，有助于将作战部队和采办机构有效联系起来，及时根据战术作战需求调整项目。

三是快速做出决策。RCO指挥链短，能确保快速做出需求、原型研究、试验以及生产等各项决策。

四是快速部署能力。分阶段部署原型能力的新型交付方式代替了之前一次性交付完整解决方案的做法，使美国陆军在利用新技术继续进行能力升级的同时，能够以增量方式继续打造更强大的作战能力。

（三）"多域战"将凸显美国陆军 RCO 的作用

"多域战"概念要求美国陆军能够将作战力量从传统的陆地，拓展到空中、海洋、太空、网络空间、电磁频谱等其他作战域，获取并维持相应作战域优势，控制关键作战域，支援并确保联合部队行动自由，从物理打击和认知两个方面挫败对手。它是引领美国陆军新一轮改革的指路明灯。在"多域战"概念的主导下，未来美国陆军将具备作战要素多域融合、力量编成精兵多能、武器装备高技术密集等特征，"多域战"的出现必然对美国陆军的电子战装备发展提出新的要求，而开发出完全符合这些要求的新装备，需要花费大量时间。因此，美国陆军RCO将会充当装备开发先行角色，将以最快的速度开发出具有跨域能力的电子战装备。美国陆军RCO的作用将愈来愈重要。

（中国电子科技集团公司第三十六研究所　李子富）

美国陆军列装新型电子战战术车

2018年8月底，美国陆军第1骑兵师第3装甲旅战斗队接收了名为"电子战战术车"（EWTV）的新型电子战装甲车辆。这是美国陆军成立的旅级网络电磁行动（CEMA）小组首次具备电子干扰能力，成为陆军重建电子战能力的一个重要标志。

一、研制背景

冷战结束后，美国陆军认为威胁已经消除，缩减电子战经费，忽视电子战发展，主要依靠美国空军和海军提供电子战能力。20世纪90年代，在伊拉克战争和阿富汗战争爆发后，美国地面电子战装备的发展以对抗简易爆炸装置的干扰机为主。近几年，随着美国从反恐战争转向大国对抗，特别是俄罗斯在乌克兰、叙利亚军事行动中大量运用陆基电子战装备并取得了一定效果，使美军意识到威胁以及自身能力的不足。

2018年1月，美国国防部发布了新版《国防战略》，明确提出要聚焦中俄等高端威胁，作战重点从反恐战转向大国对抗。为此，美国陆军提出地面电子战技术与装备的研发要转向未来潜在的重大作战行动和更为复杂的作战场景。与此同时，美国陆军不断扩充电子战人员，同时对电子战力量结构进行改革，包括在各级部队组建CEMA小组，在旅级部队军事情报连内组建新的电子战排，在军级部队组建新的电子战连。

二、研制历程

"电子战战术车"是基于最新型AN/VLQ-12"公爵"综合电子战系统的战术车，美国陆军开发这种新型战术车辆的目的是为了让旅级战斗队具备综合电子战能力。

"公爵"是美国SRC公司在2005年为对抗遥控简易爆炸装置而开发的电子战系统，称为反无线电遥控简易爆炸装置电子战（CREW）系统。当时是为了应对在阿富汗和伊拉克频繁出现的简易爆炸装置（IED）。叛乱分子使用迫击炮、榴弹炮、地雷、甚至是炸药与电子器件的简单组合，制造成非常有效和隐蔽的爆炸装置，采用定时爆炸或简易遥控起爆装置，给美军造成了极大威胁。CREW可在一定范围内干扰、阻塞和屏蔽控制IED起爆的电子信号。"公爵"的初始版本被广泛部署在伊拉克和阿富汗的"悍马"、防雷反伏击装甲车和其他装甲和非装甲车辆上，以提供短程干扰，防止恐怖分子和叛乱分子用手机和其他遥控触发器引爆炸弹。

随着威胁的变化与发展，SRC公司提升了"公爵"系统的作用距离、功率和功能，其最新型号能够干扰更广泛的信号，检测和破坏从手机到敌方无人机控制链路的各种信号。SRC公司还为"公爵"增加了插件式模块化组件，这些组件能够提供测向、电子攻击和信号记录等功能，从而将"公爵"系统升级为多功能综合电子战系统，使操作人员能够更好地发现敌方辐射源，然后实施攻击或监视。

三、性能分析

"电子战战术车"以四轮驱动的MaxxPro Dash防雷反伏击（MRAP）车为平台（见图1）。研制工作由陆军快速能力办公室、陆军网络司令部、陆军测试与评估司令部、陆军训练与条令司令部以及多个项目办公室协同推进。

图1　电子战战术车

当前安装在"电子战战术车"上的"公爵"系统专门用于感知和干扰敌人的通信和网络，而不仅仅是对抗无人机或简易爆炸装置，系统可以在广泛的频率范围内对抗多种波形。系统首先对射频信号进行检测和分析，然后发射干扰信号来破坏或欺骗敌人的信号。这种多功能电子战战术车能够快速识别潜在敌方部队的位置，帮助指挥官更好地把握战场态势，以决定规避潜在的威胁，还是采用最佳的方式发动攻击。该系统可以阻断敌方的通信传输，使对手无法协调其进攻和防守行动，也无法请求空中支援或炮火支援。此外，"电子战战术车"具有网络数据共享功能，可快速与其他美国部队或盟军共享信息。车载系统的测向定位能力提供的目标信息可以直接引导友军的炮火打击或空中打击。

四、能力分析

美国陆军"电子战战术车"目前计划主要用于应对俄罗斯，车辆可能会远离前方的火力线，最靠近前线的情形也是从数英里外干扰敌方的系统。这不同于部署在阿富汗和伊拉克的大多数电子战设备，这些电子战设备要么是移动式的近距离干扰系统（如初始型号的"公爵"系统），要么是依托前沿作战基地的固定式高功率干扰系统，这种固定的系统很容易成为敌方火力打击目标。但是，"电子战战术车"平台的尺寸限制了传感器和干扰机的功率。虽然MaxxPro Dash车辆可以承载10000磅的有效载荷，但仍然远远小于俄罗斯许多电子战平台的载荷能力，这些俄式电子战系统的作用距离可达数百英里。与俄罗斯重型电子战系统所使用的碟形天线和可伸缩桅杆相比，"电子战战术车"的天线也要小得多。这些因素决定了"电子战战术车"的功率和作用距离都要低于俄罗斯的系统。

美国海军分析中心的俄罗斯武器专家认为，为了抗衡俄罗斯的电子战系统，"电子战战术车"的机动性是关键。俄罗斯军队有各种各样的轮式电子战系统，可以在短短15分钟内完成部署，而且目前至少有五种不同的车载电子战系统已在叙利亚广泛使用，而美军的能力相比俄罗斯还有差距。

五、未来发展

美国陆军近几年的装备发展策略没有沿袭以往漫长的采办程序，而是采用了快速样机开发流程。美国陆军于2016年成立了快速能力办公室，旨在瞄准陆军当前最迫切的需求，快速开展样机研制、风险降低与装备交付，用1～5年的时间开发和部署相应的能力。美国陆军明确快速能力办公室的首要任务是为欧洲部队提供急需的电子战能力，以在该地区对抗俄罗斯。

为了对"电子战战术车"性能与作战效能进行评估，推进装备的快速部署，美国陆军第3装甲旅战斗队的电子战团队于2018年9月在亚利桑那州尤马市参加了为期两周的车辆交装训练。战斗队的电子战技术人员称，美军需要对"电子战战术车"进行深入学习和使用，以摸清其能力和局限，然后开发出最佳的使用方法和战技规程，帮助未来的部队更好地使用这型装备，并促进专用电子战平台的持续开发。美国陆军快速装备部队也接收了数辆"电子战战术车"，将在其部署在欧洲和韩国等进行测试。此外，据悉，"电子战战术车"在美军的2018"黑镖"（Black Dart）年度反无人机演习中进行了展示，成功挫败了无人机威胁。美军正是采用这种快速开发流程，在训练、演习甚至实战中不断推进"电子战战术车"的能力发展。

"电子战战术车"是美国陆军朝着正确电子战装备研制方向迈出的重要的一步。美国陆军希望将信号情报（SIGINT）和电子攻击能力整合到同一平台中，这两项任务都涉及对敌方信号进行探测和分析，而目前的"电子战战术车"还不具备SIGINT能力。美国陆军以后也会对"电子战战术车"的平台MaxxPro Dash防雷反伏击车进行更换，陆军希望使用更大的平台来搭载功率更高的设备，或者性能更好的装甲车让搭载的电子战装备更靠近前线。

（中国电子科技集团公司第二十九研究所 杨曼 王晓东）

美军远程反舰导弹装备 ESM 模块

2018年12月18日，洛克希德·马丁公司宣布，AGM-158C远程反舰导弹（LRASM）达到早期作战能力（EOC），美军新一代具有防区外打击能力的智能反舰导弹即将进入实装。

根据美国海军近期进攻性反水面战（OASuW）增量Ⅰ计划的需求，BAE系统公司正在为AGM-158C远程反舰导弹的多模导引头研制和生产重量为20磅的弹载电子支援措施（ESM）模块，加装该ESM模块后，AGM-158C导弹在很少依靠情报、监视与侦察（ISR）系统、全球定位系统（GPS）和战斗网络的情况下具备很强的突防敌海上编队先进防空系统的能力。

一、AGM-158C 远程反舰导弹达到早期作战能力

AGM-158C远程反舰导弹是美国海军OASuW计划的重要产物之一，是在原AGM-158B联合防区外空面导弹增程型（JASSM-ER）基础上根据OASuW增量Ⅰ和增量Ⅱ需求增加传感器和系统发展而来的新一代智能远程反舰导弹。

2017年7月，美国海军授出了AGM-158C远程反舰导弹首份生产合同，开始生产第一批30枚具备OASuW增量I性能的AGM-158C远程反舰导弹，美军计划到2020年共采购135枚AGM-158C远程反舰导弹。

2018年5月，在加利福尼亚州波因特穆古角海上试验场，美国空军和洛克希德·马丁公司从B-1B战略轰炸机上成功试射了两枚生产型AGM-158C远程反舰导弹。这是它第二次验证齐射两枚AGM-158C导弹打击同一艘移动舰船。AGM-158C导弹属于具有防区外打击能力的新一代智能远程反舰导弹，能在电子战环境下发现和摧毁敌水面战舰群中的特定目标，最大射程将达到1600千米，还具备雷达隐身性能。

2018年12月18日，洛克希德·马丁公司宣布，AGM-158C远程反舰导弹在B-1B轰炸机上达到早期作战能力。计划2019年9月扩展到F/A-18E/F上，并达到早期作战能

力。同时空军正在评估在B-52轰炸机上试射AGM-158C反舰导弹，并将在之后制定认证时间表。计划2024年具备OASuW增量Ⅱ性能的智能AGM-158C反舰导弹将列装美国海军。

2018年1月，BAE系统公司根据OASuW增量Ⅰ计划的需求开始为AGM-158C反舰导弹生产先进中段制导ESM模块。

二、AGM-158C 导弹复合导引头加装中段制导 ESM 模块

早在2009年，美国国防高级研究计划局（DARPA）与洛克希德·马丁公司签订AGM-158C远程反舰导弹初始研发合同的同时，就与BAE系统公司签订了一份独立但相关的合同，将机载传感器/导引头组件成熟化。

2018年1月，BAE系统公司在获得AGM-158C反舰导弹主承包商洛克希德·马丁公司价值4000万美元的第一批次合同后开始为美国海军新型空射AGM-158C远程反舰导弹生产先进中段制导ESM模块。基于现役AGM-158B基础的AGM-158C远程反舰导弹能接收更大天线孔径来支持中段制导ESM模块。

洛克希德·马丁公司研制的雷达/光电/红外复合导引头，探测精度高。红外导引头模块采用红外成像和通用图形匹配的自动识别系统，具有宽视场和全天候的作战能力；光电导引头可成像出高清晰度的目标图形。这种复合导引头在对岛岸附近目标攻击时，不仅能清晰分辨出岛屿和目标，还能在末制导阶段对目标命中点进行精确的选择，提高对目标的捕捉概率。同时，还可以有效抗击目标施放的组合干扰，增强导弹的打击效果。但是这种复合导引头在面对如航母等海上高威胁移动目标时面临巨大的技术挑战，例如要解决利用中段制导传感器帮助导弹制导系统从导弹发射开始的整个过程中确定高威胁移动目标位置的技术难点。为了减少AGM-158C反舰导弹对中继制导的依赖，使其具有智能识别定位能力，提高其对海上移动目标打击能力，在原洛克希德·马丁公司研制的雷达/光电/红外复合导引头基础上，通过加装中段制导ESM模块，利用ESM接收机在复杂的电磁环境中接收敌方空警雷达开机时的电磁信号，并利用目标识别算法对探测的信号进行分类，从而在岛岸背景下及时确定威胁位置和覆盖区域，避开岛岸的影响，曲向机动至敌目标。

作为复合导引头组件的一部分，这次BAE系统公司为AGM-158C远程反舰导弹的复合导引头研制和生产重量为20磅的弹载中段制导ESM模块，通过加装该ESM模块，能使该导弹从导弹发射开始就能引导其找到编队中特定的高威胁海上目标、确定目标位置并进行打击。加装该ESM模块后，AGM-158C远程反舰导弹在很少依靠

ISR平台和网络链路及GPS支持的情况下具备很强的突防敌海上编队先进防空系统的能力。

BAE系统公司提供给AGM-158C远程反舰导弹的弹载中段制导ESM模块具有很多创新成分。一是要考虑适合AGM-158C导弹弹头安装的合理尺寸、重量和功耗（SWaP）的苛刻安装环境要求，BAE系统公司为AGM-158C导弹复合导引头研制和生产重量为20磅的弹载ESM模块，体现BAE系统公司能将精确制导定位技术应用到小型平台上的能力；二是BAE系统公司的该中段制导ESM模块采用了其为世界上最为先进的电子战飞机研发的先进的信号处理和无源定位技术的微型ESM接收机技术，使AGM-158C导弹具备了在复杂电磁环境中依靠对敌方辐射出的信号特征的测定就能对敌方平台进行探测、识别、跟踪和定位的能力；三是要解决中段制导ESM模块能帮助导弹制导系统从发射开始的整个过程中确定高威胁移动目标的位置的技术难点，BAE系统公司结合了在其他系统积累的技术和经验，构成能完成新使命的硬件架构，采用可编程技术，以对付新的海上威胁；四是AGM-158C弹体利用LRASM-ER增程型导弹，能为中段制导ESM模块提供更大的天线孔径。

三、未来 AGM-158C 导弹将加装智能 ESM 模块

AGM-158C导弹是美国新一代智能远程反舰导弹，2024年具备OASuW增量II性能的智能AGM-158C导弹将列装美国海军。智能反舰导弹不仅要具备现役反舰导弹的普遍能力，还要具备信息感知、智能毁伤、战场自适应、自主空防、主动电子对抗、多弹协同作战、实时通信等体现智能化特征的先进能力。发展智能反舰导弹是一项复杂的系统工程，涉及的关键技术很多，包括智能导引头、智能杀伤、智能决策、智能突防、多传感器信息融合、微机电、数据链和弹群攻击智能协同等主要关键技术。

AGM-158C远程反舰导弹的智能化主要体现在减少了对中继制导的依赖，具有智能识别定位能力。通过智能中段制导ESM模块感知敌方空警雷达开机时辐射的电磁信号，并利用认知目标识别算法对探测的信号进行分类，从而在岛岸背景下及时确定威胁位置和覆盖区域，避开岛岸的影响，曲向机动至敌目标。同时，能在传感器及信息网络中断的情况下，依托先进的惯导装置、弹载传感器、雷达高度计以及数据处理技术，实现自主导航制导，降低对ISR平台和网络链路及GPS系统等信息源的依赖。

四、启示

AGM-158C远程反舰导弹是美国海军OASuW计划的重要产物之一，是美国正在研究的新一代智能远程反舰导弹，代表了未来反舰导弹的发展方向。BAE系统公司通过给AGM-158C反舰导弹引入中段制导ESM模块，可减少对中继制导的依赖，提升其智能识别和定位能力及对海上移动目标打击能力，为美国海军分布式杀伤概念提供有力支撑。

随着从B-1B轰炸机和F/A-18E/F战斗机上发射的AGM-158C远程反舰导弹在2018年和2019年开始形成早期作战能力，AGM-158C远程反舰导弹具有的强大目标识别能力和防区外战术打击能力，一定会给美军确保军事力量进入远洋作战方面发挥巨大作用。其快速发展必将对我航母编队构成新的巨大威胁。

跟踪和研究美军OASuW计划中AGM-158C远程反舰导弹项目，特别是其中段制导ESM模块的最新发展和关键技术，对我航母编队研制相关技术和研究对它们的对抗措施有着积极的参考意义。

（中国电子科技集团公司第五十一研究所　费华莲　于晓华　陈越）

美英法空袭叙利亚中的电子战

2018年4月14日，当地时间凌晨4时，美英法三国联军对叙利亚发动空袭，摧毁了叙境内三处据称与生化武器有关的设施。

一、作战概述

本次行动，美英法三国联军动用了来自海上和空中的打击力量（见图1）。美国多艘巡洋舰和潜艇分别从红海、北部阿拉伯湾和地中海方向发射了"战斧"巡航导弹，法国护卫舰发射了"海军远程巡航导弹"。在空中，2架美国B-1B远程轰炸机发射了19枚"联合空对地防区外导弹"（JASSM），英国"狂风"GR4战斗机发射了8枚"风暴阴影"导弹。法国"阵风"和"幻影2000"战斗机共发射了9枚"斯卡普"（SCALP）导弹。此外，美国空军出动了4架F-22A、12架F-15C和12架F-16C执行防御性制空任务，英国和法国分别出动了4架"台风"和4架"幻影2000-5"进行战斗护航。美国海军陆战队出动1架EA-6B电子战飞机为B-1B护航。

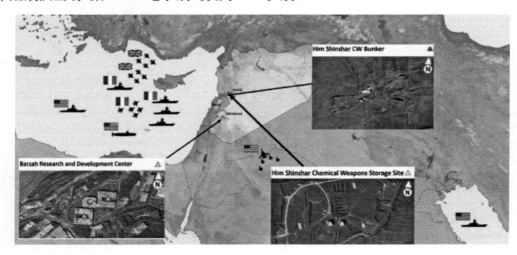

图1 美英法联军力量

关于攻击目标，美国最初计划采用"战斧"导弹对叙利亚空军基地Dumayr、al-shayrat和T4基地实施攻击。但在4月9日，以色列出动4架F-16或F-15，对T4基地发动了攻击，摧毁了设在该基地的伊朗无人机的指控中心。此次攻击引发叙利亚空军警惕，将飞机撤往了赫迈米姆基地以及靠近部署有俄罗斯S-400防空系统的一些机场。于是美国决定将打击目标定为与生化武器有关的设施。

对于空袭效果，美军披露，共发射了105枚导弹，摧毁了预定目标，并公布了三处目标被袭前后的卫星图像（见图2），称打击是"精确、压倒性和有效的"。叙利亚方面在空袭后，也宣布取得了反空袭的胜利，其防空系统拦截了大部分来袭导弹。俄罗斯方面称，叙利亚发射了112枚地空导弹，共拦截了71枚来袭导弹。而美英法联军则声称叙利亚发射了40枚防空导弹，但无一命中目标。

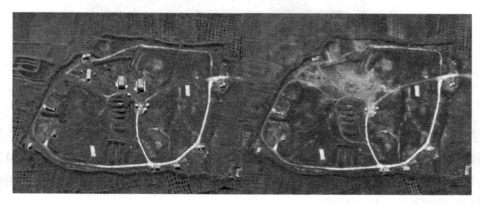

图2　美军公布的一处目标在受到空袭前后的卫星图像

二、美英法联军实施的电子战

本次空袭，美英法联军飞机没有深入叙利亚领空，舰船也远离叙海岸，攻击是从叙火力打击区域外发动的，而且叙方军力弱小，双方在空袭过程中并没有爆发激烈的电子对抗，但空袭前后交战双方依然进行了大量电子战活动。

空袭前，4月11日，俄罗斯开始进行为期两天的海上演习，出动了驻塔尔图斯基地的大多数战舰以及1架A-50预警机。美国海军第六舰队则出动了4架P-8A和1架P-3对演习进行监视。空袭前一天，4月13日，美国6架P-8海上巡逻机从意大利起飞，1架EP-3E电子侦察飞机从希腊起飞对叙进行了侦察。

13日，英国皇家空军第5中队的1架"猎迷"进行了情报侦察任务。在空袭发动前几小时，美国空军第12侦察中队的1架RQ-4B"全球鹰"在黎巴嫩以西对叙利亚防空

力量进行图像情报和信号/电子情报侦察。随后，该机与第45侦察中队的1架RC-135V
"铆钉"电子侦察飞机一起对叙利亚进行了近距离侦察，为美轰炸机飞抵做准备。

空袭过程中，美国海军陆战队第2战术电子战中队的1架EA-6B为B-1B护航，其任
务主要是应对俄罗斯S-400导弹的潜在威胁。负责提供空中掩护的F-16C战机携挂了
AN/ALQ-131干扰吊舱（见图3）和"狙击手"目标瞄准吊舱，随时准备遂行对敌防
空压制任务。法国则出动了2架E-3F提供空中预警，防止俄罗斯Su-30SM、Su-34和
Su-24M的攻击。

图3　F-16携带了ALQ-131干扰吊舱

空袭过程中，1架"全球鹰"在地中海东部飞行了22小时，提供实时侦察并将情
报直接传送给E-3预警机。第38中队的1架RC-135V执行信号情报搜集，1架RC-135W
"战斗派遣"自4月8日起部署在该地区，对辐射源情报进行搜集，空袭过程中在希腊
克里特岛以南飞行，执行侦察任务。

4月17日晚，叙利亚国家电视台宣布，霍姆斯郊区一军用机场再次遭到导弹袭击，
叙利亚发射导弹进行拦截。不过，几小时后，媒体宣布导弹袭击为一场虚警。据叙军
方人士称，错误的警报导致叙发射了大量防空导弹，但实际上并没有来自外部的攻击，
虚警是由于以色列和美国对叙利亚雷达系统实施了电子欺骗而引发的。

三、俄罗斯的电子战行动

俄罗斯在叙利亚部署了"克拉苏哈-4""鲍里索格列布斯克2"以及"杠杆-AV"
等先进电子战装备，具备强大的电子战作战力量，同时部署了S-400先进防空系统。
在空袭过程中，俄罗斯没有与联军发生直接交火，但美俄在叙利亚战场上展开了激烈
的电磁频谱对抗。

空袭前后，美俄之间曾进行了GPS导航对抗。13日起，俄罗斯在叙利亚地区对GPS
信号进行了强烈干扰，而美军也临时提升了GPS L2频率上的功率，将当地实际功率

提升了约3～5dB，以保障精确打击的实施。

此外，俄罗斯对美军AC-130特种作战飞机实施了电子攻击，据美国特种作战司令部司令雷蒙德·托马斯上将4月24日透露，美国AC-130U"幽灵"空中炮艇在叙利亚上空遭到了电子攻击，"目前在叙利亚，我们面临最具攻击性的电子战环境。"

同时，俄罗斯持续几周对美国部分无人机实施电子干扰。干扰对象是美国特种作战部队使用的弹射及投掷式无人机。这类无人机在叙利亚主要执行近距离监视任务，为常规部队提供支援。

俄罗斯还对美地面部队实施了干扰。美国陆军部队从2017年到2018年一直在叙利亚东北部作战，期间遭遇了激烈的电子战环境。亲历了俄罗斯电子干扰的美军军官称，在叙利亚作战期间遭遇到激烈的电子战环境，电子干扰与常规炸弹和火炮的袭击一样危险。

四、结语

本次美英法联军对叙利亚的空袭交战规模有限，但美方在战前依然实施了周密的电子侦察，在空袭过程中具备全面的对敌防空压制能力。围绕巡航导弹打击的电子攻防将成为电子战发展的重点内容。

与以往作战相比，本次空袭最显著的特点是GPS导航对抗成为作战中的新常态。俄罗斯具有强大的GPS干扰能力，美军也针对GPS受到干扰的情况在技术手段和装备上做了大量准备。未来战争中的导航对抗将愈加激烈。

其次，本次空袭过程中叙利亚方面曾报道受到了电子欺骗，并引起防空混乱。电子干扰和欺骗结合火力打击与心理战，实施手段更加灵活和隐蔽，将在未来作战中得到更加广泛的应用。

（中国电子科技集团公司第二十九研究所 朱松 王燕）

俄军应用电子战挫败无人机群攻击

2018年1月，俄罗斯在叙利亚成功地应用电子战挫败了无人机群攻击。这是无人机群首次用于实战，也是首次在实战中使用电子战手段应对无人机群攻击，开创了电子战作战的新战例，受到了全球高度关注。

一、事件概述

2018年1月8日，俄罗斯国防部发布消息，当地时间5日晚至6日清晨，俄罗斯在叙利亚境内的赫迈米姆基地和塔尔图斯海军基地成功抵御了大规模无人机袭击。

俄罗斯国防部称，5日晚俄防空部队探测到13个小型不明空中目标向俄军事基地靠近并探明这些不明目标为攻击无人机，其中10架飞向赫迈米姆基地，3架飞向塔尔图斯海军基地。俄军迅速地对来袭无人机发动电子攻击，其电子战部队成功拦截并控制了6架无人机（见图1），其中3架降落在基地外受控区域，另外3架在降落时爆炸受损。剩余的7架无人机被俄防空部队"铠甲-S"防空系统摧毁，攻击没有对俄基地造成损毁和人员伤亡。

图1　俄罗斯用电子战手段成功拦截了6架无人机

事后俄罗斯军事专家对捕获的无人机进行了分析。通过解码无人机记录的数据，专家们发现无人机是从50公里外起飞的。这是恐怖分子第一次使用GPS导航系统远距离引导实施大规模无人机攻击。此外，所有无人机都装有压力传感器和升降舵，携带了有外部引信的爆炸装置（见图2）。俄罗斯专家计划进行进一步分析以确定恐怖分子获得这些技术及装置的途径，并检查简易爆炸装置中使用的爆炸物的类型和来源。

图2　袭击所用的无人机及其携带的简易爆炸装置。

同时，俄罗斯暗示美国参与了此次袭击。1月8日，俄罗斯国防部指出，"恐怖分子在攻击俄罗斯位于叙利亚的目标时所采用的技术能力可能来自一个高技术能力国家，该国具有卫星导航和远程控制向指定坐标投放专业简易爆炸装置的能力。"

1月9日，俄罗斯国家媒体又援引俄罗斯国防部一位匿名人士的话：攻击发生时，美国1架P-8A飞机正在靠近赫迈米姆基地和塔尔图斯基地的地中海东部飞行。"这是一个离奇的巧合，在无人机攻击俄罗斯在叙利亚的军事设施时，美国1架'波塞冬'侦察机在地中海上空7000米的高度持续飞行了4个多小时。""对系统进行编程，并控制无人机并投放GPS制导弹药，这一系列能力只有在发达国家才能完成工程研究。此外，并非每个人都有能力使用太空监视数据来计算确切的坐标。我们再次强调，恐怖分子直到最近并不具备这种能力。"

美军否认与袭击有任何关联。美国国防部发言人讲，制造无人机所需的技术可以在公开市场上获得，以前"伊斯兰国"武装分子也曾使用过这种无人机。

二、俄罗斯反无人机能力

此次袭击事件验证了俄罗斯的反无人机能力，检验了俄罗斯电子战装备的性能。

（一）俄罗斯具有强大的反无人机电子战能力

除了"克拉苏哈"等大型电子战系统可对无人机进行干扰外，俄罗斯还先后研制了一系列反无人机专用的电子战装备。2016年，俄罗斯研制出"蔷薇航空"电子战系统，能识别半径10公里范围内的无人机遥控信号，并选择适当的干扰类型欺骗或压制无人机的遥控信号，还能定位无人机的遥控站。2017年，俄罗斯推出了首款反无人机电子战枪——REX-1电磁枪（见图3），它可通过干扰通信信号和GPS信号捕获无人机。2017年俄罗斯还推出了"驱虫剂"机动式无人机干扰系统（见图4），对无人机的干扰距离可达30公里，用于对部队、基地和机场进行防护。

图3　REX-1电磁枪　　　　　　图4　"驱虫剂"机动式无人机干扰系统

（二）俄罗斯成立了专门的反无人机电子战部队

2017年10月，俄罗斯在西部军区组建了一支连级反无人机分队，该分队将成为俄野战部队中的一支常设建制单位。俄军称其为"电子战特种部队"，其任务是运用电子战对抗敌方的无人机，该部队是世界上首支专门进行反无人机作战的电子战部队，无论是在电子战领域还是无人机领域，都具有开创性意义。2018年，俄罗斯在中部军区和南部军区先后组建了反无人机电子战部队。

（三）俄罗斯具有丰富的反无人机经验

2011年，伊朗捕获了美国RQ-170"坎大哈野兽"无人机，所使用的系统就是俄罗斯的"汽车场"电子战系统，从中就可以看到俄罗斯在其中的作用。2014年，俄罗斯利用电子战手段在乌克兰克里米亚地区截获1架美国MQ-5B"猎人"无人机。MQ-5B是一种长航时、中空、多任务战术无人机，美国陆军将其用作情报侦察监视平台，该无人机当时正在约4000米的高空飞行，俄方采取电子战措施中断了该无人机与美方地面操作员之间的通信链路，导致该机紧急着陆。无人机基本完好，落入克里米亚自卫部队手中。近年来，俄罗斯不断加强电子战演习和应用试验，演练反无人机战术。

三、结束语

随着无人机的广泛应用，反无人机技术也得到高速发展。利用电子战技术装备挫败无人机攻击具有安全、可靠、效率高、应用成本低等优势，因而成为反无人机领域的发展重点。近几年，已涌现出大量的反无人机电子战新技术和新装备。

此次事件同时标志着无人机蜂群时代即将来临。近年来，无人机蜂群技术突飞猛进，应用范围不断扩大，已经接近实用。此次无人机袭击所使用的13架无人机无论从数量还是复杂性看还不能算是无人机蜂群，只是无人机群应用的初级阶段，但仍然具有标志性意义。

未来，无人机蜂群在数量、个体复杂度、集合复杂度、异构性和人机交互等方面将会有很大的发展，在军事领域将会发挥更大的作用，对无人机蜂群的防御将成为一个非常紧迫的课题。

（中国电子科技集团公司第二十九研究所 朱松 王燕）

俄罗斯曝光多款激光武器

2018年，俄罗斯首度公开实战化车载激光武器，年底进入试验性战斗值班；机载激光防护系统在经历叙利亚战火后获官方认可，将装备俄罗斯部队所有飞机；新型机载激光反卫星武器结束研发，将拥有新的装载平台；未来大型地面激光炮清除太空垃圾技术，也可威胁空间卫星。

一、车载激光武器迈向实战，对未来作战产生重大影响

（一）基本情况

2018年12月4日，美国向俄罗斯发出最后通牒：除非俄罗斯恢复全面履行《中导条约》，否则美国将会在60天后暂停履行该条约义务。为回应美国的威胁，5日俄国防部再次公布"佩列斯韦特"（Пересвет）车载激光武器的视频，并称该系统已于12月1日在俄军投入试验性战斗值班。

基于新物理原理的"佩列斯韦特"作战激光综合系统于2018年3月首次被公之于众，俄罗斯总统普京在其发表的国情咨文中宣布："我们在制造激光武器方面取得了重大进展。这不是理论或方案设计阶段，也不是初生产阶段。从去年起，军队已经装备了这套激光系统。我不想透露这方面的细节，现在还不是时候。但专业人士明白，这种武器成倍地提高了俄罗斯保卫自身安全的能力。"

随后空天军第15特种集团军司令阿纳托利·涅斯捷丘克表示，2017年俄罗斯第一套国产作战激光综合系统列装部队后，装备部队在莫扎伊斯基航空航天研究院基地接受了轮训，进行了激光系统战勤班合练。俄罗斯军队还将在"佩列斯韦特"车载激光武器的基础上建立专门的激光反导营，俄媒表示一次可以拦截20枚弹道导弹。

"佩列斯韦特"作战激光综合系统的研发单位可能包括：一是"国立莫斯科鲍曼工业大学"，他们于2012年7月18日签订国家合同，研发"制造地面机动激光系统（使空中目标丧失功能并进行物理摧毁）"；二是俄罗斯"天体物理"激光系统国家中心，

俄罗斯消息报2017年2月曾报道，该中心为俄国防部研制的激光战车正在接受测试，之后会交付俄国防部，该中心是俄罗斯唯一从事激光－光学技术研发的国家研究中心，其前身是苏联研发和试验高功率激光和激光系统的设计局，苏联早期著名的激光武器系统1K-11"三棱匕首"，1K17"压缩"激光战车等都出自这里；三是萨洛夫联邦核中心，国防部副部长尤里·鲍里索夫2016年8月3日参加核中心70周年纪念活动时表示，使用新物理原理的激光系统试验样机已开始服役。

据外国网友通过对卫星地图的分析，推测系统应该部署在俄境内伊万诺沃区域的第54战略导弹防御分部2426技术基地，这里是俄罗斯最尖端技术测试中心，如图1所示。

图1　卫星地图上的"佩列斯韦特"部署地点

（二）系统组成

2018年7月19日，俄罗斯国防部首次向外界公布了"佩列斯韦特"的视频。在不到一分钟的影片中，展示了几辆带拖车的"卡玛斯"汽车开出车库，穿过丛林及其装备部队的工作情况。

视频显示，"佩列斯韦特"的激光作战子系统以10轮大卡车拖运，2个巨大的立方体像安装在轮式底盘上的货运集装箱，箱盖滑开后露出激光发射装置（见图2和图3）。装置在远程操控下可以360度旋转，对付空中和地面目标。而系统的其他组成部分分别装载在其他车辆上。控制舱里可见多台显示器和操控手柄。

图2　"佩列斯韦特"激光发射子系统设备车　　图3　"佩列斯韦特"激光发射子系统

据推测，系统主要包括：激光作战子系统载车、系统电源拖车、卡玛斯子系统模块控制车、指挥车、作战人员用车、系统车辆维护及驻扎用机库型固定厂房。

目前"佩列斯韦特"已批量生产并进行现代化改装，包括紧凑结构，减少辅助车辆和战斗人员数量，将整套系统装配在一台载重汽车上。

（三）主要用途

"佩列斯韦特"综合系统亮相后引起各国极大反响。美国防务头条网站分析认为，它是一款战略激光武器，可用于拦截洲际导弹或摧毁人造卫星。而俄罗斯军事专家则指出，这一武器可以在几十千米内攻击无人机、轻型装甲目标、小艇及普通的来袭导弹。

系统由于以地面为依托，且使用小型核动力装置作为激光辐射"泵浦"源，口径也较大（不小于100毫米），由此可见其功率应该较高（在50千瓦以上），交战距离将达到数十千米。这样的功率应该可以通过破坏设备光学元件的方式来对付空中、地面轻型装甲设备及海上目标，甚至可以致盲敌方飞行员。

"佩列斯韦特"综合系统在应对当前非常急迫的无人机威胁方面可以发挥重要作用，通过强激光照射能够直接烧毁塑料外壳的无人机。由于大规模的"无人机蜂群"会使传统的防空系统应接不暇，而激光又具有反复使用的优点，因此在对抗"无人机蜂群"方面具有独特的优势。

未来激光武器的功率大幅度提升后，系统可致盲美国低轨卫星，包括侦察卫星和导弹预警卫星及导弹防御系统的传感器，完成防空反导任务。

二、俄罗斯军用飞机将全部加装激光防护系统，未来可对抗先进制导导弹

图4 米-28HM 武装直升机

2018年10月的中国珠海航展上，俄罗斯无线电电子技术（КРЭТ）集团公司第一副总经理顾问弗拉基米尔·米赫耶夫表示，俄军正在为代号"暗夜猎手"的全天候米-28HM武装直升机（见图4）测试对抗导弹的主动激光防护系统，且测试已接近尾声。预计2019年就可以部署在俄军装备上。

系统使用小型固体激光器，足以干扰

敌方来袭导弹，甚至可以直接毁伤弹头传感器。此次米-28HM加装激光防护系统，使直升机防护能力得到进一步提升。

无线电电子技术集团公司生产的"维捷布斯克"（Витебск）机载综合防护系统使用数字技术，通过实施光学（激光）和电子干扰来保护飞机和直升机。系统已于2015年完成试验并装备部队。俄罗斯所有型号的直升机都已安装了这套系统。

2016年3月装备了"维捷布斯克"的卡-52和米-35M武装直升机开始奔赴叙利亚战场实战测试。2017年9月15日，俄国防部公布了一张米-35M武装直升机低空飞过叙利亚代尔祖尔省沙漠的照片。照片中激光干扰装置安装在米-35M机身侧面舱门下方（见图5），覆盖范围达到360°×90°，通过直接照射的方式，烧毁来袭导弹的光学/红外导引头。

此后俄罗斯国防部在叙利亚的作战经验基础上对"维捷布斯克"进行了深度改造，使系统的作用距离更远，能够更好地保护载机对抗未来先进制导导弹和地空导弹的袭击。

图 5　装备了定向红外转塔的米-35M

图 6　"总统"-S 机载综合防护系统

另据2018年8月国际传文电讯消息，米赫耶夫称无线电电子技术集团公司将为俄罗斯部队的全部飞行器安装"总统-S"机载综合防护系统（见图6）。"总统-S"是"维捷布斯克"的出口型号。系统由控制装置、雷达告警装置、激光告警装置、紫外导弹告警装置、干扰弹投放装置、主动电子干扰装置、非相干光电干扰装置和激光干扰装置组成，能够自动探测导弹发射并启动红外和无线电波段的被动和主动干扰，破坏导弹的制导系统，使其偏离目标，保护飞机和直升机免遭红外、雷达和复合制导导弹（包括便携式地空导弹）的袭击。"总统-S"可以在其作战距离（500米~5000米）和目标入射角范围内，依次干扰最少两枚同时来袭的导弹。

系统使用固体激光器（见图7）作为光电干扰源，重量为64千克，由机载电源供电，工作时功耗不少于1千瓦。在接通机载电源进入待机模式后即可选择目标并对其进行跟踪，在得到机载电子装备指令后进入作战模式，跟踪并干扰目标。俄军曾在试验中，用"针式"导弹在1000米的距离上向固定在塔台上的米-9直升机进行射击，但最终没有1枚导弹命中目标，全部偏离直升机并自毁。

图7　无线电电子技术集团公司展出的光电干扰激光器

俄罗斯之前已经与白俄罗斯（12套）、阿尔及利亚（未知）、印度（5套）和埃及签订了"总统-S"交付合同，埃及于2016年7月获得28套系统，准备安装在Ka-52直升机上。之后，埃及又提出补充进口30套系统，并期望将其装备在舰船上。未来俄罗斯可能会与东南亚、北非和中东等地区签订新的出口合同。

三、俄罗斯积极打造反卫星激光武器，应对未来空间战

（一）机载激光反卫星武器研发阶段完成，等待新的装载平台

据防务宇航网站2018年2月26日报道，俄罗斯已经完成了新型机载激光反卫星武器的研发工作，下一步要制造装载平台。

虽然俄罗斯新型激光反卫星武器于近期才逐渐曝光，但激光反卫星武器的研发历史可以追溯到冷战末期。1977年苏联原子能研究所研发出首个高功率激光武器系统——A-60机载激光实验室。安装在伊尔-76运输机上的A-60实验室共改建了2架，1981年正式启动飞行测试，苏联解体后该项目在1993年被取消。此后10年，研制工作时断时续，直至2013年第三次重启激光反卫星武器研发项目，计划研发机载激光综合系统的试验样机，用于对抗陆地、海洋、空中和太空的红外侦察设备。金刚石-安泰公司、化工自动化设计局和别里耶夫飞机公司参与了该"飞行激光武器"项目。

金刚石-安泰公司曾于2016年宣布，他们正在研制的激光武器系统可以发射高能量激光，打击侦察、导航和军事通信卫星，以及其他部署在太空的军用设备。同年10月，基于运输机伊尔-76МД-90А改装的А-60СЭ机载激光实验室（见图8）经过深化改造完成了地面试验，进行了首次试飞和测试。

现在俄罗斯准备放弃A-60飞行试验平台，考虑利用新型轰炸机或研制一种新型"特种航空飞行器"，装载该型反卫星武器。俄军工部门官员表示，新的大型特种飞机将拥有高精度的雷达和导航系统，能够精确确定目标航天飞行器的位置。

图8　机载激光反卫星系统　A-60CЭ

（二）新型太空激光炮可销毁空间碎片，反卫星能力值得期待

2018年6月10日有报道称，俄罗斯联邦航天局（Roscosmos）所属的精密仪器系统科学生产联合公司（NPK SPP）正在研发用于摧毁太空垃圾的激光武器。

公司提交给俄罗斯科学院的报告称，其研究人员正在计划将在建的阿尔泰光学激光中心的一个3米（10英尺）光学望远镜改装成激光炮，通过聚焦激光束来汽化有害的空间碎片。

项目可能使用固体激光器以及发射/接收自适应光学系统。利用现有的发电装置提供能源将提升激光摧毁太空垃圾在技术上的可行性。而且这种技术不需要发射航天器，不会给外层空间带来额外的负担。

需要指出的是，NPK SPP隶属于俄罗斯国家航天集团公司，在军事装备领域颇有成就，从NPK SPP与俄军方特别是俄罗斯空天军的合作历史来看，激光摧毁太空垃圾的技术军用化是很方便的。

摧毁太空垃圾的技术可以用来摧毁在轨航天器。大部分的太空垃圾和在轨航天器都有固定的运行轨道，从这一角度来说探测定位在轨航天器不会比探测定位太空垃圾更有难度。如果俄罗斯空天军获得NPK SPP的新技术，可能将该技术用于反卫星武器系统的研究，并将其与目前俄罗斯空天军的空间探测系统、反导系统相结合，能够迅速建立一种可靠的反卫星武器系统。

四、结束语

俄罗斯车载激光武器的高调亮相在世界范围内掀起了一股研制和装备激光武器的热潮，激光武器定会成为一种主流武器。激光反卫星武器的研发和试验，势必会对战争规则产生深远影响。

作为昔日激光技术的领跑者，俄罗斯在激光武器的研究领域拥有相当丰富的经验和雄厚的技术储备，在经历了多年的停滞之后卷土重来，依靠强大的技术实力不断缩小与美国等领先国家的差距，同时也为自己赢得了自信。俄罗斯军事专家甚至预测未来的25年～30年后，为应对美国挑起的太空军备竞赛，俄罗斯可能在近太空作战轨道平台部署激光导弹防御系统，这将加速未来空间战的进程。

（中国电子科技集团公司第五十三研究所 杨 军）

机载信号情报能力持续受到关注

2018年，信号情报飞机出现在各个热点冲突区域，并参与了各种作战行动，2018年4月美英法对叙利亚的导弹攻击，美国出动信号情报飞机全程提供情报保障。多国重视新型信号情报平台的研发和采购，日本基于C-2运输机改装的RC-2信号情报飞机在2018年2月首飞成功；法国军方于2018年2月28日宣布将采购三架新型信号情报飞机，以替换其老式的C-160G"加百利"信号情报飞机。此外，无人机载信号情报载荷成为重点发展领域，莱昂纳多公司将在MQ-9B无人机上集成电子情报系统。

一、信号情报飞机参与各种作战行动

2018年4月14日，美英法三国领导人下令各自武装力量对叙利亚多处涉及"化学武器"的设施进行打击。据美方称，此次打击共发射了105枚导弹，包括战斧巡航导弹，增程型联合防区外空地导弹，"风暴阴影"巡航导弹，"海军巡航导弹"（MdCN）和"斯卡耳普"（SCALP）导弹。在前期准备和打击过程中，美军出动了RC-135"联合铆钉"信号情报飞机和RQ-4B"全球鹰"无人机等空中侦察平台，保障了作战行动的顺利进行。据相关媒体报道，在东地中海地区，美军的P-8A反潜巡逻机，RQ-4B"全球鹰"无人机，RC-135C信号情报飞机，甚至瑞典空军的S102B信号情报飞机经常部署在此地执行各种情报收集任务。其中一个原因是俄罗斯将叙利亚地区作为新型武器装备的试验场。大量新型、先进的武器装备配给在叙的俄军部队。对这些武器装备进行信号情报收集有助于西方国家在全球范围内对抗俄军。

另据相关媒体报道，2018年11月26日，在俄罗斯和乌克兰因刻赤海峡事件关系紧张的情况下，一架美国空军RC-135V信号情报飞机从希腊克里特岛上的索达湾军事基地起飞前往黑海上空。古代战争讲究"兵马未动，粮草先行"，从上述行动可以看出，在现代战争中，信号情报飞机也必须是"先行"的一部分。情报是保障军事行动成功的关键。

同样在叙利亚地区，俄罗斯也部署了伊尔-20M多传感器侦察飞机，主要开展远程、全天时和近全天候条件下信号情报收集。该机具备一种由"克瓦德拉特"-2和"拉姆伯"-4分系统组成的信号情报能力。在叙利亚战场上，伊尔-20M飞机密切侦听伊斯兰国和反政府武装分子通信，检测各种辐射源频率和探测目标位置，还通过机载通信系统将战场数据实时回传至拉塔基亚空军基地指挥中心以及莫斯科的国防信息指挥中心。但是在2018在9月17日，一架伊尔-20M多传感器侦察飞机在地中海上空被叙利亚防空导弹击中。当时以色列战机和法国军舰正在对叙利亚的拉塔基亚发动导弹袭击。据俄国防部称，此事之所以会发生，缘于以色列飞机在对拉塔基亚地区目标实施打击时，故意利用俄军机作掩护，将俄军机置于叙防空火力范围内。由于伊尔-20M飞机的有效反射面积大于以色列的F-16战机，因而被击落。从这一事件可以看出大型信号情报飞机在面对火力打击时的脆弱性。

二、各国装备和研发新型信号情报平台

2018年2月日本成功进行新型信号情报飞机RC-2的首飞，并预计在2019年开始装备航空自卫队。法国启动新型信号情报飞机项目，在未来将采购三架新型信号情报飞机。

（一）日本即将装备新型信号情报飞机

2018年2月8日，日本新一代的RC-2信号情报飞机成功首飞，并于6月26日入驻位于东京附近的入间空军基地。作为一种全新的信号情报飞机，RC-2信号情报飞机是在川崎重工生产的C-2战术运输机的基础上，经过相关任务电子设备改装和集成研制而成的，该型飞机计划建造4架，预计于2019年开始装备航空自卫队，并取代目前已经过时的YS-11EB信号情报飞机部署在入间空军基地。为了更好地保障该型飞机的运行和训练，日本航空自卫队为其专门修建了一个数据分析中心、配套维修机库以及专门的任务电子系统维修中心。

该型信号情报飞机采用C-2大型运输机作为载机平台。C-2大型运输机由日本川崎重工业公司研制，该机全长43.9米，翼展44.4米，高14.2米，最大运载重量达30吨。RC-2信号情报飞机在后段机身两侧与上方、前段机身上方主翼翼根处以及垂尾顶端都增设了不同形式的整流罩，另外机鼻处的整流罩体积进行了加大和延长，从而容纳各式侦察设备的天线。RC-2信号情报飞机的巡航速度为890千米/小时，飞行高度最高

可达1.2万米，最大航程将达到7600千米，因此主要飞行性能远远优于目前的YS-11EB飞机，这也意味着该型飞机能够在更广阔的范围内完成信号情报收集任务。

RC-2信号情报飞机采用的是名为ALR-X的机载信号情报任务系统，该系统的研制工作从2004年开始，于2012年完成，累计历时八年。该系统包括接收设备、处理设备、显示设备以及11种接收天线（包括5种接收天线和6种测向天线）。这些天线分别安装在机头、飞机前机身、尾翼、机身中段两侧等部分，能够同时搜集多个目标的数据。其多波束和多接收信道功能提高了远程测向的精度。ALR-X系统灵敏度高，能够远程搜集电磁信号，接收的频率范围宽。通过采用新型软件，该系统能够搜集所有类型的数字调制信号。

RC-2信号情报飞机还装有自动分析处理设备，通过机上处理从而缩短地面的处理时间。此外，该型飞机采用最新型的机载卫星通信系统，因此能够向周边作战节点和相关平台实时传输相关情报数据，因此可以极大的提升其信号情报反应能力。

（二）法国启动新型信号情报飞机项目

法国军方于2018年2月28日宣布将采购三架新型信号情报飞机，以替换其老式的C-160G"加布里埃尔"信号情报飞机。该项采办是法国国防部通用电子战能力项目的一部分。

新飞机将采用"猎鹰"商务机作平台。平台研制方达索公司和电子系统主承包商泰利斯公司经过几年的论证，指出随着电子系统在体积、重量和功率需求上的降低，加上自动化和数据链技术的发展大幅减少了对机组人员的需求，现行大型飞机的电子侦察能力可以在小型商务机上实现。泰利斯公司将研制一种新型传感器系统，能同时截获通信与雷达辐射信号，进一步减少了机载设备量。

法国目前的"加百利"信号情报飞机是1989年投入使用的，具有3名飞行机组人员以及13名任务机组人员。最初设计主要用于对苏联进行侦察。该机服役以来，多次参加法国及多国的军事行动，提供了大量信号情报支援。新的信号情报飞机计划于2025年投入使用。

三、无人机载信号情报载荷成为重点发展领域

随着技术的发展，无人机载信号情报载荷的方案逐渐成熟。无人机和信号情报载荷的结合将为军队提供一种远程长航时、低成本的信号情报能力，能够灵活有力地执

行各种作战任务。无人信号情报平台更是在危险区域执行情报收集任务的优先选项，避免大型有人信号情报平台被敌火力击落时造成的重大损失。

在2018年英国范堡罗国际航展上，莱昂纳多公司和通用原子航空系统公司（GA-AS）签订合作协议，共同在通用原子MQ-9B无人机上集成莱昂纳多公司研发的SAGE电子情报系统。SAGE系统将成为2019年推出的"天空卫士"和"天空卫士"海上监视型MQ-9B无人机的基线系统。SAGE系统具备雷达频段电子支援、信号分析、威胁归类和精确定位等功能，但由于采用了并行宽带和信道化数字接收机，该系统可遂行辐射源瞬时定位和电子情报型信号分析能力。SAGE系统目前已经在韩国海军、巴西海军和印尼空军服役。

同样是在2018年英国范堡罗国际航展上，莱昂纳多公司推出了新型"蜘蛛"（Spider）机载通信情报（COMINT）系统。该系统可以与SAGE电子情报系统综合使用，通过单一任务系统界面提供全信号情报功能。"蜘蛛"系统可装备在"空中国王"350这类固定翼飞机、中空长航时无人机和直升机上。系统的工作频率为20MHz至6GHz，能够执行探测、识别、分析和地理定位等任务。瞬时数字带宽达100MHz，可同时查看系统频谱中的八个波段，探测复杂信号；每秒最多可执行64000次测向（DF）任务，精度达2°均方根（RMS）。"蜘蛛"系统还利用自适应数字波束形成技术，可在强干扰信号出现时增强弱目标信号。系统天线阵列重量不到20千克，安装在一个1.5米×0.5米×0.5米的吊舱内。系统已于2018年开始测试，将于2019年完成首批交付。

四、信号情报飞机发展趋势

（一）选用先进载机平台

作为一种大型高价值平台，载机平台与信号情报载荷之间的关系相当于航空母舰与舰载机的关系。信号情报飞机的生命周期很长，如上文中即将被替代的日本YS-11EB信号情报飞机和法国"加百利"信号情报飞机都已经服役了30～40年。但是机载信号情报载荷则要经历不断的更新，升级和增减。因此，载机平台不但要有良好的飞行性能，还必须考虑到未来载荷升级所需的空间、载重和电源等。目前，信号情报载机平台一般选用先进的涡扇运输机、公务机等机型。这些飞机具有起飞重量大、留空时间长、载运空间足等特点，能够为各项信号情报收集任务提供良好的飞行保障。另外，先进的载机平台能够为飞行任务电子系统的加改装提供良好的保障条件，使得能够布置较多的任务系统操作员席位及其设备，并为任务系统操作人员提供较好的工作环境；能够为任务电子系统的正常工作提供包括电源供应、专用的液体冷却、系统增压、机载传感器运动补偿、吊舱和大型天线等外在悬挂物挂载投放等提供必要的支持；具有较高的设计裕度，对飞机的有效改装可确保不超飞行的安全包线，如零部件的剩余强度、飞机操纵性和稳定性裕度等。

（二）具有完备情报收集能力和强大的在线分析及存储能力

现代信号情报飞机都具备完备情报收集能力，利用机载多种传感器同时对雷达信号、通信信号、敌方敌我识别信号、数据链信号、无线电导航信号、武器引信、武器导引头信号等进行截获和分析。现代信号情报飞机一般配备了强大的在线分析系统和足够的在线情报分析人员，并可通过数据链、卫星通信等与其他平台和地面指挥中心进行情报交换。信号情报飞机对获取的信号情报进行处理、分析、存储和融合，获取相关信号的重要特征参数，并更加深入地挖掘信号情报的价值，从而对战场电磁频谱环境保持监控。

（三）无人信号情报平台将成为未来信号情报的一支新军

大型信号情报平台一般在目标防区外执行作战任务。在和平时期，平台的安全性不是需要重点考虑的问题。但从2018年9月俄军伊尔-20M多传感器侦察飞机被击落事件可以看出，大型信号情报平台在遭受火力打击时非常脆弱。除了为平台加装各种自卫系统外，另一种更好的方法就是使用无人机。现代电子系统越来越紧凑，对平台空间、载重和电源的要求也逐渐降低，加上自动化和数据链技术的发展，完全可以在无人平台上集成信号情报载荷。相对于大型信号情报平台，无人机的成本大幅度降低。这一方面可以为军队配备更多的无人信号情报飞机，为作战行动提供及时、快速的情报支持。另一方面，无人机平台信号特征小，可以更深入目标区域执行任务，获取更为清晰的情报。无人信号情报平台可以与大型信号情报平台协同作战，以更好地完成电子情报侦察任务。2018年8月，美国空军的"微型空射诱饵"（MALD-X）完成了自由飞行演示。当MLAD-X被发射到危险地区上空巡航，模拟"真实"空情，刺激和诱骗敌防空雷达系统开机，MLAD-X将获取的雷达信号和通信情报转发至接收设备，或由电子战飞机配合截获相关信号，为信号情报侦察或反辐射攻击任务的完成创造有利条件。

（中国电子科技集团公司第五十一研究所 苏建春）

2018 年外军光电对抗装备技术发展

2018年，外军光电对抗武器装备逐步升级换代。导弹告警系统在新威胁环境中实现更好的探测能力，量子级联激光器成为推动美国和欧洲定向红外对抗装备升级的重要因素，美俄高能激光武器处于由技术突破向作战应用转折期，光电隐身伪装向薄、柔、轻方向发展。

一、光电侦察告警

2018年，激光告警沉寂多年后继续成为美国陆军寻求的车辆防护解决方案；导弹告警的过渡方案采用双色告警作为探测威胁的基础；洛克希德·马丁公司寄希望通过更换厂商提高F-35光电分布孔径系统的性能并降低其成本。

（一）美国陆军计划开始应用新的包括激光告警的车辆防护技术

2018年8月，美国陆军计划在"布雷德利""斯特赖克""艾布拉姆斯"以及未来的机动防护火力车和装甲多用途车上使用激光告警等防护技术。陆军计划提供探测、识别并定位激光光源的能力，如激光测距仪或激光驾束反坦克导弹，并在今年晚些时候举办一次激光告警竞技演示以评估商业系统，这样有可能根据正在评估的系统加快其激光告警能力的部署。

（二）BAE 系统公司为美国陆军直升机提供有限过渡性导弹告警系统

2018年4月，BAE系统公司获得了美国陆军授予的一份价值9800万美元的合同，将提供一种用于直升机的有限过渡性导弹告警系统（LIMWS）。该系统比美国陆军直升机的通用导弹告警系统（CMWS）拥有更多的功能，例如采用了莱昂纳多DRS公司开发的双色先进告警系统（2C-AWS），将与改进的算法和机器学习技术一起在新威胁环境中实现更好的探测能力。根据合同，BAE系统公司将在今年第三季度开始测试这些原型样机，准备在2020年第一季度部署第一批装备。初期将为400多架"黑鹰"直升机安装该系统，并可能在未来新的导弹告警系统——先进威胁探测系统（ATDS）服役之前，为其他作战平台安装该系统。

（三）雷声公司开发下一代 F-35 光电分布孔径系统

长期以来，诺斯罗普·格鲁曼公司的光电分布孔径系统（EO DAS）一直被认为是一种革命性的能力，它采用6个分布在机身的高分辨率红外探测器使飞行员能够360°感知飞机周围的环境，并赋予F-35在800英里外探测导弹发射的能力以及允许飞机瞄准地面火炮。截至目前，诺斯罗普·格鲁曼公司已交付了超过2000个光电分布孔径系统。然而，F-35项目面临着巨大的降低成本和提高质量的压力，2018年6月，F-35的主承包商洛克希德·马丁公司宣布选择雷声公司作为下一代光电分布孔径系统的厂商来提升性能并降低成本，计划安装在2023年交付的第15批次F-35上。雷声公司提供的产品最终也必须通过飞行试验，确保满足F-35所有任务需求。与现有系统相比，下一代光电分布孔径系统的性能提升预计主要体现在：全生命周期成本节省超过30亿美元；单位续生成本大约减少45%；运营和维护成本降低50%；可靠性提高五倍；性能提升两倍。

2018年12月，洛克希德·马丁公司开发了具有类似结构的引航分布孔径系统（PDAS）安装到V-280"勇猛"（Valor）倾转旋翼飞机上，将于2019年进行飞行测试。

二、定向红外对抗

美国成熟的大型飞机红外对抗（LAIRCM）系统每年持续获得投资，最新的通用红外对抗（CIRCM）系统从招标开始，历经8年终于投产。除美国外，欧洲定向红外对抗发展迅猛，主要采用量子级联激光器减小定向红外对抗系统的体积和重量。

（一）大型飞机红外对抗系统获得投资，通用红外对抗系统即将开始生产

2018年2月，诺斯罗普·格鲁曼公司获2.09亿美元为美国国防部大型飞机红外对抗系统提供设备和支持，预计2020年4月30日完成。合同的一部分涉及给韩国的对外军事销售。

2018年9月，诺斯罗普·格鲁曼公司与美国陆军合作研制的机载通用红外对抗系

统经过严格的测试以确保系统满足作战行动的需求后，进入里程碑C阶段即将开始生产，标志着开发和测试阶段的结束。

（二）欧洲开发基于新一代量子级联激光器的机载定向红外对抗系统，并首次用于海军环境

2018年6月6日，西班牙英达拉公司和意大利电子集团在欧洲电子战会议上宣布，联合开发基于新一代量子级联激光器（QCL）的机载定向红外对抗系统（见图1）。该系统名为EuroDIRQM（'Q'表示基于QCL的DIRCM），是第一个欧洲全自主研发的用于保护旋翼机和固定翼飞机的定向红外对抗系统，首台EuroDIRQM样机系统于2018年3月和意大利空军合作完成了量子级联激光器运行地面测试。该系统分享了两家公司的InShield和ELT/572定向红外对抗系统的最新发展。其中，InShield可同时检测和管理多个威胁并立即干扰导弹，无须任何手动操作，于

图1　西班牙英达拉公司和意大利电子集团联合开发基于新一代量子级联激光器的机载定向红外对抗系统

2018年2月被西班牙空军用于其9架A400M军用运输机。而意大利电子集团则在2018年10月的未来海军技术展览会上宣布其基于量子级联激光器的定向红外对抗系统将首次用于海军环境。

（三）莱昂纳多公司完成定向红外对抗系统实弹测试

2018年5月～6月，意大利莱昂纳多公司的Miysis定向红外对抗炮塔和防御辅助设备（DAS）控制器与泰利斯公司三个Elix-IR威胁告警传感器相结合，集成在特马公司的吊舱内，针对一些具有代表性的导弹进行了实弹试验，成功展示了适合军用直升机和运输机的下一代机载防御系统。2018年7月，莱昂纳多公司在范堡罗航展宣布已经开始向加拿大空军交付Miysis并安装在其CP-140巡逻机上，中东一些国家也定购了Miysis定向红外对抗系统。

三、高能激光武器

美国各军兵种大力发展高能激光武器，美国陆军高能激光武器向小型平台扩展。

俄罗斯高能激光武器也取得重大发展（详见专题《俄罗斯曝光多款激光武器》）。

（一）美国重视并加大投资高能激光武器

2018年3月21日，新任美国国防部研究与工程部副部长的格里芬在"定向能峰会"上发表讲话称，国防部计划将发展定向能能力纳入国家安全事业，继冷战后重新发展定向能武器将成为最高优先事项。格里芬表示，定向能技术是2018年国防战略中提到的高科技能力之一，其中最受关注的是高功率激光器。

在2018年3月美国国会通过的2018综合支出法案中，高能激光武器的研究、开发、测试和评估经费爆发式增长，相关经费达到910亿美元，较2017年增长了23%。

美国海军在2019财年预算中为防御性舰载激光系统申请总额高达2.99亿美元的研发经费，旨在推进该项目进入快速原型设计、技术试验与演示验证阶段，最终为海军水面舰艇提供足以应对当前和未来未知威胁的先进防护能力。

（二）美国大力发展海、陆、空平台高能激光武器

"劳斯"（LaWS）系统在美国海军"庞塞"号完成为期三年的第一阶段海上测试后，转入了第二阶段海上测试。在2018年7月的环太平洋军演中，"劳斯"系统搭载在"波特兰"号两栖船坞运输舰上作为多国军演旗舰。2018年3月由美国海军授予洛克希德·马丁公司开发"劳斯"的升级产品——60千瓦~150千瓦高能激光和集成光监视系统（HELIOS）（见图2），将在2020年开始安装在"阿利·伯克"级驱逐舰上。HELIOS将首次在一个武器系统中结合3项关键功能：光谱合束光纤激光器对抗无人机和小型快艇，或对无人机侦察设备进行软杀伤，HELIOS的传感器还将成为舰载战斗系统的一部分，搜索的数据将可以直接传输至"宙斯盾"作战系统供舰上人员使用。这是美国海军跨越科技探索阶段，帮助海军部署水面舰载激光武器系统迈进一大步。

为应对武装分子越来越多使用无人机的情况，2018年1月，美国雷声公司将高能激光武器（HELWS）搭载在美军特战队的超轻型全地形突击车（MRZR）上，推出新型移动式高能激光武器HELWS-MRZR（见图3）。整个系统全重不超过700千克，最高时速可达96千米，可直接使用C-130运输机空投，或通过MV-22"鱼鹰"倾转旋翼机快速部署。和之前美军开发的各式粗笨重大的陆基激光武器系统相比，HELWS-MRZR系统的出现标志着激光武器系统的小型化迈上了新台阶。

2018年3月，美国空军宣布以F-15战斗机为平台正式开始机载自卫高能激光武器（SHiELD）的测试。在SHiELD项目中，洛克希德·马丁公司努力解决机载激光武器

在飞行平台上的稳定性问题，缓解激光武器炮塔的抖动，并探索体积更小、性能更好的机载激光武器。2018年6月，F-35发动机制造商普惠公司证实其正在改善F135涡扇发动机动力和热管理能力，更强的动力和功率将使F-35配备定向能武器及其他先进攻防系统成为可能。此外，美国空军还要在新推出的KC-46A"飞马"加油机上装载激光武器，波音公司将在现役B-1B轰炸机的机腹武器舱内安装激光武器。

图2　洛克希德·马丁公司高能激光和　　　　图3　美国雷声公司新型移动式
　　　集成光监视系统（HELIOS）　　　　　　　高能激光武器 HELWS-MRZR

四、光电隐身伪装

美、英研究光电隐身材料和结构，并将电热元件融合到隐身薄片中制造出复合材料，能够伪装成其他物体从而欺骗红外探测器发出虚假热信号。美国陆军的超轻型伪装网提供持久的抗红外和反雷达功能。

（一）美国开发近乎完美实现红外隐身的超薄热隐身薄片

2018年6月，美国威斯康星大学麦迪逊分校利用黑硅开发出一种厚度不到1毫米的超薄热隐身薄片，其原理与太阳能电池板相似，由树立着的数百万个仅在显微镜下可观测到的纳米线组成，入射光在垂直的纳米线之间来回反射，并且这一过程只在材料内部发生，红外光不会逸出，因此形成了有史以来最高效的吸光材料之一，可吸收94%的红外光，近乎完美实现红外隐身。为了扩展这种红外隐身材料的功能，研究团队将电热元件融合到隐身薄片中，制造出一种能够伪装成其他物体的复合材料从而欺骗红外探测器发出虚假热信号，以迷惑红外相机。

（二）英国研制含有少量黄金的伪装柔性材料

2018年7月，英国曼彻斯特大学研究团队采用石墨烯、离子、尼龙和少量的黄金制成一种在数秒内就能与背景温度混为一体的伪装柔性材料（见图4）。它有两个柔性电极：顶部电极由石墨烯层构成，底部电极由涂有金的耐热尼龙制成。它们之间是带正电荷和带负电离子的液体。在存在小电压的情况下，离子会进入石墨烯，因而石墨烯能够吸收佩戴者发出的红外辐射，用于隐藏热成像系统的物体。研究人员希望这项技术还可以用于卫星自适应隔热罩。

（三）美国陆军采购全天候多光谱超轻型伪装网

2018年11月，美国陆军从以色列斐博洛特克斯（Fibrotex）美国分公司采购一种超轻型伪装网系统（ULCANS）（见图5），有深色和浅色配置，适应雪域、沙漠、城市和林地多种作战环境，同时在电磁频谱的多个波段隐藏目标，避免士兵、车辆、坦克、飞机和各种设备被夜视仪、热像仪和雷达发现。它是美国陆军马萨诸塞州纳蒂克（Natick）士兵系统中心近两年的测试、试验和数据收集的结果，美军用最好的传感器对它进行测试，结果是所有传感器都在新伪装网面前落败。

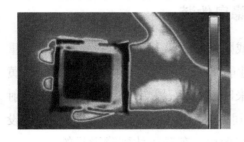

图4　英国研制含有少量黄金的
伪装柔性材料

图5　斐博洛特克斯美国分公司的超轻型
伪装网系统（ULCANS）

五、结束语

（一）导弹告警稳中求快推出过渡性方案

美国陆军2016年6月发布导弹告警长期解决方案，即先进威胁探测系统信息征求书，预计21世纪20年代初发生先进威胁探测系统的竞争。作为通往先进威胁探测系统的桥梁，美国陆军在2017年6月发布了有限过渡性导弹告警系统征求建议书，通过快速反应能力机制（QRC）绕过传统冗长采购过程将合同在2018年4月授予BAE系统公司，弥补通用导弹告警系统和先进威胁探测系统之间的空缺。

（二）量子级联激光器引领定向红外对抗发展

量子级联激光器是定向红外对抗的核心，2018年进入投产的美国最新的通用红外对抗系统采用了日光方案公司的Solaris量子级联激光器，这种体制的激光器体积小、重量轻，使整套系统重量仅为38.6 kg。在欧洲两家公司联合开发的定向红外对抗系统EuroDIRQM名称中，把美国惯用的"DIRCM"简称中的"C"改成了"Q"，着重突显了量子级联的含义。

（三）新型作战平台为高能激光武器的使用创造条件

美国海军激光武器"劳斯"第一阶段在"庞塞"号两栖舰上进行测试，第二阶段将以"波特兰"号为平台，这项决定是在全面调查了它们的供电、冷却、空间、负重等多个因素后做出的。激光武器未来装备的舰载平台和机载平台，无论是"福特"号核动力航母还是改进了发动机的F-35联合攻击机，均预留了充足的电力系统。

（四）新材料、新结构实现轻型光电隐身伪装

之前的红外隐身曾经利用厚重的金属装甲或隔热板屏蔽热信号，这种方法导致重量增加，在一定程度上降低了武器装备的其他性能指标。采用纳米材料、含有少量黄金的柔性材料利用入射光在垂直的纳米线之间来回反射、石墨烯电极吸收红外光辐射的方法达到吸光降温目的。而斐博洛特克斯公司的超轻型伪装网材料将采用可逆设计，首次允许在每侧采用不同的图案和能力，使士兵、车辆等达到隐身目的。

（中国电子科技集团公司第五十三研究所 张 洁）

从美新一轮对台军售看其对台湾地区
电子战能力的提升

2017年6月29日，美国国防安全合作署（DSCA）宣布，通过特朗普总统上任后的第一笔对台军售案，总价值14.2亿美元。此后一直到整个2018年，美国向台湾地区陆续交付了相关武器系统。

2018年9月24日，美国国务院又批准了价值约3.3亿美元的对台军售案，主要包括向台湾地区出售F-16、F-5、"经国号"（IDF）战斗机和C-130运输机的标准航材备件，以及航空系统备件和支持系统。这次军售案可能更多的是一种政治层面的象征意义，而且应该仍属于2017年军售案的一部分，因此本文中不单独对其进行分析。

一、新一轮对台军售相关武器装备综述

2017年6月29日对台军售案，相关武器系统包括"标准2"型防空导弹、Mk54轻型鱼雷、Mk48 Mod.6AT重型鱼雷、SLQ-32（V）3电子战系统改进（搭载于4艘"基德"级驱逐舰上）、AGM-154C联合防区外武器（JSOW）、AGM-88B高速反辐射导弹、"铺路爪"远程预警雷达后续维护等7项内容，如表1所示。

表 1　新一轮对台军售的主要武器装备概述

类　别	概　述
海上武器	● Mk54 轻型鱼雷（LWT）改装组件，鱼雷的弹箱、备件、支持，训练、武器系统支持，改装的工程、技术协助等，将 168 枚 Mk46 Mod.5 型鱼雷改为 Mk54 型，总价约 1.75 亿美元； ● 46 枚 Mk48 Mod.6AT 重型鱼雷（HWT），鱼雷弹箱、备件、支持，训练、武器系统支持，以及工程、技术协助等，总价约 2.5 亿美元，这些鱼雷都源自美国海军库存；

续表

类　别	概　述
海上武器	● 16 枚 SM-2 Block IIIA "标准 2" 舰对空导弹战备弹（AUR），"标准 2" 型导弹的 47 个 Mk93 Mod.1 制导段（GS）、5 个 Mk45 Mod.14 目标探测装置（TDD）护罩、17 个制导段的 Mk11 Mod.6 自动驾驶电池单元等，总价约 1.25 亿美元，主承包商是雷声公司导弹系统部门； ● 4 艘基隆级驱逐舰的 AN/SLQ-32（V）3 型电子战系统改进，包含硬件、软件、支持设备、组件、训练、工程与技术协助等，总价约 8000 万美元，主承包商是雷声公司导弹系统部门
空中武器	● 56 枚 AGM-154C 联合防区外武器（JSOW），包括导弹集成、飞测装置、训练弹、联合任务规划系统（JMPS）改进等，总价约 1.855 亿美元； ● 50 枚 AGM-88B 高速反辐射导弹（HARM），包括 10 枚训练弹、寻弹集成、LAU-118A 发射架、联合任务规划系统（JMPS）改进等，总价约 1.475 亿美元
地面武器	监视雷达项目（SRP，即"铺路爪"远程预警雷达）的后续运行、维修支持、后勤支持服务等，总价约 4 亿美元

上述武器装备中，Mk54轻型鱼雷、Mk48 Mod.6AT重型鱼雷、AGM-154C联合防区外武器、AGM-88B高速反辐射导弹都是台军首次获得该类型武器。其中：两型鱼雷可有效更新台军水面舰艇、潜舰的战斗力；两型空射导弹则都是F-16A/B型战机的携挂武器，可有效提升其空中格斗、对地攻击的能力。

尽管台湾地区"中科院"所研发的功能与上述导弹相近的"天剑2A"反辐射导弹、"万剑"防区外攻击武器已完成或服役，但只能挂载于台湾地区自行研制的F-CK-1A/B（"经国号"）战斗机。从未来看，经过性能提升的F-16V型战机在挂载AGM-154C、AGM-88B导弹之后，台军不但可执行对敌防空压制（SEAD）任务，还可以与F-CK-1A/8"经国号"战斗机协同使用，进一步提高战术应用的灵活性。

（一）Mk54 轻型鱼雷

Mk54轻型鱼雷（如图1所示）旨在解决Mk46鱼雷性能不足而开发的，Mk46 Mod 5鱼雷无法在恶劣影响水文环境下应对低多普勒效应目标（如极慢速目标），尤其是当目标采用了一定的反制措施的时候更是如此。Mk54轻型鱼雷结合了Mk46鱼雷的弹头与推进系统、Mk50鱼雷的声呐阵列与传输单元、商用接收器与信号处理器。

（二）Mk48 Mod.6AT 重型鱼雷

Mk48及其后续改进型的先进能力（ADCAP）型重型鱼雷是美国海军水下作战的

主力重型潜射型鱼雷。其中，此次出售给台湾地区的Mk48 Mod.6AT重型鱼雷是专用的外销型号（已售往巴西、土耳其），如图2所示。美国从1995年开始陆续将其Mk48 Mod.5重型鱼雷升级为Mod.6型，主要工作包括制导与控制（G&C）软件升级、推进系统升级，升级后的Mod.6型也称为先进通用鱼雷（ACOT）。

图1　Mk32 发射器发射 Mk54 鱼雷的瞬间

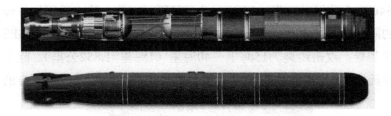

图2　Mk48 Mod.6AT 重型鱼雷示意图

（三）SM-2 Block IIIA"标准2"舰对空导弹

SM-2 BlockIII型导弹的研制工作始于1984年，BlockIIIA是BlockIII的改造型，加入了Mk125战斗部，战斗部爆片具有更大的速度，对来袭目标的毁伤能力更大，还加入了Mk45 Mod9目标探测装置，进一步增加了反掠海目标的能力，如图3所示。此次美国出售给台湾地区的导弹主要用于基隆级驱逐舰，该舰搭载的2座Mk-26双联发射架可发射SM-2 BlockIIIA型导弹。

（四）AN/SLQ-32（V）3电子战系统

AN/SLQ-32是一种舰载电子战组件，由雷声等公司开发，是美国海军当前最主要的现役舰载电子战系统。台湾地区此次采购的主要是4艘基隆级驱逐舰舰载AN/SLQ-32（V）3电子战系统的改进服务。AN/SLQ-32（V）3电子战系统在台军多型水面舰艇上都有安装，如图4所示。

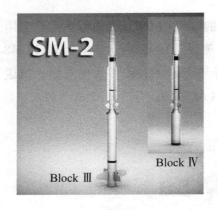

图3　SM-2 Block III 和　　　　　图4　台军济阳级巡洋舰载 AN/SLQ-32（V）
Block IV 导弹对比　　　　　　　　　3 电子战系统天线

（五）AGM-154C 联合防区外武器（JSOW）

AGM-154C联合防区外武器（JSOW，如图5所示）是一款由美国海军牵头、美国空军协同开发的防区外攻击武器，是一种1000磅级空对地滑翔炸弹，采用GPS结合惯性导航的方式实现制导，攻击距离为15海里～40海里（1海里≈1.852公里）。除了在战斗部内装填杀伤性弹药以外，JSOW内还可以装填布撒式碳纤维薄片以攻击敌方的电网。

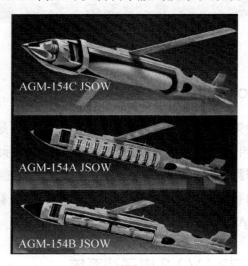

图5　3 个型号的 AGM-154C 联合防区外武器（JSOW）

（六）AGM-88B 高速反辐射导弹（HARM）

AGM-88B高速反辐射导弹（HARM）在美军AGM-88系列导弹中属于比较早期的

型号，又称为HARM Block 3型。AGM-88系列导弹射程约为150公里、时速2马赫以上，无源寻的器工作频率范围为500MHz～20GHz，除了无源引导以外，还具备GPS/惯性导航、毫米波雷达等制导能力。

（七）"铺路爪"远程预警雷达

AN/FPS-115"铺路爪"雷达是一款相控阵预警雷达，2013年初，台军宣布该雷达正式进入战备值班行列。由于该雷达部署位置为台湾地区新竹县五峰乡乐山，因此有时也称为"乐山雷达"，如图6所示。据台军官方报道，该雷达俯仰角为3°～85°，对雷达截面积10平方米的目标探测距离为5000公里，对雷达截面积较小的目标探测距离也可达到1500公里。

图6　部署在乐山的"铺路爪"雷达

二、新一轮对台军售武器装备电子信息能力浅析

新一轮对台军售武器装备的电子信息能力浅析如下。

（一）两款鱼雷的电子信息能力

Mk54轻型鱼雷采用了多窄声束声呐和数字化技术，拥有52个工作信道，因此可工作于较宽频段，且具备软件化控制能力，可按需生成连续波、调频等波形信号，并可通过电方式来控制声束指向（发射器可生成62个独立的指向）。

Mk48 Mod.6AT重型鱼雷可生成多方向发射与接收声束，信号处理采用全软件控制的数字化电路，具备多种搜索与跟踪模式，能够由程序来控制交战、巡航、抗干扰等工作模式。

（二）两款炸弹/导弹的电子信息能力

SM-2 Block IIIA"标准2"舰对空导弹区别于前期版本的主要功能在于其加装了Mk45 Mod 9目标探测装置，对抗低空目标的性能大幅提升。

AGM-154C联合防区外武器（JSOW）采用末端寻的器，具备自动目标搜索与制导能力，除了具备GPS与惯性导航制导能力外，还具备红外寻的能力。这些能力共同形成了一种防区外发射、"发射后不管"的攻击能力。

（三）两款电子战系统的电子信息能力

AN/SLQ-32（V）3电子战系统具备如下能力：威胁告警，其威胁告警接收机能够接收海上常见导弹、飞机上所搭载雷达的信号，以及监视与目标瞄准雷达信号；有源干扰，主要是有源雷达干扰能力。

AGM-88B高速反辐射导弹（HARM）是典型的硬杀伤型电子攻击系统。有三种工作模式，分别可提供三种能力：先发制人打击模式（预置模式），即尚未锁定目标前就发射导弹，然后利用预设的飞行计划或者由发射导弹的载机来定位目标；导弹作为传感器模式（随遇模式、发射前锁定模式），即将导弹的无源寻的器用作电子侦察传感器，对目标雷达辐射源进行定位；自卫模式（发射后锁定模式），即发现威胁雷达信号时，发射导弹以将其摧毁。

（四）"铺路爪"远程预警雷达的电子信息能力

在抗干扰方面，"铺路爪"雷达可以利用分布在天线孔径上的多个辐射单元综合成非常高的功率，根据不同方向上的需要分配不同的发射能量，易于实现自适应旁瓣抑制和自适应抗干扰。

在抗反辐射导弹打击方面，"铺路爪"虽然发射的电磁信号功率达到582.4千瓦，但其工作在UHF频段（420 MHz～450 MHz），频率较低，而目前主流反辐射导弹的被动导引头是针对其他频段雷达设计的，在攻击"铺路爪"时很难保证命中精度。即使研制专用的导引头，由于反辐射导弹弹头尺寸有限，低频率接收天线难以安装到弹头体内。此外，"铺路爪"雷达站体积庞大，即使毁伤部分天线阵元仍能继续工作，并可在开机状态下更换毁坏的天线阵元，因此使用弹药量较小的反辐射导弹很难实现理想的打击效果。

在抗隐身方面，由于隐身目标通常是按照1 GHz～29 GHz的工作频率设计的，其在UHF频段的雷达散射截面积并没有实质性的下降，因此波长较长的"铺路爪"雷达对隐身目标具有较强的侦测能力。

三、新一轮对台军售带来的电子战能力提升浅析

从上述对各类武器装备及其电子信息能力的描述可以看出，从电子战层面来讲，美国新一轮对台军售为台军电子战能力带来了全方位提升——电子攻击、电子防护、电子战支援能力均有所体现。

（一）电子攻击能力提升

此次军售主要涉及两种电子战系统，即AN/SLQ-32（V）3电子战系统改进和AGM-88B高速反辐射导弹采购。这两款电子战系统一软一硬、一海一空，对综合提升台军电子攻击能力有很大帮助。

"软杀伤"方面，改进后的AN/SLQ-32（V）3电子战系统有望提升其有源干扰能力。SLQ-32（V）3/4增加了针对频段3（I/J频段）的干扰能力。SLQ-32（V）3/4在设计之初便具有主动反制能力，在频段1/频段2多角形天线组的最下方加装了两面主动干扰天线，所以（V）3/4的多角形天线组由上到下总共有3层：最上层的负责频段3的接收，居中的为频段2的接收天线，最下层则为两面干扰天线。干扰机后端包括供行波管使用的8个高压电源、1部应答式干扰机、1个数字开关装置和1个干扰波形产生器。每面干扰天线数组由35个喇叭天线发射单元组成，每个单元均接上一个功率50瓦的导波管放大器，每面天线数组可形成32至35个干扰波束，总功率1MW，能同时干扰80个目标。当主动反制天线在连续干扰敌方雷达的同时，接收天线仍能持续警戒、监视其他可能的辐射源。

"硬杀伤"方面，新采购的AGM-88B反辐射导弹有望大幅提升台军的空对地反辐射打击能力乃至雷达威慑能力。"自卫模式""先发制人打击模式"下的AGM-88B导弹，都可提供强大的硬杀伤电子攻击能力，包括："自卫模式"下，载机上的雷达告警接收机检测到辐射源信号后，由机载指令发射计算机对辐射源目标进行分类、威胁判断和攻击排序，然后向导弹发出数字指令，将确定的重点目标的有关参数装入导弹并显示给飞行员，只要目标进入导弹射程就可以发射导弹（不管目标是否在导弹导引头视场内），导弹按预定弹道飞行，确保导弹导引头能截获目标；"先发制人打击模式"下，向已知辐射源目标的位置发射导弹，导弹导引头（而非机载雷达告警接收机）按

照预定程序搜索、识别、分类探测到的所有辐射源，自动锁定到预先确定的目标上，并对其进行跟踪直至摧毁，若无法命中目标，则导弹战斗部内的自毁装置将启动自毁程序。

（二）电子防护能力提升

此次军售所涉及的7类系统中，除了上述两款专用电子战系统以外，其他系统均或多或少有望提升台军电子防护能力（主要是抗干扰能力），浅析如下。

1. 水声抗干扰能力提升浅析

Mk54轻型鱼雷采用了多窄声束声呐和数字化技术，可以在垂直方向上免遭水面和水底反射噪声的干扰，在水平方向上则具备非常好的定向性，可很好地分辨低反射性目标与诱饵。

Mk48 Mod.6AT重型鱼雷具备专门的自动化抗干扰模式，之前的型号在遇到诱饵或气泡幕干扰时需人工控制以实现抗干扰。

2. 雷达抗干扰能力提升浅析

SM-2 Block IIIA "标准2" 舰对空导弹相对于Block IIIB而言，在抗干扰、末段寻的方面的性能要差很多，因为该导弹上没有Block IIIB上搭载的半有源/红外寻的器。

AGM-154C联合防区外武器（JSOW）采用末端寻的器，具备自动目标搜索与制导能力，除了具备GPS与惯性导航制导能力外，还具备红外寻的能力。

"铺路爪" 雷达则同时具备抗干扰和抗反辐射攻击、抗隐身等能力，上文已有所述，此不赘述。

（三）电子战支援能力提升

此次军售中所涉及的两款电子战系统SLQ-32（V）3和AGM-88B反辐射导弹，尽管主要功能是电子攻击，但同时也均具备不俗的电子战支援能力。

SLQ-32（V）3的侦察部分以SLQ-32（V）2为基础，进一步增加了频率更低的频段1（即，B、C、D频段）接收天线，以侦察敌方低频段远程搜索雷达的信号；这组频段1侦察天线系独立于原本的频段2、频段3的多角形天线组以外，是4个小型平面测向螺旋天线，分别安装于舰艇首尾的两侧，每副天线覆盖90度方位角，其侦察信号以电缆直接传送至接收机，而不经过罗特曼微波透镜。为应对更多的信号接收种类，SLQ-32（V）3的后端处理计算器的存储器容量也有所增加。

AGM-88B的"导弹作为传感器"工作模式本身其实就是一种电子侦察模式。该模式下，载机飞行过程中导弹导引头处于工作状态，利用它比一般雷达告警接收机高得多的灵敏度对辐射源进行探测、定位和识别，并向飞行员显示相关信息，由飞行员瞄准威胁最大的目标并发射导弹。考虑到台湾地区总共采购的导弹数量仅为50枚，且价格不菲（每枚约300万美元，而美国国内的价格不到每枚30万美元），因此，此次军售所购得的这些导弹平时主要的工作模式应该就是传感器模式，换言之，将导弹导引头当作辐射源告警接收机来用。

四、结束语

美国此轮军售中所牵涉的几种典型武器装备已经远远超出了"防御性武器"的范畴，尤其是2型鱼雷与3型导弹。而且，如上所述，从电子战角度来看，这些武器装备也的确实现了对台军电子战能力"全维度提升"的效果。

然而，终究不过是徒劳而已。

（中国电子科技集团公司第三十六研究所　张春磊）

大事记

美国国防部发布新的《国防战略》　2018年1月，美国国防部发布了新的《国防战略》。该战略指出，在经过15年的反恐战争和反叛乱战争后，美国国防部关注的重点将转向中国和俄罗斯这样的同等对手。美国国防部一直以来都非常关注中国和俄罗斯的军事现代化进展，随着其国防战略全面转向大国对抗，将在相当长的时期内推动美国电子战的发展。该战略确定了电磁频谱域在未来大国对抗中的重要地位，为电子战以及更广泛的电磁频谱作战提供了重要的战略背景。

美国军在韩国部署"罗盘呼叫"电子战飞机　2018年1月4日，美国空军一架EC-130H"罗盘呼叫"电子战飞机（代号为73-1590"Axis 43"）飞抵日本横田空军基地，随后转场部署到韩国乌山空军基地。据称该飞机的部署是为了在韩国平昌冬奥会期间执行反简易爆炸装置（IED）任务。

美国空军电子战体系能力协作小组开展未来电子战能力研究　2018年1月5日，美国空军电子战体系能力协作小组（EW ECCT）就未来电子战能力向工业界发布了信息征询书，征询书涵盖了从高频到紫外频段的所有有源和无源系统，寻求关于"全谱电子战"的平台级技术、系统和子系统技术以及电子战/电磁频谱概念的信息，重点关注对敌方综合防空系统的防区内/防区外非动能作战。美国空军战略发展规划与试验办公室于2018年2月5日～9日在战略交换会议期间对EW ECCT的相关工作进行了讨论。2018年6月，EW ECCT完成了一项重要工作，并向空军高层进行了汇报。2018年底，EW ECCT完成了空军未来电子战作战概念的研究。

俄军挫败无人机群攻击　2018年1月5日晚至6日清晨，俄罗斯位于叙利亚境内的赫梅米姆空军基地和塔尔图斯海军基地遭到无人机群攻击。俄军迅速对来袭的13架无人机发动电子攻击，其中7架被"铠甲-S"防空系统击落，另外6架通过电子战方式解除了威胁（既有可能是发送误导指令的电子攻击，也有可能是传统的对GPS的强电磁干扰）。这是无人机群首次应用于作战，也是首次在实战中使用电子战手段应对无人机群攻击。此次事件也展示了由雷达、防空导弹与干扰机构成的分层防御系统。可以清楚地看出，俄罗斯将电子战与防空/导弹防御紧密结合已初见成效。

美国海军"下一代干扰机"项目取得多项进展　2018年1月，美国海军航空系统司令部发布了"下一代干扰机"低波段（NGJ-LB）系统"现有技术演示"（DET）阶段的广泛机构公告。2月，美国海军宣布，2019财年预算为NGJ项目申请了4.595亿美元的研发经费。7月，美国海军确定L-3公司和诺斯罗普·格鲁曼公司中标NGJ-LB系统DET项目，随后雷声公司向美国政府问责局（GAO）提出抗议。9月27日，美国海军签订了"下一代干扰机"中波段（NGJ-MB）系统工程与制造开发变更合同。10月22日，GAO驳回了雷声公司的抗议，维持美国海军先前做的决议。10月25日，美国海军宣布与L-3公司和诺斯罗普·格鲁曼公司分别签订了为期20个月的NGJ-LB系统

DET合同。

美国推出新型移动式高能激光武器　2018年1月，美国推出了新型移动式高能激光武器HELWS-MRZR。整个系统全重不超过700千克，搭载在超轻型全地形突击车（MRZR）上，这标志着激光武器系统的小型化迈上了新的台阶。

美国海军SEWIP项目取得多项进展　2018年1月底，洛克希德·马丁公司向美国海军交付了水面电子战改进项目（SEWIP）的首批两套AN/SLQ-32（V）6C小型系统。此次交付的两套系统将装备在海岸警卫队的新型离岸巡逻舰上。2月，装备有SEWIP Block II系统即AN/SLQ-32V（6）的"阿利·伯克"级驱逐舰"卡尼"号（DDG-64）在黑海地区进行了为期两周的部署，这表明SEWIP Block II系统已经部署到了俄罗斯的后院，为美国海军提供更加强大的探测、定位、识别和区域辐射监视能力，并且能够在攻击发生后做出最佳的应对。7月，美国海军海上系统司令部授予洛克希德·马丁公司一份价值2亿美元的合同，要求全速生产AN/SLQ-32（V）6，并在2019年12月前完成生产任务。

美国陆军发布《赛博空间与电子战作战概念2025—2040》　2018年1月，美国陆军训练与条令司令部（TRADOC）下辖的陆军能力集成中心发布了一份名为《赛博空间与电子战作战概念2025—2040》的新文件（编号为525-8-6的TRADOC手册）。该手册取代了2007年版的美国陆军电子战条令，描述了陆军将如何在赛博空间和电磁频谱中作战，以及如何将赛博空间作战、电子战和频谱管理行动完全集成到联合作战中，以应对未来作战环境中的挑战。手册论述了未来的作战环境以及赛博空间和电子战所面临的军事挑战和解决方案。该手册的出台既是对"多域战"概念的深化发展，也是加快赛博战与电子战融合，支撑"多域战"实战化步伐的理论准备。

BAE系统公司展示高功率微波武器　在2018年1月举行的美国海军协会年会上，BAE系统公司首次展示了其高功率微波武器。该系统采用舰载MK38炮架为武器平台，其微波生成器位于甲板下，通过高速开关，生成脉冲并通过MK38 炮架快速转向目标区域，破坏敌方的电子系统。该系统适用于各型战舰，能在战术距离上挫败敌方的无人机、飞机、直升机、无人艇等目标。BAE系统公司称该系统已经进行了多项试验。

BAE系统公司研制和生产弹载ESM模块　2018年1月，根据美国海军进攻性反水面战（OASuW）增量1计划的要求，BAE系统公司为"AGM-158C远程反舰导弹（LRASM）"的多模寻的头研制和生产弹载微型电子支援措施（ESM）模块。该ESM模块可以显著增强LRASM的突防能力。

以色列演示无人机对抗能力　2018年1月，以色列拉斐尔公司向英国国防部演示了其"无人机罩"（Drone Dome）系统对抗无人机的能力。此次演示包括系统的探测、干扰以及软杀伤能力，但没有演示系统的激光硬杀伤能力。自2016年4月公之于众以来，"无人机罩"已经部署在一个未经披露的亚洲国家运行。2017年，拉斐尔公司已经在欧洲和亚洲的许多防务展上展示了该系统，并将继续推进这种展示活动。"无人机罩"系统的雷达能够探测到最远16千米的小目标，并将其软杀伤干扰能力聚集在较窄的区域，以避免干扰到同区域的其他合法无人系统。

土耳其在叙利亚边境部署KORAL车载电子战系统　2018年1月，土耳其武装部队在北部城市阿夫林附近的土耳其-叙利亚边境上部署了新型KORAL车载电子战系统。一套完整的KORAL系统包括4个电子支援单元和1个电子攻击单元，安装在两辆8×8军用卡车上，两车相距500米，通过光缆进行通信。KORAL系统能够搜索、截获、分析和识别多种常规和复杂类型的雷达信号，并具备测向和电子攻击能力。

澳大利亚成立信号情报与赛博司令部　2018年1月30日，澳大利亚国防部宣布，澳大利亚国防军（ADF）新成立了一个国防信号情报与赛博司令部。之前成立的联合信号情报组、联合赛博组以及澳大利亚信号局（ASD）都将在国防信号情报与赛博司令部领导下开展工作。澳大利亚国防军司令将通过联合能力司令部办公室（信息战部）来指挥国防信号情报与赛博司令部。国防信号情报与赛博司令部继承了国防军与信号局合作的传统，首要任务仍然是确保对军事行动的支持。新的司令部有助于形成更协调的军事力量，并创建了一种可以支持未来军事赛博兵力发展的组织架构。

美国空军举行"红旗"军演　2018年1月26日～2月16日，美国空军在内华达州内利斯空军基地举行了"红旗18-1"军演。作为2018年度的首场"红旗"军演，英国和澳大利亚也以盟国的身份参加了演习。演习中使用了大量的电子战平台（其中澳大利亚派出了4架EA-18G"咆哮者"电子战飞机），增加了空间装备的数量，而且演练了大规模GPS对抗环境中的作战。这些迹象都表明，"红旗"军演的重点已经从反叛乱行动转向与同等对手的对抗，突出了大国对抗的背景，这与美国2018年1月发布的新版《国防战略》是一致的。

美国陆军驻欧部队接收首批电子战系统样机　2018年2月，美国陆军快速能力办公室（RCO）向其驻欧地面部队交付了首批电子战能力系统样机。该系统旨在保护地面部队不受俄罗斯的赛博入侵，并在竞争越来越激烈的电磁作战空间中应对敌方的挑战。美国陆军推进电子战能力的快速开发，目的是在欧洲与俄罗斯这样的对手作战。这些能力将帮助士兵在地面作战中进行机动，而不会被敌方的电子战战术干扰。这些能力包括电子感知、电子支援和电子攻击。这些技术是应美国陆军驻欧部队的请求而开发的，是过渡型装备，美国陆军还将继续开发更先进的电子战能力。

英国升级"阿帕奇"直升机综合防御辅助系统　2018年2月，英国国防装备与支援组织下属的"阿帕奇"计划团队授予莱昂纳多公司一份"安装准备"独立合同，对现有的直升机综合防御辅助系统（HIDAS）进行改进。根据合同，莱昂纳多公司将进行设计和验证，并向波音公司提供相关合同条款，作为英国与美国政府签订的对外军售合同的一部分。5月，英国国防部决定对HIDAS进行升级，并将其从老旧的"阿帕奇"AH1上转移到新型AH-64E机身上。AH-64E的HIDAS将集成当前美国陆军"阿帕奇"AH1机群上的大部分飞机生存能力设备（ASE）系统，包括AN/AAR-57通用导弹告警系统、1223系列激光告警器和"维康"78对抗措施投放器等。

日本部署RC-2新型信号情报飞机　2018年2月8日，日本航空自卫队的一架新型电子情报飞机RC-2在歧阜空军基地进行了首次地面滑行试验和飞行试验。6月26日，这架飞机从歧阜飞到入间基地。日本航空自卫队将采购4架该型飞机并部署在入间空军基地，以替代老式的YS-11EB电子情报飞机。新飞机上安装的电子情报系统代号为ALR-X，包括接收设备、处理设备、显示设备以及11种天线（包括5种接收天线和6种测向天线），能够同时收集多个目标的数据。其多波束和多接收信道功能提高了远程测向的精度。ALR-X系统灵敏度高，能够远程收集电磁信号，而且接收的频率范围较宽。

印度召开第五届国际电子战会议　2018年2月13日～16日，"老乌鸦"协会印度分会在班加罗尔印度科学院召开了第五届印度国际电子战会议（EWCI2018）。会议主题是电子战-分享成功，与会专家共同讨论了电子战的最新技术与系统，会议期间还举办了讲座和展览。

法国启动新型信号情报飞机项目　2018年2月28日，法国国防部长Florence Parly宣布，法国将使用新的战略型电子情报飞机来取代法国空军两架老化的C-160G"加布里埃尔"飞机。新飞机将采用达索航空公司的"猎鹰"商务机作为平台，代号为"美食家"（Epicure），预计将于2025年开始服役。虽然"美食家"基于"猎鹰"飞机平台，但现在仍然不清楚具体会采用哪种型号的平台，相关的表述倾向于三引擎的7X/8X，但新的双引擎"猎鹰6X"也可能是一个备选机型。"美食家"将装备由泰利斯公司开发的新型传感器系统，可以同时截获无线电和雷达信号，从而可以减少机载系统的数量。

俄罗斯公布"佩列斯韦特"车载激光武器　2018年3月1日，俄罗斯总统普京在发表的国情咨文中公布，"佩列斯韦特"新型车载激光武器已列装部队。"佩列斯韦特"亮相后引起各国极大反响，分析认为其功率在50千瓦以上，主要作战目标为无人机和导弹。

以色列开发ELL-8270机载拖曳式诱饵　2018年3月4日，以色列媒体称，以色列航空航天工业公司（IAI）下属的埃尔塔系统公司发布了一种名为ELL-8270的创新性电子战系统，能够保护多种飞机不受地空导弹的威胁。ELL-8270系统可在飞机面临敌军导弹威胁时释放出拖曳在飞机后面的假目标作为诱饵，诱饵与飞机保持安全距离。诱饵通过一个转发器发射诱骗信号，能诱使来袭的导弹偏离飞机，从而保护飞机免被击中。ELL-8270系统是全自动的轻型系统，驾驶控制非常简单。由电池驱动的拖曳式诱饵可以在使用后收回飞机或在必要时丢弃。与飞机上的其他防御设备相比，ELL-8270系统的成本相对低廉。

美国海军在关岛部署电磁测试与评估装置　2018年3月，美国海军海上系统司令部的"舰载电子系统评估设施"（SESEF）项目在关岛基地部署了一款新型机动电磁测试与评估装置，为美国海军第7舰队前线部署部队的舰船提供支持。SESEF项目将在关岛基地建立一所永久性的全功能设施，预计将在2020年前形成战斗力。美国海军水下作战中心纽波特分部负责为SESEF项目提供管理及技术服务。SESEF项目设施主要分布在舰队比较集中的区域，并计划部署最新的先进电磁能收发系统，因此有助于对舰载电磁传感器系统进行两方测试、分析与故障诊断。

美国陆军在亚太构建电子战与赛博能力　美国陆军正在亚太地区建立一支多域特遣原型部队，以打造电子战与赛博能力。在2018年3月26日举行的美国陆军协会全球兵力会议上，美国陆军部长Mark Esper称，该新建特遣队的作战对象是战场上的各种作战系统，并通过训练来检验部队的作战能力。训练涉及如何使用电子战、赛博和诸如防空系统之类的传统战场火力来进行跨域作战。该部队尝试通过不同的编队配置来获得更多的能力。至于为何选择亚太地区，Esper认为其广阔的地域给特遣队提出了严苛的作战环境，是名副其实的海陆空多域作战环境。

美国陆军推进无人机电子战吊舱的发展　在2018年3月27日举办的美国陆军协会全球兵力研讨会上，莱昂纳多公司演示了通过安装在一架大型MQ-1"灰鹰"无人机上的多功能电子战（MFEW）干扰吊舱窃取敌方IP地址，拦截敌方通信，甚至操纵敌方信息。该干扰吊舱能够对当地的所有接入点进行扫描，以便作战人员能够识别该区域内的目标，并进入感兴趣的网络。8月22日，美国赛博卓越中心公布，"灰鹰"无人机将装备"多功能电子战"系统的空中系统功能（MFEW Air），该系统具备电子攻击能力，目前正处于样机阶段，计划在2019年进行试飞。

哈里斯公司将为F/A-18提供新一代电子干扰机　2018年3月，哈里斯公司获得价值1.61亿美元合同，为美国海军和澳大利亚海军的F/A-18C/D/E/F战斗攻击机提供新一代电子干扰机ALQ-214（V）4/5。ALQ-214（V）4/5将作为海军"综合防御电子对抗"（IDECM）项目的主要组成部分，综合使用无线电信号探测和多种主动防御措施，为F/A-18提供机载自卫能力。

俄罗斯米-8电子战直升机现身叙利亚　2018年3月，一架装备了新型"杠杆-AV"干扰机的俄制米-8直升机被拍摄到在叙利亚西北部执行作战任务，可能是用于干扰敌方飞机和导弹的无线通信。"杠杆-AV"系统可以自动探测并干扰400公里范围内的敌方雷达和其他电子信号。到目前为止，俄罗斯已经订购了大约20套"杠杆-AV"系统，其中大部分似乎都安装在米-8直升机上。这些电子战直升机将为武装直升机和对地攻击机提供干扰掩护，在叙利亚执行的也可能是这种任务。到目前为止，米-8电子战直升机只在叙利亚西北地区被发现，显然是在保护俄罗斯在该地区的主要空军基地——赫梅米姆空军基地。

英国"亮云"诱饵取得新进展　2018年3月，英国皇家空军宣布已批准前线使用莱昂纳多公司开发的"亮云"投掷式有源诱饵系统，并将其装备于空军"狂风"战斗机。在2018年6月5日-7日的"老乌鸦"协会第23届欧洲电子战大会上，莱昂纳多公司发布了"亮云"诱饵系列的最新型号——55-T型"亮云"诱饵。该型诱饵适用于运输机，采用与55型相同的小型射频干扰模块，可以将来袭的雷达制导导弹诱偏。该型诱饵的市场目标包括莱昂纳多公司生产的C-27J运输机以及C-130、KC-390和A200M等第三方平台。55-T型"亮云"诱饵目前处于研发的最后阶段，将在2019年初交付。

美国空军加快装备ALR-69A（V）雷达告警接收机　2018年3月29日，雷声公司从美国空军获得一份价值4.5亿美元的不定期交付/不确定数量（IDIQ）供货合同，为其提供40套AN/ALR-69A（V）全数字雷达告警接收机，主要用于装备战术飞机和大型飞机，以取代传统的雷达告警接收机。预计这40套系统将于2019年中期完成交付。美国空军要求新系统的外观设计要与传统雷达告警接收机相近，不能变更安装位置和安装方式。美国空军将首先更换C-130运输机上的雷达告警接收机，然后是F-16战斗机，2018年底开始在F-16上进行集成测试。美国空军还授出了几份合同，用于开发基于机器学习模块的软件，使雷达告警接收机可以自主适应新的威胁环境。

美国国会议员提交《联合电磁频谱作战战备法案》　2018年4月，国会议员邓·培根向美国众议院提交了一个新的立法提议《联合电磁频谱作战战备法案》。该提案主要聚焦于美国国防部应如何更深入地确定电磁频谱作战存在的不足，指导国防部为电磁频谱作战开发并实施联合的战役建模能力。这将使国防部能够评估其电磁频谱作战的效能，有助于提出电磁频谱作战需求并对整个国防部范围内电磁战斗管理的需求和资源进行评估。该提案要求国防部提交一份临时的电磁频谱作战报告，该报告要对靶场有关的电磁战能力的试验、测试和训练进行评估。

日本拟采购电子战飞机和海上情报侦察飞机　日本防务省采办、技术与后勤局（ATLA）在2018年4月和6月分别针对国内和国外供应商发布了"多功能电子战飞机"的信息征询书。要采购的飞机是防区外电子干扰飞机，这意味着其可以在远离敌方目标的安全距离上执行任务。飞机将在日本航空自卫队服役。另外，ATLA还在2018年4月发布了海上情报侦察飞机的信息征询书，目的显然是为了取代洛克希德·马丁公司开发的EP-3C飞机和OP-3C"猎户座"飞机。日本防务省已将该项目列入从2019年开始的五年防务计划中。采购数量将由日本海上自卫队确定，ATLA负责飞机的研发工作。

美国海军陆战队EA-6B即将全面退役　2018年4月14日，一架EA-6B"徘徊者"掩护两架B-1轰炸机对位于叙利亚大马士革附近的Barzah研发中心展开了空袭。5月11日，美国海军陆战队第3电子攻击中队在北卡罗来纳州切利岬海航站举行了EA-6B退役仪式，并于5月31日完全退役。9月12日，部署于卡塔尔乌代德空军基地的第2电子攻击中队在执行完最后一次飞行任务后返回美国本土，并于2018年10月开始退役，将于2019年3月完全退役。这标志着EA-6B在海军陆战队的服役期满，将不再作为联合战术机载电子攻击设备进行部署。

美英法空袭叙利亚　2018年4月14日凌晨4时，美英法三国联军对叙利亚发动了空袭。空袭前一天，美国派出1架EP-3E电子侦察飞机对叙进行了侦察。空袭中，美国海军陆战队的1架EA-6B为B-1B护航，负责提供空中掩护的F-16C战机携载了AN/ALQ-131干扰吊舱。4月17日晚，以色列和美国对叙利亚的雷达系统实施了电子欺骗。此外，空袭前后，美俄展开了激烈的导航对抗。从本次空袭可以看出，导航对抗已成为现代作战中的新常态；电子干扰和欺骗结合火力打击和心理战，实施手段更加灵活和隐蔽；围绕巡航导弹打击的电子攻防将继续成为电子战发展的重点内容。

俄罗斯利用美军"战斧"导弹开发新型电子战系统　2018年4月14日，美英法三国对叙利亚发动了大规模空中打击，之后，叙利亚军方发现两枚没有爆炸的"战斧"导弹，并将其交给了俄罗斯。俄罗斯电子战研制商KRET公司日前透露，基于在叙利亚获得的美国"战斧"巡航导弹，俄罗斯将研制新型电子战系统。

捷克"新型维拉"系统取得多项进展　2018年4月16日-19日，在马来西亚举行的第16届亚洲防务展上，捷克ERA公司表示，德国SMAG公司正在为其"新型维拉"（VERA-NG）军用无源监视系统研制一种增强型桅杆，可以升高达到25米。另外，ERA公司称北约采购了两套"新型维拉"系统，将在未来3～5年内作为北约"对空指挥控制系统"（ACCS）的机动部分。5月，瑞典将"新型维拉"系统集成到其对空监视网络中并进行了一系列演示试验，目的是验证该系统的对空和对海监视能力。6月14日～28日，在德国举行的"2018年波罗的海协同电子支援措施行动国际试验"（BCT18）中，该系统成功证明了其融入"协同电子支援措施行动"（CESMO）网络的能力。

印度空军升级米-17直升机电子战系统　2018年4月，印度空军宣布，正在为老式的米-17型直升机加装电子战系统，以提高其在恶劣环境中的有效作战能力。整套电子战系统包括雷达告警接收机（RWR）、导弹逼近告警系统（MAWS）和对抗措施投放系统（CMDS）。此前，印度利用类似的电子战设备已经对几年前服役的最新型米-17 V5进行了升级。印度空军希望通过这一项目在48个月内完成90架米-17直升机的升级改造，其中包括首批飞行员、飞行工程师和飞行炮手的培训，以使他们能够操作新的系统。

美军AC-130U在叙利亚遭到电子攻击　2018年4月24日，美国特种作战司令部司令雷蒙德·托马斯将军在佛罗里达州举行的地理空间情报研讨会上透露，美国AC-130U"幽灵"空中炮艇在叙利亚上空遭到了电子攻击。托马斯没有指出具体实施攻击的对手是谁，也没有详细说明飞机受到的影响程度如何。AC-130U飞机一直在叙利亚东部边境附近执行打击任务，这一地带有俄罗斯支持的武装力量在活动。

美国海军持续推进EA-18G电子战飞机现代化建设　根据美国海军"响应式电子攻击措施"（REAM）项目，美国海军于2018年4月25日授予诺斯罗普·格鲁曼公司一份价值730万美元的合同，为EA-18G"咆哮者"电子战飞机开发机器学习算法以快速识别并干扰敌方雷达信号。根据合同，EA-18G飞机将获得认知电子战能力，以应对捷变、自适应、未知的敌方雷达及其模式。预计美国海军将在2019年前获得具有认知电子战能力升级的EA-18G飞机，在2025年前后完成对整个EA-18G机群认知电子战能力的部署。10月16日，美国海军透露，其机载电子战专家正与波音公司和诺斯罗普·格鲁曼公司合作，升级EA-18G上的AN/ALQ-218信号情报系统。

美国海军将在F/A-18上部署认知电子战能力　2018年5月，美国海军航空系统司令部宣布已与雷多斯公司签订合同，选定该公司开发的新型电子战技术用于F/A-18"超级大黄蜂"战斗机，通过机器学习算法实现对未知雷达的实时探测与干扰。雷多斯公司在F/A-18的真实作战环境中，利用现有的电子战硬件成功演示了其先进的软件能力。2013年，DARPA启动了"自适应雷达对抗"（ARC）项目研究。在2013—2016年项目开发中，雷多斯公司与哈里斯公司组成的团队与BAE系统公司分别获得了ARC项目三个阶段的研发合同。此次与美国海军签订合同，标志着ARC项目开发的认知电子战能力已经走向装备应用。

捷克陆军展示MKEB II机动电子战系统　在2018年5月16日至18日举行的捷克斯洛伐克国际防务展上，捷克陆军展示了其最新一代的机动电子战系统MKEB II。该系统包含一套被称为技术分析工作站（PrTA）的集装箱式套件，能执行信号分析与分类以及电子战行动。PrTA的工作频段为20 MHz～6 GHz，包含VHF/UHF宽带测向天线、定向天线（20 MHz～3000 MHz）、宽带全向天线（20 MHz～3600 MHz）、有源监视天线（20 MHz-6000 MHz）以及高频无源单极子天线（1 MHz～30 MHz）等多种天线。MKEB II电子战系统还包括单兵式C-MOB和OSEB干扰机，C-MOB用于对抗遥控简易爆炸装置（RCIED）和干扰敌方通信，OSEB能够对抗RCIED。

美国陆军寻求多域电子战能力　2018年5月23日，美国陆军情报与信息战署（I2WD）发布了一份信息征询书（RFI），开展多域电子战能力开发工作。该信息征询书旨在明确未来的电子战能力需求，帮助提供解决基于威胁能力缺口的技术选项信息，以满足2025—2030年支援多任务未来垂直起降飞行器和未来战术无人机系统（FTUAS）的电子战需求。重点关注的领域包括：电子攻击；电子支援；测向；射频、紫外和红外频段的定位技术；如何将具体技术应用在旋翼飞机或特定的无人机系统载荷；如何将技术融进整个多域电子战作战战略。

美国内华达山脉公司推出车载反无人机系统　在2018年5月的特种作战部队工业会议（SOFIC）上，美国内华达山脉公司推出了一款名为X-MADIS的移动反无人机系统。该系统由内华达山脉公司与美国Ascent Vision公司和以色列RADA科技公司合作研制，RADA科技公司提供雷达技术，Ascent Vision公司提供光电、软件和用户界面技术，内华达山脉公司提供电子战部分的解决方案。X-MADIS系统可以在高达50英里/小时的速度下进行威胁探测和识别，并通过电子战攻击手段击败威胁。X-MADIS已经在其他军事专用平台上进行过测试，包括更小型的"北极星"MRZR单兵战车和防地雷反伏击车。系统也可以集成到舰船等其他平台上。

俄将装备"季夫诺莫里耶"新型电子战系统　2018年5月，俄罗斯透露将会装备"季夫诺莫里耶"（Divnomorie）新型多用途电子战系统，旨在应对美国在中东以及俄罗斯西北部边界的侵略行动。"季夫诺莫里耶"系统可以对飞机、直升机和无人机的雷达和机载无线电电子系统进行压制，其作战对象还包括美国空军的E-3预警机、E-2"鹰眼"预警机和E-8"联合星"飞机。俄罗斯西北部边界的军事局势复杂，再加上美国不断在中东进行军事挑衅，这套电子战系统可以有效提升俄罗斯军队应对局势的能力。

日本采购ALR-69A（V）雷达告警接收机　2018年5月29日，美国国防部宣布，雷声公司获得了一份美国空军对日军售合同，向日本提供AN/ALR-69A（V）数字雷达告警接收机（RWR）。相关工作预计在2023年5月前完成。雷声公司称该接收机是世界上首部全数字雷达告警接收机，这份价值9000万美元的不确定交付时间和交付数量的合同包括了接收机的生产制造、集成、试验与交付。ALR-69A（V）具有前所未有的能力，如对敌防空压制、简化跨平台集成、改进的频谱及空间覆盖、在复杂信号环境和单机定位情况下的高灵敏度探测等。该系统将为飞行员提供在当前及未来复杂辐射源环境中所需的态势感知。

英国推进海上电子战项目第二阶段工作　2018年5月31日，BAE系统公司、CGI公司和泰利斯公司宣布将共同竞标英国皇家海军"海上电子战项目"（MEWP）的第二阶段——海上电子战系统集成能力（MEWSIC）增量1。根据英国皇家海军的规划，系统将首先部署到海军的护卫舰、驱逐舰和两栖攻击舰上，然后部署到潜艇上。在此前的"海上电子战水面舰艇Block 1"项目中，三家公司曾合作为英国海军提升电子战传感器能力。在此次联合竞标中，团队按照电子监视传感器、电子战指挥控制、电子战作战支持进行分工，各家公司将充分利用各自的优势，为英国提供技术最先进、可靠和高性价比的解决方案。

"老乌鸦"协会第23届欧洲电子战会议在瑞士召开　2018年6月5日～7日，"老乌鸦"协会第23届欧洲电子战会议在瑞士洛桑召开。本次会议的主题是"塑造复杂世界中电子战与电磁作战的未来"。本次会议根据当前与新型威胁的变化讨论了电子战与电磁作战的未来。议还讨论了应对措施、态度的转变以及所需的新型能力。会议重点是作战、防御能力发展以及工业界创新。

瑞典推出"天狼星"电子战系统　在2018年6月5日～7日的"老乌鸦"协会第23届欧洲电子战大会上，瑞典萨博公司展出了一种名为"天狼星"（Sirius）的集装箱式装备，具有电子情报/雷达ESM以及通信情报/通信ESM功能。萨博公司采用了一个集装箱外加两个可伸展天线的解决方案，天线上安装有能够截获辐射源信号的传感器，一个天线桅杆用于电子情报，另一个用于通信情报。"天狼星"系统也能够使用到达角和/或到达时差对目标进行定位。数据可以传给现场的操作员用于战术应用，也可以传回指挥中心进行进一步的分析。

欧洲开发基于量子级联激光器的定向红外对抗系统　2018年6月6日，西班牙英达拉公司和意大利电子集团在欧洲电子战会议上宣布，将联合开发基于新一代量子级联激光器（QCL）的机载定向红外对抗系统。

美国海军为MH-60直升机采购AOEW电子战吊舱　2018年6月，美国海军宣布将为其MH-60直升机群采购"先进舷外电子战"（AOEW）吊舱，该吊舱将为MH-60直升机群提供全新的电子监视和电子攻击能力。AOEW系统采用一种模块化开放式架构，能适应不断演进的威胁，降低研发时间和成本，加快部署速度，并促进未来系统升级和技术插入。AOEW目前处于工程与制造开发阶段，在2018年6月完成了关键设计评审，并将在随后18个月内研制出一个全尺寸的吊舱系统样机。AOEW下一阶段将进行工程开发模型（EDM）的交付以及实验室运行测试。

俄罗斯组建新型反无人机部队　2018年6月，俄罗斯国防部长宣称俄已组建了新型反无人机部队，其主要任务是识别和对抗各种类型的无人机，预计在2019年达到作战状态。新型反无人机部队将采用"鲍里索格列布斯克2"作为基本系统。这是一种安装在MT-LB装甲车上的多功能电子战系统，利用四种单点干扰机来干扰通信和GPS系统。另外，俄罗斯南部军区透露，该军区组建了一个专门的反无人机机动小组，由电子对抗和防空专家组成。该小组参加了8月30日在伏尔加格勒举行的特种战术演习，演练了识别和摧毁无人机的能力。

俄Su-30SM战斗机装备SAP-518干扰吊舱　2018年6月，俄罗斯宣布其Su-30SM多任务战斗机将装备最新的SAP-518有源电子干扰吊舱。该吊舱由俄罗斯卡卢加无线电技术研究所设计，可以有效对抗导弹的主动雷达导引头，还可以干扰敌方飞机上的雷达以及地面和海上防空系统。SAP-518吊舱采用了最新的电子战技术成果，包括强大的宽带有源天线阵列。系统分为两个翼尖吊舱，测频接收机安装在其中一个吊舱中，基于数字射频存储器的干扰发射机安装在另一个吊舱中。SAP-518吊舱的多信道存储设备能够接收并存储数百个射频信号。

英国"卫士"号驱逐舰安装"巫师"电子战系统　2018年6月，英国皇家海军宣布，其"卫士"号导弹驱逐舰成为首个安装AN/SSQ-130（V）舰船信号利用设备（SSEE）"增量F"通信电子支援措施（CESM）系统的45型驱逐舰。CESM系统是根据"巫师"项目（Project Shaman）采购的。"卫士"号驱逐舰在完成了历时一年的深度维护保养后于2018年4月重返海上，舰上加装了一系列与SSEE"增量F"设备相关的新型天线：安装在通信桅杆上用于测向/搜索的AS-4692 VHF/UHF天线，安装在船头和船尾的AS-4293A VHF/UHF全向搜索天线以及一系列安装在舰船上层结构左弦和右弦的AS-140 HF天线。

英国升级"决心"电子战系统　2018年6月，英国切姆林公司宣布为其"决心3"战术电子战系统开发了新功能，包括对其Prefix和VIPER操作界面进行了版本升级，并采用了新的任务支持和信息系统。Prefix可以对系统探测到的所有信号进行连续测向和同步基线定位，实现多个辐射源的连续实时监控。升级后的系统还具有自动信号识别和分类功能，并且可以按照地理空间信息而非频率来给出自动定位和截获的结果。VIPER能为电子支援和电子攻击计划以及基线通信提供布局规划工具。在2018年6月5日～7日的"老乌鸦"协会第23届欧洲电子战大会上，切姆林公司展示了最新的VIPER系统。

加拿大为"哈利法克斯"级护卫舰升级电子战系统　2018年6月，加拿大海军授予莱茵金属公司一份合同，为其"哈利法克斯"级护卫舰订购"多弹药软杀伤系统"（MASS）。项目计划于2018年～2022年间实施，将"哈利法克斯"级护卫舰安装的双管发射系统改造成三管发射系统。10月，洛克希德·马丁加拿大公司与加拿大海军签订了价值7035万美元的合同，为其12艘"哈利法克斯"级护卫舰上的AN/SLQ-503可重编程先进多模舰载电子对抗系统（RAMSES）提供维护和升级。根据合同，洛克希德·马丁加拿大公司将对RAMSES关键部件进行全面技术更新，确保系统在"哈利法克斯"级护卫舰剩余服役期间可提供相应能力。本次升级后，RAMSES能力可延续至2030年代末期。

丹麦推出可穿戴无人机干扰机　2018年6月，丹麦MyDefence公司推出了新一代可穿戴反无人机解决方案——"斗牛犬"（Pitbull）干扰机。该公司曾在2018年5月推出了用于特种作战部队的可穿戴无人机探测器"僚机103"，结合新推出的"斗牛犬"，步兵将既能探测也能对抗敌方无人机，并且探测和对抗的整个过程可以全自动化。"斗牛犬"是市场上唯一一款可穿戴的无人机干扰机，可覆盖2.4 GHz～2.5 GHz和5.2 GHz～5.8 GHz以及全球卫星导航系统的频段。系统的重量只有775克（不含电池），电池待机时间长达20小时，可连续实施2小时的干扰。系统支持自动和手动两种干扰模式，干扰的平均输出功率为2瓦，作用距离为1千米。

西班牙开发单兵便携式电子防御系统　在2018年6月11日～15日举行的欧洲防务展上，西班牙Indra公司透露其开发了一种便携式电子防御系统，可以让士兵搜集有关敌方雷达的情报。这款便携式电子防御系统能扫描雷达信号并分析其特征，以确定压制敌方雷达的最佳方法。该系统采用鲁棒且可靠的算法，同时结合最先进的人工智能技术，能够学习如何高精度地表征雷达脉冲，如何在密集电磁环境中工作以及如何确定最有效的对抗措施。士兵收集的雷达信息将在阻止敌方袭击友军的行动中发挥重要作用，同时还将帮助对抗小组扰乱敌方信号，以致盲或欺骗敌方系统。

芬兰推出两款无源射频传感器系统　在2018年6月11日～15日举行的欧洲防务展上，芬兰Patria公司推出了两款新型无源射频传感器系统：用于战场空中监视的多基地相干定位（MUSCL）系统和用于战术态势感知的ARIS-E电子支援措施系统。MUSCL是一种模块化的、高度机动的无源空中监视系统，作用距离可达数百公里、方位覆盖范围360°，可同时跟踪100多个目标。该系统的工作原理使其能够探测小型和低空飞行目标，而且对隐身目标的探测能力优于有源雷达系统。ARIS-E系统能为指挥与控制行动实时提供雷达系统的战术与时敏信息，系统采用模块化架构，可以进行高度机动。

欧洲导弹集团开发电磁脉冲反坦克导弹　在2018年6月11日～15日举行的欧洲防务展上，欧洲导弹集团（MBDA）下属的TDW公司宣布其正在开发一种电磁脉冲导弹，用于破坏装甲车辆的电子设备并突破主动防护系统（APS）的保护。当前坦克和装甲车辆通常都装有APS系统以应对反坦克导弹的攻击。APS通过联网的传感器来探测和对抗来袭导弹，这为电子攻击提供了可能。TDW公司提出的解决方案是采用一种载有电磁脉冲弹头的多功能导弹，先用高功率电磁脉冲破坏敌方车载传感器和电子设备，然后用传统的爆炸物实施攻击。该电磁脉冲弹头可以集成到多款反坦克导弹上，目前公司已研制出样机并进行了实弹测试。

印度将试验两种新型电子战系统　据2018年6月的一份招标文件披露，印度国防电子研究实验室（DERL）正准备对印度海军的"卡-31"预警直升机和"伊尔"-38

海上巡逻机进行改进，将分别装备"萨朗".电子支援措施系统和"萨瓦达里"通信情报（COMINT）系统并进行试验。"萨朗"系统拥有几种类型的天线，包括用于高精度基线干涉仪（BLI）测向系统的腔背螺旋天线。该天线安装在机身上的不同位置，以实现全方位覆盖。"萨瓦达里"包括安装在机腹的五部刀形天线、GPS天线、信号处理与接收单元。

美国空军着手实施"罗盘呼叫"电子战系统迁移计划　2018年7月9日，BAE系统公司宣布着手实施"跨飞机迁移计划"，将美国空军EC-130H"罗盘呼叫"电子战飞机上的电子战系统移植到新的EC-37B平台上。相对EC-130H飞机，EC-37B飞机在性能方面更加出色，包括更高的飞行高度、更远的航程以及更快的巡航速度。迁移计划至少会包括"专用辐射源阵列"（SPEAR）吊舱、NOVA简易爆炸装置对抗系统和"战术无线电搜索与对抗子系统"（TRACS-C）等。未来几年，10架EC-130H飞机上的子系统将会全部迁移到相同数量的EC-37B飞机上，首批2架装备"罗盘呼叫"系统的EC-37B飞机有望在2023年前投入使用。

美国陆军发布新的信号情报战略　2018年7月16日，美国陆军签署发布了新的信号情报战略，旨在使陆军在遭受电子战和赛博攻击时能够更好地作战。新战略确保能够提供及时和有用的信号情报支持，在与强大对手的大规模作战行动中满足指挥官的信息需求。新战略提出了四条倡议：组建陆军信号情报部队；对信号情报部队进行培训；为信号情报部队提供装备；制定条令。这四条倡议不仅将提升信号情报能力来应对全球安全环境的快速变化，还将助力电子战和赛博空间行动应对新挑战。新战略提升了美国陆军对中国和俄罗斯等同等对手的情报收集能力，并为成功实施电子战和赛博行动提供有力支撑。

美国陆军持续推进EWPMT研发与部署　2018年7月，美国陆军授予雷声公司一份合同，用于开发"电子战规划与管理工具"（EWPMT）之"能力投放4"。EWPMT由4部分能力投放增量构成，其"能力投放1"已于2018年1月部署到美国陆军驻欧部队，该增量通过可视化呈现出可干扰对象、正在被干扰的对象、辐射目标、敌辐射源形态，并根据敌方在用信号制定计划，干扰敌军以实现物理机动。"能力投放2"的重点是频谱管理，不仅要实现地理机动，还要实现频谱空间机动。在"能力投放3"和"能力投放4"中，开始增加一些赛博态势感知能力，实施赛博与电磁战斗管理（CEMBM）。

小型空射诱饵项目取得多项进展　在2018年7月16日～22日举行的第51届范堡罗国际航展上，雷声公司宣布获得美国空军一份价值9600万美元的"小型空射诱饵-干扰机"（MALD-J）生产合同。8月20日和22日，MALD系列的最新型号MALD-X在美国海军空战武器中心测试场成功进行了一系列先进电子战技术飞行演示。MALD-X

是一种过渡性系统，美国海军将据此开发可与EA-18G"咆哮者"协同作战的高端智能型MALD-N系统，美国空军也将基于MALD-X来提高其现有的MALD-J的能力。9月，美国海军航空系统司令部授予雷声公司一项合同，继续开发"海军专用"的MALD-N系统。MALD-N项目已从战略能力办公室转移至海军，并于2018财年开始进入技术成熟阶段。

美国MQ-9B无人机将装备"圣贤"电子战系统　在2018年7月16日～22日举行的第51届范堡罗国际航展上，莱昂纳多公司与通用原子航空系统公司签订了合作协议，在通用原子公司的MQ-9B无人机上集成莱昂纳多公司研发的"圣贤"（SAGE）电子战监视系统，作为MQ-9B无人机的"空中卫士"和"海上卫士"型号的一个基准配置。"圣贤"是一种数字化电子情报传感器，具有内置的360°雷达告警接收机，能够对火控雷达等威胁进行探测、识别和定位，并能针对潜在的威胁为操作人员提供告警。相关的集成工作已经开始，配有"圣贤"系统的MQ-9B无人机最快将于2019年开始供货。

以色列展出多种电子战装备　在2018年7月16日～22日举行的第51届范堡罗国际航展上，以色列埃尔比特公司展出了多种电子战装备，包括All-in-Small机载电子战自卫组件、"轻矛"（Light SPEAR）无人机电子攻击自卫系统和固态相控阵发射机（SSPA）。All-in-Small是一款小型轻便的机载集成电子战自卫组件，由电子战控制器、数字雷达告警接收机、红外导弹告警系统、激光告警系统和箔条/曳光弹投放系统组成。"轻矛"系统可与一系列发射机和平台集成，体积小、重量轻、功耗低，是适用于多种作战平台的理想电子战系统。SSPA是一种电子战发射机，适用于陆海空各种平台。

俄罗斯研制新型电子战飞机　2018年7月，俄罗斯宣布其正在开发一种新型电子战飞机，可以使美国卫星上的电子设备失效。该项目已经完成了概念论证，即将进入开发设计阶段。新研的飞机将具备全新的机载设备，可以对地面、空中、海上目标以及卫星目标实施电子压制。新飞机称为"伐木人2"，将替代 Il-22PP "伐木人"随队干扰飞机。新飞机在未来交付俄罗斯空天军时，很可能会启用新的名称，同时也可能把平台更换为图-214 或"伊尔"-76。电子战飞机对星载电子设备实施干扰是一项全新的任务，存在巨大的技术挑战。

俄罗斯在乌克兰部署多型电子战装备　2018年7月28日，欧洲安全与合作委员会设在乌克兰的特别监控任务小组使用无人机在乌克兰首都基辅东南620公里的一个村庄发现了俄罗斯部署的4种电子战系统，分别是"里尔-3"RB-341V无人机载电子战系统、1L269 "克拉苏哈-2"干扰系统、RB-109A Bylina电子战设备自动控制系统以及"驱虫剂-1"机动反无人机系统。这是首次在乌克兰发现此类系统，而且均由俄罗斯部队操作。

英国第六代战斗机"暴风"亮相　2018年7月，英国第六代战斗机"暴风"（Tempest）的全尺寸模型在第51届范堡罗国际航展上亮相。"暴风"战斗机的电子战系统可能会采用多功能传感器，该传感器能够探测从低频雷达到Ka波段雷达的一系列威胁，并可能将频率范围进一步扩展到激光以及太赫兹频段。莱昂纳多公司研发的"禁卫军"防御辅助子系统是可能的选项之一。该系统由一部覆盖100 MHz到10 GHz频段的电子支援/雷达告警接收机、一套工作于6～12 GHz频段、输出功率为50瓦的电子攻击系统以及一套基于Ka波段雷达的导弹逼近告警系统组成。

以色列CH-53直升机装备电子战系统　2018年7月，以色列空军在其官方推特上公布了一张CH-53"海燕"（Yasur）直升机的照片。从照片上看，"海燕"的舱门上安装了电子战阵列。该系统的确切功能目前还不清楚，不过电子战是以色列空军最关键的支持能力，在过去十几年里一直帮助空军飞机突防到敌方空域进行作战。以色列的自卫干扰吊舱名声在外，已出口到全球多个国家和地区，甚至美国也在空战演习中使用以色列的自卫干扰吊舱。对于"海燕"系统，干扰敌方面空导弹系统以及自行高炮系统中的雷达应该是基本的能力。

土耳其研制信号情报无人机　2018年7月，土耳其国防工业部发布了自行研制的"安卡"-I（Anka）信号情报无人机的飞行照片。从照片看，其机腹处安装了天线阵，用于通信情报任务，机身侧面也安装了天线阵，可能用于电子情报搜集。如果该无人机在叙利亚执行任务，那么其电子情报功能将使土耳其情报部队针对在该地区的库尔德人民保卫军以及叙利亚部队建立起电子战斗序列。然后，这些信息将被用于构建电子威胁库，为土耳其空军和陆军的威胁探测系统服务。"安卡"-I的机身上方没有圆形天线罩，这说明"安卡"-I的控制和数据传输仍然使用传统的射频链路。

美国国会通过《2019年国防授权法案》　2018年8月，美国总统签署通过了《2019年国防授权法案》。该法案高度关注实力相当的对手正在构建的"相对美国的不对称优势"，指出如果国防部继续对电子战任务领域和电磁频谱作战（EMSO）采取一种不协调和不完整的方式，将面临进一步落后于敌方的风险。国防授权法案高度关注电磁频谱作战，要求国防部的JASON科学咨询组织对美国以及对手的电子战战略、项目、战斗序列和条令进行独立评估，并提出对美国电子战的改进建议。另外，该法案对电子战、信号情报和定向能武器发展项目的预算予以充分支持。

美国陆军扩充电子战部队　2018年8月初，美国陆军宣布正在推进电子战部队改革，具体措施包括：扩大规模——陆军电子战部队官兵人数从2015年的813人增加到目前的940人，在陆军人员三年裁减4%的情况下，电子战人员逆势增加了15%；加强训练——陆军所有新入职的电子战军官都要和赛博行动军官一起接受14个月的课程培训，还要另外接受3个月的电子战专门训练；强化职能——电子战军官将在陆军从旅到师、军以及各陆军军种组成司令部的各个层级新组建的合成赛博/电子战分队中担任负责人。陆军此轮改革的目标是将电子战与赛博战、信息战和其他高科技作战功能整合进新型综合电磁武器中。

美国陆军发布《电子战战略》　2018年8月23日，美国陆军正式签署了《电子战战略》文件。美国陆军电子战战略的目标是：将电子战能力作为力量倍增器，为地面指挥官提供支持。该战略指出，电子战必须在多个作战域和整个战场深度进行整合和同步；必须对电子战进行调整才能适应快速变化的多域作战环境；地面、空中、海上、太空和赛博空间的优势都取决于电磁频谱优势；为了保持陆军的战场优势，必须先于对手将新技术新装备整合到训练有素的电子战队伍中。

美国陆军采取五项举措提升赛博与电子战能力　2018年8月，美国陆军公布了在提升赛博与电子战能力方面所采取的五项新举措。包括：（1）在旅至军级司令部的各级部队中组建赛博电磁行动（CEMA）分队，负责规划、同步和集成赛博与电子战作战以及频谱管理；（2）在包含有军事情报连的旅级部队设立电子战排；（3）在军级部队组建新的电子战连，执行反侦察任务，以支援远程精确打击；（4）在路易斯堡新建一支情报、赛博、电子战、空间（ICEWS）多域分遣队；（5）新建赛博战支援营，该支援营可以将情报、赛博、电子战、信号、信息作战和火力整合到编队中。

美国陆军举行"赛博探索"演习　2018年8月，美国陆军赛博卓越中心在乔治亚州戈登堡举行了2018"赛博探索"（Cyber Quest）演习。演习重点关注赛博态势理解、赛博分析、射频使能赛博、电子战支援、传感器和干扰机、低截获概率与波形检测等方面。此次演习的一个目标是：理解现有的技术是否可以识别和地理定位感兴趣的信号，向上级部队的赛博电磁行动（CEMA）作战人员发出警示信息，并使CEMA管理工具能够规划和协调电子战作战的各个阶段；另一个目标是：检验可以帮助CEMA作战人员在营和营以下梯队规划电子战支援任务并为战术电子战支援系统下达任务的CEMA管理工具。

日本研制新型电子战装备　2018年8月26日，日本陆上自卫队举行了"富士火力"（Fuji Firepower）演习。本次演习特别加入了针对电子战的作战内容，其中，日本陆上自卫队最新列装的"网络电子战系统"（NEWS）首次亮相。NEWS系统由一系列装备了电子战设备的特种车辆组成，能在削弱对手指挥、控制和通信网络的同时执行电子侦察任务。NEWS电子战系统的主要任务是生成敌人的电子战斗序列，定位敌军的位置，截获和干扰敌人的通信。日本防卫省认为电子战和赛博安全能力越来越重要，新型电子战装备的开发显示了日本防卫省对来自太空和赛博空间攻击的关注。

美国海军升级AN/BLQ-10潜艇电子战系统　2018年8月，美国海军海上系统司令部委托洛克希德·马丁公司对AN/BLQ-10潜艇电子战系统进行升级，以更好地对敌方雷达和通信信号进行自动探测、分类、定位和识别。AN/BLQ-10系统通过对光电桅杆或潜望镜传来的信号进行处理，确定目标的数量和位置，为舰队或战斗群实施情报、监视与侦察，能够为潜艇提供威胁告警，规避敌方探测并避免遭遇。按照合同要求，洛克希德·马丁公司将对"弗吉尼亚"级、"洛杉矶"级、"海狼"级和"俄亥俄"级潜艇上的AN/BLQ-10系统进行升级，所有升级工作计划于2020年12月之前完成。

俄罗斯装备"频谱"电子战系统　2018年8月28日，俄罗斯国防部透露，一种名为"频谱"（Spectrum）的新型电子战系统已在俄军入役，并在乌拉尔参加了演习。"频谱"系统以AMN-233114 Tigr-M 4×4车为平台。该车车顶上装有包括光学监控在内的一系列任务系统。"频谱"系统有可能与用于干扰敌方无线电通信和直接火炮打击系统的"里尔-2"系统一起使用。该系统能够进行对空电子监视，以及对地进行光电、无线电、雷达监视，并将数据传输到指挥部。"频谱"系统可能用于对特种部队或非正规部队进行定位。

俄计划研发基于"伊尔"-114-300的电子战飞机　2018年8月，俄罗斯伊留申公司透露，计划在"伊尔"-114-300双引擎飞机的基础上研制电子战飞机。"伊尔"-114-300是1980年代研制的"伊尔"-114的升级型，具有留空时间长、巡航速度低、环境适应能力强、可从简易跑道上起降等性能特征。该飞机是执行多种任务的最佳空中平台，包括监视、巡逻、货运以及电子战、侦察、战斗部署等。俄罗斯RADAR-MMS公司已经在"伊尔"-114LL测试飞机上对各种复杂的无线电设备进行了大量测试。

美国陆军装备新型电子战战术车　2018年8月底，美国陆军向第1骑兵师第3装甲旅战斗队部署了最新型的电子战战术车辆。9月，第3装甲旅战斗队的电子战团队在亚利桑那州尤马市参加了为期两周的车辆交装培训。这是一型安装有电子战系统的四轮驱动MaxxPro Dash防雷反伏击装甲车。SRC公司以其AN/VLQ-12"公爵"系统为基础为新型电子战战术车辆开发了全套的电子战系统。新型电子战战术车辆具有高度可编程能力，允许电子战团队针对敌方的频率开发干扰程序。新的电子战战术车辆为陆军带来了巨大的好处，因为现在陆军可以随时按需提供干扰能力，而之前必须依赖其他军种提供干扰能力，无法及时满足陆军的需求。

美国陆军举行"赛博闪电"演习　2018年9月，美国陆军在新泽西州麦奎尔-迪克斯-拉赫斯特联合基地举行了第三次"赛博闪电"演习。通过此次演习，美国陆军测试了电子战人员的赛博规划能力以及如何将电子战与信号情报在战场上进行融合。此次演习研究了将战术赛博战、电子战、信息和空间效应引入战场的新途径。演习涉及三支战术赛博部队，分别是陆军多域特遣部队的情报、赛博、电子战和空间（ICEWS）分队、赛博作战支援营以及远征赛博电磁行动（CEMA）小组。美国陆军希望借助此次演习对赛博和电子战进行一些变革，组建多样化的赛博战和电子战部队。

俄"伊尔"-20M电子侦察飞机被叙利亚击落　2018年9月17日23时左右，俄罗斯一架"伊尔"-20M电子侦察飞机在返回距叙利亚海岸35公里的赫梅米姆空军基地途中被击落，机上14名机组人员全部罹难。俄方表示飞机是在以色列4架F-16战斗机攻击叙利亚拉塔基亚港的目标时从雷达屏幕消失的。随后，俄罗斯立即在叙利亚部署能够干扰卫星导航、机载雷达和机载通信的电子战装备。第一批电子战装备于9月24日由"伊尔"-76运输机运往赫梅米姆空军基地。这批装备可能包括"克拉苏哈"-4、R330Zh或者"季夫诺莫里耶"（Divnomorie）新型电子战系统，这些装备能够在叙利亚和地中海沿岸数百公里范围内形成一个"电磁保护罩"。

俄电子战部队接收"圈套"无人机对抗系统　2018年9月，俄罗斯西部军区电子战部队接收了最新型"圈套"反无人机电子战系统。该系统可以自动进行搜索并确定目标坐标，能够在各种工作频率范围内压制几公里范围内不同类型的无人机。西部军区电子战部队与军警一起进行了联合演习，测试了"圈套"电子战系统的性能。

乌克兰推出"背板"电子战系统　2018年9月在乌克兰基辅举办的"武器与安全"国际防务博览会上，乌克兰RADION公司推出了一款名为"背板"（Nota）的先进电子战系统。该系统可用于对抗无人机、干扰移动通信网络和雷达系统。"背板"电子战系统能够对辐射源进行测向，确定辐射源的位置和射频特性。该系统还可以通过高分辨率热成像仪获得更多的目标信息。"背板"系统能够生成瞄准式干扰或阻塞式干扰，干扰范围可以选择360度覆盖或扇形覆盖。该系统适用于军事和民用领域，可根据用户的需求进行定制化设计，包括改变频率带宽、发射样式以及发射功率等。

乌克兰开发"薄雾"干扰系统　2018年9月，乌克兰宣布已经开发了一种名为"薄雾"（Serpanok）的电视和调频广播干扰系统，能成功阻止俄罗斯向乌克兰东部地区（顿巴斯）和克里米亚地区播放电视和调频广播节目。该系统采用乌克兰现有的电视和调频发射机，干扰效果非常成功，使俄罗斯停止了播放电视和广播宣传节目，而乌克兰能够正常播放节目。俄罗斯在其苏联时代（1991年以前）的很多电子战专家都是乌克兰人。目前乌克兰组织了军事或民间志愿团体，能够判断出俄罗斯可能采取的举动，并采取相应的对抗措施。

以色列扩展"空中看守者"电子战系统的适装平台　2018年9月，以色列埃尔比特公司电子战与电子情报分部透露，已经为其"空中看守者"多功能信号情报与电子战系统研发出一种旋转翼型号。目前该型系统已经集成到一个大型旋转翼平台上，并且已经具备作战能力。另外，该公司还在研发"空中看守者"的无人机型号。

丹麦升级机载先进对抗措施投放器系统 2018年9月，丹麦特玛公司宣布，已经为其机载先进对抗措施投放器系统（ACMDS）推出一种升级型号，用以提供升级的混合载荷能力和库存管理能力，并促进与新一代灵巧投掷物的兼容能力。ACMDS能够协同、集成并投放红外和射频投掷式对抗载荷，可装备在固定翼战斗机、运输机、宽体飞机以及旋转翼平台上。ACMDS系统可通过特玛公司的AN/ALQ-213电子战管理系统或其他防御辅助系统（DAS）控制器进行控制。

美国海军将电磁频谱确定为独立的作战域 2018年10月5日，美国海军发布的2400.3号政策中将电磁频谱确定为与陆、海、空、天和赛博同等的第六个作战域，以提高美国海军在电磁频谱空间的优势。新政策力图推动一种体系方法，促使所有与海军电磁频谱作战相关活动的开展，包括海军部在电磁战斗空间项目、政策、规程和控制的发展、实施、管理与评估等事项中相关职责的认定。美国海军首席信息官将负责解决政策中与联邦政府部门或国防部相抵触条款的问题，其具体职责包括监督频谱管理、协助制定保护国内外能力与作战的规章流程制度，提供电磁频谱战略、政策与条令发展的行政管理框架。

日本开发车载IED探测系统 2018年10月6日，日本防卫省采办、技术与后勤局（ATLA）的地面系统研究中心在神奈川县相模原市展示了一款高速简易爆炸装置（IED）探测系统的原型机。该系统安装在日本自卫队的多功能车上，采用微波和毫米波雷达与红外摄像机相结合的技术，来探测车辆前方路面或地下的IED。该系统通过传感器收集数据，生成一个三维数据地图，从而对探测到的IED进行精确定位。日本一直在致力于提高其IED探测能力，以寻求在联合国维和行动中发挥更大作用。另外，举办2020年东京奥运会时，这项技术也可以用于应对国内的IED威胁。

BAE系统公司开发下一代智能D^{2}对抗措施投放器 2018年10月9日，在华盛顿举行的美国陆军协会会议上，BAE系统公司透露其已开发出下一代智能D^{2}可编程机载自卫对抗措施投放器。智能D^{2}系统可以发射包括多发照明弹、有源射频诱饵和动能拦截器在内的对抗措施。BAE系统公司已于2018年9月在瑞典为北约进行了一次智能D^{2}系统演示，成功实现了与本公司以及其他承包商的一次性对抗措施的通信。智能D^{2}系统能够装备于固定翼和旋转翼飞机，并与现有以及未来的告警系统进行集成，包括BAE系统公司的双色先进告警系统（2C-AWS）。智能D^{2}系统允许操作员对投放器进行编程，以发射不同的对抗措施，这一点是现有系统无法实现的。

法国推出"殿下-H"舰载电子战系统 2018年10月23日-26日，在巴黎举行的2018年欧洲海军未来海上技术展上，法国泰利斯公司展示了其新型"殿下-H"

（Altesse-H）通信电子支援措施/通信情报（CESM/COMINT）系统，并透露已向法国海军交付了该系统，将装备在法国海军的5艘新型中型护卫舰上。"殿下-H"是一种海上无源电子战解决方案，装备了内置人工智能和赛博安全能力。该系统采用了泰利斯公司自行研制的TRC 6460 V/UHF波段接收机，能够实时识别多达2000个目标信号。TRC 6460的主要特性包括：频率覆盖范围20 MHz～3800 MHz；瞬时带宽40MHz；相关干涉测向。泰利斯公司还开发了一种扩展选项，可以把"殿下-H"的频率覆盖扩展到高频波段。

美国国防部构建电磁数据库 2018年11月，美国国防部首席信息官宣布，美国国防部正在利用云计算、大数据、人工智能等领域的新技术构建国防部的联合频谱数据库（JSDR），将各军种的电磁数据汇集在一起，创建一个庞大的电磁数据库。该数据库的建立可有效解决美军内部信号互扰和数据资源不足的问题，有助于电子战和情报部队更好地识别与对抗敌方信号。

DARPA启动射频机器学习系统开发项目 2018年11月27日，BAE系统公司宣布已获得DARPA一份价值920万美元的射频机器学习系统（RFMLS）项目第1阶段开发合同，以开发机器学习算法来识别射频信号，提高态势感知能力。BAE系统公司还将开发深度学习方法，使系统可以通过学习对信号重要性进行实时排序。RFMLS项目旨在将现有机器学习方法用于射频频谱这一特定领域，或探索新的体系结构和学习算法，最终目标是开发一套能够从数据中进行面向任务学习的射频系统。RFMLS项目的启动意味着美军已经开始尝试让人工智能在电子战系统射频前端设计方面尽快落地。

DARPA演示无人机自主作战战术 2018年11月，DARPA进行了一组特别编制无人机的测试演示。这组无人机能够在控制链路受到电子干扰的情况下自主协调和执行任务。该测试是DARPA"拒止环境下协同作战"（CODE）项目的一部分。

俄罗斯部署"撒马尔罕"地面电子战装备 2018年11月，俄罗斯国防部计划采购16套"撒马尔罕"（Samarkand）新型地面电子战装备，部署在加里宁格勒、摩尔曼斯克和俄西北部的其他地区，以及远东的滨海边疆区。该合同价值约92.7万美元，将在2018年和2019年进行两次交付。俄罗斯北方舰队自2017年就开始列装"撒马尔罕"，系统的主要任务包括：监视并评估电磁频谱；与其他机动和固定信号情报/电磁情报系统协同，对无线电信号进行瞬时探测、分析与定位；采用软件、电子装置和其他诱骗手段来诱骗和误导敌方平台与系统，使其远离既定目标。

俄将装备"帕兰京"和"季拉达"-2S电子战系统 2018年12月17日，俄罗斯中部军区透露，根据2019年国防采购计划，中部军区将首次装备最先进的"帕兰京"和"季拉达"-2S电子战系统。"帕兰京"是一种高机动性战役战术电子战系统，可用于压制敌方现有和未来的无线电通信系统，并进行电子侦察。该系统可在短波和超短波波段致盲敌人，同时破坏敌人的移动中继通信。此外，该系统还具备系统整合功能，可将各类电子战和电子侦察系统整合到统一的工作网络中，从而大幅提高它们的作战效率。"季拉达"-2S系统能够对通信卫星实施无线电压制，从地面就可以直接使敌方卫星脱离工作状态。

以色列艾利莎公司为印度"光辉"战斗机研发电子战设备　2018年12月，以色列艾利莎公司与印度空军签订了价值1.78亿卢比的合同，为其自研的"光辉"轻型作战飞机（LCA）研发电子战设备。

军用计算领域年度发展报告

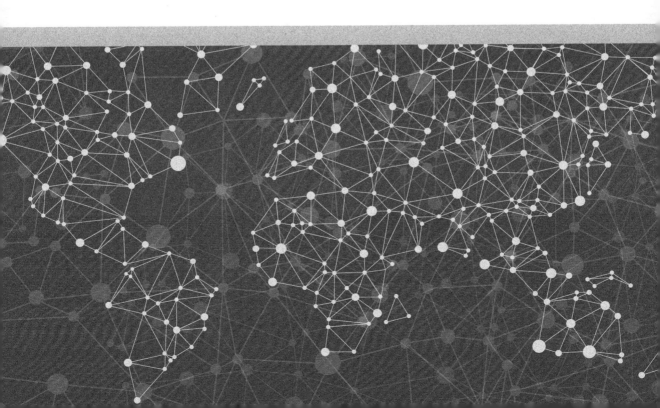

军用计算领域年度发展报告编写组

主　　编：杜神甫

副 主 编：曾宪荣　钟　晨　陈亚菲

撰稿人员：（按姓氏笔画排序）

卞颖颖　杜神甫　辛子龄　钟　晨　索书志

陶　娜　曾宪荣

审稿人员：朱美正　陈鼎鼎　冯　芒　方　芳

综合分析

2018年，世界计算技术领域发展迅猛，军事化需求引领技术创新，应用无处不在，竞争异常激烈，但格局变化不大，美国仍然处于领先地位，紧随其后的是日本、俄罗斯以及欧洲一些国家，中国正在缩短与他们的差距。2018年，一些前沿技术正在逐渐成熟，量子计算的研究不断取得突破，超级计算机、边缘计算、区块链、深度学习等，正从概念逐步走向应用，产业变革越演越烈。

一、量子计算加快部署且充满挑战

2018年，全球加快量子信息领域的行动部署。9月，美国通过"国家量子计划"法案，目标是制定一项全面的、协调一致的国家政策，更好地支持量子研究和量子技术的发展；11月，欧盟推出量子技术旗舰计划，并发布了《基于地平线2020框架的量子技术支持》报告，提出"要统一部署建立服务于量子技术的基础设施，包括量子通信地面网络和量子卫星"，目标是建设覆盖全球的量子互联网。

当前量子计算风靡一时，量子计算机有望在许多学科领域带来突破，包括材料及药物发现、优化复杂的人造系统和人工智能（AI）等领域，可以破解保护世界上最敏感数据的加密技术。政府机构、学术部门和企业实验室每年花费数十亿美元研发量子计算机，许多企业组织参与竞争，避免被抛在后面，一些顶尖公司，如谷歌、IBM、微软和英特尔等，借助最先进实验室拥有的丰富资源，以期实现他们憧憬的量子计算未来。

目前量子计算的理论和模型已经出现，主要通过学习研究量子世界的一些特殊性，使用多种方法途径来实现量子计算，正在探究制造量子计算机的各种策略。主流硬件实现手段有超导、离子阱、半导体、光量子等，超导量子系统稍微占优，加拿大的D-Wave系统公司最先研究这种方法，现在IBM、谷歌、微软和其他公司都在研究。2018年，英特尔研究和制造出了49个量子比特的芯片，IBM制造出了50个量子比特的芯片，谷歌制造出了72个量子比特的芯片。

量子计算研究的最终目标是制造一台通用量子计算机，可以在使用肖尔（Shor）算法对大数分解因子方面击败传统计算机，借助格罗弗（Grover）算法执行数据库搜索，并执行适合量子计算机处理的其他专用应用软件。2018年12月4日，美国国家科学、工程与医学院发布题为《量子计算：发展与前景》的研究报告，阐释了量子计算的运行模式、量子计算的算法与应用、量子计算对密码体系的影响、量子计算的硬件组成、量子计算的软件构成等内容，并在此基础上分析了当前量子计算技术所取得的进步与时代架构，展望了量子计算的未来发展前景。

量子计算发展至今，已引发人们极大的研究兴趣，展现出一定的商业价值，但其将来的发展速度、方向和实际应用还有待观察；量子计算将给当前的密码体系带来冲击，需要人们提前做好相应的设计与部署准备。量子化学、优化（包括机器学习）和破解密码是量子计算最被认可的潜在应用，这些领域目前仍处于初始阶段。现有算法可能会以难以预测的方式实现改进，而新的算法也可能会随着研究不断深入而出现。除密码学之外，难以预测量子计算将会给各个商业部门带来怎样的影响。

量子计算拥有一个令人兴奋的发展前景，但要实现这一前景需应对许多挑战。在过去的二十年时间里，人们对量子系统科学和工程的理解有了很大的提高，随着这一理解的深化，控制量子计算的能力也不断提升。然而，在建造一台具有实用价值的量子计算机之前，仍有大量工作需要去做。同时，也很难预测量子计算的未来将以何种方式、何种速度展开，它可能增长缓慢而渐进，也可能由于意外创新而加速推进。

二、超算领域中美竞争激烈

2018年11月12日，全球超级计算机（超算）500强在美国发布。与半年前相比，全球格局变化不大，美国在最快超算上领跑，中国在数量上继续增长，而且能效也有所提升。从近几年的情况看，在超算领域，中美激烈竞争的态势将持续下去。

2010年11月，经过技术升级的中国"天河一号"曾登上榜首，但此后被日本超算赶超。2012年6月，美国"红杉"超过日本"京"。2012年11月，美国"泰坦"（Titan）夺得第一。2013年6月，"天河二号"从"泰坦"手中夺得榜首位置，并在此后3年"六连冠"，直至2016年6月被中国"神威·太湖之光"取代。2018年6月，美国超算"顶点"（Summit）超越"四连冠"的"神威·太湖之光"登顶。

"顶点"是领先计算系统的一个飞跃，面向科研开放，它能够以更大的复杂性和更高的保真度处理有关我们是谁、我们在地球上和在宇宙中所处位置的问题。2018年，"顶点"仅使用了4608个节点，提供有18688个节点的"泰坦"的五倍以上的计算性能。与"泰坦"一样，"顶点"也有一个混合架构，每个节点都包含多个IBM POWER9 CPU和NVIDIA Volta GPU，它们都通过英伟达的高速NVLink连接在一起。每个节点都有超过0.5 TB的相干内存（高带宽内存+ DDR4），可由所有CPU和GPU寻址，外加800GB的非易失性RAM，可以用作突发缓冲区或扩展内存。为了提高I/O吞吐量，节点使用双轨Mellanox EDR InfiniBand互连连接在非阻塞的胖树中。"顶点"使各个科学领域的研究人员获得前所未有的机会，解决世界上一些最紧迫的挑战。

"顶点"处理器数量从228万多个增加到近240万个，浮点运算速度从半年前的每秒12.23亿亿次提升至每秒14.35亿亿次。"神威·太湖之光"的数据未发生变化，浮点运算速度依然为每秒9.3亿亿次，被上期排名第三的美国"山脊"（Sierra）超越。

"顶点"和"山脊"都由美国能源部下属实验室开发，架构相似，超越"神威·太湖之光"成为第二名的"山脊"，处理器数量维持在157万余个没有增加，而浮点运算速度则由7.16亿亿次提升到9.46亿亿次。这是由于"山脊"代码得到优化，实现了更优秀的性能。相比而言，"神威·太湖之光"使用了近1065万个自主研发的"申威"芯片，可见单个芯片性能尚存在一定差距。

中国的超算数量继续快速增长，从半年前的206台增加到227台，占500强中的45%以上。美国安装的超算数量则下降至109台，创历史新低。中国超算数量快速增长是最大的优势，但在总运算能力上，美国占比38%，中国占比31%，表明美国超算的平均运算能力更强。另外，中国超算制造商在国际舞台上扮演日益重要的角色，10大超算生产商中有4家中国企业。联想公司自半年前成为头号超算制造商以来，制造的超算数量持续增长到140台。另外，浪潮和中科曙光分列亚军和季军，分别是84台和57台。华为制造14台，位列第八。首次跻身超算十强的德国"超级MUC-NG"就由联想公司制造，安装在德国莱布尼茨超算中心，采用了联想开发的水冷技术，比气冷技术节电45%，用于天体物理学、流体动力学和生命科学等研究，减少了碳排放和运行总成本。

近年来，超算更加强调绿色节能，中国的进步可圈可点。按能效排名，两台由中科曙光开发的超算进入"绿色超算500强"前10名。中科曙光的HKVDP系统和"先进计算系统Pre-E"分列第六和第十名。排名第一的是日本的"菖蒲系统B"，美国在前10强中占据3个位置。

中美两国在超级计算机领域的竞争将会继续。非量子计算框架下的超级计算机算力仍有增长潜力，没有受到限制，还在不断升级。超级计算机的下一步将是E级超算，即每秒可进行百亿亿次运算的超级计算机。要实现这一目标，超算系统规模、扩展性、成本、能耗、可靠性等方面均面临挑战。2018年5月天津超算中心展示了新一代E级超算"天河三号"原型机，而中科曙光最近将在美国达拉斯举办的超算大会上推出新产品，为实现E级计算奠定基础。

三、边缘计算引导 IT 变革

边缘计算改变物联网（IoT），就像云计算改变企业IT一样。创建安全、高度可编程和灵活的计算系统来增强人工智能（AI）和机器学习（ML），有助于开创本地AI

的时代，边缘节点不仅智能，且训练有素，知晓它们的环境和状况，使其能够脱机或采用有限的云连接。边缘计算提供基本技术，支持低功耗、低延迟、高吞吐量的解决方案，以实现更高的效率、便利性、隐私性和安全性。

随着云计算、物联网、人工智能、5G等新技术的不断涌现和成熟发展，即时计算需求呈指数级增长，必将推动计算工作负载的部署方式发生深远而重大的变化。

近年来，计算工作负载一直在迁移：先是从本地数据中心迁移到云，现在日益从云数据中心迁移到更靠近所处理的数据源的"边缘"位置，旨在缩短数据的传输距离，从而消除带宽和延迟问题，最终提升应用和服务的性能和可靠性，并降低运行成本。边缘计算主要有低时延、隐私安全和灵活性三大特点。

Gartner指出，到2025年，80%的企业将关闭传统数据中心，而2018年这个比例只有10%。如今，网络日益融合，几乎所有的东西都被连接起来，人人都在消费数据，实施物联网解决方案、边缘计算环境和"非传统"IT的现象在迅速增多。随着人工智能在边缘计算平台中的应用，加上边缘计算与物联网"端-管-云"协同推进应用落地的需求不断增加，边缘智能成为边缘计算新的形态，打通物联网应用的"最后一公里"。

边缘计算面临挑战，尤其在连接方面，具体表现为网络边缘处带宽低及/或延迟高。如果大量智能边缘设备运行的软件（比如机器学习应用）需要与中央云服务器或"雾计算"中的节点进行联系，这就会出现问题。网络中设备数量的增加，网络的安全性越来越难保证，对设备的物理篡改成为可能，在边缘设备与雾节点之间或雾节点与中央云之间的数据传输中实施插入恶意代码成为可能。然而，解决方案正在开发中，或者，这些挑战已经得到解决，因此，在边缘计算面前的道路似乎越来越清晰。

实际上，云计算和边缘计算有不同的优势，边缘计算让云计算变得更强大，云中心模式不会消失。对于需要大量计算和存储的许多其他用例，仍然需要数据中心。然而，除非出现另一次重大的变革，边缘计算仍旧是未来的方向。

四、区块链赋能行业应用

如今，诸如比特币之类的加密货币以及赋能它们底层的区块链技术，吸引了大量的注意力，最著名的比特币近来达到了一定的价值高度。由于区块链本身的新颖性，它已经被描述成自互联网以来最具颠覆性的技术。

区块链技术可以生成可靠的分类账，而不需要记录员彼此了解或信任，从而消除了单个所有者将数据保存在中央位置的危险。区块链的发展可以划分为三个阶段：点对点交易、智能合约和泛区块链应用生态（Token经济）。区块链技术在身份识别方面很有潜力。通过区块链，分布式数据库可以在特定的网络上提供加密的安全扩展，对数据库所做的任何更改都将立即共享给所有网络用户，从而使数据"防篡改"。

2018年，区块链进入3.0时代，着力赋能实体经济，侧链跨链技术能够在区块链的功能和性能拓展上起到非常关键的作用。区块链是一个强大的新的业务模式，它在各个行业落地的同时，也将大幅度变革各个行业。

美国国防部的官员正密切关注如何将其应用于军事行动，美国海军启动区块链研究以改善飞机部件生命周期跟踪系统。美国海军司令部正在探索区块链技术在跟踪飞机部件方面的潜力，为海军的飞机和机载武器系统提供物质支持的美国海军空中系统司令部（NAVAIR）9月21日宣布，它正在调查区块链是否能比目前的方法更有效、更经济地追踪部件的生命周期，从而替代基于纸张的过程跟踪部件并手动记录在数据库上的现有系统，增加安全性并降低成本。

欧洲议会宣布通过一项名为"区块链：前瞻性贸易政策"的决议，阐述了如何使用区块链技术改善欧盟贸易政策，其中包括自由贸易和互认协议。呼吁各国采取措施，促进其地区贸易和商业中的区块链应用。强调需要制定"全球互操作性标准"，以促进区块链之间的交易，从而实现更顺畅的供应链流程。区块链可以提高供应链透明度、简化贸易流程、降低成本和腐败现象、检测逃税情况并提高数据安全性。

俄罗斯国防部正在建立一个特殊的科学实验室，以确定区块链技术是否可用于识别网络攻击，并保护关键基础设施。相对于以前的集中式系统通过清除设备日志的方式隐藏非授权访问的路径，基于区块链的信息化平台可以跟踪网络攻击方的路径，增加网络攻击的风险。目前首要任务之一就是开发一个基于区块链的智能系统来检测、防止黑客对重要数据库的网络攻击。

五、深度学习助力人工智能系统更加高效

深度学习算法将会逐渐被用于处理更多的任务，也会解决更多的问题。现在的深度学习算法和神经网络距离理论中的应用还差得很远。今天可以设计出成本是一年前的十分之一到五分之一、参数数量是原来的十五分之一的视觉网络，还可以比过去它们的同类更加好用，而仅仅通过提升网络结构和训练方法就可以做到这点。最有前景的领域将会是无监督的学习，因为大多数数据是未标记的，可以相信，会看到更深度的模型，用更少的标记数据进行学习。深度学习会成为人工智能实现的最佳途径，使人工智能系统更加高效。

2018年8月，DARPA发布了一份为期三年的"少标记学习"（LwLL）项目征集书，

美国军方研究人员需要工业部门的帮助，通过减少构建机器学习模型所需的标记数据量，从而降低复杂性，加快人工智能（AI）系统的开发和部署。LwLL的目标是将人工智能系统中的标记数据数量降低六个或更多数量级，并将使模型适应新环境所需的数据数量减少到数十到数百个标记示例。

有监督的机器学习系统通过示例学习以识别图像或语音中的物体之类的东西。人类将这些例子作为标记数据提供给系统；足够的标记数据有助于准确的模式识别。然而，训练准确的模型需要大量标记数据。深度神经网络已成为机器翻译、语音识别或对象识别等任务的最先进技术，因为它们具有极高的准确性。尽管如此，深度学习网络模型需要很多例子来实现良好的性能。

商业世界为训练模型收集并创建了大量标记数据集，这些数据集通常是通过众包创建的，这是一种创建标记数据的廉价而有效的方法。然而，众包技术通常不可能用于专有或敏感数据，为这类问题创建数据集可能会导致成本增加100倍，标记时间延长50倍。而且，机器学习模型很脆弱，因为它们的性能会随着操作环境的微小变化而严重下降。例如，当有新的传感器数据时，计算机视觉系统的性能会下降，初始训练之后，这需要额外的标记。对于许多问题，使模型适应新环境所需的标记数据接近从头开始训练新模型所需的数量。

为了减少训练精确模型所需的标记数据，DARPA LwLL计划侧重于两个方面：一是开发有效地学习和适应的学习算法；二是通过对机器学习问题的特征化来验证学习和适应的限制。

首先，寻求开发学习算法，将从头构建模型所需的标记数据量降低六个或更多数量级；以及通过数百个标记示例适应新环境。很可能需要新的方法，在减少滋扰变化的同时，关注输入数据的各个方面，并使用隐式或间接监督来利用未标记的数据。其次，集中于解决机器学习问题所必需的标记数据的数量界限。需要找到一些方法，对于辅助决策的数据，描述决策的难度和数据的复杂性。这些描述应该证明，对于不同类别的机器学习问题、不同的模型和不同类型的数据，在训练和适应方面的限制。

DARPA预计，在元学习、自动转移学习、强化学习、主动学习、无监督或半监督学习以及k-shot学习等方法方面将取得进展。

（中国电子科技集团公司第十五研究所　杜神甫　陶娜）
（中国电子科技集团公司第三十二研究所　卞颖颖　曾宪荣）

重要专题分析

量子计算技术不断取得突破

2018年，各国在量子计算领域取得了数个突破性进展。英特尔公司交付49位量子比特超导量子芯片；谷歌量子人工智能实验室发布72量子比特超导处理器"狐尾松"（Bristlecone）；中国阿里量子实验室研制出目前全球最强的量子电路模拟器"太章"，使用经典计算机模拟量子计算机的计算过程，使得测试和验证50比特～200比特的量子算法成为可能。以上成就均已接近业界公认的"量子霸权"标准，即量子计算机能够操纵50量子比特位时，便可能拥有超越现有经典计算机的能力。

量子芯片与量子计算机的算力不断得到突破，并且已经越过50比特的量子霸权标准，这表明量子计算机可能会比预想中更早地超越经典计算机的能力范畴，引领新一代计算革命，从而带来人工智能、信息安全、交通管理等计算密集型领域的技术飞跃，具有较大的战略意义。

一、量子计算概述

近年来，随着"半导体芯片性能每一年半可提升一倍"的摩尔定律趋于失效，计算机的CPU性能逐渐逼近技术极限。若要再次大幅提升计算速度，需要从计算机的结构设计上进行突破。量子计算有望催生非冯·诺依曼架构的新型计算机，因而受到了前所未有的重视。

量子计算是一种新型计算模式，遵循量子力学规律，调控量子信息单元进行受控演化，从而完成计算过程。它在算法层面用量子规律取代布尔逻辑，能够进行大规模并行计算，借此完成经典计算机无法完成的数据处理与存储任务。对于优化、采样、搜索或量子模拟等几类计算，量子计算将带来明显的加速效果，解决大数分解、复杂路径等难题。目前量子计算机相对于传统计算机的计算优势已经得到了德国、美国、加拿大的联合研究人员的理论证明。

量子计算的基本理论包括以下内容：

（1）量子比特：经典计算机信息的基本单元是比特，使用高低电压表示其状态，一个比特只能表示两种状态；而量子计算机的基本信息单位为量子比特，使用量子纠缠态表示其状态；一个光子可以以不同概率处于多个叠加态中，因此一个比特可以表示多个状态。

（2）叠加态原理：一个体系中，每一种可能的运动方式被称作态。微观体系中量子的运动状态无法确定，呈现统计性，与宏观体系确定的运动状态相反。量子态就是微观体系的态。叠加态原理是现代量子计算机模型的核心技术。

（3）量子纠缠：两个粒子互相纠缠时，一个粒子的行为会影响另一粒子的状态，此现象与距离无关，即一个粒子被操作时，另一个粒子的状态也会相应改变。

（4）量子并行原理：量子计算机的一个比特可以同时表示多种状态，因此能够以指数形式存储数据，并进行大规模并行计算。根据麻省理工学院研究人员劳埃德（Seth Lloyd）的观点，60个量子比特就足以对一年内人类产生的所有数据进行编码，300个量子比特使一台量子计算机能够瞬间进行的计算次数，将比宇宙内的原子总数还多。

量子计算的巨大优势使它可以广泛应用于军事、宇宙研究、密码学、人工智能、化学分析、药物合成等领域，推动社会进步和发展，但在相关应用落地前，尚有很长的路要走——目前量子计算技术仍未成熟，其发展进程仅相当于经典计算机的早期发展阶段，即机械计算机、真空管和半导体之争的阶段，这是由于量子计算仍然缺少主流的硬件实现手段。2018年，加德纳咨询公司（Gartner）认为量子计算还需要5~10年才能成熟，而波士顿咨询公司（BCG）认为，量子计算需要至少25年时间才能走向技术成熟。

二、量子计算领域发展现状

量子计算被视作信息时代的下一个前沿，在国防领域也具有重要的战略意义，因此引起了各国政府的重视，相继制定技术战略并投入巨额资金支持研究工作。

（一）白宫发布量子信息科技战略

2018年9月，白宫发布《量子信息科学国家战略概述》，系统性地总结了量子信息科学带来的挑战和机遇，以及美国为了领导量子信息科学领域应做出的努力。概述明确表示，量子计算是美国对量子信息科学进行投资的领域之一，量子计算未来十年内的相关应用包括实现特定计算应用的量子处理器、用于机器学习及优化的新算法、变革性的网络安全系统（包括量子抗性密码学），等等。

美国是最早注意到量子信息科学技术潜力的国家之一，国防高级研究计划局（DARPA）早在2002年就制定了《量子信息科学和技术发展规划》，加速推进量子信息技术的实际应用。但白宫一直未将其上升到国家性战略的高度，对它的发展方向和相关政策缺乏具体规划，这导致了美国量子信息科学的投资较为有限，且缺乏连续性。新美国安全研究中心（Center for a New American Security）在2018年9月提出警示，称美国在传统军事科技领域的优势可能会被中国的量子研究进展所打破，美国有必要启动一项计划确保量子研究得到充足资金并吸引人才。

白宫这一战略的发布有望解决这些问题。这意味着美国将真正参与到量子信息领域的激烈全球性竞争中来。特朗普政府将新的量子研究计划命名为"量子飞跃"（Quantum Leap），也显示了其进行加速发展、维持并拉大相对其他国家技术优势的决心。

（二）美军或将量子计算研究列为最优先事项之一

2018年6月，美国陆军研究办公室向耶鲁大学赞助1600万美元，以推动其量子计算研究；7月，美国国防部将量子计算和相关应用列入了必须进行的研发投资清单，并与美国空军讨论，认为有必要将量子计算研究列为最优先任务之一。美国国会也在未来五年的预算中为量子信息科学项目提供8亿美元的融资额度，确保能有充足资金展开相关研究。

美国政府与军队提升对量子计算的重视程度，原因之一是希望确保美国在量子信息科学研究竞争中的领先地位，另一原因是意识到了量子计算在国防领域的应用潜力。美国空军研究实验室（AFRL）表示，量子计算技术极具颠覆性破坏力；空军希望使用量子计算实现人工智能算法的突破性进展，对此已经进行了长期投资；同时，除了聚焦量子信息科学的关键技术，军方也着眼于整体布局，将量子技术应用于整个生态系统的许多方面，构建一个覆盖地面和高空的网络。

（三）谷歌研发出72位量子比特计算机

2018年3月，谷歌量子人工智能实验室公布了72量子比特超导处理器"狐尾松"。它从谷歌之前9量子比特位处理器扩展而来，采用了同之前一样的耦合、控制和读出方案。这意味着它拥有和之前的处理器同样低的读数错误率和双量子比特门错误率（分别为1%和0.6%）。"狐尾松"已经越过业界公认的50量子比特的量子霸权标准，研究人员表示，利用"狐尾松"有可能实现量子霸权，促进量子算法在实际硬件上的发展。

然而，由于该处理器的72量子比特并非基于真正的纠缠量子对实现，而是通过将原先9量子比特的芯片进行矩阵乘法排列实现，因此尚不能说在真正意义上实现了"量子霸权"。之后中国阿里集团量子实验室使用量子电路模拟器"太章"对谷歌的量子电路进行模拟，实验结果也证明，谷歌的72位量子比特处理器性能并未达到其公布的标准。

尽管如此，谷歌的"狐尾松"处理器仍具有重要意义。它为构建大型量子计算机提供了极具说服力的原理证明，可以充作一个模拟试验平台，用以研究量子比特的可扩展性，进行量子算法的模拟和优化，促进实际硬件早日落地。

（四）中英合作研发通用光量子计算芯片

2018年8月，包括中国军事科学院国防科技创新研究院在内的一支中英科研团队合作研发出一款通用光量子计算芯片。他们利用硅基光波导芯片集成技术，设计并开发出面向通用量子计算的核心光量子芯片。使用这一芯片制造的光量子计算机可实现小规模量子检索、分子模拟和组合优化问题等应用。

这一芯片集成了200多个光量子器件，具有高稳定性、可快速配置等特性，能实现不同的量子信息处理应用，如量子优化算法和量子漫步模拟。该芯片的研制成功是迈出的光量子计算的重要一步。

三、量子计算实用化过程中的困难

尽管量子计算研究在过去一年取得了重大突破，但离实用化还有一段漫长的距离，这主要是以下技术障碍所致：

（1）缺少提升量子比特规模和相干时间的手段。量子比特需要量子相干性以形成量子纠缠，这相当于经典计算机需要有增益的晶体管。如何实现大规模量子比特和提升相干时间是量子计算机系统面临的最大挑战。这些问题即使在理论上也是难以解决的，因为量子信息无法被复制，而量子计算机中的子系统相互纠缠，这导致所有设计都要以全局的角度来思考。

（2）量子电路连接性与控制精度亟待提升。超导量子计算机基于标准集成电路和超导技术，相对而言容易被构建和掌控，是量子计算机最有前景的实现方式。但量子计算机的量子电路需要更高的栅极保真度和更多稳定性以限制去相干，因此需要更适合的方案以便在连接性和控制精度方面得到改进。

（3）量子软件开发面临困难。由于量子计算机的结构并非经典的冯·诺依曼式计算机，因此编程方法也截然不同，甚至在某种程度上违反直觉。此外，目前缺少对量子计算机编程方面的训练和教育，相关人才数量较少，这也为量子软件开发增加了困难。

四、量子计算的军事应用前景

目前，量子计算机还处于原理演示的探索性研究阶段，还未出现类似冯·诺依曼架构一般占据主导地位的架构模型，然而一旦量子计算技术获得突破，掌握这样"超级算力"的国家就会在经济、军事、科研等领域迅速建立全方位优势，而失去先机的国家则可能陷入巨大的安全风险中。因此各国国防、军工、科研部门都在量子计算领域发力，试图抢占先机。

量子计算机的大规模并行计算能力在军事领域有着广阔的应用前景，例如密码破译、战场数据分析、装备研发等。量子计算领域的技术优势将转化为一国的军事优势，甚至引发军事技术领域的革命。

（一）密码破译

加密系统的破解是量子计算机最引人注目的军事应用场景之一。目前，最广泛使用的公开密钥加密方法是RSA算法。它基于极大整数的因数分解，对一个极大整数做因数分解越困难，密码的安全性就越高。现有计算机的性能无法在短期时间内找到一个极大整数的因数，因此，只要RSA的密钥足够长，就难以被现有计算机破解。1994年，彼得·肖尔（Peter Shor）提出了"肖尔算法"（Shor's algorithm）以分解一个整数的质因数，但该算法在经典计算机上耗费时间过长，因此无法得到有效的实际应用。

量子计算的并行性使得它可以通过之前受到算力限制而无法使用的肖尔算法，快速分解出极大整数的公约数，从而破译RSA算法。实际上，量子计算可以用于一切以因式分解算法为基础的密码体系。2001年，IBM的一个小组使用7位量子比特的量子计算机展示了使用肖尔算法分解15质因数的实例；2016年，奥地利和美国麻省理工学院的研究者宣布在5量子比特的计算机上，实现了可扩展的肖尔算法。之后，美国国家安全局（NSA）建议美国政府机构放弃RSA加密算法，而改用对称密钥算法等其他技术。

除了RSA，同样可以使用量子计算机攻破的密钥技术还包括Diffie-Hellman密钥交换算法、椭圆曲线加密算法等。因此，一旦大规模量子计算机在未来得到应用，将对现有的公钥密码系统造成严重威胁。俄罗斯军事观察员普列汉诺夫（Plekhanov）称量子计算机最明显的用途便是几乎可以瞬时入侵军事加密服务器和控制基础设施，一旦发生军事冲突，这一能力将会带来巨大优势。

这一前景已经引起一些国家国防机构的注意。2014年，美国国家安全局曾耗资7970万美元，试图建造一台量子计算机，以攻破世界上主流的RSA加密体系。

（二）战场数据分析

随着信息时代的到来，人类产生的数据量正呈爆炸式增长，据估计美国电网的传感器每两秒钟收集的数据总量达到3PB。传统计算机难以应对如此庞大的数据量，而量子计算机的强大并行计算能力使得它可以解决这个问题。2018年2月，中国科学院-阿里巴巴量子计算实验室曾在光量子处理器上进行拓扑数据分析（TDA）的概念验证演示，表明数据分析可能是未来量子计算的一大重要应用。

量子计算支撑的数据分析应用到军事场景中，可以满足战场态势感知、卫星图像识别等需求。2015年，NASA量子人工智能实验室与D-Wave 系统公司合作，使用D-Wave 2X量子计算机来进行卫星图像处理，让计算机学习如何根据色彩、湿度和反射光分辨树木。现在D-Wave 2X量子计算机的正确率已经达到90%，超过了传统计算机的表现。可以认为，未来它有望完全看破地面武器装备的伪装。

（三）新材料研发

量子计算另一个潜力巨大的应用领域是新材料研发，由于量子计算机本身的构建便利用了微观粒子的物理特性，因此相对于经典计算机，它在模拟粒子的行为方面有着天然优势。马里兰大学量子信息和计算机科学联合中心负责人柴兹（Andrew Childs）表示，电子和原子的行为与量子计算机本身的行为相当接近，所以可以构建一个精确的计算机模型。通过对电子结构进行精确计算，量子计算机能够筛选分子，发现新的化学材料。目前已经有一些研究团队对此进行了尝试。哈佛大学量子理论学家古兹克

（Alan Aspuru-Guzik）等研究人员开发了一种算法，即使存在有噪声的量子比特，也能有效找到分子的最低能态，并在2017年9月用一台6量子比特的计算机成功计算了氢化锂和氢化铍在内的分子的电子结构。

目前，军用新材料已成为国防力量的重要物质基础，也是推动军队机械化水平和信息化程度的前提条件。量子计算应用于新材料研发，能够加速军事变革和武器装备发展，提升一国的军事实力，为未来的国防建设打下坚实基础。

（中国电子科技集团公司第三十二研究所　卞颖颖 曾宪荣 索书志）

DARPA 成立类脑计算研究中心
推进认知计算发展

近年来，基于认知神经科学的进步，认知计算取得了长足发展。2018年初，美国国防高级研究计划局（DARPA）和一些商业公司联合赞助在美国普渡大学成立类脑计算研究中心（C-BRIC），研究新一代神经算法和理论、神经形态网络和分布式智能，推进以类脑计算为发展方向的认知计算技术，汇集了来自机器学习、计算神经科学、理论计算机科学、神经形态硬件、分布式计算、机器人学以及自主系统等领域的研究者。

普渡大学的官方网站显示，C-BRIC将把他们的研究成果应用于实现自主运行的无人机和无人车、能与人交互的机器人等，使得这些自主智能系统能够感知周围环境的状态，并据此作出决策。可以说，认知计算技术有着广阔的军用领域应用前景。

一、认知计算概述

认知计算是一种模仿人类智能的计算模式，运用认知科学中的知识来构建能够模拟人类思维过程的系统，使得一个系统具备类人的感知、学习、推理、响应外界刺激的能力，与人类或环境进行自适应地交互，从而帮助人类进行决策。它的关键特征是对模糊或不确定的数据/问题的高效处理。由于人工智能也试图开发模拟人类智能的系统，因此常与认知计算相提并论。学术界目前并未对两者做出定义上的严格区分，但一般认为认知计算是涵盖机器学习、自然语言处理、人机交互等多个领域的整体学科，而人工智能是认知计算的具体应用形态。

认知计算的雏形概念于20世纪60年代由麻省理工学院的教授利克莱德（Joseph Licklider）提出，他认为程序化计算将终有一天演化为人机共生，计算机能够与人协作决策，控制复杂情况。由于技术限制，当时并没有研究者能够为这样一种计算机系统提供可行的实现路径。直到2010年后，第三代计算平台（云，物联网，移动平台，大数据，分析平台，社交平台等）快速积累了海量结构化与非结构化数据，为认知计算系统的出现奠定了基础；此外，大规模并行计算的出现使得支撑认知计算系统的人工智能技术也在2010年后获得了较大突破，使得认知计算系统的实现成为可能。2011年，IBM推出的认知计算系统"沃森"（Waston）参与了问答智力竞赛节目"危险"（Jeopardy），并击败人类选手赢得了一等奖。

一个认知计算系统应拥有四项基本能力：理解能力、推理能力、学习能力和交互能力。这些能力的实现需要自然语言处理、机器学习与推理、信号处理、语音识别和机器视觉、人机交互等技术协同实现。这些技术由于近年深层神经网络的出现而获得了较大进展，故而目前的认知计算也是基于神经网络和深度学习所展开。不过，传统的深度学习面临着诸多挑战，例如现有算法需要大量的训练数据和计算，耗费大量人力进行网络拓扑设计，在快速变化的环境下成本高昂；其次，现有深度神经网络基于感知器构建，而自主智能系统需要进行推理和决策任务，目前感知器还难以应对；此外，目前硬件结构并不适合执行深度学习算法。

为了解决这些问题，有研究者提出未来认知计算的研究可以借鉴脑神经科学的理论，提升机器对于数据的认知理解水平，由此催生的认知计算发展方向便是神经形态计算（Neuro-morphic Computing）和类脑计算（Brain-like Computing），在类脑架构下使用大规模集成电路仿真生物脑的神经元行为进行数据处理，这也是C-BRIC的着重研究领域。

认知计算有着广阔的国防应用前景，例如威胁情报与威胁预防，紧急情况响应，目标识别等等。2015年，美国空军研究实验室（Air Force Research Laboratory）授予Infoscitex公司一项认知计算合同，在2020年5月前交付关于认知技术的研究成果，从而提供持久的态势感知，并改善空军的空中/航天/网络协同军事行动的决策过程。2017年，美国军队曾测试真北神经形态芯片的图像识别能力，结果表明其对航空影像中军用车辆和民用车辆的识别率高达95%。2018年5月，美国空军研究实验室与IBM公布了合作研究的神经形态超级计算机"蓝鸦"，预计使用它于2019年开发出机载目标识别应用程序。

二、C-BRIC 研究情况

（一）研究目标

C-BRIC的目标是在认知计算方面取得重大进展，实现新一代自主智能系统的开发目标。在这过程中，研究者将改进现有的深度学习算法，构建采用神经形态架构的认知系统，在通用的节能神经基板上执行端到端的感知、推理和决策功能，并缩小当前计算平台和大脑之间的数量级能效差距。

（二）研究重点

C-BRIC的重点研究技术领域如下。

1. 神经形态计算和理论

神经形态计算是一种基于CMOS的计算架构，模仿人类大脑神经元和突触的活动，从而降低能耗，并完成那些需要模拟人脑思考或认知计算的应用。C-BRIC计划同时推进神经形态计算的理论基础、用于深度学习的神经形态算法、用于新型硬件的算法研究，从而改进现有深度神经网络，实现无监管/轻度监管的自主学习和增量终身学习，进行本地化训练，使自主智能系统具有感知、推理和决策的能力，并构建仿生物学的网络拓扑。

2. 用于神经形态架构的硬件

目前的深度学习主要采用图形处理器（GPU）、现场可编程门阵列（FPGA）等通用芯片实现加速，但GPU无法充分发挥并行计算优势，硬件结构也相对固定，而FPGA功耗又过高，因此并不十分适合执行深度学习算法。为了解决这个问题，C-BRIC计划开发适用于神经形态架构的硬件，以降低部署在网络边缘、云端、服务器后端的认知平台的能耗。

C-BRIC开发的对象包括硬件原语、硬件网络、编程与评估框架等。研发过程中，他们将针对未来神经形态网络的关键属性（大规模并行计算、内存计算、突触和结构可塑性、稀疏和不规则的互连模式等），探索用于机器学习的多核加速器的研发方向。

最终研究成果将同时包括软件环境和硬件原型，例如使用后CMOS技术的测试芯片、FPGA原型等。

3. 分布式智能

C-BRIC将把认知计算应用于边缘设备，推进分布式智能。现在自主系统的训练与推理都集中在云端进行，对通信环境和质量有较高要求。当数据呈爆炸式增长，或者关键任务需要实时响应时，将数据上传到云端处理将失去可行性。而边缘设备的计算能力和能源都有限，因此在边缘设备进行学习和推理也不可行。针对这种现况，C-BRIC将为某些场景开发对网络和节点依赖性较低的自主智能系统。

C-BRIC围绕这个方向展开的研发任务包括研究分布式学习和推理；通过压缩数据进行认知训练；开发具有情境感知能力的分布式认知智能，等等。开发时将着重提升能源使用效率、自适应性和性能。

4. 应用驱动

C-BRIC将使用较新的测试床来收集数据和约束，来驱动上述研究。C-BRIC将同时在地面和高空验证其研发的认知算法、硬件和软件，为他们的算法和体系结构提供有意义的情境。

（三）困难与挑战

目前C-BRIC面临的主要挑战是采用神经形态计算架构的认知系统准确度过低，芯片的神经元数量也过少。此前IBM公司也推出过"真北"神经突触芯片，并于2017年与美国空军研究实验室合作开发类脑超算系统。但斯坦福大学的研究者表示，和芯片一起演示使用的是非常早期的深度学习系统，准确度远远不及现在。如果要弥补芯片在准确性上的劣势，就必须增加能耗，这就使得神经形态芯片的低能耗优势荡然无存。而这类芯片还不能运行较为先进的深度学习系统，因为那需要大量互相连接的神经元，目前的计算技术还无法做到这一点。如何解决系统准确度和能耗无法兼顾的矛盾将是C-BRIC研究任务的关键。

三、成立 C-BRIC 的意义及应用前景

　　成立C-BRIC是DARPA的"联合大学微电子学项目（JUMP）"的举措之一，JUMP项目旨在摆脱摩尔定律的依赖，继续推进电子器件的大幅度性能提升。宏观来说，C-BRIC能够帮助探索依赖硅半导体的传统计算以外的新型计算架构，提高商业和军事应用的电子系统的性能、效率和能力，为美国国防部在武器装备系统方面提供技术支持。微观来说，C-BRIC可以为美国国防部提供研究、开发、执行、测试人工智能和机器学习算法的平台，使能下一代认知智能系统，提升军队作战能力。

　　C-BRIC将把研究成果应用于实现自主飞行的无人机、无人车、能与人交互的机器人等。由于神经形态架构的认知系统在图像识别方面具有优势，之前也有一定技术积累，因此C-BRIC可能也会选择机载目标识别系统作为其技术首先应用的领域。随着技术的成熟，C-BRIC可能会将其认知系统的应用扩展至全局态势感知和战场决策，使得这些自主智能系统能够感知周围环境的状态，并据此辅助人类指挥官作出决策。

（中国电子科技集团公司第三十二研究所　卞颖颖　曾宪荣）

中美继续竞争超算领导地位

2018年4月，美国能源部公布新的百亿亿次（E级）超级计算机（超算）需求方案说明书；8月，日本富士通发布开发中的E级计算机"京后"（Post-Kyo）的核心部件；10月，中国的E级超算原型机"曙光"宣布完成交付，至此中国的三个E级原型机全部完成部署。美、中、日的E级超算机均定于2020年到2021年交付，形成了对E级超算领导地位的激烈竞争。

超级计算机广泛应用于指挥控制、超音速武器试验、核武器爆炸、军用新材料开发、反导系统研发等军事领域，在破解密码方面也有重要应用。因此超级计算机的技术水平已经成为军事技术发展和武器装备现代化程度的重要标志。可以说，谁率先掌握下一代超算技术，谁在先进军用技术领域就掌握了主导权。

一、各国超算研究现况

（一）美国继续保持超算优势

美国在超算领域一直处于领先地位，并且一直保持着对相关领域动向的高度关注。2015年7月，美国启动《美国国家战略性计算计划》（NSCI），旨在维持与扩大美国的计算能力优势；2018年6月，美国能源部下属的橡树岭国家实验室发布"顶点"（Summit）超级计算机，实际测试最高性能达到143.5PF（即每秒14.35亿亿次浮点运算），理论最高性能则达到200PF，在2018年6月、11月发布的全球超级计算机500强排行榜均居于首位，是目前最快的超级计算机。

除此之外，美国也在积极推进E级超级计算系统的发展，以便在即将到来的全球E级超算竞争中继续保持自己的领先地位。2017年6月，美国能源部计划3年内给IBM、超威、克雷、惠普、英特尔和英伟达公司拨款共2.58亿美元，用以研发E级超级计算机，期望在2021年至少有一台交付。2018年4月，美国能源部公布新的超算需求方案说明书，宣布了另外三台E级超算系统的研发计划。其中"极光21"（Aurora21）计划于2021年完成研发，部署到美国伊利诺伊州的阿贡（Argonne）国家实验室，操作系统由克雷超算公司开发，芯片则由英特尔公司提供，预计运算速度可达到1000PF，是"顶点"的5倍，与一个人类大脑的估计容量相当。"极光21"的架构十分独特，重点在于减少处理器之间长距离数据传输的消耗，预计功耗为25兆瓦～30兆瓦，仅为"顶点"的2倍。除"极光21"外，其他两台拟开发E级超算系统将分别部署在美国橡树岭国家实验室和劳伦斯·利弗莫尔国家实验室，目前尚未公布项目细节。

值得注意的是，橡树岭实验室诞生于第二次世界大战时的"曼哈顿"计划，负责研制核武器。二战结束后，橡树岭实验室的主要研究方向为原子核物理、能源以及其他国家安全项目，是核科学研究的先驱重镇。而劳伦斯·利弗莫尔实验室更是美国三大核武器研发机构之一，此前就曾用部署在该实验室的超级计算机"山脊"（Sierra）进行模拟核爆炸。因此，两台待开发E级超算系统计划部署在这两个实验室，可能意味着它们的主要任务是进行模拟核试验。

美国能源部在需求方案说明书中宣布，这两台E级超算系统将满足国家核安全管理局和能源部先进科学计算研究项目的计算任务需求，似乎更加印证了E级超算机用于核试验的猜测。因此，这项E级超算系统研发项目的军事意义十分重大。

（二）中国超算竞争力大幅提升

自2010年后，中国的超级计算机竞争力大幅提升。2018年11月发布的全球超算500强榜单上，中国的"神威·太湖之光"排名第二，"天河二号"占据第四，上榜的超算系统总数居于首位，共227台，占据上榜超算总量的45%以上，且数量呈上升趋势。

在与美日激烈的E级超算竞争中，出于成本巨大、风险均摊的考虑，中国安排了三种不同技术路径的E级超算原型机研制，分别是中国国防科技大学的"天河三号"、江南计算技术研究所的"神威"、中科曙光领导研发的"曙光"。原型机研制阶段的主要任务是"关键技术"的研究，三家原型机将进行竞争，最后制造出两台真正的E级超算系统。

2018年7月，天河三号E级超算原型机在国家超算天津中心完成部署，并顺利通过分项验收；8月，神威E级超算原型机在国家超级计算济南中心完成部署；10月，曙光E级原型机完成交付，预计将部署在国家超算上海中心和国家超算深圳中心。三台E级超算原型机目前的运算性能在每秒3.1 PF～3.2 PF左右，它们的处理器、操作系统等均为国产。三台E级原型机的部署完成，标志着中国E级超算系统的研制方案和技术路线已经得到了系统验证，超算系统关键部件已经能够进行自主研发，打破了美国2015年后对中国实行的超算技术封锁。

三台E级原型机中，部署于国家超级计算济南中心的神威原型机的处理器、网络芯片组、存储和管理系统等核心器件均为自主研发。目前，神威E级原型机已经在海洋环境、电磁计算、人工智能、量子模拟等领域初步发挥作用，未来可能会针对军方需求扩展其应用。

（三）日本期望重夺超算领先地位

日本曾凭借"京"（Kyo）超算系统在2011年蝉联两次Top500冠军，但随后便一直未能再居于榜首。现在日本集中精力研发新一代超级计算机"京后"（Post-Kyo），期望据此夺回超算竞争的主导权。"京后"由日本文部科学省组织富士通等公司研发，安装在日本Riken计算科学研究所，预定于2021年正式投入运营。日本政府与富士通公司共同出资约1300亿日元，它计划把运算速度提高至"京"的约100倍，是目前全球最快超级计算机的10倍左右，达到百亿亿次级别。

富士通公司于2018年8月发布了"京后"的核心部件，不再使用SPARC64架构，而是基于ARM架构推出"A64FX"处理器。它由8.786亿个晶体管组成，使用7 nm工艺技术制造，是第一个实现了ARM的可伸缩向量扩展（SVE）指令集的CPU。它的64位运算性能超过2.7 TeraFLOPS，32位运算性能超过5.4Tera FLOPS，16位运算性能超过10.8 TeraFLOPS。后两者常被用于训练神经网络，因此对于深度学习应用尤其重要。

"京后"有着突出的内存带宽，A64FX使用32GB封装HBM2内存，每个CPU的传送速度高达每秒1024 GB。富士通公司宣称他们在Stream Triad中能达到每秒830 GB，超过处理器带宽峰值的80%。"京后"的操作系统由富士通和Riken共同研发。

据国际电气和电子工程师协会（IEEE）官网报道，目前，该计算机已经完成CPU原型开发，正在进行功能测试。根据其进展，日本已经走在了2021年部署E级超算系统的轨道上。

（四）欧洲试图缩小超算自主研发能力差距

2018年10月，欧洲超级计算联合计划（EHPCJU）得到了共计14亿欧元的经费，用于亿亿次级别超级计算机和千万亿次超级计算机的建造和部署，包括自主超算处理器的研发。这个计划将于2019年启动。同时，欧盟还将提供另外27亿欧元，用于E级超算系统和更高级别超算系统的研发（可能基于量子计算技术）。

在时间进度上，欧盟这一努力比中国、美国和日本落后了至少两年。但欧盟并不打算夺得百亿亿次超算的先机，只是希望借此提高欧洲的超算系统自主研发能力（欧洲现有的超级计算机仍依赖于该地区外的技术），并使用超算技术带动欧洲数字经济的发展。

除欧盟外，俄罗斯也曾于2011年计划建造E级超级计算机，预计耗资450亿卢布，在2020年前投入使用。与其他欧洲国家不同的是，俄罗斯大部分超级计算机项目带有更毫不掩饰的军事色彩。俄罗斯现拥有的超级计算机NDMC运算性能高达16PF，设计初衷是根据过去军事冲突的信息，分析局势，预测未来的威胁和军事冲突的发展。而俄罗斯计划中的E级超级计算机项目参与方包括俄罗斯国家核能公司Rosatom，其应用领域也集中在国防和能源产业。2018年11月13日，俄罗斯又宣布了一项基于Elbrus处理器的超级计算机研发计划，旨在进入世界超算500强榜单，这台超级计算机同样将在"一个长期军事-工业项目"的框架内进行。不过，俄罗斯自2011年宣布其E级超算系统计划后，便未再公布该项目的更多细节与动态。

二、超算的军事战略意义

（一）满足高密度军用计算需求，提供算力保障

计算机的诞生便是由军用计算需求催生的。时至今日，大部分超级计算机的研发与生产过程也依然会受到军方的支持，因为超级计算机凭借强大的计算性能和存储能力，可以完成通用计算机无法完成的高密度计算任务，为先进军用技术领域提供强大的算力保障，例如指挥控制、情报探测与分析、反导、密码破译、军用新材料开发等。1992年，美国凭借超级计算机，计算出伊拉克"飞毛腿"导弹的飞行时间及轨道，成功地发射导弹将其拦截。2015年，IBM公司被曝光曾为美国国防部设计过一台超级计算机"温莎绿"，用于破译他国军事密码。

随着现代战争的作战手段不断变得多样化，计算机的算力和处理复杂问题的能力也受到了越来越高的挑战。在这样的背景下，超级计算机的作用越发突出，它们凭借强大的计算能力，能模拟复杂的真实作战环境，对所得数据进行分析，修正潜在的错误，应对瞬息万变的战场局势。甚至可以说，强大的超级计算机是一国军事实力的保障。

（二）体现国家战略实力，提升军事威慑力

超级计算机在武器装备研发方面也有重要应用。它可以凭借强大的算力，模拟武器在实战中的使用情况。例如坦克和装甲战车在研发过程中，需要进行抗打击、颠簸、

碰撞等能力的测试，以确保它们能在恶劣环境下运行，但需要进行上百次实车试验，耗费大量的时间与人力物力；而超级计算机可以通过仿真模拟来完成试验，大大减少测试的时间与金钱成本。拥有世界第一的超级计算机，意味着一切繁复的运算、模拟会比别人更快、更准确，大幅度缩短最终设计制造周期，无论在军事还是民用领域都将获得无可比拟的战略领先优势。因此，说超级计算机的性能决定了国家的战略实力，并不为过。

除了助力坦克、装甲战车等一般性武器装备研发，超级计算机还可以对具有极大杀伤力的武器进行模拟试验，加速其研发与生产周期，从而提高国家的威慑力，例如模拟核试验，如图1所示。自1996年联合国大会通过了《全面禁止核试验条约》后，核竞赛在实爆方面已经终止，但借助于超级计算机强大的运算能力，研究者可以在实验室进行亚临界核试验，效果与真正的核试爆等同。美国的橡树岭国家实验室与劳伦斯·利弗莫尔实验室都曾用超级计算机进行核武器的设计、试验、改进和安全存储的研究，对核爆进行全物理、全系统、真三维的数值模拟。尽管日本尚被禁止发展核武器，但必要时，该国强大的超算能力也能保证在短期内生产出核武器。从这个角度来看，一国的超级计算机实力几乎等同于该国的核威慑力。

图1　美国内华达州核试验基地在 1953 年 4 月 18 日的一次核试验场景

（三）加速技术革新，颠覆传统战争理念

超级计算机的计算性能不断提高，能够加速军用技术创新，从而刺激装备研制、作战方式的进步，甚至对军事理论和战争形态产生重大影响。例如，随着无人机、卫

星等侦察手段的增加，军事情报数据的体量也呈指数级增长，传统的人工情报分析方法无法处理如此海量的数据。而超级计算机将使人工智能取得突破性进展，能够很大程度上加速情报分析的自动化，完成大数据的智能分析。2017年12月，美国国防部的算法战跨职能小组（AWCFT）与谷歌公司进行合作，使用TensorFlow将战术性无人机及中空全动态视频的处理、开发与传播的过程进行自动化，对美军在中东军事行动中"扫描鹰"（ScanEagle）无人机所拍摄的影像进行处理，完成视频中人类与物体的识别。试验开始仅几天，计算机对视频中人员、车辆、各类建筑等物体的识别准确率便达到了60%，一周后提升到80%。除了情报分析，超级计算机加速的人工智能还将进一步渗透到作战平台、武器系统、指挥控制系统、后勤系统等，无人机、机器人部队将成为战场主力，彻底改变传统的作战方式。

除了人工智能，还有量子计算等新兴技术也依托于超级计算机进行辅助研发。根据美国能源部的信息，其E级超算项目于2018年7月启动了"超算学习"联合设计中心，旨在将E级超算与机器学习相结合，寻求人工智能的技术突破，扩展技术的应用。可以想见，随着对新型应用领域的认知和探索，未来超算系统应用可能会扩展到更广泛的信息领域，从而以现在难以想象的程度极大地改变未来战争的形态，以及军队的作战方式。

（中国电子科技集团公司第三十二研究所　卞颖颖　曾宪荣　索书志）

美军研究将边缘计算用于现代战争

2018年1月，美国国防高级研究计划局（DARPA）赞助卡内基梅隆大学建立了网络基础设施计算研究中心（CONIX），旨在开发一种位于边缘设备和云之间的网络计算架构，将处理和决策过程转移至网络边缘。7月，美国陆军未来司令部宣布，边缘计算是新司令部将会采纳的创新技术之一，他们将把此项技术用于现代化战争中。9月，美国陆军选择了Axellio公司的FabricXpress边缘计算平台，为其技术现代化计划的第一阶段提供服务。

边缘计算正因传统军事物联网在战场上暴露出的弊端而越来越引起军方的注意。在现行的设备-云体系中，终端设备需要将边缘设备生成的数据送到云端服务器处理，随着接入设备数量的增加，给网络造成的负担也日益沉重。在战场上，即使是几秒的数据延迟也可能导致战争的失败，而边缘计算可以在终端设备的附近完成信息采集、处理与分析，对战场环境和个体状态作出快速反应，大大降低战场上的风险，在未来的军事对抗中发挥重要作用。

一、边缘计算概述

根据国际数据公司（IDC）预测，2020年将有超过500亿的终端和设备联网，其中超过50%的数据需要在网络边缘侧分析、处理与存储。现有的集中式云计算模型已经无法满足爆炸式增长的数据处理需求，如果所有数据都仍然交由云端的数据中心处理，势必会造成沉重的计算压力，也给网络带宽带来极大挑战。因此需要在设备侧附近设置计算平台，这样的需求促进了边缘计算的诞生。同时，嵌入式便携设备的基础信息处理能力不断提升，具备了一定的存储应用能力，为边缘计算的诞生提供了技术基础。

边缘计算是在物联网快速发展的背景下产生的一种新型分布式计算模式，在网络边缘侧的设备实体或数据源头进行数据存储、分析与应用，而不是在集中式云环境中执行，已成为物联网技术的一种关键发展趋势。边缘计算利用微服务体系结构，将应用程序的某些部分移至网络边缘，提供就近端服务。为了确保分散的分布式服务仍然拥有良好的性能，通常的做法是部署拥有大规模存储网络的服务器集群。边缘计算能回避网络带宽的限制，更有效地满足实时响应需求，减轻云端负荷。

边缘计算能够实现对设备的实时操控，缓解对云端的计算资源竞争，因此非常适合应用于延时容忍性较低和资源受限的军事场景，例如进行海量的战场数据实时处理。通过给无人机、坦克装甲等嵌入边缘计算能力，可以完成武器装备、作战个体和周围环境状态信息的动态收集，并及时作出响应。美军研发的单兵作战信息系统就使用了边缘计算，可收发统一的战场态势图、火力计划书、行动计划表等内容，还可以接入战术互联网，实现特定区域内组内广播和点对点通话。

二、美军边缘计算基础设施研究

（一）CONIX 研究中心

2018年1月，美国国防高级研究计划局（DARPA）赞助建立了网络基础设施计算研究中心CONIX。它的研究重心是针对遍布式感知、认知和行动的网络基础设施的计算，提供新的分布式计算中间层，将云与边缘计算整合进网络，以确保物联网应用能具有高性能，高安全性，高健壮性，并保证用户隐私。CONIX希望将智能性嵌入网络，从而将处理和决策重心移出云端，使目前和未来的物联网应用具备更强的自适应能力。

CONIX是在DARPA的"联合性大学微电子计划"（JUMP）框架下成立的研究中心之一，该框架下的研究中心将为国家安全部门提供在2025～2030年期间所需要的颠覆性微电子技术，并在10年内部署开发出的系统。因此，CONIX研究并产品化的边缘计算技术，未来5年到10年会在美军内得到重要应用。

CONIX的主要研究内容如下。

1. 物理耦合认知知觉系统

CONIX集成边缘计算、混合现实与智能边缘技术，为物理耦合认知知觉系统提供支撑。它由三大应用组成：混合现实系统、智能连接社区和增强态势感知，它们是CONIX技术成果的集中展现，见表1。

表 1 CONIX 物理耦合认知知觉系统的三大组成

		详 细 内 容	技 术 难 点	主要技术/工具
1	混合现实系统	旨在将 AR/VR 系统中的物理元素、虚拟元素与协作数字传输应用融合,将虚拟世界与用户的物理环境紧密结合,提供双向远程交互,适用于短距离场景	极低延时的本地控制 低延时或屏蔽延时的广域连接 极大带宽	本地化 手势追踪 手势识别 设备发现 Unity++ PubSub
2	智能连接社区	研究城市环境下数百万传感器的管理与处理机制,包括部署高度可重构的 CONIX 边缘设备来检测行人流动,从而为公共安全官员和城市规划师提供服务,适用于长距离场景	网络规模	可视化 查询语言 事件探测 信任管理 宏编程 隐私保护
3	增强态势感知	为大规模协作无人机集群和地面自主系统的决策者提供按需实时感知信息,在快速演进的战术环境中支持人机协作	复杂的时空编排	网络编程 流格式视频 基于人体的学习 非 GPS 定位

CONIX的"增强态势感知"应用建立在混合现实系统和智能连接社区的技术基础上,能够应用于延时容忍度低的群化武器的指挥控制中,例如无人机、无人艇和无人车辆,集成此类群化武器单个节点接收到的信息,对战场态势进行实时感知和分析,进而大大增强作战方在战争中的主动性。

2. 平台、编程和综合工具

CONIX将开发高水准的应用规范,并对其进行验证。这些应用规范可以相当方便地剥离为控制安全性、隐私、可靠性和性能的功能规范和端对端策略。同时,CONIX还将提供综合工具与运行环境,将这类高级规范转换为分布式程序,将其映射到异构网络内资源;并提供程序转换,以满足延时性和可靠性规范的要求。另外,CONIX还将提供定制的异构平台,以支持各类加速器、内部检查和间歇执行。

CONIX此项研究内容,可视作对边缘计算相关软件标准的开发,助力边缘计算生态环境的构建。

3. 安全、健壮性和隐私

CONIX将研究强制机制,提供弹性和安全的网络特性,动态地根据当前操作定制网络的安全姿态；CONIX还将研究安全编程系统，引导开发人员绕过当前安全应用程序的常见陷阱；同时，CONIX还将研究如何让系统自主应对高级别的、策略性的不利情境。

目前由于入网终端设备数量庞大，所处环境复杂，缺乏相应的安全防护手段，因此边缘计算的安全现状较为脆弱。CONIX此项研究内容将为边缘侧提供访问控制，进行威胁防护。

4. 交互服务

CONIX将整合机器学习、人工智能、自适应控制能力、时空感知技术，将其嵌入系统堆栈中，以增加网络的智能性；使用数据与计算的优化定位、推理计算、通信和编程抽象，开发可预测的超低延时和网络动作精确协调技术；同时，针对分布式计算基片的网络控制，研究其科学原理和设计方法。

（二）FabricXpress 边缘计算平台

2018年9月，美国陆军选择了Axellio公司的FabricXpress边缘计算平台，为其技术现代化计划的第一阶段提供服务。FabricXpress是X-IO公司为新兴边缘计算市场而设计的高密度聚合服务器/存储平台产品。

FabricXpress平台分为FabricXpress FX-1000和FabricXpress FX-1000P，分别适用于固定作业和移动作业，见表2。FX-1000采用NVMe/PCIe架构来提供持续的端对端低延时响应，能支持大体量、高速率流数据的复杂实时分析，很适合处理基于传感器的海量数据输入；FX-1000P是轻量级便携式平台，能在飞机上安装使用，包含两个机箱，其中一个可拆卸机箱可以用来处理或存储机密数据。FabricXpress的IOPS（每秒读写次数）可达到12000000，传输速率可达60 Gbps，延时控制在50毫秒内。

表2　FX-1000 的技术规格

配 置 选 择	每个系统包含两个服务器模块，以下为单台服务器的规格			
处理器（四个）	Intel E5-2620v4 32 核/64 线程 2.1 GHz	Intel E5-2620v4 32 核/64 线程 2.1 GHz	Intel E5-2620v4 32 核/64 线程 2.1 GHz	Intel E5-2620v4 32 核/64 线程 2.1 GHz
内存	32 GB 至 2TB RAM			
网络连接	4×10 GbE/ 4×40 GbE/ 4×100 GbE			

续表

存储容量	1～6 FlashPacs 每个 FlashPac 拥有多达 12 个双端口 NVME SSD（800/1600/3200/6400 GB） 总容量：96 TB～460 TB* I/O 性能容量：传输速率大于 60 Gbps，IOPS 为 12000000
尺寸规格	2U，3.5×17.25×36.5（H×W×L）
散热系统	7×60mm 双极反向旋转重负荷风机，具有 PWM 风速控制
电源供应	80+钛级双冗余电源 @100～120 V：双 1100 W 输出；@100～120 V，15 A+双 1000 W 输出； @100～120 V，10.5～12.5 A，50～60 Hz @230～240 V：双 1500 W 输出；@230～240 V，11 A，+双 2000 W 输出； @230～240 V，9.8～10.0 A，50～60 Hz

FabricXpress平台的便携性与强大的数据传输与处理能力，使它能够适应军用领域的多种应用场景。X-IO公司希望它能应用于国防与情报、高复杂度数据分析、网络安全及通用性物联网等需要边缘处理设备的领域。

三、边缘计算的军事应用

边缘计算的诞生和发展都与物联网紧密相关，其军事应用也与军事物联网的具体状况有所关联。美国军事物联网目前仍采用传统的集中式云计算模型，陆、海、空军与国土安全部门采集的信息与情报，通过网络连接传送至军方信息中心或云端作战中心进行分析与储存，供终端使用者（美国国防部）依据情报分析结果进行相关军事行动，如图1所示。

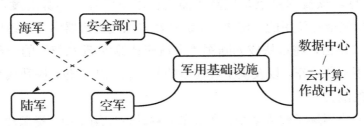

图 1　美国军事物联网结构

美军单一的军事物联网结构使得其云端数据中心承载了沉重的压力。物联网系统中的边缘设备使用嵌入式传感器收集大量的信息或数据，目前仅美军卫星和空中监视平台每天收集的数据总量就可达53太字节。如此海量的数据首先在传输上受到网络带宽的限制，无法满足快速传输的要求；其次，使用4G/LTE网络覆盖可能会使得成本很昂贵；再者，庞大的数据也超过了云端的处理能力，无法进行实时的数据分析与处理。此外，战场的复杂环境使得网络延迟现象很难得到有效解决，一秒的数据延迟可能造成严重后果。边缘计算部署于军事物联网之后，能够缓解这些问题。

（一）边缘计算在无人艇/无人机等低延时容忍度场景的应用

上文提及CONIX研究中心的主要研究任务之一，是将边缘计算应用于大规模协作无人机集群，按需提供实时感知信息。这是因为边缘计算能够在数据源头进行实时信息处理，执行其他功能。云端服务器的重心将变成信息的长期存储和深度分析。需要进行实时分析的数据将不会被直接送到云端，而是送至边缘数据中心进行处理，从而降低数据传输距离，减小延迟，使边缘设备能够根据反馈进行实时行动。这在一些延时容忍度极低的场景尤为适用，例如无人机、无人车和无人艇的使用。

根据NUTANIX公司的报告，边缘计算能够减轻通信延迟对无人机的影响，提升其数据获取能力和恢复能力，实现无人机的自主飞行控制。他们使用了英特尔公司的NUC服务器和自研的NutanixEnterprise云平台，构建了一个基于边缘的计算范式，大大提升无人机的数据吞吐量和处理能力，甚至可以基于VMS或容器技术，在无人机上直接灵活地执行Windows或Linux x86应用程序，使无人机的功能在拍摄和数据存储之外又得到了较大的扩展。

（二）边缘计算在战车等资源受限场景的应用

2018年5月，美国陆军研究实验室（ARL）的研究人员开发了一种新型算法支持智能化边缘计算。该技术重点是提高了随机梯度下降算法运算速度，与亚马孙和Netflix提供个性化推荐使用的方法类似。这种新方法使得机器学习的速度比现有方法可达到的速度快13倍，将很快成为陆军"自适应计算/处理系统"的一部分，最终可以用于陆军的下一代战车，以及供士兵使用的其他认知工具包，提升战车感知周围环境并灵活应对的能力。

军用领域的应用场景较为多变，在战车等移动密闭场景中，资源较为受限，对边缘设备的数据处理能力和自主性提出了更高要求。边缘计算与人工智能相结合，能够实现具有自我判断力的智能自主系统，它们能判断何时何地需要发送、接收和处理信息，从而加快并优化决策过程，达到在资源受限的竞争环境下实现智能化边缘计算的目的。目前VxWorks，SylixOS等越来越多的嵌入式操作系统增加了对边缘设备智能数据分析的支持，也为边缘智能的落地提供了技术基础。

四、边缘计算面临的挑战

尽管边缘计算有着巨大潜力，但缺乏统一标准、技术难度高、云端对接困难、安全风险高等痛点仍然存在。根据加德纳（Gartner）咨询公司2017年7月发布的技术成熟曲线，物联网技术还需要2年到5年走向成熟，基于物联网诞生并发展的边缘计算预期将会耗费更长时间。在这门技术进入成熟期前，必须解决这些挑战。

（一）缺乏统一接口与通用标准

边缘计算嵌入设备的方式极为灵活，从专用计算平台到组件（如路由器），再到板卡，都可以嵌入边缘计算能力。但这也造成了另一个问题，即提供边缘计算能力的硬件设备种类过多，缺乏统一完善的接口系统。此外，美军使用的许多网络设备都由不同的承包商制造，硬件系统设备之间缺乏兼容性，采用的接口协议也不一致，这使得为边缘设备提供统一的边缘计算平台极为困难，也为将来不同服务间的互连互通造成了障碍。

对此，一个解决办法是为边缘计算建立软件和硬件的标准化规范，提高软硬件的兼容性。目前美国国家标准和技术协会（NIST）正对此作出尝试，前文提到的CONIX研究中心也在开发边缘计算相关的高级应用程序规范，但还需要时日才能形成受广泛认可的完善的通用标准。

（二）扩展性及云端对接

边缘设备的分散性和庞大的数量，使得构建边缘计算应用程序时，必须考虑到水平扩展性的问题。边缘计算平台必须具备大规模弹性伸缩的技术架构，并准备好相应的负载平衡策略。现有的移动边缘计算平台多是小型轻量级服务器，如何部署大规模节点群的运算和存储能力、并实时应对节点群的规模伸缩，对轻量级服务器而言是个挑战。

同时，边缘计算平台如何协调好边缘节点与云端的关系，将云与设备高效协同、无缝对接，也是个巨大的难题。平台不仅需要掌握边缘节点的数据峰值时间，据此分割和调度任务，还需要掌握云端的数据峰值时间，灵活地平衡两端峰值时间的错位，进行高效协调的数据处理。这需要对云端、边缘计算平台端和设备端都具有较强的控制力。

（三）安全风险

由于边缘设备分布广，硬件环境和周边环境均极其复杂，所以安全性也较为脆弱。而边缘计算若应用于关键军用领域，一旦受到攻击，后果可能极为致命。因此，边缘计算面临的安全挑战可以说十分巨大。

美国军方在2016年已经注意到终端设备的安全威胁，国防部在北方司令部和太平洋司令部司令员的建议下，该年6月启动12项方案征集，寻求包括终端安全在内的商业解决方案，两个月后将"终端安全"项目授予Bromium安全公司，希望它在保证安全性的同时，能最大限度降低对用户及终端系统性能的影响。Bromium随之使用微虚拟化技术进行相应的安全平台开发，该技术在2016年得到了美国国家安全局的肯定。但要适应不断发展的边缘计算的防护需求，仍然需要更多安全防护手段。

五、结论

尽管边缘计算面临诸多挑战，但这些问题得到逐一解决后，边缘计算将迎来广阔的应用前景。除上述军事场景外，边缘计算还能应用于民用低延时计算领域，例如智能制造、安保系统、油气、医疗保健、自主行驶车辆、虚拟现实与增强现实等。

（中国电子科技集团公司第三十二研究所　卞颖颖　曾宪荣）

IARPA 探索未来计算系统架构

2018年10月，美国情报高级研究计划局（IARPA）发布未来计算系统（FCS）信息请求，寻求智能计算机环境下的创新计算机硬件和软件架构研究信息，就新一代计算系统的预期落地时间、计算模型、硬软件革新、研发障碍、研发时间框架、研发路线、研发基准和度量向外界征求方案，希望得到符合这份需求的相关信息和规划。此前，美国国防部、国家科学基金会等机构也在未来计算领域展开了探索，并设立了相关项目。

在过去的60年中，计算机的速度已经大大提升，也更加复杂与多样，但计算模型（例如算法和计算的执行模型）并没有实质性改变。随着计算机应用范围的迅速扩大，需要解决的数据量和问题复杂度也呈爆炸性增长，如今每天指数级增长的数据量已经超过了当前最先进的经典计算机的处理能力，因此有必要设计一种新的计算系统，这种革命性的新一代计算机拥有高性能的架构和智能计算环境，能理解自身的状态和自然输入命令，在给定知识库的引导下学习新知识，熟练地解决给定问题；它能够帮助人类和其他计算机执行极其复杂和数据密集的任务，以及监测和维护自己的操作。这种系统不仅要帮助解决重大国家安全和经济问题，也要帮助解决现代生活方方面面的问题。

一、IARPA 对 FCS 的需求

IARPA征求的新一代计算系统是面向知识处理的，这是其核心所在，也是FCS相较经典计算系统而言最大的不同。

传统的冯·诺依曼体系采用串行结构，限制了其数据处理速度和种类，使其只能高效处理向量、矩阵等规则数据，难以有效应对复杂的感知、学习、推理、决策等问题。因此，新一代计算系统应当采取并行计算方式，能够高效处理不规则时变结构，并进行知识的学习、归纳和推理，从而大幅提升信息计算和应用的性能。

FCS被要求具有的功能包括机器学习、数据分析、机器智能和知识管理等。它还将提升动态数值应用，例如自适应网格细化，质点网格，多体问题等。这些在系统建模、材料研发、微生物、气候、化学工程和制造等领域都能发挥关键作用。

IARPA在发布的信息征求中，着重强调了FCS应当具有的三个新特征：

- 具备认知/系统管理知识库/推理引擎，并且整合进各级系统操作；
- 具备机器学习能力；
- 具备高效节能的系统设计。

（一）知识库/推理引擎

IARPA在需求中指出，认知知识库将是FCS的一项关键新特性，也是新一代计算机系统基本软件的核心，构成了计算机智能化研究的前沿。一般而言，知识库中可以存储结构化和非结构化数据，由两部分组成：知识库和推理引擎。前者是该领域的事实和规则集合，后者则根据规则，对那些事实进行推理，从而得到问题结果。

根据IARPA提出的需求，FCS的知识库整合进各级系统操作，因此必须全面地包含各级系统操作所需的内在功能，以免有偏向性的知识库或监管对系统造成不良影响。同时，知识库还可以生成并扩充知识，这个过程中应当内置一个监测系统，该监测系统需要人为参与，来确保FCS在知识库的引导下所学的知识是正确且有用的。

（二）机器学习能力

IARPA在需求中提出，FCS的基本能力之一就是理解力，即系统从"经验"中学习、进行推理的能力。

系统的理解力是与知识库集成的，FCS的推理引擎从知识库中获取事实和规则，根据规则对事实进行推理，在解决问题的同时，所得结果也会成为新的事实，被归纳进数据库。这样系统就能扩充自己的知识库，从而理解并改善自身的计算环境。这便是系统的理解力。通过这样的机制，FCS能够提供一个统一的"受指导学习系统"。

（三）高效节能的系统设计

FCS的推理和学习能力需要进行密集计算，消耗大量内存。IARPA在需求中指出，在确保系统有效执行推理/学习算法的同时，要尽量减少消耗的时间和成本。FCS应该减少内存占用，提高能量使用效率，至少要比传统平台高上几个量级，同时保证计算能力不逊于现有计算机。

对于现有的串行计算机体系，保持能量使用效率和计算效率双高是难以做到的。对此，IARPA表示FCS有可能会借用美国科学和技术政策局（OSTP）在2015年10月发布的《纳米技术给未来计算带来的重大挑战》报告中的相关技术。OSTP在文中倡议将新型纳米器件和材料集成到三维系统中，开发一种能主动学习数据以解决陌生问题的非冯·诺依曼架构计算机，这种计算机消耗的能量效率仅相当于人脑。这可能需要至少十年才能实现，探索人类大脑的奥秘可能有助于这种计算机的开发。

二、对 FCS 的认识

（一）FCS 实质为高级专家系统

从需求细节来看，IARPA探索的FCS实质上是一种使用知识图谱的高级专家系统，与IBM2011年发布的Watson系统相近，如图1所示。专家系统是一种智能计算机程序系统，属于人工智能领域的一个分支方向，可以收集并整理某领域的专业知识与经验，据此进行推理判断，从而解决问题。专家系统可以与知识图谱结合，后者提供半自动构建知识库的方法，利用可视化的图谱形象地展示整体知识架构，使用数据挖掘、信息处理、知识计量和图形绘制等手段。

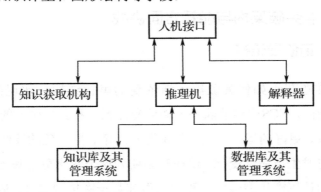

图 1　一个典型的专家系统结构

专家系统的目标是根据积累的大数据，发现问题并予以解答或建议，帮助用户进行决策。与专家系统类似的FCS，也将使用推理与学习能力辅助用户进行问题处理与决策。但相较现有的专家系统，FCS的初始版本预计没有那么强的专业性，而只限于解决计算机自我管理，优化应用程序的研发和执行管理，和数据/问题的辅助性分析等领域的问题。不过，其未来版本将包括自然输入模块和其他更高级的应用程序开发子系统和问题处理子系统，处理问题的领域和应用场景将得到进一步扩充。

尽管如此，FCS能处理的问题范围，在可预见的未来仍是较为局限的。它虽然具备一定程度的认知能力，但仍然是基于主流的监督学习框架，需要人为指定学习目标，并不能进行自主学习。因此，即使通过扩充功能模块和问题处理子系统来扩充应用场景，也无法令FCS具备通用的智能性。在很长时间内，它将只能用于解决特定领域的问题。

（二）FCS 成熟将早于需求预期

IARPA在需求中希望尽快实现FCS。尽管它的措辞较为谨慎，希望回应方解答能否在20年内开发出符合要求的计算系统，但由于近年机器深度学习能力得到提高，所需的大数据资源得到积累，新一代计算系统的开发时间预计将比需求期望更短。

此外，IARPA表示征求范围不包括新材料、神经形态计算机或量子计算机相关研究，除非需求回应者能证明这些技术已经成熟。根据加德纳咨询公司（Gartner）的技术成熟度曲线，神经形态硬件需要5年到10年时间成熟，而量子计算需要10年以上。因此，IARPA对于FCS初始版本交付时间的真实预期是短于10年的，甚至可能在5年以内。

（三）FCS 需突破架构与能耗方面挑战

1. 突破冯·诺依曼架构

FCS的最大难题在于如何突破冯·诺依曼的串行结构，实现高度并行处理。IARPA在需求中指出，FCS应该消除冯·诺依曼体系（和其衍生）的通信障碍，从而获得更高的吞吐量、更好的运行、更高的资源利用率、更出色的算法性能。未来计算机的设计和用途将发生革命性变化，现在有必要为这个变化奠定基础，使硬件和软件体系结构从单一的计算密集型转向计算密集型和数据密集型混合，最重要的是，通过知识与学习，增加系统的智能性。

目前，并行计算已经出现了几个有价值的参考模型，包括PRAM模型、BSP模型、LogP模型等，但目前尚没有占主导地位的计算模型。除了这些计算模型外，其他几个较为热门的探索方向还包括神经形态计算、量子计算等，例如2018年麻省理工学院设计的人造突触芯片，模仿大脑的神经网络，可以有效处理数以百万计的并行计算。

但根据Gartner的技术成熟度曲线，神经形态硬件仍然处于发展早期，至少需要5年到10年时间成熟，而量子计算更是需要10年以上的时间。因此，希望尽快实现FCS的IARPA需求征求范围不包括新材料、神经形态计算机或量子计算机相关研究，除非需求回应者能够证明这些技术已经成熟。因此，如何突破经典计算机的冯·诺依曼结构，仍然是FCS需要解决的最大问题。

2. 阻止爆炸式能耗增长

IARPA要求FCS的能量使用效率要比传统平台高至少几个量级，同时保持高计算性能。然而芯片的运算性能是得益于庞大的晶体管数量，数量越大，消耗的能量越多。按目前的主流系统功耗，到2040年时，全世界芯片的功耗将超过世界能源产值。寻求更高的计算性能，同时降低能耗，对FCS来说将是个较为困难的挑战。

一种解决方案是将芯片上的晶体管由二维堆叠改为三维堆叠，如此便能在更小的芯片体积内容纳更多的晶体管，但这样的手段只能稍为延缓能耗的增长。如果想要真正阻止能耗的爆炸性增长，需要采取不同于现行半导体技术的、全新的技术和架构。

IARPA在需求中提到，可能会借助纳米技术实现这一突破。2017年7月，麻省理工学院和斯坦福大学合作研发了一种新型纳米芯片，使用由2D石墨烯卷成圆柱体形成的碳纳米管作为基础单元。据研究人员表示，这种由碳纳米管做成的逻辑单元比目前用硅做成的逻辑单元要节能十几倍，运算速度却更快，有可能将目前计算机的能量效率和运行速度提高1000倍。但这种全新的芯片需要多久才能成熟并获得大规模应用，目前仍然不确定。

三、FCS 的军事应用前景

专家系统从20世纪开始就被应用于国防领域，进行战略规划与决策辅助，将战场态势、敌我双方兵力部署和作战效能、战略战术、武器装备特性等知识存储进知识库，根据以往的作战经验进行推理和分析，制定行动方案供用户选择，从而提升指挥作战的效益。FCS投入使用后，其初始版本的知识库由于只限定在特定问题领域，因此一开始扮演的可能也会是类似角色。

此外，FCS也可以用于战场维修和故障诊断。海湾战争中，美国使用了装甲装备的故障诊断专家系统、故障预报系统等配套装置，能够对武器装备故障进行解释、预测、诊断、监视和控制，从而改善前线装备的维护状况，提升其生存能力。伊拉克战争中，美军使用了维修资源专家系统，将装备的故障诊断准确率从25%提升到50%，使得维修工作效率提高了92%。可见，具有方案制定和问题处理能力的计算系统，能够完善装备保障，较大程度地提升战场装备的防护性和生存能力。

当FCS的能力得到扩充之后，包括更高级的应用程序开发子系统和问题处理子系统，它的军事应用可以得到进一步扩展。例如，进行图像识别、无人车控制管理等。FCS可以应用于机器人哨兵、自主坦克、高级目标识别等方向。通过将坦克的特征编入知识库，训练通过模型驱动的视觉系统，然后规划路径，可以使坦克自动识别目标并向目标推进。

（中国电子科技集团公司第三十二研究所　卞颖颖　曾宪荣）

DARPA LwLL 利用更少数据进行机器学习

2018年8月，DARPA发布了一份为期三年的"少标记学习"（LwLL）项目征集书，征集机器学习和人工智能领域的创新研究提案。美国军方研究人员需要工业部门的帮助，通过减少构建机器学习模型所需的标记数据量，降低复杂性，加快人工智能（AI）系统的开发和部署。项目目标是将人工智能系统中的标记数据数量降低六个或更多数量级，并将使模型适应新环境所需的数据数量减少到数十到数百个标记示例。

一、项目背景和目标

有监督的机器学习系统通过示例学习识别诸如图像或语音中的对象之类的事物。人类在机器训练过程中，以标记数据的形式向机器学习系统提供这些示例，有了足够的标记数据，通常可以构建准确的模式识别模型。

目前的问题是训练准确模型需要大量标记数据。对于诸如机器翻译、语音识别或对象识别之类的任务，深度神经网络（DNN）已经成为最高水平的技术，因为它们可以实现高精度。然而，为了获得优于其他技术的优势，DNN模型需要更多数据，通常需要10^9或10^{10}个标记的训练示例才能获得良好的性能。

商业界为训练模型收集并创建了大量标记数据集。这些数据集通常是通过众包创建的，这是一种创建标记数据的廉价而有效的方法。然而，众包技术通常不可能用于专有或敏感数据，为这类问题创建数据集可能会导致成本增加100倍，标记时间延长50倍。

除此之外，机器学习模型很脆弱，因为它们的性能会随着操作环境的微小变化而严重降低。例如，当从新传感器和新集合视角收集数据时，计算机视觉系统的性能会降低。同样地，对话和文本理解系统对形式和语域的变化非常敏感。因此，在初始训练之后需要额外的标记，使这些模型适应新的环境和数据收集条件。对于许多问题，使模型适应新环境所需的标记数据接近从头开始训练新模型所需的数量。

LwLL项目的目标是，通过将建立模型所需的标记数据量降低六个或更多的数量级，并通过使模型适应新环境所需的数据量，减少到数十到数百标记示例，使训练机器学习的过程模型更有效

二、项目的重点技术领域

为了实现大量减少训练精确模型所需要的标记数据，LwLL项目将工作划分为两个技术领域（TA）。技术领域1将致力于有效学习和适应的学习算法的研究和开发；技术领域2将形式上描述机器学习问题的特征，并验证学习和适应的限制。

（一）TA1：有效地学习和适应

技术领域1侧重于构建有效学习和适应的学习算法。TA1的目标是开发学习算法：①将从头构建模型所需的标记数据量至少减少10^6倍；②用数百个标记示例适应新的环境。这些算法可以根据需要使用尽可能多的未标记数据，它们可以选择特定的示例进行标记，由此产生的算法可以利用公开可用的语料库开发的现有模型，或者利用公开可用数据集中已有的标记或未标记的数据，允许使用哪些特定数据集将在挑战问题评估之前确定。算法必须自动工作，这意味着对于给定的数据集，算法必须能够自动确定以下事项：它们希望标记的范例，从现有的语料库或现有模型中选择用于潜在转移的范例，以及没有人工干预的情况下创建给定任务模型的范例。算法可以在这个过程中创建数据，但不能手工创建标记。

为了实现这些宏伟的目标，很可能需要新的方法，集中关注输入数据的方面，同时减少滋扰变化，并且需要通过隐式或间接监督来利用未标记的数据。DARPA预计，元学习、自动化（以及潜在的远程）转移学习、强化学习、主动学习、无监督或半监督学习和k-shot学习等方法将取得进展。为了实现项目的性能目标，可能需要这些技术的新组合。也就是说，任何能够满足项目目标的方法都在范围之内，包括上面没有列出的方法。为了支持TA1的研究人员，DARPA将策划并为研究人员提供至少400个机器学习问题和相关模型的语料库。

TA1技术将针对一系列具有挑战性的问题，如计算机视觉、视频识别和机器翻译，每年进行评估。这些评估事件将测试TA1算法从头开始训练模型（任务TA1.1）和现有模型适应新域（任务TA1.2）的能力。对于任何给定的挑战，可以使用主动标记方法来决定哪些示例将获得标记。DARPA将定义训练任务和适应任务，并为每个年度

评估提供数据使用的指导方针和限制，例如，给定一个挑战问题，能被使用的供应语料库的子集。

（二）TA2：学习和适应的限制

TA2的目标是正式证明解决给定机器学习问题所需要的标记数据量的限制。要做到这一点，需要采用一些方法形式化地描述机器学习问题，包括它们的决策难度和决策所依据的数据的真实复杂性。由此产生的特征应该能够证明针对不同类别的机器学习问题、不同的模型和与上述问题相关的不同类型数据的训练和适应的限制。DARPA寻求理论来证明，在存在转移和元转移学习的情况下学习的严格界限。这个技术领域的范围包括：对PAC（可能近似正确）学习理论和变体或替代形式的扩展，用以证明严格的类特定问题边界，例如，对VC（Vapnik–Chervonenkis）理论的扩展；以及描述数据复杂性和域失配所需的统计理论，例如，对Johnson-Lindenstrauss的扩展。

TA2理论将在年度评估中应用，提供DARPA定义的挑战问题的性能的上限估计。DARPA期望在年度评估事件期间，基于与TA1系统的相互作用来改进项目的特征描述和理论。

三、项目计划

LwLL计划的执行周期为36个月，项目时间表如图1所示。LwLL分为两个阶段，每个阶段持续18个月。评估工作将每12个月举行一次，并在每一阶段末进行，即第一阶段的额外评估将在项目时间表的18个月点进行。团队需要单独提交系统进行评估，但也鼓励团队相互合作，在项目评估期间通过联合提交来构建更好的系统。在评估之间，将举行一系列协作活动，让研究团队探索跨团队的技术，并为项目评估做准备。图2和图3详细描述了项目每个阶段的性能目标。

对于TA1来说，第一阶段的目标是在从头构建模型时将所需的训练数据降低三个数量级，并使用数千个示例进行适配，这些目标将在图像对象检测和分类方面进行评估。TA1的最终目标与项目的总体目标相一致：从头构建模型所需的标记数据降低六个数量级，适应新环境所需的标记示例减少到数百个。项目团队需要证明相对于目前的技术水平，他们的性能损失是最小的，并且必须在项目的每个阶段结束时对所有三个挑战问题进行演示。

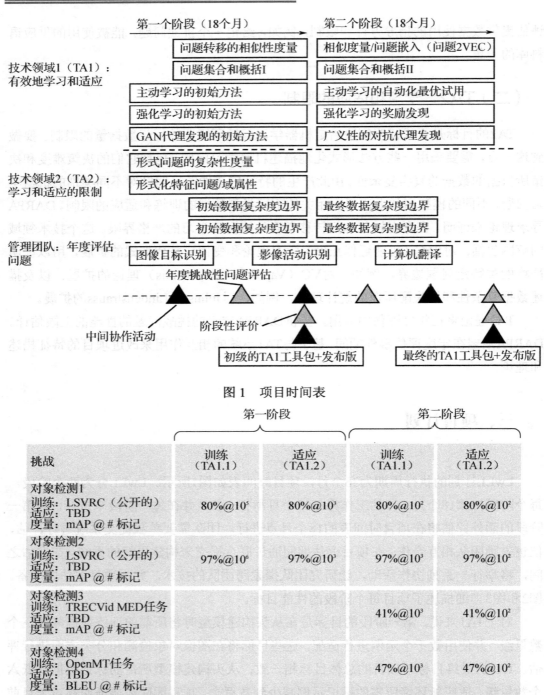

图 1　项目时间表

挑战	第一阶段		第二阶段	
	训练 （TA1.1）	适应 （TA1.2）	训练 （TA1.1）	适应 （TA1.2）
对象检测1 训练：LSVRC（公开的） 适应：TBD 度量：mAP @ # 标记	80%@10⁵	80%@10³	80%@10²	80%@10²
对象检测2 训练：LSVRC（公开的） 适应：TBD 度量：mAP @ # 标记	97%@10⁶	97%@10³	97%@10³	97%@10²
对象检测3 训练：TRECVid MED任务 适应：TBD 度量：mAP @ # 标记			41%@10³	41%@10²
对象检测4 训练：OpenMT任务 适应：TBD 度量：BLEU @ # 标记			47%@10³	47%@10²

LSVRC=图像网大规模视觉识别挑战；mAP=平均精度；TRECVid MED=NIST TREC视频多媒体事件检测；BLEU=双语评价研究

图 2　TA1 的目标

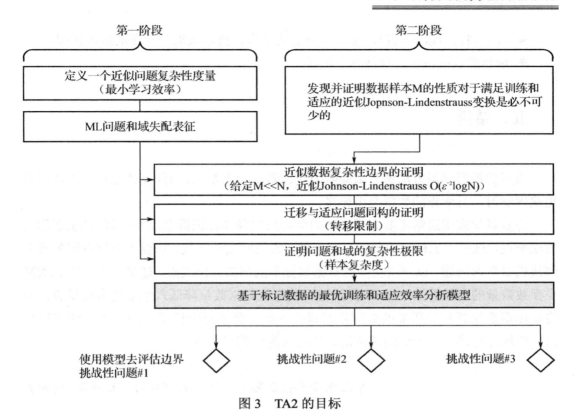

图 3　TA2 的目标

TA2中描述的目标，将根据可证明边界的紧密性，以及图3中列出的每个主题领域方面同行评审文章的数量和质量进行评估。

项目将集中进行一系列年度评估和协作活动，如图1中时间表所示。这些活动将持续2周，在每年的夏季和冬季进行。除了这些活动之外，DARP管理部门还将在研究者所在地或附近进行半年一次的实地考察，以评估中间进展。

四、预期成果

项目预期交付的成果包括：

- 涉及LwLL的技术论文；
- 创建的关于项目挑战问题的数据；
- 开发的所有软件的注释源代码，以及其他必要数据和文档（至少包括用户手册和详细的软件设计文档）；
- 技术状态报告，详细说明所取得的进展，完成的任务，主要风险，计划活动，以及任何需要注意的潜在问题或疑难领域；

● 每个项目阶段的报告，总结所开展的工作、技术成果和存在的技术挑战；
● 项目的最终报告，总结整个项目。

五、结语

典型的机器学习方法通常依赖数万个或数十万个数据，而LwLL这种新方法可以更快地学习，且所需的数据要少得多。

许多科学应用通常需要大量的体力劳动来注释和标记数据。对于传统的机器学习方法来说，这些手工标记的数据远远不够。为应对这一挑战，需要用非常有限的数据解决机器学习问题，以利用更少的数据做更多的事情为出发点，建立一套可以大大减少参数数量的高效算法。LwLL算法可以使标记数据数量降低六个或更多数量级，并将使模型适应新环境所需的数据数量减少到数十到数百个标记示例。可能的应用包括：战场态势感知、自然图像甄别、生物细胞结构研究等。

（中国电子科技集团公司第十五研究所　杜神甫　陶娜）

区块链的技术演进和前景

EOS可以理解为Enterprise Operation System，即为商用分布式应用设计的一款区块链操作系统。EOS是引入的一种新的区块链架构，旨在实现分布式应用的性能扩展。它不是像比特币和以太坊那样的货币，而是基于EOS软件项目之上发布的代币，称为区块链3.0。2018年3月，EOS发起超级节点竞选，选出21个主节点和80个备选节点，用于EOS区块链系统的区块打包和验证。6月，EOS主网正式上线，一度成为年度焦点，建立了广大的社区，吸引了大批开发者，为去中心化应用（Dapp）的发展奠定了基础。

2018年，关于区块链技术的应用广受关注，不论是金融领域，还是企业、政府和军事部门都在加快区块链技术的研究、开发和应用。区块链技术的本质是一个去中心化的分布式账本数据库，是一种令所有人都可信任的"记账模式"，具备极强的恢复能力。区块链技术究竟是像电子邮箱、TCP/IP、万维网、社交网络一样的、革命性的、引领互联网未来的技术，还是一个被夸大的、存在巨大缺陷的技术，一时难有定论。理解区块链的历史地位和未来趋势，须从互联网的诞生开始，研究区块链的技术发展简史，从中发掘区块链产生的动因，由此推断区块链的未来。

一、区块链技术的演进

（一）产生背景

2008年，中本聪第一次提出了区块链的概念，同时区块链也成为"电子货币"比特币的核心技术。互联网自1969年在美国诞生以来，近50年中有5项技术对区块链的未来发展有特别重大的意义。

1. TCP/IP 协议

1974诞生的TCP/IP协议，决定了区块链在互联网技术生态的位置，是互联网顶层即应用层的一种新技术。

2. 路由器技术

1984年诞生的思科路由器技术，是区块链技术的模仿对象，路由器的一个重要功能就是每台路由器都保存完整的互联网设备地址表，理论上，地址表一旦发生变化，会同步到其他几千万台路由器，确保每台路由器都能计算最短最快的路径，路由器的运转过程，就是区块链后来的重要特征。

3. 万维网

万维网诞生的B/S（C/S）架构是区块链企图颠覆的对象，B/S架构的数据只存放在中心服务器，其他计算机从服务器中获取信息，区块链技术是所有计算机没有中心，所有数据会同步到全部的计算机里，这是区块链技术的核心。

4. 对等网络

对等网络（P2P）是区块链技术基础，区块链是一种对等网络架构的软件应用，它是对等网络试图从过去的沉默爆发的标杆性应用。

5. 哈希算法

哈希算法是产生比特币和代币（通证）的关键，区块链及其应用比特币或其他虚拟币产生新币的过程，是用哈希算法的函数进行运算，获得符合格式要求的数字，然后区块链程序给予比特币的奖励。

（二）从区块链1.0到区块链3.0

区块链技术诞生至今已经历了从1.0、2.0到多元化的快速发展，诞生了多个经典的技术平台，包括首个去中心化全球货币的比特币、图灵完备智能合约的以太坊、面向高性能互联网应用的EOS，以及针对机构用户进行多方授权交易的Hyperledger Fabric等，如图1所示。

互联网实现了信息的传播而区块链实现了价值的转移。互联网在最开始的时候以信息传输管道的模式设计，TCP/IP协议底层并不关心上面传输的数据有什么差别，对于底层交换机和路由器来说，传递的都只是0和1而已。区块链将一个数据发送给另一个人之后，自己就不再拥有这个数据的所有权，从而实现实际价值的传输。应用服务层是区块链获得持续发展的动力。

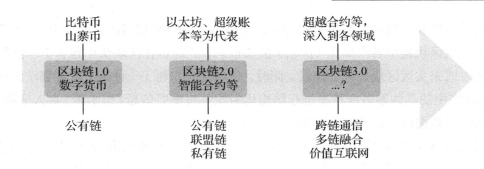

图 1 区块链发展示意图

以比特币为代表的区块链1.0应用，实现了可编程货币；以以太坊为代表的区块链2.0应用，实现了可编程金融，区块链2.0应用加入了"智能合约"（利用程序算法替代人执行合同）的概念；以EOS为代表的区块链3.0应用，未来要实现可编程社会。区块链是价值互联网的内核，能够对于每一个互联网中代表价值的信息和字节进行产权确认、计量和存储。它不仅能够记录金融业的交易，而是几乎可以记录任何有价值的能以代码形式进行表达的事物，其应用能够扩展到任何有需求的领域，进而到整个社会。

2018年，区块链3.0开始落地，侧链跨链技术能够在区块链的功能和性能拓展上起到非常关键的作用。闪电网络等"侧链"方案以及建立多个子链分片共识的类"跨链"方案的提出，可以在更好地保持去中心化理念的基础上，大幅度提升区块链的交易性能，可以形成众多独立的基础设施及业务体系，比如去中心化存储、去中心化身份认证、去中心化云计算、去中心化资管、去中心化电商，等等。当前侧链与跨链解决方案的技术难点主要是：跨链交易验证、跨链事务管理、锁定资产管理和多链协议适配等。

二、区块链的关键技术

从技术角度看，区块链是一项集成了计算机科学、数学、经济学等多学科领域研究成果的组合式创新技术，是有效地实现安全、可信、容错的去中心化分布式的记账系统。区块链的关键技术主要在以下四个方面。

（一）密码学

区块链使用了哈希算法、加解密算法、数字证书与签名、零知识证明等现代密码学的多项技术成果。

哈希算法和非对称加密技术保证区块链账本的完整性和网络传输安全。哈希算法被用于生成区块链中各个单元（区块）的头信息，并通过在区块头中包含上一区块头信息的方式来实现区块之间的连接。同时，使用默克尔树（一种基于哈希算法的树结构）对区块中的具体事务或状态进行结构化组织并将概要信息（根哈希）存入区块头，使得人们对数据或状态的篡改变得极其困难。

无须泄露数据本身即可证明某些数据真实的零知识证明技术，在新兴的区块链项目中扮演着日益重要的角色。Zcash是首个使用零知识证明概念的区块链加密货币项目，而目前最大的智能合约平台以太坊也在2017年底的"拜占庭"分叉过程中引入了使用同态加密的零知识证明技术。

（二）分布式存储

不同于传统的分布式存储，区块链网络中各参与节点拥有完整的数据存储，并且各节点独立、对等，依靠共识机制保证存储的最终一致性，也通过这些方式保证分布式存储数据的可信度与安全性，即只有能够影响分布式网络中大多数节点时才能实现对已有数据的更改。相应地，参与系统的节点增多，会提升数据的可信度与安全性。

有别于传统数据库，区块链只提供"增加"与"查询"操作，通过"增加"交易来实现"修改"和"删除"操作，比如产生区块硬分叉来实现交易的回滚，避免数据的恶意篡改，而缺点是，会带来区块链存储无限增大的问题。

（三）共识机制

共识机制用于解决分布式系统的一致性问题，其核心为在某个协议（共识算法）保障下，在有限的时间内，使得指定操作在分布式网络中是一致的、被承认的、不可篡改的。在区块链系统中，特定的共识算法用于解决去中心化多方互信的问题。

按照不同的故障类型，共识算法可分为两类情况。一类使用数学上及工程学上的方式，确保各个节点之间的数据绝对一致。另一类通过经济利益的博弈，鼓励对系统的贡献及提高不可信节点的作恶成本。常用算法包括工作量证明（Proof of Work，PoW）、权益证明（Proof of Stake，PoS）等，PoW、PoS算法分别通过提供算力或持有权益来平衡利益博弈。

（四）智能合约

智能合约（Smart Contract）是一种旨在以信息化方式传播、验证或执行合同的谈判或履行的计算机协议。允许在不依赖第三方的情况下进行可信、可追踪且不可逆的合约交易。其概念由计算机科学家尼克萨博（Nick Szabo）在1996年提出，描述"以数字形式定义的一组承诺，包括各方履行这些承诺的协议。"

区块链技术的发展为智能合约的运行提供了可信的执行环境。区块链智能合约是一段写在区块链上的代码，一旦某个事件触发合约中的条款，代码即自动执行。目前，较为成熟的以太坊和Hyperledger Fabric框架均包含智能合约，支持图灵完备的语言，在其基础上可实现多种智能合约，包括差价合约、储蓄钱包合约、多重签名合约、保险衍生品合约等，无须依赖第三方或中心化机构，极大地减少了人工参与，具有很高的效率与准确性。

需要注意到，区块链公链上部署的全部智能合约对外可见且可交互，意味着其全部漏洞对外公开。在以太坊公链上就多次出现千万美元级的安全事件。如何编写安全可靠的智能合约是区块链技术面临的核心课题之一。

三、区块链的主要挑战

以比特币、以太坊为代表的公有链展示了区块链的巨大发展前景，然而，由于区块链本身技术特点，单链解决方案受到去中心化、安全性、可扩展性的"不可能三角"的约束，技术需要进一步完善。区块链面临的挑战主要有三点。

（1）在考虑去中心化和安全的前提下，区块链面临主要来源于三个方面：分布式网络的传输延迟、分布式账本的一致性问题、节点性能限制的可扩展性挑战。

（2）在考虑可扩展性和去中心化的情况下，安全是一个巨大的挑战。为了提升性能，区块链本身在加密安全方面可能会存在妥协。如为提升交易处理性能而在非可信环境中使用非拜占庭容错的一致性算法。

（3）在完全去中心化自治环境中，可能缺乏有效的安全应急机制，从而可能导致对系统的攻击难以在第一时间被发现和终止，而且，由于区块链"不可篡改"的设计思想，区块链状态的回滚目前仍需要分叉来进行，这也使得区块链的可维护性不如传统方案。从更长远的角度看，目前的区块链技术仍以哈希及非对称加密算法为基础，这些加密算法所受到的挑战同样成为区块链技术的巨大挑战，其中最大的挑战之一是量子计算技术。为了应对这一问题，目前比特币的大额交易多采用一次性账户来实施，而抗量子加密算法也是业界研究的热点课题。

2018年，有多种新兴的公有链项目开始公开上线，它们大多强调自身的高性能（可扩展性），而通过观察其设计思路不难得出，它们存在一些"中心化"的设计理念。

以使用委托权益证明（DPoS）共识机制的EOS为例，其采用21个"超级节点"按照一定顺序出块的方式，避免了大量节点记账的效率问题，从而将事务处理系统（TPS）提升至数千的水平，这相比之前的主流公有链方案（如以太坊）来说是一个巨大的提升。但对于EOS"中心化"的质疑也一直存在。不仅DPoS，目前采用PoW共识机制的比特币、以太坊等同样面临中心化的问题。由于ASIC6矿机的出现，目前普通用户的PC节点已经几乎无法参与记账权的竞争，超过80%的算力集中在少数几个矿池内，这些矿池的所有者已经在比特币世界中具有相当的话语权，这同样是"中心化"的一种体现。

四、区块链的前景展望

（一）当前解决思路

当前，面对核心的"不可能三角"这一技术挑战，多个领域的研究与工程人员都在进行探索和实践，加密安全方面如零知识证明、环签名，共识机制方面如可验证随机函数（VRF），区块链底层结构方面如多链、通道技术、有向无环图（DAG），以及智能合约方面。催生了更多新的区块链方案设计，提出了很多解决实际问题的思路和方法，对于整个区块链技术的广泛应用将起到一定的促进作用。

侧链跨链方案带来了新的解决思路。通过双向锚定技术，可以把一条链上的资产转移到其他链上，扩展应用场景。利用分片技术，一个主链分成若干个同构的子链，系统的交易可以在多个子链上并行处理，达到水平扩容的效果。去中心化应用也有部署在自己专属的子链上，与其他子链上的去中心化应用隔离，提高性能的同时，也提高了安全性。异构跨链技术可以帮助去中心化交易，支持两个公链上资产的交易。

（二）未来发展展望

虽然区块链3.0的项目还没有成熟，但很多区块链的技术信仰者已经开始了全新尝试，试图从新的角度解决区块链发展难题。首先要解决效率低下、能耗高、隐私保护、监管难题等实际面临的问题，而且在未来的发展上要更具融合性，即有可能中心化和去中心化会融合到一起，既方便监管监控，又具有足够的分布性。未来将与超级计算、人工智能、大数据采集和分析等领域深度结合，最终建立虚拟城市。

一些机构和公司已经开始了有益的尝试，主要有以下四个。

（1）InterValue公司针对现有区块链基础设施普遍存在的实用化程度较低，尤其是交易拥堵、交易费高、交易确认时间长、抗量子攻击能力较弱、通信层节点匿名性不高、交易匿名保护、跨链通信和多链融合能力较弱、存储空间较大等问题和需求，优化提升区块链技术在各个层面的协议和机制，实现价值传输网络各层间的支撑协议。

（2）哈希图（Hashgraph）是一种全新的分布式账本共识机制技术和数据结构，使用互相传播（Gossip about Gossip）和虚拟投票（Virtual Voting）技术，与区块链技术相比，更快、更公平和更安全。

（3）Nerthus系统采用的是单元+DAG结构，没有区块这一概念，所有单元由用户自己创建与发布，其验证与确认由引用其作为先辈单元的后辈单元来承担，无需传统区块+链式结构那样，需要一个记账人，将当前所有交易打包到区块这一中心化操作，因而是一种更彻底的去中心化系统。

（4）Ambr平台旨在改进与改革区块链行业的问题，并潜心研发底层，其愿景是做一个复合型的"操作系统"，Ambr团队使用名为Galaxygraph的类DAG算法，重新定义了交易单元，拓展了多种交易类型，并在共识层使用复合型节点共识，同时根据节点信用进行动态赋权，从而解决传统DAG网络手续费分发与节点激励的难点。

这些尝试可能预示着区块链的未来发展。

五、区块链在国防领域的应用

区块链建立了一种新型的信任与激励体系，提升了透明度，减少了信用风险，降低了成本，提升了效率。目前各国政府、行业巨头和创业公司都看到了区块链的潜力，纷纷进行标准制定、技术储备和落地尝试，在金融、产权、物流等领域都出现了不同深度的应用案例。同样地，在国防领域，无论是在战役还是在保障中，也具有实用价值。

（一）网络防御：数据完整性

网络防御是区块链技术最近以来低成本、高回报的应用。网络安全依赖于秘密和信任，两者都无法做到万无一失，而区块链的运行独立于秘密和信任之外。区块链以两种方式保留真实，首先，依靠把数字事件传输给区块链网络上的其他节点，它们确保事件得到广泛见证；然后，利用共识机制，这些事件在一个永远不会被单个对手改变的数据库中得到保护。区块链还加强了网络防御的周边安全策略，不是通过为支撑墙壁提供帮助，而是通过监视墙壁和内部的一切。利用区块链，系统（也包括武器系统）中各个组件的配置都可以被记录在案、进行哈希运算、保护在数据库中并被持续监控，任何配置的任意非预定更改，无论多么小，几乎可以被立即检测到。

（二）供应链管理

国防系统供应链管理越来越困难，嵌入式软件系统越来越多地使用商用现成的组件，这些组件可能包含蓄谋已久的漏洞，可能会被对手选择利用。问题的根源在于组件的出处，或者说没有能力确定一种资产的起源并追踪其所有权。

区块链提供了一种解决方案，可以从出厂到驾驶舱，建立起每块电路板、每片处理器和每套软件组件的来源，有能力确定一种资产的起源并追踪其所有权。另外，许多武器系统的设计寿命为30年或更久，所有权的任何不连续都会使某些零部件无法使用，即使它们是实用的，而且需求度较高，使遗留系统难以得到支持。利用区块链专门跟踪特定商用现货供应（COTS）的组件，以维护其来源，从而增加它们的价值。

（三）弹性通信

区块链技术能够在激烈竞争的环境中提供有弹性的通信。在一场高端冲突中，应该对敌方在电磁频谱领域开展竞争做好准备，特别是针对诸如卫星、海底电缆和战术数据传输等关键通信系统。此外，敌方还将妄图操纵用于完成杀伤链的数据。要对抗这种威胁，就需要有能力安全地生成、保护和共享这些数据，使其不受敌对行为的影响。区块链网络是唯一能够提供这些能力的技术。

区块链网络展示了这些能力。因为它相对不受压制，其安全协议具有相互强化的性质，包括消息传递系统使用一种对等（P2P）消息模型，协议能够适应各种通信媒介，采用分布式区块链数据库和共识机制。即使大部分节点断开，该网络仍能继续工作，共识机制确保了不诚实的参与者生成的无效消息和区块被忽略。总之，尽管会发生针对通信路径、单个节点或区块链本身的恶意攻击，这些协议能确保经过验证的消息通信能够在世界范围内可靠传输。

（中国电子科技集团公司第十五研究所　杜神甫　陶娜）

深度学习推动图像识别技术发展

2018年12月，美国国家标准与技术研究所（NIST）的一项算法测试研究表明，过去五年，图像识别软件在准确性方面取得了巨大的进步，某些算法在搜索数据库和查找匹配方面，效果提高了20倍。改进的秘诀之一是卷积神经网络的广泛应用，这是图像识别和机器学习领域的一项进步，精确度的提高源于先前的方法与基于深度卷积神经网络的方法的集成或完全替代，算法对低质量图像的容忍度越来越高。随着深度学习架构的进一步发展，可以预期会有更好的效果。

图像识别最新进展的背后推动力是深度学习，深度学习的成功主要得益于三个方面：大规模数据集的产生、强有力的模型的发展以及可用的大量计算资源。识别图像对人类来说是件极容易的事情，但是对机器而言，经历了漫长过程。在进一步广泛应用之前，仍然有很多挑战需要去解决。然而，存在许多方法解决这些挑战，深度学习在图像识别领域有巨大的潜力。

一、图像识别技术概述

图像识别技术的主要作用是按照所观测到的图像，对图像中的物体进行分辨，以此来做好相应的具有意义的判断，具体实现则是应用现代信息处理技术，以及计算机技术对人类认知过程进行模拟。通常情况下，一个图像识别系统由图像分割、图像特征提取、分类器的识别这三部分组成，其中，图像分割主要的作用就是将图像划分成为多个区域；图像特征提取则是对多个区域的图像进行相应的特征提取；分类器的识别则是按照图像特征所提取的结果进行适当的分类。从某种程度来说，图像分割本身就能将其称之为图像识别的过程。总之，随着社会的不断发展，图像识别技术也得到了较大的发展，并且被广泛地应用在各个领域，包括医学、航天航空、通信、国防等。

二、传统识别技术的局限和基于深度学习的图像识别优势

图像识别一直是计算机视觉领域中关注的焦点，图像识别算法层出不穷，主要目标就是要从原始的图像中发现隐藏的关键结构信息。传统图像识别技术主要有以下局限。

（1）传统图像识别算法所产生并且使用的特征可以被认为属于浅层特征，而且不能从原始图像中获取更加深入的高语义特征以及其深度特征。

（2）为了获得好的识别效果，传统图像识别算法必须借助特征的帮助，而人为设定的特征在特征提取和识别过程中通常会带来不可期望的人为因素和误差。

（3）在没有人为的干预下，传统图像识别算法往往不能自动地从原始图像中提取有用的识别特征，而且在面对大数据的情况下，传统方法往往展现出自身存在的不足和困难。

与传统识别技术相比，基于深度学习的图像识别技术具有以下优势。

（1）无须人工设计特征，系统可以自行学习归纳出特征。

（2）识别准确度高，深度学习在图像识别方面的错误率已经低于人类平均水平，在可预见的将来，计算机将大量代替人力进行与图像识别技术有关的活动。

（3）使用简单，易于工业化，深度学习由于不需要领域的专家知识，能够快速实现并商业化。

三、基于深度学习的图像识别的主要研究方向

图像识别的主要挑战包括：如何提高模型的泛化能力、如何利用小规模数据和超大规模数据、全面的场景理解、自动化网络设计等，然而，深度学习仍然在图像识别领域具有巨大潜力，基于深度学习的图像识别主要有以下几个研究方向。

（一）整合常识

图像识别领域一个重要的研究方向是将常识融入深度学习。目前，深度学习主要作为一种纯粹的数据驱动技术被使用。在深度学习中，神经网络利用训练集中的标注样本学习一个非线性函数，之后在测试时则将这个学习到的函数作用到图片像素上，

训练集之外的信息则一点也没用到。

相比之下，人类识别物体不仅基于已经看到的样本，还基于他们有关真实世界的常识。人们能够进行推理，以避免不合逻辑的识别结果。此外，当遇到新的或超出预期的东西时，人类可以迅速调整他们的知识解释新的经历。如何在深度网络中获取、表示常识以及利用常识进行推理是一个方向。

（二）几何推理

联合执行图像识别和几何推理则是另一个有潜力的方向。图像识别的主要模型只考虑了二维外观，而人类可以感知三维场景布局以及推断其内在的语义类别。三维布局不仅可以从双目视觉中获得，还可以从二维输入的几何推理中得到，就像人们看照片时所做的那样。联合图像识别和几何推理为双方都提供了好处，从几何推理中确定的三维布局可以帮助在看不见的视角、变形和外观的情况下引导识别，它还可以消除不合理的语义布局，并帮助识别由其三维形状或功能定义的类别。另一方面，识别出来的语义可以规范化几何推理的解空间。

（三）关系建模

关系建模也有很大的研究潜力。想要全面理解一个场景，对场景中存在的目标实体之间的关系和相互作用的建模非常重要。考虑两张图片，每个图片都包含一个人和一匹马。如果一张展示的是骑着马的人，另一张展示的是踩着人的马，显然这两张图片表达了完全不同的意思。此外，通过关系建模提取的底层场景结构可以帮助补偿当前深度学习方法因数据有限而出现的模糊不确定等问题。尽管人们已经在努力解决关系建模这个问题，但这项研究仍然是初步的，并且还有很大的探索空间。

（四）元学习

还有一个方向是元学习，它的目标是学习学习过程。这个方向最近引起了很多关注，而且神经架构搜索也可以被认为是它的一种应用。然而，由于目前对学习过程建模的机制、表示和算法还比较初级，元学习的研究仍处于早期阶段。以神经架构搜索为例，它只局限于现有网络模块的简单组合。元学习者无法捕捉到创作新网络模块所需的微妙的直觉和敏锐的洞察力。随着元学习的进步，自动架构设计的潜力可能会完全释放出来，进而得到远超手工设计的网络结构。

四、深度学习在图像识别中的作用

深度学习因其提取特征能力强、识别精度高等优点，在图像识别领域效果显著，例如在人脸识别、目标识别、动作识别等方面。

1. 提升人脸识别性能

人脸识别是一种通过比较人脸特征进行身份鉴别的技术，被广泛应用在视频监控系统、门禁系统以及电子商务等领域。人脸识别与深度学习结合，用Softmax（归一化指数函数）损失和中心损失共同监督来训练 CNN（卷积神经网络），可以提高识别准确率。

2. 快速定位运动目标

运动目标识别应用深度学习图像识别技术，能够用于车牌识别，但以往只能针对静态的车辆车牌来进行识别，在某些特殊条件下，车辆会存在需要被识别，但又不断地保持动态的情况，例如逃犯驾车、违章车辆等，此时，依靠静态图像识别无法有效地对车牌进行识别，而在现代深度学习图像识别技术下，已经能够针对运动目标进行识别，主要原理在于通过智能化模块对模糊的图像信息进行处理、决策，进而得出相似度较高的结果，再通过筛选即可确认图像信息。

3. 提高人体动作识别精度

人体动作识别一直是计算机视觉的研究热点和难点，且它在现实生活中具有重要的应用价值，如视频监控、虚拟现实、人机智能交互等领域。将加速传感器和深度卷积神经网络结合的识别方法，可以有效地对人体的走、坐、躺、跑、站五类动作进行分类。该方法使用滑动窗口折叠法将传感器数据变换为类似于 RGB 图像的三通道数据格式，模型自动提取数据特征对各个动作进行分类，在 Actitracker数据库上达到91.26%的识别率。

五、基于深度学习图像识别技术的军事应用

基于深度学习的图像识别技术具有广泛的应用场景，下面是两个例子。

（一）黑暗中的面部识别

美国陆军研究实验室开发了一种新的机器学习和人工智能技术，可以从夜间拍摄人脸的热感图像中生成可见的面部图像。例如，使用热感摄像机在夜间进行自动人脸识别可以帮助士兵认出在监视名单上的某个人。没有有效照明，传统相机在夜间无法捕捉面部图像，而照明会泄露相机的位置，热感相机捕捉从活性皮肤组织自然发出的热感信号，新方法采用基于深度神经网络的先进的域自适应技术。融合整体信息，例如整个面部的特征，以及局部信息，例如眼睛，增强了面部图像的可见性，新的方法比基于生成对抗网络的方法实现了更好的验证性能。

（二）卫星遥感

情报机构主要依赖情报分析人员从卫星遥感图像中识别诸如核设施或秘密军事据点等目标，但人工识别面临效率低下、无法应对海量数据等问题。随着以深度学习为代表的图像识别技术日益成熟，将其引入遥感卫星目标识别成为发展趋势。美国密苏里大学研究人员展示了一种用于遥感卫星图片识别的深度学习模型，能够从海量卫星图片中识别并标记出军事装备设施，还将识别出的原始图像转换为训练样本，供深度学习模型持续开展数据训练，以提升目标识别的精准度。

（中国电子科技集团公司第十五研究所　杜神甫　陶娜　辛子龄）

量子计算云平台助推量子计算发展

量子计算是一种颠覆性的未来计算技术，经典计算机需要耗时上万年的某些计算任务，量子计算机在几分钟甚至瞬间就可完成。业界普遍预计，量子计算将有可能在人工智能、新材料设计、药物开发以及复杂优化调度等方面带来新的革命。然而，当前量子计算在硬件、软件、算法、系统等很多方面均面临非常多的技术挑战，是一个复杂的系统工程，既需要硬件和操控系统的突破，也需要软件和算法方面的突破。在量子计算硬件系统成熟之前，基于经典计算的模拟器在量子电路的仿真和调测、量子算法的研究和创新、应用软件的开发和验证上都将发挥重要作用，是量子计算研究和应用普及的必经之路。2018年量子计算云平台不断涌现，为量子计算提供了模拟器和编程框架，推动了量子计算的快速发展。

一、华为发布量子计算模拟器 HiQ 云服务平台

2018年10月12日，在华为全联接大会上，华为发布HiQ量子计算模拟云服务平台，包括量子计算模拟器与基于模拟器开发的量子编程框架。HiQ量子计算模拟器云服务平台在量子电路模拟上实现了多项重大创新，包括高性能分布式内存计算框架、最优化量子门调度及融合量子算法、量子门操作算法优化，以及云服务器上的软硬件优化等。基于华为云的超强算力，根据华为HiQ量子计算模拟云服务架构图，HiQ 量子计算模拟器分为三类：①全振幅量子计算模拟器，可以支持42个量子比特的模拟电路；②单振幅量子计算模拟器，可以实现81个量子比特至169个量子比特的随机电路模拟计算；③量子纠错电路模拟器，提供高性能纠错模拟云服务，可支持数十万量子比特模拟。

在量子计算机硬件研究上，最大的挑战是操作的精度做不上去，特别是在未来通向量子计算机的路上，首先要解决的问题就是量子计算的误差问题，即要突破纠错算法，华为的量子纠错电路模拟器作为一个纠错算法的研究平台，对于长远或者短期实

现算法的研究具有重要意义。除了这个架构图，华为还发布了量子编程框架，兼容已开源的量子软件框架Project Q，能够大幅提升量子算法的并行计算性能。基于现有经典量子编程API，华为新增了两个图形用户界面（GUI）与经典量子混合编排模块用户界面（BlockUI）。这让其成为目前业界领先的量子电路模拟云服务。

华为量子计算模拟器HiQ云服务平台将对外开放，成为研究和教育的使能平台。虽然目前看起来，华为并没有公布自己使用的是什么样的量子计算硬件系统，也没有说明这些硬件系统已经搭建进展到了什么程度。但不妨碍其对外开放提供云服务，可携手广大的开发者、研究人员、老师和学生们共同创新，推动量子计算的技术研究和产业化。

华为的量子计算模拟器HiQ平台，发挥的是"承上启下"的重要作用，往下可以帮助理解、设计硬件，向上可以承载算法和应用的探索和验证，此标志着华为在量子计算的研究和创新上迈出了坚实一步，意义深远。

二、Rigetti 推出量子云服务（QCS）

2018年9月，量子计算先驱Rigetti Computing公司推出了Rigetti量子云服务（QCS），这是一个利用Rigetti的混合量子经典方法开发和运行量子算法的完整平台。

Rigetti量子云服务（QCS）的亮点如下：

（1）**专用的量子经典资源**。QCS能为每个用户创建一个专用的量子机器镜像（QMI），即一种虚拟的编程与执行环境，能够帮助用户开发并运行量子软件应用程序，以及结合经典算法的量子算法。每个QMI都预先配置了Rigetii的Forest SDK，并作为QVM和QPU后端的单一访问点。用户可以在准备好使用简单的命令行界面时保留QPU。

（2）**靠近QPU**。通过共同定位的经典和量子主机，曾经花费几秒钟的工作现在只需要几毫秒。这种低延迟的硬件网络访问使QCS成为最快的量子计算平台。

（3）**参数化编程**。自定义控制电子设备可以编译程序二进制文件，允许在运行时进行动态输入，更快的迭代意味着更快地获得解决方案。

Rigetti还宣布了一项100万美元的奖金，用于QCS用户对所谓的"量子霸权"的首次结论性演示。该演示旨在说明三个关键能力对于实现量子霸权至关重要。首先，用户需要更多具有较低错误率的量子比特；其次，用户需要设计用于运行混合量子经典算法的计算系统，而QCS提供了最短的量子霸权路径；最后，这些功能必须与真实的编程环境一起提供，以便用户可以构建和运行真正的量子软件应用程序。Rigetti称其QCS为"唯一的量子优先云计算平台"，QCS将首先推广到工业和学术界的现有Rigetti合作伙伴，针对的量子霸权领域包括量子化学和机器学习，没有宣布域名限制。Rigetti希望有人或公司接受挑战，能够在此平台上进行"量子霸权"的演示证明，获得优厚的奖金。

三、南方科技大学完成量子计算云平台 PCQ

2018年11月16日，南方科技大学联合其合作伙伴（深圳市量子科学与工程研究院，深圳量旋科技有限公司等），完成了"基于NMR（核磁共振）的量子计算云平台PCloudQ（简称PCQ）"。PCQ是国内继本源量子计算、华为HiQ云平台之后又一新的云服务平台。PCQ云服务目前阶段暂时拥有四个Qubit，但是拥有其他云服务不具有的性能，即开放了底端控制层，允许用户自主设计量子控制序列并提交至PCQ，由PCQ运行用户自定义的量子操作。这是国际上首个开放控制层的量子云计算平台。据官方披露：当前，PCQ仅支持中文服务。

四、本源量子上线量子云服务平台

本源量子是中国第一家以量子芯片、量子测控、量子软件、量子计算机、量子云、量子人工智能为主营业务的量子计算公司，是为实现量子计算产业化而创立的公司。

2018年1月，由中国科学技术大学郭光灿院士团队开发的全球首款量子计算云平台APP"本源量子计算云服务平台"成功上线32位量子虚拟机。该量子虚拟机是基于国内首创的QRunes量子编程语言搭建的，与国际通用的量子编程语言相比，QRunes算法效率更高、更具可操作性；并于2月实现了64位量子电路模拟，打破IBM Q的56位仿真纪录，于4月"本源量子计算云服务平台"上线。在本源量子计算云服务平台APP上，用户可免费编写和运行量子程序，查看已编辑程序的图形化显示效果，在远程量子服务器上完成编译、执行与测量，其结果可迅速传回本地。这款APP基于此前的手机网页版平台进一步优化、完善，解决了量子编程操作中的适应性问题。

五、阿里研发出世界最强量子电路模拟器

2018年5月，中国阿里集团的达摩院量子实验室研发出目前世界上最强的量子电路模拟器"太章"，率先模拟了81比特40层的谷歌随机量子电路。此前达到这个层数的模拟只能处理49比特。此外太章的通信开销极小，在64比特40层的模拟中，太章只需要2分钟并只使用14%阿里平台的计算资源即可完成。

通过太章模拟器，研究者可以验证量子计算相关算法。目前已经实现的量子处理器比特位有限，因此规模较大的量子算法没有可以运行的载体，无法进行验证。太章的出现为这个问题提供了一个解决手段，能够辅助设计50～200比特的中等规模量子算法、量子软件和量子芯片，为缺乏相关硬件设备的研究单位提供了研究量子计算的一个便利平台，给之后的量子计算研究提供了强大支撑。

六、结语

目前，量子计算的硬件系统和软件算法远没有成熟，量子云服务平台的推出，对于量子计算研究而言非常必要，它提供了量子计算电路的仿真、调试环境，量子软件的开发和算法的研究，使得缺少硬件条件的研究机构、公司与个人开发者也能进行量子软件和算法的开发、运行与测试验证。

量子计算云服务平台能够推动量子计算的技术发展以及产业化进程，对于量子计算研究、人才培养、量子计算相关生态环境的建设都有重要意义。

（中国电子科技集团公司第三十二研究所　索书志　卞颖颖　曾宪荣）

大事记

美国国防部将研究区块链的军事用途　2017年底，特朗普政府签署2018年《国防授权法案》，要求国防部对区块链技术进行全面研究，确定该技术如何应用于军事领域。国防部可能希望修改区块链技术，例如增加中央处理器以及利用它来保护信息或供应链的安全。此外，区块链技术还可应用于保护军用卫星、核武器等高度机密数据免遭黑客攻击。

美国密歇根大学利用忆阻器加快神经网络学习速度　2018年初，美国密歇根大学研究人员研制出一种被称为储备池计算系统的新型神经网络，该神经网络具有更好的能力，需要的训练时间比类似的神经网络更少。相比于此前用体积更大的光学器件实现，研究人员此次利用了具有空间效率的忆阻器来设计系统，这种系统与传统硅基电子器件很容易集成。记忆电阻器是一种独特的电子元件，它结合了数据存储和逻辑运算的功能，这与传统的存储器与处理器分离不同。该系统有望用于复杂预测，如预测对话中即将出现的单词。

英特尔推出49量子比特的量子芯片　2018年1月，英特尔发布49位量子比特的超导量子芯片Tangle Lake。这款芯片代表着该公司在开发从架构到算法再到控制电路的完整量子计算系统方面的"一个重要里程碑"，因为这样的计算尺度将使得研究人员能够评估和改进纠错技术，并模拟一些计算问题。该芯片的算力可达到562万亿次，相当于5000颗i7-8700K芯片。如此规模的算力使得量子计算机有望解决超级计算机需要耗费数月或数年时间的计算问题，在药物开发、密码破译和气候预报等领域有巨大的应用潜力。目前量子计算仍处于初期阶段。英特尔预计，从商业角度看，量子计算可能需要100万甚至更多的量子位才能有实用价值，这还需要5～7年的时间。

DARPA赞助启动边缘计算项目　2018年1月，美国卡内基梅隆大学在DARPA赞助下启动了边缘计算项目CONIX。该项目旨在创建位于边缘设备和云之间的网络计算架构，为边缘计算的兴起做准备。它是针对遍布式感知、认知和行动的网络基础设施的计算，提供新的分布式计算中间层，通过提升网络自主性和智能性，将云和边缘紧密地结合在一起。主要研究内容是物理耦合认知知觉系统，平台、编程和综合工具，安全、健壮性和隐私，交互服务。希望将智能性嵌入网络，从而将处理和决策重心移出云端，使目前和未来的物联网应用具备更强的自适应能力。

麻省理工学院发布人造突触芯片　2018年1月，麻省理工学院研究者发布了关于人造突触芯片的研究结果。该25纳米长的芯片使用了具有固有均匀结构的材料，因此能精确控制流过突触的电流强度，类似离子在神经元之间的流动方式。处理器根据流过人造突触的离子类型和数量交换信号，这一工作方式极其类似人脑神经元。测试表明，该芯片识别手写样本的准确度高达95%。研究者表示，人造突触设计可能加速小型便携式神经网络设备的开发，使得一块指甲大小的芯片，就能完成现在只有超级计算机才能完成的复杂计算任务。

DARPA赞助启动自主智能的类脑认知计算项目　2018年初，支持自主智能的类脑认知计算研究中心（CBRIC）在美国普渡大学落成。该认知计算研究项目由DARPA赞助，旨在认知计算方面取得重大进展，以实现新一代自主智能系统的开发目标。自主智能系统需要在通用的节能神经基板上执行端到端功能（感知、推理和决策），在快速变化的环境中不断学习有限的数据，在安全和任务关键型应用中表现出高稳健性，并缩小当前计算平台和大脑之间的数量级能效差距。CBRIC将通过神经启发算法和理论，神经形态硬件结构，分布式智能和应用驱动程序的协同探索来应对这些挑战。

美国情报机构开发自动化视频分析技术　2018年1月，美情报高级研究计划局（IARPA）公布了人工智能领域的最新工作重点：视频监控及利用机器视觉实现视频监控的自动化。其重点是处理间谍卫星和越来越多的无人机和传感器网络所产生的巨量视频和数据。在名为"深度互联模态视频活动"（DIVA）的新项目下，IARPA已经选择了6个团队来开发用于扫描视频的机器视觉技术。美国国家标准与技术研究院（NIST）和承包商Kitware公司将评估研究数据并测试DIVA系统。该项目目标之一是开发自动检测威胁的功能，通过机器视觉和自动化视频监控快速定位攻击。该项目技术能在提供检测潜在威胁能力的同时，减少对手动筛查视频监控的需求。

DARPA赞助智能存储与内存处理项目，提升数据计算处理速度　2018年初，智能存储和内存处理技术研究中心（CRISP）在弗吉尼亚大学落成。该认知计算研究项目由DARPA赞助，旨在创建智能内存和存储（IMS）体系结构，提高缓存效率，尽可能地提高海量数据信息的计算处理速度。将需要重构整个系统堆栈，具有新的架构和操作系统抽象，新的存储器语义，用于编译和优化的新技术，以及动态但高效的系统软件，从而在各种异构架构中实现高程序员生产力和代码可移植性。

美国空军寻求高性能计算发展　2018年1月，美国国防部下属的先锋中心（the Vanguard Center）评估了处于开发前期的高性能计算技术，并为政府研究人员提供了先进的高性能计算工具。该中心是美国国防部高性能计算现代化计划的一部分。同时，美国空军公开征求能够"通过现代化高性能计算生态系统提升国防部生产力"的解决方案，希望得到高性能计算软硬件发展趋势的报告，并且将通过这份方案征集授出一份或多份合同。通过方案征求和合同授予，美国空军将提高研发能力，降低时间成本，掌握新型高性能计算的体系结构、软件、网络、系统方法，以及开发或更新原有软件的方法，并通过现代化的浏览器和设备提供安全的高性能计算接入。

美国陆军开发用于训练机器人的新型算法　2018年2月，美国陆军研究实验室（ARL）的研究人员与得克萨斯大学奥斯汀分校（UT）的科学家合作开发出一种新型算法，能使机器人或计算机程序通过与人类互动来学习如何执行任务。在未来的一到两年内，研究人员将专注于探索这项最新技术的广泛适用性：例如除保龄球以外更复杂的电子游戏和其他仿真环境，从而更好地模拟在现实世界中使用机器人时可能遭遇的不同情景和状况。Deep TAMER是研究人员设想的一系列研究的第一步，其成功将使美国陆军实现更加成熟的有人-无人编队成为可能。

韩国企业和研究机构启动人工智能研发项目　2018年2月，韩国领先的防务企业韩华集团，以及韩国科学技术院启动了共同开发人工智能技术的项目。双方在科学技术院开设了一个联合研究中心，优先开展4项研究，包括：开发基于人工智能的指挥系统、用于无人潜艇导航的人工智能算法、基于人工智能的航空训练系统和基于人工智能的目标跟踪技术。这家韩国公司最近取得的成就包括开发有源电子扫描阵列（AESA）雷达，将其用于本土4.5代战斗机的开发。此人工智能项目有望帮助军用无人机独立完成目标跟踪、地形识别、侦查补给、进攻作战等任务，增强韩国军队的实时决策力和空天力量。

谷歌发布72量子比特的量子计算机　2018年3月，谷歌量子人工智能实验室公布了72位量子比特通用计算机"狐尾松"。该计算机单量子比特门错误率仅0.1%，双量子比特门错误率为0.6%。"狐尾松"的另一个重要特征，使它仍然可以进行经典的计算机模拟，这是目前验证量子计算机是否正确运行的唯一方法（因为可以交叉核对答案），而且它可以在经典计算机上实现加速。72量子比特的量子计算机是量子比特芯片领域的重大进展，超越了业界公认的50量子比特芯片就可以达到量子霸权的标准，向量子计算超越经典超级计算机又迈进了一步，加速了人工智能算法训练和科学难题的解决。

IBM发布世界上最微型计算机　2018年3月，IBM在拉斯维加斯的首届THINK大会上发布世界上最微型的计算机，该款微型机堪比沙粒大小（1 mmx1 mm），制造成本低于10美分，集成了几十万个微晶体管，具有"加密锚点技术"（Crypto Anchor Technology）。可用于数据监控、分析、交流和处理，监测货物运输、欺诈和其他违规行为等。IBM预测微型计算机将在未来5年内嵌入越来越多的智能设备和物体中，与区块链等技术协同工作，改变日常生活方式。

美国布局研发下一代百亿亿次超级计算机　2018年4月，美国能源部公布超算需求方案说明书，宣布了三个在研百亿亿次（E级）超级计算机项目。其中名为A21的E级超级计算机具有独特的体系结构，其设计重点在于减少在处理器之间进行远距离数据传输的需求，因为这种过程极其耗能，最后可能仅需要25～30兆瓦功率。A21的强大计算性能能使美国能够迅速提升科学研究领域的模拟能力，从星系形成与演化研究，到核聚变反应堆内的等离子体模拟等，使得美国在高新技术领域占据优势。另外两台E级超算项目则将满足美国国家核安全管理局和能源部先进科学计算研究项目的计算任务需求，可能用于模拟核试验中。

美国陆军开发在黑暗中工作的面部识别技术　2018年 4月，美国陆军研究实验室的研究人员开发了一种新的机器学习和人工智能技术，可以从夜间拍摄人脸的热感图像中生成可见的面部图像。与新技术相对于，在没有有效照明环境下，传统相机在夜间无法捕捉面部图像，而照明会泄露相机的位置，这也不是使用热感相机的情形，热感相机捕捉从活性皮肤组织自然发出的热感信号，而新方法采用基于深度神经网络的先进的域自适应技术。而且研究小组发现，融合整体信息以及局部信息，例如眼睛，增强了面部图像的可见性。这项研究将扩展人脸识别的应用场景，在夜间也能进行可疑人员的跟踪与抓捕。

谷歌提出经典计算机与量子计算机算力衡量理论　2018年5月，谷歌在Nature Physics上发表论文《在近期设备上演示量子霸权》（Characterizing Quantum Supremacy in Near-Term Devices），提出了在近期设备中实际演示量子霸权的理论基础。这篇论文描述了从随机量子电路的输出中采样位元串的任务，并提出随机混沌系统（联想蝴蝶效应）的输出会随着运行时间越长，越难以预测；如果制造出一个随机的、混沌的量子比特系统，并检验一个经典系统需要花费多长时间来模拟它，那么就可以很好地衡量一台量子计算机何时可以超越经典计算机。可以说，这是证明经典计算机和量子计算机的计算能力之间呈指数分离的最强有力的理论建议。

DARPA "终身学习机器"项目取得最新进展　2018年5月，DARPA公布 "终身学习机器"（L2M）项目最新进展。该项目旨在开发全新的机器学习方法，使系统能够不断适应新环境而不会忘记以前的学习内容。DARPA 2017年已选定研究团队，重点研究两个技术领域。第一个技术领域致力于开发完整的系统及其组件；第二个技术领域将探索生物有机体的学习机制，目标是将其转化为计算过程。虽然L2M项目仍处于早期阶段，但哥伦比亚大学工程学院霍德·利普森博士领导的团队2018年已取得了研究成果，发现并解决了与构建和训练自我复制的神经网络相关的挑战。其成果发表于Arvix Sanity。

阿里研发目前世界最强量子电路模拟器　2018年5月，中国阿里集团的达摩院量子实验室研发出目前世界上最强的量子电路模拟器 "太章"，率先模拟了81比特40层作为基准的谷歌随机量子电路。"太章" 一大特点是通信开销极小，从而可以从阿里集团平台的在线集群算力完成举世无双的模拟。在64比特40层的模拟中，"太章" 只需要两分钟并只使用14%阿里平台的计算资源即可完成。阿里巴巴的进展在一定程度上有助于加快量子计算机研发。"太章" 作为软件模拟器，模拟了操纵量子计算机底层的量子纠缠对，相当于验证了量子计算的算法、系统架构、应用演示，为真正的量子计算机开发准备了开发工具和开发环境。在实际物理实现上，只要是能够普遍操纵

100个量子纠缠对以上、搭建了上层的通用量子算法，就有望开启真正意义上的量子时代。

中国科研团队成功构建节点数达49×49的光量子计算芯片 2018年5月，发表在最新一期美国《科学进展》杂志上的研究显示，上海交通大学金贤敏团队通过"飞秒激光直写"技术制备出节点数达49×49的光量子计算芯片。首次演示了超越早期经典计算机的量子计算能力，其计算速度是国际同行24000倍，经典算法也比世界第一台电子管计算机快10～100倍。该研究组通过发展高亮度单光子源和高时空分辨的单光子成像技术，直接观察了光量子的二维行走模式输出结果。实验验证量子行走不论在一维还是二维演化空间中，都具有区别于经典随机行走的弹道式传输特性。该研究首次在实验中成功观测到了瞬态网络特性，进一步验证了所实现的量子行走的二维特征。

美国能源部实验室推出目前最强大超级计算机，超越"太湖之光" 2018年6月，美国能源部位于田纳西州的橡树岭国家实验室（ORNL）宣布，在和IBM及英伟达的合作下，已经制造出了一台新的超级计算机"顶点"。它由IBM的9216个中央处理芯片和英伟达的27648个图形处理器提供驱动；4608台服务器和一个大容量的10 PB（千兆字节）的内存。它可以以每秒执行20亿亿次浮点运算，比之前全球最快的"神威太湖之光"超级计算机速度快60%。这台超级计算机的最高性能达到了93千帕，每秒能够进行超过3亿次的混合精度计算。"顶点"可以进行海量数据分析，如医学报告和图像，以识别未知的疾病原因，并确定人类蛋白质和细胞系统的功能和进化的模式。在另一项实验中，研究人员利用"顶点"来分析人类基因组序列之间的差异。此外，该超级计算机还用于癌症研究，模拟核聚变反应堆等。

微软为军方开发云计算系统 2018年6月，微软和法国的泰雷兹集团表示，双方将基于微软的Azure Stack云平台为军方合作开发一个云计算系统。Azure Stack为Azure云平台的扩展，是核心Azure服务的一个私有实例，与Azure公有云共享代码、API和管理门户。Azure Stack支持组织在自有数据中心里部署，既能利用微软公有云的快速部署和灵活发布能力，也能将数据保存在本地，打消军队对于敏感数据的顾虑，将敏感数据保存在他们自己的基础设施之中。同时，Azure Stack也支持组织的私有数据中心到微软公有云的混合模式部署。泰雷兹集团将对该平台采取网络安全措施和改造以满足军事限制。

美国密歇根大学创造世界上最小的计算机 2018年6月，继IBM于3月份宣布创建世界上最小的计算机之后，密歇根大学（U-M）的研究人员现在开发了一种更小的设备，每侧的尺寸仅为0.3毫米。这些新设备通过可见光接收和传输数据，并具有RAM、光伏发电、处理器、无线发射器和接收器。密歇根的新装置被设计为精密的温度传感器，它将温度转换成用电子脉冲定义的时间间隔，在基站发送的稳定时间间隔内，在芯片上测量间隔，然后转换成温度。结果，计算机可以报告微小区域的温度，例如一组细胞，误差大约0.1摄氏度。该系统可以应用于许多目的，如肿瘤学的需要。

国防科技大学完成超级计算机"天河三号"E级原型机的研制部署　2018年7月，中国国防科技大学自主研发的新一代百亿亿次超级计算机"天河三号"E级原型机完成研制部署并顺利通过分项验收。它采用了三种国产自主高性能计算和通信芯片，运算能力将比"天河一号"提高200倍，达到每秒3-5P（1P=1千万亿次）。未来国家超级计算天津中心将依托"天河三号"，构建超级计算与云计算、大数据和人工智能深度融合的高性能计算服务平台，将在长效高分辨率气候气象预报、大规模航空航天数值风洞、地震地质研究和油气能源勘探、脑科学与基因工程等一系列超大规模计算与模拟，以及涉及国计民生、信息安全的政务数据、医疗卫生、基因健康等大数据分析处理领域，发挥支撑和平台作用。

俄罗斯研制出光学超级计算机　2018年7月，俄罗斯联邦核中心——全俄实验物理科学研究所研制出光学超级计算机，并已取得专利。其计算过程"建立"在激光辐射脉冲的相互作用上，而不是像传统计算机那样建立在电子元件的工作上。这种光子计算机由电和"光"两部分组成。机器代码（即一组指令）转换为激光脉冲。光子通过波导进入光子处理器，激光脉冲在这里发生相互作用，然后进行与电子计算机相同的逻辑运算。激光束离开处理器，返回计算机的电子部分，光学信息再次转换成用户可以访问的电信息。其有超高速的运算速度，每秒最多可执行5万兆次浮点运算，且这种处理器的峰值功率仅为100瓦，可用来解决超出"半导体"超级计算机能力的问题。

DARPA启动LwLL项目，利用更少数据进行机器学习　2018年7月，美国国防高级研究计划局（DARPA）启动"利用更少数据进行学习"（LwLL）项目，旨在通过研究新型学习算法，极大减少机器学习训练或适应所需的数据。LwLL研究人员将重点探索如何构建有效学习和适应的学习算法，并描述机器学习存在的问题，包括决策难度和用于决策的数据的真实复杂性，从而找到机器学习存在的理论极限，并利用这个理论来突破系统开发与系统能力的边界。这个项目将极大地降低机器学习对标记数据的依赖程度，实现更有效的系统开发和自适应性，以更高效率完成翻译、语音识别、目标识别等任务。

美国国防部视量子计算为太空作战的关键武器　2018年7月，美国国防部负责研究与工程的副部长迈克尔·格里芬近期与俄亥俄州赖特帕特森空军基地的空军科学家们共同讨论了美国军方量子计算技术的发展和挑战。美国国防部认为量子计算技术可能改变信息和太空作战，已将量子计算机和相关应用列入重点投资研发项目。美国国防部对量子计算在安全通信及无GPS或GPS信号不稳定的惯性导航方面的应用开发非常感兴趣，并认为量子计算机是最新一代的超级计算机。量子时钟被视为GPS的替代品，目前正在研究在没有GPS信号的环境中实现与GPS一样的精确度。美国国防部正持续关注其他国家量子计算的动态。

DARPA电子复兴计划寻求计算能力提升　2018年7月，DARPA公布了其电子复兴计划的第一批入选项目，其中包含若干提升计算能力与效率的技术，例如单片三维片上系统（3DSoC）和新计算所需基础（FRANC）。3DSoC即在CMOS基础上增加多层互连电路来实现50倍的功率计算时间提升以及降低功耗。该项目的研发团队曾提出变革性的纳米系统新理念，把计算和数据存储垂直集成在一个芯片之上。这种分层式制备实现了在层间计算、数据存储、输入和输出（如传感）等功能结构。可以在一秒内捕捉大量数据，并在单一芯片上直接存储，原位实现数据获得与信息的快速处理。FRANC项目则专注于在存储器中使用新的非易失性设备。这个计划寻求利用新的材料和器件，带来10倍的性能提升。

美国空军使用新型神经形态超级计算机进行人工智能研究　2018年8月，美国空军研究实验室（AFRL）与IBM合作研究于近日公布了世界上最大的神经形态超级计算机"蓝鸦"（Blue Raven），其处理能力达到6400万个神经元。据AFRL表示，"蓝鸦"的功耗仅为40瓦，相当于一个家用灯泡，执行人工智能和机器学习算法时的能源消耗比现有超级计算机低100倍。"蓝鸦"将为美国空军研究实验室执行人工智能和机器学习算法，并为美国国防部和其他美国政府机构提供研究、开发、测试、评估计算神经学应用的平台，为未来人工智能和机器学习的未来应用提供有效支撑。同时未来可能集成机载传感器，从而提升美国空军的作战能力。

美军将在现代化战争中使用边缘计算技术　2018年7月，美军的未来司令部宣布，边缘计算是新司令部将会采纳的创新技术之一。边缘计算相对于云计算，边缘计算更加靠近数据源，所以能够在第一时间获取数据，并对数据进行实时的分析和智能化处理，相较单纯的云计算也更加高效和安全。边缘计算技术具有分布式和低延时、效率高、缓解流量压力、安全性高、依赖数据端处理芯片的性能、需要规范边缘计算输出的数据等特点。因此边缘计算非常适合需要低延时性的作战场景，在现代化战争中具有广阔的应用前景。目前边缘计算已经应用于无人机，完成3D地形测绘、搜索、救援行动和大数据收集等任务。

中国军事科学院研发出通用光量子计算芯片　2018年8月，中英科研团队合作研发出一款通用光量子计算芯片。该团队利用硅基光波导芯片集成技术，设计并开发出面向通用量子计算的核心光量子芯片。使用这一芯片制造的光量子计算机可实现小规模量子检索、分子模拟和组合优化问题等应用。研究者表示这一芯片集成了超过200个光量子器件，具有高稳定性、可快速配置等特性，能实现不同的量子信息处理应用，如量子优化算法和量子漫步模拟，为未来进一步的光量子计算研究奠定了基础。

美国陆军研发更轻更小的车载计算系统　2018年8月，美国陆军将轻型和小型平板电脑集成到平台上，可提高士兵执行下车任务时的机动性，为此，美国陆军正在寻找便于快速拆卸的车载计算机。车载计算机系统系列是联合作战指挥平台（JBC-P）系统的硬件组成部分，必须通过耐冲击、工作和存储温度、雨水、太阳辐射、跌落和电磁干扰等大量测试。美国陆军将为联合作战指挥平台增加一系列新功能，包括将平台上的数据同步到下车士兵的装备当中，嵌入网络安全架构，从而提高部队防护能力。

日本研发新一代超级计算机　2018年8月，富士通发布了将搭载到日本下一代国产超级计算机上的新型CPU（中央处理器）。作为超级计算机"京"的后继机型，日本理化学研究所力争2021年使日本下一代超级计算机投入运行，目前正在推进筹备工作。日本政府计划把运算速度提高至"京"的约100倍，是目前全球最快超级计算机的10倍左右。目前，该计算机已经完成CPU原型开发，正在进行功能测试。与现有的超算相比，Post-K超算最大的变化就是处理器从SPARC64架构全面转向ARM。

美国部署量子信息科学国家战略　2018年9月，美国发布《量子信息科学国家战略概述》，系统性地总结了量子信息科学带来的挑战、机遇，以及美国为了领导量子信息科学领域应做出的努力。概述中表示，美国将为量子信息研发制定一种系统方法，这将在未来十年内创造新的机遇，包括实现特定计算应用的量子处理器；用于生物技术和国防的量子传感器；用于军事和商业的下一代定位、导航和授时系统；通过量子信息理论理解材料、化学甚至引力；用于机器学习及优化的新算法；变革性的网络安全系统，包括量子抗性密码学，等等。这一战略的发布意味着美国将量子信息科学研究提升到了国家战略的高度。特朗普政府将新的量子研究计划命名为"量子飞跃"（Quantum Leap），也显示了其进行加速发展、维持并拉大相对其他国家技术优势的决心。

俄罗斯研发军用云计算服务平台　2018年9月，有俄罗斯媒体报道，俄正基于云计算技术打造军用"云服务平台"，旨在强化网络数据特别是军事相关的网络数据信息存储，以确保国家军事安全。军用"云服务平台"是在军工领域以平台化管理模式建立的基于云计算技术的高性能海量网络数据服务中心。具有虚拟化、高可靠性、高扩展性、超大规模、按需服务、成本低廉、通用性强等特点。在军工领域建立"云服务平台"，可以根据军事任务需要，以极低的成本调动平台下的虚拟化资源，快速扩展超大规模的情报、信息、数据存储和计算服务，及时反馈至军事需求用户。

美国陆军实验室开发预测人类行为的计算模型　2018年10月，美国陆军研究实验室（ARL）的研究人员首次开发出一种分析模型，以显示群体是如何影响个体行为的，该研究旨在为个体如何适应群体行为建模。这项研究为一个新的研究领域打开了大门：网络科学和分数微积分的衔接，其中复杂网络动力学的大规模数值计算可以通过导数的非整数指数来表示，它还可能提出一种新的人工智能方法，将记忆融入神经网络的动态结构中。

维宁尔公司研发出自动驾驶超级计算机 2018年10月，维宁尔公司宣布已经研发出"宙斯"超级计算机，该计算机基于运行英伟达DRIVE操作系统的英伟达DRIVE AGX Xavier 计算平台打造，旨在满足配备Zenuity公司自动驾驶软件堆栈的4级自动驾驶要求。宙斯超级计算机是一个ADAS/AD电控单元，融合了来自摄像头、雷达和其他传感器数据，能够理解不同情境并采取必要行动。宙斯超级计算机基于英伟达DRIVE AGX Xavier可扩展架构打造，运行英伟达DRIVE操作系统，通过集成6种不同的处理器来加强安全性，此类处理器可加速深度学习人工智能软件。

IARPA发布未来计算系统（FCS）信息需求 2018年10月，美国情报高级研究计划局（IARPA）在官网上发布FCS信息请求，希望得到符合这份需求的相关信息和规划。这份需求指出，当今爆炸性增长的数据已经超过了如今最先进的经典计算机的处理能力，因此有必要设计一种更智能自主的计算机。它应当基于高度可用的体系架构，拥有智能计算环境，能够"理解"其自身的状态，学习新概念，能够帮助人类和其他计算机执行极其复杂和数据密集的任务，以及监测和维护自己的操作。这种系统不仅要帮助解决重大国家安全和经济问题，也要帮助解决现代生活方方面面的问题。

MIT宣布10亿美元成立全新计算与人工智能学院 2018年10月，麻省理工学院（MIT）对外宣布将成立一所全新的计算机科学学院，并承诺将在这所新的计算机科学学院上投资10亿美元的巨资，其中，黑石集团创始人Stephen A. Schwarzman将捐赠3.5亿美元。麻省理工学院表示，这是迄今为止最大的一所计算机科学学院。根据新的规划，包括计算机科学、人工智能以及数据科学等都将纳入新的计算机科学学院的课程中，麻省理工学院将任命新的院长和大约50名的教师团队。麻省理工学院在一份声明中表示，它希望这所全新的计算机科学学院能够继续帮助美国领导全球计算机科学的发展，同时能够为未来计算机和人工智能的快速发展做好准备。

华为发布最高单芯片计算密度的AI芯片 2018年10月，华为发布迄今拥有全球最高单芯片计算密度的芯片，昇腾910，计算力远超谷歌及英伟达，而昇腾310芯片的最大功耗仅8 W，是极致高效计算低功耗AI芯片。此外，明年华为还将发布3款AI芯片，均属昇腾系列。昇腾910基于7 nm工艺，侧重高效计算，将在明年2季度上市；华为昇腾310则基于12 nm工艺，侧重低功耗，该芯片已经发布。华为还将会基于AI芯片昇腾系列提供AI云服务。

DARPA投资人工智能常识学习项目 2018年10月，DARPA与西雅图的艾伦人工智能学院启动了名为机器常识（MCS）的项目，合作训练一种能够了解"常识"的

AI。据悉，MCS项目的科研人员从两个方向入手训练AI，第一个是创建计算模型，用于通过经验学习和模仿以发展心理学为标准的认知核心，包括学习物体运动的规律（物理常识）、地点方位（空间导航）和媒介（行动者）。第二种办法是，构建一个常识知识库，通过从网上阅读获取的知识，回答与常识现象相关的自然语言与图片问题。这个项目旨在使机器具有像人类一样的常识推理能力，有望为将来向通用人工智能系统发展奠定基础。

华为发布42比特量子计算模拟器 2018年10月，华为发布量子计算模拟器HiQ云服务平台，旨在推动量子计算研究和教育。平台包含了HiQ量子计算模拟器和HiQ编程框架，集成了量子纠错模拟器。在全振幅模拟上，HiQ最大可模拟42量子比特以上；在单振幅模拟上，HiQ支持81量子比特随机电路（40层），最大可模拟169量子比特随机量子电路（20层）；量子纠错电路的模拟上，更是业界首次，可模拟数万级量子比特电路。该模拟器为缺乏相关硬件设备的研究单位提供了研究量子计算的一个便利平台，给量子算法的模拟和验证提供了支持。

量子计算机优势首次得到证明 2018年10月，来自德国、美国和加拿大的科学家携手，首次证明了量子计算机相对传统计算机的优势，其原因在于量子算法利用了量子物理学的非定域性。为确凿证明量子计算机的优势，慕尼黑工业大学复杂量子系统理论教授罗伯特·柯尼希、滑铁卢大学量子计算研究所的戴维·格塞特、IBM公司的谢尔盖·布拉韦伊联手开发了一个量子电路，用于解决特别"难解"的代数问题。这一新型电路结构简单，只能在每个量子比特上执行固定数量的运算。这种电路被认为拥有固定深度。研究证明，他们所用的"难解"代数问题无法采用传统固定深度的电路来解决，因此证实了量子计算机的优势。

普林斯顿大学利用内存计算技术加速AI 2018年11月，普林斯顿的研究人员通过改变计算的一个基本特性，研发了一种新型的计算机芯片，获得了更好的性能，并大大降低了该芯片应用于人工智能系统中的能量需求。该芯片基于一种被称为内存（in-memory）计算的技术，旨在解决计算机处理器的一个的主要计算瓶颈，即必须花费时间和能量从存储器中获取数据。内存计算直接在存储器中执行，因而能够获得更好的速度和效率。它的设计目标是支持用于深度学习推理的系统：这种推理算法允许计算机通过学习数据集做出决策并执行复杂的任务。深度学习系统可以支持诸如自动驾驶车辆、面部识别系统和医疗诊断软件之类的事情。

微软和卡内基梅隆大学联手推动边缘计算研究 2018年11月23日，卡内基梅隆大学（CMU）宣布，它将与微软合作，共同致力于边缘计算的创新。为了在更多领域实现创新，微软将向卡内基梅隆大学提供边缘计算产品，用于其生活边缘实验室（Living Edge Laboratory），这是一个用于探索生成大量数据并需要近乎瞬时响应时间的密集处理的应用程序的测试平台。边缘计算与云计算相比，它将计算资源推向更接近数据生成的位置，特别是移动用户，因此可以实现大量新的交互式和增强现实应用。速度，包括计算和通信的速度，是边缘计算的驱动力。通过将计算机节点或"微云"放置在人们所在的附近，边缘计算使得执行密集计算和将结果几乎实时地传递给用户成为可能。

比利时和法国联合成立人工智能与量子计算中心　2018年12月3日，比利时微电子研究中心（IMEC）和法国研究机构CEA-Leti宣布成立人工智能与量子计算中心，为两者在人工智能和量子计算领域开展战略合作奠定基础。合作将集中在神经形态和量子计算的开发、测试和实验，并且将带来数字硬件计算工具箱，欧洲产业界的合作伙伴可使用其来进行各应用领域的创新，从个性化医疗和智能移动到新制造业和智能能源。CEA-Leti与IMEC合作，加上此前与最大的应用研究组织Fraunhofer微电子组达成创新合作协议，使这三个研究所聚焦于推进欧洲成为人工智能、高性能计算、网络安全应用领域所需新数字硬件的最前沿。

英特尔着力推动神经形态芯片量产化　2018年12月3日，英特尔实验室成功研制出代号为"Loihi"的神经形态芯片，是英特尔实验室芯片研发历史上具有里程碑意义的大事。这种芯片在实现实时学习和自适应控制等时效性较高的目标方面比传统的CPU和可编程逻辑芯片表现得更为出色。与此同时，英特尔实验室也已经扩大了Loihi芯片的测试范围，不仅集成了传感器和执行器，还在开发相应的新算法、应用程序及编程模型。英特尔在其研制出的一只机器人手臂上安装了一个拥有4块Loihi芯片的测试板，而测试板被搭载在一块Arria 10 FPGA扩展板上，进而最多可集成32块神经形态芯片，并且可以通过云平台来访问。

雷声公司着眼片上系统异构计算　2018年12月10日，位于俄亥俄州赖特-帕特森空军基地的美国空军研究实验室的官员宣布，与雷声公司位于加利福尼亚州埃尔塞贡多的空间和机载系统分部签署了一份价值460万美元的合同，用于运行时可配置加速器（RCA）、特定领域片上系统（DSSoC）项目。DSSoC项目旨在利用机器学习、先进的异构处理器能力、通用处理器以及ARM计算软硬件能力来开发新工具和硬件技术。这项工作包括构建运行时可重构的硬件和软件，这些硬件和软件可以在不牺牲数据密集型算法可编程性的情况下，实现接近于专用集成电路（ASIC）的性能。

麻省理工研制出基于弱监督学习的语言系统　2018年12月10日，麻省理工的科研人员研制出了一套基于"弱监督学习"的语言系统，可利用有限的数据进行语言学习。这一"弱监督学习"方法模仿儿童观察周围世界并学习语言的方式，而无须任何人提供直接的上下文，同时还可以扩展数据类型以及减少训练分析器所需的工作量。在2018自然语言处理实证方法大会上发表的一篇论文中，麻省理工学院的研究人员介绍了一种通过观察进行学习的分析器。这种方法使得该分析器能够更加真实地模仿儿童的语言习得过程，从而极大地扩展分析器的能力。在未来，分析器可用于改善人类与个人机器人之间的自然交互。

美国海军研究实验室研发新型数据高效的机器学习算法 2018年12月，美国海军研究实验室（NRL）正在研究如何缩小机器人的运动能力与其在环境中处理和移动物体的能力间的差距，改进机器人和其他自主系统的功能。NRL研发数据高效的机器学习算法，开展两个相关领域的研究：一是为特定任务定制神经网络，使其在保证准确性的情况下变得更小；二是开发主动询问学习算法。目前的深度学习算法是"对世界的被动观察"。由于机器学习依赖于数百万个数据点，如果数据集足够大，算法最终将获得完成任务所需的数据。数据集的大小成为限制因素。NRL研究使用专门处理单元的神经形态计算。这种新型的计算机硬件——神经形态芯片，不同于标准计算机，其工作方式类似人类大脑。

全球最大规模神经态超级计算机正式开机 2018年12月，受欧盟人脑计划支持的目前全球最大规模的神经形态超级计算机正式开机。与传统计算机不同，它不通过标准网络从A点向B点发送大量信息来进行通信，相反地，它模仿了大脑的大规模并行通信架构，同时向数千个不同的目的地发送数十亿条短信息。它的一个基本功能是帮助神经科学家更好地理解我们的大脑如何工作。它完成这个目标的方式是开展极大规模的实时模拟，而其他计算机不可能胜任这项任务。它还模拟了大脑中一个叫做基底神经节（Basal Ganglia）的区域——一个受帕金森病影响的区域。这意味着它有在药物测试等科学领域获得巨大神经学突破的潜力。

南加州大学开发改善量子计算机性能的新方法 2018年12月14日，南加州大学的科学家近日展示一种改善量子计算机性能的理论方法，称为"动态解耦"。在抑制错误计算的同时提高结果的保真度，从而克服削减下一代计算机性能的弱点。研究报告中显示，通过该方法维持量子态的时间，是不受控制状态下的3倍。这种新方法已经应用于IBM的16量子位QX5和Rigetti公司的19量子位Acorn。经过实验证明，该方法比其他补救措施更容易、更可靠，并且可以通过云进行访问，这也是首次实现动态解耦，是量子信息技术向前推进的重要一步。

基础领域年度发展报告

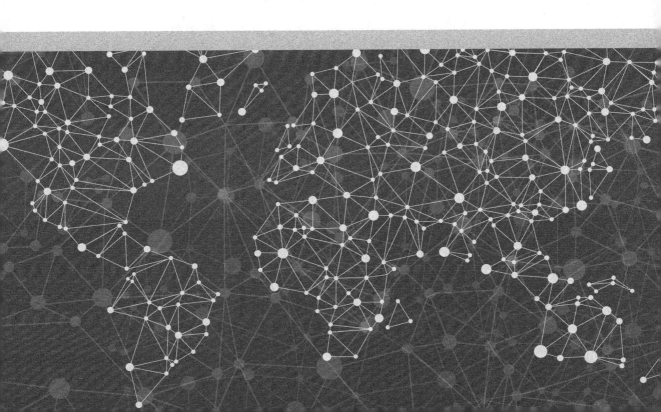

基础领域年度发展报告编写组

主　　编：王龙奇

副 主 编：赖　凡　耿　林　潘　攀　赵小宁　陈丽洁

　　　　　魏敬和　仲崇慧

撰稿人员：（按姓氏笔画排序）

　　　　　亢春梅　毛海燕　王龙奇　王　振　王淑华
　　　　　付东兵　冯　源　史　超　刘晓琴　刘潇潇
　　　　　何　君　张冬燕　张玉蕾　张　健　朱玲瑞
　　　　　李春领　李　晖　李　静　李儒章　林国画
　　　　　赵金霞　谢青梅　赖　凡　雷亚贵　谭朝文
　　　　　潘　攀

审稿人员：李　晨　陈光辉　李儒章　魏敬和　陈坤峰
　　　　　纪　军　陈丽洁　焦　丛　闫　宁　李怀霞
　　　　　汤偲愉

综合分析

光电子领域

一、综述

光电子器件是基于电-光和光-电转换效应的各种功能器件，除了向更高性能发展外，还需要由分立器件向集成化尤其是向硅基集成发展。本文研究 2018 年分立激光器、光电探测器以及集成硅光子器件的研究进展。

（一）应用需求牵引激光器重点发展方向

传统应用领域的不断发展，以及新兴应用的出现，对激光器提出了新的需求，使以下几类激光器取得了显著的进步。

1. 高速光通信和 3D 成像推动垂直腔面发射激光器（VCSEL）发展

VCSEL 封装后即可进行晶片级的测试和筛选，成本低，并易于实现二维激光器平面阵列，功耗低、可提供更高调制带宽。这些特点一是满足了流量日益增长的光通信系统需求，二是满足了需要采用激光器阵列的 3D 成像应用需求。在上述重点应用需求牵引下，VCSEL 发展迅速，850 纳米多模 VCSEL 在短距离（<100 米）光互连中已占主导地位，正向（准）单模短波/长波高速 VCSEL 发展，并已演示用于传输距离较长的光纤接入网和城域网。

2. 微波光子和高阶调制推动低相位噪声（RIN）激光器发展

有两类重要应用正推动低 RIN 激光器的发展，一是微波光子需要低 RIN 激光器来实现低噪声、高无杂散动态范围（SFDR）的微波光子链路，二是高速光传输使用的高阶调制方式尤其要求使用低 RIN 激光器以降低光传输误码率。外腔激光器、量子点激光器、混合矩形激光器（HSRL）、结合光学饱和的半导体光放大器（SOA）与激光器等方案被提出，实现了 RIN 值为-165 分贝/赫兹～-150 分贝/赫兹的激光器。

3. 光电对抗推动半导体泵浦源和量子级联激光器（QCL）发展

半导体激光器在光电对抗领域的应用一是作为激光武器系统中的泵浦源，泵浦源向如下方向发展：①提升亮度，要点是提升每个激光器的输出功率、缩短巴条之间的间距；②提高电-光转换效率；③改进光束准直技术，传统准直技术为泵浦源中每个巴条配备准直镜，但对于高亮度、窄巴条间距阵列而言，成本高、可靠性低；④提升性能均匀性，防止在增益介质中产生负面效果或产生大量未吸收的泵浦光；⑤模块化设计，便于扩展以满足各种激光器系统需求；⑥降低尺寸、重量和功耗；⑦保证可在恶劣环境中工作。

二是量子级联激光器（QCL）克服了自然界缺少带隙对应中远红外出射波段的半导体材料的限制，使中远红外波段高可靠、高输出功率、可室温工作的半导体激光器成为可能，减少了红外对抗系统所需部件的数量，提高了可靠性。有些国家的红外对抗系统已开始更新换代使用 QCL。QCL 需向提高输出功率方向发展，技术途径是材料生长和器件制备工艺的优化，或采用激光器阵列。

（二）光电探测器：新技术助推高性能、新兴应用牵引新型器件

1. 新结构、新材料助推高性能化

2018 年，可提升探测器性能的新器件结构被不断提出。如采用微米至纳米尺寸孔阵列缩短探测器的响应时间；采用上下两个光电二极管（PD）的像素设计使图像传感器具备同时光伏供电和成像的能力；制冷碲镉汞（HgCdTe）红外焦平面探测器以及非制冷红外探测器的产品像元间距分别缩小到 6 微米和 10 微米，新材料非制冷氧化钛（TiO_x）红外焦平面探测器像元间距缩小到 12 微米。

随着研究的不断深入，InAlAs 数字合金、InAlAsSb 数字合金等新型半导体材料在低噪声、大增益带宽积、宽波长响应范围等方面显示出极优秀的特性，有可能成为 Si、Ge 甚至 InGaAs 的潜在替代材料。

Sb 基 II 类超晶格是下一代可能与 HgCdTe 相竞争的红外探测器材料。美国"重要红外传感器技术加速（VISTA）"计划已经开发出包括中波、长波、甚长波以及双波段红外探测器，较小阵列规格的 II 类超晶格红外探测器已经开始得到应用。

二维材料应用于光电探测器，可实现超高的单项性能指标，如覆盖从紫外到红外甚至太赫兹波段的高灵敏探测、超快响应速度、高响应度等。总体而言，石墨烯探测器主要适合快速光电探测，但响应度偏低；过渡金属硫族化合物响应度很高，但响应时间相对较长；黑磷的光响应度和响应速度则在两者之间，是可能同时实现高响应度

和高响应速度的重要材料。进一步窄化黑磷材料的带隙及探索新型二维窄带新材料，是实现基于二维材料的实用化室温工作红外探测器的重要途径。

2. 新应用促进新型器件的研发

光电探测应用领域的扩展，要求探测器的工作波段向紫外和太赫兹发展。紫外探测器的发展方向一是日盲紫外成像焦平面；二是具有信号放大功能的雪崩光电二极管（APD），以探测微弱紫外信号。太赫兹单向载流子传输光电探测器（UTC-PD）向高饱和功率、与天线集成方向发展。微波光子应用需要大功率、高速、高线性度光电探测器，满足该要求的器件同样为 UTC-PD。

量子通信等光子计数应用使单光子探测器及阵列成为研究热点，要求 InGaAs 和 HgCdTe 单光子雪崩光电二极管（SAPD）向高光子探测概率、低暗计数率、低后脉冲概率、短死时间等性能发展。

3D 成像采用 1550 纳米人眼安全波长可允许使用更高输出功率的激光，提升系统整体性能。目前已开发出一些较小规格的面阵和线阵，如 32×32 元 APD 阵列、16 元 pin PD 线列。

传统传感器提供的数据中包含大量无用信息。智能传感器应具备减少获取冗余信息的能力，以缓解传输带宽压力，缩短关键信息获取、处理速度，在瞬息万变的战场上争得先机。技术途径一是由事件触发，传感器仅在探测到事件时才全力提供有关事件的信息，二是自动判断场景内的重点区域并对该区域进行高性能成像。

（三）硅基激光器、调制器和探测器助推高速硅光子收发器

硅基激光器、调制器和探测器是硅光子的核心器件。硅基激光器是硅光子的主要瓶颈。晶片键合是已经商用的硅上集成激光器技术方案；硅上外延生长激光器可提供更高集成度，被视为未来的解决方案，主要聚焦于量子点激光器，2018 年，此类激光器逐渐向实用化迈进。

数字光通信、微波光子都需要高频电光调制器。铌酸锂（$LiNbO_3$）是一种电光效应较强的材料，更有利于实现大带宽电光调制器。为了向集成调制器发展，应首先发展硅上 $LiNbO_3$ 薄膜制备或键合技术。

通过在器件层与硅衬底之间形成缓冲层或隔膜层，或采用复合衬底、虚拟衬底，较好地解决了异质材料之间晶格失配引起的问题，实现了大带宽、高响应度硅基探测器。

在上述基础器件进步基础上，高速硅光子收发器正由 100 吉比特/秒向 400 吉比特/秒发展。

二、发展重点与亮点

（一）单模高速 VCSEL 将进入接入网和城域网应用

单模高速 VCSEL 被认为可以实现具有极高通信容量的多通道光通信模块，在成本、占地面积和节能方面对光纤接入网、城域网络产生巨大影响。2018 年 8 月，由欧盟资助的"应用于未来大容量城域网，基于可扩展频谱/空间聚合的可编程传输与交换模块系统的光子技术（PASSION）"项目启动，期望结合 VCSEL 和硅光子技术，发展长波长的高容量通信，为高速城域通信铺平道路。项目团队正在开发一种灵活的网络架构，通过利用多芯光纤中的全波长光谱和空间尺寸，将功耗降低为原来的十分之一、传输速率达到 112 太比特/秒，并将 VCSEL 与硅光子技术相结合，以进一步降低此类技术平台的封装成本。意大利比萨圣安娜高等学校用 1325 纳米 VCSEL 和低功耗 SiGe 驱动电路演示了传输距离 4.5 千米和 20 千米的单模光传输，速率分别为 40 吉比特/秒、28 吉比特/秒。该 VCSEL 采用埋隧穿结设计，基于高折射率材料的分布式反馈布拉格反射镜（DBR）可将有效腔长缩短 30%以上，从而显著缩短光子寿命，进而提升激光器带宽。

（二）基于 VCSEL 的 3D 测距助力空间应用和高精密生产

机器人技术是欧洲航天局太空探索战略的关键使能技术，欧盟的"地平线 2020"项目下设有"太空机器人技术"战略研究集群，开发太空机器人用传感器，特别是 3D 测距与成像传感器，已开发了短距离（1 米～3 米）3D 成像系统。此应用场景需要在太阳直射环境中实现精确的 3D 测量，因此在接收端对相机进行光谱滤光，在发射端采用 100 瓦大功率 VCSEL，该系统在太阳直射下，1 米距离上 3D 测距精度达亚毫米级，图像分辨率达百万像素级。日本日立公司等针对涡轮机等大型组件高精度生产所需，开发出基于调频连续波的高精度测距系统，以 10 千赫兹频率直接调制低成本 VCSEL，实现高精度的距离测量，并用具有多个光纤布拉格衍射（FBG）结构的光纤进行校准，2 米距离上测距精度达 2 微米。

（三）更高亮度、更大输出功率、更高泵浦效率的泵浦源

针对激光武器系统对泵浦源的要求，2018 年，半导体激光器泵浦源获得如下改进：

（1）高亮度、高输出功率激光二极管阵列。美国 Lasertel 公司开发出峰值输出功率可达 500 瓦的巴条，并开发出两种先进的封装技术，巴条间距最小为 380 微米，以保证高亮度输出。其中"兆瓦级"封装输出功率可超过 23 千瓦，亮度 11 千瓦/厘米^{2}以上。德国相干公司等通过优化芯片温度、降低热透镜效应，克服宽有源区激光器慢轴方向远场角受电流和温度影响较大的问题，实现输出功率超过 360 瓦、亮度为 120 兆瓦/（厘米^2·球面度）、最高电-光转换效率超过 70% 的宽有源区激光器。

（2）Lasertel 公司开发了单片准直镜头阵列，快轴方向发散角 0.6°。

（3）Lasertel 公司开发的可扩展模块可包含数百至数千只巴条，可灵活地根据应用需求配置。

（4）提升泵浦效率。掺钕钇铝石榴石（Nd^{3+}: YAG）固体激光器的吸收谱线相当窄，但半导体激光器发射波长易受温度影响漂移，偏离固体激光器的吸收波段。美国空军学院将激光二极管叠阵配置为外腔激光器以压缩线宽和锁定波长，输出功率518 瓦。

（四）基于新结构和新材料的高性能探测器

新结构方面，美国加利福尼亚大学采用 2 微米薄的吸收层及集成于吸收区的微米至纳米尺寸孔阵列，使响应时间小于等于 30 皮秒，是迄今为止最快的响应速度；"台湾中央大学"采用双电荷层和三级台面，可将电场有效限制在 APD 底侧倍增层的中央，且将边缘击穿降至最小；日本电信电话株式会社（NTT）在 APD 的吸收层与倍增层之间引入 InAlGaAs 带隙渐变层，器件峰值带宽 42 吉赫兹、响应度 0.5 安/瓦。

新材料方面，针对 2 微米中红外新通信窗口应用，美国弗吉尼亚大学制作出含 8 对 InGaAs/GaAsSb 量子阱吸收层的光电探测器，3 分贝带宽 3.5 吉赫兹；美国德克萨斯大学报道的 $Al_{0.8}In_{0.2}As_{0.23}Sb_{0.77}$ APD 增益高达 489，离化率比 K 值为 0.05~0.07，850 纳米处外量子效率 30%。

（五）自供电图像传感器助推泛在传感器网络

光伏电池和图像传感器都将光能转化为电，如果在同一芯片中同时实现上述功能，就能够制作出自供电相机，实现泛在、可长时间工作的传感器网络。此前的自供电图像传感器只能在光伏模式和成像模式间切换，密歇根大学提出的像素结构中包括两个 PD，用于产生电能的二极管位于下方，收集快速通过上方光敏区且没有造成电荷积累的杂散光子，可同时进行能量采集和成像。并通过像素设计改进，将填充因子提升至超过 90%。该 100×90 像素自供电图像传感器的能量产生密度为 998 皮瓦/千流明/毫米 ^{2}，在充足日光照明（60000 流明以上）及普通日光照明（20000 流明～30000 流明）条件下，可自供电完成帧速为 15 帧/秒和 7.5 帧/秒的成像。

（六）智能图像传感器

智能图像传感器可根据外部环境优化成像参数，降低冗余信息的获取。一是事件触发型，传感器仅在有需要时以最高性能工作。索尼报道的 390 万像素事件触发型 CMOS 图像传感器，日常以 10 帧/秒的低帧速运行，功耗仅 1.1 毫瓦，当运动探测电路探测到有物体相对周遭环境产生位置变化，才触发图像传感器以 60 帧/秒工作，功耗 95 毫瓦。二是自动优化型，索尼报道图像传感器用阵列并行模数转换器（ADC）可逐帧调整，实现更灵活的感兴趣区域成像功能。如在人脸识别应用中，如图 1 所示，仅对感兴趣区域进行高分辨率成像，而次要区域采用低分辨率成像。

图 1　人脸识别时仅对人脸部分高分辨率成像

（七）硅基器件性能日益提升

硅基量子点激光器日益向实用化发展，体现在性能和可靠性不断提升、制备工艺进一步简化。

中山大学报道首个电泵浦、室温工作、连续波、单模输出硅上量子点 1300 纳米激光器阵列，满足粗分波分复用所需，首次将硅上外延激光器的性能推进到了接近高速光通信实用器件的水平。加州大学圣芭芭拉分校采用 GaAs/GaP/Si 基板，制备的电泵浦 InAs 量子点激光器阈值电流低至 4.3 毫安，最大输出功率 185 毫瓦，连续波工作最高温度 85 ℃，35 ℃下预计平均失效时间 1000 万小时以上。

但上述激光器先用有机金属化学气相沉积法（MOCVD）生长缓冲层，再用分子束外延（MBE）生长，原因是 MOCVD 生长高质量 AlGaAs 上包层需要 700 ℃以上高温，量子点在高温下质量将下降。北京邮电大学等采用生长温度 500 ℃的

GaInP 上包层，可仅用 MOCVD 完成所需材料生长，激光器阈值电流密度 737 安/厘米 ^{2}，室温下单端面连续波输出功率 21.8 毫瓦；东京大学等采用较高生长温度和生长速率生长 GaAs 缓冲层，实现首个完全用 MBE 生长的电泵浦硅上 InAs/GaAs 量子点激光器。

通过键合无光刻图案的 LiNbO$_3$ 薄膜和硅波导电路，避免 LiNbO$_3$ 材料光刻困难的问题，已实现 3 分贝电带宽达 102 吉赫兹的 LiNbO$_3$/Si 混合调制器，半波电压与长度乘积仅 6.6 伏·厘米。图 2 为其原理示意图及实物图。

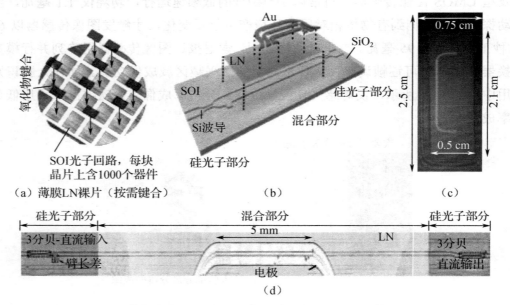

图 2　LN 裸片键合 SOI 实现带宽超过 100 吉赫兹的调制器

实现高性能硅基异质集成探测器的途径，一是在器件层与硅衬底之间形成缓冲层或隔膜层，美国 SiFotonics 公司在绝缘体上硅（SOI）衬底上生长的波导集成型 Ge APD，其外延层与衬底之间采用埋氧层，器件在 1.31 微米波长处 3 分贝带宽 56 吉赫兹（响应度 1.08 安/瓦）或 36 吉赫兹（响应度 6 安/瓦），为 APD 之最。二是采用复合衬底、虚拟衬底。加州大学圣巴巴拉分校在 GaP/Si（001）复合衬底上生长的 InAs/InGaAs 量子点 pin-PD，暗电流低至 0.2 纳安，3 分贝带宽 5.5 吉赫兹；东京工业大学报道了在 Si 衬底上形成的薄膜（含苯环丁烷（BCB）膜和 SiO$_2$ 膜）基 InGaAs 波导型 pin-PD，3 分贝截止频率 13.3 吉赫兹、响应度 0.95 安/瓦；美国弗吉尼亚大学在 Si 模板（含 Si 衬底及其上的 Ge 层、GaAs 层、InAlAs 缓冲层、InP 层）上生长的 InGaAs pin-PD 和 InGaAs UTC-PD，暗电流 10 纳安，响应度高达 0.79 安/瓦，UTC-PD 的 3 分贝带宽 9 吉赫兹。

（八）硅光子收发器由 100 吉比特/秒向 400 吉比特/秒发展

2018 年 10 月，英特尔公布了最新的 100 吉比特/秒粗波分复用 4 通道（CWDM4）增温光收发器，采用双速率 40 吉比特/秒、100 吉比特/秒通用公共射频接口（CPRI）和以太网 CPRI，双速率单模光纤传输距离达 10 千米以上，最大功耗 3.5 瓦，其 2 千米和 10 千米版本可在 0 ℃～70 ℃工作，拓展温度（-20 ℃～85 ℃）的版本已于 2019 年 1 月面市。目前英特尔能以超过一百万只/年的速度供货 100 吉比特/秒高速硅光子收发器产品。2018 年上半年，英特尔还展示了其 400 吉比特/秒的硅光子能力，预计将于 2019 年下半年出货。

三、发展趋势

激光器方面，单模高速 VCSEL 将是今后的重点发展方向。光通信用激光器除了向高速化发展外，也需向低 RIN 发展。作为泵浦源的半导体激光器，需致力于提升亮度、电-光转换效率以及降低尺寸、重量和功耗，提高在恶劣环境中的可靠性。QCL 已逐渐成为红外对抗系统的核心器件，未来将向大功率输出发展。

光电探测器方面，优化器件结构和制备工艺、采用新的半导体材料特别是二维材料，将不断助推各类光电探测器的高性能化。智能化的探测器和传感器需光子技术和微电子技术的融合发展，结合高性能光探测、传感器件和功能强大的信号处理电路与算法。

硅基激光器仍然是硅光子的主要瓶颈，硅上量子点激光器经过数十年发展，在量子点生长、材料缺陷控制方面取得了长足的进步，性能和可靠性逐渐提升，有望在不远的将来投入使用。硅基 $LiNbO_3$ 调制器向大带宽发展，需掌握硅上 $LiNbO_3$ 薄膜的生长或键合技术。通过缓冲层等结构或复合衬底等新型衬底降低外延层的缺陷密度以提升器件性能，仍将是硅基探测器未来主要的研究方向。硅光子收发器的集成度不断提高，向更小体积、更高收发速度发展。

（中电科技集团重庆声光电有限公司　王振 谭朝文 毛海燕 张玉蕾）

（中国电子科技集团公司第十一研究所　雷亚贵 张冬燕）

真空电子领域

一、发展综述

近十年来，为了应对国防和经济建设的紧迫需求和固态器件的竞争压力，真空电子技术一直在寻求创新发展。由于传统微波波段频谱已经十分拥挤，必须开辟毫米波及太赫兹频谱。毫米波及太赫兹波段具备大工作带宽优势，可以带来信息传输容量和速率的提升、成像分辨率的增强，是高速无线通信、视频合成孔径雷达、电子战等领域的必然发展方向。真空电子器件在毫米波和太赫兹频域具有大功率和高频率的天然优势，2018年3月，美国《国防电子期刊》发表文章"毫米波及以上频率是行波管的领域"，指出在毫米波及以上频率的应用中，行波管作为射频功放仍将是不可替代的选择。

美国国防高级研究计划局（DARPA）相继推出"真空电子科学技术创新"（Innovative Vacuum Electronic Science and Technology，INVEST）和"具有压倒性能力的真空电子高功率放大器"（High-power Amplifier using Vacuum electronics for Overmatch Capability，HAVOC）计划，探索真空电子学的新原理、新结构和新制造方法，研发具有线性放大功能的小型化、高功率、宽带毫米波放大器，满足国民经济需求。

聚焦以上内容，本年度真空电子领域的发展重点主要包括以下几个方面：

（1）随着具有线性放大功能的宽带、大功率毫米波（包括 E、W 以及上频率）行波管的相继研发，毫米波行波管在目前的军用和民用高速无线通信项目中得到了广泛应用。

（2）探索应用于真空电子器件的先进加工技术，将增材制造技术引入真空电子领域，解决毫米波太赫兹器件的微小尺寸加工难题。

（3）探索集成平面化、新型慢波结构等方式实现行波管的小型化、集成化，以满足信息系统微型化/集成化/组件化的主流发展趋势对核心器件的要求。

（4）发展真空沟道纳米三极管（真空沟道金属氧化物半导体场效应晶体管）和以真空电子为基础的光三极管等新型器件，使真空电子器件工作机理和半导体器件实现融合。

二、发展重点与亮点

（一）毫米波行波管广泛应用于高速无线通信系统

随着军用、民用高速无线通信的不断发展，无线系统对数据传输速率的要求达到几十吉比特每秒及以上，较目前的水平提高 1～2 个数量级。一种可行方法是通过将载波频率扩展至毫米波甚至太赫兹波段，以获得宽信道带宽，从而提高通信速率。这样的频谱变化对无线通信系统中的射频功放影响较大，具体表现为频率提升后，大气衰减增加，系统所需的发射功率增加。目前高频率固态功率放大器单片输出功率较低，虽然可以通过合成来实现大功率输出，但是合成效率较低，且器件总体积增大；另外，高频率固态功率放大器一般需要使用成本较高氮化镓（GaN）等材料，导致系统研制成本上升。行波管由于其独有的真空工作环境和收集极回收技术，天生具备高频率、大带宽、高功率、高效率等优点。因此，各国陆续开始探索高频率行波管在无线通信系统中的应用。

在军用高速无线通信上，代表最新水平的是 DARPA 于 2013 年 1 月启动的"100吉比特每秒射频骨干网"项目。该项目针对战场大容量信息的高速率传输需求，其链路将使位于 1.8 万米高空的飞机能够实现传输速率达 100 吉比特每秒的空-空通信（通信距离 200 千米）和空-地通信（通信距离 100 千米）。

2018 年 1 月，DARPA 联合诺斯罗普·格鲁曼公司在城市环境中建立了长达 20千米的双向数据链路，工作频率为 E 波段，上行频率 71 吉赫兹～76 吉赫兹，下行频率 81 吉赫兹～86 吉赫兹，信道带宽 5 吉赫兹，采用 E 波段行波管作为射频功放，提供 10 瓦～50 瓦范围内的输出功率，试验设备如图 1 所示。演示中展示出惊人的数据速率，可在 4 秒内下载完一部 50 吉字节的蓝光视频。

图 1　诺斯罗普·格鲁曼公司在"100 Gbps 射频骨干网"项目地面试验中使用的设备

2018 年，欧盟地平线（ULTRAWAVE）计划支持的"用于 W 波段无线网络、具有较高的数据速率分布、频谱和能量效率的行波管"（Traveling wave tube for W-band wireless networks with high data rate distribution，spectrum and energy efficiency，TWEETHER）项目进入后期阶段，图 2 给出了项目示意图。TWEETHER 项目的目标是在毫米波技术上建立一个里程碑，实现第一个 W 波段（92 吉赫兹～95 吉赫兹）无线系统。该系统采用 W 波段折叠波导行波管作为射频功放，输出功率为 40 瓦，目前行波管已经进入最终制造阶段。

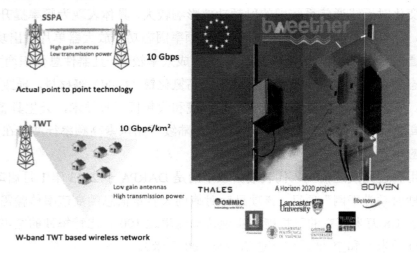

图 2　欧盟 TWEETHER 项目示意图

此外，欧盟计划 2020 年启动地平线项目："基于毫米波行波管的 100 吉赫兹以上超大容量无线层"计划。该项目目标是实现一种未来网络架构，在 D 波段（141 吉赫兹～148.5 吉赫兹）用点到多点发送，在 G 波段（275 吉赫兹～305 吉赫兹）用点到点回传，为新的大容量网络提供达到 100 吉比特每平方千米的面积容量，如图 3 所示。系统射频功放设计以 TWEETHER 项目中的 W 波段折叠波导行波管为参考，设计 D 波段和 G 波段折叠波导行波管。根据功率/频率比例法则，预计 D 波段折叠波导行波管的输出功率可达 15 瓦，而 G 波段折叠波导行波管可达 2 瓦～3 瓦。并且通过优化设计，输出功率会比预计值更高。目前，已经研制出的行波管的输出功率比任何固态功放都要高出约两个数量级。

除此之外，还有意大利空间局开展的数据和视频交互式分发业务（DAVID）计划、W 波段分析和验证项目（WAVE）等项目都采用了毫米波行波管。基于此，发展线性化、宽带、大功率、小型化毫米波行波管具有重要意义。目前发展的典型毫米波行波管产品包括：①美国 L3 电子技术公司研发的 E 波段连续波功率模块，饱和功率为 100

瓦，线性化功率达到 50 瓦，大小仅为 376 毫米×267 毫米×76 毫米；②法国泰雷斯（THALES）公司研发 200 瓦 W 波段脉冲功率模块；③美国 Innosys 公司研发的 E 波段连续波行波管，线性化输出可达 50 瓦。

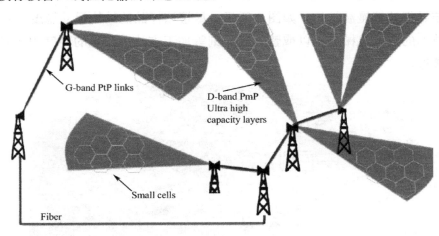

图 3　欧盟地平线项目示意图

　　未来，毫米波行波管必须进一步加强其在线性化、大功率、高频率、小型化方面的优势，以满足通信、雷达、制导等领域对射频功放的迫切需求。

（二）探索应用于真空电子器件的先进加工技术

　　当工作在毫米波及以上频率时，真空电子器件及所有组件（例如高电流密度阴极、慢波结构等）的尺度都变得很小，超高精度对中变得更加重要也更为困难，已经不能再使用常规的加工技术。为了应对这些挑战，DARPA 正通过支持 INVEST 项目来寻找利用全新的、更先进的加工技术的方法，如增材制造（采用数字三维设计、通过材料沉积构建组件的方法）。试想将整个器件的工程制图输入三维打印机，让打印机直接输出整个真空电子器件结构，能同时满足精度及对中要求。实际上，最终且最受欢迎的结果是：通过 INVEST 项目，将新的科学理解和工程专业知识转换成新的工具，具有分析、综合、优化新型真空电子器件设计能力，进而利用全新的高端加工技术方法，包括三维（3D）打印，实际制造器件。

　　理想的 3D 打印加工技术可以在射频设计中更自由地加工悬臂、通道等外形特征，促进耦合器和波导的集成。目前的研究集中在：①解决 3D 打印技术在毫米波尺寸范围建模分辨率方面的限制；②增材加工材料性能与真空电子器件的特殊要求的兼容性。

　　在 2018 年国际真空电子学会议上，美国海军实验室（NRL）首次展示了利用

3D 打印技术加工慢波结构的最新进展。美国海军实验室设计了一种通过 3D 打印制造行波管慢波结构的塑料模具，然后利用电铸工艺从该模具中制造出实体铜质慢波结构的方法，并通过该方法加工了一支工作频率在 90 吉赫兹～100 吉赫兹的 W 波段折叠波导行波管慢波结构，如图 4 所示。尽管该样品的结构尺寸精度与目前采用最先进技术的数控机械加工以或紫外线光刻等加工方法所实现的精度相比略低，但已较为接近。

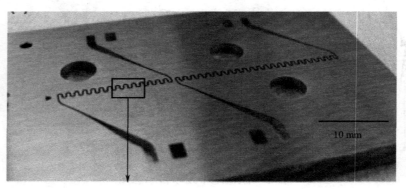

图 4　增材制造技术加工的慢波结构

美国斯坦福直线加速器中心通过利用电子束熔融加工方法，选择性熔合了无氧铜粉末，实现了连续层的金属直接增材制造技术。使用该技术制备复杂高功率的射频组件，可产生完全致密的无氧铜结构，并将平均表面粗糙度从几十微米降低到 5 微米，满足使用需求。

3D 打印和增材制造技术使得原本需要钎焊和扩散焊的组件，可以通过单一机械坚固的整体进行制造，免去了大多数焊缝、简化装配环节，显著降低了成本，提高了可靠性。通过进一步突破增材制造技术的加工精度等水平，将会为真空电子器件产业带来改革，使真空电子器件的批量制造成为可能。

（三）小型化、集成化行波管技术

信息系统的发展要求真空电子器件的发展遵循微型化/集成化/组件化的发展趋势。行波管的小型化、集成化可以通过多种形式实现，首先是实现行波管的小型化、集成化，探索平面化、新型慢波结构，并实现集成。目前重点发展对现有的 Ka、Q、V、E、W 波段行波管进行小型化、集成化和批量化制造。

为了使现有行波管应用于有源相控阵系统，必须进一步缩小体积或实现集成化，满足有源相控阵天线阵元间距小于 1/2 波长的要求。可采用如下方法：①整管尺寸的进一步缩小、缩短和设计成通信、雷达都可用的线性放大器；②采用多电子注、多管集成；③采用曲折线等新型慢波结构。

2018 年 4 月，美国海军实验室展示了其在四注小型化折叠波导行波管设计方面的研究进展。相比于单注行波管，通过采用多注电子枪和将多个电子注传输通道置于同一个周期永磁聚焦系统内，在注电压相同时，可以提高行波管的输出功率。

（四）研究实现新型器件——真空纳米三极管的技术途径

真空纳米三极管是基于固态微加工工艺的三极管，其本质是一种微加工、可集成的真空电子器件，具有高速度、抗辐照的特点。此外，由于它的特征尺寸极小，电子传输距离极短，理论上可以无须传统真空器件的高真空密封，在低真空甚至大气状态环境实现电子输运无碰撞正常工作，具有很好的综合优势。

真空纳米三极管"视为真空"要求，正常工作时电子传输距离必须小于该状态电子平均自由程。真空纳米三极管形式类似于"真空沟道"晶体管，其工作机理的本质是场发射，一般电极材料注重微加工工艺兼容性，材料研究重点集中在发射极，侧重于钨、钼为代表的低功函数金属材料及以氮化铝、金刚石为代表的亲和势材料。真空纳米三极管结构的设计依据是以"视为真空"和"摈除电离"为基本点，力求发挥出器件最佳的性能优势，结构的实现依靠微加工技术水平的提高。真空纳米三极管的环境适应性是研究重点，一个稳定的工作环境，无论是密闭大气还是粗真空，对于真空纳米三极管而言是必要的。其失效机理分析主要考虑以下影响：高温强场下电极材料表面态变化、热及强场蒸发以及小电极、窄间隙电荷积累与释放。

三、发展趋势

正如 DARPA 所引领和牵引的下一代真空电子学技术的方向，发展新机理、新器件、新加工工艺，真空电子器件本年度继续朝着这一方向侧重，总体呈现以下趋势：

（1）高速通信应用。作为毫米波波段不可或缺的大功率射频功率放大器，毫米波行波管将朝着线性化、大功率、高效率、小型化方向发展，以满足高速无线通信系统、雷达等应用领域的需求。

（2）先进加工制造工艺。为了满足毫米波及以上频率真空电子器件的加工制造需求，需要进一步探索、尝试增材制造等先进加工技术，如 3D 打印技术、增材制造技术等，以解决微小尺寸器件的加工难题，为批量制造提供可能性。

（3）小型化和集成化。随着工作频率的升高，整机系统对元器件尺寸的需求也越来越小，通过发展多注行波管、平面阵列集成技术，将解决行波管小型化、集成化问题，满足信息系统对核心元器件的需求。

（4）新型微纳真空电子器件。真空电子器件微纳化是一个重要的发展方向，研究实现结合电真空和半导体的新型器件——真空纳米三极管的技术途径，这种基于先进微细加工技术的微纳器件，正在渐渐突破传统真空器件的模式，将其带入一个全新的研究领域。

（中国电子科技集团公司第十二研究所　潘攀　谢青梅　冯源）

微电子领域

一、综述

2018 年，微电子领域十分活跃，在军事电子系统向更加复杂和精密方向发展需求的推动下，全球微电子技术进展迅速，取得一系列突破和重要进展。

DARPA 电子复兴计划的启动标志着旧体系退出发展的主流，后摩尔时代领先体系发展的开启。2018 年电子复兴计划持续推进中，创建了 6 个大学联合微电子项目（JUMP）专题研究中心，宣布了电子复兴计划六大项目合作研究团队。DARPA 以历史上从未有过的项目规模布局超越缩微领域，代表美国率先在全球构建后摩尔时代微纳电子先进体系架构和基石。

2018 年美欧制定了多项研究计划和项目，宽禁带半导体技术军事应用更加广泛，5G 成研究热点；支持下一代毫米波安全通信的应用技术被美欧列为发展重点；微电子领域的创新发展受到更多关注。美国国防部希望将国外的微电子制造引回美国，2018 年投入了 4200 万美元进行微电子研究，并计划在 2019 年到 2023 年期间投入总计 22 亿美元。

2018 年美国大幅增加对 DARPA（美国国防高级研究计划局）、NIST（美国国家标准与技术研究院）、NSF（美国国家科学基金会）和 DOE（美国能源部）科学研究的联邦投资。德国积极推动集成电路创新，在物联网、工业 4.0、自动驾驶等应用领域加强本国开发和制造能力以维护数字主权，到 2020 年将累计提供投资补助 10 亿欧元，带动企业项目投资 44 亿欧元。欧盟进一步推动"传感互联（IoSense）""功率半导体制造 4.0（SemI40）""Productive4.0"等研究项目，投资逾 3 亿欧元。

2018 年宽禁带半导体技术更加成熟，多款雷达、电子战、5G 通信、快充、电动汽车等应用领域的更高性能宽禁带半导体产品问世，应用化水平进一步提升。据爱尔兰 Fact MR 公司 11 月的预测，氮化镓射频器件市场在 2026 年前将以 18.4%复合年增长率增长，市场规模将超过 15 亿美元，航空航天、国防和汽车在预测期内将占据主要市场份额，医疗设备和工业终端用氮化镓射频器件将实现同步扩展。氮化镓在 5G

领域实现突破，多款微波功率器件和模块产品问世；碳化硅基金属-氧化物半导体场效应晶体管（MOSFET）产品电压等级达 1.7 千伏，首次实现商业化；电动汽车、充电领域成为碳化硅新的爆发点，将使电动汽车充电速率和容量大幅提升。

超宽禁带半导体作为新一代半导体材料，受到越来越多的关注，向产品化方向稳步推进。其中氧化镓发展最快，取得重要进展。产品性能大幅提升，美国将 MOSFET 的击穿电压提高到了 1850 伏，日本致力于氧化镓功率产品的商品化生产，计划 2020 年实现商用；日本推出了可在 300 度高温下工作的金刚石电路；美国推出了全球领先的 2 英寸氮化铝衬底产品线，为推动氮化铝材料的规模应用搭建了助力平台。

世界最小的单原子晶体管、太阳能晶体管、超薄柔性硅技术等创新成果，提出了具有变革意义的新发展思路，将带动微电子技术向着更大功率、更高频率、更高效率的方向发展。

2018 年集成电路各领域高速发展，其中人工智能（Artificial Intelligence，AI）正逐渐发展为新一代通用技术，产业规模持续增长。据联合市场研究（Allied Market Research）报告，预计到 2025 年市场规模将达到约 378 亿美元。AI 芯片应用场景不仅局限于云端，面向智能手机、安防摄像头及自动驾驶汽车等终端的各项产品日趋丰富，人工智能已处于新科技革命和产业变革的核心前沿，成为推动经济社会发展的新引擎。

在数字信号处理（Digital Signal Processing，DSP）领域，2018 年 4 月，国产芯片发力，中国电科 38 所发布"魂芯 II-A" DSP，一秒内能完成千亿次浮点操作运算，单核性能超过当前国际市场上同类芯片性能 4 倍。先进工艺方面，台积电极紫外光刻（EUV）技术取得突破，7 nm EUV 工艺量产成功。在 CPU（中央处理器）、FPGA（现场可编程门阵列）、存储等方向有多款更高性能芯片问世，同时英特尔加速战略布局，其首个 FPGA 中国创新中心落地重庆。

高速数据转换器是硅基模拟及混合信号集成电路中的典型产品，代表了该领域的技术水平和发展趋势，是军民和航天装备的核心与关键器件。ADC/DAC 带宽和速率直接关系收发机结构的设计，ADC、DAC 性能指标直接影响收发机的性能、功耗、尺寸及重量、成本。在系统功能数字化、集成化、综合化、一体化的需求牵引下，同时随着半导体集成电路工艺技术发展，晶体管特征频率越来越接近 THz，在模拟、数字、混合信号、系统架构等设计技术的进步下，使得电子系统信号处理链路呈现出数字化向接收天线靠近的趋势。信号链路上采集转换模拟信号的关键核心器件 ADC/DAC 将朝着高采样率、宽带宽、高性能（高动态/低噪声）、低功耗、多通道的方向发展。随着 ADC/DAC 产品的研发制造工艺普遍开始使用 65/40/28/16 nmCMOS，12～16 位 ADC/DAC 全面进入 GSPS 速率，并开始向 10GSPS 以上发展，8～10 位

ADC/DAC 采样速率超越数十 GSPS，开始迈向 100GSPS 量级，射频甚至微波频段的直采直发成为可能，推动软件无线电收发机和数字波束形成相控阵技术全面发展；基于高性能 ADC/DAC 的射频混合信号系统集成 SoC 产品开始出现，其最典型的技术发展路线有采用 RF Transceiver+ADC/DAC 架构的零中频全集成软件无线电射频收发 SDR-SoC、采用 "RF-Sampling ADDA 架构的射频直采模拟前端 AFE-SoC、采用 FPGA+ADDA 架构的全可编程 RF-SoC。芯片级微系统将朝着多通道与多功能系统集成芯片（SoC）方向发展。

二、发展重点与亮点

（一）美欧实施多个研究项目和计划，引导微电子技术发展方向

1. 电子复兴计划和超越缩微科学和技术等将构建美国后摩尔时代的体系基石

电子复兴计划持续推进中，2018 年 7 月 DARPA 在首届"电子复兴计划"峰会上，宣布了电子复兴计划六大项目合作研究团队，涉及单位达到 42 个。他们将专注于扶持和培养在材料与集成、电路设计和系统架构三方面的创新性研究。

2018 年特朗普政府发布的 2019 财年预算中，DARPA 在超越缩微领域新设立了三个大项：超越缩微科学、超越缩微技术和超越缩微先进技术，通过三个大项下的项目群构建了后摩尔时代微纳电子体系的整体发展构架，三大项下项目群 2019 年首年总体预算达到了 2.977 亿美元。

结合超越缩微项目和电子复兴计划所设立的项目群，从投资规模、承研机构水平和数量、技术尖端程度看，DARPA 和美国对后摩尔时代体系发展的重视已经大大超越了冷战时期的领域竞争。

2. 美国成立大学联合微电子项目研究中心，探索微纳电子领域发展的创新方法

2018 年 1 月，DARPA 与美国 30 余所高校合作创建 6 个大学联合微电子项目（JUMP）专题研究中心，研究 2025 年到 2030 年基于微电子的颠覆性技术，总投资预计约 2 亿美元。JUMP 计划是 DARPA 和行业联盟半导体研究公司联合资助的最大的基础电子研究工作。研究内容都是半导体和国防工业以及国防部系统开发的关键技术，目标是大幅度提高各类商用和军用电子系统的性能、效率和能力。中心分纵向、

横向两类："纵向"聚焦应用研究和"横向"聚焦学科研究。通过 JUMP 跨产业界、学术界和国防界建立的合作伙伴关系是促进电子复兴计划及推动下一波美国半导体技术创新所需环境的关键组成部分。

3. 毫米波应用项目推高新型固态器件研发

（1）超线性毫米波氮化镓研发启动

2017 年启动的"动态范围增强型电子和材料"（DREaM）项目继续推进；作为 DREaM 计划的一部分，2018 年 3 月美国休斯实验室（HRL）在国防高级研究计划局（DARPA）支持下开始研发毫米波频率下的超线性氮化镓晶体管，可在整个频谱范围内实现无失真的传输和接收，在降低功耗的同时将实现具有更高数据速率的超宽带通信。11 月 DARPA 又支持 HRL 公司 900 万美元进行毫米波氮化镓项目成熟化研究，解决目前阻碍超线性毫米波 GaN 电子产品进入军工市场的主要问题：生产周期长和技术发展不成熟。该项目将缩短生产周期，促成流水线生产，并满足国防性能标准。

（2）毫米波数字阵列项目改进军用通信安全

2018 年 1 月 DARPA 启动专为多波束定向通信研发的"毫米波数字阵列"（MIDAS）项目。项目为期四年，预计分为三个阶段，总投资 6450 万美元。目标是研发出 18 GHz～50 GHz 频段的多波束数字相控阵技术，将移动通信提高至不太拥挤的毫米波频段，实现移动平台的相控阵技术，增强军事平台之间的通信安全。项目聚焦于两个关键技术领域：一是研发用于核心收发器的硅芯片；二是研发宽带天线、收发组件以及系统集成。11 月，美国国防部授予雷声公司 1150 万美元的合同，为 MIDAS 计划第一阶段研发数字架构和带有收发组件的可扩展孔径。

（3）欧盟启动硅基高效毫米波欧洲系统集成平台项目

欧盟在 2018 年 1 月启动了为期 36 个月的硅基高效毫米波欧洲系统集成平台（SERENA）项目，为毫米波多天线阵列开发波束成形系统平台，并实现超越主流 CMOS 集成的混合模拟/数字信号处理架构的功能性能。SERENA 项目将开发用于优化毫米波多天线阵列系统的功率效率和成本的概念验证原型，该架构将适用于广泛的应用场景，例如安全雷达、高速无线通信以及用于 5G 和自动驾驶车辆的成像传感器等。爱思强公司（EpiGaN）将为其提供核心硅基氮化镓外延技术和批量化封装技术。

4. 启动多项宽禁带电力电子技术发展项目

2018 年 8 月美国电力创新公司启动 6 个新项目以推进高效高功率宽禁带器件产品的开发和应用，包括先进可靠的宽禁带功率模块的设计和制造、用于中压级固态电路断路器的宽禁带器件等领域。

英国 BAE 系统公司与美国空军研究实验室 9 月签署协议，合作建立一条 140 nm 氮化镓单片微波集成电路（MMIC）工艺线，该工艺线将于 2020 年开始生产，通过开放式代工服务向美国国防部供应商提供产品。

2018 年 9 月，欧盟启动"5G GaN2"项目，项目目标是作为 5G 蜂窝网络的关键技术，实现 28 GHz、38 GHz 和 80 GHz 的演示样品。将采用先进的氮化镓技术，实现最大输出功率和能效效果。此项目将大幅降低毫米波通信的成本和功耗，并增加天线系统的输出功率。

2018 年 9 月，美国能源部资助 Delta 公司研发用于极速电动汽车（EV）充电器的固态变压器，该项目为期三年，总经费 700 万美元。将采用新的碳化硅 MOSFET 技术，重量将降低至原来的 1/4，电网到车辆的效率将高达 96.5%。功率达 400 千瓦的充电器可为未来的电动汽车提供突破性的充电速度。

2018 年 8 月，美国纽约州立大学理工学院获得美国陆军研究实验室为期三年价值 207.8 万美元的联邦资助，用于推进"超高压碳化硅器件制造"（MUSiC）项目，该研究通过开发比传统的硅基器件更高的电压，并实现更可靠和更强大的碳化硅开关器件，旨在建立一种领先的工艺，用于创建具有诸如从太阳能、电动汽车到电网等一系列军事和商业用途的功率电子芯片。

5. 美国射频生态系统计划将行业合作提升到一个新高度

2018 年 3 月，格芯（Global Foundries）发起 RFWave 生态系统合作伙伴计划，帮助采用格芯射频技术（绝缘体上硅，SOI）平台的客户，能够利用格芯及其生态系统合作伙伴的最新进展，为各类应用开发优化的 RF 解决方案，加快无线链接、雷达和 5G 应用的上市速度。RFWave 合作伙伴计划将创建一个开放式框架，允许选定的合作伙伴将自己的产品或服务集成到已获得验证的即插即用型设计解决方案之中。目前合作伙伴有 16 家公司，RFWave 计划简化了设计，将行业合作提升到了一个新的高度，在射频设计以及加快应用新一代无线设备和网络部署中发挥了重要作用。

6. 美国 DARPA 推 EDA 新项目，欲变革行业

高度自动化设计的核心程序是 IDEA。DARPA 于 2017 发布第一份 IDEA 和 POSH 文件，并于 2018 年 6 月 11 日向诺斯罗普·格鲁曼（Northrop Grumman）公司颁发第一份"第三页设计"项目合同。IDEA 分为两部分：第一个技术领域涵盖未注释的原理图和 RTL 代码的自动化统一物理设计，将支持自动重定时、门级省电技术，以及测试逻辑插入；第二部分使用大型现成数据库选择候选区块，以支持高层设计。系统可基于机器学习和数据挖掘等技术开发。IDEA 最终目标是实现无人操作，让非专业

用户设计复杂的电子系统。POSH 计划与 IDEA 一样，POSH 提供开放源代码设计和验证框架，包括技术、方法和标准，这将使超复杂系统级芯片（SoC）设计具有成本效益。

（二）宽禁带半导体技术日趋成熟，商用市场不断扩大

1. 军用宽禁带器件性能不断提升，军事应用更加广泛

（1）氮化镓器件在军事领域的应用更加广泛

2018 年 8 月，诺斯罗普·格鲁曼公司向美国海军陆战队交付了首个采用氮化镓芯片的地面/空中任务导向雷达（G/ATOR）系统；美国陆军 AN/TPQ-53 雷达将向氮化镓技术过渡；10 月，雷声公司在新生产的制导增强导弹拦截器中使用氮化镓芯片，提高可靠性和效率。2018 年 11 月，美国洛克希德·马丁马公司氮化镓基多用途雷达交付使用，长距离识别雷达获技术发展里程碑，为 2020 年交付导弹防御局做准备。

（2）军用氮化镓器件向高性能、集成化和小型化发展

2018 年 6 月，美国 Qorvo 公司推出的下一代有源电子扫描阵列雷达用高性能 X 波段前端模块，在紧凑的单封装中集成了四种功能，包括射频开关、功率放大器、低噪声放大器和限幅器，接收端可承受最高 4 瓦的输入功率；2018 年 4 月，英国的金刚石微波公司（Diamond Microwave）推出两款紧凑型脉冲 X 波段氮化镓功率放大器产品，在 1300 MHz 带宽上分别具有 200 瓦和 400 瓦的最小峰值脉冲输出功率，但尺寸仅为 150 毫米×197 毫米×30 毫米。

（3）军用 SiC 器件和模块持续发展

2018 年 6 月，美国美高森美公司推出军事宇航电极控制用 SiC MOSFET 功率模块，支持大电流、高开关频率以及高效率并具有紧凑的外形尺寸。

2. 宽禁带器件商用市场扩大，5G、快充领域成应用热点

（1）氮化镓技术成 5G 领域研究热点

多款 5G 基站和毫米波用氮化镓产品问世。2018 年 6 月，恩智浦半导体公司推出用于 5G 蜂窝网络的射频宽带功率晶体管，在 1.8 GHz～2.2 GHz 频段内可提供高达 56.5%的效率；稳懋半导体公司推出 4 英寸 SiC 基氮化镓技术，在 2.7 GHz 频段可提供饱和输出功率 7W/mm，功率附加效率超过 65%，适用于亚 6 GHz 的 5G 应用。

（2）氮化镓快充产品首次问世

2018 年 10 月，ANKER 公司推出全球首款氮化镓快速充电器产品，输出功率达 27 瓦，相同功率下较苹果充电器体积小近 40%；11 月，英飞凌发布基于氮化镓材料

的 65W USB PD 充电器产品，可支持 5～20 伏电压输出，满载输出效率高达 93%，功率密度高达 20 瓦/平方英尺，可实现大功率电源的小型化和轻薄化。

（3）碳化硅产品性能提升，电动汽车、充电领域成新爆发点

2018 年 11 月，日本罗姆推出电压等级达 1700V、电流等级达 250 安培的 SiC MOSFET 和功率模块，在极端环境下具有高可靠性，并首次实现 1700 伏 SiC 功率模块商业化。2018 年，美国疾狼（Wolfspeed）、美高森美、德国英飞凌等均推出电动汽车充电器用 SiC 二极管和 MOSFET 器件，将使电动汽车充电速率和容量大幅提升。

3. 氮化镓散热技术取得重大进展，金刚石衬底氮化镓器件展现巨大潜力

2018 年 8 月，日本富士通公司开发出具有超高功率密度（19.9W/mm）的金刚石基氮化镓器件，计划 2020 年应用于气象雷达和 5G 无线通信系统中，加速了金刚石基氮化镓器件的应用化进程。2018 年 1 月，美国阿卡什系统公司（Akash Systems）筹集 310 万美元研发金刚石基氮化镓射频功率放大器，用于计划在 2019 年上市的立方体卫星上，金刚石基氮化镓功率放大器的成本甚至可能低于碳化硅衬底氮化镓产品。

（三）硅基模拟 IC 向高性能系统集成方向发展，推动信息系统的进一步发展

1. 高端数据转换器

在高端数据转换器中，2018 年美国 ADI 及 TI 公司 16 位 1GSPS ADC、14 位 3 GSPS ADC、12 位 10 GSPS ADC 都已突破且实现产品化，16 位 DAC 已突破 12.6 GSPS。这些产品能够实现射频超宽带采样、高中频宽带采样和射频直接合成等功能，使信号链路数字化进一步向接收天线靠近。

未来高端数据转换器将在采样速率、动态范围、模拟输入带宽、功耗面积等指标上做进一步的突破；在架构上，数 GSPS 以上的 ADC 已经普遍采用流水线和时间交织技术。高速高精度 DAC 多采用高速电流舵架构。在工艺上将全面演进至 12 英寸 65/48/28/16 nm 结点。ADI 公司预测 2021 年 12/14 位数 10GSPS ADC 的模拟输入带宽将大致达到 20 GHz，同时指出使用 16/10 nm 及以下工艺研发独立 ADC 的成本极高。因此未来高端 ADC/DAC 将主要以嵌入式 IP 形式集成在混合信号 SoC 中。

2. 射频前端多功能一体化集成技术

2018 年，美国 ADI 及 TI 公司基于自身在高性能数据转换器（ADC/DAC）和射

频集成电路（RF-IC）的技术优势，陆续推出了集成射频收发通道、模拟中频信号处理电路、ADC/DAC、数字信号滤波及补偿、高速 JESD-204B 串行接口等功能电路为一体的硅基射频前端多功能系统集成芯片（RF-SoC），具备了全集成软件无线电收发机能力，成为当前射频前端一体化集成芯片发展的方向和里程碑。

美国赛灵思公司（Xilinx）在现场可编程门阵列（FPGA）电路设计能力基础上，于 2017 年推出了一种全新的可编程直接射频采样系统芯片（RF-SoC），将直接射频采样数据转换器（RF-ADC/RF-DAC）、FPGA 逻辑、多核 ARM 子系统和高速 JESD-204B 串行接口完美集成在一起，为高性能 RF 应用提供完整的 RF 信号链处理方案。

在直接变频零中频射频收发机 RF-SoC（Direct Conversion Zero-IF RF Transceiver）中，2018 年美国 ADI 继续推出了 ADRV9009/9008 系列，该系列是 ADI 公司首款真正面向 5G 通信大规模天线（Massive MIMO），同时也可作为相控阵体制的 200MHz 宽带软件无线电 SoC 芯片，首次实现了零中频收发机架构下本阵和基带部分的多芯片相位同步功能，从而为数字波束形成体制的相控阵小型化实现提供了芯片级的必要支撑。

在射频采样收发机模拟前端 RF-SoC（RF-Sampling Transceiver/ Analog-Front-End）中，美国 TI 公司于 2018 年底发布了 AFE74XX 和 AFE76XX 为代表的 4 收 4 发射频采样模拟前端 SoC 芯片，该芯片支持高达 1.2 GHz 信号带宽的收发和数字化，同时集成了低噪声 PLL 时钟合成器、模拟前端数控衰减器、高速 SERDES 接口和强大的数字滤波、变频等信号处理功能，可以用于 5G 通信、C 波段（5 GHz 以内）射频直采超宽带直接数字化收发与通道处理。

在软硬件全可编程 RF-SoC（Zynq UltraScale+ RFSoC）中，Xilinx 公司 2017 年推出了 "Zynq UltraScale+ RFSoC" 架构的全可编程 RF-SoC 方案。2018 年公司宣布了 ACAP 平台的首款 AI 芯片，并且宣布 Versal AI 芯片后续将集成更高性能的 ADC/DAC、PLL，从而推出 Versal AI RF 系列产品，在上一代的 Zynq UltraScale+ All-Programmable RF-SoC 产品基础上，升级为包含射频采样数据转换器的支持人工智能和射频信号直接数字化的更好性能的系统芯片。

RF-SoC 多功能集成芯片正向着更多的通道、更高的采样速率和更宽的带宽等方向发展，成为整机电子系统和 5G 移动通信关注的重点。

（四）超宽禁带半导体取得重大进展，进入实用化进程

材料性能决定了器件性能，核心电子元器件向高功率、高频率、高集成、智能化

的方向发展，需要探索和关注新型化合物半导体材料的发展。以金刚石、氧化镓、氮化铝为代表的超宽禁带半导体材料的研究和应用，2018 年获得重要技术进展。

氧化镓功率半导体技术由于在高频大功率器件领域展现的巨大应用潜力而成为国际研发的热点。尤其是美国虽然只开始研究了两年，但发展迅速，氧化镓功率器件性能大幅提高。美国布法罗大学制作的击穿电压高达 1850 V 的氧化镓场效应晶体管将耐压性能提高了一倍，有望在改善电动汽车，太阳能和其他形式可再生能源方面发挥关键作用。佛罗里达大学研制的肖特基整流器实现了 2300 V 的高击穿电压，美国 SMI 公司的场效应晶体管通过了 NASA 太空耐辐射测试，将有望用于太空。

日本则推出了可在 300 度高温下工作的金刚石电路，而硅基器件的最高工作温度仅为 150 度。

氮化铝衬底凭借其优异的导热性成为提高紫外 LED/激光器/探测器发光效率的重要手段。2018 年相继推出了氮化铝衬底紫外 LED、量子阱激光器、探测器；利用氮化铝薄膜制作了高线性传感器、MEMS 传感器等。美国 HexaTech 公司推出全球领先的 2 英寸氮化铝衬底产品线，为实现氮化铝衬底在深紫外激光器、探测器和 RF 领域的长期供货能力提供了支撑。

（五）瞬态电子技术呈现不同技术各具特色、多点开花的局面

瞬态电子技术属于跨度极大的多学科交叉研究领域，目前在可降解材料、降解方式、加工工艺及功能器件等方面均取得了阶段性的研究进展。虽然瞬态电子技术整体仍处于发展的初级阶段，但已经引起国际上的高度关注并且出现了不同技术各具特色、多点开花的局面。

DARPA 是瞬态电子技术的主要推手，主持开发研制了多种瞬态材料及器件。2018 年 1 月康奈尔大学和霍尼韦尔航空航天公司合作开发了遥控型芯片空气蒸发技术，在处理器中嵌入化学包，这是可使器件和敏感数据同时消失的新型"自毁"装置，可以构建任何尺寸的自毁装置。美国爱荷华州立大学科学家研制出新型实用瞬态电池，其自毁速度在原有基础上大幅提升；美国西北大学研发了使用升华材料的干式瞬态电子系统，可生物降解的电子系统。

我国也取得了一定进展，复旦大学研发了可高温触发的热降解电子器件；重庆大学研发了无机卤化物钙钛矿薄膜的瞬态阻变存储器；中电科技声光电公司与国内相关单位合作，研制了一种瞬态管壳以及厚度小于 10 微米的晶体管，所形成的瞬态原型器件可在水中降解。

（六）新兴技术继续推进器件微细化和高性能

1、世界上最小的单原子晶体管问世

2018 年 8 月，德国卡尔斯鲁厄理工学院开发出了单原子晶体管，这是全球最小的晶体管。该量子电子器件通过控制单个原子的重新定位来切换电流，现在可固态存在于凝胶电解质中。单原子晶体管可在室温下工作，这是未来应用的一个决定性优势。单原子晶体管完全由金属构成，不含半导体材料，因而所需电压极低，能耗仅为传统硅基晶体管的万分之一，可显著提高信息技术的能源效率，为信息技术开辟了全新的视角。

2. 麻省理工学院开发出迄今为止最小 3D 晶体管

2018 年 12 月，麻省理工学院和科罗拉多大学的研究人员制造出一种 2.5 纳米宽的超小型 3D 晶体管，尺寸仅约目前商用晶体管一半。他们开发了一种新的微加工技术，可以在原子尺度上对半导体材料进行改造。他们改进了最近发明的热原子级蚀刻技术，这种新技术可在原子尺度上对半导体材料进行精确修改，更精确且能生产出更高质量晶体管，比现有的商业晶体管效率更高。此外，研究人员还重新启用了一种常用的可在材料上沉积原子层的微加工技术，这意味着制造技术可以在现有设备上快速集成。这将使计算机芯片具有更多晶体管和更好的性能。

3. 新概念晶体管–太阳能晶体管

2018 年 3 月，西班牙开发出一种全新概念晶体管，该器件兼具电源和晶体管双重功能，并以太阳能作为能量来源。新概念晶体管将太阳电池和晶体管集成于同一个超薄单元内，是一个仅有生物细胞大小的紧凑型自供电器件。研究人员利用铁电氧化物构建实现太阳能功能所需的异质结。这种装置可利用铁电层的可变换极化作用实现对有机物半导体中的电流开关状态切换。新概念晶体管这一研究成果进一步拓展了晶体管的类型和功能，将对未来高性能电子设备的发展产生深远影响。

4. 超薄柔性硅技术

通常硅芯片为 1 毫米厚，但是当硅厚度小于 50 微米时，硅芯片更柔韧，可以弯曲、扭转而且与不锈钢一样坚硬。10 微米以下硅片，甚至可达到光学透明。超薄硅芯片的技术，将会带来许多高性能的柔性应用，包括显示器、传感器和生物医学设备、光电探测器等。硅基超薄芯片的研究引起了关注，初步取得进展。

2017 年 12 月，美国空军研究实验室和美国半导体公司合作研发出了全球首个柔

性系统级芯片（SoC），利用三维打印技术实现了全新的柔性聚合物上硅（Silicon-on-polymer）。此项研究的独特之处并不仅仅是新芯片的柔性，而是实现了一个带有存储器的微控制器，能够控制系统和收集数据以满足未来使用。这是有史以来最复杂的柔性集成电路，它的存储能力是现有商用柔性器件的 7000 倍。这种柔性而灵活的微控制器可以安装到柔性机器人或其他可穿戴设备中。新型微控制器使硅制造业的发展找到了另一个突破方向，即柔性技术与三维打印集成相结合。

（七）集成电路领域持续发展

1. AI 芯片市场规模持续增长，新品不断推出

2018 年全球 AI 芯片市场规模超过 20 亿美元，包括谷歌（Google）、脸书（Facebook）、微软、亚马孙以及百度、阿里、腾讯在内的互联网大型企业相继入局，预计到 2020 年全球市场规模将超过 100 亿美元，其中中国的市场规模近 25 亿美元，发展空间巨大。

从 2015 年开始，AI 芯片的相关研发逐渐成为学术界和工业界研发的热点。到目前为止，在云端和终端已经有很多专门为 AI 应用设计的芯片和硬件系统，全球各大芯片公司都在积极进行 AI 芯片的布局。在云端，Nvidia 的 GPU 芯片被广泛应用于深度神经网络的训练和推理。谷歌推出的张量处理单元（Tensor Processing Unit，TPU）通过云服务 Cloud TPU 的形式把 TPU 开放商用。英特尔推出 Nervana Neural Network Processors（NNP）。Wave Computing、Groq、寒武纪、比特大陆等公司也加入竞争的行列，陆续推出针对 AI 的芯片和硬件系统。

2018 年 1 月，英伟达公司（Nvidia）发布用于自动驾驶的 JetsonXavier 芯片，其 GMSL（千兆多媒体串行链路）高速输入输出口（IO）连接其与迄今为止最大阵列的激光雷达和摄像头传感器；异构智能发布 NovuTensor 一代 AI 芯片；2018 年 3 月，赛灵思推出 ACAP（自适应计算加速平台），其使用的多种计算加速技术，可以为任何应用程序提供强大的异构加速；4 月，地平线发布"征途 2.0 芯片"及 MARTIX1.0 自动驾驶计算平台；5 月，谷歌发布 TPU3.0，其性能是 TPU2.0 的八倍，高达 100 petaflops；寒武纪发布 MLU100 云端芯片，等效理论计算能力高达 128TOPS，支持 4 通道 64bit ECCDDR4 内存，并支持多种容量。华为提出全栈全场景 AI 解决方案，发布两款 AI 芯片，昇腾 910 和昇腾 310。昇腾 910 是目前单芯片计算密度最大的芯片，计算力远超谷歌及英伟达，而昇腾 310 芯片的最大功耗 8W，是极致高效计算低功耗 AI 芯片。地平线推出基于旭日（Sunrise）2.0 的架构（BPU2.0，伯努利架构）的 XForce 边缘 AI 计算平台，其主芯片为 Intel A10 FPGA，典型功耗 35W，可用于视频人脸识别、人体分割、肢体检测等功能。

目前，人工智能技术的整体发展还处在初级阶段，当前人工智能领域取得的主要进展是基于深度神经网络的机器学习，更擅长解决的是感知问题。芯片是人工智能算法的物理基础，需求驱动的 AI 芯片技术创新将促进创新链与产业链更加紧密结合，推动开放合作、共享共赢的产业生态形成。

2. 内存计算技术应用于高性能人工智能芯片

提高 AI 芯片的性能和能效的关键之一在于数据访问。而在传统的冯·诺伊曼体系结构中，数据从存储器串行提取并写入到工作内存，导致相当长的延迟和能量开销。现已研究并提出多种新兴计算技术，以减轻或避免当前计算技术中的冯·诺依曼体系结构的"瓶颈"。主要包括近内存计算、存内计算，以及基于新型存储器的人工神经网络和生物神经网络。2018 年 11 月，美国普林斯顿大学研究人员已研制一款专注于人工智能系统的新型计算机芯片，可在极大提高性能的同时减少能耗需求。该芯片基于内存计算技术，通过直接在内存中执行计算，提高速度和效率，克服处理器需要花费大量时间和能量从内存中获取数据的主要瓶颈。内存计算技术有望在未来进一步显著提高系统性能并降低电路复杂性。

3. 中国 DSP 技术重大突破——"魂芯 II-A"发布

2018 年 4 月，中国电科 38 所发布实际运算性能业界同类产品最强的数字信号处理器——"魂芯二号 A"，一秒内能完成千亿次浮点操作运算，单核性能超过当前国际市场上同类芯片性能 4 倍，可与高速 ADC（模数转换器）、DAC（数模转换器）直接互连，具备相关时序接口，可以实现 P 波段射频直采软件无线电处理形态。魂芯 DSP 核是当前市场上性能最高 DSP 核，实现了市场上同类产品性能指标的超越。

4. 台积电极紫外光刻（EUV）技术取得突破

2018 年 10 月，台积电宣布有关极紫外光刻（EUV）技术的两项突破，一是首次使用 7 nm EUV 工艺完成客户芯片的流片工作，二是 5 nm 工艺在 2019 年 4 月开始试产。从 2018 年 4 月开始，台积电第一代基于深紫外光刻（DUV）技术的 7 nm 工艺（CLN7FF/N7）投入量产，苹果 A12、华为麒麟 980、高通骁龙 855、AMD 下代锐龙/霄龙等处理器都已使用或将使用该工艺，台积电将首次将 EUV 应用于第二代 7 nm 工艺（CLNFF+/N7+）。相比于 7 nm DUV，7 nm EVU 可将晶体管密度提升 20%，同等频率下功耗可降低 6%～12%。台积电预计到 2019 年底会有 100 多款客户产品基于其 7 nm 工艺，新进工艺带来的设计红利（更高性能、更低功耗、更小面积等）将继续保持。

三、发展趋势

（一）摩尔定律终结，后摩尔时代来临

摩尔定律的终结已成定局。美国半导体协会已经勾画出发展指南，面向的是后摩尔时代中长期的核心技术发展；DARPA 走在最前沿，面向后摩尔时代中长期，以前所未有的力度开创超越科学和创新。各主要大国处于各自的未来定位都在超前谋划核心技术乃至体系发展，制定发展规划。

（二）宽禁带半导体技术展现巨大市场应用空间

未来国际宽禁带半导体制造技术水平将不断提升，晶圆尺寸将不断增大、制造成本将不断降低。其中，氮化镓微波功率器件将向更高频率、更大功率、更高可靠性以及更低成本方向发展，在雷达、通信、导航、电子战等军用领域和 5G 通信、电动汽车、充电等民用市场得到更大应用；金刚石基氮化镓 HEMT、氮化镓 FinFET 器件以及氮化镓基系统集成等新技术、新结构将不断涌现，持续推动氮化镓功率半导体技术向更高性能和更小尺寸发展；5G 和快充领域将推动氮化镓民用市场快速增长。SiC 功率器件将继续向高耐压、大电流、高可靠、低成本等方向发展，在军用电源、充电器以及固态变压器等领域逐渐取代硅功率器件，推动军用武器装备的更新换代；在民用新能源、电动汽车、高铁、电动汽车充电器等领域快速发展，实现广泛应用。

（二）超宽禁带半导体材料和器件正逐渐成为国际竞争的新热点

功率电子产业联盟的技术路线图指出超宽禁带半导体将是功率电子的下一发展方向，预计 8 年内可实现测试样机。氧化镓功率器件将有望在军用射频器件、民用电子电子器件等多领域与氮化镓和 SiC 功率器件展开竞争；金刚石材料制备技术的提升将推动金刚石电子器件的发展，以金刚石作衬底制作功率器件已成为重要研究方向，将成为制备下一代高功率、高频、高温及低功率损耗电子器件最有希望的材料；氮化铝材料将实现大尺寸生长，将是下一代高温高压大功率电力电子器件、光电器件、传感器和滤波器的核心材料。

（三）集成技术将继续突破，最终实现全功能芯片集成

先进化合物半导体和其他新兴材料与成熟的 Si CMOS 材料器件技术融合，使得射频前端在集成更多功能的同时，进一步微型化和芯片化，逐步走向全功能的芯片集成，并且通过元器件级的可重构走向完全智能化。最终目标是将不同类型的晶体管（如微电子器件、光电子器件、MEMS 器件等）集成在同一芯片上，构建片上微系统，从而制作具有复杂功能的芯片级规格的微小型电子武器系统，并最终实现武器装备的革命性变革。

（四）瞬态电子技术应用前景广泛，将推出商业化的实用瞬态电子器件

目前瞬态电子技术仍处于发展的初级阶段，但随着新型材料的出现和加工工艺的不断改进，瞬态电子在国防、高端装备制造、环境保护、健康医疗等方面都有着广泛的应用前景，有望在军事和反恐电子、零废物消费电子器件和植入式可降解医疗器件方面取得突破性进展，并可向柔性电子领域扩展。

（五）新材料、新技术将成为大幅提高电子元器件的突破点

新材料、新技术制作的新型元器件将大幅提升核心电子元器件的性能指标，甚至对系统进行全新的设计，将能满足新的战场应用，为军事装备赋予新能力。虽然这些技术还不成熟，但任何一项新兴技术都可能成为未来的颠覆性技术。新材料、新工艺的创新发展，提出了具有变革意义的新发展思路，带动了世界半导体技术向高功率、高频率、高集成、智能化的方向发展。

（六）人工智能芯片技术前景广阔，充满机遇和挑战

从芯片发展的大趋势来看，现在仍处于 AI 芯片的初级阶段。无论是科研还是产业应用都有巨大的创新空间。从确定算法、应用场景的 AI 加速芯片向具备更高灵活性、适应性的通用智能芯片发展是技术发展的必然方向，未来几年 AI 芯片产业将持续火热。

未来 AI 芯片可能的发展方向有两个：一是类脑芯片。类脑芯片在架构上直接通过模仿大脑结构进行神经拟态计算，完全开辟另一条实现人工智能的道路，而非作为人工神经网络或深度学习的加速器存在。类脑芯片可完全集成内存、CPU 和通信部

件，实现极高的通信效率和极低的能耗。目前该类芯片还只是小规模研究与应用，低能耗的优势也带来预测精度不高等问题，还不能真正实现商用，未来有很大发展空间。二是可重构通用 AI 芯片。可重构计算技术允许硬件架构和功能随软件变化而变化，兼具处理器的通用性和 ASIC 的高性能和低功耗，是实现软件定义芯片的核心，被公认为是突破性的下一代集成电路技术。目前尚没有真正意义上的通用 AI 芯片诞生，而基于可重构计算架构的软件定义芯片（software defined chip）或将是通用 AI 芯片的出路。

（七）系统级（ESL）设计方法学–提高软硬件开发效率

随着 SoC（System-on-Chip）的出现，芯片设计的复杂度上了一个新台阶。这种复杂度既体现在芯片规模上，更体现在"芯片本身就是一个软硬件结合的系统"这一特征上。此外，随着 AI 芯片的广泛研究，其整体趋势呈现"面向软件"的硬件设计。软件开发在整个系统里的比重会越来越高，也意味着加速软件开发的工具有更好的机会。

ESL 设计方法学代表了比传统芯片设计方法更为先进的方法学（或者一系列方法学）和设计流程，面对这类复杂性挑战更具优势。但对于抽象层次的转换，由于其缺乏完善的工具支持，以及无法回避的建模成本，使得其未得到广泛应用。

（中国电子科技集团公司第十三研究所 李静）

传感器领域

一、发展综述

2018 年传感器领域依然呈现出比较活跃的创新态势，除应用层面的需求牵引外，顶层规划牵引以及新材料与纳米技术的进步都对传感器技术领域的技术创新起到了积极的推动作用。

美国电子复兴计划 ERI 将 DARPA 的近零功耗项目列为持续支持对象，推动了近零功耗传感开关项目取得重大进展，ERI 基于构建未来技术体系强调设计理念的创新。继 2016 年、2017 年在射频传感开关、光谱传感开关技术方面取得了重大突破后，2018 年又在声传感开关技术方面取得重要技术突破，至此，围绕"近零"功耗的传感开关技术已形成谱系布局（覆盖光谱、射频、电磁波谱及物理低频声谱等），具备了全域感知技术基础，该项技术突破的意义在于基于 ERI 思想的理论、技术、应用体系的可行性得到了验证。

随着纳米技术的不断进步，各种新材料的不断介入，辅之以各种工艺创新，使传感技术的可设计领域向微纳米尺度进一步扩展，检测技术能力获得前所未有的提升；物理参数感知能力达到了皮米、飞克等量级，化学参数检测也达到了飞升等精准检测程度、生物检测可以达到检测单个病毒的能力；纳米材料技术同样推动柔性传感技术获得了前所未有的发展机会，出现了很多创新技术成果。

2018 年传感器技术领域的技术发展表现出以下几个特点：一是传感器设计理念发生变化，出现了以能量传感以及传感器开关为代表的新型近零功耗感知微系统设计理念与工作机制；二是针对多域作战、无人平台、个体能力的增强进一步推进多元传感器功能集成技术，尤其是单片集成技术有了重大突破，市场对于多种传感元件集成的需求正在高速增长，分立式 MEMS 器件市场增长开始放缓，从市场表现上印证了传感器集成化技术发展趋势；三是柔性传感技术取得多项技术突破，包括基于纳米图案技术的新型敏感机制、能量收集与自供能超柔性传感器、石墨烯等新材料传感器、柔性编织工艺技术等；四是多维材料与纳米工艺的技术进步推动了传感器技术的原始创新，设计尺度的微纳化使光学技术很好地融入了传感设计技术中，出现了各种极限测量能力；五是在海洋领域信息感知方面的进展，出现了很多基于生物融合与仿生传感概念的水下多元信息探测新技术概念。

二、发展重点与亮点

（一）"近零功耗射频与传感器"项目的重要突破，标志着全新全域感知能力即将形成

2018 年 7 月 23 日至 25 日，DARPA 在加利福尼亚州旧金山举办首届年度"电子复兴计划"（Electronics Resurgence Initiative，ERI）峰会。美国政府非常重视"电子复兴计划"，在 2019 财年预算（包括 ERI 研究工作）中规划未来五年内每年持续投资 3 亿美元——在该计划的整个生命周期中可能高达 15 亿美元。这项"电子复兴计划"被业界誉为将开启下一次电子革命。DARPA 的"近零功耗传感器"项目是在"电子复兴计划"中获得持续支持的一个项目，这一项目开始于 2015 年，旨在通过全新的设计理念从根本上改变传感器的设计工作机制，从而实现接近于零的 10 纳瓦的功耗指标。

通常传感器需要持续供电以检测外界信号并进行前处理获得可用电信号，麦克风的功耗通常是毫瓦或微瓦。此次研究成果中以能量传感以及传感器开关为代表的新型传感器设计理念使传感器的待机功耗已减小到接近于零，比现有传感器待机功耗低数个数量级。这意味着传感器可以获得长达数年的无保养工作能力，同时具有厘米甚至毫米级的外形尺度，对于无人值守地面传感器和网络全域感知综合能力的提升都有重要意义。

在 DARPA 开展的"近零功耗射频与传感器"（简称"近零"，N-ZERO）项目研发中，2016 年 7 月，取得第一阶段技术突破——加州大学研制的地面压力传感器功耗仅 10 纳瓦；2017 年，在近零功耗光谱传感开关以及射频开关两项技术方面取得第二阶段突破；2018 年 3 月，美国查尔斯·斯塔克·德拉普尔实验室（Draper）在 DARPA"N-ZERO"项目的支持下，基于微机电系统（MEMS）技术研制出只在检测到感兴趣声音信号或震动时才会被唤醒的传感器，待机功耗减少至接近零。这一成果标志着近零功耗传感器技术的研发在技术体系上取得了重大进展，至此，形成无人值守型环境态势全域感知能力已指日可待，这是数字化战场以及"马赛克战"战略感知以及认知环境背景态势的核心能力支撑技术。

（二）传感器单片集成技术取得重要突破将颠覆传统思维

2018 年 12 月，一项具有颠覆性影响的单片集成传感器技术的突破性研发成果问世——由总部设在美国的 InSense 公司成功研发 10 轴单芯片惯性（运动）MEMS 传感器产品，该传感器包括 3 轴加速度计、3 轴陀螺仪、3 轴地磁及压力传感器，所采用的多传感功能集成设计是一项全新的技术突破，这项技术使用电镀铜（electroplated copper，e-Cu）作为结构材料，该专利技术的问世体现出新的多元传感集成设计思路，有望颠覆 MEMS 产业格局，衍生出新的集成传感器融合技术体系，并能够提高导航、定位的精确度，极大的拓展应用范围，未来将在军事领域得到广泛应用。该产品目前正在专业代工厂调试，预计将于 2019 年问世。

2018 年 7 月，DARPA 和洛克希德·马丁公司的臭鼬工厂完成了针对"体系集成技术与试验"（SoSITE）项目的一系列飞行试验。此次任务试验了多个系统之间的协同与互操作性，验证了使用 STITCHES 技术（一种新的集成技术）在这些系统之间传输数据的能力。该项目旨在通过创新的体系架构和有效的协同保持空中优势能力的新概念，体系架构中包含飞机、武器、传感器和任务系统，并把空战能力分布于大量可互操作的有人和无人平台上，无人平台能力的增强进一步推进多元传感器功能集成技术发展，多传感器集成技术的应用使大量的传感器和系统能够更好地发挥作用。SoSITE 项目的成功表明协同和集成应用是支撑未来战场环境中的多域作战行动和维持作战优势的重要内容。强化了通过多传感器功能集成形成无人平台导航、姿态、状态整体功能测量的市场需求。以往多传感器集成都是通过堆叠概念实现的，例如早在 2013 年美国 AOSense 公司实验研制的片上系统导航仪是组合了传统的固态和原子惯性导航技术的原子导航器，2016 年博世公司曾推出过 9 轴运动传感器，在民用领域获得重要技术进步，同年 ADI 也推出了全集成式惯性组合传感器，主要用于汽车行业。

（三）纳米技术促进柔性传感技术突破，助力军用可穿戴智能装备发展

近年来，随着柔性传感技术的不断发展，国外开发的军用柔性装备种类很多，如作战服、电子皮肤等。这类装备一旦投入使用，将大幅增强士兵的机动携行能力和综合防护能力，进而提高士兵的战斗力和生存能力，增强军队的整体战斗能力，在战争中掌握更多主动权。

1. 柔性自供能传感技术取得多项技术突破

2018 年 9 月，日本理化研究所的研发团队开发了一种基于纳米图案化有机太阳能电池的自供能超柔性生物传感器，实现了对心率的实时精准监测。这项研究采用纳米图案化的超薄太阳能电池，实现了柔性可穿戴生物传感器自供能驱动，是近年来柔性可穿戴器件领域的里程碑之作，为柔性可穿戴器件的发展提供了自供能解决方案。

2018 年 10 月，韩国科学技术院（KAIST）的研发团队研发了柔性自供能压电声学传感器，研发团队模仿人类耳蜗中的基底膜，制造出一种柔性压电薄膜，梯形压电薄膜的不同区域以不同谐振频率振动，将声音转化为电信号。此项技术还可以进一步开发出基于机器学习、自供能、高灵敏度的智能声学传感器，可用于识别说话者，所研发的声学传感器通过机器学习算法，对说话者的识别率可达到 97.5%，比作为参考的麦克风的错误率要低 75%。这种高度灵敏、自供能、识别说话者的声学传感器可用于个性化的语音服务、始终在线的物联网、生物识别、金融科技以及军事等领域。

2018 年 8 月，美国德克萨斯大学阿灵顿分校的科学家们研制出由微小柔性传感器组成的超灵敏"智能皮肤"，团队声称他们开发的"皮肤"具有比人类更好的触觉敏感。由该研发团队创建的"智能皮肤"融合了数百万由 0.2 微米厚的氧化锌纳米棒制成的微小柔性传感器（相比之下，人类毛发直径约为 40 至 50 微米）。每个传感器都是自供电的，无须外部电压。它们中的很多都被包裹在一层耐化学和防潮的聚酰亚胺弹性层中，从而形成柔性和防水的"皮肤"。即使对聚酰亚胺施加微小的压力，该区域中的纳米棒传感器也会通过弯曲来检测压力。因此，"皮肤"对其接触的表面变化非常敏感，它还可以检测温度的变化。该材料最终可以应用于机器人抓手、假肢的手指或是手持传感装置。

2. 纳米复合材料研制柔性透明力触摸传感器

2018 年 10 月，韩国科学技术院（KAIST）的研发团队通过开发一种超薄、柔韧、透明的分层纳米复合材料（HNC）薄膜，研发出一种高性能和透明的纳米触摸传感器。该研究团队表示，他们的传感器同时具有工业级应用的所有必要特性：高灵敏度、透明度、弯曲不敏感性和可制造性。

这种高灵敏度、透明、柔性的力触摸传感器在重复压力下具有机械稳定性。此外，通过将感测电极放置在与中性平面相同的平面上，力触摸传感器即使在弯曲到圆珠笔的半径时也可以操作，而不会改变性能水平。力接触方式还满足了大规模生产中的商业考虑，例如大面积均匀性、生产再现性和根据温度和长期使用的可靠性。研究团队将开发的传感器应用于具有脉冲监测功能的医疗保健可穿戴设备中，并检测到实时人体脉搏。

3. 高密度二硫化钼（MoS₂）−石墨烯传感器阵列用作柔性人造视网膜

2018 年 4 月，韩国首尔国立大学和美国德州大学奥斯汀分校的团队密切合作，成功设计了具有高像素的柔性人造视网膜。

基于柔性生物电子的神经义肢实现了人体神经与电子器件的直接集成，从而直接读取神经信号以及对神经进行放电刺激等。然而，集光电传感和视网膜细胞刺激于一体的人造视网膜迄今为止仍是一项重大的挑战。其难点在于除了光电功能以外，人造视网膜的力学特性需要满足一些特殊的要求。

传统基于硅片的电子器件制备方式只能制备出平面的电子器件，但这种电子器件完全无法贴合半球形的眼球内壁。虽然研究者通过在光电传感单元之间引入柔性结构，成功制备出半球形的光电传感器阵列，但由于柔性结构需要占据较大的空间，像素（光电传感单元）的密度难以达到人造视网膜的要求。

该研究成功实现了与眼球内壁的贴合，并几乎不产生皱褶，同时具有半球形光电传感器阵列所具备的无像差和广视角的优点。研究者采用具有高光吸收系数的二维材料二硫化钼（MoS₂）作为感光半导体，超薄的石墨烯作为传感单元间的导线，大大降低了器件的整体厚度（总厚度只有 1.4 微米），从而减小器件的弯曲刚度，并保证器件贴合后的应变小于材料破坏的应变。相关成果发表在《Nature Communications》上。

4. 柔性可穿戴 pH 传感器突破能斯特理论极限

2018 年 11 月，来自日本大阪府立大学电子物理系的 Kuniharu Takei 研究团队开发了一种基于柔性电荷耦合器件（CCD）的高灵敏度 pH 传感器。

为了实现对人体健康信息的综合检测，研究者将柔性温度传感器和 CCD pH 传感器有效结合，成功对人体的表皮温度和汗液中的 pH 值进行实时监控。通过电子电荷转移的积累循环，达到每 pH 单位约 240 毫伏的灵敏度，这大约是能斯特理论极限的 4 倍。这种基于 CCD 的柔性 pH 传感器，与柔性温度传感器集成在一起，通过在电极上涂上离子敏感膜，为开发检测其他化学物质的高灵敏度柔性探测器提供了有力的借鉴。

5. 美国麻省理工学院（MIT）研发出可穿戴技术新工艺，可将二极管和传感器直接融入织物中

2018 年 8 月，英国《自然》杂志发表了一项材料学最新研究成果：美国麻省理工学院团队通过一种新型制造方法，将发光二极管（LED）和传感器直接织入

了纺织级聚合物纤维中，该工艺可用于开发能够实现光通信和健康监测的新型可穿戴技术。

研发人员通过美国南卡罗来纳州的工厂将这些纤维编织成柔性的、可清洗的织物，并植入通信系统。这种新型制造工艺使人们能够制造出具备更多先进功能的纺织品，智能纺织品和可穿戴技术或将遵照自身的"摩尔定律"变得日益精密。这标志着通过整合半导体器件，有望创造智能面料并实现更多应用目标。未来几年，这种新型面料的基本功能会包括通信、照明、生理监测等，可将这一技术应用于军人的衣物上，对士兵生理指标、环境参数等进行采集。

（四）微纳与新材料技术推动传感器技术检测能力大幅度提升、空间获得扩展

1. 微纳光传感技术发展使极限测量成为可能

2018 年 9 月在武汉召开的第二届微纳光学技术与应用大会上，武汉大学徐红星博士推出了采用纳米隙技术研制的超分辨传感技术，结合光学检测技术实现了具有亚皮米的检测能力；浙江大学展示了通过光微流技术实现飞克/每毫升以及飞升/摩尔量级的超级检测能力。

2. 清华大学微纳电子系在仿生石墨烯压力传感器方面的研究取得重要进展

2018 年 2 月，清华大学微电子系任天令教授团队在《美国化学学会·纳米》发表了题为《仿生针刺随机分布结构的高灵敏度和宽线性范围石墨烯压力传感器》的研究成果，通过砂纸作为模板倒模成型柔性的基底，利用氧化石墨烯在高温下还原后作为力学敏感层，制备出具有针刺形貌和随机分布的压力传感器。该传感器表现出优异的稳定性、快速响应和低探测极限，实现了在更宽线性测量范围的高灵敏度。课题组成功实现了对人体各种生理活动的监测，此项研究中的可穿戴高性能力学传感器对士兵的各种生理活动参数的获取将具有重要的实际意义及重大的应用前景。

3. 合成生物技术大力提升纳米管生物传感器对复杂流体的感知能力

2018 年 7 月，瑞士洛桑联邦理工学院（EPFL）的科学家们利用合成生物技术开发出全新的纳米管生物传感器，以期提升对复杂流体（如血液和尿液）的感知能力。他们用"异种"核酸（XNA）或合成 DNA 包裹纳米管，使得纳米管能够耐受人体自

然经历的盐浓度变化，以生成一个更稳定的信号。该研究同时还涵盖了常见生物流体生理范围内的不同离子浓度。

该技术方法是合成生物方法首次真正应用于纳米管光学领域。将大力推动下一代光学生物传感器的开发，在植入式感知应用领域（如持续监测）开拓出更具前景的未来。

（五）水下生物融合与仿生传感技术推动水下目标探测新概念探索

2018 年 1 月，韩国国立济州大学受鳍足类生物使用触须来探测目标的启发，结合 3D 打印技术，研发出一种新型传感器系统——仿生晶须传感器，经初步检测，其具有高精度跟踪和监测水下漩涡的能力。该项目后期由美韩科学家合作研发。

仿生晶须传感器为圆柱状，采用聚氨酯和石墨烯 3D 打印制成，包括 1 个长径比 20∶1 的聚氨酯棒、1 个聚氨酯底座、4 片铜箔和 4 个相互垂直的石墨烯图案（长 60 毫米、直径 0.3 毫米）。此外，研究人员使用 3D 打印鱼鳍、水槽等模拟水下旋涡环境，并采用摄像头和数据记录仪来监测晶须的动态响应，用以验证晶须传感器探测能力。实验结果表明，仿晶须传感器具有超高灵敏度，其在水下任意方向（0 度到 360 度）上的位移（约 5 毫米）都会导致其内部电阻变化，该变化可作为模拟信号，通过模数转换模块进行数字化处理，并送到微控制器实现涡流检测。此外，研究团队对晶须传感器进行 2000 次弯曲试验，未出现任何物理损伤，验证了晶须的机械稳定性及可靠性。

水下仿生晶须传感器或将是对以往水下探测方式的重大创新，其具有探测性强、可靠性高、设计方法简单、机械稳定性好、制造成本低及应用范围广等优点，这也将是水下信息感知与获取技术的新突破，在海洋军事防御中具有重要意义。除应用于对潜艇的探测外，在软体机器人、传感器、可穿戴设备以及人机交互等领或将具有广泛应用。

三、发展趋势

现代信息化战争是陆海空天电一体化的战争，在先进军用电子技术为武器装备现代化提供关键的技术保障的同时，作为保障信息获取的重要前端技术手段的传感器技术将在未来新形态战争中扮演重要角色，起到非常关键的作用。鉴于战场环境的复杂性及恶劣条件，未来在军事领域中应用的传感器需具备一定的特殊性，如低功耗、高精度、持续工作、抗恶劣环境等。微型化、智能化、网络化、低功耗、多传感器集成、仿生技术等都将是传感器技术的发展方向。

从 2018 年传感器领域创新发展态势来看，传感设计理念颠覆性的改变以及贯穿敏感机制设计、材料使用和工艺设计的全体系技术融合性特点相当突出，先进传感技术正在起着引领未来发展的作用。围绕态势感知应用的低功耗传感技术、纳米技术助力的柔性传感技术、多传感器及系统的集成技术、基础敏感材料和工艺的改进及突破、与自供能相结合的生物融合传感技术等为传感技术的发展及其应用领域开创了新局面、拓展了应用范围，对推动现代装备信息化起到极其重要的作用。

（中国电子科技集团公司第四十九研究所 陈丽洁 亢春梅）

重要专题分析

量子级联激光器的应用

一、技术背景

量子级联激光器（Quantum cascade lasers，QCL）是一种借助于声子辅助共振遂穿原理和电子在半导体量子阱中导带子带间跃迁的新型单极半导体器件。它打破了传统 P-N 结型半导体激光器的电子-空穴复合受激辐射机制，其发光波长由半导体能隙来决定，填补了半导体中红外激光器的空白。受激辐射过程只有电子参与，其激射方案是利用在半导体异质结薄层内由量子限制效应引起的分离电子态之间产生粒子数反转，从而实现单电子注入的多光子输出，并且可以轻松得通过改变量子阱层的厚度来改变发光波长。

相比其他激光器的优势在于它的级联过程，电子从高能级跳跃到低能级过程中，不但没有损失，还可以注入下一个过程再次发光。这个级联过程使这些电子"循环"起来，从而造就了一种令人惊叹的激光器。因此，量子级联激光器被视为半导体激光理论的一次革命和里程碑。

量子级联激光器由于其独特的设计原理使其具有提供超宽的光谱范围（中波红外至太赫兹）、极好的波长可调谐性、高输出功率，同时也可以工作在室温环境的独特优势，使得它成为国际上的研究热点。目前国际上已研制出 3.6 微米～19 微米中远红外量子级联激光器系统。2018 年量子级联激光器不但能以脉冲的方式工作，而且可以在连续工作的方式输出大功率激光，激光模块将 QCL 激光器装进一个气密性封装内，最大限度地保护了激光器的性能和寿命。

二、技术细节

量子级联激光器有着广泛的应用前景，目前的主要用途包括气体检测、红外对抗和中远红外自由空间通信、太赫兹通信，尤其是在中波红外 4 微米～6 微米波段，基本达到了实用化程度。

（一）红外对抗

连续波室温中波红外 QCL 在尺寸、重量、功率、可电泵浦方面具有优势，此外，基于 QCL 的红外对抗系统所需部件数量大幅减少，由注入电流直接驱动，直接获得所需波长，可靠性得以提高，是红外对抗的理想光源。

目前，有些国家的军队已开始更新换代使用 QCL。美国陆军定制了 1076 套系统，并已经正式装备。由此可见，QCL 将会成为红外对抗系统中的主要激光器，如美国诺斯罗普·格鲁曼公司与 Daylight 公司合作开发的基于量子级联激光器的直接红外对抗系统已经完成了测试，美国军方已经签订采购合同。2018 年 9 月，诺斯罗普·格鲁曼公司与美国陆军合作开发通用红外对抗（CIRCM）系统，经过严格的测试过程以确保系统可供作战使用。

（二）物质检测

以量子级联激光器作为光源的气体检测装置具有探测灵敏度高、响应速度快、气体选择性灵活、排他性强的优点。多种物质在中远红外和太赫兹区都有特征吸收谱带，如神经毒气、糜烂毒气、爆炸物等气体，CO_2、CH_4、N_2O 等温室效应气体，与疾病诊断有关的特征气体，其基频吸收谱线均位于在 2～14 μm 波段内。因此 QCL 可广泛应用于国家安全、环境监测、工农业生产、医疗诊断、太空探索等领域。

军事与国防方面，美国情报机构一直在寻找一种能快速、安全探测化学毒素的技术。美国情报高级研究计划局的"远距离探测红外特征吸收谱与反射谱用照明设备（SILMARILS）"项目预计在 2021 年年中结束，届时将会提供一种只需要极少量样本的便携式扫描仪，可以在 5 米～30 米距离内识别 500 种化学品。Block MEMS 公司为该项目提供了基于 QCL 的化学物质检测产品。

环境监测方面，基于 QCL 的气体传感器灵敏度不断提高，体积不断缩小，瑞士联邦材料科学与技术实验室开发的基于 QCL 的气体探测设备面积 45 厘米×45 厘米，对主要大气污染物和温室气体检测的灵敏度达到：CO-0.08ppb、CO_2-100ppb、NH_3-0.02ppb、NO-0.4ppb、NO_2-0.1ppb、N_2O-0.045ppb、O_3-0.11ppb。中科院半导体研究所课题组研制出的中红外 QCL 产品，波长从 4.3 微米～10.4 微米，将用于检测灰霾的成因和演化、工业爆炸等方面。

医疗方面，人体呼出的气体有多种生化痕迹，某种气体含量的微小变化就能够反映人体的健康水平。例如人体呼出气体中含有乙醛，吸收波长 5.7 微米，呼出气体中乙醛含量的变化预示着肺的健康状况。通过检测乙醛含量的变化，可以检测不同人种、不同性别、不同年龄阶段的人的肺部健康。中科院半导体所已完成基于 QCL 的碳十三 CO_2 同位素呼吸气体检测仪研制，应用于人体胃幽门螺旋杆菌检测。

太空探索方面，NASA 的火星探测车上配备多个红外 QCL，用于检测火星上的物质成分。

（三）自由空间光通信

自由空间光通信是一种通过激光在大气信道中实现点对点、点对多点或多点对多点间语音、数据、图像信息的双向通信技术。相比固定线路的光纤通信，部署更加灵活，是光纤通信的重要补充。

大气对 3 微米～4 微米和 8 微米～12 微米光波吸收较低，且相比 1.3、1.55 微米光纤通信波长，较长的中红外波在多雾环境中受散射影响更小。因此，中红外波段成为近地自由空间光通信中重要的组成部分。基于室温工作的 QCL，已演示了速率为 3 吉比特/秒的自由空间光通信链路。

（四）太赫兹（THz）成像

THz 实时成像以阵列探测器为基础，配以合适的激光光源，当阵列探测器工作在一定帧率的情况下，相邻两帧图像在肉眼看来是连续出现时，称之为实时成像，当帧率达到 25Hz 及以上时，称之为视频成像。探测器和光源是 THz 成像系统中最关键、也是相辅相成的核心器件。一方面，采用 THz QCL 替代昂贵、体积庞大的 CO_2 气体激光器为光源，促进了 THz 成像系统向实用化发展；另一方面，探测端灵敏度的提高也极大地降低了成像系统对光源输出功率的要求，使 THz QCL 致冷装置的小型化成为可能，同样促进了 THz 成像系统的实用。中国工程物理研究院在 THz QCL 领域的研发处于较高水平。

三、当前进展

作为一种重要的中红外、太赫兹波光源，QCL 得到各国的普遍重视。如 DARPA 将中远红外激光器技术视为一项具有战略意义的技术并发起"高效中波红外激光器（EMIL）"项目，旨在发展高效、结构紧凑的半导体光源，室温工作中远红外 QCL 能同时拥有高输出功率（～1W）和高效率（50%），项目主要承包商包括美国西北大学和 Pranalytica 公司。

西北大学涉足 3 微米～12 微米中红外 QCL 和 THz QCL 的研究，Pranalytica 公司
（国内代理商上海会亚通信科技）从事 3.8 微米～12 微米中红外 QCL 的研制，拥有波
长涵盖 3.8 μm～11.7 μm 的产品线，如表 1 所示。

表 1 Pranalytica 公司 QCL 产品线

中 心 波 长	室温连续波输出功率	可 调 谐 性
4.0 μm	>2 W	3.8 μm～4.2 μm
4.6 μm	>2.5 W	4.3 μm～4.8 μm
5.3 μm	～500 mW	5.0 μm～5.6 μm
6.2 μm	～500 mW	5.9 μm～6.5 μm
6.8 μm	～500 mW	6.5 μm～7.0 μm
7.3 μm	～500 mW	7.0 μm～7.5 μm
8.2 μm	～1.3 W	8.0 μm～8.5 μm
9.5 μm	～500 mW	9.2 μm～9.6 μm
10.2 μm	～300 mW	9.6 μm～10.8 μm
10.6 μm	～200 mW	10.3 μm～11.0 μm
11.3 μm	～200 mW	10.9 μm～11.7 μm

欧美等国家中红外 QCL 的商业化发展较好，除 Pranalytica 公司外，其他主要
厂家还包括美国日光解决方案（代理商科艺仪器）、Block Engineering（代理商森泉
科技）、Wavelength Electronics（代理商北京波威科技）、AdTech Optics（代理商上
海会亚通信科技）、Thorlabs、AKELA Laser、日本滨松、瑞士 Alpes lasers（代理商
环球科技），法国 mirSense（代理商上海昊量光电）以及德国 Nano Plus（代理商唯
锐科技）。

目前，国际上针对 QCL 的应用比较多，国内还非常少，主要原因可能是激光器
价格较高，做成系统以后价格更高，以及 QCL 的材料结构需要生长上千层，每层的
厚度不到 1 纳米，工艺难度很高。国内，中科院半导体所能够自主生产 4 微米～10
微米高性能 QCL，室温连续波输出功率 1.2 瓦，以及 THz QCL。中国工程物理研究
院突破了有源区材料生长、器件工艺等核心技术，以及提高千层异质外延薄膜的质量，
实现对组分、层厚、界面、调制掺杂、阱垒比的精确控制，提升器件工艺水平。目前
实现了 2.5 THz 连续波输出 QCL，最高连续波输出功率超过 6 毫瓦，最高连续波输出
温度 60 开，阈值电流密度 120 安/厘米 ^{2}。2.93 THz QCL 阈值电流密度 156 安/厘米 ^{2}，
最大输出功率 7.84 毫瓦，最高工作温度 62 K。

四、影响和意义

量子级联激光器具有效率高、体积小、功耗低、波长可大范围选取的特点，已经被广泛应用于定向红外对抗系统、自由空间光通信和痕量气体传感等领域。据报道，全球量子级联激光器市场 2017 年～2022 年期间的复合年增长率为 3.9%，预计市场有望到 2022 年增长至 3.748 亿美元。

进一步满足不同应用对激光器性能的需求是 QCL 未来的发展动力，如在大功率输出的同时，保持单模输出、高光束质量；在可调谐方面，外腔 QCL 实现了较大范围的波长调谐，但便携型系统需要更紧凑的可调谐 QCL 设计，集成化可调谐 QCL 的波长调谐范围仍待提升；QCL 阵列可满足应用对大功率、可调谐的要求，热管理及保证相干输出将是 QCL 阵列的研究重点。

（中电科技集团重庆声光电有限公司　毛海燕　张玉蕾　刘晓琴）

雷达用微波光子技术

2018 年 7 月，俄罗斯最大国防承包商之一的射频技术与信息（RTI）集团公司公开表示已开展 X 波段微波光子雷达模型的研制工作，并预计在几年之后用于俄罗斯的无人机和第六代战机的装备。利用这种雷达形成的空中目标三维图像将使俄罗斯新一代战斗机在未来空战中具备更大优势。

微波光子雷达是利用微波光子技术在传统雷达的主要部件或分系统上，完全或部分代替原来的电学分系统，以便充分利用微波光子技术在雷达组件的重量、体积、带宽、抗电磁干扰等方面的优势，而构建成的性能优越雷达系统。由于其原理颠覆了传统雷达，在信噪比、探测精度、探测距离、分辨率等方面的性能都要优于传统雷达。因此，近年来，微波光子雷达已成为美国、欧盟、俄罗斯和中国等国家和地区面向新技术、新体制雷达研究的重点研究方向，并取得了一定的技术进步。

一、微波光子雷达的发展背景

雷达是现代战争中极为重要的军事装备。在天地一体化信息网络中，是全天时、全天候、复杂环境下进行目标探测、识别、跟踪与导航等的重要手段，多功能、高精度、实时探测一直是雷达业界追求与发展的目标。

另一方面，未来的战争将是地、海、空、天一体化的多维空间立体战，雷达所面对的战场环境日趋复杂，对抗雷达的作战平台和作战方式也不断发展，使得雷达所需探测的目标的特征和电磁特性变得越来越困难。因此实现集多种功能于一体的新型雷达，研制和试验多波段宽带可重构雷达已成为重要的发展趋势。

然而，宽带信号的产生、控制和处理在传统电子学中极为复杂，甚至无法完成，这些限制成为实现多波段宽带可重构雷达的严重障碍。近年来，随着微波光子技术的快速发展和不断成熟，当代雷达的研究开始引入越来越多的微波光子技术。

20 世纪 80 年代末，美国国防高级研究计划局（DARPA）就开始微波光子雷达相关的支持性研究，并形成了如图1所示的发展规划。根据该规划，微波光子学在雷达系统中的应用将分3个阶段逐步实行。如图1所示，规划的第1阶段，针对传统微波雷达接收前端，开展高线性模拟光链路的研究；第2阶段的目标是实现光控（真延时）波束形成网络，用于替代在宽带情况下会出现波束倾斜、孔径渡越等问题的传统相移波束形成网络；第3阶段的目标为微波光子信号处理的实现，并研制出芯片化的微波光子雷达射频前端。

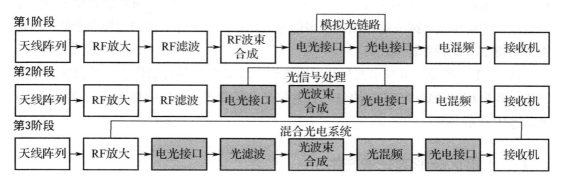

图1 美国 DARPA 微波光子雷达规划图

自 DARPA 执行微波光子雷达发展规划之后，欧盟、俄罗斯和中国等对微波光子雷达的研究进行重点支持，相继探索出许多技术方案和开发出多种样机雷达。比如，泰勒斯公司的光控相控阵、意大利国家光子网络实验室的全光子数字雷达和双波段微波光子雷达、俄罗斯射频光子阵列和中国南京航空航天大学实时成像光子雷达系统等。

二、微波光子雷达的关键技术

在微波光子雷达中，微波根据体制需要，可以直接在光域完成功率和信号的分配与延时，还可以在光域完成微波信号的移相。其具体工作方式是微波在进入射频前端之前进行光电转换，将光信号中的微波雷达信号提取出来，然后到达天线发射出去；接收时，电信号进入接收前端后，被光载波调制，在光域利用微波光子技术进行滤波。之后，进入全光采样量化系统，完成微波信号的大带宽、高频直接采样，避免传统接收机需要经过多次下变频转换的复杂节。所得到的数字信号进入数字信号处理器进行处理。因此，从工作方式来看，微波光子雷达的关键技术包括了本振信号光产生、雷达波形的光学产生、信道化接收与混频、微波光子滤波技术、光模数转换几个方面。

（一）本振信号光产生

随着下一代雷达系统对更高载波频率的需求，传统的电微波产生方法不断显现出其局限性。光电振荡器，作为一种产生高频谱纯度微波和毫米波的新型信号源，可产生数兆赫兹到数百吉赫兹的高纯度微波或毫米波信号，相位噪声可以达到接近量子极限的-163 分贝/赫兹@10 千赫兹，是一种非常理想的高性能微波振荡器。当前国内外对光电振荡器的研究重点主要如下：一是突破光电器件带宽的限制实现高频微波信号产生；二是实现超高纯度超低相位噪声信号的产生；三是有效抑制边模和杂散；四是提升所得信号的频率稳定度。

2018 年，美国德雷塞尔大学利用铌酸锂（$LiNbO_3$）基片制作了一种自注入锁定（SIL）和自相位锁定（SPL）的 10 吉赫兹光电振荡器，相位噪声达到了-160 分贝/赫兹@10 千赫兹。

（二）雷达波形的光学产生

在雷达系统中，发射信号的功率、时宽、带宽、编码形式等参数决定了系统的探测距离、探测精度和抗干扰能力。受益于光子技术的大带宽，微波光子技术提供了超大带宽雷达信号产生的可能性。当前微波光子雷达波形产生的思路主要有 5 种，包括光频时映射、光注入半导体激光器法、电光相位调制与外差法、微波光子倍频法和光数模转换法。

（三）信道化接收与混频

微波光子信道化接收机在光域将宽带的接收信号分割到多个窄带的处理信道中，然后对每个窄带信道中的接收信号进行光电探测和信号处理。微波光子信道化具有较强的抗电磁干扰能力、较大的承载带宽和瞬时带宽、极低的传输损耗等显著优势。而且信道化本质上是 1 个多通道并行处理系统，而光域丰富的光谱资源和灵活的复用手段（例如波分复用）与此不谋而合，因此微波光子信道化得到了广泛关注。微波光子信道化的实现原理大致可以分为以下两类：基于频谱切割的信道化接收机和基于多通道变频的信道化接收机。

（四）微波光子滤波技术

微波光子学滤波器，利用由光纤以及其他光器件构成的光信号处理器在光域内实现信号滤波，代替由电学元件构成的微波电路在电域内实现信号滤波。微波信号经过调制后经过时域抽样，接着被送入由光纤延迟线、光纤耦合器、光纤光栅及光放大器等组成的光学系统中进行信号的加权、相加等处理。在输出端，处理后的光信号在一个或多个光电探测器上进行光电转换，然后恢复为输出信号。

近年来，基于硅基微环的微波光子滤波技术得到了广泛研究。2018 年，武汉光电国家研究中心提出了一种基于微环耦合级联马赫曾德尔干涉仪结构的微波光子滤波器（如图 2 所示），实现了 60 分贝以上的超过抑制比，带宽为 780 兆赫兹，并且调谐范围达到 0 吉赫兹～40 吉赫兹，是目前已知的第一个无须外部电子器件辅助而同时实现超高抑制比和窄带宽的硅基微波光子滤波器。同年 8 月，美国麻省理工学院的研究人员在芯片上设计了一种光学滤波器，它可以一次性处理来自极宽光谱的光信号。这种新的滤波器能在它的频带宽度内接收一个非常宽的波长作为输入，无论输入信号的宽度和波长是多少，都能有效地将输入分成两个输出信号。

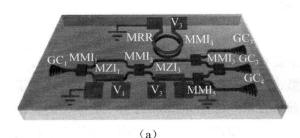 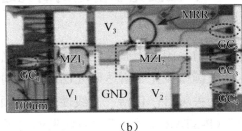

（a）　　　　　　　　　　　　（b）

图 2　硅基微波光子滤波器结构示意图（a）与实际器件显微图（b）

（五）光模数转换

光域信号预处理，是指将待转换的模拟电信号调制到光载波上，利用光器件的超大带宽实现对模拟信号的处理，以降低信号模数变换的难度，目前主要有信号时域拉伸和信号复制二种形式。其中，模数转换是连接模拟域回波和数字信号间的桥梁，迄今为止，国内外学者提出了多种基于光子辅助模数转换，将光子技术应用到了信号模拟预处理、采样保持、高速实时量化等多个方面。

2018 年末，美国德州仪器（TI）推出了二款可用于光学模块的高精度数据转换器，其中，DAC80508 与 DAC70508 是八通道高精度数模转换器（DAC），可提供真正的 1 位最低有效位（LSB）积分非线性，因此能够实现 16 位和 14 位分辨率水平上的最高精度。ADS122C04 与 ADS122U04 是 24 位高精度模数转换器（ADC），分别提供双线 I2C 兼容接口及双线 UART 兼容接口。

综合而言，微波光子雷达的关键技术已经取得一定的成就，表 1 列出了部分关键技术的已达到的性能指标。

表 1　微波光子雷达关键技术的指标及描述

关 键 技 术	指标及描述
本振信号光产生	可产生数兆赫兹到数百吉赫兹的高纯度微波或毫米波信号，相位噪声可以达到接近量子极限的-163 分贝/赫兹@10 千赫兹
雷达波形的光学产生	可产生带宽高达 10 吉赫兹，甚至逾 100 吉赫兹的超大带宽信号，以实现厘米量级的分辨率
信道化接收与混频	抗电磁干扰能力强、承载带宽和瞬时带宽大、传输损耗极低
微波光子滤波技术	调谐范围为几十兆赫兹至 20 吉赫兹
光模数转换	实现高精度的射频带通采样和 6 位的量化分辨率

三、微波光子雷达的研究进展

目前，国际上微波光子雷达的研究主要有美国、欧盟、俄罗斯 3 条发展路径。

美国微波光子雷达研究已经进入到第 3 阶段。其间，美国 DARPA 又先后设立了诸多相关项目，包括"高线性光子射频前端技术"（PHORFRONT），"光子型射频收发"（P-STAR），"适于射频收发的光子技术"（TROPHY），"超宽带多功能光子收发组件"（UL-TRA-T/R），"光任意波形产生"（OAWG），"可重构的微波光子信号处理器"（PHASER），"大瞬时带宽 AD 变换中的光子带宽压缩技术"（PHOBIAC），"模拟光信号处理"（AOSP），"高精度光子微波谐振器"（APROPOS）等。

欧盟开展微波光子雷达系统的研究主要以意大利芬梅卡尼卡集团为代表。梅卡尼卡集团微波光子雷达系统的发展主要分 4 步进行：第 1 步，采用光子技术辅助射频功能的完成，主要包括利用光纤进行射频信号的远距离传输等；第 2 步，采用光子完成复杂的射频功能，包括高频高稳高纯微波信号的光学产生，利用光子技术进行微波信号的移相滤波变频采样等处理；第 3 步，光子技术取代部分电技术在雷达系统中发挥作用，主要涉及光控波束形成在部分雷达系统中的应用；第 4 步，采用光子技术构建雷达系统，亦即实现全光的雷达收发样机。2013 年至今，意大利国家光子网络实验室先后开发出结合微波光子多载波产生、发射和接收的光子雷达收发信机、基于光子系统的双波段雷达发射机和接收机和雷达/通信双用途原型机等。

俄罗斯也一直在发展微波光子雷达技术。2014 年俄罗斯最大的无线电子设备制造商——无线电电子技术联合集团（KRET）公开宣布，受俄罗斯政府资助开展"射频光子相控阵"（ROFAR）项目研究。该项目旨在开发基于光子技术的通用技术和核心器件，制造射频光子相控阵样机，用于下一代雷达和电子战系统。2017 年 7 月，

KRET 在俄罗斯先期研究基金会支持下，成功研制出世界首部机载微波光子相控阵雷达收发实验样机。2018 年 7 月，俄罗斯 RTI 集团公司公开表示已开展 X 波段微波光子雷达模型的研制工作。

四、微波光子雷达的影响和意义

微波光子雷达，以光子为信息载体，利用丰富的光谱资源和灵活的光子技术，能够更好、更快地产生和处理雷达宽带信号，具有快速成像、高分辨率和清晰辨识目标的优势，最终可以实现快速成像且成像分辨率高的一体化雷达。

微波光子雷达在光域处理雷达信号，突破了传统电子元器件带宽受限的瓶颈，信号带宽将是传统雷达的十倍甚至上百倍，从而使飞行器的目标侦察与识别能力巨大提高，即微波光子雷达就具有强大的反隐身功能，将促进反隐身技术领域一场革命性进步。

微波光子雷达是结合了微波光子技术和雷达技术的多学科交叉领域，作为雷达发展的新形态，能有效改善和提高传统雷达多项技术性能，为雷达等电子装备技术与形态带来变革。

（中电科技集团重庆声光电有限公司　李晖　张健）

X 射线自由电子激光器——具有
发展前景的激光器

一、技术背景

2018 年，光电子器件的研发依然非常活跃，取得多项重要进展，激光器继续向大功率、宽光谱、窄脉宽方向发展，而 X 射线自由电子激光器是一种不同于传统激光器的新型高功率相干辐射光源。与传统的激光器相比，X 射线自由电子激光器具备诸多优点，因此已成为发达国家争相投入研究的项目。

2018 年 4 月 27 日，"硬 X 射线自由电子激光装置"在上海启动建设。该项目将在 7 年后建成，总投资约 100 亿元，是国内迄今为止投资最大、建设周期最长的国家重大科技基础设施项目。

二、技术细节

自由电子激光器基于真空中的自由电子产生辐射激光，原理是让加速器产生的高速电子束经过周期性摆动的磁场，与光辐射场发生相互作用，从而将电子的动能传送至光辐射进而增强后者的辐射强度。自由电子激光器不需要气体、液体或固体作为工作物质，而是将高能电子束的动能直接转换成相干辐射能，因此它的辐射波长与受激介质无关，而取决于电子束的能量和波荡器。

自由电子激光装置通常由加速器、波荡器（即磁摆动器，大多数自由电子激光器采用静磁摆动器）、光子光学系统以及各种监测、控制系统组成。

（一）自由电子激光器的分类

自由电子激光器的工作机制主要包括两种：高增益（指数型单程增益）和低增益

（单程增益低于 50%）。前者利用电子束单程通过波荡器的周期磁场，与光场充分作用，产生集体不稳定效应，从而达到指数增益，其包括自放大自发辐射型自由电子激光器和外种子型自由电子激光器；后者通过反射镜形成谐振腔产生振荡，放大自发辐射从而产生饱和辐射，即振荡器型自由电子激光器。

按照波长范围，自由电子激光器可分为自由电子激光太赫兹源和可调谐自由电子激光器。

除此之外，传统的基于静磁波荡器的 X 射线自由电子激光器体积庞大，建造成本高，为了解决这些问题，科学家们正在致力于研制基于光学波荡器的 X 射线自由电子激光光源技术，以实现自由电子激光器的小型化。

（二）自由电子激光器的优点

相较于传统的激光器，自由电子激光器主要有以下优点。

1. 波长可调

自由电子激光器是基于真空中自由电子产生的辐射激光，与传统激光器不同，其辐射波长不受限于受激介质，而是取决于电子束的速度、电子能量和磁场摆动周期。通过调整加速电子的能量或者外设电磁场的强度，就能改变辐射波长，因此辐射波长可以短到硬 X 射线甚至 γ 射线波段，波长在非常宽的范围内连续可调。

2. 功率高

自由电子激光器在真空中工作，没有热效应积累的问题，不会像传统激光器那样受到工作物质损伤阈值和散热等的限制，激光器的功率由电子束的功率决定，因此平均功率可达几千瓦，甚至几兆瓦。

3. 光束质量好

自由电子激光器的光束相干性好，发散角可以达到衍射极限，这是因为它的光谱既窄且纯，避免了传统激光器中由激活介质带来的诸如介质吸收、自聚焦等现象，因此有利于改善光束的质量。

4. 工作寿命长

自由电子激光器的工作物质其实是自由电子，它不存在寿命问题，而传统激光器则会受到工作物质性能降低的影响，从而减少工作寿命。

三、进展情况

在 20 世纪 50 年代初期,有人提出了自由电子受激辐射的理论。多年之后在 1977 年,美国斯坦福大学的研究人员在红外波段实现了自由电子受激辐射,研制成功了世界上第一台基于光学谐振腔的红外自由电子激光器。从那时起,世界各国的科学家们开始了对自由电子激光器的进一步研究。但是,自由电子激光器技术并没有得到快速发展,这是因为当时的电子直线加速器不能满足对电子束质量的要求。直至 1995 年以后,美国基于超导直线加速器技术研制出 40 兆电子伏直线加速器,使远红外自由电子激光器的平均功率稳定运行在 700 瓦,这项技术才在世界上得到了广泛重视。

（一）美国

20 世纪 80 年代,美国里根总统提出了战略防御倡议计划,红外波段的自由电子激光器是该计划中激光武器的最佳候选者。这促进了美国对自由电子激光器的研究和发展。美国在自由电子激光技术领域处于世界领先地位,自 20 世纪 90 年代末期起,它就开始了对硬 X 射线自由电子激光技术的研究。进入 21 世纪后,除了对硬 X 射线自由电子激光装置投入建设外,美国对它的应用方向也非常重视:美国能源部组织数十次研讨会,邀请世界各国的科学家参与,对硬 X 射线自由电子激光器在国防、能源安全和前沿科学技术等方向的科研需求进行讨论,并进行了系统的整理。

2009 年,美国建成了世界上第一台硬 X 射线自由电子激光装置——直线加速器相干光源（LCLS）,其光子能量为 1~15 千电子伏,重复频率为 120 赫兹,包括近、远端两个实验大厅,实验站一共有 6 个。

与此同时,美国又开展了"极端条件下物质与辐射相互作用"（MaRIE）计划和 LCLS II 计划。MaRIE 计划针对极端条件下的材料进行科学研究,主要任务是促进对核武器相关材料的鉴定、认证和评估,从而掌握核武器库的基本情况,并延长美国核弹头的寿命。MaRIE 计划目前已完成前期概念设计与替代方案分析,正在进行初步工程和有关技术的研究,预计于 2030 年左右实现运行。LCLS II 计划是 LCLS 计划的升级,于 2015 年开始建造,计划于 2020 年前完成。其基于连续波超导直线加速器,重复频率将达到约 1 兆赫兹。

（二）欧洲

1. 德国

2005 年，德国建造了世界上第一台软 X 射线自由电子激光装置——闪烁（FLASH），其曾创造了波长 13.5 纳米和 6 纳米的自由电子激光器记录，并首次得到了非晶样品的高分辨率衍射图像。2010 年，该装置实现了 4.1 纳米水窗波段软 X 射线自由电子激光出光。

2010 年，德国联合欧洲其他 10 个国家（丹麦、法国、意大利、波兰、俄罗斯、瑞典、瑞士、斯洛伐克、西班牙和匈牙利）共同建设"欧洲 X 射线自由电子激光"装置。该项目总耗资约为 12.2 亿欧元，其中大约 50%由德国出资，27%由俄罗斯出资，余下部分由其他国家承担。2017 年 5 月，该装置出光；2017 年 9 月 1 日正式投入用户使用。它的波长从 0.1 纳米至 6 纳米可调、重复频率为 4.5 兆赫兹、光子能量为 8.4～30 千电子伏。该装置是世界上第一台基于超导加速器的高重复频率硬 X 射线自由电子激光装置，其性能指标在未来 10 年内将处于国际领先地位。

2. 意大利

意大利的埃莱特拉（ELETTRA）激光装置和费米（FERMI）激光装置是同步激光加速器的组成部分，二者相邻。埃莱特拉是第三代同步激光装置，已运行多年。费米是第四代全相干软 X 射自由电子激光装置，其于 2010 年底出光，接着进入了用户验证和试验阶段。费米自由电子激光装置的光子能量为 0.0124 千电子伏～0.3 千电子伏，2012 年的波长范围为 20 纳米～65 纳米，而到 2013 年则短至 4.3 纳米。

在费米自由电子激光装置中，科学家们采用了一种双级级联高增益谐波结构以及"新聚束"技术。利用此技术将电子束分为两部分，分别用于双级结构的第一级和第二级，在第一级中的电子束与种子光脉冲重叠。通过延时线延迟电子束的产生，从而使第一级中产生的高次谐波与第二部分电子束同步到达第二级。另外，此装置还使用了螺旋形波荡器以产生可变偏振态的输出光。

3. 瑞士

瑞士在参与"欧洲 X 射线自由电子激光"装置建造的同时，自己还建设了"瑞士自由电子激光装置（Swiss FEL）"。该装置于 2017 年 5 月出光。但与"欧洲 X 射线自由电子激光"装置相比，其光子能量和重复频率都相对较低，分别为 0.177 千电子伏～12.4 千电子伏和 100 赫兹。

（三）亚洲

1. 日韩

日本 2011 年建成世界上第二台 X 射线自由电子激光装置——萨克拉（SACLA），其光子能量为 0.1 千电子伏~20 千电子伏、重复频率为 100 赫兹、波长为 0.06 纳米，是世界上波长最短的硬 X 射线自由电子激光器。SACLA 的特点是小型化和节能，这是因为这里所使用的加速器的加速能力比以往的提高了 2 倍，所以缩短了加速管的长度。另外，通过将波荡器密封在真空管中，降低了产生电子束的能耗。

2011 年，韩国的第四代放射光加速器（PAL-XFEL）项目动工，并于 2016 年 6 月出光。这是建设周期最短的 X 射线自由电子激光装置。该装置主要面向物理、化学、生物、材料等领域，它的电子束能量为 10 吉电子伏，光子能量为 0.124 千电子伏~12.4 电子伏。

2. 中国

我国对自由电子激光器的研究工作始于 20 世纪 80 年代，首先对自由电子激光器开展研究工作的是中国科学院上海光学精密机械研究所和中国科学技术大学等。

1985 年，上海光学精密机械研究所第一个实现了拉曼型自由电子激光装置的出光。1993 年，中国科学院高能物理研究所建成了亚洲第一台红外波段自由电子激光装置，其波长为 10 微米。

1994 年，中国工程物理研究院的曙光一号自由电子激光装置 SG-1 利用 3.5 兆电子伏直线感应加速器实现了 8 毫米自由电子激光放大器出光，峰值功率为 140 兆瓦。2005 年，中国首台自由电子激光太赫兹辐射源在该院建成并出光。

2009 年，中国科学院上海应用物理研究所、高能物理研究所、中国科学技术大学和清华大学共同研制的上海深紫外自由电子激光实验装置开始运行。目前利用该装置已经取得了一系列的科研成果。

2012 年，由中国科学院大连化学物理研究所和上海应用物理研究所联合研制的"基于可调极紫外相干光源的综合实验研究装置"获得立项。2014 年此项目开始建设，并于 2016 年实现了光源的首次出光。2018 年 7 月，该装置开始正式运行。这是我国第一台大型自由电子激光科学研究用户装置，也是当今世界上唯一运行在极紫外波段的自由电子激光装置。

2014 年，上海应用物理研究所和清华大学承担的软 X 射线自由电子激光装置开工建设。该装置于 2017 年出光，在 2018 年获得了 30 次谐波的相干辐射信号，还实现了 11 次谐波（约 24 纳米）的出光放大。按计划将于 2019 年底进行用户实验。该项目的目标是实现波长 8.8 纳米（光子能量 0.14 千电子伏）的全相干软 X 射线自由电子激光。

2018 年 4 月，中国的硬 X 射线自由电子激光项目——"硬 X 射线自由电子激光装置"在上海破土动工。该项目法人单位为上海科技大学，共建单位为上海应用物理研究所和上海光学精密机械研究所。其光子能量范围将为 0.4 千电子伏～25 千电子伏，最高重复频率可达 1 兆赫兹。该装置建成后，将成为世界上效率最高和最先进的自由电子激光装置之一。

四、影响和意义

与第三代同步辐射光源相比，X 射线自由电子激光器亮度更高、脉冲更短和相干性更好，具有纳米级的超高空间分辨能力和飞秒级的超快时间分辨能力，在诸多领域有着广阔的应用前景，可为物理学、化学、生命学、材料学、能源学和信息学等学科提供高分辨率成像、先进结构解析和超快过程探索等研究手段，比如在研究原子、分子和纳米结构演变成像，生物分子结构解析，生物大分子动力学和纳米材料等方面。除此以外，在军事领域它也将有巨大的应用潜力。

X 射线自由电子激光器已成为发达国家争夺 21 世纪科技制高点的高科技基础设施之一。

（中国电子科技集团公司第十一研究所　张冬燕）

单光子探测器件——碲镉汞雪崩
光电红外探测器进展

一、年度重点事件描述

2018 年 6 月，NASA 戈达德航天飞行中心的 Xiaoli Sun，James B.Abshire 等人在 SPIE 上发表文章，报道了对应用在激光雷达上的碲镉汞雪崩光电二极管（HgCdTe APD）阵列的空间辐照效应的评价。文章中提到 HgCdTe 焦平面探测器在近红外到中红外波段具有极高的灵敏度，它成功应用在哈勃太空望远镜上，在詹姆斯·韦伯太空望远镜中也采用了 HgCdTe 焦平面探测器作为接收器的设计。

近年来，在 NASA 地球科技办公室的资助下，DRS 公司与戈达德航天飞行中心合作，已经成功生产出了两种类型的 HgCdTe APD 焦平面阵列：一个是 4×4 像素的 HgCdTe APD 阵列，另一个是 2×8 像素的 HgCdTe APD 阵列，主要用于气体的激光雷达测量、三维高分辨地形成像探测和大气反向散射测量。这些新的激光雷达探测器在 0.9 微米～4.3 微米的波段范围内使用，有大于 90%的量子效率、大于 500 的 APD 增益以及极低的噪声。

二、技术背景

激光成像雷达是目前和未来激光雷达的研究发展重点，在陆、海、空、天基机动平台广泛装备，要具备执行弱目标探测、非合作目标识别、精确武器制导、运动目标跟踪、战场告警和打击效果评估等多种功能，要求激光成像雷达必须具有极高的空间分辨率和帧速率、足够的多维目标参量信息和可靠灵活的适装性，这些需求不断驱动激光成像雷达创新技术体制。

单光子分辨成像芯片就是将对信号目标的能量探测、信号的飞行时间分辨和信号高速读出等功能集成在每个凝视阵列像素中的一种新型成像探测器件，能够实现对激光回波、目标辐射等微弱光信号的像素级高灵敏度接收和像素级测距，从而同时获得目标的三维强度（灰度、辐射）信息和距离信息，为目标探测和识别提供新的自由度，显著提高光电探测系统在复杂战场环境下的目标识别能力，提高系统的高速实时探测能力、小型化、集成化能力，是一个新概念。

采用单光子线性探测技术的三维激光成像雷达，极大地增强了目标自主识别能力，快速、准确地生成它所看到的物体的轮廓，从而使得系统能够利用目标尺度信息快速、正确区分真假目标，满足精确制导和反导防御体系的需求。采用无扫描、单脉冲激光，实时构成一幅目标的完整三维距离图像，具有单光子探测灵敏度的小型化激光雷达，是当今激光成像雷达的一个重要技术发展方向。

可用作单光子计数的光电器件有许多种，如光电倍增管（PMT）、雪崩光电二极管（APD）、真空光电二极管（VAPD）等，由于 APD 单光子计数器件具有量子效率高、功耗低、工作频谱范围大、体积小、工作电压较低等优点，在光子计数成像方面，目前国际上主要采用雪崩光电二极管（APD）面阵探测器件。

雪崩光电二极管的出现，开辟了红外波段线性光子计数成像的应用领域。雪崩光电二极管的工作模式分为盖革模式和线性模式，在众多材料中，由于 HgCdTe APD 材料具有高吸收系数，载流子扩散长度长，量子效率高，尤其是其空穴与电子的碰撞电离系数差异大，特别适合于制备高性能的雪崩二极管器，是制作雪崩器件的优异材料。

随着硅（Si）和铟镓砷（InGaAs）盖革型单光子探测器的研制和应用成功，面向三维成像探测应用需求，人们开始了对线性增益模式的碲镉汞单光子探测器的理论与实验研究。

三、研究进展

以美国、英国、法国为代表的西方发达国家对碲镉汞 APD 的鲜明特性高度注视，持续设立研究计划、出资支持研究碲镉汞 APD 探测器阵列，2001 年到 2008 年是对理论概念进行验证的阶段，2010 年到 2018 年进行了具有瞬时单光子线性探测能力的碲镉汞焦平面面阵研制。

（一）美国 DRS 公司

首先进行碲镉汞 APD 研究的是美国 DRS 公司。2001 年美国 DRS 公司对不同组分的碲镉汞进行了电离离化率 K（$=\alpha_h/\alpha_e$）的实验分析，发现对于波长小于 1.75 微米的 HgCdTe 材料呈现空穴倍增特性（K 最大可以达到 30），而波长长于 2 微米的 HgCdTe 材料呈现空穴倍增特点（对于截止波长为 4.5 微米的碲镉汞材料，K=0.05）。

2004 年到 2008 年，DRS 传感器和目标搜索系统公司红外技术部获得了 128×128 规格的主动红外探测器芯片，探测器是基于原有的高密度垂直集成光电二极管（HDVIP）结构开发出一种正照射圆柱形的 n-on-p APD。HDVIP 器件是围绕 HgCdTe 中的一个小环孔形成的，小环孔成为 n 侧与读出电路输入端之间的互连通路。该结构有利于电子的碰撞电离，因而采用小组分 HgCdTe 材料，适合做电子倍增型的 APD。HDVIP 的优点是：采用互扩散碲化镉（CdTe）钝化，$1/f$ 噪声低，热循环可靠性与光敏元面积无关，APD 结的朝向与位错垂直，器件的缺陷少，正照射具有高量子效率和调制传递函数（MTF）。此外，HDVIP 结构的探测器即可以低偏压作为被动探测器，又能高偏压下作为 APD。

DRS 公司采用 HDVIP 这种结构制造出了响应波段为短波、中波、长波的 APD 探测器。短波 HgCdTe APD 可在接近室温下工作；工作在 77 开尔文温度下的中波 HgCdTe APD 器件长波方向截止波长从 4.2 微米到 5.1 微米。读出电路采用常规门控选通方式工作，APD 探测器过剩噪声因子为 1.3，增益因子 100，等效噪声光子数（NEI）在 1 微秒门控范围内低至 10 个光子。

2010 年、2013 年 DRS 公司分别制作并报道了 2×8 光子计数 APD 焦平面阵列，实现单光子探测，器件增益因子最高可达 1900，过剩噪声因子为 1.2，与读出集成电路（ROIC）集成后经测试单光子探测效率（PDE）大于 60%，器件单光子信噪比达 20，可探测相邻为 9 纳秒的两次单光子事件。

2014 年 DRS 公司公开报道了 4×4 HgCdTe APD 器件的测试情况，光子转换效率 91.1%。

2018 年，NASA 戈达德航天飞行中心报道，为了使 DRS 公司制备的 HgCdTe APD 阵列在空间得到应用，需要对探测器进行来自空间环境的辐照损伤评估，并且强调虽然 HgCdTe 焦平面探测器阵列在空间环境下使用时，在辐照损伤方面已经显示出满意的结果，但是因为 HgCdTe APD 阵列是相对新的元件，未有公开的资料中提到有关其辐照损伤的测试数据，因此，需要进行了系列的辐照损伤测试，测试结果显示，在 100 千拉德（Si）剂量的照射下，探测器的量子效率和 APD 增益仅有轻微的减小，探测器从低温工作恢复到室温后，所带来的辐照损伤在经过 85 摄氏度高温退火后，可以减小到满足空间激光雷达的使用要求。

（二）法国原子能委员会的电子信息技术研究所（CEA-LETI）和索夫拉蒂（Sofradir）公司

法国的 Sofradir 公司为了确保公司在行业内的领先地位，不断地跟踪和预测未来光电防御系统的需求，并针对这些需求开发了一些新的解决方案。HgCdTe APD 是其在红外探测领域新的发展方向，它可以实现像元级信号放大，且无额外的噪声，可用于被动或主动成像。

法国的 CEA-LETI 和 Sofradir 公司一直致力于 PIN 结构的 HgCdTe 电子倍增 APD 焦平面探测器的研究。该 HgCdTe APD 是用碲锌镉（CdZnTe）衬底上垂直液相外延（VLPE）生长的 HgCdTe 制备的：P 区受主为 Hg 空位，其浓度为 2×10^{16} 厘米$^{-3}$，N-区施主是外延层生长中反向掺入的铟（In），其浓度为 4.5×10^{14} 厘米$^{-3}$，N^+ 区是由离子刻蚀形成的。PN 结深度远离表面防止大反偏压下耗尽层穿入表面的缺陷区域，大概在表面以下 8 微米处，P 区厚度大约 9 微米，HgCdTe 与 CdZnTe 互扩散区大概为 4 微米。

2008 年，CEA-LETI 基于 PIN 结构获得的中波 HgCdTe APD 器件具有超敏感和高动态范围的特性，用于双模主被动探测，量子效率接近 100%，在比较低的偏压下可以达到较高的增益（200@-8 伏），过剩噪声因子为 1.2。2009 年报道了 320×256 规格的凝视型 APD 焦平面，中心距 30 微米，截止波长 5.3 微米，雪崩增益在反向偏置电压为 7 伏时大于 60，过剩噪声因子小于 1.2。在 100 纳秒积分时间情况下，等效噪声光子数 NEI 约为 1.8，积分时间为 10 微秒时，NEI 为 10，量子效率大于 70%。

Sofradir 公司研制的第一个 APD 原型机在 2011 年底面世，型号为 EPSILON 短波 APD，它结合了短波主动二维成像和被动成像，EPSILON 短波主动 APD 的噪声水平低于 3 光子均方根值（RMS）。在二维主动 APD 研制的同时，LETI 也研发并验证了一个创新型的 320×256 APD 器件，用分子束外延（后来采用液相外延）方法生长 HgCdTe 吸收层，生长过程中用 In 杂质进行反掺杂。这一技术使用一个单发射激光脉冲，每个像元同时完成一次飞行时间测量，飞行时间不同则距离不同，由此形成三维图像；同时也可提供红外辐射强度图像（二维）。该焦平面的像元可用率为 99% 以上，分辨率为 15 厘米 RMS，截止波长为 4.2 微米（80 开温度下），5.5 伏时的增益为 13，最快全帧速可达 2 千赫兹。采用 CEA-LETI 的 15 微米 384×288 HgCdTe APD

探测器获得了红外图像，积分时间 80 微秒。

目前，Sofradir 公司已经完全理解和掌握这一技术的原理和工作机制。LETI 研发并验证了一个创新型的 320×256 APD 阵列，可用于三维快速激光雷达成像。

（三）英国塞莱克斯（SELEX）公司

SELEX 公司有两种主要的技术路线可以用于激光雷达使用的探测器的制备。一种是第二代环孔工艺，一种是第三代基于金属有机物汽相外延（MOVPE）的凸点互连工艺。目前激光选通成像用的是环孔工艺制备的 APD 器件；基于 MOVPE 工艺的 APD 器件正在研发中。二极管阵列典型的偏置电压是 8 伏，用于激励激光信号的雪崩倍增。对于波长是 4 微米的 HgCdTe，这种工艺非常有效。

采用环孔工艺的液相外延工艺生长的 HgCdTe 材料，具有最低的缺陷密度。工作在高偏压下的器件，获得低噪声是非常重要的。激光选通成像通常采用非常短的积分时间，典型值是 1 微秒以内，没有足够的时间积累漏电流和过剩噪声。所以，在高雪崩增益下的缺陷水平和过剩噪声非常低，与标准的无雪崩增益的热像仪水平相当。SELEX 公司使用过超过 150 倍的雪崩增益，但是对于更实际的应用场合，大约 20 到 40 倍的增益更合适。使用 4.0 微米截止波长的 HgCdTe 的主要缺点是，最佳性能是在低温下，需要斯特林制冷机制冷，但是并未发现由体积和功耗带来的影响。

英国 SELEX 公司研制了短波二维和三维 HgCdTe 320×256 APD 器件，像元间距为 24 微米，组件集成了典型的 RM2-7I 斯特林制冷机。短波主动 APD 的噪声水平低于 10 光子 RMS。此器件可以进行主动和被动成像，SELEX 公司针对此器件设计、制作了双模式相机，可进行被动（热成像）与主动成像，距离信息的加入能够大大提高主动成像系统的有效性，一些针对红外波段的掩饰将能够识别。SELEX 公司研制的三维主动成像技术能够在每个激光脉冲下识别像素级距离及强度信息。

四、影响和意义及未来趋势

从 NASA 戈达德航天飞行中心 2018 年的报道可以得知，DRS 公司研制的 HgCdTe APD 阵列通过辐照试验后，已经可以作为执行典型的地球轨道和行星任务的空间激光雷达的接收器，由此，可以看出 DRS 公司研制的 HgCdTe APD 阵列已经开始进入实用阶段。

美国发布的"地球科学与空间应用：美国未来十年国家需求"报告中，向 NASA 推荐未来 10 年的 15 项任务中有 7 项涉及高灵敏激光雷达技术。

国内在 HgCdTe APD 焦平面探测器研制方面处于起步阶段，从国外的发展历程来看，HgCdTe APD 焦平面探测器在激光雷达主动/被动成像系统的应用中有利于减小系统体积、降低成本、大大提高目标在复杂背景下的识别概率和可靠性，在军民两大领域扮演着越来越重要的角色，因此，国内应在这项技术上不遗余力地大力发展。

（中国电子科技集团公司第十一研究所　林国画）

韩国 i3 系统公司小像元 12 微米氧化钛
非制冷红外探测器实现突破

一、技术背景

红外探测器经过几十年的发展，已经广泛应用于军事和民用方面，特别是非制冷红外探测器在 21 世纪初大爆发式的发展，极大地推动了红外探测器在民用上的普及，同时，一些高性能非制冷红外探测器产品也扩展到军事应用，为减小光电系统体积和成本做出了贡献。

目前，在研的非制冷红外探测器种类有多种，其中以热敏电阻式工作的微测辐射热计材料有氧化钒（VO_x）、非晶硅（a-Si）、锗-硅（Si-Ge）、石墨烯、氧化锌等。真正形成产品并在军事和民用中得到应用是 VO_x 和 a-Si 微测辐射热计，垄断着非制冷红外探测器市场。虽然其他原理工作的非制冷红外探测器一直也在研究当中，但始终未见有像 VO_x 和 a-Si 那样具有更好性价比、应用更广泛的产品出现。

2018 年 3 月，韩国红外探测器专业厂商 i3 系统（i3 system）公司宣布其最先进的 12 微米长波氧化钛（TiO_x）非制冷红外探测器实现全球量产。相比于现在市面上主流的像元尺寸 17 微米以上的产品，红外探测器产品的像元间距也得到减小，在材料和像元间距上实现突破，具有里程碑的意义。这款 12 微米长波非制冷红外探测器系列产品采用了 TiO_x 材料，性价比更高，也是目前小像元非制冷红外探测器开发中的又一成果。从 TiO_x 的发展来看，国内外对 TiO_x 材料非制冷红外探测器的研究一直没有停止过，但是报道极少。i3 系统公司研发的 TiO_x 也是以热敏电阻式工作的微测辐射热计探测器，探测器材料为非晶态的，材料特性表明可与 VO_x 相竞争，是微测辐射热计阵列热敏电阻材料的显著候选者，其 384 元×288 元（扩展视频图形阵列（XGA））格式的氧化钛微测辐射热计探测器重量仅为 3 克，有望进一步减小系统体积和降低系统成本。

二、技术细节

通常在小像元微测辐射热计非制冷红外探测器研发中,需要解决灵敏度急剧下降的问题。有两个方法可以提高焦平面阵列(FPA)的响应率:一是提高填充因子,二是降低热导。

首先,可以采用多级设计制作FPA,将结构功能分离为吸收和热导来提高填充因子。因为单级设计必须在单层中实现吸收和热导两个作用,因此降低了探测器灵敏度;多级设计对提高填充因子更加有效,广泛用于较小像元间距的非制冷FPA中,但是多级设计制作工艺复杂,需要比单级设计更多的掩模层,难以确保机械稳定性,而且多级设计额外结构多,热容增加,其时间常数大于单级设计的时间常数,不适用于高速运动探测。

另一种方法是通过延长支撑FPA膜片结构的腿长度、减小线宽以及减薄结构层厚度来降低热导。还有一种方法就是,去除连接腿上的电阻材料来提高热隔离性能,起到类似使结构层减薄的效果。

i3系统公司经过权衡,最后采用单级设计开发基于TiO_x的12微米像元间距FPA。为了克服单级设计FPA的限制并提高灵敏度,采用干刻蚀(反应离子蚀刻(RIE))和湿刻蚀组合工艺去除微桥连接腿上的氧化钛。

12微米单级设计TiO_x FPA的制作工艺为:首先在读出电路(ROIC)晶片上形成电接触板和反射层。然后,旋镀牺牲层,采用等离子体增强化学气相沉积(PECVD)工艺沉积底部膜,在底膜上沉积TiO_x。在形成钝化层之后,制作光刻图案,将微桥中连接腿上的TiO_x选择性地去除。利用RIE干法蚀刻工艺用和湿法蚀刻工艺完全去除TiO_x层。干法蚀刻牺牲层,为电极和柱结构制作孔,这就在接触板和微桥之间形成电连接。然后在膜上沉积红外吸收层,包括连接腿和膜片主体的FPA结构为微桥结构。最后用氧等离子体去除牺牲层,完成微测辐射热计薄膜的制作。

在制作工艺中,选择性蚀刻去除连接腿上的TiO_x有助于降低热导,从而提高FPA的灵敏度。在延长支撑FPA膜结构的连接腿长度中还采用了p形设计,也降低了热导。

另外,在选择性去除TiO_x材料之后,结构层之间的应力不匹配会造成结构变形。i3系统公司采用模拟方法进行了应力分析,以研究和减小结构应力。在调节应力之后,TiO_x FPA应力得到很好的平衡,确保了FPA的机械强度和均匀性。

在单级设计12微米TiO_x FPA技术的基础上,i3系统公司成功开发出阵列尺寸为

384 元×288 元、640 元×480 元（视频图形阵列（VGA）格式）和 1024 元×768 元（XGA 格式）的高分辨率非制冷探测器。12 微米 VGA 探测器的平均噪声等效温差（NETD）和时间常数分别为 40.5 毫开尔文和 8.3 毫秒。由于单级设计 FPA 的热容低，因此适用于对更高速运动目标的探测。

三、技术进展

近二十多年，非制冷红外探测器一直以来都是红外探测领域关注的焦点，作为探测器核心的热敏电阻材料的研究和探索就成为该领域的重中之重。近年来，TiO_x 由于其良好的热稳定性和化学稳定性、宽禁带、无毒、成本低、高折射率和制备方便等优异性能已经作为一种新型的热敏材料开始受到关注。但是，国际上对 TiO_x 进行研究的机构并不多，只有少数国家进行了初步探索性研究，并未实现真正意义上的探测器器件以及进一步的应用，韩国 i3 系统公司是国际上首先研制出 TiO_x 微测辐射热计产品的机构。

国内外各研究机构采用多种方法制作 TiO_x 薄膜，包括溶胶-凝胶（sol-gel）、化学气相沉积（CVD）、热蒸发、反应磁控溅射、等，采用最多的方法是射频（RF）反应磁控溅射法和直流溅射法。据报道，反应磁控溅射法得到薄膜的电阻温度系数（TCR）达到 2.8%/K；如果同样方法而采用不同的氧含量的话，TCR 能达到 3.66%/K；有些研究人员采用了直流溅射法得到 TCR 为 3.3%/K。

韩国先进科技学院电子工程系曾经在 2015 年报道了采用 RF 反应溅射制备 TiO_{2-x} 薄膜，并研究了薄膜的特性。2016 年报道了红外传感用 TiO_{2-x} 薄膜特性与衬底的关系。

2016 年，土耳其 Adana 科技大学采用原子层沉积（ALD）合成 TiO_x 薄膜，通过改变沉积、退火处理等参数可以使控制材料的电阻温度系数改变很大。ALD 方法的优点是可在大面积上单层控制薄膜生长，可得到纳米结构的均匀薄膜。

国内对 TiO_x 的研究还处于实验室基础研究阶段，近几年未见有新的技术进展。电子科技大学在 2012 年和 2013 年采用直流反应磁控溅射法在不同的工艺条件下成功地制备了不同晶相的 TiO_x 薄膜，较为系统地研究了溅射法制备不同晶相的 TiO_x 薄膜的微观物理机制以及不同晶相的 TiO_x 薄膜的微观结构和宏观电学、光学特性之间的内在联系。2013 年，淮阴工学院也采用直流反应溅射技术在 K9 玻璃以及 Si 衬底上沉积 TiO_x 薄膜，氧气和氩气分别用作反应气体和溅射气体，以此试验为基础，来研究非晶 TiO_x 薄膜的电学性质。电子科技大学也采用此方法低温制作了纳米结构的 TiO_x 薄膜，得到光电特性。

综上所述，国内外对 TiO_x 微测辐射热计探测器的研究并不多，可能是各国的研究侧重点有所不同，所以未开展此项研究。

四、影响和意义

红外探测器对光电/红外系统具有重要的应用，其中非制冷红外探测器在汽车、安防、监控、个人视觉产品及消防等民用市场具有垄断地位，其应用最广泛并保持快速增长。非制冷红外探测器性能的提高，使得越来越多地被应用到军事系统中。同时，非制冷红外探测器产品种类的增加也为光电/红外系统提供了更多的选择。TiO_x 微测辐射热计非制冷红外探测器作为新型非制冷红外探测器，其研究虽然不长的时间，已经取得了实质性的突破。i3 系统公司 12 微米小像元 FPA 可使系统成本进一步降低，可以减小整个系统和相关光学元件的尺寸。其 384 元×288 元 XGA 格式的 TiO_x 微测辐射热计探测器仅重 3 克，在军用要求的微小型系统以及民用消费市场例如手机中将有很大的应用潜力。

（中国电子科技集团公司第十一研究所 雷亚贵）

新一代Ⅱ类超晶格红外探测器技术的发展

一、技术背景

碲镉汞（HgCdTe，MCT）是唯一大规模生产的制冷型红外探测材料，但其也存在缺点：汞-碲（Hg－Te）键较弱，易形成 Hg 空位以及活动力强的 Hg 原子，影响器件的长期稳定性；隧穿电流大，俄歇复合速率高；远红外探测的材料需要高的 Hg 组分，但材料制备时组分控制困难，均匀性差，限制了其在焦平面阵列中的应用。

研究人员从来没有停止寻找性能更优越的红外探测材料，1987 年，Smith 和 Mailhiot 提出了利用铟砷/镓锑（InAs/GaSb）Ⅱ类超晶格的物理性质制备高性能的红外探测器。Ⅱ类超晶格红外探测器是在分子束外延生长技术基础上发展起来的一种红外探测器，具有以下优点：

- 量子效率高，带间跃迁，可以吸收正入射的光，响应时间短；
- 暗电流小，通过调节应变及其能带结构，可以提高焦平面工作温度；
- 电子有效质量大，是 HgCdTe 的三倍，隧穿电流小，在甚长波红外也可获得高的探测率；
- 带隙可调，响应波长从 3 微米到 30 微米可调，可制备中波、长波、甚长波、双波段/双色及多波段/多色器件；对于双波段/双色器件，Ⅱ类超晶格器件全部外延层的厚度不到双色 HgCdTe 器件的三分之一，具有更好的光谱调节能力和像元均匀性；
- 基于Ⅲ-Ⅴ材料生长技术，均匀性好、成本低，具有很高的设计自由度，掺杂容易控制，没有簇状缺陷，焦平面探测器均匀性好。

Ⅱ类超晶格红外探测器可以与主流的 HgCdTe 红外探测器进行竞争，在未来可能会取而代之，美国已将其列入主流军事项目的研究中，其中，InAs/GaSb Ⅱ类超晶格材料是目前研究最为广泛，得到迅速发展。

二、技术细节

由于 InAs/GaSb Ⅱ类超晶格探测器基于成熟的Ⅲ-Ⅴ族化合物材料之上，可以设计各种复杂的探测器结构，提高探测器的性能。pin 结构作为成熟的器件结构应用于 InAs/GaSb 超晶格。除此之外，又出现很多新的红外探测器结构，如 nBn 型、M 型、W 型、CBIRD 型、pBp 型、pBiBn 型、NbNbiP 型等。这些器件结构各有优缺点，主要结构简述如下。

（一）nBn 型探测器

nBn 型探测器主要由窄禁带的 InAs/GaSb 吸收层和宽禁带的铝砷锑（AlAsSb）势垒层组成。nBn 的结构设计可以有效地抑制了间接复合（Shockley-Read-Hall，SRH）产生复合电流，从而降低器件的暗电流和噪声，使器件具有较高的工作温度。nBn 改进型结构还可以利用 InAs 或具有适当掺杂梯度的 n 型Ⅲ-Ⅴ族合金半导体渐变层（三元或四元）作为吸收层材料，从而使得吸收层和势垒阻挡层的价带齐平，消除价带空穴对少数载流子的限制作用。

（二）M 型探测器

M 型探测器由 p 型接触层、吸收层、势垒层和表面 n 型接触层组成，其中势垒阻挡层是宽禁带的锑化铝（AlSb）材料夹在 InAs/GaSb 超晶格的中间，形成所谓的 M 型能带结构。M 型结构具有较大的势垒高度，有效抑制了耗尽层的扩散和隧穿特性，从而降低器件暗电流。这种结构的关键在于需要精确调控 M 结构厚度和掺杂浓度。

（三）W 型探测器

该结构是在 pin 结构设计中引入 W 型的能带结构，是在被镓铟锑（GaInSb）层分割的两个 InAs 电子阱夹在 AlSb 或者铝镓铟锑（AlGaInSb）势垒层中间，形成所谓的 W 型能带结构。由于 W 型能带结构中宽带势垒材料的阻挡作用，抑制了器件的隧穿电流和复合电流的产生，使器件的暗电流降低了一个数量级。由于这种结构的材料涉及三元合金，因此材料的均匀性难以控制。

（四）CBIRD 型探测器

CBIRD 结构是由 n 型接触层、空穴势垒层、吸收层、电子势垒层和 P 型接触层组成。采用宽禁带材料的电子势垒层和空穴势垒层分布在吸收区的两侧，抑制由 SRH 效应引起的产生-复合暗电流和隧穿电流，阻碍中性区域两侧产生的扩散暗电流。这种结构比较复杂，目前只有 nip 的版本。

三、当前进展

（一）国外进展

美国、德国、以色列、瑞典等西方发达国家在Ⅱ类超晶格红外探测器的研究投入了巨大的人力和财力，对材料生长、器件机理和焦平面探测器研制等研究进行了报道，目前已经具备了单色（中波红外、长波红外以及甚长波红外）、双色、多色Ⅱ类超晶格红外焦平面研制能力，获得清晰的成像。

1. 美国

美国在此领域处于领先地位，在美国政府倡议的"重要红外传感器加速"（VISTA）计划中，一些研究机构也积极参与其中，对Ⅱ类超晶格红外探测器进行重点研究。目前，在减小像元间距、增大像元规格、多波长/多色以及提高工作温度等方面取得了很大进步。

（1）像元规格

美国喷气推进实验室（Jet Propulsion Laboratory，JPL）已经研制出 320 元×256 元、640 元×512 元和 1280 元×720 元红外探测器；美国 HRL 实验室开发出 1280 元×720 元、2K×1K、2K×2K 红外探测器；美国 RVS 公司开发出 1280 元×720 元、1280 元×720 元、2K×2K、4K×4K 红外探测器。圣巴巴拉焦平面中心研究出 1280 元×1024 元和更大面阵规格（>4 万元像元）的中波红外焦平面。

（2）像元间距

HRL 实验室开发了 12 微米、10 微米和 5 微米等不同间距的红外探测器；美国雷声视觉系统公司（RVS）公司开发出 12 微米和 10 微米大规模面阵探测器；圣巴巴拉焦平面中心研究出 8 微米间距的大规模红外探测器；美国 QmagiQ 公司开发出 12 微米间距的红外探测器。这样的间距水平已经与 HgCdTe 探测器相当。

（3）工作温度

HRL 实验室制作的 InAsSb/GaAs 焦平面，在 130 开尔文温度和 f/3.9 时，噪声等效温差为 44.3 毫开尔文；2K×1K 焦平面，在没有任何增透膜、150 开尔文以及 f/3.9 条件下，噪声等效温差为 29.8 毫开尔文。美国 RVS 公司制作的探测器在 120 开尔文温度下的像元合格率为 99.9%，在 140 开尔文时为 99.8%。美国 QmagiQ 公司开发出的大面阵中波红外焦平面工作温度在 130 开尔文～150 开尔文。2015 年，美国西北大学演示了高工作温度 II 类超晶格红外探测器成像技术，在 81 开尔文～150 开尔文温度范围具有很好的红外成像能力。

（4）多波段/多色

JPL 实验室研制出中波红外/长波红外和长波红外/长波红外两种双色探测器；HRL 实验室开发了双波段 1280 元×720 元 II 类超晶格红外焦平面，间距为 12 微米，像元合格率为 99.1%和 99.4%。2016 年，美国西北大学开发出了基于 InAs/GaSb/AlSb II 类超晶格材料，采用一种新的可实现一次三色短波/中波/长波光电探测器的器件设计方法。美国新墨西哥大学 2016 年采用 pBp 势垒结构设计，开发出双波段 InAs/GaSb II 应变层超晶格探测器。

2. 以色列

以色列 SCD 公司的 InAs/GaSb II 类超晶格长波器件采用 pBp 器件结构，2015 年报道长波红外 640 元×512 元 II 类超晶格探测器组件，采用数字化读出电路，像元中心距 15 微米，截止波长 9.5 微米，量子效率 48%，盲元率小于 1%，噪声等效温差达到 15 毫开尔文。

3. 德国

2006 年，德国 IAF 研究所和 AIM 实验室合作首次实现中波红外双色 288 元×384 元焦平面阵列探测，应用于欧洲大型运输机 Airbus A400M 的导弹预警上，是 InAs/GaSb II 型超晶格红外探测器开始走向实用化的标志。2014 年，IAF 与 AIM 合作逐渐建立可变的双波段 InAs/GaSb II 类超晶格成像探测器生产工艺。目前 IAF 与 AIM 合作已成功验证欧洲首个 15 微米 640 元×512 元长波红外 InAs/GaSb II 类超晶格成像器，热分辨率优于 30 毫开尔文。

4. 瑞典

瑞典 IRnova 公司 2014 年与其他单位合作推出全球第一款商用高温工作（>120 开尔文）中波 640 元×512 元 II 类超晶格阵列产品。目前，公司推出多款产品。

（二）国内进展

国内红外探测器研究机构陆续开始Ⅱ类超晶格红外探测器的研究，在材料生长工艺上和材料性能的取得较大突破，材料波段覆盖了中波、长波到甚长波，焦平面器件的研究工作已经取得阶段性成果，研究结果相继报道。

1. 研究进展情况

昆明物理研究所与中科院半导体 2013 年所合作研制了单元中波器件，采用 nBn 结构，截止波长为 4.4 微米，量子效率 47.8%。通过调节 InAs 和 GaSb 的厚度，制备出性能良好的 InAs/GaSb Ⅱ类超晶格 nBn 和 pin 结构器件。

中科院半导体所在 2014 年设计了长波、甚长波及窄带长波/甚长波红外探测器器件结构。长波探测器单元器件在 77 开尔文条件下，截止波长为 9.6 微米，峰值量子效率为 51.6%；甚长波红外探测器单管器件在 77 开尔文温度条件下，50%截止波长为 14.5 微米，量子效率 14%。2015 年报道制作了 320 元 256 元 pin 结构中波红外焦平面探测器，噪声等效温差为 97.2 毫开尔文，盲元率为 12%。2017 年报道了 320 元×256 元甚长波探测器阵列，截止波长为 12.5 微米。

中科院上海技术物理研究所 2012 年采用 pin 结构制备了 128 元×128 元红外探测器，截止波长为 8 微米处量子效率为 10.3%。2013 年报道了截止波长为 12.5 微米的Ⅱ类超晶格材料及单元器件。2015 年报道了 320 元×256 元探测器，采用 PN-NP 叠层双色外延结构，像元中心距为 30 微米。77 开尔文测试，器件双色波段截止波长分别为 4.2 微米和 5.5 微米，其中 N-on-P 的器件盲元率为 8.6%；P-on-N 器件的盲元率为 9.8%。

武汉高芯科技有限公司在 2018 年报道了基于分子束外延生长具有 nBn 结构的 InAs/GaSb 叠层Ⅱ类超晶格材料，阵列为 320 元×256 元，光敏源面积为 30 微米×30 微米。测试数据表明，80 开尔文温度下，中波截止波长为 4.5 微米，长波截止波长为 10.5 微米，对应的峰值量子效率分别为 45%和 33%，噪声等效温差分别为 16.6 毫开尔文、15.6 毫开尔文。

中国电子科技集团公司第十一研究所采用 pin 结构材料，通过对表面钝化、低损伤刻蚀、欧姆电极制备以及锑化镓（GaSb）衬底的减薄去除等关键技术研究，制备出性能较好的 320 元×256 元中波红外、长波红外Ⅱ类超晶格红外焦平面探测器，量子效率达到 46.64%，截止波长分别为 4.81 微米、9.72 微米，并进行初步成像验证。

2. 分析

综合公开报道情况对比分析，国内研究机构在Ⅱ类超晶格材料制备与器件技术水平方面与国外还存在较大差距，主要原因有：

（1）Ⅱ类超晶格材料是一种多层纳米结构材料，材料的质量决定了探测器芯片的质量，对表征测试手段和方法要求较高。

（2）材料结构设计理论水平需要进一步提高，材料能带结构模型设计与验证需要进一步加强。

（3）Ⅱ类超晶格探测器制备技术与现有的 HgCdTe 器件完全不同，需要探索一套全新的器件工艺技术和测试方法。

四、Ⅱ类超晶格探测器制备需要注意的问题

（一）材料的设计

材料的优化设计可以显著提高量子效率，降低暗电流。材料的设计对器件性能至关重要，相关研究工作一直在进行，并且取得了很大的进展。国际上先后设计了不同的材料结构，目前为止最大量子效率已达到 60%，接近于 HgCdTe 材料。需要进一步开展的设计工作在于复杂的材料结构和高量子效率之间的折中与平衡，这是Ⅱ类超晶格红外探测器研制以及实用化工作中重要的研究内容。

（二）材料体系原理分析

在Ⅱ类超晶格材料中，InAs/GaSb Ⅱ类超晶格材料体系属于应变材料，材料性能对在材料生长时的两种构成材料的界面设计和控制非常敏感，这成为高质量材料生长的一道"窗口"，如果没有掌握材料制备过程的诀窍，就永远在窗口之外。

（三）器件表面漏电的抑制

InAs、GaSb 两种材料容易氧化，形成单质砷（As）和锑（Sb），使材料表面粗糙，增加表面非辐射复合；另外，器件表面与电极之间形成导电通道，增加暗电流。所以表面钝化对Ⅱ类超晶格红外探测器的性能至关重要。

五、影响与意义

目前，在国际上作为第三代红外探测器的材料主要包括 HgCdTe、量子阱、II 类超晶格红外探测器以及非制冷红外探测器。以 II 类超晶格为代表的低维红外探测材料生长技术成熟，能够生长大面积均匀的材料以及多个波段探测的叠层材料，适合制备多色探测、大面阵探测器；另外，器件工艺成熟稳定、器件性能好、产业化优势明显，是国际公认的新一代优质红外探测器材料。

作为下一代红外探测器的首选材料，II 类超晶格红外探测器将向着小像元、甚长波、双色/多色、高工作温度等方向发展，以便达到更高的目标识别和分辨能力、更低成本和体积功耗，将在导弹预警、红外侦察、成像制导、地球和行星遥感和天文学上发挥更大作用。

欧美等研究机构对 II 类超晶格材料设计与生长、器件物理机理等进行了全面研究，在理论基础研究和材料应用方面取得了重大突破，制备出各波段单色和短波红外/中波红外、中波红外/中波红外、中波红外/长波红外双色红外和短波红外/中波红外/长波红外三色红外焦平面阵列，部分性能指标已经达到或超过 HgCdTe 红外焦平面阵列的性能指标。

国内对 II 类超晶格红外探测器的研究起步比较晚，目前处于材料结构的优化设计和材料生长质量的提高阶段，器件和阵列制备只是有初步的研究报道，其性能与国外 II 类超晶格红外探测器的性能相差较大。因此，需要通过对 II 类超晶格长波及双波段/双色红外焦平面器件的研究，来加快和推进国内技术的发展。

（中国电子科技集团公司第十一研究所　李春领）

应用毫米波行波管实现高速传输

一、技术背景

2018 年 8 月，DARPA 联合诺斯罗普·格鲁曼公司实现了无线传输的新突破，传输速率达到 100 吉比特每秒，传输距离达到 20 千米，数据传输性能的显著提升可明显增加机载传感器可收集的数据量，缩短利用数据的时间。该数据链路的成功得益于一些关键技术，其中之一就是工作于毫米波波段的高功率线性放大器。

毫米波（30 吉赫兹～300 吉赫兹）位于微波和红外频谱之间，具有持续增长的需求，尤其是在国防应用中，毫米波可以在高速率大容量数据传输中发挥效能。随着频率进入毫米波波段，大气损耗相对于低频率大幅提升。因此，如果想在毫米波波段实现更大功率的覆盖，就需要更大功率的放大器，以提升功率量级、得到更大的传输功率，而真空电子器件天生具备频率高、带宽宽、功率高、效率高等优点。

作为真空电子领域经典的功率放大器，行波管有两大优势：第一，行波管工作在真空环境，这意味着电子传输过程并不会与半导体晶格发生碰撞和产生热量，因此产生放大功率时不会受到发热的限制；第二，行波管可以使用"多级降压收集极"部件，能够获取互作用后电子的剩余能量，通过将其回收到系统中，从而进一步提升放大器总效率，一旦降低了放大器的总效率，就需要增加所需电源的尺寸，因此使用行波管可以使整个系统的尺寸更小。

二、技术细节

DARPA 正在通过"具有压倒性能力的真空电子高功率放大器"（High-power Amplifier using Vacuum electronics for Overmatch Capability，HAVOC）项目开展下一代真空电子器件技术的研发。与相同频率的其他竞争对手相比，基于真空电子器件的射频功率放大器能够产生更高的功率，为用户提供容易使用的、显著的优势。DARPA

正在用革命性的方法研发和验证具有线性放大功能的新型紧凑型、高功率、宽带毫米波放大器，同时具备移动和机载平台兼容性。

HAVOC 分为紧凑型射频放大器基础研究和新型宽带毫米波大功率放大器应用研究两部分。

（一）紧凑型射频放大器基础研究基础研究

紧凑型射频放大器基础研究包括对的目标是提升对工作在 75 吉赫兹以上毫米波波段真空电子放大器中多种现象的理解，主要关注领域包括建模和模拟技术、先进制造方法、新型注-波互作用结构和大电流密度和长寿命阴极。2018 年研究内容包验证先进真空电子放大器的代表性结构的高精度、全三维、多物理场数值高效建模及模拟技术，加工和测试宽带大功率注-波互作用结构以及大电流密度阴极。

（二）新型宽带毫米波大功率放大器应用研究

新型宽带毫米波大功率放大器应用研究工作致力于建立一类新型宽带毫米波大功率放大器，尺寸、重量和功率特性符合空军和移动平台的重复使用要求。根据 2018 年文件阐述，"HAVOC 放大器提供空军、地面和舰载通信、传感电子对抗系统的跨越式发展，但仍需要大电流长寿命阴极、宽带大功率互作用电路、宽带低损耗输能真空窗和紧凑型聚焦磁系统等技术的显著提升。" 2018 年研究内容包括设计、制造和测试宽带真空窗，研究新型磁材料及磁钢配置以实现紧凑型、集成电子注聚焦和传输结构，最终将组件集成为放大器样管进行初步测试。

三、技术进展

HAVOC 项目由 DARPA 微系统技术办公室（MTO）发起，目前已经转到战略技术办公室进行管理（STO）。HAVOC 第一阶段的合同分配给美国通信与功率工业公司（CPI）微波功率器件部、美国 L3 电子技术公司和诺斯罗普·格鲁曼公司等，研发大功率、宽带毫米波真空放大器。

2018 年，美国 L3 电子技术公司电子器件部开发了一种小型连续波 E 波段微波功率模块，如图 1 所示，覆盖 71 吉赫兹～76 吉赫兹、81 吉赫兹～86 吉赫兹频率范围，应用于通信。微波功率模块的功率放大器采用的是周期永磁聚焦的折叠波导行波管，功率大于 200 瓦，效率大于 50%，与线性化器技术公司（LTI）的预失真线性化器配合，微波功率模块可以提供 50 瓦以上的线性功率，适合用于高数据率通信。微波功率模块的尺寸为37.6厘米×21.6厘米×7.6厘米，重量为 10 千克，可以在 15 千米高度下机载工作。

图 1　E 波段微波功率模块

微波功率模块中使用的折叠波导行波管的电子枪采用独立聚焦极调制电子注，同时采用可调阳极来调整导流系数；聚焦方式采用周期永磁结构聚焦，磁材料为温度补偿钐钴材料；收集极为四级降压收集极，以提高电子注的回收效率。在所有工作条件下，行波管的电子注流通率都超过 99%；效率在 85.5吉赫兹处最高，达到 50%；输出功率为 225 瓦，其饱和输出功率、效率、流通率曲线如图 2 所示。

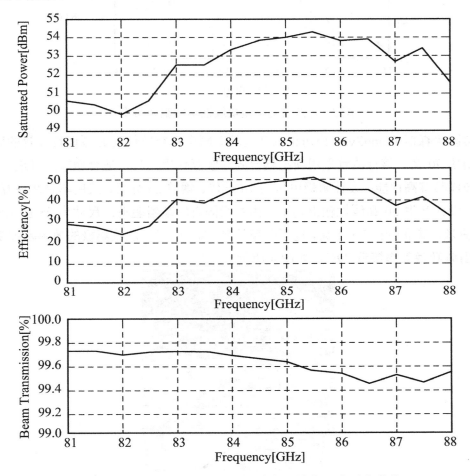

图 2　E 波段功率模块饱和输出功率、效率、流通率曲线

行波管的连续波工作电流为 220 毫安，饱和输出功率超过 200 瓦，带宽大于 5 吉赫兹。电子电源调节器采用 28 伏直流输入，为行波管提供 450 瓦的供电功率，对于更高功率的应用，可以采用 270 伏直流输入。线性化器技术公司正在开发集成预失真线性化器和放大器，可以改善行波管的驱动特性，其功率驱动曲线如图 3 所示。

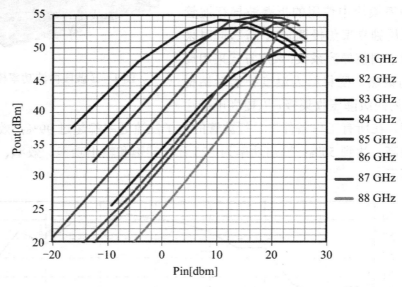

图 3　E 波段功率模块线性功率驱动曲线

美国伊森斯（InnoSys）公司正在开展基于固态真空器件的 E 波段行波管的研制，饱和功率 90 瓦。该行波管采用新型耦合腔注波互作用结构，适合微加工制造并在毫米波波段具有高性能；设计阴极电压为 16 千伏、增益 25 分贝，采用单级注波互作用结构，设计产生 50 瓦线性输出功率，由瓦级固态驱动器驱动；尺寸为 28 厘米×6 厘米×7 厘米，重量小于 2.5 千克，电子效率达到 6%，四级降压收集极的效率超过 90%，直流-射频转换效率接近 29%，如图 4 所示。

图 4　E 波段连续波行波管

四、影响和意义

下一代传感器（如高光谱成像仪）收集数据的速度更快，数据量也要超出大多数空地数据链路的传输能力，如果没有高速链路，就需要在飞机着陆后研究和分析数据。相比之下，一条 100 吉比特每秒的数据链可直接从飞机向地面指挥官近实时发送高速数据，这样指挥官对动态作战的反应就会更为迅速。

由于微波波段的拥挤，高速数据通信已经对毫米波波段提出需求。尽管 5G 通信目前还停留在微波波段，但很快将会发展到 E 波段。E 波段通常指 71 吉赫兹～76 吉赫兹和 81 吉赫兹～86 吉赫兹两段，可以用于无线回传、卫星上下行链路和点对点通信。真空电子器件是目前唯一能在 E 波段以上频率提供大功率输出的器件。加速毫米波真空电子器件的发展，对加强国防和国民经济建设都具有重要的作用。

（中国电子科技集团公司第十二研究所　潘攀　谢青梅　冯源）

美国正在探索应用于真空电子器件的3D 打印和增材制造技术

一、技术背景

DARPA 正在支持"真空电子科学技术创新"（Innovative Vacuum Electronic Science and Technology，INVEST）项目，寻找利用全新的、更先进的真空电子器件加工技术和制造方法，例如增材制造、3D 打印等。增材制造技术有可能用于加工行波管放大器的慢波结构；3D 打印加工技术本身是理想的，因为它可以允许在射频设计中更自由地使用悬臂、通道以及外形等特征，并且促进耦合器和波导特征的集成。

目前的研究集中在两方面：①探究 3D 打印技术在建模分辨率方面的限制，这对于亚毫米波尺寸范围的应用尤其重要；②增材加工材料性能与真空电子器件的特殊要求的兼容性。

二、技术细节

（一）3D 打印技术

通过 3D 打印技术加工真空电子器件，首先需要使用 3D 打印机创建一个具有慢波结构真空几何形状的模子（即波导内部体积），该模子需要直接打印在铜基片上，为下一步电铸做准备；然后通过电铸的方法使铜进入塑料模子内，形成一整块具有模具精确形状的铜；最后通过慢波结构顶端预留有开放空间，流入化学刻蚀试剂，将塑料材料完全移除，只留下铜质电磁结构。

（二）增材制造技术

增材制造技术允许本来需要钎焊和扩散焊的组件作为单一机械固体进行整体制造。电子束熔融增材制造加工方法是使用一个定制的设备加工铜波导，电子束熔融真空腔内保持 $2×10^{-5}$ 毫巴的压强，并配有建模平台和粉末分配系统。采用钨灯丝加热 4.5 千瓦电子枪，并通过 60 千伏加速电压产生热电子束，再通过电磁透镜效应引导电子束（≤106 千瓦/平方厘米）穿过粉末表面。开始时电子束以较高能量和速度（约 33 毫安，约 15 米/秒）扫描最初平面的表面，使粉床的温度升高到约 600 摄氏度。接着采用类似点熔融方法的新扫描方式来生产完全致密（99.9%）无氧（百万分之 60 浓度的氧）铜试样。通过局部熔融和快速固化的方式优化输入每层材料的热量，利用电子束的高速扫描频率使其在点之间快速跳跃，保持其中同时存在大约 60 点熔池，其效果类似一块相邻平面的热量输入到粉末层。

三、技术进展

2018 年，美国海军研究实验室采用 3D 打印模电铸工艺制造出实体铜质慢波结构，采用此方法加工了一支设计工作在 90 吉赫兹～100 吉赫兹的 W 波段行波管的折叠波导慢波结构，如图 1 和图 2 所示。

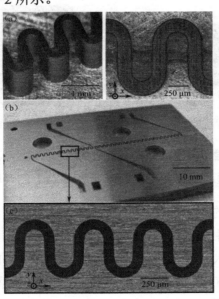

图 1 （a）采用聚合物材料在铜基片上 3D 打印加工的慢波结构的真空几何形状；
（b）和（c）移除 3D 打印模后的铜电铸慢波结构

图 1（a）展示了铜基片上的电路模具，采用了商用高分辨率、数字光处理、光固化 3D 打印机来直接在铜基片上创建模具。使用此打印机建立的模型，体积像素（体素）尺寸在 xy 方向可以达到 10 微米×10 微米，在 z 方向可以达到 5 微米。此电路模具的体素尺寸在 xyz 方向约为 35 微米×35 微米×25 微米。图 1（b）和（c）展示了铜电铸后的慢波结构，3D 打印材料已经被完全移除。折叠波导在 z 方向的深度（宽壁尺寸）约为 1.7 毫米，窄壁尺寸约为 200 微米。观测发现在整个慢波结构范围内折叠周期、波导深度等重要的尺寸均达到了很好的准确度，统计值与设计值误差大约为0.5%。这与目前采用最先进技术的微铣机械加工以及紫外线光刻等加工方法所实现的精度已较接近。

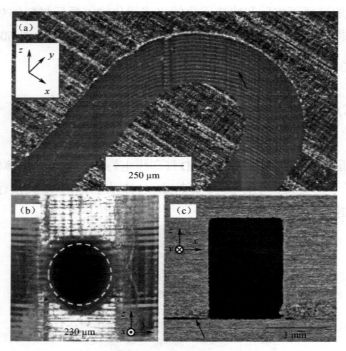

图 2 （a）结合前的折叠波导弯曲处壁面，箭头指示波纹形状；（b）结合后慢波结构
入口处的电子注通道，虚线为通道设计尺寸；（c）结合后的输入波导开口

图 2 展示了完成后的铜慢波结构。图 2（a）是折叠波导侧壁在弯曲处的特写，如箭头所示，印在铜质中的约 25 微米宽的波纹形状证实了 3D 打印模在 z 方向具有分层性质。慢波结构入口处的电子注通道开口如图 2（b）所示，显示出了类似的波纹形状。最终的加工步骤是利用瞬时液相结合将平整的铜盖结合到顶面，形成完整的慢波结构。如图 2（c）中箭头所示，可以看到射频输入波导开口处附近的分界面中存在间隙，这表明在结合过程中，电铸铜层与基片发生了分离。这可

能与电铸铜中的氧含量有关，氧气会在结合过程所达到的高温下引起电铸层的膨胀和分层。

采用微铣方法加工了相同设计的慢波结构，用于与 3D 打印模电铸慢波结构对比。此慢波结构采用两半分别加工并结合的方法创建，在波导的宽壁处存在接缝平面，并且接缝穿过电子注通道中心。图 3 展示了结合后两个慢波结构的冷测结果。可以看出，3D 打印模电铸慢波结构的传输（S21）很差，可能是由观测到的在结合过程中的分层引起的。二者在约 91 吉赫兹以上的频带均具有较低的反射。3D 打印模电铸慢波结构具有更低的截止频率约为 87 吉赫兹，推测是由于分层增大了波导的有效高度。从所测的 3D 打印模电铸慢波结构的频率响应，以及测得的最终电路的重要尺寸的精度可以看出，采用 3D 打印模和铜电铸的方法可以得到完整的、准确的几何形状。表明商用 3D 打印的方法可以满足在加工 W 波段频率范围行波管慢波结构时所要求的建模分辨率。

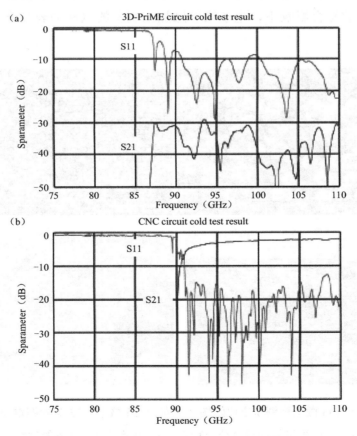

图 3　测得的 S 参数：（a）3D 打印模电铸加工的慢波结构；
（b）两半结合后的数控加工的慢波结构

  2018 年，美国北卡罗来纳州大学利用电子束熔融加工来选择性熔合无氧铜粉末，实现无氧铜直接增材制造，用于制备复杂高功率的射频组件。电子束熔融增材制造方法实现的表面光洁度通常无法满足很多真空电子器件的应用（要求表面粗糙度范围在 20 微米～60 微米）。采用电子束熔融增材制造技术来生产完全致密的无氧铜结构，这些结构与超高真空工作环境兼容，适用于 W 波段的组件产品，平均表面粗糙度从几十微米降低到 5 微米。

  表面光洁度是影响射频损耗的重要因素，尤其是在高频真空电子器件中。增材制造零件的表面光洁度由许多因素决定：基底材料、堆积层、工艺控制。铜粉末（如图 4 所示）在氩环境中由气体喷雾喷出并通过伺服电动筛选。粉末中尺寸最大的部分为 53 微米～106 微米，是 Arcam 电子束熔融加工中通常采用的尺寸分布范围。为了达到提高表面光洁度的目的，选用 15 微米～53 微米的更小尺寸粉末进行电子束熔融增材制造。在粉末分布尺寸减小，堆积层厚度降低和电子束熔融加工参数优化的综合影响下，电子束熔融加工制备的试样的表面光洁度得到了显著的改善。

图 4 53 微米～106 微米粗铜粉末电镜图（上左）；15 微米～53 微米细铜粉末（上右）；
采用 53 微米～106 微米标准尺寸分布粉末、50 微米层厚所制备的试样 A（下左）；
采用 15 微米～53 微米尺寸分布粉末、20 微米层厚制备的试样 C（下右）

表面光洁度测量通过利用白光干涉仪生成表面的三维影像而实现。图 5 展示了铜试样 A 和 C 在大约 50 倍放大倍率下的电镜图像。表面光洁度由一个基本的波函数和次级光洁度构成，基本波函数与电子束熔融加工的熔池尺寸和层厚有关，次级光洁度与表面上烧结或半熔融态粉末有关。图 5 所示的白光干涉仪影像由 500 微米×500 微米的区域面积（大约 10 层～20 层）构成，测量试样 A 和 C 的粗糙度参数（表面高度的算术平均值）显示分别为 44 微米和 28 微米。

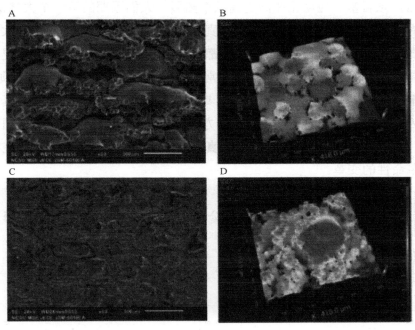

图 5　铜试样 A 和 C 的电镜图及利用白光干涉仪生成的表面光洁度图像

采用磁驱动研磨抛光技术以进一步降低增材制造部件的表面光洁度。在此技术中，由研磨颗粒和磁性颗粒组成的浆料在外部永磁体驱动下运动在工件表面。外部的磁场迫使浆料中的磁性颗粒跟随永磁体运动，从而产生研磨操作所必需的相对运动。磁性颗粒被永磁体吸引，产生垂直于工件表面的力，提供了研磨所需力。结合以上两点效果，增材制造部件表面的粗糙部分可以被清除，可以得到更光滑的表面形貌。

初步的射频测试结果表明，在相同设置下，与传统加工的 WR10 波导测试相比二者损耗相当（0.8 分贝/厘米）。测试结果对于对准较为敏感。将会制备更长的增材制造试样以得到更准确的测试结果。

四、影响和意义

INVEST 的目标是加强科学与技术基础，开发全新一代的真空电子器件，包括基于物理层面的建模、模拟基础研究、革命性的组件设计、电子发射过程及先进加工技术。INVEST 项目基于应用正在向更高频率拓展，人们预期的下一个大气窗口在 94 吉赫兹左右，当研究进入到这些波段时，真空电子器件及所有组件（例如大电流密度阴极、小真空腔室、输出系统等）的尺度都变得很小，超高精度对中变得更加困难和重要。再向上拓展频率，已经不能再使用常规的加工技术。通过 INVEST 项目，将新的科学理解和工程专业知识转换成新的工具，具有分析、综合、优化新型真空电子器件设计能力，进而利用新的高端加工技术方法。增材制造和 3D 打印技术通过取消大多数焊缝、简化装配环节，可以显著降低真空电子器件的制造成本，为真空电子器件产业带来革命性的变革。

（中国电子科技集团公司第十二研究所　潘攀　谢青梅　冯源）

美国"电子复兴"计划为后摩尔时代
电子工业发展奠定基础

2018 年 7 月 23 至 25 日，DARPA 召开首届"电子复兴"计划年度峰会，明确了该计划的领域布局、推进思路、项目安排，标志着计划进入全面实施阶段。"电子复兴"计划是美国探索集成电路技术发展新路径、奠定后摩尔时代电子工业绝对优势的重要举措，有望开启下一次电子革命。

2018 年 11 月 1 日，DARPA 宣布"电子复兴"计划进入第二阶段。在新阶段，投资规模将持续扩大，以增强国防部专用电子器件制造能力，强化硬件安全，保证资金投入向国防部应用方向转化。第二阶段将在第一阶段的基础上推动美国本土半导体制造业向专用集成电路方向转变，并保证专用集成电路的生产具有可信的供应链和足够的安全性，进而满足国防和商业应用的实际需求。

一、计划背景

随着晶体管数量增加，半导体集成电路技术逼近物理、工艺、成本极限。通过进一步降低晶体管尺寸提高芯片集成度等传统思路提升集成电路性能，技术难度大、成本高，急需寻求新的技术路径和方法。近年，美国新型电子器件创新速度放缓，加之先进技术的全球扩散，美国认为其在半导体集成电路领域的技术领先优势正在下降。为此，DARPA 于 2017 年 6 月提出了"电子复兴"计划。

"电子复兴"计划由 DARPA 微系统办公室牵头，相关工业企业和大学共同参与。其围绕材料与集成、系统架构、电路设计三大支柱领域开展一系列创新性研究，材料与集成领域探索在无须缩小晶体管尺寸的情况下，利用新材料的集成解决现有集成电路性能难以提升的瓶颈；系统架构领域寻求利用通用编程结构，通过软/硬件协同设计构建专用集成电路；电路设计领域探索新的集成电路设计工具和设计模式，以较低成本快速构建专用集成电路。

二、项目细节

"电子复兴"计划包括三类项目：一是 DARPA 在研相关项目，二是由大学主导研究的"大学联合微电子"（JUMP）项目，三是由工业界主导研究的"第三页"（Page 3[1]）项目。

DARPA 在研相关项目是"电子复兴"计划的先导项目，由 DARPA 微系统办公室从 2015 年底至 2017 年陆续启动。重点研究集成电路快速设计、模块化芯片构建、新架构处理器搭建等关键技术，已安排"近零功耗射频与传感器""更快速实现电路设计""微电子通用异构集成与知识产权复用策略""终身机器学习""层次识别验证开发""硬件固件整合系统安全"等六个项目。

JUMP 项目聚焦基础研究，提供 2025～2030 年间所需的基于微电子的颠覆性技术。项目于 2018 年 1 月启动，研究周期五年，由 DARPA 与非营利性的半导体研究公司（SRC）合作，招募 IBM、英特尔、洛克希德·马丁、诺斯罗普·格鲁曼、雷声等公司组成联盟，共同出资超 1.5 亿美元，其中 DARPA 出资 40%。SRC 负责项目的组织实施，围绕六个重点技术领域面向全美大学及研究机构征集项目提案，将入选团队组成六个研究中心，每个中心 16～22 个研究人员，年度经费 400～550 万美元。中心分纵向和横向两类，纵向聚焦应用研究，横向聚焦学科研究，如图 1 所示。

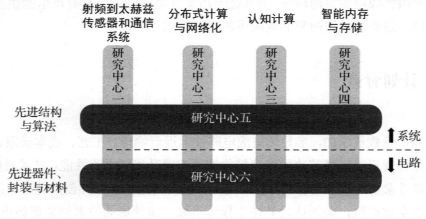

图 1　JUMP 项目研究结构

Page 3 项目是 DARPA 为"电子复兴"计划新增的项目群，2018 年 7 月正式启动，

---

1 "Page 3"的命名是向"摩尔定律"的提出者戈登·摩尔致敬。戈登·摩尔在 1965 年 4 月发表的《在集成电路中填充更多元件》一文中开创性地提出了摩尔定律。同时，戈登·摩尔在其论文第 3 页还提出了"摩尔定律"不再适用时的一些技术探索方向。DARPA 提出"Page 3"投资计划正是受此启发，着力支持材料与集成、系统架构以及电路设计三个领域的研究与开发。

项目周期 4～4.5 年，由佐治亚理工学院、应用材料公司、铿腾公司、英特尔、英伟达、高通、IBM 等作为主承研单位。Page 3 共六个项目，总投资约 2.8 亿美元，具体细节如表 1 所示。

表 1　Page 3 项目介绍

领　域	项 目 名 称	主要承研方	经费与周期	解 决 问 题
材料与集成	三维单芯片系统	佐治亚理工学院	4.5 年 6435 万美元	利用非传统电子材料集成来增强传统硅集成电路，实现与传统等比例缩放思路相关的性能提升
	新式计算基础需求	应用材料公司		
电路设计	电子设备智能设计	铿腾公司	4 年 近 1 亿美元	推动构建美国未来半导体创新所需环境，降低专用集成电路设计所需时间和复杂度
	高端开源硬件	桑迪亚国家实验室 新思科技		
系统架构	软件定义硬件	英特尔 英伟达 高通	4 年 1.15 亿美元	利用现有编程结构构建专用芯片，解决专用电路无法通用化的问题
	特定领域片上系统	IBM		

三、最新进展

随着计划的进展，"电子复兴"计划首批公布的部分项目已经取得阶段性成果。

2018 年 11 月，美国 ADI 公司和普林斯顿大学合作实现集存储和计算功能于一体的可编程芯片，加速人工智能发展，并削减功耗。该芯片基于内存计算技术，可在内存中计算，消除冯诺依曼架构中最主要的计算瓶颈（迫使计算机处理器需要花费时间和能量从内存中获取数据），内存计算直接在存储中执行计算，从而提高速度和效率。该芯片已集成到可编程处理器架构中，可采用标准编程语言，如 C，尤其适合依赖高性能计算但电池寿命有限的手机、手表或其他设备上使用。该芯片是新式计算基础需求（FRANC）的阶段性研究成果。电路的实验室测试表明，该芯片的性能比同类芯片快几十到几百倍。

2018 年 11 月，美国空军研究实验室代表美国国防高级研究计划局（DARPA）

授予美国雷声公司空间和机载系统部门"实时可配置加速器（RCA）、时域专用系统级芯片（DSSoC）"项目合同，总资金 460 万美元，后者将研发异构计算架构，在提供专用处理器性能的同时，保持通用处理器的可编程性。作为"电子复兴"首批公布项目，DSSoC 在通过单个可编程框架实现多应用系统快速开发。这一单一编程框架能够使片上系统设计人员将通用、专用（如专用集成电路）、硬件加速辅助处理、存储和输入/输出等要素进行混合和匹配，从而实现特定技术领域应用片上系统的简单编程。

2018 年 11 月 1 日，DARPA 宣布"电子复兴"计划进入第二阶段。第二阶段的主要目标是解决 2018 年 7 月份在旧金山举办的电子复兴计划首届年度峰会上所提出的关键问题。这些关键问题是支持美国本土电子制造业发展并使其具备针对不同需求的差异化发展能力、解决芯片安全问题和实现电子复兴计划技术研发与国防实际应用紧密对接所必须要解决的。

为构建独特的和差异化的本土电子业制造能力，电子复兴计划在第二阶段将探索可对传统 CMOS 集成电路工艺等比例缩放技术路径进行补充和替代的技术方向。电子复兴计划为此设立的第一个研究项目就是"为实现最大程度尺寸缩放的光电子学封装技术研究（PIPES）"项目，该项目将探索利用光电子学技术实现芯片尺寸进一步缩放的有效方法。

除 PIPES 项目外，电子复兴计划第二阶段的其他投资项目旨在确保美国本土新型制造能力的发展，并为国防部及其商业合作伙伴持续供给差异化、高效能电子产品提供战略提支撑。电子复兴计划第二阶段将重点关注的潜在研究领域是将微机电系统（MEMS）与射频器件集成为先进电路的技术和相关半导体制造工艺。这一研究将建立在电子复兴计划现有材料和集成研究工作等的基础之上，并作为当前 FRANC、3DSoC 和 CHIPS 等项目的补充。

四、影响和意义

美国"电子复兴"计划采用基础创新和产业发展相结合的思路，研究成果将助力美国电子信息系统与装备保持绝对优势，并为美国未来经济增长及商业竞争力提高提供先进的电子信息技术和处理能力，将对世界电子信息领域发展产生深远影响。

（中国电子科技集团公司发展战略研究中心　王龙奇）

米级碳纳米管材料、5 纳米碳纳米管晶体管及其三维集成电路技术研制成功

一、技术背景

长期以来，整个硅半导体产业遵循摩尔定律，不断缩小晶体管尺寸以提升其性能。硅基互补金属氧化物半导体（CMOS）集成电路技术在硅谷等地的奇迹般发展造就了包括英特尔在内的众多顶级高科技公司，为美国近 40 年的经济繁荣做出了不可磨灭的功绩。然而目前硅基 CMOS 技术即将进入 5 纳米技术节点，并将很快达到其性能极限，即硅材料晶体管的尺寸将无法再缩小，芯片的性能提升已经接近其物理极限。在此背景下，人们一直在寻找能够补充硅且能提高芯片性能的材料。

在为数不多的几种可能材料中，碳基材料包括碳纳米管（CNT）、石墨烯和金刚石，是最有希望发展的半导体材料。CNT 具有重量轻、体积小、尺寸小（1～3 纳米）、迁移率高的特点，拥有许多异常的力学、电学和光学性能，被认为是理想的器件材料，可解决硅材料的特征尺寸不断接近极限所面临的一系列问题。而且，CNT 韧性极高，可以承受弯曲、拉伸等应力，电信号传输过程的延迟很短，且在漏电和发热问题方面比硅芯片能效高，易于实现片上三维集成，因此 CNT 在电子和光电子器件中被广泛研究。随着其技术的成熟，CNT 极有可能成为未来的颠覆性技术，为未来的光电系统和装备赋予新能力。

二、技术进展

近两年，以北京大学、中国科学院、国际商业机器公司（IBM）和斯坦福大学为代表机构研制的 CNT 材料、器件和电路的尺寸和性能一次次突破纪录。材料合成突破了米级尺寸的极限，研制出高密度高纯度 CNT 阵列，CNT 晶体管的栅长已达 5 纳

米，并实现了三维集成电路等，所有这些成果都为 CNT 器件和电路技术及其规模集成的实用化发展奠定坚实的基础。

（一）中国科学院实现了米级尺寸碳纳米管的合成并构建了高性能全碳晶体管和集成电路

2018 年 7 月，中国科学院金属研究所提出了一种连续合成、沉积和转移单壁 CNT 薄膜的技术，实现了米级尺寸高质量单壁 CNT 薄膜的连续制备（见图 1），并基于此构建出高性能的全碳薄膜晶体管和集成电路器件。

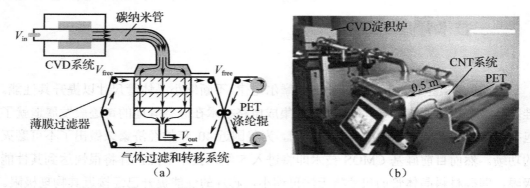

图 1　中国科学院实现了米级尺寸 CNT

单壁 CNT 具有优异的力学、电学和光学性质，在柔性和透明电子器件领域可应用于透明电极材料或半导体沟道材料。但开发出可高效、宏量制备高质量单壁 CNT 薄膜的方法已成为该材料走向实际应用的关键瓶颈。迄今制备的单壁 CNT 薄膜的尺寸通常为厘米量级，且在制备过程中通常会引入杂质和结构缺陷，致使光电性能劣化，远低于理论预测值。

中科院这次制备的米级尺寸高质量单壁 CNT 薄膜具有优异的光电性能，在 550 纳米波长下其透光率为 90%，方块电阻为 65 欧姆。其利用制备的单壁 CNT 薄膜构筑了高性能全碳柔性薄膜晶体管以及 101 阶环形振荡器等柔性全碳集成电路（IC）。该结果为基于单壁 CNT 薄膜的大面积、柔性和透明电子器件的未来发展铺平了道路，明示了单壁 CNT 薄膜在大面积、柔性和透明电子器件中的广阔应用前景。

（二）北京大学报道了高密度高纯度半导体碳纳米管阵列问世

2018 年 1 月，北京大学彭练矛和张志勇团队报道了采用定向收缩转移法制备出了阵列密度是原始 CNT 阵列 10 倍的高密度、高纯度 CNT 阵列。检测显示制备过程对 CNT 阵列无损伤，以高密度 CNT 阵列制备的场效应晶体管在电学性能方面表现出了优异的性能。

研究人员采用的定向收缩转移方法提高了薄膜的均匀性，同时还保持 CVD 法生长的 CNT 阵列的高载流迁移率。将该高密度 CNT 阵列制备成场效应晶体管进行电学性能测试，获得了载流迁移率分布约为 1591.8×133.6 平方厘米/（伏·秒），开态电流（I_{on}）和跨导值（G_m）达 150 微安/微米和 80 微西门子/微米，I_{on}/（闭态电流）I_{off} 值达 10^4 的结果，是目前获得的最高值。高密度、高纯度 CNT 是构建高速和低耗集成电路的理想材料，但不容易同时实现这两个属性。这项工作为同时提高 CNT 密度和纯度方面提供了一种新的思路，将促进高性能场效应晶体管（FET）和集成电路（IC）材料方面进一步发展。

（三）北京大学研制出 5 nm 碳纳米管并实现全球首个千兆赫兹碳纳米管集成电路

北京大学碳基电子学研究中心在 CNT 电子学领域取得了世界级突破：率先制备出基于碳管的栅长为 5 纳米的 CMOS 器件（2017 年 1 月），并证明了器件在本征性能和功耗综合指标上相对硅基器件具有 10 倍以上的综合优势。课题组采用石墨烯作为 CNT 晶体管的源漏接触，有效抑制了短沟道效应和源漏直接隧穿，器件亚阈值摆幅达到 73 毫伏/倍频程。CNT CMOS 晶体管本征门延时达到了 0.062 皮秒，相当于 14 纳米硅基 CMOS 器件的 1/3，能耗只有其四分之一。

同年 12 月，北京大学制作出了世界上首个工作在千兆赫兹频率的 CNT 集成电路，有力地推动了碳基电子学的发展。北京大学研制了栅长为 120 纳米的 CNT 晶体管，在 0.8 伏特下的开态电流和跨导分别达到 0.55 毫安/微米和 0.46 微西门子/微米，其中跨导为已达到 CNT 器件的最高值。并把基于该器件实现得五级环振的振荡频率进一步提升至 5.54 吉赫兹，比此前发表的最高纪录（IBM 公司于 2017 年 8 月报道了 282 兆赫兹的 CNT 环形振荡器）提升了几乎 20 倍；而 120 纳米栅长 CNT 器件的单级门延时仅为 18 皮秒，速度已接近同等技术节点的商用硅基 CMOS 电路。

这项研究工作不仅极大推进了 CNT 集成电路的发展，更表明基于现有的碳管材料，通过简单工艺已可能实现性能与商用单晶硅基 CMOS 性能相当的集成电路；如果采用更为理想的材料（例如高密度 CNT 平行阵列）和更高级的加工工艺，则有望推动 CNT 技术在速度和功耗等方面全面超过硅基 CMOS 技术。

（四）IBM 通过采用碳纳米管将晶体管的尺寸缩小至 40 纳米

早在 2017 年 6 月，IBM 研究人员就利用 CNT 作为晶体管沟道实现了将晶体管尺寸缩小至 40 纳米的突破，已实现了国际半导体技术发展路线图（ITRS）下一个十年计划的技术目标。研究人员用 CNT P 沟道实现了晶体管尺寸的降低，该晶体管大小仅为 40 平方纳米，仅为采用硅技术晶体管的一半，如图 2 所示，且能够在较低的电压下工作。

将晶体管尺寸缩小到如此小的关键就是利用 CNT 替代了硅作为晶体管的沟道。CNT 的厚度只有 1 纳米左右，这样的厚度在静电学方面体现出了一个显著的优势，即能够在避免短沟道效应带来的不利影响的同时将器件的栅极长度降低到 10 纳米。CNT 的另一个优点在于电子的传播速度更快，有利于提高器件性能。

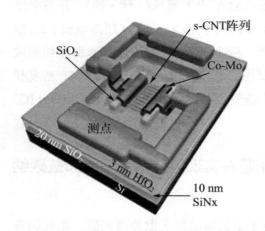

图 2　40 nm CNT 晶体管示意图

（五）斯坦福大学和麻省理工学院研制出用 CNT 实现计算和数据存储功能的单片三维集成系统

斯坦福大学和麻省理工学院在 2017 年 7 月研制出目前世界上最复杂的三维纳米计算机系统（见图 3），集成了超过 100 万个电阻式随机存取存储器（RRAM）单元和 200 万个 CNT 场效应晶体管，其中由 CNT 做成的逻辑单元的功耗仅为硅基逻辑单元的十几分之一，且能量效率和运行速度提高了 1000 倍。

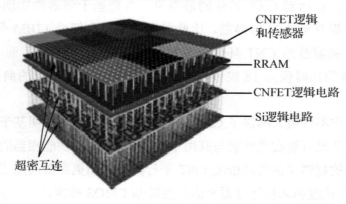

图 3　集成了 200 万个 CNT 场效应管的三维纳米计算机系统

新型芯片与当前的芯片本质不同，它应用多种纳米技术和新的计算机架构。随机存取存储器和 CNT 垂直重合，形成一种紧密的、逻辑层和存储层相互交错、层与层之间存在超密集接线的三维计算机架构，这种三维架构有望突破通信瓶颈。然而，利用现有硅基技术无法搭建这种架构。但在设计与制造方面，这种新型芯片与当前硅基结构均可兼容。目前，研究团队在探索新三维计算机架构的同时提高基础纳米技术能力。

三、影响和意义

目前主流硅 CMOS 技术已发展到 10 纳米以下技术节点，面临着无法继续缩小、传统芯片的性价比提升空间非常小的局面。预计 CNT 技术的出现将为微电子技术的未来发展提供新的思路和新的途径。从理论上讲，在 10 纳米以下技术节点，采用 CNT 的芯片速度比硅基芯片快 5～10 倍，功耗则为其 1/5～1/10，这对于后摩尔时代的集成电路而言具有重大的意义。

在过去的两年中，CNT 一直在研究领域发展势头良好，CNT 材料特性和制备、器件研制和优化、集成电路和系统演示方面都取得长足进展。由技术进展可见，国外 IBM 公司和斯坦福大学分别在 CNT 晶体管及系统集成方面有重要进展；国内相继也有了突破性的报道，尤其是在 CNT 电子器件相关材料和制备工艺的研究中取得系列突破，已实现亚 10 纳米 CMOS 器件以及中等规模集成电路。未来随着 CNT 材料有序可控生长的实现，CNT 其他技术的成熟，以及其成本的下降及工艺良品率的提高，该技术有望成为最先进的芯片制造技术。

（中国电子科技集团公司第十三所　王淑华）

氧化镓功率半导体技术研究稳步推进

一、技术背景

Ga_2O_3 是金属镓的氧化物，也是一种透明的超宽禁带半导体材料，其禁带宽度为 4.8 电子伏特～4.9 电子伏特，击穿电场约为 8 兆伏/厘米，相对介电常数为 10，具有优良的热稳定性和物理化学稳定性，有望制作更大功率和更低成本的 Ga_2O_3 功率器件，因此在功率半导体应用领域前景广阔。

Ga_2O_3 与目前主流的氮化镓（GaN）和碳化硅（SiC）等材料相较，特性优势在于禁带宽度大、击穿电场高，因此理论上的布拉格品质因数更大，有望制作出更高性能的高频功率器件；Ga_2O_3 半导体材料的劣势在于迁移率和热导率较低，是影响器件性能和可靠性的主要因素，也是制作功率器件必须克服的难题。不同半导体材料的特性对比见表 1。

此外，在功率器件制作技术方面，Ga_2O_3 半导体较 GaN 和 SiC 的优势在于可采用熔体生长技术进行本征衬底材料生长，更容易得到大尺寸、高质量单晶材料，同时其同质衬底特性也使生产成本更低，方法也相对简单；更容易进行 n 型掺杂，研究表明许多浅施主掺杂物均可以进行 Ga_2O_3 的 n 型掺杂等。

表 1　β-Ga_2O_3 与其他半导体材料特性对比

材　　　料	β-Ga_2O_3	Si	SiC	GaN	金　刚　石
禁带宽度大（电子伏特）	4.8～4.9	1.1	3.3	3.4	5.5
迁移率（平方厘米/（伏·秒））	300（推测）	1400	1000	1200	2000
击穿电场（兆伏/厘米）	8	0.3	2.5	3.3	10
相对介电常数	10	11.8	9.7	9	5.5
导热率［瓦/（米·开尔文）］	0.14	1.5	4.9	1.3	20

二、研发项目

近年来，Ga_2O_3 半导体材料在功率电子领域的应用潜力逐渐被关注，正成为新一代半导体技术研发热点。日本从 2010 年左右开始进行 Ga_2O_3 功率半导体技术进行立项研发，主要研发机构包括田村制作所、日本信息通信研究机构和日本风险企业等。2011 年，日本新能源产业的技术综合开发机构推出节能革新技术开发业务——挑战研究"超高耐压氧化镓功率元件的研发"项目，目标是开发具有超高耐压的 Ga_2O_3 功率器件。2013 年，日本信息通信研究机构开发出当时世界上首款 Ga_2O_3 MOSFET 器件，其击穿电压高达 370 伏，电流导通截止比为 10^{10}，漏电流低至皮安/厘米数量级。

2016 年，美国海军基于 Ga_2O_3 功率半导体器件在射频和毫米波功率放大器领域的巨大应用潜力，在小企业技术转移资助计划（Navy STTR）中发布"Ga_2O_3 超高电压功率器件外延技术"项目，研究目标是开发可以实现新型高电压（超 20 千伏）功率电子开关和脉冲功率器件的 Ga_2O_3 外延生长系统。之后，美国空军研究实验室也将 Ga_2O_3 作为下一代高压横向和垂直结构功率开关器件的潜在材料进行研究。目前，美国的 Ga_2O_3 功率半导体技术已经取得重要进展，研发机构主要包括空军实验室和普渡大学等。

2017 年，我国在制定的 2018 年度国家重点研发计划"战略性先进电子材料"重点专项中启动 Ga_2O_3 半导体相关项目，目标包括开发用于制作功率半导体器件的 Ga_2O_3 单晶材料等。目前的研究主要集中在 Ga_2O_3 单晶材料的生长和制备方面，Ga_2O_3 功率器件制作也已取得了较大的技术突破，主要研究机构包括中国科学院微电子研究所、中国电子科技集团公司第十三研究所、西安电子科技大学、同济大学等。中国科学院微电子研究所已经研制出基于 Ga_2O_3 单晶衬底的肖特基二极管和 MOS 电容器件，中国电子科技集团公司第十三研究所也报道了具有优良性能的 Ga_2O_3 MOSFET 器件。

三、最新进展

目前，美日均有多款具有优良性能的 Ga_2O_3 肖特基二极管（SBD）器件和 Ga_2O_3 MOSFET 器件见诸报道（见图 1），击穿电压达 1 千伏级别，最大电流密度高达 1.5

安培/毫米；器件结构实现横向和纵向，围栅鳍型阵列场效应晶体管（FinFET）等新结构器件不断涌现。2017 年，日本公司获约 700 万美元资金支持其功率产品实现商品化生产，并预计在 2020 年实现商用；2018 年，美国硅微结构公司研发的 β-Ga_2O_3 MOSFET 功率器件通过美国国家航空航天局太空耐辐射测试，将有望用于太空。

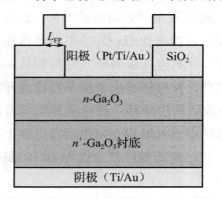
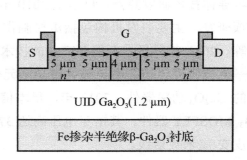

图 1　Ga_2O_3 SBD 和 Ga_2O_3 MOSFET 结构示意图

（一）Ga_2O_3 SBD 器件

自从 2012 年世界上第一款 Ga_2O_3 二极管器件问世以来，Ga_2O_3 SBD 器件不断向着高击穿电压、低导通电阻以及低制作成本等方向发展，并通过优化外延材料、器件结构以及器件制作工艺等方法，实现 Ga_2O_3 SBD 器件性能的不断提升。

2017 年，日本通信与情报机构开发出一种具有 300 纳米厚、20 微米长二氧化硅（SiO_2）场板结构的 Ga_2O_3 SBD，实现了高达 1076 伏的击穿电压，通过软件模拟得到在阳极边缘的最大电场为 5.1 兆伏/厘米。

2018 年，西安电子科技大学郝跃团队开发出一款带场板结构的 Ga_2O_3 SBD 器件，首次实现击穿电压大于 3 千伏、$10^8 \sim 10^9$ 高开关比、SBD 势垒高度 1.11eV 和理想因子达 1.25 的优良性能。

（二）横向结构 Ga_2O_3 MOSFET 器件

Ga_2O_3 MOSFET 相较于 Ga_2O_3 SBD 器件更适合制造大功率、高效率以及低成本的射频功率器件，因此自 2013 年世界上第一款 Ga_2O_3 MOSFET 器件问世以来，具有高击穿电压、较高电子迁移率以及高电流密度的 Ga_2O_3 MOSFET 器件不断问世，目前 Ga_2O_3 MOSFET 击穿电压已达 1850 伏。

2017 年，美国空军实验室制作了一种具有超高跨导且可以在射频条件下工作的

Ga$_2$O$_3$ MOSFET 器件。直流测试表明器件的最高电流密度为 150 毫安/毫米，跨导为 21.2 毫西门子/毫米。交流测试结果表明器件的外部截止频率为 3.3 吉赫兹，最大振荡频率为 12.9 吉赫兹，展现了器件优良的高频特性。

2018 年，韩国开发了一种用于 Ga$_2$O$_3$ MESFET 器件的新型六边形硼氮（h-BN）场板结构，并实现了高达 344 伏的关态击穿电压。相应地，器件的亚阈值摆幅低至 84.6 毫伏/倍频程，而先前报道的 β-Ga$_2$O$_3$ 器件的亚阈值摆幅均高于 100 毫伏/倍频程，表明器件具有快速转换特性。

2018 年 8 月，美国布法罗分校研究人员研制出一款器件栅长为 5 微米的氧化镓场效应晶体管（Ga$_2$O$_3$ MOSFET），见图 2。当晶体管源电极和漏电极间距（L_{gd}）为 20 微米时，器件击穿电压可达 1850 伏，横向平均击穿电场强度为 4.4±0.2 兆伏/厘米，与先前报道的击穿电压和横向击穿电场均有大幅提升（击穿电压～750 伏；击穿电场～3.8 兆伏/厘米）。此次研发的大功率 Ga$_2$O$_3$ MOSFET 器件具有非常重要的应用意义，将有望在改善电动汽车、太阳能和其他形式可再生能源方面发挥关键作用。

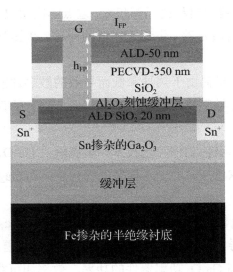

图 2　美国布法罗分校 Ga$_2$O$_3$ MOSFET 器件剖面示意图

（三）新型结构 Ga$_2$O$_3$ FET 器件

为了进一步提高 Ga$_2$O3 器件的功率性能，研究人员不断改进器件结构和设计，并提出多种 Ga$_2$O$_3$ 新型器件结构，包括围栅鳍型阵列（FinFET）结构以及绝缘体上 Ga$_2$O$_3$（GOOI）结构等，可以改善器件的栅泄漏情况，并实现器件的更高性能。

2017 年，美国普渡大学在由美国海军研究办公室资助的"Ga$_2$O$_3$ 超高电压功率器件外延技术"项目中，采用 Ga$_2$O$_3$ 半导体材料制作出了高性能耗尽型/增强型 GOOI

结构场效应晶体管，得到的耗尽型和增强型器件的漏端电流分别高达创纪录的 1.5 安/毫米和 1.0 安/毫米，将有望用于制造电网、舰船和飞机中应用的超高效率开关领域。

四、意义和趋势

Ga_2O_3 开辟了现有半导体无法实现的新可能性，其超宽禁带系数将能够使功率器件的尺寸更小、功率处理能力更强，同时具有耐高温、耐辐射的能力。随着 Ga_2O_3 功率半导体技术的不断进步，Ga_2O_3 功率器件将有望在军用射频器件、民用电力电子器件等领域实现应用。2018 年布法罗大学制作的击穿电压高达 1850 伏的 Ga_2O_3 MOSFET 将器件耐压性能再次拉升，是先前报道的 Ga_2O_3 MOSFET 最高击穿电压的 2 倍多，有望在电动汽车、火车、飞机、太阳能等多个新能源领域实现革命性应用。

未来 Ga_2O_3 功率半导体技术的发展趋势包括：

（1）不断增大 Ga_2O_3 衬底材料的晶圆尺寸，重点解决大尺寸（4 英寸及以上）Ga_2O_3 单晶衬底材料和外延材料质量差、生长速率低的问题，在提升 Ga_2O_3 功率半导体器件性能的同时降低成本。

（2）重点解决 Ga_2O_3 材料由于热导率低而导致的散热性能差的问题，通过衬底减薄、热传递以及采用高热导率衬底材料等方法提升 Ga_2O_3 器件的散热性能，提升器件的性能和可靠性。

（3）优化 Ga_2O_3 功率器件制作工艺技术，重点解决 Ga_2O_3 材料的 p 型掺杂、欧姆接触电阻高、沟道掺杂浓度低、电子迁移率低等问题，为 Ga_2O_3 功率半导体器件的制作奠定基础。

（4）通过优化 Ga_2O_3 器件结构和制作工艺，解决目前 Ga_2O_3 功率器件耐压低、输出电流密度小及电流的导通/截止比低和泄漏电流较大等问题，提升器件的击穿电压、降低开态电阻，最终提高 Ga_2O_3 功率器件的功率、效率和可靠性水平。

（中国电子科技集团公司第十三研究所　赵金霞）

2 英寸氮化铝（AlN）材料制造平台取得突破

一、事件概述

2018 年 4 月，美国海克瑟科技公司（HexaTech）建成了一条 2 英寸 AlN 衬底产品线，标志着 AlN 晶体生长及衬底技术取得了关键的突破性进展，其生产的 AlN 晶圆位错密度达到目前最低（见图 1），为 AlN 晶圆的长期供货搭建了平台，使公司的 AlN 衬底技术水平得到进一步提升，为未来第三代半导体器件向 AlN 衬底平台过渡提供了可能性。

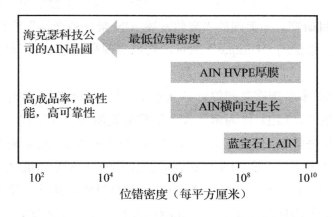

图 1　海克瑟科技公司的 AlN 晶圆位错密度

海克瑟科技公司的最新生产线可提供 c 面和 m 面 AlN 单晶衬底，典型应用包括激光二极管（LD）、发光二极管（LED）和功率半导体器件。把 GaN 等 III-V 族器件直接制作在本体 AlN 衬底上，其缺陷密度是采用蓝宝石或 SiC 衬底时的万分之一～百万分之一，从而极大地提高器件的性能、产能和可靠性，最终为 AlN 与其他成熟化合物半导体材料，如 SiC 和 GaAs 的竞争提供了机会。该公司的主要 AlN 产品见表 1。

表 1　海克瑟科技公司的 AlN 产品及应用领域

型　号	晶　向	UV 透明度	典型应用领域
AlN-10	c 面	非	功率半导体，激光二极管
AlN-20	m 面	非	功率半导体，激光二极管
AlN-30	c 面	是	UV-C LED
AlN-50	c 面	半	UV-C LED
AlN-60	m 面	半	UV-C LED

二、技术背景

随着 GaN 和 SiC 等第三代半导体材料的日益成熟，世界各国纷纷投入到新型半导体材料的研究中，自从美国桑迪亚实验室率先提出"超宽禁带（UWBG）半导体"的概念之后，AlN 便与氧化镓、金刚石等先进半导体材料一道成为继 SiC 和 GaN 之后未来国防、军事和高端电子应用的重要研制对象。

近年来美国、日本、欧洲的政府、军方、高校和各大实验室纷纷投入资金开展了多项 AlN 专题项目研究，如美国的"高效紧凑 AlN 紫外激光器"项目，"超宽禁带半导体材料"项目，德国的"Unique"项目，均以实现高质量 AlN 材料及其器件应用为主要方向。

特别是世界 90 多个国家共同签订了《水俣公约》，承诺 2020 年全面禁止"水银制品"的进口及生产，LED 作为第四代清洁照明光源将全面取代汞灯市场，因此迎来了飞速发展的良好契机。然而紫外（UV）LED 的功率较小，通常需要集成多个 LED 才能达到所需功率水平，于是 AlN 衬底凭借其优异的导热性［140 瓦/（米·度）～170 瓦/（米·度）］成为大功率集成 UV LED 的首选散热衬底。此外，使用 AlN 材料还可以极大地提高光电子器件的发光效率、光响应度和外部量子效率，在未来军事预警、照明、医疗、净化等领域具有极高的应用潜力。

除光电子领域外，AlN 薄膜材料可以明显改善微波毫米波器件、声表面波器件、高性能功率转换器件以及大功率高频 RF 器件的电子迁移率、击穿电压、热导率，并降低位错密度，实现更高的输出功率、截止频率、信号传输能力以及抗辐射和耐恶劣环境能力，因而成为行业热切期盼的新一代无线传感、移动通信，以及"下下代（generation-after-next）"电力电子器件的核心材料。

三、当前进展

（一）材料和器件技术发展现状

1. 材料技术以 2 英寸为主流，正在努力向 3 ~ 4 英寸拓展

当前国际上氮化铝 2 英寸生产线只有少数几条，还没有更大尺寸晶圆生产线。材料制备技术主要包括物理气相传输法（PVT）、氢化物气相外延生长法（HVPE）、金属有机化学气相沉积法（MOCVD）、分子束外延法（MBE）等，其中 PVT 技术是生长高质量大尺寸 AlN 单晶的最佳解决方案，也是技术领先国家研究的重点，海克瑟科技公司正是使用 PVT 法获得了位错密度低至 10^3 厘米$^{-2}$ 的 AlN 单晶。AlN 制备水平以美国和日本最具代表性，领先公司包括美国的晶体管器件公司（TDI）、晶体 IS 公司、海克瑟科技公司，俄罗斯的氮化物晶体公司（NitrideCrystals），以及日本的三重大学、永木精械株式会社（NGK）、名城大学等，其中美国晶体管器件公司（TDI）已推出了 4 英寸～6 英寸 AlN 样品。

2. AlN LED 器件及其衬底技术的发展较为成熟

采用 AlN 衬底的深紫外 LED 目前已进入销售阶段，光输出功率接近 100 毫瓦，尺寸 1 毫米见方。AlN LED 器件目前已成功突破第一阶段材料制备和第二阶段器件研发，正处于向商品化转化的第三阶段，其中日本的 AlN LED 处于全球领先地位，松下公司 2018 财年把照明业务销售额提高至 4000 亿日元（约合 252.6 亿元人民币），并承诺 2019 年将把 AlN LED 汽车大灯应用推向实用化。

此外，近年来使用 AlN 制作的声表面波（SAW）/体声波（BAW）压电薄膜滤波器的成果也颇为丰硕，目前也进入了实用化的前沿，不久的将来 BAW 滤波器将成为4G/5G 通信用滤波器的核心方案。AlN 衬底紫外激光器和 APD 探测器的应用前景较为乐观，大功率电力电子器件已进入快速发展期，有望以更小的器件尺寸和更短的响应时间从本质上提高电力电子器件的功率转换效率和功率密度。

（二）2018 年 AlN 最新研制成果

1. AlN 在紫外 LED 和探测器领域所取得的研制成果最多

2018 年 8 月，美国威斯康星大学麦迪逊分校的 Dong Liu 等人报导了一种在 AlN

本体单晶衬底上使用 p 型 Si 增强空穴注入的 400 纳米 AlN 同质外延 229 纳米 UV LED，氮化物异质结构使用有机金属气相外延（OMVPE）法淀积，AlN/Al$_{0.77}$Ga$_{0.23}$N 多量子阱（MQW）LED 在连续波状态下的电流密度为 76 安培/厘米^2，且未出现效率下降，实现了本体衬底固有的低位错密度特性，经证实该结构是实现 UVC LED 的有效方法，适用于激光器中。

2018 年 1 月，中科院北京半导体所的 Lu Zhao 等人推出了一种在溅射淀积 AlN 模板上制作的 AlGaN 基 UV LED，把外延 AlN/AlGaN 超晶格结构插入到 LED 结构和 AlN 模板之间可以降低位错密度，这种 282 纳米 LED 的光输出功率在 20 毫安时达到 0.28 毫瓦，外部量子效率 0.32%，有效降低了成本。

2018 年 12 月中山大学的 Wei Zheng 等人报导了一种采用高结晶度多步外延生长技术实现的背靠背型 p-Gr/AlN/p-GaN 光伏器件，使用 AlN 作为发光载体的真空紫外吸收层，并使用 p 型石墨烯（透射率>96%）作为透明电极来收集受激空穴，实现的新型真空紫外光伏检测异质结探测器取得了令人鼓舞的光响应度、高外部量子效率，以及极快的温度响应速度（80 纳秒），比传统光导器件的响应速度提高了 $10^4 \sim 10^6$ 倍，为实现理想的零功耗集成紫外光伏探测器提供了技术支撑，可使未来空间系统实现更长的服役期和更低的发射成本，同时实现更快速的星际目标探测。

2018 年 7 月，上海大学对其 AlN/CdZnTe 基紫外光探测器制备方法及应用技术申请了专利，他们在 1 毫米厚 AlN 衬底上快速生长了大面积、高质量 CdZnTe 薄膜，从而使紫外光探测器实现了极端环境适应性和较强的紫外光响应性。

2. AlN 成为提高微波毫米波器件性能的重要手段

AlN 在微波毫米波器件已有广泛应用，对 AlN 作为缓冲层、成核层、势垒层、衬底等技术均有多年研究。2018 年，土耳其的 I Kars Durukan 等人推出了两种采用金属有机气相淀积（MOCVD）法生长的具有不同 AlN 缓冲层厚度（260 纳米和 520 纳米）的蓝宝石衬底 AlGaN/AlN/GaN 异质结构 HEMT，并对两种结果进行了对比，通过 X 射线衍射（XRD）和原子力显微（AFM）研究表明，使用较厚缓冲层可获得更高的器件性能。

3. AlN 成就了耐高温、高压和抗腐蚀等高端传感器特性

2018 年，美国 Cornell 大学的 Mamdouh Abdelmejeed 等人报导了一种 CMOS 兼

容千兆赫兹超声脉冲相移基超高速、高分辨率和宽温度范围传感器，其超声脉冲产生于制作在 Si 衬底上的 3 微米厚的 AlN 压电薄膜转发器，通过检验证明该传感器在温度范围 30 摄氏度～120 摄氏度时器件的谐振频率为 1.6 千兆赫兹，数据采集时间为 600 纳秒，实现了极高的线性特性。

2018 年，美国 Illinois 大学的 Minoo Kabir 等人报导了一种 AlN 薄膜压电 MEMS 声发射传感器，这种传感器制作在 Si 衬底上，可在柔性和刚性体两种模式下工作，此 MEMS 器件包括两种不同频率的传感器——40 千赫和 200 千赫，微结构层包括掺杂硅、AlN 和金属层，分别用做底部电极、传感层和顶部电极层，0.5 微米厚 AlN 用于制作压电薄膜，该 MEMS 传感器使用 100 个单元的 10×10 阵列结构（约 1 厘米 ^{2}），用来替代传统的声发射传感器。

2018 年，中科院 Shuai Yang 等人推出了一种在 1 微米厚 AlN/蓝宝石双层衬底上制作的单端 SAW 谐振器，当 λ=8 微米时 AlN 谐振器的声波速度为 5536 毫秒$^{-1}$，最大 ΔS_{11} 值为 0.42 分贝，K^2t 为 0.168%，从而使 L_{IDT} 从 80 微米上升为 240 微米，经证实非常适合高温传感器应用。

四、主要问题

（一）AlN 材料制备技术仍是制约其快速发展的瓶颈

AlN 材料制备面临的难题包括原材料的纯度和晶粒尺寸的优化、材料缺陷密度的改进、工艺再生长能力的提高，以及极端生长条件下（>2100 摄氏度，腐蚀性气态 Al）材料的成品率改进等。器件制备受材料尺寸偏小、质量较差、价格昂贵、批量生产受限等因素的限制。

（二）AlN 在光电子领域的发展尚不均衡

从目前的研究成果来看更多地侧重于 AlN LED，AlN 激光器和探测器方面的研究相对薄弱，特别是 AlN APD 紫外光电探测器是紫外预警和告警系统的核心部件，正在成功引起全球关注，需要加强研发投入和力度，目前亟待解决量子效率、分辨率、动态范围、响应速度、噪声等性能问题。

（三）AlN 的全面产业化时机尚未真正来临

相比 SiC 和 GaN 等成熟的 III-V 族半导体材料，AlN 才刚刚进入材料的产业化供应阶段，器件技术尚不成熟，除 LED 和滤波器外，实质性应用并不多见，新型 AlN 器件的研发力度也不够高。

五、影响和意义

海克瑟科技公司建立的 2 英寸 AlN 产品线使公司长期供货的、面向生产的产品组合达到了世界领先水平，有效推动了用户的深紫外（UV-C）光电/电子器件的开发、生产和应用，为大尺寸材料制备技术、器件应用技术以及新应用领域的开拓建立了基础。未来一旦解决了高质量、大尺寸单晶制备这一技术瓶颈，AlN 材料一定能够凭借其超高禁带宽度、高击穿场强、相对介电常数和热导率，在激光照明、紫外探测、高效功率转换、卫星通信和无线传感等领域发挥不可估量的作用，甚至取代现有 GaN 和 SiC 成为高技术发展的关键材料。

六、发展趋势

（一）晶体质量不断提高，单晶尺寸不断拓展

AlN 单晶材料的发展趋势主要体现在两个方面，一是尺寸逐步加大，从十年前的直径 10 毫米逐步发展到现在的 2 英寸（50.8 毫米），未来几年将突破 3 英寸、4 英寸，并向更大尺寸拓展；二是晶体质量逐步提高，点缺陷抑制技术逐步成熟，禁带宽度逐步逼近理论值，实现了 n、p 型掺杂技术的突破。

（二）加快材料的应用验证步伐，推动其向多种应用迈进

1. 加强 AlN 衬底紫外/深紫外光电子器件技术研究

重点包括 AlN 衬底深紫外 LED、激光器、传感器、探测器，以及 AlN 紫外分布式布拉格反射器技术研究，推动器件向产业化、规模化方向发展。开展深紫外光电子

器件使用的 AlN 功能层及其纳米结构（量子点、纳米线）特性研究。

2. 推进 AlN 材料在微波毫米波器件（HEMT、FET）中的应用

对 AlN 外延层、势垒层、隔离层、缓冲层在微波毫米波器件中的作用及其特性进行表征，随着器件工艺的不断完善，对 AlN 在器件中所体现出来的性能优势进行全面分析。

3. 开展 AlN 新器件技术研究

AlN 新器件包括微机械（MEMS）器件、太赫兹器件、高温器件等，将在未来生物传感器、无线通信滤波器、安防成像系统、半导体工艺加工、能源勘探以及空间恶劣环境应用中发挥重要的作用。

（中国电子科技集团公司第十三研究所 何君）

各国大力发展金刚石基氮化镓功率器件技术　提升氮化镓功率器件散热能力

近年来，氮化镓（GaN）基微波功率器件在军用雷达、电子战、航空航天和民用第五代通信（5G）、电力电子等领域不断展现其重大的发展和应用意义，已成为世界各国竞相发展的热点领域。然而，由于目前采用的硅（Si）和碳化硅（SiC）衬底材料的热导率［40～400W/（m·K）］较低，器件的散热问题严重限制了 GaN 器件性能的完全释放，已成为制约 GaN 器件发展的重要因素。

一、事件描述

2018 年 8 月，日本富士通公司在日本国防部采购、技术和后勤局（ATLA）设立的"创新科技安全"项目的部分支持下，利用其在 2017 年开发的室温单晶金刚石与碳化硅基氮化镓高电子迁移率晶体管（SiC 基 GaN HEMT）的表面活性键合（SAB）技术（见图 1），并结合采用铝镓氮（AlGaN）间隔层和铟铝镓氮（InAlGaN）阻挡层的外延结构优化方法，将 GaN HEMT 器件的工作电压提高到 100V，并在该工作电压下获得了高达 19.9W/mm 的输出功率密度。

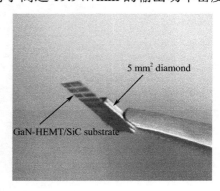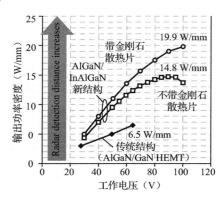

图 1　金刚石与 SiC 衬底 GaN HEMT 器件之间的表面活性键合

该技术不仅通过金刚石散热片实现了晶体管有效而稳定的散热，而且通过 AlGaN 间隔层和 InAlGaN 阻挡层降低了电压浓度，使晶体管的工作电压提高到 100V。未来富士通公司将对采用该技术的 GaN 功率器件的耐热性和输出性能进行评估，目标是将高输出功率、高频的金刚石基 GaN HEMT 商业化，并用于气象雷达和 5G 无线通信系统。

二、技术背景

为了改善 GaN 功率器件的散热问题并实现器件更高的性能和可靠性，早在 2006 年美国就注意到具有更高热导率［800～2000 W/（m·K）］的金刚石衬底材料在国防和通信领域的巨大发展潜力，并成功研发出金刚石基 GaN 器件制造工艺。

近年来，为了进一步提升 GaN 微波功率器件的性能水平，美、欧等国均在金刚石衬底 GaN HEMT 技术领域加大投入，并制定多项相关项目加以研究，近年来启动的相关项目时间、发起部门和研发目标等见表 1。可见，随着金刚石基 GaN 技术的发展，各国在金刚石基 GaN 技术领域的投入不断加大。

表 1　金刚石基 GaN 技术的相关项目与目标

时　间	项 目 名 称	部　门	项 目 目 标	研 究 成 果
2008—2011	强健氮化镓材料（MoRGaN）	欧盟	包括开发具有高导热性和物化稳健性的金刚石材料，以制作新型硅/多晶金刚石复合衬底等	开发出欧洲第一款 2 英寸硅/多晶金刚石复合衬底材料以及当时世界上首款工作在微波频段的单晶金刚石上 GaN HEMT 器件
2011—2014	近结点热传输（NJTT）	美国 DARPA	采用高热导率的金刚石衬底材料来降低靠近 PN 结处的热阻，以期进一步提高 GaN 功率器件的性能	Qorvo、雷声以及 BAE 等多家机构成功研制出金刚石与 GaN 的结合方法并制作出性能水平提升至 3～5 倍的金刚石基 GaN 功率器件
2013—2016	电子器件用创新型高热导衬底：热创新项目	英国工程与物理科学研究委员会（EPSRC）	包括开发具有高导热能力的金刚石衬底材料等	

续表

时　间	项目名称	部　门	项目目标	研究成果
2016—	金刚石加强型器件（DiamEnD）项目	美国DARPA	最终目标是通过开发的新型 GaN 与金刚石集成方法以及改进的 GaN 外延材料使器件功率密度达到 40~60 W/mm 等	开发出多种低温金刚石与 GaN HEMT 结构的新型键合方法，器件制作技术水平不断提升
2015	微波功率放大器用低成本金刚石基 GaN 半导体器件	美国海军	开发一种可降低成本并提高性能的可用于射频集成电路制造的金刚石基 GaN 生产工艺	
2017—2022	集成的 GaN-金刚石微波电子器件：从材料、晶体管到 MMIC	英国EPSRC	项目目标是通过研发新的金刚石生长方法或通过优化金刚石晶粒结构使金刚石导热性能最大限度发挥，最终制作能够超越现有微波器件技术的金刚石基 GaN HEMT 和单片微波集成电路（MMIC）	英国布里斯托尔大学获 430 万英镑项目资金支持
2018	10 kW、36 GHz 金刚石基 GaN 固态功率放大器项目第一阶段	美国国防部	第一阶段目标是在采用低成本的特殊制造体系制作的低成本 CVD 金刚石衬底上，使这些 FET 器件阵列构成一个 36 GHz、10 kW 的金刚石基 GaN 功率放大器 MMIC	

三、当前进展

随着美欧等国启动的金刚石基 GaN 项目的逐渐展开，金刚石基 GaN 制造工艺不断发展和成熟，包括金刚石衬底制备技术、金刚石与 GaN 层结合技术等均已取得了较大进步，并已制作出多款具有优良性能的金刚石基 GaN HEMT 器件，目前报道的器件最高水平为 10 GHz 下 RF 输出功率密度达 11 W/mm。

然而，金刚石与 GaN HEMT 材料之间的结合仍存在许多问题，目前主要采用三种方式实现金刚石衬底与 GaN 外延材料的结合，包括：①金刚石衬底上直接外延生长 GaN 结构；②在 GaN HEMT 结构上生长金刚石；③基于转移技术的 GaN/金刚石键合方法。其中第一方法生长难度大，不管是在多晶还是单晶金刚石上都会产生 AlGaN/GaN 层电学质量差的问题，因此需要在外延生长和最后的冷却过程中实现更为仔细的界面控制和应力管理。第二种方法可获得较大尺寸（4 英寸）金刚石衬底晶圆，但一般采用高于 600 摄氏度的 CVD 技术，会导致不希望的成核层和热应力。第三种方法对于大功率 GaN 器件来说越来越具有吸引力，但主要问题在于生长尺寸较小且高温工艺会导致材料的缺陷问题以及 GaN-金刚石之间的较大热膨胀失配导致的应力加大和圆片翘曲问题等。

2018 年金刚石基 GaN 器件技术的最新研究进展包括：

（1）开发出多种低温甚至常温金刚石与 GaN 键合技术，改善了先前高温键合导致的电学性能下降和有效热阻低等的问题。日本东京大学研究人员通过改进的表面活化键合（SAB）技术开发出常温 GaN-金刚石键合技术，在 GaN 外延层与金刚石衬底层之间形成了一个带有～27 nm 中间界面层的无缝键合界面，实现了无任何纳米空洞的均匀键合，非常适合制作金刚石上 GaN 结构。其键合步骤见图 2。

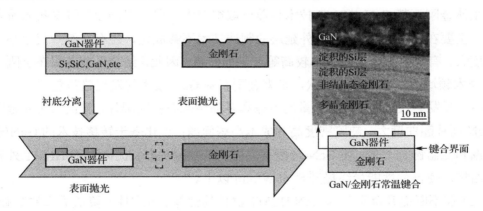

图 2　GaN 器件和金刚石常温键合步骤和键合界面 TEM 图

（2）对影响金刚石/GaN 界面热阻的因素进行了优化分析。美国佐治亚理工学院研究人员对不同界面层对 GaN/金刚石界面热阻的影响进行了比较和分析，包括采用 5 nm 的 AlN、SiN 层以及不加介质层等。结果表明，带有 SiN 界面薄层的 GaN/金刚石界面层可以得到最低的边界热阻（<10 m^2 K/GW），这是由于在界面层产生了一个 Si-C-N 层。

（3）金刚石基 GaN HEMT 器件的性能不断提升。2017 年，我国研究人员利用器件优先转移技术，制作出最大直流电流密度为 1005 mA/mm、最大功率密度为 5.5 W/mm 和功率附加效率（PAE）为 50.5%的金刚石基 GaN HEMT 器件。

2018 年，日本富士通通过优化 GaN HEMT 外延结构，获得了具有超高功率密度（19.9 W/mm）的金刚石基 GaN 器件，不仅证实了金刚石 GaN 器件的更高性能潜力，也促进了金刚石基 GaN 器件的应用化进程。

四、研究意义和发展趋势

金刚石基 GaN HEMT 技术可显著提升 GaN 器件的散热能力，从而显著减小雷达、通信卫星等射频系统的尺寸、重量、功耗和制作成本，并推进系统向小型化和微型化发展。如当用于电子对抗的相控阵芯片时，可显著提高系统的可靠性并减小系统的尺寸和成本；在用于固态功率放大器时，可显著减小器件的尺寸、成本和重量并提升效率；在用于宽带通信时，可在减小芯片尺寸成本的同时提升可靠性等，未来应用领域还将包括 RF 射频电子领域、小口径应用的功率器件以及用于更长范围或更快速搜索速度中的更大系统中，并为许多大功率应用领域带来革命性的影响。

虽然金刚石基 GaN HEMT 技术目前已取得较大进展，但仍面对许多技术难点和挑战，主要在于金刚石与 GaN 外延层的制造技术不够成熟，还存在圆片尺寸小、缺陷密度大、有效热阻低以及成本较高等一系列问题。因此，结合目前各国在金刚石基 GaN 技术领域的发展项目和现状，未来金刚石基 GaN 技术的发展趋势包括：

（1）开发更大尺寸、更高质量的单晶和多晶金刚石衬底圆片，解决大尺寸金刚石基 GaN 圆片翘曲度大、缺陷密度高和成本高等问题；优化基于转移技术的 GaN/金刚石常温和低温键合工艺，使 GaN-金刚石界面有效热阻提升；优化 GaN HEMT 外延材料和结构，使器件性能最终提升至 60W/mm 以上。

（2）在不断提升金刚石基 GaN HEMT 器件的性能、可靠性并降低成本的基础上，使其在射频电子领域、功率电子领域以及其他众多武器装备系统中规模应用，并实现武器装备系统的革命性变革。

（中国电子科技集团公司第十三所　赵金霞）

毫米波 3D 成像技术发展迅速　应用前景广阔

一、技术背景

三维（3D）成像是利用距离传感器获取目标表面的距离图像实现对目标表面几何形状的测量，距离图像的每个像素对应的是目标表面的三维坐标 。三维图像是根据目标表面所反射回的光辐射强度的大小来确定目标表面相对于成像系统的空间位置，能够反映目标的层次信息。

根据工作波长，可分为超声波、微波、毫米波和光波等 3D 成像。毫米波 3D 成像技术就是采用 30～300 GHz 频率范围的毫米波芯片实现 3D 成像的技术，主要包括高分辨率毫米波雷达传感技术和相应的算法成像技术。毫米波雷达成像是一种强大的技术，具有探测性能稳定、作用距离较长、环境适用性好等特点，能够在目标被障碍物遮挡的情况下运行，能够穿透地面、水或墙壁等。图 1 为目前车载毫米波雷达的构成。然而，雷达成像技术近几十年来一直停步不前，主要原因是毫米波雷达分辨率低和成本较高等问题一直未解决。

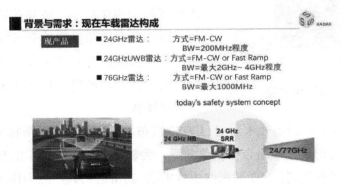

图 1　车载毫米波雷达构成

近年来，成像雷达已经逐渐成为一项热门技术，包括以色列威亚（Vayyar）公司、德国英飞凌等多家公司一直致力于研发具有更高分辨率的雷达技术，并结合复杂的算法，如同时定位和测绘以及合成孔径雷达，使其成为主流成像技术。

目前，在民用毫米波雷达 3D 成像芯片技术领域，高集成化的单片微波集成电路（MMIC）成了主流。在工艺上先是锗硅（SiGe）材料替代砷化镓（GaAs），之后慢慢朝硅互补金属氧化物半导体（Si CMOS）方向发展，利用 CMOS 工艺，不仅可将 MMIC 做得更小，甚至可以与微控制单元（MCU）和数字信号处理（DSP）集成在一起，实现更高的集成度，不仅能显著地降低系统尺寸、功耗和成本，还能嵌入更多的功能。

二、最新进展

2018 年 3 月，芯影科技发布毫米波人体三维成像安检仪产品，该款产品基于毫米波成像技术可以做到，无电离辐射，扫描产生的信号强度仅为手机功率的千分之一，最快 3 秒可以完成安检过程，通过率达 400 人/小时。2018 年 10 月，芯影科技完成 600 万元 Pre-A 轮融资研发毫米波人体三维成像技术。

2018 年 5 月，以色列 3D 成像技术全球领导者威亚（Vayyar）公司宣布推出号称全球最先进的毫米波 3D 成像 CMOS 系统级传感器芯片（见图 2），可带来高精度高分辨率的 3D 轮廓成像。该芯片集成了 72 个发射器和 72 个接收器，覆盖了 3 吉赫兹～81 吉赫兹雷达和成像频段，同时凭借集成的大内存高性能 DSP（数字信号处理器），无须任何外部 CPU 就可以执行复杂的成像算法。威亚的新传感器芯片可用于制作具有高精确度的毫米波 3D 成像轮廓，并进一步实现固态物体透视，突破了目前传感器的技术枷锁，能够提供前所未有的精度和高分辨率图像。

图 2　威亚（Vayyar）传感器芯片图

2018 年 8 月，集成设备技术公司（IDTI）宣布与印度无晶圆厂斯特瑞恩（Steradian）半导体私人有限公司建立战略合作伙伴关系，为新兴工业、安全、医疗和自动驾驶车辆等市场提供分辨率超高的 4D 毫米波成像雷达。其雷达系列产品为传感和视觉增加新维度，将为需要高分辨率解决方案的工业 4.0 以及类似的终端市场带来颠覆性的变革。

2018 年 10 月，威亚公司又宣布推出汽车用 3D 成像的毫米波雷达传感器，可以创建汽车内部和周围环境的 3D 成像（见图 3），以提高司机的安全。这款雷达传感器组件集成了一个频率为 77 吉赫兹～88 吉赫兹的专用集成电路、48 个收发器、内部数字信号处理（DSP）、一个天线阵列和一个通用串行总线（USB）接口，具备了类似激光雷达的点云成像（每秒检测超过 15 万点）及高分辨率的特性。

图 3　威亚公司汽车用毫米波雷达传感器 3D 成像应用

威亚公司的毫米波 3D 成像传感器技术已展现出广阔的应用前景，将可在包括建筑\汽车、智能家居、零售、机器人等多领域实现革命性的应用。

三、应用领域

随着毫米波雷达成像技术的不断进步，包括以色列威亚的毫米波 3D 成像传感器技术在内已展现出广阔的应用前景，目前已经在包括军用雷达、制导、智能穿戴、民用建筑、老人护理、乳腺癌成像、汽车、智能家居、零售、机器人等多领域实现革命性的应用。

（一）军用雷达探测、导弹制导、卫星遥感、电子对抗等领域

早在 20 世纪 70 年代中后期，毫米波技术就得到很大的发展，在功率源、高增益天线、集成电路等方面取得进步，并首先应用于军事系统中，如直升机、防空系统、导弹制导系统等。近年来，毫米波雷达的主要应用包括：毫米波精确制导——毫米波导引头；战场监视雷达；坦克用搜索和跟踪雷达；低空搜索、跟踪和火控雷达；飞机防撞；港口舰船导航防撞等。

军用识别领域，雷达成像技术将为军用雷达识别、测距以及制导能领域带来革命性的影响。雷达近距离成像可以反映出目标的结构特征以及精细的几何信息，可用于目标识别，提高雷达对目标的辨识能力，在军事上具有重要的理论意义和实用价值。

比如美国陆军最新采用毫米波雷达的主"长弓"目标瞄准和导弹系统和战场作战识别系统，"长弓"系统以武装直升机为作战平台，任务是在夜间、雨、雾、雪及战场烟、尘等低能见度下，摧毁地面目标和低空目标，采用毫米波雷达成像技术将大大提高目标识别的精度和准确性，提升其军用识别系统的作战能力。

在军用航空领域，可以在空中警戒、引导方面发挥重要作用，目前的防空雷达、导弹制导雷达以及火控雷达采用毫米波 3D 成像雷达能够在屏幕上显示出真实性较高的立体图像，对于各类工作的开展都有巨大帮助。

在军用车辆和军用智能装备方面，毫米波 3D 成像技术也将为其带来重大变革，包括实现军用车辆智能驾驶、安全防撞，军用装备可视化等能力。2018 年，英国军工企业航空航天系统公司就开发出了一款名叫 Q-Warrior 的头盔附属装置，可通过增强现实技术为士兵提供额外的信息。

此外，毫米波成像技术的潜在应用领域还包括重要区域的安全警戒等，可大大提升区域的安全性。

（二）智能建筑、智能家居和智能交通等领域

毫米波成像技术能够区分物体和人员，在构建大面积区域 3D 地图的同时实现精确定位。其毫米波传感器可以实时地同时探测并分类各种目标，并能在任何天气或光照条件下运行，因此可以用于更智能的建筑系统，包括制热、通风和空调（HVAC）、照明、电梯等。

智能家居领域，毫米波成像系统将可用于智能老人护理、家居检测等方面，包括更好地照顾老年人，甚至可以观察到是否人在房屋中的呼吸情况，在早期阶段发现癌症等。

智能交通领域，毫米波成像系统可应用于车辆检测、交通量调查、交通事件检测、交通诱导、超速监测、电子卡口、电子警察和红绿灯控制等。

（三）汽车和自动驾驶领域

自动驾驶领域，毫米波成像技术可以进行障碍物探测、分类，以及实时地图构建，实现车辆自适应防碰撞巡航；可以创建汽车内部和周围环境的 3D 成像，以提高司机的安全。如威亚的传感器将与佛吉亚的"未来驾驶舱"汽车概念集成，能够支持座舱内活体的呼吸监测、位置监测、活动水平指示、事故情况下的紧急生命检测（包括人数及其状态）、乘客计数、辅助停车和驾驶，以及点云成像。

随着 3D 成像雷达的技术不断完善，甚至有望部分取代昂贵的激光雷达，在自动

驾驶，甚至无人驾驶时代为我们的出行安全"保驾护航"！

（四）安防领域

现有的人体安全技术已经很难去满足实际的需求，现在出现的主体金属藏匿、陶瓷刀具、3D 打印的危险品，都无法通过现有技术来进行检测。以机场、高铁、轨道交通等为代表的城市窗口和交通枢纽，基本依赖于人工手检，舒适度、效率、体验度都不高，利用毫米波成像技术大大提升人体安检的速度、舒适度和准确性。

此外，毫米波成像技术还拥有许多潜在应用领域等待开发，包括虚拟现实、无人机、机器人、工厂、农场等。

四、发展趋势

2018 年，法国预测机构悠乐发展公司在发表的名为"3D 成像与传感技术，2018年版"的报告中，详细介绍各种系统所使用的技术、3D 传感生态系统中的关键参与者以及 3D 技术的市场规模和预测。报告预测，3D 传感技术将快速发展，应用领域包括消费、汽车、医疗、商业、科学、国防和航天等，将在 2023 年达到 180 亿美元。

业界认为，民用如车载毫米波雷达成像技术总的趋势是朝着成本更低、体积更小、功耗更低、集成度更高的方向发展。在民用雷达芯片技术方面，高集成化的 CMOS 已逐渐成了主流工艺。毫米波雷达天线设计、调制技术和目标分辨率算法等方面不断创新，比如合成孔径雷达（SAR）、多输入多输出（MIMO）技术的突破，毫米波雷达在 3D 成像性能上正不断接近现有的激光雷达性能，这些新型雷达甚至有取代部分激光雷达的趋势。

2018 年威亚公司发布的毫米波 3D 成像 CMOS 系统级传感器产品具有重大的应用和发展意义。该传感器能够区分物体和人员，在构建大面积区域 3D 地图的同时，能够实现精确定位，可以实时地同时探测并分类各种目标，可以穿透不同类型的材料，并能在任何天气或光照条件下运行，使其理想地适用于汽车和工业市场。同时其潜在市场还包括建筑、老人护理、乳腺癌成像、汽车、智能家居、零售、机器人等多领域，未来发展潜力巨大。

（中国电子科技集团公司第十三研究所　赵金霞）

金刚石材料展现新潜能　器件性能稳步提升

一、技术背景

金刚石作为超宽带隙半导体材料的一员（禁带宽度约 5.5 电子伏），具有优异的物理和化学性质，被认为是制备下一代高功率、高频、高温及低功率损耗电子器件最有希望的材料。同时由于它是优异的高温半导体材料，因此，对半导体器件的发展起到举足轻重的作用。

据国际知名咨询公司 Technavio 发布的"全球半导体应用的金刚石材料市场 2017年～2021 年预测报告"显示，全球半导体应用的金刚石材料市场的复合年增长率（CAGR）在 2017 年～2021 年间将达到 19.26%。根据报告，排在增长趋势前三位的应用市场是物联网设备市场、数据中心市场和车联网市场。2018 年，金刚石半导体材料和器件技术取得了一些进展，大尺寸电子级晶圆制备技术和掺杂技术仍然是阻碍发展的主要瓶颈。

二、技术进展

（一）澳大利亚研究发现金刚石材料具备自旋电子器件材料潜能，有望用于量子器件

2018 年初，澳大利亚拉筹伯大学的研究人员在《应用物理快报》上发表论文，称其通过实验证明金刚石材料具备应用于自旋电子器件的关键特性，认为金刚石比传统半导体材料更容易被加工和制造成自旋电子器件，利用这项技术有望研制出更高效、更强大的新器件。

研究人员称，金刚石是非常好的绝缘体。但是，当暴露于氢等离子体时，金刚石将氢原子结合到其表面中（见图 1）。当氢化金刚石与潮湿的空气接触时，表面会形

成一层薄薄的水，使其变得具有导电性，从金刚石中吸引电子。金刚石表面缺失的电子表现为带正电荷的粒子，称为空穴，使表面导电。研究人员发现，这些空穴有许多自旋电子学的性质。最重要的性质是称为自旋轨道耦合的相对论效应，其中电荷载体的自旋与其轨道运动相互作用。强耦合使研究人员能够用电场来控制粒子的自旋。

研究人员测量了空穴的自旋与磁场的相互作用。实验温度低于 4 开尔文，实验中应用了与金刚石表面平行的不同强度的恒定磁场和稳定变化的垂

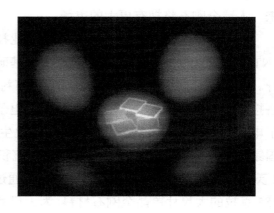

图 1　在氢等离子体中进行表面终止
处理的金刚石板

直场，通过监测金刚石的电阻变化情况，得到了体系自旋-轨道耦合强度和朗德因子等关键参数，这样就可以实现金刚石导电表面自旋的电场或磁场调控。

此外，金刚石是透明的，所以它还可以被集成到光学器件中，利用可见光或紫外光来进行操控。含有氮原子的氮空穴金刚石与其晶体结构中缺失的碳原子配对，显示出量子位或量子位的前景，这是量子信息技术的基础。能够操纵旋转并将其用作量子比特可能会使金刚石具有用于更多器件的潜力。

（二）人造金刚石市场扩张，电子级金刚石单晶制备是金刚石半导体技术发展的关键

金刚石材料制备技术的提升是金刚石电子器件性能提升的推动力。自从高质量单晶金刚石成功制备后，业界最关注的问题是如何扩大单晶金刚石的尺寸。人造金刚石与天然金刚石的结构相同、性能相近、成本相对较低，可应用于工业生产，具有极好的商业前景。研究人工制备金刚石的方法以满足大量的工业需求成为研究热点。

1955 年，美国通用电气公司首次合成出人造金刚石后，20 世纪末至 21 世纪初，受到制备方法的制约，金刚石膜的研究出现"低谷"。直到进入 21 世纪，重复生长法、三维生长法及马赛克法的出现，促进了大尺寸金刚石制备的发展，再次掀起研究制备金刚石的热潮并延续至今。2018 年 5 月，中国河南黄河旋风宝石级大单晶合成技术取得新突破，1 克拉左右的无色宝石级金刚石利用快速生长法培育成功。此方法即可达到批量商业化生产的水准。2018 年 7 月，随着人造金刚石的分量不断提升，美国

联邦贸易委员会对使用 62 年的钻石的定义都进行了修改，去除了"天然"二字。未来，人造金刚石将拥有更大的市场。

国际上，英国元素六公司、日本产业技术综合研究所（AIST）、日本电报电话（NTT）公司、美国地球物理实验室卡耐基研究院等一直致力于金刚石材料技术的提升。根据现有的报道，电子级单晶金刚石衬底非拼接最大尺寸达到 8 毫米×8 毫米，拼接式最大尺寸达到 23 毫米×23 毫米。电子级多晶金刚石方面，元素六公司已实现了电子级 4 英寸高质量多晶金刚石商业化生产，位错密度约 10^4 个/厘米^2；美国阿贡国家实验室借助于高温高压和化学气相沉积法制作的金刚石多晶薄膜的直径已达到 8 英寸；德国奥格斯堡大学 2017 年成功通过异质外延的技术实现了直径 3.6 英寸，155 克拉的大尺寸单晶金刚石材料，为大尺寸单晶金刚石的研制提供了新的技术途径和希望，但由于采用异质外延技术，导致位错密度较高；美国地球物理实验室卡耐基研究院目前已经能够让方形金刚石在 6 个面上同时生长，使得大单晶金刚石生长成为可能。

我国目前在金刚石单晶材料制备方面取得了很大的进步，但和国际金刚石制备技术相比依然存在显著的差距。单晶材料制备技术的瓶颈主要集中在无法获得高质量大尺寸金刚石籽晶、先进的金刚石微波等离子化学气相沉积设备技术限制以及金刚石加工设备技术落后。2017 年，山东大学启动"自支撑 CVD 金刚石单晶厚膜制备"项目，重点研究利用微波等离子化学气相沉积系统研究马赛克拼接法金刚石外延生长工艺，通过优化微波功率、气压和甲烷浓度、环境气氛等提升金刚石生长速率和晶体质量，预计 2019 年下半年完成 20 毫米×20 毫米自支撑 CVD 金刚石单晶厚膜制备，厚度达到 1 毫米。截止到 2018 年底，中国电科 13 所、中国电科 46 所均已成功制备出 10 毫米×10 毫米高质量单晶金刚石材料。

（三）金刚石半导体器件耐高温等性能指标提升

1. 日本研发出在 300 度高温下正常工作的氢化金刚石晶体管电路

2018 年 4 月，日本国立材料科学研究所的科研团队采用氢化金刚石，成功制造出一种电力转换系统的关键电路。他们更进一步地演示了这种电路可在达 300 摄氏度的高温下运行。这些电路基于金刚石的电子器件，比硅基器件更小、更轻、更高效。研究成果已发表在美国物理联合会出版的《应用物理快报》杂志上。

这项研究中，研究人员在高温条件下，测试了氢化金刚石"或非"逻辑电路的稳定性。当研究人员将电路加热至 300 摄氏度，它可以正确工作，但 400 摄氏度时就失效了。他们怀疑是更高的温度引起金属氧化物半导体场效应晶体管（MOSFET）崩溃。

然而，更高的温度也并不是不可能，另外一个科研小组就报告了相似的氢化金刚石 MOSFET 可以在 400 摄氏度高温下工作。相比而言，硅基电子器件的最高操作温度只有 150 摄氏度。

因此，研究人员表示，对于高功率发电机来说，金刚石更适合制造小尺寸、低功耗的电力转换系统。他们认为，金刚石是下一代电子器件的候选材料之一，特别是对于节能来说。开发英寸级的单晶金刚石晶圆和金刚石基的其他集成电路，对于实现产业化而言非常有必要。

未来，研究人员计划通过改变氧化物绝缘体和制造工艺，提高电路在高温条件下的稳定性。他们希望制造出可以在 500 摄氏度和 2 千伏电压条件下运行的氢化金刚石 MOSFET 逻辑电路。

2. 中国郑州大学开发出基于金刚石的日盲光电探测成像器件

郑州大学物理工程学院的单崇新教授团队利用金刚石优异的半导体光电性质，开发出基于金刚石的新型日盲光电探测成像器件，相关研究成果以综述文章"Optoelectronic Diamond：Growth，Properties，and Photodetection Applications"于 2018 年 7 月发表在国际光学权威期刊《先进光学材料》上。

单崇新教授团队两年前成功开发出化学气相沉积方法制备克拉级金刚石的工艺，研制出透明性良好的金刚石单晶。此次该团队利用激光直写技术在金刚石表面制备插指型石墨电极，成功构建了全碳结构的金刚石基光电探测器件。此方法制备探测器具有工艺简单、器件结构灵活、成本低等优点。探测器响应截止边位于 225 纳米，对应于金刚石本征吸收边。紫外/可见抑制比接近 4 个数量级，证明器件具有良好的日盲响应特性。该器件在 50 伏特偏压下，响应度高达 21.8 安培/瓦，探测率为 $1.39×10^{12}$ 琼斯，是目前已报道的金刚石基日盲探测器最好结果之一。器件良好的性能得益于高质量金刚石的制备及原位形成的石墨电极与金刚石良好的接触。随后，该团队将此器件作为感光单元搭建了日盲成像系统，获得了清晰的图像，为金刚石在日盲成像领域应用探索有效途径。

3. 2018 年金刚石半导体器件输出功率密度取得新高

2018 年 6 月在中国西安举办的"第五届单晶金刚石及其电子器件国际研讨会"上，早稻田大学河原田教授介绍了其团队的最新研究进展，其金刚石场效应晶体管（FET）在 1 吉赫兹下最大输出功率密度达到 3.8 瓦/毫米，超过了之前由日本 NTT 公司 2005 年获得的 2.1 瓦/毫米的最好结果。早稻田大学的金刚石 FET 器件在 1 吉赫兹下，线性增益为 15.1 分贝，功率附加效率为 23.2%，输出功率密度最大达到 3.8 瓦/

毫米。该结果还未在国际上发表论文。关于金刚石器件其他性能指标的最高值，根据现有报道，目前金刚石 FET 最高振荡频率的最好水平为 120 吉赫兹，由日本 2006 年的研究成果保持。金刚石 FET 截止频率的最高值为 53 吉赫兹，由英国格拉斯哥大学 2015 年获得。

我国在金刚石半导体器件方面发展较快，近几年连续取得了一些非常好的研究成果，个别性能指标处于国际领先水平。中国电科 13 所研制的金刚石射频器件 2018 年初大信号的测试结果显示，1 吉赫兹下器件连续波输出功率密度达到 836 毫瓦/毫米，增益 14 分贝，功率附加效率 21.7%；2 吉赫兹下测得连续波输出功率密度达 745 毫瓦/毫米，增益 15 分贝，功率附加效率 28.6%，功率达到国际领先水平。中国电科 55 所联合中国电科 46 所成功研制了截止频率为 70 吉赫兹、最大振荡频率为 80 吉赫兹的 0.1 微米栅长金刚石微波器件，频率达到国际先进水平。但整体来讲，我国金刚石器件研究还限于实验室阶段，综合性能对比与国际先进水平仍差距较大。

三、面临的主要问题和发展趋势

我国虽然在金刚石微波电子器件研究方面已经取得了显著的突破，但受制于金刚石材料尺寸以及质量的制约，金刚石器件主要在小尺寸材料上开展，典型尺寸 5 毫米×5 毫米、8 毫米×8 毫米，小的尺寸材料不仅制约了器件的有效尺寸，也制约了半导体工艺技术的发挥。同时，金刚石材料掺杂过程存在的浓度和迁移率无法同时提升的瓶颈问题以及半导体级金刚石材料外延技术的欠缺严重制约着金刚石电子器件技术的提升。为了使金刚石半导体器件性能获得提升，并达到应用的要求，应重点突破高质量大面积单晶金刚石晶圆和电子级单晶金刚石薄膜的生长技术。此外，单晶金刚石的缺陷特性、掺杂、载流子输运调控及欧姆接触和肖特基接触也是单晶金刚石正式迈入半导体应用领域的准入证。同时，应加强金刚石与其他半导体形成异质结和异构结构方面的研究，开辟金刚石基半导体在能带工程和量子器件领域的新应用。

（中国电子科技集团公司第十三研究所　史超）

后摩尔时代新计算芯片进展

一、技术背景

国际半导体技术发展路线图（ITRS）和后续的"国际器件与系统路线图"（IRDS）指出，随着摩尔定律接近终结，集成电路（IC 或称芯片）的发展进入后摩尔时代，先前遵循摩尔定律的 CMOS 按比例尺寸缩小主流技术，开始更多地向以 3D 异质异构集成、3D IC、系统芯片（SoC）为代表的系统集成——即"超越摩尔定律"，以及开发石墨烯纳米带（GNR）场效应晶体管等信息处理新器件——"超越 CMOS"两个方向发展。

随着微电子技术发展，我们来到新计算范式的突破前沿。计算范式涉及设计和制造所要求的技术和科学的框架。冯·诺依曼（Von Neuman）体系是现行主流计算体系架构，即计算机的数制建立在 CMOS 技术基础之上，采用二进制并按照程序顺序执行，计算和存储是分开的，其效率受到限制。这一计算机主流架构遇到了由于基础微电子"摩尔定律接近终结"和架构缺陷所导致的发展瓶颈。为了推动信息技术继续发展，需要做出重大努力去 "超越摩尔定律"和"超越 CMOS"，发展新兴的高速计算芯片。

二、技术分析

（一）单片异质异构集成

1. 单片异质集成

单片异质集成是 DARPA 电子复兴计划（ERI）的重要组成部分，其着眼于研究在单个芯片上集成不同的半导体材料，结合了处理和存储功能的"粘性逻辑"（sticky logic）器件（存储和处理集成在一起），以及垂直而非平面集成微系统组件。2017 年西班牙光子科学研究所（ICFO）研究人员首次展示了石墨烯与 CMOS 集成电路的单片集成，制备出高分辨率成像传感器，它包含成百上千个基于石墨烯和量子点的光电探测器。

2. 芯片级、晶圆级封装

半导体产业持续追求在集成式 3D 封装中连接不同的芯片和小芯片（chiplet）。麻省理工与斯坦福两所大学的计算机科学家和电气工程师们，携手开发出了一种集成了内存和处理器、并采用碳纳米管线来连接的 3D 计算芯片。2018 年年底英特尔推出采用异构堆栈逻辑与内存芯片的新一代 3D 封装技术。这款名为 Foveros 的 3D 封装技术结合逻辑与内存的 3D 异构结构打造出堆栈芯片。相较于目前可用的被动内插器和堆栈内存技术，Foveros 将 3D 封装的概念进一步扩展到包括高性能逻辑，如 CPU、图像和人工智能（AI）处理器。2018 年 8 月，Altera 公司公开业界第一款异构系统级封装（SiP，System-in-Package）器件，集成了来自 SK Hynix 的堆叠宽带存储器（HBM2）以及高性能 Stratix 10 FPGA 和 SoC。

（二）可能带来计算范式变革的技术

能够从根本改变微电子组成、源和发展的新兴技术是从简单的晶体管基逻辑和运算衍生出来的先进计算范式和方案。表 1 总结了由系列新逻辑门技术支撑的四种新兴的计算范式，它们是未来 5～10 年美国国防高级研究计划局（DARPA）和美国情报高级研究计划局（IARPA）的重点关注技术。

表 1　未来 5～10 年将带来计算革命的多种技术

计算范式			
数字计算	模拟计算	神经启发计算	量子计算
CMOS 3 nm，2021 年	SiGe/RF	神经记忆电阻	分子计算
自选多数门	混合数字/模拟	VLSI	神经启发计算
自旋波器件	NEMS	生物形态的	人-机交互
III-V 隧道晶体管（TFET）	纳机电系统		皮层耦合计算
异质功能 TFET	纳米光子学		自旋电子
石墨烯纳米条带 TEFT（碳）	约瑟夫森结/超导		

皮层耦合处理器（Cortical- Processor）项目是 DARPA 的下一代机器学习发展处

理架构，研究能辨认复杂模式并能适应环境不断变化的类脑新一代处理芯片和算法。海德堡大学展示了新的 BrainScales 神经形态芯片原型，是该类芯片最新的重要进展之一。

美国加州大学巴巴拉分校（UCSB）量子传感和成像研究组研究团队选择了含有称为涡流——磁通的局部区域的磁性机构，历时两年开发出一种全新的量子传感器传感器技术——具有纳米尺度的空间分辨率和精致的敏感性。

2017 年清华大学微电子所钱鹤、吴华强课题组在《自然通讯》（Nature Communications）在线发表了题为 "运用电子突触进行人脸分类" 的研究成果，将氧化物忆阻器的集成规模提高了一个数量级，首次实现了基于 1024 个氧化物忆阻器阵列的类脑计算。该成果采用完全不同于传统"冯·诺依曼架构"的体系，在最基本的单个忆阻器上实现了存储和计算的融合。

（三）"超越 CMOS"的新兴微纳信息处理器件

图 1 显示了具有代表性的"超越 CMOS"新兴微纳信息处理器件的发展情况，使用"架构""数据表示""器件""材料""状态变量"这五个范畴里的词条来描述新器件特征和属性。在 CMOS 平台技术词条之外的其他词条则代表单个的、需进一步探索的高创新性的方案，从中可能产生可微缩的新信息处理范式。

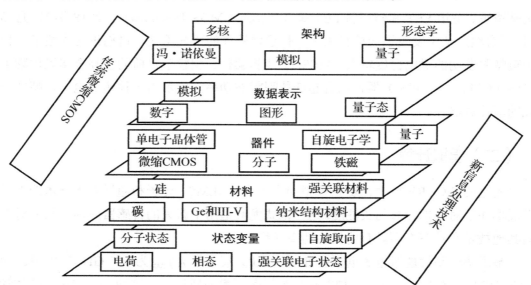

图 1　典型在研新微纳电子信息处理器件一览（来源：ITRS）

2017 年 3 月在物理国际研讨会上 Intel 展示了十几种"超越 CMOS"逻辑和计算

新器件，显示了对这一领域的高关注度。英特尔的最终目标是在使用相同的晶圆生产线，实现每次计算操作能耗显著降低。英特尔正在探索不同类型的自旋电子技术，以在功耗等性能上击败 CMOS，如全自旋、磁电和自旋轨道耦合逻辑器件。

2018 年 12 月 3 日，《自然》杂志发表了一篇有关下一代逻辑器件的研究论文，作者包括英特尔、加州大学伯克利分校和劳伦斯伯克利国家实验室的研究人员。这篇论文描述了一种由英特尔发明的磁电自旋轨道（MESO）逻辑器件。相较于目前的互补金属氧化物半导体（CMOS），MESO 器件结合超低休眠状态功率，有望大幅降低电源电压和功耗。在探求不断微缩 CMOS 的同时，英特尔一直在研究超越 CMOS 时代的未来十年即将出现的计算逻辑选项，推动计算能效提升，并跨越不同的计算架构促进性能增长。

三、新计算芯片的进展

（一）先进数字计算

数字 CMOS 当前处于 14 nm 节点并具备在 2022 年微缩至 3 nm 的潜力。为了实现这些新的技术节点需要对材料和工艺进行改进，这样会增加设备和制造成本，并且需要对在复杂设计和制造流程中的恶意介入行为提出新的防范要求。同时正在开发自旋基逻辑、隧道 FET 和新材料 FET 等替代传统 CMOS 开关的器件。2018 年 12 月 3 日，《自然》杂志发表了一篇有关下一代逻辑器件的研究论文。这篇论文描述了一种由英特尔发明的磁电自旋轨道（MESO）逻辑器件。相较于目前的互补金属氧化物半导体（CMOS），MESO 器件结合超低休眠状态功率，展示出一种超低电压、超低功耗的新计算器件。

（二）模拟计算

先进的 SiGe RF 技术、数字/模拟混合平台、NEMS、光子和超导电子技术的不断发展增加了对模拟计算的关注度。这一范式尤其适用于新兴的传感器应用并且相对某些其他技术在功率方面具有明显的功率优势。

最近德国高性能微电子创新研究所（IHP）展示了 f_T/f_{max} 为 505 GHz/720 GHz 的 SiGe HBT 晶体管，创下特征频率和最高振荡频率的新纪录。这种 SiGe HBT 晶体管能够使有线和无线系统的数据速率达到 100 Gb/s 以上。IHP 在 2018 年的国际微波大会（IMS2018）上，还演示了最新的采用 SiGe BiCMOS 工艺制作的 120 GHz 的 4 收 4 发毫米波雷达芯片。

（三）神经形态（neuromorphic）计算

神经形态（neuromorphic）计算采用类脑芯片架构，是模拟人脑的神经突触传递结构，通过模仿人脑工作原理使用神经元和突触的方式替代传统冯诺依曼架构，使芯片能够进行异步、并行、低速和分布式处理信息数据，并具备自主感知、识别和学习的能力。

类脑芯片在 2018 年 1 月迅速引发了广泛关注，因此斯坦福大学研究院电子与微系统技术实验室的 Jeehwan Kim 教授在《自然》杂志上发表的一篇论文表示其与研究员们使用一种称为硅锗的材料研发了一款人工突触芯片，可支持识别手写字体的机器学习算法。

在美国举行的"2018 神经启发计算元素（NICE）研讨会"上，来自德国海德堡大学、德累斯顿工业大学以及 Intel 公司的研究人员展示了 3 款新的神经形态芯片。

欧洲开发的两款芯片是欧盟人脑计划的成果之一。海德堡大学展示了新的 BrainScales 芯片原型，拥有模拟和数字混合设计，可将工作速度最高提高数百倍。第二代的 BrainScales 神经形态芯片具备可自由编程的片上学习功能，以及拥有活动树突树的复杂神经元的模拟硬件模型，对重现持续学习过程尤具价值。

德累斯顿工业大学展示了新的 SpiNNaker 芯片原型。第二代的 SpiNNaker 神经形态芯片基于众核架构，集成了多个处理器。一块芯片上包含 144 个具备创新电源管理功能的 ARM Cortex M4 内核，可实现高能效。SpiNNaker 芯片的计算速度可达到 360 亿条指令/每秒每瓦特，该芯片将主要应用于多尺度大脑模型的实时模拟。

Intel 公司的 Loihi 芯片针对神经网络采用了一种非常先进的命令结构，以及微码可编程的学习规则，支持监督学习、无监督学习、强化学习等片上学习模型。

（四）量子计算

美国国家战略计算倡议备选方案严重依赖量子信息科学。量子计算芯片是量子计算机的核心部件，其发展水平也代表了量子计算机的进展情况。目前，研究量子计算的载体较多，包括超导约瑟夫森结、半导体量子点、离子阱、金刚石色心、拓扑绝缘体以及量子光学芯片等。仍然没有清晰的路线图。

1. 超导量子芯片方案

利用超导量子器件实现量子计算是当前量子计算的主流方案之一。目前，从相干时间、集成度、保真度（99.9%以上）三项指标上看，超导量子比特的研究进展最为迅速。此前，英特尔、IBM、谷歌所公布的最新进展均是基于超量子芯片方案。2018年3月，谷歌推出72量子比特的Bristlecone量子处理器，正是该领域的最新成果。在2018年国际消费类电子产品展览会（CES）上，英特尔宣布成功设计、制造和交付49量子比特（量子位）的超导测试芯片Tangle Lake。

2. 半导体量子芯片方案

与超导量子芯片方案相比，半导体量子计算的保真度不足，但半导体量子点具有可容错和可拓展两大优势，能够与现有半导体芯片工艺完全兼容，因此得到了研究机构和业界的广泛关注。2017年，日本理化研究所在硅锗系统上获得了退相干时间达到20微秒、保真度超过99.9%的量子比特。目前，英特尔、Silicon Quantum Computing等公司都投入巨资研发相关技术。澳大利亚新南威尔士大学也在近日发布消息，表示该校量子计算与通信技术卓越中心（CQC2T）的研究人员已经证明，他们开创性的单原子技术可以适用于构建3D硅量子芯片，实现具有精确的层间对准和高精度的自旋状态测量，并达成全球首款3D原子级硅量子芯片架构，朝着构建大规模量子计算机迈出了重要一步。2018年2月，中国科学技术大学郭光灿院士团队在半导体量子芯片研制方面再获新进展，创新性地制备了半导体六量子点芯片，在国际上首次实现了半导体体系中的三量子比特逻辑门操控，为未来研制集成化半导体量子芯片迈出坚实一步。

3. 离子阱量子芯片方案

与前两者相比，离子阱量子计算的量子比特品质高，但其可扩展性差，且体积庞大，小型化尚需时日。目前，离子阱量子芯片是量子计算领域进展最快的物理系统之一。2016年，马里兰大学研制出可编程的5量子比特离子阱计算机，2017年成立IonQ公司并研制出32离子比特量子计算机原型机。

4. 拓扑量子芯片方案

该方案基于受拓扑保护的量子比特，原则上不会有耗散问题，因此在比特集成方面有更好的优势。目前，拓扑保护的量子态——马约拉纳零模——已经在实验上实现。未来的研究热点将是探索更多的理论和实验方案，实现拓扑量子比特，单比特和两比特量子门读取和操作。微软在该领域布局已超过10年，未来有望率先实现拓扑量子计算机，并一举获得量子计算领域的领先地位。2018年5月，微软在Build大会上宣布要在五年内造出一台拥有100个拓扑量子比特的量子计算机，并将其整合到微软云Azure中。

（五）边缘（EI）计算

边缘计算芯片是一种靠近物或数据源头的网络边缘侧的人工智能（AI）芯片。不仅民用市场前景广，对军用智能传感器网络也有重大意义。AI-EI 芯片是一种去冯·诺依曼架构的设计。新方案是采用 Processing in Memory（PIM）的方式，把处理直接放在存储单元的位置，降低整个系统的复杂度。这需要在电路（模拟信号）的层面重新设计存储器。初创公司 Mythic 即采用 PIM 技术来设计 AI 芯片。边缘结构芯片可以采用类脑 AI 芯片结构，IBM 的 TrueNorth、高通的 Zeroth 及国内的 Westwell 是类脑芯片的代表公司。

四、新芯片可能产生"颠覆性"效果

美国国防高级研究计划局（DARPA）试图通过"电子复兴"计划来突破发展瓶颈。该计划旨在开放各种前沿发展方向，重点推动芯片向"超越摩尔定律"和"超越CMOS"方向发展。试图通过在范式、算法、架构、电路和器件技术、制造技术上的改进，发展包括图形处理器（GPU）在内的"类脑"神经芯片架构等新计算芯片。在目前摩尔定律几近失效，微电子技术路线接近交叉路口的特殊时期，新兴芯片的研发可能对建立在传统冯·诺依曼架构上的计算技术带来变革，对军事微电子发展产生深远影响。

（中电科技集团重庆声光电有限公司　赖凡　毛海燕　张健）

芯片级微系统前沿技术及高端产品

一、技术背景

以电磁波为载体的侦察探测对抗信息处理系统与无线电通信在集成电路设计与制造技术驱动下继续沿着"全频域""超宽带""快响应""可重构""自适应"及"智能化"的系统集成化方向发展。无线电整机系统的体系架构越来越广泛使用相控阵列技术和软件无线电技术以实现多种系统功能的一体化和综合化。这种新的系统需求和系统结构、功能和性能的发展，牵引了微电子设计工艺技术和高端芯片的进一步发展。当前军用领域的"侦干探通"一体化综合电子装备以及民用领域的 5G 通信均对 GaN 功放、毫米波收发前端多功能集成、新一代小型化集成型射频滤波器、sub 6 GHz 全集成软件无线电收发机、软硬件全可编程数字信号处理、短/中/长距离光传输等微电子、光电子和微声器件技术和产品提出了新的更高的系统集成芯片（SoC）单片集成及 SiP 微系统集成需求，图 1 给出了典型电磁波射频收发链路两种集成的示意图，本文重点介绍多通道与多功能 SoC。

二、技术细节

（一）射频前端多功能集成芯片

以美国模拟器件公司（Analog Devices，Inc.，ADI）和美国德州仪器公司（Texas Instruments，TI）为代表的著名模拟集成电路设计公司，基于自身在高性能数据转换器（ADC/DAC）和射频集成电路（RF-IC）的技术优势，近几年陆续推出了集成射频收发通道、模拟中频信号处理电路、ADC/DAC、数字信号滤波及补偿、高速 JESD-204B 串行接口等功能电路为一体的硅基射频前端多功能系统集成芯片（RF-SoC），具备了全集成软件无线电收发机能力，从功能、性能、体积、功耗等方面大大提升了整机电

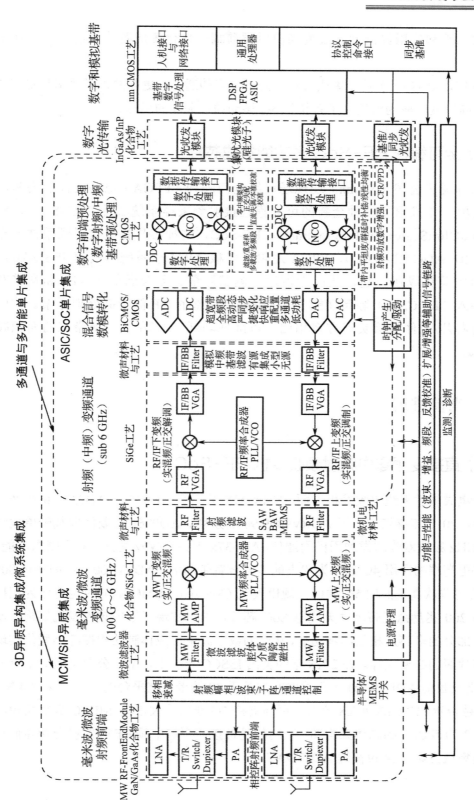

图 1 典型电磁波射频收发链路的功能和通道集成

子系统的水平和应用灵活性，成为当前射频前端一体化集成芯片发展的方向和里程碑。

2018 年，RF-SoC 多功能集成芯片正向着更多的通道、更高的采样速率和更宽的带宽等方向发展，成为整机电子系统和 5G 移动通信关注的重点。

（二）全可编程 RF-SoC 多功能集成芯片

美国赛灵思公司（Xilinx）在现场可编程门阵列（FPGA）电路设计能力基础上，于 2017 年推出了一种全新的可编程直接射频采样系统芯片（RF-SoC），称之为 ZynqUltraScale+All-Programmable RF-SoC。这种芯片将直接射频采样数据转换器（RF-ADC/RF-DAC）、FPGA 逻辑、多核 ARM 子系统和高速 JESD-204B 串行接口完美集成在一起，从而为雷达、测试测量、无线通信（5G）和宽带有线电缆接入（DOCSIS）等高性能 RF 应用提供完整的 RF 信号链处理方案。该应用方案与芯片/组件板级实现方案相比，可降低功耗 50%左右，所带来的面积减小到 70%。

三、当前进展

（一）直接变频零中频射频收发机 RF-SoC

在全集成软件无线电收发机方面，美国 ADI 公司继 AD936x、AD937x 系列产品发布之后，2018 年继续推出了 ADRV9009/9008 系列。AD936x 主要面向载带单载波的 sub 6 GHz 频段双收双发通用民用通信，AD937x 支持双收双发及回看和嗅探功能，主要面向更高端的民用 4G 通信为代表的多载波宽带通信。ADRV9009 和 ADRV9008 是 ADI 公司首款真正面向 5G 通信大规模天线（Massive MIMO），同时也可作为相控阵体制的 200 兆赫兹宽带软件无线电 SoC 芯片，首次实现了零中频收发机架构下本阵和基带部分的多芯片相位同步功能，从而为数字波束形成体制的相控阵小型化实现提供了芯片级的必要支撑。在 2018 年的美国 ISSCC 年会上，ADI 公司总裁的主题演讲中，还提及目前 ADI 公司还未正式发布的基于 28 纳米工艺平台的下一代 4 收 4 发、400 兆赫兹带宽的 ADRV90XX 产品，更强支持 5G 通信的大规模 MIMO 数字相控阵应用。图 2 为该 SoC 的总体架构图，采用的是直接变频零中频 RF 收发机全功能低功耗多通道集成方案，14 位高速 ADC/DAC。

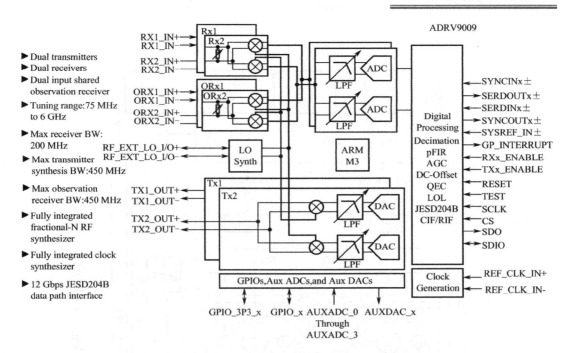

- Dual transmitters
- Dual receivers
- Dual input shared observation receiver
- Tuning range:75 MHz to 6 GHz
- Max receiver BW: 200 MHz
- Max transmitter synthesis BW:450 MHz
- Max observation receiver BW:450 MHz
- Fully integrated fractional-N RF synthesizer
- Fully integrated clock synthesizer
- 12 Gbps JESD204B data path interface

图2　多通道直接变频零中频 RF 收发机集成框图

（二）射频采样收发机模拟前端 RF-SoC

在更通用的无线和有线通信及超宽带信号收发数字化方面，美国 TI 公司于 2018 年年底发布了以 AFE74XX 和 AFE76XX 为代表的 4 收 4 发射频采样模拟前端 SoC 芯片（RF-Sampling Transceiver/Analog-Front-End），该芯片集成了 4 路 14 位 3GSPS RF-ADC 作为接收通道，4 路 14 位 9GSPS RF-DAC 作为发射通道，支持高达 1.2 吉赫兹信号带宽的收发和数字化，同时集成了低噪声 PLL 时钟合成器、模拟前端数控衰减器、高速 SERDES 接口和强大的数字滤波、变频等信号处理功能，可以用于 5G 通信、C 波段（5 吉赫兹以内）射频直接采样超宽带直接数字化收发与通道处理。图 3 给出了该芯片的集成功能框图及系统应用方案示意图。

（三）软硬件全可编程 RF-SoC

在软硬件全可编程 RF-SoC 方面，Xilinx 公司 2017 年推出了"Zynq UltraScale+ RFSoC"架构的全可编程 RF-SoC 方案，产品型号为 ZU2xDR，在 16 纳米工艺上集成了 8 通道 12 位 4GSPS 或 16 通道 12 位 2GSPS RF-ADC 和 16 通道 14 位 6.4GSPSRF-

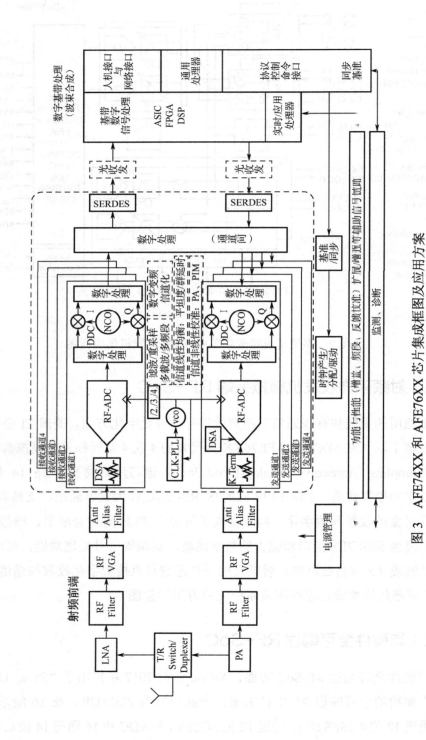

图 3　AFE74XX 和 AFE76XX 芯片集成框图及应用方案

DAC、高性能时钟合成 PLL、32 吉比特/秒速率 SERDES、高速高效可重构硬件 DSP，大规模可编程逻辑（FPGA）、多核 ARM 实时与应用处理器。2018 年 Xilinx 又对外宣传其正在研发第二代 Zynq UltraScale+ All-Programmable RFSoC，产品型号为 ZU3xDR，将 ADC 升级为 16 通道 14 位 2.5GSPS 或 8 通道 14 位 5GSPS，DAC 升级为 16 通道 10GSPS。同时 Xilinx 公司于 2018 年初宣布的下一代 7 纳米工艺上，支持人工智能（AI）运算的自适应计算加速平台 ACAP（Adaptive Compute Acceleration Platform），在 2018 年 10 月 16 日北京召开的 Xilinx 开发者大会（XDF）上宣布了 ACAP 平台的首款 AI 芯片，产品代号为 Versal，并且宣布 Versal AI 芯片后续将集成更高性能的 ADC/DAC、PLL，从而推出 Versal AI RF 系列产品，在上一代的 Zynq UltraScale+ All-Programmable RF-SoC 产品基础上，升级为包含射频采样数据转换器的、支持人工智能和射频信号直接数字化的更好性能的系统芯片。图 4 给出了该芯片的集成功能框图及系统应用方案示意图。

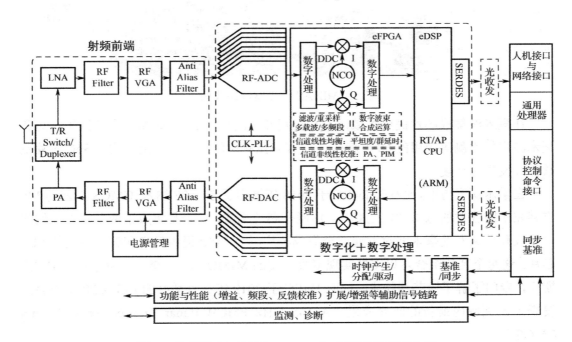

图 4　软硬件全可编程 RF-SoC 集成框图及应用方案

（四）其他高端射频及毫米波收发芯片

在支持 MIMO 和数字波束形成体制的毫米波收发芯片方面，美国 DARPA 在 2018 年启动 MIDAS 计划（Millimeter Wave Digital Arrays），以期望实现毫米波频段的阵元级数字波束形成，并且后续将依托芯片级微系统集成技术实现异质集成小型化，图5给出了 MIDAS 计划的发展路线图。

2018 年的国际双极和化合物电路大会（BCICTS），美国雷声公司（Raytheon）在 DARPA 的 ACT（Array at Commercial Timescale）计划资助下发表了基于 RF 采样新技术的芯片级频率变换与滤波，以实现阵元级数字波束形成相控阵。

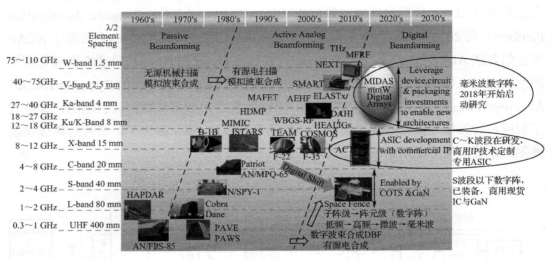

图 5　MIDAS 计划发展路线图

在毫米波集成芯片民用领域，ADI 公司和 TI 公司已经开始量产支持汽车雷达和毫米波定位探测等应用的 60 吉赫兹～77 吉赫兹频段的射频基带全集成的 SoC 芯片及软件开发生态环境。

在学术研究方面，比利时 IMEC 于 2018 年推出了基于 28 纳米 CMOS 工艺的 140 吉赫兹多路收发的毫米波雷达套片，由两个芯片构成，一个是集成了两个片上天线的单路收和单路发的毫米波收发通道全集成芯片，另一个是提供频率和波形控制的 PLL 芯片。这两个套片组合可以支持实现多收多发的 MIMO 雷达。李克强总理访问 IMEC 期间，专门了解了该芯片技术。同时 IMEC 于 2019 年 2 月举办的 ISSCC2019 年会上发表了该领域内最新的研究成果"A 145 GHz FMCW-Radar Transceiver in 28 nm CMOS"。

德国创新高性能微电子研究所（IHP）也长期致力于高水平高集成度毫米波收发芯片研究，在 2018 年的国际微波大会（IMS2018）上，发表了最新的 120 吉赫兹的 4 收 4 发毫米波雷达芯片，集成了 8 个天线和完整的波束形成/变频调制功能，以支持更强的 MIMO 相控阵波束形成功能，属于国际同类产品中的一流水平。

四、影响和意义

电子系统在向着数字化、小型化、智能化的总体发展趋势下，其性能将不断向高速率、超宽带、低功耗的目标提升。基于直接变频零中频、射频直接采样和全可编程射频三种架构成了新一代射频前端多功能一体化系统集成芯片技术领域的标杆，在 2018 年也取得了进一步发展，基于其他射频多功能的架构也不断推出，给整机准备电子信息系统和移动通信（5G）带来了越来越广阔的空间。国内相关系统厂商基于这些芯片正在开展各种层面的应用验证工作，以促进系统功能和性能的不断提升。国内多家元器件研制单位也针对系统应用需求，在国家及相关部委的支持下，也开展了相关技术和产品的研发，将为该类高端高性能系统芯片的自主可控发展奠定坚实基础。

（中电科技集团重庆声光电有限公司　付东兵 李儒章）

瞬态电子技术新进展分析

一、技术背景

瞬态电子技术是指采用特定的材料或工艺所制备的器件在实现与完成指定功能后，可在外界条件的可控触发下，器件的物理形态或功能特性在预期时间内发生部分或者完全消失的一种新兴技术。"消失"从广义上包括降解、溶解、腐蚀、动力学破坏、散射、蒸发/消融等其中一种或几种自毁"瞬态"过程，其中环保或生态友好型的完全消失是最佳的"瞬态"过程。

瞬态电子产品，尤其是环境友好型瞬态电子器件所具有的环保型可降解或消失性特征是国防、金融等领域信息安全的重要保证技术，是实现战场遗留的军用电子产品（如传感器等大量散布电子器件）免去去回收的需要。瞬态电子在国防，高端装备制造、环境保护、健康医疗等方面都有着广泛的应用前景，有望在军事和反恐电子、零废物消费电子器件和植入式可降解医疗器件方面取得突破性进展，并可向柔性电子领域扩展。美国国防高级研究计划局（DARPA）是瞬态电子技术的主要推手，在瞬态溶解电路（Vanishing Programmable Resources，VAPR）方面的研究已经进行了数年，主持开发研制了多种瞬态材料及器件。虽然瞬态电子技术整体仍处于发展的初级阶段，但已经引起国际上的高度关注并且出现了不同技术各具特色、多点开花的局面，以满足不同应用的需要。

自美国伊利诺伊大学 Rogers 课题组于 2012 年最早开始进行具有瞬态行为的电子器件相关研究以来，一些研究机构围绕不同的瞬态电子器件的制备与应用进行一系列力学模拟、材料合成、线路制造、器件加工以及性能测试等工作，并探索集成传感器、有源无源器件、电源系统和无线控制方法，采用不同方法取得了令人瞩目的进展。据研究机构 INDUSTRAY ARC 统计，在 2014 年～2018 年期间全球专利申请中，施乐帕克研究中心（PARC）拥有 32.43%的专利份额，而伊利诺伊（Illinois）大学位列榜首，拥有 40.54%的份额。

本文重点选取 2017 年～2018 年间瞬态电子技术重要进展，从瞬态可降解材料、降解方式、加工工艺及功能化瞬态器件等方面进行总结，分析研究技术细节和意义，梳理技术发展脉络。

二、技术细节

（一）可降解材料

可降解材料作为瞬态电子技术最基础也是最重要的组成部分，主要包括可降解的衬底材料、介质层材料、互连导线材料和半导体功能材料，各个材料的降解能力、柔韧性及功能性直接关系到整个器件的降解能力和工作性能。

目前，高性能的可降解电子以硅基薄膜器件为主，以单晶硅薄膜作为半导体材料。常用的可降解互连材料包括降解金属导线材料（镁、锌、铁、钼等），结合多种商用的可降解聚合物基底（聚乳酸-羟基乙酸共聚物、聚己内酯、各种蛋白、纤维素等），即可实现能在水溶液中完全降解的薄膜器件（功能材料厚度小于 2 μm，基底材料厚度小于 100 μm）。

日本原子能机构材料科学研究中心研制了于汗液化学原位定量分析的荧光皮肤界面微流体装置和智能手机成像模块，伊利诺伊大学弗雷德里克塞茨材料研究实验室和材料科学与工程系研究了用于高性能软电子器件的半导体纳米膜材料，美国西北大学材料科学与工程系研究了使用升华材料的干式瞬态电子系统，其瞬态电子器件可用于沙漠场景——材料技术的发展将满足不同应用场所的不同要求。

（二）触发和降解机理

1. 水触发降解

瞬态电子器件主要是通过外界特定的刺激发生降解，水触发降解是目前最常见的方式。2017 年，中国科学技术大学徐航勋和美国休斯顿大学余存江合作，设计出一种水触发式瞬态电子器件。该器件以湿度敏感型聚酸酐作为衬底，聚酸酐通过吸附空气中的水分子发生水解，水解过程中产生的有机酸可以溶解非瞬态意义的电极材料（Cu）、金属氧化物电介质（MgO）和半导体材料（IGZO），使其也展现出可降解的功能，扩大了瞬态电子材料的范围。更重要的是通过改变酸酐衬底材料的组成和环境的湿度，可以精确调控器件的降解过程，实现了器件降解时间从几天到几周的精准调控，在低成本、易调控的水触发式的瞬态电子系统中有着重要的应用前景。

2. 光触发降解

光触发瞬态电子正从紫外光触发向可见光触发发展。正在研究和创造一系列用于消失电子器件部件的、由阳光触发的以及可蒸发的聚合物。目标是在环境温度或更低温度下（包括低至-40 ℃的低温环境）使用诸如阳光环境之类的触发器实现快速瞬变，使用酸发生器可放大触发效应。佐治亚理工学院将刺激瞬态发生的光化学反应已从紫外线延伸到可见区域。P（PHA-co-BA）薄膜的瞬态总包括 8.3 秒光激活时间、31.9 秒解聚时间和 5 小时单体蒸发时间。

3. 热触发降解

在各种激励响应系统中，热触发器研究已经广泛涉及了包括药物材料输送、膜和电池关闭的相变和体变材料等热敏材料对象。值得注意的是热激活可以与其他触发，例如用于基于光热纳米材料或感应加热的非接触加热的光、磁或射频（RF）等模式结合。贝克曼先进科学技术研究所和伊利诺伊大学演示了用酸敏感的低-Tc（顶温）聚合物衬底（环状聚（苯二醛）（cPPA）（Tc = 43 ℃））包封的、由紫外光触发电子器件的瞬态过程，会在 20 分钟内导致衬底化解和器件破坏。

（三）制造工艺

目前瞬态电子器件的加工制作主要通过瞬态材料与现代电子加工工艺相结合，大量采用蒸镀和刻蚀等工艺对电路和器件进行集成。但瞬态电子设备所涉及的材料对温度和湿度较为敏感，需要在原有的工艺上增加牺牲层等手段进行保护，使工艺变得十分复杂，不利于器件的大规模加工。随着印制电子技术的发展，通过喷墨打印和丝网印刷等技术发展出新型瞬态电子设备加工技术，使得电子产品更加轻薄、精致，并有效降低电子产品成本。天津大学精仪学院生物微流体和柔性电子实验室黄显团队首次提出了新型的打印工艺，通过光脉冲烧结以及激光烧结的方法，可实现快速、低成本的可降解金属电路图案的打印，相关研究成果在线发表在电子和材料领域国际权威学术刊物《Small》和《Advanced Materials》上。另外，中电科技声光电利用集成电路SOI 工艺，结合减薄抛光、干法与湿法腐蚀等技术，成功研制出厚度小于 10 微米的薄膜晶体管，并与自主研制的瞬态管壳结合可形成一种瞬态器件原型。经测试，该器件常温下功能及性能正常，且可在水中实现降解，为下一步研制瞬态集成电路打下了基础。

三、器件的最新进展

随着瞬态可降解材料、降解方式及加工工艺的不断发展，越来越多完整的瞬态电子器件被研发出来，并展现了出色的工作性能，为瞬态电子技术走向实际应用奠定了坚实的基础。

（一）遥控型芯片空气蒸发的新技术

2018 年 1 月康奈尔（Cornell）大学和霍尼韦尔航空航天公司展示了合作开发的一种遥控型芯片空气蒸发的新技术——一种新型的"自毁"装置，可使器件和敏感数据同时消失：在处理器中嵌入化学包。利用二氧化硅微芯片连接到特殊处理过的聚碳酸酯外壳，并将装有铷和氟氢化钠的微小容器嵌入壳中，当装置被触发时，里面的物质将会发生化学反应溶解芯片。据研究人员称，这种方法的优点之一就是具有可扩展性。通过将多个含有化学包的芯片集合在电路板上，你就可以构建任何尺寸的自毁装置。康奈尔大学的 SonicMEMS 实验室仍在完善该技术并探索其应用。目前，该装置已经能够在"正常"条件下运行，若存在水分、热量、化学物质或其他压力源异常则会溶解。

（二）升华材料的干式瞬态电子系统

美国西北大学生物集成电子中心研究在 DARPA 的支持下研究了"使用升华材料的干式瞬态电子系统"。这些方法的实例包括将预先形成的超薄晶体管和太阳能电池硅器件转印到具有升华性能的衬底上，同一种材料也用作介电层。电子器件经受由支撑衬底、封装层、层间电介质和/或栅极电介质在环境中的升华所引起的定时自毁，随后导致电路中剩余的超薄元件碎裂。这种"干"时瞬态操作提供了被更广泛开发的"湿"瞬态系统的补充。

（三）3D 异质集成生物可降解电子系统

美国西北大学生物集成电子中心的研究人员研究了可生物降解的电子系统，它代表了具有从临时生物医学植入物到 "绿色"消费小物品独特应用可能性的一种新兴的技术。具体地，通过转移印刷进行多层组装和通过光刻工艺制造层间通孔和互连的技术均可以作为制作生物降解 3D 集成电路的手段，其功能构建模块使用专门技术或来源于商业半导体代工厂。研制样品增加了系统瞬态功能并集成了多层阻性传感器的功能逻辑门和模拟电路。

（四）高温触发的热降解电子器件

在汽车、航空航天和能源生产行业，在高于 150 ℃的环境条件下工作的固体集成器件具有很大的潜力。但是在这样的极端条件下将电子的可靠性能和当前瞬态技术结合起来应用仍然充满挑战性。复旦大学材料科学系、ASIC 和系统国家重点实验室提出新型干式瞬态电子器件以克服上述难题。在单晶硅纳米膜（Si-NM）器件中加入充分薄的且高温可降解的聚 α-甲基苯乙烯（PAMS）夹层可使得在其分解温度下（PAMS≈300 ℃）实现明显且不可逆的瞬态过程。这种晶体管器件可以满足高温电子器件的要求，在低于分解温度下稳定工作，并在高温触发时经历瞬态过程。这项工作为将瞬态技术整合进入具有潜在应用场合的片上监控电路保护、安全数据存储和传感/控制器件等高温柔性电子产品铺平了道路。

（五）无机卤化物钙钛矿 CsPbBr3 薄膜的瞬态阻变存储器

重庆大学研究人员通过利用无机卤化物钙钛矿独特的物理化学性质和薄膜器件的优异光电性能，合理地采用 CsPbBr3 钙钛矿薄膜作为阻变层，首次研究了柔性 PET 基底上 Ag/CsPbBr3/PEDOT：PSS/ITO 结构的瞬态阻变存储器，研究证明了该器件具有操作电压低、良好的弯曲耐久性和可重复性等优点，并提出该器件可能的阻变机制归因于 Ag 导电丝在无机卤化物 CsPbBr3 薄膜内部的形成和断裂。此外，值得注意的是，CsPbBr3 阻变薄膜可在 60 秒内完全溶解于去离子水中，与此伴随着器件光学与电学性能的消失。这一研究为理解和设计无机卤化物钙钛矿的瞬态器件提供了机会，补充了传统阻变存储器的局限性，并对安全存储设备、一次性电子器件和零浪费的电子设备的研究提供了新的思路。

（六）新型瞬态电池自毁速度大幅提升

近来，科学家研制的瞬态电子设备种类繁多、用途广泛，接触到光、热或液体时会触发自毁功能。但如果电源不是瞬态的，那就不能称为真正的瞬态器件。美国爱荷华州立大学科学家研制出一种新型实用瞬态电池，其自毁速度在原有基础上大幅提升，这一突破使研发自毁型电池成为可能。爱荷华州立大学研制的这款新型自毁型电池，可给桌面计算器供电 15 分钟左右，遇水后 30 分钟内就会溶解消失。

瞬态电池对材料提出了很大挑战。清华大学材料学院尹斓课题组在《Small》期刊发表题为"一种用于植入式瞬态电子器件的可降解电池"的研究论文。这项工作不仅在可降解电池领域提出了新的材料选择和制备方案，实现了高性能、完全生物可降解的电池。

（七）可以水降解的瞬态晶体管

由中电科技重庆声光电有限公司利用国防科大陈海峰课题组、中国科技大学徐航勋团队以及天津大学黄显团队各自开发的几种材料，设计制备出一种双列直插瞬态管壳，并结合自主研发的 5 微米厚薄膜晶体管，成功研制出瞬态原型器件。经水中加电演示验证，该器件在 15 分钟内功能失效，30 分钟内原型器件无形，270 分钟内降解 90%以上，仅留下小量的残留物。

四、影响和意义

2017 年～2018 年间瞬态电子技术领域在可降解材料、降解方式、加工工艺及功能器件等方面均取得了阶段性的研究进展，对推动瞬态电子技术领域的发展和技术理论体系的完善起到了重要的作用。瞬态电子技术属于跨度极大的多学科交叉研究领域，仍需要更多不同领域的科研工作者投入大量精力进行相关研究，并结合当前社会对瞬态电子技术的需求，制备出商业化的实用瞬态电子器件。目前瞬态电子技术仍处于发展的初级阶段，但随着新型材料的出现和加工工艺的不断改进，在高端装备制造、环境保护、健康医疗及国防安全等方面都有着广泛地应用前景。在现有材料和技术的基础上，瞬态电子技术以其独特的降解能力和适应性，有望在军民用信息安全、零废物消费电子器件和植入式可降解医疗设备方面取得突破性进展，实现军用信息安全和监控器件免回收、零电子废弃物排放，减少废旧电子产品对环境造成的污染，避免手术取出植入性医用设备的对病人造成的痛苦和风险。

（中电科技集团重庆声光电有限公司　赖凡　毛海燕　朱玲瑞）

低功耗感知领域的新突破——DARPA
"近零"项目的阶段性突破

2018 年 3 月，美国查尔斯·斯塔克·德拉普尔实验室（Draper）在 DARPA "近零功率射频和传感器"（N-ZERO，简称近零）项目的支持下，基于微机电系统（MEMS）技术，研制出只在检测到感兴趣声音信号或震动时唤醒的传感器，待机功耗减少至接近零。这一成果标志着近零功耗传感器技术的研发取得了重大进展。

一、技术背景

士兵在战场上依赖传感器来提供各种重要信息，如行进中的士兵通过传感器可检测出敌方在道路上预先埋入的简易爆炸装置。如果要长时间持续不间断地监测战场情况，就需要传感器持续处于"开启"状态，在传感器工作状态下检测震动、光、声音和其他信号以进行态势感知，从而协助进行战术计划的制定和调整。现阶段，这些传感器仍依赖于寿命较短的小电池，这可能将士兵置于危险之地，因为当士兵给传感器换电池时会暴露自己。

同时，传感器会持续消耗功率，大多数的功率消耗在后来被证实是在处理无关的数据或噪音过程中。研究人员通过设计由环境声音激发的零功耗声音唤醒开关解决了这个问题，从而能够支撑传感器系统工作数年。

二、技术细节

据报道，Draper 的工程师将传感器重新设计为微机电系统（MEMS）结构，将传感器的待机功率减少至接近零（见图 1）。传感器芯片能够探测到输入的声压波，体积小于 1 立方厘米。当检测到声音信号或振动时，位于电池和传感器系统之间的传感器芯片会控制一个划片，通过划片的移动实现关闭电触点，同时为触发唤醒信号的电容充电。在设备感应到适合的信号之前，系统中不会有电流通过。在通常情况下，只有一直为麦克风供电才能检测到声压波，并产生电信号，该麦克风一般需要毫瓦或微瓦功率。

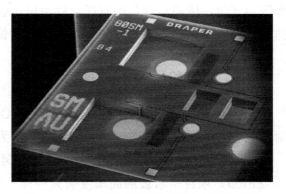

图 1　Draper 公司研发的近零功耗传感器

在这项研发工作中，科研人员首先要把备用电源控制在 10 纳瓦以下，目前已经可以实现。事实上，现在可以将待机功率降到零。它的待机功率比现有的任何传感器都低很多数量级，在这一过程中，科研人员适度增加了传感器的体积，例如可以测量立方厘米的声腔。所制作的 30 赫兹到 180 赫兹谐振传感器，在对声波输入的响应中产生旋转，从而避免了由于重力而产生的巨大位移，这种情况会发生在线性执行器上。作为封装的一部分，科研人员还设计了一个可调的声学腔，用于调谐谐振频率以匹配特定的目标。通过有限元建模以获得所需的弹簧常数和谐振频率，采用旋转声学集总元件等效电路模型分析谐振腔和泄漏电阻对器件性能的影响。

三、研发历程和研究目标

2015 年 1 月，DARPA 发布项目征询书。2015 年 9 月，DARPA 分别授予美国康奈尔大学、卡内基梅隆大学、加州大学圣地亚哥分校和加州大学戴维斯分校 196 万、130 万、89 万和 180 万美元的研发资金，正式启动该项目。项目分为三个阶段，每个阶段为期 12 个月，目前正在进行的是第三阶段。

（一）第一阶段

2016 年 7 月，DARPA "近零"（N-ZERO）项目第一阶段进展顺利，美国加州大学戴维斯分校在 DARPA "近零"（N-ZERO）项目的支持下，开发出超低功耗传感器技术，加州大学研制的地面压力传感器功耗仅 10 纳瓦，有望满足美国国防部对特定事件持续监测的需求。

加州大学戴维斯分校研究出的传感器新技术可以极低功耗感知汽车驶过时的地

面压力变化，所需功耗与现有低功耗手机传感器所需的 10 毫瓦功率相比，降到原来的百万分之一，将明显提高传感器的工作时长。

（二）第二阶段

2017 年 9 月，DARPA "近零"（N-ZERO）项目再次取得突破，美国东北大学研制出能够监测多个红外波长、待机功耗几乎为零的红外传感器。

美国东北大学的研究人员完成了美国国防高级研究计划局（DARPA）"近零"（N-ZERO）项目所希冀的高难度研究目标，研制出一个被称为 "等离子增强微机械光开关" 的器件，研究成果发表在 2017 年 9 月 11 日的《自然纳米技术》杂志上。

这项进展的真正意义在于：与传统传感器不同的是，当要检测的红外波长未出现时其待机功耗为零；当这些红外波长出现时，会被美国东北大学的红外传感器的红外源能量感知元件所捕获，随之引发重要传感器元件的物理移动。这些移动导致开路电路元件的机械性关闭，从而实现对 IR 信号的探测。

（三）第三阶段

2018 年 3 月，美国查尔斯·斯塔克·德拉普尔实验室（Draper）研制出只在检测到感兴趣声音信号或震动时唤醒的传感器，待机功耗减少至接近零。这一成果标志着近零功耗传感器技术的研发取得了重大进展。

通常情况下，声传感器需要一直供电才能检测到声压波，并产生电信号，通常需要毫瓦或微瓦功率。这一成果标志着 "近零"（N-ZERO）项目中低功耗传感器开关技术已经实现了从光波到电磁波，再到声波整个谱系上取得了重大进展。

声开关使用了谐振唤醒技术，传感器芯片能够探测到输入的声压波，体积小于 1 立方厘米。基于微机电系统（MEMS）技术的声谐振唤醒传感器技术成功实现了频率 80 赫兹，幅值低至 0.005 帕（48-dB SPL /20 微帕）声信号的拾取，并驱动触点开关闭合实现唤醒功能，此时功率小于 10 纳瓦。该项技术运用了声学及力学理论，巧妙地将一阶声压感知力学结构与二阶力学系统做了融合互补抵消设计，有效克服了振动和静态惯性信号的误动作，独有的声谐振设计使特定频率的声信号可以通过并驱动后续致动开关，工艺上主要采用硅材料、金属镀膜、斜角光刻、刻蚀技术等。

（四）N-ZERO 项目研发目标

DARPA 希望通过该项目研制出满足特定需求的物理、电磁和其他类型传感器技术，该传感器在一般情况保持休眠，将功耗尽可能降至零，但可被特定的外部事件以无线方式触发和唤醒，如车辆驶过或打开发电机等。该传感器仅在被激活后才能正常工作和消耗能量，休眠状态下的功耗小于 10 纳瓦，约等于手表电池自动放电时的耗电量。

N-ZERO 项目的主要目标是研发基础技术，以研发出更新和更多用于保卫国家安全的传感器系统。美国东北大学研究团队在其论文中指出，随着军事物联网拓展到包括从汽车到应用，再到远程部署的传感器等在内的数千亿设备，同样的技术将在接下来的几年内变得重要。

四、近零功耗项目技术特征与影响意义分析

通常一个麦克风需要持续供电以检测压力波和产生电信号，麦克风的功耗通常是毫瓦或微瓦。此次研究成果中传感器的待机功耗已减小至接近于零，比现有传感器待机功耗低数个数量级。这意味着传感器可以获得长达数年的无保养工作能力，同时具有厘米甚至毫米级的外形尺度，对于无人值守地面传感器和网络全域感知综合能力提升都有重要意义。该项技术突破将在延长电池使用寿命方面发挥作用，对于军事物联网设备和无人值守地面传感器都有重要意义。这一成果也标志着近零功耗传感器技术的研发在技术体系上取得了重大进展，至此，形成无人值守型环境态势全域感知能力已指日可待，这是数字化战场、"马赛克战"战略感知以及认知环境背景态势的核心能力支撑技术。

（一）近零功耗项目技术特征分析

1. 技术融合性得到完美体现

从光谱、声谱、电磁波谱传感开关技术实现途径看，三种开关分别通过热效应、力学效应、声波效应实现后续开关驱动，如果将三个技术集成在一起就实现了光、声、电磁全域感知的理想预设。可以看出无论从效应与机制的配合使用，还是材料配备以及工艺实现的方法，技术的融合性特征十分突出。

2. 能量多米诺致动机制技术

基于各种物理效应设计的多米诺致动机制构建技术是零功耗传感微系统项目的核心，是支撑微系统能力生成的重要支撑技术要素。光谱、声以及空间电磁波都是通

过对光波声波、电磁波能量的匹配收集，触发后续操作。光波的接收可以致热，由热可以控制机械结构产生变化；声波的接收可以引起机械结构的谐振，机械的谐振变化可以设计成后续开关系统的激励；射频以及电磁波同样可以导致电磁变化，这些变化可以通过对物理效应的深入理解设计成多米诺骨牌，无须能量就可以发生联动。

3. 广谱全域覆盖

为实现宽范围检测各种射频物理标识的应用目标，N-ZERO 项目中涵盖了传感器的很多品种，包括声学、振动、电磁场、热学、光学（可见光或 IR）、化学或其他类型的单个及一些组合传感器等，技术领域涵盖了传感模态，如 EO/IR、辐射，化学或其他传感器。通过已取得重要技术突破的射频、光谱、声谱开关三个项目看，低功耗传感开关已具有从高频到低频准全谱的谱系化前端物理标识感知的典型技术牵引与驱动能力。

（二）影响和意义分析

该项目的重大意义体现在以下两个方面。

1. "智能灰尘"概念转入实用化应用阶段成为可能

早在 2001 年，相关研发机构就提出"智能灰尘"概念，但由于能耗问题一直无法有效解决，导致智能灰尘的研发一直没有新的突破。由于零功耗技术体制的构建，即通过传感器记忆、传感致动开关形成的传感微系统可以保证系统在低功耗状态下运行，技术能力的提升使原来的智能灰尘的概念得到延续，并赋予其新的生命力，从而使智能灰尘进入实用化阶段成为可能；

2. "数字化战场""马赛克战"战略的底层技术支撑能力已接近形成

电子复兴计划（ERI）项目围绕能力形成构建了两个层次的信息感知微系统，第一个层次是近零功耗的物理传感微系统；第二个层次是进一步强化近零功耗能力以及网络应用效果的数字化传感器微系统。"数字化战场""马赛克战"战略都是基于将战场网格数字化后建立对战场背景的全息掌握，更方便的形成对战场态势的识别与观测，精准把握战场态势，以为正确决策提供有效的信息支撑。

（中国电子科技集团公司第四十九研究所 亢春梅 陈丽洁）

柔性器件新突破推动军用可穿戴智能装备的发展

2018 年 9 月，日本理化研究所研发团队开发了一种基于纳米图案化有机太阳能电池的自供能超柔性生物传感器（见图 1），实现了对心率的实时精准监测。

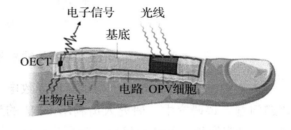

一、技术背景

柔性可穿戴电子器件具有质轻、易与皮肤贴合、可承受力学变形等特点，

图 1　自供能超柔性生物传感器示意图

逐渐在日常生活中崭露头角。尤其是在生物传感器方面，已经成为监测心率、血压等涉及身体健康生理信号的重要器件。

问题在于，目前所采用的生物传感器，普遍需要使用外部供能驱动，极大地限制了柔性可穿戴优势的极致发挥。因此，亟须一种有效技术来解决能源的自供给问题。

有鉴于此，日本理化研究所的研发团队发展了一种基于纳米图案化有机太阳能电池的自供能超柔性生物传感器，实现了对心率的实时精准监测。

二、当前进展

项目研究人员以经典的超薄聚对二甲苯作为基底，在此之上集成 OPV（有机光伏器件）和 OECT（有机电化学晶体管）。聚对二甲苯是一种完全线性的高度结晶结构的材料，采用独特的真空气相沉积工艺制备，致密无针孔、透明无应力、不含助剂、不损伤工件、有优异的电绝缘性和防护性，是目前最有效的防潮、防霉、防腐、防盐雾涂层材料之一（见图 2）。

在 OPV 制造工艺中，通过测试得出，引入纳米图案化的 ZnO 结构，解决了柔性电子器件的两个难题：一是纳米图案加速电子在 OPV 中的传递，实现 OPV 效率最大化，可达到 10.5%，是目前柔性电子器件中的最高值之一；二是纳米图案削弱入射光的反射，确保器件性能不受光照角度的影响。

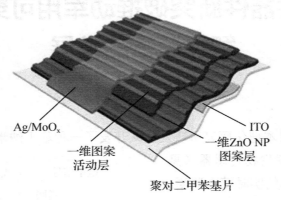

Ag/MoO$_x$
一维图案
活动层
聚对二甲苯基片
ITO
一维ZnO NP
图案层

图 2　设计双栅格纳米图案的柔性 OPV

关于 OPV 的传递问题：力学变形导致电学性能不稳定，是柔性电子器件面临的普遍问题。该研究中，研究人员利用 OPV 的超薄特性将器件黏合在预拉伸的橡胶材料上。研究发现，器件不仅可以应用在曲面，还能被拉伸 2 倍长度而不造成电学性能损失。即便是 900 圈拉伸松弛循环测试之后，器件效率仍可保留 75%，具有优异性能。

另外，这种 OECT 可在 1 伏左右的低压条件下工作，即便是在标准室内光照条件下，OPV 完全可满足功能要求。

关于光照角度的问题：考虑到 DVD 碟片上有这种纳米图案来储存信息，研究人员找了一块黑色 DVD，先将 DVD 上的纳米图案利用柔性技术复制到基底上，然后通过软刻蚀技术在 OPV 上成功构造纳米图案。

本项目具有如下优势：在 OPV 中引入纳米图案，实现了自供能的超柔性电子器件；具备全方位出色的性能，包括 10.5%光伏性能、不受光照角度影响，2 倍拉伸长度、优异的力学循环等；具有活体检测验证心率传感的精准度。

三、主要问题

在全面实现柔性可穿戴集成之前，这项工作还面临两大问题：首先，电学信号的传递，仍然是采用传统的 Si 基硬质电子器件；其次，OPV 自供能仅适用于小功率器件，高能耗器件无法使用。

四、影响和意义

这项研究采用纳米图案化的超薄太阳能电池，实现了柔性可穿戴生物传感器进行自供能驱动，是近年来柔性可穿戴器件领域的里程碑之作，为柔性可穿戴器件的发展指明了新方向。

该技术将可应用于未来士兵及战场，嵌入、粘贴或佩戴在军服中或士兵身体上，为士兵提供更多生理监测及安全保障，助力现代化的未来战争。近年来，随着柔性器件技术的不断发展，国外开发的军用可穿戴柔性装备种类很多，如作战服、电子皮肤等，这类装备一旦投入使用，将大幅增强士兵的机动携行能力和综合防护能力，进而提高士兵的战斗力和生存能力，增强军队的整体战斗能力，在战争中掌握更多主动权。

（中国电子科技集团公司第四十九研究所　亢春梅）

水下信息感知与获取技术的新概念

未来战争将是向太空和海洋迅速延伸的多维立体战争，世界各军事大国和濒海发达国家也正在积极从事深海战场开发，海洋空间将成为未来冲突与战争的主要场所。各国正投入较多的人力、物力和财力，加强水下信息网络的建设，加紧对潜艇、鱼雷和无人潜航器等水下目标的侦察监视，以求尽快掌握"制深海战场权"。

各军事大国都将水下目标探测作为重要技术研发方向，围绕包括远距离感知的探测能力的提升一直是技术发展的牵引动力。2018 年，在这类研发活动中，对水下信息感知与获取技术概念的提出尤为突出，人们试图通过向自然界生物的深入学习、模仿获得能力提升，这些技术尝试也将是水下信息感知与获取技术的一大突破，在海洋军事防御中具有重要意义。

2018 年 1 月，韩国国立济州大学受鳍足类生物使用触须来探测目标的启发，并结合 3D 打印技术，研发出一种新型传感器系统，具有高精度跟踪和监测水下漩涡的能力，这或将是对以往水下探测方式的重大创新，该项目后期由美韩科学家合作研发。

一、技术背景

目前水下探测技术主要采用主动声呐和被动声呐，不过这两种技术均存在缺陷。前者在发现对手的同时也会暴露自己的位置，从而招来对方攻击。后者则在探测效果上不尽如人意，例如，如果对方潜艇保持较高的静默度，就很难被发现，长期以来，静音技术向来被视作潜艇躲避探测的绝招之一。

针对这种情况，迫切需要一种水下探测技术，既能保证自身的绝对安全，同时还可灵敏地发现水下目标，这将有效提升海军的水下探测能力。

美国是最早提出水下探测应用概念的国家，其研究成果处于世界领先水平。在20 世纪，美军就开展了大量水下探测应用研究与试验，水下探测理论逐渐成熟，先后试验成功的水下信息探测功能日益完备，性能更加先进，已经具备实际作战能力，整体能力世界领先。韩国科学家也在积极开展相关的研发工作。

此项技术突破的灵感来自海豹猎食的方式。海水大多比较混浊，而且还混有很多有机物，可见度只有几米。尽管如此，海豹还是能找到快速游移的鱼，奥秘就在于它们的胡须，海豹是靠胡须来检测移动物体造成的水体移动来捕捉食物的。胡须其实是海豹从陆地转向海洋后遗留下来的，只不过有了新的功能，那就是检测水体的微小扰流。当物体穿过水体时，就会造成较小的旋涡。这些旋涡会在水中停留一段时间，之后才会慢慢消失。海豹的胡须进化得对这些旋涡非常敏感，所以它们不仅能够检测到旋涡，还能了解物体的大小、方位和速度。

二、技术细节

韩美科学家受鳍足类生物使用触须来探测目标的启发，并结合 3D 打印技术，研发出一种新型传感器系统——仿生晶须传感器，经初步检测，其具有高精度跟踪和监测水下漩涡的能力。

仿生晶须传感器为圆柱状，采用聚氨酯和石墨烯 3D 打印制成，包括 1 个长径比 20:1 的聚氨酯棒、1 个聚氨酯底座、4 片铜箔和 4 个相互垂直的石墨烯图案（长 60 毫米、直径 0.3 毫米）。此外，研究人员使用 3D 打印鱼鳍、水槽等模拟水下旋涡环境，并采用摄像头和数据记录仪来监测晶须的动态响应，用以验证晶须传感器探测能力。实验结果表明，仿晶须传感器具有超高灵敏度，其在水下任意方向（0 度到 360 度）上的位移（约 5 毫米）都会导致其内部电阻变化，该变化可作为模拟信号，通过模数转换模块进行数字化处理，并送到微控制器实现涡流检测。此外，研究团队对晶须传感器进行 2000 次弯曲试验，未出现任何物理损伤，验证了晶须的机械稳定性及可靠性。

水下仿生晶须传感器具有设计方法简单、机械稳定性好及制造成本低、探测性强、可靠性高、应用范围广等特点，除应用于对潜艇的探测以外，在软体机器人、传感器、可穿戴设备以及人机交互等领或将获得广泛应用。

三、主要问题

由于海下环境极其复杂多变，如何在应对各种不同的海下环境中仍能保证晶须传感器的探测灵敏度和可靠性将是项目的主要难点。

如果这项技术能在海上应用，将大幅提升船只、飞机和潜艇探测敌方水下潜艇的能力。潜艇可以用完全静止和非常安静的方法来规避被动声呐。但是，即使完全静止，一艘庞大、重达几千吨的潜艇也会产生微小的旋涡。这些旋涡最终是可以被检测到的。另外，旋涡可以在水体内持续数分钟甚至数小时，比声音的停留时间要长。

四、影响和意义

晶须技术一旦进入实用阶段，很多国家核动力导弹潜艇的水下核威慑将会失效。美国、俄罗斯、中国、英国、法国、印度、以色列甚至朝鲜都有核导弹潜艇，整个核武库都依赖核潜艇的英国面临的风险尤甚。

对于晶须技术的研究还在继续，目前还不能确定这项新技术会对潜艇造成多大的问题。它也许代表着一大突破，可能危及潜艇水下作战能力，也可能成为一种传感器技术，补充但不会替代声呐，将为未来的水下战带来重大变革。

此外，在水下声流探测方面，也在尝试其他技术手段。2018 年 4 月，美国麻省理工学院开发出一种柔性机器鱼——SoFi，能够在不惊吓其他海洋生物的情况下对其近距离观测。该研发成果可应用到军事领域，能够在不被察觉的情况下，辅助军队对大面积战略水域中的敌军行动进行监测，以在军事活动中掌握更多主动权。

（中国电子科技集团公司第四十九研究所 亢春梅 刘潇潇）

大事记

激光技术再获诺奖　北京时间 10 月 2 日,瑞典皇家科学院决定将 2018 年度诺贝尔物理学奖的一半授予美国科学家 Arthur Ashkin 以表彰其发明光镊子（Optical tweezers）技术,另一半授予法国科学家 Gerard Mourou 和加拿大科学家 Donna Strickland 以表彰他们发明了可用于产生高强度超短光学脉冲的方法,即啁啾脉冲放大方法（Chirped Pulse Amplification, CPA）。其中,加拿大科学家 Donna Strickland 是第三位获得诺贝尔奖的女性。

光镊子是利用聚焦光束产生的力场（力的大小一般为皮牛量级,1 皮牛约等于 10^{-13} 千克）来夹取微小物体,类似一个镊子,因此在颗粒物质、微纳米科学以及生物、医药等研究领域获得了广泛的应用。

啁啾脉冲放大用于产生高强度、超短激光脉冲,当前激光单脉冲可达拍瓦（10^{15} 瓦）以上,脉冲宽度一般实验室都可达飞秒（10^{-15} 秒）量级,个别实验室可做到阿秒（10^{-18} 秒）。高强度、超短激光脉冲不仅具有重要的工业和军事应用价值,由于其可以把单脉冲时域降至 10^{-18} 秒左右,这样的时间分辨本领开启了研究原子和亚原子层面超快过程的可能,其对基础物理的影响是不可估量的。

德奥联合开发出世界最大 20 量子比特的量子寄存器　据物理学组织网站 2018 年 4 月 16 日报道,奥地利因斯布鲁克大学、维也纳大学和德国乌尔姆大学组成的团队展示了迄今为止最大的单个可控系统的纠缠量子寄存器,总共包含 20 量子比特。此前的记录为 14 量子比特,由因斯布鲁克大学实验物理研究所于 2011 年创造。

在因斯布鲁克量子光学和量子信息研究所,物理学家团队利用激光束在离子阱实验中纠缠了 20 个钙原子,并观察了该系统中多粒子纠缠的动态传播。

该团队的物理学家们相信,为离子阱实验开发的方法将得到更广泛的应用,并希望进一步推动他们的方法的界限。通过利用对称性并专注于某些可观测量,以进一步优化这些方法以检测更加广泛的多粒子纠缠。

石墨烯将光"压缩"在单原子尺度内,有助研发超小型光开关、探测器和传感器　据科技日报 2018 年 4 月 25 日报道,发表在《科学》杂志上的一篇研究报告称,西班牙巴塞罗那光子科学研究所（ICFO）研究人员创造了利用石墨烯限制光的最新纪录。他们将光"压缩"在单个原子大小的空间内（见图）,这一成果有助于研发超小型光开关、探测器和传感器。

纳米光学器件示意图：光（等离子体）被挤压在金属/六方氮化硼和石墨烯之间

光可以作为计算机芯片不同部分之间超快速通信的通道，也可以用于超灵敏传感器或片上纳米激光器。科学家对于进一步缩小控制和引导光的设备进行了大量研究。将光限制在极限空间内的新技术一直在发展中，等离子体约束就是限制光的途径之一。此前研究发现，金属可以将光压缩到波长范围（衍射极限）以下，但总是会以更多的能量损失为代价。

此次，ICFO 研究人员和葡萄牙米尼奥大学以及美国麻省理工学院的同行合作，构建了新的纳米光学器件，包含了单层石墨烯和六方氮化硼的加工异质结构，以及一系列金属棒。令人兴奋的是，仅在一个原子厚度的通道内，等离子体仍能被激发并自由扩散。

研究团队负责人表示："起初，我们的目的是寻找一种激发石墨烯等离子体的新方法，但偶然发现，其结果是可以将光限制在更小范围内。因此，我们希望看看是否能获得一个原子的极限纪录。"

研究人员设法打开和关闭这种等离子体激元，发现只需施加电压，就能在小于 1 纳米的通道中实现对光的引导和控制。

此前，没有人认为能达到将光限制在一个原子内的极限，该研究将开启一系列全新的应用，例如光通信和纳米尺度光学传感器等。

美国国防高级研究计划局（DARPA）资助高校发明第三代量子图像传感器 据战略前沿技术 2018 年 1 月 30 日报道，在美国国防高级研究计划局（DARPA）的资助下，美国达特茅斯学院研究人员开发了一种新的成像技术，能够以每秒数千帧的速度和高达一百万像素的分辨率捕获单个光子并进行计数。该项技术称为量子图像传感器（Quanta Image Sensor，QIS）。即使在光线不足的情况下，该技术也能实现高灵敏度、高质量、易于操作的数字成像、三维（3D）成像以及计算机视觉。QIS 是可以与 CMOS 图像传感器（CIS）技术兼容的第三代固态图像传感器技术。在像素大小、空间分辨率、暗电流、量子效率、读出速度以及功耗等方面，QIS 与 CIS 具有相同的性能优势。它能够在室温条件下以一百万像素的分辨率进行成像。该器件采用商用堆栈式三维（3D）CMOS 图像传感器工艺进行制造。QIS 传感器还结合了由美国达特茅斯学院的名为"jots"的技术，噪声极低，不使用电子雪崩增益就可以实现室温条件下的光子计数。

日本研制出基于石墨烯的高速硅基芯片发射器 据固态电子技术网站 2018 年 4 月 3 日报道，石墨烯是一种二维纳米碳材料，在电学、光学和热学方面具有独特性质，可应用于光电子器件。基于石墨烯的黑体发射器在近红外和中红外波段也是一种有前途的硅基芯片发射器。虽然石墨烯黑体发射器在稳态条件或相对较慢的调制（100kHz）频率条件下的特性已被证实，但是这些发射体在高速调制下的瞬态特性迄今尚未报道。而且，石墨烯基发射器的光通信从未被证实。

近日，日本科学技术局展示了一个基于石墨烯的高度集成、高速硅基芯片黑体发射器，工作波段在近红外区域，包括电信波段。该发射器具有约为 100 皮秒的快速响应时间，比之前石墨烯基发射器高约 10^5 倍。该响应时间已经在单层和多层石墨烯上得到验证，并可以通过石墨烯与衬底接触情况来控制，这取决于石墨烯的层数。研究人员通过考虑发射体包括石墨烯和衬底的热模型对热传导方程进行理论计算，阐明了该发射器高速发射的机理。模拟结果表明，快速响应特性的实现不仅可通过经典热传递，包括石墨烯的面内热传导以及向衬底的热耗散，而且可通过经由衬底表面极性声子（SPoPh）的远程量子热传递。此外，该研究首次通过实验验证了石墨烯基发光器可进行实时光通信，证明石墨烯发射器是光通信的新型光源。此外，研究人员利用化学气相沉积（CVD）方法生长的大规模石墨烯制造了集成二维阵列发射器，在空气中对其进行表面修饰。由于其封装尺寸小且是平面设备结构，因此将该发射器与光纤进行直接耦合。

美国诺斯罗普·格鲁曼公司利用 E 波段行波管完成 100 吉比特每秒射频骨干网地面演示　2018 年 1 月，美国国防高级研究计划局（DARPA）联合诺斯罗普·格鲁曼公司在城市环境中建立了长达 20 千米的双向数据链路，该链路数据速率达到 100 吉比特每秒，并可进行主动指向和跟踪。该链路工作在 E 波段，上行频率 71 吉赫兹～76 吉赫兹，下行频率 81 吉赫兹～86 吉赫兹，信道带宽 5 吉赫兹，采用 E 波段行波管作为射频功放，提供范围在 10 瓦～50 瓦的输出功率。地面演示结果显示，该链路展现出令人咋舌的数据速率，可在 4 秒内完成一部 50 吉字节的蓝光视频。此次论证的成功为 100 吉比特每秒射频骨干网项目的飞行测试阶段打下了基础。

HRL 开发先进的毫米波超线性氮化镓晶体管　作为 DREaM 计划的一部分，2018 年 3 月美国 HRL 实验室获得 DARPA 的研究合同，HRL 将开发毫米波频率下先进的超线性氮化镓晶体管，在降低功耗的同时将实现具有更高数据速率的安全超宽带通信，可在整个频谱范围内实现无失真的传输和接收。目标是打破半导体晶体管线性品质因数 10 分贝经验法则的历史性差距，这种线性可降低直流功耗 100 倍。因此通过这种改进实现的节能功能将非常巨大将满足现代通信对更宽带宽和更高数据速率的需求，以用于包括 5G 应用的无线电通信与雷达中。

金刚石基氮化镓器件功率密度达 19.9 W/mm　2018 年 8 月，富士通公司采用金刚石散热片和优化 InAlGaN 阻挡层的方法，将 GaN HEMT 的输出功率密度提高到 19.9 W/mm。富士通将致力于这种高输出功率、高频 GaN HEMT 功率放大器的商业化，并将其用于雷达系统等应用（包括天气雷达）和 5G 无线通信系统。

1700 V SiC 功率模块首次实现商业化　2018 年 11 月，日本 ROHM 首次实现

1700V SiC 功率模块商业化，开发出实现业界顶级可靠性的 1700V、250A 的全 SiC 功率模块"BSM250D17P2E004"。新模块实现了极高的可靠性，超过 1000 小时也未发生绝缘击穿现象，在高温高湿度环境下也可以安心地处理 1700V 的高耐压。

氧化镓功率器件击穿电压达 1850 V　2018 年 8 月，美国布法罗分校研究人员研制出一款栅长为 5 μm、击穿电压达 1850V 的氧化镓场效应晶体管器件，是目前 Ga2O3 MOSFET 器件击穿电压最高纪录（～750 V）的 2 倍多，具有非常重要的应用意义，将有望在改善电动汽车，太阳能和其他形式可再生能源方面发挥关键作用，如可使电动汽车提高能量输出的同时，保持车身的轻量化和流线化设计等。

DARPA 启动"毫米波数字阵列"项目改进军用通信　2018 年 1 月 DARPA 组织设立新的"毫米波数字阵列"（MIDAS）项目，专为多波束定向通信研发，它是一种通用的数字阵列。目标是研发出 18 GHz～50 GHz 频段的多波束数字相控阵技术，研究将集中在降低数字毫米波收发机的尺寸和功率上，这将实现移动平台的相控阵技术，移动通信提高至不太拥挤的毫米波频段，以强化军事平台之间的通信安全。将解决目前毫米波系统易用性不足，需平台专用，缺乏互操作性，平台复杂的问题。MIDAS 项目为期四年，预计分为三个阶段，总投资 6450 万美元。为了实现该目标，MIDAS 项目聚焦于两个关键技术领域：首先是硅芯片的发展，以形成阵列单元核心收发器。其次是宽带天线、收发组件以及系统整体集成方法的发展，使该技术能够用于战术系统之间的视距通信以及当前和新兴卫星通信等多种应用场合。

11 月，美国国防部宣布授予雷声公司 1150 万美元的合同，为"毫米波数字阵列"（MIDAS）计划第一阶段提供研发服务。雷声公司将为 MIDAS 项目研发数字架构和带有收发组件的可扩展孔径。新合同的工作预计将于 2020 年 11 月完成。

美国军用 GaN 技术应用进程加速　2018 年 10 月，雷声公司宣布将开始在新生产的制导增强导弹-TEM（GEM-T）拦截器中使用氮化镓计算机芯片，以取代目前在导弹发射器中使用的行波管（TWT），雷声希望通过使用 GaN 芯片提高拦截器的可靠性和效率。2018 年 11 月，美国洛克希德·马丁公司的 GaN 基长距离识别（LRDR）雷达获技术发展里程碑，为 2020 年交付导弹防御局做好准备。

美国 HexaTech 公司推出 2 英寸氮化铝（AlN）衬底产品线，为推动 AlN 材料的规模应用搭建了助力平台　2018 年 4 月，美国 HexaTech 科技公司推出了一条 2 英寸 AlN 衬底产品线，提供 c 和 m 面 AlN 单晶衬底，典型应用包括激光二极管（LD）、发光二极管（LED）和功率半导体器件，用本体 AlN 衬底的缺陷密度是采用蓝宝石或 SiC 衬底的 10^4～10^6 之一，极大地提高了器件的性能、可靠性和产能，为半导体材料从 GaN 和 SiC 平稳向 AlN 材料过渡搭建了平台。

美国 Cornell 大学的 CMOS 兼容 AlN 压电薄膜传感器实现了超高速、高分辨率

和宽温度范围特性 2018 年，美国 Cornell 大学的 Mamdouh Abdelmejeed 等人报导了一种 CMOS 兼容 GHz 超声脉冲相移传感器，其超声脉冲产生于制作在 Si 衬底上的 3 μm 厚的 AlN 压电薄膜转发器，通过检验证明该传感器在温度范围 30 ℃～120 ℃时的平均灵敏度达到 17 m℃，谐振频率为 1.6 GHz，数据采集时间为 600 ns，实现了极高的线性特性。

美国微寰公司的薄膜太阳电池转换效率创造 37.75% 的新纪录 2018 年 4 月，美国伊利诺伊州奈尔斯的微寰公司在 6 英寸砷化镓（GaAs）衬底生产平台上制备出三结外延层剥离（ELO）薄膜太阳电池。该电池的光电转换效率创下了 37.75% 的新纪录，并经美国国家可再生能源实验室（NREL）正式认证。目前用于英国法恩伯勒的空客防务和空间公司联合生产的 Zephyr HALE（高海拔长耐力）平台提供能源。微寰公司与 NREL 签署了一项独家许可协议，采用 NREL 的倒置变质多结（IMM）技术制造高效率太阳电池。公司创始人兼总裁 Noren Pan 博士说，三结 IMM ELO 太阳电池兼具最高效率和最低质量密度，对于高要求的无人驾驶飞行器（UAV）和卫星应用而言是一个引人注目的解决方案。

伯克利大学新技术可以让钴电池世界摆脱困境 2018 年 4 月，由加利福尼亚大学伯克利分校的科学家领导的一个研究小组已经打开了在锂基电池中使用其他金属的大门，并且已经构建了具有比常规材料锂储存容量多 50% 的阴极。该研究发表在 4 月 12 日版《自然》杂志。这项工作是由加州大学伯克利分校、伯克利实验室、阿贡国家实验室、麻省理工学院和加州大学圣克鲁斯分校的科学家之间合作的。

在这项新研究中，赛德实验室展示了如何使用新技术从阴极获得大量容量。科学家利用一种称为氟掺杂的工艺，将大量的锰加入阴极。具有适当电荷的更多的锰离子允许阴极容纳更多的锂离子，从而使电池的容量增加。

DARPA 首届年度"电子复兴计划"峰会，致力于推动半导体创新的电子革命 2018 年 7 月 23 日，DARPA 在加利福尼亚州旧金山举办首届年度"电子复兴计划"（Electronics Resurgence Initiative，ERI）峰会。会上，DARPA 宣布选定的研究团队来领导 ERI 的六个新的"第 3 页"（Page3）计划，这些计划旨在补充传统晶体管尺寸的不断缩小并确保持续改进电子性能。这是一项意义深远的计划，此次峰会的召开将对电子工业及其在国防领域的应用产生持续影响和推动作用，同时，这项计划的进一步实施将有助于引导美国半导体创新的未来方向，开启新的电子革命。

InSense 公司 10 轴单芯片惯性 MEMS 传感器进入调试阶段 2018 年 12 月，由总部设在美国的 InSense 公司成功研发 10 轴单芯片惯性（运动）MEMS 传感器产品，该传感器包括 3 轴加速度计、3 轴陀螺仪、3 轴地地磁和压力传感器，所采用的传感多功能集成设计是一项新的技术突破，这项技术的问世有望颠覆 MEMS 产业格局，并将在军事领域得到广泛应用。

MEMS 新突破——人工智能首次嵌入 MEMS 2018 年 10 月，加拿大魁北克舍布鲁克大学的研究人员已经成功地在 MEMS（微机电系统）器件中设计了一种 AI（人工智能）技术，这标志着 MEMS 器件中首次嵌入某种类型的 AI 能力。其研究成果是一种类似于人类大脑的神经计算，只不过是在微型器件中运行。这项研究成果意味着可以在微型器件内进行 AI 数据处理，从而为边缘计算创造了无限可能。

DARPA 期望用光子集成回路实现非 GPS 定位导航 2018 年 8 月 1 日，DARPA 发布原子-光子集成（A-PhI）项目建议征集书。来自全球定位系统（GPS）导航卫星的授时信息容易遭到敌军干扰和破坏，而时钟和惯性测量单元（IMU）的准确度仅能在短时间内与 GPS 相当，这是 A-PhI 项目需要填补的空白。DARPA 研究人员希望用光子集成电路替代原子物理器件中的光学组件，同时保持必要的原子俘获、冷却和操纵能力，从而在不牺牲精度的前提下，使用便携式设备实现原子俘获。该项目还将演示这种采用光子集成电路的原子俘获陀螺仪，不仅在尺寸上显著减小，在角灵敏度和动态范围方面还会优于基于自由空间光学技术的方案 1 个量级。项目聚焦两个技术领域，一是研发光子集成时钟样机，二是研发基于萨格纳克干涉原理的原子俘获陀螺仪。

美国耶鲁大学开发出新型硅激光器 2018 年 6 月，美国耶鲁大学研发出一种使用声波放大光信号的新型硅激光器，可显著扩展在硅光电电路中对光的控制能力。研究成果发表在 6 月 8 日的《科学》杂志线上版。硅激光器使用的是由 Rakich 实验室所研发的特殊结构控制声波放大光。波导的独特性在于有两个不同的传输通道用于光传播。这使得研究人员可以定义光声耦合的形状，进而实现非常健壮和灵活的激光器设计。激光器设计将放大的光限制在跑道形状中，在环行运动中捕获光。跑道设计是该项设计中创新的重要部分。通过这种方法，能够放大光的幅度，提供产生激射所需的反馈。

Leidos 公司将为美国空军设计红外对抗用半导体激光器 2018 年 4 月 22 日，美国空军研究实验室定向能局与 Leidos 公司签订价值 1390 万美元的"紧凑型半导体中长波光电"（COSMO）研究项目合同。COSMO 项目旨在为当前和未来的红外对抗系统提供半导体激光器，以对抗敌方的导弹制导、夜视设备和夜间瞄准系统等红外传感器。COSMO 是美国空军"半导体激光器"（SCL）项目的一部分，该项目旨在提升中长波红外波段最先进的、高亮度紧凑型半导体激光器技术。其中，中波红外波段为 3 微米～5 微米，长波红外波段为 8 微米～12 微米。Leidos 的研究工作将会涉及：先进的概念分析、QCL 材料的设计和开发、激光器原型样机和最终封装、以及激光器系统的设计和集成。Leidos 将于 2023 年 4 月前完成合约交付。

我国激光薄膜元件在国际竞赛中折桂 2018 年 10 月 9 日，美国劳伦斯利弗莫尔国家实验室传来了 2018 年基频激光反射薄膜元件激光损伤阈值国际竞赛结果：中国科学院上海光学精密机械研究所中国科学院强激光材料重点实验室薄膜光学实验室研制的激光反射薄膜元件再次折桂，与 2012 年、2013 年获胜相比，优势更加明显：损伤阈值高出第二名 20%。

激光角反射器随鹊桥升空　意在探测引力波　2018 年 5 月 21 日 5 时 28 分，我国在西昌卫星发射中心用长征四号丙运载火箭，成功将探月工程嫦娥四号任务鹊桥号中继星发射升空。在这颗中继星上携带了由中国科学院院士、中大校长罗俊团队历时 3 年研制的激光角反射器，并计划明年初进行人类首次超过地月距离的纯反射式激光测距实验，迈出引力波探测"天琴计划"的实操第一步。

中山大学天琴引力物理研究中心教授叶贤基介绍，今年 1 月团队与云南天文台合作实现了地月之间激光测距，约 38 万千米。明年初测试中继卫星与地球之间的距离，约 45 万千米，将实现人类首次超过地月距离的纯反射式激光测距实验。这是"天琴计划"实施路线图"0123 计划"中的第一步，即"0"计划中的一部分，目的是发展月球和深空卫星激光测距技术，为后期天琴卫星的精密定轨提供技术验证和储备。国内引力波探测项目"天琴计划"意义重大，它的实施将使我国占领引力波探测与空间精密测量领域的学术研究制高点。

澳大利亚高校研究发现阻碍石墨烯发挥其全部潜能的秘密，对于二维材料及其在高性能器件中的应用具有重要里程碑意义　2018 年 12 月，澳大利亚墨尔本皇家理工大学在国际权威期刊《自然通信》上发表一项研究指出，硅污染是导致石墨烯材料应用结果令人失望的根本原因，并详细介绍了如何生产性能更高的纯石墨烯。澳大利亚墨尔本皇家理工大学（RMIT）研究团队使用最先进的扫描过渡电子显微镜，逐个原子地检查了市面上的石墨烯样品。测试表明，用于制造石墨烯的原材料——天然石墨中的硅在加工时未完全被去除。测试不仅确认了这些杂质，而且还证明了它们对性能的主要影响，受污染的材料在作为电极进行测试时，其表现致使性能下降 50%。这项研究揭示了二维特性是如何成为石墨烯的致命弱点，使其极易受到表面污染的影响，并强调了高纯度石墨对于生产纯度更高的石墨烯的重要性。

另外，研究人员还使用纯石墨烯，演示了这种材料在制造超级电容器时表现出的优异性能。经过测试，该器件的电荷保持能力很大。研究人员表示，事实上，这是石墨烯迄今为止记录的最大容量，也是材料预测理论容量的最大容量。

研究团队总结表示，新的研究发现对于完全理解原子级薄二维材料及其在高性能商业器件中的成功集成具有重要的里程碑意义。

科学家发现硅基新结构材料可应用于光电子领域　据物理学组织网站 2018 年 11 月 28 日报道，俄罗斯罗巴切夫斯基州立大学获得了一种具有新结构的材料，可应用于下一代光电子和光子学领域。这种新材料是硅的六边形改性产物之一，与传统微电子器件中使用的立方硅相比，具有更好的发光性能。

制造这种材料的原始技术是将惰性气体离子注入硅表面上的介电薄膜中，从而产生机械应力。高温退火过程中应力的扩散导致硅衬底与介电层界面处发生相变。因此，在硅衬底上形成了具有新相位的表面层。该表面层可以用于集成电路的光学有源元件。在这项工作中，首次采用离子注入技术对硅进行了六边形改性，并在红外光谱区域检测到了相关的发射波段。这个发现特别的重要，因为这个波段是硅光波导的透明区域。

下诺夫哥罗德研究人员的工作可以作为创造光电集成电路的新起点，并且这种集成电路将采用传统的技术操作和基于硅的材料制造。

欧洲委员会拟采用毫米波行波管实现100吉比特每秒的无线网络　2018年4月，欧洲委员会提出在新的地平线 2020 项目——Ultrawave 计划中采用毫米波行波管技术，该项目旨在研究基于毫米波行波管的 100 吉比特每秒无线通信技术，通过拓展100 吉赫兹以上的频率研发高容量回传以实现 5G 基站的密集部署。新型行波管提供大功率输出，在 D 波段（141 吉赫兹～174.8 吉赫兹）通过点到多点提供超过 100 吉比特每秒每平方千米的超容量层，并接入新型 G 波段（300 吉赫兹）点到点高容量链接。ULTRAWAVE 系统的实现基于三种技术体系的结合：真空电子学、固态电子学和光子学。无论对于全 5G 应用的何种密度以及网络模式开放场景，ULTRAWAVE 层将使得数百个小基站和微小基站回传成为可能。

美国海军实验室完成 140 吉赫兹阵列行波管关键部件集成　2018年4月，美国海军实验室完成了140吉赫兹阵列行波管关键部件的整体集成。电子枪系统采用了四注结构，平面磁聚焦系统使超过 50mA 的电子注实现 100% 流通，高频部分采用高速铣将无氧铜块加工成一个包含 31 个缝隙的加工。对于真空电子学，将不同组件整体集成具有很大的发展潜力。通过合适的加工制作能够使行波管的小型化达到极限，从而应用于高密度相控阵系统等领域。

电子复兴计划继续推进，推动半导体创新的电子革命　电子复兴计划下的 JUMP项目于 2018 年 1 月启动，DARPA 与美国 30 余所高校合作创建 6 个专题研究中心，研究 2025 年到 2030 年基于微电子的颠覆性技术。研究周期五年，总投资预计约 2亿美元。研究内容都是半导体和国防工业以及国防部系统开发的关键技术，目标是大幅度提高各类商用和军用电子系统的性能、效率和能力。中心分为纵向和横向两类。"纵向"研究中心以应用为目标，将努力开发出能够在五年内转让给军事和工业领域的系统，并且在 10 年内可见成果。两个"横向"研究中心将围绕特定（学科）领域推动基础性发展，包括先进的算法架构，以及先进器件、封装和材料。

2018 年 7 月 23 日，DARPA 举办首届年度"电子复兴计划"峰会，宣布了电子复兴计划六大项目合作研究团队，涉及单位达到 42 个。他们将专注于扶持和培养在材料与集成、电路设计和系统架构三方面的创新性研究。研究团队将领导 ERI 的六个新的"第 3 页"（Page3）计划。这项计划的进一步实施将有助于引导美国半导体创新的未来方向，开启新的电子革命。

EpiGaN 公司携 Si 基 GaN 射频材料技术加盟欧盟最新 SERENA 5G 项目　2018 年 3 月，比利时 EpiGaN 公司参与了欧盟的 SERENA"硅基高效毫米波欧洲系统集成平台"项目，并将为项目提供具有核心意义的 GaN/Si 射频材料技术。SERENA 项目旨在为毫米波多天线阵列开发波束成形系统平台，并实现超越主流 CMOS 集成的混合模拟/数字信号处理架构的功能性能。SERENA 项目将开发用于优化毫米波多天线阵列系统的功率效率和成本的概念验证原型，该架构将适用于广泛的应用场景，例如安全雷达、高速无线通信以及用于 5G 和自动驾驶车辆的成像传感器等。SERENA 项目将基于 EpiGaN 公司 Si 基 GaN 外延技术和批量化封装技术的突破进行研发。

德国高校研究出世界上最小的单原子晶体管　2018 年 8 月德国卡尔斯鲁厄理工学院 Thomas Schimmel 教授领导的团队开发了一种单原子晶体管，这是全球最小的晶体管。该量子电子器件通过控制单个原子的重新定位来切换电流，现在可固态存在于凝胶电解质中。单原子晶体管可在室温下工作，这是未来应用的一个决定性优势。单原子晶体管完全由金属构成，不含半导体材料，因而所需电压极低，能耗也极低，能耗将低于传统硅技术电子元件一万倍，可显著提高信息技术的能源效率，为信息技术开辟了全新的视角。

太阳能晶体管　2018 年 3 月，西班牙开发出一种全新概念晶体管，该器件兼具电源和晶体管双重功能，并以太阳能作为能量来源。新概念晶体管将太阳电池和晶体管集成于同一个超薄单元内，是一个仅有生物细胞大小的紧凑型自供电器件。研究人员利用铁电氧化物构建实现太阳能功能所需的异质结。这种装置可利用铁电层的可变换极化作用实现对有机物半导体中的电流开关状态切换。新概念晶体管这一研究成果进一步拓展了晶体管的类型和功能，将对未来高性能电子设备的发展产生深远影响。

欧盟启动新项目发展 5G 用 GaN 技术　2018 年 9 月，欧盟启动"5G GaN2"项目，项目目标是实现 28 GHz、38 GHz 和 80 GHz 的演示样品，作为开发基于 GaN 的功能强大且节能的 5G 蜂窝网络的关键技术。5G GaN2 项目将大幅降低毫米波通信成本和功耗，并增加毫米波有源天线系统的输出功率。采用先进的氮化镓（GaN）技术，可实现最大输出功率和能效效果。此外，将进一步开发用于数字应用的低成本封装技术，以实现成本和集成目标。

5G 用 GaN 技术成发展热点　2018 年，多家公司和机构开发出适用于 5G 通信的

GaN 技术和器件。NXP 推出用于大型和户外小单元 5G 蜂窝网络的射频 GaN 宽带功率晶体管，可满足 40 W 基站使用；WIN 半导体公司推出 0.45 μm 栅技术—NP45-11 碳化硅基氮化镓工艺，在 100 毫米 SiC 衬底上并且工作在 50 V 的漏偏压，适用于亚 6 GHz 的 5 G 应用。在 2.7 GHz 频段，该技术提供饱和输出功率 7 W/mm，18 dB 线性增益，未谐波调谐时提供超过 65% 的功率附加效率；比利时 EpiGaN 公司推出为 5 G 应用量身打造的最新的 GaN 外延晶片，可生长在直径达 200 mm 的硅衬底以及直径达 150 mm 的 SiC 衬底上。

全球首款 GaN 基充电器产品问世　2018 年 10 月，ANKER 发布全球首款采用 GaN 材料制作的充电器产品，具有体积小、功率大和效率高的特点。产品输出功率达到 27 W，与 APPLE USB-C 充电器输出功率 30 W 相比功率相差不大，但体积上 ANKER 比苹果充电器体积小 40%，具有划时代的意义。之后的 2018 年 11 月，英飞凌也发布一款基于 GaN 材料的 65 W USB PD 充电器产品，可支持 5-20 V 电压输出，AC 90 V 满载输出效率高达 93%，功率密度高达 20W/平方英尺，可实现大功率电源的小型化和轻薄化。

美国陆军实验室启动"超高压碳化硅器件制造"（MUSiC）项目　2018 年 8 月，美国纽约州立大学理工学院（SUNY Poly）获得美国陆军研究实验室（ARL）为期三年价值 207.8 万美元的联邦资助，用于推进"超高压碳化硅器件制造"（MUSiC）项目，目标是通过开发比传统的硅基器件更高的电压，实现更可靠和更强大的碳化硅（SiC）开关器件，最终创建具有诸如从太阳能、电动汽车到电网等一系列军事和商业用途的功率电子芯片。

欧美科学家发布三款神经形态芯片　2018 年 04 月 04 日，欧盟人脑计划官网报道，在美国举行的"2018 神经启发计算元素（NICE）研讨会"上，来自德国海德堡大学、德累斯顿工业大学以及 Intel 公司的研究人员展示了 3 款新的神经形态芯片。

欧洲开发的两款芯片是欧盟人脑计划的成果之一。海德堡大学展示了新的 BrainScales 芯片原型，其拥有模拟和数字混合设计，工作速度可提升 1000 至 10000 倍。第二代的 BrainScales 神经形态芯片具备可自由编程的片上学习功能，以及拥有活动树突树的复杂神经元的模拟硬件模型，对重现持续学习过程尤具价值。

德累斯顿工业大学展示了新的 SpiNNaker 芯片原型。第二代的 SpiNNaker 神经形态芯片基于众核架构，集成了多个处理器。一块芯片上包含 144 个具备创新电源管理功能的 ARM Cortex M4 内核，可实现高能效。SpiNNaker 芯片的计算速度可达到 360 亿条指令每秒每瓦特，该芯片将主要应用于多尺度大脑模型的实时模拟。

Intel 公司的 Loihi 芯片针对神经网络采用了一种非常先进的命令结构，以及微码可编程的学习规则，支持监督学习、无监督学习、强化学习等片上学习模型。

对神经形态系统的所有应用而言，学习都是关键。这三款芯片都针对快速有效的学习优化了架构。除了促进半导体技术发展外，也推动了相关理念研究。

超越 CMOS，英特尔探索逻辑器件的未来　2018 年 12 月 3 日，《自然》杂志发表了一篇有关下一代逻辑器件的研究论文，作者包括英特尔、加州大学伯克利分校和劳伦斯伯克利国家实验室的研究人员。这篇论文描述了一种由英特尔发明的磁电自旋轨道（MESO）逻辑器件。相较于目前的互补金属氧化物半导体（CMOS），MESO器件结合超低休眠状态功率，有望把电压降低至原来的 1/5 、能耗降低至原来的 1/10～1/30。在探求不断微缩 CMOS 的同时，英特尔一直在研究超越 CMOS 时代的未来十年即将出现的计算逻辑选项，推动计算能效提升，并跨越不同的计算架构促进性能增长。

英特尔资深院士兼技术与制造事业部探索性集成电路组总监 Ian Young 表示，"我们正在研究超越 CMOS 时代的计算方案，寻求革命性而不是演进性的突破。MESO 以低压互连和低压磁电为基础，将量子材料创新与计算结合在一起。我们对已经取得的进展感到非常兴奋，并期待着发挥其潜力，未来做出进一步降低翻转电压的演示。"

英特尔研究人员发明的 MESO 器件，考虑到了未来计算所需的关于存储器、互连线和逻辑的要求。英特尔已经做出了该 MESO 器件的原型，采用的是在室温下呈现新兴量子行为的量子材料，以及由 Ramamoorthy Ramesh 开发的磁电材料（Ramamoorthy Ramesh 就任于加州大学伯克利分校和劳伦斯伯克利国家实验室）。MESO 还利用了由 Albert Fert 描述的自旋轨道超导效应（Spin-orbit transduction effects，Albert Fert 就任于法国国家科学研究院/泰雷兹集团联合物理研究组）。

英特尔功能电子集成与制造科技中心主任、资深科学家 Sasikanth Manipatruni 表示："MESO 器件基于室温量子材料开发。它展现了该技术的可能性，并有望在业界、学术界和各国家实验室中引发新一轮创新。而这种新型计算器件和架构所需的许多关键材料和技术，还需要进行更多开发。"

美国威斯康星大学的 AlN 同质外延紫外 LED 成为未来 UV 激光器的理想技术　2018 年，美国威斯康星大学麦迪逊分校的 Dong Liu 等人报导了一种在 AlN 本体单晶衬底上使用 p 型 Si 增强空穴注入的 400 nm AlN 同质外延 229 nm UV LED，氮化物异质结构使用有机金属气相外延（OMVPE）法淀积，这种 AlN/Al0.77Ga0.23N 多量子阱（MQW）LED 在连续波状态下的电流密度为 76 A/cm^2，且未出现效率下降，实现了本体衬底固有的低位错密度特性，是实现 UVC LED 的有效方法，未来用于激光器中。

美国空军开发出太空用新型高效耐辐射太阳能电池　2018 年 1 月 4 日，美国空军研究实验室（AFRL）研发的倒置变形多结（IMM）太阳能技术在降低成本的情况下提高了能源效率，将主要用于军事太空应用。据称，IMM 电池比类似的标准多结太阳能电池阵高出 15%的功率。开发商表示，新型太阳能电池可以用来解决太空社区的效率问题和大众需求，并为其他工具释放更多的卫星空间。

韩国研发出新型钠离子电池材料　2018 年 1 月，韩国科学家制备出新型 Na 离子电池负极材料。这种 SnF2@C 纳米复合材料的制备方法十分巧妙，研究团队利用高能球磨法对高电导乙炔黑和微米尺度的 SnF2 混合粉末进行球磨，使得两种材料进行精密的混合，并最终制得 SnF2@C 纳米复合材料。该纳米复合材料展示出 563 mAhg-1 的可逆充放电容量，并且在 1C 大倍率放电的情况下仍然具有 191 mAhg-1 的可逆容量。这一研究成果将极大提升钠离子电池的性能，并有望推动钠离子电池未来在太阳能、风能等高储能系统中的应用，以解决锂离子电池成本高、选择性少的问题。

NASA 测试载人火星任务核动力系统或成重大飞跃　2018 年 1 月 22 日，美国国家航空航天局（NASA）进行核动力系统测试。这是为执行宇航员登陆火星等长期太空任务而设计的紧凑型核动力系统，被视为太空核电的一次重大飞跃，人类许多雄心勃勃的深空探测项目，也将借助核能之力完成。

空间核动力长期以来被认为是空间科学和探索的一项有利技术。一个小型的核裂变系统不仅能允许 NASA 重新考虑数百瓦级的航行任务，还将最终实现需要千瓦功率的科学飞行任务。

NASA 的紧凑核裂变系统测试正在美国能源部位于内华达的国家安全场进行。现已进行到组件测试阶段，确定每个反应堆部件的状况，即对由裂变反应产生的中子辐射作出反应。该"迷你"核反应堆，使用铀-235 作为核燃料，成本低且可扩展，发电不受环境影响，也无须担心燃料耗尽。

NASA 空间技术任务委员会副主管史蒂夫·乔尔奇克称，这次测试成功将是太空核电的一次重大飞跃。

美国能源部宣布斥资 1900 万美元用于先进电池和电气化研究以实现极快充电　2018 年 4 月 30 日，美国能源部（DOE）宣布斥资 1900 万美元，支持 12 个新的成本分摊研究项目，重点研究电池和汽车电气化技术，以实现极快的充电速度。选定的研究项目集中在开发能够在高功率水平上快速充电的电动汽车系统，将有助于能源部推进电池和电气化方面的研究，旨将电池组成本降至每千瓦时 100 美元以下，续驶里程增加至 300 英里以上，到 2028 年将充电时间减少到 15 分钟或更短。

其中，9 个项目侧重于优化电极、电解液和电池设计，使电池可以在不到 10 分钟的时间内进行快速充电，同时保持 10 年寿命目标的性能；3 个项目将开发和验证电动汽车的电力驱动系统和基本结构，从而将目前家用供电能力的 7 千瓦提高到 400

千瓦，并将标准充电时间从 8 小时减少到 15 分钟或更少。

日本研制出新型卫星光伏电池，制造成本降至十分之一　2018 年 5 月，日本宇宙航空研究开发机构（JAXA）与桐荫横滨大学的特聘教授宫坂力共同开发出了"钙钛矿型光伏电池"，可使人造卫星的光伏电池制造成本降至十分之一，计划数年后在太空启动实证试验。新电池可利用印刷技术轻松制造，光伏电池的厚度将降至此前的百分之一，不到 1 微米。由于很薄且能弯曲，体积小且能够折叠，卫星发射之后电池展开可延展为巨大面积，有望推动发射成本的进一步降低。但新电池的光电转换效率目前仅为 5%左右，今后将进行改善。研究团队将试制大型电池板，试验其在实际发射的环境下对温度变化和剧烈振动的耐久性。

DARPA 启动"持续性水生生物传感器"项目——利用海洋生物探测海上威胁　2018 年 2 月，DARPA 发布"持续性水生生物传感器"（PALS）项目征询文件，旨在开发监测水下运载工具的水生生物传感器硬件设备，研究海洋生物探测水下运载工具的生物信号或行为，通过传感器硬件设备捕获、分析和转发这些生物信号或行为，探测美军可能面临的海上威胁。

美国海军在六方氮化硼材料光学应用领域取得突破　2018 年 1 月，美国海军研究实验室（NRL）牵头的科学家团队对六方氮化硼材料（h-BN）材料进行研究，该研究团队发现采用 B-10 或 B-11 单质与氮气在高温条件下制备出只包含一种硼同位素的 h-BN 材料，与天然 h-BN 相比，制备的新型 h-BN 材料的光学损失显著降低，传输效率提升 3 倍以上，使得制造基于 h-BN 的光学器件成为可能。该研究成果有望加速光学器件向高效化、小型化方向发展，这就意味着未来军用光学传感器、激光器的体积将更小，搭载平台的设计更加灵活，也使得光学传感器和激光器的应用领域和场景发生颠覆性变化。

NASA 联合 LGS 研发卫星通信光学调制解调器　2018 年 1 月，NASA 联合 LGS 创新公司为其集成"激光通信中继演示（LCRD）低地球轨道用户调制解调器和放大器"（ILLUMA）计划提供支持。该计划旨在利用自由空间光学和光纤激光技术，实现地面与卫星之间的端到端光通信。ILLUMA 计划将使用激光来编码和传输数据，速度比目前的典型通信设备快 100 倍，与等效的射频通信系统相比，所需的重量和功率要小得多。该光学调制解调器将通过飞行于地球同步轨道的 NASA LCRD 卫星实现国际空间站与地面的数据通信功能，这一新功能将大大提升从国际空间站传来的科学数据量，同时支持往返太空的多信道超高清视频。

Teledyne 公司研发宇航级光电传感器　2018 年 6 月，美国国家航空航天局（NASA）戈达德空间飞行中心与 Teledyne 科学与成像公司达成协议，研发宇航级短波红外（SWIR）光电传感器芯片组件，用于广域红外巡天望远镜（WFIRST）。Teledyne

公司将在 WFIRST 航天器的焦平面组件中提供该公司 H4RG-10 阵列中的 18 个阵列，计划于 21 世纪 20 年代中期发射。Teledyne 官员表示，H4RG-10 阵列提供超过 3 亿像素分辨率，并且发射成功后将成为空间最大的红外焦平面。Teledyne 还为 WFIRST 日冕观测仪仪器构建可见光探测器。WFIRST 望远镜的像素数将是哈勃太空望远镜的红外相机的近 300 倍，并且其视野是哈勃望远镜的 100 倍。大视野使 WFIRST 能够探测大面积的天空，以测量暗物质和暗能量对宇宙中星系分布的影响。

微系统领域年度发展报告

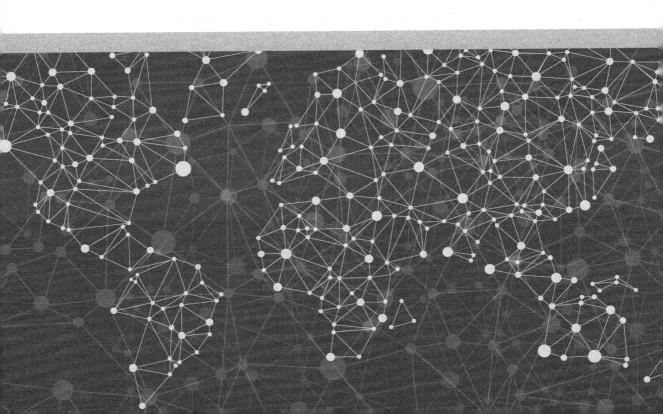

微系统领域年度发展报告编写组

主　　编：郝继山

执行主编：王传声

副 主 编：廖承举　方　芳　李鸿高　丁　熠

撰稿人员：（按姓氏笔画排序）

马　强　何　杰　向伟玮　刘江洪　刘俊永

庄永河　孙函子　李　杨　李　苗　李儒章

严英占　杨　凝　张正鸿　张　洁　张继帆

成　章　尚玉凤　季兴桥　李森森　赵　飞

金长林　陈显才　陈智宇　胡柳林　胡小燕

胡卓非　郝继山　秦跃利　谢若桐　廖开升

审稿人员：安　萍　汪志强　张万里　闫　宁

微系统概述

一、军事电子微系统的内涵

1998 年 DARPA（美国国防高级研究计划局）MTO（微系统技术办公室）提出了微系统的概念：微系统是融合体系架构、算法、微电子、微光子、MEMS 等要素，采用新的设计思想、设计方法和制造方法，将传感、处理、执行、通信、能源等功能集成在一起，具有多种功能的微装置，如图 1 所示，以下微系统特指军事电子微系统。

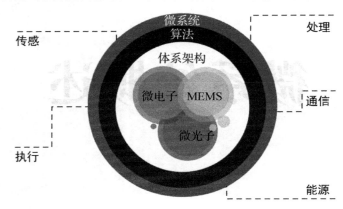

图 1　DARPA 对微系统的定义

（一）微系统是系统思想和微电子能力直接结合形成的新型功能系统

采用系统思想和系统方法把系统组成各要素组合起来形成先进的、有机统一的系统一直是系统工程的不懈追求。微系统把系统思想、系统方法与微电子能力结合起来，把系统组成各要素组合方式从宏观尺度逼近到微纳米尺度，跨界融合带来了一系列影响巨大的创新变革。

在微纳层面诸要素融合集成中，基于微纳集成技术的系统设计思想是获得高性能微系统的关键。微系统的系统设计把功能架构、逻辑架构和物理架构融合为一体，使得功能算法和硬件架构紧密融合、相互作用，逻辑控制上贯穿硬件各层级直至芯片最底层，互连方式上基于集成工艺模型和参数边界，机、电、热、磁、多物理场和谐共生。微系统设计对外决定了微系统呈现的能力和接入更大体系的应用方式，对内决定了组成要素的范围以及组合方式，并从系统层面约束了组成要素之间的相互作用、处理原则和逻辑，是获得高品质微系统的关键所在。

（二）微系统微纳集成方式是微系统物理实现的典型特征，在体积重量显著缩小过程中起着显著作用

微系统区别于其他宏系统的一个关键特征是微系统采用了微纳尺度集成方式，尤其是微系统的三维集成方式不仅是一个物理实现方式从平面向立体提升的变化，它在体积重量大幅度缩小的同时通过系统物理架构创新带来了功能性能上的大幅提升，尤其是在提高速度、降低损耗方面。

美国佐治亚理工学院认为，在产品体积缩小方面，芯片/器件本身的集成发展只能减少大约 10%～20% 的系统空间，余下 80%～90% 以上的体积缩小问题需要通过系统集成方式解决。

微系统微纳集成技术的飞速发展，把系统集成尺度从传统的毫米/亚毫米尺度推进至微米/亚微米尺度，从而成数量级地压缩了系统空间。如果系统架构合理，机、电、热、磁耦合效应得到良好控制，系统体积缩小到 1/100 在技术上是完全可行的。

二、军事电子微系统装备发展深刻改变装备形态，推动战争模式发生巨大变化

美国发展微系统的初衷是针对敌人创造科技突破，拥有对作战对手压倒性的技术优势。美国国防部高度重视微系统，认为微系统技术在 21 世纪军备竞赛中具有重要的战略性意义，被列为 DARPA 的发展战略重点之一。

国外军事电子微系统装备主要朝二个方向发展：一是微系统的发展催生出大量微系统形态的微型武器，泛在信息感知无所不在，微型无人集群作战大行其道，单兵可穿戴设备深刻改变作战模式；二是微系统作为核心功能单元嵌入宏系统，促进传统武器更加智能化、多功能化，推动装备跨代发展，战争胜负天平更加向技术优势方倾斜。

（一）列装的微系统装备已经显示出"先发制人"的能力优势

2018 年 1 月，密歇根大学在 DARPA Micro-PNT（定位、导航与授时微技术）项目中获得突破，成功开发出 TIMU（授时惯性测量装置）原型样机，构成了一套独立的微型导航系统，尺寸比 1 美分的硬币还小。该技术成果可以广泛应用于 GPS 拒止/实效环境中实现自主精准导航。美国诺思罗普·格鲁曼公司已将 IMU（惯性测量单元）应用于导弹系统实现了超过 15 分钟的自主精准导航。相对于严重依赖卫星导航

的装备、武器和人员来讲具有巨大的作战技术优势。

美国 MERRIMAC 公司的 Multi-Mix（多元混合）技术实现多层微波电路设计和芯片一体化封装，实现模块、组件高度集成微系统化、轻量化。因可重复性高，产品成本大大下降，广泛应用于各种平台的电子战载荷上。

诺斯罗普·格鲁曼公司研制的新型的模数与数模转换器，可以实现直接射频采样和合成，显著提高电子战系统的 SWaP（尺寸、重量和功耗）性能，成数量级降低体积和重量的同时，成倍实现多功能应用。

英国 BAE 系统公司宣布研发出 0～20 GHz 新型通用射频芯片，名为 MATRIC（可重置集成电路所需微波阵列技术），是一个可嵌入到灵活交换矩阵中的可重置射频电路阵列。它使得电子战系统具备动态配置能力，可快速自适应战场复杂电磁环境，提高攻击效能。

MIT（麻省理工）林肯实验室和 M/A-COM 公司共同开发 MPAR（多功能相控阵列雷达），MPAR 采用低成本的平板阵列设计，一体化集成天线、T/R 组件、电源，供电及波束形成等电路，免电缆互联，实现小体积、低重量及低成本，具有典型的系统级集成微系统特点。

（二）在研微系统装备，全面获得领先竞争对手的技术优势

密歇根大学布劳乌教授设计的带压力传感器的智能灰尘，如图 2 所示。在 1.4 mm×2.8 mm×1.6 mm 的超小体积中，压力传感器、电池、MCU 和无线射频模组以堆叠的形式集成在一起，其平均功耗仅为 8 nW，电池寿命可以长达一年以上。类似智能灰尘的大规模应用将彻底改变传统信息感知、获取方式。

图 2　智能灰尘传感器

美军 2013～2035 年装备规划的无人飞行系统为其各军兵种使用，分为微型、小型、战术型、持久型及渗透型无人机。其中 DARPA 开发的"小精灵"无人机项目，其搭载的小型分布式有效载荷高度集成了侦查、干扰、反辐射攻击引导以及网络通信等多种功能，通过集群作战来压制敌方防御系统，并在交战时冲入敌阵发动蜂群饱和式电磁攻击或通过电磁手段识别并直接攻击具体目标，从而夺取战争主动权。

蜂群作战场景示意如图 3 所示。这种网络化、微型化、抵近式攻击也将成为未来作战的典型方式之一。

图 3　蜂群作战场景示意图

2018 年 9 月，美国海军航空系统司令部授予诺斯罗普·格鲁曼公司 6480 万美元订单，在 2022 年 6 月前为海军 MQ-4C "海神"号远程海洋巡逻无人机上的海上搜索雷达提供关键多功能电子组件，内容包括 6 个天线组件、6 个宽带接收器和激励器、10 个信号处理器、2 个天线驱动器和 2 个 RSP 外部电源。其组成的无人机传感套件可以自动检测和分类不同类型的船舶。

美军最新推出的网络单兵作战概念，通过微系统集成能力，使每一个单兵都成为整个战场网络的一个节点。2018 年 11 月 30 日，DARPA 网站发布消息，"分队 X 试验"项目首次试验成功（见图 4）。试验中演示了处于"网络连接边缘"时，美国海

图 4　"分队 X 试验"首次试验

军陆战队分队采用空中微型无人机和地面无人战车及单兵穿戴式自主微型系统，以高度集成的多功能模块化微系统单元为核心，通过声光电磁以及大数据分析检测来自物理、电磁和网络等多个领域的威胁，并实现信息实时交互感知，提高了其态势感知和

同步机动的能力，使一个分队就能完成正常情况下一个排的任务。"分队 X 试验"项目的首次试验成功，预示美军迎来单兵/分队作战的新时代。

美国哈里斯公司近期推出的"破坏者 SRx"系统，采用了先进的微处理器和射频电路技术，将数字接收机、DRFM（数字射频存储器）、数字信号处理器集成到了一个模块（见图 5），实现高性能感知处理，同时可根据任务需求进行多要素动态重构，实现各种电子战功能，如电子侦察、通信干扰、电子防护、通信情报等。

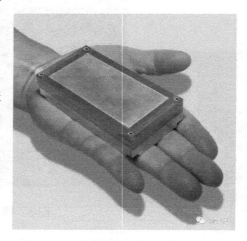

瓦片有源阵面数字化是雷达探测微系统的重要发展趋势，法国泰雷兹公司、美国雷声公司、诺斯罗普·格鲁曼公司、美国 Phasor 公司正在研究各种类型瓦片相控阵系统，可显著降低雷达阵面的体积和重量，提升雷达系统功能。

图 5　SRx 破坏者系统

DARPA 和陆、海、空三军在巡飞弹武器系统领域已有多年研究和大量科研项目积累。近期开展的主要项目包括：陆军的 LMAMS（致命微型空中弹药系统）项目、海军的 LOCUST（低成本无人机集群）项目等。

（三）下一代微系统装备效能将增加 100 倍、体积功耗降低到 1/100，很大程度决定未来战争形态

美国陆军纳蒂克士兵中心发布的"2030 年的未来士兵倡议"概念蓝图，从 7 个技术领域描述了在 2030 年未来士兵如何装备的概念。在最新的士兵概念中，在通信系统构建方面，士兵制服将配备纳米天线阵列，能够与无人机到卫星的任何通信系统进行通信。

2018 年 1 月下旬，MTO 启动一项为期四年的新项目——MIDAS（毫米波数字阵列），目标是研发出数字相控阵系统的组成单元，支持下一代国防部用小型和移动系统。该集成能力将支持该技术在多个军事平台上的应用，包括在战术平台及现有和未来卫星间的视频通信。

英国 BAE 系统公司射频、电子战和先进电子产品线主管克里斯·拉帕透露，未来将实现多谱、多模式和多功能的能力。BAE 的目标是构建全数字阵列，阵列中核心单元组件都是数字的，可以在单元级对阵列各方面进行控制。拉帕预测，十年后将会出现非常大的、全数字的、精确受控的多功能、多模式阵列，具备高度的灵活性，能够完成信号情报、电子支援措施、电子攻击、雷达、PNT 以及通信，并且能够通过即时学习，基于认知和自适应进行协同或干扰。DARPA 的导引头成本转化项目将

设计并演示验证一种 SWaP-C（小巧、轻量、低功耗、低成本）的导引头原型，能够为武器平台提供全天时导航和精确末制导，实现在 GPS 拒止环境下，武器弹药仍能打击静止目标、移动目标和重新定位目标。

三、国外微系统的发展历程

世界科技保持快速发展态势，学科交叉和技术融合促使全球创新要素和创新资源流动加速，科学技术正孕育着新的突破和变革，微系统应运而生。

（一）美国微系统发展概况

1991 年成立 MTO（微系统技术办公室）是管理微系统领域的科技创新。MTO 是最早预见电子系统技术和微电子技术将会高度融合发展的国防科技管理机构。

MTO 成立的技术背景是随着摩尔定律的不断纵深发展，微电子、光电子、微机械等基础技术能力得到了急剧发展，但是进一步向纳米级集成发展的步伐受到技术和成本的约束越来越大；与此同时，随着跨界系统架构和软件算法的兴起，跨界融合形成新型能力（超越摩尔）以满足国防和工业界的下一代潜在需求成为创新热点，而超越摩尔的进一步发展或者说后摩尔时代的发展需要系统技术与微纳技术的紧密结合和融合创新。因此，微系统是后摩尔定律发展的产物，如图 6 所示。

DARPA 以探寻军方的未来和潜在需求，开创国防科技的新概念而著称。MTO 是军用微系统技术的发源地，MTO 以"百倍提升"的跨度目标大力发展微系统，即"效能增加 100 倍、体积功耗降低到百分之一"

MTO 主任威廉·查普尔宣称，"MTO 的目标是推动建立全新的技术驱动的国家安全能力，而不仅仅是建立一个单点式的解决方案。MTO 的作用是保持和加强其基础研究和系统集成的关键桥梁地位。"

MTO 成立之初侧重于通过在微处理器、微机电系统、光电子器件等元器件领域的成体系布局来帮助创造或阻止"战略突袭"，MTO 在宽带隙材料、相控阵雷达、高能激光器和红外成像技术等先进技术领域的革命性工作有力地促进了美国建立和维持技术优势。自 2010 年以来，为了应对不断涌现的安全挑战，MTO 已着手布局开发新一代微系统技术，主要侧重在微纳领域的集成应用方面，并希望在几个最具挑战性的关键领域展开探索，其中包括：如何更有效地使用拥挤的电磁频谱；如何使摩尔定律得以延续；在全球化和财政紧缩的环境下如何继续发展经济性的解决方案。

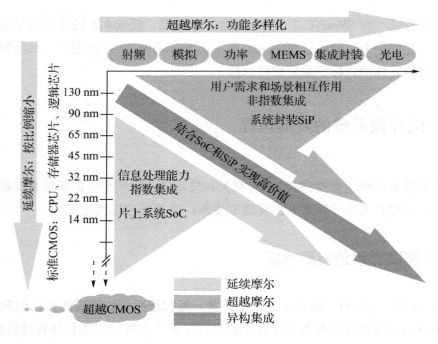

图 6　微系统是后摩尔定律发展的产物

　　MTO 认为国防的需要已经自上而下地传达到整个行业，而创新性的技术解决方案则要自下而上加以展示。MTO 会定期发布机构公告，向学术机构、工业界和政府部门征集微系统技术前沿技术的建议，这些技术建议经评估获得通过后将获得 MTO 项目拨款。

（二）欧洲微系统发展概况

　　欧洲的微系统发展总体布局是以欧洲 IMEC（微电子中心）为基础研究和以德国弗劳恩霍夫研究所为代表的欧盟企业集成应用研究，并且呈现出非常鲜明的大学和企业紧密融合发展的态势。

　　IMEC 于 1984 年成立，是欧洲最大的微电子、信息及通信研发中心。IMEC 的研发模式分为三大类，第一类是政府项目和基础研究项目（领先市场 8～15 年），一般与高校合作，包括互换研究学者等；第二类是产业联合项目（领先市场 3～8 年），一般与多家产业领先企业联合攻关某产业方向发展的瓶颈技术，分摊费用，共享产权，共担风险；第三类是双边联合项目（领先市场 2～3 年），接受特定企业的针对性研发服务。IMEC 与比利时鲁汶大学联系密切，很多大学教授在 IMEC 兼职，项目联合开发，学生联合培养。

德国弗劳恩霍夫研究所是德国最大的科研联合体。2017 年 21 亿欧元收入中的 50%来自工业界的联合研发新产品、新技术，30%来自公共项目收入，其余来自基金研究项目。弗劳恩霍夫研究所柏林分部和柏林工业大学联系密切，许多实验设施可以共用，人才培养和科研创新紧密结合。

（三）半导体技术发展路线演变

ITRS（国际半导体技术发展路线图）在 2015 年发布的最后一份报告中预测"经历了 50 多年遵循摩尔定律的晶体管尺寸微型化将在 2021 年后停止"。

在 ITRS 停止发布后，美国 IEEE 接手并扩展覆盖了新型系统级技术，更名为 IRDS（国际器件和系统路线图），并于 2017 年 11 月发布了第一版 IRDS，路线图演进如图 7 所示。

国际半导体技术路线图（ITRS）
International Technology
Roadmap for Semiconductors

国际器件和系统路线图（IRDS）
IEEE International Roadmap
for Devices and Systems

图 7　路线图演进示意

IRDS 发展预测从现在到 2024 年，虽然半导体工艺还会有 3 nm、1.5 nm 线宽之分，但几种新工艺的栅极距等指标在 5 nm 节点后就没有变化，即晶体管并不会缩小，传统 CMOS（互补金属氧化物半导体）电路将在 2024 年走到尽头。IRDS 指出了新的发展方向，将有更多种类的新器件、芯片堆叠和系统创新方法来延续计算性能、功耗和成本的优化。IRDS 中提出包括采用新的半导体材料和制造工艺缩小晶体管特征尺寸（延续摩尔），使用 3D 堆叠等创新的系统集成技术（超越摩尔）等概念。芯片堆叠以及各种新型器件有望在 CMOS 工艺之外继续提高芯片性能、降低成本。有必要发展 3D 集成路线，包括 3D 堆叠、单片 3D（或顺序集成），以提高系统性能和增加更多功能，微系统需求与要素凸显。

（四）微系统是双轮驱动发展的典型代表

综合国外微系统的诞生以及发展历程可以看出，微系统是需求牵引和技术推动双轮驱动发展的典型代表。

从军事应用来看，进入 21 世纪以来呈现出显著的"云+网+端"体系作战特点，对军事装备而言，要求栅格节点功能更强、性能更高、体积更小、重量更轻、功耗更低、环境适应性更强，同时节点和体系都需要具备自适应、可重构、智能反应等较高智能化能力，节点能力和体系协同能力共同决定了整体战力高低。

从技术创新驱动发展来看，半导体技术已从微米发展到纳米尺度，单片可集成几十亿到上百亿个晶体管；一方面延续摩尔定律进一步向更微细方向发展，集成难度和成本显著加大了；另一方面在应用功能需求的强烈牵引下，声、光、机、电、磁等专业的跨界集成和软件能力发展迅猛，并为系统应用开辟了广阔空间。微系统将延续摩尔发展的最新成果和超越摩尔的功能集成需求紧密结合起来，融合创新实现更高价值。

微系统是自系统工程技术和微电子技术问世以来，人类社会不断追求高新技术装置集成化、微型化、智能化的必然结果，被公认为 21 世纪的革命性技术之一。微系统把系统层面更加高度集成、更加高度智能的需求和半导体层面更加精细制造、更加跨界集成的能力紧密结合起来，是宏观和微观有机一体化融合的产物。

微系统的发展，使产品和系统的形态与内涵发生重大变化，极大地推动了传统产业的整合和变革，促使工业革命向更高层级加速发展。

四、军事电子微系统技术发展的关键是融合创新和协同创新

微系统是新世纪跨学科融合集成创新的典范，是跨界融合创新的现实体现。

微系统的微纳集成特性催生了新的设计方法和制造方法。设计方面，最重要的是基于 IP 核复用的多专业、多物理场深度协同设计；制造方面，最重要的是微纳尺度的三维集成。

（一）基于 IP 核复用的多专业、多物理场深度协同设计是获得高性能微系统的关键

系统与微纳技术的结合、多专业融合的发展趋势以及产品层次的扁平化，迫切需

要微系统设计能力的跨代提升。传统的产品组成层级分为器件、组件、模块、分机和系统等多个层级，其仿真设计方法多采用基于半实物建模和专业 EDA（电子设计自动化）工具实现，但由于制造加工离散性以及模型完备性等原因，该种方法的仿真结果和实测结果一致性较差，因此仅能作为设计验证手段。

微系统设计一般包括以下主要特点：

- 依托 IP 成果，设计贯穿多层级，一般需要从系统贯穿到芯片；
- 多专业协同相互影响更加突出，而且需要充分考虑微纳尺度下多物理场耦合效应；
- 设计制造需要高度协同。

微系统的设计创新真正把系统工程方法论和微纳集成技术结合起来。

1. 协同设计方法的创新提高了微系统设计的敏捷性，降低了复杂微系统设计难度

微系统的多专业融合特性导致设计过程非常复杂。一方面是现有设计工具不能解决各组成部分物理结构和功能特性都大不相同于系统的设计问题，另一方面先进材料和制造方法所带来的结构和功能的复杂性，已经超越我们通过仿真来优化其中所含所有变量的能力。DARPA 提出了名为 TRADES（颠覆性设计）项目，TRADES 将颠覆旧的设计理念，希望能够研发出新的数学和算法，打造微系统精细仿真设计能力，以充分利用由新材料和制造方法所带来的性能优势。TRADES 项目的目标是研发出一个细致和一致的设计流程，以有效减少未来军用系统的成本、尺寸和重量。TRADES项目组组长简·万登布朗表示："我们已经到了现有 CAD（计算机辅助设计）工具和仿真过程所能达到的极限，需要从本质上实现颠覆的新概念和新工具以满足设计师的需求，以及提出超越现有最好设计项目所能构思出的形状和结构。"

DARPA 在 2018 年 7 月举办的 ERI（电子复兴计划）年会上专门成立了一个仿真工作组，组织研究整个系统仿真设计的新方法。DARPA 2018 年发布 ERI 计划的六大项目中重点之一就是 IDEA（电子设备智能设计）项目，主攻降低设计所需的时间和系统设计的复杂度，提高微纳系统设计的高可靠性。

综合近几年的微系统设计方法创新来看，基于 IP 核复用的多专业、多物理场深度协同设计是主流，是实现微系统设计"可见即可得"的关键环节。

美国诺斯罗普·格鲁曼（诺格）公司在 DAHI（多工艺异构集成技术）项目中实现多专业协同设计和协同制造（见图 8），鉴于微系统在微纳尺度机、电、热、磁多因素耦合兼容的复杂性，创新开发的集成开发协同设计平台，实现了多设计工具的过程耦合协同仿真运算，并在多工艺厂商 PDK（工艺设计包）工艺模型的基

础上，实现了在硅基 CMOS 基板上高密度集成多种异构芯片，形成复杂微系统产品，已经实现量产。

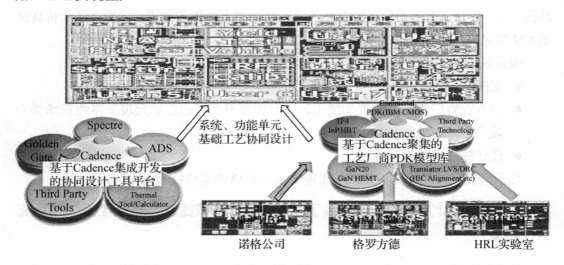

图 8　DAHI 项目

DARPA 在 CHIPS（通用异质集成和知识产权重用策略）项目中（见图 9），通过构建全新的微系统集成架构和基于 IP 复用的集成方法，提升三维集成技术的经济性、可使用性和可获得性，使三维集成能被快速推广到更多的应用领域。该架构和方法将受知识产权保护的微电子模块与其功能整合为射频、光电、存储、信号处理等"微型管芯零件"，这些"零件"可以任意整合，如拼图一样快速构建"微芯片零件组"，实现复杂功能。该项目也是 DARPA 电子复兴计划的一部分。鉴于该项目的特殊性，CHIPS 项目由 12 家承包商共同承担，其中包含了大型防务公司（洛克希德•马丁公司、诺斯罗普•格鲁曼公司、波音公司）、大型微电子公司（英特尔公司、美光公司、铿腾公司）、半导体设计公司（新思科技公司、Intrisix 公司、Jariet 公司）和大学研究团队（密歇根大学、佐治亚理工学院、北卡罗来纳州立大学）。

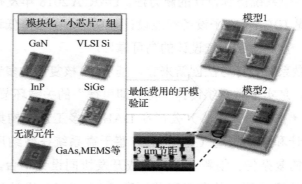

图 9　CHIPS 项目：统一的架构+可复用的 IP

2. 主流设计工具由单专业向系统设计转变

在微系统协同设计的全新需求下，EDA 软件的铿腾公司提出利用完整的产品线助力系统设计，包括模拟、数字、RF、无线电、封装和 PCB（印制电路板）在内的产品线，并通过与第三方合作或者收购的方式，以帮助客户从芯片设计走向系统设计。同样，法国达索系统收购 CST 公司形成具有全系列电磁仿真技术的系统解决方案，和西门子收购全球第三大 EDA 工具供应商明导国际公司增强系统仿真设计领域软硬件实力均是这一思路的体现。

（二）微纳尺度系统集成是微系统集成的核心，三维集成是微系统集成的关键路径

1. 系统集成发展路线

微系统集成基于多学科多专业，融合了系统设计和微纳集成技术，以实现不同材料、不同结构、不同工艺、不同功能元器件的一体化高密度集成。三维集成技术是功能、性能、成本、周期等因素综合平衡下系统的最优实现方案。

德国最大的科研机构弗劳恩霍夫研究所认为，微系统的集成分为晶圆（或单芯片）级别的集成和系统级别的集成两个层次（见图 10）。

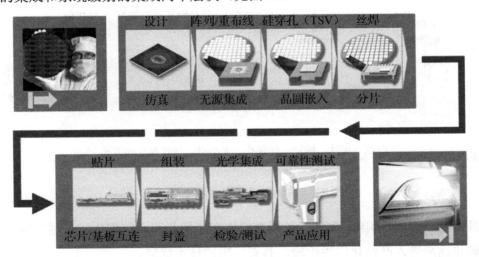

图 10　德国弗劳恩霍夫研究所微系统集成技术路线图

晶圆级集成是在 Si、GaAs、GaN、InP 等不同材料晶圆的基础上，采用多种工艺实现芯片或晶圆间的互连与集成，构成微系统功能模组。系统级集成是在硅基板、玻

璃基板、陶瓷基板、有机基材等不同材料高密度基板的基础上，二次集成多种功能芯片和微系统模组等元器件实现更高层次的互连与集成，构成具备相对完整功能的微系统。晶圆级集成和系统级集成的出发点、思维方式和实现路径存在很大不同，分别突出了自下而上和自上而下的集成。但随着技术的不断发展，晶圆级集成和系统级集成开始出现交叠与融合，部分实现手段可能趋同。

系统集成覆盖了从晶圆到系统的整个集成流程（见图 11），包含了 PCB（印制电路板）表贴集成、BGA（球栅阵列）、基板内芯片内埋、扇入/扇出、倒装互连封装、3D-IC 集成、硅/玻璃/有机转接板集成等集成方式。从集成层次区分，PCB 表贴集成代表了 SoP 集成，覆盖了从简单功能到复杂功能的全集成领域；扇入/扇出、BGA 封装代表了 SiP 封装集成，其中扇入/扇出的功能和集成复杂度较低，BGA 封装的功能和集成复杂度较高，且覆盖面也较广；倒装、3D-IC 和转接板集成的集成尺度更小，且集成功能复杂度逐渐增加。在这些集成方式中，典型的互连手段包括焊球、凸点、穿孔、无凸点焊接、内埋等。

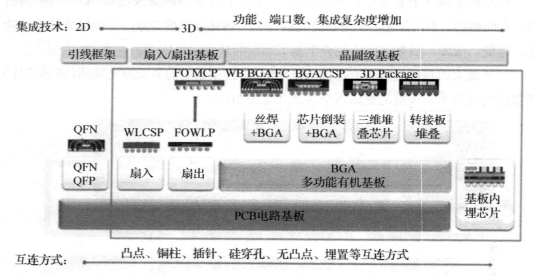

图 11　系统集成的方式和主要工艺

目前美国、欧洲等国家和地区的研究机构在晶圆级和系统级集成领域不断取得技术突破并逐渐进入产品化应用阶段，具有一定的技术优势。

比利时 IMEC 三维集成技术经历了 3D-SiP、3D-SIC、3D-SOC，现已到达 3D-IC 阶段，如图 12 所示。

三维集成的典型方式如图 13 所示。

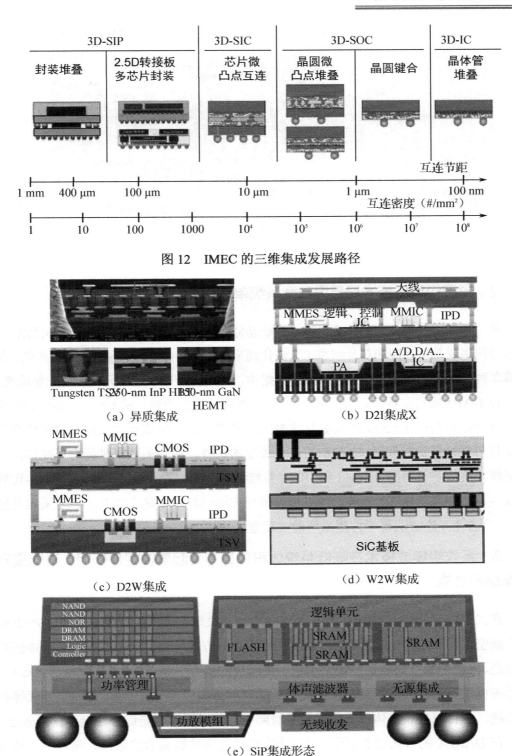

图 12 IMEC 的三维集成发展路径

（a）异质集成

（b）D2I集成X

（c）D2W集成

（d）W2W集成

（e）SiP集成形态

图 13 系统集成的典型方式

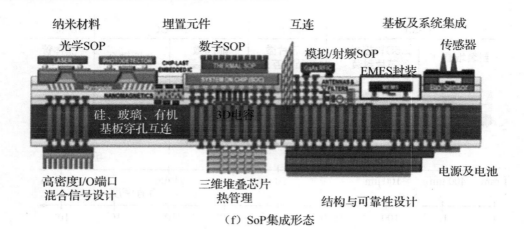

（f）SoP集成形态

图13　系统集成的典型方式（续）

2. 晶圆级集成技术显著提升微系统单元模组功能集成度

单一的硅半导体及其器件难以满足系统功能的不断增强和体积的不断缩小需求，晶圆级异构集成是从晶圆和芯片制造工艺演化而来的，可将数字、射频、模拟、光电、传感等单种或多种功能集成到一个微系统模组中，显著提升微系统单元模组功能集成度。

在DAHI项目支持下，美国硅/化合物异质集成取得突破，将GaAs、GaN等化合物半导体芯片与硅CMOS通过芯片堆叠的方式进行三维集成互连，充分发挥化合物半导体射频性能优异和硅CMOS的高集成度的优势，将为美军提供拥有更高性能的微系统，英伟萨公司的ZiBond和DBI（直接键合互连）专利技术，实现硅、III-IV族和其他衬底间高精密3D互连，可以提供每平方厘米超过1亿个电互连，是采用其他3D芯片通孔互连方法每平方厘米所能实现互连密度的10万倍。

3. 系统级集成技术在降低系统体积重量方面起着决定性作用，进而提升装备综合性能

在大多数电子信息系统中，芯片/器件本身的集成发展只能减少大约10%～20%的系统空间，系统级集成就是要以系统工程的思维方法解决其余80%～90%的体积重量问题，因此系统级集成是实现微系统不可或缺的核心手段。系统级集成将功能芯片、微系统模组等元器件在微纳基板上实现微纳尺度再集成，实现传感、通信、处理等系统功能，在将原有系统体积重量成数量级降低的同时提升系统综合性能和作战效能。

在DARPA的SMART（用于可重构收发器的可扩展毫米波架构）项目中，通过三维集成技术，验证一种超低剖面AESA（有源相控阵）的系统集成架构，如图14

所示，整个阵列厚度小于 10 mm，功能密度提高两个数量级，极大地改善未来毫米波阵列系统的尺寸、重量和性能，并将实现系统的可扩展和可重构，批生产制造效率和成品率更高，成本更低，充分体现了三维集成在系统应用中的重大优势。

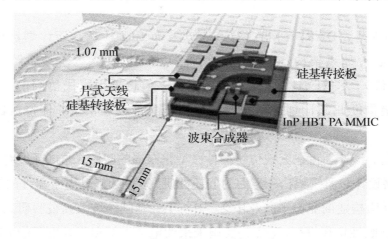

图 14　超低剖面有源相控阵列单元

4. 微纳技术在微系统热管理中发挥重要作用

随着集成密度的持续提升和多功能一体化的发展，微系统内的功率器件和数字处理芯片的热流密度显著提高，器件和系统的散热面临巨大挑战，基于微纳技术的冷却器件在微系统热管理中发挥了日益重要的关键作用。

在 DARPA 的 ICECOOL（芯片内强化散热）项目支持下，洛克希德·马丁公司研制出了一种内嵌微孔阵列的冲击射流冷却器，实验证明了该微冷却器相比于常规冷却技术可以提高六倍的冷却效果。

美国普渡大学为高性能雷达和超级计算机研发出了"芯片内"冷却技术，通过在微通道内注入冷却液，利用特殊的"分级"歧管结构直接在电子芯片中实现冷却液循环，达到了 1000 W/cm² 的散热能力。

欧洲 IMEC 首次实现了基于高分子聚合物的高性能、低功耗及低成本的冲击射流冷却技术，使用高分子聚合物替代硅来降低制造成本，并且使用了高精度立体 3D 打印技术实现了直径仅 300 微米的喷嘴结构，将冷却液直接喷射到裸芯片上，可实现很高的散热效率，在 1L/分的冷却液流量下，功率为 100 W/cm² 的芯片运行时温升小于 15 ℃，其性能超越了传统散热方式，具有高效率、高性价比和更好地匹配芯片封装尺寸等优点。

五、美国发布电子复兴计划，微系统战略地位凸显

2017 年 6 月，DARPA MTO 宣布正式发布 ERI 计划。该计划旨在通过开发新材料、新芯片体系架构、新制造与设计流程，以使微电子技术跨入新的时代（后摩尔时代）。尽管该计划由 DARPA 提出，但将采用军民协同的方式来开发。DARPA 希望借助此次计划来全面释放微电子集成创新潜力，保持美国国防部的技术优势。

具体来说，该计划旨在突破传统器件微型化布局的限制，通过开展对微系统材料与集成、电路设计和系统架构三方面的创新性研究，持续提升电子器件的性能。同时，ERI 计划将探索构建商业电子产业协会、国防工业基础领域及高校科研人员与美国国防部之间的前瞻性协作框架，进而为美国未来的电子创新和提升电子能力奠定长期基础，为 2025 年至 2030 年的美国国家安全做出重要贡献。

ERI 计划的研究设想与摩尔在其论文第 3 页（"第 3 页"源自摩尔在其 1965 年 4 月 19 日发表于《电子学》杂志第 3 页上题为"更高密度集成 IC"的文章，后被 DARPA 作为摩尔定律引用，简称"第 3 页"）所表述的对电子行业未来发展的探索思路相契合，ERI 计划在其基础上重点发展电子设备所用的新材料、适用于将这些器件集成到复杂电路的新架构，以及能够以更高的效率将微系统设计转变为现实的软硬件设计创新，以确保电子设备性能的持续提升。MTO 通过技术讨论、研讨会及其他方式与微电子学领域达成一个相互协作、成本分摊的研究议程，以推动微系统领域进入新的创新时代。ERI 计划从以下三方面展开。

（一）材料与集成

材料与集成部分将探索在无须更小晶体管的情况下，使用非常规电路材料大幅提高电路的性能。硅是最常见的微系统材料，在生产硅、锗等复合半导体中发挥了重要作用，但这些材料在功能上的灵活性有限，且只能存在于单一平面层内。未来研究工作将着眼于在单芯片上集成不同的半导体材料、兼具处理与存储功能的"黏性逻辑"器件，以及微系统元件的垂直集成，而非仅仅平面集成。

（二）电路设计

电路设计部分将重点开发可快速设计专用电路的工具。与一般用途的电路相比，专用的电子设备更快、更节能。虽然 DARPA 一直都在投资军事用途的 ASIC（专用集成电路），但 ASIC 的研发成本高，且相当耗时。ERI 计划将探索新的设计工具和开源设计范式，使创新者能够以较低的成本为一系列商业应用快速创建专用的电路。

（三）系统架构

架构部分将研究一些为特定任务进行优化的电路结构。在机器学习领域发挥较大推动作用的 GPU（图形处理单元）已证明可通过专门的硬件架构来获得性能的提升。ERI 计划将探索其他架构思路，例如可以根据软件需求进行调整的可重构物理结构。

基于 DARPA 对 ERI 计划的研究设想，在 DARPA 已启动的美国最大的大学基础电子研究项目——JUMP（联合大学微电子）项目和其他分散的在研传统项目之后，DARPA 针对"材料和集成"领域、"电路设计"领域和"系统架构"领域新增了六个全新的项目，共同构成美国 ERI 计划。ERI 计划规划如图 15 所示，JUMP 项目和其他传统项目作为 ERI 计划的"地基"，涉及三个研究领域的六个新增项目作为 ERI 计划的"支柱"。

备注：联合大学微电子项目（JUMP）

图 15　ERI 计划规划图

具体的项目说明图 16 所示。

其中，3DSoC（三维单芯片系统）和 FRANC（新式计算基础需求）项目为 ERI 计划材料和集成支柱领域提供支撑，IDEA（电子设备智能设计）和 POSH（高端开源硬件）项目为 ERI 计划电路设计支柱领域提供支撑，SDH（软件定义硬件）和 DSSoC

（特定领域片上系统）项目为 ERI 计划系统架构领域提供支撑。

图16 "第3页"投资说明

美国国防部 2018 财年计划投资 7500 万美元支持上述六个新增项目，加上此前对已有项目的研发预算，2018 财年共对 ERI 计划形成了 2.16 亿美元的统筹支出，同时带动大量商业领域投资的进入。新发布的 2019 财年预算将进一步加大对 ERI 研究工作的资助，计划在未来五年内每年持续对其投资 3 亿美元，在该计划的整个生命周期中投入高达 15 亿美元。通过如此巨额的投资规划和广泛的学科创新可以看出美国政府对电子行业创新性发展的决心，该计划必将为实现电子行业下一阶段的创新提供更为坚实的基础，并在 2025 年到 2030 年对美国国家安全提供至关重要的电子技术能力。

六、小结

综上所述，微系统技术对军事装备产生革命性影响体现在三个层面，首先是基于微系统理念设计的开放架构为系统可重构提供了重要可能性，使电子信息系统更灵活、更敏捷、更精准；其次，基于微系统工艺能力设计的射频、数字、光电等多功能芯片为提高系统的传感、执行、处理能力和降低体积、重量、功耗等性能奠定基础；再次，多专业技术交叉融合、三维集成技术使射频、处理的多功能、可重构能力融入系统成为可能。

总之，未来微系统技术的不断发展将催生新的装备和新的作战模式，持续研究相关技术对提升我军电子信息领域装备能力和作战能力具有重要意义。

（中国电子科技集团公司第二十九研究所　　郝继山）

微系统技术应用发展

电子对抗微系统集成应用

未来信息化战争将由单平台的对抗转变为体系综合实力的对抗。在网云端网络信息体系中，信息武器装备"端"呈现出以下显著特点：

- "端"功能更强、性能更高、体积更小、重量更轻、功耗更低、环境适应性更强；
- "端"和体系都需要具备较高智能化程度：自适应、可重构、智能反应；
- "端"能力和"网"能力、"云"能力共同决定了整体战力高低，"网云端"产品的自主可控已成为今后发展的根基。

微系统技术的发展促进了"端"的功能性能快速进步，如在电子战领域"蜂群"的应用已经成为当下非常火热的研究方向。

2018 年，微系统技术在新材料器件、三维集成、智能化算法和架构等各个领域实现长足进步，为电子战领域新战略、新概念的发展注入了新的动力。

一、电子战系统呈现出明显的高密度集成和标准化、模块化趋势

综合 BAE、诺斯罗普·格鲁曼、雷声等国际著名电子战公司的发展动态，电子战技术的总体趋势必将向数字化、精确化、智能化、微型阵列化的方向发展；在功能上要求自适应、快速可重构；在体积重量上要求装备微小型化和轻量化。如 BAE 公司的电子战系统的演进路线如图 1 所示。

（一）高密度集成技术推动电子战系统的小型化和高可靠性

美国 ELT 公司的 Virgilius 突破了传统 ESM（电子支援措施）、ECM（电子干扰措施）的系统架构，是一种先进的、完全集成的小型化、高可靠电子战系统，用于告警，监视和对抗。

它被设计为执行发射器检测、分类、识别和对抗大型威胁，包括雷达制导的防空炮，地对空导弹，空空导弹预警，搜索和现代多功能和 LPI（低截获概率）雷达。Virgilius 采用模块化设计，可以根据客户/最终用户的具体需求定制解决方案。

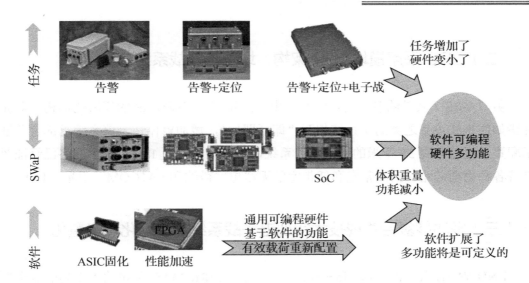

图 1　BAE 公司电子战系统演进路线

其中，高密度集成的多芯片模块设计成为电子战系统数字射频设计的新思路。图 2 是水星公司开发的射频多芯片模块，它同时实现了射频、模拟、数字、存储等功能，可大幅降低系统尺寸、重量。

此外，在较少空间受限环境下，传统设计方式往往很少关注三维空间。然而，精确制导武器的数字射频模块小型化对空间有严格限制，以至于所有可用空间都必须被视

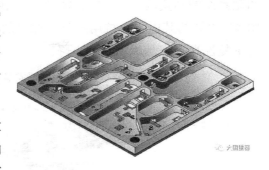

图 2　射频多芯片模块

为可行的设计空间。如图 3 所示，多个印制电路板的垂直堆叠和互连使用几乎能够利用所有可用的物理空间。在狭窄的区域内，设计者在考虑板间信号交互的同时，确保了整个电子器件封装足够的机械完整性和系统可靠性。

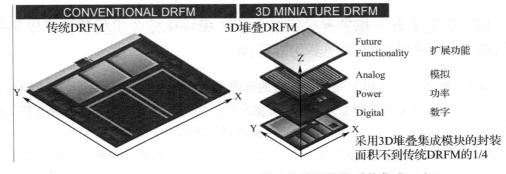

图 3　传统平面集成（左），三维模块化堆叠的微系统集成（右）

（二）DRS 采用模块化 IP 架构，增强电子战系统鲁棒性

美国 DRS（莱昂纳多）公司的综合电子战系统具有基于 IP 的模块化架构，其允许诸如便携式设备之类的子系统相互"即插即用"，增加鲁棒性。该系统已部署并展示配置了覆盖范围 35 千米的网络化子系统，目标范围大于 100 千米，网络已经证明支持各种物理链路包括高带宽和低带宽的无线电、微波和 SATCOM（卫星通信）。

（三）多功能复合集成技术实现电子战系统的小型化和轻量化

ENDWAVE 公司的"Epsilon 封装"技术和 MERRIMAC 公司的"多功能复合"技术均基于电路基板生产工艺实现多层微波电路设计和芯片封装，可实现模块、组件和微系统的高集成、小型化和轻量化。MERRIMAC 公司采用"多功能复合"技术（见图 4）设计的某电子对抗用产品由原来的 5.9 kg 降低为 57 g（降低到百分之一）。因可重复性高，产品成本大大下降。

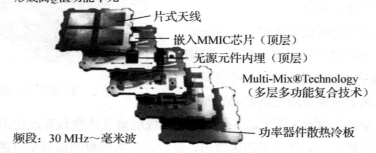

图 4　MERRIMAC 公司的"多功能复合"技术

（四）诺斯罗普·格鲁曼公司的 MFX 模块化接收机显著提高电子战系统的 SWaP 性能，实现多功能应用

MFX（模块化接收机）是一种先进的可编程接收机、激励器、信号处理器和波形产生器，可通过灵活选择工作频率、带宽及信道实现多功能应用。在射频链路上的应用使其可以完成电子战、通信、信号情报和雷达等综合功能。

为实现 MFX 的能力，诺斯罗普·格鲁曼公司研制了新型的模数与数模转换器，可以实现直接射频采样和合成。射频采样和合成在减小模拟前端部件体积，从而显著

降低未来任务载荷的体积、重量和功耗同时提高系统性能上发挥着重要作用。这些直接数字转换部件最近被集成到一个先进原型多功能系统上并进行了测试，演示了其对电子战、通信、信号情报和雷达等不同任务需求提供支持的能力，验证了这种综合电子战系统方法的可行性以及工作优势。

诺斯罗普·格鲁曼公司在美国太平洋司令部最近一次"北方利刃"演习中演示了这些独特的能力。该公司在演习中成功演示了 10 项下一代空战能力，通过 MFX 实现的 EA/ESM（电子攻击/电子支援措施）子系统是其中之一。

二、微系统技术推动电子战系统向自适应、智能化、可重构方向发展

（一）阵列微系统技术使美军下一代干扰机具备电子战、雷达、通信和信号情报侦察等多重功能

为了应对复杂多变的未来战场电磁环境，美国海军启动了 NGJ（下一代干扰机）研发计划，以替换 EA-6B"徘徊者"与 EA-18G"咆哮者"电子战飞机上的 ALQ-99 战术干扰吊舱，形成下一代机载攻击能力。下一代干扰机将采用有源电扫阵列天线、干扰机管理等技术。与现役机载干扰机相比，NGJ 的干扰波束指向改变敏捷，通过定向干扰可防止干扰己方电子设备信号，且具有更大的干扰功率，因而具有精确干扰能力和更强大的干扰能力。它能弥补现有机载电子攻击能力和效率的不足，能有效干扰当前新型雷达和跳频电台，实现对敌方各种防空雷达和通信系统的有效干扰。它还新增了网络攻击能力，能将欺骗信号植入对方的防空系统。

目前，美国海军航空系统司令部已完成对该项目第一阶段中频项目的重要设计审查，指出了下一代干扰机吊舱的结构方法缺陷，正在对其进行重新设计。但这不影响其他子系统的设计、研发、制造、集成和测试。

（二）CONCERTO 射频任务操作用融合协作单元项目

近两年，DARPA 联合 BAE 系统公司启动了一项被称为 CONCERTO（用于射频任务的载荷协同融合）的计划，旨在为小型无人机研发一种整合了 ISR、电子战和通信能力的多功能射频模块，使得单架无人机能够同时担负多种任务，大幅提高飞行效率。CONCERTO 将包括"射频前端设备、辐射孔径、异构射频处理器和多目标管理

系统"，将致力于最大化地提升 CONCERTO 的带宽、频率、视场和链路距离。该项目研究可支撑通信、雷达和电子战模式之间自适应和灵活切换的高密度集成射频系统（见图 5），可用于小型平台，支撑的系统目标是：以任意孔径，在任意时间，从任何波段，执行任何任务和任何功能。CONCERTO 项目绝非简单的功能叠加和硬件缩小，而是基于先进的微纳集成制造工艺能力，创造性地重构系统功能和物理框架，产生高度综合一体化的自适应射频单元。

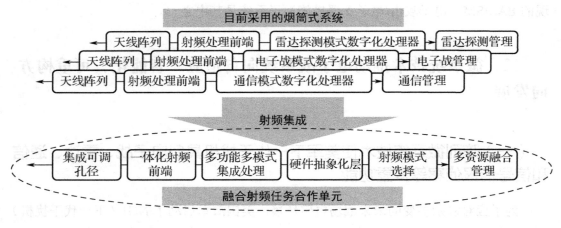

图 5　DARPA 发起 CONCERTO 项目示意图

三、微系统技术推进了认知电子战、无人机电子战和网络化电子战的研发进程

以无人机电子战为例，美国在仿真验证集群无人系统在战场态势感知、协同突防等任务下较之于常规作战方式具备优异作战效能的同时，还开展了微小型化无人系统作战载荷、分布式自组织网络研究，其目的是更好地适应无人平台作战需求，验证并显示载荷微型化的重要性。实际上，未来功能单一的电子战装备已经很难适应复杂电磁环境的威胁，多功能集成成为必然。此外，DARPA 还开展了旨在显著增强军事电子装备功能集成密度和减小体积重量的微系统技术研究项目，充分利用微电子、光电子、MEMS 等先进微纳加工能力，其目的也是为系统微型化、多功能提供支撑能力。

为了保持电子战的发展优势，美军还在纵向上进一步扩展电子战侦察、告警和干扰压制的频率覆盖范围；研发微型化综合体制的信号截获设备；提高侦测的灵敏度和信号处理能力；提高干扰机的有效发射功率、功率管理能力以及微型化程度；大力发展"侦—干—打"的一体化作战模式与 PREW（精确电子战）；加速开发新体制光电微系统装备。通过与武器平台内多功能、多要素的综合集成，以及平台间、武器节点间的组网协同，电子战综合感知处理微系统的发展正在推动电子战装备向综合一体化对抗、攻防兼备、软硬杀伤、侦-干-打多维一体的体系作战能力方向发展。在技术方面，美国开展了"自适应射频技术""多元化无障碍异构集成""定位、导航和时基微技术""热管理技术""JLENS（陆军联合陆上巡航导弹组网防御传感器系统）""ACT（短研制周期阵列技术）""射频阵列通用微系统模块、可重构天线方法、相干阵列空中聚合""FCS（未来作战系统）"的电子战自卫系统等微系统相关技术项目的研发工作。

（一）"小精灵"分布式无人机集群改变未来电子战作战模式

DARPA"小精灵"项目旨在开发一种小型、网络化、集群作战电子战无人机。无人机之间通过网络化协同来实现压制敌方导弹防御系统、切断敌方通信乃至向敌方数据网络中注入恶意代码等功能。这将彻底改变当前作战模式。

该项目的研究重点包括小型无人机蜂群的空中发射和回收（见图 6）、小型分布式有效载荷集成、协同技术、相对导航技术等。

图 6　回收装置对接示意图（左）、无人机风洞模型（右）

"小精灵"无人机设计最大作战半径 926 千米，接近 F-35 战斗机作战半径。在编队作战时，可通过组网实现通信中继，支持远距离外的战斗机进行超视距打击；采用运输机/轰炸机作为无人机的空中发射回收平台，这些大型有人机尤其是轰炸机的作战半径是战斗机的数倍，可携带"小精灵"无人机深入对方防区内执行任务；"小精灵"无人机设计最大载重 54.5 千克，其搭载的小型分布式有效载荷高度集成了侦察、干扰、反辐射攻击引导以及网络通信等多种功能，替代高价值有人机执行多种任务。运输机/轰炸机、无人机、有人战斗机的结合运用将全面提升空中装备作战范围、部署运用灵活性和安全性，形成全新的制空能力和作战样式。

2018 年 4 月，"小精灵"项目进入第三阶段，首批数架"小精灵"无人机由加州萨克拉门托的靶机生产中心制造完成，并计划在 2019 年下半年进行真实飞行试验，届时 C-130 运输机将在 30 分钟内回收 4 架无人机。

（二）"SRx 破坏者"系统采用动态重构技术，实现多种电子战功能，适用于无人机等各类平台

美国哈里斯公司近期推出的"SRx 破坏者"系统，以系列化高性能微系统感知处理单元为核心基础，采用认知电子战技术且基于软件无线电理论和开放式系统体系结构，可根据任务需求进行多要素动态重构，从而实现各种电子战功能，如电子侦察、通信干扰、电子防护、通信情报等。该系统能够以更好的检测、干扰能力来应对新出现的灵活的射频威胁，可实时应对未知威胁波形或未知作战方式。该系统可安装于无人机、战斗机等平台上，还有望用于陆地、海上用户。

该系统的优势如下：

① 频率覆盖广（500 MHz 到毫米波），可支持复杂的电子战任务，如电子攻击、电子防护、电子支援、认知电子战、信号情报等；

② 模块化、可重构，方便在各类陆海空平台上安装；

③ 采用开放式体系结构，可更快速地完成关键任务；

④ 采用软件可编程的片上系统方案，可应对更多威胁、方便升级，灵活性大幅提升，成本大幅降低；

⑤ 采用 MEMS，在能力提升的同时，降低了尺寸、重量、功耗、成本。

（三）先进电子战组件项目布局微系统基础技术，提升电子战能力

近年来，商用现货技术的进步推动着电子战不断发展，同时作战概念、作战方式和战术的改进也进一步提升了电子战能力。然而电子战发展到今天，美国军方也清楚地意识到只有加强基础技术领域研究才能快速提升电子战能力，ACE（先进电子战组件）项目就是在此背景下展开的。

ACE 项目的技术选择，是根据十年后需要应对的挑战而评定的，取决于其对关系到美国在所有作战域中攻击能力和生存能力的电磁频谱优势的影响，具体而言，是针对以下六项技术挑战而确定的：

① 认知、自适应电子战。可有效赶超敌决策、技术层面的发展步伐；

② 分布式、协同电子战。可利用空间、时间分集响应来应对密集、复杂威胁环境；

③ 先发制人、主动电子攻击。可实时感知、评估、优化电子攻击效能；

④ 宽带、多谱电子战系统。可以在尽可能宽的频谱内感知、对抗威胁系统，进而实现电磁频谱控制；

⑤ 模块化、开放式、可重构系统体系结构。可快速插入先进电子战技术以快速响应环境变化；

⑥ 高级电子战防护。作战不受密集电磁频谱环境影响。

目前，概念阶段开发已完成，该阶段对 ACE 项目 4 个研究领域内未来可实现的技术、部件进行了研究，并得出如下结论：

（1）IPC（集成光电路）领域。可实现：高性能、超宽带、灵活、抗毁性光子射频接收机前端，具备 STAR（一体化宽带同时收发）能力。这些系统带宽将非常宽，"即便是微波和毫米波信号对该系统而言也仅算是窄带信号"。

（2）电子战用 MMW（毫米波源与接收机部件）领域。可实现：线性高效固态 HPA（高功率放大器）；高动态范围 LNA（低噪声放大器）；混频器和时延单元（TDU）；BFN（波束形成网络）；用于宽带毫米双波束波 ESA（电子扫描阵列）的双极化辐射体；宽带、高效 VED（真空电子设备）等。

（3）RARE（可重构、自适应射频电子）领域。可实现：超宽带（0.1～40 GHz）灵活可重构的射频前端收发信机芯片组，它可以感知、对抗射频威胁；能够在无须硬件重新设计情况下对抗非预期威胁的认知系统。

（4）3D-HIPS（光子源三维异构集成）领域。可实现：多谱威胁对抗技术；同时多目标对抗技术（利用单孔径）；多频段先发制人式主动电子攻击技术。

接下来，ACE 项目将分三个阶段进行开发。

第一阶段，开发、演示概念阶段所确定的技术与部件；第二阶段，利用模型或样机来演示第一阶段所开发部件的有效性；第三阶段，与前两个阶段同时开展，开发有助于解决可能制约后续生产环节问题的方法、技术、理念、工具和/或软件。

四、光电对抗微系统集成应用发展情况

光电对抗微系统将宽光谱侦察告警、光电跟踪/瞄准、光电干扰/毁伤，通过 MEMS、MOEMS（微光机电）等方式，实现微型、智能、高效的集成，满足光电对抗装备全谱段、一体化、隐身化、智能化的发展需求。

一般地，光电对抗微系统主要包含光收发微系统、光电信号处理微系统以及光电子器件异构集成等内容。

（一）光收发微系统：光电对抗核心功能部件小型化的关键

2018 年，日本富士通开发出用于高速、高密度、低功耗片间光互连的硅光子光收发微系统，由封装基板上含光调制器、驱动器和 TIA（跨阻放大器）的 EIC（电子集成电路）、集成了光调制器和 PD（光电二极管）及 LD（激光二极管）阵列的 PIC（光子集成电路），以及提供高速信号和电源的 GCIP（高密度玻璃陶瓷转接板）等构成，系统封装尺寸 10 mm×11 mm，传输密度达到 363 Gb/s/cm^2。

富士通还开发出被称为 FPC-OE（光学引擎）的四通道小型可热插拔光收发微系统，可作为有源光缆组件代替通常的铜缆用于超级计算系统的短距离 100 Gb/s 通信连接。

比利时 IMEC 提出了一种可作为硅光子插入器与先进 CMOS 逻辑电路实现 2.5D/3D 集成的光收发微系统，旨在解决短距离衬底或电路板级波导耦合问题，并实现与 ASIC（专用集成电路）、FPGA（现场可编程门阵列）之间的高速互连，实现 50 Gb/s 硅光子插入器的低成本规模生产。

（二）光电信号处理微系统：光电对抗态势感知能力提升的手段

DARPA 2018 财年预算中的 MOABB（模块化光学孔径积木）项目试图在大大降低光学系统的尺寸和重量的同时，提高光电对抗系统的转向率，从而提高态势感知能力。具体来说，MOABB 旨在构建可以相干地排列在一个平面上的毫米级光学单元组合，以形成更大更高功率的器件。这些构建块将代替常规光学系统的精密透镜、反射镜和机械部件。MOABB 还将开发可扩展的光学相控阵列，借鉴雷达无须机械组件来控制电磁波（如光和无线）的技术。这些进步将使尺寸和重量减少到百分之一，转向率提高 1000 倍。MOABB 用平面的集成系统来代替空白空间和散装零件。2018 财年的经费预算为 2200 万美元。

DARPA 资助了 DODOS（直接芯片数字光学合成）项目，该项目将研究高性能的光子元件，并在紧凑的坚固封装中创建微型高精度光频合成器，极大提高了精准测量时间和空间的能力。2018 年 4 月，该项目取得重大进展，研究人员将原有桌面大小的光学频率合成器减小到 4 个体积仅有 5 mm×10 mm 的芯片上，在推进芯片集成光电微系统的研究上向前推进了一大步。

（三）光电器件异构集成：光电对抗装备综合集成的基础

DARPA 资助麻省理工学院、加州大学伯克利分校和波士顿大学领导的研究团队仅采用传统的 CMOS 制造工艺将电子器件与光子器件集成到同一芯片上，实现了硅基微处理器的制造。然而，这种方法要求芯片上的电子器件与光子器件构建在相同的硅层上，这意味着依靠传统的 CMOS 技术时，需要电子器件的硅层足够厚才能集成光学器件。2018 年 4 月，该团队宣告了一项新的制造工艺：采用现代 CMOS 工艺，在硅衬底上实现光子器件与电子器件的集成。光学和电子元件在同一芯片上的集成进一步降低了功耗。利用新技术生产出来的芯片调制器的功率仅为目前商用调制器功率的十分之一到百分之一。因为电子和光学元件在同一芯片上的集成使得研究人员能够使用一种更节省空间的调制器设计，所以这项技术节约了大量的芯片空间，未来允许将光通信器件添加到现有的芯片上，而仅需对原有设计进行微调。该项新技术的最大亮点在于，可以独立操作光学元件而不影响集成在一起的电子元件。

（中国电子科技集团公司第二十九研究所　刘江洪　谢若桐　陈智宇）

（中国电子科技集团公司第五十三研究所　赵飞）

雷达探测微系统集成应用

雷达探测微系统主要是在系统设计架构下，将大口径/高效率阵列天线、瓦片式 T/R 组件、波束合成网络、波束控制电路、数模及模数转换电路等通过先进的材料技术、多功能的微波射频芯片技术、高密度集成工艺技术等进行一体化集成设计，支撑高效的技术创新，满足未来装备全谱段、一体化、隐身化、智能化的发展需求。

现代相控阵雷达的多功能、高集成、低成本、低功耗的发展趋势，以及机载、弹载、星载等具有平台限制的应用需求，均离不开微系统技术的支撑。可以说，新型半导体器件、多功能芯片、新型材料、先进集成封装等微系统技术的迅速发展，可以推动相控阵雷达在体制、功能、造价等方面取得不断突破。基于此，美国、欧洲等发达国家和地区基于微系统技术推动了雷达应用研究的领先发展，微系统集成工艺、共形天线、热管理技术、机电热磁一体化仿真、宽带微波光子传输处理等技术创新成果已在新的阵列体制雷达上广泛应用。

一、微系统技术是雷达多功能、一体化、可重构的重要手段

多年来，美国和欧洲一直致力于相控阵雷达向多功能、一体化、数字化、可升级、可重构发展，而微系统技术则强力支撑了综合射频孔径和综合射频通道等的集成发展，未来，用于雷达探测的阵列将以系统高度微系统化的理想阵列为目标，从微系统总体及系统架构、集成方式、核心芯片、低成本、集成工艺等多个方面进行创新攻关设计。

在探测微系统总体设计方面，美国的军用微系统正在走向软硬件协同智能化发展方向。DARPA 宣布着手开发下一代微系统技术，重心从硬件向软硬件结合转变，在算法和架构研发上投入更多资源，希望能不断提升微系统的可重构和自适应能力，并进一步实现智能化。

在具体的集成路径方面，雷达探测微系统将结合舰载和机载平台应用，从早期的

共用孔径集成，发展到综合射频集成。另外，随着以无人平台为代表的大批无人系统的大力发展，具有高密度集成、低成本、可重构的射频微系统更是雷达探测领域的重要技术发展方向。

在关键核心芯片发展方面，DARPA 的理想阵列为了增加作用距离，并实现对隐身目标的探测，大力提高宽禁带器件的功率密度和效率，提高峰值功率，解决发射通道的大功率、宽带宽、高效率能力需求；另一方面，利用宽禁带高效电路，实施具有良好的嵌入式散热管理方式，使得系统重量更轻、体积更小；在低成本方面，创新材料工艺，采用新材料、新器件，使得系统成本更低。

国外典型装备针对探测应用的微系统发展情况如下。

（一）多功能相控阵列雷达（MPAR）

以数字多功能相控阵为基础的 MPAR（如图 1 所示）正取代正在逐渐老化的美国国家空中交通监视雷达。目前，为了国土安全和导弹防御需求，美国将 MPAR 应用于跟踪与识别美国上空的非合作目标。一个 MPAR 网能够完成多项功能，理论上可以取代 7 个正在老化的单功能常规雷达网，并且能够在全生命周期内低成本地运行和维护。

图 1　多功能相控阵列雷达示意图

MPAR 雷达的技术开发主要由 MIT 林肯实验室和 M/A-COM 公司共同完成，其中，在微系统关键技术方面主要有：

（1）多子阵阵列架构研究。基于子阵列扩展设计，支撑灵活的多子阵利用，牵引微系统的集成架构设计。

（2）子阵列集成技术。涉及表面安装技术与电路板组件封装相结合；高度集成的嵌入式的波束形成、功率与控制分布网络；多芯片集成模块或板上集成的芯片电子系统等。

（3）GaN 射频集成模块技术。集成包括宽带（覆盖 S 波段）高效率的 GaN 功率放大器、低成本的非密封表面安装组件、高动态范围低噪声放大器、小型低成本廉价的射频集成电路等。

MPAR 采用低成本的平板阵列设计，一体化集成天线、T/R 组件、电源，供电及波束形成等电路，实现免电缆互联，实现小体积，低重量及低成本，具有典型的微系统系统级集成特点，如图 2 所示。

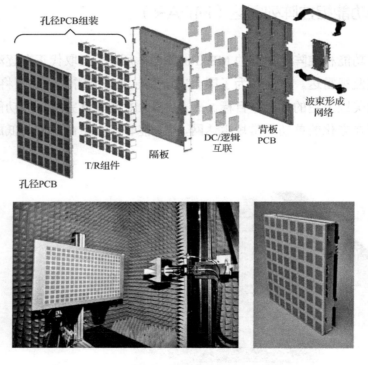

图 2　多功能相控阵雷达 64 阵元子阵单元

（二）可微缩、敏捷、多模射频前端技术（SAMFET）

美国 ARL（陆军研究实验室）授予美国雷声公司价值 110 万美元的合同，为陆军的 NGR（下一代雷达）项目研发 SAMFET 项目。NGR 项目的目标是改进依赖雷达的防空反火箭和迫击炮系统功能，特别是在包括手持、车载和机载等在内的便携式应用。雷声公司将以 GaN 技术为基础，审视和探索新的模块设计和制造方法，一方面研制和演示能够轻易集成到 NGR 系统的模块化组成单元，满足 NGR 的开发架构要求，以及提供雷达波段信号处理的灵活性、敏捷性和高效率；另一方面，雷声公司利用 GaN 技术的优势，将雷达的功率比此前半导体技术提高 5 倍，且不存在过热问题；产生每瓦射频信号的成本是同等 GaAs 器件的 1/3；已验证平均失效时间达到超乎意料的 1 亿小时；制造成熟度达到 8 级，为该技术领域所有国防机构中的最高水平，通过提供更高的功率密度和效率，使 NGR 的效率和性能更高、成本更低。

二、有源阵面微系统数字化是雷达探测的重要发展趋势

随着雷达探测能力需求的不断提升，未来的雷达探测阵列将逐渐实现从相控阵体制向数字阵体制发展，要求在阵列口面实现信号的数字化转化和发射。因此，有源阵面数字化成为未来雷达探测的重要发展趋势。有源数字阵面将集成阵列天线、T/R、可重构射频、数模转换、光纤接口等。

有源阵面数字化对集成度要求比较高。目前阵面结构有两种：一种是基于砖块式线子阵的纵向集成横向组装；另一种是基于瓦片式面子阵的横向集成纵向组装。从有源阵面数字化的趋势和微系统技术的发展趋势看来，有源阵面的集成需要从砖块式向瓦片式方向发展。在提升集成密度的基础上，需要提升有源数字阵面的综合性价比，这对模块的集成度、关键核心芯片的综合性能提出了较高的要求。

围绕有源阵面数字化的形成，国外相关单位开展了多方面微系统技术攻关研究，对支撑有源阵面的集成起到了重要的推动作用。

（一）雷声公司的瓦片子阵

雷声公司研制出 X 波段 128 单元瓦片子阵，大小为 257 mm×188 mm×5.3 mm、重量约 1 千克，包含天线单元、馈电网络、倒装焊 SiGe 控制芯片、GaAs 低噪声放大器及电源偏置、数字控制电路等，如图 3 所示。

（二）诺斯罗普·格鲁曼公司 X 波段收发组件

诺斯罗普·格鲁曼公司以 X 波段收发组件为代表，通过高密度微系统集成降低

单元尺寸和提高性能，如图 4 所示。其中涉及的关键微系统技术包括：WLP（晶圆级封装）技术，即电路的实现、封装、切割均在晶圆上实现，WLP 具有先进集成、低重量、批量生产等优势；异构集成技术，不同的电路采用最优的实现方式，功率放大器采用 InP HBT（磷化铟异质结双极晶体管）技术，移相器采用 GaAs HEMT（砷化镓高电子迁移率晶体管）技术，LNA（低噪声放大器）采用 ABCS（锑基化合物半导体）HEMT 技术；三维集成技术，将三层晶圆堆叠，降低单元尺寸。在这三种技术的共同作用下，该单元的封装尺寸仅为 2.5 mm×2 mm×0.46 mm，重量为 12.9 mg。

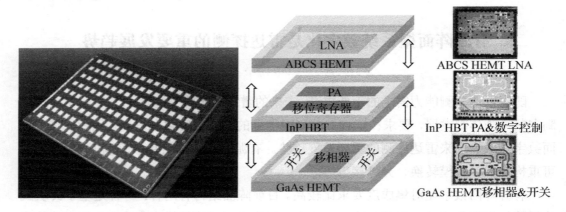

图 3　雷声公司的 X 波段瓦片式子阵　　图 4　诺斯罗普·格鲁曼公司 X 波段收发组件架构

（三）法国泰雷兹开发瓦片式天线阵列微系统

法国泰雷兹公司研制了一台频率范围 6～18 GHz 的用于未来雷达的有源灵巧阵面样机。这种瓦片状结构由多层电路或结构构成，包括天线罩、天线单元及巴伦、冷板、有源模块、射频网络、逻辑电路、电源分配电路等，总厚度不超过 40 mm，如图 5 所示。

图 5　法国泰雷兹公司开发的瓦片式天线阵列微系统

（四）中国台湾开发瓦片式天线阵列微系统

2018 年 5 月，中国台湾周锡增等人研制出一种用于雷达中 DOA（估计到达方向）的瓦片式背腔槽天线阵列微系统。这种瓦片式天线阵列微系统包含 32 个通道，采用新型馈电结构来激发背腔槽的辐射，并将有源收发芯片直接集成封装在天线阵列的背面。这种瓦片式结构极大减小了相控阵天线系统的厚度和重量，且明显增加了带宽和系统增益，非常适合于制造共形雷达微系统，如图 6 所示。

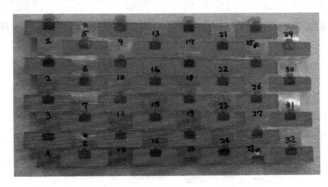

图 6　中国台湾研制的瓦片式天线阵列微系统

（五）美国 Phasor 公司开发瓦片式天线阵列微系统

美国 Phasor 公司是宽带 ESA 系统的先驱开发商。2018 年 3 月，Phasor 公司与美国 Astronics 公司合作，将瓦片式天线阵列微系统技术应用于飞机/卫星雷达系统。这种瓦片式天线阵列微系统由多层布线电路板构成，包括贴片天线阵列、馈电网络、冷/支撑板、收/发电路芯片、频率综合电路、数模转换电路、电源分配电路等，总厚度不超过 25.4 mm，如图 7 所示。

图 7　美国 Phasor 公司开发的瓦片式天线阵列微系统

（六）多功能芯片

为了提高集成度，国外大力发展多功能芯片技术，目前，国外提出两芯片 T/R 概念，即采用 GaN 实现射频前端多功能，采用 SiGe 实现移相衰减控制多功能。在发射功率较低的使用环境中，可以采用 SiGe 单片实现收发+控制功能。麻省理工林肯实验室研制出 X 波段 SiGe 射频前端多功能芯片，该芯片基于 0.18 μm SiGe BiCMOS 工艺，并采用倒装焊方式安装在硅基板上。

在美国 Phasor 公司天线阵列微系统中，将收/发电路芯片直接贴装在多层贴片天线背面的馈电网络端口，以缩短传输路径，提高系统效率，如图 8 所示。

图8　有源芯片与天线阵列集成化系统封装

Phasor 公司将超薄的瓦片式天线阵列微系统"贴覆"于装备的外表，成功地实现了雷达探测系统的扁平化、微型化、与装备共形化，如图 9 所示。

图9　用瓦片式天线阵列实现共形化雷达探测微系统

三、光学相控阵及集成技术是探测微系统未来新的重要研究方向

近年来硅光子相控阵进展迅速，利用与 CMOS 工艺线相兼容的 SOI（绝缘体上硅）技术实现了大规模的集成，同微波相控阵相比，光学相控阵由于以工作在光波段的激光作为信息载体，不受传统无线电波的干扰，而且激光的波束窄，不易被侦察，具备良好的保密性。同体积较大的电学相控阵相比，光学相控阵可以集成在一块芯片上，尺寸小、重量轻、灵活性好、功耗低，在激光雷达等领域有着极大的吸引力。

2018 年，加州大学在介绍新开发的高密度三维光子集成电路进展时，作为其应用，提出了一种晶圆级激光雷达微系统概念，它由集成到晶圆级转接板上的 10×10 三维硅光子电路芯片（1 cm×1 cm）阵列、RF 驱动器、LD（激光二极管）、PD（光电二极管）等构成，三维硅光子电路芯片由阵列波导光栅发射层、含分光器和相位调制器的有源光子层、ASIC（专用集成电路）层堆叠而成，每个含相控阵的芯片单元由 ASIC 控制，晶圆级转接板作为光学背板提供光路和电路连接，相干光信号经由转接板上的垂直弯曲波导被传送到各个芯片单元，发射层与有源光子层之间采用超小型 U 型耦合器实现光耦合，反射光信号聚集于个单元并被中继到 PD。

（中国电子科技集团公司第三十八研究所　马强）

（中国电子科技集团公司第二十九研究所　张正鸿）

（中国电子科技集团公司第四十三研究所　刘俊永）

网络通信功能微系统集成应用

随着体系作战中栅格节点的综合化、集成化、智能化、网络化程度逐渐变高，对载体平台的灵活机动性以及武器装备微型化提出了较高的要求：希望在越来越小的载荷空间、重量、功耗条件下，实现越来越多的装备功能。

随着新作战应用、作战场景的出现（智慧单兵、智能蜂群、微纳卫星），作为栅格结点的重要组成部分，通信系统面临着诸多挑战：

- 单平台体积受限，不可能采用相对较大的收发天线、模块组件；
- 单平台功耗受限，要求通信模块以极低的功耗运行；
- 单平台搭载的载荷重量受限，要求通信系统载荷尽可能轻量化；
- 电子战、通信、雷达的综合一体化，随着系统的多功能综合一体化，单平台中有效载荷不再有"通信分机"的概念。

因此，在当前新技术、新材料、新工艺、新集成方式的推动下，通过微系统技术对通信系统进行更新换代升级，将成为未来军用领域的必然尝试。通信微系统的特点主要体现在高密度集成、综合一体化、智能化、可重构方面。

一、微系统技术将极大推动网络通信系统向小型化、低功耗、低成本方向发展

（一）通信天线微系统阵列

1. 面向安全军事移动通信，DARPA 开展毫米波数字阵列研究

2018 年 1 月下旬，MTO 启动一项为期四年的新项目——微型毫米波阵列（MIDAS）（见图 1），目标是研发出数字相控阵系统的组成单元，支持下一代美国国防部用小型和移动毫米波系统。2018 年 11 月，美国国防部宣布授予雷声公司 1150

万美元的合同，为 MIDAS 计划第一阶段提供研发支持。DARPA 旨在通过 MIDAS 项目发展工作在 18～50 GHz 频段的多波束数字相控阵技术，以加强军事系统之间的安全通信能力。雷声公司将为 MIDAS 项目研发数字架构和带有收发组件的可扩展孔径。

为了实现这个目标，MIDAS 将聚焦于两个主要技术领域。第一个领域是研发硅芯片来组成阵列块的核心收发机。第二个领域是聚焦于研发宽带天线、T/R（发射/接收）组件，以及系统的整体集成，该集成能力将支持该技术在多个军事平台上的应

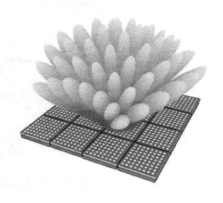

图 1　微型毫米波阵列

用，包括在战术平台及现有和未来卫星间的视线通信。项目为期四年，预计分为三个阶段，总投资 6450 万美元。

工作在毫米波段的相控阵已在 5G 蜂窝网络中有所研究。与军事通信不同，民用系统的适用距离较短、使用也更为简单。美国国防部网络运行在复杂得多的通信场景下，距离可延伸数百英里。例如，可以想象有两架飞机在高速相向飞行，它们必须用定向天线波束找到彼此、相互通信，这对商业市场上新兴的相控阵解决方案来说是个无法解决的极为困难的挑战。

MIDAS 专为多波束定向通信研发，它是一种通用的数字阵列。研究将集中在降低数字毫米波收发机的体积和功率上，这将实现移动平台的相控阵技术。

MIDAS 项目专注于两个关键技术领域。首先是硅芯片的发展，以形成阵列单元核心收发器。其次是宽带天线、收发组件以及系统整体集成方法的发展，使该技术能够用于战术系统之间的视距通信以及当前和新兴卫星通信等多种应用场合。

该项目聚焦在将移动通信提高至不太拥挤的毫米波频段，以实现安全军事通信。新合同的工作预计将于 2020 年 11 月完成。

2. 5G 毫米波集成天线

随着新一代 5G 蜂窝网络的发展，2018 年 7 月高通宣布推出世界上第一款完全集成、可用于移动设备的 5G 毫米波天线模块 QTM052（见图 2）。该模块是第一个宣布将使用高速网络频谱与移动电话配合使用的天线模块。这些部件将使智能手机能够连接即将到来的 5G 毫米波网络，这一成果曾被认为是不可能实现的。

图 2　高通最新的 QTM052 毫米波 5G 天线模块

高通称 QTM052 天线可以解决小范围传输的难题。QTM052 是一个很小的天线组，大约一便士小，有四个天线。借助高通的算法可以精确指向距离最近的 5G 发射塔。该天线可以借助周围物体表面反射信号。QTM052 的尺寸足够小，设备制造商可以将它嵌入到手机边框中。高通的 X50 5G 调制解调器设计支持 4 个天线组，每个天线组嵌入手机一个边框，这样一部手机可以支持 16 个天线，可以确保无论怎么拿手机都不会阻挡信号。

高通公司的 QTM052 毫米波天线模块和 QPM56xx 射频模块都是为了配合高通的 Snapdragon X50 5G 调制解调器使用，帮助处理不同的无线电频率。毫米波天线可用于 26.5～29.5 GHz、27.5～28.35 GHz 或 37～40 GHz 频段。通过将毫米波天线、QPM56xx 射频模块和 X50 调制解调器的集成，让移动设备能够使用超高速 5G 网络，实现了一度难以想象的小型化。

（二）通信系统的微系统化

1. 片上网络通信微系统

美国加州大学圣巴巴拉分校采用异构硅光子工艺开发出一种全集成片上网络微系统（见图 3），由一个可重构环形总线网络和 8 个波分复用收发结点组成，元件数超过 400 个。每个节点包含 8 个高速光发射器和 8 个光接收器，每个通道的发射端由单模 DFB-LD（分布布喇格反射式激光器）、监视光探测器、高速电吸收调制器组成，接收端为 PIN 型 InGaAs PD（铟镓砷光电二极管），LD、PD 和调制器均采用各自不同的最佳生长方式制作。所有收发节点经由宽带光开关与圆形总线波导相连，为便于片外光纤耦合，光路出口端采用波导边缘耦合器。系统传输容量可达 2.56 Tb/s (8×8×40 Gb/s)。

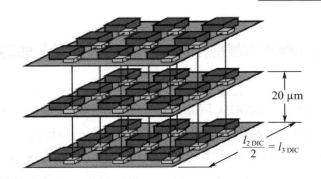

图 3　片上网络微系统 3D 网络架构示意

2. 60 GHz 毫米波通信收发系统

2018 年，东南大学 60 GHz 毫米波通信收发系统（见图 4）进入验证试验阶段，通过将放大器芯片、LNA 芯片、混频器芯片、滤波器芯片、数字处理芯片等进行集成，实现单板通信系统的小型化、低功耗。

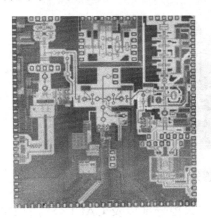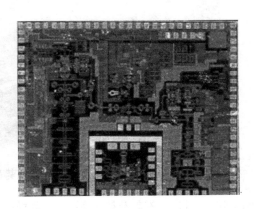

图 4　60 GHz 毫米波通信收发系统芯片（图片来源东南大学）

二、单兵可穿戴设备提升单兵综合作战效能

单兵是网络作战方式的重要节点之一，而单兵平台的通信能力是实现网络化作战的关键。单兵装备在便于携行的基础上，要进一步发展与"人体融合"的一体装备，不仅提升网络通信功能，还需要进一步提升战场态势感知以及精确打击等综合能力，微系统技术是实现该目标的重要支撑技术之一。

（一）单兵立体网络作战应用——"分队 X 试验"成功开启士兵作战全新模式

2018 年 11 月 30 日，DARPA 网站发布消息，"分队 X 试验"分项目（见图 5）首次试验成功。美国海军陆战队分队采用空中微型无人机和地面无人战车以及单兵穿戴式自主微型系统，以高度集成的多功能模块化微系统单元为核心，通过声光电磁多种手段以及大数据分析检测来自物理、电磁和网络等多个领域的威胁，并实现信息实时交互感知，提高了其态势感知和同步机动的能力，使一个分队就能完成正常情况下一个排的任务。"分队 X 试验"项目的首次试验成功，预示美军迎来单兵/分队作战的新时代。

图 5 "分队 X 试验" 中单兵态势感知和同步机动的能力提升

2018 年 11 月，洛克希德·马丁公司导弹与火控分部以及 CACI 公司的 BITS 系统分部参与这次试验，两家公司以有人/无人编队需求为核心，通过不同方式致力于增强步兵作战能力。海军陆战队测试了洛克希德·马丁公司的 ASSAULTS（转型分队增强型频谱态势感知和无辅助定位）系统，他们采用带传感器系统的自主机器人探测敌军位置，使部队在敌军发现他们之前使用 40 毫米精确手榴弹瞄准和打击敌人。CACI 公司 BITS 系统分部 BEAM（电子攻击模块）可对射频域和网络域内的特殊威胁进行探测、定位和攻击。第 2 次试验计划在 2019 年初进行。

（二）美国陆军未来单兵可穿戴装备构想

美国 NSRDEC（陆军纳蒂克士兵中心）发布的"2030 年的未来士兵倡议"概念

蓝图，描述了 2030 年未来士兵可穿戴电子装备构想。

在杀伤力方面，火控光电系统将无缝集成到士兵平台中，将武器的复杂性降到最低。武器瞄准设备集成于头盔，并在头盔系统显示器上对目标进行电子标记，大大增加在城市地形、丛林、沙漠和乡村环境中的军事行动中可观测目标的数量。通过创建"虚拟触发"功能，数字战场的无线连接扩展了每一个士兵的杀伤力维度。所有步兵都将拥有"前方观察员"的能力，并且能够从一套空中、地面和水上杀伤力平台呼叫火力。

在通信天线方面，2030 年的士兵天线系统重量轻，完全分布在士兵的骨骼周围，以支持多功能操作。核心技术包括：纳米天线阵列结构、射频纳米开关、谐振器和滤波器；基于光子的天线馈电系统；可重构变形天线结构，（利用电激发聚合物改变其形状和辐射特征的天线单元）；以及全息天线结构，使电磁波能够绕过士兵系统上的障碍物，并提供更好的图案覆盖。通过纳米天线阵列收集能量，为有源天线元件或模块提供能量，并增加燃料电池以延长任务的持续时间。

在单兵可穿戴电源方面，主电源将由一个多燃料发电机和一个小型可充电电池组成。这种多燃料发电机可以将现场可用的任何液体燃料（甲醇、丁醇、喷气燃料、柴油和非化石燃料产品）通过电化学方法直接转化为电能。可充电电池是采用了一种高效纳米结构的固态复合材料。嵌入到装甲关键部件中的轻型、可充电、聚合纳米纤维电池片重量不到 1 盎司。这些小的分布式电源可以给士兵提供 3 个小时的电力。发电机和可充电电池的能量密度非常高，可维持 4 天的电力。主电源中的集成电路还将包含一个纳米纤维系统，以捕获传输到集成电路中的能量。无线能量传输系统可以让士兵在不插入设备的情况下充电，能量将从车辆或其他设备中获取。

（三）综合头盔

未来头盔被设想为一种复杂设备，将集成更多的电子和传感系统。如雷达头盔通过运动传感器，让士兵看到半径 25 米内的"运动"情况。2018 年 5 月 24 日至 25 日的"近距离战斗致命技术日"上，美国陆军纳蒂克士兵研发和工程中心在五角大楼展示了最新款头盔 NSRDEC 原型（见图 6），新款头盔使用了一种 UHMWPE（超高分子量聚乙烯）材料，重量更轻且能够抵挡住 7.5 毫米及以下子弹的射击。目前，该装备还需要做进一步检测，初步预计到 2020 年之后给美军配备。

图 6　未来头盔示意图

（四）单兵可穿戴电源

美军规划一种新型器件"PowerWalk"，能够收集士兵行走产生的能量，并存储在电池内，为士兵随身携带的手持终端、测距和瞄准等电子设备充电，从而减轻士兵随身携带电池。美国陆军的目标是能够获取士兵装备所需的全部能量。

杜邦和德国 SFC 智能燃料电池公司合作研发 M-25 可穿戴电源（见图 7），是一种结合了燃料电池和直接甲醇技术的可穿戴电源。该电源比传统电池轻百分之八十，却能提供至少 72 小时的持续供电（能持续不断地提供最低 20 W，最高 200 W 的电能）。

图 7　M-25 可穿戴电源原型机

（五）单兵枪瞄/夜视/态势感知一体装备

2018 年 2 月，美军士兵和 CERDEC（陆军通信电子研究开发与工程中心）研究人员演示验证了集瞄准、射击及态势感知为一体的新型夜视仪（见图 8）。该设备综合了昼/夜视、热观察、武器瞄准和增强现实等功能，使士兵能够在移动中观察战场，可以显著地提高士兵的态势感知能力。该一体装备由美国 CERDEC 和士兵项目执行办公室研发，集成了增强现实软件和"武器瞄具家族-单兵"系统。武器瞄准能力可以让士兵在没有暴露自己的情况下在转角处射击。其视图可以切换成"画中画"模式，即在视图中同时包含武器的瞄准画面。夜视仪和武器瞄准镜之间存在无线数据传输。传输的数据就是武器瞄准镜的瞄准点，它可以叠加显示在 ENVG-III 图像上。

图 8　单眼显示器设备

2018 年 10 月，美国陆军完成了第一代军用抬头式显示器 HUD1.0 的定型测试（见图 9），并准备启用。该设备是一款全新的增强型夜视镜-双筒望远镜系统，能够使士兵具备更好的夜间观察能力，还可以在士兵视野上叠加战术网络信息（如友军的位置信息等）。HUD1.0 可以提供射击十字线，用数字技术为士兵提示射击后的子弹落点。该系统在测试中已经显著提高了士兵的射击技术。

图 9　单眼显示器设备

（六）单兵可穿戴 AR 眼镜

2018 年底，微软竞标成功，从美国陆军拿到了 4.79 亿美元订单，用于军用 AR 眼镜研发（见图 10），目标是为陆军配备 HoloLens 原型机，以提高杀伤力、机动性和态势感知能力，是美国陆军实现下一代士兵杀伤能力的头戴便携式应用计划的一部分。

该军用 AR 眼镜，是美国陆军新一代 IVAS（集成视觉增强系统），也是美军系列

HUD（抬头显示器）中的第三代。美军对 HUD3.0 的开发提出了一系列要求：具备遮阳能力、提供激光和听觉保护、隐蔽性强头戴式视觉系统；具备昼夜条件下快速获取目标并提供远程观察辅助的武器瞄准器；AI 辅助；多传感器提供的昼夜环境下的融合视觉；士兵心率、呼吸频率、准备状况等在内的实时反馈，以评估小队致死等级；包括地形、训练模拟软件、训练管理工具和相关的集成硬件构成的综合训练环境；自动或辅助识别有危险目标等。简单来讲，就是戴上 HoloLens 眼镜后，美军作战人员眼前的战场将变得透明，己方所获取的几乎所有战场信息在眼镜上都可以一目了然。这种极大的单向信息优势，将给予美军作战人员从未有过的自信和士气。

　　未来 HoloLens 眼镜内将集成 CPU、GPU 和全息处理器。凭借 HoloLens 眼镜本身所具备的强大处理能力，再加上微软公司在操作系统上的支持，也能够使作战人员实现类似于钢铁侠那样的语音命令操控能力。利用高度网络化的云技术以及人工智能系统的辅助，作战人员还可以通过 HoloLens 眼镜得到更为科学、合理的战术建议，尽可能减少在战场上犯错的概率。

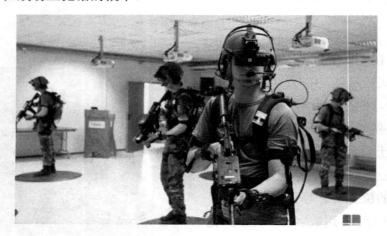

图 10　单兵可穿戴 AR 眼镜

（中国电子科技集团公司第五十四研究所　赵飞　严英占）

（中国电子科技集团公司第二十九研究所　高翔）

定位导航授时微系统集成应用

一、定位导航授时微系统集成技术是当前应用和研究热点

PNT（定位导航授时）是描述时间和空间参数的关键技术，即精确知悉任何时间飞行器在何位置以及飞行的预计路线，是制导武器精确打击的核心技术，也是导航系统以及国家信息化基础设施。高精度、全天时、全天候、陆海空天一体的 PNT 是国防安全、国土安全和公共安全的重大技术平台和战略威慑基础资源。

美国众议院《国防授权法案》重视未来战场技术涉及 PNT 技术的条款法案要求空军部长确保军用 GPS 终端能够接收欧盟伽利略卫星和日本 QZSS 卫星的可信信号。法案还要求空军部长需确保 GPS 终端能够接收非盟军 PNT 信号。法案要求国防部长指定某一办公室协调军事部门和其他国防机构间 M 码现代化工作的共同解决方案，并在 2019 年 5 月 15 日之前提交一份关于 M 码现代化工作的报告。

美国陆军列出新型定位导航授时技术 11 项发展目标。2018 年，美国 CERDEC（陆军通信电子研究开发与工程中心）广泛征集项目，寻求业界开发 PNT 技术的新方法，增强陆上士兵作战能力。目前已列出了 11 个研究领域，研究项目最终将为战场作战及指挥员提供态势感知、任务指挥支持以及决策增强技术。计划与目标如下：

（1）惯性导航系统。目标是确定、开发、演示验证并推进惯性导航技术，提供改进的态势感知能力。

（2）导航传感器融合。目标是确定、开发、演示验证并推进士兵应用的导航传感器融合领域技术。

（3）导航战应用技术。目标是确定、开发、演示验证导航战技术。美国陆军关注能监控、理解并控制战场上 A2AD（反介入/区域拒止）环境的能力。

随着 GNSS 研究的深入，GNSS 干扰、欺骗、压制技术日趋成熟，世界主要强国均列装了 GNSS 对抗装备。敌方通过干扰、欺骗和其他 GPS 拒止手段，可以很容易阻塞 GNSS 信道。GNSS 拒止条件下的导航微系统技术受到了世界各国的重视，开展了大量的基于微系统集成的导航技术研究，寻求 GNSS 导航定位替代和补充措施。

IMU（惯性测量单元）和卫星导航组件的小型化未来主要通过微系统方式来实现，体积降低到 10% 以下。3 轴加速度、3 轴陀螺、GPS、北斗、陆基、空基、地磁等多种导航定位方式组合集成在微小系统内，更适合机动灵活的单兵武器、战场机器人、无人机、智能炸弹应用。典型应用案例如下。

（一）美国陆军的"可靠 PNT"——A-PNT

CERDEC（陆军通信电子研发和工程中心）、CP&ID（功率和集成司令部）是美国陆军在 PNT 能力领域的主要科研力量，其提出研发可负担得起、高可靠、创新型系统方法，并取名为"A-PNT"（可靠 PNT），旨在为以下 4 个领域提供解决方案：

（1）可装载在平台上的 PNT 能力：集成了惯性、速度传感器等多传感器导航定时微系统，可用于地面车辆等。

（2）士兵用微型便携式 PNT 能力：提供士兵可穿戴技术，满足体积、重量和功耗限制要求。

（3）抗干扰天线：能够安装到车辆上，或者佩戴于士兵身上。

（4）伪卫星：并非真正的卫星，而是能够运转在离地面更近的地方，如一个陆地车辆、帐篷，甚至一个飞行在数千英尺高度的飞行器，发射的信号强于士兵接收到的在轨卫星发出的信号，也因此难以被敌方干扰。

（二）全源定位和导航 ASPN 系统

ASPN（全源定位和导航）系统由美国 AFRL（空军研究实验室）研发，该系统可帮助战斗机在无法获得 GNSS 信号时进行导航。该导航系统包括用于测量加速度和旋转的惯性导航传感器、摄像头、磁强计、GNSS 接收器以及高精度时钟和气压计，用于视觉辅助导航。同时，战机使用从商业卫星下载的经过预处理的卫星图像数据库，可实现在 GNSS 信号较弱的环境中飞行。

2018 年 5 月 22 日，英国《简氏防务周刊》对该系统的最新进展做了报道。AFRL 已建成一套系统，使传感器的信息可以导入飞机标准导航系统，从而帮助战斗机在没有 GNSS 信号的环境中飞行。

目前，ASPN 传感装置已在各种海陆空舰艇、飞机和车辆上进行了测试，包括塞斯纳 182 等商业飞机、美国海军舰艇及装甲战车、S-JB"维京"式反潜机等。AFRL 还将继续在各类战术飞机上试验该装置。

（三）快速轻量自主 FLA 项目

DARPA 的 FLA（快速轻量自主）项目旨在发展全新算法使微小型无人机在无操作人员遥控信号和 GNSS 信号介入的情况下，仅凭借自身携带的高分辨率摄像机、激光雷达、声呐或惯性测量单元，便可在房间、楼道、走廊或其他设障环境中执行自主导航飞行等低等级的任务。

目前 FLA 项目完成首飞，第一阶段工作已于 2017 年 6 月宣告结束。2017 年 8 月，Draper 实验室和麻省理工学院在 DARPA 的 FLA 项目中开发了先进的无人机视觉辅助导航技术，可不依赖 GNSS、详细的环境地图或者动作捕捉系统等外部支持，使无人机实现在未知环境中的自主感知和机动。

2018 年 7 月，DARPA 宣布 FLA 项目第二阶段飞行试验验证了先进算法。在该算法驱动下，微小型空中和地面无人系统将成为士兵的队友，有能力自动执行危险任务，例如遂行巷战前的侦察。

二、微系统技术助力提升定位授时传感器精度

通过微系统集成技术，不仅解决系统小型化问题，更在系统指标、功能方面得到提升。目前 DARPA 在解决 GNSS 拒止条件下导航定位技术方面，已开展了多方面的研究。其中，Micro-PNT（微型定位、导航与授时技术）与 ANS（自适应导航系统）是 DARPA 开展的重点项目，以解决 70%甚至 98%的导航武器的高精度导航问题。

（一）微型定位、导航与授时技术（Micro-PNT）

Micro-PNT 项目旨在发展芯片级的 IMU 技术取代传统的导航、定位和授时手段，降低授时与惯性测量装置的尺寸、重量和功耗。相关技术将可在多种作战环境中应用，包括单兵导航和导弹、无人机、无人潜航器等各种武器平台的导航制导与控制，解决在 GNSS 拒止条件下的定位、导航与授时问题。样机体积小于 8 mm^3，功耗小于 1 W，图 1 所示为项目样机示意图。

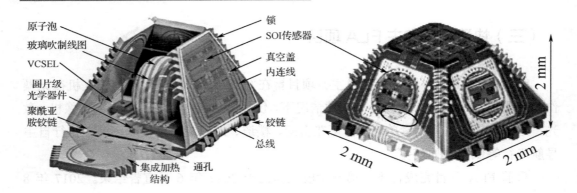

原子泡
玻璃吹制线图
VCSEL
圆片级
光学器件
聚酰亚
胺铰链
集成加热
结构　通孔

锁
SOI传感器
真空盖
内连线
铰链
总线

2 mm
2 mm
2 mm

图 1　Micro-PNT 项目样机示意图

Micro-PNT 项目有 4 个关键研究领域，分别是时钟、惯性传感器、微系统集成以及试验与鉴定，研究内容涵盖了从核心部件到系统集成、测试与评估的整个环节，共包含 10 个具体的研究计划，重点涉及微系统集成等技术。

从技术重点来看，DARPA 希望利用微电子和微机电系统技术的快速发展，开发出体积小、功耗低的惯性导航核心组件，即微型、高精度的时钟和惯性传感器单元。同时，DARPA 还将采用新型制造和深度集成等先进制造技术，将微型时钟和惯性传感器单元集成到单个芯片上，最终开发出芯片级组合原子导航仪，实现惯性导航系统的微小型化，并且为相关研究成果建立一个通用和灵活的测试、评估平台。

微陀螺技术是 Micro-PNT 的主攻方向之一。早在 1970 年就有关于原子陀螺的演示，只是那时的原子陀螺非常笨重且昂贵。由于 MEMS 技术的成熟和批量生产，原子陀螺的小型化成为主攻方向。但是，至今为止，基于 MEMS 的原子陀螺产品还不成熟，而且进展缓慢。

考虑到精度、体积、重量、功耗等方面的约束，当前国际上主流的可用于 Micro-PNT 系统的微陀螺主要包括多环微陀螺、微半球陀螺、微光子晶体陀螺以及微小型核磁共振陀螺等，其中多环微陀螺和微半球陀螺融合了传统高精度机电陀螺和现代微纳制造工艺的关键技术要素，兼具高精度和小型化等优势，是最有可能率先取得突破和实现应用的方向，也是当前微惯性器件技术领域的研究热点。

目前有 11 家单位参与微陀螺技术领域的研究，包括 Draper 实验室、霍尼韦尔公司、密歇根大学、耶鲁大学、加州大学戴维斯分校、康奈尔大学、诺斯罗普·格鲁曼公司、Systron 公司、Dormer、加州大学欧文分校、加州大学洛杉矶分校等，研究成果涉及钻石半球形陀螺仪、基于玻璃吹制技术的微型球状陀螺仪，BMG、低 CTE（热膨胀系数）材料、SixNy 压力成形酒杯状陀螺仪、分布式高 Q 质量块、低 CTE 半圆形壳状陀螺仪等。

在微系统集成方面，密歇根大学在 TIMU（授时惯性测量单元）子项目的研发工作中获得突破，成功开发出 TIMU 原型样机。单芯片的 TIMU 样机包含 6 坐标轴惯性测量装置（3 个陀螺仪和 3 个加速度计），并集成了高精度的主时钟，这 7 种装置构成了一套独立的微型导航系统，尺寸比 1 美分的硬币还小。这种先进的设计方案采用了新型制造工艺和新型材料，全部组件都集成在了 10 cm³ 的狭小空间里。TIMU 共有 6 层用微技术加工的二氧化硅结构层，每层厚度仅为 50 μm，每层都可实现不同的功能。TIMU 未来的潜在应用广泛，由于其体积小且功能强大，未来可用于人员追踪、手持式导航、小口径弹药以及小型空中平台等。TIMU 原型样机示意图如图5-2所示。

图 2　TIMU 原型样机示意图

（二）芯片级组合原子导航仪（C-SCAN）

C-SCAN（芯片级组合原子导航仪）是 Micro-PNT 的子项目，旨在开发 SWaP-C（小巧、轻量、低功耗、低成本）参数适用于非良性环境的微型、基于原子的惯性传感器。解决方案包括核磁共振技术和原子干涉技术，这两种技术已经成功在小型陀螺仪和传感器上进行了验证试验。但由于原子干涉系统还需要实验室级、面向应用的激光器、光学系统和真空泵，因此 Micro-PNT 项目还在开发用于 CAMS（冷原子微系统）的组件技术。CAMS 旨在为战场环境提供可用的新型微电磁和光子解决方案。

原子的波长比光的波长短，且灵敏度好，因此基于原子的惯性传感器更具优势。但这一技术也面临着一些挑战。原子物理在实验室内取得了很好的效果，但为了确保传感器能安装到小型、紧凑设备中，CAMS 组件技术是 Micro-PNT 项目的补充，CAMS 技术组件的开发工作将在该项目中进行。C-SCAN 技术的物理原理已经得到了证实，实际上目前主要的挑战就是实现组件的微型化。

三、微系统信息融合技术提升组合导航定位精度

卫星、惯性等微系统的组合集成不仅在物理尺寸上得到更小的系统，而且通过导航单元的数据融合算法，可以得到更高精度的定位和导航指标。

（一）自适应导航系统（ANS）

ANS（自适应导航系统）由 STO 发起，旨在实现一个以惯性系统和精确时钟为核心的微型导航系统，按环境、需求和任务要求的不同，配置不同类型的微型传感器，引入不同类型的测量量和特征数据库，从而为不同平台、不同环境下的用户提供 GNSS 拒止条件下的精确定位、导航与授时服务，建立强对抗条件下的定位、导航与授时优势。

ANS 项目包括 PINS（精确惯性导航系统），涉及 3 个技术领域：①更好的惯性测量装置，它需要较少的外部定位数据；②非 GNSS 信号源，通过军、民领域的多种传感器信号应用，实现定位、导航与授时；③新的算法和体系结构，可根据具体任务，利用新型非传统微传感器，迅速重新配置导航系统。

PINS 项目通过研发基于冷原子干涉计的 IMU 装置，用于不依赖信标的长时间高精度导航。ASPN 项目则研究利用电视、广播、移动基站等非导航信号，实现位置标定。PINS 项目已于 2017 年完成空地海能力演示验证。

（二）对抗环境下的空间、时间和定位信息（STOIC）

STOIC 项目是由 DARPA-STO 发起的、寻求为各军种开发一种备用的定位、导航和授时系统，以便在 GNSS 拒止条件下使用。STOIC 系统使用的是 VLF 信号，甚低频站点分布在世界各地的固定地点。STOIC 项目的重点应用方向是海军水面领域和航空领域，同时这项技术也非常适用于美国陆军直升机。目前，DARPA 正在与 CERDEC 紧密合作。

该项目包括三个组成部分。第一个部分是开发用于位置固定导航的抗干扰信号，尤其是频谱中 VLF 部分，目标是利用 VLF 信号发射器建立一个备选、远程、鲁棒的 PNT 参考信号源网络，作为对 GNSS 的一种完全备份方案。第二个部分为新型光学时钟技术，旨在开发出漂移小于 1 纳秒/月的新型光学时钟，该项目结合了之前 DARPA 进行的 QuASAR（量子辅助感知与读取）项目的研究成果。最后一个部分是开发使用平台上现有的系统在不同战术数据链（Link-16 或战术瞄准网络技术）间进行精确时间转换的途径。

该项目 2018 财年投入 1563.2 万美元，开展了光学时钟长远性能验证、使用战术数据链信号进行精确时间传输的实时演示等工作。该项目样机开发阶段已基本结束，预计 2019 年 5 月完成对抗环境下空间、时间和定位信息的项目演示验证。

项目合作伙伴包括 Argon ST 公司、Leidos 公司、AOSense 公司、Draper 实验室、罗克韦尔·柯林斯公司、雷声 BBN 技术公司、Expedition 技术公司以及佛罗里达大学。

四、导航微系统集成应用发展趋势

1980 年以前，美国国防部在导航系统和惯性制导方面做了很多研究工作。但随着 GNSS 系统的成功应用，这些研究工作在之后的 20 年里几乎完全停止。但是现在，随着低成本 GNSS 干扰装置的出现，且 GNSS 不适用于所有环境，GNSS 拒止环境下导航技术的需求又在美军中重新兴起。

DARPA 一方面要满足美军即刻的技术需求，另一方面要全面重启导航技术的研发工作，为美军提供新型导航微系统技术。正如 STO 的 Lin Haas 所说，"所有的挑战都来自技术挑战，每个项目、每个合同面临的挑战都不一样。总之，我们在尝试做些之前从未做过的工作。有时会觉得这个想法太疯狂，似乎永远也不可能实现，但我们逐一解决问题，最终证实了这项技术确实可行。获得精确和确定的空间信息是美军的战略优势，确保美军在不完全依赖 GNSS 的情况下保持这种优势是我们的责任。"

DARPA 近年来发展的 Micro-PNT、ANS、STOIC 项目技术重点基本覆盖了 GNSS 受限条件下导航微系统技术发展的基本方向。其中，Micro-PNT 从提高惯导传感器精度着手，该项目在微系统集成方面的技术成果应用前景广阔，在不久的将来，进一步促进其他各项技术向小型化、低成本方向发展。

可以预见，随着微系统集成技术与工艺的不断成熟，先进导航算法的发展，新型高精度、微型化、低成本的组合导航技术将在不久的将来进入实际应用，组合导航系统正向高精度、综合化、容错化和智能化发展，信息的处理方法也由围绕单个传感器数据的信息处理，向着多传感器信息融合方向发展。为在 GNSS 拒止条件下战术车辆、精确打击武器、单兵作战人员提供连续自主定位导航授时信息。

（中国电子科技集团公司第二十九研究所　廖开升）

（中国电子科技集团公司第四十三研究所　庄永河）

精确制导微系统集成应用

近年来，一批前沿技术发展迅速，呈现出革命性突破的态势，固态射频相控阵技术、太赫兹技术、量子信息技术、石墨烯技术等领域的科技突破，对未来精确制导武器装备与技术发展将产生重要影响。

在这种技术发展趋势下，DARPA MTO 很早就已经在微处理器、微机电系统和光子元器件等微系统关键技术领域进行了预先战略投资。经过二十多年的发展，DARPA 微系统技术有效支撑了相控阵雷达、高能激光器和红外成像技术等领域的发展，并取得重要进展。目前，DARPA 已经形成支撑精确制导武器在传感、通信、执行、处理等方面能力变革的微系统技术平台。

一、微系统技术在射频制导技术中的应用

以有源相控阵雷达技术、太赫兹探测技术、频率选择技术为代表的前沿技术在反隐身、目标识别、抗干扰等方面对射频制导技术产生重要影响。

（一）有源相控阵雷达技术为雷达导引头反隐身提供新的技术途径

微电子、热控等技术的快速发展使得高功率密度、小型有源相控阵天线得以实现，弹载相控阵雷达导引头技术迅速成为精确制导领域的一个研究热点，与传统常平架雷达导引头相比，其具有空间功率合成、捷联数字稳定、波束快速电扫、全固态高集成度等技术优势，结合多维高密度信息处理能力，相控阵雷达导引头为精确制导武器应对未来战场威胁提供了一种有效的解决手段。

1. 美国雷声公司"战斧"BlockⅣ巡航导弹雷达导引头

美国雷声公司 2018 年测试验证了一款 AESA（有源相控阵）雷达主动/被动导引

头，并计划从 2019 年开始将其集成到"战斧"BlockⅣ巡航导弹中，以升级导弹的多目标探测能力，如图 1 所示。

图 1　美国雷声公司为"战斧"BlockⅣ导弹开发的毫米波雷达导引头微系统

2. 俄罗斯玛瑙设计局 K-77M 空空导弹雷达导引头

俄罗斯玛瑙设计局采用 SiP 技术开发了一款 X 波段 AESA 雷达导引头，2018 年已开始装备于苏-35S、苏-50、T-50 等战斗机挂载的新型 K-77M 空空导弹。该导引头集成了 64 个相控阵单元，采用电子扫描与机械扫描相结合的方式，在减少体积和重量的同时，提升了精确制导微系统的效能，增加了导弹的作战威力，如图 2 所示。

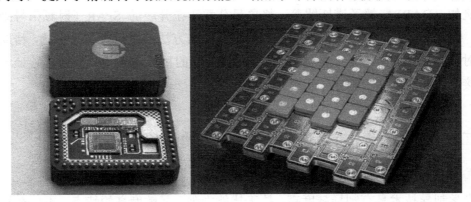

图 2　俄罗斯玛瑙设计局采用 SiP 技术开发 X 波段 AESA 雷达导引头

（二）太赫兹探测技术提升目标要害部位识别与选择性摧毁能力

太赫兹波主要特性有：脉冲宽度窄，可应用于侦察和精确制导、探测更小的目标以及实施更精确的定位；穿透性强，可轻易穿透烟尘、墙壁、碳板及陶瓷等物质；频段带宽宽，大量尚未分配的频段能成为良好的通信信息载体；具有传输速率高、方向性好、散射小、抗干扰能力强的特性。利用太赫兹波脉冲宽度窄、穿透烟雾能力强、气动光学效应影响小等特点，可获取目标的细微结构信息，能够提高精确制导武器对目标要害部位识别与选择性摧毁能力。另外，使用太赫兹雷达制导技术可以探测对传统雷达具有隐身能力的目标，实现反隐身。

成像探测是太赫兹技术的重要发展方向之一。目前，美国诺斯罗普·格鲁曼公司"太赫兹电子研究"项目正在开发太赫兹关键器件和集成技术，以实现中心频率为 1.03 太赫兹的小体积、高性能电路。太赫兹集成电路将提高探测能力，确保更加隐蔽的小孔径通信、高分辨率成像。"太赫兹电子研究"项目研究人员还基于 MEMS 真空管设计和实现了 0.85 太赫兹的功率放大器，可以用于 DARPA 的 VISAR（视频合成孔径雷达）以及军事领域。

（三）频率选择技术提升抗干扰能力

频率选择技术通过大量相同单元电磁周期结构和器件加载，实现对不同工作频率、极化状态和入射角度电磁波的频率选择，这种特性使其呈现出在开放空间、可与飞行器外形相赋形的电磁波空间滤波器特性，适用于弹上精确制导系统的抗干扰能力。例如，DARPA 授予诺斯罗普·格鲁曼公司正在开展的 SPAR（射频信号处理）项目，寻求利用模拟信号处理技术和芯片级循环器方法减少射频信号干扰，帮助美军消除射频系统在对抗环境下的信号干扰。DARPA 的目标是设计、制造、验证一种能够在接收信号进入接收器电子部件前消除干扰的射频信号处理组件。

二、微系统技术在光学制导技术中的应用

光学制导技术具有制导精度高、抗干扰能力强、灵敏度高的特点，不仅在导弹中广泛应用，且越来越多地用于制导弹药中，尤其是红外成像和激光制导技术发展较快。当前推进系统的微小型化成为光学制导技术的发展重点。

（一）洛克希德·马丁公司研制快速响应红外传感器微型制冷机

洛克希德·马丁公司研制出一种帮助红外传感器快速启动的微型制冷机，该制冷机性能优异，设计寿命可达 10 年。传统红外传感器的制冷时间约 12～15 分钟，这种

新式微型制冷机可将制冷时间缩短至 3 分钟，可有效提升导弹武器系统的性能。该制冷机的结构设计高度紧凑，能实现更小的封装体积。与标准的微型制冷机相比，这种制冷机虽采用了相同的小型压缩机，但其冷头的长度仅为 54 毫米，比同类系统缩短了一半；新式微型制冷机的重量为 320 克，可应用于微型精确制导武器等多种系统。

（二）美国西北大学成功实现三色红外光电探测器

在 DARPA、NASA、美国陆军研究实验室、空军研究实验室的共同资助下，美国西北大学开发出一种可实现三色短波、中波、长波红外光电探测器的设计方法。研究人员设计了一种新型三色光电二极管，最终的三色红外光电探测器是基于 II 类 InAs/GaSb/AlSb 超晶格材料制成的。当所加偏置电压发生变化时，这种红外光电探测器可依次表现出三色性能（对应于三个吸收层的带隙），并能在每个通道中实现理想的截止波长和高的量子效率。

（三）DARPA 发展革命性光学成像系统

DARPA 正在开展的 EXTREME 项目（"极端"项目），寻求可设计的光学材料和相关设计工具，开发一种新型光学成像系统，在改善系统性能的同时，大幅缩减系统体积和重量。EXTREME 项目将重点开发新型可设计的光学材料，利用二维超表面、三维立体容积、全息等技术实现对光的调控，而非传统的反射、折射等方式。该项目将克服多尺度建模难题，实现对可设计光学材料的优化（见图 3）。DARPA 将演示一种微小型光学元件，这种元件能够同时在可见光和红外波段实现成像、频谱分析、极化测量等功能。EXTREME 项目将实现的光学成像元件的微型化和多功能化，在不减少系统功能的情况下满足小型化需求，适用于制导、侦察和监视等应用领域。

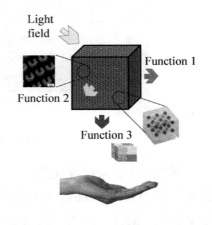

图 3　DARPA EXTREME 项目目标

三、微系统技术在复合制导技术中的应用

微系统技术是支撑精确制导武器应对未来战场复杂作战环境的核心技术之一，对精确制导武器的发展具有巨大的推动作用。飞速发展的微系统技术为精确制导信息处理系统实现强大的运算处理能力提供了有力的支撑，对导引头目标识别、抗干扰等复杂系统设计和强大的处理能力需求具有巨大的支撑潜能。

DARPA 提出的 SECTR（导引头成本转化项目）（见图 4）将设计并演示验证一种 SWaP-C（小巧、轻量、低功耗、低成本）的导引头原型，能够为武器平台提供全天时导航和精确末制导，实现在 GPS 拒止环境下，武器弹药仍能打击静止目标、移动目标和重新定位目标。

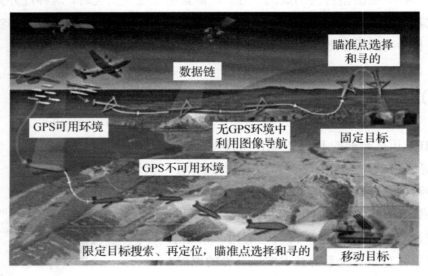

图 4　SECTR 导引头的作战应用

新型导引头采用开放式、模块化符合国家级接口标准的软硬件系统架构，由惯性测量组件、GPS 接收机、系统级芯片处理器、用于供电及制冷的机电系统、用于武器导引与通信的接口以及不依赖 GPS 导航、捷联式被动红外及光电传感器等部件组成，将为目标识别与瞄准点优化提供高分辨率图像和距离信息，可最大限度地缩减摧毁目标所需动能战斗部的体积和重量。

至此，新型导引头包含了精确制导弹药导航与目标导引功能所需的所有要素，特别是，弹药还能利用新型导引头评估自身位置、速度及方位，以实现对目标的探测、识别及瞄准。

四、微系统技术提高精确制导智能化程度

导弹武器智能精确制导技术发展可以参照微系统智能处理技术的发展历程，实现精确制导技术与智能处理技术的有机结合，使导引头具备感知智能、认知智能等不同层次智能系统的特点与能力。针对精确制导目标检测、识别、抗干扰等关键技术问题，微系统技术与导弹武器精确制导技术的结合有以下几个重点方向。

（一）多源异构信息一体化智能处理技术

DARPA 和陆、海、空三军在巡飞弹武器系统领域已开展多源异构信息处理技术的应用研究和大量科研项目积累。2018 年正在开展的主要项目包括：陆军的 LMAMS（致命微型空中弹药系统）项目、海军的 LOCUST（低成本无人机集群）项目等。

多源异构信息一体化处理技术可提高对目标的检测、识别性能，简化信息处理系统设计，同时能够为多模复合导引头、多弹协同攻击等场景下的信号处理提供快捷、高性能解决方案。借助智能处理微系统单元/芯片和复杂网络结构模型，具备对各类复杂任务的高性能表达学习能力，对于目标检测、识别问题可实现从数据到结果的端到端的学习、映射，在统计意义上对噪声更加鲁棒，并且在大规模数据支撑下，可开展复杂、多任务联合学习，通过挖掘任务间的相关性，提高数据利用率及系统性能。在深度学习过程中，通过网络结构的拓扑变化，采用 CNN（卷积神经网络）、RNN（循环神经网络）等深度学习模型能够为上述多源异构信号提供统一的处理框架，同时，可实现对不同目标检测、识别任务多源数据的联合学习。

（二）弹群攻击智能协同技术

为了解决独立致命武器对抗集群/群体威胁能力差距大的问题，美国陆军 2018 年开展了 MSET（多导弹同步交战技术）项目研究，拟在 2024 年前实现多导弹同步交战的能力。多导弹同步交战技术具有可缩放、可组织的精确打击能力，能够迅速击败集群威胁和/或分散威胁；多枚导弹可同时进行多联装发射、控制和在任务监督下自主末段交战，可对抗固定和移动的硬/软目标。微系统智能处理技术和网络通信技术

是 MSET 项目的核心技术，也是支撑 MUM-T（未来有人-无人机）编队、RAS（机器人与自主系统）作战功能的关键技术。

（三）量子信息技术对信息处理产生数量级的提升

量子信息技术基于量子特性，如量子相干性、非局域性、纠缠性等，可以实现现有信息技术无法做到的新功能。例如，可以加速某些函数的运算速度，可以突破现有信息技术的物理极限。量子信息技术应用在精确制导武器的制导控制方面，将对精确制导信息处理性能产生数量级的提升。

2018 年 9 月，美国空军启动了"量子计划"。美国国防创新实验单元决定通过算法将人工智能带入美国空军的计划、规划、预算和执行流程中，此举标志着"量子计划"第一阶段已启动，将试图使用机器学习资源来提升顶层军事领导人的决策能力。美国空军决策数据的机器学习项目，旨在处理各种空军计划和规划实践相对应的数据，以搭建能够与空中作战领域有关的未来决策模型。

（中国电子科技集团公司第二十九研究所　成章　廖承举）

（中国电子科技集团公司第四十三研究所　刘俊永）

微系统专业模组发展

信息处理产品

信息处理模组是电子装备的运算核心和"大脑"，负责装备的信息处理和反馈。广义的信息处理模组包括实现信息获取、信息处理和信息输出的组件，狭义的信息处理模组包括模数转换器、数字信号处理器、存储器、数模转换器，如图1所示。

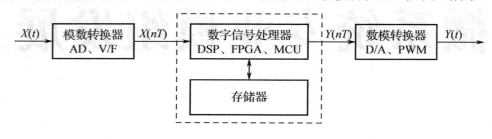

图1　信息处理模组构成图

其中数字信号处理器和存储器是处理核心，为典型的"逻辑+存储"结构，目前的信息处理核心基本按照该模式来组合。

随着智能终端、边缘计算等微系统集成应用的迅猛发展，人们对高性能计算和低功耗的数字集成需求日益强烈，传统的数字信息处理模组已无法满足需求。一方面，摩尔定律的发展已逐渐走到尽头，之前五十年，它准确地预测了集成电路呈指数级飞速增长的发展规律，使得计算处理系统通过半导体集成电路不断提升性能，包括处理器、存储器及各种专用加速器和可编程逻辑器件等，而受制于工艺与材料的极限，摩尔定律在走向极限，等比例缩放的思路（也即将更多的晶体管放在同一个芯片上）并不能持续提升系统综合性能及降低成本，发展过程中的矛盾与日俱增。另一方面，当前电子系统的处理性能越来越受制于访问系统内存所需的时间和功耗，当完成某个任务时，同时存在逻辑延迟和存储器访问延迟的问题，实际计算所占用的执行时间仅仅是 10%～20%，如图2所示。这些数据表明，若要根本改进数字信息处理模组的性能，需要彻底减少逻辑与内存的交互时间和功耗，这一限制被称为"内存瓶颈"。

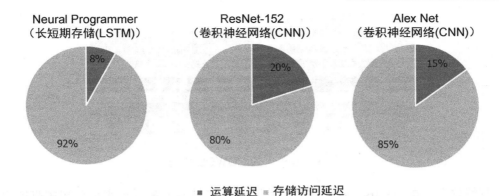

图 2　几种深度神经网络算法在基于 7 nm CMOS 技术的机器学习加速器上运行时，
运行不同算法时计算和存储访问的时钟周期耗时比较

摩尔定律极限和内存瓶颈的限制需要数字处理技术进入一个新的创新发展阶段，这样才能继续保持电子系统创新的现代奇迹。美国 MTO 的 ERI（电子复兴计划），在材料与集成领域针对信息处理方向布局了三维集成等专题进行研究。希望借助此次计划来全面释放微电子创新潜力，通过系统技术来解决微电子发展的瓶颈问题，保持美国国防部的技术优势。

此外，国际主流的半导体企业，如台积电、英特尔、三星等都在开发针对数字信息模组的集成技术，以满足不断增大的处理运算需求，期望在 5G、人工智能时代占得先机。

一、微系统数字信息处理模组的计算性能获得突破

（一）逻辑与存储芯片的产品化集成

鉴于新技术的可实现性，各国际主流半导体厂商的研究重点立足在如何将独立的逻辑芯片和存储芯片高效能集成，实现信息处理模组的性能提升，各方案的重点均为实现小型化以及缩短存储与逻辑芯片的互连通道距离，以提高信息处理模组的计算性能。

台积电的 COWOS（芯片晶圆基板一体集成）结构（见图 3）是目前主流的先进数字模组集成方式之一，该结构的核心是通过中间层 2.5D 转接板实现逻辑芯片与存储芯片的高密度互连，协同解决数字系统集成的可靠性、高密度、微互连问题。

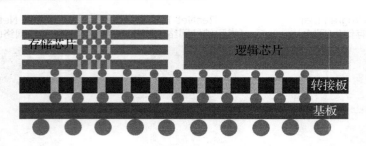

图 3　台积电的 COWOS 结构

英特尔公司的 EMIB（嵌入式多芯片互联桥接技术）是近年来该公司主推的"黑科技"之一，也是英特尔在"超越摩尔定律"方向上的重要成果，如图 4 所示。该结构的核心为采用嵌在基板内的"桥芯片"实现存储芯片与逻辑芯片的高密度互连，其优势在于互联密度高、带宽高、成本低等。

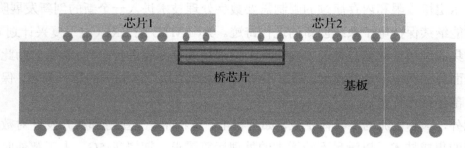

图 4　英特尔的 EMIB 结构

图 5 和图 6 为英特尔在 2018 年 12 月的"架构日"上发布的应用于逻辑芯片的3D 封装技术，该技术是在 EMIB 技术的基础上进一步提升，其核心思想是将一部分功能放在大型内插器上，与 IP 复用的思路相似，为整合高性能、高密度和低功耗硅工艺技术的器件和系统奠定了基础，有望第一次将晶片的堆叠从传统的无源中间互联层和堆叠存储芯片扩展到高性能逻辑芯片，如 CPU、图形和 AI 处理器。

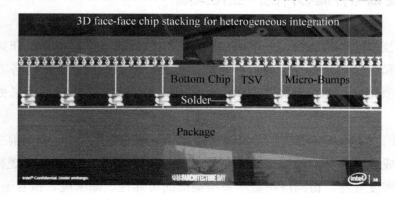

图 5　英特尔的 3D 堆叠封装技术

图 6　英特尔的 3D 堆叠封装产品示意图

（二）CHIPS 通用异构集成及 IP 复用

现有的逻辑芯片等集成电路受限于其系统复杂度和制造成本影响，在设计效率、灵活性和开放成本、周期等方面难以满足信息化作战要求下的信息处理微系统产品需求。基于集成电路这种"类多量少"的产业特点，必须通过差异化的芯片集成手段，将定制电路与通用电路资源灵活整合，实现快速设计、快速制造乃至系统层级的超越发展。

为实现差异化芯片的快速集成，DARPA 启动了 CHIPS（通用异构集成及 IP 复用）项目，如图 7 所示，它旨在通过模块化异构集成设计和组装实现灵活设计和降低成本。

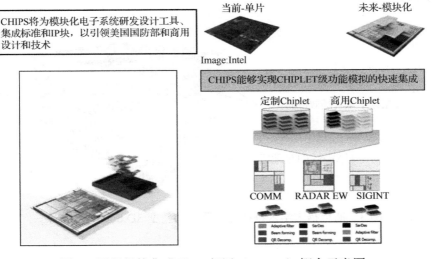

图 7　通用异构集成及 IP 复用（CHIPS）概念示意图

DARPA 在异构集成方面的技术将发展扇出连接技术、硅中介层技术和晶圆级封装技术，发挥三大技术的优势弥补劣势。2018 年，DARPA 继续推进异构集成平台的研发，探索先进设计技术（模块化设计、互连标准、先进 CMOS 制程以及集成设计技术等）和新兴技术，以期在混合信号系统领域取得新的突破。

（三）3D SoC（三维单芯片系统）项目

解决"内存瓶颈"的一个更激进的方法是将存储器和逻辑元器件集成在 3D SoC（三维单芯片系统）堆栈上，通过更精细间距的互连来增加总线到存储器的带宽，同时采用更短的互连线来减少传输延迟。该项目是 DARPA ERI 计划中材料与集成领域的两大方向之一。

传统微电子芯片为平面、二维结构，3D SoC 项目主要聚焦研究在单衬底第三维度，垂直向上构建微系统所需的材料、设计工具和制造技术。通过该项目可实现逻辑、存储及输入/输出元件的高效封装，从而使系统的运行功耗更低，计算速度提升 50 倍以上。该项目材料的研究与系统集成密切相关，主要在于 3D SoC 芯片中不同逻辑和存储层的材料选取，以实现高性能的 3D SoC 芯片。

通过构建 3D SoC 芯片能缩短存储器和逻辑运算结构之间的物理距离，从而进一步减少存储器读写数据的时间，提高运算速度。作为 3D SoC 系统的一个成功举例，图 8 为斯坦福大学米特拉团队将 3D SoC 中的逻辑层和存储层制造在同一芯片上的新型器件结构。

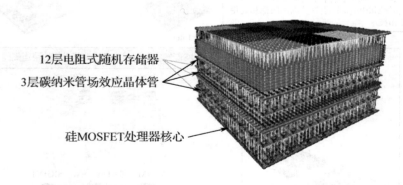

12层电阻式随机存储器
3层碳纳米管场效应晶体管
硅MOSFET处理器核心

图 8　斯坦福大学米特拉团队研究的新型 3D SoC 解决方案

二、超越冯·诺依曼架构的智能处理前景广阔

（一）FRANC（新式计算基础需求）项目

前文的 COWOS、CHIPS、3D SoC 等方式均是在目前主流的冯·诺依曼架构之下进行的研究，而超越冯·诺依曼结构的研究也在进行中。

DARPA ERI 计划中材料与集成领域的另一大方向，FRANC（新式计算基础需求）项目就是超越冯·诺依曼架构的研究。如图 9 所示，该项目的目标是超越传统逻辑和存储功能相分离的冯·诺依曼架构。当前，在冯·诺依曼架构下，因数据在存储单元和处理器之间传输所造成的时间延迟和能量消耗成为阻碍计算机性能进一步提升的主要原因。针对该项目所提出的研究计划需要展示如何通过开发新型材料、器件及算法加速逻辑电路中的数据存储速度或通过设计全新的、比以往更为复杂的逻辑和存储电路结构来突破这一"存储瓶颈"。

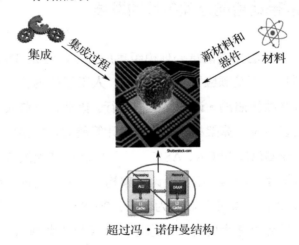

图 9 FRANC 项目思路图

开发支持超越冯·诺伊曼结构的组件或子系统，特别是开发新材料或集成技术，使未来的 2.5D 或 3D 集成解决方案能够在超越冯·诺伊曼计算拓扑的背景下实现，研究主题包括加速材料发现、非易失性存储器、IC 电源管理、芯片级光子组件。图 10 给出了创新拓扑电路原型的两种方式。

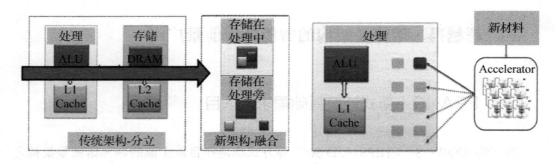

图 10　创新拓扑电路原型的两种方式

3D SoC 和 FRANC 两大研究方向的目的都是为了解决存储器读/写数据占用时间长这一限制计算速度的主要瓶颈，3D SoC 从 3D 垂直结构的角度出发，试图通过新材料与 3D 结构的融合实现这一目的。而 FRANC 项目用"新的材料和集成方案"创建"新颖的计算拓扑"，建议采取内存内计算、近内存计算等全新的拓扑机构来消除或减少数据移动的方式来加快处理数据的速度。

（二）人工智能带动智能处理芯片的发展

不论是英特尔、三星的先进信息处理模组集成技术，还是 DARPA 的 CHIPS、3D SoC、FRANC 项目，都是顺应了目前以 5G、人工智能为代表的越来越高的计算需求，区别在于是否继续按照冯·诺依曼架构进行。因此，目前人工智能芯片有两种发展路径：一种是延续传统计算架构，加速硬件计算能力，主要以 3 种类型的芯片辅以存储芯片为代表，即 GPU、FPGA、ASIC，该类信息处理模组依旧发挥着不可替代的作用；另一种是颠覆经典的冯·诺依曼计算架构，采用类脑神经结构等新型架构来提升计算能力，以 IBM 的"真北"芯片为代表。2018 年 8 月，美国空军研究实验室与 IBM 共同发布了世界上最大的神经形态超级计算机"蓝鸦"，该计算机就使用了 IBM 的"真北"类脑芯片。

三、异构系统架构改变未来计算

在现代战争中，决策是由信息驱动的。这些信息包括成千上万的传感器所提供的 ISR（信息、监视和侦察）数据；后勤物流/供应链数据和人员绩效评估指标数据等。

通过发掘这些信息，从而了解和预测我们周围的世界，这构成了美国国防部的一项重要的不对称优势。但分析和使用这些大数据高度依赖于 SoC（片上系统芯片）和大规模计算算法。

（一）特定领域片上系统（DSSoC）项目

数字计算机的最初发明仅用于数学计算，图灵机实现数字处理后，发展成通用计算机。这些计算机擅长用一台独立的机器解决多种类型的问题。然而，专用机器能够用更低能耗、更快地解决在可计算数量范围内的计算问题。例如，对于信号处理或深度神经网络核心的密集矩阵乘法处理，TPU（张量处理单元）和 DSP（数字信号处理器）等专用机器，在执行密集矩阵乘法和累加等操作上更高效。因此，通用处理器的灵活性与专用处理器的效率之间存在矛盾。

RC（实时可配置加速器）和 DSSoC（特定领域片上系统）项目寻求利用机器学习、先进异构处理器、通用处理器以及 ARM 计算软硬件能力，来开发新工具和硬件技术，通过单个可编程设备实现多应用系统的快速开发。DSSoC 项目旨在开发由多个内核组成的 SoC，这些内核包括通用处理器、专用处理器、硬件加速器、固态存储器和 I/O。研究内容涉及构建器件工作时可重新配置的硬件和软件，以实现近乎 ASIC（专用集成电路）的性能，但不会牺牲数据密集型算法的可编程性。

美国空军研究实验室近日代表 DARPA 授予美国雷声公司空间和机载系统部门 RCA 和 DSSoC 项目合同，总资金 460 万美元，后者将研发异构计算架构，在提供专用处理器性能的同时，保持通用处理器的可编程性。

（二）软件定义硬件（SDH）项目

为了获得最高的运算效率，设计和制造 ASIC 定制硬件是一个有效解决方法。然而，ASIC 通常需要花费多年的时间来开发，耗资数亿美元。因此，通常只为最高优先级的算法创建 ASIC。

软件定义硬件项目的研究目标是创建运行时可重新配置的硬件和软件，在不牺牲数据密集型算法的可编程性的情况下实现类似 ASIC 的性能，且没有 ASIC 开发相关的成本、开发时间或单个应用限制。在处理器设计过程中需要权衡的因素包括数学/逻辑资源、存储器、地址计算、数据读/写和传送等，最优硬件配置根据算法不同而不同，没有一种硬件配置能有效解决所有的问题。现在虽然硬件设计水平已经达到专业化，但每个算法需要设计一个芯片，因此芯片设计成本高，往往也不具备可再编程性。通过 SDH 项目希望实现软硬件的运行时间优化，进而一个芯片实现多个应用，节约芯片设计成本，硬件通过高级语言实现可再编程性。

SDH 程序将创建一个可扩展的硬件/软件架构，与 ASIC 不同，允许应用程序在运行时修改硬件配置。SDH 将实现两大目标：第一，输入数据变化时动态优化代码和硬件；第二，能够重用硬件来解决新问题，支持新算法。为了实现这些目标，SDH 把重点放在高速硬件重配置和动态编译上。

如图 11 所示，SDH 项目确立了两个主要技术领域。技术领域 1：可重构处理器：可重构处理器要求重配置速度高于 FPGA，而效率又要接近 ASIC，功耗要远低于 FPGA；而且这个处理器不仅要求片上的运算和存储可以重构，外部存储子系统也要求能够被配置为不同的数据访问模式。技术领域 2：面向高级语言的动态软硬件编译器：在运行时刻的优化同时包括了软件和硬件，编译器需要能够把高级语言转换为机器语言以及面向应用的硬件配置。

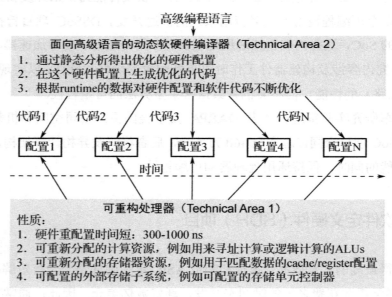

图 11 SDH 项目的两大技术领域

2018 年 9 月，美国 Abaco Systems 公司通过类似的软件定义无线电技术，推出了嵌入式计算系统 SRS6000，用于高通道密度 EW（电子战）和 SIGINT（信号情报）中的嵌入式计算传感器处理应用。

系统集成两个英特尔 2.2 GHz Xeon E5 处理器和 5 个赛灵思超大规模 FPGA，可为计算密集型雷达、电子战和 SIGINT 应用提供服务器级处理。系统可以同步多达 32 个 1 千兆位/秒的 A/D 转换器通道，并具有皮秒抖动。它还具有可扩展性，可以在最苛刻的应用中以菊花链方式连接多达 8 个传感器处理系统，总共 256 个同步通道。此外，PCI Express Gen3x8 和 FireFly x8 光纤互联为强大的流媒体提供了极高的吞吐量。它具有自动校准功能，可根据布线或设置的变化自动调整其校准程序。其目标应用包括 MIMO（多输入多输出）雷达、波束成形、测向和多声道监听等。

（中国电子科技集团公司第五十八研究所　李杨）

（中国电子科技集团公司第二十九研究所　廖承举）

射频集成产品

一、宽带射频可重构模组

英国 BAE 系统公司宣布研发出新型通用射频芯片，名为 MATRIC（可重置集成电路所需微波阵列技术），是一个嵌入到灵活交换矩阵中的可重置射频电路阵列。它使得未来电子战系统具备动态配置能力，可快速自适应战场复杂电磁环境，提高打击效能。

BAE 系统公司报道的芯片包含 4 个 1～20 GHz 的 MW（微波单元）、4 个直流到 6 GHz 的 RF/BB（射频/基带）单元，2 个 0.01～20 GHz 的可配置 CFG（频率发生器）。芯片实物图如图 1 所示。

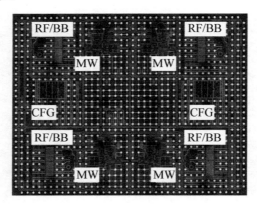

图 1　BAE 公司的 MATRIC 芯片实物图

该可重构射频芯片采用 TowerJazz（塔尔捷智）商用 180 nm SiGe-on-SOI BiCMOS 工艺，具有高线性度（>+10 dBm IIP3）、低相位噪声、低损耗开关、高片上射频隔离（>80 dB@16 GHz）等特点，采用芯片级倒装焊球封装。

MATRIC 芯片利用了一块 SOI 硅衬底以构成开关矩阵，并将各功能芯片一体化集成，具备可编程、可重构能力，能够替代 ASIC 帮助射频系统适应多种频率，具有 ASIC 的 SWaP 优势，但无须负担研发 ASIC 所需的长周期和高一次性费用；能够让工程师更快地做出产品原型，研究成果也能更快地投入战场使用。MATRIC 支持未来射频子系统在飞行中的动态重新配置，能够适应变化的电磁环境，解决通信、电子战和信号情报系统未来需求。

二、硅与化合物半导体异构集成模组

硅基 CMOS 芯片已经进入 7 nm 时代，在高集成度、低功耗方面具有绝对的优势，而化合物半导体芯片在高频、低噪声、大功率方面具有绝对的优势。为了充分利用硅基材料在成本、功耗、重量、信号处理上的优势，同时弥补在特殊应用中速度及输出功率上的不足，DARPA 早在 2007 年就开始了 COSMOS（硅基化合物半导体材料）项目。

COSMOS 项目聚焦于晶体管级异质集成工艺及制造技术，充分利用 CMOS 技术强大的信号处理能力及 InP 的高频特性等，将这些半导体技术全部集成到单片上，发挥各自优势，从而减小系统体积、重量、功耗和成本，为射频、混合和数字信号的处理提供最优的解决方案。

该项目目前已经完成基于 InP HBT 和 CMOS 工艺相结合的采样率 1 GHz、有效位数 13 位的 DAC（见图 2）。

图 2 基于 InP 和硅基 CMOS 工艺的 ADC 芯片

在 COSMOS 项目的基础上，DARPA 于 2013 年推出了 DAHI 项目，项目总投资8000 万美元~1 亿美元，目标是开发晶体管级异构集成工艺，实现先进化合物半导体器件、其他新兴材料器件、高密度 CMOS 技术的紧密结合（见图 3）。DAHI 的最终目标是通过探索多种不同的工艺方法，建立一个可制造、多样化的代工技术，可将多种器件和复杂硅架构通过单片异构集成的方式集成到共同的衬底平台上（见图 3），这样的集成将为美军提供更高性能的微系统。

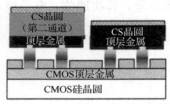

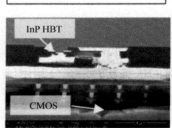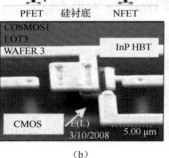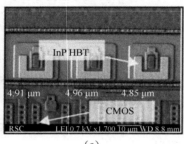

（a）　　　　　　　（b）　　　　　　　（c）

图3　DAHI/COSMOS 计划追求的三个异构集成过程：（a）微米级组装；（b）外延层印刷；（c）使用多层晶格衬底的单片外延生长

DAHI 项目计划解决的重要技术挑战包括异构集成工艺研发、高产量制造和代工能力、电路设计与构架创新。DAHI 计划实现微系统集成的功能、结构、器件和材料包括：

- 基于硅 CMOS 的模拟和数字电路高度集成；
- Si 基 GaN 的高功率、高电压和低噪声放大器；
- 基于 GaAs 和 InP HBT（异质结双极晶体管）和 HEMT 的高速/高动态范围、低噪声电路；
- 基于锑基化合物半导体的高速、低功耗电子器件；
- 用于直接带隙光子源和探测器的化合物半导体光电器件，以及硅基架构的调制器和波导等；
- 传感器、执行器和射频谐振器用 MEMS 器件；
- 热管理结构。

DARPA 公布了 DAHI 项目近期的阶段性成果，多家承研单位实现了多种材料与硅衬底的高密度集成。其中诺斯罗普·格鲁曼公司实现了在 IBM 代工的 CMOS 硅基板上同时集成 InP HBT 芯片和 GaN HEMT 芯片的样品（见图4）。该样品包含异构集成的 Q 波段 VCO 放大器链路，基于 InP 的 VCO 在 35 GHz 具有 2 GHz 的调谐范围，同时芯片中的 GaN 放大器提供了 15dB 的增益。

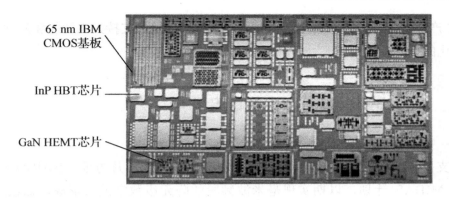

图 4　诺斯罗普·格鲁曼公司的硅基异质集成演示样品

三、射频采样收发机模拟前端 RF-SoC

在更通用的无线和有线通信及超宽带信号收发数字化方面，美国 TI 公司于 2018 年底发布了以 AFE74XX 和 AFE76XX 为代表的 4 收 4 发射频采样模拟前端 SoC 芯片，该芯片集成了四路 14 位 3GSPS RF-ADC 作为接收通道，四路 14 位 9GSPS RF-DAC 作为发射通道，支持高达 1.2GHz 信号带宽的收发和数字化，同时集成了低噪声 PLL 时钟合成器、模拟前端数控衰减器、高速 SERDES 接口和强大的数字滤波、变频等信号处理功能，可以用于 5G 通信、C 波段（5GHz 以内）射频直采数字化收发与通道处理。

四、软硬件全可编程 RF-SoC

在软硬件全可编程 RF-SoC 方面，赛灵思公司推出了"Zynq UltraScale+ RFSoC"架构的全可编程 RF-SoC 方案，产品型号为 ZU2xDR，在 16 nm 工艺上集成了 8 通道 12 位 4 GHz 或 16 通道 12 位 2 GHz RF-ADC 和 16 通道 14 位 6.4 GHz RF-DAC、高性能时钟合成 PLL、32 Gbps 速率 SERDES、高速高效可重构硬件 DSP，大规模可编程逻辑（XFPGA）、多核 ARM 实时与应用处理器。2018 年赛灵思又对外宣传其正在研发第二代 Zynq UltraScale+ All-Programmable RFSoC，产品型号为 ZU3xDR，将 ADC 升级为 16 通道 14 位 2.5 GHz 或 8 通道 14 位 5 GHz，DAC 升级为 16 通道 10 GHz。同时赛灵思公司于 2018 年初宣布的下一代 7 nm 工艺上，支持人工智能（AI）运算的自适应计算加速平台（ACAP），在上一代的 Zynq UltraScale+ All-Programmable

RF-SoC 产品基础上，升级为包含射频采样数据转换器的支持人工智能和射频信号直接数字化的更好性能系统芯片。

五、其他高端射频及毫米波收发芯片

在支持 MIMO 和数字波束形成体制的毫米波收发芯片方面，DARPA 在 2018 年启动 MIDAS 计划，以期实现毫米波频段的阵元级数字波束形成，后续将依托芯片级微系统集成技术实现异质集成小型化，图 5 给出了 MIDAS 计划的发展路线图。

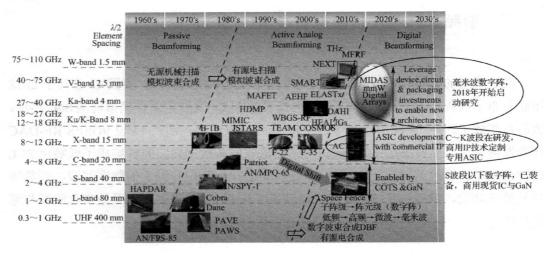

图 5　MIDAS 计划发展路线图

2018 年的国际 BCICTS 大会（双极和化合物电路大会）上，美国雷声公司在 DARPA 的 ACT（短研制周期阵列技术）计划资助下，发表了基于 RF 采样新技术的芯片级频率变换与滤波，以实现阵元级数字波束形成相控阵。

在毫米波集成芯片方面，ADI 公司和 TI 公司已经开始量产 60～77 GHz 频段的射频基带全集成 SoC 芯片及软件开发生态环境，应用于民用领域的汽车雷达和毫米波定位探测等。

在学术研究方面，比利时 IMEC 于 2018 年推出了基于 28 nm CMOS 工艺的 140 GHz 多路收发的毫米波雷达套片，由两个芯片构成，一个是集成了两个片上天线的单路收和单路发的毫米波收发通道全集成芯片，另一个是提供频率和波形控制的 PLL 芯片。这两个套片组合可以支持实现多收多发的 MIMO 雷达。

德国 IHP（创新高性能微电子研究所）也长期致力于高水平高集成度毫米波收发芯片研究，在 2018 年的国际微波大会（IMS2018）上，发表了最新的 120 GHz 的 4 收 4 发毫米波雷达芯片，集成了 8 个天线和完整的波束形成/变频调制功能，以支持更强的 MIMO 相控阵波束形成功能，属于国际同类产品中的一流水平。

（中国电子科技集团公司第二十九研究所　胡柳林　张继帆）

（中电科技集团重庆声光电有限公司　李儒章　何杰）

光电集成产品

21 世纪被称为"光电子时代"，集信息的感知、传输、处理、显示于一体的光电子技术将以光通信和计算机为中心广泛应用于光通信、光传感、视频监控等民用领域以及军事指挥通信、雷达侦测、预警、跟踪、制导、光电对抗等军事领域。而站在光电子最前沿、集当今微电子、微机械和微光子等尖端科技于一身的光电微系统，对未来信息产业和国家经济发展影响巨大，受到世界各国的高度重视，被欧美日等强国列为战略发展重点。

DARPA-MTO 于 2011 年启动的 E-PHI（电-光异质集成）计划旨在将芯片级电子器件和光子器件集成到一个微型硅片上，并于 2015 年由奥巴马宣布成立国家层面上的光子集成制作研究所，第一期总投资达到了 6.1 亿美元。欧盟紧随其后，在"欧盟科研框架计划"中先后部署了多个光电子集成电路项目，目前正在实施的"地平线2020"计划旨在实现基于半导体材料或二维晶体材料的光电混合集成芯片。日本目前正在实施 FIRST（世界领先科学技术研究开发基金项目）计划，作为该计划中 30 个核心项目之一的 PECST（光电子融合系统技术），旨在 2025 年实现片上大规模集成的"片上数据中心"。中国也于 2017 年正式发布《中国光电子器件产业技术发展路线图》，2018 年科技部启动"光电子与微电子器件及集成"重点专项。

一、先进激光器技术作为光电微系统的核心部件，可引领光电对抗武器平台的发展

2018 年，DARPA 公布了 2018 财年预算中研究、开发、测试、评估项目的最新进展及未来发展规划，其中，EUCLID（高效超紧凑型激光二极管）和"持久计划"涉及激光器小型化技术，可使体积更小的激光器集成到导弹防御和激光武器平台。EUCLID 项目旨在显著降低 DPM（激光二极管泵浦模块）的尺寸，同时提高其电光效率。DPM 是光纤激光阵列武器系统的重要组成部分。商业 DPM 冷却系统太大，不

适合整合到小型平台。EUCLID 计划利用热管理组件的进展来设计、构建、测试和展示密集可包装的原型 DPM，其尺寸小于其商业同类产品的一半。该项目还将追求改进的光学元件，可以更有效地聚焦来自各个激光二极管的光。项目所产生的 EUCLID DPM（高效超紧凑型激光二极管泵浦模块）可用于集成到超低尺寸、超低重量和超低功率的光纤激光阵列武器系统中，从而可以集成到各空军、海军、陆军和导弹防御署平台中。

量子级联光电对抗微系统是针对机载平台特别是无人机平台对光电对抗装备小型化、一体化的应用背景，对其核心器件——红外干扰源提出了更高的要求，干扰源的高效率、微型化是目前迫切需要解决的问题。QCL（量子级联激光器）以半导体低维结构材料为基础，是基于半导体耦合量子阱子带间电子跃迁的单极性半导体激光器，可用作一种理想的红外干扰光源。与现有固体红外激光干扰源相比，QCL 在同等输出功率条件下，体积、重量降低为 1/10，可为机载小型化红外定向对抗装备提供支撑，同时，还可大幅度提高系统的可靠性、环境适应性以及寿命等性能。

2018 年 4 月，美国空军研究实验室宣布与雷多斯公司签订了价值 1390 万美元关于 COSMO（紧凑型半导体中长波光电）研究项目的合同。COSMO 研究项目是美国空军 SCL（半导体激光）计划的一部分，旨在提升可用于集成到光电对抗微系统中的高亮度紧凑型半导体激光器技术。该项目可为当前和未来的红外对抗系统提供半导体激光器，以对抗敌方使用诸如导弹制导、夜视设备和夜间瞄准系统等红外传感器。雷多斯公司将专注中长波红外半导体激光器的开发和封装，包括单/多器件制式 QCL 和 DL（二极管激光器）组件技术的开发和测试。研究工作涉及先进的概念分析、QCL 材料的设计和开发、激光原型和最终封装，以及光电对抗微系统的设计和集成。

二、电光异质集成有望打破不同材料体系的壁垒，实现光电子微系统的大规模集成

光子集成不同于微波集成，不同种类的光子器件采用的材料不同，例如激光器、光放大器等有源器件一般采用III-V族材料，光调制器一般采用半导体和铌酸锂材料，光开关、光耦合器等无源器件则大多采用硅或氮化硅材料。因此，材料体系和工艺体系的制成不统一，使多种不同光器件的光子集成成了一项瓶颈技术。

由美国率先启动的 E-PHI（电-光异质集成）项目正是希望通过异质集成的方式来打破不同材料体系之间的壁垒，从而实现光电子微系统的大规模集成。例如将III-V族材料同硅材料进行异质集成，就有望将高性能光电器件集成在低成本硅平台上，这

样既可包括高效的Ⅲ-V 族光发射器，又可利用硅优异的电子和光电特性实现与其他光电器件的集成。目前，E-PHI 项目正在寻求开发必备的技术、架构和创新型设计，使新型芯片级光电/混合信号集成电路可以集成到共同的硅衬底上。E-PHI 项目将实现一系列创新型芯片级光电微系统，包括相干光学系统、任意波形发生器、多波长成像系统等，这些功能系统都可以为雷达、通信、电子战提供新能力。为了验证光电异质集成技术的可行性和能力，E-PHI 还将演示新型高性能异质光电集成微系统，与现有最先进技术相比，预计将表现出可观的性能改善和系统尺寸减小。

随后，欧盟也启动了 DIMENSION（硅基直接调制激光）项目，旨在利用异质集成技术建立一个真正的单片光电集成平台。他们希望在硅前道工艺线生长超薄Ⅲ-V 族材料结构，在后道工艺线嵌入有源光功能，使硅 BiCMOS、CMOS 平台和硅光子平台能够制造Ⅲ-V 族光子，实现在硅芯片上制造有源激光组件，并显著降低制造成本。该项目目标是利用直接调制激光阵列、脉冲幅度调制技术和 O 波段（1260～1360 nm）8 个波段通道通信，通过同一芯片上集成的调制器，实现中等距离（10 千米）的数据中心之间通信。由于直调激光器体积小、成本低、功耗低，一旦实现了硅基上的大规模集成，有望在雷达和电子对抗系统中实现大规模应用。

三、光子封装技术可进一步降低功耗、提高可靠性，助力光电子微系统的发展

光电子器件的封装是通过电连接、光耦合、温控、机械固定以及密封等过程，使光电子器件成为具有一定功能且性能稳定组件的装配过程。封装设计对于器件和芯片性能的提升和在实际系统中的应用具有重要作用，是实现高性能光电子微系统的关键一步。光子封装技术需要解决高密度、高效率的电驱动和串扰抑制问题，超低损耗的光纤与硅基波导耦合问题，以及高密度混合集成系统的热工设计问题，具有新的挑战，需要新的解决思路。

为此，DARPA 在 2018 年开展了 PEPES（极端可扩展性光子学封装）项目，旨在探索把光子学技术带入芯片的技术。此技术通过用光学元件取代电学元件，将可降低数百个处理器连接在一起所需的工艺及能源需求，并实现大规模并行，提高可靠性，将有效支持数据密集型应用，如感知识别技术等。例如，光学接收机模块已可使用光纤实现高带宽、低损耗、远距离光学信号处理。然而，当数据移动到光学收发机和电学领域中的先进集成电路之间时，极大地限制了性能的提升，而将集成光子学解决方案与微电子封装结合，将有望实现全域宽开的接收和处理能力。

该技术首先关注的是先进集成电路封装的高性能光学 I/O 技术的发展，包括现场可编程闸门阵列、图形处理单元及 ASIC。其次，研究的重点还在于新型器件技术和先进链路，以实现高度可扩展性及封装 I/O。但这种新型的系统架构及大型分布式并行计算的发展将可能具有上千个节点，极为复杂且非常难以管理。为了解决这个问题，该项目还将研发低损耗的光学封装方法，以实现高沟道密度和高端口数量，以及可重构、低功耗的光学开关等技术。

总体来说，光电集成技术在后摩尔时代得到了快速的发展，除了本文所提到的通信、雷达和电子战等领域，它还在高性能计算、生物医学、传感等领域具有重要的应用价值。21 世纪以来，光电集成已经为各行各业的创新和发展提供了源源不断的动力。

目前光电探测技术领域的微系统化发展趋势：一是追求更低的系统 SWaP，例如针对红外谱段的技术解决方案非常明晰，包括缩小制冷机的体积重量、提高探测器的工作温度及缩减光学系统体积等；二是系统智能化、功能水平不断提升，学科的交叉和技术的融合使得光电探测技术形态和应用日新月异。结合了微光机电、自适应光学、硅基光子技术、智能芯片处理等技术的光电探测器，功能上进一步拓展、探测识别能力及智能化水平更高。除此之外，结合先进微系统集成工艺技术以及信息处理传输手段，光电探测技术可以实现多信息融合、组网式系统应用。

四、得益于微纳加工技术的快速进步，使得光电探测系统的微系统化技术实现变得可能

未来各作战平台和装备对光电载荷系统的体积、重量、功耗提出了更为苛刻的要求。得益于近二十年来微纳加工技术的飞速进步，为复杂光电系统 SWaP 缩小技术奠定了技术基础。以 DARPA 为先驱，近年来其基于先进的微纳加工及先进制造技术，针对光电技术领域的光学成像、传感、信号处理技术及支撑技术上不断提出了新的设计思想和概念，促使光电系统正朝着微型化、集成化、智能化的方向发展，产品技术形态发生质的变化。

特别地，对于红外光电探测技术来说，低温工作需求阻碍了其微型化。因此，迫切需要开展制冷机微型化甚至是芯片化的相关技术研究，同时开展高温工作探测器技术研究，进而可进一步减小红外光电系统的体积、重量和功耗。

光学系统的物理形态朝着轻薄化、微型化的方向发展。光学系统的体积和重量的大幅压缩是解决光电系统集成化的核心瓶颈。传统基于折/反射式分立元件的光学系

统已经无法满足这些应用需求，迫切需要从体系架构、设计方法和制备工艺等方面进行全方位颠覆式的变革，迫切需要构建微纳光学系统，在微纳量级光传输距离内实现对光波前的控制，以取代庞大的折/衍射式光学系统。

三维集成技术是微系统技术的一个重要特征技术，也是微电子技术发展过程中"超越摩尔"的重要支撑技术，三维集成技术应用于光电探测器也是光电探测系统微系统化的一项重要关键技术。

（一）芯片级微型制冷机

现有红外探测器组件所用的制冷机为斯特林制冷机或节流制冷器，这两种制冷机（器）可以将探测器制冷到所需的 77K 左右的工作温度，但是体积大、功耗高、且成本高，因此这也是红外波段的光电系统微系统化进程中最大的障碍之一。

MTO 提出了 FPA 微型制冷机计划。该微型制冷器利用焦耳-汤普森的工作原理，并进行硅基 MEMS 工艺制造。其主要由 MEMS 微流体、MEMS 压电、CMOS 电路来验证片上冷头和压缩机，其设计的压力比为 4～5∶1，小体积、高压缩频率。MC-FPA 的目标是实现 150 K 制冷温度，350 mW 制冷功率，体积为 30 mm×20 mm×10 mm，重量 50 g。一旦这样的原理得到验证，将会进行 8～12 英寸 Si 基 MEMS 工艺的大规模制造，预计能够将单个制冷器的价格控制在 50 美元以内。

2017 年，荷兰特温特大学报道了一种基于焦耳-汤姆森制冷原理的微型制冷器，该制冷器在无负载的情况可以在 295 K 的环境温度下制冷到 83 K，此过程所需的制冷功率不到 100 mW。该微型制冷器的外壳尺寸仅为 60 mm×9.5 mm×0.72 mm，如图 1 所示。

（二）光电探测器工作温度及光子噪声极限性能的提高

当前，基于内光电效应的常见红外探测器需要将工作温度降低至 77K 左右，来抑制暗电流噪声，配置专用制冷机（器）来降低工作温度不仅增加了组件的体积、重量、功耗、成本以及复杂性，同时也降低了可靠性。因此提高红外探测器的工作温度是近年来国内外研究的重点，也是红外光电系统微系统化过程中需要解决的核心关键技术之一。

2018 年，加州大学伯克利分校在《自然光子学》杂志上报道了室温工作的高探测率偏振分辨的黑磷/二硫化钼中波红外探测器（见图 2），外量子效率达到了 35%，在中波范围探测率高达 1.1×10^{10} cmHz$^{1/2}$W^{-1}。

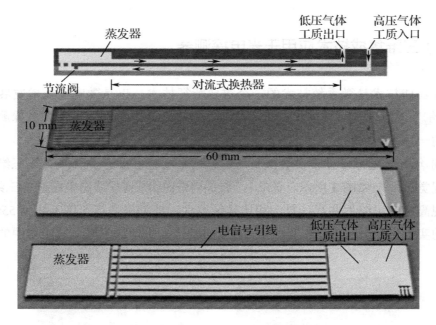

图 1　芯片级微型制冷机结构示意图和实物照片

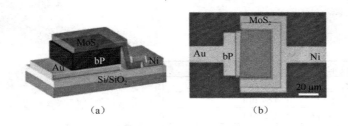

（a）　　　　　　　　　　（b）

图 2　黑磷/二硫化钼异质结探测器示意图

2018 年，加州理工学院实验室报道了两种高温工作的基于 InAs/InAsSb 和 InAs/GaSb 二类超晶格中波红外探测器及焦平面阵列。其中，InAs/InAsSb 探测器在 150 K 时的 50%截止波长是 5.37 μm，未镀增透膜的情况下在 4.5 μm 时量子效率达到 52%，−0.2 V 偏压下暗电流密度为 $4.5×10^{-5}$ A/cm^2，暗电流极限和黑体探测率分别达到了 $4.6×10^{11}$ 和 $3.0×10^{11}$ cmHz$^{1/2}$/W。焦平面阵列在 160 K 的工作温度下的平均等效温差为 18.7 mK。

综上所示，在保证器件噪声性能不降低的同时，高温工作红外探测器件已经得到了多种形式的理论验证，特别是中波高温工作器件有的已经开始小批量生产，更高工作温度的长波器件也在研发中，该项技术对于减少红外光电系统的体积、重量、功耗、成本、可靠性等有着不可估量的意义。

（三）三维集成技术应用于光电探测器

三维集成技术是微系统技术的一个重要特征技术，也是微电子技术发展过程中"超越摩尔"的重要支撑技术，三维集成技术应用于光电探测器也是光电探测系统微系统化的一项重要关键技术。

2018 年，国际原子能委员会电子与信息技术实验室报道了一种 2 层三维堆叠的背照式视觉芯片，如图 3 所示，该芯片通过将焦平面阵列与读出电路进行三维集成，可以实现高速的可编程并行计算，相比传统器件，帧频提高了 5 倍，达到 5500 fps。该芯片的实时、低延迟的高速计算及其紧凑的特点大大增加了嵌入式应用中的信号处理性能。

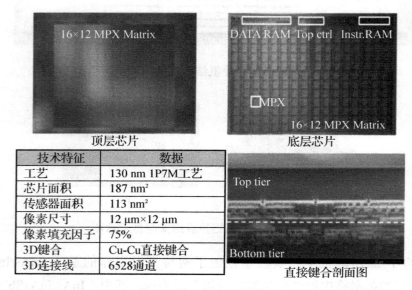

技术特征	数据
工艺	130 nm 1P7M工艺
芯片面积	187 nm²
传感器面积	113 nm²
像素尺寸	12 μm×12 μm
像素填充因子	75%
3D键合	Cu-Cu直接键合
3D连接线	6528通道

图 3　芯片的显微照片及参数

三维焦平面阵列和信号处理器为未来成像技术的发展奠定了基础，但是仍然需要解决高密度通道工艺、三维焦平面体系结构设计，以及散热等问题。

（四）微纳光收集汇聚光学系统

未来战场环境下，光电探测系统的微型化、集成化、轻量化将是一个重要的发展趋势，然而基于传统分立光学器件的光学系统占据了光电探测系统的绝大部分的体积、重量，成了阻碍光电探测系统微系统化的重要屏障。

2018 年，加州理工学院报道了一种 MEMS 可调谐超表面透镜。该透镜具有体积小、重量轻、精确设计的相位，在超表面运动 1 μm 的情况下，可实现 60 个屈光度的变化，扫描频率可以达到几千赫兹，该器件还可以集成于其他系统，可用于制作大校正视野的紧凑型显微镜和 3D 成像的快速轴向扫描。

超表面微纳光学系统对波前相位调控作用远大于累计作用，且单元设计灵活，可以通过结构设计达到阻抗匹配，增大透射率。然而，在确保焦距为数十微米的前提下，其通光孔径仍然难以达到毫米量级，目前已报道的二维介质超材料微纳光学系统的最大通光孔径仅为数百微米，这显然是不利于实际应用的。基于架构升级或者加工工艺升级以提升其通光孔径，势必会成为后续二维介质超材料光学系统的研究重点。

在现阶段，国外研究人员仅关注这种微纳光学系统自身的研究工作，尚未开展将其与探测器进行一体化集成封装的技术研究。这意味着该微纳光学系统在构建芯片级集成光电探测微系统方面的潜在能力还亟待挖掘。

五、多光学信息融合探测技术的不断发展，进一步提升了光探测感知系统功能及智能化水平

现有装备的光电探测技术没有完全利用光的各种特性，仅靠单一维度信息（光强度信息）的光探测感知系统存在着抗干扰能力差的缺陷，随着隐身技术的发展，各种伪装目标、诱饵目标、防辐射涂层等技术的使用使得目标识别的难度越来越大，因此未来光探测感知系统迫切需要实现光信息特征（相位、光谱、偏振）的全面获取，实现多信息融合探测。近年来，以激光探测技术、多色/多光谱识别技术、偏振探测技术、石墨烯技术、相位成像为代表的前沿技术的发展，在目标识别、抗干扰、探测信息获取方面对各平台武器装备的性能将产生重要影响，可满足未来战争模式下的多维度战场环境信息的实时获取需求。

DARPA 启动了 MOS（多功能光学传感器）项目的资助，其针对无线电对抗扩散，如 DRFM（数字射频存储器）已经对数据传感器的有效性提出了挑战。MOS 项目提出了检测、跟踪非合作目标识别的替代方法，并为战斗机和远程打击飞机提供火力控制。该方案利用新型的 FPA（高灵敏度焦平面阵列）和近/中/长波红外波段的紧凑型多频激光系统技术，实现多光学感测系统的开发。该项目的主要技术挑战包括实现廉价、多频、大格式、光子计数、高带宽接收机，并将其集成到光学传感器套件中与机载设备兼容，旨在推进高级组件和技术支撑全光学机载系统检测、定位和识别的目标范围。

（一）集成偏振探测微系统技术

偏振成像技术是最近十年来国外发展很快的一项新的成像技术，近年来已经从单一的线偏振探测发展到全偏振成像遥感，从地面探测转向空中探测，超光谱高空分辨率的偏振成像仪也已开始研究。

2018 年，索尼公司报道了一种 3.2MP 具有四个偏振方向的空气间隙线栅和 2.5 μm 像素尺寸的偏振图像传感器，该传感器在 550 nm 实现 63.3%的偏振透过率，消光比达到 85，如图 4 所示。该传感器配备了偏振元件，实现了可见光波段上商用级别的集成偏振探测器阵列。由此可以实现比以往更小、成本更低的偏振相机。

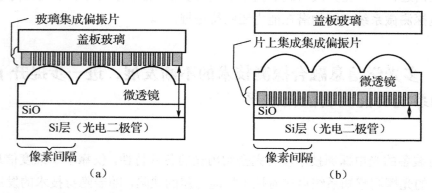

图 4　（a）传统 CMOS 图像传感器；（b）新型 CMOS 图像传感器原型

经过近些年发展，国外研究机构、公司在集成偏振探测微系统技术领域已经取得重大成果，并从实验室阶段进入工业化生产阶段。在军用红外成像领域，集成偏振探测微系统的研发投入仍在继续，此技术同时致力于多维度信息探测以及分立器件系统的集成化，具有很大发展意义。

（二）自适应红外多光谱探测微系统

宽带红外探测器具有波长可调谐功能的中波探测微型系统，可获取目标的多个光谱的信息，具备更强的目标识别探测能力和环境适应能力，具有广泛的军用和民用前景。

据于 2018 年 12 月 19 日 VTT 官方报道，VTT 研究的基于压电陶瓷驱动可调谐滤光片的光谱相机由小卫星 Aalto-1 搭载升空进行对地光谱探测，图 5 展示了用于森林观测的无人机搭载光谱相机。

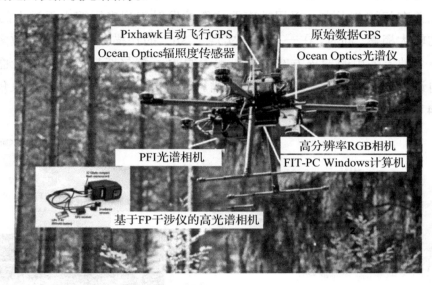

图 5　用于森林观测的无人机搭载光谱相机

综上所述，结合了微机电、微纳光学等技术的红外探测成像系统一方面在功能上进一步拓展，另一方面不断提高其探测识别能力，已经得到国外相关研究机构的广泛关注，并可视为是未来光电感知微系统的发展方向之一。

（三）片上相控阵激光雷达

近几年来，DARPA 通过其开展的 SWEEPER（短距离、宽视场、极高灵敏度的电扫描光学发射器）计划以及 E-PHI（光-电异质集成）项目，进行了芯片式激光雷达的发射模块研究，目前核心的基于硅光集成的光相控阵阵列技术取得了重要突破，实现了第一个大规模光学相控阵和第一个广角可操纵光束阵。

DARPA 在 2018 年投入 2200 万美元支持 MOABB（模块化光学孔径布控）计划，开展结构超紧凑的光学侦察和测距激光雷达的系统级研究。DARPA 的 MOABB 项目共涉及平面激光收发单元和三维激光成像雷达样机两大核心关键技术。这两大核心关键技术的主要目标分别是：在平面激光收发单元方面，开发具有高填充因子、非机械光束定向和集成放大功能的毫米尺寸大小的平面激光收发单元；在三维激光成像雷达样机方面，利用平面激光收发单元，开发工作距离为 100 米、功耗小于 40 瓦、能形成多个光束的三维激光成像雷达样机。

英特尔公司在 300 mm CMOS 工艺线上实现了高精度无混淆的光束扫描，该团队的波束扫描架构、检测系统、阵列分束、天线以及扫描过程如图 6 所示。一维天线涵盖在相控单元中，采用功率非均衡的发射阵列来压缩由于过大的天线间隔造成的较大栅瓣。同时，在一个轴上实现了 80°的扫描范围，采集点数多达 500 个；另一个轴上采用的扫描方案与加州大学约翰·鲍尔斯教授的相同，通过在一定范围内调谐波长，实现 17°范围的扫描。除此之外，其出射光的发散角极小，仅为 0.14°。

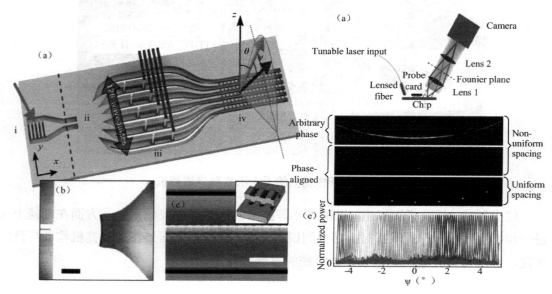

图 6　波束扫描架构、检测系统、阵列分束以及扫描过程

为了减轻制造引起的相位噪声，波尔顿等设计了一个简单而紧凑的相控阵。该光控相控阵由 50 个波导天线组成，在远场模式下，激光主瓣功率为 1 mV，光斑大小为 0.85°×0.18°。通过每个天线结构中的 5.7 kΩ 电阻实现横向的光束扫描，当外加电压 12V 时，可以实现相移。工作波长为 1550 nm 时，测量横向扫描范围为 46°，当波长在 1454～1641 nm 范围变化时，可以实现纵向扫描，纵向扫描范围为 36°。2017 年，该小组利用此结构构建了激光雷达系统，调频连续波全固态激光雷达设计方案如图 7 所示。发射端采用调频连续光，接收端采用锗材料，通过产生频率不同的本地拍频和接收到的信号混频实现相干探测。采用三角测量的方法，对远近不同的三个目标进行了距离测量，探测距离为 2 m，测距分辨率为 20 mm，首次实现了全固态相干模式下的光探测和测距。

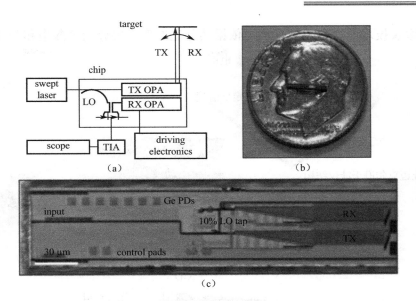

图 7　(a) 调频连续波全固态激光雷达设计方案；(b) 硬币上的激光雷达芯片；
(c) 设备的光学显微图

　　为了抑制旁瓣，英特尔公司对波导相控阵进行了非等间距的设计。2017 年，考姆耶诺维奇等对稀疏非等间距波导相控阵进行研究，对阵列中波导数量和间距，以及波导放置方式进行设计，以实现抑制旁瓣的目的。同时，为了提高扫描精度，波尔顿等利用氮化硅作为波导材料，以氮化硅为材料的波导体积较大、热光系数小、工作电压高、损耗小、加工误差容忍度较大，有利于实现相位的精确控制。波尔顿等制作了可以工作在红外与可见光下的相控阵，波长 1550 nm 时，激光主瓣功率为 400 mW，光斑大小仅为 0.021°×0.21°。在不考虑器件尺寸的情况下，利用氮化硅波导制作光控相控阵有利于提高扫描精度。

（四）超光谱探测微系统

　　超分辨率光谱探测技术作为一种重要的光探测感知手段，可广泛应用于战场环境监测、化学战剂分析等领域。然而基于传统分立光学器件的光谱探测系统体积庞大、结构复杂、功耗大、灵活性差，无法满足未来无人化作战平台和日益复杂战场环境的应用需求。国外基于微纳光学、MEMS、硅光等技术开展了大量超高分辨率光谱分辨研究，并朝着更小体积、更高性能、更低成本的方向发展，部分已广泛应用于军民领域。

　　DARPA"水下目标成像和探测的超光谱成像微系统"研究项目如图 8 所示，NASA也正在支持 AVIRIS-NG（下一代机载可见/红外成像超光谱系统）的研究。从目前国外微型光谱仪技术的技术路线来说，依据其分光原理主要分为色散型和干涉型。

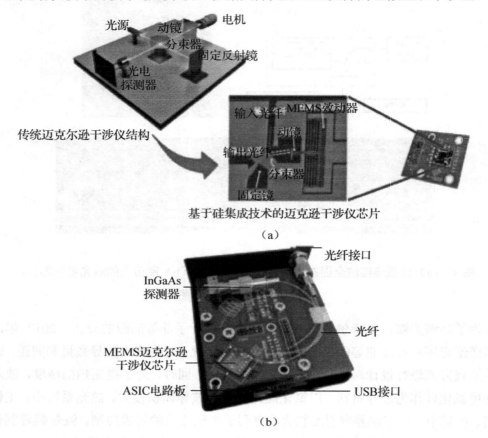

图 8 （a）微型光谱仪原理图；（b）光谱感知模块

2018 年，为将微型光谱仪推广至物联网和民用市场，Si-Ware 对光谱仪系统进行了进一步集成化的设计，开发出如图 9 所示的第二代芯片级封装产品，将 MEMS 分光模块、ASIC 和探测器等集成在同一个 Si 衬底上。光源采用宽光谱光源，置于分光模块的外部，可根据探测需求将光源集成在模块中，通过测量样品的吸收光谱来实现对物质成分的检测；ASIC 功能包括 MEMS 制动器的控制、高精度电容传感器、AD/DA、DSP、光信号控制、自动校准和漂移校正等，其中自校准的功能是 MEMS 镜的光路校准。

美国 Viavi 公司开发了基于等厚干涉的微型光谱仪，利用楔形劈尖进行分光，实现了空间域的光谱扫描。光谱仪体积为 45 mm×φ50 mm，重量为 64 g，光谱范围 950 nm～1650 nm，光谱分辨率为中心波长的 1.25%。

采用基于 MEMS 技术的静电驱动技术，可控制 F-P 腔中反射镜的位移，实现 F-P 腔的光谱测量（如图 10（a）所示）。阵列式 F-P 腔干涉分光系统中每个 F-P 腔干涉仪均对应不同中心波长的探测光谱，进而较低的电压也可实现大范围的动态测量（如图10（b）所示）。DARPA 主导的 AFPA（自适应焦平面阵列）小型光谱成像传感器，即基于可调 F-P 腔分光的原理，旨在研制长波红外/中波红外 AFPA，并实现 MEMS 可调滤光片阵列与双波段焦平面阵列、读出电路的集成。

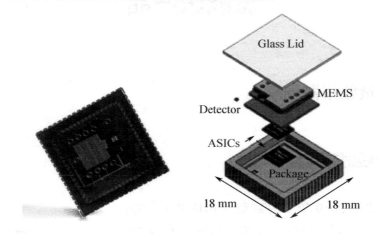

图 9　微型光谱仪第二代芯片级封装产品

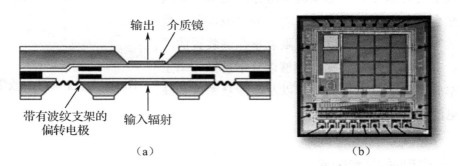

图 10　（a）硅基 F-P 腔干涉仪；（b）阵列 F-P 腔干涉仪

　　干涉型微型光谱仪具有光通量大，能量利用率高、光谱范围大、分辨率高、集成度高的优势，但同时无论是基于迈克尔逊干涉的光谱仪还是基于可调 F-P 腔的光谱仪，均依赖于 MEMS 静电调节技术，对 MEMS 制动器调节精度要求较高。此外，干涉型微型光谱仪结构复杂，对 MEMS 加工工艺要求较高，成本较高，限制了其应用范围。

（中国电子科技集团公司信息科学研究院　胡小燕）

（中国电子科技集团公司第五十三研究所　张洁　李森森）

（中国电子科技集团公司第二十九研究所　陈智宇）

微能源产品

一、能量收集器

（一）无线射频能量收集器

DARPA 将于 2019 年 5 月启动 SHRIMP（无线射频能量收集器）项目（见图 1）。SHRIMP 项目致力于开发高效电力存储设备和电源转换电路。大多数微型机器人平台依靠系绳电缆进行驱动、处理或控制，受到能量效率低的驱动技术以及有限能量存储装置的严重限制。SHRIMP 项目将探索能够以几十赫兹频率工作的功率转换器、具有极高效率以及高能量密度和高比能的电池技术。

图 1　无线射频能量收集器

（二）微型热电发电器

美国西北大学罗杰斯教授、施耐德教授和黄永刚教授合作，在《科学进展》上发表了题为《用于微型灵活装置中能量搜集的可伸缩热电线圈》的论文，基于传统半导体加工工艺，首次提出了利用非线性屈曲力学组装来实现的一种三维微型热电发电器。该策略首先在二维平面状态下，通过光刻、转印等技术将掺杂的单晶硅薄膜和金属电极布置在预设形状的聚合物保护层内，然后通过硅胶基底的受控压缩屈曲形成三维结构。用该策略制成的三维微型热电"弹簧"（如图 2 所示）特征尺寸仅为 8 微米，但通过三维变形，不仅将热传递方向的距离（即基底到弹簧顶部的高度差）提高到毫米级别，更使其拥有着比二维平面设计更为出色的力学柔性与拉伸性——实验测试结果显示，该弹簧结构在超过 200 次面内循环拉伸（拉伸至原长 160%）后仍然不会损坏，而且可以承受高达 30% 的面外压缩应变。

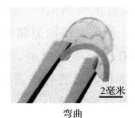

| 在指尖上 | 在镊子尖上 | 弯曲 |

图2　微型热电发电器

二、微型电池

（一）小型二次电池

村田的小型能源装置是具有大容量、低内部阻抗、可快速充放电、耐负载变化特性的蓄电装置。该产品是类似电容器一样使用的小型二次电池，与传统二次电池相比，实现了高速率的充放电性能和使用寿命长的特征。其运用了电压的平特性，在可穿戴设备以及无线传感网络的传感器节点中，可作为对应大范围负载的电源使用。小型二次电池产品见图3。

图3　小型二次电池

（二）微型锂离子电池

中国科学院大连化学物理研究所二维材料与能源器件研究组研究员吴忠帅团队与中科院院士包信和团队合作，开发出一种具有多方向传质、优异柔性和高温稳定性的平面集成化全固态锂离子微型电池（见图 4）。相关研究成果发表在《纳米能源》上。

该研究团队率先开发出一种全固态平面集成化的锂离子微型电池。该锂离子微型电池以纳米钛酸锂纳米球为负极，磷酸铁锂微米球为正极，高导电石墨烯为非金属集流体，离子凝胶为电解液，具有平面十指交叉构型且无需使用传统隔膜和金属集流体。获得的锂离子微型电池具有多方向传质的优势，表现出高体积能量密度

125.5 mWh/cm³，优异的倍率性能；超长的循环稳定性，3300 次循环后容量基本没有衰减；以及良好的机械柔性，在反复弯曲或扭曲下其电极结构无损坏以及电化学性能无明显变化。同时，该微型储能器件能在 100℃的高温环境下稳定工作且具有长循环稳定性（1000 次循环）。此外，该锂离子电池无须金属连接体便能实现模块化自集成，实现输出电压和容量的有效调控。因此，该锂离子微型电池在柔性化、微型化电子器件的应用中具有很大潜力。

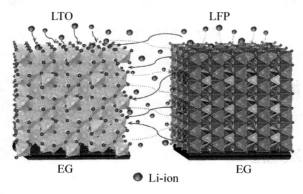

图 4　平面集成化全固态锂离子微型电池原理图

（三）微型液体太阳能电池

美国南加州大学科学家研制的这种太阳能电池使用的纳米晶体由半导体硒化镉制成（见图 5），其大小约为 4 纳米，这意味着一个针头上就可以放置 2500 亿个，而且其也可以漂浮在液体溶液内。尽管与目前广泛使用的单晶体硅晶圆太阳能电池相比，液态纳米晶体太阳能电池的制造过程更加便宜，但其光电转化效率要稍逊一筹。不过，在最新研究中，研究人员攻克了制造液体太阳能电池面临的关键问题：如何制造出一种稳定且能导电的液体。以前，科学家们需要让有机配位体分子依附在纳米晶体之上，以让纳米晶体保持稳定并预防二者相互粘连在一起。但这些有机配位体分子同时也会将晶体隔绝起来，使整个系统的导电性能变得非常差。这种新的合成配位体不仅在使纳米晶体稳定方面表现良好，而且它们实际上也变身为细小的"桥梁"，将纳米晶体连接起来并帮助它们传输电流。另外，通过一个相对低温、不需要进行任何与熔化有关的过程，科学家们就可以将这种液体太阳能电池印刷在塑料而非玻璃表面，最终得到一种柔性太阳能电池板，其形状可以随需而变安装在任何地方。

图 5　太阳能电池使用的纳米晶体

三、微系统技术实现超高功率密度电源模组

现行微型飞行军事供电系统是依赖电池存储能量,通过二次变换为系统所需的各种电压。现行的赋能二次转换电子装置转换效率低、功能单一、体积重量偏大等特点,限制了飞行器的运行寿命,阻碍了飞行器的军事作战能力。为此,赋能二次转换装置需要在转换效率、休眠待唤醒功能、体积和重量等方面突破。

随着功率半导体器件、集成电路、无源材料水平、新供电架构演进和先进封装技术的进步,部分中小电源产品开始由传统的分立器件组装而成的功率模块,转变为基于微电子和微系统技术形成的 3D 集成高密度封装形态,产品体积大大减小,功率密度得到了空前的提升。PSMA(国际电源制造商协会)的市场和技术报告《电源封装和芯片级电源》肯定了以上发展趋势。

(一)超高功率密度负载点电源

目前最新的电源产品性能和形态均发生了很大的变化。图 6 所示为美国 CPES(电力电子研究机构)研制的 3D 集成高密度封装 POL(负载点电源)电源,该项目受美国 ARPA-DOE(能源部先进能源研究计划署)资助,用以实现为 CPU 供电的 IVR(高频集成电压调整器)。CPES-POL 采用了一种合金薄片式磁性材料,可以制作超薄型电感集成在基板中,并与主体电路进行 3D 集成 QFN 封装,极大减小了产品的整体高度和体积(14 mm×9 mm×4 mm),结合适宜的功率 MOSFET 和高频功率变换技术,在高达 1 MHz 的工作频率下,实现了输入 12 V 输出 3.3 V,最大输出功率 60 W,峰值效率＞92%，功率密度近 2000 W/in³，较同类 POL 电源模块提高近 10 倍。

图 6　美国 CPES 研制的 3D 集成高密度封装 POL 电源

（二）高功率密度晶片电源

图 7 所示为美国 Vicor 公司创新的 ChiP（封装里的转换器）技术及采用该技术的 DCM（不连续导通式）系列 DC/DC 电源产品，ChiP 技术采用了集成式磁元件结合多层 PCB 结构，提高了元件的空间利用率，降低了功率元件损耗，并类似微处理器芯片晶圆结构，80 个产品在一个面板上整体塑封成型后再分割。以 2018 年最新推出的几款 DCM 系列 DC/DC 电源产品为例，其主要应用在无人机、陆地车辆、雷达、交通运输与工业控制等领域，军规 M 级产品工作温度范围-55 ℃～+125 ℃。在 47.91 mm×22.80 mm×7.21 mm 的产品体积内，可以实现 200 V～-400 V 输入转 12 V/13.8 V/ 28 V/48 V 稳压隔离输出，最大输出功率达 500 W，峰值效率达 93%，功率密度超过 1000 W/in³，约为同类电源模块的 4 倍。

图 7　美国 Vicor 公司 ChiP 技术及 DCM 系列产品

3D 集成高密度封装的微系统电源技术在保持产品较高效率和输出功率的同时，极大提升了产品的功率密度，提高了自动化程度，保障了产品一致性和可靠性，为系统进一步小型化、轻量化提供了新的解决方案。

（三）超薄系统级封装电源

2018 年 8 月，美国亚德诺公司发布 LTM4686 双通道 10A 或单通道 20A 超薄型降压型第四代 μModule 电源微系统模组（产品见图 8）。μModule 是完整的 SiP 电源管理解决方案，在尺寸仅有 16 mm×11.9 mm×1.82 mm 的紧凑型表贴 BGA 或 LGA 封装内集成了 DC/DC 转换器、功率晶体管、输入和输出电容以及补偿组件，具有片内 EEPROM 和数字电源系统管理功能，恒定频率电流模式控制，实现多个模组的并联和均流，在整个温度范围内具有±0.5%的最大直流输出误差。

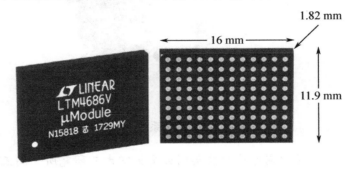

图 8　美国亚德诺公司 μModule 电源微系统模组

四、ESAD 火工品微系统

美国 Sandia 国家实验室及欧洲研究 ESAD（电子安全与爆炸装置）技术已有数十年，2018 年开始进入自动化生产阶段，采用集成化技术实现了第三代 ESAD 的小型化、型谱化，发火能量达到 0.15 J，体积仅 40 cm³，已使用在各种型号武器弹药系统中，如战斧巡航导弹、响尾蛇空对空导弹、末敏弹等。

ESAD 微系统是继机械式、机电式安全系统之后的第三代引信安全系统，主要由电容放电单元、高压变换单元、安保逻辑控制单元组成，它将电能高效转换为动能、引发弹药瞬态化学反应，达到起爆点火之用，具有更高的安全性、可靠性、可检测等特点，是新一代最安全、最可靠的弹药引爆控制系统。电子安保系统的出现对于火工品专业的发展是革命性的，在核弹、导弹、鱼雷、炸弹以及末敏弹等引信系统中有着广泛的应用前景。

传统的火工品已经不能满足武器系统的发展需求，基于直列式起爆装置的 ESAD 微系统将是未来武器装备的发展趋势。而其小型化和集成化、抗高过载、制导和引信一体化等技术的发展，将进一步推广和拓展其应用领域，实现武器系统灵巧化、智能化，进一步实现精确打击、高效毁伤的发展要求。

中电科技 43 所 2018 年研制并定型了 ESAD 微系统（见图 9），采用薄膜工艺，将高压开关与片式薄膜爆炸箔一体化集成，便于将药剂紧密安装在爆炸箔芯片上，有效降低主回路发火能量，减小电容放电单元体积，降低成本。

图 9　ESAD 微系统产品

（中国电子科技集团公司第四十三研究所　尚玉凤　刘俊永）
（中国电子科技集团公司信息科学研究院　胡小燕）

微系统高效热管理单元

随着集成密度的持续提升和多功能一体化的发展，微系统内的功率器件和数字处理芯片的热流密度都得到了显著提高，器件的散热面临巨大挑战。在功率器件方面，以 GaN 为代表的第三代半导体技术广泛应用于电子战、雷达、通信等军民领域，由于 GaN 器件在工作时存在热效应，热流密度高达 1000 W/cm^2。如果温度过高，会导致 GaN 器件输出功率密度以及效率等指标迅速恶化，使其大功率的性能优势不能充分发挥，散热问题已经成为限制 GaN 功率器件进一步发展和应用的主要技术瓶颈之一。在数字处理芯片方面，为了提高计算性能，SoC 芯片及三维堆叠集成成为发展方向，使得芯片热耗显著增大、叠层上的芯片热量难以散出，传统芯片热管理方法难以满足要求。

由于热管理技术在微系统中的重要性，近年来得到了蓬勃发展，美国、欧盟等国均对高功率电子系统的热管理技术进行了持续研究。最具代表性的是 DARPA 持续支持的 TMT（热管理技术群项目）、NJTT（近结热传输项目）以及 ICECOOL（芯片内强化散热项目）等热管理项目群，近年来比利时 IMEC 和德国弗劳恩霍夫研究所等也在微系统热管理方面取得了重要进展，研究主要集中在芯片级微通道散热技术上，具体的技术路线呈现多样化的特点，包括单向微通道、相变微通道、冲击射流等，旨在从芯片端提高散热效率，以尽可能小的能耗和体积代价得到足够的散热能力。另外，热管理与电路功能一体化集成也成为趋势，以期使热管理系统在微纳尺度上与芯片进行有机融合。

一、内嵌微孔阵列的冲击射流冷却器

在 DARPA 的 ICECOO（芯片内强化散热项目）项目支持下，洛克希德·马丁公司研制出了一种内嵌微孔阵列的冲击射流冷却器，尺寸仅为 250 μm 厚、5 mm 长和 2.5 mm 宽，冷却液通过由微增材工艺制造的微型喷嘴阵列喷射到芯片表面，一滴冷却液就足以冷却最热的电路芯片，这将有望提高电子战、雷达以及激光器的功率和性能。洛克希德·马丁公司实验证明了该微冷却器相比于常规冷却技术可以提高 6 倍的冷却效果。

ICECOOl 项目的第一阶段，洛克希德·马丁公司验证了嵌入式微流体冷却方法的有效性（见图 1）。芯片平均散热能力达到 1000 W/cm^2，多个局部热点的散热能力达到 3000 W/cm^2，大约是常规芯片所产生热流密度的 4～5 倍。该项目的第二阶段，团队将重点转移到冷却高功率的 GaN 功放芯片，来验证通过改善散热控制能够有效提升性能。利用该技术，团队证实了能够使一个给定的 GaN 功放芯片在输出功率增加 6 倍的情况下，依然能够保持比传统冷却方法更低的芯片温度。

图 1　洛克希德·马丁公司研制出的微冷却器

二、基于绝缘冷却液的"芯片内"微通道冷却

在 DARPA 项目的支持下，美国普度大学为高性能雷达和超级计算机研发出了"芯片内"冷却技术（见图 2），能够通过一系列复杂微通道直接在电子芯片中实现冷却液循环，达到了 1000 W/cm^2 的散热能力。

解决方案是直接在芯片硅衬底上刻蚀出宽度约 15 微米，深度达到 300 微米的微通道，并利用特殊的"分级"歧管结构，把"长"通道分割为多个并联的"短"通道，有效降低通道内的流阻。

微通道内均匀注入商用的 HFE-7100 电绝缘冷却液，可避免因泄漏引起的电子设备短路。随着冷却液在热源附近流动，会吸热产生动态沸腾，与传统简单加热液体到低于沸点的情况相比，大幅提高了其散热能力。此外，在芯片衬底直接刻蚀微通道的方式，还可减少由于接触引起的界面热阻。

这种嵌入芯片内部的新型冷却系统，为解决三维堆叠芯片散热难题提供了一种全新技术方案，未来有望用于高性能雷达和超级计算机的散热。

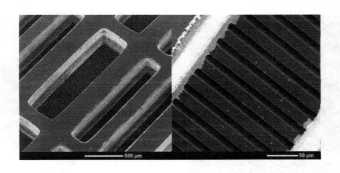

图 2　基于微通道的新电子冷却技术，宽度为微米级，嵌入到芯中

三、基于 3D 打印技术的聚合物冲击射流冷却器

比利时微电子研究中心（IMEC）首次实现了基于高分子聚合物的高性能、低功耗及低成本的冲击射流冷却技术（见图 3），主要面向散热问题日益突出的三维堆叠高性能计算系统。

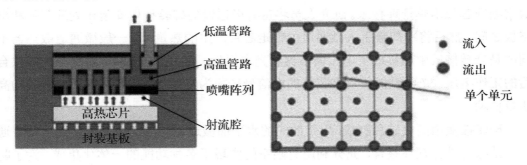

图 3　3D 聚合物冲击射流冷却器的示意图：横截面+顶视图

该芯片冷却器使用了高分子聚合物替代硅来降低制造成本，并且使用了高精度立体 3D 打印技术实现了直径仅 300 微米的喷嘴结构，可以通过喷嘴图形设计的定制化来匹配热度图和复杂的内部结构，并降低制造成本和时间。

该芯片冷却器类似于一个微型"喷头"，将冷却液直接喷射到裸芯片上，可实现很高的散热效率，在 1 L/min 的冷却液流量下，功率为 100 W/cm^2 的芯片运行时温升小于 15 ℃。此外，通过对内部结构的优化设计，单个液滴产生的压降低至 0.3 bar。它的性能超越了传统散热方式，除了高效率和高性价比外，其尺寸比传统散热方式要小得多，能更好地匹配芯片封装尺寸（见图 4）。

热沉+风扇
尺寸：8×8 cm

微通道冷却器
尺寸：46×46 mm

图4　新型散热方式与传统散热方式的结构和尺寸对比

四、集成了电压调节和光电转换功能的微通道散热转接板

在 IBM 的 CARRICOOL 项目支持下，德国弗劳恩霍夫研究所开发出了一种新的数字处理芯片用热管理技术。研究人员将带有微通道的硅转接板安装在处理芯片和电路板之间，然后将冷却液引入微通道中带走芯片产生的热量。与一般微通道散热器不同的是硅转接板中还集成了电压调节器和光电组件。其中，电压调节器为芯片提供合适的工作电压，光电组件负责将芯片的电信号转换为光信号，从而实现大量数据的高质量传输。

硅转接板由两块硅片制成，用于散热的水平面微通道与用于电信号传输的垂直通孔在结构上进行互补整合，充分利用有限空间实现了多种功能的一体化集成。为了防止冷却液和电气通孔之间的接触，每个单独的触点都进行了专门密封。

（中国电子科技集团公司第二十九研究所　陈显才）

微惯性导航产品

鉴于传统的高灵敏惯性测量技术已经进入精度发展极限，DARPA 针对 MEMS 惯导器件和系统研制制定了很多具体的研制项目，如 NGIMU（导航级集成微陀螺）和 MRIG（微尺度速率积分陀螺），主要在没有 GPS 信号时为单兵、车辆、无人机和大型作战平台提供支撑。2018 年，DARPA 在 PRIGM（军用精确制导弹药导航及惯性测量单元）项目上的投入超过 520 万美元，旨在研制具有低 CSWaP（成本、尺寸、质量和功耗）特性的 AIMS（先进微惯性传感器），满足在高冲击和高振动环境下应用且具有高动态范围、低噪声、高精度的惯性模组。惯导模组微型化是未来高精度、高可靠、批量化惯性制导技术发展的重要方向。

一、MEMS 传感器引领高精度、高可靠惯性制导武器发展

惯导模组中陀螺仪、加速度计传感器是惯导模组中的关键部件，传感器性能直接决定了惯导模组的精确性和稳定性。近年来，随着工艺技术的不断提升，低成本、易批量的 MEMS 加速度计和 MEMS 陀螺精度越来越高，使得 MEMS 惯导组件应用于高精度军用惯导、探测感知等领域成为可能。

（一）可用于严苛环境下的 mHRG 谐振陀螺传感器研制获得突破

2018 年，在 DARPA 的 AIMS 项目支持下，密歇根大学无线电集成微传感与系统中心研究人员采用改进的喷灯法工艺制作出了一种新型熔融石英精密壳体集成微谐振器原理样机，采用该方法实现的 mHRG 不仅具有很高的哥氏力敏感性，而且还具有高的抗冲击和振动性能，从而为 mHRG 在严苛环境下的应用扫除了障碍。

（二）加州理工学院研制出谐振型布里渊微陀螺

2018 年，美国加州理工学院利用碟形波导研制出了谐振型布里渊微陀螺原型样机，测试表明，其零偏稳定性约为 3.6°/h（模拟量输出）。该研究得到了 DARPA 的 AIMS 项目支持。

二、系统级封装惯导模组 SiP 带来小型化和低成本，可应用于新的军用领域

在传统的应用惯性系统设计中，采用的是分布功能综合技术，在 $10^{-5} \sim 10^{-7}$ 数量级上的惯性参数，传统分布参数对性能存在较大的影响。对于微型惯导模组来说，应用电子系统的设计也是根据功能和参数要求设计系统，但与传统方法有着本质的差别，微型模组不是以功能电路为基础的分布式系统的综合技术，而是以功能为基础的系统和电路的综合技术。针对系统整体固件实现进行电路综合，也就是利用微系统技术对系统整体进行电路结合。

超小型的高精度三维惯导模组 SiP 主要应用于 GNSS 拒止环境下的微型飞行器、无人机、智能炸弹等的高精度导航和各类传感器融合的无人机蜂群、仿生机器人等感测与系统姿态调整领域。随着军事武器装备小型化、高性能、多功能、高可靠和低成本的要求越来越高，高精度惯导模组 SiP 采用芯片堆叠、基板堆叠、垂直互联、传感器正交组装、低应力 MEMS 传感器组装、多传感器 3D 异质集成等微系统集成技术实现整机系统更高的组装密度、更高的系统性能、更多的系统功能和 I/O 引脚、更低的功耗和成本，更高的 3D 组装效率。目前，基于微系统集成技术的高效三维惯导模组已用于卫星、载人飞船和高空飞机等航空航天装备。

（一）Xsens 公司的微型惯导 SiP 模组

Xsens 公司 2018 年 4 月推出了一款微型惯性导航 SiP 模组 MTi-7 INS（见图 1），进一步扩大了 Mti 产品范畴。

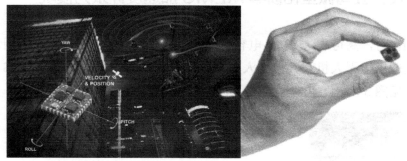

图 1　惯性导航 SiP 模组 MTi-7 INS

MTi-7 INS 导航模块采用基板堆叠结构，形成紧凑型构型，尺寸为 12 mm×12 mm，重量不到 1 克，采用来自全球导航卫星系统接收器的输入数据来提供精准的实时位置、速度和定向数据，在 800 Hz 输出数据条件下延迟低至 2 ms。MTi-7 INS 的高性能源自先进的加速度计和陀螺传感器和 Xsens 先进传感器融合算法，是空间和电源受限设备的理想选择，可应用于无人机、自主或遥控绘图和成像设备。

（二）霍尼韦尔公司新型组合导航单元

2018 年 7 月，霍尼韦尔公司发布了基于基板堆叠的新型 INS+GNSS 组合导航单元 HGuide n580（见图 2）。HGuide n580 是一个更小，更轻，带定位定姿功能，可独立工作的组合导航单元。HGuide n580 将惯性测量的数据以及 GNSS 数据进行融合处理，能够提供一个高精度、高稳定性、高可靠性的定位导航服务，其输出包括时间标签、位置、速度、角速率、线加速度、横滚角、俯仰角和方位角等信息。HGuide n580 具有满足航空航天和国防应用需求的高可靠性和高性能，特点为尺寸小，重量轻，功率低，可应用于自主设备、测绘、地面和水下机器人、无人机及万向节等。

HGuide n580 集成了霍尼韦尔先进的惯性测量，同时能够提供强大的双天线、多频等功能，其中的超高性能惯性测量单元，包含 MEMS 加速度计和陀螺，具有优异的可重复性和稳定性，加速度测量范围达-20 g～+20 g，角速度测量范围达-200°/s～+200°/s，陀螺零偏稳定性小于 0.25°/h，角随机游走小于 0.04°/h，加速度计零偏稳定性小于 0.025 mg，随机误差小于 0.03 m/s/h；水平位置精度小于 0.6 m SBAS（1σ），高程精度小于 0.6 m SBAS（1σ），方位角精度小于 0.05° （1σ），横滚/俯仰角精度 0.4° （1σ）。HGuide n580 组合导航单元功耗小于 7 W，体积 324 cm^3，重量 495 g。

（三）硅设计公司微型化惯导 MEMS 加速度计系列模块

2018 年 10 月，高可靠 MEMS 电容式加速度计芯片设计及制造商硅设计公司宣布已成功开发适用于无人机和其他无人系统的 2227-025 型的新型惯导 MEMS 加速度计系列模块（见图 3）。

图 2　组合导航单元 HGuide n580

图 3　微型化惯导 MEMS 加速度计系列模块

2227-025 型系列模块采用芯片堆叠技术实现模组的小型化、轻量化设计，将两个专利的可变电容式硅基 MEMS 传感器与一个特定的 CMOS 集成电路共同集成在紧凑 、轻型、密封的装置内，其中 MEMS 传感器采用硅设计的最新设计，具有高驱动力、低阻抗缓冲等特点。该系列模块重约 25 克，可应用于惯性导航和偏转应用领域。2227-025 型系列模块具有低噪声、高稳定性、长期可重复性和当今许多惯导应用所需的低功率特性。

（四）无人系统用高精度 MEMS/FOG 和声音传感器

2018 年 10 月，先进导航公司宣布与无人系统技术公司共同推出一款可应用于包括无人机在内的无人平台内的 Orientus（高可靠方位传感器和姿态航向参考模组）和 Motus（微型超高精度 MEMS 惯性测量单元），如图 4 所示。

Orientus 模组和 Motus 单元采用惯性传感器高精度正交组装技术，实现 XYZ 三个正交方向的惯性感测，同时，模组结合了温度校准 MEMS 加速度计、陀螺和磁力计，采用最先进的融合算法，可以在严苛环境中提供可靠方位信息。

（五）GNSS 辅助惯导系统

2018 年 11 月，波利尼西亚探索公司正式发布最新研制的 Polynav2000P/E 系列 GNSS 辅助惯性导航系统产品（见图 5）。

图 4　三轴正交超高精度 MEMS 惯性测量单元　　图 5　GNSS 辅助惯导系统

Polynav2000P/E 系列 GNSS 辅助惯导系统产品充分利用 GNSS 和惯性导航系统优势，可为 RTK（双频实时运动）和小于 0.1° 精确测量提供厘米级位置和速度测量精度。Polynav2000 系列产品在恶劣环境下可提供超过 75% RTK 固定百分比（保持厘米精度），里程表输入支持模式在 GNSS 中断期间可提供更紧密的耦合和支持，可提供高度精确的动态或静态位置航向，是城市环境中无人机和自主设备应用的理想选择。此外，无论平台是处于移动还是静止状态，该系统能连续产生高精度姿态测量。Polynav2000P/E 系列产品还可提供自动航位推算解决方案，能够在 GNSS 停止运行期间提供长达 30 秒间隔时间的位置保持功能。

（六）Yost Labs 公司的超微型航姿参考/惯性测量模块

2018 年 2 月，惯性运动跟踪方案开发商 Yost Labs 公司发布基于 3D 集成的超微型航姿参考模块 3-Space™ Nano（见图 6）。

3-Space™ Nano 是一款超微型航姿参考/惯性测量微系统模块，精确度高，稳定性好且成本低，具有嵌入式行人跟踪和高度评估能力，利用三轴陀螺仪、加速度计和罗盘传感器及一个气压传感器，结合先进的机载过滤和处理算法，能够确定相对于绝对参考方位的实时方位。3-Space™ Nano 中加速度测量范围最高达-16 g～+16 g，角速度测量范围达-2000°/s～+2000°/s，模组体积小于 16 mm ×15 mm×1.7 mm，重量为 0.7 g。

图 6　基于 3D 集成的超微型航姿参考/惯性测量模块

（七）Marins 惯性导航系统

据 iXblue 公司官网 2018 年 1 月 10 日报道，iXblue 公司被法国海军集团选中，为法国海军 5 艘新型 4000 吨级的 FTI 型护卫舰装备导航系统。作为护卫舰的主承包商，美国海军与 iXblue 公司签署了采购其 Marins 惯性导航系统和 Netans 分布式处理单元的合同，以装备这 5 艘护卫舰。

提供的高端惯性导航系统可满足当今大多数作战舰艇的军事需求。基于 iXblue 公司的光纤陀螺技术，Marins 惯性导航系统可不受环境影响，提供精确的位置、速度和姿态（航向、滚转、俯仰）信息，即使在 GNSS 拒止的环境中依然能正常工作。

作为导航系统的核心，Netans 分布式处理单元直接与护卫舰的传感器相连，获取、分析、关联数据，并将其分配到所有机载系统，可在严酷的环境中为舰艇提供可靠、一致和准确的导航信息，解决海军面临的网络安全挑战。

通过将 Marins 惯性导航系统和 Netans 分布式处理单元集成到一个平台，可确保其在性能、体积和成本方面与主战舰艇的要求精确匹配。iXblue 公司的导航系统已装备了世界上超过 35 个海军和海岸警卫队。

（中国电子科技集团公司第四十三研究所　孙函子）

微系统关键技术发展

微系统协同仿真设计技术

目前，系统正朝着更小（体积、重量、功耗）、更多（多功能）、更强（综合性能）、更新（新概念、新原理、新体系、新模式）的方向发展。系统与微纳技术的结合、多专业融合的发展趋势以及产品层次的扁平化，迫切需要微系统设计能力的跨代提升。传统的微系统产品分为器件、组件、模块、分机和系统等多个层级，其仿真设计方法多采用基于半实物建模和专业 EDA 工具实现，但由于制造加工离散性以及模型完备性等原因，该种方法的仿真结果和实测结果一致性较差，因此仅能作为微系统的设计验证手段。当前微系统产品高度集成，产品层级压缩为 SoC、SiP 和 SoP 三层，这使得微系统产品研发必须考虑以下内容：

- 基于多专业设计过程的协同，而非在设计结果基础上综合；
- 微纳尺度下多物理场耦合效应；
- 设计必须依赖精确的工艺能力参数和边界约束，且必须通过仿真验证才能投入实物制造。

因此，面向制造的精确建模和多学科协同仿真设计是必要的微系统设计手段，只有传统设计模式逐步向仿真设计模式的转变，我们才能适应时代的变革。为满足当今世界对新型微系统设计模式的需求，以 DARPA 为代表的国防机构和企业积极开展了微系统协同仿真设计技术的研究。

一、微系统新型设计流程及方法成为当下研究热点

（一）DARPA 开展 IDEA 项目，实现微系统产品高效协同设计

2018 年 7 月 23 日，DARPA 在加利福尼亚州旧金山举办首届年度 ERI 峰会，宣布了 ERI 六大项目合作研究团队，旨在扶持和培养在材料与集成、电路设计和系统架构三方面的创新性研究。其中，电路设计领域的项目之一——IDEA（电子设备智

能设计）项目，主攻降低设计所需的时间和片上系统的复杂度。

相比软件行业，芯片行业除需要流片外，还要解决两大关键问题，一是版图设计，在电路设计完成后需要通过版图设计生成 GDS 数据文件，二是设计复用问题。IDEA 项目就是针对第一大关键问题酝酿而生，目前数字电路的版图生成自动化程度已经相当高，但是模拟和混合信号电路仍依赖手工去做版图。IDEA 项目的研究目标是实现"设计过程中无人干预"的能力，在混合信号集成电路、多集成电路模块系统级封装和印制电路板等复杂技术设计的全天 24 小时设计进程中无须专家干预。

如图 1 和图 2 所示，当今的 SoC、SiP 和 PCB 的设计流程在大部分环节都非常依

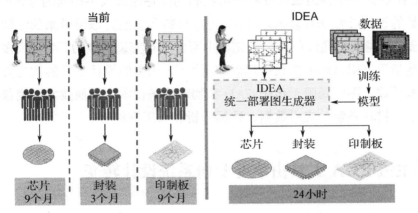

图 1　传统电子硬件设计周期与 IDEA 设计周期的对比

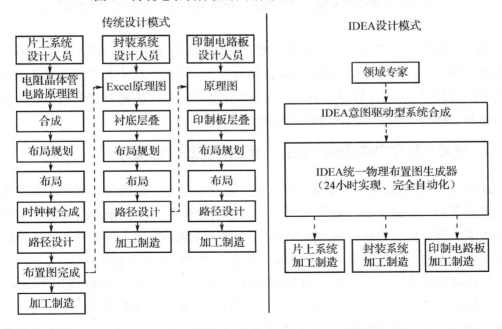

图 2　现有物理设计流程和 IDEA 统一物理设计流程

赖于专业设计人员的知识输入，专业知识的载体是技术人员。IDEA 项目的特点是通过收集大量的原始设计数据再通过人工智能和机器学习的方法训练得到模型，进而将模型导入一个统一的版图生成器中，之后再通过版图生成器全天 24 小时不停歇完成混合信号集成电路、多集成电路模块系统级封装和印制电路板等的设计，从而实现微系统产品的高效协同设计。

（二）未来的设计工具将会来自多个技术领域

目前，在设计一个各组成部分物理结构和功能特性都大不相同的系统时，使用现有设计工具的设计过程非常复杂。同时，先进材料和制造方法所带来的结构和功能的复杂性，已经超越我们通过仿真来优化其中所含所有变量的能力。今天大多数的设计实际上都是基于有用但陈旧的设计理念的再设计。未来的设计工具的构建方案应该来自多个技术领域，不应局限于传统 CAD 和物理建模技术，其他技术维度包括电子科学、热力学、材料科学、应用数据、数据分析和人工智能等。

二、主流 EDA 工具由单专业向系统设计转变

（一）从芯片向系统转变，铿腾公司推动微系统设计模式转型

当前，整个电子产业的发展很大程度上依赖铿腾公司这样的 EDA 工具厂商。正因为他们的存在，芯片的设计和验证才能快速实现，终端厂商才有了打造现代电子社会所需的强劲"大脑"。但跟过去专注于芯片设计不一样，铿腾公司现在希望从系统层面出发，推动微系统产品设计模式的变革。

1. 铿腾公司举办中国用户大会，阐述系统设计必要性

2018 年，铿腾公司举办中国用户大会。在该大会上，铿腾公司展示了在现代技术大背景下对产业的支持。联网汽车、AR/VR、物联网、云/数据中心和深度学习等新兴领域在近年内的逐渐火热，给半导体带来深厚的影响。因为这些产业所带来的经济影响是惊人的，而背后带来的半导体产品需求也必然是高速增长。

这些新应用背后的技术需求，将会给芯片的设计带来挑战。终端对芯片提出的 IP 集成、超低功耗、混合信号、设计验证和制程演进等要求，这是挑战之一；而由于现在产品的小型化发展趋势推动，业界对系统的集成化需求越来越高，这就给那些帮助

把 RF/光子/混合信号和系统级别 SI/PI 等功能集成到一起的 EDA 厂商提出了新层次的挑战，此其二。

铿腾公司意识到，以前致力于做芯片设计，和做一个智能产品还是有差距的。铿腾公司也看到包括华为在内的众多系统厂商对芯片、封装和系统的设计整合的需求。于是铿腾公司从一个传统 EDA 工具公司，走向一个以推动系统设计为主的公司。

2. 铿腾公司联手 MathWorks，为系统、IC 和 PCB 设计提供无缝集成解决方案

美国铿腾公司 2018 年 5 月 22 日亮相 MathWorks 中国区大会，宣布与 MathWorks 无缝集成强化系统设计生态系统。本次无缝集成可以简化数据交换过程，增强分析能力，缩短 PCB 设计周期。铿腾公司两大关键 IC 及 PCB 设计解决方案与业界领先 MathWorks 建模工具集成，将提供独有的设计工作流程，从系统到芯片设计实现到产品验证，从而让广大用户专注于最有价值的工作。

铿腾公司 PSpice 支持电子和机械系统的协同仿真，易于早期检测设计周期的关键问题。PSpice 与 MathWorks 的 MATLAB 和 Simulink 集成，可对设计可靠性进行分析，并在设计初期进行优化。用户可在集成纠错环境下进行全系统级设计仿真，实现更快、错误更少的工艺流程。对于需要进行快速电路板组装并尽快上市的 IOT 设计领域以及可靠性、生产率、成本和产量至关重要的汽车设计领域来说，PSpice 与 MATLAB/Simulink 集成将大有作为。

3. 国内 EDA 企业自主开发微系统设计

芯禾科技专注电子设计自动化 EDA 软件、集成无源器件 IPD 和系统级封装 SiP 微系统的研发。该公司致力于为半导体芯片设计公司和系统厂商提供差异化的软件产品和芯片小型化解决方案，包括高速数字设计、IC 封装设计和射频模拟混合信号设计等。2018 年，芯禾科技依赖自主研发的电磁场仿真引擎技术开发的微系统协同设计平台，专门针对微系统建模及仿真分析的平台软件，解决目前反复循环迭代，过程复杂、周期长、且容易出现不收敛的情况。

（二）达索系统收购 CST，形成具有全系列电磁仿真技术的系统解决方案

法国达索系统以 2.2 亿欧元收购电磁和电子仿真技术领域的领先企业德国 CST 股份公司。通过收购总部位于德国法兰克福的 CST，达索系统获得了全系列电磁仿真

技术，丰富了其 3DEXPERIENCE 平台上的真实多物理仿真行业解决方案体验。包括高科技、汽车与交通运输、航空航天与国防以及能源等行业在内的 2000 多家领先企业的设计人员和工程师都采用了 CST STUDIO SUITE 软件来评估其电子系统设计流程中的各种电磁效果。

电磁仿真是开发电子产品过程中不可或缺的一环，能够确保产品与周边环境互动的性能、可靠性和安全性。达索系统在为 CST 客户提供连续性电磁仿真能力的同时，将 CST 的解决方案集成到其现有的仿真结构机械、多体系统、热传输和流体等行业解决方案体验组合中，能够有效满足价值 6 亿美元且不断增长的电磁仿真市场需求。其集成 CST 能支持自动驾驶汽车、联网家庭、医疗设备、可穿戴电子产品以及其他智能对象的全光谱电磁仿真要求。在此仿真之下，客户能快速创建并分析高精度电磁行为模型，实现电子、天线、电气设备和电子机械产品功能的仿真，满足不同频率和长度规模要求，同时还可获得设计综合和仿真工具，满足精密电子系统设计要求。

（三）明导国际与台积电合作，为全新 InFO（集成扇出）技术变形提供设计和验证工具

全球第三大 EDA 工具供应商明导国际 2018 年 1 月宣布与台积电合作，将 Xpedition Enterprise 平台与 Calibre 平台相结合，在多芯片和芯片与 DRAM 集成应用中为 TSMC（台积电）的 InFO 封装技术提供设计和验证。明导国际公司专门开发了全新的 Xpedition 功能为 InFO 提供支持，确保 IC 封装设计人员按照 TSMC 规格完成设计任务。通过结合 Calibre 和 HyperLynx 这两大技术优势，全新的 Xpedition 功能可在实现完全没有 DRC（设计规则检查）错误的 inFO GDS 文件过程中，最大限度减少设计人员的工作量，缩短 DRC 周期。

明导国际的 Xpedition Enterprise 平台是被广泛采用的、面向 PCB、IC 封装以及多版系统级设计的设计流程，具体包括架构创作、实施、制造执行等阶段。两家 EDA 公司此次合作将用于设计的 Xpedition Enterprise 平台与用于分析和验证的 HyperLynx 工具套件以及业内领先的 Calibre 平台相集成，为设计人员实施 InFO 设计带来众多优势，具体表现在以下几方面：

（1）Xpedition Enterprise 平台生成 InFO 版图，满足 TSMC 设计规则要求。

（2）InFO 特定的精简化设计与制造验证采用 HyperLynx DRC 来加速收敛，缩短设计阶段的 DRC 迭代次数。

（3）Calibre DRC、LVS 和 3DSTACK 解决方案提供 Sign-off 级芯片、InFO 封装 DRC 以及版图与电路图（LVS）芯片间连接验证，确保获得 TSMC 所需的精度和完

全没有 DRC 错误的 GDS，提高一次性成功率。

（4）集成到热分析以及具有热感知的版图后，仿真流程能尽早发现潜在的热问题。

（5）系统级信号路径追踪、提取、仿真以及网络列表导出可确保整个 inFO 封装信号的完整性。

本次合作基于明导国际对 TSMC inFO 封装技术的初始支持，并且对此项支持进行了扩展。Mentor Graphics 与 TSMC 持续合作，确保了新的 inFO 技术变形可轻松纳入设计组合，因此设计公司能扩展所提供的产品，对自身的设计性能和上市时间充满信心。实施 TSMC inFO 设计的公司一直在寻找一种集成式解决方案，能支持 inFO 封装设计在晶圆代工厂独特的实施与验证需要。Xpedition Enterprise 平台与 Calibre 工具集的结合能为更多的客户带来统一的设计和验证环境，以便生产完全没有进程终止错误的晶圆代工 inFO 设计。

（中国电子科技集团公司第二十九研究所　胡卓非　金长林）

三维集成是微系统实现的技术核心

三维集成基于多学科多专业,融合了系统设计和微纳集成工艺,以实现不同材料、不同结构、不同工艺、不同功能元器件的一体化三维集成。三维集成技术是功能、性能、成本、周期等因素综合平衡下系统的最优实现方案。三维集成覆盖了从晶圆到系统的整个集成流程（见图1）,包含了 PCB 表贴集成、BGA 封装、基板内芯片内埋、扇入/扇出、倒装互连封装、3D-IC 集成、硅/玻璃/有机转接板集成等集成方式。从集成层次区分,PCB 表贴集成代表了 SoP 集成,覆盖了从简单功能到复杂功能的全集成领域；扇入/扇出、BGA 封装代表了 SiP 封装集成,其中扇入/扇出的功能和集成复杂度较低,BGA 封装的功能和集成复杂度较高,且覆盖面也较广；倒装、3D-IC 和转接板集成的集成尺度更小,且集成功能复杂度逐渐增加。在这些集成方式中,典型的互连手段包括焊球、凸点、穿孔、无凸点焊接、内埋,等等。

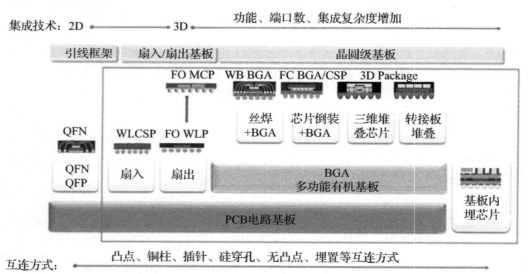

图1　3D 集成的方式和主要工艺

图2为三维集成技术在物理尺度范畴与其他技术领域的关系。晶圆级三维集成事实上是高密度封装领域与晶圆/芯片工艺的交叠点,代表性的技术包括 2.5D 转接板集

成、3D-IC 集成，以及部分晶圆级扇出集成；系统级三维集成则是高密度封装领域与系统板级集成工艺的交叠点，代表性的技术包括基于多层多功能基板的三维集成，以及 SoP 集成等。

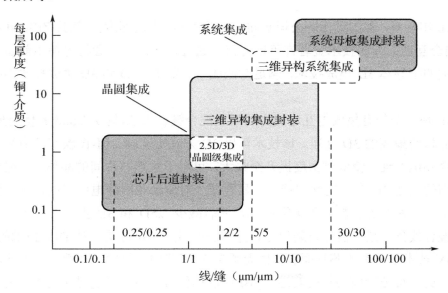

图 2　三维集成技术在物理尺度范畴与其他技术领域的关系

目前美国、欧洲等国家和地区的研究机构在晶圆级和系统级三维集成领域不断取得技术突破并逐渐进入产品化应用阶段，具有一定的技术优势。

一、晶圆级三维集成技术取得显著突破

晶圆级三维集成是从晶圆和芯片制造工艺演化而来的，其出发点是利用 CMOS、MEMS 等半导体晶圆工艺实现高精度的电路加工和三维的互连结构，再通过异质、异构的晶圆或芯片间的集成实现一定的功能。其追求的目标是充分利用先进的半导体工艺提升功能模组的集成密度，是自下而上的集成。

晶圆级三维集成主要使用的工艺方法包括 RDL（表面重布线）、TSV（硅基穿孔互连）、芯片键合、晶圆键合堆叠等。其典型尺寸在 10 微米及以下，可将数字、射频、模拟、光电、传感等单种或多种功能集成到一个微系统模组中，显著地降低相应功能单元的体积、重量，同时可降低损耗、延迟、功耗等，提升产品性能。

（一）英伟萨公司的 ZiBond 和 DBI 专利技术，实现硅 Ⅲ － Ⅳ族和其他衬底间高精密三维（3D）互连

2016 年 4 月，美国英伟萨公司宣布与美国圣地亚国家实验室就其 ZiBond 和 DBI（直接键合互连）专利技术签署许可证协议。通过该协议，后者将可使用前述两项目前最先进的半导体 3D 集成技术，满足对低成本、多样 2.5D 和 3D 集成技术不断增长的需求。

DBI 是一个带有集成电互连能力的低温混合键合工艺，除 ZiBond 的优势外，DBI 提供行业精度最高的 3D 互连。该技术可以 3D 方式实现硅、Ⅲ-Ⅳ族和其他衬底间的垂直键合和电互连，使信号密度提升至最大，可用于互连芯片间的晶体管、栅极以及需要微缩的其他 3D 集成电路的器件，显著减少对驱动和防静电电路的需求；使用铜等低成本金属做互连材料，无须微凸球，显著减少 2.5D 和 3D 生产的成本；获得更精细的键合线条，减少器件封装尺寸，并增加产量。DBI 可减少对 TSV 技术的需求，减少 TSV 技术中浪费的芯片面积，也无须 TSV 工艺中的刻蚀和孔填充工艺步骤，因此可用于更小特征阶段芯片的互连。DBI 可以提供每平方厘米超过 1 亿个电互连，是采用其他 3D 芯片通孔互连方法互连密度的 10 万倍。

（二）欧洲 IMEC 研发全球首款 CMOS 140GHz 片上雷达，实现高清分辨率和产品体积微型化

欧洲 IMEC 宣称已研发出全球首款 CMOS 140 GHz 片上雷达（见图 3），其采用标准型 28 nm 技术，将天线、调频、数模转换、FPGA 等在芯片上一体集成。该机构正在寻找伙伴方。该产品的应用领域包括：打造安全的驾驶员远程监控模块、测试患者的呼吸及心率、人机交互用手势识别。

图 3　IMEC 研发的 140 GHz 片上雷达

作为传感器，该款片上雷达前景极好，采用非接触式、非侵入式交互，适用于人物探查及分类、重要信号监控及手势界面等物联网应用。只有实现高清分辨率、体积微型化、节能性高、易于生产及购买等条件后，该款雷达才能得到广泛应用，这就是IMEC 研发 140 GHz 雷达技术的原因。

本项目的低功率 140 GHz 雷达方案包含 IMEC 的天线单输入单输出雷达射频芯片、调频连续波锁相回路、ADC（模拟数字转换器）、FPGA 及 Matlab 链。接收器配有片上天线，实现增益 3 dBi。雷达链路效能出色，EIRP（发射器全向有效辐射功率）在 9 dBm 以上，接收器的噪声系数则低于 6.4 dB。而发射与接收器的总功耗低于 500 mW。FPGA 可实时执行快速傅里叶变换及过滤等基础性雷达处理功能、Matlab 链探查、恒虚警率、波达方向估计及其他先进雷达处理。

（三）扇出技术对多个芯片紧凑集成封装，应用于军用毫米波功能器件

FOWLP（扇出型晶圆级封装）集成技术是一种新型多层异构模块集成技术。扇出型晶圆级集成技术通过将多个裸芯片重新构成一张圆片，然后利用 RDL（再布线）工艺在圆片表面制作互连铜线，将多个芯片进行连接，省略基板转接环节，实现芯片-芯片的直接互连，这种方式可以在半导体层面上提高能效（线宽≤20 μm），缩短电通路，因厚度减小（≤30 μm），热阻也相应减小，满足低功耗集成要求，提高信号分布的效率（见图 4）。

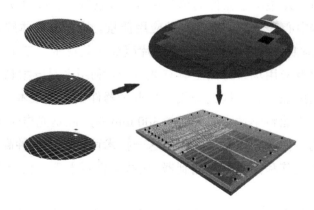

图 4　扇出型晶圆级集成

自从德国英飞凌公司 2002 年提出扇出型集成概念至今，扇出型晶圆级集成已经研究多年，2015 年开始商用推广。以中国台湾台积电、韩国三星、美国安靠、德国弗劳恩霍夫 IZM 研究所、新加坡星科金鹏等封测企业为典型代表，如表 1 所示。

表 1　国外扇出型集成发展现状

性质	单位	再布线层数	线宽/线距	垂直互连能力
研究机构	弗劳恩霍夫（德国）	6 层	≥2 μm	12 英寸
代工企业	台积电（中国台湾）	6 层	≥2 μm	12 英寸
	三星（韩国）	6 层	≥2 μm	12 英寸
	安靠（美国）	6 层	≥2 μm	12 英寸
IDM	英特尔（美国）	6 层	≥2 μm	12 英寸/8 英寸
	英飞凌（德国）	6 层	≥2 μm	12 英寸

　　根据资料显示，扇出型集成技术最小线宽/线距可达到 2 μm，再布线层数>3 层，同时具备微凸点制备能力。在军事领域方面，美国 DAPRA 授予英国特利丹公司一份合同，以持续开发智能可重构毫米波雷达系统，其中数字集成电路和无源器件集成中，Teledyne 公司采用先进的三维扇出型集成方案，将不同集成电路集成到一个模块当中，形成紧凑封装，批量制造军用毫米波功能器件。

（四）光电集成发展迅猛，欧美日大力研究硅基光电集成

　　麻省理工的拉姆教授在单片光电子集成方面探索了两种与 CMOS 工艺兼容的光电子集成平台。第一种是在不改变 CMOS 工艺步骤的条件下，首次实现了光子器件与 45 nm 和 32 nm SOI 微电子器件的单片集成。该系统包含超过 $7×10^7$ 个元器件，在高性能计算、数据中心等领域具有广阔的应用前景。第二种是体硅 CMOS 集成平台。考虑到 SOI 晶片本身的成本以及微电子芯片巨头（英特尔，三星等）的工艺平台，体硅晶片在成本以及应用场景方面更具有竞争力。利用多晶硅材料，可将波导、调制器、探测器同时集成在一起，极大降低了光电子器件集成的成本。

　　日本国家先进工业科学技术研究所的 300 mm 晶片硅基光电子工艺平台具有出众的加工准确性、均一性和可重复性。运用这一技术可以加工多种高性能光电子器件，比如大规模光开关矩阵和高效率光调制器。这些器件对于下一代超低能耗网络系统来说极为重要。

　　麻省理工资深研究员米契尔及其研究组通过使用新颖的双键合技术，将不同的硅和非硅光电模块集成在了同一个硅衬底上。相比传统的硅基 CMOS 集成技术，该平台可以发挥不同材料系统的优势，以相当高的集成度创建更多功能和高性能的新型光电集成回路。其研究已经证明了硅、GaAs 和 GaN 层可在同一个 200 mm 硅衬底上的集成。

2018 年 6 月，石墨烯旗舰项目中的研究人员工作成果表明基于石墨烯的集成光子器件为下一代光通信提供了独特的解决方案。研究人员已经证明石墨烯可以实现超宽带通信以及低功耗，从根本上改变数据在光通信系统中的传输方式。这可能使石墨烯集成设备成为 5G，IoT（物联网）和工业 4.0 发展的关键因素。

2018 年 9 月，俄亥俄州空军基地的三家美国科技公司帮助美国空军研究人员开发新技术，用于下一代 EO（光电）和射频传感器、通信、信息处理、成像和信号情报（SIGINT）应用。主要研究领域涉及 EO/IR（光电/红外）、光谱和共孔径 EO/RF（光电/射频）硬件和算法，使用 EO、IR、高光谱，在嘈杂和严重混乱的环境中检测低信号目标，包括用于高分辨率、低功率便携式中波和长波红外传感的 FPA（定焦平面阵列）、混合 FPA 和红外摄像机。EO/IR 传感器技术专注于用热成像、单孔径 EO/RF 传感、高光谱成像、多光谱传感实现目标传感、检测、识别和跟踪的传感器和算法；传感器信息处理和集成技术：寻找新的方法来处理来自不同传感器平台的大量数据，以实现自主或半自主的态势感知和智能操作。这包括分布式传感器的建模和算法、计算复杂度和识别缺失信息。

（五）晶圆异构集成未来可广泛应用于 5G 毫米波通信

晶圆异构集成技术将化合物半导体芯片与硅 CMOS 通过芯片堆叠的方式进行三维集成互连，充分发挥化合物半导体射频性能优异和硅 CMOS 的高集成度的优势，并基于异构集成形成性能超群的射频微系统。由于化合物半导体在射频领域的优势，异构集成的射频微系统最能够体现不同材料异构集成的优势。特别是针对 5G 毫米波应用场景，基于化合物-硅芯片异构集成的射频微系统针对单一材料的硅 CMOS 和化合物芯片具有压倒性的技术优势。5G 对超高速率大容量通信的要求需要宽宽带的频带资源，在毫米波频段内传统的 Si 材料的 CMOS 器件很难满足高频、大功率的毫米波基站的需求。利用三代半导体优异的大功率和高频特性，结合 CMOS 的高度集成和数字信号处理能力，形成体积小、功率大、功能多的异构集成 5G 毫米波通信射频前端，同时采用异构集成可以形成毫米波阵列天线。2018 年 10 月，华为公司打通了全球首个基于 3GPP 的 5G 毫米波商用通信。比利时 IMEC 公司展示了一个工作在 17 GHz 的硅基无线传感器节点组件（见图 5）。该组件利用三维微组装技术，集成了不同材质的基板和元器件，形

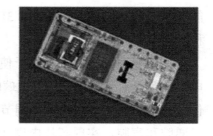

图 5　IMEC 的硅基 17GHz 无线传感器模块

成了一个完整功能的无线传感器节点。

后摩尔时代先进封装在半导体制造领域地位逐步提升，先进封装市场份额持续增加，先进封装成为延续摩尔定律的关键。以小尺寸、轻薄化、高引脚、高速度为特征的先进封装将大幅缩减芯片尺寸，同时将 MEMS、化合物芯片、CMOS 数字芯片等多种功能、不同类型的芯片进行先进的 3D 异构集成形成一个组合封装形式的异构集成微系统，有望打破发展僵局。

二、系统级三维集成是降低系统体积重量，提升装备综合性能的核心手段

系统级三维集成从系统整机、分机的集成演化而来，其出发点是在充分理解系统需求，多专业协同设计的基础上，利用以微纳工艺为代表的高密度集成手段，通过系统优化、功能综合实现原有整机、分机或多个整机、多个分机一体化高密度集成后的系统功能。其追求的目标是功能性能、体积重量、功耗、成本、周期、环境适应性、可靠性等的系统综合最优，是自上而下的集成。

在大多数电子信息系统中，芯片/器件本身的集成发展只能减少大约 10%～20% 的系统空间，系统级三维集成就是要以系统工程的思维方法解决余下 80%～90% 的体积重量问题，因此系统级三维集成是微系统实现中不可或缺的核心手段。

（一）佐治亚理工学院提出 3D-SoP 技术，可大大缩小系统体积，增强系统功能

佐治亚理工学院最早提出了 3D-SoP（三维系统级集成）的概念（见图6）。通过高密度功能基板，将多个芯片和单元组件进行集成（如逻辑、HBM、功率、射频、MEMS、传感器和光电器件），同时通过高密度通孔互连和板级堆叠形成具备特定功能的系统。与传统封装相比，3D-SoP 是一种高级集成封装技术，可大大缩小系统体积，增强系统功能。

佐治亚理工学院更倾向于使用玻璃基板材料，这是因为玻璃在损耗、介电常数、电阻率等具有优良的性能。玻璃的表面非常光滑，易于实现 10 μm 以下精细线条的制作。玻璃的热膨胀系数可以调节在 7 ppm/K，是理想的芯片转接板材料。玻璃易于加工通腔和盲腔，实现芯片内埋（见图7）。

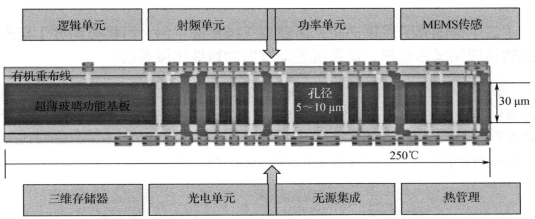

图 6 异构集成 3D-SoP 概念图

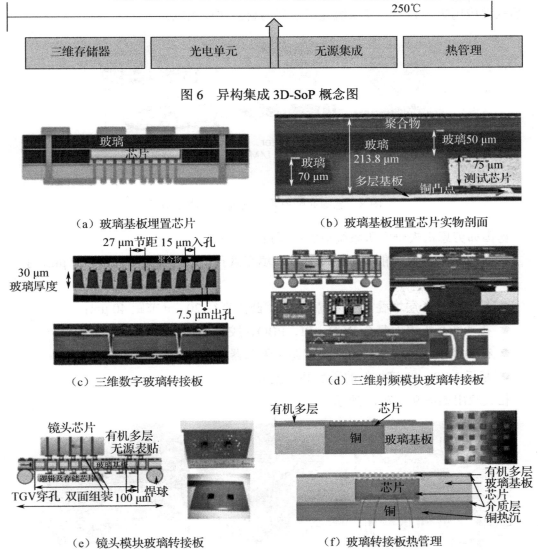

（a）玻璃基板埋置芯片　　　　　　（b）玻璃基板埋置芯片实物剖面

（c）三维数字玻璃转接板　　　　　　（d）三维射频模块玻璃转接板

（e）镜头模块玻璃转接板　　　　　　（f）玻璃转接板热管理

图 7 佐治亚理工学院玻璃基板集成应用案例

（二）德国弗劳恩霍夫研究所建立三维集成平台，可将微纳加工与产品软件应用集合起来，使系统逐渐发展为智能化微系统

德国弗劳恩霍夫研究所在欧洲 e-BRAINS 项目支持下建立起了三维集成平台（见图 8）。该平台主要任务是电子系统集成，包括芯片和主板连接技术、光系统、聚合物电子、功率电子等。通过多功能、高可靠、低成本的系统集成技术，将微纳加工与产品软件应用集合起来，使系统逐渐发展为智能化微系统。

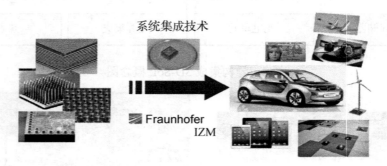

图 8　德国弗劳恩霍夫研究所三维集成

德国弗劳恩霍夫研究所系统集成主要技术包括：

- 基于玻璃和硅功能基板的高密度铜填充微孔，通孔直径 10 μm～20 μm，孔深 >100 μm；
- 功能基板 4 层堆叠，线缝宽>2 μm，凸点直径 20 μm 节距 40 μm；
- 在功能基板表面复合 BCB、PI、PBO、胶等有机介质电路；
- 在功能基板中集成和内埋置有源和无源器件；
- 基于 LCP、PI 等材料的柔性共形集成。

相关应用如图 9～图 11 所示。

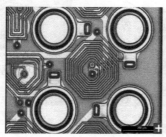

图 9　功能基板中集成和内埋有源和无源器件的照相机模组

图 10　有源共形天线　　　　图 11　基于柔性堆叠技术助听器

　　2018 年，德国弗劳恩霍夫研究所展示了用于汽车自动驾驶探测外界环境的通用传感器微系统模块。该微系统模块采用功能基板将多个有源和无源器件内埋与集成，同时将系统软件嵌入硬件中，实现了汽车通信接口、GPS 导航、自主学习和智能分析判断等功能，可以适应城市和农村的复杂驾驶环境。

（三）美国水星系统公司开发出三维微型射频多芯片模块，解决了电子战常用器件的性能和 SWaP 相关问题

　　现代军事力量作战逐步由常规武器系统向精确制导弹药和导弹转型，具备更强打击能力，作为回应，对手也在逐步转向采用电子攻击技术，破坏精确制导武器的导航和制导能力，降低其功效。为应对这种新型电子攻击威胁，地面、海上和空中平台所用的保护型微电子产品必须要适时在尺寸、性能等方面作出调整。

　　2018 年 4 月，美国水星系统公司开发出微型射频多芯片模块。采用球栅阵列等先进封装技术，该模块的封装尺寸较典型 DRFM 器件中模拟电路的尺寸缩小为 1/3。在满足器件机械完整性要求和器件尺寸、重量、功耗极端受限的情况下，通过对电路板高度进行最优化设计和减小模块电路板隔离壁厚度，成功将多芯片模块的封装密度提升至最大。未来电路板中将集成电子战、情报、监视和侦察等功能。

　　如图 12 所示，多个印制电路板的垂直堆叠和互联使用能够利用所有可用的物理空间。此外，在同一块电路板上使用具有通用功能的组件，可实现最大的空间效率。所有数字组件都被放置在单个电路板上，模拟电路则在一个单独的电路板上。

（四）采用多芯片堆叠的图像传感器微系统，向计算成像和智能成像发展、广泛应用于视频监控、机器视觉、成像雷达等

　　图像传感器微系统通常由多个芯片层三维堆叠而成，且由最初的二层结构向三

层、四层等多层结构发展，功能从单一的成像功能向计算成像和智能成像发展，广泛应用于相机、视频监控、机器视觉、成像雷达等。

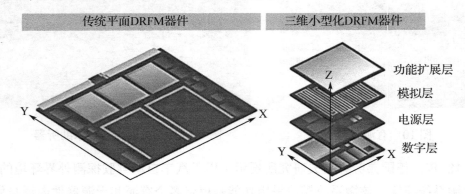

图 12　传统平面集成（左），三维模块堆叠集成（右）

2018 年，索尼报道了一种逻辑处理基板上三维堆叠 ADC（模数转换）阵列和像素阵列形成的阵列并行 ADC 架构 410 万像素、280 fps 背照式全局快门 CMOS 图像传感器。它解决了卷帘快门带来的图像失真问题，并采用结合有源复位与帧相关的双采样新电路技术消除了像素放大器晶体管噪声等问题，支持 24 dB 模拟增益，并通过已实现的灵活区域访问功能 ROI（输出感兴趣区），有效减少了数据带宽和 ADC 功耗。这种智能 ROI 功能也有助于该图像传感器微系统在今后 IoT 世界的计算机视觉应用。

美国佐治亚理工学院报道了一种含 DNN（深度神经网络）计算功能的 3D 堆叠式图像传感器微系统，该系统由 1280×768 元像素阵列、8 位 ADC 阵列、存储器及 DNN 用计算逻辑等 4 层堆叠而成，每层面积 12 mm×7.2 mm，数据流分三级：即图像传感、DNN 计算、DNN 输出的无线传输。经过耦合功率、热、噪声等模拟分析表明，该 4 层架构的图像传感器微系统减少了传输延迟，具有极高的吞吐量，集成的 DNN 能够改善像素阵列的温度特性，比如高温引起的高噪声、延迟、低图像分类准确率。

荷兰代尔夫特理工大学报道了 DTOF（基于直接飞行时间）探测成像的 256×256 元图像传感器微系统，它由背照式单光子雪崩光电二极管阵列和数字处理与通信单元二层 3D 堆叠而成，此二层分别采用 45 nm 标准 CMOS 图像传感器工艺和 65nm 标准低功率 CMOS 工艺制作。该微系统可在高低两种分辨率下工作，在高分辨率下，150 m 范围内的探测精度 7 cm，在低分辨率下，430 m 范围内的探测精度 80 cm。

（五）柔性基材具有优良的弯折等性能，在共形天线和高频连接器有广泛的应用

柔性基材具有优良的高频低损耗特性、稳定的介电常数和厚度控制、机械加工性

能优良、突出的尺寸稳定性、耐弯折性最好，在共形天线和射频连接器等方面有广泛的应用，并最终应用在通信、军工、航空航天、汽车等领域。当前柔性基材主要有PI（聚酰亚胺）、LCP（液晶高分子）、PEEK（聚醚醚酮）等材料。

LCP 树脂柔性基材具有高的耐温性，较低的伸长率、吸水率、介电常数和介质损耗，并具有近气密性和耐弯折性等优点，适合极端条件下的宽带微波应用和自气密封装，被广泛应用于国外的军事装备，如人造卫星、雷达系统、弹载、机载等平台，如图 13 所示。

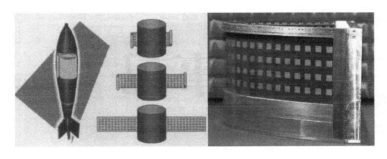

图 13 LCP 共形天线

美国杜邦公司开发出 PI 复合型柔性基板（TK 系列），并在高频微波电路中广泛应用。同时，PI 复合型柔性基板还可应用于宽带微波传输的高频连接器，如图 14 所示。

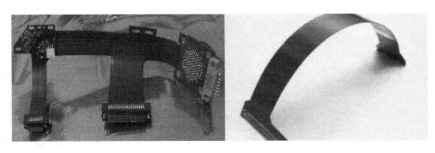

图 14 PI 复合型柔性基材——高频连接器

（中国电子科技集团公司第二十九研究所 季兴桥 秦跃利 向伟玮）

大事记

宽禁带半导体技术日趋成熟，市场不断扩大　2018 年 6 月，美国 Qorvo 公司推出的下一代有源电子扫描阵列雷达用高性能 X 波段前端模块，8 月，诺斯罗普·格鲁曼公司向美国海军陆战队交付了首个采用氮化镓芯片的 G/ATOR（地面/空中任务导向雷达）系统；10 月，雷声公司在新生产的制导增强导弹拦截器中使用氮化镓芯片，提高可靠性和效率；11 月，洛克希德·马丁曼公司氮化镓基多用途雷达交付使用，长距离识别雷达获技术发展里程碑，为 2020 年交付导弹防御局做准备。

雷达用微波光子技术进入实用化阶段　2018 年 7 月，俄罗斯最大国防承包商之一的 RTI（射频技术与信息）集团公司公开表示，该集团将于 2018 年完成 X 波段微波光子雷达模型的研制工作，并预计在几年之后用于俄罗斯的无人机和第六代战机的装备。利用这种雷达形成的空中目标三维图像将使俄罗斯新一代战斗机在未来空战中具备更大优势。

应用毫米波行波管实现高速传输　2018 年 8 月，DARPA 联合诺斯罗普·格鲁曼公司实现了无线传输的新突破，传输速率达到 100 吉比特每秒，传输距离达到 20 千米，数据传输性能的显著提升可明显增加机载传感器可收集的数据量，缩短利用数据的时间。该数据链路的成功得益于一些关键技术，其中之一就是工作于毫米波频段的高功率线性放大器。

毫米波 3D 成像技术发展迅速，应用前景广阔　2018 年 3 月，芯影科技发布毫米波人体三维成像安检仪产品，该款产品基于毫米波成像技术，无电离辐射，扫描产生的信号强度仅为手机功率的千分之一，最快 3 秒可以完成安检过程，通过率达 400 人/小时。

低功耗感知获突破　2018 年 3 月，美国查尔斯·斯塔克·德拉普尔实验室在 DARPAN-ZERO（近零功率射频和传感器）项目的支持下，基于 MEMS 技术，研制出只在检测到感兴趣声音信号或震动时唤醒的传感器，待机功耗减少至接近零。这一成果标志着近零功耗传感器技术的研发取得了重大进展。

欧盟提供 17.5 亿欧元开展微电子研究项目，多个领域获得支持　2018 年 12 月 30 日，欧盟委员会通过了法国、德国、意大利和英国联合申请的微电子研究项目，资金额为 17.5 亿欧元。项目重点是开发可集成在大量下游应用中的创新技术和组件，如高效能芯片、功率半导体、智能传感器、复合材料等。

DARPA 提出最大的 EDA 研究项目　2018 年 7 月 23 日，DARPA 在旧金山"电子复兴"高峰峰会提出 IDEA（电子设备智能设计）和 POSH（高端开源硬件）两个项目，其共同的目标是计划克服微系统/芯片设计日益复杂化和成本急剧增加的问题。POSH 项目目标是创建一个开源的硅模块库，IDEA 项目希望能够生成各种开源和商业工具，以实现自动测试这些模块，以及将其加入 SOC 和印刷电路板中。两个项目在未来四年将投入 1 亿美元，为 ERI 计划电路设计支柱领域提供支撑，成为有史以来投资最大的 EDA 研究项目之一。开源软件最有可能成为在应用层面实现创新的工具。

IMEC 使用顺序 3D 集成技术　在 IEEE IEDM 2018 会议上，比利时微电子中心（IMEC）首次展示了使用顺序集成技术实现的在 300mm 晶圆上的 3D 堆叠 FinFET，得到的堆栈演示了如何使用顺序集成方法来获得在先进节点上的高密度器件。该技术适用于在高性能底层器件上组合模拟 UE/LSTP 顶层器件，结果证明了 3D 顺序集成方法适用于在未来的技术节点上提高设备密度。

英特尔公司推出新型 3D 封装技术，推动异构集成领域发展　2018 年 12 月，英特尔公司展示了一种新型 3D 封装技术，用于面对面逻辑堆叠。这种名为 Foveros 的 3D 封装技术是英特尔公司将三维异构结构与逻辑和存储相结合的堆叠芯片产物。通过该技术将 3D 封装概念扩展到包括高性能逻辑，如 CPU、图形和人工智能处理器。

美国研制出光路和电路混合集成芯片新工艺　2018 年 4 月，由麻省理工学院、加州大学伯克利分校和波士顿大学牵头的研究小组实现了在单块芯片上分别集成光子器件和电子器件，同时能够利用更现代的 CMOS 晶体管技术。该成果可以利用现有的半导体制造工艺，独立对光路进行优化，新的光电芯片除了计算功能部分包含的数百万的晶体管，还集成了调制器、波导、谐振器等光通信器件。能够节省 10～20 倍的片上空间，耗电功率降低到 1/10～1/100。

三星明年将成全球首个提供 3D SiP 的代工厂，2020 年试产　2018 年 12 月，三星在日本举办了 2018 三星代工论坛，发布 2019 年开始提供 3D SiP 以及 2020 年开始风险生产 3 nm 节点。三星代工厂的 3D SiP 将成为业界首个用于异构 3D SiP 的技术之一（目前所有 SiP 都是 2D）。3D 系统封装解决方案将使半导体合约制造商能够使用完全不同工艺技术制造的元件来组装 SiP。

（中国电子科技集团公司信息科学研究院　杨凝　李苗）

电子测量仪器领域年度发展报告

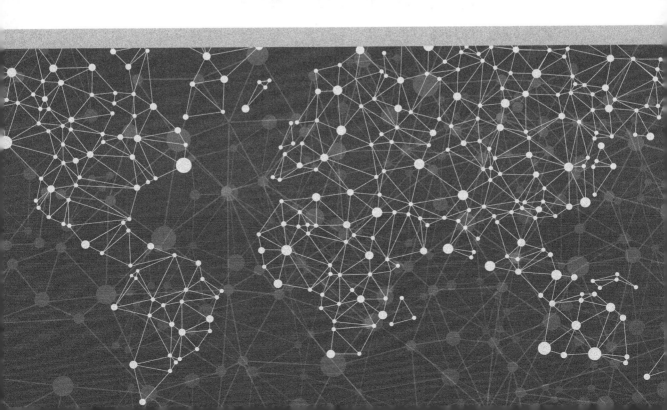

电子测量仪器领域年度发展报告编写组

综合分析

随着以第五代移动通信（5G）、物联网和互联网为代表的信息系统，以相控阵雷达、卫星导航、卫星通信、精确制导和电子对抗为代表的电子装备，以大规模集成电路和宽禁带半导体器件为代表的高端电子器件的快速发展，2018 年电子测量仪器进入到一个前所未有的高速发展期，新技术异彩纷呈，新产品不断涌现。现代电子测量仪器正朝着"更灵敏、更快速、更便携，模块化、自动化、智能化、联用化"的方向发展，"高性能、高可靠和高智能"的电子测量仪器已成为现代电子测量仪器发展的重要目标。

一、发展方向与重点

西方发达国家特别注重电子测量仪器的技术创新和产业链建设，形成了完整的产业链，电子测量仪器技术和产业发展都比较稳定成熟，通过"生产一代、研发一代、储备一代、探索一代"的战略布局和完善的产业链，引领了国际电子测量仪器科学与技术发展。

（一）国外仪器企业发展动向

国外仪器企业通过资本运作和科技创新发展，资产重构和技术方向调整已成为国外电子测量仪器企业发展的新常态。大型仪器依赖雄厚的资金投入，不断地收购与并购，资本和技术领域越滚越大。中小仪器企业坚守专业方向，在夹缝中求生存，成为某一领域或某一专业的世界"隐形冠军"，否则难以避免被淘汰和被大公司收购的危险。

大型仪器企业集团主导仪器国际市场。全球仪器市场主要由美国的丹纳赫、是德科技和泰瑞达，德国的罗德与施瓦茨（R&S），日本的安立和爱德万等世界知名仪器公司所垄断，同时大型仪器公司通过业务整合和横向收购，进一步提升了国际市场份额。2018 年美国丹纳赫集团收入超过 200 亿美元，是德科技公司电子测量仪器收入超过 38 亿美元；德国 R&S 公司电子测量仪器销售达 23 亿美元。

中小型仪器企业向"专、精、特、新"方向发展。发达国家仪器供应商注重对现有商品化仪器的消化吸收再创新，不断开发具有自主知识产权的创新仪器，提升下游仪器的综合使用效益，加强仪器的应用和示范。以美国为例，一半以上的技术创新是由 500 人以下的中小企业实现的。从事仪器开发的美国中小企业往往具有很高的专业技术能力，研发和产业队伍精干，长期专注于特定的仪器专业领域或者从事新领域仪器产品开发，与垄断型大企业相互依托，形成优势互补的产业格局，成为某个领域或某个专业的"隐形冠军"，在夹缝中求生成，在竞争当中寻找立足之地。

（二）电子测量仪器技术发展动向

电子测量仪器技术的发展与现代科学技术发展紧密结合，电子信息科技创新和产业化发展一直是电子测量仪器发展的主要动力，电子测量仪器技术的发展引导并推动了现代电子信息产业的发展与科技进步。伴随着电子元器件水平的快速发展，电子测量仪器性能特性大幅提升；伴随着关键核心部件小型化，电子测量仪器正朝着高度集成化、小型化、便携式、多功能、综合化方向发展，以满足不断发展的电子信息产业和电子装备测量需求；采用网络化与分布式体系架构，用户可以通过网络协议远程控制和访问仪器，进行远程排故、修复和监控测量；基于互联网的分布式虚拟实验室，可以进行虚拟太空测量实验、虚拟海底测量实验，为电子测量仪器的发展和应用带来许多意想不到的新思路；电子测量仪器与分布式传感网络相结合，为智能制造和物联网提供测量解决方案，开辟了电子测量新领域和应用。

微波毫米波测量仪器在扩展频段的同时，重点转向提高性能和扩展功能，以适应信息化装备的测量需要。微波毫米波测量仪器主要发展高性能和多功能测量仪器，提高测量性能和扩展测量功能，一是电磁波的调制格式和调制信息测量，解决各种复杂调制信号的调制与解调、未知调制格式识别、电磁信息测量与信息还原等技术问题，实现从信号测量到信息测量的拓展；二是多参数捷变功能测量，采用直接频率合成和直接功率合成，频率和功率参数捷变时间达 100 纳秒量级；三是非线性网络测量，基于散射函数和 X 参数的非线性网络测量仪已实用化，实现了从线性网络到非线性网络测量的拓展。现代微波毫米波测量仪器已将信号测量和信息测量融为一体，正朝着高频、高功率、非线性、大截获带宽、高截获能力和更强信息检测识别与评估能力的方向发展。

太赫兹（THz）电磁波频谱资源有效利用，促使太赫兹测量技术快速发展，正在填补微波毫米波到光波之间的太赫兹测量空白。微波毫米波宽带同轴测量仪器的测量频率一般到 67 吉赫兹，是德科技公司和安立公司推出的超宽频带同轴矢量网络分析仪采用 1 毫米同轴连接器，测量频率覆盖了 10 兆赫兹～110 吉赫兹，成为测量频率最宽的测量仪器。美国弗吉尼亚二极管公司（VDI）太赫兹测量仪器的测量频率到 1.5 太赫兹，进入太赫兹波段，利用金属波导实现太赫兹波的有效传输。光波测量仪器也在不断地向远红外波段扩展，利用两束激光在非线性材料上的混频作用产生太赫兹波，通过介质波导传输太赫兹波。目前全世界不少从事微波毫米波技术和光波技术的科学家和工程师转向研究太赫兹波，从微波毫米波和光波两个方向实现了太赫兹信号产生与检测分析。但到目前为止，尚没有真正实现无缝频率覆盖，尚有许多理论和技术问题没有解决，更面临着工程化、实用化、成本和配套器件的挑战。

光纤通信测量仪器进入成熟期，红外、可见光和紫外测量仪器尚有不少难题需要进一步攻克。光纤通信已进入稳定成熟的发展时期，光纤通信数字传输速率已超过 400 吉比特/秒，依然是骨干通信网络的核心手段。国外光纤通信测量仪器伴随着光纤通信系统稳定发展，已进入成熟期，测量速率进一步提升到 400 吉比特/秒，并向 1 太比特/秒方向发展。随着基于光纤偏振特性的光纤陀螺和光纤水听器等光纤传感器的不断发展，特种光纤测量仪器性能指标不断提升，消光比测量已达 90dB，测量能力可满足光纤传感器的创新发展要求。红外测量仪器主要发展红外波段物质特性分析、红外隐身、红外探测器等测量仪器，属于军事敏感技术，相关仪器产品都是西方国家严格禁运的，基于傅里叶变换的红外光谱分析仪已成发展主流产品。紫外测量仪器发展主要由装备承包商根据装备测量需要开发研制，可选品种有限缺少通用产品。大功率激光测量仪器的发展主要依赖于高能激光武器和光电对抗装备的发展，呈现出宽光谱、高能量和高功率的发展趋势，测量方法和性能指标都属于军事敏感的保密范畴。

通信网络与计算机网络测量评估正朝着多制式方向发展，测量功能升级换代明显加快。通信网络与计算机网络测量仪器正从网络层转向应用测量，测量重点逐渐转向稳定性测量，重视网络安全性测量，发展在线测量、运行状态监测、远程测量与故障诊断。通信网络和计算机网络测量评估仪器正朝着一种硬件多种软件或一代平台多代搭载的方向发展，发展重点主要是网络协议测量软件，一台测量仪器往往可以配置100 多种协议甚至更多。通信网络和计算机网络测量仪器往往根据厂家提供的网址和密码从计算机互联网上下载应用程序升级测量功能，或者通过配备不同接口适配器和模块插件来增加网络功能或提升测量性能，对不同网络的安全性和稳定性进行测量与评估。但国外通信系统、数据链系统和指挥自动化系统，对安全性要求很高，采用专用协议和加密措施，相应测量仪器委托仪器制造商专门研制。

高速模拟/数字（A/D）变换器、数字/模拟（D/A）变换器、数字信号处理器（DSP）和可编程逻辑阵列（FPGA）等大规模集成电路性能提高，使测量电路数字化前移，有可能对未来仪器发展带来革命性的影响。随着微电子技术的飞速发展，现代测量仪器与计算机结合的越来越紧密，不仅提高了测量速度和性能特性，还有效地降低了开发成本和使用成本。随着高速 A/D、D/A 变换器的发展，数字化速率不断提高，以及 DSP 和 FPGA 的使用，数字处理电路已取代传统的中频电路，不仅提高了性能特性，而且提高了可靠性并降低了成本。目前，国外 12 位 A/D 变换器最高采样速率已达 260

吉样点/秒，处理带宽 110 吉赫兹，随着微电子工艺不断改进，高分辨率 16 位高速 A/D 和 D/A 变换器的采样率和处理带宽达到上述指标已为时不远。在高分辨率高速 A/D 和 D/A 变换器取得突破的前提下，可以预测未来测量仪器的体系结构将发生重大变化，数字电路将占主导地位，模拟电路仅限于前端信号处理，尤其是对微波毫米波测量仪器冲击最大、影响最深，直接产生和检测微波毫米波信号成为可能。

软件逐步成为测量仪器的重要组成部分，以软件无线电技术为基础的合成测量仪器得到较大发展。20 世纪 90 年代后期，西方国家提出了基于模块化仪器和软件无线电技术的综合测量仪器的体系结构，打破了传统的模块化测量仪器设计理念，使硬件资源利用率最大化，充分发挥了软件在综合测量仪器当中的重要作用。综合测量仪器通过不同模块的组合，配上不同测量软件就可以完成一个特定的测量功能，如信号发生器、频谱分析仪甚至矢量网络分析仪。被测装备复杂程度越高越能发挥综合测量仪器的优势，同样的硬件平台配上不同软件就可以实现对不同装备的性能测量。近几年，外围组件互连扩展（PXI）总线和局域网互连扩展（LXI）总线测量仪器与综合测量仪器的结合，使综合测量仪器进入实用化，并在军事上得到应用，发展潜力巨大。

二、发展亮点与标志性产品

2018 年电子测量仪器沿着自身的发展规律平稳发展，推出了 110 吉赫兹数字存储示波器和实时分析带宽 2 吉赫兹的实时信号分析仪等标志性仪器产品。围绕 5G 移动通信、物联网和互联网创新发展，推出了面向智能制造的数据分析软件、平台化分布式测量生态环境等新的测量解决方案。围绕电子装备性能测量与维修检测，推出了复杂电磁环境模拟器和软件定义仪器等测量与维修保障设备，大幅提升了装备测量水平和测量能力。

（一）传统电子测量仪器新突破

随着现代电子技术快速发展，传统电子测量仪器不断取得新突破，仪器测量功能和性能特性不断提升，而体积和重量却不断下降，手持式小型化仪器可与传统台式仪器相媲美。

国际单位制向量子方向迈出了坚实步伐。2018 年 11 月 16 日在法国巴黎召开的第 26 届国际计量大会决定从 2019 年 5 月 20 日起，质量单位"千克"、电流单位"安培"、温度单位"开尔文"和物质单位"摩尔"等四个基本单位，加之此前的时间单位"秒"、长度单位"米"和发光强度单位"坎德拉"三个基本单位，将全部采用量子计量方法。

超宽带数字存储示波器取得重大突破。 美国是德科技公司依靠雄厚的微电子基础，2018年7月推出了Infiniium UXR系列数字存储示波器，分辨率12位，采样速率256吉采样/秒，带宽110吉赫兹，是目前世界上测量频带最宽的数字存储示波器，支持太比特以太网测量，具有业界领先的采样率和信号完整性分析能力。

纳秒量级微波信号分析仪实时分析带宽达2吉赫兹。 德国罗德与施瓦茨（R&S）公司推出了高端信号与频谱分析仪，用于捷变频信号和窄脉冲信号捕获与测量分析，实时分析带宽达2吉赫兹，可用于纳秒量级脉冲信号和快速瞬变信号的测量分析。

通用串行总线（USB）实时频谱分析仪测量频率达18吉赫兹。 美国泰克科技有限公司发布了两款USB实时频谱分析仪，测量频率分别由3吉赫兹吉赫兹和7.5吉赫兹提高到13.6吉赫兹和18.0吉赫兹，实时分析带宽达40兆赫兹，扫描速度为70吉赫兹/秒。

（二）面向物联网和5G移动通信推出新的测量解决方案

面向电子行业智能制造推出了数据分析软件。 现代云计算和大数据分析技术推动了传统制造业向数字化转型升级。代表产品是美国是德科技公司推出的一款智能数据分析工具（PathWave Analytics），专门为电子制造业打造的先进数据分析软件，能够提供实时数据采集与管理，能够让客户更深入地洞察工厂运营状况，随时随地监测全球运营数据。

构建了平台化分布式测量生态环境。 美国NI公司携手百度云，发布基于系统链接（SystemLink）的分布式系统管理和基于百度智能边缘（BIE）的边缘计算架构，借助百度云生态系统与人工智能、大数据和云计算能力，为工业物联网提供了端到端系统互联及边缘计算解决方案，构建了以软件为中心的平台化分布式测量生态环境。

400吉比特四脉冲幅度调制（PAM4）比特误码率测量。 日本安立公司推出64吉波特/秒的PAM4脉冲图案发生器和32吉波特/秒的PAM4误码检测器，支持400吉比特/秒比特误码率测量，支持高速大容量通信设备性能评估，为400吉比特/秒通信提供了测量解决方案。

面向5G移动通信的多探头近场天线测量系统测量频率达50吉赫兹。 法国MVG公司推出了全球首台测量频率上限高达50吉赫兹的多探头球面近场天线测量系统，与传统天线测量系统相比测量效率提升10倍以上。

（三）面向电子装备推出新的测量仪器和设备

诺斯罗普·格鲁曼公司电磁环境模拟器增加新功能。2018 年 6 月 21 日美国诺斯罗普·格鲁曼公司在一年一度的电磁环境作战模拟器用户交流会上，提供了一种先进的集成化脉冲发生器微波组件，具有即插即用、模块化和可扩展性能力，更新了用户界面，能够更直观操作和使用。会上用户与诺斯罗普·格鲁曼公司工程师深入探讨未来电磁频谱测量技术发展。

我国电磁环境模拟仪器取得重要进展。2018 年 6 月中电仪器公司推出了 67 吉赫兹宽带复杂电磁环境模拟器，能够提供灵活多变、逼近真实电磁环境的模拟场景，解决了复杂电磁环境模拟与构建的难题。

软件定义仪器有了新进展。2018 年 10 月美国国家仪器公司推出了软件定义仪器，使用模块化硬件和用户自定义软件，通过标准总线模块化仪器覆盖被测对象的测量要求，利用软件定义方式，把被测性能指标和功能程序化，通过更新软件和相关测量算法，快速重构测量设备，以满足新的测量需求，使硬件资源利用率最大化。

三、发展趋势与研究热点

信息技术快速发展，人类社会已进入了信息化时代，人类对信息的依赖程度越来越强，信息改变了人们的生活方式和思维方式。现在的信息化发展也给测量仪器技术带了千载难逢的发展机遇，同时也带来了极大的挑战。

（一）宽带测量与高速测量

宽带测量用于模拟电路和微波电路，高速测量用于高速数字电路，本来分属两个不相干的领域，但随着现代模拟与数字电路的快速发展，两种测量方式已建立起必然的联系，使电路测量与分析更加困难。

信号完整性评估问题。随着电子信息系统的工作频率越来越高，工作波长越来越短，电路集成度越来越高，电路板层数越来越多，新的电路形式不断涌现，微波多层电路板和三维封装的微系统对信号完整性测量提出了越来越高的要求。高集成度的微波多层电路内层信号传输和层间信号传输质量的测量与评价，需要更高的测量频率，更宽的测量带宽，更高的距离分辨率。信号传输路径当中可能有很多不连续点，往往会造成多次反射，对信号传输造成极坏的影响，因此需要对这些不连续点进行诊断，传统的时域反射测量，可以获得沿传输线的特性阻抗分布，可以对不连续点进行定位，但分辨率需进一步提高，测量带宽需进一步提升。

宽频带测量问题。常用的同轴测量仪器工作频率分别到了 50 吉赫兹和 67 吉赫兹，采用 2.4 毫米连接器和 1.85 毫米连接器，下一步将重点发展 1 毫米连接器测量仪器。1 毫米同轴传输线作为一种新型的宽频带传输线，越来越受到关注，它将成为新的工业标准。1 毫米同轴传输线是指外导体内直径是 1 毫米，工作频率可达 110 吉赫兹，工作频率越高，频带越宽，横截面尺寸就会越小，加工难度越复杂，研制难度也就越大。

太赫兹电磁波传输问题。太赫兹电磁波具有微波毫米波和光学不具备的优点，但同时它也具备微波毫米波和光学没有的缺点。对于光子学技术而言，太赫兹电磁波波长太长；对电子学技术而言，其波长又太短。太赫兹科研团队主要来自两个方面，一是微波毫米波技术研究人员，从低频端往更高频段发展，二是光学技术研究人员，从可见光和红外波段向低频段发展。太赫兹技术发展首先要解决传输线问题，随着频率提高，太赫兹矩形波导尺寸越来越小，加工制作难度越来越大；其次是元器件问题，急需室温工作的成套低成本太赫兹器件；再次就是量值传递问题，太赫兹计量和量值传递标准还比较缺乏。

高速数字传输系统带宽问题。随着高速数字传输系统发展，数字传输速率已从 10 吉比特/秒提高到 100 吉比特/秒和 400 吉比特/秒，数字电路工程师原来无须考虑数字信号传输带宽和阻抗匹配问题，而现在面临的最大挑战就是高速数字信号传输问题，数字传输速率进一步提高，保持信号波形特征越来越困难。按照五次谐波原理，常用的通用串行总线（USB）、高速串行计算机扩展总线标准（PCIe）、航空电子全双工交换式以太网（AFDX）和快速输入输出接口（RapidIO）等高速数字总线的信号传输带宽已经到了微波甚至是毫米波频段。五次谐波原理，就是通过时钟频率的 1 次、3 次和 5 次谐波信号的叠加，能够较好地拟合数字信号的"0"和"1"，如图 1 所示，因此信号带宽=5×时钟频率=5×数字传输速率/2，一般情况下，用三次谐波就可以检测和识别数字信号的高低电平，而五次谐波拟合的数字信号高低电平更接近真实的"0"和"1"。

高速数字传输系统性能特性评价问题。模拟和微波电路工程师与数字电路工程师考虑问题的角度不一样，所用仪器也不一样。微波和模拟电路设计常用分布参数概念，常用测量参数是 S 参数，常用仪器是矢量网络分析仪；而数字电路设计常用集中参数概念，常用表征参数是眼图，常用仪器是数字储存示波器和误码率分析仪。随着高速数字传输速率不断提高，高速数字传输系统性能评价问题已凸显出来。必须打破传统的思维方式，利用信号完整性测量与分析方法在两者之间架起了"桥梁"。首先用矢量网络分析仪测量数字传输系统 S 参数，相当于获得频域传输函数，通过频域到时域变换，可以计算出数字传输系统非理想的时域冲激函数，然后用理想的数字信号与非理想的时域冲激函数卷积，可以计算出理想数字信号经过非理想的数字传输系统之后的输出数字信号，最后绘制数字电路工程师熟悉的眼图，就可以评价数字传输系统性能特性。在频域 S 参数和时域眼图之间建立了联系，如图 2 所示，拓展了矢量网络分析仪的应用空间。

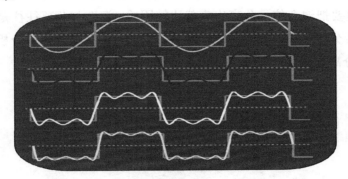

图 1　通过五次谐波来模拟"0"和"1"曲线

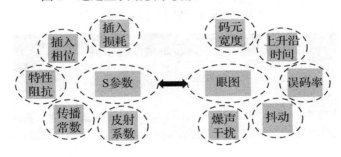

图 2　模拟和微波电路与数字电路表征参数

（二）稳态测量与瞬态测量

传统的信号分析仪主要测量周期性稳态信号，主要测量信号频率与信号强度信息，但随着新体制电子装备不断发展，需要解决强干扰背景下的时变信号、混叠信号、未知信号的测量与分析问题。未来发展重点是实现从稳态周期信号测量到瞬态时变信号测量的提升，测量参数从功率、频率、频谱等参数到复杂电磁环境、调制样式、跳变模式、信息含量测量的跨越。

强电磁干扰环境信号测量问题。电磁信号受到环境的强干扰，信号失真非常严重，信号模样基本上面目全非。如何在强干扰情况下实现电磁信号的高灵敏检测与识别是现代测量仪器的一个难题。

瞬态时变信号捕获问题。为了避免干扰，雷达和通信设备往往采用时变信号模式，不仅载波频率捷变和功率捷变，而且调制信号波形也在变化，时变信号难以捕获与测量，迫使信号分析仪和测量接收机不断地增加实时测量带宽，提升时变信号的捕获能力，目前信号分析仪的实时分析带宽已高达 2 吉赫兹。

重叠信号测量与分离问题。各种电子设备辐射的电磁波构成了复杂的电磁环境，在电磁信号工作频率和出现的时间上往往都有重叠，如图 3 和图 4 所示。信号混在一起非常容易，但要把混合信号分离出来就比较困难，混合与分离往往是一个不可逆的过程。现代信号分析仪需要利用时域、频域、空域、调制域等信号分析手段，解决多域重叠信号的分离问题。

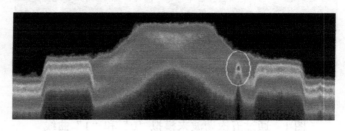

图 3　隐藏于 FM 信号的窄带干扰

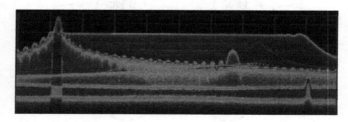

图 4　同频雷达信号叠加

未知调制信号识别与重建问题。电磁信号测量与分析将从已知确定信号向未知不确定信号方向发展，不仅要实现信号快速搜索，而且还要实现信号实时跟踪与识别，对未知信号进行精确测量，以获取电磁信号的特征参数，将来不仅要实现电磁信号承载信息准确获取，而且还要重构与复现未知电磁信号。

（三）时域测量与频域测量

随着现代微电子技术不断发展，高速高精度 A/D 变换器和 D/A 变换器给测量仪器带来了根本性变革，支撑了微波测量仪器快速发展。

数字电路前移改变了仪器体系架构。随着高速高分辨率 A/D 和 D/A 变换器的不断发展，使仪器体系结构发生了重大变化，原来复杂的模拟中频电路被现在的简单数字中频所取代,原来中频滤波器被数字滤波器所取代,许多过去硬件实现的测量功能,现在用软件就可以实现了。如果将来 A/D 和 D/A 变换器的分辨率、采样率和带宽进一步提高,微波测量仪器的前端电路大大简化,而性能特性将进一步提升,频域与时域测量仪器的界限越来越模糊。特别值得注意的是,未来仪器发展的关键器件仍然是高速高分辨率 A/D 和 D/A 变换器。

微波时域测量仪器取得重要进展。 最近几年,美国是德科技、泰克、力科三个仪器公司利用先进的微电子技术,实现了时域测量仪器的重大突破,推出了超宽带的数字存储示波器和任意波形发生器。数字存储示波器的采样速率高达 260 吉样点/秒、带宽 110 吉赫兹,实现了微波信号时域波形直接显示。任意波形发生器的测量带宽已达 20 吉赫兹,实现了各种复杂微波信号波形的直接编辑。宽带数字存储示波器和任意波形发生器已成为微波毫米波测量仪器的新成员。原来人们只能测量电磁信号的功率、频率、频谱和调制参数,现在可以直接看波形了。但这并不意味着时域测量仪器将取代频谱分析仪、信号分析仪、信号发生器等频域测量仪器。主要有两个理由,一是电磁信号的幅度、频率、频谱、谐波、分谐波、寄生响应等主要参数测量方法都是以频域测量仪器来定义的,频域测量仪器可以直接获得,测量起来比较方便;二是目前频域测量仪器的测量能力是时域测量仪器还无法比拟的,比如信号测量灵敏度,频谱分析仪要高出数字存储示波器 50dB~60dB,而任意波发生器的相位噪声和谐波分谐波指标也与传统的信号发生器有很大差距。目前来看,时域微波测量仪器的加入,不是一种取代关系,而是相互补充关系,多了一种选择,多了一种测量手段,未来相当长一段时间,频域与时域测量仪器是一种相互补充的并存发展关系。

(四)机内测量与机外测量

近十年来,电子信息产品性能特性和质量可靠性发生了根本性变化,一种重要特征就是高可靠长寿命和更新换代速度快,这些变化对测量技术发展提出了严峻挑战。有人甚至认为未来高可靠性、高质量、自检测、自诊断和自修复技术发展,将颠覆测量仪器行业发展。

高可靠、高质量电子产品对仪器依赖程度不是降低而是提高了。 现代计算机、手机和家用电器等民用产品维修保障的测量需求确实在减少,但并不意味着这些高质量、高可靠民用产品不需要测量仪器,相反在手机、计算机和家用电器等民用产品生产过程中需要大量的测量仪器,就是因为生产过程进行了充分测量,才有可能保证电子产品的质量和可靠性。虽然维修和维护的测量仪器用得少了，但在科研与生产过程中对仪器的要求更高、需求更大。同时移动通信的基站和互联网等基础设施，以及现代电子装备的维修保障测量需求毅然旺盛，而且也更加迫切。

嵌入式测量融入被测对象是未来一个重要发展方向。随着嵌入式测量与故障诊断技术的不断发展，使得测量设备与被测对象融为一体成为可能，嵌入式测量已成为电子产品在线测量与故障隔离的重要手段，也是日常维护和维修保障的主要依赖手段。嵌入式测量定期或连续地监测设备运行状态，通过实时监测可以发现设备异常现象，提供故障报警，并自动启动故障诊断程序进一步隔离故障，是提高设备可测性和维修性的重要技术途径。测量设备融入被测对象是未来一个必然的发展趋势，而且正朝着自检测、自诊断、自修复的方向发展。嵌入式测量技术会不会成为现代测量仪器的颠覆性技术，值得重点关注。

（五）平台化与芯片化

随着微电子技术和人工智能技术的不断发展，测量仪器体系结构也在不断地发生变化，标准化、模块化、系列化发展方向上又多了芯片化和平台化两个重要特征，初步形成了 MC3I（测量、计算机、控制、通信与人工智能）体系架构，预示着仪器未来发展方向。

智能化仪器体系已逐步形成。20 世纪 80 年代，测量与计算机第一次融合，形成了 MC（测量与计算机）体系架构，使得测量精度和测量速度都提高了 100 倍。进入 90 年代，测量与计算机和控制技术进一步融合，形成了 MC2（测量、计算机与控制）的体系架构，实现了自动控制与自动测量，使测量效率和测量水平大幅提升。进入 21 世纪，测量与计算机、控制和通信技术进一步融合，形成了 MC3（测量、计算机、控制与通信）的体系架构，使远程测量与远程故障诊断成为可能，实现了分布式网络化测量能力。最近几年，测量与计算机、控制、通信和人工智能技术进一步融合，形成了 MC3I 体系架构，并朝着智能测量、智能化故障诊断、智能化故障预测方向发展。

可重构仪器平台已逐渐成熟。随着合成仪器技术不断发展，可重构仪器平台已逐步成熟，并走向实际应用。未来仪器发展，平台化发展趋势非常明显，可重构的硬件平台和软件平台，将大幅提高硬件资源的利用效率，呈现硬件资源最小化、软件资源最大化发展趋势。一代硬件平台可搭载多代或多种软件，可有效地提高硬件资源利用率，充分发挥软件作用，仪器开发成本将从硬件开发成本为主体，向软件开发成本为主体的方向发展。一代硬件平台支撑多代软件，可有效地延长硬件资源的生命周期，测量软件的地位越来越重要。

仪器芯片化和集成化趋势非常明显。 随着数字、模拟和微波集成电路的不断发展，数字、模拟和微波集成电路与嵌入式计算机使仪器测量的能力不断增强。仪器芯片化发展和集成度的提高，不仅降低了仪器的体积和重量，更重要的是提升了仪器的测量能力和技术水平。仪器芯片化发展，使仪器开发成本大幅上升，而仪器生产成本却大幅下降，生产量越大，仪器成本效益就越明显。

四、意见与建议

我国是一个世界大国，不能没有自己的仪器工业，必须形成自己的测量仪器工业体系，要培养"国内卓越、世界一流"的尖端科学仪器企业，打造集基础研究、关键技术攻关、产品开发研制、批量生产、市场销售和客户服务一条龙的大型现代仪器集团，并培养若干有特色的"隐形冠军"企业。但是现在面临的形势还非常严峻，还有许多深层次问题需要解决，打造世界知名仪器企业，不是用钱可以堆起来的，需要转变观念，解决体制机制问题。为此提出以下几个建议。

（一）彻底解决仪器发展的体制与机制问题

我国仪器相关科研项目主要集中于高等院校和研究机构，而企业做主角的科研项目还比较少。不少科研机构虽然实现了企业化转制，但发展模式还是科研管理模式，而非企业化运行模式，市场运作能力普遍比较弱，不适合日益恶化的市场竞争环境。因此必须转变观念，转变思想，建立和完善适合仪器规模化发展的体制与机制，着力培养世界有影响力的尖端科学仪器企业。

（二）加强仪器自主创新能力建设

我国很多仪器企业缺少人才、缺少核心技术，实现从现在的跟跑到并跑都已经很困难，要实现领跑困难更大。因此非常有必要构建"产、学、研、用"联合的合作模式，建立良性的仪器生态环境，再加上国家大量的经费投入，重点提升仪器自主创新能力，培养世界一流人才梯队，实现仪器自主可控，相信通过测量仪器人的艰苦努力，我国一定能实现超越，领跑世界仪器发展。

（三）聚焦仪器发展问题，顺应科学发展规律

现代测量仪器的发展也面临着"摩尔定理"制约，仪器测量功能越来越多、越来越全，正朝着小型化、模块化、多功能、组合化方向发展。如果按照传统设计理念，仪器体积和面板已经容纳不下如此多的功能。因此，必须适应时代需求，发展虚拟仪器、合成仪器、数字化仪器、软件定义仪器和认知仪器等新体制仪器。为此，建议加强仪器标准体系建设和标准化工作，走型谱化发展之路，共享硬件和软件资源，提高仪器科研效费比；加强测量仪器工程化研制工作，不断提高仪器质量可靠性和技术成熟度，打造好用、耐用、用户愿意用的好仪器。

（中国电子科技集团公司第四十一研究所　年夫顺）

重要专题分析

美国是德科技公司推出最新信号完整性物理层测量系统 可实现 6 皮秒空间分辨率

信号完整性的研究主要用来保证信号按照时序定时到达接收端,并具有较好信号质量,减少误码的产生。该领域的研究成果主要应用于高速数字系统、器部件的设计制造;测量技术是该领域的热点方向之一。特别地,随着第五代移动通信（5G）、物联网和人工智能技术的快速发展,用户对高速数据传输的速率要求越来越高,例如下一代骨干以太网的数据传输速率将达到 400 吉比特/秒,信号完整性测量技术的需求将更加广泛和迫切。更高的数据速率代表更大信号带宽,微波毫米波仪器在该领域应用越来越广泛。2018 年 9 月,美国是德科技公司推出了全新的物理层测量系统（PLTS 2018,见图 1）,它在解决高速互连（如电缆、背板、印制电路板和连接器）的相邻阻抗不连续性问题上实现了重大突破。

图 1　物理层测量系统（PLTS2018）

一、信号完整性测量意义及发展现状

目前正在开发中的下一代计算机和通信系统处理数据的速率可以达到数十吉比特/秒。许多系统都应用了时钟频率超过吉赫兹的处理器和串并转换芯片。特别地，交换机、路由器、服务器和存储网络设备逐渐向吉比特/秒的数据速率发展。工程师在选择这些系统所使用的互连技术（高速印制电路板、线缆、连接器）时遇到了前所未有的信号完整性的挑战。传统的并行总线的带宽由于同步等问题已经很难大幅度提升。随着并行总线带宽的增加，印制电路板上传输线的复杂性和成本也急剧上升。并行总线的数据线和时钟线间不断增加的时序偏移问题解决起来也异常困难。

针对上述问题的解决方案是采用高速串行通道进行数据传输。串行总线结构正逐步取代高速数字系统中的并行总线结构。同时，研发工程师越来越多地采用具有内嵌时钟的串行通信协议，使传输通路更为简单，同时可以增加每个引脚的平均带宽。但是，串行数据总线也存在一些需要解决的信号完整性问题。例如，为了实现与以前并行总线相同的数据带宽，串行总线需要提高其数据传输速率。随着数据传输速率的提高，数字信号从逻辑低电平跳变到逻辑高电平的上升时间将会变得非常短。上升时间越短意味着数字信号的模拟带宽越大，阻抗不连续点带来的反射就越大，同时信道接收端的眼图质量会变差。因此，基础的互连组件（如印制电路板、连接器、电缆和芯片封装）的微波毫米波性能成为无法回避的问题。为了保持整个通道的信号完整性，工程师开始由单端电路转向差分电路。差分电路具有良好的共模抑制比，并能减少相邻传输线引起的串扰。良好的差分传输线设计能够保证模式转换中不希望出现的效应最小，进而提高串行总线的最大数据吞吐量。利用示波器等传统的测量分析手段，不能很好地测量表征差分串行传输总线。工程师需要使用新的工具来设计和验证具有微波毫米波特征的差分串行传输通路。通过测量和测量后的分析来研究信号传播的微波毫米波特性，逐渐成为信息和计算机系统设计工程师的一项必备技能，微波毫米波测量仪器在该领域的应用也越来越广泛。

信号完整性测量主要用于高速串行总线里的反射、串扰、抖动等问题。信号完整性测量技术可以为用户提供差分串行总线的表征手段，进一步分析近端串扰、远端串扰、串扰合成功率分析、插损偏差分析、集成串扰分析等（见图2），有助于工程师快速评估分析系统的信号传输质量。同时可以分析标准总线的信号完整性，例如分析 C 型通用串行总线（USB Type C）、电气与电子工程师协会（IEEE）802.3ap、802.3ba、802.3bj 和光互连论坛（OIF）CEI 25G/28G 等总线的微波毫米波特性是否满足设计标准。

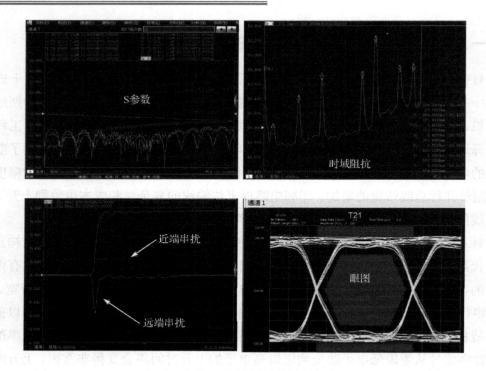

图 2　信号完整性测量的关键指标

许多军事专家们表示信号完整性是电缆和连接器选择时首先要考虑的事情。安费诺公司的销售主管戴尔·艾伯特指出："连接器的作用就像传感器：提取输入信号，并让它尽可能纯净无瑕地通过。"位于美国明尼苏达州明尼阿波利斯市的Omnetics 连接器公司技术主管鲍勃·斯坦顿则指出："随着数据速率的提高和逻辑电平的降低，信号完整性处理技术是满足军事与航空航天需求功能的关键技术之一。"信号完整性测量的典型应用场景是高速传输通路的基础组件，例如印制电路板、线缆和连接器等。

（一）高速电路的信号完整性测量

大型服务器、超级计算机和路由器的研发，高速背板是其中的核心组件之一，承载着数据传输通道，为高速信息的交互提供支撑。随着数字信号的带宽扩展到吉赫兹量级，信号完整性问题也日益突出，设计规则和测量是预防和发现这类问题的重要手段。目前，许多大型公司（如华为、思科等）都专门成立了高速实验室对高速电路的信号完整性问题进行研究。因此，信号完整性测量系统在高速电路的测量领域得到了广泛应用。

（二）高速数字电缆的信号完整性测量

随着智能设备的广泛应用，众多的高速数字接口标准，如高清晰度多媒体接口（HDMI）、显示接口（DisplayPort）、通用串行总线（USB）、串行高级技术接口（SATA）、雷电接口（Thunderbolt）、高速串行计算机扩展总线标准（PCIe）、增强型小尺寸插拔接口（SFP+）、无限带宽技术接口（Infiniband）等应运而生，不同标准使用的高速数字电缆也各不相同，而制造这些线缆的公司大都在国内，重点分布区域是珠三角和长三角地区。目前，高速数字电缆的信号速率主流已经达到 5 吉比特/秒到 10 吉比特/秒，信号完整性测量技术广泛应用在高速数字电缆电气性能参数测量。

（三）高速连接器的信号完整性测量

高速连接器的特点是引脚密度高、传输电平低、传输速率高。引脚密度高带来的串扰会影响到多个通路信号的同时传输、引起信号完整性的问题；同时，数字信号速率的增高和电平标准的降低，传输损耗和回波损耗等微波效应带来的信号完整性问题也日趋显现。高速差分信号传输对单线间的时间延迟和差分对间的传输延迟都有严格要求，超限会造成误码，传输的信息在接收端不能准确获得。通过信号完整性测量系统，得到传输损耗、回波损耗、近远端串扰和延时等指标，发现连接器的信号完整性问题所在。

二、美国是德科技公司新推出的物理层测量系统

2018 年 9 月，美国是德科技公司新推出了物理层测量系统 PLTS 2018，它可以在是德科技公司的 N5291A PNA 毫米波系统中使用，该系统可以独立提供 900 赫兹～120 吉赫兹的单次连续扫描。这种全新的硬件支持不仅为功率完整性应用提供了优异的低频性能，还提供了领先的 120 吉赫兹的最高截止频率，这意味着 6 皮秒的等效系统上升时间。6 皮秒上升时间可以使高性能焊球阵列封装（BGA）陶瓷集成电路封装中小于 400 微米的相邻阻抗不连续性问题得到解决。PLTS 2018 可通过单一视图完成多域测量（见图 3），为传输速率达 400 吉比特/秒的网络和数据中心设计的高速串并转换芯片组提供充分表征和优化的测量手段。

PLTS 2018 的另一项改进是支持 64 端口 S 参数分析（见图 4）。很多复杂的高速印制电路板应用都拥有多个通道，需要进行多通道间的串扰表征和分析，以满足新

高速数字标准的要求。64 端口 S 参数分析功能能够同时对 8 个差分对的任意组合进行全面的近端和远端串扰分析。这项功能能够同时将大于 4096 个的波形快速而轻松地调用到信号完整性测量中。

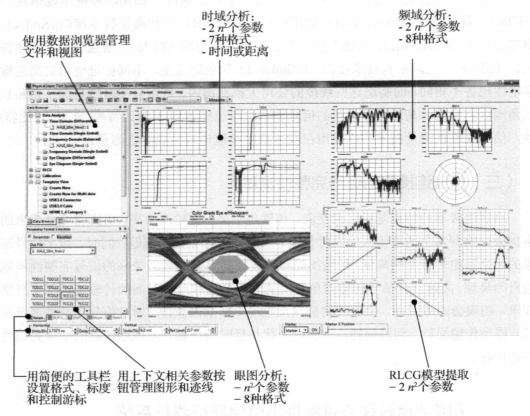

图 3　单一视图完成多域测量

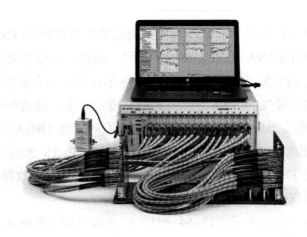

图 4　PLTS 2018 支持 64 端口 S 参数测量

PLTS 2018 的另一个重要增强是增加了 Python 编程功能（见图 5）。Python 是一种在互联网中广泛使用的高级编程语言，它支持面向对象、命令行、函数和结构化等多种编程范式。这个新脚本语言的特点促进了物理层测量系统 2018 在远程测量和工厂自动化等方面的发展，加速背板、印制电路板、连接器、线缆和集成电路封装的大批量生产。

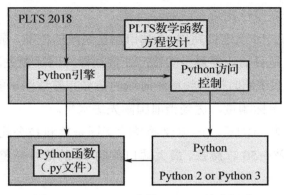

图 5　PLTS 2018 支持 Python 编程语言

三、国内信号完整性测量技术发展现状

目前，国内信号完整性测量技术多偏重理论研究，中电科仪器仪表有限公司（简称中电仪器）是唯一能够提供整套信号完整性测量解决方案的供应商。中电仪器的信号完整性测量系统（见图 6）采用分体式结构，由 3672 系列矢量网络分析仪主机和

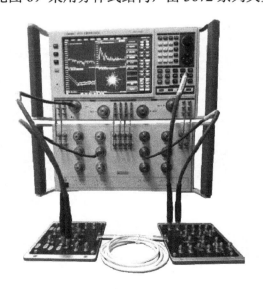

图 6　中电仪器的信号完整性测量系统

3648 多端口 S 参数测量装置两部分构成。多端口 S 参数测量装置和 3672 系列矢量网络分析仪之间的信号传输通过前面板跳线器的射频电缆实现，控制信号通过 USB 接口传输。该信号完整性测量系统得到参考信号和测量信号后，计算获取多端口 S 参数，通过多功能分析进一步得到损耗、眼图、延时和串扰等信号完整性指标。

中电仪器的信号完整性测量系统的特点是：

（1）高效率。通过 16 次连接完成 16 端口测量系统的校准，显著提高了信号完整性测量效率和精度，是目前业界最少的校准连接次数，国际领先。

（2）多功能。单系统同时提供频域和时域的信号完整性测量能力，完成损耗、眼图、延时和串扰等多指标测量，达到当前国际先进水平。

（3）多端口和宽频带测量。中电仪器是除美国是德科技公司外，世界第二家提供频率覆盖 10 兆赫兹～50 吉赫兹、最大端口数的 16 的信号完整性测量解决方案提供商。

（中国电子科技集团公司第四十一研究所　袁国平）

硅光芯片/器件综合测量解决方案
助力硅光芯片产业发展

近年来，由于其低成本、高集成度优势，硅光子技术逐渐成为光通信行业热点，被认为是处于爆发前夜的颠覆性技术之一。另一方面，随着云计算、大数据、人工智能时代的到来，全球数据中心所产生的总流量正在以34%的年复合增长率飞速上升，谷歌、亚马孙等互联网巨头对400吉赫兹交换带宽数据中心的需求渐行渐近。国内外各大供应商积极开展高速硅光芯片技术研究。硅光芯片的制造、检测、维护都离不开测量技术。**2018年9月在深圳召开的第二十届中国国际光电博览会上，美国是德科技公司推出了硅光芯片/器件综合测量系统，提供有源和无源两大类芯片/器件测量解决方案**，可实现硅光芯片的在片测量，降低硅光芯片的废品率，同时，为后期400吉赫兹交换带宽的高速硅芯片/器件网络的测量提供有效保障。

一、硅光芯片发展现状

硅光子技术基于硅和硅基衬底材料，利用互补金属氧化物半导体（CMOS）工艺进行光器件的开发与集成，涉及电信、数据中心、超级计算、生物传感、个人消费等众多应用领域。硅光器件是硅光子技术的基本功能单元，主要分为无源器件和有源器件两大类，无源器件包括光波导、耦合器、复用/解复用器、衰减器和滤波器等；有源器件包括激光器、调制器、探测器等。硅光集成芯片是将若干基本器件进行集成，按功能可分为光发送集成芯片、光接收集成芯片、光收发一体集成芯片，以及相同功能器件的阵列化集成芯片，如探测器阵列芯片、调制器阵列芯片等。硅光模块是最终系统级的产品形式，它将硅光芯片/器件、外部驱动电路等集成到一个模块，按功能可分为光发送模块、光接收模块、光收发一体模块。

2010年左右，硅光子技术的研发体制开始由学术机构推进转变为厂商主导。近年来硅光子技术高速发展，产业链不断完善，已初步覆盖了前沿技术研究机构、设计工具提供商、器件芯片模块商、信息技术企业、系统设备商、用户等各个环节。在信息技术企业方面，英特尔公司在 2011 年发布光纤接口技术（Light Peak），实现计算机与其他装置间的互连；2014 年推出了 100 吉赫兹交换带宽的硅光模块；2018 年 3 月英特尔公司演示了最新的 400 吉赫兹交换带宽的硅光芯片；2018 年 4 月开始向客户交付 100 吉赫兹交换带宽硅光模块样品；2018 年 9 月 27 日在罗马召开的欧洲光通信会议（ECOC）上，英特尔公司公布了其新型 100 吉交换带宽硅光子接收器，旨在为通信和云服务商提供支持 5G 无线网络扩展的硬件，实现开箱即用，还能够应对最恶劣的环境条件；会议期间，英特尔公司还表示将在 2019 年下半年推出具有 400 吉赫兹交换带宽硅光芯片模块。2013 年富士通推出基于光学总线接口的服务器；2015年宣称在新一代至强处理器中集成了硅光互连接口；2016 年推出 100 吉赫兹交换带宽的硅光模块，并表示未来将推出更高速率的 400 吉赫兹交换带宽硅光产品。国际商业机器公司（IBM）在 2012 年利用 100 纳米以下工艺，在单颗硅芯片上整合了速率达 25 吉赫兹交换带宽的多种光学部件和电子电路；2015 年将硅光阵列整合到更靠近中央处理器（CPU）的封装内。在器件模块商方面，迈络思 2014 年推出 100 吉赫兹交换带宽的四通道小型封装可插拔有源光缆产品；2016 年展示了 50 吉赫兹交换带宽的硅光子调制和探测元器件；2017 年发布 200 吉赫兹交换带宽的四通道小型封装可插拔硅光模块。

2018 年 8 月份，由国家信息光电子创新中心、光迅科技公司、光纤通信技术和网络国家重点实验室、中国信息通信科技集团联合研制成功的"100 吉赫兹交换带宽硅光收发芯片"正式投产使用。实现了 100 吉赫兹、200 吉赫兹交换带宽全集成硅基相干光收发集成芯片和器件的量产，性能稳定可靠，为 80 公里以上距离的 100 吉赫兹、200 吉赫兹交换带宽相干光通信设备提供超小型、高性能、通用化的解决方案。

根据国外公司预测，数据中心、自动驾驶和生物化学传感等新应用将推动硅光子市场规模从 2015 年的 4000 万美元快速增长至 2025 年的数十亿美元。预计 2016～2020年间，全球硅光子市场的年复合增长率将超过 48%，其中，数据中心和电信等通信应用占整体市场的 95%，消费电子占 1%，其他板块包括医疗、军事和机器人技术等。

二、是德科技公司硅光芯片/器件综合测量系统

2018 年 9 月在深圳第二十届中国国际光电博览会上，美国是德科技公司推出了硅光芯片/器件综合测量系统，提供有源和无源两大类芯片/器件测量解决方案。无源

芯片/器件测量系统由是德科技公司、福达电子公司和德国物理仪器（PI）公司等合作推出，用于测量硅光芯片/器件的插入损耗、偏振膜色散、回波损耗等参数。有源芯片/器件测量系统提供混合光有源器件的直流波长响应测量、高频幅频/相频响应特性参数测量。硅光芯片/器件综合测量系统的推出，可实现硅光芯片的在片测量，降低硅光芯片的废品率。同时，为后期 400 吉赫兹交换带宽高速硅芯片/器件网络的测量提供有效保障。

（一）无源硅光芯片/器件的测量方案

光无源器件的发展相对较为成熟，产品种类多（例如光分路器、波分复用/解复用器、光滤波器等），应用十分广泛，对其测量参数早已有国际标准规范进行定义，并且也出现了完整的参数测量解决方案。目前广泛遇到的难点在于如何高效进行光芯片层面的测量。光芯片测量时，存在耦合效率低、耦合损耗大、测量方案自动化程度不高等问题。

为了解决这一问题，满足光芯片的片上测量需求，是德科技公司联合福达电子公司和德国物理仪器（PI）公司等合作厂商一起推出了光探针耦合测量平台系统，如图 1 所示。这一测量系统包括三个部分：图中中间部分为是德科技公司提供的基于波长扫描的光无源器件测量平台（包括硬件和软件），图中左侧部分为福达电子公司提供的射频及光探针平台，图中右侧部分为德国物理仪器（PI）公司提供的光探针对准系统。

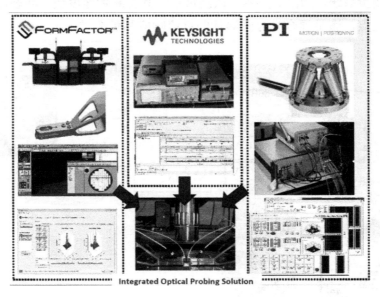

图 1　无源硅光芯片/器件测量方案

该系统主要用于测量无源器件的插入损耗（IL）/偏振相关损耗（PDL）和回波损耗（RL）等参数。与传统宽带光源+光谱分析仪的实现方式相比，波长分辨率更高、测量动态范围更大。

三大厂商合作推出的这套系统的优势在于可以完全自动化地进行光探针耦合对准，并实现所需各种光学参数的自动化测量，能够极大地提高测量效率、测量精度和测量可靠性。

（二）有源硅光芯片/器件的测量方案

1. 混合光有源器件的直流响应测量方案

混合光电芯片/器件，是指将有源部分（如光电转换器）和无源部分（如光解复用器）结合在一起的芯片或器件。典型的混合光电芯片/器件有两种，一种是用在相干光通信领域的集成相干光接收机（ICR），另一种是用在 100 吉赫兹交换带宽接收机的光接收次模块（ROSA）。这类芯片在生产、检测过程中需要测量直流响应度、直流共模抑制比、偏振消光比、光回波损耗、光电二极管的暗电流等参数。

为解决上述指标测量难题，是德科技公司推出了由高性能可调谐激光器（型号：81960A、81606A）、高速功率计（型号：81636B）、信号转换器（型号：82357B）、偏振综合仪（型号：N7786B）、信号源（型号：N7714A）和测量软件（型号：N7700A）构成的专用测量系统，如图 2 所示。该测量系统具有测量速度快、动态范围大、光谱分辨率高等优点，满足混合光有源器件的直流响应测量要求。

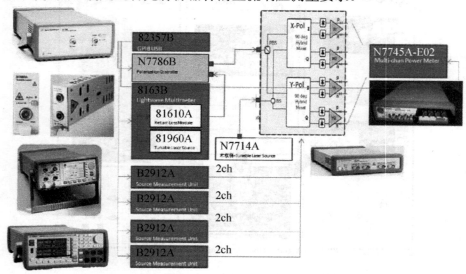

图 2　混合光有源器件的直流响应测量方案

2. 基于光波元件分析仪和探针台的频域测量

光芯片经过初步筛选后，对直流参数合格芯片在微波探针台上通过光波元件分析仪（型号：N4373D）进行小信号测量。主要是针对电光芯片/器件（如激光器）或光电芯片/器件（如光探测器）进行截止频率/调制带宽、弛豫振荡频率、群时延、时滞、反射/阻抗匹配等高频幅频/相频响应等特性参数的测量。

是德科技公司有着 30 多年表征测量光/电或电/光器件频率参数（S 参数）的历史和经验，其 N4373D 型光波器件分析仪是行业公认的光电器件及芯片标准测量系统。如图 3 所示，N4373D 能提供完整的光电器件幅频/相频特性测量与分析解决方案。该系统由高性能矢量网络分析仪、光电测量座及专有的计量校准软件组成，具备各种光电器件（电/光、光/电、光/光、电/电）完整的参数测量能力。

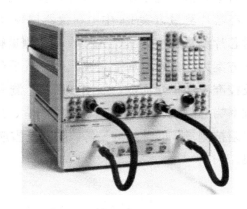

图 3　是德科技公司光波器件分析系统 N4373D

三、国产硅光芯片测量技术展望

近年来工信部主导成立了国家信息光电子创新中心，2018 年推动四家单位通力合作实现了 100 吉赫兹交换带宽硅光芯片的产业化，不仅展现出硅光技术优势，也表明我国已经具备了硅光产品商用化设计的条件和基础。硅光芯片产业的发展，离不开测量技术，近年来随着国产电子测量技术的快速发展，国产硅光测量相关仪器取得了较大发展。光谱分析仪、高性能光功率计、光波器件分析仪等核心仪器相继涌现，为硅光芯片测量系统国产化奠定了坚实的基础。光谱分析仪可以进行波分复用、密集波分复用器、光分路器/阵列波导等无源光器件的

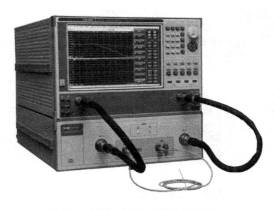

图 4　国产光波元件分析平台

光谱传输特性、光信噪比等参数测量。光波器件分析仪可以用于有源芯片/器件的频响特性测量。例如，中电科仪器仪表有限公司推出的光波元件分析平台（型号：6433），如图4所示，可对高速电光器件（电光调制器、直接调制激光器、光发射组件等）、光电器件（光电二极管、光接收组件等）、光光器件（光纤放大器、光纤滤波器等）10兆赫兹～40吉赫兹范围内的相对频率响应、绝对频率响应等参数进行精确测量，测量对象涵盖从光学器件、部件、模块到整机。

在芯片测量方案上，中电科仪器仪表有限公司提出了基于光波元件分析平台的光发射芯片测量解决方案、光接收芯片测量解决方案，以雪崩光电二极管芯片（APD）测量方案为例，系统基于光波元件分析平台，配合探针台、夹具套件、偏压控制模块以及校准套件搭建而成，如图5所示，测量系统可实现10兆赫兹～40吉赫兹范围内的频率响应测量、带宽测量、增益测量、损耗测量、传输系数测量、反射系数测量、输出阻抗测量、群时延测量等，图6是雪崩光电二极管芯片（APD）的带宽特性测量结果。

图5　雪崩光电二极管芯片（APD）测量方案

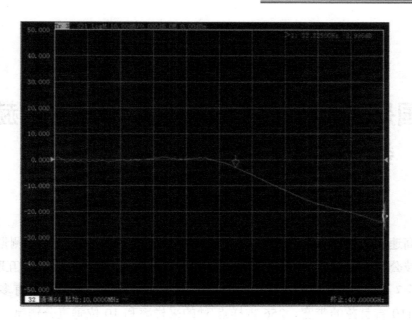

图6 雪崩光电二极管芯片（APD）的带宽特性测量结果

我国在光电测量领域起步晚，相较于欧美日技术仍然存在较大差距，主要体现在以下两个方面：一是国产测量仪器面世时间短，应用时间和领域少，因此技术可靠性相对不成熟，加之目前国内市场普遍认可欧美日产品，留给国产仪器的市场份额少，加剧了国产测量仪器的市场压力；二是部分关键测量仪器尚未国产化、产业化，例如高性能可调谐激光器、偏振综合测量仪、高精度波长计等。这些关键测量仪器的缺失，制约了国产硅光芯片测量系统的研发。

硅光芯片/器件的高速发展，对测量技术提出了新的要求和挑战，我们应该抓住这一产业结构变换的契机，积极推进国内硅光芯片/器件测量技术和测量仪器的发展，补足光通信产业测量技术短板，培育高端光电测量仪器产业新动能。

（中国电子科技集团公司第四十一研究所　孟鑫　韩顺利）

美国是德科技公司 UXR 系列 110 吉赫兹 数字示波器测量精度进入无人区

随着高速数字总线、光通信以及第五代移动通信等市场快速发展的测量需求，美国是德科技公司为帮助企业、服务提供商和政府加速创新，创造一个安全互联的世界，在 2018 年 7 月宣布推出 UXR 系列实时数字示波器，该系列示波器具有多个产品型号，最高 110 吉赫兹的带宽、256 吉样点/秒的采样率和 10 位垂直分辨率，是业内带宽最宽、采样率最高的高精度示波器产品。

一、示波器发展的技术背景

示波器分为模拟示波器和数字示波器两大类。随着电子信息技术、半导体集成电路以及计算机技术的发展，模拟示波器已陆续退出历史的舞台，数字示波器得到了快速的发展，数字示波器的种类越来越丰富，功能集成化和操作智能化程度也越来越高。数字示波器主要分为数字存储示波器（DSO）、数字荧光示波器（DPO）、混合信号示波器（MSO）、混合域示波器（MDO），以及数字取样示波器（DSA）等。

数字示波器的发展趋势主要呈现出以下几个方向：一是带宽不断提升，随着半导体集成电路技术的进步，数字示波器的带宽正朝着微波和毫米波方向发展，最高带宽达到了 110 吉赫兹；二是采样率不断提高，随着半导体集成技术及微波工艺水平的进步，数字示波器的采样率已经达到了 256 吉样点/秒，还将不断提升；三是垂直分辨率越来越高，数字示波器的分辨率由 8 位提升到 10 位、12 位，正在往 14 位甚至 16 位发展，数字示波器的电压采样更加精确，波形更加细腻真实；四是波形捕获率越来越快，随着计算机、高速数字总线及数字信号处理技术的进步，数字示波器的波形捕获率已达到 100 万个波形/秒，后续仍将不断提升，进一步减小采集的死区时间，提高瞬态和毛刺信号捕获的概率；五是功能集成化程度越来越高，数字示波器开始集成逻辑分析仪、总线分析仪、函数发生器和频谱分析仪等仪器功能，推出混合信号示波器和混合域示波器等示波器产品，实现时域、频域、数字域和调制域的多域分析。

二、是德科技公司 UXR 系列示波器

2018 年 7 月，美国是德科技公司推出 UXR 系列数字示波器（见图1），具有高达 110 吉赫兹的实时带宽，业界领先的采样率（256 吉样点/秒）和信号完整性测量功能，是目前唯一支持太比特（Terabit）以太网研究的实时数字示波器。

UXR 系列数字示波器具有多个产品型号，产品带宽 13 吉赫兹～110 吉赫兹，前置放大器直接支持高达 110 吉赫兹带宽，无须借助数字带宽交织技术（DBI）或者异步时序交织技术（ATI）等折中手段，因此具有卓越的信号完整性，能够同时满足当前和未来的技术进步需求，用户在够买后，可以在不改变产品序列号的情况下，将带宽从 13 吉赫兹一路升级到 110 吉赫兹，让用户的投资得到更好的保护。此外，该示波器的四个通道同时使用，保证每个通道都是满带宽、通道间的固有抖动低于 35 飞秒（fs），能获得更精确的时序测量。

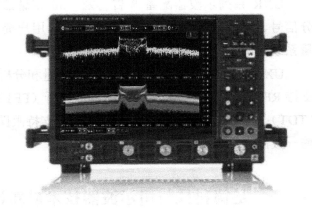

图 1　UXR 系列示波器

UXR 系列示波器 40 吉赫兹～110 吉赫兹带宽的型号提供 256 吉样点/秒的采样率，3.9 皮秒的实时时间分辨率；13 吉赫兹～33 吉赫兹带宽型号提供 128 吉样点/秒的采样率，7.8125 皮秒的实时时间分辨。同时配备了高达每通道 2 吉点的深度存储器，示波器即使工作在慢速时基下，依然保持高的采样率。

UXR 系列示波器的模数转换器（ADC）物理上可达 10 位垂直分辨率，使得测量能够准确地呈现信号特征，眼图因此变得张开，可以判定被测对象的真实性能和裕量。

UXR 系列示波器牢固的模拟穿墙式连接器确保任何带宽下的高可靠信号捕获。13 吉赫兹～33 吉赫兹带宽型号配备 3.5 毫米公头模拟穿墙式连接器，可以与标准的阴头微波高频微波连接器（SMA）、3.5 毫米、2.92 毫米的电缆和适配器互连；40 吉赫兹～70 吉赫兹带宽型号配备 1.85 毫米公头模拟穿墙式连接器，可以与标准的阴头

1.85 毫米、2.4 毫米电缆和适配器互连；80 吉赫兹～110 吉赫兹带宽型号配备 1 毫米公头模拟穿墙式连接器，可以与标准的阴头 1 毫米电缆和适配器互连。

UXR 系列示波器配备全套厂级自校准模块，确保长期测量的精度，同时可避免设备送校的需求。该自动校准模块支持示波器所有 110 吉赫兹带宽通道的自动校准；支持不同环境下的全自动校准；每通道的校准时间为 1 小时～1.5 小时，校准周期为 1 年。

UXR 系列示波器配备 8 吉赫兹～30 吉赫兹的宽带低噪声示波器探头，支持差分信号、单端信号和共模信号的测量，为用户提供形式多样、高质量探测的探头测量系统。

UXR 系列示波器具备强大的信号测量和分析功能，具备频谱分析仪的能力，可支持 RF、雷达和卫星通信信号的频谱分析（FFT）；具备网络分析仪的时域测量功能（TDT）；具备光调制分析仪的基本功能；支持眼图及抖动的测量与分析，高速串行数据一致性测量和串行协议分析等。

三、是德科技公司示波器技术最新进展

（一）模块化和平台化设计技术

随着新兴技术的不断出现，为满足用户对数据吞吐量和性能的不断提升的要求，示波器的工程师们无法迅速满足每项新技术的测量要求。基于此，是德科技的 UXR 示波器是一个模块化的、可升级的平台（见图 2），可提供 13 吉赫兹～110 吉赫兹带宽、2 或 4 通道的全面升级。因此，用户现在只需要够买 1 台满足现有需求的示波器即可，未来在不改变序列号的前提下，根据需求升级 UXR 示波器，从而满足不断增长的新需求。

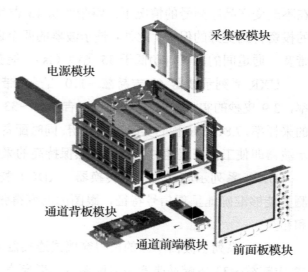

采集板模块

电源模块

通道背板模块

通道前端模块

前面板模块

图 2　模块化和平台化技术

（二）基于时间交织采样的模拟前端设计技术

带宽和采样率是示波器最核心的两个指标，直接决定了示波器的性能。传统的数字示波器利用全带宽时间交织采样和 8 位高速 ADC 来捕获信号，不幸的是，传统的半导体技术研制的放大器和取样器所能实现的带宽最大为 40 吉赫兹。为解决该技术瓶颈，是德科技公司采用边沿交织（RealEdge）技术将示波器的带宽提升到 63 吉赫兹、采样率提升到 160 吉样点/秒；泰克公司采用异步时序交织（ATI）技术将示波器的带宽提升到 70 吉赫兹，采样率提升到 200 吉样点/秒；力科公司采用数字带宽交织（DBI）技术将示波器的带宽提升到 100 吉赫兹、采样率提升到 240 吉样点/秒。三家公司所采用的技术均通过混频器或取样器将高频段的频谱搬移到低频段，然后送给后端的模数转换器（ADC）数字化，之后在数字信号处理器（DSP）中进行数字信号的处理实现信号的还原。三家公司的技术虽然提升了带宽和采样率，但是却额外增加了示波器的本底噪声，带来高的抖动和低的信号保真度，导致设计师们无法测量和分析今天高速、低电压信号。

从 Infiniium Z 系列到 Infiniium UXR 系列，是德科技历经 5 年时间，采用全新的时间交织采样技术（TIS），利用磷化铟单片微波集成电路工艺（InP MMICs），研制出了 110 吉赫兹带宽、256 吉样点/秒采样率的高性能示波器产品。

基于 TIS 技术的模拟前端模块（见图 3）集成了预放大器、触发和采样单元电路，其中预放大器采用磷化

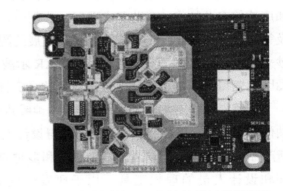

图 3　基于磷化铟的 110 吉赫兹模拟前端模块

铟集成芯片实现直流（DC）～110 吉赫兹的全带宽，而触发和采样单元电路采用了创新的低噪声法拉第箱封装技术，256 吉样点/秒的磷化铟预取样器与 4 个 64 吉样点/秒的锗硅取样器同步，锗硅取样器主要负责将磷化铟的预取样器的信号进行排列和对准，并送往后端的 10 位模数转换器进行后处理。

（三）超高速高精度采集与处理技术

为实现 256 吉样点/秒采样率、10 位垂直分辨率的超高速高精度信号采集与处理，是德科技公司提出了一种全新的信号采集与分析系统，支持每秒 2.56 太比特/秒的数

据量化和捕获。超高速高精度信号采集与处理的核心在于一个具有 24 层的采集板，该采集板由 3 个子叠层和超过 1000 根高速线路组成。每个 110 吉赫兹的模拟通道前端配合一个采集板，因此四个示波器通道需要四个采集板，在 256 吉样点/秒采样率时，UXR 示波器具备了 10.24 太比特/秒的数据捕获能力，时间同步后的通道间固有抖动控制在 10 飞秒。

该采集板由四个 10 位的高精度 ADC，四个 100 万门的存储控制器、两个信号处理可编程逻辑阵列（FPGA）、200 兆点到 2 吉点的超高速存储器、用户可选的硬件带宽限制滤波器等组成，可实现 2.56 太比特的实时采集带宽，并支持幅度和相位的平坦的频率响应校正；独有的信号处理技术，保证即使用户工作在深度存储模式时，示波器依然具备快速的波形更新率。

四、影响和意义

全新的 UXR 系列数字示波器承载了是德科技公司在测量与测量领域的深厚积累和广博的专业技术，有助于实现新一代创新设计，满足高速数字总线、光通讯研究以及第五代移动通信（5G）等市场快速发展的测量要求。110 吉赫兹带宽、256 吉样点/秒采样率、10 位垂直分辨率，使得 UXR 示波器的测量能够准确地呈现信号特征，眼图因此变得张开，可以判定被测对象的真实性能和裕量。

是德科技的 UXR 系列示波器的本地噪声和固有抖动极低，有足够的性能空间容纳信号的幅度、相位和频率变化，使得设计人员能够专心于自己的产品，从而加快创新产品上市的速度。卓越的性能水平和多种带宽选择相结合，使 UXR 系列成为工程师和设计人员的理想工具，用于研发一代又一代的双倍率同步动态随机存储器（DDR）、通用串行总线（USB）、外围组件快速互联总线（PCIe）、第五代移动通信、雷达、卫星通信和光通信等信号。

（中国电子科技集团公司第四十一研究所　刘洪庆）

软件定义仪器取得新进展——NI公司推出灵活可重构雷达收发器

2018 年 10 月，美国国家仪器（NI）公司推出灵活可重构（FlexRIO）雷达收发器 PXIe-5785。该收发器采用 12 位分辨率、6.4 吉样点/秒采样率的高速转换器，支持直接射频（RF）采样。由于转换器的采样率显著提高，从而增加了射频带宽，增加的射频带宽相当于更高的空间分辨率，可减少错误检测的发生，这对现代雷达系统很重要。PXIe-5785 是基于外围组件快速互连扩展（PXIe）平台的软件定义仪器，可对其现场可编程门阵列（FPGA）进行重新编程（重构），并通过商用模块化软件快速构造新型或自定义雷达收发器，帮助缩短雷达开发周期。

一、当前软件定义仪器发展的技术背景

伴随着测量需求的多样化和复杂化，新技术和新测量方法在不断酝酿新的需求。许多情况下，测量系统需要进行重新配置，迫使硬件也需要具有可编程、可重配置能力以满足新的需求。在这样的情况下，软件需要足够的灵活性来结合用户可编程的硬件（通常是 FPGA）在仪器内部实现智能处理。由此，软件定义仪器技术应运而生。

软件定义仪器是一种基于单片系统（System on Chip，SoC）技术、尽可能用数字信号处理取代模拟信号处理、用户可以方便定义与修改仪器功能的仪器。

PXIe-5785 雷达收发器（见图 1）是基于 PXI 平台的软件定义仪器，采用 12 位分辨率、6.4 吉

图 1　PXIe-5785 雷达收发器

样点/秒采样率的高速转换器，支持直接射频采样，可对 FPGA 进行重新编程（重构），

并通过商用模块化软件快速构造新型或自定义雷达收发器。

二、软件定义仪器的技术细节

PXIe-5785 雷达收发器采用直接射频采样架构和灵活可重构技术，将可自定义的 I/O 与用户可编程 FPGA 组合得到可重配置的雷达收发器。对于模块的 FPGA 可灵活进行功能重构，用户可使用实验室虚拟仪器工程平台（LabVIEW）FPGA 模块对其进行编程。

（一）直接射频采样架构的优势

转换器技术每年都在发展。主要半导体公司的模数转换器（ADC）和数模转换器（DAC）的采样速率比十年前的产品快了几个数量级。例如，2005 年世界上速度最快的 12 位分辨率 ADC 采样速率为 250 兆样点/秒；而到了 2018 年，12 位 ADC 的采样率已经达到 6.4 吉样点/秒。由于这些性能的提高，转换器可以直接数字化射频频率的信号（见图 2），并为现代通信和雷达系统提供足够的动态范围。对于需要更小外形尺寸或降低成本的宽带射频应用（如雷达、电子战领域），经过前端简化的直接射频采样仪器是非常理想的选择。

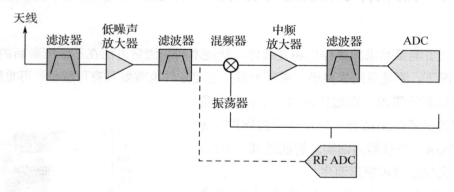

图 2　直接射频采样架构图

与外差结构相比，直接射频采样架构不需要使用混频器（Mixer）和振荡器（LO），仅由低噪声放大器（LNA）、适当的滤波器（Filter）和 ADC 组成，ADC 直接数字化射频信号并将其发送到处理器。由于不需要模拟频率转换，直接射频采样的整体硬件设计要简单得多，从而允许更小的外形尺寸和更低的设计成本。

通过与主要技术供应商合作，美国国家仪器公司的 PXIe-5785 集成了 12 位分辨率、高达 6.4 吉样点/秒采样率的最新高速转换器。由于采用直接射频采样架构，高速转换器采样率的提高增加了射频采样带宽，相当于更高的空间分辨率，可减少雷达错误检测的发生。

（二）结合 LabVIEW FPGA 模块的灵活可重构开发

灵活可重构技术基于可重配置（RIO）架构，在一个平台中集成了高性能模拟/数字输入输出（I/O）、功能强大的 FPGA，但在重构 FPGA 时用户将面临以下问题。

（1）FPGA 与输入/输出（I/O）之间的连接困难

FPGA 设计通常需要多个高级硬件编程语言（VHDL）代码组件以用于模数转换器（ADC）、数模转换器（DAC）、总线接口标准（PCI Express）总线、存储器、时钟等接口。其中的每一部分通常来自于：从零开发、重用现有的设计或从供应商处获得。这意味着必须完成相应的集成工作以连接上述各部分，该集成工作通常比算法实现本身工作量更大。

（2）不熟悉 FPGA 编程语言

只有资深的数字电路设计软件工程师才能熟练应用 FPGA 技术进行灵活重构编程，因为 Verilog 或 VHDL 这些硬件描述语言都采用的是底层语法来描述硬件行为，而大部分测量工程师并不具备这些专业知识。

为了解决这些问题，国家仪器公司提供了 LabVIEW FPGA 模块，可让用户在 FPGA 芯片中以图形化方式开发数字电路。具体开发方式如下。

1. 连接 FPGA 至 I/O

尽管输入/输出硬件接口实现起来很难，但定制它们的意义不大。例如，通过 ADC 接口关闭静态定时和计算同步可能较难实现，但它在不同项目中的模数转换功能基本相同。为了消除此瓶颈，LabVIEW 提供了软件无线电（SDR）印制电路板上所有硬件的接口。例如，ADC 数据作为已被正确采样且已转换为正确数据类型的采样提供给 FPGA 程序框图，用户仅需在程序框图上放置读取 I/O 节点即可访问这些数据（见图 3）。同样，如要将数据以数据流方式从 FPGA 传输至中央处理器（CPU），仅需写入先入先出（FIFO）节点而无须考虑实际的数据流实现方式。

图 3（a）在带有 I/O 的典型自定义 FPGA 设计中，设计团队通常在集成 I/O 接口上花费的时间要高于实现算法。图 3（b）在 LabVIEW 中已经实现了这些接口，因此设计团队可以专注于实现信号处理。

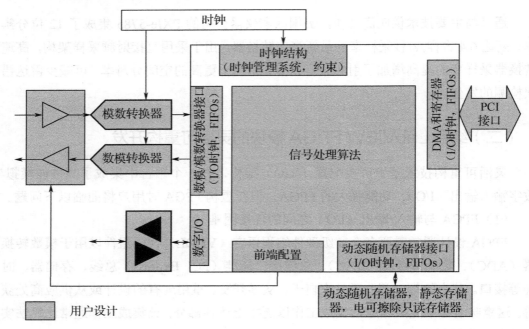

（a）带有I/O的典型自定义FPGA设计

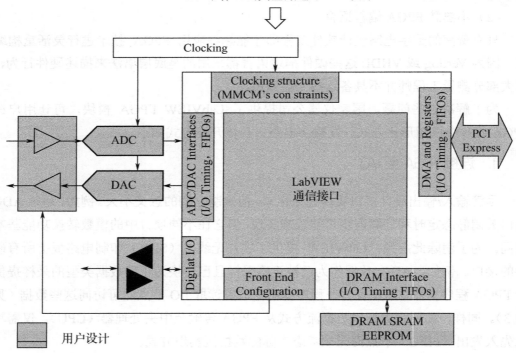

（b）通过LabVIEW专注于实现信号处理

图 3　利用 LabVIEW 将 FPGA 与 I/O 连接

2. 在不具备 HDL 专门知识的情况下设计 FPGA 代码

通过 LabVIEW FPGA 模块可以利用程序框图对 FPGA 进行编程（见图4）。在底层，该模块采用代码生成技术实现图形化开发环境与 FPGA 硬件的整合。不论是否使用过硬件描述语言（HDL），都可以利用该模块以及商业现成可用的（COTS）硬件来创建基于 FPGA 的测量与控制硬件。由于简化了 FPGA 编程的细节，使硬件本身也能像软件一样具有灵活的可编程性。

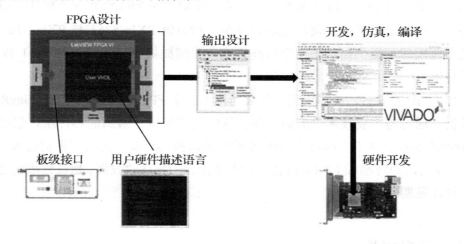

图4　LabVIEW FPGA 图形化开发

单周期定时循环（SCTL）是一个主要的 LabVIEW FPGA 结构，提供不同的编程原理，能够紧密匹配 FPGA 电路的行为，控制 FPGA 上的 LabVIEW 代码实现。

使用 LabVIEW FPGA 模块编程时，程序框图的内容会转换成硬件，因此程序框图上每个节点在 FPGA 上都会有对应的电路元件。将编码放到 SCTL 外面时，LabVIEW 在数据流经硬件时控制这些硬件组件的执行。

三、美国 NI 公司软件定义仪器 FlexRIO 系列产品的最新进展

2016 年 8 月，美国国家仪器（NI）公司针对 PXI 平台，推出了一个全新的、开放式的、基于 FPGA 的产品系列——灵活可重构（FlexRIO）系列产品。该系列产品提供了同时结合高速 I/O 和 LabVIEW FPGA 技术的解决方案。通过 FlexRIO，工程师可以在基于 PXI 的 FPGA 硬件上添加自定义信号处理算法。

2017 年 6 月，美国国家仪器公司推出了 FlexRIO PXIe 模块 PXIe-7915。该模块基于 FPGA 系列器件，充分利用了 FPGA 管脚的兼容能力，将 FPGA 背板的灵活性

和可扩展性最大化，同时采用相同的 PCB 布局，即用户可以根据需要选择不同规格的 FPGA 器件。PXIe-7915 采用高速串行数据转换技术（ADC/DAC 数据转换达到 12 位 4 吉样点/秒），包含了更多的可编程逻辑资源，同时也在性能上带来了显著提升。

2018 年 6 月，美国国家仪器公司推出夹层（Mezzanine）I/O 与 FPGA 技术结合的全新 PXI FlexRIO 架构硬件平台。该架构具有高达 7 吉字节/秒的数据传输带宽，能与机箱内的其他模块进行高速通信。基于此全新架构，推出了第一批产品，包含两款高分辨率 PXI FlexRIO 示波器、三款专用 PXI FlexRIO 协处理器模块，以及一款可协助进行自定义前端开发的模块开发包。示波器 PXIe-5763 与 PXIe-5764 无需牺牲动态范围即可提供高速采样率与高带宽，分别提供 500 兆样点/秒与 1 吉样点/秒的采样率。

2018 年 10 月 8 日，美国国家仪器公司推出基于 FPGA 的 PXIe-5785 FlexRIO 雷达收发器。通过与主要技术供应商合作，该收发器集成了最新的芯片组，包括具有 12 位分辨率和高达 6.4 吉样点/秒采样率的高速转换器。基于灵活可重构技术，将可自定义 I/O 与用户可编程 FPGA 组合得到可重配置的雷达收发器，旨在缩短先进雷达应用的设计周期。

四、影响和意义

PXIe-5785 FlexRIO 雷达收发器支持直接射频采样，由于转换器的采样率显著提高，从而增加了射频带宽，这对现代雷达系统很重要，增加的射频带宽相当于更高的空间分辨率，可减少错误检测的发生。基于 PXI 平台，通过对 FPGA 进行重新编程，使用户能够更轻松地实现系统集成和模块同步，并通过商用模块化软件快速构造新型或自定义雷达收发器，帮助缩短雷达开发周期。

PXIe-5785 雷达收发器结合了用户可编程 FPGA 和高性能模/拟数字 I/O，提供了定制硬件的灵活性，而且无需定制设计成本。通过灵活可重构技术，用户可以利用 LabVIEW FPGA 模块对其进行编程。在此之前，FPGA 技术仅局限于部分掌握了数字设计技术的硬件工程师，然而 LabVIEW FPGA 技术使得所有的工程师都可以通过直观的图形化编程方式对 FPGA 进行编程。通过提供硬件级别的可编程软件技术，LabVIEW FPGA 将继续推动测量技术的发展。

（中国电子科技集团公司第四十一所　王建中）

微波毫米波材料电磁参数测量技术最新进展

微波材料作为微波信号的传输介质，在微波集成电路、微波通信、雷达隐身、电子对抗、导弹制导等各个领域都有广泛的应用。微波材料在科学研究、工程研制及应用中都离不开材料介电性能测量，材料介电性能测量与评价是材料科学发展、材料研制、工程应用的基础。对于微波材料，其介电性能参数主要包括复介电常数以及复磁导率，它们是表述电磁场和微波介质材料之间相互作用机理的最基本的两个特征参数。准确了解材料的介电性能参数值并研究其测量方法，对于微波材料在各领域的应用具有重要意义。2018 年 4 月，瑞士 SWISSto12 公司成功交付的封闭式自由空间法基于波纹波导型材料测量支架（MCK），可在毫米波和太赫兹频段对不同隐身材料、飞行器罩体材料实现迅速、准确的测量，测量频率最高可达 1.1 太赫兹。

一、当前材料测量系统发展的技术背景

随着电介质材料在航空器、船舶及车辆、通信等领域的广泛应用，介质材料也在不断的向前发展，特别是当前左手材料的发现与研究，这些介质材料领域的发展和进步重新使准确测量电介质材料的复介电常数成为人们研究的一项重要内容。目前已有许多测量复介电常数的方法，其中对于微波波段，主要以反射/传输法，谐振腔法，以及自由空间法为主。

（一）基于反射/传输法测量技术的应用

反射传输法依据样品夹具或测量座的不同，可分为同轴型、矩形波导型、带线型和微带线型。其中，同轴反射传输法的测量频带很宽，一般用于测量 0.1 吉赫兹～18 吉赫兹频率范围的电磁参量。同轴样品为环状，用料较少。矩形波导型反射传输法的测量频带相对较窄，一般用于测量厘米波段的电磁参数，其样品为块状，用料较多。

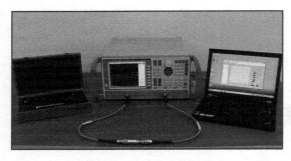

图1　同轴传输线材料电磁参数测量系统实物图

与同轴和矩形波导反射传输法相比，带线反射传输法具有样品制备方便且易于放置等优点，但其测量精度与样品测量盒的加工精度有关。微带线反射传输法可用于测量厚度仅有 1 微米～10 微米的薄膜材料的电磁参数。与带线法一样，该方法对测量盒的加工精度要求也很高。显然，与同轴反射传输法相比，矩形波导反射传输法具有测量频带较窄、样品用量较多的缺点，而带线和微带线传输/反射法对样品测量盒的加工精度要求较高，难以自行加工。图1为同轴传输线材料电磁参数测量系统实物图。

（二）基于谐振理论测量技术的应用

谐振法是将待测介质置入谐振腔内，使腔的谐振频率与品质因数发生变化，从而利用介电特性与谐振频率与品质因素的关系来确定介质复介电常数的方法。1962 年巴洛提出了复合谐振腔理论。其基本思想是将样品放在一段截止波导中，这个截止波导被耦合到 TE01n 模谐振腔上，这样在截止波导中传播着的是 TE01n 衰减模。只要截止波导的长度可以将电磁波完全衰减掉，此截止波导后端即相当于无限长的情况。在这个截止波导中，当没有放置样品时，除非常小的壁耗外，没有功率被吸收，因此空截止波导的存在不会降低谐振腔的品质因数 Q，只是移动了谐振腔的谐振点。当将样品放置于截止波导中时，部分功率被样品吸收，并建立起反射场，谐振腔产生相应的 Q 因子降低和谐振点的漂移，因此对在截止波导中置入样品前后谐振腔行为的分析能得到材料介电性能的信息。2001 年，卡特发展了谐振腔微扰理论。当样品为各向同性材料，并且满足微扰条件时，由麦克斯韦方程出发，推导出微扰方程，并对其使用条件及误差范围进行了分析。当样品为足够小的球体，并假设由于样品引入而造成空腔场的变化可以忽略，且在样品内部的场分布均匀时，该方法引入的误差不足1%。另外还可以采用介质谐振腔法、腔体微扰法和开腔谐振法。谐振法测量准确，主要适用于低损材料介电常数测量。但由于介质谐振腔中有多种工作模式，为了能精确测量，固体材料的结构尺寸和耦合装置必须精确设计，只能在窄带中保证准确性。此外该方法还要求样品尺寸较小。

摩尔等人曾使用这种方法通过测量单极振子谐振频率及谐振时的 3 dB 带宽来反

演得到介质的电磁参数。对于测量金属纳米微粒，量子分裂是影响电磁参数的重要因素。2003 年，一种微波介质环形谐振腔法用于金属介电参数有效测量。2006 年，一种新的基于微带的谐振装置被用于在频段 1 吉赫兹～10 吉赫兹测量泡沫材料，类似于微带环形谐振腔，此方法实现了相当高的分辨率。图 2 为谐振腔材料测量电磁参数系统实物图。

图 2　谐振腔材料测量电磁参数系统实物图

（三）基于自由空间法测量技术的应用

自由空间法具有非接触、非破坏的特点。该方法采用矢量网络分析仪和收发天线等主要测量设备，构成开放空间测量系统，通过测量散射参数的幅度和相位来计算复介电常数和复磁导率。自 1987 年卡伦基于菲涅耳反射定律提出了一种有效的反演方法以获得在自由空间测量材料的电磁参数后，自由空间法开始迅速发展。随后高都冈等人利用透射天线方案解决边缘散射问题，对自由空间法作了理论的说明并加以拓展，将自由空间逐步完善。另外还有利用该法测量层板状复合材料等研究。1991 年，乌马里提出了全新的自由空间双静态校正方法有效地减少多重反射以及散焦问题，使在自由空间对材料电磁参数的测量更易于实现。1997 年，穆尼奥斯等对电磁波入射角度对电磁参数测量的影响进行了研究。2002 年，泰米斯等借鉴传输线中的匹配原理，利用终端开路短路法在频段 8 吉赫兹～12.5 吉赫兹实现了反射系数测量。

自由空间法可以在很广的范围内使用，包括对液体、固体与气体样品电磁参量的测量。其主要特点是可满足于在高温条件、非均匀物质、非接触测量条件下保证样品无破坏。尤其适合在高频段对高损材料的测量。自由空间法还具有很高的灵活性，可以随意改变入射电磁波的极化方向和入射角度，适宜于测量复合材料的电磁参数。其主要的缺点是在样品边缘发生的衍射效应（点聚焦天线简化了这个问题）与喇叭天线的多重反射问题（GRL 校准技术可弥补这个问题）。图 3 为自由空间法材料电磁参数测量系统实物图。

图 3　自由空间法材料电磁参数
测量系统实物图

这三种方法有各自的特点和不足，经过不断

的完善与发展都日趋成熟，并已得到广泛应用，但随着微波毫米波以及半导体集成电路技术的飞速发展，也对新材料、新技术提出了更高的要求，如何解决毫米波及太赫兹下材料电磁参数测量的难题，特别是低损耗材料的损耗参数高精度测量问题，已成为材料电磁参数测量人员关注的焦点。

二、SWISSto12 交付的高精度材料测量系统及技术细节

2018 年 4 月，SWISSto12 公司向国内某高校成功交付了一套高精度毫米波材料测量系统。该系统涵盖开放式和封闭式两种自由空间测量方法。开放式自由空间法基于水平精密测量支架和垂直旋转轨道测量支架，封闭式自由空间法基于波纹波导型材料测量支架。材料特性测量夹具（MCK，见图 4）采用瑞士 SWISSto12 公司的波纹波导材料测量套件，样本厚度可达 1 毫米，测量点直径范围在 5 毫米～18 毫米，可

图 4　MCK 实物图

以测量各种形态的材料（固体、半固体、粉末或薄膜液体），并且可以和市面上常见扩展模块兼容，测量频率最高可达 1.1 太赫兹。自带分析软件基于 Windows 系统，与罗德与施瓦茨公司（R&S）、是德科技公司（Keysight）、安立公司、中电科仪器仪表有限公司的网络分析仪兼容。MCK 的优点和特性使其可以在毫米波和太赫兹频段对不同材料实现迅速、准确的测量。

该套件通过搭配矢量网络分析仪及频率扩展模块使用，将 MCK 套件连接在矢量网络分析仪扩展的发射和接收模块中间，通过软件进行 MCK 校准，首先不放置样品直连测量以校准 S21 参数；然后在样品放置处夹持反射镜校准 S11 参数；最后放上待测材料，通过软件测量出材料的介电常数以及损耗正切角。整个测量流程简单快速，校准、测量所花时间不超过 2 分钟。

另外水平精密测量支架两端各有一个 1 米的直线导轨，可通过导轨上滑块的移动实现不同厚度的材料测量，同时实现不同距离对材料测量结果的影响。该水平精密测量支架长 2 米，可移动距离为 1.5 米，精度为 0.01 毫米，材料安装架旋转角度 0 度～180 度，角度读数精度 0.1 度。

三、SWISSto12 公司材料测量系统的最新进展

（一）SWISSto12 公司材料测量系统校准技术

因 MCK 测量夹具同时也是一个模式转换工具，利用反射传输参数进行双端口校准，一种是直通状态，另一种是短路状态，同时利用时域门技术去除端口不匹配带来的多次反射干扰。

误差模型如图 5 所示，可以看出与传统材料测量系统校准不同，此信号流图中加入了隔离误差项即 E_x 项，此误差项的加入可以在使用非点聚焦天线的情况下能够更有效地降低天线间的串扰对测量结果的影响。

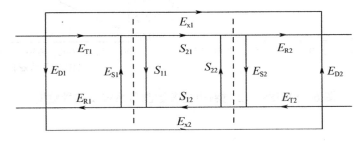

图 5　误差模型信号流图

虚线中的 S 参数代表由待测材料构成的双端口网络的实际 S 参数，即校准后需要得到的 S 参数，模型中的 E 误差项意义与传统误差模型相同，校准的目的就是通过对已知 S 参数的标准件的测量得到各误差项的值，然后进行位置材料的电参数测量，利用误差项的值及测量结果得到实际需要的 S 参数。系统中能够实现的简单校准件包括直通校准件及反射校准件。直通校准件即在夹具中不放置任何材料，反射校准件可用具有一定厚度的短路片实现。

（二）SWISSto12 公司材料测量系统产品特点

图 6 给出了 SWISSto12 材料电磁参数测量系统及测量数据，该产品具备以下特点：

● 测量数度快，可在几秒钟内进行几千个频点的测量；

● 配置简单，安装方便；

● 既可以测高损耗材料，也可以测低损耗材料；

● 对样品尺寸要求不高，仅几厘米见方的样品尺寸即可满足测量需要。

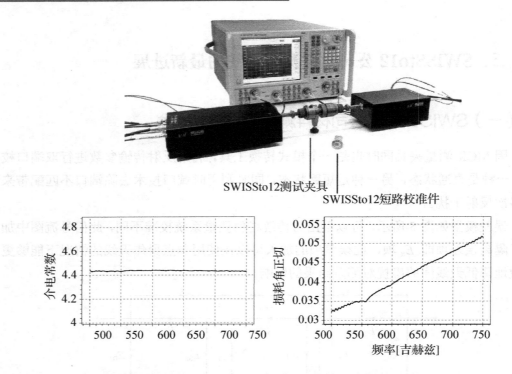

图6　SWISSto12材料电磁参数测量系统及测量数据

四、影响和意义

通过 MCK 套件的研制，SWISSto12 公司材料测量系统很好地解决了毫米波、太赫兹频段快速、高精度的材料电磁参数测量难题，可为通信、末端制导等产品罩体材料提供有效的测量手段，为产品的设计及研发提供有力支撑。

（中国电子科技集团公司第四十一研究所　赵锐）

法国 MVG 公司树立毫米波天线测量新里程碑

2018 年 6 月 26 日，法国 MVG 公司在上海召开研讨会，探讨和分享了毫米波天线测量技术，全面展示了产品应对毫米波测量挑战的能力，介绍了划时代产品 50 吉赫兹 StarLab，该产品为全球第一套基于多探头技术的高效率毫米波天线测量产品。

MVG 公司 50 吉赫兹 StarLab 产品的推出，将多探头天线测量系统的频率上限进一步提升到 50 吉赫兹，系统中包括 15 个双极化探头（可以选择 29 个探头）组成探头阵列，通过其独有的电子扫描探头阵列测量技术，可以将毫米波天线的测量效率提升 10 倍以上，引领了毫米波天线测量技术的发展趋势。

一、毫米波天线测量系统发展技术背景

在军用雷达、对抗、通信和导航等无线信息系统中，天线作为辐射和接收信息的关键部件，其性能指标的优劣将直接影响无线信息系统的整体性能。因此，设计各种不同用途的高性能天线已成为提高现代军事电子装备性能的一个重要课题。作为准确评估天线性能特性的重要测量保障手段，天线测量系统对于天线技术的发展起着重要的作用，并伴随着天线设计制造技术的发展而快速发展。对于天线测量系统来说，测量方法是否合适、测量设备是否精确、数据处理算法是否正确等都对能否准确测量天线的性能特性起到重要影响。近年来，随着技术的进步和现代测量手段的快速发展，天线测量技术也取得了重大进展，已形成多种测量方法，包括远场测量、近场测量和紧缩场测量等，各种方法也已经不断成熟和完善。

近年来，随着技术的不断发展和进步，信息化装备有两个显著的发展趋势：一是向阵列化、阵面化的方向不断发展，相控阵技术在装备中应用越来越广泛，一个天线阵列，少则几十上百个辐射单元，多则成千上万个辐射单元；二是装备的工作频段不断提升，由于频率越高波长越短，则相对频带宽度可以越宽，信息容量就可以越大，同时对于给定尺寸的天线就可以得到更窄的波束、更高的精度和更好的分辨率，而且

更容易系统集成。信息化装备的这些新发展，对天线测量技术提出了更高的要求：由于天线辐射单元越来越多，而每个单元都需要进行测量，相应测量的工作量就越来越大，对系统的测量效率就提出了越来越高的要求；随着频段的不断提升，天线测量系统的工作频率上限也要不断提升。基于上述测量需求，多探头球面近场测量技术应运而生，该技术通过多探头阵列电扫的方式代替传统的机械扫描，在保证测量精度的前提下大幅提升了测量效率，并通过不断的努力将测量频率上限进一步提升到 50 吉赫兹，引领了天线测量技术的发展趋势。

二、50 吉赫兹 StarLab 多探头天线测量系统技术细节

（一）系统原理介绍

MVG 公司 50 吉赫兹 StarLab 多探头球面近场天线测量系统的原理框图如图 1 所示。系统分为仪器分系统和暗箱分系统。其中，仪器分系统主要由电子扫描控制装置、机械扫描控制装置、矢量网络分析仪、主控计算机和网络交换机等组成，所有仪器设备安装在机柜内部，整洁美观，移动方便。暗箱分系统包括测量转台、探头阵列（包含探头单元、开关矩阵及圆弧型架）、屏蔽暗箱、吸波材料、系统连接电缆和转接器等。

系统的基本工作原理为：在主控计算机软件的控制下，机械设备的方位轴旋转带动被测天线（Test antenna）转动，多探头阵列固定不动，机械设备在方位轴的每一个采样位置输出一个同步触发脉冲，电子扫描控制装置控制多探头阵列进行高速电子切换，同时触发矢量网络分析仪完成一次数据采集，最终完成被测天线近场区域一个完整球面的数据采集，再通过近远场数据变换得到天线的远场方向图数据。因此，从原理上来说，多探头天线测量系统属于球面近场测量。

多探头球面近场扫描的测量模型示意如图 2 所示：15 个近场测量探头以 22.5 度间隔均匀固定在圆弧型的探头固定架上（系统还可以选择 29 个探头，进一步加密探头阵列，则探头间隔为 12 度），正好形成一个完整的圆弧；待测天线固定在天线支架上，并确保待测天线处于圆心的位置；在天线下方转台的带动下，待测天线可以在方位向 180 度旋转，同 15 个探头相配合，可以完成一个球面的扫描，在利用近远场变换算法，快速完成天线远场方向图特性的测量；同时，圆弧型天线支架也可以沿着圆弧方向做 11.25 度范围内的微动，使得在整个球面上采集的数据更为密集（如以 2.25 度的等间隔在-11.25 度到 11.25 度的范围内均匀步进，可以让采集的球面数据加密 10 倍），可以得到更为准确的方向图参数。

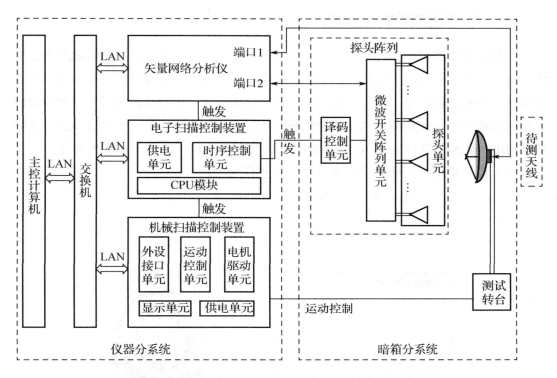

图 1　多探头球面近场天线测量系统原理框图

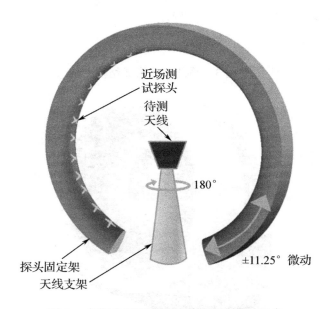

图 2　多探头球面近场扫描测量模型示意

（二）系统组成结构及实物

　　系统具体组成结构如图 3 所示，主要包括数据采集与处理计算机、矢量网络分析仪、电子扫描控制单元、综测仪、功率放大器、机械运动控制等仪器设备，这些设备放置在一个标准机柜中，探头阵列及转台等部分集成在一个探头阵列箱中。图 4 给出了多探头球面近场天线测量系统实物的图片，系统主体结构尺寸仅有 1820 毫米×2000 毫米×1080 毫米（宽×高×深），非常紧凑，底部有 4 个轮子，便于在室内移动，并且对系统工作环境没有特殊要求，非常便于生产现场应用。

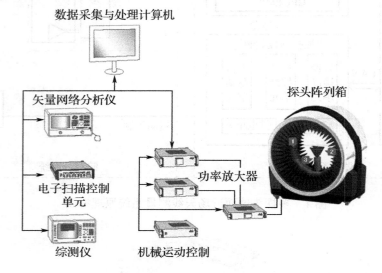

图 3　系统具体组成结构

图 4　多探头球面近场天线测量系统实物图片

（三）系统技术参数

系统实现的技术参数如表 1 所示。

表 1 系统技术参数表

序　　号	项　　目	性 能 参 数
1	频率范围	18 吉赫兹～50 吉赫兹
2	系统动态范围	50dB
3	增益测量精度	±0.9dB（10dB 增益）
4	探头数量	15/29
5	被测天线最大尺寸	0.45 米
6	测量时间	0.5 分钟（10 频点）

三、法国 MVG 公司多探头测量技术特点及最新进展

依靠着其独有的"MV-Scan"专利技术，MVG 公司推出了系列化多探头天线测量系统，包括 StarLab 系列、StarLine 系列、SG 系列、StarBot 系列等产品，分别涵盖了装备产线紧凑型测量应用、大型球面近场测量应用、大型平面近场测量应用、装备现场测量应用等领域。

与传统天线测量系统相比，50 吉赫兹 StarLab 多探头球面近场天线测量系统具有以下显著的技术优点：

（1）电子扫描探头阵列的超快测量速度，同传统单探头标准球面测量系统相比，速度快 10 倍以上，测量效率显著提升。

（2）过采样专利技术可在有限移动的情况下实现精准测量。

（3）球形结构可使其测量由低到高不同方向性的各种类型天线，能够测量的天线类型更为全面。

（4）系统具有超宽带覆盖，一套系统即可实现 18 吉赫兹～50 吉赫兹全频段覆盖。

（5）系统结构紧凑，体积小巧，对环境没有特殊要求，非常适合生产现场布置应用。

同时，由于 50 吉赫兹 StarLab 多探头球面近场天线测量系统有着同传统系统不同的更为紧凑的结构形式以及更为复杂的多探头电扫工作方式，导致 50 吉赫兹 StarLab 多探头天线测量系统同样不可避免地存在着一定的技术局限性，主要包括以下几个方面。

（1）系统通道校准复杂，多通道电扫的工作方式要求多个通道之间要保持严格的幅度和相位一致性，因此需要专用的校准装置进行复杂的通道校准，在使用过程中为确保精度还需要定期进行标校。

（2）系统频率上限扩展受限，由于系统中测量探头都是预先固定在探头支架上的，因此每一个交付给用户的系统频率范围你都是固定的，无法进行扩展。

（3）系统的精度控制比较困难，随着频率的不断提高，对应的波长就越短，则实现通道的幅相一致性就越困难，要保证系统的测量精度也就越难，因此从系统增益、副瓣测量精度上来说同传统单探头测量系统还存在一定的差距。

正是由于上述局限性，目前多探头天线测量系统的频率上限只到 50 吉赫兹。为弥补上述不足，MVG 公司又发展了单探头和多探头技术相结合的天线测量技术和系统产品。该技术结合了单探头具有更高的频率覆盖范围及多探头更高测量效率等优点，一套系统具有两种功能，可以在单探头近场天线测量系统和多探头天线测量系统之间快速切换，使得系统具备了更强的适应性，可以满足更多的应用需求。

四、影响和意义

50 吉赫兹 StarLab 多探头球面近场天线测量系统的推出并成功应用，进一步提升了多探头天线测量技术应用的频率上限，使得多探头天线测量系统能够满足更多类型天线的测量需求，可大幅提升毫米波天线测量的效率，对促进天线测量技术的发展、促进装备研发生产过程中测量保障能力的提升具有重要意义。

同时，MVG 公司将阵列电扫技术引入毫米波天线测量系统中也给予了我们很多启示，面对装备的快速发展和测量需求的不断提升，我们只有不断创新并将新技术在产品中率先应用，才有可能不断提升我们的测量系统产品，也才能更好地满足测量需求。

（中国电子科技集团公司第四十一研究所　王亚海）

美国国家仪器公司夯实以软件为中心的
平台化分布式测量生态

随着新型传感器技术、网络通信技术与计算机技术的快速发展，测量测量领域内出现了"以软件为中心"的分布式测量应用系统。这些系统一般由多个具有状态感知、业务处理或运维管理能力的终端节点组成，通过柔性可重构的开放式软件来协同控制多个分布式节点，完成复杂的测量应用业务任务。

一、概述

美国国家仪器（NI）公司是以软件为中心的平台供应商，提供以软件为中心的开发平台，利用高效的开放式软件、灵活的模块化硬件与庞大的生态系统，构建满足用户需求的系列测量应用解决方案。早在 20 世纪八十年代，随着 NI LabView 软件的诞生，NI 就提出"软件就是仪器"的口号，并结合开放式软件和模块化硬件的技术与产品优势，降低成本、简化开发、提高效率，帮助测量、控制与设计领域的客户解决从设计、原型到发布过程中所遇到的种种挑战。近年来，NI 公司积极投入工业物联网、智能制造、5G 通信等领域，推出了一系列"以软件为中心"的分布式测量应用解决方案。

二、来自工业物联网的热点和挑战

随着工业 4.0、数字化工业理念的发展，设备互联互通与智能化成为趋势，工业物联网（IIoT）走上了历史舞台。在 IIoT 时代，分布式系统正在变得比以往更加庞大，对远程设备访问与管理需求在不断提升。同时，企业围绕设备进行价值挖掘，设备联网后的数据成为关键。因而，IIoT 领域备受关注的技术热点和挑战，主要包括如下几点。

1. 远程系统管理

应对设备配置、诊断和管理方面的挑战，进行任务或进程级的系统参数监测，以最大限度减少软件错误所导致的停机影响，并发现潜在的安全漏洞。

2. 软件配置管理

在高度动态工业环境中，应对不断变化的设备利用率和网络稳定性。针对不同阶段的多个设备供应商，跟踪和控制应用级至固件级的微小软件更改。

3. 数据管理

需要同时包含运行在边缘侧和企业级的分析功能，整合来自多个数据源的数据，提供不同级别的挖掘分析，让客户获得正确的信息，将原始数据转化为决策依据。

此外，随着工业物联网的快速发展建设，边缘的重要性越来越突出。对于工业设备而言，很多数据的分析处理具有实时性、低延迟的要求，例如协同、控制等时间敏感的信号，而数据与云端通信的低传输速度与带宽限制，无法支持这些实时性要求。因而，适用于工业物联网的边缘计算设备，应能够采集边缘数据，并进行智能的运算能力和可操作的决策反馈。

三、以软件为中心的分布式测量应用解决方案

（一）NI 公司分布式测量生态的产品体系

NI 公司主要借助模块化的硬件平台和强大灵活的软件产品，来构成面向应用的整体解决方案。目前，其分布式测量生态的主要软硬件产品如表 1 所示。

表 1　分布式测量生态软硬件产品

类　别	名　　称	功　能　简　介
软件产品	SystemLink	具有系统管理、软件部署、远程数据管理与系统健康监测功能，聚焦分布式系统的大批量部署和远程诊断，应对互联设备快速增加与高效管理的挑战
	基于智能边缘 BIE 的边缘计算架构	主要由本地运行包与云端管理套件组成，针对分布式系统设备互联、大型部署、边缘数据采集、状态监测与运行维护，提供从云端生产环境、管理环境到本地运行环境的全套工具

类　别	名　　称	功　能　简　介
软件产品	开源边缘计算平台 OpenEdge	和 BIE 云端管理套件配合使用，将计算能力拓展至用户现场，提供临时离线、低延时的计算服务，提供物联接入、消息转发、函数计算、远程同步与 AI 推断等功能，实现云端管理和应用下发、边缘设备上运行应用的效果，以满足各种边缘计算场景
	机器学习工具包	基于 LabVIEW 图形化开发环境，通过对边缘节点收集到的设备信息进行模型训练和验证，进行预测性维护与决策优化分析等
	Diadem	基于配置的测量测量技术数据管理、分析以及报告生成工具，可交互式地对数据进行挖掘和分析
	InsightCM™	针对工业资产状态监测与运行维护应用需求，整合各类传感器进行多通道数据采集、实时监测报警、状态数据收集与可视化浏览显示，以帮助维护人员优化机器性能、最大化机器正常运行时间、降低机器维护成本和提高机器安全性
边缘计算硬件	设备端数据采集硬件平台 CompactDAQ 与 CompactRIO	完成对设备状态的数据收集与预处理，基于以 FPGA 为核心的硬件架构，设备能够实现高速的数据分析、控制与快速部署。采用模块化的 I/O 接口和开放的系统架构，能够将设备连接至任意传感设备、执行器与第三方系统，完成决策反馈

下面要介绍其中的 SystemLink、边缘计算架构与 OpenEdge。

（二）分布式系统管理应用软件 SystemLink

SystemLink 是 NI 公司专为 IIoT 市场开发的产品，拥有广阔的应用前景。2017年 NI 发布 SystemLink 时，只是用于管理分布式硬件系统，并尝试对装备企业提供资产管理，以便提高运营效率并降低维护成本。随后，NI 公司围绕 SystemLink 进行整合，使得用户通过集中统一的可视化界面，来连接、部署和管理 NI 和第三方的分布式系统，进行远程配置和部署软件、监控设备的运行状况和性能、管理警报和可视化应用程序参数，并且与 InsightCM™在线状态监测应用进行深度融合，以便为大规模分布式应用部署、互联配置与运维管理提供全面支撑。目前，SystemLink 的优秀性能已经获得了亚马孙、西门子等知名企业客户的赞赏。2018 年 11 月 14 日，SystemLink 被评为航空航天和防务工业技术创新奖金奖。

SystemLink 集设备远程部署、状态监测管理、测量数据管理于一身，可以执行设备的远程驱动和软件的安装，并确保所有设备驱动和软件版本的统一。主要功能包括：

设备远程部署：内置管理器进行远程设备升级维护，支持通过 NI 公司在线商店生成安装包，根据版本需求进行软件部署。支持简单直接的多台设备同时软件部署，辅助用户查看已安装的软件与软件版本记录。

状态监测管理：通过统一界面来浏览访问分布式系统的所有设备或节点。支持用户根据实际需求进行个性化仪表板定制，以监控设备的运行状况和性能状态。

测量数据管理：提供简单直观的数据集成、数据挖掘分析与可视化展示功能。内置的仪表生成器可定制出各种样式的仪表板，支持仪表板控件与数据之间的绑定，进而完成状态可视化、实时监控与远程操作部署。

系统管理功能：提供简洁高效且可扩展的系统管理功能，支持云端或本地部署，可以方便地对接第三方设备和软件。

SystemLink 的管理和监测界面如图 1 和图 2 所示。

图 1　SystemLink 管理界面截图

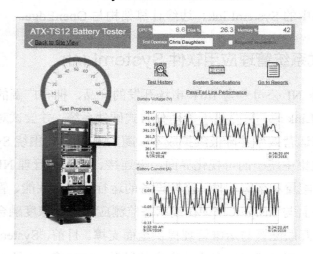

图 2　SystemLink 状态监测应用界面截图

（三）基于智能边缘 BIE 的边缘计算架构

基于智能边缘（BIE）的边缘计算架构，是 NI 公司联合百度智能云共同完成的。百度智能云是 NI 公司在 IT 领域的重要合作伙伴之一。智能边缘 BIE 是百度云发布的国内首个边缘计算产品，发布伊始即推行"端云一体"解决方案。百度的"云计算+大数据+人工智能+物联网"是目前国内全面的人工智能开放平台，由百度大脑、百度智能云及百度云天工三部分构成。百度大脑开放语音、图像、视频分析和知识图谱等业内先进的人工智能服务，百度云集成了百度大脑 100 多项业内领先的人工智能能力，百度云天工运用规则引擎、可视化等技术对来自边缘侧的数据进行分析与管理，与智能边缘 BIE 形成云端迭代、边缘设备实时决策的绝佳配合。

所谓 BIE，是将云计算能力拓展至用户现场，可以提供临时离线、低延时的计算服务，包括消息规则、函数计算、人工智能推断。智能边缘配合百度智能云，形成"云管理，端计算"的"端云一体"解决方案。针对工业设备的智能故障诊断与预测性维护，NI 公司联合百度智能云合作发布了边缘计算架构，如图 3 所示。其中，NI 边缘计算硬件平台对一台模拟旋转轴承进行在线信号采集，通过边缘计算完成系统异常判断及数据降维，同时基于百度智能云提供的全新智能边缘架构连接至百度云天工智能物联网平台，在云端实现进一步的数据分析和处理，实现设备的智能故障诊断与预测性维护。百度智能云的智能边缘架构不仅仅提供了灵活通用的边缘计算框架，更为 NI 公司边缘设备提供了简易的云端接口，能够快速连通系统层级。

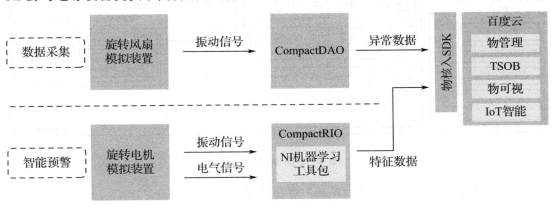

图 3　边缘计算架构示意图

作为百度云天工的重点输出产品，BIE 可以与天工各云端平台服务无缝对接。也就是说，部署了智能边缘 BIE 的设备和边缘计算节点，既可以与百度云天工进行无缝数据交换，对敏感数据进行过滤计算，也可以在无网或者网络不稳定的情况下，缓存数据、独立计算，实现实时的反馈控制。目前，智能边缘 BIE 已经能够支持主流人工智能框架训练的算法模型，并与百度智能云推出的云端函数计算服务、云端大数据服务、云端视觉模型工厂服务完全兼容，能够独立运行在包括 NI 公司边缘设备的 10 多种主流系统和硬件架构上，让每一台联网的终端设备都"轻装上阵"，实时进行计算。BIE 旨在依托容器化、模块化的设计模式，通过降低各模块间的耦合度与强制性的证书认证模式，打造一个轻量、安全、可靠、可扩展性强的边缘计算环境，为国内边缘计算技术的发展营造一个良好的生态环境。

BIE 架构如图 4 所示，在云端进行设备的建立、身份制定、策略规则制定、函数编写、人工智能建模，生成配置文件和执行文件并通过端云协同的方式下发至本地运行包，在近设备端的本地运行包里完成数据采集、消息分发、函数计算和 AI 推断等功能，通过一键发布和无感部署的方式，极大提高智能迭代的速度，使之达到"训练、管理、配置在云端，采集、转发、计算、推断在本地"的效果。BIE 推行容器化，基于容器进行"一键式部署"并确保一致性、标准化。在降低各功能间耦合度方面，BIE 推行模块化，每一项功能都是一个独立的模块，各功能模块的运行互不依赖、互不影响，可以满足用户进行"按需使用、按需部署"。

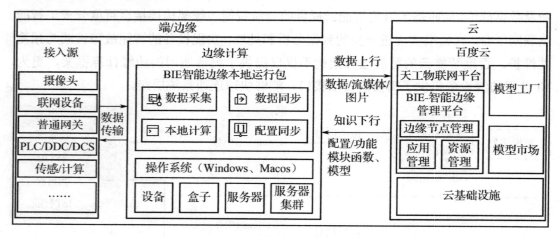

图 4   BIE 架构示意图

在应用场景上，随着"万物互联"概念的提出，物联网设备逐渐成为网络数据生产的中心，其生产数据的增长速度也愈来愈快。而且，由于其在地理位置上的分散性及对响应时间、安全性越来越高的要求，加之实际场景中复杂的网络环境，导致现有公有云计算平台变得越来越不能完全满足需求，一部分计算平台中心正逐渐向边缘计算靠拢。这里，仅以边缘数据分析为例进行介绍：

面对复杂的数据采集环境、多样的数据通信协议、海量的原始数据与不同的数据流向需求，BIE 通过功能模块组合搭建集数据采集、协议解析、数据分析、数据转发为一体的边缘计算应用，满足工业生产、城市监控的大多数物联网场景的通用需求。同时，数据分析可以通过人工智能、大数据等手段进一步升级为数字孪生模型，借助 BIE 提供将数字孪生模型轻松的部署到本地设备上，面向每一台独立设备及其独特环境，提供针对性的数字孪生服务。图 5 给出了基于 BIE 的边缘数据分析应用解决方案示意图。

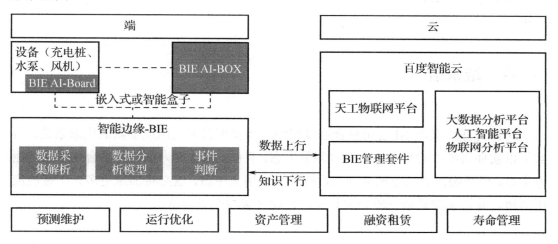

图 5　基于 BIE 的边缘数据分析应用解决方案示意图

（四）开源边缘计算平台 OpenEdge

作为国内首个边缘计算开源开放项目，OpenEdge 具有开发、可扩展、安全与可控制的技术特点，其主要优势包括：

屏蔽计算框架：提供主流运行时支持的同时，提供各类运行时转换服务，基于任意语言编写、基于任意框架训练的函数或模型，都可以执行。

简化应用生产：智能边缘 BIE 云端管理套件配合 OpenEdge 提供应用生产环境，可以在云端生产各类函数、人工智能模型，并将数据写入百度云天工云端 TSDB 及物可视进行展示。

一键式运行环境部署：推行容器化，开发者可以根据源码包中各模块的容器文件一键式构建运行环境。

按需部署：推行功能模块化，各功能间运行互补影响、互不依赖，开发者完全可以根据自己的需求进行部署。

丰富配置：支持 X86、ARM 等多种硬件，以及 Linux、MacOS 和 Windows 等主流操作系统。

OpenEdge 由主程序模块、本地 Hub 模块、函数计算模块、远程通信模块与函数计算运行实例组成，其主要功能包括：

物联接入：支持设备基于标准 MQTT 协议与其建立连接。

消息转发：通过消息路由转发机制，将数据转发至任意主题、计算函数。

函数计算：支持基于 Python2.7 及满足条件的任意自定义语言的函数编写、运行。

远程同步：支持与百度云天工 IoT Hub 及符合远程通信模块支持范围的远程消息同步。

四、结束语

2018 年度，美国 NI 公司联合百度智能云和百度云天工组成了新的生态系统，夯实了以软件为中心的平台化分布式测量生态。目前，以软件为中心的平台化分布式测量生态，已经融入了工业物联网及边缘计算应用大生态，这必将加速更多人工智能应用落地，并持续推动新一轮企业智变、行业升级与产业变革。

（中国电子科技集团公司第四十一研究所　赵秀才）

3D 打印为太赫兹技术发展提供新的动力

太赫兹技术作为 21 世纪最前沿的技术之一，近年来得到了广泛的关注。但是由于太赫兹波在空气中的损耗大，很难长距离传输，从而制约了太赫兹技术的发展。2018年 9 月，南开大学现代光学研究所使用 3D 打印技术制造了太赫兹空心波导管。研究结果表明，空心波导管不仅可以降低太赫兹波在空气中的传输损耗，还能有效定位太赫兹波。因此，利用 3D 打印技术研发柔性长空心波导管，可实现远距离、低成本的太赫兹传输和成像。

一、太赫兹技术及 3D 打印技术

太赫兹波（Terahertz wave，THz wave）在电磁波的波谱图中占有一个非常特殊的位置。目前，太赫兹波段并没有一个标准的定义，广义上讲，一般电磁辐射波的频率范围为 0.1 太赫兹～30 太赫兹（1 太赫兹=10^{12} 赫兹），与其对应的波长范围为 10微米～3 毫米，它恰好处于微波/毫米波和红外线之间。在太赫兹波的波长下限值范围，其与红外波有交叠；在太赫兹波的波长上限值范围，其与微波/毫米波有交叠。因太赫兹波在电磁波的波谱图上拥有非常特殊的位置，因此它具有很多独有的特性，比如：

（1）太赫兹波是完全非电离的，太赫兹波的光子能量对大部分的生物细胞不产生危害。

（2）太赫兹波的频率范围非常宽，在其中包括了许多大分子（如蛋白质）的振荡和转动的频率。这使得很多的大分子物质在太赫兹波段展现出很强的谐振和吸收作用，从而形成了对应的太赫兹"指纹"特征谱信息。

（3）太赫兹波具有穿透各种电介质材料、气相物质及生物体的特性，并且在太赫兹波段，这些媒质样品具有非常丰富的色散及吸收特性。

（4）太赫兹波具有较高的时域频谱信噪比。因此，太赫兹波在一些基础学科及应用技术领域，如医学、化学、信息科学、国防安全及材料分析等领域具有非常重要的应用价值。

随着器件工作频率的提高，因尺寸共渡效应，太赫兹器件的尺寸往往非常小，传统的加工方式实现太赫兹器件的加工难度越来越大，从而成了一个制约太赫兹科学发展的瓶颈。为了打破这个约束，需要我们寻求新型高效的加工方法来实现太赫兹器件的加工。

3D 打印技术是一项正在制造业领域迅速发展的新兴技术，被称为"具有工业革命意义的制造技术"。3D 打印是一个从电脑模型直接到制造成型的过程，它以数字模型文件为基础，通过连接电脑与 3D 打印设备从而将数字模型直接输入到 3D 打印设备中，打印机运用粉末状金属或者塑料等材料，通过逐层打印的方法来构造 3D 实体，这给样品的快速成型带来无限可能。目前，使用 3D 打印技术加工太赫兹器件已经得到广泛关注，包括太赫兹透镜、太赫兹相位板、太赫兹波导等。

二、3D 打印透镜协助塑造理想太赫兹波束

2018 年 7 月，据麦姆斯咨询报道，奥地利维也纳技术大学（Technical University of Vienna，以下简称 TU Wien）的研究人员长期致力于研究塑造太赫兹波束的方法。近期研究人员成功利用精确计算的 3D 打印塑料透镜，完美塑造了太赫兹波束。TU Wien 研究小组利用该简单的 3D 打印透镜可将太赫兹波束精确地塑造为所需形状。

来自 TU Wien 固态物理研究所的安德烈皮门诺夫教授解释道："普通塑料对太赫兹光束来说，就像玻璃对于可见光一样，是完全透明的。然而，太赫兹波穿过塑料时，速度会稍微变慢，这就意味着波束穿过塑料后波峰和波谷会有些位移，我们称之为移相（phase shifting）"。

这就好比玻璃光学透镜，它的中间比边缘厚，因此穿过透镜中央的光束会比穿过边缘的光束花费更多时间。这会导致穿过透镜中间的光束比穿过边缘的光束延迟得多，光束形状会发生改变（即更宽的光束可聚焦在单点上）。TU Wien 的研究人员使用相同类型的移相来塑造太赫兹波束，尽管他们的这项研究还未完善。

皮门诺夫教授团队中的博士研究生简补充说："我们不仅想把宽波束投射成一个单点，我们的终极目标是将任何波

图 1　简和皮门诺夫教授在实验室中的合影

束塑造为想要的形状。"图 1 是简和皮门诺夫教授在实验室中的合影。

TU Wien 研究人员通过在波束中插入一个直径仅为几厘米的精确调整的 3D 打印塑料透镜，就完成了该目标。在此过程中，研究人员必须调整透镜的厚度，以便使光束在不同区域以可控的方式偏转，最终形成理想的图像或形状。

该团队最近在《应用物理快报》（Applied Physics Letters）杂志上发表了题为"用于太赫兹波束成型的 3D 打印相波平板"（3D printed phase wave plates for THz beam shaping）的论文。

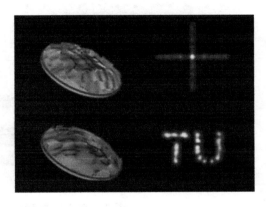

在该论文中，研究人员开发了一种特殊的计算方法来实现 3D 打印太赫兹透镜的设计。为了展示太赫兹波束成型方法设计的可能性，TU Wien 研究小组 3D 打印出几种不同的屏幕，其中包括可将宽波束塑造成易于辨认的 TU Wien 大学标志（见图 2）。

图 2　当透镜插入波束时会出现特定的
图案：十字或 TU Wien 标志

皮门诺夫教授表示："这表明，该项技术几乎没有任何几何限制。这种方法应用起来相对容易，这让我们相信，该项技术可很快应用于许多领域，将使目前新兴的太赫兹技术的运用更加精确。"

三、3D 打印协助制造太赫兹空心波导管

2018 年 9 月，光学期刊（OPTIK）发表了一篇名为"一种 0.1 太赫兹低损耗 3D 打印空心波导"（A 0.1 THz low-loss 3D printed hollow waveguide）的学术论文。论文探讨了 3D 打印技术制造太赫兹透镜、相位板、波导管等太赫兹器件的方法，并重点设计、制造了一种新型 0.1 太赫兹（0.1 THz=100 GHz）低损耗空心波导管（见图 3）。根据反谐振波导理论（anti-resonant waveguide theory），在 0.1 太赫兹频点，设计的波导管传输损耗约为 0.009 每厘米。3D 打印出的波导管传输损耗测量值约为 0.015 每厘米，太赫兹波束发散角为 6.8 度。实验结果表明，该空心波导管不仅降低了太赫兹波的传输损耗，还能有效定位太赫兹场，限制太赫兹波束的发散角。

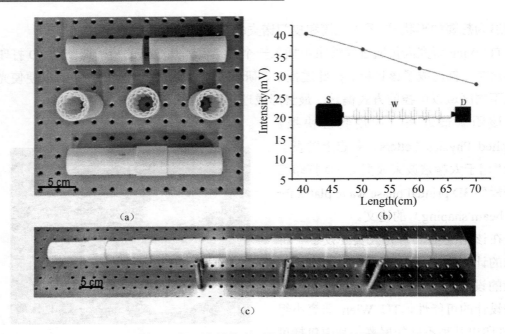

图 3　空心波导管段及损耗系数实验结果图

研究人员使用聚乳酸（PLA）制造空心波导管时，首先通过 3D 打印出 PLA 圆盘，以获得该材料的电磁参数。利用荷兰终极制造公司（Ultimaker 公司）的 3D 打印机来打印圆盘，并用太赫兹时域光谱技术（terahertz time-domain spectroscopy，THz-TDS）对 PLA 圆盘进行表征。

之后，根据反共振波导模型设计波导管截面，并绘制出波导管截面的二维图形；然后，将该二维图导入有限元仿真软件中，并绘制出一个更大的截面圆作为完全匹配层（perfect matching layer，PML）；随后，选择不同的材料及相应的折射率，建立设计模型。最后，通过仿真得到不同模态在空心波导管的中心空孔中传输的有效折射率（见图4）。

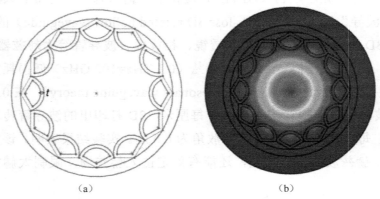

图 4　（a）空心波导管截面图；（b）HE11 基模的场分布

为了验证空心波导管对太赫兹波的定位效果，研究人员测量了波导管末端的太赫兹发散角为 6.8 度。实验结果表明，空心波导管不仅可以减少太赫兹波在空气中的传输损耗，还能有效定位太赫兹波。由此，利用 3D 打印技术研发柔性长空心波导管，可实现远距离、低成本的太赫兹传输和应用。

四、观察与思考

近年来，为了适应多功能无线电通信系统日益增长的需求，3D 打印也被应用到微波/毫米波器件领域，为制造几何结构比较复杂的波导器件提供了时间和成本上的收益。与使用计算机数控铣削技术（CNC）由铜、黄铜和铝等金属结构材料制成的常规波导器件相反，这些 3D 打印器件都是直接成型的，因此在其结构设计中表现出更好的灵活性。

我国在 20 世纪 90 年代初才开始涉足 3D 打印技术领域，起步较晚且还处于初级阶段，在 3D 打印技术上的设备、研发以及应用领域与国外均存在着较大差距。近年来，中国持续出台多项政策支持 3D 打印产业的发展。在 2017 年《重大技术装备关键技术产业化实施方案》中指出由骨干企业单位牵头，联合相关单位，研制工业级铸造 3D 打印设备，满足大型发动机、航天航空领域黑色及铝合金铸件的需求。

目前中国 3D 行业正在朝并购、自动化、本素控制、金属 3D 打印技术分化、数据线程和数字双胞胎方向发展，相信随着太赫兹技术的发展对高性能太赫兹器件的需求日益剧增，3D 打印技术将会给太赫兹器件制备带来技术的革新，从而为太赫兹技术的发展注入新的动力。

（中国电子科技集团公司第四十一研究所　石先宝）

美军大力推进靶场数据测量与传输系统升级

靶场数据测量与传输系统是靶场试验数据采集的重要工具和手段，是靶场信息化建设的关键内容之一。美军高度重视靶场数据测量与传输系统的建设和发展，从 20 世纪 80 年代以来，美军开发建设了多种靶场数据测量与传输系统，并在武器装备试验靶场中得到广泛应用，为提升美军武器装备试验鉴定能力和效率提供了重要支撑。2018 年 4 月 18 日，《军事与航空航天电子》报道，罗克维尔·科林斯公司（Rockwell Collins）试验靶场签订了 1520 万美元的靶场综合仪器仪表系统（CRIIS）订单。这表明了美军正在大力推进靶场数据测量与传输系统的升级。

一、美国靶场数据测量与传输系统的发展历程

随着信息技术的发展以及战场环境的愈发复杂，新一代武器装备向着更高、更精、更尖的方向发展。试验靶场需要具备更高精度的数据测量以及更安全的测量结果传输，才能满足高精尖装备快速研发与部署的需要。

目前，美军多数试验靶场采用的先进靶场数据系统（ARDS）从 20 世纪 80 年代开始研发、90 年代正式部署，由中央试验与鉴定投资计划办公室投资、靶场应用联合项目办公室负责采办。该系统是一套基于全球定位系统（GPS）的时空位置信息测量与传输设备，可外挂于测量平台，也可内置其中，能够在不同的动态机动环境下，跟踪测量空中、地面、海上目标的时空位置信息，为靶场试验提供数据支撑。系统的外挂吊舱安装在高速飞行的飞机机翼位置，由多频道 GPS 接收装置、惯性测量组件、综合导航装置、数据收发装置、数据记录装置、加密装置和动力装置组成，包含一个独立的前置 GPS 双波段雷达，测量的位置精度为 2.4～4 米、速度精度 0.3 米/秒。GPS 不可用时，系统的位置测量精度大幅下降到 20 米。

美国在先进靶场数据系统之后又研发了二代先进靶场数据系统，同样无法满足靶场试验对测量精度的需要，特别是无法克服在 GPS 拒止环境下位置精度大幅下降的严重缺陷。

为解决这一难题，在中央试验与鉴定投资计划最高优先级项目的支持下，靶场综

合仪器仪表系统的研制正式提上了日程，该项目旨在研发一种能够在 GPS 拒止环境下使用、性能和功能远超过先进靶场数据系统的多军种通用靶场数据测量与传输系统，提供精度为亚米级的高度动态时空位置信息数据，同时确保数据传输的安全可靠，最大化地实现多靶场互操作，满足美军当前及未来不同武器试验对时空位置信息和系统鉴定数据的需要。

二、靶场综合仪器仪表系统的组成及性能

（一）靶场综合仪器仪表系统的构成与运行原理

CRIIS 采用开放式架构，利用通用、模块化的组件构建而成，主要包括系统控制中心、远程地面站、测量平台。测量平台采用工业标准接口，具备组件轻便、安装简便、可靠性和维修性较高的特点；系统控制中心是整个系统的"大脑"，根据试验任务的需要指挥控制数据的采集与传输，其灵活的模块化架构便于后续升级和长期维护；远程地面站类似一座塔架，主要用于接收或拒绝其周围一定范围（方圆约 93 千米）内的数据接入请求，还可对其内部的数据承载量进行管理。按照设计，测量平台可以是各类飞机、舰船、地面车辆或徒步单兵，它们一次只能与一个远程地面站取得联系。无法联系时，可搜索附近的地面站信号，一旦发现，便可向该地面站提交数据接入申请。测量平台超出远程地面站的作用范围、不能直接与其取得联系时，可以通过作用范围内的其他测量平台中转实现与地面站的间接通信。图 1 所示为 CRIIS 系统组成及典型部署示意图。

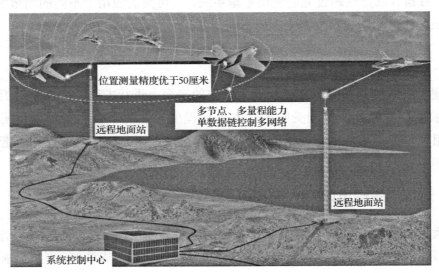

图 1　CRIIS 组成及典型部署示意图

（二）靶场综合仪器仪表系统的性能

CRIIS 系统可自动适应不同的动态机动环境，在标准配置下，即使 GPS 不可用也能提供亚米级时空位置测量精度，如表 1 所示。

表 1　CRIIS 提供的时空位置测量精度

环 境 等 级	动态机动环境	位 置 精 度	速 度 精 度
等级 1	动态机动程度较低的地面环境	0.1 米	0.05 米/秒
等级 2	中等动态机动程度的地面和飞行环境	0.05 米	0.01 米/秒
等级 3	高度动态机动的环境	0.01 米	0.001 米/秒

与先进靶场数据系统相比，CRIIS 在多个方面进行了能力改进。

1. 时空位置信息精度和数据更新速度

CRIIS 项目利用现有的商业技术，研制多个在尺寸、成本和功能上各不相同的时空位置信息组件。其中，功能较强的组件提供实时的位置、速度和姿态数据，数据精度以及更新速度将远超过先进靶场数据系统；功能较弱的组件为那些对数据精度要求不高、但对成本要求较高的用户提供服务。

2. 数据链路能力

CRIIS 的数据链具有数据传输灵活性和可控性更强、数据容量大以及频谱效率高的特点，数据吞吐量远超过先进靶场数据系统，且可灵活应用于不同的测量平台，适应信息长度、信息格式和数据比率的不同需要。

3. 组件的小型化、模块化

为便于在各种具备隐身性能且无人操作的平台上进行安装，CRIIS 对组件的小型化要求较高。此外，空间受限的动态机动程度较低的平台和徒步单兵所使用的 CRIIS 组件，是以模块的形式采购的现有小型化商业现货，即插即用和资源最优化的优势明显。

4. 开放式架构设计和标准化接口协议

为满足试验靶场的各种需求，CRIIS 采用"堆积木"的方法进行系统设计，其通用架构可容纳各种标准化数据协议、接口规范和模块化设计方法等，具有较强的开放性、互换性和互操作性。

5. 数据加密能力

CRIIS 利用新的加密硬件和软件来开发集成"下一代加密设备",以替代先进靶场数据系统所使用的"靶场加密模块",支持吞吐量更大的数据链,并可将数据加密至绝密级。

随着性能不断提高,CRIIS 不仅仅作为一个试验靶场的替代测量系统,还可成为美军试验与训练设施的通用化解决方案,即不用更换硬件,便可与美军现代化训练系统的数据链设备和相关靶场设施相连通,进行无缝互操作,提供训练通信与实时杀伤信息提示。此外,CRIIS 的地面设施中包括一个与"试验与训练使能体系结构"(TENA)兼容的界面,可与其他试验或训练系统或靶场共享数据。

三、靶场综合仪器仪表系统的相关进展

(一)进度安排

CRIIS 项目分三个阶段开展:

第一阶段(2008 年~2010 年)是风险降低和技术成熟阶段,主要完成时空位置信息技术的成熟与验证,数据链传输容量验证,系统体系架构研发及预先设计审查等。

第二阶段(2010 年~2015 年)是工程制造与开发阶段,主要完成时空位置信息和数据链的承包商飞行试验。

第三阶段(2015 年~2023 年)是生产与维护阶段,主要开展系统的生产与维护。

(二)试验安排

在进行了多次分系统试验后,CRIIS 于 2015 年开展了两次系统与飞机集成后的飞行验证试验。

2015 年 7 月,罗克韦尔·斯科林公司与大西洋试验靶场在帕图森特河成功进行了首次飞行验证试验。试验利用 F/A-18 机载和地面设备与现有军用系统相连,对 CRIIS 进行了验证,检验了飞机起飞后的数据链网络接入;从不同的地面数据链终端向空中上传 GPS 纠正信息,并提供网络服务;从空中向地面回传时空位置信息等关键性能。此外,还验证了约 230 千米外视距数据链路;通过现有地面网络,控制中心之间以及 CRIIS 地面和机载节点之间的消息路由,对遇到数据链塔自动加入数据链网络;以及 CRIIS 设备端到端系统控制和数据流,接入靶场数据系统等性能进行了展示。

2015 年 9 月初,罗克韦尔·斯科林公司在埃格林空军基地成功完成 CRIIS 的全系

统技术飞行验证试验。利用爱荷华州立大学作战性能实验室的一架 L-29 军用喷气式教练机，在高度动态变化的场景想定中开展了 13 次飞行试验，对具有生产代表性的 CRIIS 进行了全系统技术演示验证。其中，场景想定包含了总计 133 种动态机动方案，代表了战斗机在空战训练中要采用的典型飞行包线。试验主要检验了飞机起飞后的数据链网络接入；从不同的地面数据链终端向空中上传 GPS 纠正信息，并提供网络服务；从空中向地面回传时空位置信息等关键性能。此次试验验证了下一代军用试验靶场数据传输系统的技术成熟性，进一步推进了美军靶场现有先进靶场数据系统的替代工作。

（三）采购情况

2016 年 8 月，罗克韦尔·科林斯公司宣布其在完成生产准备审查之后，获得美国国防部一份价值 3100 万美元的 CRIIS 生产合同。根据合同要求，公司将交付 180 套地面和机载子系统，用于 7 个美军试验靶场（包括埃格林、内利斯和爱德华空军基地，海军帕图森河和穆古角航空站，海军空战中心中国湖分部以及白沙导弹靶场）；交付初期零部件来建立一条维修线，用于系统保障。按照计划，于 2017 年年中交付第一批产品。

2017 年 4 月，罗克维尔·科林斯公司获得了 2130 万美元的订单，要求提供第二个生产批次的 CRIIS，安装于全美范围七大空军试验靶场。空军官员表示，第二个生产批，用于帮助在埃格林空军基地（Eglin Air Force Base）、爱德华兹空军基地（Edwards Air Force Base）、帕图森河海军航空站（Patuxent River Naval Air Station）、白沙导弹靶场（White Sands Missile Range）、内利斯空军基地（Nellis Air Force Base）、穆谷角海军航空站（Point Mugu Naval Air Station）完成靶场安装和启用。

2018 年 4 月 18 日，《军事与航空航天电子》报道，罗克维尔·科林斯公司试验靶场专家将按 1520 万美元订单的条款，为美国空军下一代军事试验靶场提供装备升级和技术支持。

四、结束语

美国开展靶场综合仪器仪表系统的先进技术研究，持续推进靶场数据测量与传输系统的升级，用于全美范围的空军、海军和陆军试验靶场，表明了美军高度重视靶场试验数据的测量精度以及测量结果传输的安全性，不断推进其靶场信息化建设。

（中国电子科技集团公司第四十一研究所　孟庆立）

硅光国际单位制迈向量子化

2018 年 11 月 16 日，第 26 届国际计量大会（CGPM）在法国巴黎召开，来自全球六十多个国家的 600 多名测量界、科学界及相关专业学者参会，对国际单位制（SI）基本单位中的千克、安培、开尔文和摩尔的量子化进行表决。53 个国家代表团团长依次起立进行投票，全部支持国际单位制修订决议草案。从 2019 年 5 月 20 日起，国际单位制基本单位中千克、安培、开尔文和摩尔分别由普朗克常数 h、基本电荷常数 e、波尔兹曼常数 k 和阿伏加德罗常数 NA 定义，这是国际单位制（SI）自 1960 创建以来最重大的变革，将改变国际计量体系和现有计量格局。

一、什么是国际单位制

为了适应生产的发展和国家、地区之间经济贸易交流的需要，法国于 1870 年制定了米制法，以统一、规范计量单位。1875 年，法国、德国、意大利等 17 个国家的代表共同签署了"米制公约"，并成立了国际计量委员会（CIPM）和国际计量局（BIPM）。"米制公约"的签署，有力支撑了国际贸易、科技交流和工业化进程。

国际单位制（SI）是从"米制"发展起来的国际通用测量语言，因其具有单位统一、适用范围广泛，结构合理、方便使用，科学严谨、精密准确等优点，几乎成为世界上所有国家的法定单位制。国际单位制规定了 7 个具有严格定义的基本单位，分别是时间单位"秒"、长度单位"米"、质量单位"千克"、电流单位"安培"、温度单位"开尔文"、物质的量单位"摩尔"和发光强度单位"坎德拉"。它们好比 7 块彼此独立又相互支撑的"基石"，构成了国际单位制的"地基"。国际单位制规定的其他单位，都可以由这 7 个基本单位组合导出。

"为全人类所用，在任何时代适用"是"米制"在创立时的愿景。其初衷是用一种全球一致的"自然常数"而非某种主观的标准来定义单位，从而保障单位的长期稳定性。1 米最早被定义为通过巴黎的地球子午线长度的四千万分之一。而面积、体积和质量等贸易、商业以及税收等领域所需的其他单位，则通过"米"来定义。经过数十年的发展，到 1960 年，第 11 届国际计量大会（CGPM）将包含六个基本单位的单位制命名为国际单位制（SI），即：米、千克、秒、安培、开尔文和坎德拉。国际单位制（SI）相关单位被世界共同采纳。1967 年，基于铯原子的特性，即基态超精细能级跃迁的频率重新定义了秒，实现了从"天文秒"到"原子秒"跨越。1971 年，第 14 届 CGPM 将摩尔（物质的量的基本单位）列为 SI 基本单位之一。1983 年，米被定义为光在真空中于 1/299792458 秒内行进的距离，这是 SI 中的基本单位首次以基本常数——光速来定义。

经过全球各国国家计量院以及国际计量局多年的研究，证明基于基本常数来定义 SI 的基本单位具有足够的准确性。国际测量体系将有史以来第一次全部建立在不变的自然常数上，保证了 SI 的长期稳定性和通用性。

二、国际单位制量子化进程

随着科学技术的发展，尤其是量子物理理论的发展，基本单位的定义被逐个量子化。

1960 年，第十一届国际计量大会上正式批准废除铂铱米原器，将米定义改为："米等于 86Kr 原子的 2p10 和 5d5 能级间的跃迁所对应的辐射在真空中波长的 1650763.73 个波长的长度"。

1967 年，第十三届国际计量大会通过了基于铯原子跃迁的新的秒定义，即：铯 133 原子基态的两个超精细能阶间跃迁对应辐射的 9192631770 个周期的持续时间。

1983 年，第十七届国际计量大会又对米进行了进一步的定义："米等于光在真空中 299792458 分之一秒的时间间隔内所经路径的长度"。该定义隐含了光速值 c=299792458 米/秒，这是一个没有误差的定义值。

单位定义的常数化从 20 世纪 60 年代拉开了序曲。米和秒这两个单位的量子化定义极大地提升了测量的准确度和范围，米定义使测量准确度提高了近 10 000 倍，由此极大地推动了精密制造技术的提升和数字化控制技术的大范围应用；秒定义使测量准确度提高了 1000 万倍以上，实现了卫星导航定位，成就了数万亿美元的卫星导航定位产品与服务市场。

时间和长度单位计量量子化的成功，不断催生其他计量单位的重新定义。国际计量委员会于 2005 年提议，将其余几个基本单位全部定义在基本物理常数上，从而改变基本单位自有定义以来，依赖于实物的历史。第 24 届国际计量大会正式批准 7 个基本单位定义在基本常数上的建议。26 届国际计量大会对新的国际计量单位定义进行表决，2019 年 5 月 20 日 "世界计量日" 起将正式实施全面重新定义的国际计量单位制。

三、国际单位制量子化重新定义

此次国际计量大会决议，国际单位制 7 个基本单位中的 4 个，即千克、安培、开尔文和摩尔将分别改由普朗克常数、基本电荷常数、玻尔兹曼常数和阿伏加德罗常数来定义；另外 3 个基本单位在定义的表述上也做了相应调整，以与此次修订的 4 个基本单位相一致。从 2019 年 5 月 20 日开始，国际计量单位制的 7 个基本单位全部实现由常数定义。这些常数定义为：

（1）**秒**：符号 S，SI 的时间单位。当铯 133 原子基态的超精细能级跃迁频率以单位 Hz，即-1 表示时，将其固定数值取为 9192631770 来定义秒。

（2）**米**：符号 m，SI 的长度单位。当真空中光的速度 c 以单位米/秒表示时，将其固定数值取为 299792458 来定义米。

（3）**千克**：符号 kg，SI 的质量单位。当普朗克常数 h 以单位焦耳·秒，即千米·米 2·秒$^{-1}$ 表示时，将其固定数值取为 $6.62607015 \times 10^{-34}$ 来定义千克。

（4）**安培**：符号 A，SI 的电流单位。当基本电荷 e 以单位库仑，即安培·秒，表示时，将其固定数值取为 $1.602176634 \times 10^{-19}$ 来定义安培。

（5）**开尔文**：符号 K，SI 的热力学温度单位。当玻尔兹曼常数 k 以单位焦耳·开尔文$^{-1}$，即千克·米 2·秒$^{-2}$·开尔文$^{-1}$ 表示时，将其固定数值取为 $1.380\,649 \times 10^{-23}$ 来定义开尔文。

（6）**摩尔**：符号 mol，SI 的物质的量的单位。1 摩尔精确包含 6.0221407×10^{23} 个基本粒子。该数即为以单位摩尔$^{-1}$ 表示的阿伏加德罗常数 NA 的固定数值，称为阿伏加德罗数。

一个系统的物质的量，符号 n，是该系统包含的特定基本粒子数量的量度。基本粒子可以是原子、分子、离子、电子，其他任意粒子或粒子的特定组合。

（7）**坎德拉**：符号 cd，SI 的给定方向上发光强度的单位。当频率为 540×10^{12} 赫兹的单色辐射的发光效率以单位流明/瓦，即坎德拉·球面度·瓦$^{-1}$或坎德拉·球面度·千克$^{-1}$·秒^{3}表示时，将其固定数值取为 683 来定义坎德拉。

重新定义之后，国际单位制的 7 个基本量中的 6 个实现了基于量子物理且以定义常数（秒定义的铯原子跃迁频率严格意义上不属于物理常数）和物理常数定义，量值的实现进入了量子化时代。

新定义用自然界恒定不变的"常数"替代了实物原器，保障了国际单位制的长期稳定性；"定义常数"不受时空和人为因素的限制，保障了国际单位制的客观通用性；新定义可在任意范围复现，保障了国际单位制的全范围准确性；新定义不受复现方法限制，保障了国际单位制的未来适用性。表 1 给出了量子化国际单位制基本单位。

表 1　量子化国际单位制基本单位

定 义 常 数	符　　号	数　　值	单　　位
Cs133 基态超精细能阶跃迁	△V（133Cs）hfs	9192631770	Hz=s^{-1}
真空中的光速	c	299792458	m·s^{-1}
普朗克常数	h	6.62607015×10^{-34}	J·s=kg·m^2·s^{-1}
电子电量	e	1.602176634×10^{-19}	C=A·s
波尔兹曼常数	k	1.380649×10^{-23}	J·K^{-1}=kg·m^2·S^{-2}·K^{-1}
阿伏加德罗常数	NA	6.02214076×10^{-23}	mol^{-1}
光视效能	Kcd	683	cd·sr·W^{-1}

四、国际单位制量子化影响和意义

国际单位制重新定义在测量准确度、测量范围等方面取得技术上的突破进展，而且将使全球测量体系发生重构，形成多级溯源中心和扁平化溯源甚至零链条的溯源体系，更将对管理体系、国家治理体系、对人的传统观念带来重大影响和挑战，具体体现在以下三个方面。

一是将改变国际计量体系和现有格局。新的计量体系不再依赖于通过实物基准向各国传递量值，打破了由国际计量局作为全球测量体系量值传递源头的单极中心局面，将形成一部分先进国家为主体的多级全球中心或区域中心。如能抢占技术制高点，主动布局，就可以在这一轮激烈竞争中脱颖而出，形成区域乃至全球计量体系的重要一极。反之，就要依赖于他国，进而丧失发展主导权和控制权。

二是将显著提升国家计量管理效能。新的国际计量单位制使得单位量值可随时随地复现，将最准"标尺"直接应用于生产生活，大幅缩短量值传递链。这将推动传统的以行政层级和行政区划为特征、以实物计量器具为主体的计量管理模式的改革创新，释放计量量子化变革效能。无时无处不在的最佳测量，直接有助于人们的公平交易、放心消费、安全医疗等，也有利于大幅提升质量水平，促进诚信建设，降低社会成本，有力保障和改善民生。

三是将有力支撑新一轮工业革命。国际单位制重新定义这一变革深度契合了以信息物理系统为基础、智能制造为主要特征的新一轮工业革命。通过嵌入芯片级量子计量基准，把最高测量准确度直接赋予制造设备并保持长期稳定，可以实现对产品制造过程的准确感知和最佳控制。测量水平的大幅提升，将为突破大型飞机、航空发动机及高档数控机床、核电装备等重大装备的共性关键技术与工程化、产业化瓶颈提供支撑和保障。

（中国电子科技集团公司第四十一研究所　王恒飞　郗泽奇）

泰克科技扩展 RSA500A 系列 USB 实时频谱分析仪的测量频段至 Ku 波段

2018 年 7 月，美国泰克科技有限公司发布了基于通用串行总线 3.0（USB3.0）标准的实时频谱分析仪 RSA500A 系列新成员 RSA513A 和 RSA518A，分别提供 9 千赫兹～13.6 吉赫兹/18.0 吉赫兹的频率测量范围。RSA500A 系列频谱分析仪提供了与实验室仪器同等的性能和功能，外形小巧、坚固耐用、采用电池供电，产品具有高达 40 兆赫兹的分析带宽、强大的实时频谱分析能力以及数据记录与回放功能等特点，应用范围可涵盖各种频谱管理和军事应用，如微波雷达测量、频谱管理、干扰搜寻与定位、辐射危害、信号智能监控等领域。

一、小型化 USB 测量仪器的技术背景

2008 年 11 月 18 日，由英特尔、惠普、微软、德州仪器等业界巨头制定的 USB3.0 标准正式完成并公开发布，除传统 USB 的易用性、即插即用性外，还有数据传输速率高（5 吉比特/秒）、数据传输方式先进、支持双工数据通信、智能电源管理等特点，单端口能够提供 4.5 瓦的直流功率，可以满足多种设备的直流供电需求，为图像和视频传输、大容量数据采集、手持式测量仪器的设计开发提供了便利。

美国赛普拉斯公司从 2011 年开始陆续推出 FX3 系列 USB3.0 外设控制器，它集成了嵌入式处理器，主要功能是传输 USB 主机与外设之间的高速宽带数据。能提供通用异步收发器、串行外设接口、集成电路内置音频总线、高速安全数据卡等接口，实现与其他设备的高速连接。FX3 外设控制器可以同各种设备（如现场可编程逻辑门阵列、图像传感器、模数转换器以及应用处理器）互连，并且提供了多种完善的开发解决方案。FX3 外设控制器的推出大大简化了小型测量仪器的设计，包括液晶显示器、数字信号处理板、按键、旋转脉冲发生器等电路都可以精简，由此可以大幅降低整机功耗、体积和硬件成本。很多小型化的 USB 电子测量仪器的体积缩小到相当于一个

智能手机的大小，可携带性大大提高，通过平板电脑及互联数据线并配合机内的专用测量软件就能实现以往一台大型测量仪器才能完成的工作，非常适合于单兵携带及外场情况下的测量测量。

2014 年 11 月，泰克公司首次推出基于 USB3.0 的便携式频谱分析仪 RSA306B，它通过计算机的 USB 端口直接供电，无须内部电池或外接直流电源，重量仅 0.75 千克。它的价格远低于传统频谱分析仪，可提供出色的灵敏度、幅度精度和动态范围指标，通过个人电脑和泰克专用射频信号分析软件，为 9 千赫兹～6.2 吉赫兹信号提供实时频谱分析、数据流捕获和深入信号分析，产品价格经济、携带异常方便，特别适合于现场、工厂或科研应用。2016 年 3 月，泰克进一步扩展 USB3.0 频谱分析仪产品线，推出了 RSA500A（见图 1）和 RSA600A 实时频谱分析仪，相比于上一代产品，具有更优异的性能和高级分析功能，新增市电或内置电池供电，支持平板电脑选项。可选配跟踪信号源选件，并集成内部电桥，支持基本器件测量、电缆测量和天线测量。

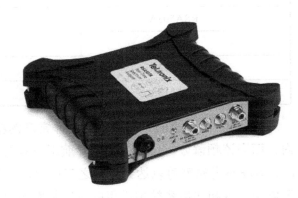

图 1　泰克 RSA500A 频谱分析仪

二、RSA500A 的技术细节

RSA500A 系列频谱分析仪在坚固耐用、电池供电的小型化机箱中提供了高性能便携式频谱分析功能。RSA500A 提供了实时频谱分析功能，解决频谱管理人员、干扰搜寻人员和网络维护人员面临的技术问题，例如追踪查找并定位干扰源、维护射频微波网络、保持工作记录等。它具有 40 兆赫兹的实时带宽，在严酷的工作环境中依然能保持优异的测量精度。由于 RSA500A 具有 70 分贝的无杂散动态范围及高达 18 吉赫兹的频率范围，用户可在测量结果中检查关心的所有信号，可信度高。整机小巧的外形使用户手中不再负重，实际使用中完全可以将频谱分析仪放置于背包或口袋中，而手持轻便的平板电脑或笔记本。由于用户手持的是电脑，而不是很重的频谱分析仪，行动起来更快，RSA500A 的内置大容量电池续航时间能够续航 4 小时以上，足以完成大部分测量工作。跟踪信号源选件可以测量滤波器、双工器和其他网元的增益或损耗，也可以按需增加电缆和天线的电压驻波比、回波损耗、故障测距等参数测量。

RSA500A 系列频谱分析仪主要功能特点如下。

（一）优异的性能指标覆盖了各种测量分析需求

RSA500A 系列频谱分析仪共包含四个型号，如表 1 所示。该系列化产品的频段涵盖了常用的广播电视、卫星通信、无线通信和军用雷达等应用场合。

表 1　RSA500A 系列频谱分析仪

产 品 型 号	频 率 范 围
RSA503A	9 千赫兹～3 吉赫兹
RSA507A	9 千赫兹～7.5 吉赫兹
RSA513A	9 千赫兹～13.6 吉赫兹
RSA518A	9 千赫兹～18 吉赫兹

RSA500A 整机的频率参考具有非常高的精度，正常情况下达到了百万分之一以内，而当该频谱分析仪连接全球导航卫星系统（GNSS）并使频率参考锁定至 GNSS 时，频率参考精度可以达到亿分之三以内，精度提高接近两个数量级，整机可以锁定至电子设备和通信系统中常用的时钟频率源上，如 1 兆赫兹～20 兆赫兹之间的整数频点、1.2288 兆赫兹、2.048 兆赫兹、13 兆赫兹等，确保频谱分析仪在任何应用场合中都有非常高的频率测量精度。

幅度相关测量参数方面，RSA500A 整机的幅度测量精度在全频段可以达到 1.55 分贝以内，整机内部的低噪声前置放大器增益典型值 21 分贝～27 分贝；射频前端衰减器的范围 0 分贝～51 分贝，最小步进 1 分贝；RSA500A 系列具有很高的幅度动态范围指标，使得它对于高功率信号和小信号都能实现高保真度测量。

RSA500A 系列频谱分析仪具有很好的频谱纯度指标，单边带相位噪声、近端杂散和镜像频率抑制等参数与部分台式仪器相比也不相上下。

（二）强大的实时频谱分析能力

RSA500A 系列频谱分析仪具有非常强大的实时频谱分析功能，泰克的专用测量软件提供了以往高性能电池操作解决方案中没有提供的深入频谱分析功能。由于个人电脑端所具有的强大的中央处理器和图形处理功能，数字荧光频谱和三维频谱图的实时处理在个人电脑中进行，进一步降低了硬件的成本。整机具有大实时带宽、可捕获最低持续 15 微秒的信号，通过数字荧光或三维频谱图，在每次问题发生时都能被

RSA500A 检测发现；通过无人值守的模板监测功能，可以方便地找到意外信号，用户可以在数字荧光画面上创建一个模板，在每次违规时采取相应操作，其中包括停止、保存图片、保存采集或发送声音告警。

（三）干扰信号定向与地图定位功能

整机内部集成了标准全球定位系统（GPS）/全球卫星导航系统（GLONASS）/北斗卫星导航系统接收机，可以单独进行地理定位，也可通过 GPS 与其他两者结合定位，水平方向的定位精度可以达到 2.6 米。通过选配的高性能智能定向天线与RSA500A 配合使用可实现干扰信号的定向测量，智能天线集成的电子罗盘可以持续监视天线的方向，泰克提供专用的频谱测量软件所含有的信号强度监测仪执行测量，用声音表明信号强度，打开内置地图时，信号强度和方位角会自动显示在测量界面上，软件支持在地图上画线或绘制箭头，指明测量时天线的指向，确定干扰源位置。

（四）数字调制信号快速测量分析

RSA500A 支持多种类型数字调制信号的快速解调分析，测量参数包括幅度、带宽、占空比、星座图、眼图、矢量误差测量、相位误差随时间的变化等：

支持 27 种通用调制信号的解调分析，如正交幅移调制、正交相移键控、绝对相移键控、频移键控、高斯最小频移键控等。

支持多种蜂窝通信制式信号的解调分析，如高级移动电话系统（AMPS）、全球移动通信系统（GSM）、码分多址（CDMA）、长期演进（LTE）等。

支持对无线短距离通信信号的解调分析，如蓝牙（Bluetooth）、802.11 相关技术协议等。

支持对广播电视信号的解调分析，如调幅广播、调频广播、数字电视信号等。

（五）跟踪信号源测量功能

RSA500A 可提供频率范围 10 兆赫兹～7.5 吉赫兹的跟踪信号源测量功能，输出信号频率分辨率 100 赫兹，可输出功率电平范围达到 40 分贝，最小步进量 1 分贝；跟踪源可以作为单独的信号源输出，也可以实现单端口反射或双端口传输测量，在外场应用中对于电子装备的信号模拟、故障检测维修、日常维护等方面，跟踪信号源可以起到很大的作用。

（六）环境适应性强

在现场操作中，RSA500A 实现完整测量解决方案需使用一台 Windows 操作系统的平板电脑或笔记本电脑，用于连接仪器、保持测量记录及进行通信。泰克科技推荐使用松下的专用加固平板电脑，它具有非常高的性能、便携性和坚固的外形。平板电脑和RSA500A 均通过美军标相关认证（针对跌落、冲击、振动、雨水、沙粒、高度、冷冻、解冻、高低温、温度骤变、湿度、易爆气体等环境条件的试验规定），工业级的加固型设计使得平板电脑可以与 RSA500A 整机一起在严酷的环境下完成电磁频谱测量任务。

三、USB 测量仪器的最新进展

自 2014 年美国泰克科技有限公司推出第一款基于 USB3.0 接口的便携式频谱分析仪 RSA306B 后，由于该仪器具有的超便携性、高性价比、软件升级方便等多重优点，吸引了国内外多家公司进行了相关产品的设计开发，从 2017 年开始市场上陆续出现了基于 USB3.0 的示波器、毫米波频谱分析仪、信号发生器、网络分析仪、功率分析仪等产品，这类产品的出现给用户在现场或实验室进行测量、维修、生产调试等应用带来了非常大的便利。根据对国内外几大主流电子仪器厂家的便携式 USB 电子测量仪器的统计，几款代表性的产品如表 2 所示。

表 2　代表性的 USB3.0 电子测量仪器

产品型号	类　别	主要指标与特色	厂　家	上市时间
RSA306B	频谱分析仪	频率 9 千赫兹～6.2 吉赫兹，幅度灵敏度负 149 分贝毫瓦，具有实时频谱分析功能，采用 USB 供电，无须额外电源	美国泰克	2014 年
RSA500A	频谱分析仪	系列化产品，频率范围涵盖 9 千赫兹～18 吉赫兹，幅度灵敏度负 149 分贝毫瓦，40 兆赫兹实时带宽，7.5 吉赫兹的跟踪源选件	美国泰克	2016 年
MA2760A	频谱分析仪	系列化产品，9 千赫兹～110 吉赫兹，幅度动态范围 103 分贝，高相位噪声指标，重 255 克，USB 供电	日本安立	2017 年

续表

产品型号	类　别	主要指标与特色	厂　家	上市时间
SAC-60A	频谱分析仪	频率 9 千赫兹～6 吉赫兹，剩余响应负 98 分贝毫瓦，优异的相位噪声指标，含跟踪源选件	南京海得逻捷	2017 年
HF-80200	频谱分析仪	频率 9 千赫兹～20 吉赫兹，实时分析带宽 175 兆赫兹，扫描速度每秒 1 太赫兹以上	德国安诺尼	2017 年
MA24510A	功率分析仪	频率 9 千赫兹～110 吉赫兹，幅度灵敏度负 90 分贝毫瓦，幅度精度正负 2.5 分贝以内，重 282 克，USB 端口供电	日本安立	2018 年
P937XA	矢量网络分析仪	系列化产品，300 千赫兹～26.5 吉赫兹，动态范围典型 110 分贝，方向性 40 分贝，经济型矢量网络仪	美国是德科技	2018 年
P924XA	示波器	系列化产品，带宽最高 1 吉赫兹，采样率 5 千兆样点/秒，支持快速傅里叶频谱分析和任意信号发生器功能	美国是德科技	2018 年
SAM-60	频谱分析仪	频率 30 兆赫兹～6.3 吉赫兹，显示平均噪声电平负 164 分贝毫瓦，支持频谱分析、信号源、矢量网络分析等功能，重量仅 152 克	南京海得逻捷	2018 年

　　从表 2 的统计分析中可知，最近几年新推出的超便携式 USB 电子测量仪器中，频谱分析仪占据了六成以上的数量比例，主要因为近些年随着无线通信技术和军事电子相关技术的快速发展，对于外场频谱监测、干扰搜寻及设备安装维护的需求在不断增加，而 USB3.0 相关测量仪器的出现解决了频谱分析仪小型化、低成本和易用性等外场测量应用所面临的难题。从现有的 USB3.0 测量仪器的特点上看，主要体现在以下两个方面。

（一）小型化、超便携

　　南京海得逻捷的 SAM-60 频谱分析仪重量仅 152 克，在 132 毫米×54 毫米×16 毫米的超小型机箱内集成了 6 吉赫兹频段的频谱分析、接收机、矢量网络分析等功能；日本安立公司的 MS2760A 重 255 克，通过采用独有的非线性传输线技术，在小巧的机箱中实现了9千赫兹～110吉赫兹频率范围及−127分贝毫瓦的全频段幅度灵敏度指标，技术上在全球处于绝对领先水平。

（二）专业化的测量功能

在测量功能上，泰克和安诺尼的 USB 频谱分析仪侧重于本振快速调谐、实时频谱分析、瞬态信号捕获及各种通信制式信号的解调等复杂应用，通过一键式智能测量与分析，解决外场频谱测量中遇到的各种难题。

从总体上来看，基于 USB 的电子测量仪器不仅在小体积、低成本、低功耗上取得重大突破，在产品性能指标和复杂功能的开发上也有独到之处。针对 USB3.0 电子测量仪器小型化的特点，仪器厂商推出了多种测量应用解决方案，例如毫米波三维地图覆盖测量、通过无人机负载频谱分析仪进行移动频谱监测与干扰排查、多点布设频谱分析仪实现干扰源的到达时间差（TDOA）定位等，在军用和民用无线测量领域都在发挥着重要的作用。

（中国电子科技集团公司第四十一研究所　李柏林）

美国是德科技公司推出 PathWave 智能测量软件平台　打通产品全生命周期测量流程

著名科学家门捷列夫说："没有测量就没有科学"。测量测量技术是现代工业的基石之一，美国是德科技公司在该领域处于领先地位。PathWave 是该公司于 2018 年 2 月推出的一款革命性的产品，是业界首款集设计、测量、测量和分析功能于一体的软件平台。其目标是覆盖电子产品设计全流程。从概念设计到生产部署，PathWave 均提供了相关支持，从而帮助用户加速产品研发和技术创新。PathWave 采用开放式体系架构，承载着是德科技公司软件体系平台化的重任。PathWave 的推出迎合了工业 4.0 的客观需求，也是是德科技公司自身转型发展的需要。

一、PathWave 的开发背景

（一）工业 4.0 对测量和测量的客观需要

工业 4.0 被称为第四次工业革命，自提出之始就得到世界各工业大国重视，并竞相推出对应的发展战略。工业 4.0 已经对当前的工业生产带来深远影响，对测量技术也提出了更高要求。除了测量技术的创新之外，还需要测量流程的优化。传统的设计与测量流程是分散、独立的测量模式，产品的概念设计、原型创建、设计验证、制造测量及维护保障等不同阶段的测量工作割裂，工作流程不能统一管理，设计、测量和验证工具之间没有互操作性，测量设备使用率较低。这些问题的存在一方面阻碍了产品开发的进程，另一方面也不利于测量资产的优化配置。当前设计与测量一体化已成趋势，需要测量厂商提供满足工业 4.0 内在要求的仿真测量一体化解决方案。

（二）是德科技公司向软件和服务转型的需要

随着硬件设备同质化现象的严重，为追求差异化竞争，谋求更大的发展空间，软件与服务成为越来越多的世界级公司的发展战略。一直以来，是德科技公司为人熟知的是以测量仪器为代表的硬件产品。但硬件产品面临着罗德与施瓦茨等公司的竞争，存在着产品同质化的风险，需要寻求差异化竞争途径。同时，随着技术的演进，测量测量产品只有硬件已经远远无法满足用户的测量需求，用户在进行产品设计时需要进行大量前期仿真，并要求将仿真数据和后期的测量数据能够有机的融合。

为此是德科技公司拟从硬件设备制造商转型到软件和服务提供商。是德科技公司的产品不再是纯粹的仪器和硬件，而是以软件和服务为核心的行业解决方案。PathWave 可覆盖从产品概念设计到生产和部署的产品设计全周期，从而加速技术创新和产品开发。"从用户那里得知，如果继续以过去的方式进行测量，将难以在效率和上市时间上提升竞争力。" 是德科技公司软件营销总监尼尔·马丁（Neil Martin）的观点是，"在现有测量流程中效率已到'天花板'，只有通过将整个工作流程整合在一个平台上来进一步提高效率。"

PathWave 是是德科技公司实现软件平台化的关键。以工业 4.0 中的测量和测量为切入点，通过平台化的 PathWave，推动构建测量领域的生态圈，保持自己的领先地位。

二、PathWave 的特点和功能

PathWave 可理解为一种平台化的软件体系，而不仅仅是某款具体软件。它将是德科技公司众多软件整合在一起，通过定义通用结构实现数据通用，将产品设计、测量和验证工作有机地连接在一起，提供具有互联性、互操作性的解决方案，加速技术创新和产品研发。

（一）PathWave 的特点

PathWave 是一个开放式、可扩展的软件平台。它提供了一系列的插件，可应用于从产品开发到生产测量的各个阶段，从而连接了产品生命周期中的各重要环节，如图 1 所示。平台化的结构保证了不同软件之间的互操作性，让用户无须在产品生命周期中的不同阶段重新创建单独的测量计划，显著缩短产品开发周期。PathWave 同时也支持第三方开发的软件。

图 1　PathWave 平台覆盖的产品生命周期领域

1. 开放性

PathWave 采用开放式的软件体系架构，可集成设计仿真软件、仪器控制软件和针对特定应用的测量软件。除是德科技公司自身的软硬件资源外，还可集成第三方开发的软硬件，共同构建测量软件生态。

2. 可扩展性

PathWave 提供了模块化插件式的软件架构，插件思想是它的灵魂。通过应用编程接口，用户可对软件功能进行扩展并进行定制。其使用可根据实际情况灵活调整，允许在本地服务器或云端运行。

3. 高集成性

PathWave 的集成性体现在三个方面：一是可以集成是德科技公司自身的软硬件资源；二是可以集成产品开发工作流程中各个阶段的软硬件资源；三是还可集成合作伙伴等第三方的软件资源。可以说 PathWave 连接并集成了所有设计和测量资源。

4. 可预测性

PathWave 提供了一个工业 4.0 分析工具，可执行制造数据、测量数据和设备数据的高级分析功能，包括预防性分析和预见性分析，从而改善制造过程，提高效率。

（二）PathWave 的功能

PathWave 试图为整个设计、测量和验证工作流程提供一系列的集成式软件产品。目前是德科技公司的一些新开发的软件已融合了 PathWave 的设计原则。尽管原有的软件将继续发布和更新，以满足用户需要，但这些遗留软件的重要功能将逐步迁移到 PathWave 中。

目前，PathWave 已推出的功能组件涵盖设计、测量、管理三个领域，其软件架构图如图 2 所示。这些基于是德科技公司软件框架的组件具有互联性和互操作性，能够快速配置，并可提供业界最高效的工作流程。

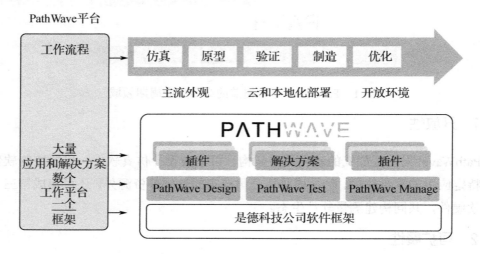

图 2　PathWave 软件架构

目前，有三种以 PathWave 命名的软件：PathWave FPGA 、PathWave Test 和 PathWave Analytics。PathWave FPGA 提供优化的设计流程，与原生的 FPGA 代码完全兼容，可将逻辑插入到仪器的 FPGA 中，主要用于实现测量仪器的特殊工作模式或新控制结构；PathWave Test 提供功能强大、灵活并可扩展的测量序列和测量计划生成等功能，可以优化测量软件开发和总体性能，可以构建用户自己的测量解决方案，最大限度提高工作效率，加速产品测量流程；PathWave Analytics 是一款自动分析工具，可收集测量数据、机器状态数据和流程数据，并提供实时的数据分析功能，让用户能够更深入地洞察自身的运营状况。此外，PathWave 还提供了一款 PathWave Asset Advisor 资产顾问软件，作为测量资产管理优化服务的一个组成部分。

三、PathWave 推动仿真、设计、测量一体化进程

目前，市场上大多数产品的开发过程是不连贯的，比如设计、测量和验证工具之间缺乏互操作性，工作流程不能统一管理。设计师需要处理设计以外的多种工作，这使得他们很难将精力集中在设计本身。当今的产品开发生命周期中，设计、验证和测量团队之间的关系十分错综复杂。

PathWave 不仅包含设计工具，还包含了测量工具和分析工具。

PathWave 为设计阶段提供了丰富的工具和功能，包括系统、电路和电磁仿真软件，以及强大的版图设计能力，让承担各方面设计工作的工程师们可以节省研究时间，

顺利完成工作。PathWave 为测量阶段提供了通用、强大的自动测量环境，可优化测量计划，保证互操作性，让用户无须在产品开发过程中的不同阶段重新创建测量和测量计划，可显著缩短产品开发周期。PathWave 在数据分析方面提供强大的测量数据共享和分析功能，通过多样化的数据显示以方便进行数据验证，通过统一的数据格式以方便数据交互和信息沟通，减少了设计和测量人员在设计迭代和故障诊断方面所花的时间，提升沟通效率。

PathWave 通过一致的操作界面、开放式接口和通用的数据格式，保证整体的互操作性，使设计、测量和制造团队之间的工作能够有机协同，加速创新和产品开发。

四、从 PathWave 看未来智能测量的发展方向

PathWave 作为是德科技公司应对工业 4.0 的重要举措，从中可以一窥若干未来智能测量的发展方向。

（一）测量技术与大数据和人工智能的结合

人工智能已经在多行业取得成功应用。而随着测量数据的积累，逐步形成测量大数据。无论是技术发展还是应用基础都在支撑测量技术和人工智能技术的结合，进而带来测量能力的提升。基于大数据的故障预测和诊断算法可以发现或预测设备、流程或产品中的异常，以降低故障或停机风险，从而提高资产利用率，保持高效的工作流程。通过测量数据分析和挖掘有望获得很多高价值的知识或信息。PathWave 已经在这方面展示出初步的前景。

（二）全生命周期设计仿真测量一体化

一体化、平台化的解决方案可有效解决产品生命周期不同阶段的数据互联互通问题，显著提高整体的工作效率，使产品开发周期各阶段的工作专业、高效。这也是工业 4.0 的内在需要。PathWave 通过将整个产品生命周期的设计和测量工作流程紧密结合在一起，大大提升了各阶段工作的效率，使得研发人员能够专注于创新设计本身。

（三）测量工作融入企业信息网络体系

无论是设计仿真阶段还是测量验证阶段，相关数据本质上都是产品数据的一部分。目前针对产品生命周期管理已经有了专业的信息化平台，如产品生命周期管理（PLM）系统。设计数据已经成为 PLM 数据的核心。但目前测量工作仍相对独立，和信息化体系中的其他部分存在一定的脱节现象。然而测量数据和设计制造过程有机融合是智能制造的客观需要，测量数据既是某些制造环节流转的判断依据，也是产品质量监测的基本数据，通过测量数据的分析，可对智能制造整体的优化提供有效支撑。PathWave 为这一问题提供了初步解决方案。

（中国电子科技集团公司第四十一研究所　张全金　刘辉）

美国海军下一代自动测量系统取得重大进展

在美国国防部制定的"下一代自动测量系统"（NxTest）计划指引下，美国海军一直致力于推动电子综合自动保障系统（eCASS）的发展，这种测量系统可用于岸上和海上，并用于维修和维护舰载海军飞机的电子装备用于帮助保持高水平的飞机性能，并最大限度减少将关键的飞机零部件返给原始设备制造商进行维修的需要。由洛克希德·马丁公司（Lockheed Martin）开发的 eCASS 项目于 2010 年 3 月 24 日进入工程研制阶段，截至 2018 年 9 月已向美国海军分多次、小批量交付了 80 多套系统。2018 年 9 月，美国海军与洛克希德·马丁公司签署了一份为期 7 年价值超过 5 亿美元的合同，订购超过 200 套 eCASS 测量系统，这标志着美国海军 NxTest 计划已进入成熟的大规模采购阶段。

一、美国海军发展下一代自动测量系统的技术背景

作为武器装备的重要保障设备，美军自动测量系统（ATS）经历了从专用型向通用型发展的过程。美军在 20 世纪 80 至 90 年代，ATS 的投资超过 350 亿美元，相关支持费用 150 亿美元，由于三军各行其是、重复投资严重、通用化水平低而饱受诟病。为此从 1996 年开始，美国国防部（DoD）召集陆、海、空及工业部门制定了名为 NxTest 的研究计划，经过 10 多年的专项治理，"混乱局面"才得以有效改善。目前，美军已经或即将投入使用的 NxTest 就包括美国空军的自动测量系统洛马之星（LM-STAR）、陆军的下一代航空运输系统（NGATS）和海军的电子综合自动保障系统（eCASS）等，其中 eCASS 是美军最成熟、影响力最大的 ATS 之一，堪称美军 NxTest 的成功范例。

eCASS 是美国海军在综合自动保障系统（CASS）基础上，引入 ARGCS（灵活快速全球作战保障）已验证的新技术和 ATS 架构标准、落实标准 ATS 现代化升级的一个成功范例，由美国洛克希德·马丁公司开发。该系统是一种典型的通用型 ATS，

它是能够适应在舰上相对比较狭小的空间内使用的通用自动测量系统，能够同时满足舰上多种装备电子产品的故障诊断需求，在保障舰载机等航母作战装备的战备完好性方面发挥着重要作用。eCASS 使海军维修人员可以在舰上/岸上使用该系统对海军多种飞机电子部件进行故障检查与维修，使飞机快速高效地恢复作战状态。eCASS 能为 750 多种航空电子部件以及航母、其他舰船或海滨维修基地的大量电子设备提供保障，从而大幅减少部署所需测量设备总量，预期每年可以节省超过 10 亿美元，同时将极大地提高作战飞机的战备完好性。

二、美国海军下一代自动测量系统的系统组成和特点

（一）系统组成和架构

作为美国海军主导的下一代自动测量系统，eCASS 由核心测量站和扩展测量设备组成，以图 1 所示的 4 机柜核心测量站，辅以多种扩展测量设备，共形成基本型、射频型、通信/导航/应答识别型、高功率雷达型、光电型、基地型六种型别。为满足未来武器系统测量需求，eCASS 引入了新型测量技术，如相位噪声测量、矢量信号发生器，光纤通道等。eCASS 包括 Mainframe CASS 原有的 ATLAS 测量程序环境，并增加了更现代化的 LabWindows/CVI 测量程序环境。此外，eCASS 系统的软件设计是基于洛克希德·马丁公司 LM-STAR 的标准测量操作和运行时管理器，使其能够支持 F-35 飞机的先进航电系统测量。

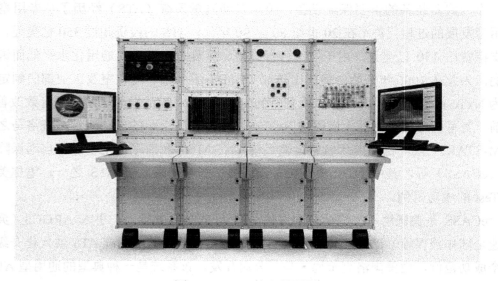

图 1　eCASS 核心测量站

　　eCASS 采用基于层次化功能模型的开放式系统架构进行搭建，充分利用了美国先进的"下一代自动测量系统"（NxTest）相关技术。公开技术资料表明，eCASS 沿袭美国国防部主导的 NxTest 系统架构，如图 2 所示。该系统架构首先是信息共享和交互的结构，具有满足 ATS 内部各组件间、不同 ATS 之间、 ATS 与外部环境间信息的共享与无缝交互能力。该架构针对自动测量系统的自动测量设备（ATE）、测量适配器、TPS（含综合诊断与测量程序）和测量对象（UUT）等几个主要组成部分，定义了影响自动测量系统标准化、互操作性和使用维护费用的 25 个关键接口。整个系统架构主要由信息框架（Information Framework）、系统接口（System Interfaces）与网络三部分组成。其中，信息架构是各种数据的交换架构；系统接口针对自动测量系统内可重构的软部件提供通用接口；网络则遵循 TCP/IP 网络传输协议，是自动测量系统与外界交换信息的途径。基于开放式系统架构的 eCASS 可进行模块化、组件化组合配置，能够根据不同的测量任务要求，以核心框架为基础进行柔性重构与功能扩展。

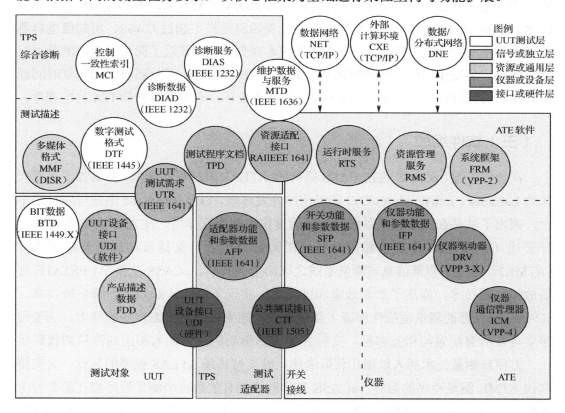

图 2　eCASS 的开放式系统架构

　　从技术发展趋势来看，eCASS 的开放式系统架构，具有模块化、互操作、可移植、可重用、可扩展性、可变规模且可重构等技术优势，更加关注"模块化"与"通用接口"设计，遵循统一的接口规范、关注组件扩展与修改方式、彼此间的接口关系以及互操作协同模式，进而确保能够满足系统级关键指标需求，如用户体验、安全性、开放性、适应性与可扩展性等系统级性能属性。

（二）硬件组成

在硬件方面，eCASS 采用标准总线技术的模块化仪器作为平台核心设备，以 PXI/PXIe 以及部分 VXI 总线仪器作为其系统硬件架构核心，采用合成仪器思想及开放式架构设计，允许不断升级最新技术，同时提高测量运行效率和性能的逼真度。eCASS 开放的系统体系结构可降低测量保障设备总保有花费，使用 eCASS 后，测量站总数可以减少大约三分之一。采用了并行模拟测量、可编程串行总线测量、通用测量接口等先进技术，引入了新型测量技术，如高性能模块化相位噪声测量、矢量信号发生器，光纤通道等。eCASS 还能再利用 Mainframe CASS 高功率和光电模块，兼容 CASS 设备的电、空气、冷却水接口，后勤保障将规模不超过 CASS。用超级电容器取代铅蓄电池，使备份电源系统寿命周期成本降低 75%。开发了简化的接口测量适配器（ITA），将发生故障的平均时间增加到大于 10 万小时，并且还将平均修复时间减少到 30 分钟以内。由于 ITA 和测量程序的独特设计，不需要单独的 ITA 自检程序。

（三）软件组成

在软件方面，eCASS 包括 CASS 原有的 ATLAS 测量程序环境，并增加了更现代化的 LabView、LabWindows/CVI 测量程序开发环境，以及 TestStand 测量程序管理平台，突出了软件在整个测量系统当中的调度作用和交互作用。eCASS 测量程序集运行要比 CASS 快，增加了相同时间内的测量完成量。支持自动化测量标记语言（ATML），满足了测量信息在测量系统之间的全面共享。eCASS 支持 AI-ESTATE 智能故障诊断技术，提高了诊断效率和准确度，实现了故障诊断知识的跨系统共享。eCASS 的良好的测量适应性保证了测量系统快速完成测量方案转变的能力，测量程序集可在所有配置间相互移植，支持各种仪器驱动的快速插入和面向测量的代码优化。方便新测量技术插入以阻止代码老化，既支持传统 ATLAS 程序的运行，又支持现代 ATML 测量程序的运行。eCASS 兼容既往拥有的数百个测量程序集在新平台上无缝运行。eCASS 系统的软件设计基于洛马公司 LM-STAR 的标准测量操作和运行时管理器，能够支持 F-35 飞机的先进航电系统测量。eCASS 的先进、开放的系统构架保证了快速开发和配置测量系统的完成，并且减少了长期维修投资。支持从维修基地到现场的多级测量。

三、美国海军发展综合自动保障系统的最新进展

美国海军的 CASS 系列当前有三代：大型自动保障系统（Mainframe CASS）、可重构可扩展自动保障系统（RTCASS）及 eCASS。

Mainframe CASS 于 20 世纪 90 年代开始应用，共有 613 个 Mainframe CASS 检测站点为美军提供武器装备自动测量服务。Mainframe CASS 可以检测混杂信号、射频、通信、导航、光电、高功率等多个方面内容，支持 3000 多种不同的航空设备。Mainframe CASS 应用于美军后，可为美军提供现存及未来将服役的电子设备检测能力，提高了美军装备可靠性、降低了维护费用，提升了装备检测效率。

RTCASS 专为海军陆战队开发，是美国海军和洛克希德·马丁公司在 Mainframe CASS 基础之上，总结以前开发 ATS 方面的经验研制出来的。RTCASS 主要提供混杂信号、数字和射频信号检测能力，提供高功率信号检测能力。RTCASS 在 2010 年开始步入实际应用阶段。

eCASS 是 CASS 系列的最新一代成员，是 Mainframe CASS 系列的升级版本，已于 2017 年开始逐步取代 Mainframe CASS 系列。美国海军计划用下一代 eCASS 系统代替现有的 5 种 CASS 主机系统（混合、射频、高功率、CNI 和光电）。美国海军委托洛克希德·马丁公司将 Mainframe CASS 升级为 eCASS，升级成本为 8330 万美元。eCASS 项目于 2010 年 3 月 24 日进入工程研制，2013 年 12 月 16 日通过里程碑 C 审查，洛克希德·马丁公司获得 1.03 亿美元 eCASS 初始小批量生产合同，要生产 36 套 eCASS 和相关的保障设备。现有的 Mainframe CASS 测量站被集成到 eCASS 测量站中，这是 eCASS 系统实际部署到舰队上的关键一步。2014 年 9 月开始了 Mainframe CASS 的 TPS 向 eCASS 的移植工作，大约有 550 套 TPS 被移植。2015 年 1 月，洛克希德·马丁公司向美国海军交付第一套生产型 eCASS，2017 年 2 月，美国海军与洛克希德·马丁公司签署一份价值 1.66 亿美元的四年期合同，委托公司建造 63 套 eCASS。2018 年 9 月，美国海军授予洛克希德。马丁公司（Lockheed Martin）一份为期 7 年价值超过 5 亿美元的合同，订购超过 200 套 eCASS，这标志着 eCASS 开始进入到成熟的大规模生产阶段，也标志着美军的 NxTest 计划取得阶段性重大进展。

四、美国海军发展下一代自动测量系统的启示

观察美国海军 eCASS 的发展轨迹，可以发现标准化、通用性、模块化和开放化一直是美军 ATS 发展的趋势和重点。美军先从三军出发，完成了军种内部的通用型 ATS，现在正着手大力发展 NxTest，突破军种之间的局限，强调军种和系统间互操作能力，从而进一步降低武器装备的检测维修费用。反观我国的发展现状，尚未在各个军种建立统一的标准，目前行业存在模块化设计思想不足、功能单一、开放性差等缺点，尚未形成 ATS 功能上的系列化和通用化，未能形成测控技术上的自动化和智能化。而我国不一定要重复美军的发展路径，可吸取美军的发展经验，当前就注意到 ATS 跨军种标准化、通用化和开放化等问题，在完善开放式技术体系架构、熟化标准体系与测量新技术的基础上，凝聚国内优势力量，坚持统筹规划、政策倡导与标准引领，坚持开放、通用、开源、共享，联合开发和演示验证下一代 ATS。

（中国电子科技集团公司第四十一研究所　江炜宁 赵秀才）

激光抽运小型铯原子钟的最新进展

2017 年，美国空军战略与技术中心提出"授时战"的概念，并提出美军需重视定位、导航与授时（PNT）中的授时信息。针对全球定位系统（GPS）的广泛应用，以及存在众多不同体制 GPS 增强系统及非 GPS 导航系统的现状，美国制定了开放式 PNT 体系架构的"较大公分母策略"。同年 11 月 24 日，美国陆军在固定运营基地（FBO）网站发布广泛机构声明（BAA），寻求业界开发 PNT 技术新方法，增强陆上士兵作战能力，列举十一项关注研究领域，其中第八项便是关于 PNT 系统授时，目标是推进陆军应用的准确授时源和时间传输技术。2018 年初，首个 A-PNT 项目在"网络集成鉴定"（NIE）演习中接受作战评估，距实战化部署仅一步之遥。2018 年 12 月 4 日，美国总统特朗普签署《弗兰克·洛比翁多美国海岸警卫队授权法案》，其中包括 2018 年的《国家安全与弹性授时法案》。该法案要求交通部在两年内建设针对 GPS 的地基备用授时系统。该法案目的是为了保证在未来 GPS 信号受到干扰、衰减、不可靠或其他导致信号不可用的情况下，军事和民用用户依然可以获得不受干扰和未破坏的授时信号。

"授时"是指将标准时间传递给用户，以实现时间统一的技术手段。根据应用领域不同，授时服务可分为军用和民用两种。民用授时主要包括电力系统（运行调度、故障定位、电力通信网络）、通信（移动通信基站、个人用户位置服务）、公路交通（道路导航、救援、车辆管理）、航海（航海导航、港口疏浚、航道搜救、航道测量）、测绘、防震救灾（地震观测、地震调查、地震救助、勘测、应急指挥）、公安（户籍管理、交通管理、警卫目标保障、缉毒禁毒、反恐维稳、巡逻布控、安全警卫、指挥调度）、林业（森林防火、森林调查）、广播电视、气象、信息业、激光测距、科研等，这些应用对时间精度的需求范围从秒量级、到纳秒量级，甚至到皮秒量级；军用授时则主要用于信息化作战装备、主战武器平台、大型信息系统等方面，对时间精度的需求范围从秒量级到纳秒量级。随着信息时代的发展，时间信息几乎是所有行动的基础，针对越来越复杂的环境，如干扰和欺骗，对授时服务的抗干扰性、抗摧毁性也提出了更高的要求。

世界上现有的授时系统包括美国的 GPS 系统、俄罗斯的格洛纳斯（GLONASS）系统、中国的北斗（Beidou/COMPASS）系统、欧盟的伽利略（Galileo）系统、日本的准天顶卫星系统（QZSS）以及印度的区域导航卫星系统（IRNSS）等。其中，GPS 和 GLONASS 系统均是从 20 世纪 70 年代左右开始建设，已发展了 40 余年，各项技术设备等相对较为成熟。所有授时系统的心脏设备，是产生高准确度、高稳定度频率的原子钟。而采用元素周期表中第 I 主族的作为已知非放射性元素原子质量最高的铯原子设计的原子钟，被时频领域评定为一级原子钟。自从 1967 年国际标准秒采用铯原子钟振荡周期定义后，全世界都在大力开展铯原子钟的研制开发，以期获得更准更稳的时间频率信号。

一、技术背景

铯原子（^{133}Cs）基态 F=3 和 F=4 在发生能级跃迁时，产生 9192631770 Hz 的稳定频率的电磁波辐射。铯原子钟就是利用铯原子与 9.2 GHz 微波进行共振相互作用对铯原子基态跃迁辐射进行鉴频，得到稳定的铯原子基态跃迁频率输出。现有的铯原子钟技术实现途径有磁选态和光抽运两种原理。

（一）磁选态铯钟

1949 年，美国哥伦比亚大学的拉姆齐提出铯原子钟制作技术后，1952 年美国国家标准技术局（National Institute of Standards and Technology，NIST）就推出磁选态大铯钟 NBS-1 到 NBS-7，频率准确度最高达到 $5×10^{-15}$。我国计量院也研制了达到 10^{-13} 量级的磁选态大铯钟 CsII 和 CsIII。大铯钟的体积庞大、制造成本高，不利于批量生产和工程装备应用，主要应用于国家时间频率实验室产生高精度时间频率，作为国家级基准为国家军民系统提供参考时钟。

小铯钟与大铯钟的基本原理类似，将铯加热形成铯束，把铯束管长度从大铯钟的米级减小到分米量级。铯束分布等边界效应导致其频率准确度降低到 10^{-12}，但可实现 19 英寸机箱大小的商品化小铯钟。早期的小铯钟主要采用磁选态实现，但涉及高温电真空制造工艺和寿命有限的电子倍增器材料，因而只有美国、瑞士等极少数国家具有制造能力，代表性的产品是美国惠普（HP）公司的 5060、5061A、5071 系列产品，后来被美高森美（Microsemi）公司收购后推出了满足电信及电网同步的 CS4000 系列低成本小铯钟。瑞士 OSA（Oscilloquartz）公司主要从美国购置铯束管研制生产了系列磁选态小铯钟，其代表型号有 OSA3230B，OSA5585B 等。其中，美国 Microsemi 公司的系列铯钟，占据了整个守时型小铯钟市场超过 70%的份额。图 1 所示是 5071A 和 3230B 磁选态小铯钟的实物图。

图 1　5071A 和 3230B 磁选态小铯钟

（二）光抽运铯钟

　　传统磁选态铯钟的原子利用率极低，只有 1%左右，严重限制了铯钟的短稳和使用寿命。随着激光技术的不断发展，利用激光冷却原子，激光制备原子态的技术诞生。采用激光进行原子冷却、制备原子态和检测原子跃迁概率，不仅可以提高原子的利用效率和检测信号信噪比，同时也能压窄线宽，摒除电子倍增器，不会形成复杂的束光学系统。

　　美国 NIST 采用激光冷却技术，实现了光抽运的喷泉原子钟 NIST-F1、NIST-F2，我国计量院也实现了 NIM5。这种原子钟将铯束管垂直放置，通过激光冷却将原子减速上抛并在重力作用下原子下落，2 次与外场作用得到线宽 1Hz 原子参考谱线，可实现准确度达 10^{-18} 的大铯钟。2005 年，美国国防部向迅腾（Symmetricom）公司（后被 Microsemi 公司并购）投资 390 万美元，为 GPS-III 研制星载光抽运铯原子钟。从已知报道中了解到，指标已达到磁选态小铯钟 HP5071 的水平（频率短稳<$5\times10^{-12}\tau^{-1/2}$，天稳<$1.0\times10^{-14}$，天漂移<$1.0\times10^{-13}$）；欧空局资助法国泰德（TED）公司、瑞士娜莎黛勒天文台和巴黎天文台合作研制激光抽运铯束原子钟，实验室样机获得的频率稳定度为 1×10^{-12}/秒。目前，只有瑞士 Oscilloquartz 公司宣称能提供商品化的激光抽运型小铯钟产品 OSA3300（目前市场上尚不能购买到该产品）。图 2 所示是 NIST-7 和 NIST-F1 大铯钟的实物图。

图 2　NIST-7 和 NIST-F1 大铯钟

（三）两种原理铯钟对比和铯钟发展方向

几种大、小铯钟的区别主要体现在作为原子钟内部环路系统的原子参考谱线的线宽以及由此基础上实现的铯钟输出标准频率信号的频率准确度，具体参数如表 1 所示。这也决定了这些铯钟的应用领域与地位：大铯作为实验室基准，小铯钟为工程装备应用。从光抽运原理研发的铯钟技术参数来看，其输出指标是远优于磁选态原理的。而大铯钟成本高、体积大和环境适应性差等原因，导致它不可能批量化工程应用；小铯钟的需求量大，机动性好，满足各个系统和各类环境的应用。因此，光抽运型小铯钟代表了工程化、商品化铯钟的发展方向，各国也在不断地加大光抽运小铯钟的投入。

表 1　几种典型的铯原子钟关键技术指标对比分析

铯 原 子 钟	原子谱线线宽/Hz	频率准确度
磁选态大铯钟	62	5×10^{-15}
光抽运大铯钟	1	1×10^{-16}
磁选态小铯钟	500	2×10^{-13}
光抽运小铯钟	500	1×10^{-13}

二、激光抽运小型铯原子钟技术细节

（一）激光抽运小型铯原子钟技术

激光抽运小型铯原子钟技术（见图 3）是各个国家均在大力发展的技术，采用铯炉加热形成热铯束，用锁定的同源激光对铯束进行原子态制备和检测。具体技术细节简述如下。

铯炉发射一个小发散角铯原子束，原子束首先通过激光抽运区，基态 $F_2 = 4$ 上的原子全部被频率锁定在铯原子 $F_2 = 4 \sim F' = 4$ 跃迁线上的抽运激光抽运到 $F_1 = 3$ 态上。随后 $F_1 = 3$ 态铯原子束进入 U 型微波腔并与微波激励信号发生两次相互作用，激励信号由恒温晶体振荡器经频率综合得到。当微波频率在铯原子和 $F_2 = 4$ |F=4）能级差对应频率附近时，原子会在两能级之间发生跃迁。跃迁后的铯原子进入检测区和激光相互作用，处于态的原子在激光作用下，在基态和 $F' = 5$ 激发态之间发生循环跃迁，产生大量荧光。荧光经由收集器汇聚到光电接收器，并转化为电信号，实现荧光检测。

通过对微波频率调制，对光检测信号解调可获得误差信号，将误差信号经过伺服电路反馈到压控晶振的压控端，即实现了对晶振输出频率的闭环锁定。

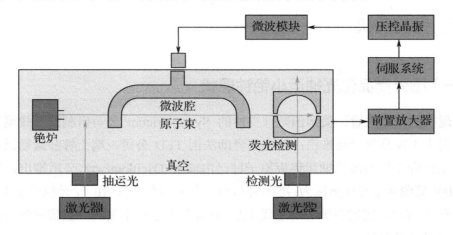

图 3　激光抽运小型铯原子钟技术原理

（二）传统磁选态小铯钟与光抽运小铯钟对比

传统磁选态小铯钟技术与新型光抽运小铯钟技术的技术对比如表 2 所示。

表 2　传统磁选态小铯钟技术和新型光抽运小铯钟技术对比

磁选态小铯钟	光抽运小铯钟
选择拟发生跃迁的状态	拟发生跃迁原子用光抽运制备，从而大大提高信噪比
信噪比低，短期稳定度差	
只能利用部分原子（约 1% 的原子）	基本上可利用全部原子，原子利用效率高
只能利用速度窗口原子	速度选择作用较小
靠原子在不均匀磁场中的偏转	原子束直进，无束光学问题
偏转角依赖速度原子束发散	
有复杂的束光学问题	
检测跃迁原子用表面电离	用光检测效率高，可避免电子倍增器和质谱计
依靠质谱计和电子倍增器	
铯束管工艺复杂、寿命不长	铯束管设计与工艺大为简化
重量大、真空难保持	

从表 1 的指标对比和表 2 的技术对比可以看出：磁选态技术复杂，技术指标较差，铯束管寿命较短。激光抽运小铯钟在技术与指标性能上均优于磁选态铯钟。因此，激

光抽运小型铯原子钟是工程用铯原子钟的发展方向。

三、发展现状

（一）国外商品化光抽运小铯钟现状

从现有的报道来看，美国国防部支持的 Symmetricom 公司研制的星载型光抽运小铯钟尚未见商品化产品推出；欧空局资助法国 TED 公司、瑞士娜莎黛勒天文台和巴黎天文台合作研制激光抽运铯束原子钟已由瑞士 Oscilloquartz 公司推出，型号为 OSA3300（见图 4），宣称指标为：准确度 $\pm 1 \times 10^{-13}$，秒稳优于 3×10^{-12}，天稳优于 1×10^{-14}，闪变平台 5×10^{-15}，超过美国磁选态优质型 HP5071A 近半个量级，但国内外均未见实物产品使用情况的报道。

图 4　OSA3300 光抽运小铯钟

（二）国内商品化光抽运小铯钟现状

"九五"期间，在总装备部的大力支持下，北京大学、航天科工集团二院 203 所和信息产业部十二所开始了实用小型光抽运铯束频标的协作研制，完成了实验样机，性能达到了 HP5061 的水平。在总装备部和国家科技部资助下，2008 年起，北京大学、203 所和 4404 厂合作，中国电子科技集团公司第 10 研究所所属天奥电子公司、中国电子科技集团公司第 12 研究所和国家授时中心合作，重新开展了拥有完全知识产权的光抽运铯原子钟研究。2018 年，实现商品化光抽运光检测小铯钟 TA1000（见图 5），性能指标均超过了 HP5071 标准型，

图 5　中国推出的采用激光原理研制的 TA1000 小铯钟

获得秒稳优于 5×10^{-12}，天稳优于 5×10^{-14}，闪变平台 1×10^{-14} 工程化商品小铯钟。其中，由中国电子科技集团公司第 10 研究所所属天奥电子公司主导研制的 TA1000 光抽运光检测小铯钟在 2018 年 11 月 7 日珠海航展上进行产品发布，技术指标已达到世界先进水平，标志着中国已拥有了完全自主知识产权的光抽运光检测商品化小铯钟。

（三）国内外实验室新型光抽运小铯钟现状

美国、德国、日本、法国、中国等国家大力发展的新型光抽运小铯钟，目前虽均停留在实验室阶段，尚未见工程化产品推出，但据报道，实验室型的冷原子束光抽运小铯钟指标能达到秒稳 1×10^{-13}，万秒稳定度能达到 1×10^{-15}。新型磁选态光检测铯钟也已达到或接近 5071 优质型水平。

1. 传统与新技术结合—磁选态-光检测热铯束小铯钟

传统磁选态小铯钟后级检测（见图 6）采用的是电子倍增器，除美国外，各国在近 50 年的磁选态铯钟的研制过程中，由于工艺和材料等原因，都受限于倍增器。而激光技术发展后，后级检测可以采用激光进行，避开电子倍增器的瓶颈。即：原子态制备采用磁选态原理，后级检测采用激光对原子态进行检测，后级检测同光抽运光检测原理。这是一种传统与新技术结合的新思路，北京大学铯原子钟团队已研制出相关产品。

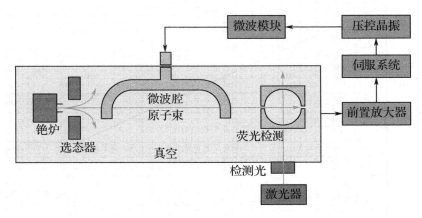

图 6 磁选态-光检测热铯束小铯钟技术原理

2. 冷铯束新技术—磁光阱（MOT）冷铯束小铯钟

传统的热铯束由加热铯炉后准直形成，而采用 MOT 方式对热铯束进行冷却后，可以大大增加铯原子与微波的作用时间，提高铯钟的稳定度。整钟形成冷铯束后，后端同光抽运光检测工作原理一致。冷铯束形成原理图如图7所示，传统热铯束光抽运小铯钟同新型冷铯束光抽运小铯钟测量指标对比见图8。

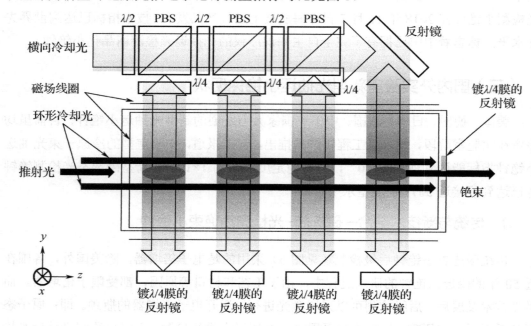

图7　冷铯原子束示意图（MOT 装置）

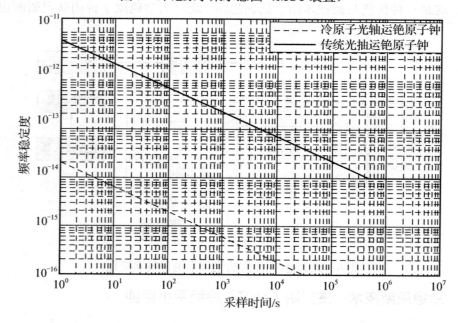

图8　传统热铯束光抽运小铯钟同新型冷铯束光抽运小铯钟测量指标对比

四、总结和展望

原子钟的研究在世界各国都在进行，作为一级频率标准的铯钟，更是被每个国家定义为战略资源在不停地深入探究。作为每个国家时频体系建设必不可少的铯钟，不仅关系到国计民生的方方面面，也是国家军事体系建设的基石所在。美国、德国、英国等国的工程化小铯钟，只有美国的 5071 占据了世界工程化小铯钟的半壁江山，而中国的工程化小铯钟从 2018 年才刚刚迈出第一步。后续的不断优化改进和采用新原理进行铯钟研制的历程还很漫长。

对铯原子钟的基础研究，后续技术开发，成熟技术应用和定型生产的阶段目标形成长远规划与合理布局，作出如下展望，供大家一起讨论：

（1）作为军用守时型小铯钟，国内研制开发的光抽运小铯钟除增强可靠性研究外，需增强物理系统和电路的优化设计研究，至少将准确度和稳定度再提高半个量级，才能更好满足军用信息应用。

（2）作为军用动态型小铯钟，光抽运小铯钟应以动态铯钟作为研发目标，提高战地作战过程中，车载、舰载、弹载等动态军用时间授时精度为方向，努力满足动态应用环境需求的动态型小铯钟。

（3）采用新技术不断提高铯钟技术性能：采用磁光阱（MOT）冷却技术和相干布居囚禁（CPT）技术，有望将铯钟频率准确度和稳定度指标再提高一个量级以上。

（成都天奥电子股份有限公司　韦强）

大事记

美国雷声公司与 13 部门合作开发反无人机系统　2018 年 1 月，美国大型军工企业雷声公司与 13 部门（Department 13）公司签署了合作协议，共同为客户开发和销售麦斯默（MESMER）反无人机系统，麦斯默反无人机系统可以自动探测接近的无人机，通过操纵无人机使用的数字无线电协议来实现对无人机的控制，但是仅对"已识别"的商业无人机起作用。该技术可独立使用或与其他反无人机方法相结合，通过采用搭配不同反无人机技术的指挥控制系统，根据无人机的具体威胁程度选择合适的处理方式与时机。

加拿大国家研究院研制出新一代光谱型低温辐射计　2018 年 1 月，加拿大国家研究院研制出新一代光谱型低温辐射计，新型低温辐射计利用闭环液氦制冷机获取 1 开尔文量级的超低温工作环境，在校准光源方面借助单色仪进行分光，并且采用最新研制的跨阻放大器和激光诱导驱动光源（LDLS）来提高光辐射功率、抑制杂散光影响；光电加热等效替换方面研制出具有更高光谱吸收率的黑体腔实现更低的光电加热不等效性，可实现 300 纳米～1000 纳米范围内任意波长点下的光辐射功率校准。上述先进技术的利用将低温辐射计的测量不确定度从 0.017% 提升至 0.011%。下一步研究计划是进一步把低温辐射计校准能力扩展到紫外和红外波段。

美国空军测量中心升级航空航天仪器系统及技术　2018 年 1 月 9 日，科蒂斯-怀特公司（Curtiss-Wright）从美国空军获得一份价值 8600 万美元为期 5 年的供货合同，根据合同将为美国空军测量中心的"高速数据采集系统"项目，交付航空航天仪器产品，包括数据采集系统、网络交换机、记录仪、遥控系统和地面站系统，此外还将提供改进/升级、维修服务、现场服务和技术支援。仪器产品的设计和制造将持续到 2022 年。该合同将进一步推动防务厂商研制最先进可靠的一体化高速飞行测量用仪器系统，满足美国空军对数据测量的需求。

是德科技推出 PathWave 软件平台　2018 年 1 月 31 日，据美国《航空航天情报》报道，是德科技公司正式推出首款集仿真、设计、测量和分析功能于一体的 PathWave软件平台，它可以帮助用户尽快实现产品从概念设计到生产部署，加速创新和研发。PathWave 是一种开放式、可扩展、可预测的软件平台，可集成产品开发流程中各阶段的硬件和软件，旨在确保测量的一致性、精确性和完整性。其核心是将整个设计、测量和验证工作流程有机地连接在一起，提供具有互联性、互操作性的方案，有效促进了电子产品仿真、设计、测量、管理一体化。

美国空军升级 A-10/C 雷霆 II 攻击机维护用测量设备　2018 年 2 月，美国空军与马文测量方案公司（Marvin Test Solutions）签订合同，要求升级 A-10/C 型攻击机维护用 PATS-70 测量设备及其成套软件。这是美国空军 2014 年淘汰该攻击机落后的测量设备后的又一次重大升级，此次升级将使 PATS-70 测量设备能够测量 A-10/C 型攻击机新增的装备和武器系统，并支持测量航电。马文公司继续采用便携式面向仪器系统、采样外围组件互连扩展（PXI）总线的模块化仪器平台，满足恶劣环境条件下的测量和数据采集要求。这是 PXI 模块化仪器在 F-35 战机和阿帕奇直升机测量设备上成功应用后，在军事测量项目中的又一次重大应用。

京博达微科技有限公司推出基于机器学习的半导体参数化测量产品 2018 年 2 月，基于美国国家仪器（National Instruments，NI）的 PXI 源测量单元（SMU），专注利用人工智能（AI）驱动半导体测量测量的北京博达微科技有限公司推出了基于机器学习的半导体参数化测量产品 FS-Pro，该产品提供了一块业界领先的 AI 测量加速卡 FS-AIM™，当按下加速键，客户就会体会到前所未有的测量速度——在低频噪声测量中将原本需要几十秒的测量时间缩短至 5 秒以内。此外，FS-Pro 产品还在单台仪器内实现了电流-电压（IV）测量、电容-电压（CV）测量、低频噪声（1/f noise）测量等常用低频特性测量功能，使得客户无须换线即可完成几乎全部低频参数化表征。

沃达丰公司与欧洲飞行管理局合作研发无线电定位系统 鉴于飞行员报告无人机影响飞行安全事件日益增多，2018 年 2 月，跨国移动通信网络巨头沃达丰公司与欧洲飞行管理局合作研发了一款基于长期演进（LTE）移动通信标准的针对无人机的新型无线电定位系统，配备 LTE 模块的无人机能把其飞行数据实时发送至地面基站，一旦无人机接近诸如航空港等安全区域，主管部门就能自动将其迫降到一个安全地方，或将其回溯导航至操作者。沃达丰公司还支持欧洲飞行管理局制定新的无人机运行规定，助力欧盟委员会提出的创新和安全无人机操作的"U 空间（U-space）"愿景。

英特尔加快硅光芯片研发、生产速度 2018 年 3 月英特尔公司演示了最新的 400 吉赫兹交换带宽的硅光芯片，2018 年 4 月开始向客户交付 100 吉赫兹交换带宽的硅光模块样品。2018 年 9 月 27 日在罗马召开的欧洲光通信会议（ECOC）上，英特尔公司公布了为加速新的 5G 应用场景和物联网应用产生的大量数据转移而优化的新型 100 吉赫兹交换带宽硅光子接收器，旨在为通信和云服务商提供支持 5G 无线网络扩展的硬件，实现开箱即用、还能够应对最恶劣的环境条件，新硅光无线模块的批量生产计划于 2019 年第一季度开始；会议期间，英特尔公司还表示将在 2019 年下半年出货 400 吉赫兹交换带宽硅光芯片模块。

安立公司推出 110 吉赫兹频段的超轻便功率分析仪 2018 年 3 月，日本安立公司推出世界上首款频率可选的超便携毫米波功率分析仪 Power Master，它采用通用串行总线 3.0（USB3.0）接口供电并与计算机进行互连及通信，体积仅相当于一个普通的智能手机大小，非常适合于无线信号的功率测量。Power Master 对射频信号进行基于频率的简单数字测量，频率测量上限可达 110 吉赫兹，幅度灵敏度可达到负 90 分贝毫瓦。在个人计算机上安装专用的数据分析与控制软件后，能够支持连续波功率测量、功率搜索和通道功率监测三种测量功能。

瑞士 SWISSto12 公司推出了封闭式自由空间法基于波纹波导型材料测量支架
2018 年 4 月，瑞士 SWISSto12 公司推出了封闭式自由空间法基于波纹波导型材料测量支架（MCK），可在毫米波和太赫兹频段通过双端口校准方法，实现对不同隐身材料、飞行器罩体材料电磁参数迅速、准确的测量。测量频率最高可达 1.1 太赫兹，样本厚度可达 10 毫米，测量点直径范围在 5 毫米-18 毫米，可测量各种形态的材料（固体、半固体、粉末或薄膜液体），并且可以和美国弗吉尼亚二极管（VDI）等市面上常见扩展模块兼容，测量频率最高可达 1.1 太赫兹。自带分析软件基于 Windows 系统，与罗德与施瓦茨公司（R—S）、是德科技公司（Keysight）、安立公司、中电科仪器仪表有限公司的网络分析仪兼容。

罗德与施瓦茨推出一款可进行频率捷变雷达系统纳秒级脉冲分析的高端信号和频谱分析仪 2018 年 4 月，罗德与施瓦茨推出了一款具有内置 2 吉赫兹分析带宽的 R&S FSW 高端信号和频谱分析仪，可针对频率捷变系统展开超短脉冲分析。快速变频使得雷达系统更有能力抵御大气扰动、针对性攻击以及无用信号（干扰）的影响，为了提高分辨率，此类系统还需根据目标改变调制方式、脉冲宽度和脉冲序列，出现纳秒级的脉冲也不足为奇。为了分析这类频率捷变系统，信号和频谱分析仪必须具备较高的内部分析带宽，以便捕捉精确到纳秒级的脉冲。R&S FSW 信号和频谱分析仪提供 2 吉赫兹的内部分析带宽，将可以很好地解决分析脉冲纳秒级上升时间的问题。

华为 SoftCOM AI 实现网络自动化测量与治愈 华为技术有限公司于 4 月 17 日～4 月 19 日在第十五届华为全球分析师大会上发布 SoftCOM AI 解决架构，在全云化网络基础上引入 AI（Artificial Intelligence，人工智能）技术，构建"永不故障的"的自治网络。华为 SoftCOM AI 在全云化网络架构上，引入以机器学习为核心的 AI 技术。整个架构有两个核心，一是 AI 训练平台，训练数据，输出模型或算法；另一个是推理平台，收集数据，根据模型或算法实现网络自动测量，推理网络动作指令并执行。依托自动化测量与业务部署，网络将走向智能化的故障自愈，自我优化，自我管理，最终实现"自动、自优、自愈、自治"永不故障的自动驾驶网络。

美国罗克维尔·科林斯公司（Rockwell Collins）获得美国空军价值 1520 万美元的通用靶场综合仪器仪表系统（CRIIS）订购合同 2018 年 4 月 18 日，《军事与航空航天电子》报道，罗克维尔·科林斯公司（Rockwell Collins）试验靶场专家将按 1520 万美元订单的条款，为美国空军试验靶场提供新一代靶场数据测量与传输系统——通用靶场综合仪器仪表系统。CRIIS 系统主要用作时空位置信息测量与数据传输，能够在不同的动态机动环境下，跟踪测量空中、地面以及海上目标，提供时间、空间、位置信息以及附加平台试验数据，测量结果通过高效的数据链实现安全可靠传输，时空位置测量精度可达到亚米级。CRIIS系统将取代美国主要军事试验靶场目前使用的先进靶场数据系统（ARDS），以满足美军当前及未来不同武器试验对时空位置信息和系统鉴定数据的需要。

美国诺斯罗普·格鲁曼公司为F-35提供作战电磁环境模拟器，能够高保真模拟战争状态 2018年5月7日，诺斯罗普·格鲁曼公司为美国海军的F-35战斗机研制了先进的测量环境，包括电磁环境作战模拟器，信号测量系统和同步通过同步与控制系统。同时，诺斯罗普·格鲁曼公司还推出便携式的电磁环境作战模拟系统，这是一款紧凑型、低成本的模拟器系统，可用于电子对抗（EW）/电子战斗（EC）系统的研发、生产和维护阶段：提供高信号保真度和无与伦比的测量能力。应用包括实验室测量，以及需要有限脉冲密度的自由空间辐射场测量。此外，当与EW/EC系统结合使用时，可用于课堂培训，车载培训（OBT）和系统测量。

美国国家仪器公司携手百度云，夯实以软件为中心的平台化分布式测量生态 2018年5月8日，美国国家仪器公司发布基于SystemLink的分布式系统管理应用解决方案，提供分布式软件部署、远程设备配置、健康状态监控、数据管理与可视化服务，为大规模分布式应用部署、互联配置与运维管理提供支撑。31日，NI发布基于百度智能边缘（BIE）的边缘计算架构，演示工业设备的智能故障诊断与预测性维护。借助百度云生态系统与ABC（人工智能、大数据、云计算）能力，NI可为工业企业提供端到端系统互联，实现完整的工业物联网（IIoT）及边缘计算解决方案，夯实以软件为中心的平台化分布式测量生态。

美国是德科技公司推出基于可扩展模块化架构的无线电台测量系统 2018年6月5日，美国是德科技公司在北京举办的Keysight World大会上，隆重推出M8920A PXIe无线电台测量系统。M8920A PXIe无线电台测量系统基于可扩展的模块化架构，射频频率覆盖范围支持100千赫兹到6吉赫兹，调制带宽高达160兆赫兹；支持射频信号和音频信号的生成和分析，复杂波形文件的生成和分析，并提供模拟和数字解调测量，内置支持模拟和数字电台一键式测量功能的软件，支持触屏多点触控操作；通过PXIe硬件和应用软件的结合，支持多种信号格式的测量分析，适用于下一代电台的测量应用。

MVG公司将多探头球面近场测量系统频率上限提升到50吉赫兹 2018年6月26日，法国MVG公司在上海组织了天线测量系统研讨会，会上重点介绍了其创新产品——50吉赫兹StarLab测量系统。该产品是全球首台测量频率上限高达50吉赫兹的多探头球面近场天线测量系统，系统由15个双极化测量探头（可选配29个探头）组成探头阵列，通过开关电子扫描代替机械扫描，可实现10倍以上的测量效率提升。系统具有结构紧凑、搬运方便、环境要求低、测量效率高、成本低等特点，可为雷达、对抗、通信和导航等装备用毫米波天线研发、生产过程提供低成本、高效率的测量解决方案。

美国泰克公司推出 12 位垂直分辨率的超低噪声混合信号示波器　2018 年 7 月，美国泰克公司推出 MSO6 系列超低噪声混合信号示波器，具有 8 吉赫兹带宽和 25 吉样点/秒采样率，是目前业内领先的 12 位混合信号示波器产品。MSO6 系列混合信号示波器承载了泰克最新研发的 TEK049 和 TEK061 两颗示波器集成芯片，重新定义了中端数字示波器的新标杆。该系列示波器模数转换器（ADC）的垂直分辨率高达 12 位，结合低噪声前端放大芯片大大降低了噪声，提高了微弱信号测量的准确度，满足雷达、通信、电子对抗与电子干扰等武器装备多通道、低噪声和模数混合测量需求。

美国是德科技公司推出支持太比特以太网研究的 110 吉赫兹数字示波器　2018 年 7 月，美国是德科技公司推出 UXR 系列数字示波器，具有业界领先的 110 吉赫兹实时带宽、256 吉样点/秒采样率和信号完整性测量功能，是目前唯一支持太比特（Terabit）以太网研究的实时示波器。UXR 系列数字示波器的模数转换器（ADC）物理上可达 10 位垂直分辨率，新一代磷化铟半导体工艺使得它具有极低的本底噪声和固有抖动.UXR 系列示波器具有多个产品型号，产品带宽 13 吉赫兹～110 吉赫兹。UXR 系列数字示波器承载了是德科技公司在测量与测量领域的深厚积累和广博的专业技术，有助于实现新一代创新设计，满足高速数字总线、光通信、太比特以太网以及第五代移动通信等市场快速发展的测量需求。

3D 打印塑料透镜协助塑造太赫兹光束　2018 年 7 月奥地利维也纳技术大学（Technical University of Vienna，TU Wien）的研究人员成功利用精确计算的 3D 打印塑料透镜，塑造了太赫兹光束。为了展示太赫兹波束成型方法设计的可能性，TU Wien 研究小组 3D 打印出几种不同的塑料透镜，其中包括可将宽波束塑造成易于辨认的 TU Wien 大学标志。研究结果表明，该项技术几乎没有任何几何限制。这种方法应用起来相对容易，这让我们相信，该项技术可很快应用于许多领域，将使目前新兴的太赫兹技术的运用更加精确。

泰克科技 USB 实时频谱分析仪推出新产品　2018 年 7 月，美国泰克科技有限公司发布了 RSA500A 系列 USB 频谱分析仪的新成员 RSA513A 和 RSA518A。在原频率范围 9 千赫兹～3.0 吉赫兹/7.5 吉赫兹的基础上，分别将频率上限扩展至 13.6 吉赫兹与 18.0 吉赫兹。RSA500A 系列频谱分析仪外形小巧、坚固耐用，采用内置电池供电。40 兆赫兹的实时带宽、高达 70 吉赫兹/秒的扫描速度和三维频谱图等特性使得 RSA500A 应用范围可涵盖各种频谱管理和军事应用，如雷达、移动通信基站测量，干扰搜寻与定位、辐射危害测量和信号智能监测等领域。

利用太赫兹波已实现全球冰云绘制　2018 年 8 月，美国宇航局（NASA）利用星载太赫兹辐射计成功绘制了首张 883 吉赫兹（GHz）全球冰云辐射图。美国弗吉尼亚二极管（VDI）公司为美国宇航局（NASA）一颗代号"冰立方（IceCube）"的小型卫星提供了 883 吉赫兹（GHz）辐射计，该辐射计作为"冰立方（IceCube）"卫星的载荷，用于绘制全球冰云，所得数据是天气与气候变化建模的关键。由于美国宇航局（NASA）只在飞机上进行过试验，因此该项目的成功研制，标志着利用太赫兹波进行空间探测从设想变已为可能。未来美国宇航局（NASA）将会发射更多载有太赫兹辐射计的卫星，来保证全球冰云探测项目的顺利实施。

美国海军订购超过 200 套电子综合自动保障系统用于测量战机准备状态 2018 年 9 月，美国海军与洛克希德·马丁公司（Lockheed Martin）签署了一份为期 7 年价值超过 5 亿美元的合同，订购超过 200 套 eCASS（电子综合自动保障系统）测量系统，这种测量系统可在岸上和海上用于维修舰载海军飞机的电子装备，用于帮助保持高水平的飞机性能，并最大限度减少将关键的飞机零部件返还给原始设备制造商进行维修的需要。在美国国防部制定的"下一代自动测量系统（NxTest）"计划指引下，美国海军一直致力于推动电子综合自动保障系统（eCASS）的发展，此次事件标志着美国海军 NxTest 已进入到成熟的大规模采购和批量列装阶段。

空间分辨率的提升带来芯片封装信号完整性测量的革命 2018 年 9 月，美国是德科技公司推出物理层测量系统（PLTS 2018），系统现在支持全新的 N5291A PNA 毫米波系统，该系统可以独立提供 900 赫兹 至 120 吉赫兹的单次连续扫描。提供突破性的 6 皮秒空间分辨率，使芯片封装中小于 400 微米的阻抗不连续性测量问题得到重大突破。该系统专为具有 400 吉比特/秒传输速率的网络和数据中心设计的高速串并转换芯片组提供充分表征和优化的测量手段。该系统目前已支持 64 端口 S 参数的信号完整性分析。很多复杂的高速互连部件都拥有多个通道，需要进行多通道间的串扰表征和分析，以满足新高速数字标准的要求。

3D 打印协助制造太赫兹空心波导管 2018 年 9 月，南开大学现代光学研究所探讨了 3D 打印技术制造太赫兹透镜、相位板、波导管等太赫兹器件的方法，并重点设计、制造了一种新型 0.1 太赫兹（0.1 太赫兹=100 吉赫兹）低损耗空心波导管。实验结果表明，3D 打印出的波导管传输损耗测量值约为 0.015 每厘米，太赫兹波束发散角为 6.8 度。实验结果表明，该空心波导管不仅降低了太赫兹波的传输损耗，还能有效定位太赫兹场，限制太赫兹波束的发散角。由此，利用 3D 打印技术研发柔性长空心波导管，可实现远距离、低成本的太赫兹传输和应用。

美国是德科技公司推出硅光芯片/器件综合测量系统 2018 年 9 月深圳第二十届中国国际光电博览会期间，美国是德科技推出了硅光芯片/器件综合测量系统，提供有源和无源两大类芯片/器件测量解决方案。无源芯片/器件测量系统由是德科技、福达电子和物理仪器（PI）等公司合作推出，用于测量硅光芯片/器件的插入损耗、偏振膜色散、回波损耗等参数。有源芯片/器件测量系统提供混合光有源器件的直流波长响应测量、高频幅频/相频响应特性参数测量。硅光芯片/器件综合测量系统的推出，可实现硅光芯片的在线测量，降低硅光芯片的废品率。同时，为后期传输速率达到400 吉比特/秒的高速硅芯片/器件网络的测量提供有效保障。

革命性的导线故障检测方案问世　2018 年 9 月 18 日，天文电子测量系统公司（Astronics Test Systems）推出新型导线故障测量仪 ATS-6100 WFT，它能探测现存和潜在的导线故障，帮助延长军机或民机、舰船、地面车辆及其他高振动设备的寿命。它是首个同时能检测软（间歇）故障和硬故障的导线测量仪，可进行全面验证测量和故障检测。它的出现是革命性的，消除了主观臆断猜测，为装备精确定位故障和轻松维修提供了完美方案。该测量仪被美国《军事与航空航天电子》杂志评为 2018 年技术创新白金奖，也证明这是 2018 年军事测量领域的一项重大技术创新。

美国国家仪器公司推出全新的具有 12 位分辨率和高达 6.4 吉样点/秒采样率的高速转换器的雷达收发器　2018 年 10 月，美国国家仪器公司推出 PXIe-5785 灵活可重构雷达收发器。通过与主要技术供应商合作，该收发器集成了最新的芯片组，具有 12 位分辨率和高达 6.4 吉样点/秒采样率的高速转换器。支持直接射频采样，由于转换器的采样率显著提高，从而增加了射频带宽，这对现代雷达系统很重要，增加的射频带宽相当于更高的空间分辨率，可减少错误检测的发生。基于 PXI 平台，通过对 FPGA 进行重新编程，使用户能够更轻松地实现系统集成和模块同步，并通过商用模块化软件快速构造新型或自定义雷达收发器，帮助缩短雷达开发周期。

美国是德科技公司推出最大频率 6 吉赫兹、带宽高达 1.2 吉赫兹的外围组件快速互连扩展（PXIe）矢量收发模块　2018 年 11 月，美国是德科技公司推出 M9410A、M9411A 两款测量分析频率范围覆盖 380 兆赫兹至 6 吉赫兹的 PXIe 矢量收发模块（VXT），将矢量信号分析、矢量信号发生与基于 FPGA 的实时信号处理功能集为一体，采用 PXI 接口标准的紧凑型模块化设计方案，通过外部连接的计算机进行控制，结合测量速度快、简单易用的配套软件实现出色的射频性能，可以同时提供矢量信号生成和分析功能，支持 1.2 吉赫兹信号生成和分析带宽，能够显著提高物联网（IoT）设备制造的测量吞吐量，帮助用户更快的构建测量解决方案、减少测量时间、提高测量密度。

安立公司针对传输速率达到 400 吉比特/秒的四脉冲幅度调制信号给出比特误码率测量方案　随着 5G 移动通信和云服务的普及，数据流量呈爆发式增长，为了适应这种需求，相关研究机构一直在开展四脉冲幅度调制（4 Pulse Amplitude Modulation，PAM4)和多路通信方法的研究。2018 年 11 月,安立公司（anritsu)总裁 Hirokazu Hamada

宣布推出 64 吉波特 PAM4 脉冲图案发生器（Pulse Pattern Generator，PPG）和 32 吉波特 PAM4 误码检测器（Error Detector，ED），支持 400 吉比特/秒及以上的比特误码率测量。此前，由于信号质量不佳，具有 400 吉比特/秒传输速率的光模块和器件的真实性能一直难以准确评估。安立公司新开发的 PPG 和 ED 为此提供了满足规范的测量方案，这些模块将应用于安立的 MP1900A 系列信号质量分析仪上，以支持高速、大容量传输设备和器件的性能评估。

美国国家仪器（NI）公司发布的《NI 趋势展望报告 2019》提出通过标准化迭代式软件开发方法使得软件进度能跟上整个测量产品按期上市的步伐 2018 年 11 月，美国 NI 公司发布《NI 趋势展望报告 2019》，提出由于国防和航空航天工业的各种产品和资产设备服役周期最长可达 50 年，可维护且可复用的标准化软件测量系统将帮助测量团队满足严苛的产品安全要求和快节奏的需求变化。按照当今市场发布新产品和功能的速度，仅仅正确构建测量软件架构是远远不够的，测量团队必须采用更灵活的方法来更快速地向制造部门和客户交付产品。测量团队需要做的远不只是硬件标准化，还必须做到软件标准化——通过标准化迭代式软件开发方法使得软件进度能跟上整个测量产品按期上市的步伐。

国际单位制量子化取得重大进展 2018 年 11 月 16 日，第 26 届国际计量大会（CGPM）在法国巴黎召开，包括中国在内的 53 个成员国集体表决，全票通过了关于"修订国际单位制（SI）"的 1 号决议。根据决议，从 2019 年 5 月 20 日起，SI 基本单位中的质量单位"千克"、电流单位"安培"、温度单位"开尔文"、物质的量单位"摩尔"将分别由普朗克常数 h、基本电荷常数 e、波尔兹曼常数 k、阿伏加德罗常数 NA 定义。加之此前对时间单位"秒"、长度单位"米"和发光强度单位"坎德拉"的重新定义，至此，国际计量单位制的 7 个基本单位全部实现由常数定义。这是改变国际单位制采用实物计量的历史性变革，将改变国际计量体系和现有计量格局。

世界首个 100 吉赫兹以上移动通信用超宽带通道探测器建成 2018 年 11 月 27 日，日本最大的移动通信运营商-都科摩公司（NTT DOCOMO）同德国罗德与施瓦茨公司（Rohde & Schwarz）合作建成了世界首个 100 吉赫兹以上移动通信用超宽带毫米波通道探测器，并在 150 吉赫兹频率范围条件下进行了无线电波传播实验。在实验中，两家公司测量和分析了在这一毫米波范围内无线电波传播特性所受到的影响及屏蔽的影响。在 100 吉赫兹～300 吉赫兹频带，可用带宽要大于 5G 带宽。但是这些更高的频带受人、车辆、树木及风雨等环境条件影响强烈，因此必须进行研究。100 吉赫兹～300 吉赫兹频带预计将进一步实现超越 5G 的下一代高速大容量通信。事件表明，世界先进测量厂商已经在为超越 5G 的下一代移动通信准备测量能力。

美国总统签署国家安全与弹性授时法案 2018 年 12 月 4 日，美国总统特朗普签署了《弗兰克.洛比翁多美国海岸警卫队授权法案》，其中包括 2018 年的《国家安全与弹性授时法案》，此法案在参议院表决时，以压倒性优势通过。该法案要求交通部在两年内建设针对全球定位系统（GPS）的地基备用授时系统。据悉，美国出台该法案目的是为了保证在未来 GPS 信号受到干扰、衰减、不可靠或其他导致信号不可用的情况下，军事和民用用户依然可以获得不受干扰和未破坏的授时信号。

洞察号火星探测器首次将仪器部署于火星表面　2018 年 12 月 19 日，美国国家航空航天局（NASA）洞察号火星探测器成功将其地震测量仪（也称 SEIS，内部结构地震实验仪）部署到火星。地震测量仪是洞察号上最优先的重要仪器，地震测量仪使科学家能够通过地面运动（也称火星地震）窥视火星内部结构和成分。每次火星地震起到一种镁光灯的作用，照亮了火星内部的结构。 通过分析地震波如何穿过火星地层，科学家们可以推断这些地层的深度和成分。 洞察号近四分之三的科学目标要靠地震测量仪完成。这是有史以来仪器首次部署于另一个星球表面，表明宇航级仪器已经实现重大飞跃；同时也突显了仪器技术在尖端前沿科技探索领域的先导作用。

人工智能技术领域年度发展报告

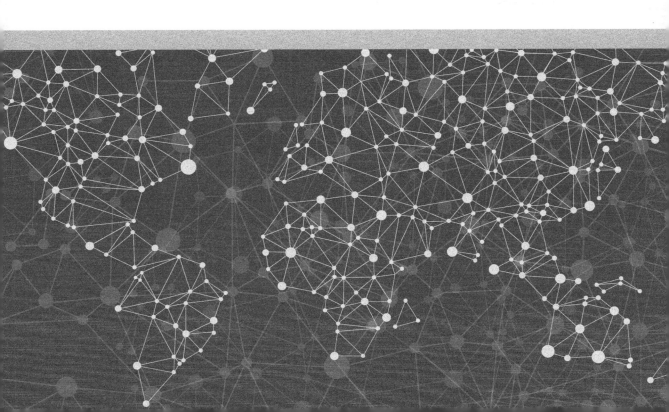

人工智能技术领域年度发展报告编写组

主　　编：葛建军

执行主编：王武军

副 主 编：张　峰　吴宇航

撰稿人员：（按姓氏笔画排序）

王武军　王萌萌　李明强　吴宇航　伍尚慧

刘灵芝　汪良果　孟祥瑞　孟繁乐　查文中

高　放　袁　森　熊　荔

审稿人员：马　林　刘凌旗　秦　浩

综合分析

随着世界新一轮科技革命、产业革命和新军事革命交织推进，科学技术发展呈现多点、群发突破的态势。科技的进步使战争从人与人之间的对抗演变为机器介入的对抗，人工智能（AI）成为新兴驱动力，以不可阻挡之势席卷全球，引领科技前沿创新发展。2018 年，全球人工智能发展热度持续上升，各国高度重视人工智能的发展，从战略上、体系上积极谋划，投资力度也在不断加大，人工智能技术不断突破，行业创新不断涌现，产业化持续推进。人工智能的研发在全球如火如荼，以深度学习、自我升级为主要特征的人工智能有望将人类各方面智能拓展到极限；AI 催生军事人工智能，智能化已成为军事强国争夺的制高点，分布式、多域战概念牵引技术创新，人工智能重点推进军用无人系统自主能力、无人机蜂群技术、有人/无人系统协同的技术探索，对国民经济和军事领域将产生广泛而深远的影响。尤其是美国国防高级研究计划局（DARPA），为了保持其在 AI 中的领先优势，投资 20 亿美元，启动 AI Next Campaign（AI 下一场战役），引领未来 AI 发展，打响了第三次人工智能战役，将人工智能研发进一步推向高潮。在这场人工智能争霸赛中，美国仍处于领先地位，俄罗斯、欧洲、日本和以色列等国家和地区紧随其后，全球 AI 领域竞争态势激烈。

一、战略博弈推波助澜，各国积极抢占人工智能制高点

当前，人工智能的不断渗透，引发了新一轮科技革命，战争形态正向信息化战争的高级阶段——智能化战争加速演进，战场空间从传统的"陆、海、空、天、电、网"物理域向泛在社会域、认知域拓展，无人作战、分布式作战和多域作战将成为主要作战样式，传统军事战略、作战理论、武器装备都将发生不可逆转的变革，智能化、无人化装备将逐渐成为战争的主角。2018 年，各国积极进行战略布局，全面推进 AI 技术的科技创新，力争在这场即将到来的人工智能军备竞赛中立于不败之地。

（一）美国积极进行战略布局，持续维持人工智能的先发优势

2018 年，美国政府高度重视人工智能（AI）的发展，从作战理论、战略布局和项目投资上全面推进人工智能的发展，发布了《美国国防战略》《美国机器智能国家战略》《2017—2042 财年无人系统综合路线图》（简称：2042 年路线图）《美国国防部自主性路线图》《人工智能探索计划（AIE）》等一系列战略文件，为美国人工智能的未来发展提供了行动指南。

其中，2018 年 7 月 DARPA 推出的人工智能探索计划（AIE），旨在加快 AI 平台的研发，使美国保持在 AI 领域的技术优势。AIE 延续了 DARPA 在人工智能领域开创性研发的五十年路线图，将致力于"第三波"人工智能的应用及理论，使机器适应不断变化的情况。

8 月，美国国防部发布《2042 年路线图》，以"互操作性、自主性、网络安全、人机协作"为四个关键主题，旨在为快速发展的无人系统技术领域制定为期 30 年的指南，发挥人工智能和机器学习的巨大潜力，同时解决将这些系统武器化所产生的政策挑战。

在具体行动方面，2018 年，美国正在将分布式控制、多域战和"战场物联网"等新型作战概念与人工智能技术融合，多措并举提升国家和国防竞争力：成立了人工智能特别委员会、组建人工智能研究中心并颁布 AI 任务小组指令，举办"国防部人工智能架构、投资与应用"主题听证会、人工智能和机器学习研讨会、人脸识别挑战赛等，强力推进 AI 技术的发展。DARPA 将启动 AI Next Campaign，对现有和新设的人工智能项目投资超过 20 亿美元，以期引领第三次人工智能浪潮，维持并巩固其在 AI 领域的战略地位。

（二）其他主要国家因地制宜制定发展战略，加快人工智能发展步伐

1. 西方先进国家谋划前沿技术战略目标，抢抓 AI 发展机遇并应对挑战

人工智能（AI）具有影响全球经济和军事竞争的潜力，欧洲各国开始谋划抢占人工智能先机。2018 年，欧盟发布《欧盟人工智能战略》，提出 2018 年～2020 年以及未来 10 年的欧盟 AI 行动计划，到 2020 年在人工智能方面投资将达到 200 亿欧元。为落实上述战略，又推出《人工智能协调计划》等以促进欧洲人工智能的研发和应用。

英国政府高度重视人工智能对经济和社会发展的巨大潜力，2018 年 4 月，英政府发布《产业战略：人工智能领域行动》政策文件，旨在支持英国实现人工智能对社会和经济的巨大潜力，同时保护社会免受潜在威胁和危险，分别于 4 月、10 月向人工智能行业投资 10 亿英镑和 5000 万英镑。

法国推出《人工智能发展战略》计划，计划投入 15 亿欧元发展人工智能，谋取在全球 AI 领域的战略高地。

德国于 2018 年 11 月宣布启动数字战略，将投入 30 亿欧元发展人工智能，力争成为国际人工智能领先国家，实现 "工业 4.0"。

在行动上，欧洲各国还采取一系列举措推进 AI 发展：法国成立了全新人工智能

研究中心、加拿大和法国计划设立 AI 全球委员会、英国国防部成立人工智能实验室和人工智能创新网络等，以期应对全球重大挑战。

日本政府也将人工智能定位为增长战略的支柱，并视为带动经济增长的"第 4 次产业革命"的核心尖端技术，大力发展 AI 技术，打造超智能国家。

2. 俄罗斯拓宽发展思路，大力推进 AI 科技创新

为了应对新一轮全球技术革命的兴起，俄罗斯把发展人工智能作为装备现代化的优先领域，积极推进创新发展战略。俄罗斯国防部正加紧人工智能技术的研究，于 2018 年 3 月制定了发展人工智能的措施计划，重点包括：建立国家人工智能培训和教育体系、组建人工智能实验室、建立国家人工智能中心、开展人工智能演习等十项发展举措，并召开评估世界人工智能实力的会议，聚焦于制定计划，提高领域竞争能力。

二、机器学习与 AI 芯片进展迅速，初步形成任务能力

（一）机器学习能力不断深化，"神经计算"成为新兴热点

2018 年，在机器学习方面，美国国防高级研究计划局（DARPA）正致力于开发"第三代人工智能"，旨在开发能够在不断演变的情况下进行学习并能解释其所作决策的机器。DARPA 发布安全、可信、智能的学习系统（SAILS）计划，要求业界开发可信的计算方法来保护用于创建人工智能和机器学习系统的模型，SAILS 计划将聚焦于语音、文本、图像以及"黑匣子"和"白匣子"访问模式等各种问题领域（"黑匣子"和"白匣子"分别指具备最少量知识和具备完整知识的目标人工智能和机器学习模型）。5 月，DARPA 实施的"终身学习机器"（L2M）项目，取得两项突破，第一个技术领域致力于开发完整的系统及其组件，第二个技术领域将探索生物有机体的学习机制，目标是将其转化为计算过程。L2M 项目将为第三次人工智能技术浪潮打下坚实的技术基础。7 月，DARPA 推出人工智能（AI）探索（Artificial Intelligence Exploration，AIE）计划，旨在加快 AI 平台的研究和开发工作，以帮助美国保持其在 AI 领域的技术优势，AIE 计划将专注于"第三波"人工智能的应用及理论，旨在让机器适应不断变化的情况。

此外，美国军方和多家公司也进行了多项 AI 技术的研发。2018 年 3 月美国伯克利国家实验室于研发了一种用于实验性成像数据的新型机器学习方法——"混合比例

密集卷积神经网络"（MS-D）的方法，改变了机器学习的方法；预计该方法将提供一个重要的新型计算工具，用于分析各种研究领域的数据。5 月，美国空军研究实验室信息局发布"稳健安全的机器学习"项目信息征询书，向工业界寻求稳健而安全的军用机器学习技术。这种学习技术能够有效抵御网络攻击，保证机器决策的可信性。7 月，美国休斯研究所（LLC），为自主系统开发突破性机器学习架构——超级图灵进化终身学习架构（STELLAR），该架构模拟人类大脑神经调节系统，结合可持续学习的结构和功能可塑性机制，将实现自主系统的终身学习。美国雷声公司为美国国防部开发了新工具，可支持操作员使用语音、手势从平板电脑或其他设备上控制多个异构无人机。同时，其他国家也在大力推进 AI 技术的发展：英国 BAE 系统公司推出 iFighting 车载态势感知解决方案，iFighting 通过充分利用数据来提高战斗中的决策速度，优化车辆性能和车组人员效率；日本富士通实验室公司宣布开发"广泛学习"（Wide Learning）技术，该技术是一种机器学习技术，能够在操作者无法获得训练所需大量数据的情况下做出准确判断。

在神经计算方面，当前重点关注基于神经进化技术提升学习能力。"神经计算"是一个新兴领域，聚焦于受人脑启发的计算化硬件设计。

2018 年 3 月，麻省理工学院采用单晶硅成功研制出便携式 "大脑芯片"——硅基人工神经突触，该项成果可以精确控制电流穿过时的强度，就像神经元之间的离子流动一样。在模拟实验中，研究人员发现该芯片和它的突触可以用来识别笔迹的样本，准确率达到 95%，这大大促进了人造硬件的发展。5 月，谷歌旗下的 DeepMind 利用人工神经网络打造"类脑导航系统"，可进行自我定位。7 月，美国匹兹堡大学采用碳原子的二维蜂窝构型研制出一种基于石墨烯的神经突触——"人造突触"，可用于类似人类大脑的大规模人工神经网络。该研究提出了突触电子学的全新设备概念，具有模拟、节能、可扩展特性，适用于大规模集成；与此同时，美国加州理工学院也利用合成的 DNA 分子研制出了一个 DNA 人工神经网络，能够处理经典的机器学习问题。这项工作在展示将人工智能引入合成生物分子电路的潜力方面迈出了重要一步。美国陆军也在不断创新，开发出 Deep TAMER 和 Cycle-of-Learning 的人在环路中机器学习技术——新算法，可使机器人在与人类训练员的互动中学习如何执行任务，极大提升机器人或计算机程序的学习速度，所需训练数据也大幅减少。8 月，为加快防止核扩散分析的速度及增加分析所需的数据集，美国劳伦斯利弗莫尔国家实验室（LLNL）正在研发深度学习和高性能计算算法，可提升对有关扩散活动海量数据的分析能力。

（二）人工智能革命引发新型芯片竞赛，各类芯片层出不穷

2018年，微软正在为其虚拟现实/增强现实头戴设备 HoloLens 研发人工智能芯片，并且该芯片有望在其他设备上应用。谷歌研发一个用于神经网络的特殊人工智能芯片，名为张量处理器（Tensor Processing Unit，TPU），可用于 Google 云端平台上的人工智能应用程序。亚马逊正在为其 Alexa 家庭助理开发人工智能芯片。11 月，英特尔实验室成功研制出"Loihi"神经形态芯片，在自适应机器人控制器上进行测试。这种芯片在实现实时学习和自适应控制等时效性较高的目标方面比传统的 CPU 和可编程逻辑芯片表现得更为出色；同月，美国普林斯顿大学研究人员推出一款专注于人工智能系统的新型计算机芯片，该芯片主要用于支持为深度学习推理算法设计的系统，这些算法允许计算机通过学习数据集来制定决策和执行复杂的任务，可在极大提高性能的同时减少能耗需求。12 月，IBM 展示了一款新型人工智能芯片。IBM 开发出一个更加高效的模型用于处理神经网络，该模型只需使用 8 位浮点精度进行训练，推理（inferencing）时更是仅需 4 位浮点精度。该设计可以跨各种深度学习模型保持精确度，可为物联网（IoT）和边缘设备等在受限环境中的人工智能训练和推理提供高性能。12 月，亚马孙推出首款自研 ARM 架构云服务器 CPU Graviton 和首款云端 AI 推理芯片 AWS Inferentia，力图创建云端芯一体化路线，Graviton 芯片可提供成本更低的计算能力，其运行应用的成本比英特尔或者 AMD 芯片低 45%，多块芯片组合后计算力将会高达"数千 TOPS"，该芯片将于 2019 年底上市。

（三）人工智能初步形成特定任务能力，自主感知、目标识别能力不断加强

2018 年 4 月，美国 DARPA 启动"通过规划活动态势场景收集和监测"（COMPASS）项目，旨在开发能够评估敌方对刺激的反应的软件，用于识别敌方在"灰色地带"的意图，并向指挥官提供情报以做出响应。6 月，IARPA 一直致力于研究如何提高人脸图像的识别能力，举办"FOFRA"人脸识别挑战赛，此次挑战赛将整合应用于相同输入图像的多种算法，提高人脸图像识别率。7 月，IBM 研究院正在构建的一个超过100 万张图像的注释数据集，可以用于提高对面部分析偏见的理解；同时，DARPA 完成"快速自主轻量"（FLA）项目第二阶段飞行测试，该项目开发的先进自主算法使无人机具有绘制三维地图与记忆环境的功能，可以在没有任何通信等外界支持下自主完成任务并返回。9 月，脸书公司开始使用无监督机器学习来为其用户提供翻译服务。2018 年，美国海军非常关注 AI 技术的军事应用，美国海军陆战队研制"雅典娜"，

为人工智能用于军事决策提供测试平台，旨在开发一种先进的算法，使无人机或无人车辆能够在没有人类操作员、GPS 或任何数据链的引导下自主运行，侧重于自主性，其中"自主"包括感知、规划、控制等方面，另外，美国海军"人工智能"导弹 LRASM 空射型号于 2018 年已首先列装于美国空军第 28 轰炸机联队，LRASM 在自主感知威胁、自主在线航迹规划、多弹协同、目标价值等级划分、目标识别等方面的智能化水平极高。

三、脑机接口异军突起，颠覆人机交互走向现实

（一）各国"脑计划"悄然布局，人类对脑奥秘探索大步前进

近两年来，美国、欧盟和日本等国家和地区相继启动了脑科学计划，我国的脑科学计划也在筹备之中。脑科学研究主要包括：认识脑、保护脑、模拟脑三个方面，即以认识脑认知原理（认识脑）为主体，以脑重大疾病诊治（保护脑）和类脑计算与脑机智能（模仿脑）为两翼。借鉴脑工作原理服务于人工智能等为目标的类脑研究日益成为各国的研究热点，也为军事应用奠定重要基础。

4 月，来自 19 个国家的 500 多名科学家和工程师在苏格兰格拉斯哥举行的在第五届欧洲人脑计划峰会上，讨论建立统一平台以全面了解人类大脑和脑疾病，进一步推进建设 21 世纪大脑科学基础设施。2013 年，欧盟启动了投资 10 亿欧元以上的欧盟人脑计划（the Human Brain Project，HBP），其于 2016 年公布的目标是重建脑在多个尺度上的组织，并在所有层次上把实验、临床数据、数据分析和仿真紧密结合在一起，最终在各层次之间架设起桥梁。

11 月，美国国立卫生研究院（NIH）宣布为"脑计划"（BRAIN Initiative）提供新一轮资助：为 200 多个新研究项目提供超过 2.2 亿美元的资助。这些资助项目包含了创建用于扫描人类大脑活动的无线光学层析成像帽，开发用于改善瘫痪患者生活的无创脑-机接口系统，以及用于治疗精神分裂症、注意力缺陷障碍和其他脑部疾病测试的无创脑刺激装置等。美国"脑计划"于 2013 年启动，旨在为研究人员提供治疗各种脑疾病（包括阿尔茨海默氏症、精神分裂症、自闭症、癫痫和创伤性脑损伤）所需的工具和知识，多轮资助极大加速了神经科学的发展。

日本脑计划 Brain/MINDS（Brain Mapping by Integrated Neurotechnologies for Disease Studies）于 2014 年发起，使用整合性神经技术制作有助于脑疾病研究的大脑

图谱。该计划将普通猕猴作为神经科学的模型动物，旨在建立一个多尺度猕猴脑图谱，为实验心理学家开发新技术，创建用于脑疾病建模的转基因品系，并整合来自临床生物标志物的转化结果。该计划由日本 47 个机构的 65 个实验室和几个合作伙伴国家组成，包括四类主要技术：猕猴的大脑结构和功能、开发用于大脑图谱的创新神经技术、人类大脑图谱和临床研究、先进技术和应用开发。2018 年未见有标志性进展。

我国"脑计划"已拉开序幕。继北京脑科学与类脑研究中心之后，5 月，上海脑科学与类脑研究中心成立。我国脑计划采用"一体两翼"："一体"代表主体的基础研究，即了解大脑的结构，它的工作原理是什么，从而理解大脑的认知功是如何实现的；"两翼"是实现两个社会需求：一是找到脑疾病的诊断和治疗方法，二是推动人工智能进一步发展。

（二）脑机接口快速走向现实，各大机构探索应用场景

脑机接口正经历从实验室演示到实际应用的转换阶段。神经科学与脑机接口是 DARPA 目前研究的重点领域，也是近年进展最快的领域之一。该领域覆盖了感觉知觉、运动神经、外周神经、中枢神经等不同接口技术，旨在增强士兵的认知和决策等能力，大幅提升脑机交互和脑控技术。

在脑控无人机技术方面，美国和俄罗斯均致力于用"意念"控制无人机进行试验。美国 DARPA 正在研发并测试能够用人脑控制无人机的最新技术，并使无人机能够向控制者的大脑发送图像。在 DARPA 开展的"意念控制"试验中，测试者利用佩戴在头上的"双向神经接口"（bidirectional neural interface）能够控制领航无人机，并与两架无人机保持编队，无人机传回的信号能够直接反馈给大脑，使大脑也能感知周边环境。2018 年世界机器人大赛——BCI 脑控类赛事采用非侵入式脑机接口技术，参赛者戴上"脑电帽"采集脑电波信号，在顶叶脑机赛项目测试中，选手通过大脑活动在电脑上输出目标字符。1 月，美国国防部投资开发脑机接口技术"NESD"项目，共投资六个脑机接口技术研究项目，共计 6500 万美元，致力于开发高分辨率的神经接口和工作体系，将尽快开发出可以扫描 100 万个神经元的植入式脑机接口，并在 2021 年之前开展初步试验，帮助恢复感官能力，特别是恢复视觉和语言方面的能力。美国陆军一个研究团队利用新型类脑计算机的大规模计算能力，发明了一种分解大整数方法，这一进步可能有助于未来陆军计算设备在电力、连接等受限环境下快速解决极其复杂的问题。11 月，美国 DARPA 发布"下一代非侵入性神经技术"（N3）项目征询建议书，开发高分辨率非侵入性脑神经接口技术，推动士兵与人工智能、半自主、自主武器装

备的完全交互能力，实现战场士兵的超级认知、快速决策和脑控人机编队等超脑和脑控能力。

其他国家也在积极开发脑科学技术。日产公司发布最新研究成果"脑控车"（nissan-brain-to-vehicle），该成果使用 B2V 技术，使驾驶员佩戴一个可以监测和解码人类大脑电波的设备——可穿戴式"尼桑智能机动能力仪"，其大脑反应就可以传递给车辆，目前已进行车辆试验。11 月，由曼彻斯特大学计算机科学学院研制的 SpiNNaker 计算机正式开机。该计算机是欧盟人脑计划支持下目前全球规模最大的神经形态超级计算机，每秒能够完成超过 2 亿次运算，可以实时模拟的生物神经元数量超过了地球上任何其他机器，其终极目标是实时模拟多达 10 亿个生物神经元。SpiNNaker 已经被用于控制一个机器人 SpOmnibot，该机器人使用 SpiNNaker 系统解释实时视觉信息，它还可以被用作实时神经模拟器。

四、群体智能开启集群协作新模式，作战样式有望极大丰富

（一）强化建设人机接口、人机编队技术，积极探索人机协同技术发展

各国不断推进人机编组、有人和无人系统协同的技术探索，为实现更高级别的人机协助和战斗编队开展测试验证。

1 月，根据美国国防部长办公室支持的"自主性研究试点计划"（ARPI），美国陆军研究实验室（ARL）完成了两个项目，研究了通过增强代理透明度这一方法来改进人与人工智能代理之间的协作，成功验证了提升人与人工智能代理编队工作效率的新方法。7 月，美国德事隆系统公司和德事隆航空防务公司成功完成有人-无人机编队协作能力的集成和验证飞行项目，通过 Synturian 的控制和协作技术，使德事隆航空防务公司的蝎子攻击机成功发挥其优势，将能力提升到新的级别，德事隆系统的互操作水平（LOI）由 3 提升到 4，同时使移动飞行器对多设备的指挥和控制成为可能；同月，7 月，美国海军陆战队成功测试了单人单次控制 6 架无人机，未来希望能达到单人单次控制 15 架；10 月，DARPA 征集"进攻性蜂群使能战术"（OFFSET）项目"蜂群冲刺"第三阶段提案，主要包含两个研究领域，一是士兵-蜂群编队的革新，二是蜂群战术库的扩充。该研究领域识别并寻求解决蜂群系统本身的复杂性，以及士兵或战术指挥员在进行城市作战时的认知需求、生理需求与情境需求。选定的蜂群"冲刺者"将设计并实施战术库中没有的复杂蜂群战术，采用由空中无人机和地面机器人

组成的多样化蜂群，在 1～2 小时内解决四个城市广场街区的"城市突袭"任务。

（二）无人系统集群作战向实用化迈进

2018 年，美国 DARPA 实施的"拒止环境中协同作战"（CODE）项目重点发展蜂群协同开放式架构。1 月，该项目完成了第二阶段的一系列飞行试验，对分布式协同作战能力进行验证，进入项目第三阶段，该阶段将进一步开发 CODE 的能力，引入更多无人机在更复杂的场景下开展自主协同测试。6 月，DARPA "小精灵"无人机项目进入第三阶段，美国 Dynetics 公司将开发硬对接和回收系统的全面技术演示原型，使用单架有人驾驶飞机（如 C-130）远程管理多架无人机可加强对战术打击、侦察/监视和近距离空中支援任务的支持。Dynetics 公司将于 2019 年底在 C-130 运输机上实施多架无人机的发射和安全回收试验。整个小精灵项目将持续 43 个月，整个第三阶段将持续 21 个月；为发展未来分布式作战和集群作战，美国 DARPA 通过实施"体系集成技术与试验"（SoSITE）项目开发体系架构技术。6 月，该项目成功完成多域组网飞行试验，验证了虚拟系统和现实系统能够共享不同类型数据而共同执行任务。SoSITE 项目目前正在开发适应性算法、软件和电子产品，以建立一个应用先进任务系统的有人/无人平台组成的网络，并探讨了自主技术如何帮助每个平台在战斗中协调行动。

（三）无人集群颠覆性技术应用前景广阔，各国加大研发力度

2018 年各国不断推进无人集群颠覆性技术的研发力度。8 月，匈牙利首次在实际中不借助中央控制系统实现了无人机蜂群的自主飞行。这个模型让具有不准确传感器和短程通信设备的无人机，在通信连续延迟和局部通信可能中断的条件下仍然可在嘈杂环境中飞行，这一成功将为无人机蜂群运用于多种应用指明了前进方向。9 月，欧洲空中客车防务与航天公司成功展示了最新的无人机集群技术。在飞行演示中，由一架有人机指挥控制 5 架空客 Do-DT25 靶机进行有人/无人协同（MUT）飞行测试，配装传感器的无人机集群可以为在安全距离外的有人机上的任务指挥官提供态势感知信息。10 月，在用户交互软件与技术（UIST）国际会议上，加拿大皇后大学展示了利用无人机集群进行交互式空间曲面造型的最新技术 GridDrones。GridDrones 包括 15 架微型四旋翼无人机，利用 Vicon 动作捕捉系统可以实现毫米级定位。不同于飞行演示的隔阂感，用户可以直接点击或拖拽每个无人机进行相应操作，也可以使用圈

选和线选手势对选中的无人机进行控制，这种操作使得每个无人机像一个悬浮在空中的三维像素。捷克技术大学发布了一种基于紫外标记的新型视觉相互定位方案，适用于室外的新型无人机集群相互定位方案，室外实验结果显示出这种算法的优异检测可靠性。该解决方案将在机器人集群和多机器人系统中得到广泛应用。英国国防科学和技术实验室（DSTL）长期致力于研究人工智能和大数据，由 DSTL 资助的一个无人机蜂群项目（基于自主群体的任务规划和管理系统）尤其令人关注。无人机蜂群通过派送大量无人机来执行相同任务，可以应用在很多场景中。其中最典型的是通过蜂群攻击来诱骗和打击敌方的雷达和防空系统，该系统能够同时处理多个无人机涉及的多项任务，并且是可扩展的。12 月，英国"自主地表和地下测量系统"项目成功交付了多无人船编队的自主调查解决方案，并在苏格兰尼斯湖进行了为期两周的试验。此次试验表明该解决方案已具备利用无人船控制无人潜航器共同协作的能力，试验中所使用的基于声学的多舰船跟踪、指挥和控制也为远程、超视距自主水下航行器测量操作奠定了基础。

五、智能无人技术优势日趋明显，应用场景更加丰富

人工智能已成为各国武器发展的主流方向，军事机器人技术领先将获得显著的战略优势，其技术正在向更多领域发展。

（一）美国：机器人士兵正在成为现实

美国国防部将自主系统领域作为变革性技术，主要投向人机协作、提高机器智能、促进跨平台分布式传感器系统融合技术的发展。

1 月，美国发布"国家机器人计划 2.0"，将重点研制通用协作机器人。3 月，美国陆军研究实验室（ARL）正在研发"第三臂"——主要由碳纤维材料制成的外骨骼机器臂，可大幅减轻士兵作战负担。随着对手不断开发和使用各种先进机器人与自主系统并采取新战术来袭扰美军，美国陆军于 6 月份完成了"2035 年前的无人系统路线图"，制定机器人路线图以推进多域战概念，将无人系统组合"移植"所需要的各作战领域具体场景中。美军提出的机器人作战方案可用性非常高。7 月，美国陆军成功研发一种新技术，可使机器人在几乎不需要人为干预的情况下完成复杂的行动动作。在电气与电子工程师协会（IEEE）"机器人与自动控制国际会议"上，美国陆军

和卡内基梅隆大学机器人研究所发布了一项技术成果，使机器人能够在最小人为干预的情况下学习新颖的遍历行为，这项新技术使移动机器人平台能够在既定的环境中自主导航并执行人们预期的动作。10 月，美国波士顿动力公司研制的机器人 Atlas 基于人工智能算法，完成跨越障碍和三级跳，在动作的连贯性上已经逼近人类的表现。12 月，美国 Endeavor Robotics 公司公布了为美国陆军单兵通用机器人系统（CRS-I）项目开发的蝎子机器人设计细节和演示视频，这款坚固轻量级的蝎子机器人具有优越的移动性和操纵能力，可以穿越崎岖的地形，能够爬楼梯，在潮湿或被水覆盖的环境中行走。

（二）各国都在围绕特定用途大力发展智能无人系统

俄罗斯正投资开发各种无人军事系统，逐步开发在战场上具备更多自主能力的系统，构建移动网络并以群组形式作战的机器人；俄罗斯认为这种系统应该是"多功能的"，能够融入现有的武装部队编队，用于各种作战任务，并在需要时自主运作。10 月，俄罗斯武器公司 Kalashnikov 宣布研发出一款能够利用人工智能技术自主辨别敌友并进行射击的机器人。这款机器人在无人工干预和控制时具备自主运行能力，既可以由士兵远程操纵，也可以通过其自身携带的设备进行自主目标识别，具有陀螺-稳定摄像系统，能够在移动过程中执行打击任务，在复杂的光学环境下全天候工作，可利用先进的人工智能技术在识别目标后选择优先射击对象，并利用人工神经网络实现自我"学习"。

德国、以色列和英国等也致力于发展军用机器人。3 月，德国工业控制和自动化公司 Festo 推出最新研发两款仿生机器人，分别是可以翻滚的蜘蛛机器人 BionicWheelBot 和飞狐机器人 BionicFlyingFox，前者可以行走，同时能在空中翻转与地面翻滚的组合形式移动，后者轻便、设计简单，能在空气中灵活移动，并能在空中飞行或在高处停留一定的时间。以色列航空航天工业公司（IAI）设计了通用机器人套件、地面无人作战系统、自主后勤支撑系统、作战支援机器人、空地协同机器人等不同类型的战场机器人，以满足陆地作战需求。7 月，以色列航空工业公司（IAI）与克罗地亚机器人制造公司（DOK-ING）签订了一份联合协议，开发了一款能够在被化学、生物和放射性物质污染的区域内执行任务的机器人消防车 MVF-5，MVF-5 配备的视频系统使操作员拥有掌控车辆运动的能力，能远程控制、会自主返航，应用于复杂区域内的排雷和消防工作，具有良好的机动特性。11 月，英国举行为期一个月的英军 2018"自主勇士"机器人演习，对 70 多项有代表性的改变游戏规则的前沿自主无人技术进行系统验证，测试技术主要包括侦察、远距作战、精确对准、增强机动性、武力再补给、城市作战、增强态势感知等。

六、人工智能军事应用崭露头角，战场赋能已现端倪

（一）"陆军+AI"：地面无人系统作战效能倍增，天地无人联网成为新趋势

在地面无人系统方面，2018 年 11 月，美国 DARPA 发布 Squad X（X 战车）项目试验进展，通过无人机/无人车配合便携式集成系统提高陆战队员的态势感知和协作能力，美国海军陆战队采用这种无人系统集成方式检测来自物理、电磁和网络等多个领域的威胁，为陆战队提供关键情报，这是该项目的第一次试验，第二次试验将于2019 年初进行。此外，DARPA 研发了自动驾驶系统并启动了自动驾驶项目——GXV-T。ORCA 是 GXV-T 项目的成果之一，采用 3D 建模，具有 360 度自动感知的无窗自动驾驶系统，GXV-T 车辆拥有自动变形轮，通过改变车轮外围形状来使车辆适应不同地形，驾驶员只需通过观测多个高清显示屏完成驾驶。

在其他国家中，俄罗斯在 2018 年的红场阅兵上展出了"天王星"系列无人战车"天王星-6/-9（Uran）"，二者最大遥控距离分别为 1500 米和 3000 米，最大行驶速度分别为 6 公里/小时和 40 公里/小时；7 月，俄将 Uran-9 第一次投入叙利亚实战。乌克兰全球动力公司（Global Dynamics）也展出了"铁甲"（Ironclad）4×4 无人车样车，设计用于执行侦察、监视和目标捕获等任务。9 月，加拿大 Rheinmetall 公司推出运输型"任务大师"无人车 Cargo。"任务大师"作为一款模块化、多用途、全地形的十项全能无人车，可以根据任务灵活配置各种模块化载荷，实现包括情报侦察、火力掩护、火灾支援、医疗疏散、生化检测和中继通信等其他功能。该无人车具备高灵活性、高自主性和可以跨越不同地形的高机动性能，还可接入士兵网络系统，融入未来网络作战体系。10 月，以色列在基辅举行的武器装备展上推出新型 SAHAR 反简易爆炸装置无人车。12 月，瑞士 Sand-X Motors 公司和瑞士 URS 实验室联合推出无人驾驶履带全地形车辆 T-ATV。T-ATV 采用履带式行进，不需要任何离地间隙，可直接爬越过障碍物前行，具有比轮式或双轨车辆更强的障碍物机动性能，可携带反爆炸物传感器，自主检测地雷等爆炸物，完成行进路线清理任务，还可用于边境和关键基础设施安全防护。

在天地无人系统联网方面，空中无人系统与装甲战车的集成技术正在应用于美国

陆军和海军陆战队项目，将提高陆战队员的态势感知和协作能力，还可以进行电子战和远程精确打击。美国 AeroVironment 公司与通用动力公司合作，将其生产的空中无人系统（无人机、巡飞弹等）与地面战车进行集成。AeroVironment 公司计划将其生产的"Strike 2"型混合动力垂直起降固定翼飞机安装在通用动力公司的 Stryker A1 30mm 型装甲战车的顶部。该无人机可以在车辆运动或行驶中起降。此外，战车上还部署了 9 枚折叠翼巡飞弹用于精确打击。

（二）"空军+AI"：空中无人系统作战效能进一步提升

无人机已经成为信息时代战场集"察、打、评、扰"于一体的作战系统。美国是世界军事头号强国，当前军用无人机技术走在世界前列。

2018 年，美国在体系架构和装备建设上不断推进军用无人系统的研发。美国国防部通过支持系列计划为空中和地面无人系统定义通用语言/信息传递架构及通用安全通信架构，这些架构指导各军种和工业界的未来开发工作。6 月，美国 FLIR Systems 公司获得美国陆军士兵传感器（SBS）计划 260 万美元订单，研发黑色大黄蜂（Black Hornet 3）纳米无人机（UAV）。Black Hornet 3 增加了在 GPS 拒止环境中导航的能力，使战士无论在何处执行任务，都能够保持态势感知、威胁检测和监视能力；美国空军寻求发展自主喷气式战斗机，支持"马赛克战"，试图将无人系统和有人系统结合在一起，使战场指挥官可以采用分散化能力，以低成本、易消耗的机器人系统，让对手面对复杂环境。10 月，美国 UAVOS 公司研发的"高空伪卫星"ApusDuo 无人机原型样机顺利完成首次试飞，该机是 ApusDuo 太阳能飞机发展计划的一部分，飞行高度可达 20000 米，可携带有效载荷 2 千克，在纬度为 20°时续航时间可达 365 天，可在全球各地不同纬度进行长期监测并进行通信中继。

在其他国家中，11 月，瑞士苏黎世大学和苏黎世理工学院针对非结构化复杂环境和非完整感知信息情况下，无人机如何实现快速机动的问题，采用"最优控制+深度学习"算法结构，大大提升了无人机的"视力"水平，使无人机能在复杂动态环境中实现高机动飞行。俄罗斯正投资开发各种无人军事系统，其武装部队装备无人机数量超过 1900 架。Altair 是俄罗斯一款重型无人机（多功能长航时无人机），其作战有效载荷为 2 吨，射程为 1 万千米。俄罗斯计划 2018 年完成 Altair 的研发工作，9 月 Altair 完成第三次原型机飞行测试。

在小型无人直升机方面，2018 年 11 月，英国国防部正在积极研制完全自主的无人攻击机。12 月，法国空客公司 VSR700 轻型战术无人直升机在法国南部伊斯特尔空军基地的演示中完成完全自主飞行，该机在 30 分钟的飞行演示中成功地切换了各种飞行模式，并以自主模式着陆。VSR700 能够携带多个有效载荷，在 100 海里（约185.2 千米）的速度下续航能力为 8 小时，可为海军提供广域监视能力。12 月，西班牙军方采购阿尔法无人系统公司两架 Alpha 800 无人直升机。该型机是一款战术性汽油动力直升机，总重 14 千克，续航能力为 3 小时，有效载荷为 3 千克，作战半径为30 千米，配备装有高精度 GPS 和传感器的军用自动驾驶仪，具备完全自主和手动飞行两种模式，可集成多种有效载荷，同时所有机载电子设备均为 IP64 或更高等级的，最初将用于情报、监视、侦察（ISR）以及运送急需物资。

（三）"海军+AI"：水下无人潜航器性能稳步提升，作战应用范围和深度不断拓展

各军事大国都在积极发展无人潜航器，试图以此来打造新型水下作战体系，保持水下优势。

2 月，美国海军申请 3018 万美元研制超大型（XL）无人潜航器，重点领域包括发射、通信、指挥和控制（C2）、导航、续航力、回收、有效载荷可行性以及任务规划和执行等，相关技术也适用于其他平台。这些成果将与通用控制系统配合，展示各种无人系统间可扩展、适应性强，以增加对水下和水面目标的杀伤力。6 月，美国海军刀鱼水下猎雷无人潜航器通过海上验收试验，测试证明刀鱼系统基于先进的算法可在高杂波环境中检测、分类并识别水雷。8 月，由美国海军水下战中心组波特分部主办了以"人机交互"为主题的演习，在演习中试验了无人潜航器集群，美国 Aquabotix公司研制的 SwarmDiver 可快速、准确形成不同集群形式，并下潜收集气象数据。SwarmDiver 下潜深度为 45.72 米，可与其他无人潜航器同步使用。10 月，通用动力公司公布了最新的"金枪鱼-9"无人潜航器，其集高导航精度、高声呐分辨率和精密作业能力于一体，可在数分钟内形成精确数据（此前一般需数小时），可用于国防、商业以及研究等领域。11 月，美国海军研发可由"弗吉尼亚负载模块"发射的新型导弹及无人潜航器。除美国外，瑞典皇家理工学院（KTH）和国家海洋学中心的研究人员利用行为树（BT）为关键任务设计模块化、多用途且稳健的控制架构，将 BT框架应用于无人潜航器（AUV）的控制系统。

俄罗斯大力发展水下潜航器，2018 年特别关注核动力装置和外燃烧发动机等潜航器能源技术的创新。潜航器的研制工作已被纳入俄罗斯 2018—2027 武备计划。3月，俄罗斯政府首次公布正在研制海洋多用途核动力无人潜航器"波塞冬"，12 月开始水下试验。该潜航器是俄罗斯军方开发的最先进、可携带核弹头的无人潜航器，既

可装备常规/核战斗部，又能摧毁敌方基础设施、航空母舰编队等目标。该潜航器核动力装置尺寸小，续航能力强，巡航距离超过 6000 千米，下潜深度可达 3000 英尺（约 0.914 千米），速度将近 60 节。6 月，俄罗斯研制了一款外燃烧发动机工作的超级自主无人潜航器，在不浮起和不使用核能的情况下通过北海航线，包括从冰下通过。首艘潜航器验证机将于明年年底面世。10 月，俄罗斯先期基金研究会与"青金石"中央设计局开始研制具有很强自主性的无人潜航器，该实验室设计使用最新型不依赖空气的动力装置来开发具有卓越自主航行能力的潜航器。配备该种发动机的潜航器将能够自主在北极冰层下停留几个月。

（四）"网络+AI"：为智能防御提供解决方案

美国国防部（DOD）发布了"2018 年网络战略文件"，指出无人系统在通信/GPS 拒止环境中易受网络、电子战攻击。在无人系统发展中，需要不断加强集成网络防御、电子战防护技术，以确保信息的完整性、实用性和安全性。根据 P&S 市场调查公司发布的报告，私营领域的网络安全人工智能发展迅猛，到 2023 年预计将达到 182 亿美元。促进其增长的原因很大程度上是为保护企业自身免遭网络攻击而使用更好的威胁学习算法。DARPA 探索将人工智能应用于网络，建立自愈合网络。

1 月，美国国防部海军水面作战中心正在采用"弹性、自适应、安全主机的革命性设计"技术保护在建控制系统免受网络攻击，国防信息系统局也在使用该软件。5 月，美国陆军白皮书提出"战场物联网"概念，白皮书概述了在现实世界中开发系统以增加机器和人员的需要，并指出需要通过人工智能来保护网络，重点强调人工智能助力美国战争需要有弹性，为 AI 技术用于网络防护指明方向。美国国防部正在与业界合作，使用人工智能和云计算检测被植入或以其他方式隐藏在加密网络流量中的敌方网络攻击。利用先进人工智能技术的相关算法正被用于快速访问海量数据，以进行实时分析并检测与恶意软件相关的模式和异常。7 月，白宫发布一则备忘录，研发重点强调与先进网络等信息技术，指出随着对手利用新兴技术威胁国家，将对人工智能、计算和网络能力方面进行优先投资。美国 CTSi 公司和 L3 技术公司在美国海军支持下完成用于高度竞争和 GPS 拒止环境的一体化通信导航系统的飞行测试，该系统为"增强型链路导航系统"（ELNS），是首个能在 GPS 拒止环境中向小型无人机系统（UAS）提供导航能力的系统，引领了飞行器定位、导航和授时（PNT）功能的发展新方向，该系统可在 GPS 拒止环境中仍能发挥作用，以对抗敌军探测和中断盟军信号的行动。7 月，美国空军研究实验室信息局发布"稳健安全的机器学习"项目信息征询书，向工业界寻求稳健而安全的军用机器学习技术，这种学习技术能够有效抵御网络攻击，保证机器决策的可靠性。

（五）"电子战+AI"：认知电子战取得突破性进展

2018 年，美国陆军将 AI 和机器学习技术应用引入到产品开发和部署中，研发团队已将一个 AI 架构集成到了战术电子战系统的传感器处理硬件中，有望 2019 年部署装有人工智能（AI）新算法的电子战系统，帮助其更准确地认知电磁频谱环境中的信号。美国陆军发布了一份关于人工智能和机器学习技术、算法和能力项目的信息征询书，寻求将人工智能技术应用于电子战，通过对人工智能技术、算法和能力进行更深入的了解，确定适合投资的人工智能研究领域，并最终将这些人工智能技术整合到下一代陆军信号情报/网络/电子战/ISR 系统中。5 月，美国海军授予诺斯罗普·格鲁曼公司一份 7300 万美元的合同，为 EA-18G "咆哮者"电子战飞机开发机器学习算法以快速识别并干扰敌方的雷达信号，目标是向 2025 年前后的舰队过渡，该计划将增强对抗敏捷和适应性未知或敌对雷达的电子战能力。11 月，美国空军发出"多域指挥和控制移动节点能力"项目信息征询，寻求在机载通信节点能够通过现有和未来的军用机载和卫星通信链路以高数据速率安全地收集、处理和分发重要战场信息；能够执行数据优先级排序、数据规范化和语义丰富等人工智能（AI）功能，减轻敌方电子战（EW）及针对命令和控制通信的网络攻击。

美国 DARPA "自适应雷达对抗"（ARC）项目自 2016 年 11 月 BAE 系统公司获得合同进入开发第三阶段以来，在 2018 年完成了项目计划，BAE 系统公司开展了包括算法开发任务、先进战备测试以及将 ARC 应用到关键空中作战平台（如第五代战斗机）等工作。

（中国电子科技集团公司第二十七研究所　伍尚慧）

（中国电子科技集团公司信息科学研究院　王武军）

专题分析

数据智能：推动行业实现人工智能革命

在数据智能时代，基于机器学习、分布式计算等技术的发展，数据逐渐呈现出高维度、高阶态、异构性的态势。能够对海量数据进行分析、处理和挖掘，并且通过建模、工程等方式来解决实际的预测和决策问题，最终实现决策的行动，则为"数据智能"。2018 年，数据智能领域的主要事件是：微软人工智能系统联合中心打造全栈 AI 平台、英伟达发布数据科学的 GPU 加速平台、阿里巴巴推出云上数据中台、联想正式开始输出 AI 能力，简述如下。

一、微软人工智能系统联合中心打造全栈 AI 平台

2018 年 6 月 20 日，微软亚洲研究院副院长、人工智能系统联合中心发布了全栈的 AI 平台——AI Stack，可以为 AI 开发者提供全方位支持，让广大 AI 开发者、AI 应用背后的技术团队，让他们在开发 AI 应用时更加得心应手，没有后顾之忧。AI Stack 提供三方面能力：

（1）AI 计算能力。从硬件到基础设施再到管理系统全部覆盖，充分利用 GPU、FPGA 等新兴技术，以及云计算、大数据等现有的相对成熟的大规模分布式系统，让 AI 的计算能力实现价值最大化。

（2）AI 平台中间层。包括编程语言、各种工具包等，供开发 AI 算法的人员使用，为他们提供完善的开发和运行环境。

（3）AI 算法。提供成熟的 AI 算法供应用开发者使用，例如让微软认知工具包 CNTK 与 TensorFlow、Caffe 等框架实现灵活转换，在一种框架下训练好的模型，可以在另一种框架下无缝使用，并将更多算法集成到 Visual Studio 中去。

AI Stack 体现了微软的系统理念，连接底层技术和工具包直接提升开发者进行深度学习开发、模型训练的效率，但是对于开发者来说整个系统又像是无形的、不可见的。AI Stack 的系统思路有助于实现"AI 普及化"、并打造一个通用 AI 平台的目标。

在 AI 计算能力方面，英特尔、谷歌等主要发力 AI 芯片，微软则通过 Azure 智能云提供相关计算能力。Azure 智能云通过公有云 Azure、混合云 Azure Stack、物联网 Azure IoT Edge、Azure Sphere "四朵云"打造出完整的计算环境，支持各类应用场景。

在 AI 平台中间层，微软在已有的 Project Brainwave 、ONNX 等人工智能开发工具的基础上，2018 年新发布了 ML.NET、Open Platform for AI（OpenPAI）、Tools for AI、NNI（神经网络智能）等项目。ML.NET 让任何开发者都能开发出自己的定制化机器学习模型，并将其融入自己的应用中去——开发者完全无须具备开发和调试机器学习模型的经验。

OpenPAI 由微软亚洲研究院和微软（亚洲）互联网工程院联合研发，旨在为深度学习提供一个深度定制和优化的人工智能集群管理平台，支持多种深度学习、机器学习及大数据任务，可提供大规模 GPU 集群调度、集群监控、任务监控、分布式存储等功能。

Tools for AI 也是由中国团队打造，为开发者提供了一个全平台、全软件产品生命周期、支持各种深度学习框架的开发套件。开发者可以通过熟悉的 Visual Studio 和 Visual Studio Code 开发工具，快速开发深度学习相关的程序。Tools for AI 的一键安装功能可以帮助开发者配置深度学习的开发环境，配合 Visual Studio（Code）自带的 Python 语言开发功能，开发者可以方便地编辑和调试基于 CNTK、TensorFlow、PyTorch 等主流深度学习框架下构建的深度学习训练程序。

NNI 项目源于传统机器学习开发的繁琐流程，特别是深度学习目前还处于黑箱状态，研究人员往往需要花费大量的时间进行模型选择和超参数调试。NNI 的诞生不仅可以支持不同的操作系统和编程语言，自动地帮助使用者完成数据分析、模型比对、参数调试和性能分析工作，还能方便使用者将模型运行在不同的分布式系统上。NNI 以开源工具包的形式对外发布，这将给研究、开发人员更多尝试创新的可能性。

此外，2018 年，微软还通过零拷贝通信机制和内核融合方法提供深度学习框架后端的优化路径。零拷贝通信机制的目的是为了更好地利用 RDMA、NVLink 等高速网络硬件能力（目前许多以深度学习为目标应用的 GPU 集群都部署了这样的网络），将 Tensor 数据直接传输到接收端。经过在 TensorFlow 上的实验，该方法在一系列神经网络模型上的收敛速度提高 2～8 倍。内核融合的主要思路是如何自动对任意深度学习网络模型实施优化，提升单个计算单元运算效率，实现约 10 倍左右的性能加速。

二、英伟达发布数据科学的 GPU 加速平台

2018 年 10 月，英伟达（NVIDIA）发布了一款针对数据科学的 GPU 加速平台——RAPIDS，它能够帮助超大规模的公司提高分析海量数据的速度，从而提供更加精准的预测业务。

数据分析是高性能计算市场中最大的细分市场，不过目前尚未实现加速。全球的行业巨头们均在海量服务器上运行机器学习算法，目的在于了解所在市场和环境中的复杂模式，并迅速、精准地做出直接影响其决策的预测；一旦离开数据，零售、互联网等任何行业和领域的商业行为将不可想象，因此秒级甚至毫秒级的数据分析能力至关重要。

RAPIDS 是一个面向数据科学的、完全开源的软件平台。

在数据科学方面，RAPIDS 首次为数据科学家提供了他们需要用来在 GPU 上运行具备获取、清理、分析、建模、解释和访问数据功能的数据科学管道。最初的 RAPIDS 基准分析利用了 XGBoost 机器学习算法在 NVIDIA DGX-2 系统上进行训练。结果表明，与仅有 CPU 的系统相比，其速度能加快 50 倍。

在开源方面，为了将更多的机器学习库和功能引入 RAPIDS，英伟达广泛地与开源生态系统贡献者展开合作，其中包括 Anaconda、BlazingDB、Databricks、Quansight、scikit-learn、Ursa Labs 负责人兼 Apache Arrow 缔造者 Wes McKinney，以及迅速增长的 Python 数据科学库 pandas 等。为了推动 RAPIDS 的广泛应用，英伟达也努力将 RAPIDS 与 Apache Spark 进行整合，后者是分析及数据科学方面领先的开源框架。

在速度方面，RAPIDS 能够帮助企业以"前所未有"的速度分析海量数据并进行精准的业务预测，用户只需要进行非常小代码的变化量，将典型训练时间从数天减少到数小时，或者从数小时减少到数分钟。

各个行业技术领先的企业多是英伟达 GPU 加速平台及 RAPIDS 的率先应用者。例如，英伟达的 GPU 加速平台及 RAPIDS 软件极大改进了沃尔玛使用数据的方式，实现了复杂模式大规模地运行和更加精准的预测。

RAPIDS 也可以在其他大公司的系统、数据科学平台和软件解决方案中部署，以加快数据科学和机器学习的应用，例如，Oracle Cloud Infrastructure 能够支持 RAPIDS，并将进一步扩展到 Oracle Data Science Cloud 等平台上，显著加速客户端到端数据科学工作流；又如惠普 HPE 作为全面的人工智能和数据分析解决方案，也将与 RAPIDS 结合，加快数据科学和机器学习的应用。

三、阿里巴巴推出"云上数据中台"

2018 年 9 月，阿里巴巴提出了基于"一个实体、一个数据、一个服务"思想的云上大数据解决方案——"云上数据中台"。数据中台旨在解决数据"存""通""用"难题，其包括对海量数据进行采集、计算、存储、加工的一系列技术集合。云上数据中台除自身具备的内核能力外，还向上与"赋能业务前台"连接、向下与"统一计算后台连接"并与之融为一体，形成云上数据中台业务模式，具备了对外赋能的可能。

在形成云上数据中台的过程中，孵化出了平台即服务（PaaS）产品 Dataphin 和软件即服务（SaaS）产品 Quick BI。

Datahpin 面向行业的大数据建设、管理及应用诉求，一站式提供从数据接入到数据消费的全链路的大数据能力，包括产品、技术和方法论等，助力客户打造智能大数据体系，以驱动创新。Quick BI 作为一个高效数据分析与展现的商业智能（BI）套件，通过拖拽式的可视化分析能力，让懂业务的人实现自助式数据分析，重塑数据生产全链路，最终实现人人都是数据分析师的愿景。2018 年 9 月发布的 Quick BI v3.0 版本有如下特点：以"开发者"为中心的交互式操作从方盒策略理论出发，设计了图表切换、主题切换等操作方式；从操作连贯性角度出发，设计了拖拽式、自由伸缩的布局机制；从操作引导的角度出发，设计了"使用前暗示、使用中及时反馈"的操作引导机制，让开发人员更加高效、便捷地实现可视化分析与展现；以"阅览者"为中心的交互式操作，阅览者看到某个数据异常，可以做在线数据分析；Quick BI 3.0 整体优化了数据联动、钻取和链接跳转等功能。

基于云上数据中台的开放式能力，是阿里巴巴"新零售"的核心能力。通过云上数据中台高度的模块化，配置化和自动化，形成了"零售大脑"包含"人""货""场"中从数据分析到业务智能的一整套应用场景。这样，其他企业在零售智能的演进中，能够摆脱外部输血，拥有内部源源不断的造血能力，以自己的方式，实现数字驱动的消费者体验升级。

四、联想开始输出 AI 能力

2018 年 12 月，联想发布了企业级人工智能平台 LeapAI，表明联想人工智能战略从内部应用为主转向 AI 能力对外输出。

瞄准企业部署 AI 时的四大"痛点"：复杂的 AI 技术、很高的 AI 使用门槛、大规模技术研发投入和企业级 IT 系统的苛刻要求，不同于当前已有的主流 AI 平台特点（如谷歌的机器学习平台重在构建更广泛的研究社区、百度的开源机器学习平台重在语音识别和深度学习知识经验、IBM 的机器学习平台以 Watson 解决方案为核心），LeapAI 平台有两个特点：

（1）采用自动化和图形化的开发模式部署 AI 的业务应用。LeapAI 全面支持机器视觉技术、智能语音、自然语言处理、机器学习等 AI 技术，用户只需要提供数据，平台就可以自动完成特征工程、模型选择、模型优化等并输出预测模型等自动化模型开发过程，并可同时满足针对普通用户的无门槛使用平台，和面向高阶用户全面、灵活、个性化的使用环境，从而极大缩短企业开发 AI 的进程，降低企业 AI 应用门槛和技术投入，最终支撑闭环业务价值实现。最值得关注的是，LeapAI 具备面向企业级的平台架构设计。

（2）面向企业级的私有云平台。从大数据平台到互联网平台再到如今的企业级 AI 平台，联想基于自身的经验累积服务企业用户，清楚掌握企业用户需求。企业对数据的安全和环境的安全非常关注，许多企业不愿与公有云厂商合作；采用私有的企业 AI 云平台将构筑企业安全防火墙，软硬件一体化的特点有助于构建企业 AI 核心系统，随企业 AI 业务发展弹性拓展，企业级平台管理能力可以为企业 AI 业务保驾护航。LeapAI 瞄准的客户是工业领域和金融领域。

在推出 LeapAI 之前，借助联想内部的 LUDP AI 平台已经将 AI 技术应用于生产、供应链、市场营销等多个业务领域，现有用户 800 多个，应用场景超过 50 个。借助 LUDP 进行联想笔记本电脑的销量预测，准确率从 76%提高到现在接近 90%，一年为联想增加营收超过千万美元。在联想呼叫中心，通过 LUDP 平台提供的自然语言处理及语音转文本等能力支持，对呼叫中心的通话进行质量检测，极大提高了呼叫中心的运营管理水平。

在与中国万达集团的合作中，联想针对工艺参数评估和生产控制优化问题，进行人工智能试点应用，借助 LeapAI 快速将 AI 技术与业务全面融合，并通过平台提供的模型开发环境，以业务需求为中心，探索潜在应用场景，实现高价值业务的智能化决策。

五、观察与思考

综合 2018 年数据智能领域的发展情况，可以看到：该领域越来越受关注，不断有新的"玩家"进入，也开始展现出水平较高的成果，其应用领域更在被不断拓展。

从技术发展来看，数据智能领域的技术热点主要集中于其平台技术方面的突破，当前的趋势呈"两化"趋势——生态化和开源化。当前数据智能所面临的主要挑战有：首先，单一数据源的维度价值有限、数据需要共享才有价值；其次，数据与应用场景割裂，缺乏行业洞察，很难进行有效转化；最后，专业数据人才缺乏，大多数都集中在数据领域的从业企业中。预计，2019 年的研究热点将集中在数据智能平台的大规模建设，打破传统价值分工、重构数据行业的生态全景，全面提高行业的价值产生能力。

从民用市场应用来看，数据智能领域的市场前景良好，在零售、物流、制造、政府部门等领域形成新型产业和相关产品，促进了传统行业的产业升级；此外，面向医疗、交通、教育等不同领域的多渠道多场景的数据分析与运营，将是数据智能时代的重点应用方向。

从军事应用前景来看，数据智能将对军事科研、作战指挥、国防后勤、网络安全等产生重大影响。

在科研方面，军事领域拥有大量独有的任务敏感型数据，基于人工智能测试平台，研究人员可以使用实际运行数据，在现实系统和良好测试环境下验证人工智能模型和实验方法。

在作战指挥方面，从增强检测新威胁的能力到分析无数变量，数据智能可以改变监视和态势感知，最终实现海量作战数据条件下的深度洞察和决策智能化，提升指挥决策的正确性。

在国防后勤方面，通过刻画个性，采集、汇聚反映官兵个人身体素质和能力水平的数据，利用人工智能技术分析总结数据，基于个人特点量体裁衣，实施定制化后勤保障，能够最大限度地满足个性需求、提升战斗力。

在网络安全方面，针对未来战场的网络安全，目前的人工智能技术还不够，由于战斗的流动性、连接设备的数量以及移动计算能力的不足，机器学习必须经历重大的进步，才能与实际战场相关联。

（中国电科认知与智能重点实验室　王萌萌）

计算机视觉技术：将比人类看得更远更清更"真实"

计算机视觉是以图像（视频）为输入，以对环境的表达和理解为目标，研究图像信息组织、物体和场景识别，进而对事件给予解释的学科。计算机视觉与人工智能有密切联系，但也有本质的不同。人工智能更强调推理和决策，但计算机视觉至少目前还主要停留在图像信息表达和物体识别阶段。从近年来尤其是 2018 年的研究现状看，目前计算机视觉技术还主要聚焦在图像信息的组织和识别阶段，对事件解释还鲜有涉及，处于较为初级的阶段，但识别只是计算机视觉的一部分，真正意义上的计算机视觉要超越识别，实现三维环境的感知。所以，在识别的基础上，未来计算机视觉的发展方向将会走向"三维重建"。

一、英伟达用 AI 自动建模渲染图像，加快 3D 游戏开发

2018 年 12 月，芯片设计商英伟达公司发布了结合传统视频游戏引擎和 AI 的混合型视频生成系统，该系统方案将来可能会被用于视频游戏、电影和虚拟现实应用中。

英伟达的这一工作成果和真实视频场景还有差距，和大部分 AI 生成的图像一样，英伟达生成的视频中商标是模糊的。该研究基于 pix2pix（一个知名的开源系统）等现有方法，部署了生成对抗网络（GAN）。GAN 神经网络被广泛用于 AI 图像生成，包括最近由知名拍卖公司佳士得拍出的 AI 肖像。

英伟达基于此混合视频方案发布了全球第一个由 AI 生成图像的驾驶模拟器视频游戏演示。利用这个简单的驾驶模拟器，玩家可以在 AI 生成的几个城市街区空间中导航，但不能离开车内或以其他方式与世界互动。该演示仅使用一个 GPU 即可实现。该 GPU 价值 3000 美元，是英伟达公司的顶级产品，代号 Titan V，据称是有史以来最强大的 PC GPU，而且通常用于高级模拟处理而不是游戏。即便如此，用一个 GPU 实现以上功能在业界也处于领先地位。

英伟达的该套系统可以通过以下 4 个步骤生成图像：

① 收集训练数据，数据来自用于自动驾驶研究的开源数据集；

② 将该镜头分段，每个帧被分成不同的类别：天空、车、树木、道路、建筑物等；

③ 使用分段数据训练生成对抗网络，生成这些对象的新版本；

④ 工程师使用传统流行的游戏引擎 Unreal Engine 4 创建虚拟环境的基本拓扑。

使用此环境作为框架，深度学习算法实时生成每个不同类别项目的图像，将它们粘贴到游戏引擎的模型上。

图 1 所示为 AI 生成图像对比：左上角是分割图；右上角是 pix2pix HD；左下角是 COVST；右下角是英伟达系统 vid2vid。

图 1　AI 生成图像对比

为创建该图像生成系统，英伟达的工程师必须解决许多问题，其中最大的挑战是对象一致性，即如果深度学习算法以每秒 25 帧的速率生成现实世界的图像，每一帧需要保持对象是相同的。系统初期的生成结果并不理想，因为每帧的颜色和纹理都会改变。

解决方案是给系统一个短期记忆，以便将每个新帧与之前的帧进行比较。它尝试预测这些图像中的运动等因素，并创建与屏幕上的内容一致的新帧。

这项工作在其他研究领域同样具有应用潜力，包括机器人和自动驾驶汽车，用它可以生成训练环境。不久之后，它可能会出现在消费产品中。例如，该技术可用于游戏的混合图像系统；其中大多数游戏使用传统方法渲染，但可以使用 AI 创建相似的人或物体。消费者可以使用智能手机自己获取素材，然后将这些数据上传到云端，算法将学习复制并将其插入到游戏中，例如很容易地创建看起来和玩家相似的人物形象。

然而，这种技术引起了一些明显的问题。研究人员已经证明，这种技术生成一些政治家和名人从未说过的话或做过的事非常简单。近年来，专家越来越担心别有用心之人使用 AI 生成的伪造品进行虚假宣传。英伟达正在和合作伙伴合作探索检测虚假 AI 的方法。

二、谷歌研发视频合成新系统 DeepStereo

2018 年 7 月，《麻省理工科技评论》（Technology Review）杂志发布的一篇论文披露了谷歌研发的新系统 DeepStereo，该系统可以通过人工智能技术将一系列照片无缝组合成为视频。

该论文作者约翰·弗林（John Flynn）是一名谷歌工程师，其他三位合著者也都在谷歌工作。在论文中，弗林阐述了谷歌研发 DeepStereo 系统的全过程。

早在 DeepStereo 之前，就有类似利用静态图片输出动画的技术存在。美国计算机协会计算机图形专业组（SIGGRAPH）就曾通过网上图像制作过延时动画。但与其他静态图像生成动画技术相比，DeepStereo 系统最大的不同在于，它可以猜测出图像的缺失部分，在空白处创造出来源图片中没有的新图像。与传统动画利用视觉暂停的原理不同，DeepStereo 可以"想象出"两幅静止图像之间的画面。

该系统背后的网络架构原理十分复杂，借鉴了各种已有做法。该技术的独到之处在于：系统在工作时会采用两套独立的网络架构。其中之一会根据已有的 2D 数据预测各个像素的景深，另外一个则会对色彩作出预测。两者共同以 2D 图像的形式完成对景深和色彩的预测，最终合成视频。

DeepStereo 仍有不足之处：视频角落的画面很不清晰。其主要原因是算法没有涉及的区域往往是模糊的，无法被覆盖，也无法使用像素填充。不过，通过采用在训练数据中对移动对象的处理方式，可以做到如下效果：开始出现的时候是模糊的，然后逐渐转换为运动模糊效果。

虽然该系统生成的最终产品与通过图像简单合成的动画区别不大，但该技术能够为谷歌的街景技术锦上添花，同时也能为谷歌的人工智能技术提供一个更加实用的范例。

三、腾讯发布国内首个基于 AI 医学影像技术的辅诊开放平台

2018 年 6 月，腾讯发布首个 AI 医学辅助诊疗开放平台（简称 AI 辅诊开放平台），该平台通过开放其旗下首款 "AI+" 医疗产品 "腾讯觅影" 的 AI 辅诊引擎，可助力医院信息系统（HIS）、互联网医疗服务实现智能化升级，构建覆盖诊前、诊中、诊后的智慧医疗生态。

此前，作为腾讯首个将人工智能技术应用在医学领域的产品，"腾讯觅影" 将技术与医学深度融合，运用图像识别、大数据处理、深度学习等 AI 技术，对病理数据进行结构化处理并搭建病理大数据系统，实现数据的有效挖掘，具备了 AI 医学图像分析和 AI 辅助诊疗两项核心能力，可利用人工智能医学影像技术实现早期食管癌、乳腺癌、结直肠肿瘤、肺结节等病症的筛查。目前已与国内一百多家三甲医院达成合作意向。

腾讯 AI 辅诊开放平台已与金蝶医疗等医疗信息化厂商及其合作医疗机构签署了人工智能战略合作协议，覆盖医疗机构近千家；同时也与厦门大学附属第一医院、山东省立医院等多家医疗机构达成直接合作意向。

下一步，通过腾讯 AI 辅诊开放平台，"腾讯觅影" 的 AI 辅诊能力将帮助医院以及医疗信息化厂商实现智能化，打造 "医疗超级大脑"，构建覆盖诊前、诊中、诊后的智慧医疗生态。并且，依托 "腾讯觅影" AI 医疗影像产品的能力，腾讯、腾讯公益慈善基金会还与各合作方在全国不同地区针对不同病种，以公益筛查的方式，为有需要的人群提供医疗支持，将这项基于影像的人工智能技术推广到更多的实际应用中去。

四、旷视科技借助联想手机，验证场景识别算法能力

2018 年 11 月，联想发布 Z5 pro 手机，其搭载的旷视科技 Face++ 智能场景识别算法首次得到验证。

在夜拍场景下，AI 超级夜景功能能辨别光线来源，根据不同拍摄场景，自动调节相机参数，让照片不受复杂的环境光困扰，在光源附近的景物没有过曝现象。从而实现全片无噪点，无论是亮部细节还是暗部细节，放大后都清晰可见。还能在夜晚光线不够充足的情况下，实现相片色彩的高度还原，成为海报级摄影范式。

除此之外，旷视科技在自研的神经网络上进行了上百万张覆盖全人种的人脸数据训练，进过海量数据训练，打造了"AI 微整形"技术：结合雕塑学、人体美学、医学整形等方向的专家真实经验，将对"美"的理解注入算法模型，实现全局的面部几何调整。同时，旷视科技研发团队在核心的面部关键点检测、面部 3D 建模、人体分割、3D 光效渲染算法得到重大突破，此次搭载在联想 Z5 Pro 的智能人像光效技术，能够通过手机光源检测完成智能打光，同时内置多种光效可能供选择，给用户"影棚级"的自拍体验。

另外，此次联想 Z5 Pro 搭载的旷视科技 NIR 人脸解锁（近红外人脸解锁）技术利用人脸检测、人脸识别等技术可对用户身份在暗光以及全黑的环境下进行核实，24小时顺畅"刷脸"。在解锁时，用户无须接触屏幕、无须动作配合，即可以 100 毫秒的速度解锁。同时，人脸解锁 SDK 还能通过活体检测技术对人脸的真伪进行辨别，可有效识破屏幕翻拍、纸张打印等攻击。再加上近红外成像技术的使用，能帮助用户完全防御屏幕、视频等电子屏攻击手段。

五、观察与思考

从技术发展来看，目前计算机视觉领域的发展热点包括两项：深度学习和多模态融合技术。深度学习在计算机视觉识别方面的应用已经十分广泛，并且取得比较理想的效果，尤其在图像识别领域获得大量成果，但在三维重建方面的应用还未深入，算法框架近几年没有太多进展。目前并未出现基于类似循环神经网络（RNN）的架构来很好地对视频进行端对端自然建模，网络模型更多是对中间特征进行建模（即特征提取）。随着多传感器输入的融合，多模态融合必然是计算机视觉的下一个热点，当前在手机三维重建等方面有些开创性工作，但未有标志性的成果，未来潜力很大。

从民用市场应用发展来看，计算机视觉是人工智能的重要核心技术之一，可应用到安防、金融、硬件、营销、驾驶、医疗等领域。据统计，目前有高达 42%的企业应用计算机视觉相关技术，与语音应用和自然语言处理（占 43%）共同成为商业化的最热门领域。随着机器学习等技术的进步，计算机视觉应用领域逐渐拓宽。2016 年下半年开始，1：N 人脸识别、视频结构化等计算机视觉相关技术在安防领域的实战场景中突破工业化红线，敲响了计算机视觉行业市场大规模爆发的前奏。目前安防影像是计算机视觉最大的应用场景，2017 年占比达到近七成。2018 年计算机视觉技术在更多的领域有所落地应用，自动驾驶领域、高考、政务等领域更多的场景开始应用计算机视觉技术。未来，伴随着技术成熟度提高，人脸识别、物体识别等分类、分割算法不算提升精度，未来将有更多的场景能够应用计算机视觉技术，计算机视觉企业将会发掘更多新的应用领域，产生更多的商业落地应用。

从军事应用来看，当前大多数先进武器都包含了计算机视觉技术，如制导和雷达视频的图像分析、导弹目标跟踪等。随着军事武器已向"无人化"的方向发展，美国已有装载无人车载和无人机载摄像机的 THREAT-X 系统，可以接收从士兵背负传感器提供的反馈，来生成战场威胁热图像。未来，我们应紧跟计算机视觉技术演进步伐，加快做好相关领域的技术创新布局，提前应对国际上相关新型装备的冲击。

（中国电科认知与智能重点实验室　熊荔　吴宇航）

群体智能：技术向实用化发展

2018 年度群体智能领域的成就，在保持规模增长的同时，更加关注解决实际问题的真实环境应用。具有标志性的事件主要有：美国 DARPA "进攻性集群战术"项目的稳步推进，中国电科完成 200 架固定翼无人机集群多任务飞行，腾讯星际争霸 2 多智能体决策 AI 击败内置 Bot 以及西安 1374 架无人机编队室外表演。在军事应用上，主要倾向于研究固定翼无人机集群的多种任务环境下的自主协同飞行控制、人机协作作战、自主决策技术等；在民用上，主要集中于旋翼无人机集群的精确定位与控制、自主避障与路径规划等。群体智能从蜂群、蚁群等传统群体算法逐渐融入更多机器学习、人工智能方法，展现出更加强大的能力。

一、美国 DARPA "进攻性集群战术"进入第三期"集群冲刺"阶段，人机协同作战有望突破

2018 年 10 月，美国国防高级研究计划局（DARPA）发布"进攻性集群战术"（OFFensive Swarm-Enabled Tactics，OFFSET）项目第三波"集群冲刺"的跨部门公告，主要聚焦于人机编队和集群战术的技术开发，并向 8 家公司授出第二波集群冲刺者项目合同。

美军在不断扩大无人系统部署规模、强化其任务能力，并通过有人/无人装备协同、无人装备集群的方式提升整体作战效能。无人系统应用领域已从情报监视侦察、排雷防爆、通信中继等扩展到电子战、火力支援等。当前，无人系统已不再是简单用于降低作战人员危险的辅助工具，正逐步发展为未来作战的主要装备。

拥挤的城市环境可能是展现未来蜂群能力、体现其"改变游戏规则"影响力的潜在作战环境之一。在城市环境，小规模地面部队需要在变化的环境与敌情下机动、设防及交火。在这些地方，对基础设施、供给链、当地情况、潜在威胁等方面的侦察、进入或控制往往受到限制。在拥挤的城市环境作战，需要在连及连以下地面部队运用分布及分散的无人系统能力。

在城市作战中，采用无人机、无人地面车辆执行情报监视侦察、排雷等任务可显著提升作战效能，若引入集群作战则将进一步凸显作战优势。目前，美军缺乏管理无人系统集群并与之交互的技术，也缺乏适用不同城市环境作战的集群战术。为此，DARPA 战术技术办公室于 2017 年 2 月发布 OFFSET 项目跨部门公告，为城市作战的步兵单元开发至少 100 种集群战术，并采用由上百个无人机、无人地面车辆构成的集群验证新战术，重点促进集群自主、人机编队两大领域的技术成熟，提升城市无人作战集群系统（大型空中和地面机器人）的任务完成能力。

这种无人机群将能执行各种各样的任务：收集情报、监视、提供保护、使用武器，等等。未来，美国海军、陆军将启用这种技术。DARPA 为此设定了一个雄心勃勃的目标：让陆军轻步兵或海军陆战队有能力控制 250 架或更多蜂群无人机在复杂城市中执行各种任务。

为解决缺少集群管理及与集群进行交互的技术以及快速发展和共享集群战术的手段问题，OFFSET 项目目前计划开发一个支持开放式系统架构的活跃的集群战术开发生态系统，具体包括：先进的有人-集群接口，使用户可以实时同步监控并指挥数百个无人平台；实时的网络化虚拟环境，能支持基于物理的集群战术游戏；社区驱动的集群战术交换门户，协助参与者设计集群战术、组合协同行为和集群算法。

OFFSET 项目的目标是设计、研发并验证一种蜂群系统架构，推动新型蜂群战术的创新、互动和集成。一旦成功，OFFSET 项目将产生以下成果：一种先进的蜂群系统架构，包含一种经过验证、实施了蜂群战术及先进蜂群界面的蜂群软件架构；一种用于实验和操作的蜂群系统试验台；一个长期致力于推动蜂群系统能力发展的开发者-用户社群。

OFFSET 蜂群系统体系框架以三个层面的协同交叉为核心（见图 1）：从使用蜂群中发现新蜂群战术及见解（创新）；创建新方法使蜂群操作人员获得丰富且直观的感受（交互）；在蜂群中实现这些快速发展的蜂群能力（集成）。

图 1　OFFSET 蜂群系统体系框架

OFFSET 项目分三个阶段（见图 2），并计划开展两种"集群冲刺"活动，用于集群战术的开发、验证和集成：一是"核心集群冲刺"，即每隔 6 个月向学术机构、大型企业等征集提案，重点针对集群战术、集群自主、人机编队、虚拟环境、物理测试平台等 5 大领域；二是"特别集群冲刺"，根据迫切需求研究某一领域，可能会与"核心集群冲刺"同时进行。

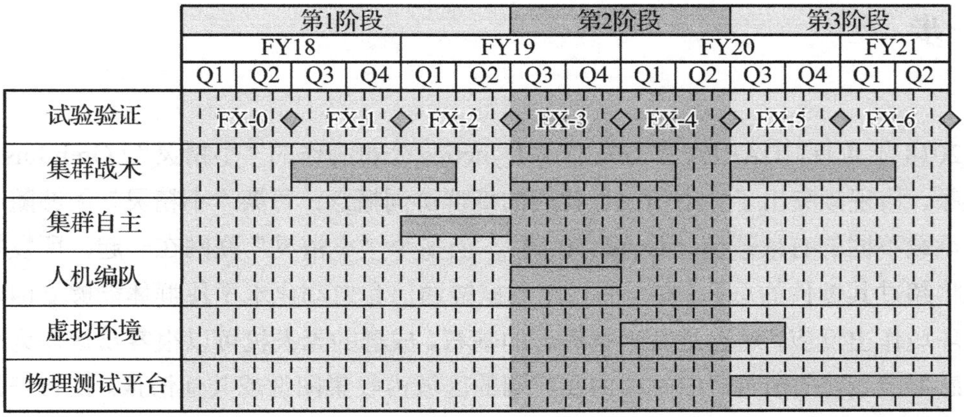

	第1阶段						第2阶段				第3阶段			
	FY18				FY19				FY20				FY21	
	Q1	Q2	Q3	Q4	Q1	Q2	Q3	Q4	Q1	Q2	Q3	Q4	Q1	Q2
试验验证	FX-0 ◇	FX-1 ◇		FX-2 ◇		FX-3 ◇		FX-4 ◇		FX-5 ◇		FX-6 ◇		◇
集群战术														
集群自主														
人机编队														
虚拟环境														
物理测试平台														

图 2　OFFSET 项目三个阶段计划

2017 年 10 月，DARPA 启动首个"集群冲刺"活动，目标是开发集群战术，支持由 50 个异构无人系统在两个街区、15～30 分钟内封锁一个目标。涉及的集群战术包括：侦察作战区域、绘制作战区域地图、识别作战区域的出入口、识别/定位/追踪目标、维持侧翼和后方安全、定位/识别/对抗敌方火力、实施伪装或诱骗、与己方机动力量保持通信、部署传感器网络、标定进入和退出点等。

2018 年 3 月，DARPA 启动第二个"集群冲刺"活动，聚焦集群自主领域，目标与首个"集群冲刺"活动一致，即支持由 50 个异构无人系统在两个街区、15～30 分钟内封锁一个目标。

2018 年 10 月的第三个集群冲刺关注加强人类与自主集群交流协作的新型框架进行设计、开发和验证，不仅需要解决集群内部协作的复杂问题，还要让人类队友或者集群操纵者对当前环境具有认知能力及理解集群行为并与之交流的能力。集群战术开发需要设计并利用小型无人机系统和/或小型无人地面系统演示新型的复杂集群战术，并在 1～2 小时内解决方形城市街区内的"城市突袭"任务。

城市作战环境复杂，密集的建筑易降低传感器效能，干扰甚至阻断 GPS 等通信信号，影响态势感知能力。因此，DARPA 已启动多个项目，积极探索无人系统在城市作战中的应用。2014 年启动"快速轻量自主"（FLA）项目，开发先进的感知和自主算法，使小型无人机在无遥控信号和 GPS 信号情况下，借助机载高分辨率摄像机、激光雷达、声呐或惯性测量单元在房间、楼梯、走廊或其他设障城市环境中自主飞行；2015 年启动"X 班组"项目，目标是在城市作战中为步兵单元引入无人机、机器人等智能化装备，在数百米范围内建立感知警戒线，提升步兵态势感知、精准打击等能力。

二、美国 DARPA"小精灵"项目进入第三阶段，距实战更进一步

2018 年 4 月，DARPA 官方发布了 Dynetics 公司制作的"小精灵"（Gremlins）项目视频，该视频突出了"小精灵"背后的蜂群协同概念：每架"小精灵"能够随时调整以承载不同的有效载荷（最高 150 磅），当多个"小精灵"联网在一起，所发挥的效能将超过其部件的总和。安全的视距数据链通信和自动化水平使群体能够立即对其战术环境作出反应，这也是其运营理念的基石。成群的无人机可以很容易地作为分布式传感器节点，在相当短的时间内在广阔的区域内收集图像或其他情报。携带干扰系统或模拟大型飞机的信号时，它们也可能会在较大的作战行动之前混淆或以其他方式扰乱敌人的综合防空体系。在几年以前，军工界对这些想法已经有了深入讨论，但是将它们公开展示在公众面前却是首次。视频同时展示了空中回收行动的整个过程，最终目标设定为在 30 分钟内在单架飞机上收回四架"小精灵"无人机。

该视频还明确指出了像"小精灵"这样的空中发射和回收系统的优势，主要包括：较小的机身尺寸，对空军基地依赖性降低，单个任务的成本较低，以及群体内多个不同传感器的分布式布置。无论是在操作上还是在发展上，这些优势都为使用者提供了更高的风险承受能力。

除初步的飞行测试外，Dynatic 公司的团队还通过广泛的建模和仿真来降低试验风险。该团队同时研究了 F-35 和 F-22 等第五代战机如何应对威胁，以及这些先进的战斗机如何将"小精灵"纳入高风险作战领域。通过减少有效载荷和机身成本，以及比一经制造就要运行几十年的传统平台具有更低的任务和维护成本，20 次预期寿命的"小精灵"可以提供显著的成本优势。

DARPA 对"小精灵"作战构想是突防一定距离后以蜂群方式对威胁进行探测或干扰，并与防区外的其他"小精灵"或 F-35 战斗机通信。该项目计划探索的技术领域包括：发射和回收技术，设备和飞机一体化概念；低成本、有限寿命的机身设计（DARPA 期望机身使用寿命为 20 次）；高保真分析，精确的数字化飞行控制，相对导航。其他关键技术还包括：精确数字飞控与导航、小型高效涡轮发动机、发动机自动关机技术、小型分布式载荷集成技术、精确位置保持技术等。"小精灵"计划的最终

目标是进行一次有效的概念验证飞行，演示如何用"稳定可靠、能够快速响应、并且经济实惠"的方式使用 ISR 任务载荷以及其他模块化非动力载荷。

在项目第一阶段（2016 年），洛克希德·马丁公司、通用原子公司、Dynetics 公司和克拉托斯公司参与竞争。之后，DARPA 选择通用原子公司和 Dynetics 公司进入项目第二阶段（2017 年），克拉托斯公司作为 Dynetics 公司的子承包商继续跟进项目。第二阶段的目标是完成全尺寸技术验证系统的初始设计，发展出根据设计指标定制的低成本无人机并执行基于 C-130 平台的回收系统飞行过程风险降低测试。具体活动将包括飞机和恢复系统的程序设计审查（PDR）、验证关键技术的地面测试以及飞行测试，以证明多架无人机共飞的安全性和回收性能。

2018 年 4 月，DARPA 最终选择 Dynetics 公司领导的团队，为"小精灵"项目进行第三阶段的研究。下一个关键时间节点是在 2019 年底，DARPA 将会在 C-130 运输机上实施多架无人机的发射和安全回收试验。整个"小精灵"项目将持续 43 个月，总耗资 6400 万；而整个第三阶段将持续 21 个月，耗资 3860 万美元。

为了更好地完成 Gremlins 项目，Dynetics 组建了一个行业合作伙伴团队。克拉托斯公司负责每架"小精灵"飞行器的制造、装配、集成和测试。内华达山脉公司提供交会和停靠过程中必不可少的精密导航系统。关键子系统由其他公司提供：威廉姆斯国际公司（Williams International）将提供涡扇发动机；穆格公司（Moog）将提供驱动控制系统；空降系统公司（Airborne Systems）将生产降落伞回收系统；Systima 公司将提供 C-130 吊架和发射控制器硬件设备；应用系统工程公司（Applied Systems Engineering, Inc.）将交付飞行计算机；SNC Kutta 公司将生产多机控制服务；国际航空响应公司（International Air Response）将提供 C-130 运输机以及飞行测试支持。

Dynetics 公司团队的解决方案是在 C-130 下方远离机体的地方部署一个拖曳式稳定的捕获设备（capture device）。"小精灵"与捕获设备的对接很像美军的空中加油作业。一旦停靠并关闭发动机，"小精灵"就将被升举到 C-130 机体部分，并在那里机械固定和收起。这是一种非常具有使用性的方案，因为空军已经熟练掌握了空中加油技术。高速航行的大型飞机的背后拖曳着机械抓手似的装置非常有趣，但这也正是项目测试的难点之一。

目前，Dynetics 团队并没有为"小精灵"无人机研发传感器，而是着力发展能搭载不同类型传感器/载荷的系统以适配不同的用户。根据载荷的不同，"小精灵"目前有几种不同的系统概念设计，而这些设计也正在向目标用户进行展示。为不同用户集成各类载荷的工作或许会在第三阶段结束之后进行，或者在第三阶段后期并行进行。Dynetics 公司最终的蓝图是让这些系统与传感器能够协同工作，但是这部分的研究工作正在 DARPA 的其他项目中进行，"小精灵"项目的任务是做好准备，使用其他项目所发展出的能力，例如 CODE 项目（拒止环境下的协同作战）。

"小精灵"无人机整体设计上也充满了挑战。对于传统的飞行器，起飞和着陆永远是飞机寿命周期中最紧张的部分。而对于"小精灵"这一不需要"沾地"的新型飞行器，设计中不需要考虑起落架，但可能会影响其他设计需求。如果飞行器永远不会降到最低速度以下，设计上甚至可能会减轻整个结构，可能会重新安排一些传感器，甚至改变空气动力学和控制表面。例如，在承包商的概念图中赋予"小精灵"无人机更多的导弹似的外观，并将其视为可重复使用的巡航导弹。

虽然 C-130 是目前"小精灵"测试的"母舰"，但整个项目的关键技术具有通用性，可以直接适应于其他运输机或空中战斗平台的翼下回收和货舱回收。模块化的特性使得"小精灵"对潜在的转型合作伙伴具有吸引力。这种即上/即下的能力非常强大，因为它不需要任何永久性的飞机修改，而且机翼下安装的系统具有非常大的灵活性。

"小精灵"项目概念及其许多附属技术被军事专家广泛视为通向空战新革命的门户。对于参与"小精灵"项目的企业来说必然有利可图，一旦 DARPA 完成这项验证，美国空军将马上推动这项技术进入实用阶段。

三、美军证实无人机集群在强电子干扰下仍能发动攻击，体现集群自主作战潜力

2018 年，美国 DARPA 的 CODE 项目（拒止环境下的协同作战，见图 3）通过一项测试，证实无人机集群能在高强度的电子干扰环境下自主协调执行攻击任务。高度自主、紧密互联的无人武器系统能配置于飞机、舰艇、装甲车等，被美国军方视为赢得未来战争的重要策略，即便受到电子干扰攻击，也能从零星的人类指令中通过机群的信息共享与协作，精确地完成打击任务。

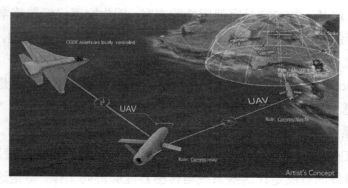

图 3　CODE 项目示意图

美国军方赢得未来战争的主要策略之一是把一大堆各式各样的陆地、空中与水面的无人载具送往战场，这种跨越陆海空与网络的大规模协调攻击，首先要面对来自敌方的强大电子干扰。无人武器接收到人类指令与载具之间的信息对任务执行至为关键，如果处于强大电子干扰环境中，可能会阻碍任务的顺利执行。

2018 年 12 月初，美国 DARPA 在亚利桑那州尤马（Yuma）试验场对 CODE 系统进行了一系列测试。测试结果表明，即便无人机的通信与 GPS 系统处于高强度电子干扰环境中，进行测试的实体无人机与虚拟无人机仍然能以高度自主与群体协调的方式共同完成任务。

CODE 项目旨在通过开发先进算法和软件，扩展美国军方现有无人机系统（UAS）在对抗/拒止作战空间与地面和海上高机动目标展开动态远程交战的能力。项目寻求创建一种超越当前最先进水平的模块化软件体系结构，能适应不同的带宽限制及通信干扰，同时兼容现行标准，且在现有无人机平台上安装具备经济可承受性。项目重点关注研发及验证更先进的协同自主能力，使配备 CODE 软件的无人机蜂群在一名任务指挥官的全权监管下按照既定交战规则导航到目的地，协作执行探察、追踪、识别和打击目标的任务。

CODE 项目的主要目标是开发和验证协同自主性的价值，通过这种协同自主，UAS 可以在单人任务指挥者监督下同个人或团队开展复杂的任务。CODE 项目装备的无人机将通过数据共享、任务协商，以及与团队成员及指挥者的同步行动和通信来执行任务。CODE 的 UAS 机载模块化开放式软件架构将可以使得多个 CODE 项目无人机分别导航至任务目的地并按确定的任务规则发现、跟踪、识别和粘住目标。这些 UAS 也可以从附近友军招募 CODE UAS 来增强它们自己的能力，并适应如友军的消损或意料之外威胁出现的动态情况。如果验证成功，这些延展性和成本效益优势将能够极大增强现有平台的生存能力、灵活性和高效性，也可以减少未来系统的开发周期和成本。

即使是目前最好的电子防御战术也不甚完美。近年来，美国国防部努力发展机器学习和人工智能等新兴技术，可以在军事设备之间利用极小范围频谱作为彼此沟通的信号窗口，由此获得的少量信息就足以让所有的系统组件一起工作，同时还能将战场信息回传给人类指挥官作为决策参考。这就是 DARPA 在尤马测试的内容。

DARPA 的测试结果表明，无人机系统可以有效地共享信息，协同计划和分配任务目标，制定协调的战术决策，并以极少量的信息沟通进行协作，以应对动态的高度威胁环境。

本次测试以 6 个实体无人机和 24 个虚拟无人机同时进行打击任务，在无 GPS 导航的情境下处理随机出现的障碍物或防御攻击，并接收一名人类指挥官的任务信息，最终要找到目标，完成攻击任务。

无人机集群证实可以根据任务要求在不断变化中的环境进行协调合作，这项研究计划完成后，可望在 2019 年将技术转移给海军。

四、中国电科 200 架固定翼无人机集群飞行，再刷纪录

2018 年 5 月，中国电子科技集团有限公司成功完成 200 架固定翼无人机集群飞行试验（见图 4 和图 5），刷新了 2017 年由自己保持的 119 架固定翼无人机集群试验纪录，标志着智能无人集群领域的又一突破，奠定了我国在该领域的领先地位。试验中，200 架小型固定翼无人机成功演示了密集弹射起飞、多目标分组、空中集结、编队合围等高难度动作，同时突破性地完成了小型叠翼无人机双机低空投放和模态转换实验。

固定翼无人机一直是我国在无人机领域研究的一个重点方向。与娱乐领域常见的大规模多轴无人机集群相比，固定翼无人机仅是编队飞行的难度就高得多。因为四旋翼无人机可以在空中悬停，更容易精确定位和编写控制程序。理论上，只需预先制定好每架无人机的飞行路线，它们就可以按照程序在空中组队飞行，但其实相互之间没有联系。固定翼无人机必须保持一定的速度才能维持在空中飞行，每架无人机不仅需要知道自己在哪里，而且应知道附近其他无人机的位置和方向，并根据情况调整方向，以避免发生"空中撞机"事故。这就意味着固定翼无人机必须有"相互沟通"能力，对它们的传感器、通信、定位等技术提出了极高要求。需要具有极高水平的"群体智能"技术，才能完成这种实验。因此固定翼无人机集群飞行技术在国际上均被认为是无人智能系统重大革新成果。

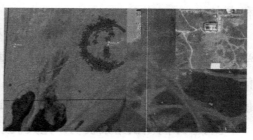

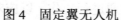

图 4　固定翼无人机　　　　　图 5　无人机编队飞行

从 2016 年的 67 架至今，短短 2 年多时间，中国电科四次刷新了无人机集群试验的规模。就无人机集群战术而言，规模意味着战斗力。无人机所具备的体积小、重量

轻、起飞灵活、可回收的特点，让其在未来海陆空三军都有无限发展空间，陆军可实现"察打一体"火力指挥体制，空军方面可由运-20大型运输平台以及重型战斗机发射形成空母效应，在海军方面可以搭载在大型驱逐舰以及航空母舰上。

另外，无人机集群战术也可以用来实现反介入/阻止战略，进行反航母作战。美国兰德公司曾指出，如果一只无人机集群部队突然冒出来，从各个方向攻击航母战斗群，然后突然消失，反反复复，这种蜂群式的突袭战术，航母战斗群将无从应对，最终将耗费所有的防空火力，成为对方大型反舰导弹和鱼雷的靶标。

美国致力于打造无人机集群，通过 DARPA、海军研究局和众多实验室等组织机构，在无人机集群的概念验证研究方面成效显著。美国国防部发布的《无人机系统路线图 2005—2030》将无人机自主控制等级分为 1～10 级，确立"全自主集群"是无人机自主控制的最高等级，预计 2025 年后无人机将具备全自主集群能力。

无人机集群技术是中国最让美军感到不安的新技术，如果说航母、歼-20、轰-20还是中国追随美军步伐研制的武器装备，那么无人机集群技术是中美处在同一水平前行的尖端军事科技。2017 年，美国国防部披露了美军使用 3 架 F/A-18 战斗机成功进行了释放 104 架无人机集群的试验。而我国的无人机集群技术，不论从集群规模、功能复杂程度等方面，均展示出在该领域的领先地位。

智能无人机集群技术作为一种具有颠覆性的智能集群技术具有恶劣环境适应性强、协同作战能力强、智能程度高等优势，备受各国重视，目前正处于飞速发展阶段。随着相关技术的日益成熟，智能无人机集群必将作为无人机系统的重要组成部分成为未来战场中的重要作战样式，在战争中扮演重要的角色甚至改变战局。

五、腾讯 AI 击败星际争霸 2 最高难度内置 Bot，群体智能决策水平再创新高

在人工智能领域中，游戏行业一直是探索 AI 的理想环境。在游戏环境中，可用于训练人工智能模型的数据是近乎无限、且低成本、可复制的，相比现实世界更容易获得。即时策略游戏因其更接近现实战争中的模式，给作战决策智能化的发展提供了一个非常合适的模拟环境。美国政策和国防智库兰德公司（RND）发布的一份研究文件显示，人工智能可能在 2040 年启动一场核战争，而电脑游戏星际争霸将会为 AI的军事推演提供帮助。研究人员认为人工智能在军事推演方面的潜力非常大，星际争霸 AI 比赛将加强人工智能在"军事、交战、后勤、基础设施以及一系列难以确定的决策和战略"上的能力。

近年来，深度学习和强化学习的结合为学界带来了诸多进展。从头训练、只提供游戏原始特征，这些尝试为我们带来了无数令人称奇的"自学"AI，如围棋、各种雅达利游戏、Dota2 等。但是，作为 RTS 游戏难度标杆的星际争霸 2 还未被 AI 攻陷。就资源来看，星际争霸 2 有晶体矿（蓝色晶柱）和气矿（晶柱两侧绿色建筑）两种，不同建筑需要的资源数不同；从人口单位上看，图中有工蜂（农民）、王虫（房子）、跳虫（小狗）、毒爆虫、蟑螂、火蟑螂。这还只是刚开局的情形，比起控制 5 个英雄的 OpenAI Five，这个时间点星际争霸 2 AI 需要控制的单位已经高达 35 个，随着局势逐渐展开，它还要开矿、攀科技树、建造更多建筑、孵化更高级的虫子，最终操作上百人口拉扯阵型、和敌方交换战损并最终依靠混合策略获得胜利。巨大的观察空间、庞大（连续的、无穷的）的动作空间、受限的观察视野、多人同步游戏模型、长期决策……这些因素使星际争霸 2 成为现在最具挑战性的 AI 游戏目标。

2018 年 9 月，为了对完整游戏做一些初步研究和探索，腾讯 AI Lab、罗切斯特大学和西北大学的研究人员开发了两个智能体：基于扁平化动作结构的深度强化学习智能体 TStarBots1 和基于分层动作结构规则控制器的智能体 TStarBots2，首次在完整的虫族 VS 虫族比赛中击败了星际争霸 2 的内置 AI Bot，是强化学习多智能体自主决策对战研究史上的又一大创举。经过多次实验，目前这两个智能体都能在完整对战中击败等级 1~10 的游戏内置机器人（1v1 虫族对抗，地图：深海暗礁），其中等级 8、等级 9 和等级 10 的机器人都是作弊级 AI，它们享有额外的视野和晶体矿、气矿资源。

TStarBots1 拥有一系列扁平化的大型操作，它的顶部有一个单独的全局控制器，负责把强化学习算法应用于各个大型操作，训练智能体学习致胜策略。每一个大型操作都由一系列实现它的小型操作构成，如建造蟑螂温室=移动视野窗口+随机挑选工蜂+选取界面坐标位置+建造。研究人员一共总结了 165 个大型操作，其中建造 13 个、爆兵/补农民 22 个、科技树 27 个、采矿/采气 3 个、对抗 100 个。图片底部是人为编码的游戏规则先验知识（如科技树）和如何进行操作（巢穴造哪儿），也就是说，它帮控制器省去了不少决策过程和操作细节。

TStarBot2 结合大型操作和小型操作，用双层结构组织它们。上层为高级战略/战术的大型操作，下层为代表每个单元低级控制的小型操作。整个动作集被分为水平子集和垂直子集。对于每个动作子集，研究人员又为其分配一个单独的控制器。它只能看到本地动作集，以及与其中的动作相关的本地观察信息。在每个时间步，同一层的控制器可以同时采取行动，而下游控制器必须以其上游控制器为条件。

图 6 所示是 TStarBot1、TStarBot1 和星际争霸 2 内置机器人的比赛结果统计。其中，TStarBot1 和每个等级的机器人各进行了 200 场对战，胜率取平均值。用单个 GPU 和 3840 个 CPU 进行了约 1~2 天的训练后，面对等级 1~9 的机器人，AI 的胜率超

过 90%；面对等级 10 的机器人，它的胜率也超过 70%。而 TStarBot2 的表现似乎更好，它和每个等级的机器人各进行了 100 场比赛，胜率取平均值（平局 0.5）。数据结果显示了分层结构的有效性。

Difficulty Level IDs		L-1	L-2	L-3	L-4	L-5	L-6	L-7	L-8	L-9	L-10
Difficulty Level Descriptions		Very Easy	Easy	Medium	Hard	Harder	Very Hard	Elite	Cheat Vision	Cheat Resources	Cheat Insane
	RAND	13.3	0.0	0.0	0.0	0.0	0.0	0.0	0.0	0.0	0.0
TSTARBOT1	DDQN	100.0	100.0	100.0	98.3	95.0	98.3	97.0	99.0	95.8	71.8
	PPO	100.0	100.0	100.0	100.0	99.0	99.0	90.0	99.0	97.0	81.0
TSTARBOT2		100.0	100.0	100.0	100.0	100.0	99.0	99.0	100.0	98.0	90.0

图 6 TStarBot1、TStarBot1 和星际争霸 2 内置机器人的比赛结果统计

在非正式内测比赛中，两个 AI 和天梯等级为白金/钻石的几名人类玩家进行过切磋。比赛结果如图 7 所示。

#win/#loss	Platinum 1	Diamond 1	Diamond 2	Diamond 3
TStarBot1	1/2	1/2	0/3	0/2
TStarBot2	1/2	1/0	0/3	0/2

图 7 TStarBot VS 人类玩家

与未来战争相比，目前在星际争霸中的游戏推演显然是一个较为简单的过程。但随着数据的积累，预计在 2040 年有望出现一种为军事演习各阶段提供帮助、或在超人类层次上进行战争推演的人工智能系统。

六、观察与思考

综合 2018 年群体智能领域的发展情况，可以看到，无论是国内还是国外、军用还是民用，群体智能技术又有了飞速发展。其应用在不断地被拓展，吸引了越来越广泛的关注。

从技术发展来看，群体智能领域的技术热点逐渐由单方面追求规模，向在真实环境中进行应用转变。首先，群体智能已经扩展到多个领域，继无人机集群控制到无人艇集群，未来将要向混合无人集群方向发展；其次，无人集群的规模也在不断扩大，中美两国在军用、民用领域的竞赛持续进行中；最后，群体智能在虚拟世界也同样受到追捧，星际争霸 AI 大赛吸引了国内外高科技公司和科研院所等团队的参与，受到

世界瞩目。集群控制方面，在传统的集群自主避障、自组织通信网络构建、路径规划等技术方面继续进步以外，在自主决策技术、人机协同、真实作战环境中的应用等方面取得更大的发展。群体智能当前的发展趋势是：首先是集群控制，向着更精准、更灵活的自组织控制方向发展，其次是集群的作战能力，向着多任务自适应，人机协同作战方向前进，第三则是利用人工智能技术增加集群的自主决策能力，用以更好地支撑前两点的发展。当前群体智能所面临的主要挑战有：大规模异构多智能体集群控制算法能力不足影响了集群真实作战能力；针对集群感知数据、态势感知的智能认知技术上不完善影像自主决策能力；多数集群系统多停留在基于编程和规则的硬编码系统阶段，不能很好地体现出"智能"、复杂环境自主协同决策等能力。而这些不足均属于人工智能技术的研究领域，预计 2019 年的研究热点将集中在人工智能技术在集群系统中的进一步应用方面。

在民用市场方面，群体智能技术的市场前景良好，除传统的多无人设备集群控制技术更进一步外，应用方向逐步向多智能体自主协同决策技术方向发展，由以前的重规模逐渐转向更深入的智能化；智能化的进步将提高集群系统的任务适应性、决策灵活性，可以承担更多、更负责、更重要的工作，从而进一步促进应用领域的扩展、市场的扩大。

在军事应用方面，群体智能技术的主要应用场景是无人集群自主作战以及人机协同作战。其中，最具军事应用前景的方向是人与无人集群在复杂环境中的协同作战，该领域综合作战任务理解、战场态势获取与认知、人的作战意图感知、协同作战决策等多方面、多角度、多层次的人工智能技术，将会极大提高作战人员与无人集群系统的作战能力，给未来的作战形式带来颠覆性改变。

（中国电科认知与智能重点实验室　高放　吴宇航）

混合增强智能：人机协同与认知计算的新进展

　　人工智能追求的长期目标是使机器能像人一样学习和思考。由于人类面临的许多问题具有不确定性、脆弱性和开放性，任何智能程度的机器都无法完全取代人类，这就需要将人的作用或人的认知模型引入人工智能系统中，形成混合增强智能的形态，这种形态是人工智能或机器智能中可行的、重要的成长模式。混合增强智能可分为两种基本实现形式：人在回路的混合增强智能和基于认知计算的混合增强智能。

　　人在回路的混合增强智能是将人的作用引入智能系统中，形成人在回路的混合智能范式，这种范式中人始终是这类智能系统的一部分，当系统中计算机的输出置信度低时，人主动介入调整参数给出合理正确的问题求解，构成提升智能水平的反馈回路。基于认知计算的混合增强智能是在人工智能系统中引入受生物启发的智能计算模型，构建基于认知计算的混合增强智能。这类混合智能是通过模仿生物大脑功能提升计算机的感知、推理和决策能力的智能软件或硬件，以更准确地建立像人脑一样感知、推理和响应激励的智能计算模型，尤其是如何建立因果模型、直觉推理和联想记忆的新计算框架。

一、DARPA 将开发无须手术的神经技术，实现脑机接口

　　美国DARPA的神经科学项目部一直专注于可服务于那些因身体或大脑残疾回国的士兵的技术，例如像对连接到神经系统的假肢的研究和对可以治疗创伤后应激障碍的大脑植入物的研究等。

　　但军事作战的方式正在发生变化，DARPA 的优先事项也将做出改变。在 2018年 9 月庆祝 DARPA 成立 60 周年的会议上，DARPA 给出了神经科学研究的下一个前沿领域：让身体健全的士兵拥有超能力的技术。战士需要新的方式来与机器进行交互

与操作，但到目前为止，大多数技术都需要通过手术来应用到战士们身上，这一点将有所改变。

下一代非手术神经技术（N3）项目将资助对此技术的研究，即可在大脑和某些外部机器之间传输高保真信号而又不需要给使用者做手术以重新布线或植入装置。该项目于 2018 年 3 月宣布，之后挑选获得该项目资助的研究人员。

同时，DARPA 也注意到，无须手术就能让人拥有超能力的大脑装置，可能会在军事之外的领域得到应用，N3 项目产生的概念验证技术可能会带来消费类产品，催生新的行业。该项目有两个方向：一个是研究人员开发完全无创技术，另一个是研究人员开发"微创"技术。

对于完全无创技术，DARPA 将专注于这一领域的研究。虽然因为已经存在很多无创神经技术，例如，将电极简单地放在头皮以检测脑电图（EEG，一种已经使用了几十年的用于读取大脑信号的技术）和做经颅直流电刺激（tDCS，一种震动大脑的方法，目前正在尝试用来治疗抑郁症、提高运动能力以及其他一些功用）。但这些现有的技术无法为 DARPA 设想的应用提供足够精确的信号传输。N3 计划的目标是开发出新的无创技术，该技术可以实现目前只能通过嵌入脑组织的植入电极（因此与神经元具有直接接口）实现的高性能——要么在神经元"放电"而引发行动时记录电信号，要么刺激神经元使其放电。

N3 项目要求无创技术能够读取信号并将信息写入 1 立方毫米的脑组织中，且需要在 10 毫秒内完成。为了在即使有颅骨屏障的情况下获得这样的空间和时间分辨率，研究人员寻找新方法来检测神经活动。

对于微创技术，DARPA 不希望其新的脑技术还需要一个小切口，相反，微创技术可能以注射剂、药丸甚至鼻腔喷雾的形式将装置植入脑内。比如，设想一种可以放置在神经元内部的"纳米转换器"，当发出电信号时，它可以将其转换成某种可以穿过颅骨被接收到的其他类型的信号。

DARPA 希望在这个为期 4 年的项目结束时，所有研究人员都准备好了通过"国防相关任务"来演示他们的技术。例如，演示者可能会使用大脑信号来驾驶无人机或控制战斗机模拟器。这种技术还可以在"主动网络防御"中应用，可能会让安全专家真正"感受"到入侵。

当前，在 N3 项目中开发的任何东西都只是概念的验证，在能被战士或普通大众广泛使用之前，都需要获得监管部门的批准。但随着硅谷的一些大公司也在致力于神经技术，面向消费者的大脑装置似乎很快就会出现。

二、曼彻斯特大学激活类脑超级计算机 SpiNNaker

2018 年，英国曼彻斯特大学计算机科学学院"激活"了世界上最大的"大脑"——一台类脑超级计算机 SpiNNaker。这台计算机拥有 100 万个处理器内核，每秒可进行 200 万亿次运算，处理信息的方式与人脑类似。可以说，该类脑超算重构了传统计算机的工作方式。

SpiNNaker 之所以被称为类脑超级计算机，是因为它在模仿生物大脑处理信息的方式，而且处理速度和规模远超同类机型，但在体系结构上与传统意义的超级计算机有明显不同。这类模仿生物大脑的机器更倾向于被统称为"类脑机"。超级计算机往往是指性能更高、规模更大的传统计算机，而类脑机则是指借鉴、模拟生物大脑神经系统结构和信息处理过程的智能机器，而非单纯进行计算任务的传统计算机。

类脑机与传统计算机的工作方式不同，个人计算机往往只有 1 个中央处理器（CPU），该 CPU 功能强大，可处理多种任务；但在这种模式下，任务只能被接续处理，即处理完一个、才能处理下一个。但类脑机的原型——生物大脑的工作方式并非如此。据统计，人的大脑中约有 1000 亿个神经元，这些神经元是人脑神经系统最基本的结构和功能单位。每个神经元均可被看成是一个简化版 CPU，其计算功能虽比不上计算机的 CPU，但胜在数量多，且每个神经元均可独立完成任务。简而言之，可以把大脑看成是由多个同时运转的 CPU 组成的机器，其具有高效的多任务信息处理能力。常规超级计算机虽也有大量 CPU，但是这些 CPU 只能进行简单并行工作，相比之下，生物神经元相互连接形成的网络结构要复杂得多。那么，类脑机如何模仿生物大脑中神经元之间的信息交换和处理过程？

大脑中每个神经元通过数千个神经突触与其他神经元连接，构成可感知、综合处理、反馈信息的神经网络系统。感知到外界信号后，上游神经元可将信号以神经脉冲的形式"发送"给多个下游神经元，下游神经元再将这一脉冲信号传递给更多的神经元。这些神经脉冲信号在神经元之间的传递过程实际上就是大脑处理信息的过程。

类脑机通过大规模神经形态芯片模拟生物神经网络，每块芯片上都集成了大量电子或光子神经元和突触阵列。与生物神经元不同，电子版神经元的连接状态可通过软件实现。类脑机处理信息也采用传递神经脉冲信号的方式进行，只是通常不是直接采用生物神经网络的连接模式，而是采用路由交换的方式，提高灵活性。一种典型的做法是将脉冲信号打包，然后利用包裹上的"投递地址"等信息实现面向下游神经元的精准投递，待下游神经元收到大量的信息包，而后根据自身的处理特性生成新的脉冲，再将信息"投递"出去，周而往复。当这种类脑机的计算精度达到一定程度后，就能产生仅生物大脑才具有的某些功能，甚至可能出现"灵感涌现"等高级智能。

1981年，美国生物学家杰拉尔德·艾德曼提出了"综合神经建模"理论，并成了仿真生物大脑领域的先驱者。30多年来，人们花费了大量的精力、财力研究类脑算法、模型及配套硬件设施。以 SpiNNaker 为例，该项目始建于 2006 年，迄今已花费了约 1500 万欧元。

比较来看，类脑机拥有现阶段主流人工智能模型（如深度神经网络）无法比拟的高智能、低能耗的优势。

在高智能方面，深度神经网络往往只具有完成单一任务的智能，如图片识别、语音识别等，缺乏综合处理不同场景信息的能力，这也是制约其未来发展的瓶颈问题之一。类脑机则得益于模仿大脑的"先天优势"，在综合感知、推理等方面的能力更为突出。

在低能耗方面，类脑机优势明显。人脑执行计算任务所消耗的能量要比目前通用计算机低很多。正如欧盟在其《人类大脑计划》报告中指出，在处理等量任务时，目前没有任何人工系统能够媲美人脑的低能耗。人类大脑的能耗功率一般在 20 瓦左右，而一台常用笔记本电脑的耗能功率约为 100 瓦。这种差距在基于人工神经网络的人工智能上表现得更为显现：2016 年，阿尔法狗对战围棋九段高手李世石时，该人工智能程序的功耗达 1 兆瓦，将近人脑的 5 万倍。现阶段类脑机的能耗虽无法降至人脑水平，但比人工神经网络节能。

此外，类脑机的研究可以促进脑科学和神经科学研究的发展。大脑是人身体中最复杂的器官，其神经结构和运行机理至今仍有很多不清楚的地方，靠影像手段难以直接观测。类脑机作为模拟大脑的计算模型，通过计算产生类似大脑的活动和智能行为，可以反过来为脑神经结构和功能的研究提供有益的启发。同时，脑科学和神经科学的进步也将促进类脑机向更高智能方向发展。

目前，类脑机研究仍处在起步阶段，其学习、创造能力还远不如人脑。但是随着相关技术的进一步发展，类脑机确有达到甚至超越人脑的可能。当神经形态器件和芯片的精密程度发展到一定阶段后，在信息处理速度上或比人脑快几个数量级，同时在外形上没有了人脑骨骼结构的限制。根据欧盟推出的《人类大脑计划》，到 2022 年首台实时模拟人类大脑的机器就会出现，约 20 年后尺寸与人脑相当又能精确模拟人脑功能的类脑机或将面世。类脑机的出现必然会给人们的生活方式，尤其是学习方式带来巨大的变革。类脑机可大量减少人类重复性的工作，同时其也会成为创新灵感的来源之一。装有类脑机的机器人可能在功能上与真人无异，会思考、判断、学习，能够提供更贴心的服务，并代替人从事高智力工作，极大地提高工作效率，促进社会经济发展。但是，未来高智能机器的发展和广泛使用也可能带来失业、被误用等负面影响，相关的伦理、风险研究应逐步展开，相关法律法规建设也应同步完善。

三、日本国际电气实现脑电波控制机械手，人人能瞬间拥有"第三只手"

2018 年，日本国际电气通信基础技术研究所（ATR）研发出利用脑电波控制的机械手，可作为人类的"第三只手"，灵活处理多项任务。据悉，这只"手"有望提高并挖掘人类潜在的能力。这项研究发表在《科学》杂志的《机器人》子刊中。

这项研究的实验设置如图 1 所示。测试者能够在同一时间间隔内完成两项不同的任务，方法是用自己的四肢与大脑控制的、与身体分离的机械臂配合使用。身体健全的测试者端起一块板子，板子的周围是不稳固的围栏，测试者要确保在板子上的球子不会滚出去；另一任务则是用意念控制机械手，使其可以抓起别人递过来的一个瓶子。在这个过程中，电脑会读取脑电波，并纪录活跃的神经元。测试员要在脑海中想象要抓瓶子的意图，电脑读取后，会把想法变成行动。而下一环节，要求志愿者同时执行这两项任务。

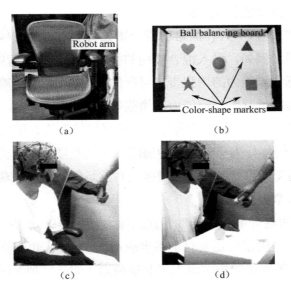

图 1 实验设置。（a）带有一只机械手臂的椅子；
（b）球和带有不同颜色标记的板子；（c）单任务测试；（d）多任务测试

有一些测试者在多任务处理实验上表现优异，有些则不然，于是出现了"两极分化"的现象：有些人擅长多任务处理，成功率高达 85%；而有些人不擅长多任务处理，成功率只有 52%。这只手臂的研发者对此给出的解释是，对于有些人成功率较低，只能说明这部分人转移注意力的能力相对较弱，而不代表脑机接口的准确率。人们应该更加关注这些测试者学会同时完成两个任务所花费的时间，人们通过使用像这样的脑机接口，可以提供正确的生物反馈，这有助于人们更好的学习多任务处理。

人类脑海中出现的不同想法会触动不同区域的神经元。这个机械手臂配有脑机界面，使用皮层脑电信号来捕捉大脑活动（此处使用了九个电极）。通过算法，把不同动作和脑电波波形对应，设备通过读取不同的脑电波，理解人类的不同意念并执行。

此前的脑机交互技术大多要求使用者静坐不动，充分集中注意力完成操作机械臂这个单一任务，主要适用于身体严重残疾人士。而本文这项技术将扩展脑机交互的应用范围，可用于研究和提高健康人群的多重任务处理能力，日后的研究有望在医疗健康领域起一定的作用。

四、观察与思考

"人在回路的混合增强智能"探索生物智能与人工智能的深度协作与融合，其有望开拓形成一种非常重要的新型智能形态。

从民用市场领域来看，"人在回路的混合增强智能"将为肢体运动障碍与失能人士的康复带来新仪器，例如，融入混合智能的神经智能假肢、智能人工视觉假体等；同时也将为正常人感认知能力的增强带来可行的途径，例如听视嗅等各种感官能力的增强、学习记忆能力的增强、行动能力的增强等。

从军事应用前景来看，"人在回路的混合增强智能"将为国防安全与救灾搜索等提供重要技术支撑，例如行为可控的各种海陆空动物机器人、脑机一体化的外骨骼系统、人机融合操控的无人系统等，从而增强人对战场的微观、宏观决策能力，增加决策效率，颠覆未来军事装备形态。

"基于认知计算的混合增强智能"是建立像人脑一样感知、推理和响应激励的智能计算模型。无论在民用市场还是对于军事应用，"基于认知计算的混合增强智能"通过新的计算框架，带来现阶段主流人工智能模型（如深度神经网络）无法比拟的高智能、低能耗的优势。

（中国电科认知与智能重点实验室　孟繁乐）

自主无人系统：仿生性和实用性
"两条腿"走路

　　自主无人系统是非常复杂的系统，是指无须人工干预即可自主进行操作或管理的人造系统。无人自主系统融合了机械、控制、计算机、通信和材料等多项技术，其中自主性和智能化是智能无人系统最关键的两个特点。自主无人系统是人工智能技术的重要应用技术之一，为了更好地实现自主性和智能性，采用人工智能技术毫无疑问是发展智能无人自主系统的关键，如图像处理、机器学习、人机交互、智能决策等。反过来，结合自主无人系统的应用场景和需求，其发展也会大大推动人工智能技术的创新。

　　在 2018 年里，自主无人系统的最大热点主要有两个，一是以美国波士顿动力、德国费斯托等公司为代表研究的仿生机器人、仿生机器生物等，这类研究主要以仿生性为首要目标，主要以人类或自然界的生物为蓝本，使得自主无人系统能够模仿生物的运动机理进行运动；二是以美国 Waymo、特斯拉，以及中国百度、大疆为代表研究的自动驾驶汽车、无人机等，这类研究则主要以实用性为首要目标，更关注于自主无人系统如何为人类服务的工程技术。虽然仿生性和实用性并不矛盾，但以目前的研究技术和水平，两者尚难以完美结合。因此，领域内的研究通常在仿生性和实用性两方面有所侧重，整体上呈现并行发展的状态。

一、波士顿动力展示双足和四足机器人出色的运动能力，其运动流畅性逼近人类

　　波士顿动力（Boston Dynamics）是一家不断带来惊喜的公司，其双足机器人和四足机器狗的视频发布引起全球瞩目。2018 年 5 月和 10 月，波士顿动力分别发布了双足机器人阿特拉斯（Atlas）在复杂场地上运动的视频。阿特拉斯是波士顿动力基于早期双足机器人佩特曼（Petman）研发的。2015 年美国 DARPA 的机器人挑战赛中，多个团队使用了原始版本的阿特拉斯。两年前，由马克·莱伯特（Marc Raibert）领

导的波士顿动力公司公布了对原始版阿特拉斯的大规模升级。

2018 年 10 月，波士顿动力公司发布了关于阿特拉斯新技能的视频。在视频中，阿特拉斯跳过一根圆木，然后像跑酷的人一样跳上台阶，完成了三级跳。相对以往的视频来看，这次的技能衔接和释放更为流畅。视频开始时，阿特拉斯在跨越障碍（视频中是一根圆木）的时候，没有明显停顿，而只是略微减速，伴随几个小碎步，然后单腿迈出、直接跨越。而就在 2018 年 5 月，从波士顿动力公布的阿特拉斯在复杂地形中跑步越障的视频中可以看到，其在途中跨越障碍物时仍需要有明显减速、停顿，然后才是双腿并拢完成跨越。可见，阿特拉斯的运动的流畅性在半年内又有了显著提高。跨越障碍之后，在阿特拉斯行进路线上有三个 40 厘米的台阶，在上台阶的时候，仍然没有明显停顿或留出准备时间，而是像人类一样通过前后摆臂、助跑，一跃而上，在三个台阶上的三步也是单腿跨越，动作非常稳健。

阿特拉斯的硬件利用 3D 打印技术制作，可以节省重量和空间，形成一个非常紧凑的机器人。立体视觉、距离感应和其他传感器使阿特拉斯能够感知环境中的物体，并使用计算机视觉进行定位，使其在跑步过程中准确标记环境参照物，识别周围地形及环境，并完成整个运动过程。阿特拉斯能够在崎岖的地形上行走，在撞击或推动时能够保持平衡。通过控制包括腿、手臂和躯干在内的全身，集中力量跳过原木，跳上台阶，整个过程中不会步伐紊乱。作为波士顿动力的明星产品，这款产品可以说一方面赢得了世界的赞许，另一方面也备受争议。不论是在后空翻的失败次数，还是在室外跟随上是否有人操作，都备受质疑。据波士顿动力一位不愿透露姓名的前员工表示，视频代表的是该机器人最好的状态，从机器人学走路开始就会经常摔倒，只是这样的失败镜头不太会播出而已。

除了双足机器人阿特拉斯，波士顿动力的四足机器狗也同样出彩，波士顿动力在 2018 年接连发布了关于四足机器狗的四个视频。2018 年 5 月，继 2 月份发布四足机器人自主开门的视频之后，波士顿动力又公开了关于四足机器狗 SpotMini 的新视频。四足机器人 SpotMini 高 0.84 米，重 30 千克，能够负载 14 千克，全身共有 17 个关节，以帮助其灵活移动。由于采用电力驱动，运动时较为安静。其正面、背面和侧面均安装有摄像机，通过自主导航，它能够在办公室和实验室中穿行，并较为敏捷地避开障碍物，甚至会爬楼梯。在测试之前，机器人先被手动驱动在设置的路线上走过一遍，让机器人创建离线地图。在自主运行期间，该四足机器人使用摄像机的数据将其自身在空间地图中定位，同时检测并避开障碍物。更令人赞叹的是，它能够毫无障碍地走下楼梯，如真实的小狗一般。同年 10 月，波士顿动力又发布了 SpotMini 在建筑工地如履平地，担任"监工"的视频。视频显示，SpotMini 在杂乱的建筑工地独立行走，穿过走廊，从楼梯上上下下，避开和跨过楼梯上和角落里的障碍物，实现自主导航。

其能够在建筑工地上实现动态自主导航，身上安装有一个额外的摄像头，可以让SpotMini在现场进行更详细的检查工作，并测量工作进度。在10月份的另一个视频中，SpotMini跳起了红遍全球的舞蹈单曲《Uptown Funk》，在舞蹈的动作中，集成了太空步、断头舞、电臀舞，最潮街舞等元素。其动作自然、流畅，显示了其高超的运动控制能力。

关于波士顿动力在足式机器人方面取得的出色进展，很多人对此发表了自己的看法，其中一部分人认为这是人工智能算法起到了关键性的作用："硬件方面其实已经成熟，最难的就是算法，从机器人设计来看，每一种动作背后是一个算法，像跑步、蹲、跳跃等，要把各种算法软件结合，进而协调双足自由度的运作，其中人工智能在此扮演了关键角色""从这可以看到它做到了让算法快速迭代，人工智能在此显然扮演了重要角色""波士顿动力需要用到复杂的人工智能算法，以保证机器人的平衡以及定位和导航功能"。

在机器学习应用于腿足式机器人方面，从2001年开始，很多研究人员就开始尝试，尤其是双足机器人的行走控制中，取得了很好的成果。但训练周期长、可供采集的样本少、机电系统带来的极端情况、如何设置奖励机制、仿真模型和实际模型相差较大等不利因素限制了机器学习在该机器人领域的推广应用。

波士顿动力创始人马克·莱伯特公开声明他们目前没有使用机器学习相关的算法，仍是基于传统的运动控制去实现，但并不否认未来应用的可能性。马克·莱伯特在IROS 2018上承认，阿特拉斯的运动控制是基于独一无二的性能极佳的硬件平台+"饱经锤炼"的运动控制算法。阿特拉斯能够将动力源液压泵做到极小尺寸的高能量密度（5公斤/5千克），Atlas的高能量密度、高集成紧凑度、高结构强度的液压元件与机电系统目前全球领先。在"饱经锤炼"的运动控制算法方面，包括了二次规划（Quadratic Programming，QP）和模型预测控制（Model Predictive Control，MPC）方法，还需考虑单个驱动器存在的超调、滞后与误差，多个驱动器误差的叠加与耦合等，仿真环境的运动控制和基于实际硬件系统的调试和优化缺一不可。

二、本田宣布人形机器人"元老"阿斯莫谢幕

波士顿动力的双足机器人阿特拉斯可以认为是液压控制人形机器人的巅峰之作，在电机控制的人形机器人领域，双足机器人阿斯莫（ASIMO）在某种程度上可以认为是电机控制人形机器人的最高水平。然而，由于难以实现商业化等症结，2018年6月本田公司停止了人型机器人"阿斯莫"的研发，将致力于研发可提供看护护理等更

为实用的机器人技术，阿斯莫中的高平衡性及控制运动技术也会被应用于更多研发领域。本节简短回顾一下作为电机控制人形机器人阿斯莫的"一生"。

阿斯莫的原型可以追溯到 1986 年，在机器人只存在于人们的概念中时，日本已着手研发人形机器人以便未来在人口匮乏的情况下服务人类。该原型机器人命名为 Experimental Model 0（简称 E0），E0 耗时 3 个月完成，主要研究能够自主移动的腿部。当时的 E0 行走极其缓慢。1987 年，本田的工程师们研制出了 E1；E1 拥有所有人类腿部的自由度并复制了人的脚踝关节功能（踝关节对人和动物的行走稳定度起到很大作用）和髋关节功能。通过记录人体行走时各个关节运动模式的大量数据，并在 E1 机身上配置当时比较先进的计算机模仿人类步态，E1 可以以 0.25 千米/小时的稳定速度向前行进。在 E1 的基础上，本田的研究人员又尝试更换不同的电机与轴承，使 E2 的行驶速度达到了 1.2 千米/小时的速度。到 1991 年，腿足机器人的形驶速度达到 3 千米/小时，并被命名为 E3。但由于 E3 的脚是由一整块金属制成的，没有人类的脚趾和足弓等部位完成相应的抓地和减震等功能，此时的 E3 只能在平坦的地面上行走，稍微有点障碍它都会摔倒。在 E3 的基础上，做了相应工作的 E4 应运而生，且研究人员也研究人类在面对抖动时腿部的反应动作。E4 也增加了膝盖的长度，能以 4.7 千米每小时的速度快速行驶。到 1993 年，E6 已经在保持稳定的前提下，完成上楼梯的任务。

机器人的腿部问题基本解决后，1993 年开始，本田的研究人员开始模仿人类的上肢，Prototype Model 1（简称 P1）便在这个时候研发出来，它的典型特点是上身安装了两个摄像头，能够感知周围的环境。手部也有了具有几个自由度的抓手，能够抓住一些物品。P1 身高 1.9 米多，重 175 公斤。在训练中它可以打开和关闭外部电器和电脑开关，通过腿部和胳膊的配合完成开门和拿起东西的动作。1996 年 P2 亮相，P2 是世界上第一个无须电缆可无线操作、可自我独立操作调节的双腿人形生物步行机器人。身高 1.8 米，体重 210 公斤。1997 年，研究人员通过更换部件材料和分散控制系统来减小尺寸和重量。身高 1.6 米，体重 130 公斤，其较小的尺寸更适合在人类环境中使用。到 2000 年，尺寸进一步减小的阿斯莫发布，从此这款"伟大"的机器人诞生了。

从 2000 年开始的 18 年的时间里，阿斯莫研发到了第三代。本田的研究人员为了使其更好地融入人类社会、服务人类，每一代的更新主要集中在细节方面，并没有令世人"瞩目"的成绩。当前，阿斯莫身高 1.3 米，体重 48 公斤，采用小男孩的声音，基本上是一个少年的"设定"。其运动速度在 0～9 千米/小时，基本涵盖了人类步行和跑步的速度，可走 8 字形路线，可爬楼梯、可下台阶；具有 57 个自由度，可以灵活地转弯和掉头，因为具有防打滑、防旋转、冲击吸收和重心调节技术，可以快速奔跑，可以单脚站立；还可以实时预测下一个动作并提前改变重心，从而能够应对一些复杂路况；也可以弯腰拿东西、可以握手、挥手等。通过大量传感器，它可以根据人类声音和手势从事相应动作，可跟同行人保持速度一致，还能绕开行人和障碍物，具有基本的记忆和辨识能力。阿斯莫还曾与奥巴马一起踢过球，其罚点球的姿势与人类非常相似。

阿斯莫的研发初衷完全是以服务人类而准备的，要做未来在家里煮饭、打扫卫生、在主人工作时递上热咖啡、上街拎包、劳累时载主人回家的机器人。相比较而言，阿斯莫更偏向于民用市场，阿特拉斯则更偏向于军用市场。目前阿斯莫全球只有 100 多套，并没有对外公开发售，只是用作研究。虽然由于难以实现商业化等问题，阿斯莫被宣布停止研发，但未来与阿斯莫相关的服务机器人技术还将会继续向前发展。

三、费斯托展示两款仿生机器人：仿生飞狐和仿生蜘蛛

除了人形机器人，2018 年也出现了一些模仿动物类的机器人。专注于研发动物类仿生机器人的德国自动化公司费斯托（Festo）在 2018 年发布了两款仿生机器人：一个是仿生飞狐（Bionic FlyingFox），另一个是仿生蜘蛛（Bionic WheelBot），分别如图 1 和如图 3 所示，它们的动作都非常逼真。

仿生飞狐模仿的是世界上最大的蝙蝠——狐蝠。狐蝠的一个特点是，它们的弹性飞行膜从伸展的掌骨和指骨一直延伸到脚关节。在飞行中，蝙蝠用手指控制飞膜的曲率，使它们依靠空气动力学在空中飞行，这种结构和操作保证了蝙蝠的缓慢飞行。仿生飞狐翼展可达 228 厘米，体长 87 厘米，仅重 580 克。和天然狐蝠一样，仿生飞狐覆盖着从膜翅延伸到脚关节的翼展面积相对较大的弹性膜，同时，其所有关节点都在同一个平面上，可以单独控制和折叠它们的翅膀。

仿生飞狐的飞行膜（见图 2）是超轻且富张力的晶圆薄膜，由两层密封薄膜和一块针织弹性纤维织物通过大约 45000 点焊接在一起；其弹性和织物的蜂窝结构保证了其形变和止损能力优越，即使面料受到轻微损伤，仿生飞狐仍能继续飞行。

仿生飞狐需要由人手动执行启动和着陆，飞行过程中则为自主模式。它能够在一个特定空间内半自动飞行，与一个运动跟踪系统进行通信，并将自身位置不断发送给该系统。同时，运动跟踪系统采用机器学习理论，对仿生飞狐的飞行路径进行规划并为此提供必要的控制命令。运动跟踪系统由两台放在云台上的红外摄像机构成，可以旋转和倾斜，可以从地面跟踪仿生飞狐飞行的整个飞行过程。摄像机通过连接到腿部和翼尖的四个主动红外标记来检测飞狐。飞狐身上的摄像机采集的图像传输到中央主

计算机，计算机对观测数据进行分析并像空中交通管制员那样从外部协调飞行路径。此外，在计算机上存储有预编程路径，为仿生飞狐提供一条初始化的飞行路径。而实现预定路线所需的翅膀运动，是由飞狐自己在其机载电子和复杂行为模式的帮助下计算出来的。飞狐从主计算机获取了这方面的控制算法，能够自动学习并不断改进。因此，飞狐能够在飞行过程中优化自身行为，从而更精确地按照每条航线飞行。

图 1　仿生飞狐在空中自主飞行

图 2　仿生飞狐的翅膀

图 3　费斯托发布的仿生蜘蛛

　　仿生蜘蛛模仿的生物原型是摩洛哥后翻蜘蛛（Flic-flac Spider），后翻蜘蛛生活在撒哈拉大沙漠边缘的尔格谢比（Erg Chebbi）沙漠。柏林工业大学（Technische Universität Berlin）的仿生学家因戈·雷兴伯格教授（Ingo Rechenberg）在 2008 年发现了它们。摩洛哥后翻蜘蛛能像其他蜘蛛一样走路，但其最大的特点是能在地上翻筋斗和滚动，使其能够在多种地形上快速运动。在平坦的地面上，开启滚动模式后，后翻蜘蛛速度是行走时的两倍。仿生蜘蛛有八条腿，由总共 15 个小型电动机控制，并带动膝关节和身体；还有 14 个自动锁定蜗轮装置，使得蜘蛛在移动腿时才需要使用能量，而在静止时能够保持身体直立。仿生蜘蛛能将三条腿分别弯曲到身体的左边和右边来形成一个轮子，另外两条腿折叠起来并向前伸展，将卷起的身体推离地面，并在滚动时不断向前推进。由于集成了惯性传感器，在滚动模式下，仿生蜘蛛比正常行走时要快得多，甚至可以克服高达 5% 的坡度。

费斯托公司每年都会大量投入到仿生机器人中。这些机器人虽然实用性有限，但是它们的动作和行为某种程度上体现了逼真的生物特性。在过去的几年里，费斯托公司发布了很多仿生机器人，包括蚂蚁、蝴蝶、水母、企鹅、袋鼠、海鸥，等等。

四、百度自动驾驶平台阿波罗发布 3.0 版本，首款 L4 级自动驾驶巴士"阿波龙"量产

2018 年 7 月，在第二届百度 AI 开发者大会（Baidu Create 2018）上，百度自动驾驶开发平台阿波罗（Apollo）3.0 版本发布，其达到了 22 万行代码。而在 2017 年 4 月 Apollo 1.0 版本发布之时，仅有 3.5 万行代码。此次开发平台的更新，主要体现在以下三个方面：在云服务平台以及软件平台方面，Apollo 3.0 针对量产低速园区场景升级七方面能力：低速园区感知算法、低速园区规划算法、低速园区控制方案、赋能量产安全监控、赋能量产 HMI 调试工具、赋能量产开发者接口、开发者贡献相对地图。在硬件开发方面，Apollo 3.0 从参考硬件升级为硬件开发平台，新增了 15 种硬件选型，发布了 Apollo 传感器单元，并添加底层软件抽象层，为用户提供更多接口的同时还可以做时间戳同步及空间数据的融合。在车辆方面，Apollo 3.0 从车辆参考平台升级为车辆认证平台，链接车企与开发者需求，加速无人驾驶的部署和量产。同时，Apollo 还带来了更多样化的智能仿真，推出了真实环境 AR 仿真方案，能提供虚拟交通流结合实景渲染的全栈式闭环仿真解决方案，帮助开发者实现"日行百万公里"的仿真测试。此外，Apollo 3.0 还带来了比前期版本更智能的量产车联网系统解决方案——小度车载 OS，并首次发布了车载语义开放平台。

自动驾驶硬件系统及 Apollo 硬件开发平台可分为感知、决策、控制三大模块，如图 4 所示。在车辆感知上，车辆运动产生的速度和转角信息和环境感知信息主要通过激光雷达、超声波、摄像头，毫米波雷达等传感器获得，驾驶员监测主要通过摄像头和生物电传感器，生物电传感器集成在方向盘里面，可判断驾驶员的手是否脱离方向盘，也可以检测驾驶员的精神状态。在车辆决策上，主要是各类传感器信息统一到计算单元处理。T-BOX 向上接互联网，向下接控制器局域网络（CAN）总线，可实现远程对车辆的控制。黑匣子记录车辆控制和行驶信息，可提供信息对事故进行判定。在车辆控制上，主要有制动、转向、发动机、变速箱，以及警告系统，包括声音、图像、振动等。

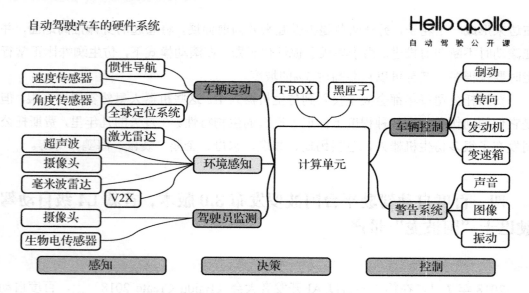

图 4 自动驾驶汽车的硬件系统

从图 4 可以看到，自动驾驶汽车的一个关键部分是计算单元。自动驾驶汽车的计算单元是采用冗余设计的。在计算单元中，所有的中央处理器（CPU）、图形处理器（GPU）、现场可编程门阵列（FPGA）都是双冗余备份，总线上包括高速串行计算机扩展总线（PCIE）和以太网（Ethernet）也都是双冗余。当所有系统失效的情况下，还可通过微控制单元（MCU）发出控制指令到车辆控制单元刹车制动，保证安全性。这种中央集中式的计算有利于算法快速迭代，但也有缺点：整个单元体积比较大，功耗比较高，可以采用分布式边缘计算架构降低功耗和体积。目前整个芯片制造正从16 纳米向 7 纳米迭代，整个运算效率会提升 40%，功耗会降低 60%。

基于阿波罗平台，百度在 2018 年实现了无人车的实地测试和量产。2018 年初，搭载 Apollo 2.0 的百度无人车在硅谷实现路测。2018 年 7 月，基于百度阿波罗平台的"阿波龙"实现量产，达到 100 台的规模，它是全球首款 L4 级自动驾驶巴士。其采用的主要传感器包括双目摄像头、3 个 16 线激光雷达等。这批量产"阿波龙"发往北京、雄安、深圳、福建平潭、湖北武汉等地开展商业化运营，并获得国家客车质检中心重庆测试场的安全认证。这意味着百度实现了量产级别的园区自动驾驶，迈入面向量产的开放新起点。

对于 L4 级别的自动驾驶系统，从实验室走向实用，百度提供了一套自动驾驶解决方案，包括自动驾驶套件、安全保障体系、人机交互方案、量产工具组件、高效运营方案等。在该自动驾驶解决方案的基础上，针对特定场景应用，Apollo 发布了自主泊车（Valet Parking）、无人作业小车（MicroCar）、自动接驳巴士（MiniBus）三套自动驾驶解决方案。其中，无人作业小车新石器 AX1 也已实现量产，在雄安、常州两地实地运营。基于 Apollo 自主泊车解决方案，百度联合"盼达用车"实现了中国首次自动驾驶共享汽车示范运营，并联合"现代汽车"开展定点接驳的落地应用。同时，百度联合金龙客车、软银集团旗下自动驾驶公司 SB Drive 将"阿波龙"销往日本，实现了我国自动驾驶电动车的首次外销。

五、观察与思考

在过去的一年中，自主无人系统领域进展显著，热点频出，但其落地难度和实用性等方面，也存在不少争议。比如在仿生机器人方面，日本阿斯莫人形机器人虽然工作出色，但由于难以商业化，被宣布停止研发；谷歌旗下的无人车 Waymo 公司 CEO 约翰·克拉夫（John Krafcik）认为要想实现比较可靠的无人驾驶，这个研发过程还很漫长等。一般认为，自主无人系统领域的研究还存在很大挑战，其有效性和可靠性在短时间内很难符合人们的实际预期，但前景依然值得期待。在发展趋势上，该领域前沿热点的研究可能将逐步向存在稳定资金来源的大型研究机构进行集中：一类是以高校和研究所为代表的专门研究机构，更偏向于自主无人系统在理论算法方面的前沿探索；另一类则是存在稳定盈利来源、且不急于人工智能技术变现的大型企业，则更关注于自主无人系统在应用技术方面的工程实现问题。

在民用领域，自主无人系统百花齐放。面向特定应用场合的服务机器人已经进入了人们的生活，例如园区范围的无人驾驶汽车，博物馆的导览机器人，家庭的清洁机器人，酒店的迎宾机器人等。但这些机器人的应用场景还较为有限，能够提供的服务也较为初级，随着技术的进一步发展和完善，其性能也将逐步提高，相应的应用范围也将越来越广泛。

在军事领域，对于自主无人系统的有效性和可靠性有着较高的要求。目前，各国都在着力针对军事领域的自主无人设备大力开展研究，以无人侦察机、无人军事运输车、无人舰艇等为代表的无人设备已经逐步地投入使用。随着技术的进一步发展和完善，其在军事侦察、物资运输、防爆救援、作战打击等领域都有着广阔的应用前景。

（中国电科认知与智能重点实验室 孟祥瑞）

虚拟现实：有望成为人工智能创新
应用的新基础平台

虚拟现实（Virtual Reality，VR）也包括增强现实（Augmented Reality，AR），是一种可以创建和体验虚拟世界或虚实融合世界的计算机仿真系统，通过融合多媒体、传感器、新型显示、互联网和人工智能等多个领域的技术，生成一种多源信息融合的、交互式的逼真三维动态视景，使用户沉浸在场景中。虚拟现实技术的核心内涵，是对计算机数据进行可视化，以便实现人类主体在虚拟环境中与虚拟数字化对象的信息互动；它是新一代信息技术的重要前沿方向，有望成为众多创新应用的基础平台，催生诸多新产品、新业态、新模式。由于 VR/AR 广泛的应用场景和巨大的市场价值，被认为是最有可能成为继个人电脑和智能手机后的"下一代计算平台"。

2018 年，虚拟现实领域发展不佳：技术瓶颈未能突破、应用内容体验不佳。Facebook 发布的多款 VR 设备销量平平；炒作多年的"黑科技"Magic Leap One 发售之后遭受失望评价；微软取消了原计划今年推出的 HoloLens 二代，而第三代产品会在 2019 年前后发布。但作为目前最前沿的人工智能技术之一，全球各大 VR 产业巨头依然在不断投入和推进技术的发展。

一、Facebook 在 VR 设备和技术领域持续进展

2018 年 1 月，Facebook 基于其所收购的 Oculus 的 VR 技术，联合小米推出了小米 VR 一体机。Oculus 早就计划进入中国，但却因为一直没有合适的本地化方案和合作伙伴，其计划一拖再拖；而小米公司也早在 2016 年就开始聚焦 VR 设备，从小米 VR 眼镜玩具版开始积累了不少经验；从小米离职的前全球副总裁雨果·巴拉（Hugo Barra）就职于 Facebook，Hugo 最终促成了小米和 Oculus 的合作。小米 VR 一体机的整体可视画面清晰，采用了便携一体式设计，使用方便，不受线缆拖曳或场地限制。小米与 Oculus 双方携手打造小米 VR 应用商店，已上线千余款 VR 应用与视频内容，

后续会不断增加。

作为 2014 年 7 月被 Facebook 以 20 亿美元的价格收购的 VR 设备制造商"巨头" Oculus，2018 年推出了不少 VR 设备。5 月，Oculus Go 正式发布。该设备采用"快速切换"WQHD 液晶屏幕，具有立体声效果，可以提供数千款 VR 游戏和 360 度视频体验，涵盖来自 Hulu、Netflix 和 HBO 的应用。无须连接手机或电脑，与所有 Gear VR 应用兼容。9 月，发布 Oculus Quest，成为高端 VR 一体机行业在"VR1.0"时代的代表性产品。该产品集成了两块 1600×1400 分辨率 LCD 屏幕和 Inside-Out 6DoF 大空间定位追踪，双 6DoF（位置和方向）手柄。但纵向来看，显示和相关技术并未有明确突破，只能在 VR 爱好者群体中传播，不一定能打开大众市场。

在研发方面，11 月，Facebook 重组了公司的实验性硬件团队，并把其登月项目纳入 AR/VR 研究部门。此次重组，Facebook 希望将更多的精力聚焦在技术问题上，让从事移动技术和 PC 产品的研发者共同去攻克 Oculus 现阶段的技术难题。

12 月，Facebook 宣布开源 AI 算法 DeepFocus。DeepFocus 可实时生成自然的动态模糊效果，与眼球追踪和动态显示技术结合，能够让 VR 显示更逼真，更类似于真实的人眼注视效果。与传统分析图像的深度学习算法不同，DeepFocus 在处理适用于 VR 的高分辨率图像时能降低对算力的需求。同时，DeepFocus 能准确合成散焦的模糊效果、多焦点显示、多层焦距分解以及多视图分解，只需要使用常见的 RGB-D 图像，就能在支持变焦的 VR 头戴式显示器（简称：头显）中实时模拟动态模糊的效果。DeepFocus 结合变焦 VR 头显，还可以进一步缓解由聚散度调节引起的视觉疲劳。

此外，Facebook 人工智能摄像团队 AI Camera Team 开发了一项新技术，旨在在 VR 或 AR 环境中进行全身替换或跟踪。该团队此前已研发了各种计算机视觉技术和创新工具，帮助人们更有创意地表达自我。比如，利用实时"风格转换"技术，可以制作出"梵高风"的照片和视频；使用实时面部追踪技术，可以实现"一键美妆"或者"换头术"，变化成各种卡通头像。该团队此次的 AR 全身追踪技术则可实现"换身术"。该技术不仅可以准确地检测出身体姿势，并把人从背景中分离出来，而且该模型占用内存很小，可以在智能手机上实时运行。模型还可以衍生出许多新的应用程序，比如创建"全身面具"，使用手势来控制游戏，或者对人体进行"去识别化（de-identifying）"等。

二、Leap Motion 开源其 AR 头显平台"北极星"

Leap Motion 是面向 PC 以及 Mac 的体感控制器制造公司，2013 年 2 月发布了体感控制器，该控制器提供了一个 8 立方英尺的可交互式 3D 空间，用户只需挥动一只手指即可与 PC 进行交互，浏览网页、阅读文章、翻看照片，还有播放音乐，用指尖绘画、涂鸦和设计等。Leap Motion 专注于手部追踪，并通过该技术贯通了虚拟现实和增强现实的交互，有望在未来融合物理世界和虚拟世界。

2018 年 4 月，Leap Motion 推出了 AR 头显开源平台"北极星"项目，并创建了一个 AR 头显原型。该 AR 头显原型采用了两块 1600×1440 分辨率京东方 Fast-LCD 显示屏，具备 120 Hz 的刷新率和 100°的视场角，并搭配了 Leap Motion 的 180°×180° FOV 的 150 帧/秒的手部跟踪传感器。"北极星"AR 头显只保留基础、极简的设计，量产价格可低于 100 美元。Leap Motion 期待这个设计能激励更多的社区开发尝试。6 月，Leap Motion "北极星"头显正式开源，同时为用户提供一份简单的开发指南。北极星开源平台支持用户以低成本开发设备，并使用现成的元件和 3D 打印组件组装。此外，5 月份，Leap Motion 公开展示了两段视频，展望了在不久的未来实现 AR 与 VR 无缝结合的场景。此概念视频描述了一个称为"镜中世界"的沉浸式场景，该场景会带领玩家穿梭不同的世界，切换不同的视角，修改和构建混合现实世界，并且能够流畅直观地建造改造真实的环境，实现真实人物、物体与虚拟分身的无缝结合。这提示了未来的一种可能，就是最终 VR、AR 设备将能够跨越虚拟和现实的边界，获得融合型的体验。

三、目前领先的 AR 眼镜设备黑科技 Magic Leap One 正式发售

2017 年底，美国的增强现实公司 Magic Leap 在官网公布了一款名为 Magic Leap One（简称 ML One）的 AR 眼镜。2018 年 8 月，Magic Leap one 正式发售，售价 2295 美元（按当时汇率，约合人民币 15650 元）。

Magic Leap One 由三个设备组成，分别是：Lightwear 头戴式显示器、内含处理器的 Lightpack、拥有 6 个自由度的手持遥控器 Control。其中，Magic Leap One Lightpack 采用英伟达双内核的 ParkerSOC CPU，其包含 256 个 CUDA 内核的帕斯卡 GPU、采用 OpenGL 4.5 显存、8 GB 的图形 API、128 GB 存储容量，头戴式显示器 Magic Leap One Lightwear 采用带板载扬声器和音频空间化处理的音频输出、支持语音和现实世界音频输入，手持遥控器 Magic Leap One Control 采用 LRA 触觉设备、6DoF 追踪、触控板、带扩散器的 12-LED（RGB）环等。当前 Magic Leap One 真实

制作的教学内容并没有像"概念视频"中体育馆里一跃而起水花四溅的大鲸鱼、手掌里栩栩如生的大象、办公室里可以躲在桌子腿后面的机器人等那么吸引人，但评测用户都认为其是当前最为领先的 AR 眼镜。

Magic Leap 拥有两个技术"诀窍"。其一是以逼真的光学效果有效还原现实物体的光线，带给人眼自然的感受。当前 VR/AR 眼镜大多采用左右屏幕提供不同的图像，利用双目视差形成 3D 效果，这样会产生视觉辐辏调节冲突（VAC 现象），带来眩晕感，并且由于没有深度信息造成失真感。Magic Leap 可能利用了六层光波导实现了两个距离的动态聚焦，能在 1 米和 3 米处显示不同深度的像。该公司攻克了光波导镜片难以量产的难题，以数千万片的规模生产光波导镜片（该公司称为"光子芯片（photonics chip）"）。

其二是环境的感知和理解能力。大部分的 AR 都只是一个透明的像，不像实际的物体能相互遮挡，成像稳定性也较差。Magic Leap 视频里的办公室机器人能躲在桌子腿后面，说明头显要知道自己的周围有什么物体，才能实现遮挡效果。由于其头显上有多个摄像头和深度摄像头，猜测其实现环境感知的方式应该与 HoloLens 类似。

Magic Leap 的定位是打造消费级的 AR 眼镜，AR 眼镜如果想要替代手机，通过手势、语音等方式轻松直观的界面和交互必不可少。下一步，Magic Leap 致力于研发双 AI 助手，一个用于执行低级任务，一个与人类平等相处。

四、观察与思考

回顾过去一年的发展，虚拟现实的发展并不顺利，技术瓶颈难以突破。虚拟现实是多种技术的综合，包括实时三维计算机图形技术，广角（宽视野）立体显示技术，对观察者头、眼和手的跟踪技术，以及触觉/力觉反馈、立体声、网络传输、语音输入输出技术等。如此多技术的交叉融合，导致目前的产品硬件笨重，佩戴舒适性差。同时，目前依旧尚未找到突破性的内容来支撑虚拟现实技术的应用，这是虚拟现实行业目前需要继续面临的问题。但行业对于虚拟现实的期待依然强烈，我国发布的《工业和信息化部关于加快推进虚拟现实产业发展的指导意见》，为国内相关产业发展描绘了很大空间。

从民用市场应用来看，医疗和游戏是虚拟现实技术目前最大的应用领域。各种 VR 应用已经出现在移动终端的应用市场，消费者开始体验 VR 技术。VR 在医学方面的应用具有十分重要的现实意义。在虚拟环境中，可以建立虚拟的人体模型，借助于跟踪球、HMD、数据手套，可以很容易了解人体内部各器官结构；在医学院校，学生可在虚拟实验室中，进行各种手术练习；外科医生在真正动手术之前，通过虚拟现实技术的帮助，能在显示器上重复地模拟手术，移动人体内的器官，寻找最佳手术方案并提高熟练度。虚拟现实还可应用在室内设计、房产开发、工业仿真、应急推演、文物古迹、游戏、Web3D、道路桥梁、地理、教育、演播室、水文地质、维修、培训、汽车制造等几十个行业领域。

从军事应用前景来看，虚拟现实也将发挥重要作用，其将彻底打破时间与空间的限制，促进人与战场交互方式的变革，它通过简单、直观的人机交互方式，使用户亲身经历、感受和操作模拟环境，既规避了真实的风险，又节约了战争成本。基于虚拟现实技术的军事模拟系统，可以实现辅助军事指挥决策、军事训练和演习、军事武器的研究开发等。

（中国电科认知与智能重点实验室　刘灵芝）

人工智能芯片：当前三分天下
未来"群芯闪耀"

由于以 CPU 等为代表的 x86 和 ARM 等传统处理器架构囿于计算资源有限，无法满足深度学习的大规模并行计算要求，因此专门适用于深度学习算法的人工智能芯片应运而生。当前，GPU（Graphics Processing Unit）和 FPGA（Field－Programmable Gate Array）竞争激烈，ASIC（Application Specific Integrated Circuits）异军突起，或将成为初创企业和新兴厂商与老牌巨头竞争的主战场，我国芯片企业在 ASIC 定制化芯片设计领域具有较强实力。

这三类芯片特点各不相同。GPU 采用多计算单元和超长的流水线，只有简单的控制逻辑而省去了高速缓存，擅长大规模、独立的浮点和并行计算，功耗要远远低于 CPU，在运行深度学习算法上优势巨大，但也存在需要在 CPU 的控制调用下配合工作、不擅长推理工作、属于传统冯·诺依曼架构等弊端。FPGA 同样擅长并行计算，也具备高性能、功耗低、可硬件编程，但其基本单元的计算能力有限、价格昂贵等。为深度学习算法定制的 ASIC 芯片在计算速度和功耗上优于 GPU 和 FPGA，受制于其定制化，其灵活性不如 FPGA，同时只有大规模量产时才能显现其性价比优势。

人工智能芯片的应用场景主要分为云端和终端两类。云端场景当前以 GPU 占据优势；终端场景下当前 GPU 占优，未来 ASIC 是重要趋势之一。2018 年被称为人工智能技术规模应用的拐点，而作为人工智能技术核心的人工智能芯片也备受关注，引得国内外科技巨头纷纷布局。

一、谷歌发布 AI 芯片 TPU3.0

2018 年 5 月份，谷歌 CEO 桑达尔·皮查伊在谷歌 I/O 大会上发布了 TPU3.0 芯片，声称其性能是上一代产品 TPU2.0 的 8 倍，达到了 100Petaflops（Petaflops，每秒千万亿次浮点运算）。

2016 年谷歌发布了第一代 TPU（Tensor Processing Unit），它是专门为机器学习定制的 ASIC 专用芯片，也是为谷歌深度学习框架 TensorFlow 而设计的。随着 AlphaGo 的发展，TPU 作为支撑起强大运算能力的芯片而闻名。今年，谷歌又宣布 TPU3.0 正式发布并进入 Alpha 内测阶段。相比一般的 GPU 图形处理器，这款新的 AI 处理器可以以 8 位低精度计算以节省晶体管，对精度影响很小但可以大幅节约功耗、加快速度，同时还有脉冲阵列设计、优化矩阵乘法与卷积运算，并使用更大的片上内存，以减少对系统内存的依赖。

这款芯片也是 AlphaGo 背后的功臣，即 AlphaGo 能以超人的熟练度下围棋都要靠训练神经网络来完成，而这又需要计算能力（硬件越强大、得到的结果越快），TPU 就充当了这个角色，更重要的是借此显现出了在 AI 芯片领域相对于英特尔 CPU 和英伟达 GPU 的优势。谷歌的专用机器学习芯片 TPU 处理速度要比 GPU 和 CPU 快 15～30 倍（和 TPU 对比的是英特尔 Haswell CPU 以及 Nvidia Tesla K80 GPU），而在能效上，TPU 更是提升了 30～80 倍。

在谷歌的测试中，使用 64 位浮点数学运算器的 18 核心运行在 2.3 GHz 的 Haswell Xeon E5-2699 v3 处理器能够处理每秒 1.3 TOPS 的运算，并提供 51 GB/秒的内存带宽；Haswell 芯片的功耗为 145 瓦，其系统（拥有 256 GB 内存）满载时消耗 455 瓦。

谷歌的这一做法印证了一个芯片产业的发展趋势，即在 AI 负载和应用所占数据中心比重越来越大的今天和未来，像谷歌、微软、Facebook、亚马孙、阿里巴巴、腾讯等这些数据中心芯片采购大户，对于 CPU 和 GPU 的通用性需求可能会越来越少，而针对 AI 开发应用的兼顾性能和能效的定制化 ASIC 芯片需求则会越来越多。

二、英伟达发布全球"最强"系统级自动驾驶芯片 DRIVE Xavier

2018 年 1 月，在美国拉斯维加斯 2018 CES 展上，英伟达创始人兼 CEO、"核弹教父"黄仁勋发布了全球首个自动驾驶芯片 DRIVE Xavier，并表示将与优步（Uber）、大众汽车、百度等 320 多家合作伙伴共同布局自动驾驶领域。

Xavier 拥有超过 90 亿个晶体管，采用 12nm FFN 制程，可能是迄今为止最复杂的系统级人工智能芯片，2000 多名英伟达工程师耗费 4 年投入 20 亿美元方完成。CPU

部分采用定制架构 8 核单元；GPU 采用最新 Volta 架构，含有 512 个 CUDA 核心，浮点运算能力 1.3TFlops，人工智能需求处理能力高达 20 Tensor Core TOPS；每秒可运行 30 万亿次计算，功耗为 30 瓦，能效比上一代架构高出 15 倍，高效费比对电动汽车至关重要。Xavier 芯片将为英伟达 DRIVE 软件栈提供支持，助力下一代车辆实现一套更为精细的功能。

在产业生态合作方面，英伟达拟与 Aurora 合作建设自动驾驶汽车计算平台、与优步联合打造自动驾驶优步汽车。此前，百度和德国的采埃孚都将在无人车上采用 DRIVE Xavier。英伟达、采埃孚和百度三方正共同致力于打造专为中国市场设计的 AI 自动驾驶车载计算平台。在分工上，英伟达负责提供 Xavier 作为车载核心处理器，采埃孚则为负责提供车载计算机、传感器系统（采埃孚 ProAI 将能够处理来自多个摄像头、光学雷达和雷达的数据，绘制车身周围的 360 度视图，在高清地图上进行定位，并在交通行驶中规划安全行驶路径），而百度则为无人汽车提供 Apollo Pilot 无人驾驶技术解决方案。

三、比特大陆再发智能芯片，转型 AI 更进一步

2018 年 10 月，比特大陆公司正式发布终端人工智能芯片 BM1880，该芯片尤其重视对视频、图像方面的人工智能处理。

核心部分，BM1880 包含一块 TPU，该 TPU 包含 512 个 MAC，支持 Winograd 卷积运算。TPU 用于人工智能深度学习推理的硬件加速，可以极大地提高运算速度，加速系统的推理学习之星速度。同比特大陆的其余人工智能智能芯片相同，BM1880 的 TPU 也配备了调度引擎以给张量处理器核心提供极高的带宽数据流，对于 8 位数据宽度的数据，其计算速度达 1TOPs，而在 Wingorad 卷积加速运算下，提供高达 2TOPs 的算力。BM1880 的典型功耗仅有 2.5W，1TOPs 的运算能力对于边缘计算已经足够。TPU 中同时配置了 2MB SRAM 用于系统性能优化、数据重用以提供最佳的编程灵活性。

BM1880 同时提供 CPU 用于人工智能深度学习算法的编程操作。BM1880 的 CPU 共有 2 部分，一个是应用处理器，由双核 ARM A53 构成，工作在 1.5GHz；另一部分是精简指令的 RSIC-V 处理器，由工作在 1.0GHz 的单核 RISC-V 构成。

专属功能上，BM1880 配备了视频处理子系统的硬件模块，该视频子系统包含 MJPEG 编/解码器、H.264 解压器、视频后处理器三个部分。

四、华为首次推出系列 AI 芯片

2018 年 10 月，在华为举办的 2018 全链接（HC）大会上，华为发布两款 AI 芯片：昇腾 910 和昇腾 310，两款芯片预计 2019 年第二季度上市。此外，在 2019 年华为还将发布 3 款 AI 芯片，均属昇腾系列。

昇腾 910 采用台积电 7 nm 工艺，最大功耗为 350 W，半精度性能为 256T，且在计算力方面超越谷歌及英伟达。因此，徐直军称昇腾 910 为"计算密度最大的单芯片"。

昇腾 310 主打边缘设备低功耗 AI 场景，采用 12 nm 工艺。根据性能和功耗的不同，可以分为 Nano、Tiny、Lite 和 Mini 四个版本，Mini 半精度性能为 8T，最大功耗为 8W。这款人工智能芯片针对的是低功耗的场景，智能手机、安防设备、智能手表等电子产品均可搭载。

在 AI 芯片的赛道上，华为希望走与谷歌、英伟达不同的路径。华为打出普惠 AI、全场景的概念，实际上是针对英伟达和谷歌。英伟达的 GPU 和谷歌 TPU 质量很好，但是价格昂贵。与此同时，英伟达的 GPU 很少应用于小型的终端。

华为希望提供覆盖从云到端的各种场景，并且积极推出商用解决方案，面向开发者、消费者、电信运营商和企业、政府，提供公有云、私有云、AI 加速卡、AI 服务器、一体机等各种产品和服务。

就智能终端业务来说，华为的智能手机在过去几年中得到了长足的发展，已经成为国产智能手机的领头羊，手机销量很大，因而华为可以将自己的人工智能芯片大量应用在自家的手机上，一方面有助于华为智能手机的差异化竞争，另一方面也有利于华为 AI 芯片的应用和推广。

就企业级业务来说，华为 AI 芯片在自家的企业智能平台上也有用武之地。而且华为还是国内前四的服务器整机厂商，华为的服务器上也可以搭载华为昇腾 910 系列芯片，通过垂直整合的方式促进自家 AI 芯片的商业化和技术迭代演进。

五、观察与思考

从技术发展来看，人工智能芯片决定了一个新的计算时代的基础架构和未来生态。全球 IT 巨头纷纷加入人工智能核心芯片的研发，旨在抢占新计算时代的战略制高点，掌控人工智能时代主导权。从未来技术趋势来看，通用 AI 芯片将超越 GPU、

FPGA 和 AISIC，成为 AI 芯片"皇冠上的明珠"。淡化人工干预（如限定领域、设计模型、挑选训练样本、人工标注等）的通用 AI 芯片，将具备可编程性、架构的动态可变性、高效的架构变换能力或自学习能力、高计算效率、高能量效率、应用开发简洁、低成本和体积小等特点。

从民用市场应用来看，AI 芯片爆发将集中在四个场景：消费电子、安防监控、自动驾驶、云计算，但因市场需求旺盛，有一些厂商炒作大于实际，并未有真实的产品或者实际产品的稳定性仍不如人意，AI 芯片发展仍需时间沉淀。

从军事应用前景来看，面对军事装备高效化、精确化、自动化、智能化等特点，人工智能芯片必将是未来智能装备的核心，必定会对未来战场的作战效能带来颠覆性的提升。

（中国电科认知与智能重点实验室　袁森）

自然语言处理：技术进展明显、
应用场景更加丰富

自然语言处理（Natural Language Processing，NLP）是人工智能的一大分支，终极目标是让机器理解和运用人类语言，虽然目前离自然语言处理的终极目标还比较遥远，但伴随这一轮大数据、人工智能、深度学习技术的发展，自然语言处理也取得了长足的进步和发展。在刚刚过去的 2018 年，自然语言处理领域在机器翻译、迁移学习、机器阅读、工业级自然语言处理工具等方面都有不同程度的进展。

一、机器翻译在模型和无监督翻译两个方面取得新进展

自 1949 年洛克菲勒基金会的科学家沃伦·韦弗提出利用计算机实现不同语言的自动翻译想法以来，机器翻译经历了从基于规则、到基于统计模型、到基于神经网络，从基于词、到基于短语、到基于整句，从必须使用大规模平行语料库、到可以使用单语语料库、到实现零数据翻译三个方面的蓬勃发展。

2016 年，谷歌推出了谷歌神经机器翻译系统（GNMT），宣告了机器翻译领域新时代的到来。与之前的统计模型相比，神经网络机器翻译具有译文流畅、准确易理解，翻译速度快等特点。GNMT 通过使用长短期记忆网络（LSTM），可以将任意长度的句子转化为向量，同时对重要的词汇保持长久的记忆，使得计算机具备一定的语义理解能力，同时采用注意力机制（Attention），将句中的每个单词与所有的其他单词进行比对，并学习每个单词与原始句子中单词的关联程度。其模型如图 1 所示。

自 GNMT 这种基于注意力机制的编码解码模型发明以来，使用循环神经网络结合注意力机制的序列到序列模型在机器翻译中逐渐成为主流方法。2018 年 3 月，微软亚洲研究院与雷德蒙研究院的研究人员组成的团队研发的机器翻译系统在通用新闻报道测试集 newstest2017 的中-英测试集上，达到了比肩人工翻译的高水平。他们使用序列到序列的模型为基本架构，在其之上使用对偶学习、推敲网络、联合训练和

一致性规范等创新技术，将机器翻译的效果提高到媲美人类的水平。其中对偶学习利用了机器翻译中的对称性，通过将源语言翻译成目标语言之后再将目标语言翻译回源语言并与原始文本进行比对，在比对结果中获取有用的反馈信息从而对翻译模型进行修正。推敲网络类似人们写作时候不断推敲琢磨的过程，通过多轮翻译，不断检查、完善翻译结果，从而大幅提高翻译的质量。联合训练使用迭代方式改进翻译系统，使用源语言和目标语言的互译结果来补充扩大训练数据集。一致性规范则是让翻译源语言到目标语言以及目标语言到源语言的翻译过程生成一致的翻译结果。

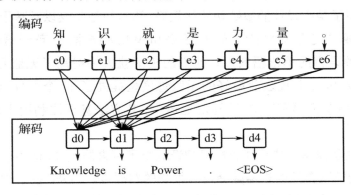

图 1　基于注意力的序列到序列模型

　　由于序列到序列的模型需要逐个字符进行编码，效率低下。2018 年摒弃循环神经网络完全基于注意力机制的 Transformer 模型获得青睐。Transformer 模型由谷歌在 2017 年进行发布，2018 年得到大规模的扩展和应用。模型使用全注意力的结构代替了长短期记忆网络结构，减少了计算量，提高了并行效率和最终实验效果。Transformer 模型还提出了两种新的注意力机制，分别叫做放缩点积注意力（Scaled Dot-Product Attention）和多头注意力机制（Multi-Head Attention）。放缩点积注意力机制使用点积进行相似度计算的注意力，多头注意力是进行多次注意力计算最后合成为一个，从而允许模型在不同的表示子空间学习到相关的信息。Transformer 用于机器翻译任务，采用并行化训练能够极大减少训练时间，翻译效果也不错。很多业界公司都使用更加大型的 Transformer 模型，开发高效的 Transformer 组件。例如，有道翻译在 Transformer 基础上尝试了单语数据的回译和对偶学习的策略，在模型结构上采用了相对位置表征。阿里巴巴将 Transformer 中的多头注意力替换为多个自注意力分支，并采用编码相对位置特征的方法让模型更好地理解序列元素之间的相对距离。在 WMT2018 国际机器翻译大赛上，阿里巴巴基于 Transformer 的模型在提交的英文-中文翻译、英文-俄罗斯语互译、英文-土耳其语互译 5 项比赛中全数获得冠军。总体来看，完全基于注意力模型的 Transformer 模型已经逐渐替代结合循环神经网络和注意力机制的模型成为当前效果最好的机器翻译基本架构。

尽管当前机器翻译的效率和能力获得了极大的提升，但这些模型都需要大规模的平行语料库作为训练数据。但大规模、高质量的平行语料库的收集成本高，很多小语种甚至难以得到。因此，无监督的机器翻译模型近些年也获得了学者的关注，是目前热门研究课题之一。在 2018 年的自然语言处理四大顶会之一的 EMNLP 中，一项 Facebook 的无监督机器翻译模型的工作《Phrase-Based & Neural Unsupervised Machine Translation》获得了最佳长论文奖。他们提出了基于神经网络和基于短语的两个模型，两个模型都使用了精心设计的参数初始化策略，语言模型降噪以及基于迭代反向翻译的并行语料生成。使用 WMT'14 英语-法语和 WMT'16 德语-英语语料作为基准测试，仅使用每种语言的单语语料库，他们的模型就大幅提高了无监督翻译的效果，在机器翻译指标 bleu 上较之前最好的无监督模型提高了 11 个百分点。在资源较少的语言如英语-乌尔都语和英语-罗马尼亚语中，其方法甚至比利用半监督和监督方法都要好。

虽然目前机器翻译尤其是神经机器翻译取得了可喜的成绩，但由于缺乏对语义的理解，实现完全精准自然的机器翻译还有很长的路要走。未来，基于神经网络的神经机器翻译将会进一步发展，同时，无监督以及半监督的机器翻译方法也会引起更多注意，获得更大的突破。

二、迁移学习成为 NLP 领域进展的重要推动力

传统的数据挖掘与机器学习算法使用统计模型在训练数据上进行训练学习，然后对未知的测试数据进行预测。这种学习方式虽然取得了不错的效果，但是取得成效往往基于一个假设前提：用于学习的训练数据样本和用于测试的测试样本来自同样的特征分布即满足同分布的条件。在此条件不满足的情况下，迁移学习技术就是一个较好的解决办法，其目标是为了避免数据分布不一致时重新收集数据，提高模型在不同领域不同任务之间的泛化能力。

2018 年，迁移学习成为 NLP 领域进展的重要推动力。从一个预训练的模型开始，不断去适应新的数据和任务，不断调整模型中的参数，这种简单的方法一度"横扫" NLP 领域的众多任务，开启了 NLP 领域新"篇章"。

打响迁移学习"第一枪"的是来自自然语言处理顶会 ACL 2018 的论文 ULMFIT: Universal Language Model Fine-tuning for Text Classification。通过训练一个基础模型，对于新的分类任务，使用少量数据进行微调，就可以获得分类任务上更好的性能。具

体分为三个阶段：（1）通用领域语言模型预训练。受到图像处理领域相关预训练工作的启发，作者首先通过维基百科文本训练语言模型，以此学习到大规模通用语料的语法特性。（2）目标数据集上微调模型。使用语言模型在目标数据集上进行训练，使模型适应目标数据集的特点。（3）针对具体分类任务的微调。在语言模型之上添加线性分类层，用以最终的分类任务。经过这样三个阶段，文本分类效果超越了之前最先进的方法，迁移学习也被成功地引入 NLP 任务中。该方法为 NLP 问题的解决开拓了全新的思路。

ULMFIT 之后，扛起迁移学习大旗的是 NLP 顶会之一 NAACL 2018 的优秀论文 ELMO：Deep contextualized word representations。ELMO 获取富含语境的词语表示，能够为各种 NLP 任务带来显著提升。作者认为好的词表征模型应该同时兼顾两个问题：一是词语用法在语义和语法上的复杂特点；二是词语用法随着语言环境的改变而产生的变化。ELMO 的提出就是为了解决这两个问题，它将每个词表征为整个输入语句的函数。具体地，首先在大规模语料上训练基于双向长短期记忆网络的语言模型，然后使用长短期记忆网络产生词语的表征。在进行有监督的 NLP 任务时，将 ELMO 学习到的词向量直接当作特征拼接到具体任务模型的词向量输入或者是模型的最高层表示上。ELMO 在自动问答（QA）、文本蕴含（Textual entailment）、语义角色标注（Semantic role labeling）、共指消解（Coreference resolution）、命名实体识别（NER）和情感分析（Sentiment analysis）等任务上都使结果有所提高，应用效果如图 2 所示。

TASK	PERVIOUS SOTA		OUR BASELINE	ELMO+ BASELINE	INCREASE (ABSOLUTE/ RELATIVE)
SQuAD	Liu et al.(2017)	84.4	81.1	85.8	4.7/24.9%
SNLI	Chen et al.(2017)	88.6	88.0	88.7±0.17	0.7/5.8%
SRL	He et al.(2017)	81.7	81.4	84.6	3.2/17.2%
Coref	Lee et al.(2017)	67.2	67.2	70.4	3.2/9.8%
NER	Peters et al.(2017)	91.93±0.19	90.15	92.22±0.10	2.06/21%
SST-5	McCann et al.(2017)	53.7	51.4	54.7±0.5	3.3/6.8%

图 2　ELMO 的应用效果

将迁移学习推向"高潮"的当属谷歌推出的 BERT 模型（Bidirectional Encoder Representations from Transformers，基于 Transformer 模型的双向编码器表示）。BERT 模型也是一种预训练语言表示的方法，在 11 项 NLP 任务上夺冠，获得了业内广泛关注。BERT 基于 Transformer 模型，将 Transformer 的双向训练应用于语言建模，提出了使用屏蔽式语言模型（Masked LM）进行训练的方法。在输入文本的时候，随机地使用一个特殊的符号来代替选择一些要预测的词，使得模型可以根据标签学习特殊符号位置的词。除此之外，BERT 在双向语言模型的基础上增加了句子级别的连续性预测任务，通过预测 BERT 的两端文本是否为连续性文本可以更好地让模型学到连续文本片段之间的关系。

BERT 是使用机器学习进行自然语言处理的突破，为 NLP 领域的研究带来了新的思考和启发，例如双向语言模型的使用，多任务对预训练的帮助以及模型深度带来的收益等。未来这种预训练模型的方式在 NLP 领域会得到越来越多的应用。

三、机器阅读理解超越人类水平

机器阅读理解，是目前自然语言处理领域的研究热点，其目的是让机器能够通过阅读文本材料回答一些问题。在这一问题上，公认的权威数据集是斯坦福大学于 2016 年发布的 SQuAD（Stanford Question Answering Dataset），基于它的挑战赛一直以来推动着机器阅读理解的发展。SQuAD 挑战赛是行业内公认的机器阅读理解标准水平测试，也是该领域顶级赛事，被誉为"机器阅读理解界的 ImageNet"。每年都有来自全球学术界和产业界的研究团队积极地参与其中，包括阿里巴巴、腾讯、微软亚洲研究院、艾伦人工智能研究院、IBM、Salesforce、Facebook、谷歌以及卡内基·梅隆大学、斯坦福大学等知名企业研究机构和高校，该项赛事对自然语言理解的进步有重要推动作用。

2018 年年初，在 SQuAD 挑战赛中就首次出现了超越人类水平的机器阅读理解成绩：微软亚洲研究院提交的"R-NET 模型"与阿里巴巴数据科学与技术研究院（iDST）自然语言理解团队提交的"SLQA 模型"，先后在机器阅读理解精确匹配（Exact Match，EM）上达到 82.65 和 82.44 的得分，略优于人类在 2016 年创下的 82.304 的得分。微软亚洲研究院提出的 R-NET 模型通过多次使用循环神经网络阅读文本以及在每次迭代中越来越好地微调词的向量表征，最后使用指针网络来确定问题的答案在原文中的开始和结束位置。iDST-NLP 团队提交的 SLQA 模型是"基于分层融合注意力机制"的深度神经网络模型，让阿里巴巴在全球自然语言理解研究领域脱颖而出。SLQA 模型模拟了人类在做阅读理解问题时的一些行为，包括结合篇章内容审题、带着问题反复阅读文章、避免阅读中遗忘而进行相关标注等，从而实现阅读理解能力的提升。

在 2018 年 SQuAD 榜单的不断更新中，科大讯飞、中国平安等国内公司都相继获得过竞赛的第一名。科大讯飞与哈工大联合实验室提出的融合式层叠注意力系统融合了学术界提出的诸多前沿技术，如基于上下文的文本表示、自适应随机梯度下降的优化方法等，不仅在 EM 指标（精准匹配率）超过人类平均水平，并成为首个 F1 指标（模糊匹配率）上超过 89% 的系统。中国平安旗下的金融壹账通基于 2018 年自然语言处理的最新成果预训练模型 BERT 在新一轮的升级后的数据集 SQuAD2.0 上也取得不俗的成绩。

机器阅读理解具有广泛的应用前景，例如，阿里研发的客服机器阿里小蜜将机器阅读理解大规模应用到客服场景下。中国平安旗下的金融壹账通基于阅读理解构建了金融类产品条款的问答系统，并在相关金融业务场景中开始实际运用。尽管社会价值巨大，但目前的机器阅读理解技术还面临着很大的挑战。由于维基场景的数据相对较为充分、文档结构也清晰、内容描述较为正规。而其他应用场景常常存在训练数据不足、文档知识不明确、描述不完整等问题，有不少甚至要通过多步推理才能得到答案。因此目前该技术对于解决维基类客观知识问答已经取得比较好的结果，但对于复杂问题来说仍处于比较初级的阶段。

四、Facebook 发布工业级自然语言处理工具 PyText

除学术界算法模型的突破以外，2018 年工业界 NLP 也有新进展：Facebook 开源了自然语言处理的建模框架——PyText。PyText 的发布模糊了实验与大规模部署之间的界限，将会极大地降低人们创建、部署自然语言处理系统的难度。PyText 提供了预构建的模型架构和用于文本处理、词汇管理的工具，同时提供利用 Facebook 开源 PyTorch AI 框架生态系统的能力，包括多种研究工具和预构建的模型。研究人员和工程师可以用 PyText 加快实验进度，部署用于文档分类、序列标注、语义分析、多任务建模及其他任务的系统。利用这一框架，Facebook 几天之内就实现了自然语言处理模型从理念到完整实施的过程，并部署了复杂的多任务学习模型。PyText 被 Facebook 用于超过十亿次的日常预测工作，这表明该框架可以以产品级的规模运行，能够满足严格的延迟要求。

自然语言处理系统需要具有动态特征的创建、训练、测试模型，以研究为目的系统可以通过简单的接口加快创建动态高级模型的进程。但如果部署到生产环境，将会面临延迟多、内存占用多的困境。虽然针对生产进行优化的框架可以通过将模型展示为静态图来加快部署，但这种方法在文本序列动态表征上具有难度，PyTorch 这一统一的框架能够极大缩减从研究到生产的路径，基于 PyTorch 的 PyText 更是着眼于满足自然语言处理的特定需求。PyText 同时还具备很多改进其他自然语言处理工作流程的功能。该框架支持分布式训练，能够极大加速大型自然语言处理模型的训练过程。还支持多任务学习，同时训练多个模型。使用 PyText 构建的模型可以轻松在 AI 社区中发布和共享。

PyText 代表了 NLP 开发的一个重要里程碑，它是最早解决实验与生产匹配问题的框架之一。基于 Facebook 和 PyTorch 社区的支持，PyText 可能有机会成为深度学习生态中最重要的 NLP 技术栈之一。它的发布将对 NLP 领域的发展起到推动作用，为 NLP 开拓更多应用场景注入新活力。

五、观察与思考

纵观 2018 年，基于迁移学习的预训练模型获得重大突破，极大地提升了模型在各大自然语言处理任务上的精度。机器翻译、机器阅读理解纷纷取得超越人类水平的成绩，代表了自然语言处理领域的重大进展。PyText 的发布为研究人员和工程师带来新的工具，必将为自然语言处理技术的发展注入新的活力。

展望 2019 年，预训练模型将无处不在，通过在大规模数据集如维基百科数据上训练模型，然后将其作为特定任务的预训练模型会成为自然语言处理领域的一种标准做法。同时，基于预训练模型的强化学习和半监督无监督学习方法也会获得研究人员更多的注意力。文本的理解与推理将会从浅层分析向深层理解迈进，尤其是基于知识的理解，结合包含丰富实体以及实体关系的知识图谱，能够帮助机器更加精准的理解文本信息，实现深层次的推理。

从民用市场应用来看，自然语言处理的发展更多地会结合行业，与行业领域深度结合，尤其是医疗、金融、教育和司法等信息充足的知识信息服务行业，会创造出巨大的行业与社会价值。

从军事应用前景来看，自然语言处理技术主要在军事情报收集处理、敌情监控等方面发挥作用，尤其是与网络安全的结合，既可以刺探情报、瘫痪对方系统，还可以主动防御，保护自己的系统不受攻击，为作战人员提供信息支撑，让军队掌握信息战场的主动权。

（中国电科认知与智能重点实验室　汪良果）

人工智能基础理论：持续创新、
让机器获得"心智"

虽然人工智能已经被用于各种不同的应用上，但是由于缺乏能够完整解释其成功背后的基础理论，所以经常面对各种质疑。目前人工智能，特别是深度学习，在鲁棒性、可解释性、网络结构自组织与演化、神经网络对抗理论、小样本学习等方面仍然欠缺，但在基础理论方面，2018 年仍然有很多新进展。

一、谷歌等机构提出图网络：面向关系推理

2018 年 6 月，DeepMind 联合谷歌大脑、MIT 等机构 27 位作者发表重磅论文，提出"图网络"（Graph Network，GN）理论，将端到端学习与归纳推理相结合，有望解决深度学习无法进行关系推理的问题。

在论文里，作者探讨了如何在深度学习结构（比如全连接层、卷积层和递归层）中，使用关系归纳偏置（relational inductive biases），促进对实体、对关系，以及对组成它们的规则进行学习。

GN 的框架定义了一类用于图形结构表示的关系推理的函数。GN 框架概括并扩展了各种的图神经网络、MPNN 以及 NLNN 方法，并支持从简单的构建块（building blocks）来构建复杂的结构，具有强大的关系归纳偏置，为操纵结构化知识和生成结构化行为提供了一个直接的界面。

作者还讨论了图网络如何支持关系推理和组合泛化，为更复杂、可解释和灵活的推理模式打下基础。康纳尔大学数学博士、MIT 博士后 Seth Stafford 认为，作为 GN 基础的图神经网络（Graph NNs，GNN）可能解决图灵奖得主 Judea Pearl 指出的"深度学习无法做因果推理"这一核心问题。

GNN 被应用在众多的领域，在结构化场景中，GNN 被广泛应用在社交网络、推

荐系统、物理系统、化学分子预测、知识图谱等领域。在非结构化场景中，GNN 被用于图像和文本。在其他领域，GNN 被用于解决组合优化问题。

在过去一段时间中，GNN 已经成为图领域机器学习任务的强大而实用的工具，但 GNN 仍然存在如下的几个方面问题：

（1）浅层结构。经验上使用更多参数的神经网络能够得到更好的实验效果，然而堆叠多层的 GNN 却会产生"过度平滑"（over-smoothing）问题。具体来说，堆叠层数越多，节点考虑的邻居个数也会越多，导致最终所有节点的表示会趋向于一致。

（2）动态图。目前大部分方法关注于在静态图上的处理，对于如何处理节点信息和边信息随着时间步动态变化的图仍是一个开放问题。

（3）非结构化场景。虽然很多工作应用于非结构化的场景（比如文本），然而并没有通用的方法用于处理非结构化的数据。

（4）扩展性。虽然已经有一些方法尝试解决这个问题，将图神经网络的方法应用于大规模数据上仍然是一个开放性问题。

二、神经网络的全局最优解被发现

2018 年 11 月，CMU、MIT 和北京大学的研究人员分别对深度全连接前馈神经网络、ResNet 和卷积 ResNet 进行了分析，并表明利用梯度下降可以找到全局最小值，在多项式时间内实现零训练损失。

深度学习的网络训练损失问题一直是学术界关注的热点。过去，利用梯度下降法找到的一般都是局部最优解。在目标函数非凸的情况下，梯度下降在训练深度神经网络中也能够找到全局最小值。

深度学习中的一个难题是随机初始化的一阶方法，即使目标函数是非凸的，梯度下降也会实现零训练损失。一般认为过参数化是这种现象的主要原因，因为只有当神经网络具有足够大的容量时，该神经网络才有可能适合所有训练数据。在实践中，许多神经网络架构呈现高度的过参数化。

训练深度神经网络的第二个难题是"越深层的网络越难训练"。为了解决这个问题，采用了深度残差网络（ResNet）架构，该架构使得随机初始化的一阶方法能够训练具有更多层数的数量级的神经网络。

从理论上讲，线性网络中的残余链路可以防止大的零邻域中的梯度消失，但对于具有非线性激活的神经网络，使用残差连接的优势还不是很清楚。

该研究揭开了这两个现象的"神秘面纱"。考虑设置 n 个数据点，神经网络有 H 层，宽度为 m。然后考虑最小二乘损失，假设激活函数是 Lipschitz 和平滑的。这个假设适用于许多激活函数，包括 soft-plus。

该研究证明，对于具有残差连接的超参数化的深度神经网络（ResNet），采用梯度下降可以在多项式时间内实现零训练损失。对于前馈神经网络，边界要求每层网络中的神经元数量随网络深度的增加呈指数级增长。对于 ResNet，只要求每层的神经元数量随着网络深度的实现多项式缩放。进一步将此类分析扩展到深度残余卷积神经网络上，并获得了类似的收敛结果。该研究存在的一些潜在改进空间如下：

（1）主要关注训练损失，但没有解决测试损失的问题。如何找到梯度下降的低测试损失的解决方案将是一个重要问题。尤其是现有的成果只表明梯度下降在与 kernel 方法和随机特征方法相同的情况下才起作用。

（2）网络层的宽度 m 是 ResNet 架构的所有参数的多项式，但仍然非常大。而在现实网络中，数量较大的是参数的数量，而不是网络层的宽度，数据点数量 n 是个很大的常量。如何改进分析过程，使其涵盖常用的网络，是一个重要的、有待解决的问题。

（3）目前的分析只是梯度下降，不是随机梯度下降。研究者认为这一分析可以扩展到随机梯度下降，同时仍然保持线性收敛速度。

三、DeepMind 构建心智理论神经网络让机器相互理解

2018 年 12 月，DeepMind 发表的论文《Machine Theory of Mind》中，研究人员构建了一个心智理论的神经网络 ToMnet，并通过一系列实验证明它具有心智能力。这是开发多智能体 AI 系统、构建机器-人机交互的中介技术，也是推进可解释 AI 发展的重要一步。

心智理论（ToM; Premack＆Woodruff, 1978）泛指人类能够理解自己以及他人的心理状态的能力，这些心理状态包括欲望、信仰、意图等。DeepMind 的研究人员试图训练一台机器来构建这样的模型。他们设计了一个心智理论的神经网络（Theory of Mind neural network）——ToMnet，该网络使用元学习通过观察其行为

来构建智能体（agent）所遇到的模型。通过这个过程，ToMnet 获得了一个关于智能体的行为的强大先验模型，以及仅使用少量行为观察就能更丰富地预测智能体的特征和心理状态的能力。研究者将 ToMnet 应用到简单的格子环境中的智能体，表明它可以学习模拟来自不同群体的随机、算法和深度强化学习 agent，并且它通过了经典的 ToM 任务测试，例如"Sally-Anne test"（Wimmer & Perner，1983; Baron-Cohen et al., 1985）。研究者认为这个系统——智能体自主地学习如何模拟它的世界中的其他智能体——是开发多智能体 AI 系统、构建人机交互的中介技术，以及促进可解释 AI 进展的重要一步。

目前，深度学习和深度强化学习取得的进展虽然令人兴奋，但也有人担心人类对这些系统的理解是不足的。神经网络通常被描述为不透明的、不可解释的黑盒。即使对其权重有完整的描述，也很难弄清楚它们正在利用的模式，以及它们可能出错的地方。随着 AI 越来越多地进入人类世界，理解它们的需求也越来越大。

从人的心智理论中获得灵感，试图构建一个学习对其他智能体进行建模的系统。"机器心智理论"的目标不是要提出一种智能体行为的生成模型和反转它的算法。相反，其关注的是观察者如何自主学习使用有限的数据为其他 agent 建模。构建一个丰富、灵活并且高性能的机器心智理论对 AI 来说是一个巨大的挑战。

这项工作有许多潜在的应用，其提出的丰富模型将改进许多复杂的多智能体任务的决策制定（decision-making），特别是在需要基于模型的规划和想象的情况下。这些模型对于价值调整和灵活合作也很重要，而且很可能是未来机器道德决策的一个组成部分。它们对传播和教育学也非常重要，可能在人机交互中扮演关键角色。探索这种能力产生的条件也可以揭示人类能力的起源。最后，这些模型可能会成为人类理解人工智能的重要媒介。

四、观察与思考

如果从历史的发展来看，当前人工智能领域的经典算法和理论往往都已经提出了一段时间，而随着计算能力和数据规模的发展，这些经典理论和算法逐步得到了验证。但这并不是理论取得了突破，而是由于计算能力的提升和大数据的出现使得算法的有效性获得了验证。应用会一直是人工智能的重点，同时理论和可解释性会一直被探索。

从民用市场来看，人工智能理论的突破将对现有的智能应用产生重大的冲击，将加快人工智能在制造、客户服务、医疗保健和交通运输等领域的广泛应用。同时，将带动机器视觉、自然语言处理、群体智能等新一轮的算法革命，并提高在应用层面智能模型的可解释性、鲁棒性等提供支撑。

从军事市场来看，人工智能仍需在军事智能方面找到适合的方向及突破点。相比于民用领域，军事领域的应用场景更加复杂、多变及不确定，因此，军事人工智能理论应当面向军事作战的特点，发展面向军事智能应用的核心技术，其中模式识别与强化学习等技术将在情报侦察、军事打击、信息对抗、通信中继中发挥重要的作用，用人工智能等智能算法解决对抗条件下态势目标的自主认知，帮助指挥员快速定位、识别目标并判断其威胁程度等，以智能方式控制机械化、信息化装备，以"智慧释放"替代"信息主导"，激发最大作战效能。

（中国电科认知与智能重点实验室　李明强）

大事记

寒武纪进军云端　2018 年 5 月，寒武纪正式发布了首款云端智能芯片 MLU100。MLU100 云端智能芯片，采用寒武纪最新架构和 16 nm 先进工艺，可工作在平衡模式（1 GHz 主频）和高性能模式（1.3 GHz 主频）下，平衡模式下的等效理论峰值速度达每秒 128 万亿次定点运算，高性能模式下的等效理论峰值速度更可达每秒 166.4 万亿次定点运算，但典型板级功耗仅为 80 瓦，峰值功耗不超过 110 瓦。MLU100 云端芯片仍然延续寒武纪产品的通用性，可支持各类深度学习和经典机器学习算法，充分满足视觉、语音、自然语言处理、经典数据挖掘等领域复杂场景下的云端智能处理需求。

英伟达推出 Nvidia Isaac 机器人芯片　2018 年 6 月，在台北电脑展的发布会上，英伟达发布了 NVIDIA Isaac 机器人芯片，包含硬件、软件和虚拟世界机器人模拟器的"世界首台专为机器人打造的处理器"NVIDIA Isaac。英伟达 CEO 黄仁勋骄傲地托起那块不到巴掌大小的芯片："这就是未来智能机器人的'大脑'"。Jetson Xavier 拥有超过 90 亿个晶体管，可提供每秒 30 万亿次操作以上的性能，这一处理能力甚至比高性能的工作站还要强大。同时，Xavier 拥有 6 个高性能处理器，包括 1 个 Volta Tensor Core GPU、1 个 8 核 ARM64 CPU、2 个 NVDLA 深度学习加速器、1 个图像处理器、1 个视觉处理器和 1 个视频处理器。超高的计算能力让可以直接部署在终端机器人上的 Jetson Xavier 能够为机器人的感知和计算提供基础算力的保障。软件上，Jetson Xavier 配备了一个工具箱，包含 API 工具包 Isaac SDK、智能机器加速应用 Isaac IMX 以及高度逼真的虚拟仿真环境 Isaac Sim。

Adobe 公司推出 PS 照片甄别技术　Adobe 公司 2018 年 6 月在 CVPR 计算机视觉大会上展示了用机器取代人类进行数字图像取证的技术，利用神经网络，通过真实的篡改图像训练识别出那些被改动过的图片。Adobe 高级研究科学家表示他们开发出了全世界功能最强大的图像编辑软件，但今天他们要利用 AI 创造出能甄别图像真伪的工具，帮助人们鉴别和监控信息时代数字媒体的真实性，并且让司法取证更加公正。经过处理的照片或许能够骗过人的眼睛，但往往会留下 P 图痕迹，比如边缘的对比度很大，刻意平滑的区域，或不同的噪声样式。而 Adobe 的算法能够感知这些细微的差别，检测出图片中的异常。除此以外，它还可以区分各种篡改技术。

OpenAI DOTA 5v5 AI 接连完胜人类团队　2018 年 6 月 25 日，OpenAI 宣布其研发的人工智能 OpenAI Five 已经能在 Dota2 5V5 团战中战胜人类。消息一出，震惊业界，迅速成为网络热门话题，毕竟这可是 AI 在 Dota2 中以团战形式击败人类队伍的首次告捷。据悉，在这次人机大战中，AI 先后对战了 5 支人类玩家团队，据 OpenAI 官方介绍，AI 很轻松地在几轮对抗中碾压了前 3 支人类队伍，而在与后两支人类队伍的对决中，AI 赢取了 3 场比赛中的前 2 场。而在不到两个月的时间里（美国时间 8 月 5 日下午），OpenAI 的 5v5 DOTA AI "OpenAI Five" 在 OpenAI 组织的线下比赛

（"OpenAI Five Benchmark"）中再次完胜人类团队。

人工智能芯片为英特尔创造了 10 亿美元收入　在 2018 年 8 月 8 日举行的英特尔数据中心创新峰会上透露了一组数据，有超过 10 亿美元的收入来自于在数据中心使用英特尔至强处理器运行人工智能的客户。对于未来巨大而快速增长的数据中心业务，英特尔将以数据为中心业务的总体潜在市场规模由 2021 年的 1600 亿美元调整为 2022 年的 2000 亿美元。半导体厂商持续加码，从芯片到数据中心（云）再到边缘计算，并利用 AI 能力，正在加速人工智能广泛落地。

英伟达开源 vid2vid 技术　图像到图像的转换领域早已取得了巨大的突破，然而视频处理领域直到现在也鲜有看到实质性的成果。2018 年 8 月，英伟达和 MIT 的研究团队提出一个超逼真高清视频生成 AI。只要一幅动态的语义地图，就可获得和真实世界几乎一模一样的视频。换句话说，只要把心中的场景勾勒出来，无需实拍，电影级的视频就可以自动生成，除了街景，人脸也可生成。这背后的 vid2vid 技术，是一种在生成对抗性学习框架下的新方法：精心设计的生成器和鉴别器架构，再加上时空对抗目标。这种方法可以在分割蒙版、素描草图、人体姿势等多种输入格式上，实现高分辨率、逼真、时间相干的视频效果。vid2vid 框架能够显著地提升视频合成的效果，还能用于未来的视频预测任务。

ANTX 验证了无人系统的协同能力　美国海军于 2018 年 8 月在罗德岛纳拉干西特湾举行 2018 年度"先进海军技术演习"（ANTX），诺斯罗普·格鲁曼公司参与了本次演习，成功演示了无人潜航器（UUV）、无人水面艇（USV）和无人机间的端到端多域连接，验证了无人系统的协同能力。演习时，近海战斗舰在一片拒止水域布放各无人系统，波浪滑翔者会离开水域，直升机在空中待命，IVER3 580 无人潜航器游出并完成对目标的初步侦查；"火力侦察兵"由贝尔 407 直升机布放，与其他无人系统共同完成了演习；直升机两侧分别加装了 4 个 A 型声呐浮标发射管，所有无人系统使用先进任务管理控制系统构建反水雷任务网络。这项演习表明，使用装备微型合成孔径声呐的便携式无人潜航器就能实现自主目标识别。一旦无人潜航器识别出疑似水雷的目标，就通过数据泡会与战术作战中心秘密通信，将信息反馈至作战网络。

商汤科技入局国家人工智能开放创新平台　2018 年 9 月，科技部正式宣布，依托商汤集团建设智能视觉国家新一代人工智能开放创新平台。自此，"人工智能国家队"正式集结了五名成员。除了商汤之外，还将依托百度公司建设自动驾驶国家人工智能开放创新平台，依托阿里云公司建设城市大脑国家人工智能开放创新平台，依托腾讯公司建设医疗影像国家人工智能开放创新平台，依托科大讯飞公司建设智能语音国家人工智能开放创新平台。国家人工智能开放创新平台的建立，可以集结最优秀的技术力量共同开发并优化人工智能行业生态，并降低对小企业的技术门槛。

阿里巴巴发布"杭州城市大脑"2.0 2018年9月，在2018杭州"云栖"大会上，"杭州城市大脑"2.0正式发布。这个城市管理平台集合了大数据、云计算和人工智能等技术，根据现场连线显示的管理数据，杭州全市车辆的总体数据、市民出行量、交通安全指数、报警量等数据均得以实时呈现。杭州城市大脑2.0包括掌握全局交通态势、实现交通警情闭环处置、实施人工智能配时、拓展民生服务领域的四大功能，已经覆盖了杭州420平方千米的主城区范围，成为杭州城市管理的新基础设施。与此同时，城市大脑也已经在全球范围开始推广。马来西亚吉隆坡已经成功引入阿里云ET城市大脑，特种车辆优先调度也已经在当地落地成功。获取城市管理运行的大数据，并通过分析和学习，将它重新应用在城市管理上，城市大脑展现了对大数据的绝佳利用方式。

Facebook发布Oculus Quest 2018年9月27日，Facebook在加州圣何塞举办了Oculus Quest发布会，Oculus Quest是Facebook的第二款独立VR头显，但它的性能将大大优于公司的第一款独立VR头显Oculus Go。Quest将实现完全的6自由度（6 DoF）追踪。这与你能在PC VR上体验到的追踪质量不相上下，但你无需再将头显与昂贵的PC主机连接起来。低至399美元的"全包"价格，以及支持像Superhot和The Climb等热门游戏，Oculus Quest集这些优点于一身，因此，一些人认为这款设备最终能让整个VR行业崛起。

全球首个"AI合成主播"上岗 2018年11月7日，在第五届世界互联网大会上，由搜狗与新华社合作开发的全球首个全仿真智能合成主持人——"AI合成主播（Artificial Intelligence）"正式亮相。它根据所提供的文字，就能准确无误地播送新闻，可以模拟人类说话时的声音、嘴唇动作和表情，并且将三者自然匹配，逼真程度几乎能以假乱真。据悉，"AI合成主播"背后依托的是搜狗人工智能的核心技术"搜狗分身"，其技术原理是：通过使用人脸关键点检测、人脸特征提取、人脸重构、唇语识别、情感迁移等多项前沿技术，并结合语音、图像等多模态信息进行联合建模训练后，生成与真人无异的AI分身模型。从最终的呈现方式来看，"AI合成主播"实际上相当于是真实新闻主播一个"分身"，例如本次亮相的"AI合成主播"以新华社主播邱浩为原型，两者的声音以及外形都一样。

欧盟发布AI道德准则草案 2018年12月18日，欧盟人工智能高级别专家组（AI HLEG）正式向社会发布了一份人工智能道德准则草案（DRAFT ETHICS GUIDELINES FOR TRUSTWORTHY AI，以下简称草案），该草案被视为是欧洲制造"可信赖人工智能"的讨论起点。这份草案首先为"可信赖人工智能"提出了一个官方解释——"可信赖人工智能"有两个必要的组成部分：首先，它应该尊重基本权利、规章制度、核心原则及价值观，以确保"道德目的"；其次，它应该在技术上强健且可靠，因为即使有良好的意图，缺乏对技术的掌握也会造成无意的伤害。围绕这两大要素，草案也给出了"可信赖人工智能"的框架：第一章通过阐述人工智能应该遵守的基本权利、原则和价值观，试图确保人工智能的道德目的；第二章根据第一章所阐述的原则，给出实现可信赖 AI 的指导方针，同时兼顾道德目的和技术稳健性，并列出可信赖 AI 的要求，包括技术和非技术方法；第三章则提供了具体但非穷举的可信赖 AI 评估表。整份草案共 37 页。

反侵权盗版声明

电子工业出版社依法对本作品享有专有出版权。任何未经权利人书面许可，复制、销售或通过信息网络传播本作品的行为，歪曲、篡改、剽窃本作品的行为，均违反《中华人民共和国著作权法》，其行为人应承担相应的民事责任和行政责任，构成犯罪的，将被依法追究刑事责任。

为了维护市场秩序，保护权利人的合法权益，我社将依法查处和打击侵权盗版的单位和个人。欢迎社会各界人士积极举报侵权盗版行为，本社将奖励举报有功人员，并保证举报人的信息不被泄露。

举报电话：（010）88254396；（010）88258888

传　　真：（010）88254397

E-mail：　dbqq@phei.com.cn

通信地址：北京市海淀区万寿路 173 信箱

　　　　　电子工业出版社总编办公室

邮　　编：100036